U0377079

上 海 高 校 服 务 国 家 重 大 战 略 出 版 工 程

半导体光源（LED,OLED）及照明设计丛书

照明设计

——从传统光源到LED

周太明 等编著

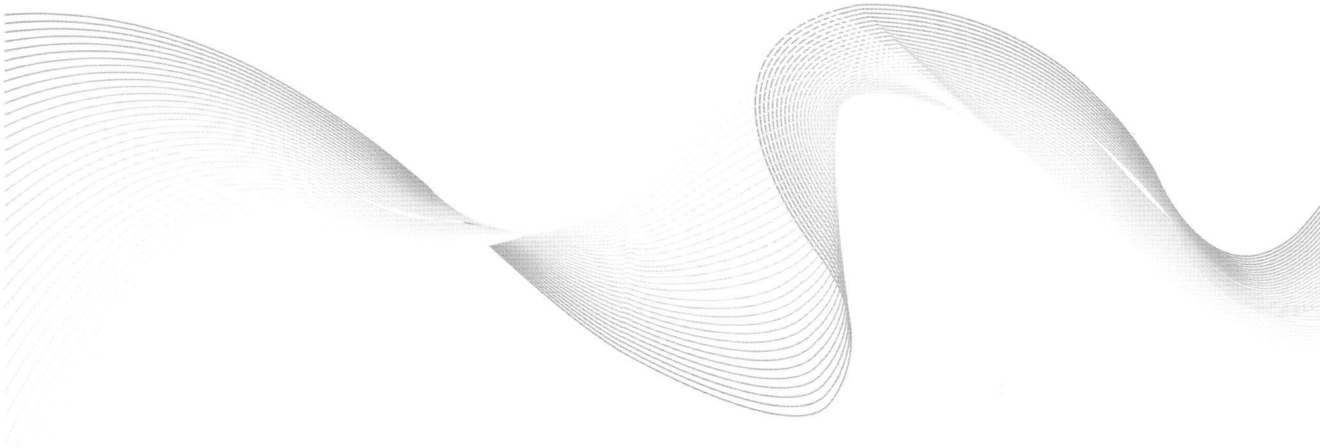

复旦大学出版社

内 容 提 要

半导体光源的快速发展引发了照明科技的革命，本书力求反映这场革命对照明设计的影响。书中详细阐述了照明基本概念的现状、各种照明应用的设计要点、光度量和色度量的计算及测量，以及照明控制和照明系统的经济分析。除讲述照明的视觉功能外，还简要介绍了照明的光生物功能；着重论述了LED光源、灯具以及其在室内外功能性照明和装饰性照明中的应用。本书注重理论联系实际，书中包含了不少LED照明应用的案例。本书可作为大学相关专业的教材，也可供从事照明设计和相关工作的工程技术人员、高等院校师生及科研人员参考。

编著人员名单

（按姓氏笔划为序）

许　敏（光宇）

李福生（复旦大学）

庄晓波（时代之光）

辛　凯（光宇）

陈文成（欧司朗）

陈育明（复旦大学）

邹龙生（亚明）

沈海平（复旦大学）

杨方勤（中智城科技）

杨军鹏（林洋）

汪建平（艾特照明）

罗长春（英飞特）

周太明（复旦大学）

周　详（林洋）

周　莉（瑞健光电）

姚梦明（飞利浦）

黄　峰（飞利浦）

在上面的合影中，从左至右依次是：陈育明、邹龙生、沈海平、姚梦明、李福生、周详、范仁梅、杨军鹏、周太明、辛凯、黄峰、汪建平、陈文成、庄晓波、王仕银、杨方勤

Preface

Many English language books are available about lighting technology and lighting application. Only very few have been translated into the Chinese language. I am happy that my own 2015 "Road Lighting" book is now being translated in the Chinese language. Fortunately, already for a long time the book "Electric Lighting Design" written by the Chinese professor Tai-Ming Zhou et al of Fudan University has been "the basis for learning lighting" for many students and professionals active in lighting in China. China today has so many universities where lighting application and lighting technology is taught and investigated at an internationally high level. Many Chinese and international companies in China now have impressive research and lighting design facilities. It is therefore appropriate and fortunate that a group of Chinese lighting professionals with different backgrounds have written a very complete new lighting book.

In this era where traditional light sources are rapidly being replaced by LED light sources it is essential, even more than in the past, that lighting designers and professionals who take decisions about lighting have a thorough knowledge about both lighting hardware and lighting application. At this moment indeed we see all over the world impressive, energy saving LED lighting installations of high quality. It is however also true that, again all over the world, we also see disappointingly poor LED lighting installations which not at all fulfill the high expectations of the customer. Upon inspection of these poor installations it is often the lack of knowledge of the designer that is to blame. Designing good lighting installations with LED light sources is clearly more difficult than it was with conventional light sources. If however one has the right knowledge, the results with LED light sources can be enormously impressive, sustainable and contribute to considerable energy savings.

This book: "Lighting Design — from traditional light sources to LED", covers lighting hardware in terms of light sources, luminaires and lighting control devices. It describes the way of working and gives advices how to choose the right product for the different applications. As far as applications is concerned this book covers a very wide range of different applications including indoor lighting, road and tunnel lighting, urban nightscape lighting and sports lighting. A new subject that has come up during the recent past years is that of non-visual effects of light that are important for our health. Also this subject is covered in this book as well as the basics of vision.

If indeed we are serious about sustainability in lighting the subject of daylighting is indispensable in a modern book about lighting. Only by smart linking of daylight with artificial light we can design true sustainable lighting installations. It is therefore very good that also the subject daylight is dealt with in this book.

Since slightly more than 10 years I regularly lecture lighting application at Fudan University in Shanghai. The experience with my students there gives me the conviction that this book will be very suitable for them. My experience with lighting designers, engineers and researchers, consultants, decision makers and lamp developers all over the world, gives me the confidence that this book will also be an indispensable tool for this group of persons. I recommend this book full heartedly.

Prof. Wout van Bommel
Fudan University, Shanghai
Nuenen, the Netherlands
Former President CIE

序言 *Foreword*

照明是科学，也是艺术。通过科学的照明设计，采用高效、绿色的照明产品，创造出舒适、安全、经济的光环境，改善和提升人类的生活质量，体现现代文明与艺术，是照明设计的重要任务。

作为新的高效、生态光源，半导体照明已经确立了在照明产业变革中的主导地位。由于半导体照明具有数字化和可控性的特点，通过智能照明可以实现个性化的按需照明，同时光通讯、光网络的出现还使半导体照明不仅仅在位置服务、可穿戴电子等智能硬件中发挥作用，还将成为智慧城市的重要组成部分。由于光是地球上几乎一切生命存在的前提，基于波段可控选的半导体照明还将在农业、医疗等领域开启更大的发展空间，带给人类一个更加健康舒适的光环境，带来照明方式和灯具形式的变革。所有这些发展进步过程中，照明设计是最为重要的一环。

蔡祖泉教授创立的复旦大学电光源研究所和光源与照明工程系为我国新光源的诞生和照明事业的发展做出了重大的贡献，在国内外学术界和产业界享有盛誉，堪称国内照明界的“黄埔军校”。30 年来，复旦大学培养了一批又一批的优秀专业人才，为我国的光源与照明产业的发展起到了重要的推动作用，在照明理论研究、新型光源应用、照明创新设计等研究方向形成了鲜明的特色和优势。

《照明设计——从传统光源到 LED》一书，由周太明教授联合了复旦大学的精英及上海的相关专家编著出版，紧跟科技产业最前沿，是上海高校服务国家重大战略出版工程中的一员。在半导体照明这一战略性新兴产业飞速发展的当下，本书从需求出发，通过设计引领应用、技术的创新，对于进而推动半导体照明产业的升级发展，可谓急产业之需，领行业以行。

如果说培育一个战略性新兴产业需要20年，那么我国半导体照明产业才刚刚走到一半。前十年我们解决了这一生态光源性价比优势的问题，后十年我们则要在按需照明、超越照明方面进行研发和布局，特别是要解决满足用户喜爱及个性化需求、体现高附加值的问题，这些都离不开设计。中国正处于工业化的中后期，相信本书不仅可以指导照明产业的发展，而且将渗透到人类生活的方方面面，甚至对我国大力推动的新型工业化、信息化、城镇化、农业现代化都将具深远意义。

吴　玲

国际半导体照明联盟主席

国家半导体照明工程研发及产业联盟秘书长

2015年10月

前言 *Preface*

在本书即将付梓之际，我特别要感谢积极参与编写的青年学者们，正是他们对我的信任和鼓励，才使这部合作撰写的《照明设计》得以问世。

在此之前，我曾经主编过两本照明设计的书，并有幸成为复旦的教材。但时代的迅猛发展以及科学技术的日新月异，使教材内容的同步更新显得特别重要。这部《照明设计》的编纂，就是力求反映学界的最新研究成果，揭示由半导体光源所引发的照明革命。

半导体光源是继白炽灯、荧光灯和高强度放电灯之后的第四代光源。半导体光源光效高、寿命长，更重要的是它可控，能实现亮度和颜色的变化，是实现智能化照明最理想的光源。随着我国经济的快速发展，照明用电显著增加。我国政府从节能减排、保护环境、实现可持续发展的战略高度出发，适时启动了国家半导体照明工程；在有关部委的领导下，半导体光源在我国家居、商店、酒店、办公室、停车库、城市美化、道路和隧道等各种室内外照明中得到了广泛应用。这不仅大量节电，还提高了照明质量，有利于提高工作效率和身心健康；同时还可结合“互联网＋”的应用，使照明控制更加智能便捷、照明管理更加高效科学。我们希望本书能反映照明设计随着光源技术不断进步的情况。

本书是集体劳动的结晶。陈文成和陈育明分别撰写了前两章，庄晓波、邹龙生、周详和罗长春合作完成了第三章，黄峰和杨军鹏负责第四章，辛凯、许敏撰写了第五和第十一章，第六和第十二章由沈海平完成，第七章由李福生和周莉合作撰写，第八、第九和第十章分别由汪建平、杨方勤和姚梦明负责。王仕银在组织协调方面做了不少协助工作。对编著工作，梁荣庆教授一直很关心、支持，并给予了很多指导。

邴树奎、陈燕生、阮军、赵建平、李国宾、陈超中、俞安琪、郝洛西、施晓红、袁樵、林燕丹、李铁楠、王京池、吴春海、颜静仪、杨勇、姜允肃和何铁峰等专家审阅了书稿的有关章节，提出了宝贵的修改建议。对本书出版，光宇、欧普和乐雷等公司给予了鼎力支持，许富贵、熊克苍、丁龙、许斌、李志君、杨兰芳、徐红妹、王晓红、王娟、沈迎九、戴宝林和鲁广洲等给予了很多帮助。范仁梅老师在本书的申报过程中做了很多工作，为审稿和编辑付出了辛勤劳动。李振华老师二审了书稿。在此，表示诚挚的感谢。

衷心感谢国际照明委员会(CIE)前主席 Wout van Bommel 教授、国家半导体照明工程研发及产业联盟(CSA)吴玲秘书长在百忙中为本书作序。

我们要特别感谢上海市教育委员会、上海市新闻出版局将本书列入“2015 年上海高校服务国家重大战略出版工程”，感谢学校和出版社的倾情推荐。

所有编写人员都认识到这是一项光荣而富有意义的任务。希望我们的努力，没有辜负领导的信任和读者的期望。

周太明

2015 年 10 月

目录 Contents

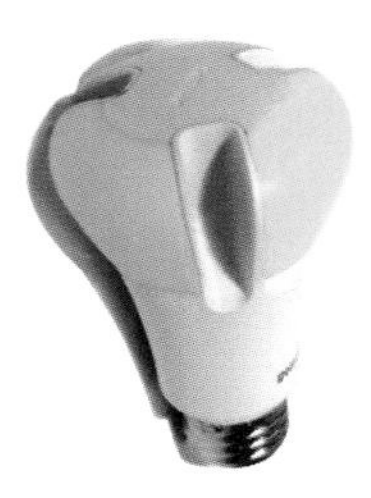

第一章 照明基础

1.1 光度学基础

光是一种电磁波，它的波长区间从几个纳米(nm)到 1 mm 左右。这些光并不是都能看得见的，人眼所能看见的只是其中一部分，我们将这一部分光称为可见光，其波长范围通常限定在 380～780 nm 之间。在可见光波段内，考虑到人眼的主观因素后的相应计量学科称为光度学。光度学定义了光通量、发光强度、照度、亮度等主要光度量，并用数学阐明了它们之间的关系。本节在介绍光的定义和光的传播特性的基础上，将介绍几种常见的光度量的定义及单位，以及各种光度量之间的转换关系，最后简要介绍辐射量和光度量之间的对应关系。光度学研究的是对可见光的能量计算，而辐射度学则适用于整个电磁波的能量计算。

1.1.1 光的定义和特性

1. 光的定义

白天，阳光普照大地；夜晚，各种灯光又将商店、工厂、学校等照得通明。光是我们生活、工作和学习必不可少的。

在物理学上，能量以电磁波或光子形式的发射及传输的过程就是电磁辐射。光是一种电磁辐射，是波长位于向 X 射线过渡区($\lambda \approx 1$ nm)和向无线电波段过渡区($\lambda \approx 1$ mm)之间的电磁辐射。这些光并不是都能看得见的，人眼所能看见的只是其中一部分，这一部分光称为可见光，其波长范围通常限定在 380～780 nm 之间。

光波在整个电磁波谱中只占据很小部分(见图 1.1.1)。在可见光中，波长最短的是紫光，稍长的是蓝光，以后的顺序是青光、绿光、黄光、橙光和红光，其中红光的波长最长。

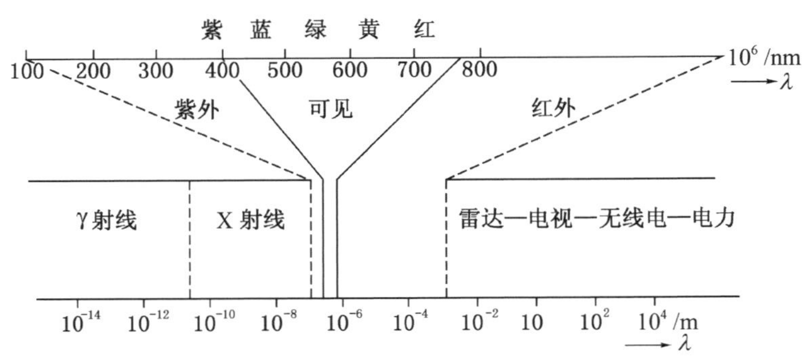

图 1.1.1 **电磁波谱及可见光范围**

在不可见光中，波长比紫光短的部分称为紫外线，比红光长的叫做红外线。而紫外线和红外线又各分为 3 个区域，表 1.1.1 列出了紫外、可见光和红外区域的大致波长范围。波长小于 200 nm 的这部分光在空气中很快被吸收，只能在真空中传播，因此这部分紫外线又称为真空紫外。需要说明的是，表 1.1.1 中所示的各个区域的界限不是很严格，只是给出大致的波长范围。

表 1.1.1 **光的各个波长区域**

波长区域/nm	区域名称	
1～280	UV－C(远紫外)	紫外线
280～315	UV－B(中紫外)	
315～380	UV－A(近紫外)	
380～435	紫光	可见光
435～500	蓝、青光	
500～566	绿光	
566～600	黄光	
600～630	橙光	
630～780	红光	
780～1 400	IR－A(近红外)	红外线
1 400～3 000	IR－B(中红外)	
3 000～1 000 000	IR－C(远红外)	

2. 光的传播特性

各种形式的电磁波在真空中以相同的速度传播，为 299 793 km・s^{-1}(接近 3×10^8 m・s^{-1})。当电磁波通过介质时，它的波长和速度会发生改变；而频率由产生电磁波的辐射源决定，它不随所遇到的介质而改变。通过(1.1.1)式，可确定电磁波的传播速度，同时亦可表明频率和波长的关系：

$$c=\frac{\lambda\nu}{n}, \tag{1.1.1}$$

式中，c 为电磁波在介质中的传播速度(单位为 $m \cdot s^{-1}$)；n 为介质的折射率；λ 为电磁波在真空中的波长(单位为 m)；ν 表示频率(单位为 Hz)。表 1.1.2 中给出了在不同介质中的光速，其频率相应为在空气中波长为 589 nm 的光波。

表 1.1.2 不同介质中的光速

介质	速度/$m \cdot s^{-1}$
真空	2.99793×10^8
空气(0℃，760 mm 汞柱)	2.99724×10^8
硬性光学玻璃	1.98223×10^8

波长根据所在波谱中的不同位置，可以用不同的单位表示。例如，极短的宇宙射线可用 pm 表示，而很长的电力传输波可用 km 表示。光波长的单位主要用 nm 表示，频率是指在 1 s 内通过某给定点的波数量，频率单位为 Hz。

当光线在同一种媒质中传播时，总是按直线方向行进。当媒质发生改变时，光线或被反射，或被透射，或被吸收。

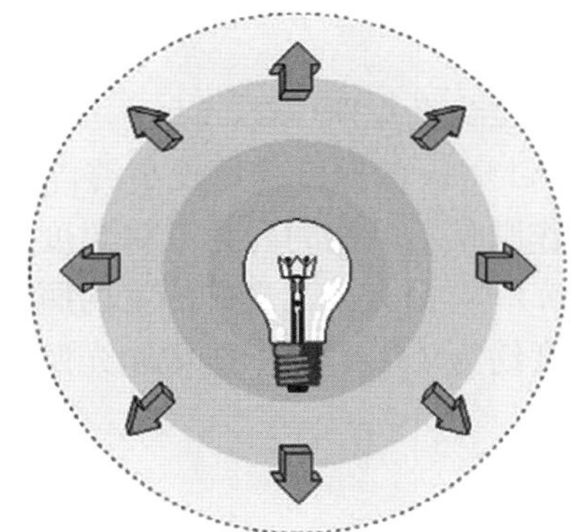

图 1.1.2 光通量示意

1.1.2 光度量及单位

1. 光通量 Φ

光源在单位时间内发出的光量称为光通量，以 Φ 表示，单位为流明(lm)，如图 1.1.2 所示。光通量指的是人眼所能感觉到的辐射功率，它等于单位时间内某一波段的辐射能量和该波段对应的人眼光谱光视效率的乘积。

对于明视觉，其光通量 Φ 的表达式为

$$\Phi = K_m \int_{380}^{780} P(\lambda) V(\lambda) \mathrm{d}\lambda, \tag{1.1.2}$$

式中，K_m 为辐射的光谱光视效能的最大值，单位为流明每瓦($lm \cdot W^{-1}$)，明视觉条件下的 K_m 值为 683 $lm \cdot W^{-1}$(对应于 $\lambda = 555$ nm 时)；$V(\lambda)$ 为光谱光视效率；$P(\lambda)$ 为辐射体的光谱功率分布函数；Φ 为光通量(单位为 lm)。1 lm 等于由一个具有 1 cd(坎德拉)均匀发光强度的点光源在 1 sr(球面度)单位立体角内发射的光通量，即 1 lm = 1 cd · sr。

2. 发光强度 I

光源在给定方向的单位立体角中发射的光通量定义为在该方向上的发光强度(简称光强)，以 I 表示，国际单位是坎德拉(candela，简写为 cd)。通俗地说，发光强度就是光源在某一方向上所发出的光的强弱程度。

如图 1.1.3 所示，若在某微小立体角 $\mathrm{d}\omega$ 内的微小光通量为 $\mathrm{d}\Phi$，则该方向上的光强为

$$I = \frac{\mathrm{d}\Phi}{\mathrm{d}\omega}, \tag{1.1.3}$$

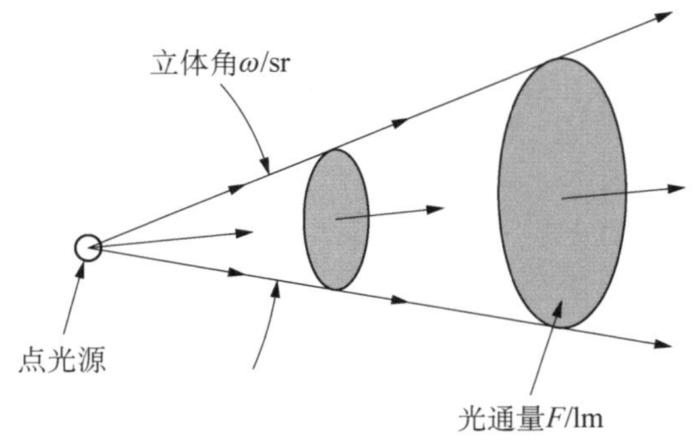

图 1.1.3　光强定义的示意

单位为 cd，1 cd = 1 lm·sr^{-1}。

坎德拉是国际单位制和我国法定单位制的基本单位之一，其他光度量单位都是由坎德拉导出的。1979 年 10 月，第 16 届国际计量大会通过的坎德拉重新定义为：一个光源发出频率为 540×10^{12} Hz 的单色辐射（对应于空气中波长为 555 nm 的单色辐射），若在一定方向上的辐射强度为 $\frac{1}{683}$ W·sr^{-1}，则光源在该方向上的发光强度为 1 cd。

3. 光照度 E

光照度（简称照度）是表征表面被照明程度的量，它是每单位表面接收到的光通量。如微小的面积 dS 上受到的光通量为 dΦ（见图 1.1.4(a)），则此被照表面的照度为

$$E=\frac{\mathrm{d}\Phi}{\mathrm{d}S},\tag{1.1.4}$$

单位为勒克斯(lx)，1 lx = 1 lm·m^{-2}。

1 lx 的照度是比较小的，在此照度下仅能大致辨认周围物体，要进行区别细小零件的工作则是不可能的。为了对照度有些实际概念，现举几个例子：晴朗的满月夜地面照度约为 0.2 lx；白天采光良好的室内照度为 100～500 lx；晴天室外太阳散射光（非直射）下的地面照度约为 1 000 lx；中午太阳光照射下的地面照度可达 100 000 lx。

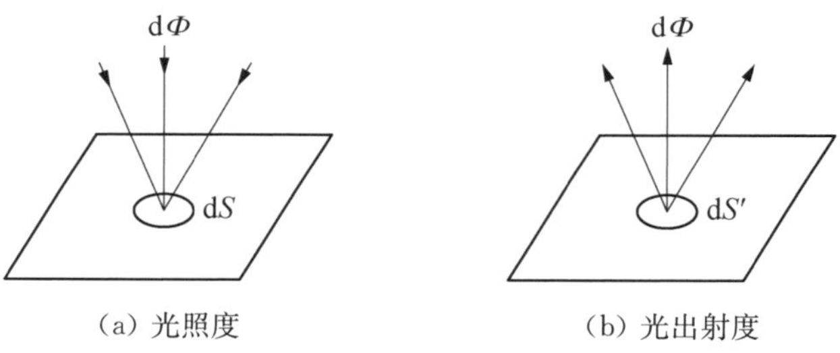

(a) 光照度　　(b) 光出射度

图 1.1.4　光出射度和光照度

4. 光出射度 M

光源表面上某一微小面元 dS' 向半个空间发出的光通量为 dΦ（见图 1.1.4(b)），则此面元的光出射度 M 为

$$M=\frac{\mathrm{d}\Phi}{\mathrm{d}S'},\tag{1.1.5}$$

对于任意大小的发光表面 S'，若发射的光通量为 Φ，则表面 S' 的平均光出射度 M 为

$$M=\frac{\Phi}{S'},\tag{1.1.6}$$

光出射度就是单位面积发出的光通量，其单位为 lm·m^{-2}。光出射度和照度具有相同的量

纲，其区别在于光出射度是表示发光体发出的光通量表面密度，而照度则表示被照物体所接受的光通量表面密度，如图 1.1.4 所示。

对于因反射或透射而发光的二次发光表面，其光出射度是

$$\text{反射发光}\ M = \rho E, \tag{1.1.7}$$

$$\text{透射发光}\ M = \tau E, \tag{1.1.8}$$

式中，ρ 为被照面的反射率；τ 为被照面的透射率；E 为二次发光面上被照射的照度。

5. 亮度 L

亮度是指发光体(反光体)表面发光(反光)强弱的物理量，亮度的单位是坎德拉/平方米($\mathrm{cd \cdot m^{-2}}$)。

光源在某一方向的光亮度(简称亮度)$L(\varphi, \theta)$是光源在该方向上的单位投影面在单位立体角中发射的光通量。如在微小的面积 $\mathrm{d}S$ 和微小立体角 $\mathrm{d}\omega$ 内的光通量为 $\mathrm{d}\Phi(\varphi, \theta)$，则亮度为

$$L_{\varphi\theta} = \frac{\mathrm{d}^2\Phi(\varphi, \theta)}{\mathrm{d}\omega \cdot \mathrm{d}S \cdot \cos\theta}, \tag{1.1.9}$$

式中，$\mathrm{d}^2\Phi(\varphi, \theta)$为通过给定点的束元传输的，并包含在给定方向立体角 $\mathrm{d}\omega$ 内传播的光通量；$\mathrm{d}S$ 为包括给定点的辐射束截面积；θ 为辐射束截面积的法线与辐射束方向的夹角。亮度的符号为 L，亮度的国际单位为坎德拉每平方米($\mathrm{1\,cd \cdot m^{-2} = 1\,lm \cdot m^{-2} \cdot sr^{-1}}$)。

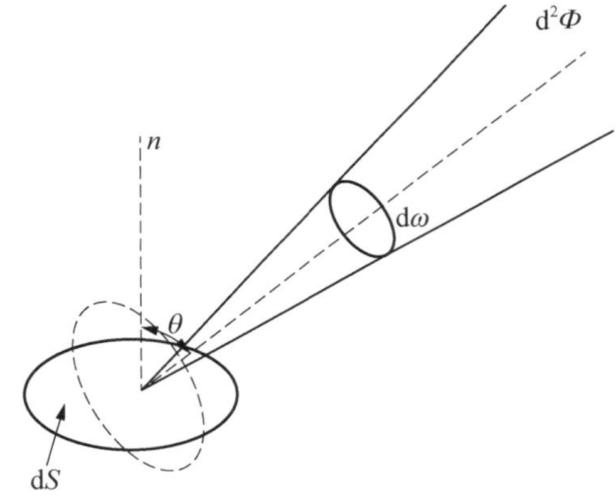

图 1.1.5 亮度定义的示意

图 1.1.5 说明了上式的关系。将(1.1.9)式与(1.1.3)式比较，可得

$$L(\varphi, \theta) = \frac{\mathrm{d}I(\varphi, \theta)}{\mathrm{d}S \cdot \cos\theta}。 \tag{1.1.10}$$

这说明光源在给定方向上的亮度也就是它在该方向单位投影面上的光强，亮度的单位是 $\mathrm{cd \cdot m^{-2}}$。

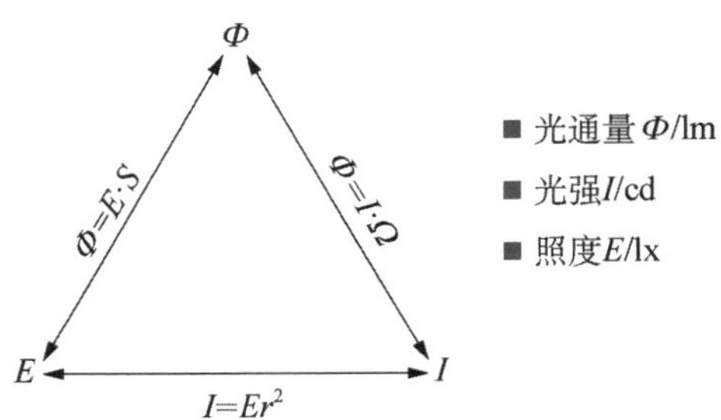

图 1.1.6 光通量、光强和照度三者之间的换算

6. 各种光度量之间的关系和换算

光通量是指光源在单位时间内发出的光的总量，光强是光源在某一方向上所发出的光的强弱程度，照度指被照面每单位表面接受到的光通量，光通量、光强和照度三者直接的换算关系如图 1.1.6 所示。但应注意，图 1.1.6 中照度与光强之间的距离平方反比关系只对点光源的情况成立。

人眼从一个方向观察光源或对象物，在这个方向上的光强与人眼所“见到”的发光面积之比，定义为该光源或物体的亮度。光通量、光强、照度

和亮度之间的关系如图 1.1.7 所示。

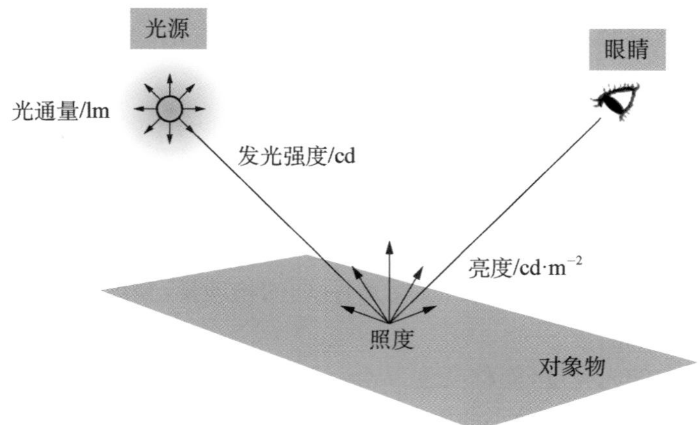

图 1.1.7　光通量、光强、照度和亮度的关系示意

对于 $I(\theta)=I_n\cos\theta$ 的余弦辐射体，亮度 L 不随方向而变，且 $M=\pi L$，因而可以将图 1.1.6 中的换算关系进一步扩充到光通量、光强、照度、亮度和光出射度之间的换算，如图 1.1.8 所示。

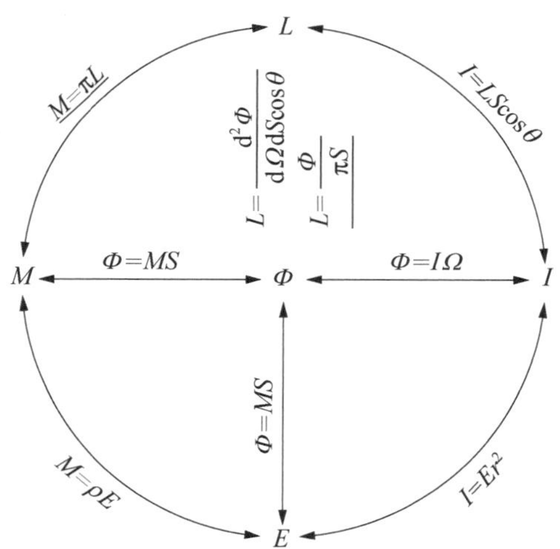

图 1.1.8　各光度量之间的换算关系(下面标有横线的关系式只适用于余弦辐射体)

1.1.3　辐射量和光度量的转换

光源向周围空间辐射不同波长的电磁波，光的传播过程是能量的传播过程。在单位时间内通过一面积的辐射能，称为通过该面积的辐射通量，它客观反映了光源辐射能量的多少。在这一辐射通量中，可能包含了各种波长的电磁波，例如红外线、紫外线、可见光等。辐射亮度简称为辐亮度，符号为 L_e，单位为 $\mathrm{W\cdot m^{-2}\cdot sr^{-1}}$；表示单位投影面积、单位立体角上的辐射通量。辐射照度简称为辐照度，符号为 E_e，单位为 $\mathrm{W\cdot m^{-2}}$，表示某一指定表面单位面积上所接受的辐射通量。对于可见光，人眼对不同波长的可见光的敏感度不同，即波长不同但辐射通量相同的光波，对人眼造成的亮度感不一样，如黄绿光最亮，红光和紫光让人觉得暗得多。人眼的这一特性称为光谱光视效率，用 $V(\lambda)$ 表示。由于人眼的这种特性，我们不能直接用光源的辐射通量来表示可见光能的大小，而必须以人眼的光感觉，即辐射通量所具有的光视觉效应的"强弱""多少"来表示光源发光的多少，在光度学中用光通量表示。

也就是说，由于人眼对各种不同波长的光的相对敏感度是不一样的，照明光源所辐射的能量转换为光度量应根据 $V(\lambda)$ 分配"权重"。国际照明委员会(Commission Internationale de L'Eclairge, CIE)所制定的光谱光视效率函数是把电磁能量和光度量联系在一起的必要的桥梁，它实现了同时考虑辐射能量和考虑人眼作用后对照明特性的度量。

光通量与辐射通量的关系为

$$\Phi = K_m \int \Phi_{e\lambda} V(\lambda) \mathrm{d}\lambda, \tag{1.1.11}$$

式中，K_m 为光谱光视效能的最大值，等于 683 $\mathrm{lm \cdot W^{-1}}$；$V(\lambda)$ 为 CIE 规定的标准光谱光视效率函数；$\Phi_{e\lambda}$ 为辐射通量的光谱功率分布函数。

光视效能是光通量与相应的辐射通量之商，单位是 $\mathrm{lm \cdot W^{-1}}$。对于复合辐射，光视效能的符号为 K，$K=\dfrac{\Phi}{\Phi_e}$，其中 Φ 为光通量，Φ_e 为相应的辐射通量。波长为 λ 的单色辐射的光视效能符号为 $K(\lambda)$，称为光谱光视效能，即

$$K_\lambda = \frac{\Phi_\lambda}{\Phi_{e\lambda}} = K_m V(\lambda), \tag{1.1.12}$$

式中，K_m 为 $K(\lambda)$ 的最大值，称为最大光谱光视效能；Φ_λ 为波长为 λ 的单色辐射的光通量；$\Phi_{e\lambda}$ 为相应的辐射通量。根据各国国家计量实验室测量的平均结果，在明视觉条件下，K_m 位于频率为 540×10^{12} Hz ($\lambda=555$ nm 处)；在暗视觉条件下，K'_m 位于 $\lambda=507$ nm 处。

类似于光通量和辐射通量的关系，光强和辐射强度的关系可以由下式描述：

$$I = K_m \int I_{e\lambda} V(\lambda) \mathrm{d}\lambda。 \tag{1.1.13}$$

在光度学中，采用光强的单位作为基本单位，由此可导出其他光度量的单位。坎德拉是发出频率为 540×10^{12} Hz ($\lambda=555$ nm)的单色辐射源在给定方向上的发光强度，该方向上的辐射强度为 $\dfrac{1}{683}\mathrm{W \cdot sr^{-1}}$。根据此规定，由(1.1.13)式并考虑到 $V(555\ \mathrm{nm})=1$，得到如下关系：

$$I(555\ \mathrm{nm}) = K_m I_e(555\ \mathrm{nm}), \tag{1.1.14}$$

$$1\ \mathrm{lm \cdot sr^{-1}} = K_m \cdot \frac{1}{683}\ \mathrm{W \cdot sr^{-1}}, \tag{1.1.15}$$

由以上关系，得到

$$K_m = 683\ \mathrm{lm \cdot W^{-1}}。 \tag{1.1.16}$$

1.2 视觉基础

可见光波段的电磁波穿过眼睛的角膜，由晶状体成像在视网膜上，经感光细胞转化为生理信号，视神经接收后产生视觉。可见光除了刺激视觉形成外，还有第二类作用：调节人体的生理节律、警觉度和代谢过程，保持人体健康，这称为非视觉生物效应。本节将基于人眼结构和视觉系统，介绍人眼的两种视觉感光细胞（杆状细胞、锥状细胞）的功能，从而介绍明视觉、暗视觉和中间视觉的概念，并简要介绍光的非生物效应和如何理性看待蓝光危害问题。

1.2.1 人眼结构和视觉系统

人通过眼、耳、鼻等感官从外界获取信息，并了解世界。据报道，有 80%的信息是通过视觉的渠道获取的。视觉是由进入人眼的辐射所产生的光感觉而获得的对外界的认识。视觉的过程和特性都比较复杂，还存在我们未知的一些领域。

视觉是由大脑和眼睛密切合作而形成的。人的视觉系统类似于图像处理系统，眼睛在眼球肌的作用下运动，捕捉光线，光线通过眼睛的光学系统将光线聚集在视网膜上，并通过电化学作用传输到视神经，最终传输至大脑，产生光的感觉或者引起视觉。同时，还会产生信号控制瞳孔大小和眼球运动等。

眼球由 3 对眼球肌来控制和协调运动，眼球肌使两眼的视线注视同一物体，并穿过眼球到达视网膜上的中央凹形成影像。如果形成的影像没有聚焦于中央凹，影像就会变得模糊；如果双眼的中央凹没有注视同一物体，就会产生影像的重叠，即复视。

1. 眼睛的光学系统

人的眼睛近似于球状，其前后直径大约 23 mm，主要由眼球壁、眼内腔和内容物组成，如图 1.2.1(a)所示。

眼球壁主要分为外、中、内 3 层：外层由角膜、巩膜组成；中层又称葡萄膜或色素膜，具有

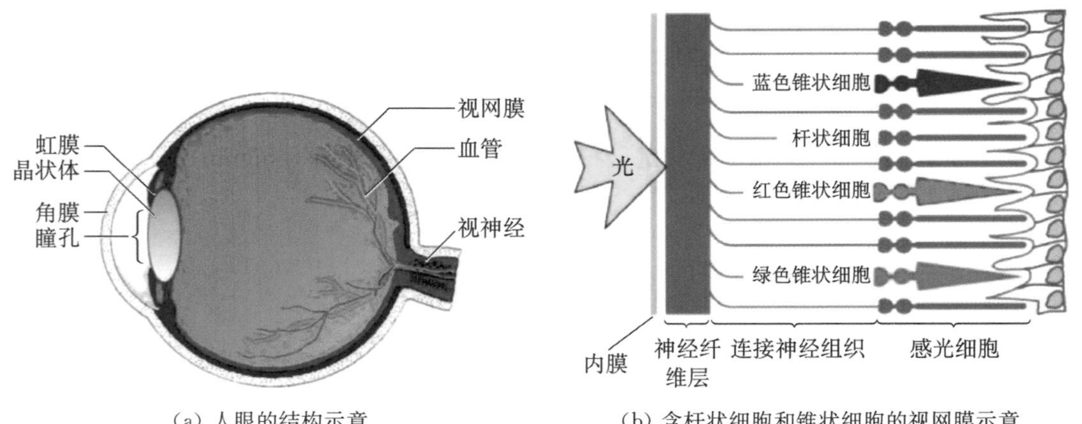

(a) 人眼的结构示意　　(b) 含杆状细胞和锥状细胞的视网膜示意

图 1.2.1　人眼的结构

丰富的色素和血管，这其中包括虹膜、睫状体和脉络膜 3 部分；内层为视网膜，是一层透明的膜，也是视觉形成的神经信息传递的第一站，具有很精细的网络结构及丰富的代谢和生理功能。眼内腔包括前房、后房和玻璃体腔。眼内容物包括房水、晶状体和玻璃体。三者均透明，与角膜一起共称为屈光介质。

光线通过眼睛发生的主要光学过程为：当 380～780 nm 的电磁波进入眼睛的外层透明保护膜后，发生折射，光线从角膜进入瞳孔，进入的光量通过瞳孔的收缩或者扩张自动得到调节。光线通过瞳孔和晶状体后，由晶状体和透明玻璃状体液将光线聚集在视网膜上。

2. 视神经系统

视网膜上分布着大量的感光细胞，这些细胞根据形状可以分为杆状细胞和锥状细胞，如图 1.2.1(b)所示。锥状细胞又有 3 种，分别对光谱中的红、绿、蓝三色产生响应，人眼杆状细胞和 3 种锥状细胞的相对光谱灵敏度曲线如图 1.2.2 所示。

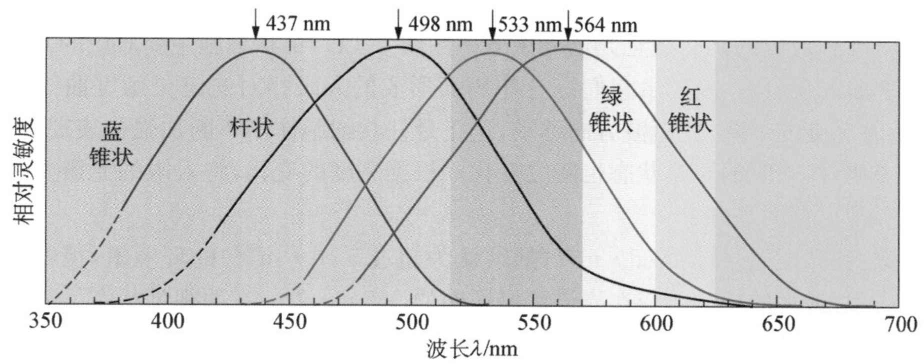

图 1.2.2　人眼杆状细胞和 3 种锥状细胞的相对光谱灵敏度曲线

杆状细胞和锥状细胞的功能不一样。前者灵敏度高，能感受极微弱的光；后者灵敏度虽然低，但是能分辨细节，能很好地区别颜色。在明亮的条件下，感光主要依靠锥状细胞的作用；而在昏暗的情况下，杆状细胞起主要作用。杆状细胞和锥状细胞在视网膜上的分布情况也很不同，如图 1.2.3 所示。人眼的锥状细胞大约为 800 万个，分布非常集中，其中大约一

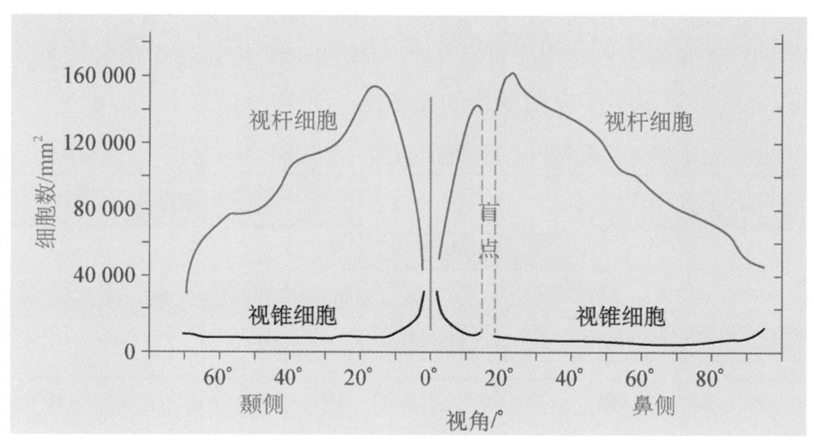

图 1.2.3　不同感光细胞在视网膜上的分布情况

半集中在视网膜中央凹;在中央凹以外的区域,锥状细胞急剧减少。杆状细胞有 1.2 万亿之多,但在中央凹区域几乎没有。在逐渐远离中央凹时,杆状细胞密度先迅速增加至最大值,后又逐渐减少。由于两种感光细胞在视网膜上分布的明显差异,使得人眼的中心视觉与周边视觉有很大不同。

当光线聚集于视网膜上,视网膜上的锥状细胞和杆状细胞感受到光刺激所包含的视觉信息并将其转变成神经信息,经视神经传入至大脑视觉中枢而产生视觉。因此,视觉生理可分为物体在视网膜上成像的过程,以及视网膜感光细胞如何将物像转变为神经冲动的过程。

1.2.2 光的视觉效应

1. 明视觉、暗视觉和中间视觉

由于人眼存在的两种光感受器细胞——杆状细胞和锥状细胞的不同特性,在不同的亮度水平下杆状细胞和锥状细胞所起的作用不同,因此两种细胞有着各自不同的光谱灵敏度曲线。杆状细胞对应的是暗视觉光谱光视效率曲线 $V'(\lambda)$,锥状细胞主要对应的是明视觉光谱光视效率曲线 $V(\lambda)$。因而由它们综合作用而形成的人眼相对光谱灵敏度曲线也会发生变化,且随着亮度的下降,向短波方向移动,这正是柱状细胞作用不断加强的表现,即在周围环境明暗变化时,人眼的视觉状态也随之变化。根据亮度的变化,将人眼的光谱光视效率定义在以下 3 种视觉的基础上。

明视觉:在亮度超过几个 cd · m^{-2}(通常认为超过 5 cd · m^{-2})的环境里,视觉主要由锥状细胞起作用,最大的视觉响应在光谱蓝绿区间的 555 nm 处。在明视觉状态下人眼的瞳孔较小,是中心视觉,能分辨物体的细节,也有色彩的感觉。

暗视觉:当环境亮度低于 10^{-3} cd · m^{-2}时,杆状细胞是主要作用的感光细胞,光谱光视效率的峰值约在 507 nm。这时为看清目标,瞳孔必须放大,因而是周边视觉。虽然人眼能看到物体的大致形状,但不能分辨细节,也不能辨别颜色。

中间视觉:介于明视觉和暗视觉亮度之间,通常认为在 10^{-3}～5 cd · m^{-2} 的亮度范围。由于在中间视觉状态下,人眼的锥状细胞和杆状细胞共同起作用,并且随着亮度的变化,两种细胞的活跃程度也发生变化,因此在中间视觉状态下,人眼的光谱响应特性就比较复杂。

明视觉、中间视觉、暗视觉以及杆状细胞和锥状细胞对应的亮度区域如图 1.2.4 所示,即中间视觉的亮度范围基本上对应于杆状细胞和锥状细胞共同起作用的亮度范围。道路照明、隧道照明和一些紧急照明等应用场合的亮度水平通常会在 0.5～2 cd · m^{-2}范围,落在中

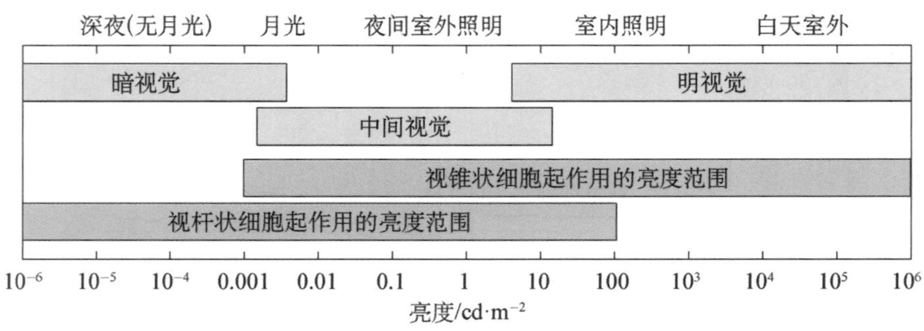

图 1.2.4 明视觉、中间视觉、暗视觉以及杆状细胞和锥状细胞对应的亮度区域

间视觉区域。

2. 人眼的光谱灵敏度曲线

我们用光谱光视效率来评价人眼对不同波长的灵敏度。不同波长的光在人眼中产生光感觉的灵敏度不同。人眼对绿光的灵敏度最高，而对红光和紫光的灵敏度则低得多。也就是说，对相同能量的绿光和红光（或紫光），前者在人眼中引起的视觉强度要比后者大得多。研究结果表明，不同观察者的眼睛对各种波长的光的灵敏度稍有不同，而且还随着时间、观察者的年龄和健康状况改变。现在大家公认的是 1924 年由 CIE 颁布的人眼对各种波长 λ 的光的相对平均灵敏度，这就是光谱光视效率，俗称视见函数。图 1.2.5 中的实线曲线 $V(\lambda)$ 所示是明视觉时人眼的相对灵敏度，称为明视觉的光谱光视效率，其最大值在 555 nm 处；虚线曲线所示 $V'(\lambda)$ 是暗视觉时人眼的相对灵敏度，称为暗视觉的光谱光视效率，其最大值在 507 nm 处。通常所说的光谱光视效率（或视见函数）是指明视觉的光谱光视效率 $V(\lambda)$。

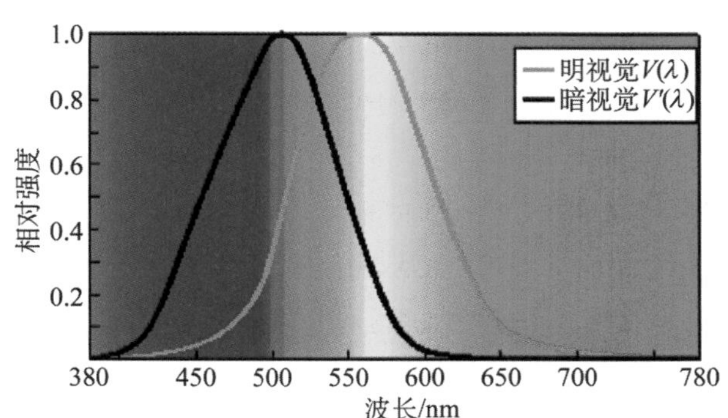

图 1.2.5　不同视觉条件下人眼的视觉灵敏度

第一条光谱光视效率标准函数是由 CIE 在 1924 年定义的明视觉光谱光视效率曲线 $V(\lambda)$，不同波长对应的光视效率相对值如表 1.2.1 所示。后来很多研究者对这条曲线的正确性提出了质疑，主要认为其低估了在 380～460 nm 短波范围内的光谱灵敏度。虽然如此，该 $V(\lambda)$ 函数被 CIE 于 1924 年在 CIE 第六次会议上采纳并推荐，直到现在仍然被照明科技界所广泛应用。

表 1.2.1　明视觉的光谱光视效率

波长/nm	相对值	波长/nm	相对值	波长/nm	相对值
380	0.000 0	430	0.011 6	480	0.139 0
385	0.000 1	435	0.016 8	485	0.169 3
390	0.000 1	440	0.023 0	490	0.208 0
395	0.000 2	445	0.029 8	495	0.258 6
400	0.000 4	450	0.038 0	500	0.323 0
405	0.000 6	455	0.048 0	505	0.407 3
410	0.001 2	460	0.060 0	510	0.503 0
415	0.002 2	465	0.073 9	515	0.608 2
420	0.004 0	470	0.091 0	520	0.710 0
425	0.007 3	475	0.112 6	525	0.793 2

续表

波长/nm	相对值	波长/nm	相对值	波长/nm	相对值
530	0.862 0	615	0.441 2	700	0.004 1
535	0.914 9	620	0.381 0	705	0.002 9
540	0.954 0	625	0.321 0	710	0.002 1
545	0.980 3	630	0.265 0	715	0.001 5
550	0.995 0	635	0.217 0	720	0.001 0
555	1.000 0	640	0.175 0	725	0.000 7
560	0.995 0	645	0.138 2	730	0.000 5
565	0.978 6	650	0.107 0	735	0.000 4
570	0.952 0	655	0.081 6	740	0.000 3
575	0.915 4	660	0.061 0	745	0.000 2
580	0.870 0	665	0.044 6	750	0.000 1
585	0.816 3	670	0.032 0	755	0.000 09
590	0.757 0	675	0.023 2	760	0.000 06
595	0.694 9	680	0.017 0	765	0.000 04
600	0.631 0	685	0.011 9	770	0.000 03
605	0.566 8	690	0.008 2	780	0.000 02
610	0.503 0	695	0.005 7		

暗视觉的光谱光视效率曲线$V'(\lambda)$是在1951年由CIE推荐的，适用于10^{-3} cd·m^{-2}以下亮度并且目标张角为20°的条件下。该暗视觉曲线$V'(\lambda)$到目前仍被采用，但由于实际的应用场合很少有亮度范围低于10^{-3} cd·m^{-2}的，因此实际应用并不广泛。

由于明视觉$V(\lambda)$曲线是在2°目标张角的实验条件下得到的，又由于锥状细胞和杆状细胞在视网膜上的分布特点(见图1.2.3)，在采用不同的目标张角时其对应的光谱光视效率曲线也会有所差异，因此CIE于1964年介绍了在10°目标张角条件下测得的明视觉光谱光视效率曲线$V_{10}(\lambda)$。

CIE于1978年推荐了$V_M(\lambda)$作为对$V(\lambda)$的补充，主要修正了$V(\lambda)$在短波区域误差较大的缺点。

CIE所推荐的常用的光谱光视效率函数，即明视觉2°函数(CIE 1924)、明视觉10°函数(CIE 1964)、明视觉修正函数(CIE 1978)以及暗视觉函数(CIE 1951)的比较，如图1.2.6所示。

3. 中间视觉光度学模型

在中间视觉区域，即暗视觉和明视觉之间的区域(亮度大约在0.001～5 cd·m^{-2}之间)，人眼的视觉功能同时由杆状细胞和锥状细胞决定，光谱光视效率函数随着人眼适应亮度的变化而变化。道路照明、隧道照明和一些紧急照明等应用场合的亮度水平通常会在0.5～

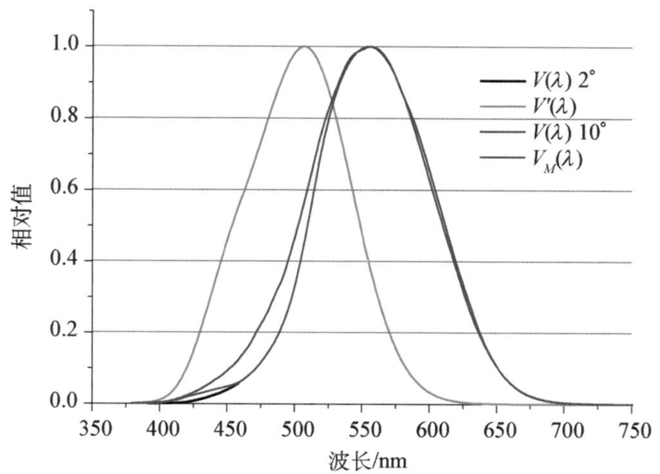

图 1.2.6 明视觉 2°函数、明视觉 10°函数、明视觉 Judd 修正函数以及暗视觉函数的比较

$2\ \mathrm{cd}\cdot\mathrm{m}^{-2}$范围，落在中间视觉区域。因此，如果对于这些较低亮度水平的光度测量，仍都采用明视觉的光谱光视效率函数（常规的光度学测量仪器），将可能导致一些评价结果的偏差。因而制定一个中间视觉的光度学模型是国际照明科技界近半个世纪来一直关心的课题。

在中间视觉亮度水平下，人眼锥状细胞和杆状细胞同时起作用，其对应的光谱光视效率函数会因为实验条件的不同、实验方法的不同而发生变化。对应于整个中间视觉范围，需要用一系列的光谱光视效率曲线或一个中间视觉光度学模型来描述，而不像明视觉函数或暗视觉函数那样只需要一条曲线就可以描述。而且 3 种锥状细胞之间以及锥状和杆状细胞之间的交互作用会引起相加性问题，因此确定中间视觉的光谱光视效率函数是一项十分复杂的工作。

CIE 81 - 1989《中间视觉光度学：历史、特殊问题和解决方法》阐述了基于视亮度匹配法的中间视觉系统。CIE 141 - 2001《光度学补充系统的测试》对原有系统进行了更新，指出不可能采用一个单一的光度学模型来描述中间视觉的特性。对应不同的使用条件和亮度水平，应选择适当的光度学模型，才能对环境的照明效果进行合理的评价，达到有效照明、节能和保障安全的目的。

到 20 世纪 90 年代后期，基于视觉功能法的中间视觉光度学引起了国际照明界的重视。该方法采用特定的视觉任务，通过测量人眼对视觉目标的察觉能力、辨别能力和反应时间，来确定光谱光视效率函数。视觉功能法比视亮度匹配法更为直接和实用。例如，在驾驶汽车时，人们并不需要对路面相邻区域的相对亮度进行视觉评估，更重要的是能够察觉和辨别处于视觉极限条件下的物体。我国学者也一直活跃在中间视觉研究领域，在中间视觉的理论研究和实际应用中都取得了丰硕的成果，并参与了 CIE 191 - 2010《基于视觉功效的中间视觉光度学推荐系统》的编制工作。

理想的中间视觉的光谱光视效率函数，随着亮度的增加应该趋向明视觉的光谱光视效

率函数 $V(\lambda)$，随着亮度的降低应该趋向暗视觉的光谱光视效率函数 $V'(\lambda)$。中间视觉光度学模型的最简单形式是明、暗视觉光谱光视效率函数的线性组合，即

$$V_{mes}(\lambda)=xV(\lambda)+(1-x)V'(\lambda), \tag{1.2.1}$$

式中，$V_{mes}(\lambda)$为中间视觉函数；$V(\lambda)$为明视觉函数；$V'(\lambda)$为暗视觉函数；x 为亮度适应系数。如何通过视觉功能实验来建立模型，计算在不同亮度水平下的 x 值，是关键所在。图 1.2.7 所示为光谱光视效率函数(未归一化)随亮度的变化规律，由此图可见，随着亮度的增加，光谱光视效率函数逐渐从暗视觉过渡到明视觉。

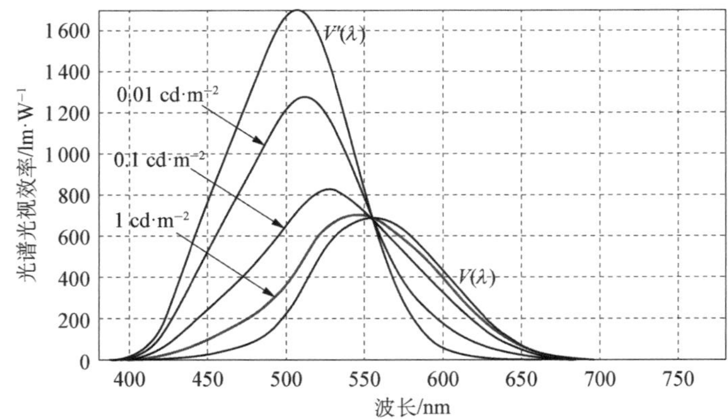

图 1.2.7　光谱光视效率函数(从明视觉到暗视觉)

为了描述不同光源的相对光谱能量分布，我们需要引入一个 s/p 值的概念。比值 s/p 是光谱的暗视觉光通量(基于 $V'(\lambda)$)和明视觉光通量(基于 $V(\lambda)$)之比，它可用来表征光源的光谱在暗视觉情况下的有效程度：

$$r=s/p=\frac{1\,699\int_{380}^{780}P(\lambda)V'(\lambda)\mathrm{d}\lambda}{683\int_{380}^{780}P(\lambda)V(\lambda)\mathrm{d}\lambda}。 \tag{1.2.2}$$

2010 年，CIE 191 - 2010 介绍了 4 种中间视觉光度学模型：USP 模型、MOVE 模型、MES1 模型和 MES2 模型。其中，USP 模型只适用于非彩色视觉任务，而 MOVE 模型以彩色视觉任务为主，它们代表了视觉任务的两类极端情况。USP 模型的中间视觉与明、暗视觉的分界点(0.6 cd·m^{-2})被认为过低，而 MOVE 模型的分界点(10 cd·m^{-2})被认为过高。为了使模型具有更广泛的适用性，同时对非彩色视觉任务给予更多的考虑，CIE 提出了中间模型 MES1 和 MES2，并将 MES2 模型作为基于视觉功能的中间视觉光度学推荐模型。MES2 模型中的中间视觉亮度范围为 0.005～5 cd·m^{-2}，模型的计算公式为

$$M(m)\cdot V_{mes}(\lambda)=m\cdot V(\lambda)+(1-m)V'(\lambda), \tag{1.2.3}$$

式中，$M(m)$为使中间视觉光谱光视效率函数 $V_{mes}(\lambda)$的最大值为 1 的归一化函数；m 为亮度适应系数。如果 $L_{mes}\geqslant 5.0$ cd·m^{-2}，则 $m=1$；如果 $L_{mes}\leqslant 0.005$ cd·m^{-2}，则 $m=0$；如果 0.005 cd·m^{-2} $<L_{mes}<$ 5.0 cd·m^{-2}，则 $m=0.333\,4\lg L_{mes}+0.767\,0$，$L_{mes}$ 为中间视觉亮度，

计算公式为

$$L_{mes,n}=\frac{m_{(n-1)}L_p+(1-m_{(n-1)})\cdot L_s\cdot V'(\lambda_0)}{m_{(n-1)}+(1-m_{(n-1)})V'(\lambda_0)},\qquad(1.2.4)$$

式中，L_p 为明视觉亮度；L_s 为暗视觉亮度；$V'(\lambda_0)=683/1\,699$，为暗视觉光谱光视效率函数在 555 nm 处的值；n 为迭代步数。

表 1.2.2 列出了道路照明常用的几种光源的典型 s/p 值，对大多数应用于道路照明的光源，其 s/p 值在 0.65～2.5 之间，采用中间视觉函数与采用明视觉函数的计算结果具有较明显的差别。以 MES2 模型为例，在明视觉亮度为 $1\ \mathrm{cd\cdot m^{-2}}$ 的情况下，当光源的 s/p 值在 0.65～2.5 之间变化时，中间视觉模型的计算结果与明视觉相比，会有－4%～＋15%的变化，即采用基于明视觉的常规仪器测量亮度都为 $1\ \mathrm{cd\cdot m^{-2}}$ 的路面时，实际人眼的感觉是：在 s/p 值为 2.5 的冷白光发光二极管(light emitting diode, LED)路灯下要比在 s/p 值为 0.65 的高压钠灯下高约 20%；在 $0.3\ \mathrm{cd\cdot m^{-2}}$ 的亮度下，变化范围扩大到－8%～＋29%，即采用基于明视觉的常规仪器测量亮度都为 $0.3\ \mathrm{cd\cdot m^{-2}}$ 的路面时，实际人眼的感觉是：在 s/p 值为 2.5 的冷白光 LED 路灯下要比在 s/p 值为 0.65 的高压钠灯下高约 40%。

表 1.2.2　常见道路照明光源的典型 s/p 值

光源	s/p 值	光源	s/p 值
黄白高压钠灯	0.65	冷白金属卤化物灯	1.8
暖白金属卤化物灯	1.25	冷白 LED	2.15
暖白 LED	1.35		

4. 视觉适应

在现在和过去呈现的各种亮度、光谱分布、视角的刺激下，视觉系统状态会有所变化，这一过程称为视觉适应。

人眼对环境明暗的适应有两种：一种称为明适应，是指人从黑暗环境到明亮环境时眼睛的视觉适应，这一适应过程包括瞳孔的缩小和由杆状细胞向锥状细胞的过渡；另一种是暗适应，是指人从明亮环境到黑暗环境时眼睛的视觉适应，此过程是由瞳孔的放大和由锥状细胞向杆状细胞的过渡来完成的。如图 1.2.8 所示，明适应的时间较短，通常仅 10^{-3} s 至数秒，2 min 已完全适应；暗适应的时间较长，完全适应的时间长达 20 min 至 1 h，具体由明暗环境的亮度差异而决定。

人眼除了对环境明暗有适应过程外，对颜色也有适应过程。人眼在对某一色光适应后，当再观察另一物体颜色时，则不能立即获得客观的颜色印象，而是带有原适应色光的补色成分，经过一段时间适应后才会获得客观颜色感觉，这个过程称为“色适应”过程。

前文中已提及，不同观察者的眼睛对各种波长的光的灵敏度稍有不同，而且还随着时间、观察者的年龄和健康状况而改变。年龄对眼睛的光谱灵敏度有影响，这是因为随着人的年龄的增加，角膜和水晶体逐渐硬化。由于黄色素的滤光作用，使蓝色变暗，或易与绿色混淆，因而对蓝色的辨色力降低。人年老时，眼睛的晶状体由于硬化而弹性变差，对近物不能

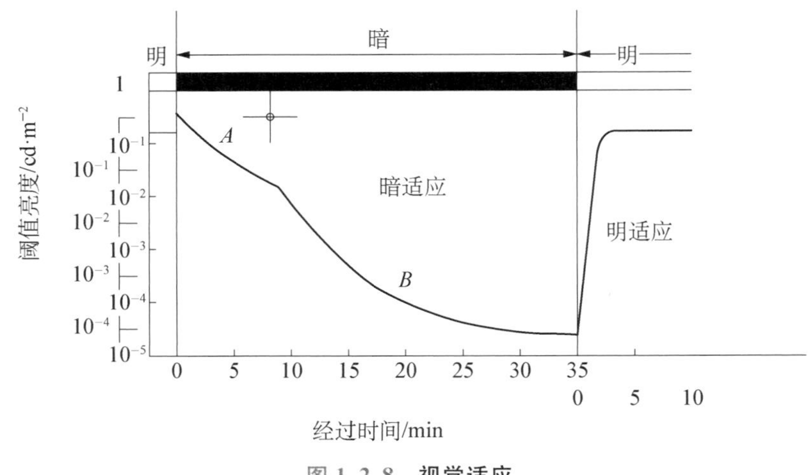

图 1.2.8 视觉适应

有效聚焦,此即所谓的老花眼。另外,由于老年人眼睛的晶状体的透明度变差,光的散射也使视力下降。因此,人老以后,眼睛亮、暗适应的能力也退化,控制进入眼睛的光量的能力减弱,因而对眩光更为敏感。所以,为了看清物体,老年人要求有更好的照明。

1.2.3 颜色视觉理论

1. 三色学说

基于红、绿、蓝三原色可以混合出不同颜色的现象,19 世纪扬-赫姆霍尔兹(Young-Helmholtz)提出:人眼视网膜上有 3 种含有不同视色素类型的神经纤维,光作用于神经纤维上能同时引起 3 种神经纤维的兴奋;由于光的波长不同,引起 3 种神经纤维的兴奋不同,从而产生不同的颜色感知。

后来生理学证实了 3 种锥状细胞的存在,并且测得 3 种不同光谱敏感性的视色素的光谱吸收峰分别在 440~450 nm、530~540 nm、560~570 nm,分别对应短波、中波、长波的光敏感,所以,分别称为感蓝(S)、感绿(M)、感红(L)3 种锥细胞,它们的吸收光谱如图 1.2.2 所示。

赫姆霍尔兹三色学说的最大优越性是能充分说明各种颜色的混合现象,他提出的 3 种神经纤维的兴奋曲线预示了色度学中光谱三刺激值的思想,是色度学建立的根源。

2. 对立学说

三色学说很好地解释了三原色混色规律,但在解释某些现象(如色盲现象)时遇到了困难。德国物理、心理学家赫林(Hering)在 1878 年提出了对立学说,也叫做四色学说。赫林论证了三色理论不能解释红光与绿光组合就产生了黄光,或论证有视觉缺陷的人无一例外地容易将红色与绿色或将黄色与蓝色相混淆。

赫林根据观察到的颜色现象总是以红-绿、黄-蓝、黑-白成对关系产生,以及在色盲、后像等现象的基础上,认为:

1) 视网膜中有 3 对视素:白-黑视素、红-绿视素、黄-蓝视素。

2) 这 3 对视素的代谢作用包括建设(同化)和破坏(异化)两种对立的过程。

3）光刺激破坏白-黑视素，引起神经冲动产生白色感觉；无光刺激时，白-黑视素便重新建设起来，所引起的神经冲动产生黑色感觉。

4）对红-绿视素，红光起破坏作用，绿光起建设作用；对黄-蓝视素，黄光起破坏作用，蓝光起建设作用。各种颜色都有一定的明度，即含有白色成分，所以每一颜色不仅影响其本身视素的活动，而且也影响白-黑视素的活动。

20 世纪 50 年代，科学家通过实验，在视网膜和侧膝核（lateral geniculate nucleus，LGN）上发现对立神经细胞。目前认为，对立色过程是锥状细胞响应后视觉对颜色信号的第一级处理。

3. 阶段学说

在赫林的观点提出不久，视觉科学家就争论视觉系统本质到底是三色还是对立的，冯・凯斯（von Kries）于 1882 年最先提出了阶段学说。

颜色视觉过程被分成如下几个阶段：

1）第一过程：吸收（三色理论）。

2）第二过程：传递（重新组合）。

3）第三过程：感知（对立学说）。

在传递阶段，单个锥体细胞的信号重新相加或相减的组合（可以理解为信号处理的去相关处理），结果在感知阶段表现为“亮/暗、红/绿、蓝/黄”3 种对立的信道，如图 1.2.9 所示。

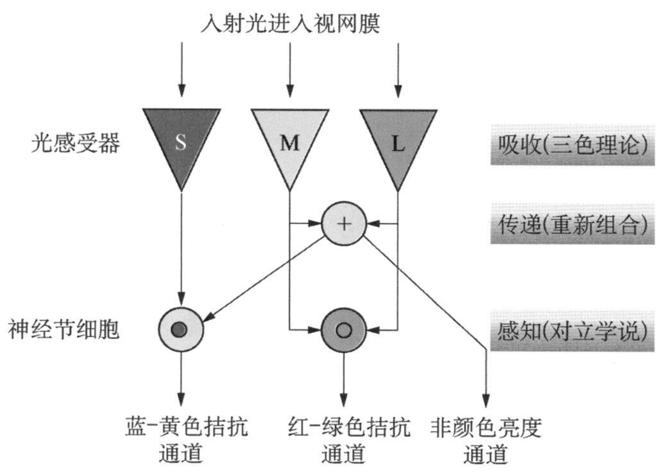

图 1.2.9　视网膜传入视觉中枢的信息通道，对应于“阶段学说”

1.2.4　光的非视觉生物效应

近几年来，随着生活质量的不断提高，人们对照明的要求早就超越了为照亮而照明的初级阶段，开始更多地关注照明对环境以及对人们心理、生理的影响。因此，必须从生理学、心理学的角度研究光对人体的影响。

可见光除了刺激视觉形成外，还有第二类作用：调节人体的生理节律、警觉度和代谢过程，保持人体健康。可见光中的蓝光成分在这一作用中的影响尤其明显，其作用机制是通过抑制松果体分泌褪黑激素、刺激肾上腺分泌皮质激素(可的松)等，起到改变生理节律、调节人体生物钟的作用，这称为非视觉生物效应。

1. 人眼的第三种感光细胞

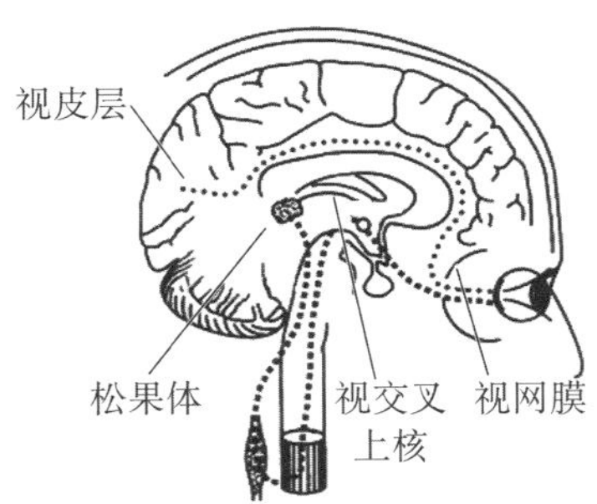

图 1.2.10　人眼的视觉和非视觉生物效应通道

150 多年来，人们一直认为在视网膜上只有两种感光细胞，即前面所述的锥状细胞和杆状细胞。2002 年，美国布朗大学(Brown University)的博尔森(Berson)等人发现了哺乳类动物视网膜的第三类感光细胞——视网膜特化感光神经节细胞(photosensitive retinal ganglion cells, ipRGC)。这种细胞具有特有的神经连接，连接至大脑中的视交叉上核(supachiasmatic nucleus, SCN)中。视交叉上核是大脑的生物钟，和松果体腺一起负责某些类型激素的调整。图 1.2.10 同时显示了人脑中的连接视网膜感光细胞的视觉通道和生物通道。

与锥状细胞和杆状细胞相似，这种视网膜神经节细胞对不同波长的光的灵敏度是不同的。目前，对褪黑素抑制作用光谱函数并没有达成共识。这里提供了布兰纳德(Brainard)根据生物因素“褪黑素”的基本原理确定的光谱“生物作用”曲线 $C(\lambda)$(见图 1.2.11)。图 1.2.11 同时还给出了前面提到的在明视觉时人眼的光谱光视效率曲线 $V(\lambda)$。比较一下这两条曲线可明显发现：在不同的光线波长的条件下，生物敏感度和视觉敏感度是完全不同的。最大的视觉敏感度位于黄-绿色波长区域，而最大的生物敏感度位于光谱的蓝色区域。这种现象对于规范健康照明具有重要的意义。

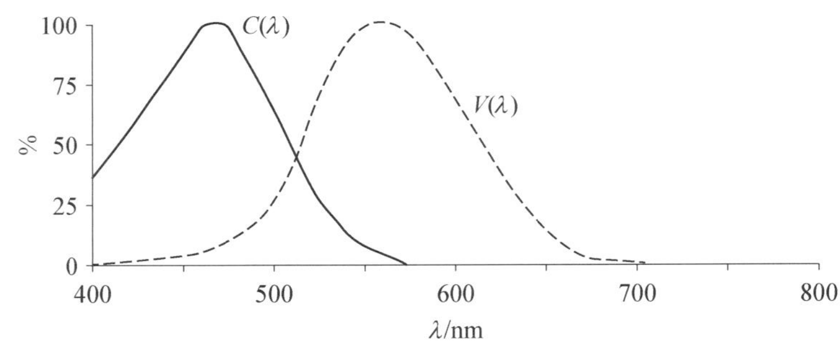

图 1.2.11　人眼的光谱生物作用曲线与光谱光视效率曲线

2. 光和人体周期节律

光线通过这种新发现的感光细胞和单独的神经系统将信号传递至人体的生物钟，生物钟再据此调整人体大量不同的生理进程中的周期节律，包括每天的昼夜节律和季节节律。图 1.2.12 显示了人体的一些典型的生物现象的昼夜节律，包括人体的体温、人体的警觉性、激素皮质醇以及褪黑素。

激素皮质醇(压力激素)和褪黑素(睡眠激素)在控制人体的活跃度和睡眠方面起着重要的作用。皮质醇可增加血液中的糖分并为人体提供能量，同时增强人体的免疫系统；但是当激素皮质醇长时间处于过高的水平，人体会疲劳并且变得效率低下。早晨人体的激素皮质

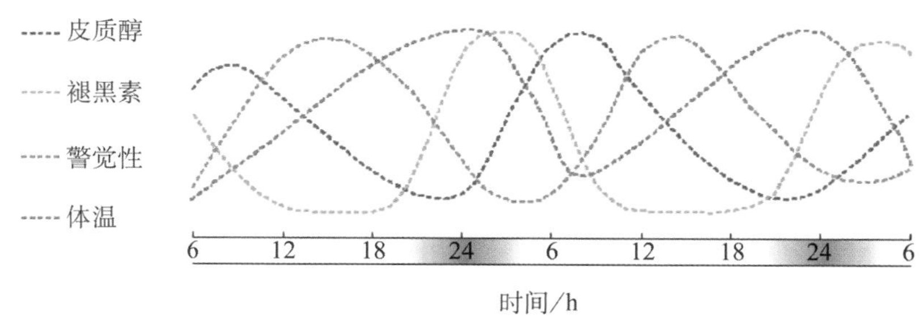

图 1.2.12 人体体温、褪黑素、皮质醇以及人体警觉性的周期节律

醇水平会增加，为人体即将来到的日间活动做准备。在整个白天活动过程中激素皮质醇均保持着较高的水平，午夜时分则降至最低的水平。褪黑素的水平在清晨时会下降，以减少睡眠；而当环境变暗时会再度上升，以促使健康的睡眠（皮质醇正处于最低水平）。人体的周期节律不应过多地被打乱，这对于良好的健康状态是非常重要的。当人体的周期节律出现紊乱时，清晨明亮的光线能够帮助恢复正常的周期节律。

缺少“正常的”明亮-黑暗周期节律会造成人体的活跃性和睡眠的混乱，最后将导致人体在黑夜时分非常活跃，而在白天期间却十分嗜睡。出于同样的理由，乘坐飞机作跨越几个时区的长途飞行时也会出现同样的症状，即时差现象；三班倒的工作人员也有同样的经历，在每次倒班后的两天内会出现这种症状。

在自然环境中，室外的日光可以满足同步调节人体生理节律（或称为生物钟）的功能，这是人类几百万年进化的结果。然而，在当今社会中，由于人们有越来越多的时间在室内度过（如办公室、学校、消费场所等），可能导致所接收的蓝光照射远少于室外活动所接收的剂量。蓝光和冷白光源可用于建立合适的光环境，帮助人们获得每日所需的蓝光剂量，以保证其生理节律与自然的昼夜节律相协调。

3. 基于人体生物效应的照明

我们已经知道光环境对人体健康有着直接影响。光的非视觉生物效应并不直接受工作场所照度的控制，而是受到进入人眼光线的控制。当然有一点很明显：对于未来的照明设计趋势，仅仅对在工作区域的照度做出规定是远远不够的。一般认为，照明颜色本身就具有情感色彩，而且对于烘托空间的氛围非常重要；现在我们还应明白，照明的颜色还具有重要的生物意义。

例如，在工作环境中，需要一定的活动和放松时间，人工照明的颜色和照度水平有助于创建这种氛围。图 1.2.13 表示的是一例工作场所的照明场景设置，其根据人体的“昼夜节

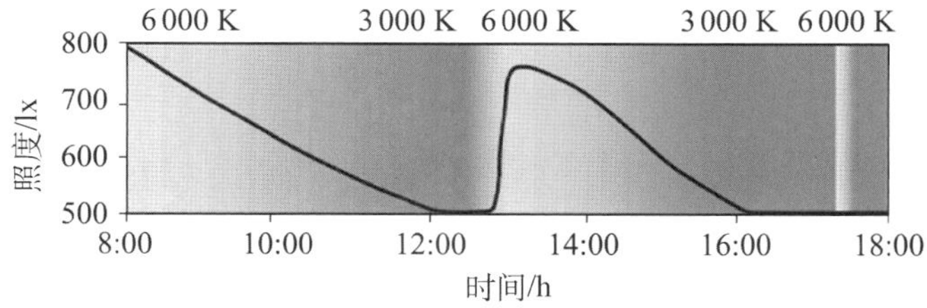

图 1.2.13 照度和色温渐变的与人体节律相符的照明场景

律”对照度水平和色温进行逐渐变化。早晨时段，相对较高照度的冷-白光线，给人积极向上的感觉，促使人快速清醒，投入工作。接着，慢慢转为较低照度的暖白色调白光。在午餐时分提供所需要的最低照度(500 lx)，其色温是暖色调的，让人体进入放松的状态，在这种照明环境中就餐会倍感舒适。午餐后的照度和色温(冷-白色调)快速上升，使得人体重新开始活跃，接下来照度和色温再次慢慢地下降，只是在一天工作的末尾阶段出现一定的冷-白色调的、高色温的照明，时间非常短暂，使人们更加清醒，确保下班途中的交通安全。

蓝光是白光的基本成分。与日光和传统光源一样，白光 LED 也含有蓝光。适量的蓝光不仅为保证光源的显色性能所必需，还能对人的生理节律有调节作用。

4. 光生物安全

光生物安全主要是指防止光辐射可能对眼睛(晶状体、角膜、视网膜)和皮肤造成的生物学效应，如过强的红外线和紫外线可能对晶状体造成损伤而引起白内障，过强的可见光和红外线可能会对视网膜造成热损伤等。相对于传统光源来讲，白光 LED 算是比较纯净的光谱，主要集中在可见光范围内，并没有多少紫外光和红外光成分，因而对于白光 LED 来说，光生物安全主要就是指防止亮度过亮，且长时间直射的蓝光可能引起对视网膜的光化学损伤。

蓝光危害是指光源的 400～500 nm 蓝光波段，如果亮度过高，眼睛长时间直视光源后可能会引起视网膜的光化学损伤。这种损伤主要分为两类：蓝光直接与视觉感光细胞中的视觉色素反应所产生的损伤，以及蓝光与视网膜色素上皮细胞中的脂褐素反应所引发的损伤。这些光化学反应都会产生大量的具有细胞毒性的自由基，破坏细胞正常生长。

蓝光危害程度取决于人眼在灯光下所累积接收的蓝光剂量。针对蓝光对视网膜的伤害，国际非电离辐射防护委员会(International Commission on Non-ionizing Radiation Protection，ICNIRP)基于各种实验结果，总结定义出针对不同条件下的曝辐限值的具体值，该值被所有国际照明标准所采用。无论如何，日常使用的各种光源都需要保证其对用户的安全性。通过制订国际和国家安全标准，照明厂商按照标准的规定来制造灯具，便可以保证光源和灯具的蓝光安全。

蓝光危害的峰值波长为 437 nm。国内外经过多年研究和评估，已制订了光生物安全标准，规定了蓝光危害的加权函数 $B(\lambda)$、蓝光加权辐亮度和辐照度的阈值，这对企业规范生产，对人们安全、合理地使用光源和灯具起到指导作用。

依据 GB/T 20145－2006，蓝光视网膜危害可分类如下：

1) 无危险(辐亮度小于等于 100 $W \cdot m^{-2} \cdot sr^{-1}$)：无危害类的科学基础是灯对于本标准在极限条件下也不造成任何光生物危害。

2) 低危险(1 类)(辐亮度小于等于 1×10^{4} $W \cdot m^{-2} \cdot sr^{-1}$)：在曝光正常的条件限定下，灯不产生危害。

3) 中危险(2 类)(辐亮度小于等于 4×10^{6} $W \cdot m^{-2} \cdot sr^{-1}$)：灯不产生对强光和温度的不适所反映的危害。

4) 高危险(3 类)(辐亮度大于 4×10^{6} $W \cdot m^{-2} \cdot sr^{-1}$)：灯在更短瞬间造成危害。

光谱光效率函数 $V(\lambda)$、蓝光危害的加权函数 $B(\lambda)$ 和非视觉生物效应函数 $C(\lambda)$ 随波长的变化如图 1.2.14 所示。

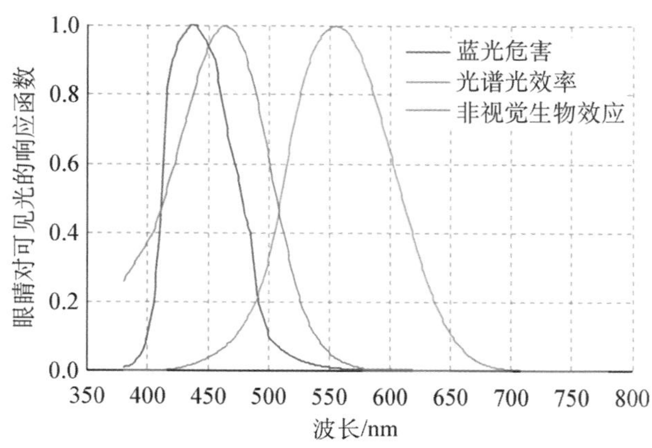

图 1.2.14 人眼对可见光的几种响应函数

简而言之，蓝光的正面效应包括形成蓝色视觉、抑制褪黑激素分泌、刺激可的松分泌等；其负面效应是若设计和使用不当而造成亮度过高则会对视网膜有蓝光危害，这可以通过控制光源的亮度、减少眩光等方法来解决。

蓝光问题实质是辐亮度、蓝光加权函数和时间的共同作用。只有光源的辐亮度高、蓝光成分丰富、作用时间长，才会引起蓝光危害。

太阳是离我们最近的具有极高辐亮度的自然光源，由于其辐亮度高达 2×10^{7} W·m^{-2}·sr^{-1}（亮度为 1.6×10^{9} cd·m^{-2}），蓝光加权辐亮度为 2.1×10^{6} W·m^{-2}·sr^{-1}，因此只要注视时间超过 0.5 s 就可能引起蓝光危害。当然，人们在看到强光时会自我保护，视线会很快离开强光源。

对于辐亮度较太阳低 2～3 个量级的光源，如金属卤化物灯、卤钨灯、白炽灯和 LED 封装器件，在长时间注视后会产生危害。以钨丝温度 2 700 K 的白炽灯为例，其蓝光加权辐亮度为 1.3×10^{3} W·m^{-2}·sr^{-1}，注视时间超过 770 s 后会产生蓝光危害。室外 LED 灯具有防眩光措施，室内 LED 灯具一般通过扩散板出光，其亮度已降低到荧光灯的水平，不会产生蓝光危害。

从光生物安全的角度来衡量，LED 与以白炽灯、荧光灯为代表的传统照明光源并没有本质上的差别。在同样色温下，由典型 LED 所产生的蓝光成分并不比其他传统光源所产生的蓝光成分高。虽然从光谱来看，LED、紧凑型荧光灯、卤钨灯及白炽灯的光谱曲线各不相同，但在类似的色温下，它们的蓝光成分却没有太大的差异，如图 1.2.15 所示。

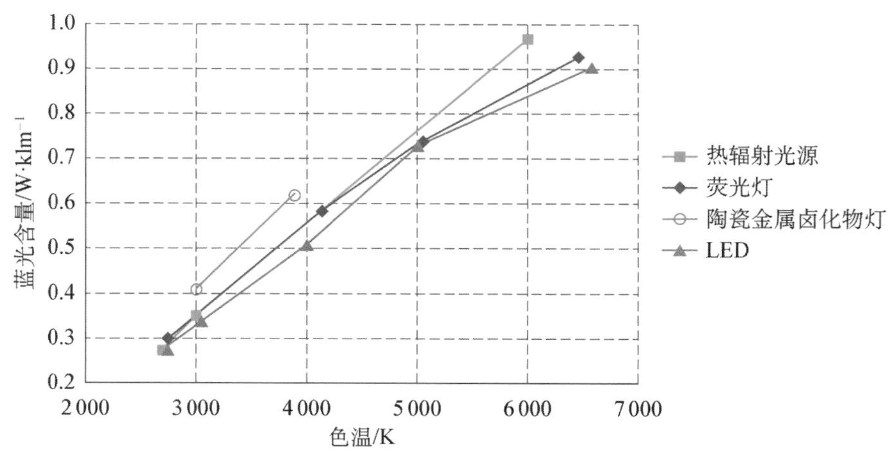

图 1.2.15 各种光源在不同色温下的蓝光剂量

由于辐亮度为辐射量，一般人不易理解。由光源的光谱计算出亮度和蓝光加权辐亮度的比值，再根据蓝光加权辐亮度的限制值（100 W・m^{-2}・sr^{-1}），可以算得蓝光安全的亮度上限，这更易于从另一个角度理解蓝光危害。图 1.2.16 所示为热辐射光源、荧光灯、陶瓷金属卤化物灯和 LED 在不同色温下的蓝光安全亮度上限。

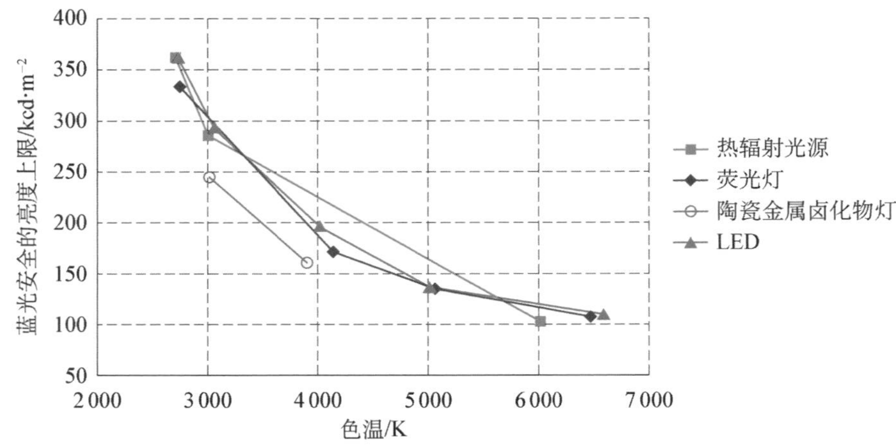

图 1.2.16 “无危害”类蓝光安全亮度上限

图 1.2.16 表明，当色温相同时，LED 的蓝光安全亮度上限与荧光灯差不多：在色温 2 700 K 时为 360 kcd・m^{-2}，在色温 6 500 K 时为 110 kcd・m^{-2}。这说明，只要光源和灯具的表面亮度小于 100 kcd・m^{-2}，那它对眼睛就是“绝对”安全的，即使一直盯着看也没有问题。由于室内使用的 LED 一般都带有扩散罩或扩散板，其亮度小于 100 kcd・m^{-2}，因此其不存在蓝光危害问题。

1.3 色度学基础

在日常生活中，人们在眼中所看到的颜色，除了物体本身的光谱特性之外，主要和照明条件密切相关。如果一个物体对于不同波长的可见光具有相同的反射特性，则称这个物体是白色的，而这个物体是白色的结论是在全部可见光同时照射下得出的。同样是这个物体，如果只用单色光照射，那么这个物体的颜色就不再是白色的了。

这些现象说明：在人们眼中所反映的颜色，不单取决于物体本身的特性，而且还与照明光源的光谱成分有着直接的关系。所以说，在人们眼中反映出的颜色是物体本身的自然属性与照明条件的综合效果，而色度学就是研究人眼对颜色的感觉规律、颜色的测量理论与技术的一门科学。

牛顿（Isaac Newton）在 1664 年用棱镜把白色的太阳光色散成不同色调的光谱，奠定了光颜色的物理基础。1860 年，麦克斯韦（Jamex Clerk Maxwell）用不同强度的红、黄、绿三色光配出了从白光一直到各种颜色的光，奠定了三色色度学的基础。在此基础上，1931 年 CIE 建立了 CIE 色度学系统，并不断完善。如今，CIE 色度系统已广泛用于定量地表达光的颜色。

在本节中,我们将简要介绍颜色的表达和 CIE 色度系统,重点介绍色温和显色性这两个表征光源特性的色度学指标,并结合 LED 的特点,详细介绍 LED 的光色一致性、空间颜色均匀性、颜色漂移以及显色能力评价等光品质问题。随着 LED 照明的普及和人们生活水平的提高,人们对于照明的需求也已经从单纯的照亮提升到健康舒适的照明,LED 光品质的评价问题越来越受到重视。

1.3.1 色度系统

彩色在知觉意义上是指有色调的知觉色,它有 3 个特性:色调、明度和彩度。非彩色只有明度的差别,没有色调和彩度这两个特性,所以,对于非彩色,只能根据明度的差别来辨认物体。对于彩色,可以从明度、色调和彩度 3 个特性来辨认物体,这就大大提高了人们辨识物体的能力。

颜色可以通过光混合,也可以通过染料混合,但两种混合方法的结果是不同的,前者称为相加混合,后者称为相减混合,如图 1.3.1 所示。颜色光的混合是由于不同颜色的光引起眼睛的同时兴奋,而染料混合则是利用不同波长的光在所混合的染料微粒中逐渐被吸收。

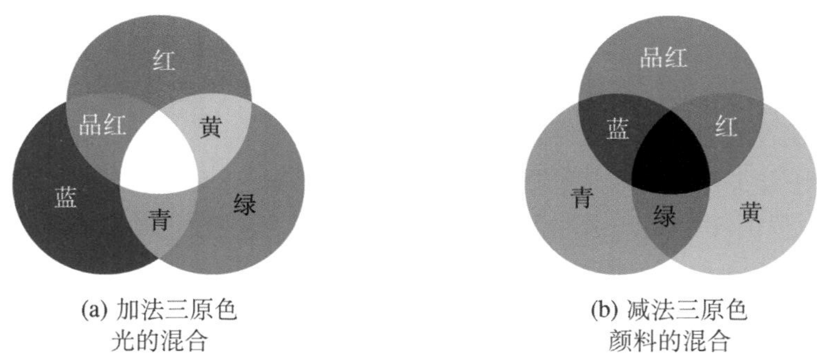

图 1.3.1 光的相加混合和颜料的相减混合

对于相加混合方法,符合以下的颜色混合定律:

1) 人的视觉只能分辨颜色的 3 种变化:明度、色调、彩度。

2) 在由两种成分的混合色中,如果一个成分连续地变化,则混合色的外貌也随之连续变化,由此导出下述两条定律:

补色律:每一种颜色都有一个相应的补色。如果某一颜色与其补色以适当比例混合,便产生白色或灰色;如果两者按其他比例混合,便产生偏向比重大的颜色成分的非饱和色。

中间色律:任何两个非补色相混合,便产生中间色,其色调取决于两颜色的相对数量,其饱和度取决于两者在色调顺序上的远近。

3) 颜色外貌相同的光,不管其光谱组成是否一样,在颜色混合中具有相同的效果。也就是说,凡是在视觉上相同的颜色都是等效的,由此导出下述定律。

颜色代替律:相似颜色混合后仍相似。

假设颜色 A=颜色 B,颜色 C=颜色 D,则颜色 A+颜色 C=颜色 B+颜色 D。根据代替律,可以利用颜色混合方法来产生或代替各种所需要的颜色,现代色度学就是建立在此定律基础上的。

4）由各种颜色光组成的总亮度等于组成混合光的各颜色光的亮度的总和，这一定律称为亮度相加定律。

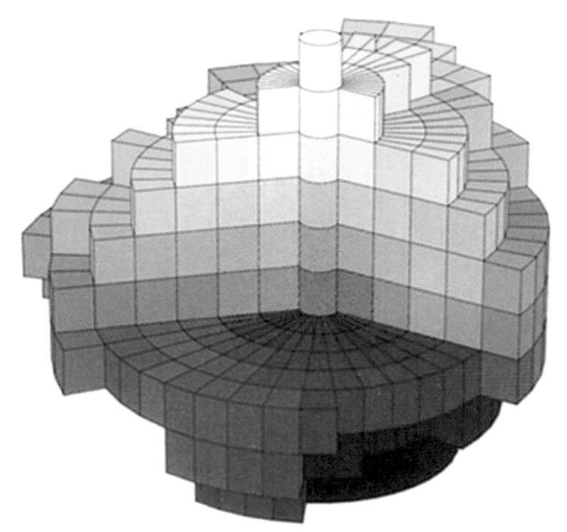
图 1.3.2 孟塞尔颜色系统

各种光源发出的光，由于光谱功率分布的差异，会显现出各种不同的颜色。世间万物的光谱反射率（或透射率）不尽相同，因而大自然在日光的照射下才显得五彩缤纷。如何表达光源和物体的色彩，下面介绍两种系统。

1. 孟塞尔系统

孟塞尔系统是孟塞尔（A. H. Munsell）根据颜色的视觉特点制订的颜色分类和标定系统。它用一个类似球体的模型（见图 1.3.2），把各种表面色的 3 种基本特性：色调 H、明度 V、彩度（饱和度）C 全部表示出来。立体模型中的每一部位都代表一种特定的颜色，并都有一个标号。

在模型的中央是一根表示明度的轴线，它代表无彩色黑白系列中性色。黑色在底部，白色在顶部，称为孟塞尔明度值。它将理想白色定为 10，将理想黑色定为 0。孟塞尔明度值为 0～10，共分为 11 个在视觉上等距离的等级。

某一特定颜色与中央轴的水平距离代表饱和度（即颜色的深浅），称为孟塞尔彩度，它表示具有相同明度值的颜色离开中性色的程度。中央轴上的中性色的彩度为 0，离开中央轴越远，彩度数值越大。各种颜色的最大彩度是不相同的，个别颜色彩度可达到 20。

由中央轴向水平方向投射的角代表色调。图 1.3.3 所示为孟塞尔颜色立体模型水平剖面图，每个水平剖面对应于一个明度值。水平剖面上的各个中心角代表不同的色调，其中包括 5 种主要色调——红（R）、黄（Y）、绿（G）、蓝（B）、紫（P）和 5 种中间色调——黄红（YR）、绿黄（GY）、蓝绿（BG）、紫蓝（PB）、红紫（RP）。每种色调又可分成 1～10 的 10 个等级，每种主要色调和中间色调的等级都定为 5。

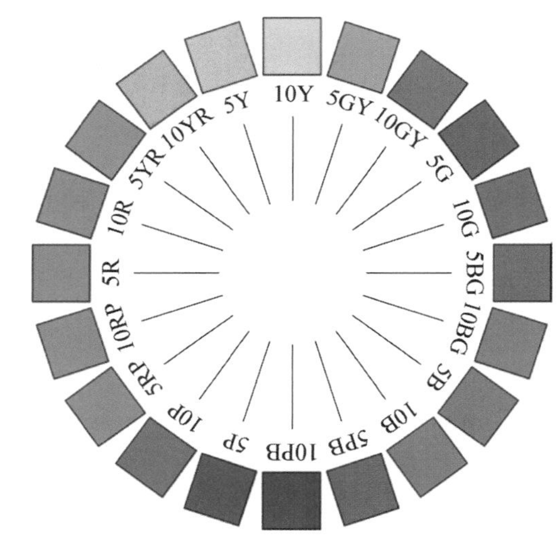

图 1.3.3 孟塞尔颜色系统水平剖面示意

任何颜色都可以用颜色立体模型上的色调、明度值和彩度这 3 项坐标加以标定，标定方法是先写出色调 H，然后写出明度值 V，在斜线后写出彩度 C，即

$$HV/C = \text{色调明度} / \text{彩度}。$$

例如，标号为 5Y8/12 的颜色，其色调是黄（Y），明度为 8，彩度为 12，这是一个比较明亮、具有较高饱和度的黄色。

对于非彩色的黑白系列(中性色)用 N 表示,在 N 后标定明度值 V,斜线后面不写彩度,即

$$NV/ = 中性色明度值/。$$

例如,标号 N5/的意义就是明度值是 5 的灰色。

2. CIE 色度系统

(1) CIE 1931 XYZ 系统

与用分光仪器将白色光散成许多单色光相反,人们又试图用几种单色光相混合以得到所要求的颜色光,并获得成功。混色实验发现,所有颜色的光都可以由某 3 种单色光按一定的比例混合而成,这 3 种单色光中的任何一种都不能由其余两种混合产生,这 3 种单色光称为三原色。1931 年 CIE 规定的红绿蓝(RGB)系统的三原色光的波长分别为 $\lambda_R = 700.0$ nm、$\lambda_G = 546.1$ nm 和 $\lambda_B = 435.8$ nm 的红光(R)、绿光(G)和蓝光(B)。在颜色匹配实验中,当这三原色光的相对亮度比例为 1.0000∶4.5907∶0.0601 时,就能匹配出等能白光。所以,CIE 选取这一比例作为红、绿、蓝三原色的单位量,即

$$(R):(G):(B) = 1:1:1。$$

CIE-RGB 光谱三刺激值是对 317 位正常视觉者,用 CIE 规定的红、绿、蓝三原色光,对等能光谱色从 380～780 nm 所进行的颜色混合匹配实验得到的。实验时,匹配光谱每一波长为 λ 的等能光谱色所对应的红、绿、蓝三原色数量,称为光谱三刺激值,记为 $\bar{r}(\lambda)$, $\bar{g}(\lambda)$, $\bar{b}(\lambda)$。光谱三刺激值 $\bar{r}(\lambda)$, $\bar{g}(\lambda)$, $\bar{b}(\lambda)$ 的曲线如图 1.3.4 所示。

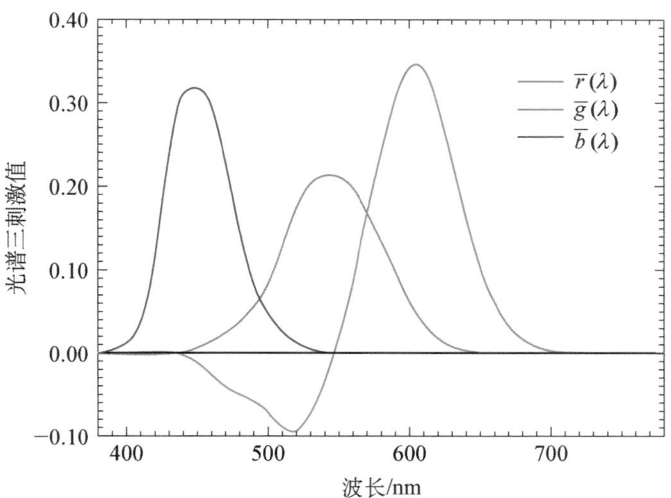

图 1.3.4 **光谱三刺激值 $\bar{r}(\lambda)$, $\bar{g}(\lambda)$, $\bar{b}(\lambda)$ 的曲线**

但采用 RGB 系统时发现,在某些情况下,有些量会出现负值,给计算带来很大不便。所以,1931 年 CIE 又规定了一个新的系统,即 CIE XYZ 系统。

在 XYZ 系统中采用 3 个虚设的原色(X)、(Y)和(Z)。(X)代表红原色,(Y)代表绿原色,(Z)代表蓝原色。这样,任一色光 C 可以表示成

$$C = X(\mathrm{X}) + Y(\mathrm{Y}) + Z(\mathrm{Z})。 \tag{1.3.1}$$

在该式中，X，Y，Z 称为三色刺激值，它们可由下式计算出来，即

$$\begin{cases} X = K_m \int_{380}^{780} P(\lambda)\,\bar{x}(\lambda)\mathrm{d}\lambda, \\ Y = K_m \int_{380}^{780} P(\lambda)\,\bar{y}(\lambda)\mathrm{d}\lambda, \\ Z = K_m \int_{380}^{780} P(\lambda)\,\bar{z}(\lambda)\mathrm{d}\lambda。 \end{cases} \tag{1.3.2}$$

式中，$P(\lambda)$是光源的光谱功率分布函数；$\bar{x}(\lambda)$，$\bar{y}(\lambda)$和$\bar{z}(\lambda)$是光谱三色刺激值；$K_m = 683\ \mathrm{lm \cdot W^{-1}}$。

如果只要求颜色光的色度，而不要求光通量，则只要知道 X，Y，Z 的相对值就可以了。令

$$\begin{aligned} x &= X/(X+Y+Z), \\ y &= Y/(X+Y+Z), \\ z &= Z/(X+Y+Z)。 \end{aligned} \tag{1.3.3}$$

这 3 个新的量只表示颜色光的色度，称为色坐标。由上式可知

$$x + y + z = 1。 \tag{1.3.4}$$

即只要知道色度坐标中的两个值，就可求出第三个值。根据这一关系，可以用图 1.3.5 所示的平面图来表示颜色光的色度。该图的舌形曲线表示 380～780 nm 之间单色光的轨迹。连接舌形曲线两端的直线——紫线，代表红色和紫色混合的标准紫色。图中有一条弯曲的线，它代表各种温度下黑体辐射的色度坐标(x，y)的轨迹。

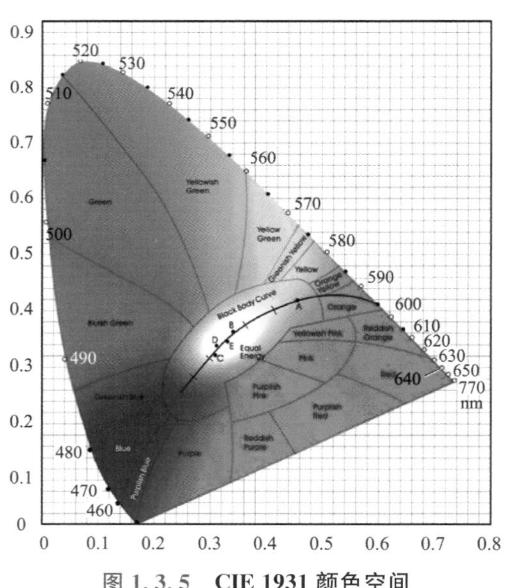

图 1.3.5　CIE 1931 颜色空间

(2) CIE 1960 $u-v$ 系统

在 $x-y$ 色度图上，每一点都代表一种确定的颜色。这一颜色与它附近的一些点代表的颜色应该说是不同的。然而，常常有这样的情况：人眼不能区别某一点和它周围一些点之间的颜色差异，而认为它们的颜色是相同的。只有当两个颜色点之间的距离足够大时，我们才能感觉到它们的颜色差别。我们将人眼感觉不出颜色变化的最大范围称为颜色的宽容量，或称为恰可察觉差(just notice difference，JND)。

1942 年，麦克亚当(Macadam)发表的一篇关于人的视觉宽容量的论文，迄今为止，仍是在色彩差别定量计算与测量方面的基本著作。

在研究的过程中，麦克亚当在 CIE $x-y$ 色度图上不同位置选择了 25 个颜色色度点作

为标准色光,其色度坐标为 x, y。又对每个色度点画出 5～9 条不同方向的直线,取相对两侧的色光来匹配标准色光的颜色,由同一位观察者调节所配色光的比例,确定其颜色辨别的宽容量。通过反复做 50 次配色实验,计算各次所得色度坐标的标准差,即

$$D_{\mathrm{sb}}=\sqrt{\sum_{i=1}^{n}\frac{1}{n}\left[(x_i-x)^2+(y_i-y)^2\right]}。\tag{1.3.5}$$

麦克亚当等人的研究表明,在 $x-y$ 色度图的不同位置上,颜色的宽容量不同。在蓝色部分宽容量最小,而在绿色部分最大。配色实验得到的在各个色坐标点的视觉宽容量的标准差如图 1.3.6 所示,为了便于显示,图中的椭圆被放大了 10 倍。

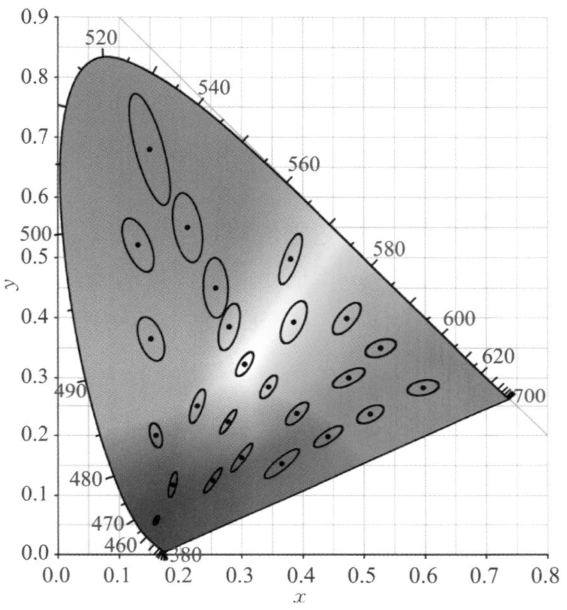

图 1.3.6　麦克亚当椭圆(放大了 10 倍)

需要强调的是,麦克亚当椭圆表示的是标准差,并不直接表示色差,它代表的是色品的分辨力。麦克亚当通过实验证明了,恰可察觉色差与颜色匹配相对应的标准差之间呈线性关系,标准差的 3 倍就是色差的恰可察觉色差。

从图 1.3.6 中可以看出,在 $x-y$ 色度图上不同部分的相等距离并不代表视觉上相等的色度差。当用该图来测量或表示色度差时,将会有严重的缺陷。为了克服这一缺点,CIE 于 1960 年建立了 $u-v$ 色度图(见图 1.3.7),这是一个比较理想的均匀色度标尺(uniform chromaticity scale, UCS)图。均匀色度图的色坐标 u, v 与 x, y 之间有如下关系,即

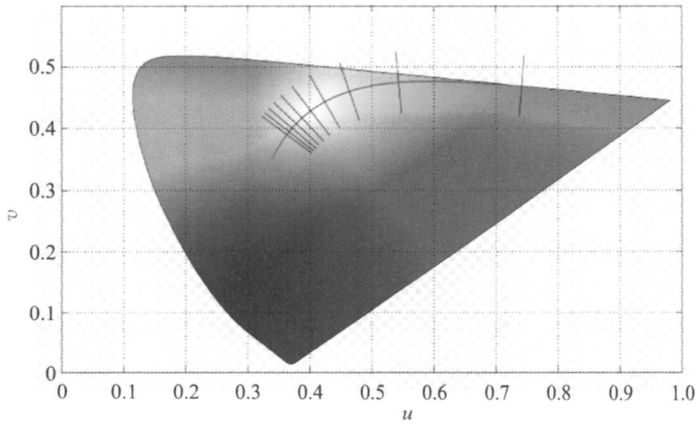

图 1.3.7　CIE 1960 $u-v$ 色度图

$$\begin{cases} u = 4x/(-2x+12y+3), \\ v = 6y/(-2x+12y+3); \end{cases} \tag{1.3.6}$$

或

$$\begin{cases} u = 4X/(X+15Y+3Z), \\ v = 6Y/(X+15Y+3Z)。 \end{cases} \tag{1.3.7}$$

虽然 $u-v$ 色度图的各部分还不是完全均匀的，但对于工业上大多数的颜色检查工作来说，该色度图已可适用。

(3) CIE 均匀颜色空间

$u-v$ 色度图虽然已比较均匀，但该图没有明度坐标。在实际应用中，颜色问题都涉及与明度相关的亮度因数 Y。因此，有必要将 $u-v$ 色度图扩充成包括亮度因素在内的三维均匀颜色空间。首先要建立均匀明度标尺。在孟塞尔系统中，将明度值分成从 0 到 10 的 11 个等级。明度的变化相应于亮度因数的变化，但两者并不是线性关系。所谓亮度因数是指在规定的照明条件下，在给定方向上的物体亮度与在同样条件下完全反射漫射体的亮度之比。对于明度和亮度因数之间的关系，1964 年 CIE 推荐下列公式，即

$$W = 25Y^{1/3} - 17,\ 1 \leqslant Y \leqslant 100, \tag{1.3.8}$$

式中，以 W 表示明度指数。

将上述均匀明度标尺和 $u-v$ 色度图结合起来，并在明度标尺和色度标尺之间加上适当的权重因子，就构成了 CIE 1964 $U^*V^*W^*$ 均匀颜色空间。该空间用 $U^*V^*W^*$ 坐标系统来表示，色度指数 U^*，V^* 由下列公式确定，即

$$\begin{cases} U^* = 13W^*(u-u_0), \\ V^* = 13W^*(v-v_0), \end{cases} \tag{1.3.9}$$

式中，u，v 是颜色样品的色坐标；常数 u_0，v_0 是非彩色的坐标，在 $u-v$ 图上是坐标的原点。u_0，v_0 的值可由标准照明体（如 D65 标准光源）的三色刺激值 X_0，Y_0，Z_0 采用公式求出。

从 CIE 1931 RGB 系统到 CIE 1931 XYZ 系统，再到 CIE 1960 UCS 系统，再到 CIE 1976 LAB 系统，一直都在向“均匀化”方向发展。CIE 1931 XYZ 颜色空间只是采用简单的数学比例方法，描绘所要匹配颜色的三刺激值的比例关系；CIE 1960 UCS 颜色空间将 1931 $x-y$ 色度图作了线形变换，从而使颜色空间的均匀性得到了改善，但亮度因数没有均匀化。为了进一步改进和统一颜色评价的方法，1976 年 CIE 推荐了新的颜色空间及其有关色差公式，即 CIE 1976 $L^*u^*v^*$（也称为 CIE LUV）或 CIE 1976 $L^*a^*b^*$（也称为 CIE LAB）系统，如图 1.3.8 所示，现在已成为世界各国正式采纳、作为国际通用的测色标准，它适用于一切光源色（CIE LUV，加色混合）或物体色（CIE LAB，减色混合）的表示与计算。

这两个颜色空间与颜色的感知更均匀，并且给出人们评估两种颜色近似程度的一种方法，允许使用数字量 ΔE 表示两种颜色之差。

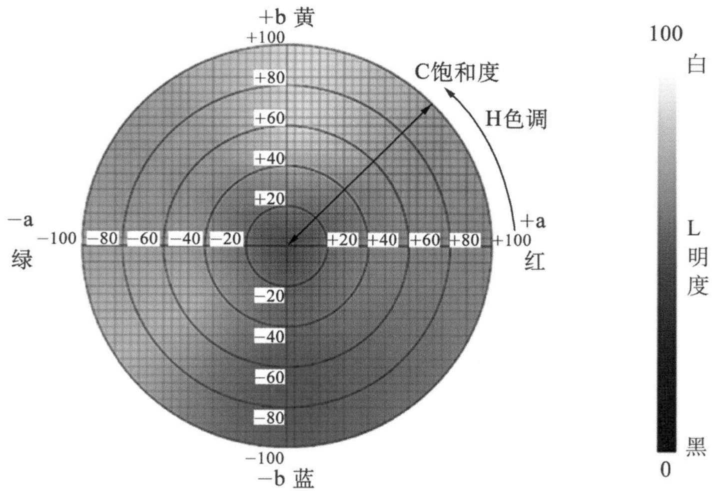

图 1.3.8　CIE 1976 L* a* b* 色度图

综上所述，CIE 色度图的发展历程可以简要地由图 1.3.9 来总结，通过颜色匹配实验得到光谱三刺激值的函数，即 CIE 1931 RGB 系统；为了解决光谱三刺激值的负值问题，提出来 CIE 1931 XYZ 系统，这个系统目前在照明行业中仍然被广泛使用，在光度学测量中得到的 C_x，C_y 色坐标指的就是 CIE 1931 XYZ 系统中的 X 值和 Y 值；为了改善色度图中的颜色均匀性，提出了 CEI 1960 $u-v$ 系统，在照明行业中经常被用到的色差 Δu，Δv 就是基于 CIE 1960 $u-v$ 系统；随后的 CIE 1964 U* V* W* 颜色空间增加了亮度因素，使原来的二维色度图成为综合了亮度和色度的三维均匀颜色空间；而 CIE 1976 L* u* v* 均匀颜色空间则是把 V 坐标放大了 1.5 倍，改善了色度图的颜色均匀性，能较好地符合目视判别结果。

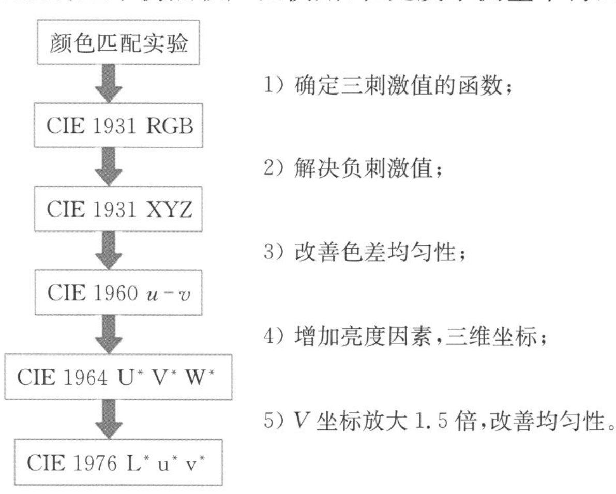

图 1.3.9　CIE 表色系统的发展历程

3. RGB 混色计算

基于 CIE 1931 色度学模型，每一种颜色所对应的三刺激分别为(X，Y，Z)。按照格拉斯曼(Grsassmann)定律，混合色的色品坐标与已知色的色品坐标之间没有线性叠加关系，而混合色的三刺激值与已知色之间存在线性叠加关系。在颜色相加混合计算中总是先算三刺激值，再求色品坐标。加法混色可表示为

$$
\begin{aligned}
X &= X_1 + X_2 + X_3, \\
Y &= Y_1 + Y_2 + Y_3, \\
Z &= Z_1 + Z_2 + Z_3。
\end{aligned}
\tag{1.3.10}
$$

CIE 1931 的色品坐标与三刺激值存在如下关系，即

$$X = \frac{x}{y}Y,$$
$$Y = Y, \tag{1.3.11}$$
$$Z = \frac{z}{y}Y = \frac{1-x-y}{y}Y。$$

为了简化计算，我们可以定义

$$m = \frac{Y}{y}, \tag{1.3.12}$$

则(1.3.11)式可以改写成

$$X = xm,$$
$$Y = Y, \tag{1.3.13}$$
$$Z = zm = (1-x-y)m。$$

在介绍 RGB 3 种光色的混色计算之前，我们可以先来了解一下两种光色的混色计算。假设有两种光色(x_1, y_1, Y_1)和(x_2, y_2, Y_2)，(x_1, y_1)表示第一种光色的 C_x 和 C_y 坐标，Y_1 表示第一种光色的光通量，则我们可以得到这两种光色混合的三刺激值为

$$X_{mix} = X_1 + X_2 = x_1m_1 + x_2m_2,$$
$$Y_{mix} = Y_1 + Y_2, \tag{1.3.14}$$
$$Z_{mix} = Z_1 + Z_2 = (1-x_1-y_1) \cdot m_1 + (1-x_2-y_2) \cdot m_2。$$

然后，我们就可以由三刺激值$(X_{mix}, Y_{mix}, Z_{mix})$换算得到混色的 CIE 1931 色坐标$(x_{mix}, y_{mix})$和光通量 Y_{mix} 为

$$x_{mix} = \frac{X_{mix}}{X_{mix}+Y_{mix}+Z_{mix}} = \frac{x_1m_1+x_2m_2}{m_1+m_2},$$
$$y_{mix} = \frac{Y_{mix}}{X_{mix}+Y_{mix}+Z_{mix}} = \frac{y_1m_1+y_2m_2}{m_1+m_2}, \tag{1.3.15}$$
$$Y_{mix} = Y_1 + Y_2,$$

其中

$$m_1 = \frac{Y_1}{y_1},$$
$$m_2 = \frac{Y_2}{y_2}。 \tag{1.3.16}$$

同理，我们也可以推导得到三通道混色的计算公式，只是稍微复杂些，需要用到矩阵的计算。假设选用红(R)、绿(G)、蓝(B)作为参与混色的 3 个基本色，以下公式中的下标即为所代表的颜色。由(1.3.10)式可推导出

$$X_{mix} = X_R + X_G + X_B,$$
$$Y_{mix} = Y_R + Y_G + Y_B, \tag{1.3.17}$$
$$Z_{mix} = Z_R + Z_G + Z_B,$$

式中，X_{mix}，Y_{mix}，Z_{mix}为目标颜色的三刺激值。

结合(1.3.11)式，可推导出

$$\begin{aligned} X_{mix} &= \frac{x_R}{y_R}Y_R + \frac{x_G}{y_G}Y_G + \frac{x_B}{y_B}Y_B, \\ Y_{mix} &= Y_R + Y_G + Y_B, \\ Z_{mix} &= \frac{1-x_R-y_R}{y_R}Y_R + \frac{1-x_G-y_G}{y_G}Y_G + \frac{1-x_B-y_B}{y_B}Y_B。 \end{aligned} \tag{1.3.18}$$

将(1.3.18)式转换为矩阵，则可得到

$$\begin{pmatrix} X_{mix} \\ Y_{mix} \\ Z_{mix} \end{pmatrix} = \begin{pmatrix} \frac{x_R}{y_R} & \frac{x_G}{y_G} & \frac{x_B}{y_B} \\ 1 & 1 & 1 \\ \frac{1-x_R-y_R}{y_R} & \frac{1-x_G-y_G}{y_G} & \frac{1-x_B-y_B}{y_B} \end{pmatrix} \begin{pmatrix} Y_R \\ Y_G \\ Y_B \end{pmatrix}, \tag{1.3.19}$$

假设 R，G，B 这 3 种颜色为等值激励，即 3 种颜色的光通量相同。

求(1.3.19)式的逆矩阵，可得到

$$\begin{pmatrix} Y_R \\ Y_G \\ Y_B \end{pmatrix} = \begin{pmatrix} \frac{x_R}{y_R} & \frac{x_G}{y_G} & \frac{x_B}{y_B} \\ 1 & 1 & 1 \\ \frac{1-x_R-y_R}{y_R} & \frac{1-x_G-y_G}{y_G} & \frac{1-x_B-y_B}{y_B} \end{pmatrix}^{-1} \begin{pmatrix} X_{mix} \\ Y_{mix} \\ Z_{mix} \end{pmatrix}, \tag{1.3.20}$$

逆矩阵的计算可由 Excel 软件中的 MINVERSE 函数实现。代入目标颜色的色坐标，即得到

$$\begin{pmatrix} Y_R \\ Y_G \\ Y_B \end{pmatrix} = \begin{pmatrix} \frac{x_R}{y_R} & \frac{x_G}{y_G} & \frac{x_B}{y_B} \\ 1 & 1 & 1 \\ \frac{1-x_R-y_R}{y_R} & \frac{1-x_G-y_G}{y_G} & \frac{1-x_B-y_B}{y_B} \end{pmatrix}^{-1} \begin{pmatrix} \frac{x}{y} \\ 1 \\ \frac{1-x-y}{y} \end{pmatrix}。 \tag{1.3.21}$$

在(1.3.21)式中，(x_R, y_R)，(x_G, y_G)，(x_B, y_B)分别为选用的 3 种颜色的 LED 在 CIE 1931 上的色品坐标；(x, y)为目标颜色的色品坐标，经过矩阵运算求解出的 Y_R，Y_G，Y_B 的值即为每通道的光通量比例。

例如，一个三通道的混色系统选用的 R，G，B 3 种光源的参数如表 1.3.1 所示，目标为产生一种色坐标为(0.333 3，0.333 3)的颜色，且光通量也为 1 lm。采用上面的(1.3.21)式进行计算，计算的结果为

$$\begin{pmatrix} Y_R \\ Y_G \\ Y_B \end{pmatrix} = \begin{pmatrix} 1.979 & 0.483 & 1.698 \\ 1 & 1 & 1 \\ 0.018 & 0.153 & 6.844 \end{pmatrix}^{-1} \begin{pmatrix} 1 \\ 1 \\ 1 \end{pmatrix}。 \tag{1.3.22}$$

表 1.3.1 R, G, B 3 种光源的参数

光源	x	y	光通量/lm
R	0.660 4	0.333 7	1
G	0.295 0	0.611 3	1
B	0.177 9	0.104 8	1

将(1.3.22)式的矩阵在 Excel 中通过 MINVERSE 函数求得其逆矩阵,从而得到

$$\begin{pmatrix} Y_R \\ Y_G \\ Y_B \end{pmatrix} = \begin{pmatrix} 0.657 & -0.299 & -0.119 \\ -0.671 & 1.328 & -0.028 \\ 0.013 & -0.029 & 0.147 \end{pmatrix} \begin{pmatrix} 1 \\ 1 \\ 1 \end{pmatrix} = \begin{pmatrix} 0.239 \\ 0.630 \\ 0.131 \end{pmatrix}。 \tag{1.3.23}$$

由于这个计算的例子假设了 RGB 3 种光色的光通量都是 1 lm,而且混色得到的目标颜色的光通量也是 1 lm,因此就可以计算出 RGB 对应的脉宽调变(pulse-width modulation, PWM)比例为 23.9%,63.0%和 13.1%。在实际的应用案例中,RGB 3 种 LED 的光通量是不一样的,而且需要多颗 LED 去实现一定的光通量目标。假设在正常驱动条件下,RGB 3 种 LED 的光通量分别为 45 lm, 160 lm 和 55 lm,需要达到的混光结果为 $C_x = 0.3333$, $C_y = 0.3333$,而且目标光通量为 400 lm,则在前面计算结果的基础上,我们可以通过将目标混色光通量乘以矩阵计算的结果,得到所需的 RGB 的光通量,然后再除以实际对应的单颗 LED 的光通量并向上取整,得到所需的 LED 颗数,最后可将所需的光通量除以单颗 LED 的光通量和颗数的乘积,就得到了对应的 RGB 三色 LED 的 PWM 调光比例,如表 1.3.2 所示。

表 1.3.2 实际 RGB 混光计算中 LED 的颗数和 PWM 调光比例的确定

光源	矩阵计算的结果	实际单颗 LED 的光通量	所需的光通量	所需的 LED 颗数	PWM 调光比例
红光 R	0.239	45	95.6	3	70.81%
绿光 G	0.630	160	252	2	78.75%
蓝光 B	0.131	55	52.4	1	95.27%
混光 mix	1.000		400		

当然,在实际应用过程中还需要考虑节温对各色 LED 的光通量的影响,以及不同波长可能带来的误差。如果是采用调 LED 驱动电流的方式来混光,则还需要考虑不同电流下 LED 的波长飘移可能带来的误差。

1.3.2 色温和相关色温

从光源的光谱能量分布和颜色可以引入色温这个量来表示光源的颜色。当光源所发出的光的颜色与黑体在某一温度下辐射的颜色相同时,黑体的温度就称为该光源的颜色温度 T_c,简称色温(color temperature, CT),用绝对温标开(K)表示。若光源发射的光与黑体在某一温度下辐射的光颜色最接近,即在均匀色度图的色距离最小,则黑体的温度就称为该光

源的相关色温(correlated color temperature, CCT)。相关色温用来表示光源的颜色是比较粗糙的,但它在一定程度上表达了颜色。

在 $x-y$ 色度图上的舌形曲线包围的区域内有一条表示黑体辐射轨迹的弯曲线,如图 1.3.5 所示。如果从某一光源发出的光,经过测量和计算得到的 x, y 值正好与轨迹上某一点的 x, y 值相符,那么与该点相应的黑体温度就是该光源的色温。但大多数气体放电光源发出的光,其 x, y 值不在这条轨迹上,而是离轨迹有一定的距离。这时就要根据相关色温的定义,比较光源的色度点与相邻的一些黑体点之间的“色距离”。

图 1.3.10 所示为黑体辐射色温以及相关色温的对照情况,在图中黑体轨迹的许多点上画了许多与轨迹相交并与其垂直的直线段。垂直线上各点与垂直线和黑体轨迹的交点之间的色距离是最小的,所以垂直线上各点的相关色温就是交点处的黑体温度。垂直线上各点的相关色温都是相等的,因此称为等色温线。因为 $x-y$ 色度图中的直线距离不是和“色距离”成正比,所以在 $x-y$ 色度图中的等温线与黑体轨迹也就不垂直了,如图 1.3.11 所示。

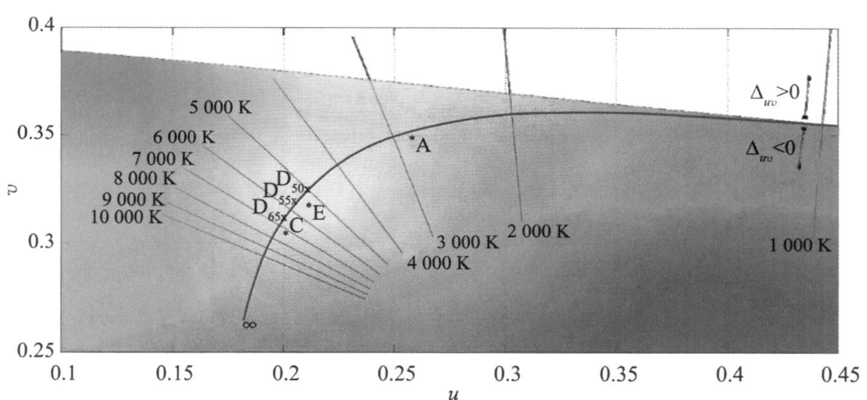

图 1.3.10 **CIE 1976 $u-v$ 色度图中的等色温线**

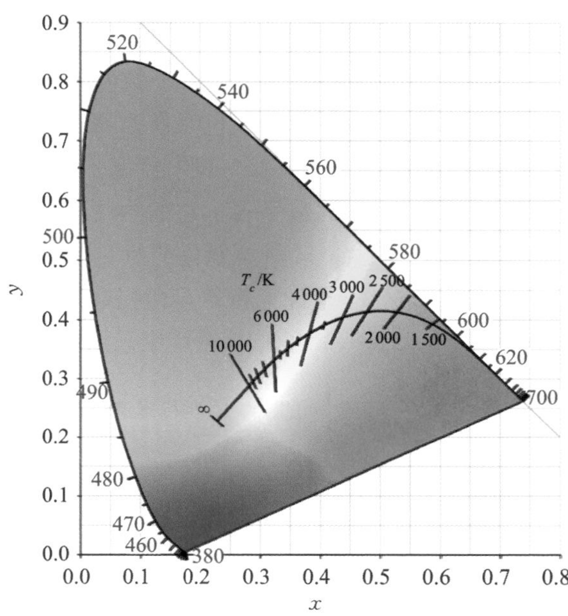

图 1.3.11 **CIE 1931 色度图中的等色温线**

不论什么光源，在测定了光源的光谱能量分布后，就可以计算出三色刺激值 X, Y, Z（或者直接用光电色度计测量 X, Y, Z），从而计算出光源的色坐标 x, y 和 u, v，然后就可以计算得出光源的相关色温 CCT。

1.3.3 显色性

作为照明光源，除要求光效高之外，还要求它发出的光具有良好的颜色。光源的颜色有两方面的意思：色表和显色性。人眼直接观察光源时看到的颜色，称为光源的色表。色坐标、色温等就是描述色表的量。而显色性是指光源的光照射到物体上所产生的客观效果。如果各色物体受照后的颜色效果和标准光源照射时一样，则认为该光源的显色性好；反之，如果物体在受照后颜色失真，则该光源的显色性就差。

在不同光源照射下，同一个物体会显示出不同的颜色。例如，绿色的树叶在绿光照射下有鲜艳的绿色，在红光照射下则近于黑色。由此可见，光源对被照物体颜色的显现起着重要的作用。光源在照射物体时，能否充分显示被照物颜色的能力，称为光源的显色性。

评价光源显色性的方法如下。

1. 一般显色指数 R_a

光源对物体的显色能力称为显色性，就是指不同光谱的光源照射在同一物体上时，与在标准光源照射下的物体色彩的还原性。显色指数 CRI(color rendering index)是目前仅有的被国际接受的评价光源显色性能的计量参数。

描述光源的显色性，需要了解两个要素：参考照明体和标准颜色。

在 CIE 颜色系统中，为确定待测光源的显色性，首先要选择参考照明体，并认为在参考照明体照射下，被照物体的颜色能够最完善地显示。CIE 颜色系统规定：在待测光源的相关色温低于 5 000 K 时，以色温最接近的黑体作为参考照明体；当待测光源的相关色温大于 5 000 K 时，用色温最相近的光源 D 作为参考光源。这里光源 D 是一系列色坐标可用数字表示并与色温有关的日光，如 D65 表示色温为 6 500 K 的日光光源。

在选定参考照明体后，还需要选定测试的颜色。由于颜色的多样性，需要选择一组标准测试颜色，使它们能充分代表常用的颜色。CIE 颜色系统选择了 14 种颜色，它们既有多种色调，又具有中等明度值和彩度，如表 1.3.3 所示。表内孟塞尔标号中的前面一个数字加上英文字母表示色样的色相（或色调），当中的数字表示它的明度值，后面的数字则表示其彩度（或饱和度），即 $H/V/C$=色相/明度/彩度。14 种试验色的前 8 种的色饱和度都是比较低或中等的，用于计算一般显色指数 R_a；在后面用于计算特殊显色指数的 6 种试验色中，除皮肤色和树叶色外都是高饱和度的。图 1.3.12 则给出了 CRI 系统中采用的 14 种试验色的表观。

表 1.3.3 CRI 系统中采用的 14 种标准测试颜色

号数	孟塞尔标号	日光下的颜色	号数	孟塞尔标号	日光下的颜色
1	7.5 R 6/4	淡灰红色	4	2.5 G 6/6	中等黄绿色
2	5 Y 6/4	暗灰黄色	5	10 BG 6/4	淡蓝绿色
3	5 GY 6/8	饱和黄绿色	6	5 PB 6/8	淡蓝色

续表

号数	孟塞尔标号	日光下的颜色	号数	孟塞尔标号	日光下的颜色
7	2.5 P 6/8	淡紫蓝色	11	4.5 G 5/8	饱和绿色
8	10 P 6/8	淡红紫色	12	3 PB 3/11	饱和蓝色
9	4.5 R 4/13	饱和红色	13	5 YR 8/4	淡黄粉色(肤色)
10	5 Y 8/10	饱和黄色	14	5 GY 4/4	中等绿色(树叶)

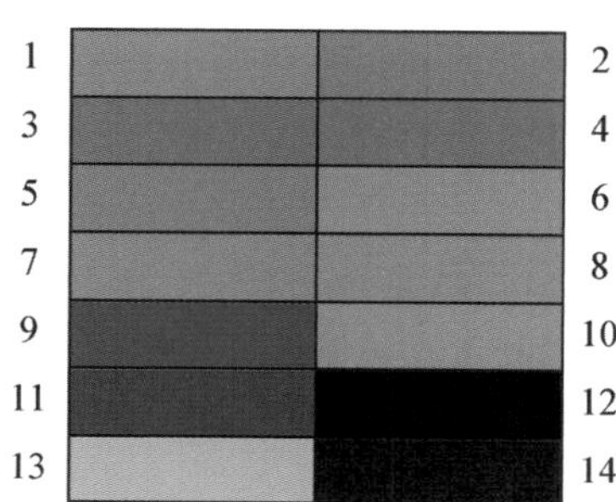

图 1.3.12 **CRI 系统中采用的 14 种试验色的表观**

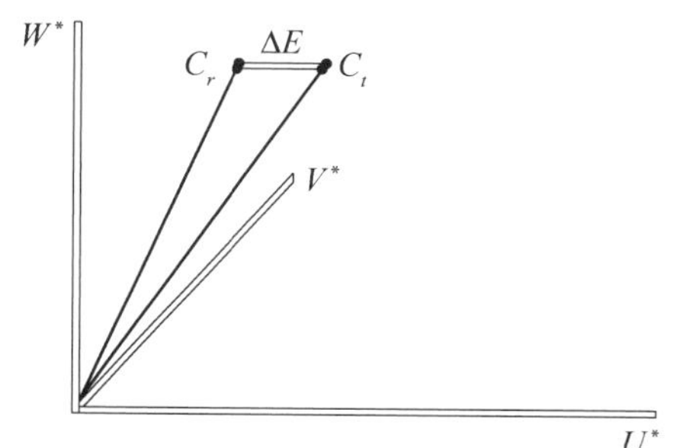

图 1.3.13 **在参照光源和待测光源分别照明下试验色 i 的色点 C_r 和色点 C_t**

CRI 的计算是在 CIE 1964 $W^*U^*V^*$ 颜色空间中进行的。图 1.3.13 显示了某一试验色 i 分别在待测光源 t 和色温与其匹配的参照照明体 r 照明下的颜色点在该空间中的位置 C_t 和 C_r。这两点之间的距离就是由于不同光源照明所产生的色差 ΔE_i，即

$$\Delta E_i = [(\Delta U^*)^2 + (\Delta V^*)^2 + (\Delta W^*)^2]^{\frac{1}{2}}。\tag{1.3.24}$$

待测光源对于该试验色 i 的显色指数就是 R_i，有

$$R_i = 100 - 4.6\Delta E_i。\tag{1.3.25}$$

R_9 指的是对 9 号试验色(饱和红色)的显色指数，R_{13} 指的是对 13 号试验色(淡黄粉色，肤色)的显色指数。对前 8 个试验色的显色指数进行算术平均，就得到一般显色指数 R_a：

$$R_a = \frac{1}{8}\sum_{i=1}^{8} R_i。\tag{1.3.26}$$

一般显色指数 R_a 的最大值为 100，表示前 8 个试验色在待测光源和参照光源照明下都没有色差。

总的来说，CRI 系统用于评价光源的显色性能是相当成功的，比较简单实用，只需要一个 100 以内的数值，就可以表达光源的显色性能。但在应用的过程中也发现了一些问题。例如，在有些情况下 R_a 数值的大小与人们的感受不一致。又如，通过 3 种 R，G，B 或多种颜色的芯片混色获得的白光 LED 光源，采用 CRI 系统来评价它的显色性能时就存在一定的问题。由于计算 R_a 的 8 种试验色的饱和度都不高，而单色 LED 的光谱宽度很窄，光色的饱

和度很高，因此在这种 RGB 混色得到的白光 LED 光源的照明之下，试验色的饱和度得到了增强，这就使得它的显色性反而下降。

根据大量研究的结果，CRI 系统存在的主要问题可以归纳如下：

1）用于计算色差的 CIE 1964 W* U* V* 色空间已经过时，不再被推荐使用，特别在红色区域很不均匀。作为替代，CIE 目前推荐 CIE 1976 L* a* b*（CIE LAB）和 CIE 1976 L* u* v*（CIE LUV）。

2）CRI 方法指定标准光源的 CCT 与测试光源相匹配，假定对光源色度参数完全进行了色彩适应。然而，这种假设并不适用于极端的 CCT。

3）R_a 的计算中所使用的 8 种试验色没有一个是高度饱和的，这是有问题的，尤其是对于白光 LED 所具有的峰值光谱。这就是说，即使拥有很高的 R_a 值，仍可能出现饱和色的色彩表现非常差的情况。另外，如果把光源光谱按 CRI 的计算进行优化后，可以获得很高的 R_a 数值，但实际的色彩表现却远远差于数值。

4）将 8 种试验色的显色指数通过简单的算术平均得到一般显色指数，这就有可能使得某个光源的 R_a 很不错，但它对某一种或某两种颜色的还原表现却很差。

5）显色性只是对物体色彩的保真度进行测量，不是光色质量的整体测量。物体色彩在外观上与在黑体辐射光源下有任何偏差，都被视为显色性差。然而在实际应用中，当某种光源照明某些物体表面时，色彩饱和度的增加实际上可以获得更好的效果。在卖肉的摊位上采用红色灯罩的灯进行照明就是一个很好的例子。由于红光增强的关系，肉看上去更加新鲜。

如上所述，一个具有良好色彩还原表现属性的光源应该支持对完整范围的物体颜色的感知，应该具有良好的色彩识别，不应该让色彩看起来不自然；一个具有良好色彩保真度的光源并不总是具有良好的光色质量。

2. 对 CRI 的一些改进研究

CRI 的评价方法只是基于在 CIE 1964 W* U* V* 颜色空间中对色差长度的比较，并不包含位移方向的信息。因此，即使在两个具有相同 R_a 值的光源下观察颜色，其视觉效果也可能相差很大。在很多情况下，人们不仅需要知道光源对物体颜色复现能力的高低，还希望知道在该光源照明下物体颜色位移的方向，以及物体色表 3 个基本属性——色相、彩度和明度的变化量及方向。

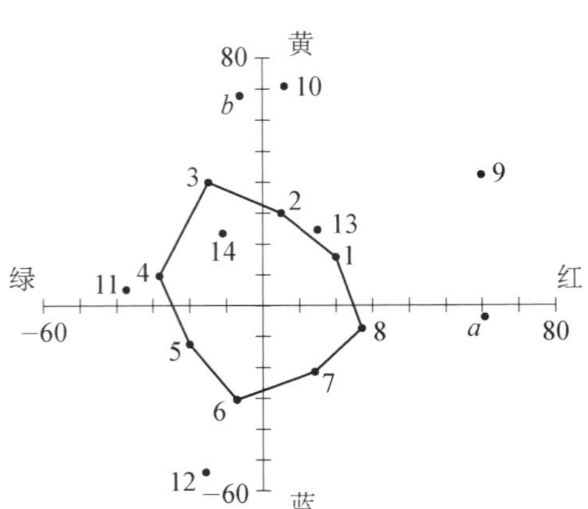

图 1.3.14　CIE $L^*a^*b^*$ 系统的 a^*-b^* 色度图

还有人采用 CIE L* a* b* 系统的 a^*-b^* 色度图（见图 1.3.14）来反映物体色变化的方向。之所以采用 a^*-b^* 色度图，是由于在该图中所观察到的色度差与计算值能很好地相符。在图 1.3.14 中的 14 个点就是上面所说的 14 种试验色在 a^*-b^* 色度图中的色度点，这些点的连线包围的区域称为全色域（gamut area）。

如果在 CIE LUV 的 u^*-v^* 色度图中标出在等能量白光和待测光源分别照明下的 8 种试验色的色度点，将两种情况下各自的 8 个点分别连接起来，将待测光源下 8 点连线包围的面积与等能量白光下 8 点连线包围的面积的比值扩大 100 倍，就得到待测光源的 GAI 值，即全色域指数(gamut area index)。类似于全色域指数概念的显色评价方法有颜色分辨指数 CDI(color discrimination index)、感觉对比指数 FCI (feel of contrast index)等。GAI, CDI 和 FCI 的主要差别在于标准光源的选择，GAI 是基于等能量的白光(实际中并不存在)，CDI 是基于 C 标准光源(阴天的日光)，而 FCI 是基于 D65 标准照明体(平均的白天日光)。

CIE 在 2006 年专门成立了一个 TC1－69 来研究白光光源的显色性问题，北美照明工程协会(Illuminating Engineering Society of North America, IES)也成立了专门的工作小组，于 2015 年发布了 IES TM－30－2015 的显色评价方法。比较有代表性的有光色品质量值(color quality scale, CQS 系统)、IES TM－30 系统(双指标 R_f/R_g，其中 R_f 表示色彩逼真度，R_g 表示色彩饱和度)和感觉对比指数 FCI 系统。

1.3.4 LED 的光色一致性

随着人们生活水平的提高，人们对于照明的需求也已经从单纯的照亮提升到健康舒适的照明，且随着 LED 的技术进步和成本下降，LED 的应用越来越广泛。但由于成本竞争的压力，市场上的 LED 照明产品在一定时期内可能还会处于参差不齐、鱼龙混杂的状态。如何正确认识和辨别 LED 产品的优劣，如何看待 LED 的光品质问题，本小节将从 LED 的光色一致性、空间颜色均匀性、颜色漂移以及显色能力评价等几个方面予以阐述。

LED 的光色一致性是指同一批次 LED 产品之间在相同条件下的颜色差异大小。如果能被肉眼轻易看出明显的颜色差异，那就是光色一致性不好。

LED 光色一致性问题产生的根源是 LED 的制造，从上游的芯片外延，到中游的荧光粉搭配、封装，每一步都会影响最终的光色。在外延部分，主要是蓝光 LED 芯片的波长对最终的光色有影响；在封装端，主要是荧光粉的调配、荧光粉的厚度、荧光粉的均匀度与 LED 芯片主波长匹配的问题，其光色一致性非常难以控制。因而同一批次生产出来的 LED，其色坐标也会分布在一个较大的范围内。

1. LED 的分 BIN 和混 BIN

由于同一批次生产的 LED 的色坐标会分布在一个较大的范围内，为了给客户提供更窄的色坐标，LED 封装企业一般会把整个 LED 的产出按照一定的规则划分成多个小区间，这样的多个小区间就叫 LED 色坐标的 BIN。BIN 越窄，同一个 BIN 区的色坐标的范围就越小，光色的一致性就更好。一种典型的 LED 颜色分 BIN 方法如图 1. 3. 15 所示，为了提供光色一致性尽可能好的 LED 产品，将一个 2 700 K 的 ANSI(American National Standards Institute，美国国家标准学会)方框分成了 16 个小 BIN，这样，如果是在 1 个小 BIN 的范围内，原则上 LED 相互之间的颜色差异是不易被察觉的，在相邻的两个小 BIN 之间，也只会有微弱的可以被接受的色差。简而言之，颜色分 BIN 后的 LED 在单个 BIN 或相邻两个 BIN 之间的光色一致性得到了很大的改善，如图 1. 3. 16 所示。

但是这种分 BIN 方法并不能从根本上解决 LED 光色一致性的问题，同一批次生产出来的 LED，还是可能会落在很多个 BIN 的范围内，只是在灯具生产企业拿到的 LED 中，可能是经过代理商挑选过的 BIN 或混合过的 BIN，以达到在 LED 灯具层面的光色一致性。

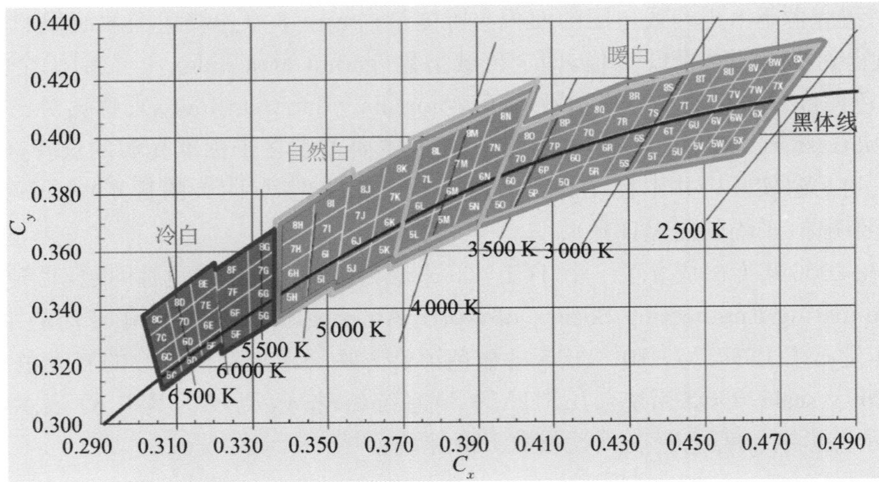

图 1.3.15　**一种典型的 LED 颜色分 BIN 方法**

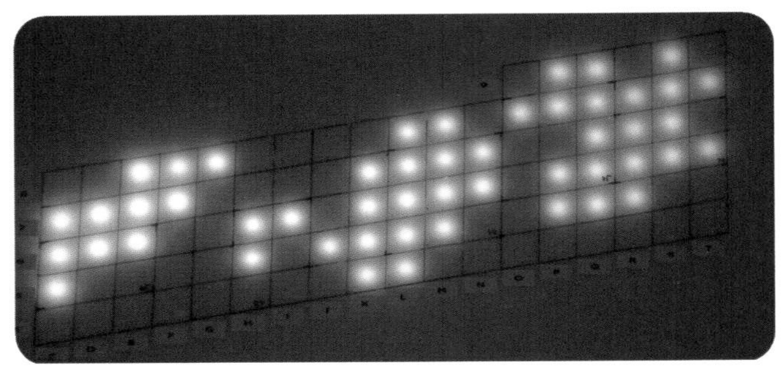

图 1.3.16　**颜色分 BIN 后的 LED 在单个 BIN 或相邻两个 BIN 之间的光色一致性得到了很大的改善**

通常来说，挑选单一 BIN 虽然解决了光色一致性问题，但挑选 BIN 往往也意味着较高的 LED 成本。在 LED 进行精细的颜色分 BIN 后，对于一些光色一致性要求非常高的项目，我们也可以通过混 BIN 的方式来解决。如图 1.3.17 所示，如果目标的颜色区域在左边的黑色方框内，我们可以通过计算来得到多种可能的混 BIN 方式，使得 LED 混 BIN 之后得到的颜色尽可能落在目标区域内。

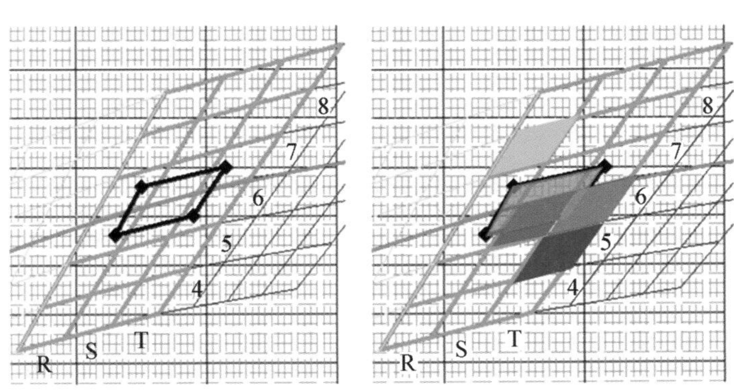

图 1.3.17　**LED 的混 BIN 方法示意**

由于目前LED照明产品的光色一致性要求还是主要沿用传统荧光灯的麦克亚当椭圆，如在欧盟ERP(energy-related products，能量相关产品)指令LED灯生态设计要求中，对LED光色一致性的要求是在六阶麦克亚当椭圆内。如何在LED的分BIN方法上尽可能考虑麦克亚当椭圆的因素，同时又尽可能充分利用LED的全部产出分布，最好还能够灵活方便地进行混BIN。这里介绍一种考虑了麦克亚当椭圆和方便混色的LED分BIN方法，如图1.3.18所示。以2 700 K为例，这种方法将2 700 K的ANSI方框分成了9个区域，最中间的区域是三阶麦克亚当椭圆(38)，然后在三阶与五阶麦克亚当椭圆之间的区域被等分成4个区域(E8，F8，G8，H8)，五阶麦克亚当椭圆之外ANSI方框(接近七阶麦克亚当椭圆)之内的区域再被等分成4个区域(A8，B8，C8，D8)。

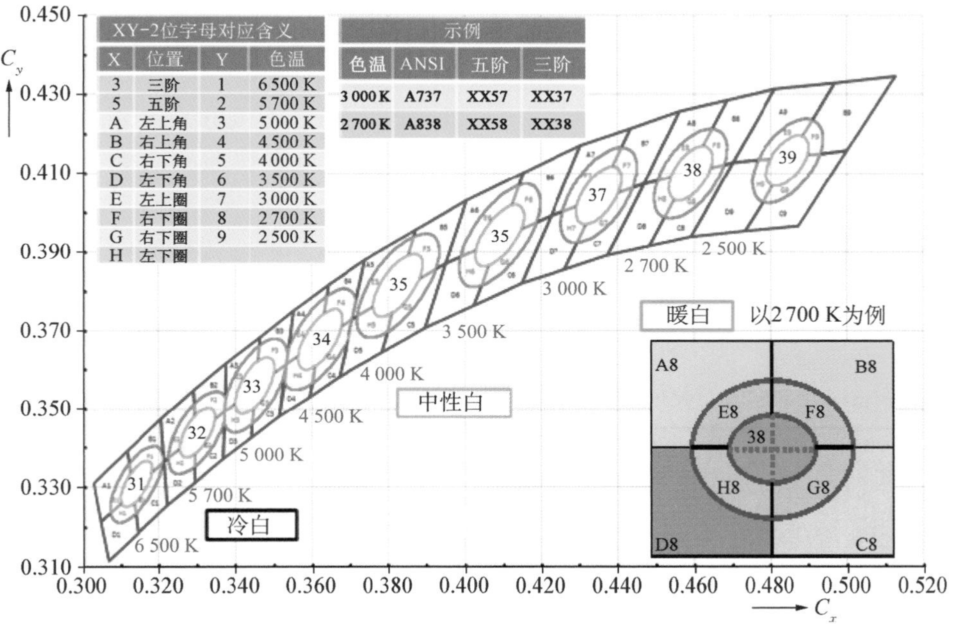

图1.3.18 考虑了麦克亚当椭圆和方便混色的LED分BIN方法

这种分BIN方法让混BIN变得相当简单。比如，将E8和G8等比例混合，就可以得到2 700 K的三阶椭圆；将A8和B8等比例混合，就可以得到接近于2 700 K的五阶椭圆。

由于在灯具应用中，目前的CoB(chip on board)集成封装产品基本都是一个灯具一颗CoB，无法进行混BIN，因而对CoB光源的光色一致性要求就更高，通常都是在三阶麦克亚当椭圆之内。

当然，要从源头上将LED的色坐标控制在越窄的范围，需要更加先进的芯片、更好的荧光粉材料，创新的LED封装工艺(如荧光粉涂敷过程中的实时颜色控制等)都可以用来提升LED产出颜色分布的集中性。随着LED技术的不断进步和LED生产工艺的不断优化，LED的光色一致性也会在源头上不断地得到改善。

2. 麦克亚当椭圆和色容差SDCM

在对光色一致性的要求方面，传统光源的做法一般都是以麦克亚当椭圆为描述，这对于

LED 产品的光色一致性也同样适用。麦克亚当椭圆表示的是标准差而不是直接表示色差，它代表的是色品的分辨力。麦克亚当通过实验证明了恰可察觉色差与颜色匹配相对应的标准差之间呈线性关系，标准差的 3 倍就是色差的恰可察觉差。麦克亚当椭圆通常用“阶”或者“步”来描述，这里所说的“阶”其实就是指标准差，也叫 SDCM(standard deviation of color matching)。

一阶麦克亚当椭圆指的是距离椭圆中心目标颜色 1 倍的颜色匹配结果变动的标准差，同理可知三阶、四阶等的含义。如果两个色坐标落在一阶麦克亚当椭圆之内，则人眼几乎看不出两者有什么区别；三阶麦克亚当椭圆边界对应的颜色与中心颜色的差别才是人眼恰可察觉的色差值。但是需要注意的是，如果两个颜色正好落在三阶麦克亚当椭圆的最上方和最下方，则这两个颜色之间的色差相当于六阶，即 2 倍的恰可察觉色差，人眼还是可以较为明显地看出来的。只是通常在三阶麦克亚当椭圆内的颜色分 BIN，正好两个灯的色点落在最上方和最下方的几率是非常低的。

同理，如果是七阶的麦克亚当椭圆，表示的是相对其中心色点 7 倍的颜色匹配结果变动的标准差。这也意味着，在椭圆两端两个相对应的色点彼此间的标准差实际上是 14 倍。

以荧光灯为例，国际电工委员会(International Electrotechnical Commission, IEC)标准规定荧光灯颜色不能超出五阶麦克亚当椭圆(5SDCM)，而美国国家标准局的 ANSI C78.376-2001 标准则要求不超过 4SDCM，如图 1.3.19 所示。

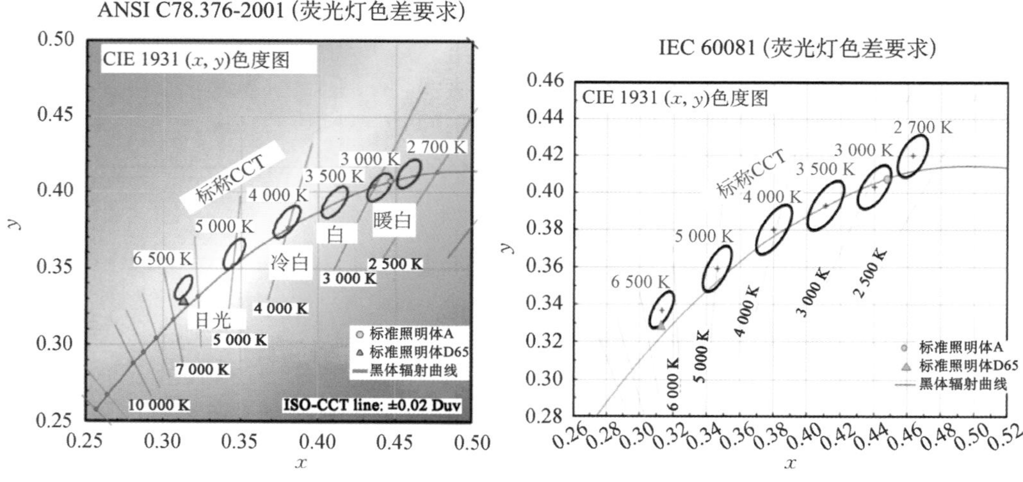

图 1.3.19　IEC 和 ANSI 对荧光灯色差的要求

对于 LED，目前行业最广泛应用的标准是美国 ANSI C78.377-2011 标准，这个标准也是美国能源之星所引用的标准，其定义了 8 个标称 CCT 和对应的 CCT 变化范围，以及目标 D_{uv} 和容差。D_{uv} 代表在 CIE 1964 $u-v$ 色度系统中，色点与标准黑体辐射曲线的偏差，正值表示在黑体辐射曲线之上，负值表示在黑体辐射曲线之下，如表 1.3.4 所示。

表 1.3.4 ANSI C78.377 标准中对 CCT 变化范围和 D_{uv} 的规定

标称 CCT/K	目标 CCT 和公差/K	目标 D_{uv}	D_{uv} 容差范围
2 700	2 725±145	−0.000 1	$D_{uv}(T_x)\pm0.006$ $D_{uv}(T_x)$ 57 700×$(1/T_x)^2$ −44.6×$(1/T_x)$ +0.008 5 T_x:光源的相关色温
3 700	3 045±175	0.000 1	
3 500	3 465±245	−0.000 4	
4 000	3 985±275	−0.000 9	
4 500	4 503±243	−0.001 4	
5 000	5 029±283	−0.001 9	
5 700	5 667±355	−0.002 4	
6 500	6 532±510	−0.003 0	
任意 CCT (2 800~6 400 K)	$T_F^{1)}\pm\Delta T^{2)}$	$D_{uv}(T_F)^{3)}$	

ANSI 标准中对色容差的要求是 $D_{uv}\pm0.006$ 的四边形，大约与七阶麦克亚当椭圆的范围相当，如图 1.3.20 所示，其中对应的中心点和四边形的色坐标点如表 1.3.5 所示。该标准第一版发布于 2008 年初，当时对于还处在初级阶段的固态照明光源技术，起到了良好的引导作用，大部分 LED 封装企业的分 BIN 都是基于这个标准之上的。

对比图 1.3.19 和图 1.3.20 可以看出，这个系统尽可能保持了与原荧光灯色度指标的一致性，这样在用固态照明产品来替换已存在的荧光灯或热辐射光源时可以方便地应用，但也在色坐标中心点的选择上做了一些调整，并增加了 4 500 K 和 5 700 K 两个标称色温段，使得 8 个四边形可以无缝地链接起来。因为从固态照明技术的现状来看，对白色 LED 产品而言，连续宽广的 CCT 覆盖范围被认为对于其成本效益化是极端重要的。

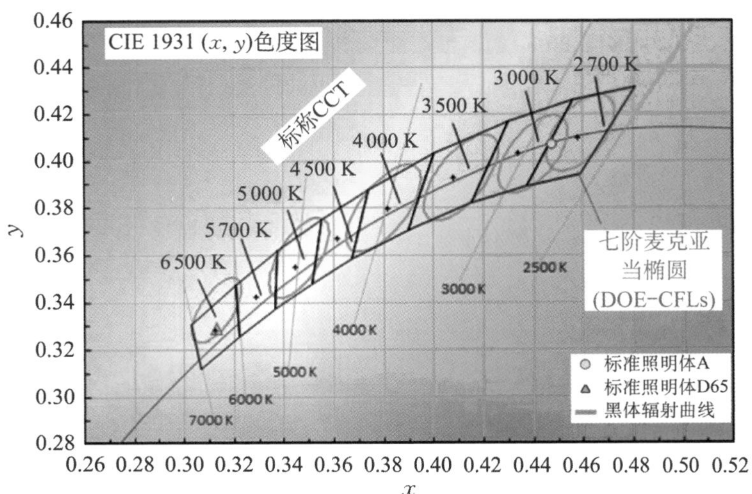

图 1.3.20 ANSI C78.377－2011 对 LED 照明产品色容差的要求

表 1.3.5 ANSI C78.377－2011 标准中的色坐标点

	2 700 K		3 000 K		3 500 K		4 000 K	
	x	y	x	y	x	y	x	y
中心点	0.457 66	0.409 83	0.433 87	0.403 19	0.407 75	0.392 92	0.381 77	0.379 59
四边形	0.481 06	0.431 49	0.456 14	0.425 86	0.430 20	0.417 13	0.400 26	0.403 41
	0.456 14	0.425 86	0.430 20	0.417 13	0.400 26	0.403 41	0.373 69	0.387 94
	0.437 25	0.389 22	0.414 93	0.381 95	0.389 50	0.370 75	0.367 12	0.358 26
	0.459 06	0.394 06	0.437 25	0.389 22	0.414 93	0.381 95	0.389 50	0.370 75
	4 500 K		5 000 K		5 700 K		6 500 K	
	x	y	x	y	x	y	x	y
中心点	0.361 28	0.366 86	0.344 64	0.355 06	0.328 67	0.342 46	0.312 30	0.328 25
四边形	0.373 69	0.387 94	0.355 00	0.375 19	0.337 54	0.361 85	0.320 52	0.347 50
	0.355 00	0.375 19	0.337 54	0.361 85	0.320 52	0.347 50	0.302 67	0.330 95
	0.351 37	0.347 97	0.336 60	0.337 18	0.322 10	0.325 47	0.306 70	0.311 83
	0.367 12	0.358 26	0.351 37	0.347 97	0.336 60	0.337 18	0.322 10	0.325 47

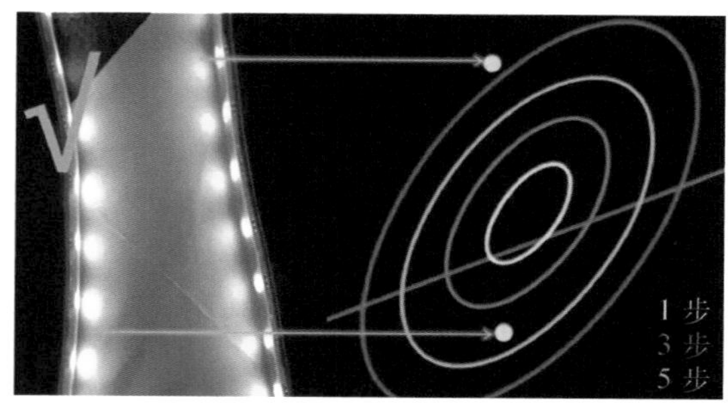

图 1.3.21 色温接近 3 200 K(±20 K)的两根灯丝却有明显的颜色差异

需要注意的是，如果在引用 ANSI 标准时只用目标 CCT 和 CCT 范围描述 LED 照明产品的光色一致性是不够的，因为两个颜色虽然可能都处在等色温线的附近，但一个在黑体辐射轨迹的上方，一个在黑体辐射轨迹的下方，也可能会出现明显的色差，如图 1.3.21 所示。描述色差较为合理的指标是 D_{uv} 或者 SDCM。

1.4 视觉光环境

在某一光环境中，要想识别物体，在物体和其环境之间颜色或亮度必须要有足够的差异或对比。

为定量描写亮度的差异，定义(亮度)对比度 C 为

$$C=\frac{|L_o-L_b|}{L_b}, \tag{1.4.1}$$

式中，L_o 是目标亮度；L_b 是背景亮度。当 $L_o>L_b$ 时，是正对比；反之，是负对比。

采用合适的颜色系统(如孟塞尔系统)来说明涉及的颜色，从而也可对颜色的对比度加以描述。

人眼刚能识别目标时目标与背景间的亮度差称为临界亮度差，以 ΔL_t 表示，则临界对比

度为

$$C_t = \frac{\Delta L_t}{L_b}。 \quad (1.4.2)$$

目标与背景的实际亮度对比度 C 与临界对比度 C_t 的比值称为可见度水平（visibility level，VL），表示为

$$VL = \frac{C}{C_t} = \frac{\Delta L}{\Delta L_t}, \quad (1.4.3)$$

式中，ΔL 是目标与背景的实际亮度差。可见度水平越大，目标看得越清楚。

灯光除照射目标外，还可能有小部分直接射向观察者的眼睛。而当目标和背景有光泽反射时，观察者也会看到光源的像，这些强光的刺激常会造成眩光。

此外，我们观察的目标通常都是三维的，色彩也很丰富。因此，为了获得很好的视觉效果，必须要通过照明形成良好的光环境。这个良好的光环境能产生合适的照度水平和照度均匀度、亮度水平和亮度分布、舒适的颜色和立体感，而几乎没有不舒适眩光和频闪。

1.4.1 照度和亮度水平

1. 照度及其均匀度

刚能识别人脸部特征的亮度约为 1 cd·m^{-2}，在通常的照明条件下，这相当于 20 lx 的水平照度，此照度值就取为非工作区的最小照度值。而不费力地就能满意地看到人脸部特征的亮度为 10～20 cd·m^{-2}，这意味着在面部的垂直照度至少为 100 lx，而水平照度要求是其 2 倍，即为 200 lx，这是长期有人活动的房间要求的最小照度。对工作区的照明，众多试验者认为，为了得到很满意的视觉效果，优先选择的照度范围为 1 000～2 000 lx。但从经济和节能的角度考虑，对一般的作业照明，照度比此范围为低。表 1.4.1 给出了对各种场合和活动形式的推荐照度值。注意，表中的推荐值是整个作业区的平均维持照度。

表 1.4.1 对各种场合和活动形式的推荐照度值

推荐照度/lx	场合或活动	推荐照度/lx	场合或活动
20	户外和工作区域	750	对视觉有要求的作业
100	通行区域，简单定向或短暂停留	1 000	有困难的视觉要求的作业
150	不连续用于工作目的的房间	1 500	有特殊视觉要求的作业
300	视觉简单的作业	2 000	非常精确的视觉作业
500	一般视觉作业		

表 1.4.1 中所列的照度值是对一般情况而言的。在某些情况下，如作业对象的反射率或对比度特别低、作业出错要矫正时代价昂贵，或工作者的视觉能力低于正常人等，要采用比表中推荐值更高的照度。而在另外一些情况下，例如，反射率或对比度特别高、作业的速度和精度要求不高，或作业只是偶尔进行等，这时可采用低于推荐值的照度。

在工作表面上的照度要求比较均匀。照度的均匀度常定义为最小照度与平均照度的比

值。对一般照明而言，此值应不小于 0.8。在有附加的局部照明时，作业周围的照度不应小于作业区照度的$\frac{1}{3}$。两个相邻的室内区域（如办公室与走廊）的平均照度的比值不得超过 5∶1。

2. 亮度及其分布

在照明设计中，目标的亮度以及在视场中的亮度分布是十分重要的判据。对给定的照度水平，亮度与物体表面的反射率直接相关。由于在视场中的各种物体的表面反射率不同，因而它们的亮度不同。要使视场有好的亮度平衡，必须对物体的反射率进行选择。

图 1.4.1 给出了工作室内推荐的亮度分布。为了改善作业的视觉功能，可能的话，应使作业区周围的亮度比作业区的亮度低，但又不低于其$\frac{1}{3}$。经验表明，要想改善视觉功能，除了重视亮度分布外，在作业区产生一些颜色对比也是很有帮助的，尤其是当作业区的亮度对比度低时。

研究表明，优选的墙壁亮度与作业照度有关。当此照度值为 500～1 000 lx 时，墙壁亮度近似为 50～100 $cd \cdot m^{-2}$。要达到这样的亮度，墙壁的反射率为 0.5～0.8。

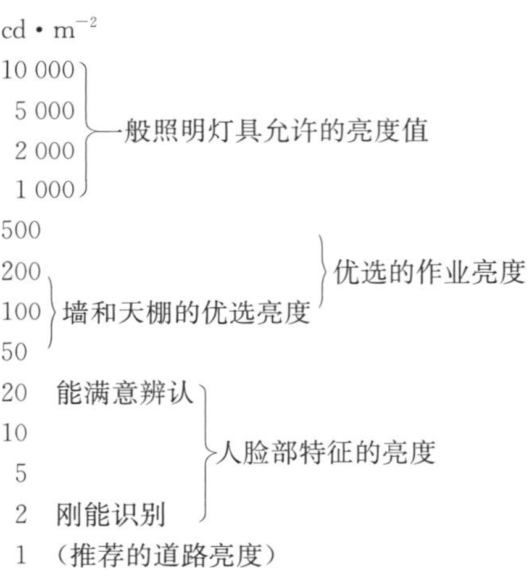

图 1.4.1　室内照明的亮度分布

为了减少天棚与吸顶灯具之间的亮度差，产生舒适的整体印象，天棚的亮度一定要足够高。但是为了防止天棚自身产生眩光，其亮度不能大于 500 $cd \cdot m^{-2}$。从视觉满意的观点看，天棚亮度值在 100～300 $cd \cdot m^{-2}$之间为好。

1.4.2　眩光及其评价方法

1. 眩光的种类和定义

当视场中某光源或物体的亮度比眼睛已适应的亮度大得多时，人就会有眩目的感觉，此现象称为眩光。眩光会造成不舒适或(和)可见度下降，前者称为不舒适眩光，后者称为失能眩光。

无论是不舒适眩光还是失能眩光，都有直接和间接之分。直接眩光是由观察者视场中的明亮的发光体(如灯具)引起的;而观察者在光泽表面中看到发光体的像时,则会产生间接眩光。

光源的光经光泽面或半光泽面反射进入观察者的眼睛,轻微的会使人心神烦乱,严重的则使人深感不舒服。当这种反射发生在作业物上时,称为光幕反射;当这种反射发生在作业周围时,常称为反射眩光。光幕反射除了产生干扰以外,还会降低作业对比度,使眼睛观察细节的能力减弱。

眩光使视觉功能降低的机理可以这样来理解:由眩光源来的光在视网膜方向上散射,形成一个明亮的光幕,叠加在清晰的场景像上。这个光幕具有一个等价光幕亮度,其作用相当于使背景亮度增加、对比度下降。

在一般照明实践中,不舒适眩光是更常见的问题,而且随着时间的推移,不舒适的感觉还要增强,造成紧张和疲劳。后面我们将主要讨论如何控制不舒适眩光的问题,实际上这些措施对减少失能眩光也同样有用。

2. 眩光的控制

图 1.4.2 给出了观察者对眩光敏感的观察区,它是偏离垂直方向 45°～γ 的角度范围。角度 γ 由下式决定:

$$\gamma = \arctan\frac{a}{h_s}, \qquad (1.4.4)$$

式中,h_s 为灯具在观察者眼睛上方的高度;a 为最后一排观察者到最远灯具的水平距离;γ 的最大值取为 85°。图中还画出了相应的对眩光敏感的发光区。为了避免从灯具来的直接眩光,灯具在此敏感区的亮度要足够低。通过选择具有适当保护角的灯具以及合理增加灯具的安装高度,可以有效减少直接眩光。

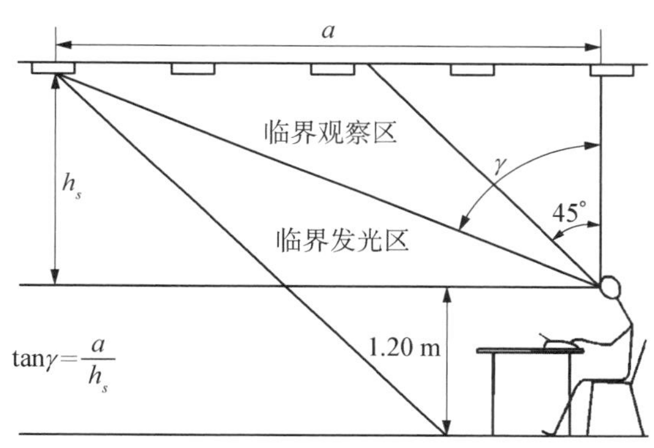

图 1.4.2　对眩光敏感的观察区

为了减少工作面上的反射眩光和作业上的光幕反射,必须选择合适的布灯位置,以使工作者的眼睛不是处于入射光的镜面反射方向上,也可采用发光面积大、亮度低的灯具来照明。此外,使用的工作面、纸张、书写材料、办公机器等的表面应该是无光泽的,这也有助于减少反射。

3. 眩光的分级和评价方法

工作者感受到的不舒适眩光的程度不仅与其视场中的亮度有关,也与其进行的活动的种类有关。视觉作业的要求越高,则需要注意力越集中,因而不舒适眩光的感觉也越强。但对工作者在操作时经常来回走动的情况,不舒适眩光要比不移动的情况为小。因此,要求的亮度控制的程度因作业和活动的种类而异。

对眩光的评价,CIE 自 20 世纪 70 年代以来,不断尝试发展一种能为全世界广泛接受的系统。CIE 1995 年推荐的统一眩光等级(united glare rating, UGR)系统便是眩光系统的一种新发展,UGR 是 CIE 用于度量处于室内视觉环境中的照明装置发出的光对人眼引起不舒适感主观反应的心理参量。这也是一种求值系统,它能在给定的条件下计算出眩光值,其计

算公式为

$$UGR = 8\lg \frac{0.25}{L_b} \sum \frac{L^2 \omega}{p^2}, \tag{1.4.5}$$

式中，L_b 是背景亮度($\text{cd} \cdot \text{m}^{-2}$)；$L$ 是每一个灯具的发光部分在观察者眼睛方向上的亮度；ω 是每一灯具的发光部分对观察者眼睛所张的立体角(sr)；p 是每一个灯具的位置指数，该指数与灯相对于观察者视线方向的位置有关。将该公式应用于所考察的照明系统，可以精确求得眩光的数值。实际 UGR 值为 10～30，UGR 值大，则眩光多；反之，则眩光少。UGR 为 10 的照明系统没有眩光。对于办公室照明，要求 UGR 值小于 19。

需要注意的是，UGR 主要应用于室内照明时的眩光评价；在室外照明(如道路照明)中，失能眩光的衡量采用相对阈值增量(TI)来说明因眩光而造成的视功能的下降；不舒适眩光的评价则采用眩光控制等级 G 值，具体可以参考本书第九章“道路与隧道交通照明”中 9.1.1 节的内容。

1.4.3 频闪及其评价方法

由于电流做周期性变化，因而光源所发出的光通量也随之做周期性的变化，这可能会使人眼产生闪烁的感觉，这种现象称为频闪效应。热辐射光源(如白炽灯)的热惰性大，所以闪烁感往往不明显；对传统的荧光灯，如果将电感整流器用于 50 Hz 的交流电，它的频闪是 100 Hz，可以被人眼所感受到，而在采用电子镇流器时，其频率通常在几千赫兹，频闪时间比人的视觉暂留效应低很多，所以感觉不到频闪。对于 LED 灯具，虽然是采用直流电源供电，理论上讲其发光的波动性会远远低于交流工作的光源发光的波动程度。但是，由于 LED 的驱动电源的输入供电仍然是交流的，因此如果选择的驱动电源不当，LED 灯具所带来的频闪反倒可能会更加严重，这主要是由于 LED 随电流变化而响应的速度非常快。因而，随着 LED 照明的应用普及，应更加重视频闪的问题。

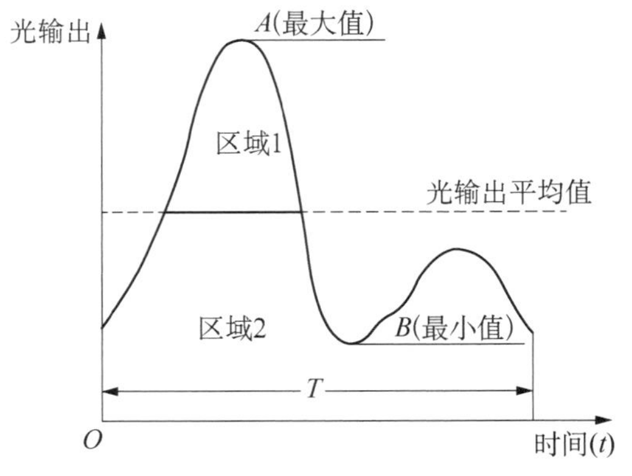

图 1.4.3　一个周期内的光通输出变化

频闪的评价方法通常可以由波动深度(fluctuation depth)来描述。假设某光源在一个周期内光输出的波形如图 1.4.3 所示，点 A 为一个周期内光输出的最大值，点 B 为一个周期内光输出的最小值，则波动深度可按下式计算：

$$\text{波动深度} = 100\% \times (A - B)/(A + B)。 \tag{1.4.6}$$

式中，A 为一个周期内光输出的最大值；B 为一个周期内光输出的最小值。

波动深度没有考虑波形频率的影响，通常人眼对于光波动性的敏感频率在低频范围，如救护车灯警示灯的频率大约在 8～10 Hz，最易让人眼不适，以引起大家的警觉。通常频率越高，相同波动深度所引起的频闪感觉就越小。

为了考虑波形频率的影响，我们可以用频闪指数(flicker index)来描述，其计算公式为

$$频闪指数 = 区域1面积/(区域1面积+区域2面积)。 \quad (1.4.7)$$

区域 1 和区域 2 如图 1.4.3 所示。在实际应用中，频闪指数的计算涉及不规则面积的计算，会比较繁琐，也可以通过对不同频率范围来定义波动深度的限制。

在 GB/T 31831－2015《LED 室内照明应用技术要求》中规定，用于人员长期停留场所的一般照明的 LED 灯，其光输出波形的波动深度应符合以下要求：

1) 光输出波形频率小于等于 9 Hz，波动深度小于等于 0.288%。

2) 光输出波形频率大于 9 Hz，而小于等于 3 125 Hz，波动深度小于等于光输出波形频率×0.08/2.5(%)。

3) 光输出波形频率大于 3 125 Hz，波动深度无限制。

1.4.4 阴影与立体感

在照明光环境中，除了一些平面(如墙面、地面等)以外，大部分客体都是立体的。如何表现这些客体的立体效果，也是照明光环境的一项重要任务。采用略带方向性的光照明客体可以形成适当的阴影，从而给观察者以舒适的立体感。显然，光的方向性不能太强，否则形成的阴影太生硬，反而给人以不舒服的感觉。但光又不能太扩散，完全的漫射光不能形成阴影，使客体看起来十分平淡。例如，在室内照明中，如果采用直射的下照光，就会在人脸部形成眉毛很深的阴影，而在作业面上则由于形成多重阴影会造成失真。但如果采用完全漫射光，如发光天棚或间接照明，就会使立体效果不鲜明。因此，为了形成舒适的立体效果，必须很好地控制定向光和漫射光的比例。以下几种照度比就是用来定量描述这一比例的。

(1) 垂直/水平照度比

为了表现物体的三维特性，只有水平照度是不够的，还要有垂直照度。经验表明，要产生舒适的立体感，在主观察方向的垂直照度与水平照度之比应不小于 0.25。

(2) 矢量/球面照度比

定向照明的效果可以部分地用矢量/球面照度比来描写。在某一点的照明矢量 $\boldsymbol{E}$ 的数值为在该点的小圆盘的两对面上的最大照度 E_f 和 E_r 的差，其方向是从高照度指向低照度(见图 1.4.4(a))，而某一点的平均球面照度为在该点的小球面上的平均照度(见图 1.4.4(b))。

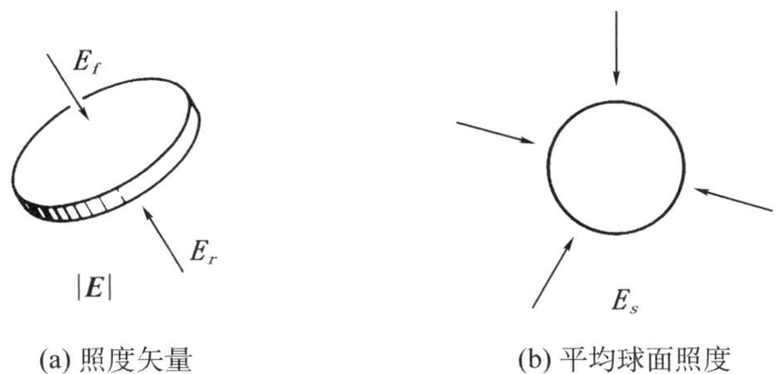

图 1.4.4 照度矢量和平均球面照度

在半径为 r 的面元上的照度为

$$E = \frac{\Phi}{\pi r^2}, \tag{1.4.8}$$

式中，Φ 为入射的光通量。而在半径为 r 的球面上产生的照度为

$$E_s = \frac{\Phi}{4\pi r^2}。 \tag{1.4.9}$$

在墙壁、天棚、地板都是漫反射材料的漫射照明房间内，没有阴影，$\boldsymbol{E}=\mathbf{0}$。相反地，在一个全黑的房间，如果光只来自一个方向（如只有直射阳光），则 $|\boldsymbol{E}|=E$，这时阴影很深，有 $|\boldsymbol{E}|/E_s=E/E_s=4$。

从没有阴影到阴影最深，$|\boldsymbol{E}|/E_s$ 的变化范围为 0～4。

(3) 柱面/水平照度比

在一点的平均柱面照度是在该点的小圆柱表面的平均照度（见图 1.4.5(a)），除特别指明外，认为该圆柱是垂直取向的。某一点的柱面照度等于该点所有方向的平均垂直照度。能产生良好立体感的柱面/水平照度比值的范围为 $0.3 \leqslant E_c/E_h \leqslant 3$。两个极端情况是：光由上方直射时，$E_c=0$，$E_c/E_h=0$；只有水平方向的光时，水平照度 $E_h=0$，故 E_c/E_h 为无限大。当然，这都是不希望的。

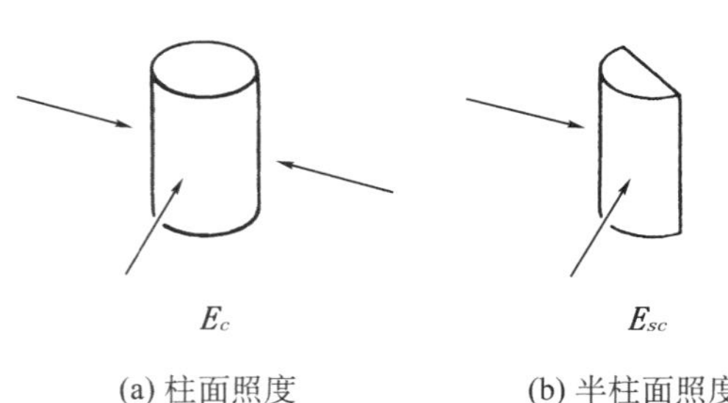

(a) 柱面照度　(b) 半柱面照度

图 1.4.5　柱面照度和半柱面照度

(4) 垂直/半柱面照度比

在户外照度比较低的人行区进行的照明试验表明，辨认人的特征的能力与垂直/半柱面照度比值有关。某点的半柱面照度是垂直放置在该点的小半圆柱曲面上的平均照度，曲面面向指明的方向（见图 1.4.5(b)）。此比值的合适范围是 $0.8 \leqslant E_v/E_{sc} \leqslant 1.3$。比值的极端情况是：

$E_v/E_{sc}=0$，此时阴影很深；

$E_v/E_{sc}=1.57$（即 $\pi/2$），此时无立体感。

后一情况相当于光正入射照射到人面孔上。

在道路照明应用中，半球面照度 $E_{\text{hemisphere}}$、半柱面照度 $E_{\text{semi-cyl}}$、地面水平照度 E_{hor}、垂直照度 E_{vert} 和侧面垂直照度 E_{facade} 的示意如图 1.4.6 所示。

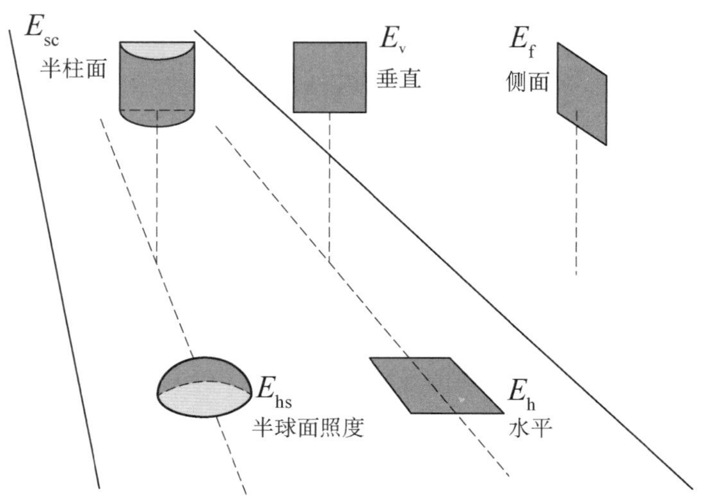

图 1.4.6　半球面照度、半柱面照度、地面水平照度、垂直照度、侧面垂直照度示意（摘自［2015 Wount van Bommel］*Road lighting*）

1.4.5 色彩效果

白色光源根据其色表,即(相关)色温,大致可以分成3类(见表1.4.2)。高色温类的光源,光呈蓝白,是冷色;低色温类的光源,光略带红色的白色,是暖色;居中的是呈中性的白色。

表1.4.2 灯的色表

相关色温/K	色 表
>5 300	冷色(蓝色)
3 300～5 300	中性(白色)
<3 300	暖色(略带红色的白色)

为了使照明具有良好的效果,所选用的光源的色温必须与要求的照度相适应。为获得舒适照明,已有人研究得到在照度水平和色温度之间的关系(见图1.4.7)。一般来说,在照度水平较低时,采用暖色的光使人感到舒适;而在要求高照度时,选用冷色光照明可获得舒适的效果。在白天需要补充自然光的场合,也应选用高色温的光源;至于在摄影或转播彩色电视的场所,则要根据摄像的要求来选择光源的色温范围。

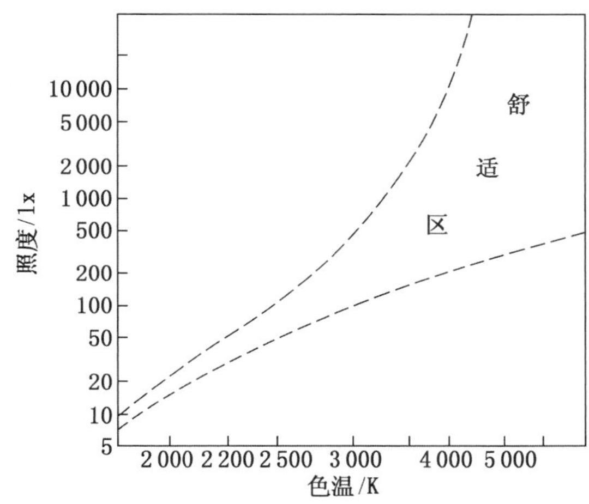

图1.4.7 为产生舒适照明,照度和光源色温的关系

照明时,采用显色性好的光源总是不错的,但是大量的研究表明,光源的显色性和光效之间往往是相互矛盾的。也就是说,显色性好的光源往往光效低。因此,从节能的考虑出发,应该合理选择光源的显色性,只是在对颜色还原要求高的场合才选用高显色的光源,而在一般的场合则选用显色性虽然一般但光效高的光源。对实际应用而言,CIE提议将光源的显色性分成5类,如表1.4.3所示,显色性不同的光源适用于对照明质量要求不同的场合。

表1.4.3 灯的显色性分类

显色性分类	显色指数 R_a 的范围	色表	应用的例子	
			优选的	可采纳的
1A	$R_a \geqslant 90$	暖色 中性 冷色	配色 临床检查 画廊	

续表

显色性分类	显色指数 R_a 的范围	色表	应用的例子	
			优选的	可采纳的
1B	$90 > R_a \geqslant 80$	暖色到中性	住宅、宾馆、酒店、商场、办公室、学校、医院	
		中性到冷色	印刷、油漆、纺织工业，有一定要求的产业工作	
2	$80 > R_a \geqslant 60$	暖色 中性 冷色	产业工作	办公室、学校
3	$60 > R_a \geqslant 40$		粗工业	产业工作
4	$40 > R_a \geqslant 20$			粗工业，对显色要求低的产业工作

应该说明的是，虽然光源的光效、色表和显色性都是由光源的光谱能量分布函数决定的，但三者之间又是相互区别的。相同色表的两个光源可能有完全不同的光谱能量分布，因而在显色性能方面有很大的差异。因此，光源的显色性能与光源的色表之间并没有什么必然的联系。不能认为高色温光源的显色性一定好，也不能说低色温光源的显色性一定好。高色温光源或低色温光源的显色性都可能很好，也可能都不好，具体要视其光谱能量分布而定。

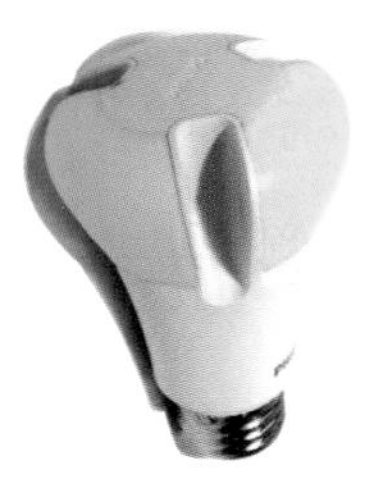

第二章 光 源

2.1 光的产生

通常光按两种方式产生，即温度辐射和发光。

发光是发光物体依靠除温度以外的原因产生可见光的现象的总称。发光就是其他任何种类能量变换成光能的过程，通常通过激发过程来完成，所以又称为激发发光。由于物质的种类和激发的种类不同，它发出光的波长范围也不同，按激发的方式不同分如下 6 类。

1）生物发光：萤火虫、发光细菌等的生物发光。

2）化学发光：由化学反应直接引起的发光，物质的燃烧属于化学反应，由这种反应引起的发光是热辐射。黄磷因氧化而自燃发光就是这种例子。

3）光致发光：由光、紫外线、X 射线等激发而引起的发光。由汞蒸气产生的紫外线激发荧光粉，能高效率地转变为可见光，这就是已普遍应用的荧光灯。X 射线和 γ 射线也能产生可见光。

4）阴极射线发光：由电子束激发荧光物质发光，其应用例子是电视机的显像管，又称为阴极射线管。

5）燃烧发光：碱金属和碱土金属及其盐类放在火焰中会发出特有的光，被用作焰色反应，如钠离子为黄色、锶离子为猩红色等。

6）电致发光：没有像白炽灯那样转成热能再发光的现象，而直接由电能转变为光能。

① 气体或伴随气体放电而发光，如霓虹灯和各种放电灯；

② 加交流或直流电场于硫化锌等粉末材料产生发光，如场致发光板；

③ 在磷化镓、磷砷化镓、镓铝砷、铟镓铝磷、铟镓氮等一类半导体 p－n

结处注入载流子时的发光，如通常的发光二极管。用一些小分子有机物或聚合物半导体制成有机物发光二极管的发光。

根据发光原理的不同，各种电光源的分类如图 2.1.1 所示。其中，高气压放电灯又称作高强度放电(HID)灯。

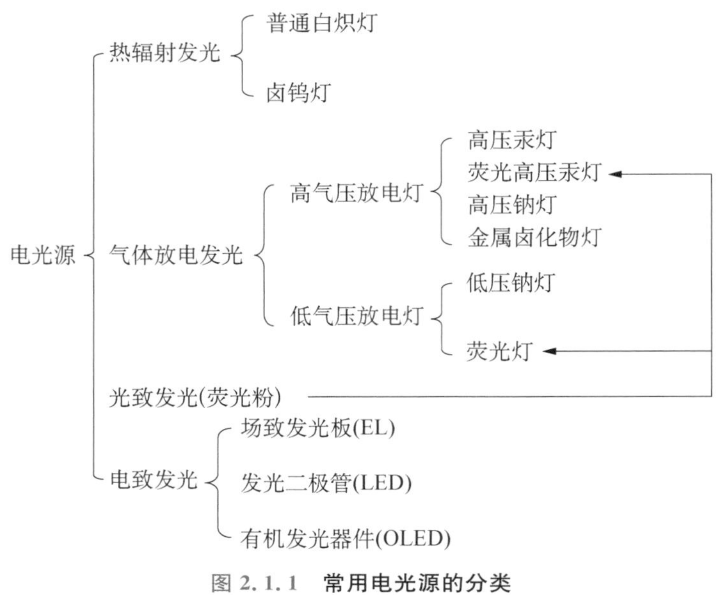

图 2.1.1　**常用电光源的分类**

2.2　热辐射光源

2.2.1　白炽灯

2.2.1.1　白炽灯的基本原理

白炽灯是一种热辐射光源，其基本原理就是热辐射，通过电能加热灯丝到白炽状态产生可见光的辐射而发光。热辐射是连续辐射，灯丝在产生可见光辐射时还产生大量的红外辐射和少量的紫外辐射，最终的结果是仅一小部分的电能转换为可见光，其余部分的电能以热量的形式消耗掉。

为了提高白炽灯的光效，必须要减少灯的热损失，将尽可能多的电能转换成可见光。根据辐射的原理可以知道，要尽可能使辐射的峰值波长在可见光区域。当辐射温度在 5 200 K 时其峰值波长为 550 nm，与视觉灵敏度函数曲线明视觉的峰值相重合，因此有较高的发光效率，超过 100 $lm \cdot W^{-1}$。因此选择合适的灯丝材料成为提高白炽灯光效的主要问题。目前灯丝材料主要使用的是钨，钨不仅熔点高、机械强度好，而且可见辐射效率高。

钨在可见光区域的发射率比在红外线区域要高，因此钨的光效要比黑体辐射高一些。图 2.2.1 给出了理想条件下钨和黑体在不同工作温度下发光效率的关系，从此图中可以看出钨丝的光效比理想黑体要高很多，并且在目前的工作温度范围，提高灯丝的工作温度可以提高白炽灯的光效。如钨丝在 2 900 K 时的光效为 25 $lm \cdot W^{-1}$，在 3 200 K 时光效可以达到 35 lm・W⁻¹。因此提高灯丝的工作温度可以有效提高其发光效率，但工作温度越高，材料的蒸发速率就会上升，这在实际光源设计中有很多的限制。

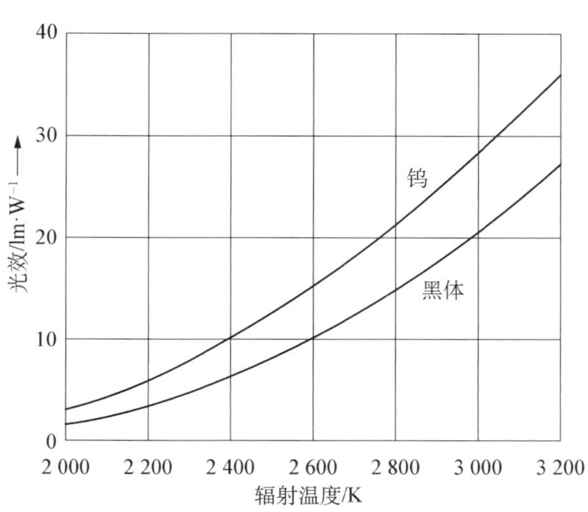

图 2.2.1　**钨和黑体在不同温度下的光效**

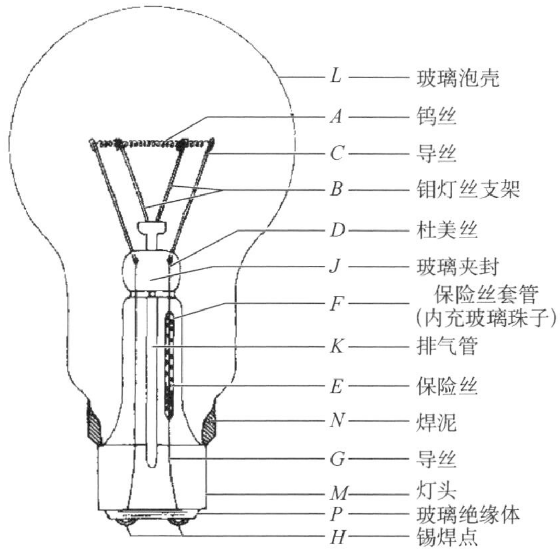

L——玻璃泡壳
A——钨丝
C——导丝
B——钼灯丝支架
D——杜美丝
J——玻璃夹封
F——保险丝套管(内充玻璃珠子)
K——排气管
E——保险丝
N——焊泥
G——导丝
M——灯头
P——玻璃绝缘体
H——锡焊点

图 2.2.2　**普通白炽灯结构示意**

图 2.2.2 所示是一个典型的一般照明用普通白炽灯，它采用双螺旋灯丝(A)。灯丝中间由钼铜丝(B)支撑，两端由作为导丝一部分的镍丝或镀镍铁丝(C)夹住，形成电连接，导丝通常是由 3 种或 3 种以上成分组成的。内导丝(C)与一段杜美丝(D)焊接，杜美丝的下端与保险丝(E)相连，它通常采用直径较小的铜镍合金丝。图示的保险丝密封于装满具有灭弧特性的小玻璃珠的真空套中。保险丝与外部接点之间的连接通过导丝(G)接通，导丝穿过灯头的小孔通过锡焊熔解或与接触盘(H)电连接。玻璃泡(L)则与玻璃夹封(J)下的玻璃喇叭口火焰密封，通过排气管(K)可抽真空或充气。灯头(M)多数采用铝或黄铜，并用热固焊泥(N)与玻璃泡固定。接触焊片被嵌入不透明的玻璃绝缘体(P)中，在某些应用中，可把它扩展覆盖在灯头壳的内表面。目前大部分白炽灯泡壳内都充有氩、氮或氩氮混合气体，只有极小部分的小功率泡壳是真空的。

普通白炽灯的形式多样、种类繁多，但基本原理是相同的，主要区别在于白炽灯结构中的主要 3 个部分：灯丝、泡壳和灯头。

1. 灯丝

灯丝是白炽灯最重要的组成部分，当电流流过灯丝，灯丝被加热直至白炽发光。钨丝是目前最好的灯丝材料，它的熔点非常高，达到了 3 683 K，同时，它在高温下的蒸发率比较低，机械性能很好。因此是目前最适合作为白炽灯灯丝的材料。

钨有正的电阻特性，电阻率随温度的升高迅速增大，工作时灯丝的电阻可达到冷却时的 20 倍以上。所以灯在刚启动、灯丝温度还不高时，流过灯丝的电流非常大，大的瞬时冲击电流往往是造成灯丝断裂的主要原因。要想使白炽灯有高的光效，又有相当的使用寿命，必须要减少灯丝钨的蒸发。灯丝已经成为白炽灯设计的主要瓶颈，图 2.2.3 给出了常见的白炽灯灯丝的形状与结构，目前还有大量的研究工作来提高灯丝的性能。

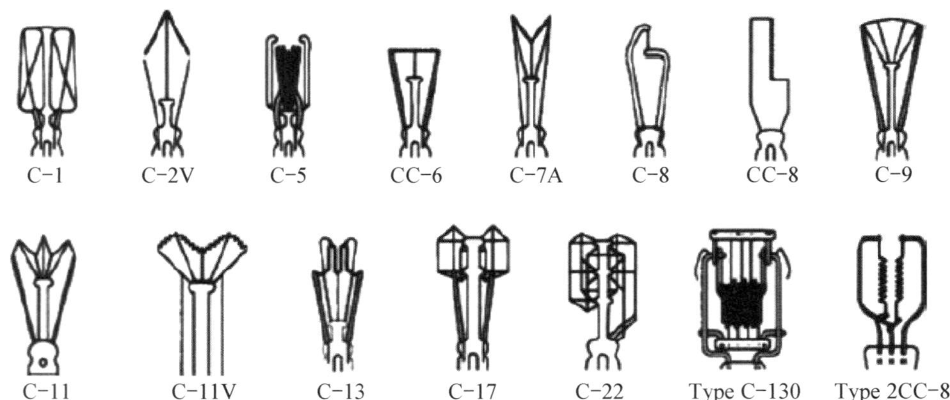

图 2.2.3　常见的白炽灯灯丝的形状与结构

2. 泡壳

白炽灯的泡壳主要是为灯丝提供合适的工作环境，包括气体成分和环境温度。对普通白炽灯的泡壳没有十分严格的限制，其形状也可以有很大的不同，在设计时主要考虑其燃点位置和使用情况。目前，大部分白炽灯采用充气设计。由于气体被灯丝加热后在泡壳进行散热，因此形成了热对流，这样使泡壳上部分的温度高于下部分的温度，因此垂直工作的白炽灯，泡壳采用比较瘦长的结构，而偏离垂直工作的灯，泡壳就会大很多，即尽可能加大灯丝与泡壳管壁的距离。图 2.2.4 给出了常用白炽灯泡壳的基本形状。

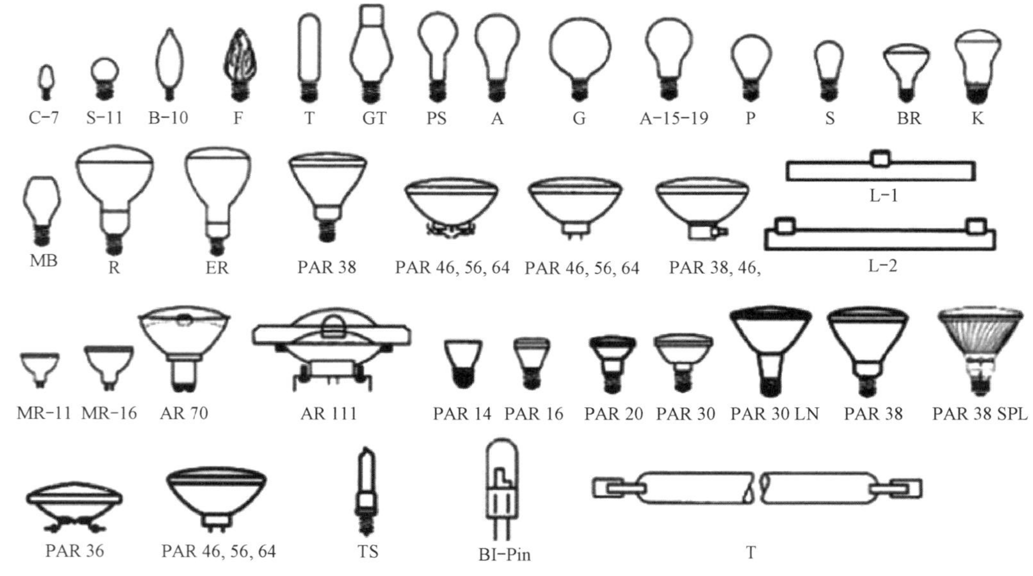

图 2.2.4　白炽灯的各种形状

对白炽灯泡壳的玻璃材料没有十分严格的限定，设计时主要考虑其耐热情况。普通的白炽灯大都常用低熔点的钠钙玻璃；大功率和紧凑的白炽灯泡壳需要承受的温度更高，常用耐热性能好的硼硅玻璃；部分泡壳需要承受的温度非常高，也会采用石英玻璃。有时候为了避免灯丝部分刺眼的光线，可以对泡壳进行磨砂处理，这样灯光会更加柔和；还可以在泡壳的内表面喷涂二氧化硅等材料来实现。在一些应用中，为了提高灯的色温，也在泡壳玻璃材料中加入钴和氧化铜，可以使灯的色温上升到 3 500～4 000 K，但光效会损失很多。另外，为了得到不同色彩的白炽灯，可以使用彩色玻璃或在泡壳表面着色的方法来得到彩色的白炽灯，这些灯主要用于装饰和信号显示。

3. 灯头

灯头是白炽灯进行电连接和机械连接的主要部件。按照形式和用途，可以分为螺口式灯头、插口式灯头、聚焦式灯头和其他的灯头。通常主要采用螺口式灯头和插口式灯头。插口式灯头的优点是抗震性能好，因此在移动和震动多的场合都使用插口式灯头。当需要灯丝的位置能够精确对准时，就需要用聚焦式灯头。

2.2.1.2 白炽灯的产品

1. GLS 灯

GLS 灯是一般照明用白炽灯的简称，它是最大宗的白炽灯产品。灯的泡壳既有明泡，又有磨砂或乳白的。灯的功率范围为 15～2 000 W，主要集中在 25～200 W 区域。灯泡除传统的梨形灯，还有其他各种形状，如蘑菇形、蜡烛形等。目前全球大部分地区开始白炽灯的淘汰工作，因此光效低、功率大的白炽灯会逐步退出历史舞台。未来 GLS 白炽灯的功率会在 100 W 以下，还会充入氙气等来提高光效。

2. 反射型白炽灯

根据泡壳的加工方法，可分为吹制泡壳反射型白炽灯和压制泡壳反射型白炽灯两类。吹制泡壳反射型白炽灯的泡壳是吹制而成的，通常采用抛物面形状的反射镜面。压制泡壳反射型白炽灯是封闭光束灯，其反射镜玻璃和前面的玻璃透镜面都是压制成形的。在玻璃反射镜内表面一般以真空蒸镀铝作为反射材料，灯丝位于反射镜的焦点上。反光镜和透镜面通过封接的方法成为一体。由于灯内充以惰性气体，因此在灯的有效寿命期内，镀铝层始终能保持良好的反射性能。

3. 其他的白炽灯

根据需要还有管状的白炽灯。一种是单端引出的，采用螺口灯头或插口灯头。另一种为两端引出，两端各有一个柱状灯头。还有一种灯是采用侧边安装的灯头，有一个灯头的，也有两个灯头的。发光体都是长的单螺旋灯丝。

装饰灯泡的泡壳的颜色、形状以及灯丝的形状都可能与普通灯泡有所不同。彩色灯泡泡壳有透明的，也有半透明的。有的泡壳则带有半透明的银色或金色的涂层。

用于泛光照明的是大功率的明泡白炽灯，且灯丝精确定位，以保证在与适合的反射器配合时能很好地控制光束。影视用灯泡的灯丝也要精确定位，以便换灯时不需要再行调焦。另外，影视灯的色温已标化为 3 200 K。因此，这种灯的寿命短，很少超过 100 h。灯的功率范围为 250～10 000 W。

对于需要耐震的灯泡，灯丝的结构更坚实，而且其支撑性能比普通灯泡要好得多。

2.2.2 卤钨灯

白炽灯存在着寿命与光效之间的矛盾，因此对其工作性能的提高是非常有限的。泡壳虽然可以使充气气压增大，但随着泡壳直径的变小，泡壳发黑的现象会非常明显。那么有没有什么其他的方法能大幅提高白炽灯的光效和寿命呢？在长期的探索中人们发现，既然钨丝的蒸发是不可避免的，那么如果能让蒸发出来的钨又重新回到钨丝上，这样钨丝的温度，也就是灯的光效可以大大提高，且泡壳也不会发黑，灯的寿命也不会因为光效的升高而下降。卤素正好能实现这个功能。

2.2.2.1　卤钨循环原理

发生在卤钨灯里的化学反应很复杂，含有一组化学反应物和反应生成物，既包括钨和卤素，也包括气态和固态添加物，以及构成和工艺过程中残留的杂质。它们包括水蒸气、氧、氢、碳和金属杂质。现在灯中常用的固态或气态吸气剂通常含有一些杂质，这一点也必须考虑到。

根据动力学和热力学计算已经建立了一些模型，但不可避免地作了许多假设和简化，到目前为止尚没有提出经过权威检验的模型，其主要原因是残余杂质间的相互作用，这一事实使问题进一步复杂化。

下面给出了卤钨循环的简单解释，其中 X 代表所用的卤素，W 代表钨，而 n 代表原子的数目：

$$W + nX \longleftrightarrow WX_n。 \tag{2.2.1}$$

在泡壳附近，蒸发并扩散到泡壳的钨原子与气体中的卤素原子化合成为卤化钨，因此几乎没有钨聚集在泡壁上。泡壳温度必须足够高，以保持卤化物为气态，而最低泡壳温度是由所含的卤化物的分解温度决定，即泡壳的温度要使卤化物为气态但又不能让气态的卤化物分解。

泡壳处卤化物的浓度最高，它们会向灯泡的中心扩散，直至它们在邻近白炽态灯丝的地方热分裂为止，分裂产生的钨原子沉积在灯丝或支架上，这样一个动态平衡就建立起来了。钨向靠近灯丝的地方集中增加，形成了向灯丝的反扩散。钨沿着灯丝首先沉淀在较冷的区域，尽管灯丝的钨的净损失率为零，但通常的热点熔断仍经常发生，卤钨循环的真正作用是起到一个泡壳清洗的作用，如图 2.2.5 所示。

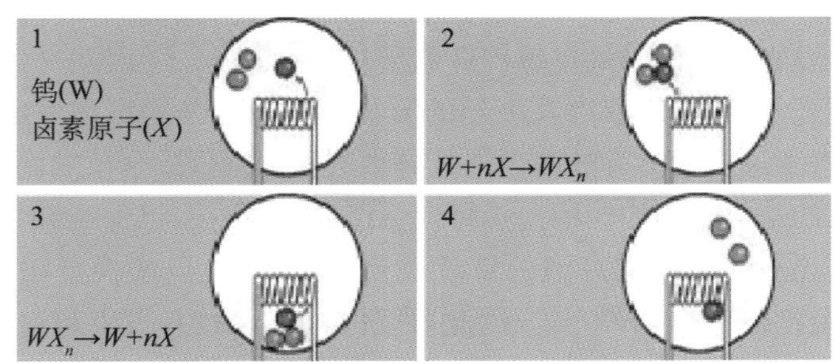

图 2.2.5　卤钨循环过程示意

2.2.2.2　卤钨灯的结构

1. 泡壳材料

卤钨灯内的卤钨循环产生的卤化物要处于气态，否则就会沉积在泡壳上，使泡壳发黑。

为了使泡壁处的卤化物处于气态，管壁温度要比普通白炽灯高得多。这样，普通玻璃承受不了，必须使用耐高温的石英玻璃或硬玻璃。大多数卤钨灯的泡壳采用石英玻璃或高硅氧玻璃。使用溴作为循环剂时，由于管壁温度的要求可低一些，故也有少数卤钨灯是用硬玻璃。不同的泡壳材料对应着一定的管壁温度，如石英泡壳的管壁负载可比高硅氧玻璃选得高一些，高色温的卤钨灯管壁负载一般取为 25～30 W · cm^{-2}，普通照明的卤钨灯选择为 20～25 W · cm^{-2}，而红外灯则更低，为 15～20 W · cm^{-2}。高硅氧玻璃的耐高温性能不如石英玻璃，用这种材料做成的卤钨灯的管壁负载为 15 W · cm^{-2}，而硬质玻璃最低为 10 W · cm^{-2} 以下，这种材料适合做那些寿命、光效相对低的卤钨灯的泡壳。

2. 灯的形状

卤钨灯的外形取决于灯丝的形状，通常可以分为点状、细管状和圆柱状。根据需要，前两种形状的泡壳可以用在高色温卤钨灯、普通照明卤钨灯和红外灯中。而后一种泡壳形状通常使用在大功率的高色温卤钨灯中。一个典型的卤钨灯的结构如图 2.2.6 所示，而图 2.2.7 给出了点状、细管状和圆柱状卤钨灯的实物图。

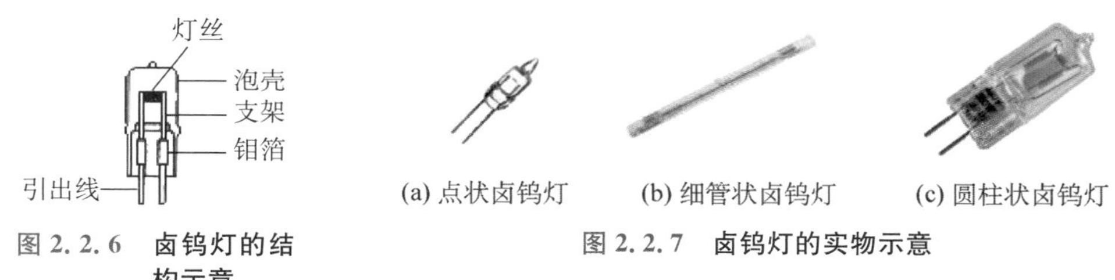

图 2.2.6　卤钨灯的结构示意

(a) 点状卤钨灯　(b) 细管状卤钨灯　(c) 圆柱状卤钨灯

图 2.2.7　卤钨灯的实物示意

3. 卤钨灯气体的填充

在普通白炽灯中，灯丝直径与泡壳直径相比很小，在通常的充气压强之下气体稳定层总是在泡壳内。卤钨灯泡壳尺寸很小，气体稳定层可能接近或超出泡壳范围。因此，在卤钨灯中气体热导损失的情况与普通白炽灯不完全一样。实验发现，在卤钨灯中，当气压还不太高时，气体稳定层的边缘在泡壳外面，这时随充气气压增加，实际上的气体稳定层直径仍保持不变，即气体的热导损失并不增加，灯的光效也不受影响，所以在这种情况下，充气气压越高就越有利，在不影响光效的情况下，寿命会因为气压的增高而增长。但当气体稳定层的边缘到达管壁时，这时如果再增加充气压，则热导的损失会增大，灯的光效就要下降。所以卤钨灯中存在一个最佳的充气压强。综合考虑寿命和光效两方面的要求，卤钨灯的充气压强通常应选择使气体稳定层直径略小于泡壳直径。

2.2.2.3　卤钨灯的应用

1. 卤钨灯在泛光照明中的应用

卤钨灯具有许多特殊的设计和超出传统型白炽灯的性能优点。它们包括：在全寿命期内几乎百分之百的光输出维持率，提高了的寿命和光效，以及具有更高的流明输出而灯丝更小。紧凑的灯的外形和坚固的内部结构显著地减小了灯的尺寸，并降低了高规格的光学系统和灯具的费用。现在有可能将反射器和灯泡做成一体化的小卤钨灯，使现有的仪器设备得以翻新改进。

细管状卤钨灯非常适合泛光照明，它现在已经有了使用标准灯头的一系列功率和尺寸型号。由于能耗问题，现在在这类应用中已经不再大量地使用高功率灯，不过对于临时使用，如业余体育场泛光照明，它的低成本投入提供了一套吸引人的和价格实在的投资预算。泛光照明中使用的卤钨灯的寿命一般超过 2 000 h，额定功率为 100～2 000 W。相应地，灯管的直径为 8～10 mm，灯管长度为 80～330 mm。两端采用称为 RTS 的标准磁接头，需要时在管内还装有保险丝。

一些功率大的细管状卤钨灯，其直线的螺旋灯丝特别长，于是在灯的制造过程中，为了防止灯丝下垂导致的管壁局部过热而爆裂，通常在灯丝上安装若干个支架。这虽然解决了下垂的问题，但又造成了新的问题。支架的热导率相对于空气来说大得多，于是与支架相接触的灯丝处的温度比其他地方要低，沿着钨丝的轴向方向上产生了温度梯度。这种温度梯度对钨丝是不利的，会造成钨丝的腐蚀。为了解决这个问题，人们设计了一种新的结构，在灯管内安装一辅助的石英支撑杆，支架不是直接搭在灯丝与泡壳之间，而是搭在灯丝与石英杆之间，如图 2.2.8 所示。这样，钨丝与支架的接触点的热损失大大减少，钨丝的轴向不会产生大的温度差。这种新的结构不仅能使灯的寿命延长或者光效提高，而且还使我们可以做出比现在功率更小的灯。

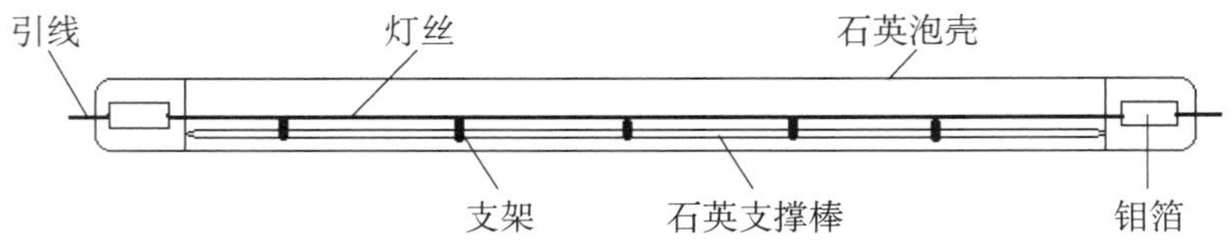

图 2.2.8 带辅助石英支撑棒的管状卤钨灯

一般照明用的卤钨灯，也有单端引出的。这类灯的功率有 65 W，85 W 和 130 W 等多种规格。单端卤钨灯和双端卤钨灯都可采用红外反射膜来提高光效。

作为一般照明之用，还可将小形卤钨灯装在灯头为 E26 和 E27 的外泡壳（T 型或 BT 型）内，做成二重管形的卤钨灯。这种卤钨灯可用在原有的灯具内直接替代普通白炽灯。

当石英泡壳有指纹或者表面附着有钠（Na）、锂（Li）和钾（K）等杂质时，在 800℃左右的温度下，石英玻璃便会结晶，引起失透。经研究发现，在石英表面涂氧化硼（B_2O_3），经过在 1 100℃以上的温度下焙烧处理，就能在石英玻璃表面形成保护层。经过这样处理的石英泡壳有很好的抗杂质玷污的能力，且其光性能并不下降。这种表面处理技术不仅对泛光照明卤钨灯有用，对其他形式的卤钨灯也同样有用。

在要求灯具和安装费用较低的场合，卤钨灯是十分有用的泛光照明光源。大功率的卤钨灯可以用于车间、厂房、建筑工地、街道等处进行泛光照明，小功率的卤钨灯可以用作商店、展厅等处的室内照明光源。

2. 卤钨灯在视听照明中的应用

视听照明是卤钨灯最早的应用之一。它最初发展起来是为了用于 8 mm 和 16 mm 电影胶片的放映和适用于摄影棚照明。但是，随着灵敏而低价的家用和专业的非广播录像带系统的出现，这些灯就变得过时了。使用线电压的“太阳枪”系统也被发展起来，它被设计成手持或固定于照相机上，最高功率可达到 1 250 W。随着照相机和电池技术的进步，它们很快也变得过时了。现在小型充电系统和一体化反射镜卤钨灯也变得普及了。对玻璃卤钨灯来说，由于这种封口的更低的电阻，系统效率得以显著改善，并因而节省了充电的工作时间，因此它常用在电池的供电系统中。

投影仪内灯的应用保持着迅速的增长。高功率投射灯通常总是采用风冷，这种灯被用在大多数投影系统中。现在普遍应用的投影卤钨灯有 24 V，250 W 和 275 W 与 36 V，400 W。笔记本电脑液晶屏的背景光源也可以使用卤钨灯，虽然因为发热的缘故，气体放电光源的性能更优异，但卤钨灯提供的是一种简单、适用、价廉的解决方法。

卤钨灯其他的视听应用还包括电影制作、微缩胶片信息修复、工业和商业摄影工作室、光导纤维和医药领域。

3. 投光照明中卤钨灯的应用

传统的反射灯，包括现在使用的改进封接的集束灯都具有体积大、灯丝温度低、寿命有限、光束缺少“冲劲”等缺点。而投光卤钨灯正好可以克服这些问题。在小型的具有分色性介质涂层的压制玻璃反射器内安装特低功率卤钨灯，最初被广泛使用在摄影投射中以代替普通的白炽灯。后来人们通过重新设计泡壳特性，提高了这种灯的寿命，于是找到了一个新的而且令人激动的应用，这就是商店橱窗展示和装饰照明。它的优点包括：进一步延长了灯的寿命，提高了光输出，改进了颜色特性，提高了系统效率，大大减小了尺寸和进一步降低灯具花费(除了变压器的费用)。这都给卤钨灯的应用创造了很多新的机会。有选择性地透过涂层反射镜可以产生一个冷光束和获得高的可见光反射率，而从反射镜后溢出的少量可见光却增加了美学效果。

最广泛使用的型号通常是一个直径为 50 mm 的反射镜，额定电压为 12 V，功率最高能做到 75 W，光束的角度为 8°～60°。根据灯的型号和制造商不同，寿命要求在 2 000～5 000 h 之间。这种类似带有 35 mm 直径反射镜的投光卤钨灯的使用量也在不断增大。

大多数灯中使用的选择性透过半硬涂层会在整个寿命期间不断退化，现在也出现了具有更坚固耐用的硬膜涂层品种作为高规格的替代品，它进一步具有提高灯的使用寿命和其他技术优势的特点。

分色涂层反射镜使投射卤钨灯仅辐射出可见光，形成“冷光束”，红外线则透过反射镜传输到灯具的后面。这种冷光束的透光灯被称为 MR 型卤钨灯，其结构如图 2.2.9所示。

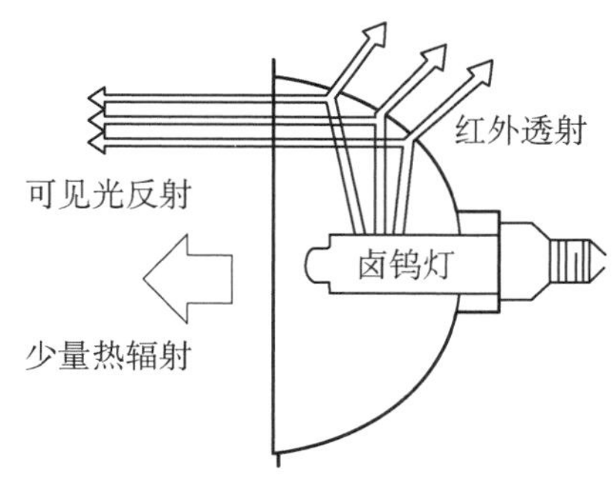

图 2.2.9　MR 型卤钨灯

抛物反光镜是由玻璃压制而成，玻璃的内表面涂镀了多层介质膜。这里所说的红外介质膜与前面章节中提到的红外反射膜的作用正好相反。以前提到的红外反射膜是把灯丝发射的红外线反射回到灯丝，以节约维持灯丝炽热的能量，而这里的红外膜是把灯丝射出的红外能量透射出去，只是反射回可见光。因此卤钨灯的可见光被反射到需要照明的物体上，而红外线绝大部分透过反射镜被滤掉了。MR 型卤钨灯的灯泡是低电压(6 V/12 V/24 V)的单端卤钨灯，灯的功率为 12～75 W，灯丝为螺旋形横丝结构，灯的色温约为 3 000 K，寿命为 2 000～3 000 h。这种冷反光卤钨灯在室内照明，尤其是商业照明上有着十分广阔的应用前景。这种灯可广泛应用于橱窗、展厅、宾馆乃至家庭，作为局部定向照明光源，既节电，又突出了照明效果，还能起到装饰和美化环境的作用。但是，这种灯要在市电下工作必须先变压，为使灯具小型轻量化可采用电子变压器。当 MR 型灯的电子变压器与灯具合为一体时，这些透射出的热就可能引起电子仪器产生热故障。最近的创新是推广了使用铝反射器类似的灯，尽管铝的反射率低一些而使性能有所损失，但因光和红外辐射都被反射而使热的影响也有所降低，这就降低了一般直接安装在灯后面的电子器件盒的热负载。当然冷光束的优势也没有了，但冷光束在很多应用中并不是必须的。

所有的投光灯都有开放和密封这两种型号。密封的灯的反射镜正面前缘的覆盖玻璃减少了光输出，但它也增加了很多优点。根据 IEC（IEC 598，1979），使用密封的灯具，即使没有额外保护部件，人和周围环境也不会碰到非常热的泡壳，热的危险性被降低了；而紫外辐射成分则会减到最小，非常少见的泡壳爆裂破碎的危险也被完全排除。使用限制紫外辐射的材料和较低充气压力的灯现在已经出现了，但它没有减少热危险性，因此使用一体化的覆盖玻璃的灯仍是首选方式。

另一种应用非常广泛的投光卤钨灯是密封光束卤钨灯（PAR 20，PAR 30，PAR 38 和 PAR 46），其中有些泡壳上具有红外反射涂层，它有效地将一些无谓损耗的红外辐射反射回灯丝上，并且提高了灯的效率。

作为一体化反射器灯的替代品，用在与反射器成一体的灯具中或用于一体化光学器件中独立的泡壳也已经出现。根据生产和应用的需要不同，这种灯可用石英或硬玻璃制作。灯可以有灯头也可以无灯头，这取决于电连接的方式。尽管根据 IEC 598，这种光源必须有罩壳，但最近发展了一种低压充气、有阻紫外辐射壳套的卤钨灯，它符合 IEC 598 但没有罩壳。在天花板装饰中，人们常常需要用到裸露的灯泡，如果使用这种带阻紫外辐射壳套的卤钨灯将非常具有优势。目前这类卤钨灯得到最多的应用，其照明效果非常好。投光卤钨灯在照明设计中一直有重要地位，利用其投光卤钨灯杯可以将灯光进行定向集中投射的特点，采用适当类型的投光卤钨灯不但可以提高照明的效率，节约电力能源，还可以创造良好的照明效果。投光卤钨灯被广泛用于酒店、宾馆、商城、家庭和办公室内，进行局部照明和重点照明。大多数使用的场合不但对照度要求高，还十分重视照明的环境，要求光源显色性好，能够使事物形象生动逼真；另外，还要求灯的体积小，不影响其他的布置装饰。高显色的投光卤钨灯还是舞台表演和时装秀场的主力照明光源，其突出的优势是光源的体积小、表现力强，在设计时可以较少考虑空间的限制。

4. 汽车照明用卤钨灯

在运输领域卤钨灯有广泛的应用，卤钨灯体积小，光效较高，灯丝紧凑，非常适合汽车照明的前大灯。前照灯由于其照明的特殊性，它的严格的安全性能、可替换性等方面要求必须根据 IEC 的标准规定（IEC 809，1985；IEC 810，1993）。最初，作为汽车前照灯的卤钨灯被设计出来是为了能够替代白炽灯，但它引起了使用预聚焦灯分离反射器或密封束光型系统性能的重大提高。后来，通过与照明系统设计者的协作，卤钨前照灯被设计得能充分发挥其紧凑、潜在的聚焦精度和灯丝高光亮度的优点，目前的汽车前照灯大多采用双灯丝灯。针对驾驶和会车，它具有不同的灯丝。会车灯丝是被遮蔽的，它与设计合适的反射器和透镜一起产生一个不对称的光束，在街边产生高的照度，同时又避免给迎面开来的车辆造成眩光，这依赖于其配光曲线中尖锐的截止角。而主灯丝则能提供远光束，以满足正常驾驶的需要。近光和远光配光有严格的要求，各国均有严格的限定标准。

在过去的10年中，随着HID灯和LED的飞速进展，汽车卤钨灯的使用领域逐步受到限制，汽车卤钨灯由于其性能稳定、价格便宜，仍然占据了汽车灯的主要市场，但随着汽车照明智能化、高效节能和美学设计的要求逐步提升，汽车卤钨灯的使用将呈下降趋势。

2.3 气体放电灯

气体放电灯是由通过气体放电将电能转换为光的一种电光源。气体放电的种类很多，用得较多的是辉光放电和弧光放电。辉光放电一般用于霓虹灯和指示灯。弧光放电有很强的光输出，照明光源都采用弧光放电。荧光灯、高压汞灯、钠灯和金属卤化物灯是目前应用最多的照明用气体放电灯。气体放电灯在工业、农业、医疗卫生和科学研究领域的用途极为广泛。了解气体放电的基本原理，可以使我们能够更好地理解气体放电灯的工作机理和特性。

2.3.1 低气压放电灯

2.3.1.1 低压钠灯

1. 低压钠灯的工作原理

在低气压钠蒸气灯内填充了钠金属和少量氖和氩混合的惰性气体，钠原子在放电时受到激发和电离，当受激钠原子从激发态跃迁回基态时，将在589.0 nm和589.6 nm波长位置产生共振辐射，这两根谱线被称为钠的双黄线或D线。由于该辐射位于人眼光谱光视曲线的峰值附近，因此低压钠灯具有很高的发光效率，其光效是所有人造光源中最高的。管内填充的少量惰性气体，可以对灯的启动有所帮助，并改善其放电性能。低压钠灯在放电时钠的蒸气压约为1 Pa，惰性气体的气压约为1 070 Pa。钠的双黄线强度受温度影响较大，电弧管工作温度在260℃时辐射输出达到峰值。

在低压钠蒸气放电中，钠原子主要在管轴处受到电子的碰撞而被激发和电离，在管壁区域内产生的离子则很少。由于双极性扩散的作用，放电轴心处钠原子浓度将会降低，在达到某一电流值时，钠原子耗尽，需要依靠惰性气体原子电离来维持该部分放电，并出现管压上升、光效下降的现象，这种情况被称为钠耗空效应（又称为径向抽运效应）。为了防止钠耗空效应的发生，需要对灯的电流进行限制，也就是说，在一定的功率下，低压钠灯的放电管应该设计得比较长。

低压钠蒸气放电中产生的共振辐射也会被处于基态的钠原子所吸收，使处于基态的钠原子受到激发并很快地再辐射，并再一次将能量转移到另一个原子，从而使辐射在从轴心到达管壁之前会被多次重新转移。这种现象就是共振辐射的禁锢现象。辐射禁锢现象延长了处于共振态的原子的有效寿命，增加了激发态原子受到电子和其他原子碰撞并激发到其他能级的几率，这会对发光效率造成不利影响。

在低压钠蒸气放电中，由于辐射的禁锢现象和钠耗空效应的共同作用，使低压钠灯的大部分辐射集中在电弧管壁附近的区域内。

2. 低压钠灯的性能与应用

(1) 启动特性

在低压钠灯启动的最初阶段，灯管两端的管压降仅由稀有气体放电产生，并发出氖的红色特征谱线，随后稀有气体放电所产生的热使放电管内的固态钠融化并部分气化，从而使钠参与放电。由于钠的激发电位和电离电位较稀有气体低，因此钠的辐射则占主导地位。当放电管温度达到一定程度时，光源所辐射的光就是黄色的钠的特征谱线。整个启动过程一般为 8～15 min。

(2) 电特性

在光源的启动过程中，随着电弧管温度的上升，灯的电压会先上升，当灯进入正常燃点状态后，灯的电压会有所下降，并有足够多的钠离子输运大部分电流。灯的实际工作点将受到所用线路的控制。如果电源电压下降，则灯的电流会减少，电弧管的温度也会略微下降，并造成管压上升；如果电源电压上升，则情况正好相反。

与荧光灯类似，处于工作状态下的低压钠灯在电流突然中断后，灯可以立刻热启动并发出全光通，这也是低压钠灯适用于街道照明的原因之一。

(3) 光输出

目前 SOX 型低压钠灯的功率范围从 18 W 到 180 W，光输出从 1 800 lm 到 33 000 lm，光效从 100 lm・W^{-1}到 200 lm・W^{-1}(见表 2.3.1)。钠 D 线的最大理论光效是 525 lm・W^{-1}，但实际上由于灯存在很多损耗，灯的光效无法达到理论光效值。

表 2.3.1 **常规低压钠灯的技术参数**

规　格	18 W	35 W	55 W	90 W	135 W	180 W
灯功率/W	—	37	56	91	135	185
灯电压/V	57	70	109	112	164	240
灯电流/A	0.35	0.60	0.59	0.94	0.95	0.91
网络电流/A	—	1.40	1.40	2.15	3.10	3.10
光通/lm	1 800	4 800	8 000	13 500	22 500	33 000
光效/lm・W^{-1}	100	130	143	148	167	178
最低启动电压/V	190	390	410	420	540	600
外泡壳直径/mm	54	54	54	68	68	68
总长/mm	216	310	425	528	775	1 120
电弧长度/mm	90	196	311	408	695	1 004
光中心长度/mm	56	170	230	280	405	574
灯头	BY22d	BY22d	BY22d	BY22d	BY22d	BY22d
使用自耦漏磁变压器时的系统效率/lm・W^{-1}	—	84	105	108	131	144

(4) 应用

低压钠灯适用于对颜色分辨率要求不高但能见度要求较高的场所。目前,低压钠灯的最普遍应用是道路照明。低压钠灯也可用于区域照明和安全警戒照明,如在住宅区、停车场、银行、工厂和医院等场地也可以得到很好的应用。图 2.3.1 给出了不同功率低压钠灯在照明应用中的适用范围。

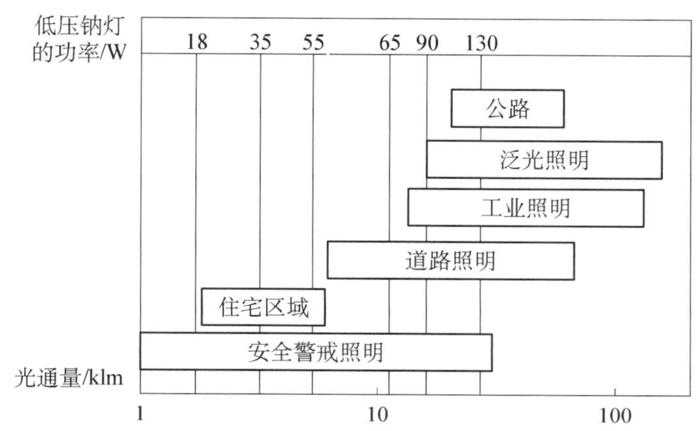

图 2.3.1 不同功率低压钠灯在照明应用中的适用范围

2.3.1.2 荧光灯

1. 荧光灯的工作原理

荧光灯是一种气体放电光源,其放电形式属于低气压汞蒸气放电。它将电能转变为可见光分为两个过程:第一步通过低气压汞蒸气放电,把放电中消耗的电能转变为人眼看不见的紫外辐射和少量可见光,其中约占 65%的电能转化为波长 185, 254 和 365 nm 等紫外线,3%的电能直接转化为 405～577 nm 等可见光,其余电能以热的形式消耗掉;第二步放电管内产生的紫外线辐射到涂在放电管内壁的荧光粉上,荧光材料再把紫外线转变为可见光。

各种类型荧光灯的结构虽然不同,但基本原理一致。直管荧光灯的基本结构如图 2.3.2 所示。在玻璃管内壁涂有荧光粉层,其两端封接有螺旋状的钨丝阴极,钨丝表面涂覆有电子发射材料,灯管中充入氩、氪等惰性气体以及少量的汞粒。

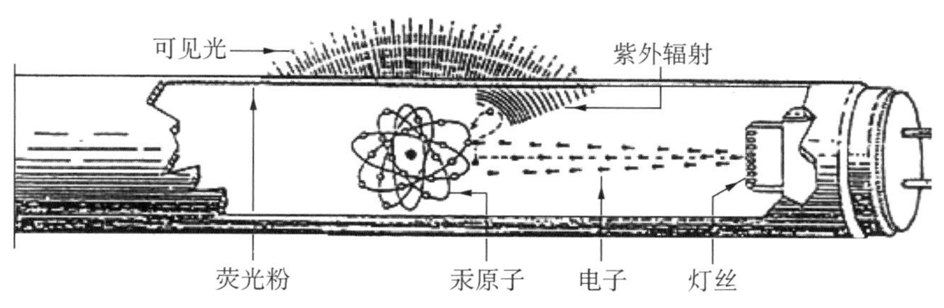

图 2.3.2 荧光灯的结构

荧光灯阴极在灯管点燃之前要进行预热，预热温度大约 850℃左右，使阴极具有热电子发射能力。在外界电场的作用下，电子将高速运动，当与汞原子碰撞时，汞原子失去电子后，生成汞正离子。此时电子向阳极运动，正离子向阴极运动，灯管内就有电流流动。

如果电子与汞原子碰撞，使汞原子中最外层电子受撞击，吸收一定能量后，电子从基态跃迁到外层轨道上运动，该汞原子处于激发态，如图 2.3.3 所示。极不稳定的受激汞原子很快回复到原来的基态，把多余的能量以紫外线形式释放出来。为了提高荧光灯的发光效率，应该使放电辐射中尽量产生较多的 254 nm 的紫外线，而减少 185 nm 的有害真空紫外线。其次，要求在紫外线到达管壁荧光粉层的路程中损失尽可能小，并要求荧光粉将紫外线转换成可见光的效率要高。

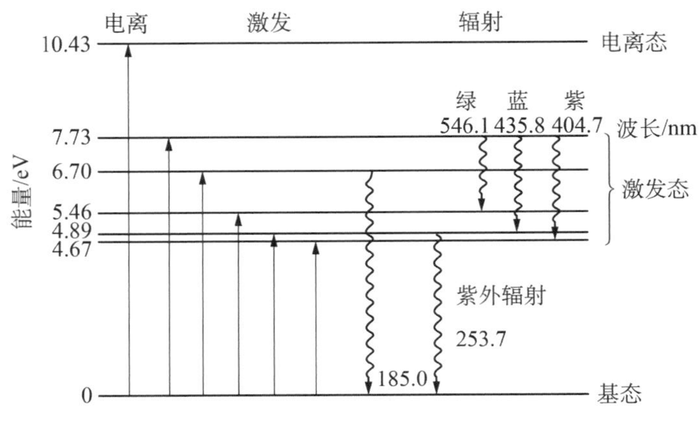

图 2.3.3 汞原子激发跃迁

荧光灯发光效率和管径有一定的依存关系，存在着最佳管径值。如果采用优质荧光粉，具有良好的耐 185 nm 紫外线照射的性能，当缩小管径时，有效辐射率提高，而对荧光粉的损伤不大，发光效率会增加。因为对于长度一定的放电管而言，管径减小，灯管压降升高，电极位降功耗占灯管总功耗的份额变小，也就是正柱区功率占放电总功率的份额提高，所以提高了放电管输入功率的发光效率。η 与管径 d 之间的关系有人曾进行了理论计算，得到放电功率为 28 W 时，工作频率分别为直流、50 Hz、50 kHz 时 η 与 d 的关系曲线，如图 2.3.4 所示。直流和 50 kHz 的曲线差异不大，而 50 Hz 下 η 的降落较大，因为当后者的交变电压周期变化时，存在着零电位而引起再点弧现象，使电离损失增大。此曲线表明，发光效率与灯管直径存在最佳直径值。

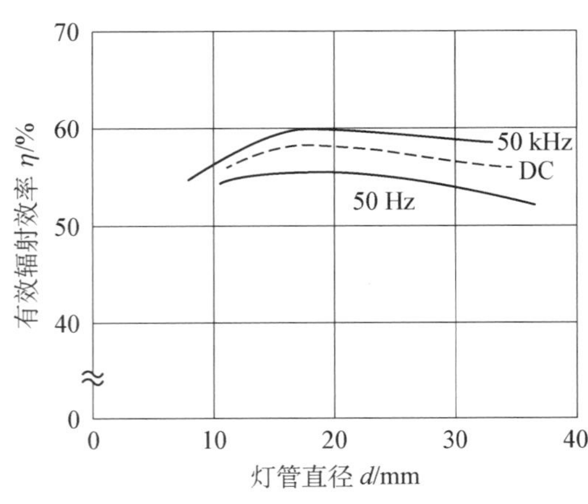

图 2.3.4 不同工作频率下 254 nm 辐射效率（放电功率为 28 W）

近年来荧光灯技术的发展异常迅速，灯管的开发动向是细管径化，这样可使它得到高亮度的照明光源，而且使其体积小型化，并节省大量的玻璃和荧光粉材料，以及相应减少包装和运输费等。

2. 荧光灯的种类

(1) 细管径直管荧光灯

T8 型荧光灯的标称直径为 25.7 mm；管径比 T12 型灯缩小$\frac{1}{3}$，灯管长度和灯头两者相同，可以彼此互换；灯管体积减小 40%，节省了原材料、包装、储存、运输等费用。T5 型细管径荧光灯的管径为 16～17 mm，其发光效率比 T8 型灯管提高 20%，荧光粉节省 60%。T5 型灯在设计时就与电子镇流器相匹配，选用小的管电流、高的管电压降的模式，管电压超过了电源电压之半，21 W 是 123 V，35 W 是 205 V。这样，放电正柱区利用率提高，电极功耗所占比例减少，因此具有高的光效，通常为 90～104 lm · W^{-1}；光通维持率又高，在 10 000 h 寿命时，维持率是 95%；灯管平均寿命为 16 000 h。T5 型灯管的管径变小后，电子温度升高，最佳冷端温度相应上升，其最高光输出所对应的最佳环境温度为 35℃，而 T8 型灯管的最佳环境温度为 25℃。在较低的环境温度中，T5 型灯管的光通量急骤下降，在 15℃温度下，T8 型灯管的相对光通为 90%，而 T5 型只有 60%。在较高温度的环境中，T5 型灯管的光通明显优于 T8 型灯管。由于灯管直径小，灯具的尺寸也可缩小变薄，外形美观。也可以在一个灯具中装多支 T5 型灯管，其光学控制有效，有着良好的照明效果。

市场上也出现一些非标准的细管径直管荧光灯，有 T4，T3.5，T3，T2 等，用在特殊场合和灯具中，如商业橱窗照明、仪器仪表照明、车辆船舶照明、装饰照明、液晶显示的背景照明。

(2) 紧凑型节能荧光灯

紧凑型荧光灯(compact fluorescent light，CFL)由于其光效高、显色性好、寿命长、体积小、使用方便、装饰美观等特点，受到广泛的注目，是替代白炽灯的有效新型光源。经过 20 多年的发展，技术不断创新，品质逐年提高，品种繁多，外形结构有 H，U，Π 型、双 D 型、螺旋型等。为了结构更加紧凑，将灯管多次桥接，又出现了 2U，3U，4U 等形式。

(3) 环形节能荧光灯

环形荧光灯具有照度均匀、造型美观、光效较高、寿命长等特点，被广泛用于住宅、商店、宾馆等场所的照明。传统环形荧光灯的管径为 29～32 mm，功率有 22 W，32 W，40 W 等品种，环形外径为 200～400 mm，选用卤磷酸钙荧光粉时，其发光效率大约 50～65 lm · W^{-1}，寿命为 6 000 h 左右。环形直径受玻管管径所限制，管径细、管壁厚，环形半径可以小些。近年研制成管径为 12 mm，16 mm 和 20 mm 的环形灯，采用三基色荧光粉，配用高频电子镇流器，光效明显提高，接近 100 lm · W^{-1}，寿命约 9 000 h。

(4) 细管径冷阴极荧光灯

冷阴极荧光灯的结构十分简单，如图 2.3.5 所示，灯管两端配有金属电极，经金属导丝

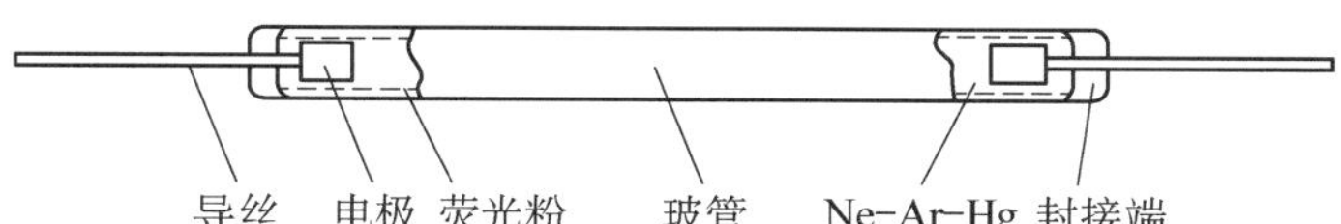

图 2.3.5　细管径冷阴极荧光灯

引出于玻璃端头，玻管与金属丝能良好封接。灯管内壁涂覆有三基色荧光粉层，管中充入惰性气体和汞，在 30～70 kHz 的高频高压电的作用下，激发灯管内工作物质发生辉光放电。在正离子的轰击下金属阴极会发射二次电子，电子在向阳极运动过程中，又与气体原子碰撞，产生新的正离子，其轰击阴极又产生新的电子，从而形成自持放电。

(5) 外电极荧光灯

外电极荧光灯的特点是灯的一个或两个电极被制作于放电管的外侧，金属外电极可以用冲压成的紫铜杯，表面镀铬，利用导电胶让电极和玻管粘结。有时也可以用石墨胶涂覆于玻管外侧。玻管内侧涂覆三基色荧光粉，有时玻壁表面先涂一层保护膜，以减轻黑化、降低光衰。管内充有氖、氩、汞(Ne - Ar - Hg)工作物质。高频电源连接到放电管外电极，则管内工作物质着火放电，电源工作频率通常为 40～70 kHz。近来有人探索试验在 200 kHz，甚至在 5 MHz 的频率下工作；也有人将金属陶瓷阴极与灯玻管封接，阴极本身就是外电极。

这种特殊的放电原理，仅在初次着火时需要较高外电压，正常工作时，工作气体受到外加电压和壁电压叠加作用而击穿放电，壁电荷在电极上分布比较均匀，整个放电空间发光也比较均匀。外置电极荧光灯(external electrode fluorescent lump, EEFL)除可以制成特殊新光源之外，也能够用于某些气体放电器件或光源的无损检测等。

(6) 无极荧光灯

无极放电灯是采用无电极的灯管，让高频电磁能将灯管内填充物激发放电，得到可见光。在无极荧光灯中，使汞原子激发，产生的紫外线照射到荧光粉层上，发出可见光。显然，无极放电灯不是通过电极间的电流来激发灯管内填充物(如汞、氩、氖、氙等)的，它是不同于常规照明光源的新颖设计。E 型放电的无极荧光灯的高频电场耦合效率较低，且其光输出几乎不受周围环境温度的影响，在高温或低温状态下都能正常工作。由于选用汞与稀有气体的放电，其光效较高，受环境温度的影响很大，而且在外电极高频电场的作用下，荧光粉易被黑化，因此目前实用的无极荧光灯大都是 H 型放电灯。

3. 荧光灯的工作电路

预热式荧光灯启动时必须先对灯丝预热，而灯在正常工作后就不必再对灯丝加热，故电路中还需一个能对灯丝预热的自动开关。它能够在刚接通电源时自动闭合而对灯丝通电，当灯丝达到预定加热温度时，它就会自动断开，这个自动开关就是启动器。图 2.3.6 所示就是预热式普通荧光灯的电路接线图。电源、镇流器和启动器构成一个回路。回路电流使阴极预热，预热时间约为 0.5～2 s。预热时间太长会因阴极蒸发缩短灯的寿命，太短则阴极升温不足，发射物质因溅射损耗增大，对灯寿命也不利。当两个电极接触后辉光放电熄灭，双金属片逐渐冷却，收缩后重新断开，这就好比切断了回路中的电流。但是，流经电感的电流是不会突变的，因而约在 1 ms 内镇流器两端便产生一个很高的反电势(即脉冲高压)，这个电势可达 600～1 500 V，加在已被预热的两电极之间，使灯启动，产生稳定的弧光放电。

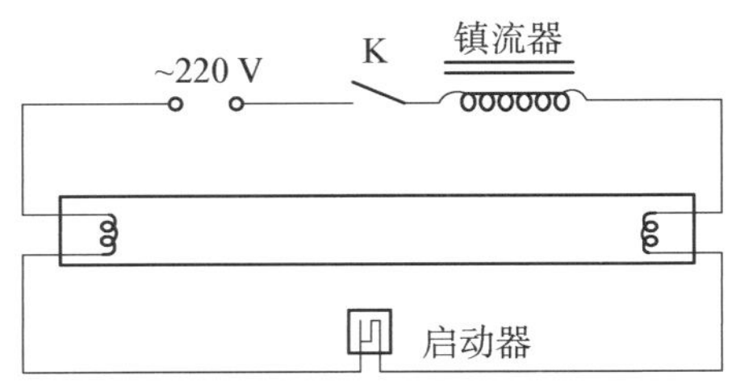

图 2.3.6　预热式荧光灯电路接线示意

影响荧光灯启动特性的因素很多，有的属于灯管的设计和制造上的原因，如灯管的直径和长度、充气的压力、气体的成分及杂质、阴极的情况等；有的属于灯管附件，如镇流器和启动器等；有的则属于外界的影响，如环境温度和空气湿度等。

（1）荧光灯电感镇流器

在 50 Hz 交流电下最常用的是电感镇流器。设计正确的电感镇流器能使电路具有接近正弦波形的电流，并使电源电压与灯管电流形成对电弧的重复点燃有利的相位差。但是电感镇流器的功率因数较低，必要时可以用电容器来校正。

电感镇流器在荧光灯电路中的作用，主要有 3 个方面。

1）控制预热电流。由于镇流器的作用，在接通电源的几秒钟内，启动器短路，使流过灯丝的预热电流控制在一定的数值，从而使阴极达到一定的温度而具备良好的热电子发射能力。

2）在启动器的双金属片与固定电极断开的瞬间，在它的线圈两端产生一个很高的感应电动势，并与电源电压叠加，从而使灯管内气体击穿，建立放电。

3）限流作用。可以维持放电的稳定，以保证灯管电流、电压在规定的工作范围。

（2）电子镇流器

电子镇流器实际上是一个电源变换器。它将输入的 50 Hz 正弦波交流电源或直流电源进行频率和波形变换，得到一个 20～80 kHz 的方波，给荧光灯管提供一个能正常工作的电源。电子镇流器给荧光灯带来了一系列高频工作特性，使某些性能得以提高，主要优点如下：

1）工作频率增加，其光效亦随之提高，最多可比 50 Hz 的高出 10%～20%，图 2.3.7 所示是某些荧光灯高频工作时与在 50 Hz 工作时光通量之比。在高频工作时，显色指数 R_a 也比在 50 Hz 工作时高，在 20 kHz 时能提高 2 个数值。

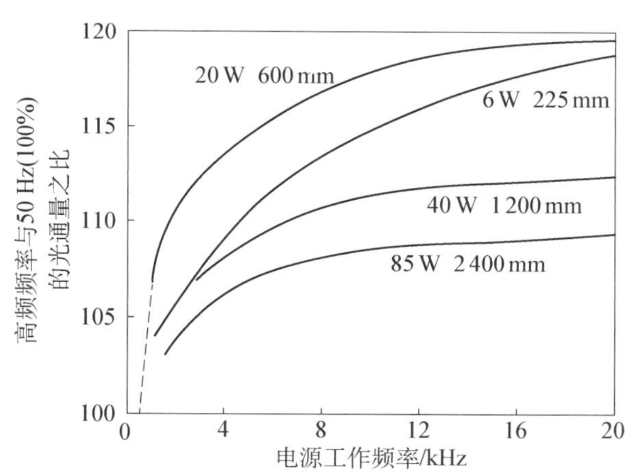

图 2.3.7　荧光灯高频工作特性曲线

2）荧光灯在高频激发下，灯管发光时基本无频闪感。由于气体放电在交流电源驱动，荧光灯的光输出按周期变化，在 50 Hz 或 60 Hz 工作时，使用各类电感式镇流器，荧光灯相应的光输出频率为 100 Hz 或 120 Hz。在正常情况下，如此频率时人眼是无法察觉荧光灯输出的变化。但是，如果在正负半周电流的峰值有大有小或者波形不一样，均会导致正负两个半周的光输出不同，从而造成荧光灯的频闪。对于 50 Hz 的电源来说，调制度在 1%到 2%之间时，人眼就会有频闪感觉，超过 2%人就会对这种频闪产生厌恶感觉。采用电子镇流器后，荧光灯工作在高频状态，克服了频闪，消除了频闪给人眼带来的不舒适感。

3）电子镇流器的功率因数高，通常大于 0.9，而且其阻抗呈现电容性，故能改善电网功率因子，提高电网供电效率。

4）电子镇流器自身功耗较小，一般仅为灯输出功率的 10%以下，而电感式镇流器自身功率消耗要占 20%左右，一个荧光灯整灯发出同样的光通量，采用高频电子镇流器所耗系统功率（即向电网获取功率）要比用电感式镇流器系统功率减少 30%左右。节能是电子镇流器最明显的优点。

5）电子镇流器体积小、重量轻，安装方便。

电子镇流器除了上述优点，进而应用电子镇流器解决了荧光灯的调光，实现节能照明控制的智能化。

应用电子镇流器对荧光灯调光的控制方法很多，可分为模拟调光和数控调光两大类。传统的模拟调光是采用 1～10 V 的模拟调光系统，但电子镇流器和调光控制系统基本上一体化，不利于控制和扩展。数控调光系统是把电子镇流器和控制系统分开，一套控制系统可以控制多个电子镇流器或者多组电子镇流器，并且可以根据需要随时调整控制方案。因此，目前世界各国都在尽力研究数码调光电子镇流器。

2.3.2 高气压放电灯

2.3.2.1 高压钠灯

1. 高压钠灯的工作原理

高压钠灯利用高气压钠蒸气放电来发光，其研制成功是因为人们制造出了适合作为高压钠灯电弧管的多晶氧化铝陶瓷材料，这种材料是半透明的，并能承受高温下钠的侵蚀。如图 2.3.8 所示，低气压的钠蒸气放电，有近 85%的辐射能量集中于近乎单色光的双 D 线。但如果提高放电管内的钠蒸气压的话，钠的特征谱线会有强烈的自吸收，并逐步自反转。在高气压的钠蒸气放电中，放电管内钠蒸气的压力升高到 7 000 Pa 左右时，谐振谱线 D 线就会大大增宽，基本上覆盖了可见光谱的主要部分。D 线的中心部位由于自吸收受到了很强的抑制，出现了在原来 D 线位置处的暗区隔开的两个峰位——一种称为自反转的现象。此时，辐射效率再次上升到极大值，光谱的增宽使放电的颜色变白，亦即灯的显色性得到了明显的改善。

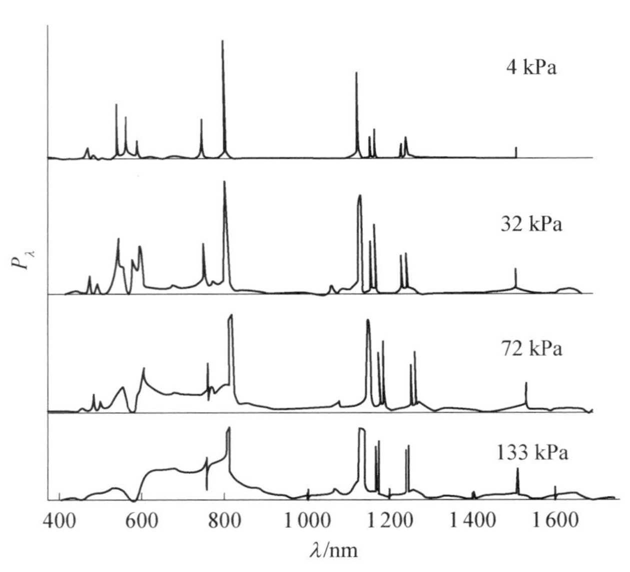

图 2.3.8 不同气压的钠蒸气放电光谱分布

高压钠灯的放电正柱区是中心温度约为 4 000 K 的等离子体，管壁温度约为 1 000 K。灯的大部分辐射产生在炽热的中心区域，而大部分自吸收则发生在外层区域，于是形成了光谱中的两个特征峰值。在高压钠灯中，约有 40%的总辐射能量在增宽的 D 线区域，连同其他谱线的辐射，约有 40%的总辐射能量在可见光区域。典型的 400 W 高压钠灯的能量平衡如下：可见光辐射为 100 W、红外线谱和红外连续谱为 100 W、电极损耗为 20 W、正柱区的非辐射损耗为 180 W(紫外区域的辐射可忽略)。特别应注意的是,约有 60 W 处在 800～2 500 nm 波长区域的红外连续谱辐射。在 568 nm 处有 10 W 左右的辐射能量,这点也很重要,因为这个波长紧靠人眼最灵敏的波长处。

高压钠灯的结构如图 2.3.9 所示,在真空的外泡壳内有一半透明的陶瓷电弧管。为了得到高光效和长寿命的高压钠灯,必须进行系统化设计,设计时需要在通用的标准下进行参数优化:

1) 电气参数:灯功率和灯的工作电压(数据来自与给定的控制装置和灯具的配合情况);

2) 几何参数:在机械上和光学上配合情况的数值和偏差(如灯的全长和放电管长度);

3) 材料限制(如陶瓷放电管和电极的最大允许工作温度等)。

IEC 标准(IEC662, 1980)给出了前两项中的许多参数。但这么多的要求无法在同一个灯内同时得到满足,所以最终的设计必然是对各参数进行折衷的综合考虑。

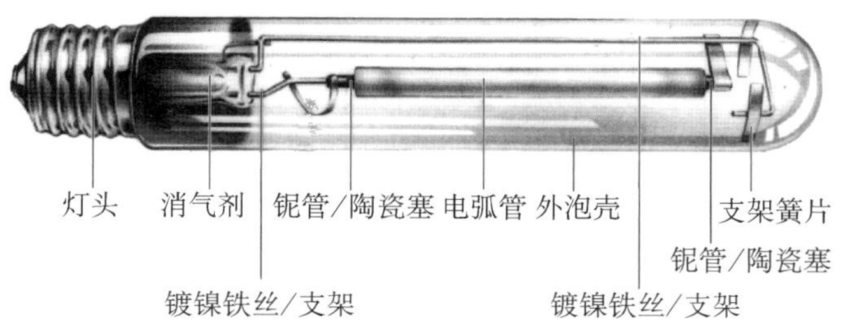

图 2.3.9　高压钠灯的基本结构

2. 工作特性

(1) 电特性

如图 2.3.10 所示,和其他绝大多数放电灯一样,高压钠灯有负伏安特性,这意味着使用时需串联电感性镇流元件。

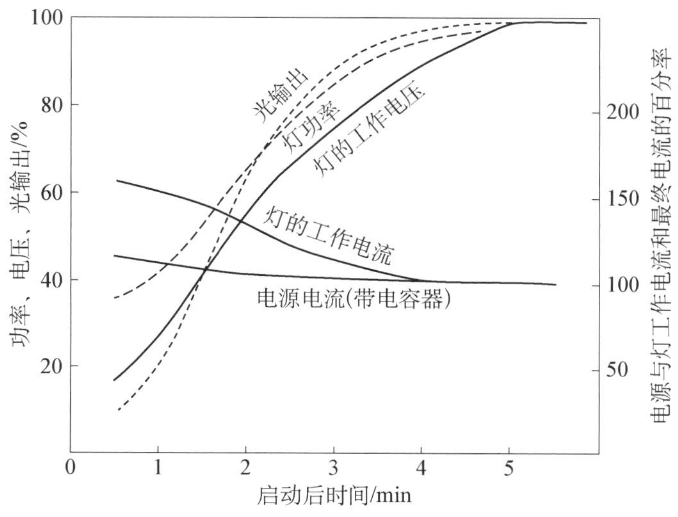

图 2.3.10　高压钠灯趋向稳定过程中特性随电流的变化

1）启动。因为电弧管内实际上不能装辅助启动电极，所以高压钠灯必须用高压脉冲触发。高压脉冲通常由限流线路中的电子触发器提供，但灯内若装有自动开关，也可以利用扼流圈中的电感反向电势。启动电压的脉冲宽度仅有几个微秒，不过这个脉冲宽度已足以能在气体中产生相应的电离，从而使灯击穿点燃。控制电路、灯头、灯座以及灯本身的电绝缘性能必须能承受脉冲电压(对不同额定功率的灯，启动脉冲电压的峰值范围一般为1.5～5 kV)。

电源的瞬时中断也会使灯熄灭，这时，电子触发器会立即自动产生启动脉冲，但是要等大约30 s的时间后电弧管内的蒸气压降落到启动脉冲能使钠原子电离的水平，才能使钠灯重新启动。这个时间比起其他高气压放电灯来要短得多。为了使灯能热启动，必须对灯施加更高的脉冲电压(一般为20 kV)，也就意味着对整个点灯电路需要更高的绝缘和对灯的特殊设计方法。

2）趋向稳定的过程。电弧产生时的电弧电压很低，其原因是蒸气压较低，所以能量耗散也低。建立正常的工作气压需要几分钟的时间，并且这和灯的功率和光输出密切相关。IEC662对高压钠灯的电压趋稳问题有详细规定，即按照上述方法最佳设计的电弧管，既要具备满足快速趋稳的要求，又必须达到正确的管壁功率负载条件。

3）稳定工作状态。当灯点燃后并用规定的镇流器和电源电压时，高压钠灯的管压应保持在某个范围之内。IEC662在确定灯的管压范围时，考虑到引起灯管电压变化的综合效果。

对不同额定功率的灯，根据以下3个因素来选择灯管的电压值。

① 高压钠灯灯管电压波形前沿的再启动峰值要明显地比高压汞灯高，这意味着在相同的均方根灯电压值下，高压钠灯工作状态较近于不稳定，并且灯的功率因数较差；

② 在寿命期间，高压钠灯有上升的灯管电压特性；

③ 为了得到较高的镇流器效率，希望灯管电流较低。

①和②要求有较低的均方根值的灯管电压，而③却相反。因此最后的选择还得折衷。当灯管功率减少时，在①中谈到的作用会变得明显，因此，选择的灯管电压值必须比较低。

电源电压的变化会造成灯电流和灯功率的变化，由此对灯的参数起很大的影响，灯在功率上的变化影响了灯内汞齐储存的温度，从而改变了灯管内的蒸气压，造成灯管电压(功率)的进一步变化，直到建立另一个新的平衡为止。因为这个理由，灯的功率和光输出都受供电电压的强烈影响，所以镇流器的选择必须确保灯在整个寿命期间稳定工作(见图2.3.11)。还应该注意到，同样的原因还发生在灯具上，也会影响灯的工作电压、功率和光输出，IEC对每一种类型的灯规定了最大“灯具电压升高”的允许数值。

高压钠灯也可与电子镇流器一起工作，这会有下述好处：

1）稳定灯的电气参数(特别是功率)，并补偿其他不稳定过程，如整个寿命期内钠汞齐冷端温度；

2）产生特殊的波形，其重复的脉冲和击穿有利于激发放电过程中的动态特征，但在50～60 Hz交流供电下，不会有这些特点；

3）减少频闪。

(2）光输出

高压钠灯光谱最突出的特点是钠D线的自反转。这个覆盖有限波长范围的辐射分布使

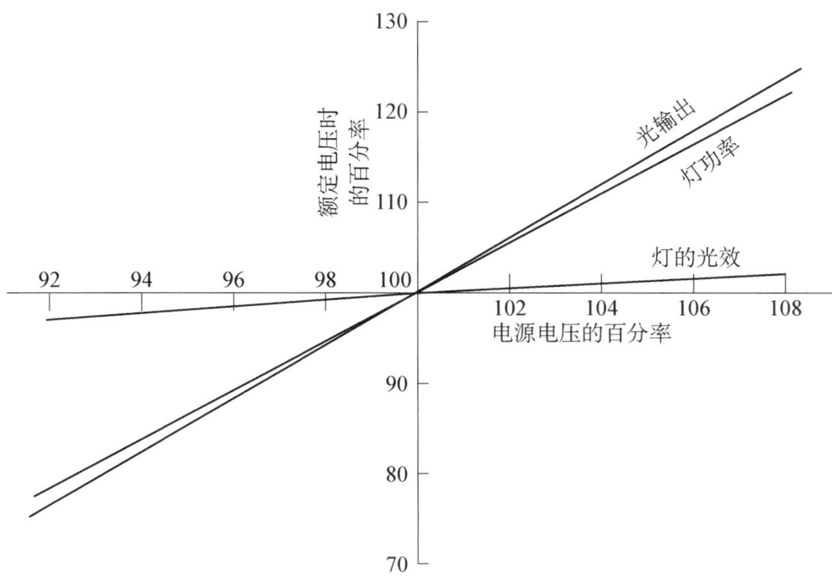

图 2.3.11　**高压钠灯的工作特性与电源电压变化的关系**

灯有高的光效和黄白色的色表(相关色温为 2 000 K)。图 2.3.12 中高压钠灯的两个光谱图给出了汞作为缓冲气体,以及低气压氙作为启动气体时的光谱输出状况,钠蒸气压在光谱中的显著作用也清晰可见。钠和汞的比例以及钠汞齐的温度决定了钠和汞的蒸气压。钠汞齐中钠对汞的比例,在恒定的钠汞齐温度下对光谱的形状有影响,从而说明了钠汞齐对获得灯的最大光效存在一个最佳比例。通过改变钠汞比增加汞蒸气压力,就会在红光区域产生较多的辐射,如果继续提高汞的比例(如占重量的 90%),会在降低光效的同时,使灯有粉红的色表。相反,在固定的钠汞齐温度下,当钠汞齐中的钠的比例很高时,会使高压钠灯有黄的色表,同样也使灯的光效降低。

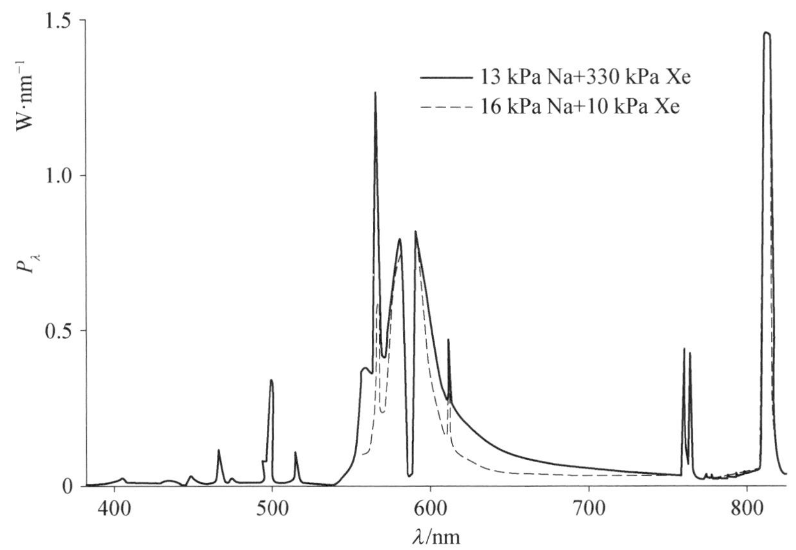

图 2.3.12　**不同钠蒸气压下 400 W 高压钠灯的光谱分布**

在固定钠、汞比例时，提高汞齐温度来提高钠的蒸气压会影响钠光谱。如果钠蒸气压高于最大光效时的钠蒸气压，则在可见光谱的红光和蓝-绿光区域内有较多的辐射，相应的光呈较白的色表，然而光效却减低了，这是由于增加了红光辐射和自反转宽度的结果。根据应用的具体要求，可以在光效损失和较白的光色(增加显色性)之间折衷地考虑。

放电的颜色也会受到电弧单位长度功率的影响，这个影响随电流的减少而减少，因此在一般情况下，低功率的灯泡和较高功率的灯相比，颜色向黄色移动。这是由于电弧温度的降低造成了蓝绿光辐射的损失。

对高压钠灯而言，可以忽略低气压氙气在光谱中的作用。然而，如果气压增加到 10 000 Pa 的话，它的确改变了扩展的 D 线的形状，明显影响了 D 线的绿色端，产生了略为偏离原来色表和增加色温的结果。

脉冲式电子镇流器的脉冲形式可使高压钠灯的光谱和色表产生异乎寻常的变化，造成沿放电轴线上平均温度提高到远比 50 Hz 工作时高的水平。利用这个效应，可以使高压钠灯有更高色温的白色色表和良好的显色性。

光效随着高压钠灯功率的减少而减少，部分是由于电弧功率负载的降低和增加了末端损失引起的，其相应关系如图 2.3.13 所示。

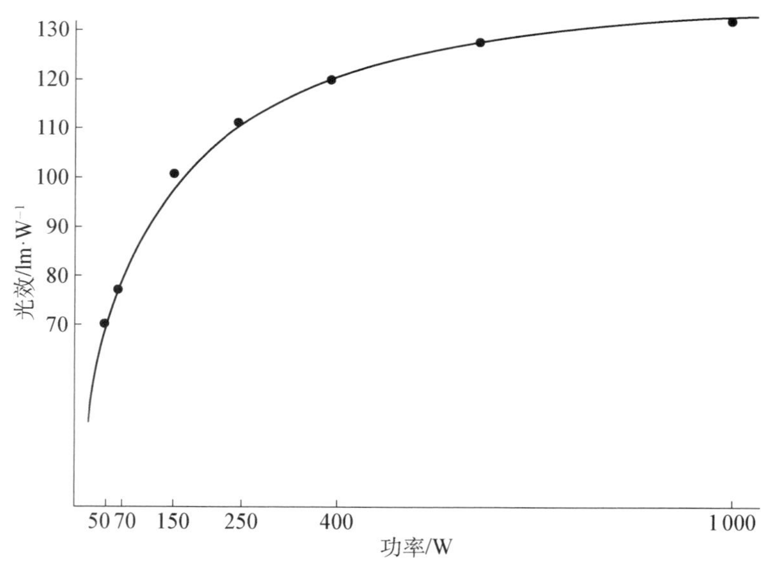

图 2.3.13　灯的光效和功率的关系(标准型高压钠灯的数据)

在高压钠灯的寿命期间，会产生汞齐温度和比例的变化，这会造成电弧中钠和汞蒸气压渐进的变化。这个作用会使高压钠灯的颜色产生偏移，它可能是由于汞齐温度的增加，使光变得更白；也可能由于钠的损失而使光变成粉红。这两个变化都会导致灯的光效降低。

(3) 寿命

高压钠灯的寿命可用灯的存活率曲线表示，这是指在正常燃点条件下，批量试验的灯泡中仍能点燃的灯数。例如，灯的寿命为 24 000 h，这是指一批 400 W 高压钠灯在燃点 24 000 h 后，仍能有 50%的试验灯能正常点燃。存活率曲线的形状随工作条件变异而有所不同，如由不正常气候或快速开关周期所引起的过分波动，等等。

灯管最终损坏的主要原因是由于灯管电压升高到电源无法维持放电，这是由下列原因引起的：

1）与电弧管内组分（电极发射混合物、管壁材料和封接材料）的化学反应造成钠损失；

2）由于电弧管两端发黑或电极损耗的增加，引起了汞齐温度的提高。

工作电压的逐渐升高导致了灯在寿命终止时不能正常"循环"工作。在这种状况下，灯点燃后，灯电压上升，到达电源的电压不能维持其放电，随即熄弧；然后灯冷却，到达触发脉冲使其能再点燃灯时，灯又点燃，使灯进入连续的开关状态，每次间隔时间为几分钟。

这些影响的出现是很缓慢的，在整个寿命期间速度也不同，从而使灯的存活率曲线形状复杂。而曲线最初阶段的损坏则是由偶然因素造成的，如外泡壳泄漏和脱焊。

3. 高压钠灯的不同类型和应用

近 10 年来的不断研究，发展了多种改进型和变体型高压钠灯，从而将它的应用场所从道路照明扩大到其他场所，详见表 2.3.2。

表 2.3.2　不同技术的关键工艺和工作参数

典型性质	设计关键	发光效率 /lm · W^{-1}	色温/K	显色指数	缺点
普通型		60～130	2 000	20～25	
改进光效	增加氙气压	80～150	2 000	20～25	启动困难
修正颜色	增加钠蒸气压	60～90	2 200	60	光效、寿命下降
改善颜色	增加更多的钠蒸气压	50～60	2 500	85	光效低，寿命短
改善颜色 调节色温	脉冲电子镇流器	50～60	2 600～3 000	85	需特殊电路 光效低，寿命短
非循环型	使钠蒸气不饱和	60～130	2 000	20～25	工艺过程困难

（1）标准型高压钠灯和它的变异

高压钠灯光源的使用一直相当广泛。由于它的高光效、长寿命和尚可的显色性，现在已习惯地用在道路照明、分界区照明、泛光照明和一些对颜色要求不高的工业室内照明。使用的灯功率范围为 50～1 000 W，并有不同的外泡壳和灯头形状。一些变化主要是外泡壳和灯头的形状与大小，例如双端管型，它将两个电极之间的距离放宽，从而实现了热启动。另一些变化是在标准型的产品内，装上两个放电管，在平时只有一根放电管被触发后工作，一旦电源电压失落，造成放电管熄弧，在电源电压恢复时，处于冷态中的放电管立即触发和工作，这种结构解决了灯的瞬时热启动问题，同时也延长了灯的使用寿命。

（2）改进光效的高压钠灯

研究工作发现，提高高压钠灯中的氙气压可改进灯的效率，其原因是减少了放电等离子体的热传导。不过，几十年来因其启动困难而难以在产品中实施，近年来发展的电子启动器，提高了启动脉冲电压，并结合内部可靠的启动辅助件，已克服了这个困难，并制造出了实用的和满足需要的替代标准型的产品。

除了改进效率外，在灯的性能上增加氙气压得到了另外的好处。它使电弧管内的化学输运过程变得缓慢，显而易见的好处是有利于延长灯的寿命，使放电管的管壁负荷提高，这样可在有相同的寿命情况下提高系统效率。

充高压氙气改善光效的高压钠灯按尺寸规格和电气特性，已做成与标准型高压钠灯之间可进行替换，仅仅在触发要求上仍有差异，例如，改进型高功率（250～400 W）高压钠灯需要更高的触发电压以确保启动，而标准脉冲的触发器只适合于小功率的高压钠灯（50～150 W）。根据功率的不同，充高压氙气的高压钠灯的发光效率比标准型高压钠灯高 7%～15%不等。在相同功率范围内，这种类型的灯可作为标准灯的替代品，但在实际实施中，它的功率比标称值略高，这是由于它有更好的功率因数所致。

改进效率的高压钠灯在实际应用时与标准型高压钠灯相同，但它的性能更好，因此更受青睐。

（3）具有改善显色和色表的灯

1）色修正的灯。这类灯是利用提高钠蒸气压所产生的效果。通常在放电管末端装上热屏蔽后获得更高的冷端温度，从而改进其显色性，亦即通过损失 10%～15%的光效以改进显色性，达到 $R_a = 60$。但因为它有更高的钠蒸气压，提高了化学活性，会导致灯寿命缩短。实际上，只要将改善显色性（更高的钠蒸气压）与改进光效（更高的氙气压）结合起来，达到部分补偿寿命和减少光效是有可能的。这类灯用于室内的工业和商业照明以及泛光照明中。

2）“白光”高压钠灯。不断提高钠蒸气压后，灯就有更多的白色光，显色指数可达到 $R_a = 85$，但灯的光效（如 100 W 灯的光效为 48 lm · W^{-1}）和寿命进一步下降。这类灯可使用标准型镇流器，并有可调光的特性，亦即只要简单地调节电源电压就可以控制灯的发光水平。

“白光”高压钠灯的光色与白炽灯十分相近，但发出的光通量明显增多，适用于室内照明场所的需求。

3）用脉冲电子工作方式改善显色性的灯。使高压钠灯产生白光的另一种完全不同的方法是用高频脉冲方法激发等离子体，它通过变换脉冲特性以改变灯的色温，而灯的显色性几乎没有影响。这类灯不同于前述的灯，只能在有限的功率范围内有效。这种灯可用在高质量的室内、装饰和演示等照明场合。

（4）非循环（不饱和蒸气）的高压钠灯

大多数高压钠灯在其寿命终止时因其工作电压升高，导致不正常“循环”工作状态的发生。这种终止的模式不利于发现需要替换的灯，如未采取异常状态保护电路，会导致触发器和镇流器因重复开关后造成过载。采用下述两个方法可以克服这个困难：第一种方法是减少放电管内钠汞齐的总量，从而使电弧电压不超过某一限定值；第二种方法是极大地减少钠汞齐数量，使灯在工作时钠和汞全部是蒸气状态。这就是称为“不饱和蒸气”的高压钠灯。由于钠没有储存而不能得到补充，因此两种方法中都需要注意防止全寿命过程内钠的减少。现在的研究和开发集中在有抗钠腐蚀能力更好的电极发射混合体并经精心设计，使余下的钠损失减到最小。

现在，利用上述概念的高压钠灯可以直接替换标准型高压钠灯，它的优点是减少汞量有利于环境保护，改善了电压和功率的稳定性，并缩短了灯启动到稳定工作的时间，而其应用范围与标准高压钠灯一样。

2.3.2.2　高压汞灯

1. 工作原理

汞蒸气放电的发光效率随汞蒸气压而改变，见图 2.3.14。在 AB 段光效随汞蒸气气压的升高而增加，这是由于随着气压的升高有更多汞原子处于 6^3P_1 态，并被激发到更高的能级，在更高的能级之间跃迁而发出可见光。在 BC 段中汞蒸气气压进一步升高，由于汞原子浓度增大，电子和汞原子的弹性碰撞几率增加。电子通过频繁的弹性碰撞将能量传递给原子，使汞蒸气的温度升高，造成所谓的“体积损耗”，发光效率下降。到点 C 以后，气体的温度已经升得足够高，使汞原子产生热电离和热激发。这时，有越来越多的汞原子被激发到较高的能级而发出可见光。所以随气压的升高光效又开始上升。同时，由于管壁附近温度较低，不足以产生热激发和热电离，发光电弧向灯的轴心收缩。汞蒸气气压越高，这一收缩便越明显，被称为电弧的绳化现象。在 DE 段，汞蒸气气压为 1～5 atm，电弧的轴心温度约为 5 500 K，此时汞蒸气放电有较高的光效，也比较容易使灯的电参数与 220 V 市电相配合，因此一般的高压汞灯就是工作在这一区域。EF 段是超高气压放电。

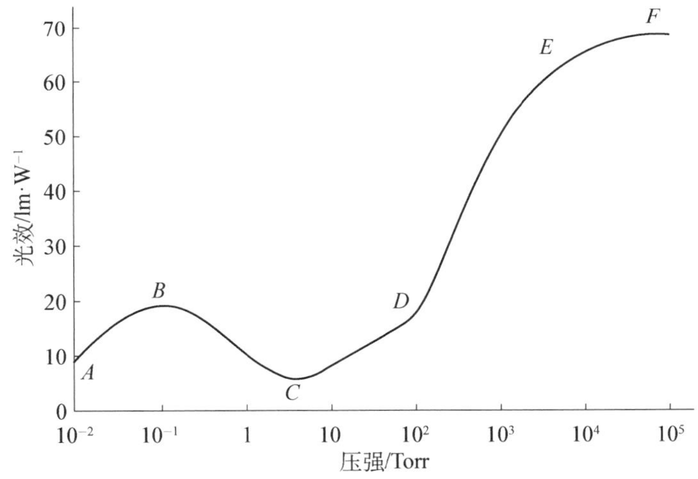

图 2.3.14　汞蒸气放电的发光效率跟气压的关系

从高压汞灯启动到趋向稳定的过程中，可以看出汞蒸气压对灯特性的影响。刚开启时，灯管两端的电压是很低的(约 20 V)，同时放电充满灯管，并呈现蓝色。在这个阶段，灯管工作在低气压放电，和荧光灯相类似，在 254 nm 的紫外区域有强辐射。随着灯温度的逐渐升高，愈来愈多的汞被蒸发，汞蒸气压强也随之增大，升高了的汞蒸气压使电弧沿着灯管的轴收缩成狭小的带。随着汞蒸气压进一步升高，辐射能量逐渐向长波方向的光谱线移动，并有少量的连续光谱辐射，所以放电的光逐渐变白。正常工作时的蒸气压是 2～10 atm，具体的值视灯的额定功率而定。

2. 结构

最早的汞灯电弧管是由硼硅酸盐玻璃制造的，工作气压仅限于 1 atm。这种汞灯是现在广泛采用的普通规格高压汞灯的前身。现在的高压汞灯的放电管采用熔融石英管制成，它

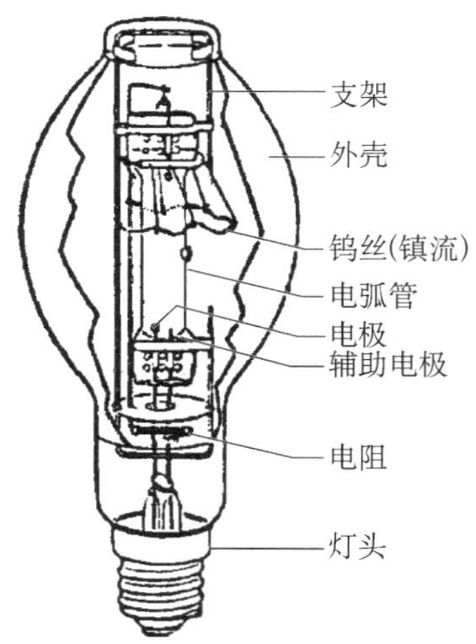

图 2.3.15 高压汞灯结构示意

能允许放电管在高压、高温下工作，从而汞灯的光效得到了提高。放电管可以装在透明的或涂荧光粉的或有反射器的泡壳中，结构如图 2.3.15 所示。

目前照明使用的高压汞灯主要有以下 3 种类型：

1) HPMV 灯。250 W 涂荧光粉的高压汞灯的结构如图 2.3.16(a)所示。发射谱线为汞的典型光谱，主要是偏绿的白光和部分紫外线，但缺少光谱中的红光成分。荧光粉把紫外光线转换为 600～700 nm 的红色光，通常能提高灯的光效。电弧管和荧光粉发出的综合光能被街道、公路和某些室内的商业照明所接受。

2) HPMV 反射型灯。这是一类将放电管装在抛物面反射泡内的高压汞灯(图 2.3.16(b))。外泡壳内表面涂有精细氧化钛粉末，它对可见光有 95%左右的反射率，氧化钛上面有荧光粉涂层。泡壳的前面部分通常是透明的。反射灯泡的光强角分布表明，当灯头在上方点燃时，有 90%以上的可见光射向灯平面以下。

3) HPMV 钨丝镇流型灯。灯的构造如图 2.3.16(c)所示，电弧管上串联了灯丝以限制灯管电流。这种灯丝在设计时就应考虑能维持长的寿命，以及在启动时灯丝能承受升高的负载电流。这类灯没有其他附加的限流器，但是它的总光效比用电感镇流器的灯要低得多。

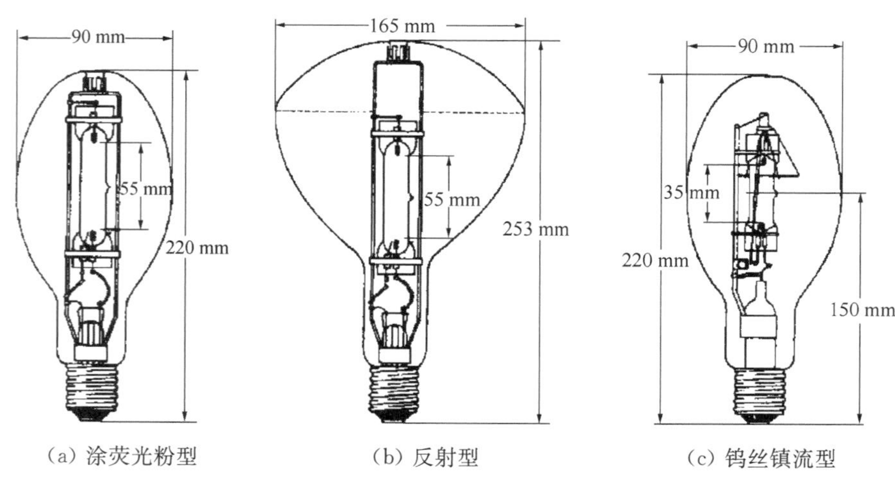

图 2.3.16 不同类型 250 W 高压汞灯

3. 工作特性

(1) 电特性

高压汞灯镇流器的选择在某种程度上取决于电源电压。英国和欧洲一般采用串接电感的方法，并在电源两端并联电容器，为的是提高功率因数。对低电压供电的地方，例如 110 V，通常使用高电抗的变压器。

1) 启动和稳定过程。当电源开关接通时，辅助电极和邻近的主电极之间产生局部放电，氩气和汞一起能形成潘宁混合气体而有利于启动，其电流值受串联电阻的限制。随着局部辉光放电的逐渐扩大，最后导致主电极之间击穿放电。温度对汞蒸气压的影响比较大，温度降低，启动电压升高。

在灯点燃的初始阶段，是低气压的汞蒸气和氩气放电，这时灯管电压很低，放电电流很大。放电产生的热量使管壁温度上升，汞蒸气压、灯管电压逐渐升高，电弧开始收缩，放电逐步向高气压放电过渡。当汞全部蒸发后，管压开始稳定，成为稳定的高压汞蒸气放电。高压汞灯从启动到正常工作需要 4～10 min 时间，图 2.3.17 给出了在稳定过程中灯泡特性变化的情况。

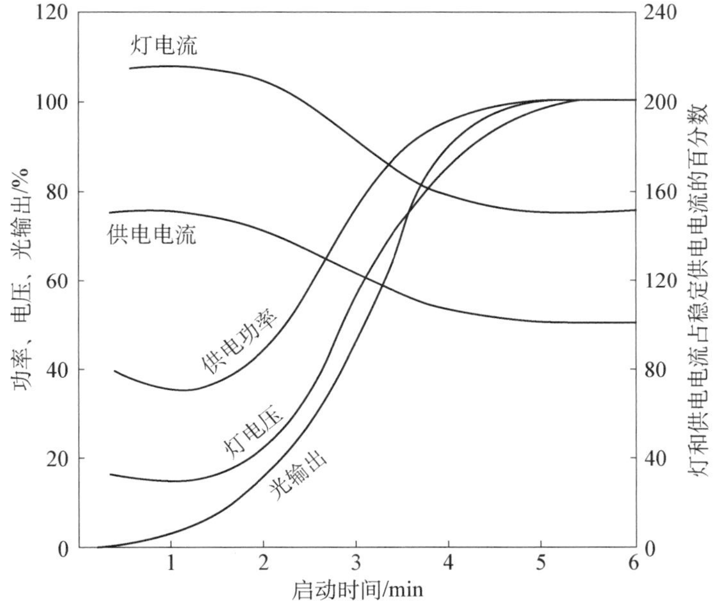

图 2.3.17 **高压汞灯的稳定过程特性**

2）灯的再启动。高压汞灯工作时，灯内的气压高达几个大气压，如果没有特别的装置，高压汞灯一旦熄灭后，就不可能立即重新触发，灯内的蒸气压只有经过几分钟的延迟后才能冷却下来，从而可在原来的击穿电压下重新使灯点燃工作。

3）电源电压的变化。因为在高压汞灯工作时，灯内的液态汞都蒸发了，所以气压随温度的变化是很小的，同样，灯管电压在电源电压变化时变化也很小。灯管电流是由镇流器控制的，如果电源电压急剧下降，则先会使电流下降，相应的灯管电压上升，然后灯管电压会高到不能使电路稳定，造成熄弧。

（2）光输出

典型的高压汞灯消耗的 250 W 能量中只有 114 W 转换成辐射，余下的在电极上和在电弧的非辐射过程中，以及在加热外泡壳的过程中被损耗了。对透明的高压汞灯，辐射中含有 39 W 的紫外、39 W 的红外、36 W 的可见光。紫外线中仅有约 13 W 能透过玻璃泡壳，其绝大部分是在紫外波段 365 nm 的区域中。在涂荧光粉的灯中，有 8 W 的紫外光被荧光粉转换成可见光，同时约有 4 W 的直接可见光被损失掉，所以可见辐射从 36 W 增加到 40 W。更

为重要的是转换成的可见光是汞灯电弧本身发出的光中所缺少的红光辐射。

透明泡壳灯明显地缺乏红光部分的辐射，显色性能比较差，而涂荧光粉的灯由于涂有目前广泛使用的铕激发的钒酸钇荧光粉，因此可看到它的光谱能量分布有所改善。至于带钨丝自镇流型灯，其光谱能量分布有了进一步的改善，但光效极低。表 2.3.3 对这 3 种类型的高压汞灯做了对比，其中红光比定义为透过红色滤光片的光通量所占的比例。

表 2.3.3　典型的 250 W 高压汞灯的光输出和颜色特性

型号	光效(100 h) /lm・W^{-1}	显色指数 R_a	相关色温 /K	红光比/%		
				x	y	
透明泡壳	52	16	6 000	0.315	0.380	1～2
涂荧光粉泡壳	54	48	3 800	0.390	0.385	12
钨丝镇流	20	52	3 600	0.400	0.385	15

(3) 寿命

高压汞灯的损坏一般是由于电极发射材料耗尽，使电弧不能触发。至于带钨丝自镇流型灯，其寿命由于灯丝烧毁而中止。

个别的高压汞灯甚至可以点燃几万个小时。但在它点燃 2 000 h 之后，灯的流明维持率对涂荧光粉的高压汞灯来说是 80%，对带钨丝自镇流型高压汞灯来说是 75%。因为光输出逐渐衰退的原因，大约在高压汞灯点燃 8 000～10 000 h 后，即使灯仍可点燃，也应更换新灯。

4. 超高压汞灯

在一些实际应用场合，对光源的亮度有非常高的要求，例如，投影系统需要高达 10^8 cd・m^{-2} 以上的亮度。普通高压汞灯的亮度可达 10^7 cd・m^{-2}，不能满足上述要求，这时可以采取的方法是牺牲光效来提高亮度，超高压汞灯就是这样一种光源。超高压汞灯通过提高汞蒸气压强来增加单位体积中的放电功率，达到提高灯的亮度的目的，因此工作气压超过 20 atm。超高气压汞蒸气放电的辐射光谱和汞蒸气压有关，随着汞蒸气压的升高，汞原子辐射线展宽，并部分发生重叠，共振辐射线完全被吸收而消失，因带电粒子复合而产生的连续辐射愈来愈强。

(1) 球形超高压汞灯

球形超高压汞灯灯管为圆球或椭球形，电极之间的距离很短，以使放电功率集中，从而得到很高的亮度，可以近似看作"点光源"。同时，球形泡壳可承受很高的张应力，不易爆炸。放电时，电弧处于球形泡壳的中心附近，不致使管壁过热，呈旋转椭球形并紧紧附着于电极尖端的电极斑上，其形状、大小和位置比较稳定。球形超高压汞灯结构有交流和直流两类：交流下工作的灯电极和结构形状是对称的；直流下阳极尺寸较大，是非对称的。球型超高压汞灯中的汞处于非饱和状态，汞需严格定量，多采用钼箔或钼筒封接，其结构如图 2.3.18 所示。

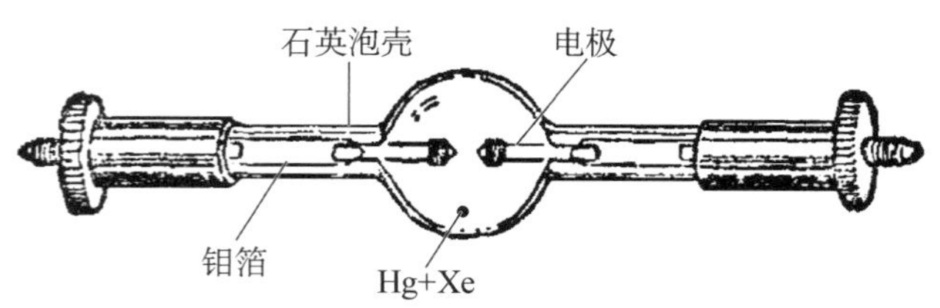

图 2.3.18　球形超高压汞灯的结构

球形超高压汞灯主要用于投光系统中，例如，纺织中穿线所用的照明器、浮法玻璃生产中的探测器，以及其他一些复印、图像投影系统中。在我国，将球形汞-氙灯用作机车照明光源，取得了很好的效果。需要指出，由于这种灯有强烈的紫外辐射，因此必须装在适当的灯具中使用，以确保安全。

(2) 毛细管超高压汞灯

毛细管超高压汞灯因灯管呈毛细管形而得名，其结构如图 2.3.19 所示，是在很高的电场强度下工作而获得高亮度的光源。燃点时电弧被毛细管限制，是管壁稳定型电弧。在毛细管灯中工作气压为 50～200 atm，电场强度为 300～1 000 $V \cdot cm^{-1}$，管壁负载为 500～1 000 $W \cdot cm^{-2}$。这时，石英灯管必须用水或压缩空气冷却。按工作时汞蒸气所处的状态，毛细管超高气压汞灯可分为饱和式和非饱和式两种。饱和式超高气压毛细管汞灯的电极附近存在着大量未蒸发的汞，汞蒸气处于饱和状态。电极尖刚好从液汞面伸出，使放电时电极尖端能达到电子发射温度，但不会使电极因过热而蒸发；充汞量需与电极长度相配合，使汞能填满电极附近的空间，而电极尖又能展出汞液面。使用时要注意将灯摇动，以免电极过多地暴露在放电空间造成蒸发，以及电极被汞淹没造成启动困难。饱和式毛细管超高气压汞灯的供电功率和冷却条件必须相配合，如果冷却过度，灯达不到需要的工作状态；冷却太小则会使灯管烧坏或爆炸。非饱和式毛细管超高气压汞灯在工作时，汞全部蒸发，工作状态比较稳定，但要严格控制汞量。

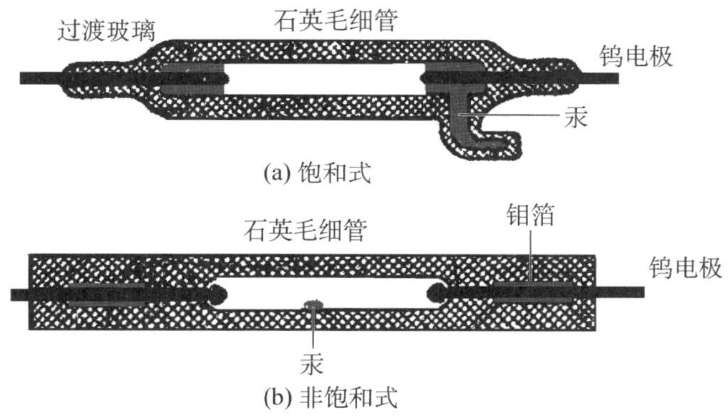

图 2.3.19　毛细管超高压汞灯的结构

灯的寿命和工作状态有关，开关次数宜少一些，汞量分布要均匀。由于石英管的工作温度很高(约 1 000℃)，内外温差极大，石英玻璃很容易析晶失透并产生裂纹。由于电极溅射和蒸发造成管壁发黑，会进一步加剧石英的恶化过程。毛细管的寿命较短，只有 30～100 h。毛细管汞灯的损坏往往是由灯管的炸裂造成的。

(3) UHP 灯

UHP 灯是一种超高压汞灯。普通高压汞灯的汞蒸气工作压强仅为几个大气压，以辐射线光谱为主，而且需要通过荧光粉将紫外辐射转换成可见光，显色性差，光效低。UHP 灯的汞蒸气工作压强大于 200 个 atm，由于可见光辐射的增强和谱线的展宽，并增加了汞分子连续谱线的作用，灯的光效和显色性都有极大的提高。在不同的汞蒸气压强下，汞灯的光谱强度分布如图 2.3.20 所示。从此图中可以看到，随着汞蒸气压力的提高，谱线峰值下降并展

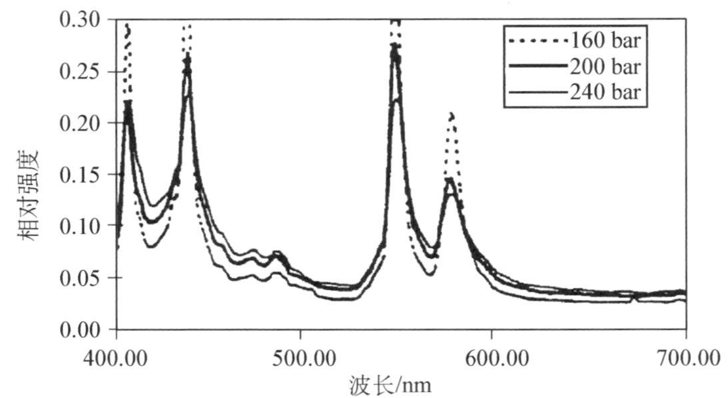

图 2.3.20　100 W 1.3 mm UHP 光源在不同充气压时的光谱

宽，连续光谱背景增加。汞蒸气压力高于 2×10^7 Pa 时，灯辐射出的大部分光是由分子辐射产生，而不是原子光谱。为了颜色的平衡，保证灯内超高压气体的工作压强对投影显示系统来说是必要的。

UHP 灯的结构如图 2.3.21 所示，工作压力为 200 个 atm，泡壳外直径约为 11 mm，放电极间距在 1.5 mm 以内。电弧管工作时管压降为 60～90 V，管壁最高工作耐受温度在 1 100℃附近。为了减少玻壳的热应力，提高玻壳的机械强度，实际的泡壳尺寸都设计成近似椭球形，再加必要的圆弧过渡，并采用无排气口工艺。椭球形的设计可以降低 UHP 灯工作时管壁上的最高温度，减少石英析晶的可能性，提高灯管燃点寿命。选择的石英材料应该没有气线和气泡等缺陷，含氢氧的杂质要少，以提高灯的性能和减少爆炸。

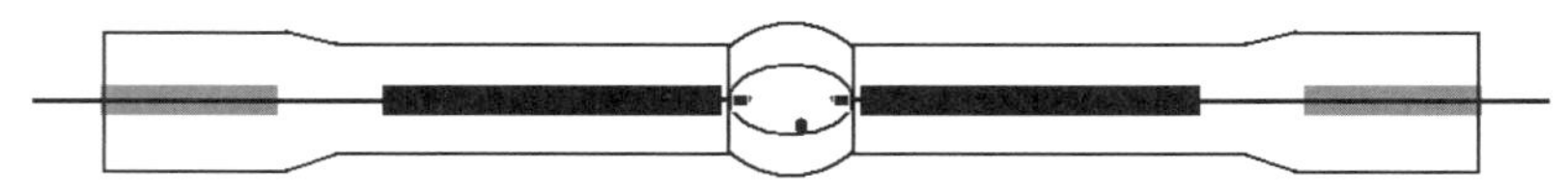

图 2.3.21　UHP 灯的结构示意

提高 UHP 灯的光通维持性能还应注意以下方面：

1）采用耐高温的纯钨电极材料；

2）注意电极的处理工艺，特别是电极头部的处理工艺；

3）保证灯用所有材料的绝对纯度，以使灯在工作温度下不再释放杂质，为此需要良好的工艺设备；

4）卤钨循环剂的使用。电极物质的逸出是不可避免的，采取的措施首先应能尽量抑制电极物质的逸出，然后采用卤钨循环机理清洁泡壁。相应的灯用材料也不应释放会破坏卤钨循环的杂质，如碱土氧化物等。

2.3.2.3　金属卤化物灯

1. 基本工作原理

为了改善高压汞放电灯的颜色特性，研究者们采用了这样一个方法：在放电管中加入其他金属元素来平衡光谱和提高颜色特性。添加金属元素应具备以下特性：

1）在电弧管壁工作温度下，该金属有足够高的蒸气压强，使它能对灯的辐射光谱有显著的贡献；

2）在可见光谱区域，能形成具有很大振子强度的共振谱线；

3）非共振光谱线有接近于基态的低激发态；平均激发态能量尽可能比汞光谱线的平均激发态能量低。

但金属添加物没有足够的蒸气压，研究发现，可以在汞蒸气放电中加入某些金属卤化物，以提高灯的显色性，并提高灯的光效。在所有高强度气体放电（HID）光源中，金属卤化物灯（MH）具有最好的显色特性。通过选择填充剂，就能得到优良显色特性的全光谱（白光）光源，又具有高光效和紧凑的尺寸。由于其输出光谱线可以通过添加元素来控制，不仅推动普通照明的白色光源的发展，还促进了用于电影业的日光色光源、用于印刷以及紫外医疗的紫外光源等的发展。技术的通用性使得光源从几十瓦发展到数千瓦，尺寸从紧凑型的几个毫米发展到数十厘米的长度。根据不同应用场合的需要，这些光源可用各种结构形式封装、可以有或没有外壳、为单端或双端插头。

当金属卤化物灯最初点燃的时候，随着电弧管壁温度升高，卤化物开始熔化并蒸发。通过扩散和对流作用，卤化物蒸气被输运到了电弧管的高温区域。电弧的高温使卤化物分解成卤素原子和金属原子。在高温电弧核心，金属原子受激产生本征光谱辐射。金属原子继续扩散，经过电弧空间并在较冷的电弧管壁区域与卤素重新复合生成卤化物。这个循环过程是非常重要的，可以避免碱金属对电弧管壁的侵蚀。

商业中金属卤化物灯分为两种：一种是主要发射线光谱的；另一种是发射连续光谱的。第一种灯通常是由灯内最普通的添加剂名来命名的：有钠-铊-铟碘化物灯、钠-钪-钍碘化物灯、钠-稀土金属碘化物灯和铯-稀土金属卤化物灯；第二种灯包括：锡灯和锡-钠卤化物灯。这些灯中除了碘化物外也含有溴或氯的化合物。溴化锡和氯化锡在高温状态下比碘化物还稳定，不易分解，能确保锡成分的分子辐射达到最大值，从而提高灯的光效。

与高压汞灯相比较，金属卤化物灯要求灯的启动电压高得多。这可以归因于碘化物，特别是汞和氢碘化物的存在以及由离解的电子俘获过程形成的带负电的碘离子。这些因素实际上降低了放电空间的电子可用性，使产生所需的电子雪崩非常困难。

作为一种杂质存在于电极中或石英管壁里或受潮的填充剂中的氢元素是非常有害的。就带外泡壳的灯而论，通常在外泡壳内放置消气剂以减少电弧管中的氢气压强（在灯工作温度下，氢可以透过二氧化硅电弧管壁迅速扩散出来）。通常采用的消气剂材料有锆-铝 16，锆和铁、钡或过氧化钡等。实际选择的消气剂与外泡壳环境有关。

通过综合改进点灯电路和灯，往往可以较好地克服灯的击穿电压过高的现象。电路改进包括利用脉冲触发器或变压器，以提供一个比电源网络线电压高得多的峰值电压。为了改善放电空间中的自由电子的利用率，灯中可含有放射性同位素，如氪（^{85}Kr），它作为微量的惰性气体充入灯中。其他的固体同位素，如钷（^{147}Pm）也可以使用。此外石英电弧管承受紫外辐射会产生光电离现象。只要在灯的外玻壳中装置一个很小的电容耦合辉光放电管，就能达到使灯易于启动的目的，这个辉光放电管是由外部触发器启动的。另一种方法就是采用一个与用在高压汞灯中一样的辅助电极装置。

一旦热电子放电确立，填充剂中的汞就开始蒸发，金属卤化物灯以与高压汞灯同样的方式达到正常的工作状态。在获得整个寿命期间的良好特性方面，阴极的设计起到重要的作用。如果电极温度过高，则钨溅射到电弧管壁上，致使电弧管黑化，从而流明输出减少。同时，管壁温度升高，加速了填充剂与电弧管的反应。功函数较低的电极在较低的电极温度下能提供所需数量的电子发射，因而改善了灯在整个寿命期间的性能。在某些设计中，通过用钍钨材料制造电极，能达到降低功函数的效果，也有用钍和氧化钍材料来活化灯的电极。在用稀土元素作为填充剂的金属卤化物灯中，电极加上稀土氧化物涂层，也能起到同样的作用。电极材料或电极活性材料的选择取决于使用的碘化物系统。选择电极材料的一个重要因素是该材料在灯内化学活性很高的气氛中工作几千小时的承受能力。

2. 金属卤化物灯的灯型和应用

(1) 普通照明用金属卤化物灯

常用金属卤化物灯的功率为35～400 W。灯头是螺旋型(150 W以下是E26/E27，高功率的为E39/E40)，电弧管装在椭球型或管型硬玻璃外壳内。

普通照明用的金属卤化物灯比特殊用途的金属卤化物灯的功率负载要小，因此其寿命较长，可达到12 000～20 000 h。和高压汞灯一样，经荧光粉转换部分紫外辐射为可见光是可能的，然而荧光粉层对可见光的吸收使得光效并没有增加。通常荧光粉的使用是为了改善光色而非提高光效，为获得最大光效而设计的灯选用透明的外泡壳。

为了预防金属卤化物灯在燃点时可能发生的爆裂，它需应用在设计有热碎片安全防护的灯具中。作为例外的是目前逐渐流行在家庭照明中应用的金属卤化物灯，其特殊的设计使得在电弧管爆裂的情况下，仍能保持外泡壳的完整性。这类金属卤化物灯的结构是在其电弧管周围装有一两层用二氧化硅材料制成的透明的厚护套，并且人们还能根据这护套的结构而识别它们，适用在开放式灯具中。

金属卤化物灯的其他形状特征如图2.3.22所示。特别注意，在钠-钪灯中应用了分离式框架装配结构，这种结构有利于减少光电流。否则，贯穿电弧管壁的电蚀将引起钠的损失，最后导致电弧管损坏。触发极电路中的热开关是用来消除启动器和主电极之间的电位差，从而达到类似的目的。

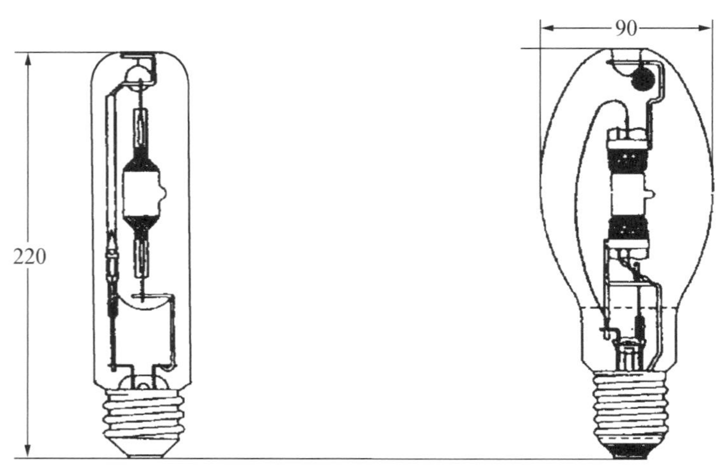

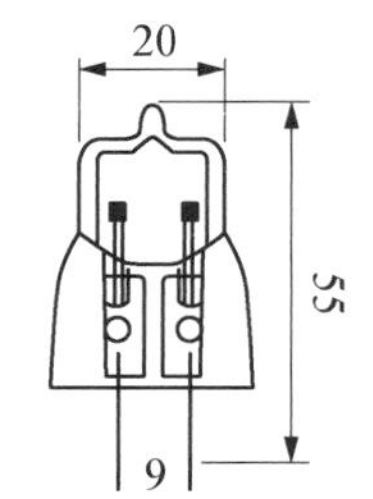

(a) 紫外启动辅助装置的250 W管形灯　(b) 250 W椭球形钠-钪灯，分离框架防止钠损失　(c) 400 W紧凑石英泡投射灯

图2.3.22

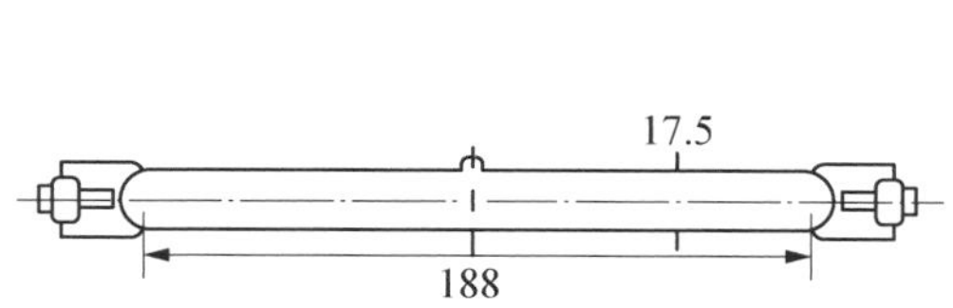

(d) 1 500 W 石英线状泛光灯

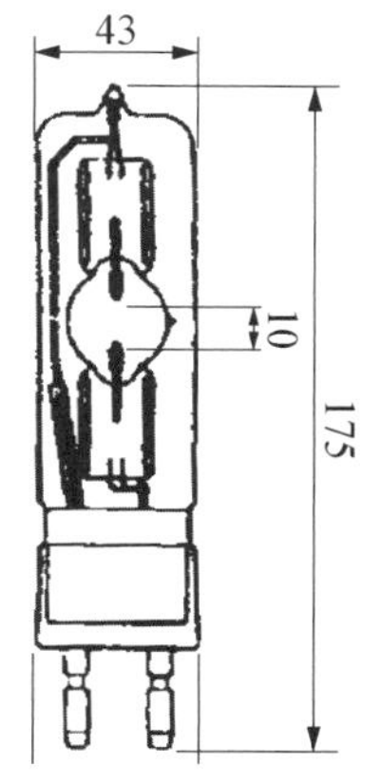

(e) 在石英外泡壳中 1 200 W 舞台/演播室灯

图 2.3.22　典型金属卤化物灯的结构(单位:mm)

(2) 宽广区域的泛光照明

在这方面应用的金属卤化物灯一般分成 3 类:管形或椭球形灯、管状灯和短弧型灯。

管形和椭球形灯可以考虑为管用使用型灯的系列扩展,它有较长的寿命和对灯具与控制装置的要求简便等优点,其配置灯具趋向于大体形以能容纳电弧灯管。但由于缺乏控光装置及高位上的抗风能力,因此往往限制了它可能的应用范围。

管状灯主要适用于泛光照明,它使用精确的光控系统,在这个系统中,灯成为灯具整体中的一部分。填充剂组合成分既可选用钪-钠,它可给出高光效但显色性受到限制;也可以选用稀土元素,这样灯的光效较低但显色性有较大提高。

短弧型灯在缩小尺寸和光控方面能达到极限,这在利用一个透镜或反射镜的光学系统中非常有用。20 世纪 60 年代中后期,由于彩色电视转播对照明的要求,人们开始广泛地采用这类短弧金属卤化物灯。短弧长仅为 10～15 mm,高电场和高负载功率使得灯有高的电弧亮度,而且提高了灯的光效和显色性。无论是单端还是双端短弧型灯都可应用于 PAR64 型反射器,且具有热再启动性能。

(3) 舞台、演播室及娱乐场照明

满足这些地方使用要求的特性是紧凑性、高亮度、高色温、良好的显色性以及在灯调暗时能保持相对稳定的色温。这些特性在前面提到的短弧型灯中都能容易达到,单端型和双端型也都可用。

使用锡或稀土元素的填充剂都可获得高色温。在单端锡-铟灯中,锡卤化物填充剂有相对较低的熔点和高的蒸气压,这将导致发射光谱对功率消耗不敏感。这意味着发射光谱并不随电源电压的波动而改变。测量数据显示:直到功率降低至正常值的 50%,这类灯的色温仍能保持相对稳定。

稀土双端灯现在也可以生产成单端灯形式,这类灯也可提供以下特性:偏移小的色温控制范围(5 600 K±400 K)、高的光效和高的电弧亮度,以及功率降低到 50%正常值时色温恒定。由于灯内选用稀土元素填充剂,能使灯产生高度连续的光谱辐射,因而能保证灯在相当大的范围内维持良好的显色性。在这类灯中，双端电弧管垂直地安装于单灯头的硬玻璃外泡壳之中，在灯底座为 G22 型号的双插头时，工作于冷启动方式，启动电压需要大于 9 kV 的脉冲高压；而在灯底座为 C38 型号的双插头时，往往工作于热启动方式，这种情况下需要 30 kV的脉冲启动高压。

在娱乐业和社交场所(如迪斯科舞场)，对低功率(150～500 W)的金属卤化物裸泡产品已形成一定批量的需求，人们对它的光度特性要求较低，但要能保持紧凑光源的优点。

当短弧型金属卤化物灯与精密光学系统配用时，这种灯内填充的发光材料由于分子量不同而导致的分层问题很突出，它能通过两种方式显现出来：电弧管中发光材料分层导致电弧在不同位置的颜色出现不同；或者发光材料在电弧管壁上凝结，形成阴影效果。借助于光学系统的细致设计，上述问题可以被控制在最小范围。一般说来，为了获得均匀的混合光束，可采用抛物面的反光器；而要求获得发散光束，就需要利用一些有刻度加工或表面纹理的反光面。对窄光束反光器，其表面也应当有些刻度或表面纹理。

(4) 小功率金属卤化物灯用于展示照明

由于 32～150 W 范围的小功率紧凑型金属卤化物灯(见图 2.3.23)的开发成功，使金属卤化物灯的许多新应用成为可能。人们将设计重点放在追求紧凑的和光质特别优良的小功率金属卤化物灯上，甚至不顾及灯仅有 6 000～8 000 h 的相对而言较短的寿命。为了适应用于展示照明市场的小型灯具的需要，已千方百计将灯的几何尺寸设计成允许的最小值；为了生产超紧凑类型的小功率金属卤化物灯，灯的外泡壳材料必须选用石英玻璃，以使产品能承受高的工作温度。商业照明市场已有出售的单端或双端型小功率金属卤化物灯，它们的技术指标已能符合 IEC 文件(IEC1167, 1992)的规定。

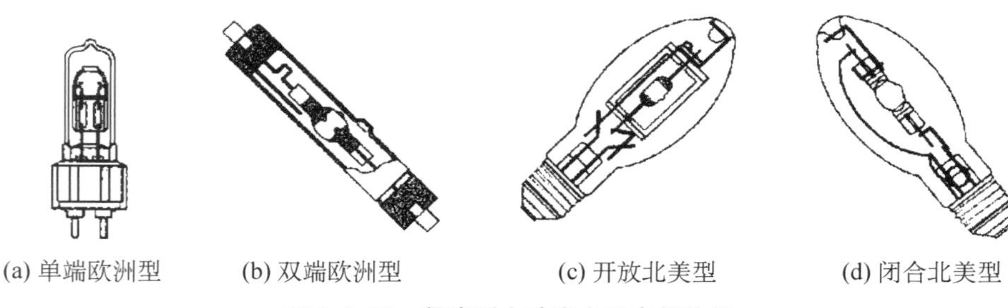
(a) 单端欧洲型　(b) 双端欧洲型　(c) 开放北美型　(d) 闭合北美型

图 2.3.23　紧凑型小功率金属卤化物灯

双端灯的电弧管装在管状石英外泡壳内，每端带有电引线和夹扁密封。电弧管本身是双端结构，圆柱形或椭球形的几何尺寸被严格控制，以提供一致的灯性能。所有设计都采用位于电弧管末端的热反射层，以确保有足够的卤化物蒸气压，并规定灯必须在偏离水平面 ±45°的方位内燃点。

单端灯设计也采用管状石英外泡壳，采用 G12 型双插头的灯头。电弧管既可以是双端也可以是单端结构，短弧隙允许灯燃点在任何方位。单端电弧管可以是球形或椭球形，通过设计可免去末端的热反射层，还可免去在石英电弧管旁边的一根旁路电导丝，这样能限制灯在寿命期间的钠损失，从而有效地维持灯的特性。

随着制造技术的发展，在石英外泡壳材料中添加紫外吸收剂，就能抑制灯的紫外辐射。

这些灯的色温有 4 个：3 000 K，3 500 K，4 000 K 和 5 200 K。光效在 70～85 lm・W^{-1} 之间，显色指数通常大于 80。下面列举了 3 种类型的灯内填充剂，主要是碘化物，有时也用碘化物与溴化物的混和物。

1）碱金属（钠或铯视色温而定）——稀土金属和碘化铊的混合物；

2）钠-锡与铊、铟混合物，可得到较高色温（4 000 K）；

3）钪-钠，通常显色指数仅为 70 左右，加上铊混合物可使显色指数达到 80。

这类灯在高压钠灯电感镇流器下工作，启动需要附加触发高压脉冲。外泡壳高温及紧凑尺寸限制了使用辅助启动的可能，实际应用的这类灯往往在充入启动氩气中加入极少量的放射性气体氪$_{85}$，以保证灯容易启动。

（5）未来趋势

显然在低功率金属卤化物灯中，对光色一致性和稳定性要求的提高，将驱使电弧管技术向使用陶瓷管方向发展。假如在花费成本增加十分有限的条件下，能使现存陶瓷技术继续取得明显提高，可以预见，不用几年时间，陶瓷电弧管将逐步替代石英电弧管。尤其低功率的金属卤化物灯目前已呈现势在必行的发展趋势，当然这个趋势还极大地依赖于整个系统的设计结构，包括要求设计特殊的电子镇流器，以配用这类功率非常低的陶瓷金属卤化物灯。

在高功率金属卤化物灯的应用中，陶瓷电弧管的推广还受到一定的制约。例如，在要求高亮度光源照明的场所，由于多晶氧化铝陶瓷材料是半透明而非全透明的，因此石英电弧管的金属卤化物灯仍将被人们广泛采用。

无极灯的出现使得原来用现有技术制造的光源难以突破的光源性能，尤其是光源的寿命，得到极大的改进和提高。但为了使无极灯工艺技术趋向完善，还要克服现存的某些重要障碍，例如，无极灯的电源设计和制造技术，以及灯、镇流器和灯具组成的整个照明系统的配合问题。

2.3.2.4　氙灯

1. *基本原理*

利用高压惰性气体的放电现象，也可以制成气体放电光源，其中氙灯是最为常见的光源。惰性气体的共振辐射波长很短，共振辐射的效率也不高，在低气压的条件下不可能得到高的发光效率，但在高气压下原子被激发到更高的能级，并有大量电子产生，能在可见区发射出叠加着少量线光谱的连续光谱。在这些惰性气体中，氙气放电的辐射光谱最接近日光，且光谱能量分布在灯内充入氙气压强很大的范围内变化很小，所以氙灯也是一种理想的照明光源。

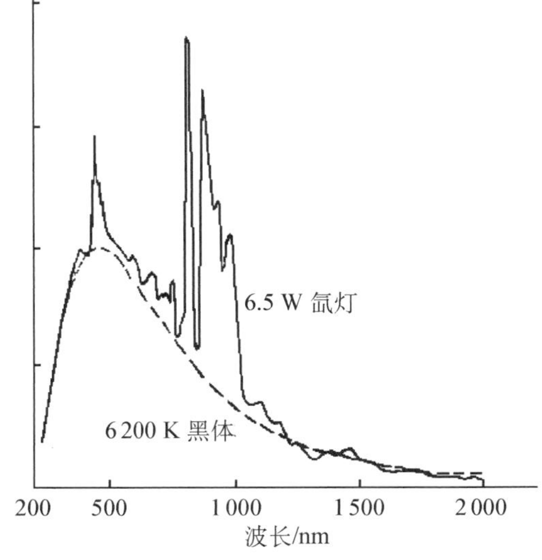

图 2.3.24　典型短弧氙灯的光谱能量分布

氙灯的光谱能量分布特点是连续光谱很强，线光谱较弱，如图 2.3.24 所示。在可见光部分，它与 6 200 K 黑体辐射接近，因为其在可见光区和黑体的光谱匹配良好，所以氙灯有优异的显色性能，一般显色指数超过 94。在光谱的紫外区，氙灯的辐射也是连续的，强度超过氢弧灯，因此也是很好的连续紫外辐射源。氙灯的强谱线集中在800～1 000 nm的近红外区，在800 nm附近的强谱线光与钕激活的钇铝石榴石的吸收光谱正好吻合，所以氙灯可用作这种激光器的光泵浦。

与其他高气压放电灯相比，氙灯的光效会低一些。这主要由以下两方面的原因引起：

1）在红外区域和紫外区域都有很强的辐射；

2）氙气放电的电场强度较低，只有相同条件下汞气放电的$\frac{1}{3}$～$\frac{1}{5}$，这是因为惰性气体与电子碰撞的截面较小。

氙气放电的场强应比汞蒸气小3～5倍。因此，如果要维持单位弧长的输入功率相同，氙灯的工作电流就大得多，电极损耗也相应增加很多。但氙灯有如下一些特殊优点：

1）氙灯的工作状态受工作条件的影响比较小，光电参数的一致性较好；

2）氙灯的启动较快，在点燃的瞬间就可有80%的光输出；

3）氙灯的光谱能量分布与日光比较接近，而且光谱相当稳定。

2. 长弧氙灯

长弧氙灯有自然冷却和水冷却两种，后者比前者多了个水冷套。图2.3.25所示是水冷长弧氙灯的结构示意，灯管用石英玻璃制成，内充适量的氙气，电极可采用钍钨、钡钨等耐离子轰击的材料。电弧受石英管壁的限制，属于管壁稳定型。在电流较小时，因为随放电电流的增加，氙气中有越来越多的中性原子被电离，管压降低，此时放电具有负特性。在放电电流增大到一定数值后，伏-安特性曲线呈现上升，这是因为氙气放电时的电离度很大，在电流密度足够大时电离达到饱和，放电具有几乎不变的电阻。大功率氙灯通常工作在电离饱和状态。

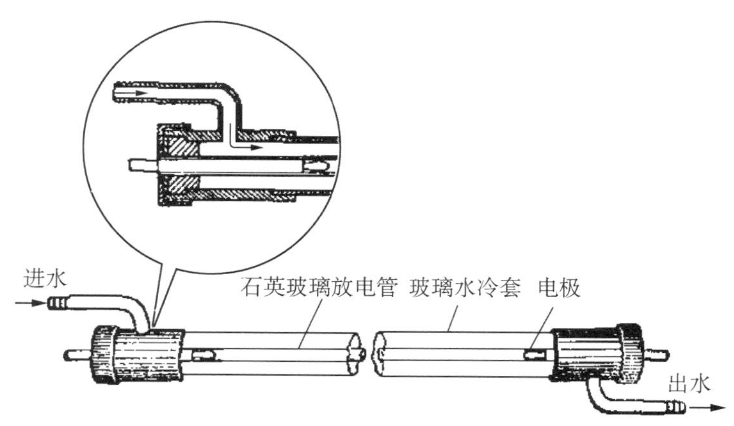

图2.3.25　水冷长弧氙灯结构示意

长弧氙灯的光谱与日光接近，俗称“小太阳”。它适合于作为码头、广场、车站、体育场等处的大面积照明。另外，长弧氙灯还可作为布匹颜色检验、织物、药物、塑料、橡胶等的老化试验、人工气候室植物培养，以及光化学反应等用途的光源。水冷长弧氙灯体积较小、亮度高，很大一部分红外线被水吸收，适合室内使用，可用于人工老化机、复印机和照相制版等。

3. 短弧氙灯

短弧氙灯是一种高亮度的光源，为了提高灯的亮度，工作时氙气气压必须在高压范围(8～40 atm)内，所以短弧氙灯又称为超高压氙灯。在短弧氙灯中，氙原子的浓度高，电离度也更大，所以光谱更趋于连续。短弧氙灯的光谱能量分布与黑体辐射相接近，只要滤去近红外的抗原子线光谱，就可以作为太阳模拟光源。

图 2.3.26 所示是 3 000 W 风冷短弧氙灯的示意，其结构与超高压汞灯相似，但某些工艺要求不如超高压汞灯那么高。例如，在电极封接处，超高压汞灯不允许有空隙，否则会造成使汞凝聚的冷端。而氙灯没有这个问题，因此石英玻璃与金属电极之间封接可以采用过渡玻璃等材料。

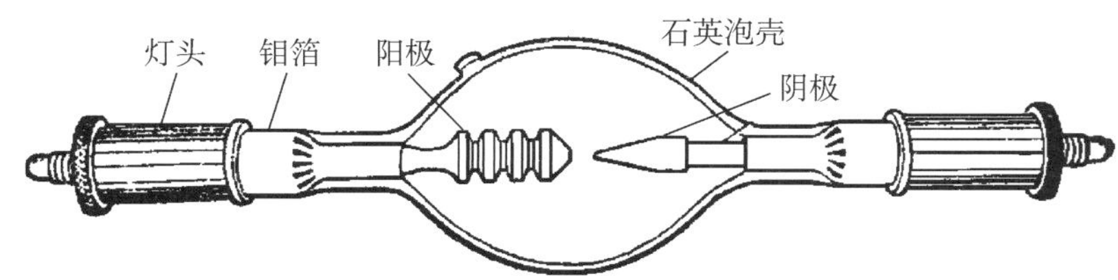

图 2.3.26　3 000 W 风冷短弧氙灯

短弧氙灯是高亮度的点光源，而且其光色好、启动时间短。它的光谱在紫外和可见区，都十分接近于日光，色温约为 6 000 K，一般显色指数为 94。短弧氙灯的光输出稳定时间短，热启动也无需冷却即可用触发器重新启动，使用和控制都比较方便。因此，短弧氙灯在工业生产、国防和科学研究等各方面都有着广泛的应用。它可以用作标准白色光源或连续紫外辐射源，也可以用作太阳模拟光源，还可在金属熔炼和材料加热保护中应用，更多是用作电影放映光源。

2.3.3　无极放电灯

在照明工程中提高照明光源的光效和寿命十分重要，追求高光效、长寿命的光源成为实现照明可持续发展的一个重要内容。电极的寿命成为制约传统光源寿命的瓶颈，目前延长照明光源寿命的方法包括改进灯丝和电极的结构与材料、蒸镀二向色性反光镜、使用高频电子镇流器点灯线路等。而无极放电光源采用了无电极的结构，使电极不再成为制约光源寿命的瓶颈，因此，无极光源的发展符合照明可持续发展的基本要求，是未来光源发展的一个重要方向。

2.3.3.1　无极荧光灯

目前感应放电主要用在荧光灯方面。早在 1907 年，休伊特(P. C. Hewitt)就申请了感应无极荧光灯原理的专利，但由于当时电子学技术水平的限制，因此这种灯只能在实验室存在，没有可能进入市场。无极荧光灯真正发展和进入实际使用是 20 世纪 90 年代以后的事情。

1991 年，松下公司首先推出了 Everbright 无极荧光灯并投入日本市场。这种感应灯没有使用磁芯进行能量耦合，而是直接在球形泡壳外绕上线圈，通以 13.56 MHz 的高频电流，使感应泡壳内的等离子体发光(见图 2.3.27(a))。当时 27 W 的 Everbright 无极荧光灯的光效是 37 lm・W^{-1},平均寿命是 40 000 h。

同样在 1991 年,飞利普公司的 QL 无极荧光灯也投入市场。它在一梨形泡壳内置一中空管道,绕以线圈的铁磁芯柱插入中空管道(见图 2.3.27(b)),线圈内交流电频率是 2.65 MHz。QL 无极荧光灯光效达到 70 lm・W^{-1},平均寿命是 60 000 h。

1994 年,通用电器公司推出了 GENURA 无极荧光灯,这是一种镇流器与灯一体化的紧凑型无极荧光灯,其结构与飞利普的 QL 无极荧光灯相似,外形与反射型白炽灯相仿,工作频率也选用了 2.65 MHz,光效是 50 lm・W^{-1},寿命是 15 000 h。

随后欧司朗公司推出了 Endura 无极荧光灯,它采用闭合放电回路,一个或多个绕有线圈的铁芯磁环环绕在闭合放电管上,套在灯管上的铁芯的作用犹如变压器的初级,而闭合的灯管的作用犹如变压器的次级线圈(见图 2.3.27(c))。ENDURA 无极荧光灯的工作频率是 300 kHz,光效达到了 75 lm・W^{-1},平均寿命是 60 000 h。

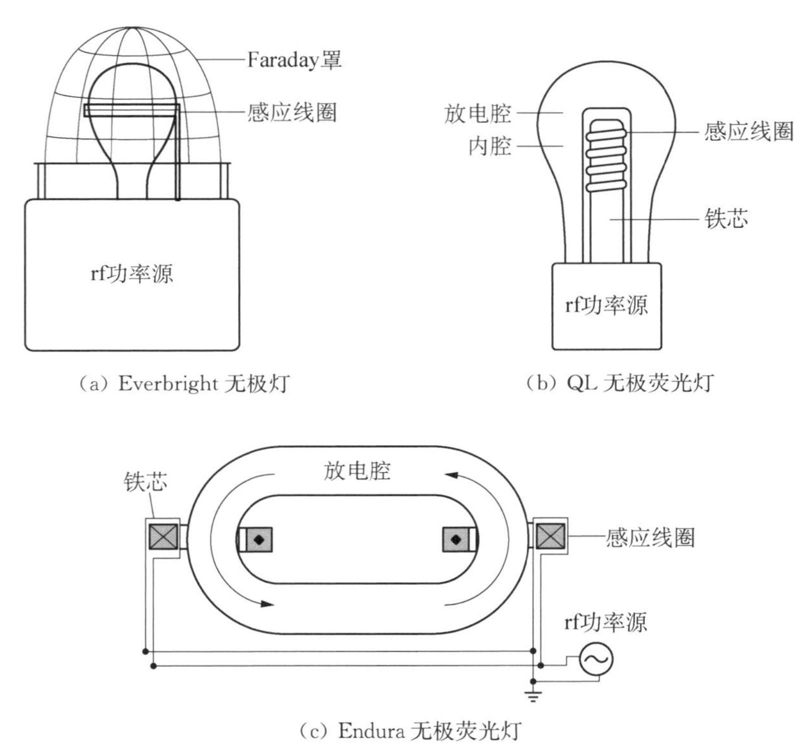

(a) Everbright 无极灯　　(b) QL 无极荧光灯

(c) Endura 无极荧光灯

图 2.3.27　几种典型的感应放电荧光灯的结构

在 21 世纪初,我国的照明公司经过艰苦和长期的研制,也推出了各种形式的无极荧光灯。通过自行设计和制造创新,不但使无极荧光灯的可靠性提高,成本价格也能为市场接受,无极荧光灯产业化推广的前途广阔。

2.3.3.2　微波光源

微波光源采用微波谐振腔结构来实现无电极放电已经得到初步的成果,光源结构与传统光源有很大的区别,目前比较常用的是球形的石英泡壳(见图 2.3.28)。与普通气体放电

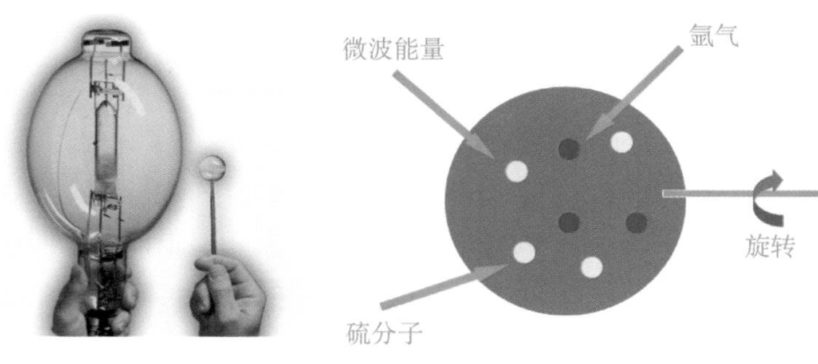

(a) 1 000 W金属卤化物灯　　(b) 1 000 W微波硫灯泡壳

图 2.3.28　**微波硫灯与金属卤化物灯的尺寸比较**

灯相比，微波光源具有发光体体积小、功率密度高等特点。微波光源随着相关技术研究的进展不断发展，显示了作为未来新型光源的发展潜力。

微波硫灯与传统光源相比，具有以下优点：

1）由于泡壳内没有电极，发光等离子体不会与其他材料发生相互作用，因此光源具有较长的寿命（理论寿命为 60 000 h，磁控管可换），光通维持率较高（燃点 10 000 h 后光通维持率大于 97%）。

2）具有很高的辐射效率，70%以上耦合到等离子体的能量都被转化为可见光（系统光效可以接近 90 $\mathrm{lm\cdot W^{-1}}$）。

3）具有类似太阳光的色表，硫的双原子分子辐射出连续光谱，与视锐度曲线接近。在整个辐射范围内，几乎没有紫外区域的光，且红外区域的比例也比较少。

4）由于在谐振腔中微波源可产生强电场，光源可瞬时冷启动，并较快地达到稳定工作状态（<2 min）。

5）泡壳内没有汞等污染环境的元素，有利于环保。

同时，我们也看到微波硫灯也存在一定的制约条件，影响它的应用和推广，如电器部件（主要指磁控管）的寿命欠理想、放电结构影响光源的灯具设计和泡壳需要不断旋转等，这些问题还有待改进和提高。

2.4　固态光源

2.4.1　LED 光源

2.4.1.1　LED 的基本原理

1. LED 发光机理

与目前常用的光源白炽灯和气体放电灯相比，LED 的发光机理与上述两种光源迥然不同。LED 自发性的发光是由于电子与空穴的复合而产生的。通常 LED 多以Ⅲ～Ⅴ族、Ⅱ～Ⅵ族化合物半导体为材料，选择这两类元素不同化合物的带隙和晶格常数，可以使这些半导体材料的发光范围覆盖了近红外光到紫外线区域。目前红光 LED 的主要材料有磷化铝镓铟（AlGaInP），而蓝绿光及紫外 LED 的主要材料则有氮化铟镓（InGaN）。虽然Ⅱ～Ⅵ

族材料也可以得到红光和绿光，但是这族材料极为不稳定，所以目前使用的发光材料大部分是Ⅲ～Ⅴ族。

LED 的最基本结构如图 2.4.1 所示，包括正负电极、p 型半导体层、n 型半导体层、发光层和基底层，实际 LED 需要考虑的发光和散热等因素结构要复杂很多。所谓 p 型半导体，是掺杂了受主杂质的半导体材料，这样会产生一定数量的空穴；n 型半导体则是掺杂了施主杂质的半导体材料，会产生一定数量的自由电子。由于发光层很薄，p 型半导体层与 n 型半导体中的空穴和电子在界面复合，在发光层形成 p－n 结。p－n 结具有一定的势垒，能阻止电子和空穴进一步扩散，使整个 p－n 结处于平衡状态。LED 的工作原理如图 2.4.2 所示，当 p－n 结外加一个正向偏置电压时，p－n 结的势垒将会降低，n 型半导体中的电子将注入 p 型半导体中，p 型材料中的空穴将注入 n 型材料中，从而打破了 p－n 结内载流子原先的平衡状态。这些注入的电子和空穴在 p－n 结处相遇发生复合，只要加在 p－n 结上的配置电压不变，载流子就会不断地注入，p－n 结两边的少数载流子也会不断注入。在稳定状态下，p－n 结两边会重新建立载流子的平衡，即载流子的复合速率会与注入速率相等。在载流子复合的过程中，其多余的能量以光的形式释放出来，当然还有一些复合的能量以热能的形式散发。这些注入的少数载流子的复合不是瞬时发生的，必须满足动量和能量守恒的条件。能量守恒比较容易满足，复合时辐射的光子可以带走空穴-电子对剩余的能量，但光子对动量的守恒几乎没有贡献，因此电子和空穴只能在动量大小相同发生相反的情况下复合。这样的条件不是很容易满足的，这会导致电子与空穴复合的延迟。因此注入的少数载流子在发生辐射复合时会有一定的寿命，可以用 τ_r 来表示。

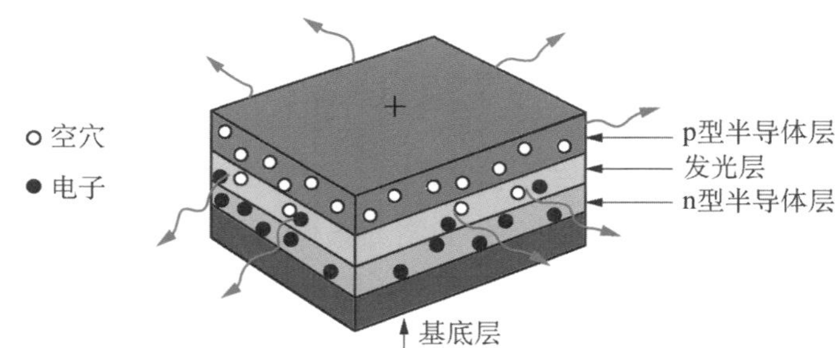

图 2.4.1　p－n 结示意

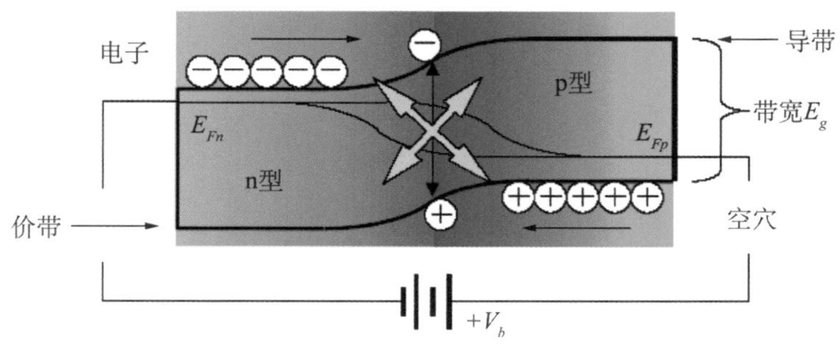

图 2.4.2　LED 的工作原理示意

2. LED的结构

传统LED的基本结构如图2.4.3所示。LED芯片被固定在导电、导热的带两根导线的金属支架上,有反射杯(或反光碗)的引线为阴极,另外一根引线为阳极。芯片外围用环氧树脂材料封装,这样一方面可以保护芯片,另一方面起到聚光作用。LED芯片是LED器件的核心。如图2.4.4所示,芯片两端是金属电极;底部为衬底材料;当中是由p型半导体和n型半导体构成的p-n结;发光层位于p型层和n型层之间。p型层、n型层和发光层是利用特殊的外延生长工艺在衬底材料上制得的。在芯片工作时,p型层和n型层分别提供发光所需要的空穴和电子,它们被注入到发光层发生复合而产生光。图2.4.4中的LED芯片结构是经过简化和抽象的,实际LED芯片根据制造工艺的不同,结构也有所不同。

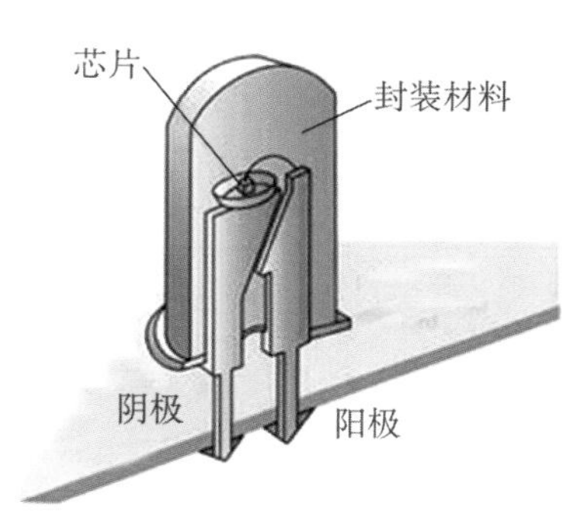

图 2.4.3　传统 LED 结构示意

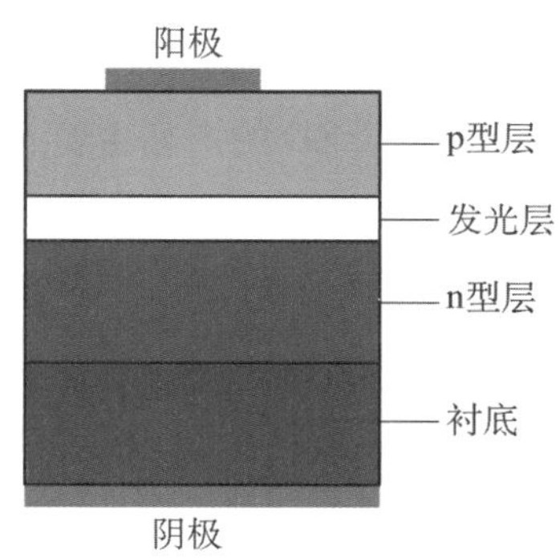

图 2.4.4　LED 芯片结构示意

在LED做成大型器件和封装以后,LED的光输出有很大提高,已经达到对某些场合进行照明使用的水平。另外在LED采用了大尺寸的半导体元件以后,对LED的结构也进行了改变,使其发光效率更高。如图2.4.5所示,图(a)所示是早期的设计,衬底对部分光线吸收,图(b)所示的LED衬底的透光性能已进行了改进,不再采用原来对光有吸收作用的基底层,而是采用了透明材料作为基底层,提高了透光率,图(c)所示是对衬底层形状进行了优化,使尽量多的光线从器件中透出来。

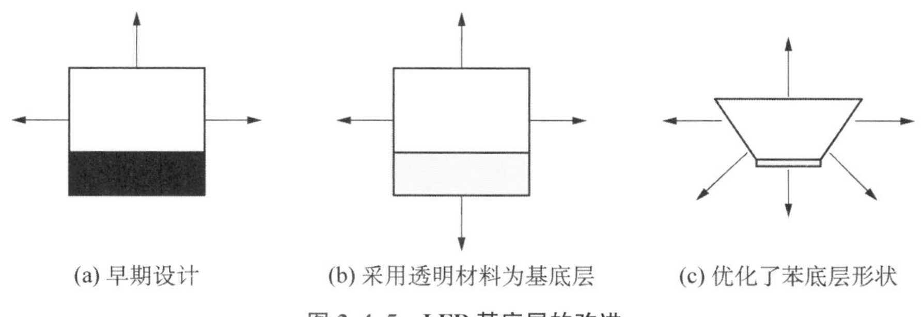

(a) 早期设计　(b) 采用透明材料为基底层　(c) 优化了苯底层形状

图 2.4.5　LED 基底层的改进

为了提高LED的光取出效率,可以选择高折射率的介质来进行封装。例如,选择折射率在1.5~2.5间的塑料或硅胶,可以提高LED的光取出率,还可以根据实际需要选择不同的封装形状来实现不同的光线分布。大功率的LED可以采用漫反射材料来进行导光,增加

光取出效率。光线在粗糙表面反射时会形成漫反射,当表面粗糙度较大时,反射可以近似为朗伯型反射,即反射强度与反射角的余弦成正比。

3. 白光 LED 的实现方法

早期的 LED 主要用在电器的指示灯上,通常这样的 LED 发出的光谱带比较窄但单色性不是很好,发光颜色从黄绿色到红色。在用 AlGaInP 和 InGaN 发光的 LED 以前,这些指示灯的 LED 发光非常微弱,发光亮度没有超过传统的指示灯泡。但在 AlGaInP 和 InGaN 发光技术使用后,可以使 LED 发光峰值在可见光的任何部分,并可以通过不同光谱发光的组合来得到白光 LED。

白光 LED 的出现为半导体照明打开了一扇崭新的大门。目前,越来越多的室内室外照明工程都采用了白光 LED。在其诞生后的短短几年中,白光 LED 的光效等都有了长足的进步,白光 LED 甚至已经开始挑战传统光源的地位。

目前获得白光 LED 的产品主要有 3 种方法,如图 2.4.6 所示。

红+绿+蓝 LED

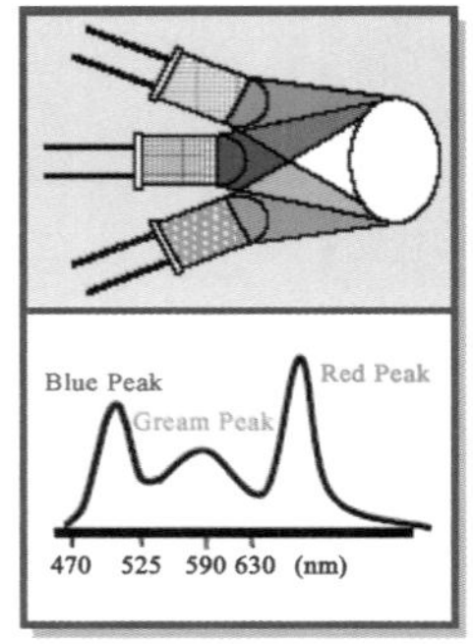

(a) RGB LED

UV LED+RGB 荧光粉

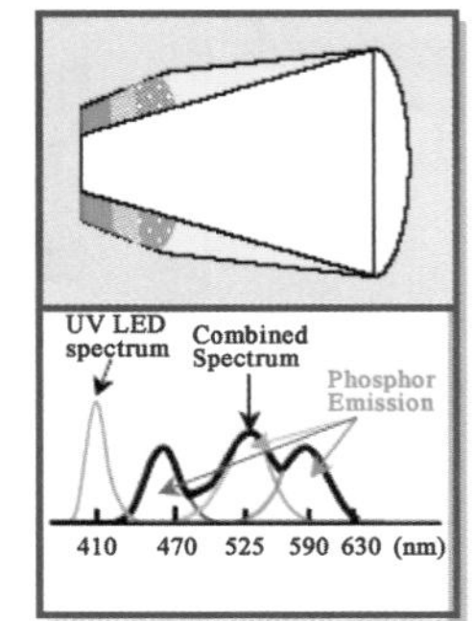

(b) UV LED+RGB 荧光粉

双色补偿

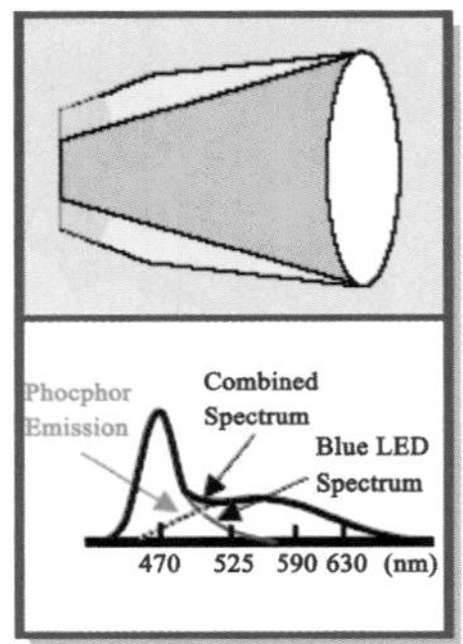

(c) 蓝 LED+黄荧光粉

图 2.4.6 产生白光 LED 的方法

(1) 二基色荧光粉转换白光 LED

二基色白光 LED 是利用蓝光 LED 芯片和钇铝石榴石(YAG)荧光粉制成的,其发射光谱如图 2.4.7 所示。一般使用的蓝光芯片是 InGaN 芯片,另外,也可以使用 AlInGaN 芯片。蓝光芯片 LED 配 YAG 荧光粉方法的优点是:结构简单、成本较低、制作工艺相对简单,而且 YAG 荧光粉在荧光灯中应用了许多年,工艺比较成熟。不过,该方法也存在若干缺点,比如蓝光 LED 效率不够高,致使白光 LED 效率较低;荧光粉自身存在能量损耗;荧光粉与封装材料随着时间老化,导致色温漂移和寿命缩短等。

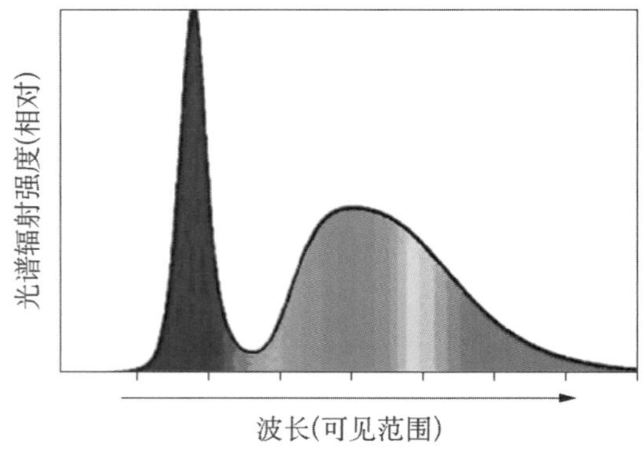

图 2.4.7 二基色荧光粉转换白光 LED 的发射光谱

（2）三基色荧光粉转换 LED

三基色荧光粉 LED 能在较高发光效率的前提下有效提升 LED 的显色性。得到三基色白光 LED 的最常用办法是利用紫外光 LED 激发一组可被紫外辐射有效激发的三基色荧光粉。相对于“蓝光 LED＋YAG 荧光粉”获取白光的方法，采用“紫外 LED＋三基色荧光粉”的方法更易于获得颜色一致的白光，这是因为 LED 的光色仅仅由荧光粉的配比决定。另外，这种类型的白光 LED 具有高显色性，光色和色温可调，使用高转换效率的荧光粉可以提高 LED 的光效。不过，“紫外 LED＋三基色荧光粉”的方法还存在一定的缺陷，比如，荧光粉在转换紫外辐射时效率较低、粉体混合较为困难、封装材料在紫外光照射下容易老化、寿命较短等。

（3）多芯片白光 LED

将红、绿、蓝三色 LED 芯片（或更多种颜色的 LED 芯片）封装在一起，将它们发出的光混合在一起，也可以得到白光。这种类型的白光 LED，称为多芯片白光 LED。采用红绿蓝三色制造白光的 LED 芯片与采用荧光粉转换白光 LED 相比，这种类型 LED 的好处是避免了荧光粉在光转化过程中的能量损耗，可以得到较高的光效；而且可以分开控制不同光色 LED 的光强，达到全彩变色的效果，并可通过 LED 波长和强度的选择得到较好的显色性。此种方法的弊端在于，不同光色 LED 芯片的半导体材质相差很大，量子效率不同，光色随驱动电流和温度变化不一致，随时间的衰减速度也不相同。为了保持颜色的稳定性，需要对 3 种颜色的 LED 分别加反馈电路进行补偿和调节，这就使得电路过于复杂。另外，散热也是困扰多芯片白光 LED 的主要问题。

2.4.1.2　功率 LED 芯片

随着材料技术的进展，商品化照明级 LED 的设计和制造技术有了长足的发展。LED 的制造主要包括了芯片、荧光粉、光学、封装和静电防护，针对 GaN 的半导体材料生产与传统方法有较大改进，例如，用激光提升方法来去除衬底等。目前功率级主流芯片的尺寸为：350 mA 电流采用 $350\times350\ \mu m^2$，1 A 电流采用 $1\times1\ mm^2$。目前，更大功率和尺寸的芯片也开始出现，一般高功率的芯片通常是将 4～6 个芯片封装在一起。芯片的理想驱动功率为 3 V 左右，因为 GaN 的带宽为 2.7 V，其发光效率为 50%左右，$350\times350\ \mu m^2$ 的芯片的热功耗为 0.5 W 左右，$1\times1\ mm^2$ 的芯片的热功耗为 1.5 W，这相当于每平方厘米上的热功耗为几百瓦。因此，LED 中的散热管理非常重要，这关系到 LED 的工作寿命和内量子效率。尽管会采取相应的散热措施，LED 工作温度还会在 100℃左右。将没有封装的 LED 芯片直接在额定电流下工作，几分钟就会烧熔。因此，在整个设计制造过程中必须以散热管理为导向，从 p－n 结电流注入均匀性、串联电阻和能带设计到封装都必须考虑散热的问题。目前较高的制造水平，GaN 基 LED 的驱动电压在 700 mA 时为 3.15 V，相应的串联电阻为 0.64 Ω。图 2.4.8 给出了两种波长的薄膜倒装的多量子阱的 InGaN LED 的光输出和外量子效率的特性。从此图中可以看到，在大功率方向随着功率的增大，LED 的外量子效率会下降，这主要归结于注入电流的增大和焦耳加热效应。

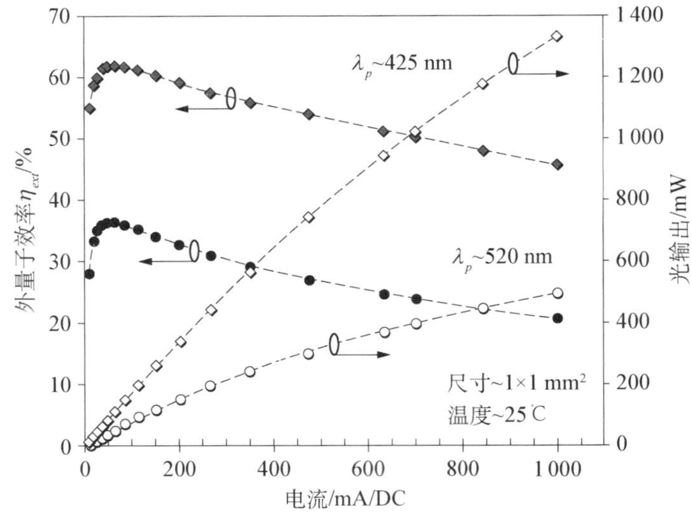

图 2.4.8 **InGaN - GaN 多量子阱薄膜倒装 LED 的外量子效率和光输出**

2.4.1.3 LED 的性能

1. 光学特性

(1) LED 的光输出

与目前的照明光源相比，LED 的光输出仍然相对比较低，因此还得采用多个 LED 的阵列或其他结构来进行照明应用。但单个 LED 的功率和效率都有大幅度的提升，目前商用常用单个白光 LED 的光输出已经超过 1 000 lm，采用 COB 封装的光源可以达到几万流明，与传统 HID 光源接近。LED 的光效最近也已经取得了长足进步，实验室光效可达 250 lm 以上，商用产品光效已超过 150 lm。与传统光源相比，节能优势十分明显。

(2) LED 的光束角

早期 LED 的光束角比较窄，给照明应用带来很大困难。目前经过对 LED 的结构改进，可以得到余弦的光型分布。现在可以在 LED 内加上控光器件来达到适合不同用途的光型分布。另外，在设计照明系统时，还可以通过外部灯具来进一步调整光型分布，以取得更好的应用效果。

早期的 LED 作为指示用途，因此结构设计成光线向前发射，目前可以对结构进行调整，可以得到向各方向发光的 LED，当然 LED 的散热基片会影响发光的方向。

(3) LED 的高亮度和光输出的关系

以前，所有的 LED 制造商都是用发光亮度来标定 LED 性能的，因为那时的 LED 主要是用作指示，所以不考虑光通量输出的情况。在 LED 不同方向的发光亮度有很大的差别，而且不同的光型分布也会对发光亮度的大小有影响，因此用发光亮度数据来衡量光通量是不合理的。我们在考虑 LED 光通量输出的大小时，不仅要考虑其发光亮度的最大值，还要考虑其光束角的大小。在两个 LED 的光通量输出相同的情况下，光束角的不同会使它们的发光亮度差别十分大。目前 LED 的光束角的范围大概是 6°～100°，因此，使用亮度来表示照明 LED 的性能不确切，应该采用光通量输出来标定。

值得注意的是，当我们采用光束角很小的 LED 阵列设计时，由于安装位置的小变化或者瞄准角度的偏差，都会给实际的使用效果带来很大影响。

（4）LED 的寿命

到目前为止，在照明领域还没有对 LED 的寿命制定明确的标准。如果和传统光源一样认为光源的光通量下降到 50%的时间就是光源的使用寿命，这跟 LED 的实际使用情况不相符合，因为 LED 的光通量是缓慢的衰减，下降到 50%以后可能还可以继续工作 10 000 h，而且很多时候即使它不发光了，但电路不会中断并继续消耗电能。

目前在市场上的指示 LED 产品，在实验室条件下按照额定的电流工作，大概在 1 000～2 000 h 之内光通量下降到原来的 80%。这么快的光衰主要是因外部封装的环氧材料由透明变黄引起的，由于内部的半导体器件温度导致外部环氧变黄。目前的高功率 LED 在这方面进行改进，因此提高了光通量的维持水平，相应的使用寿命也可以大幅度提高，最乐观的预计是将来寿命可以达到 25 000 h。这还需要对 LED 内部的热量平衡与散热系统进行很好的设计和改进。

（5）不同种类 LED 的光通量维持水平

不同种类的 LED 的光通量维持水平是不一样的，一般来讲 LED 的光通量维持水平主要由 LED 的封装结构、工作条件（包括环境温度和工作电流等）以及 LED 的颜色来决定。LED 的颜色决定了半导体材料的使用，不同的半导体材料的衰减情况是不一样的；在实际应用中还发现，如果 LED 出射的波长越短，则对外面封装的环氧材料的劣化越厉害，导致光衰加快。另外，我们在采用 LED 阵列进行照明应用时，单个 LED 的性能不能代表整个系统的性能，因为在阵列之间的 LED 的工作环境温度会比阵列边缘的 LED 高很多，所以光衰也就越快。

不同颜色的 LED 的光通量维持情况是不相同的，目前照明级的 LED 虽然光衰降低很多，但发光颜色影响光衰的情况没有改变。不同的工作电流对 LED 的光衰影响也很大，电流上升导致 p-n 结的温度上升从而最终加快光衰。

（6）LED 的变色问题

通常来说 LED 的发光颜色在刚开始的时候相互之间没有很明显的色差，但在长时间工作以后颜色会有一定的偏移。这对采用多种颜色 LED 混光产生白光的系统带来了难题，很多时候如果没有设计好关于不同颜色 LED 的不同的光衰补偿电路，往往刚开始可以得到一致的白光，但过一段时间发光的颜色就偏离了白光，而且各部分的颜色会不同。对于采用涂荧光粉来得到白光的 LED，首先涂层的均匀性会影响它的整体发光情况，并在工作时由于荧光粉的劣化和发光物质的改变会进一步导致颜色的偏离。

目前生产商为了解决这个问题，提供组合成模块的 LED，这些大批量生产的模块具有十分一致的外观和光衰性能。但是选择性能一致的模块 LED 做照明系统会导致成本的增加。

（7）LED 色差的容许范围

目前还没有制定色差容许范围的标准。研究表明，不同的应用场合可以有不同的指导原则，部分应用场合对色差的要求高，但另外部分则可能正好相反。例如，在一个琳琅满目、色彩斑斓的货架上，照明的色差容许范围就可以很大；但如果是照明一面没什么装饰但颜色很淡的墙时，色差的容许范围会十分小。

(8) LED 照明的显色性

目前涂荧光粉产生白光的 LED 系统的显色指数(CRI)和传统的气体放电灯(荧光灯和 HID 放电灯)的差不多,可以在很多照明场合使用。对于采用多种颜色 LED 混合成白光的系统,系统的显色指数跟 LED 的波长有很大关系,而且差异特别大。但试验发现,有时使用这种混合方法时,显色指数为二十多的系统比显色指数为九十多的系统能够得到更好的显色性能,因此 LED 照明应该采用更贴近的显色性能评价体系(见第一章)。

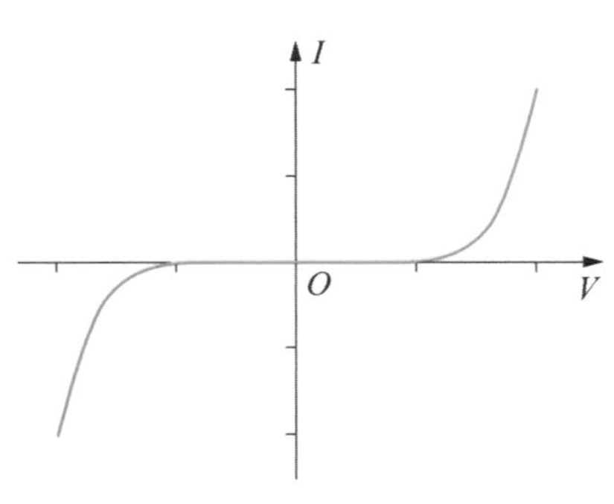

图 2.4.9 LED 的伏安特性

2. LED 的电学特性

(1) LED 的伏安特性

LED 的伏安特性如图 2.4.9 所示,它与普通的半导体二极管的伏安特性大致相同。可以近似认为电流 I 与电压 V 的 n 次方成正比。电压 V 较小时电流 I 主要为漏电流,数值很小。随着外加正向电压增加并达到 p－n 结内部的电位差时,正向电流急剧加大。LED 的驱动电路必须考虑到这一特点,在电路中需要串联适当数值的电阻限制电流,以防止 p－n 结被烧毁。在驱动电源电压下,串联电阻的大小决定了 LED 工作电流的大小。

(2) LED 的工作电路特点

LED 可以采用直流驱动,也可以采用交流驱动;其亮度和寿命由通过 LED 芯片的电流大小决定。作为驱动电路的负载,LED 经常要大量组合在一起构成发光的组件。连接的方式决定了 LED 的可靠性及寿命。

常见的 LED 连接方式主要有串联连接、并联连接、串并联混合连接。串联连接(见图 2.4.10)是将多个 LED 的正负极一次连接成串。这种连接方式的优点是通过每个 LED 的工作电流相同,可以保持发光组件的均匀。不过,一旦某一个 LED 出现短路,整个环路上的电流值会增加,从而对同回路上的其他 LED 产生不利影响;若某一个 LED 因故障断路,则整个回路上的 LED 都会熄灭。并联连接(见图 2.4.11)是将多个 LED 的正极与正极、负极与负极并联连接。工作时,每个 LED 两端的电压相同。然而,由于器件之间的特性参数存在一定差别,通过不同 LED 的电流可能不同,而散热不好的 LED 容易出现电流过大的现象,从而导致其损坏。因此,LED 一般不采用直接并联的方式。如果采用 LED 直接并联的方式,应充分考虑各方面因素对 LED 产生的影响,采用合适的驱动电源以及限流方式。混合连接是将 LED 先串联后并联(见图 2.4.12)或先并联后串联(见图 2.4.13),以此来构成

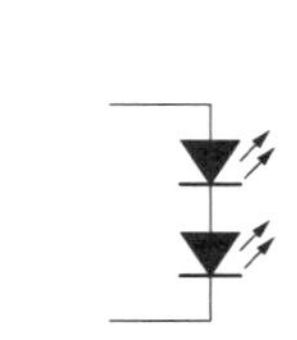
图 2.4.10 简单串联连接

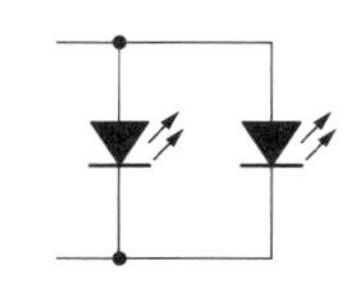
图 2.4.11 简单并联连接

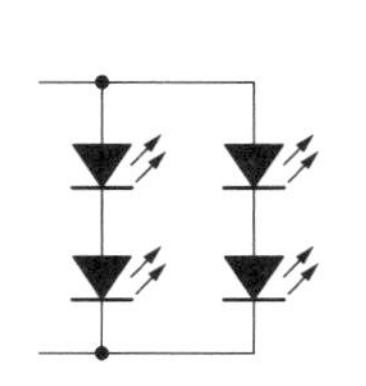
图 2.4.12 混合连接方式一

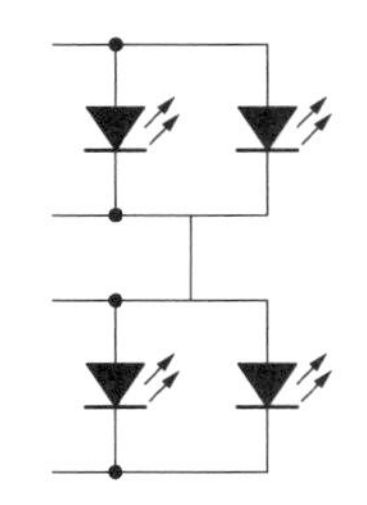
图 2.4.13 混合连接方式二

发光组件。对于单组串联 LED 来讲，即使由于种种原因，某一 LED 出现断路或短路情况，其不利影响也在很大程度上被限制在该串联回路上，整个系统受到的影响很少。因此，这种连接方式的可靠性最高，而且对 LED 的要求也较宽松，整个发光组件的亮度也相对均匀。目前大量照明实例中大多采用这种连接方式。

(3) LED 调光

在很大的工作范围内，LED 的光输出和工作电流成正比，因此我们可以用减小电流的方法来调光，而且，对 LED 进行频繁开关不会对其产生太大的不利影响。LED 的调光还可以采用脉冲宽度调节的方法，通过调节电压的占空比和工作频率，能够有效调节 LED 的发光强度。不过，有一点需要注意的是，调光时要确保工作频率足够高(几百千赫兹)，这样可以使人眼看起来 LED 一直在燃点着；否则会看到快速的闪烁。

调光可能会对 LED 输出光的光色造成影响。这是因为改变 LED 的电流会使 LED 的 p－n 结的温度有所改变，从而造成发射光谱的功率分布有所改变，即颜色发生改变。通常，红色和黄色的 AlGaInP 系列的 LED 的颜色改变比 InGaN 系列的蓝色和绿色 LED 大很多，但 LED 光色的改变没有白炽灯调光时的改变那么明显。调光在采用多种颜色 LED 混光成白色的阵列中会带来困难。这是因为在调光时，各种颜色的 LED 芯片的输出光改变量可能会不一致，从而无法混合成白光。

在传统光源中，如荧光灯的调光会使光源的可靠性和寿命降低，但 LED 中不会出现这种情况。这是因为 LED 的寿命和光衰在很大程度上由 p－n 结的温度决定，温度升高会使 LED 的寿命下降。由于 LED 的调光，不管是调节电流还是调节脉冲幅度，都会导致 LED 的 p－n 结温度降低，因此调光对 LED 寿命没有影响，甚至有可能会增加 LED 的寿命。

3. LED 的热学特性

(1) LED 器件发热的原因

与传统光源一样，LED 在工作时也会产生热量。LED 在外加电场的作用下，n 型半导体中的电子获得能量，克服 p－n 结处的势垒与 p 型半导体中的空穴大量复合。复合以后，电子回到低势能状态，同时释放出能量。能量释放的形式有可能以辐射的形式，也有可能以非辐射的形式。若能量以非辐射的形式释放，则造成半导体晶格的振动，即会转化为热量。另外，电子在半导体中迁移时会遇到电阻，这也是热量的另外一个来源。

(2) 温度对 LED 光输出的影响

根据实验发现，在环境温度较低时，LED 的光输出会增加；而高温会导致其光输出的下降。在环境温度过高或工作电流过大的情况下，LED 芯片的温度会升高。这时，p－n 结内部的电子和空穴浓度、禁带宽度以及电子迁移速率等微观参数都会发生变化，从而影响到 LED 的光输出。图 2.4.14 给出了在 LED 工作电流恒定的条件下，光通量的输出与 p－n 结温度的关系。

当 LED 的 p－n 结温度升高时，材料的禁带宽度将减小。这表明辐射复合的输出将向长波方向偏移。同时，p－n 结温度升高还会导致 LED 的正向电压降减小。这意味着一旦回路中的 LED 出现过度温升，那么 p－n 结对此的响应会使 LED 的温度进一步升高。一旦 LED 芯片的温度超过一定值，整个 LED 就会损坏。这一温度的值被称为最高结温或者临界温

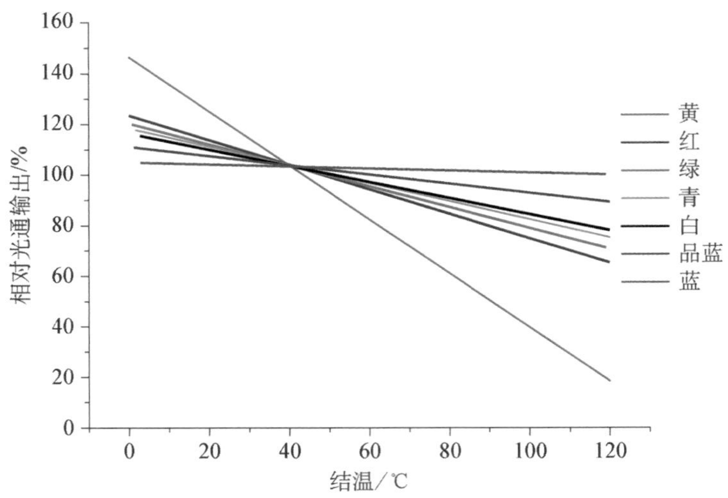

图 2.4.14 不同光色 LED 结温与光通输出的关系

度。不同材料 LED 的临界温度不同，即使是同种材料，封装结构等因素也会影响临界温度。

2.4.1.4 LED 灯

作为照明光源，人们一般只注意到光源的初始成本，而忽略了光源的效率、寿命、维修或更换费用。光源的价值充分体现还应反映在使用上，这就要引入照明成本概念，它实际上可以使 LED 照明的主要优点量化，并可与其他光源做总体价值的比较。

目前半导体照明应用产品的技术关键仍是散热问题。照明灯具虽然有配光、驱动等技术问题，但与其他光源不同的是散热问题仍是技术关键。一般说来，LED 功率器件或模组在做成半导体照明灯具时，应尽可能利用支架、外壳等作为发光器件散热的热沉，尽可能采用金属结构，可降低 LED 的结温，以提高发光效率和光学性能的稳定性，并保证 LED 的使用寿命。其原则也是材料的导热系数越大越好，截面积越大越好，界面越少越好，界面尽可能采用金属焊接。应该说，采用热管技术为半导体照明新产品散热将会得到较理想的效果。

LED 具有新的设计特点，它往往是传统光源所不具备的，许多应用的推动来自 LED 的高效节能和长寿命等优点。比较多的应用还是色光，因为色光 LED 的节能尤为突出。我们必须认识到，单个或多个白光 LED 与用作照明光源的灯具的概念是有差异的。白光 LED 在实现照明光源的灯具所面临的一些重大问题与紧凑型荧光灯曾面临的已解决或正在解决的问题相似。

1. LED 灯具电源

灯具中安装的 AC－DC 转换电路应适应 LED 电流驱动的特点，这个电源既要有供 LED 所需的接近恒流的正向电流输出，又要有高的转换率，以保证 LED 安全可靠工作，当然还要注意成本。

2. LED 灯具的可靠性

影响灯具可靠性的因素主要是 LED 器件和上述电气元器件。到目前为止，还没有生产白光 LED 器件厂商提供器件失效的详细资料或技术规范，更没有关于照明光源用 LED 灯具的标准。

3. 灯具散热

克服了单个 LED 导热的困难，并不等于解决了照明光源灯具的散热问题，随着大功率、大尺寸、高亮度芯片发展，LED 器件和灯具的散热必须解决。

4. 灯具光色的均匀性和光学系统

由于小小的 LED 特殊结构导致的光特性不像白炽灯泡和荧光灯那样，存在白光光色的不均匀性问题。但将它们组合成照明灯具后，光色的均匀性又将如何？由若干 LED 组合成的"二次光源"的配光分布及构成 LED 灯具的光学系统如何满足照明光源要求是一个复杂的系统工程，需要认真考虑和解决。

从目前的 LED 灯具来看，对比较传统光源，其具有的特点如下：

1）高光效。LED 光效在最近得到长足进步，已经成为光效最高的光源，商用白光 LED 光效已超过 150 $lm \cdot W^{-1}$。在设计灯具时，由于其发光的方向性强和体积小的特点，灯具光输出比高，因此节能效果特别明显。

2）颜色丰富。可以选择白色或彩色光，如红色、黄色、蓝色、绿色、黄绿色、橙红色等，并可根据需要制造出多色组合和循环变色的艳丽灯饰。LED 光源可利用红、绿、蓝三基色原理，在计算机技术控制下使 3 种颜色具有 256 级灰度并任意混合，产生各种颜色，形成不同光色的组合，实现丰富多彩的动态变化效果及各种图像。

3）形状多样。LED 光源由许多单个 LED 发光管组合而成，LED 光源是芯片光源，因而比其他光源可做成更多的形状，更容易针对用户的情况，设计光源的形状和尺寸。

4）寿命长。LED 利用固态半导体芯片将电能转化为光能，外加环氧树脂封装，可承受高强度机械冲击，LED 单管寿命为 100 000 h，光源寿命在 50 000 h 以上，按每天工作 12 h 计算，寿命也在 10 年以上，维护费用低。与传统光源相比，采用 LED 灯具不仅节能，而且维护费用也很低。随着 LED 生产技术和规模的进展，LED 灯具的初始成本也将大幅度降低，它是未来理想的照明灯具。

2.4.2　有机电致发光

2.4.2.1　有机发光器件与材料

1. 有机电致发光机理

有机电致发光的器件称为 OLED，其发光原理与 LED 基本类似。OLED 也属于注入性器件，在外部电场的驱动下载流子空穴和电子分别从阳极和阴极注入有机材料层中，当空穴和电子在有机发光材料中相遇，会发生复合形成激子。激子在通过辐射衰减释放能量时便可以产生光。有机电致发光的基本过程如图 2.4.15 所示。

在有机电致发光中，载流子在外加电场的作用下注入有机发光材料层中，该过程有两方面的机制需要注意。一是电极与有机半导体层的接触，可以根据机理不同分为肖特基接触和欧姆接触，两者的主要区别在于载流子从电极注入有机半导体层时是否存在能垒，通常由有机半导体层和电极的本身特性决定，在 OLED 中一般电极和有机半导体层之间的接触为肖特基接触，这与 LED 有着本质的不同。二是载流子的注入方式，通常可以分为热离子发射和隧穿注入，载流子的注入对 OLED 的性能有至关重要的影响，与 LED 相比 OLED 的载

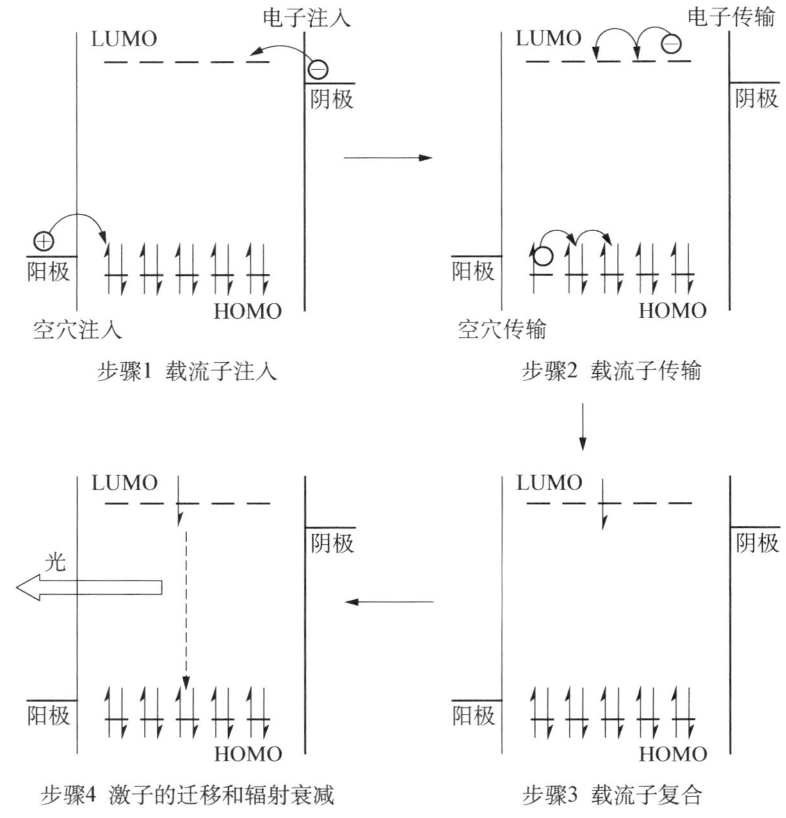

图 2.4.15 **有机电致发光的过程**

流子注入十分复杂,目前比较能够被接受的载流子注入机制是帕克(Parker)于 1991 年提出的隧穿注入模型。

载流子注入有机半导体层后,便在电场的作用下开始传输。由于 OLED 的有机半导体层是无定形膜层,这种结构会导致该有机半导体层存在大量的缺陷,这些缺陷可以俘获载流子,因此会使该有机半导体层存在大量的空间电荷,从而导致载流子的传输变慢,这种效应称为空间电荷限制效应。有机半导体层中各有机分子之间只存在微弱的范德瓦尔斯(van de Wauls)力,电子从一个分子迁移到另一个分子需要克服一个较大的势垒,因此载流子在有机半导体层中通过跳跃的方式来进行传输。

从阳极注入的空穴和从阴极注入的电子在有机半导体层中传输会相遇,在库仑引力的作用下相互靠近,其中部分空穴和电子会复合形成激子。形成的激子不会马上释放其能量,而是在寿命期内发生迁移。单线态的激子寿命短,因此迁移的距离通常不超过 20 nm,而三线态的激子寿命要长很多,其迁移距离可达到 100 nm 左右。处于激发态的激子可以通过以下几种方式释放其能量:通过辐射跃迁的荧光发射和磷光发射的方式,这样使能量以光辐射形式释放;激子的能量还可以通过振动弛豫、内部转换和系间窜越等方式,以热量的形式释放能量;另外,激子的能量还可以通过光的辐射-再吸收的方式转移给其他激子,或者直接将载流子转移到其他分子上形成新激子来转移能量。

2. 器件的结构

OLED 器件的结构通常采用夹层式的三明治结构，即将有机发光层夹在两侧的电极中。OLED 从最初的单层器件发展到现在复杂的结构，发光性能也有了质的飞跃。OLED 的基本结构如图 2.4.16 所示。

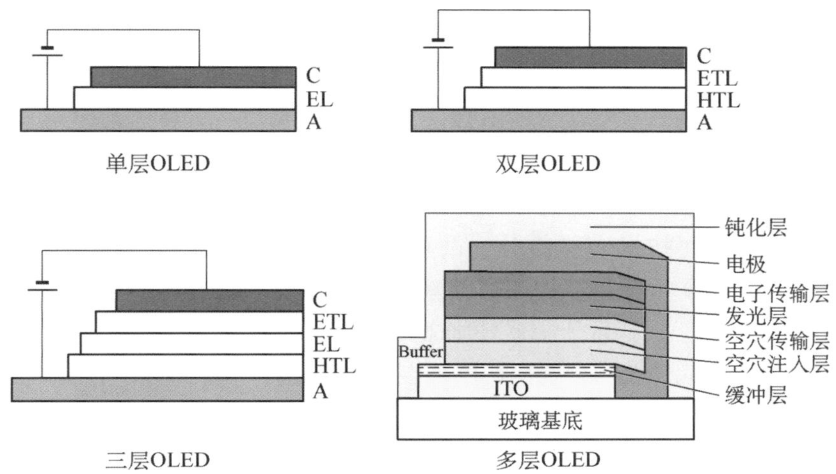

图 2.4.16　**OLED 的基本结构**

最初的 OLED 采用单层结构，将有机薄膜夹在氧化铟锡(indium tinoxide, ITO)的阳极和金属阴极之间就形成了最简单的 OLED。有机薄膜层既承担了发光层(emitter layer, EML)的职能，还承担了电子传输层(electron transport layer, ETL)和空穴传输层(hole transport layer, HTL)的职能。由于有机材料通常是单种载流子传输的，这样的结构会导致载流子注入的极大不平衡，发光区域会靠近在有机材料中迁移率小的载流子的注入电极一侧，容易导致电极对发光的猝灭，器件效率十分低。因此现在已经很少采用单层器件。为了解决载流子注入的不平衡，改善 OLED 的电流-电压特性，采用双层的结构引入空穴传输层，可以极大地提高发光效率，使 OLED 的研究提高到一个新的台阶水平。邓青云等发明的最早的 OLED 就采用这种结构。随后日本的阿达奇(Adachi)提出了电子传输层、发光层和空穴传输层的 3 层结构器件，这样可以使 3 层的功能单一化，对于材料选择和器件优化十分有利，是目前比较常用的 OLED 结构。在实际的 OLED 设计中，为了优化和平衡器件的各种性能，还可以引入多种不同的功能层，制成多层的 OLED。例如，电子注入层和空穴注入层可以降低器件的驱动电压，电子阻挡层和空穴阻挡层可以减小直接流过器件不形成激子的电流。因此在实际 OLED 的设计中，可以根据实际情况引入不同的功能层来提高其性能。

3. OLED 材料选择

有机材料的特性深深地影响元件的光电特性表现。在阳极材料的选择上，材料本身必须具有高功函数(high work function)与可透光性，所以具有 4.5～5.3 eV 的高功函数、性质稳定且透光的 ITO 透明导电膜，被广泛应用于阳极。在阴极部分，为了增加元件的发光效率，电子与空穴的注入通常需要具有低功函数(low work function)的银(Ag)、铝(Al)、钙(Ca)、铟(In)、锂(Li)与镁(Mg)等金属，或用具有低功函数的复合金属来制作阴极(如镁银

Mg－Ag)。

适合传递电子的有机材料不一定适合传递空穴，所以有机发光二极体的电子传输层和空穴传输层必须选用不同的有机材料。目前最常被用来制作电子传输层的材料必须具备制膜安全性高、热稳定且电子传输性佳等特点，一般通常采用荧光染料化合物。如 Alq，Znq，Gaq，Bebq，Balq，DPVBi，ZnSPB，PBD，OXD，BBOT 等。而空穴传输层的材料属于一种芳香胺萤光化合物，如 TPD、TDATA 等有机材料。

有机发光层的材料必须具备固态下有较强萤光、载流子传输性能好、热稳定性和化学稳定性佳、量子效率高且能够真空蒸镀的特性，一般有机发光层的材料通常使用与电子传输层或空穴传输层所采用的相同材料，例如，Alq 被广泛用于绿光，Balq 和 DPVBi 则被广泛应用于蓝光。

一般而言，OLED 可按发光材料分为两种：小分子 OLED 和高分子 OLED(也可称为 PLED)。小分子 OLED 和高分子 OLED 的差异主要表现在器件的制备工艺不同：小分子器件主要采用真空热蒸发工艺，高分子器件则采用旋转涂覆或喷涂印刷工艺。小分子材料厂商主要有：伊士曼、柯达、出光兴产、东洋 INK 制造、三菱化学等；高分子材料厂商主要有：英国剑桥显示科技公司、陶氏化学公司、住友化学等。目前，国际上与 OLED 有关的专利已经超过1 400 项，其中最基本的专利有 3 项。小分子 OLED 的基本专利由美国柯达公司拥有，高分子 OLED 的专利由英国剑桥显示科技公司和美国的尤尼艾克斯公司拥有。

2.4.2.2 白光 OLED

白光 OLED 在最近这 10 年得到了广泛的重视，其材料选择和光谱范围方面有很大的潜力，使其成为新型的照明光源。与 LED 相比，OLED 在光谱分布方面有较大的优势，其结构设计和制造工艺可以使其光谱分布更接近自然光，OLED 形成白光的主要结构如图 2.4.17 所示。

图 2.4.17(a)利用单层器件来实现白光，利用单一组分来实现器件制作可以简化制备过程，同时光谱的稳定性得到提高。这种单一聚合物的白光 OLED 可以避免器件相分离，但聚合物合成的复杂性和难度较大。目前该类器件的致命缺点是还没有找到发光效率高的聚合物，可以进行实验性探索，却不适合实际应用。

目前，比较可靠的方法是采用三基色的方法来合成白光，与单层结构相比其工艺要复杂许多。图 2.4.17(b)采用不同颜色的发光层制成多层膜器件，对于这样的器件，其发光颜色取决于每一层的发光材料和膜厚，因此要保证器件发光颜色稳定必须精确控制材料的选择和膜厚，制备工艺十分复杂。图 2.4.17(c)和(d)所示为将不同颜色的 OLED 组合发光来得到白光 OLED，采用图 2.4.17(c)的堆栈方式可以使光谱在各点比较均匀，其缺点是会损失部分光效，而图 2.4.17(d)所示正好相反。

白光 OLED 器件的研究近年来进展神速，目前实验室已经得到光效超过 100 $\mathrm{lm \cdot W^{-1}}$ 的样品，小型面板也已经实现批量生产。尽管白光 OLED 还面临许多挑战，但材料和器件性能的飞速提高已经使人们看到曙光。

OLED 在显示方面已经得到广泛的应用，并已经显现出优势。它在照明方面的应用也逐渐得到重视。由于 OLED 具备轻薄、易携带、环保等特性，也开始运用于照明市场，进而掀起一波照明的创新应浪潮，国际照明大公司相继投入 OLED 照明技术研发，更突显未来照明

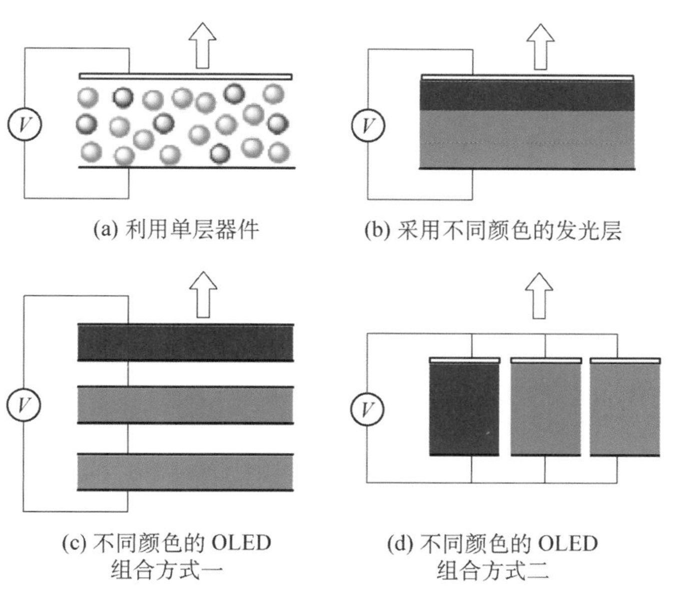

图 2.4.17 实现白光 LED 的基本途径

市场势必出现革新。

为节省能源消耗，高发光率与长寿命照明工具显得更为迫切，目前普遍使用的荧光灯管又因为属于线性光源，无法提供大面积且均匀的照明光源；LED 可以提供高亮度的照明，但无法提供高质量的平面照明。而 OLED 具有重量轻、厚度薄、体积小、发光柔和等特点，使 OLED 照明成为适合大面积照明、调节背景亮度的最佳选择。并且，与 LED 及荧光灯相比，OLED 可以调整亮度与颜色，相当适用于情境照明。目前 OLED 的发光效率已经达到 102 $lm \cdot W^{-1}$，有专家甚至预测 OLED 可达 200 $lm \cdot W^{-1}$ 的高发光效率。如此高发光效率特性，使 OLED 可望成为未来照明的主流。

OLED 照明产品虽处研发阶段，但其优势不胜枚举，不但具备可弯曲、柔软等特性，在薄如糖果纸的 OLED 照明上任意打洞，也无损其维持正常发亮，甚至可以任意裁切，因此往后就不会出现以往灯泡被打破的情况发生。同样是固态照明的 LED，在面光源的照明应用上，现阶段制作方式仍需使用扩散板或导光板，这会使其发光效率从 100 $lm \cdot W^{-1}$ 降低为 70 $lm \cdot W^{-1}$。而 OLED 照明不需使用扩散板或导光板，可达到更高的发光效率，预计产品化的 OLED 平面照明可以超过 100 $lm \cdot W^{-1}$。另外，LED 发热量大，需要散热机制，但 OLED 照明却不需要。若观察 OLED 灯与荧光灯一起点亮的情形可以发现，荧光灯温度会从室温升高至 50℃；OLED 灯点亮后温度仅从 20℃升高为 30℃，使用者可免除被烫手的危险，更加安全。

OLED 灯在透明度及散热效果、薄型化方面具有较高的产品优势，LED 目前具有较高的发光效率且量产，但发光效率与使用寿命都比 OLED 差（见图 2.4.18）。从整体来看，OLED 灯的优势在于发光效率高、发热量少，适用于大面积面光源、调光变化速度快的应用场合。OLED 的材质柔软、易于裁切、造型轻薄以及低驱动电压等特性，相当符合环保要求。

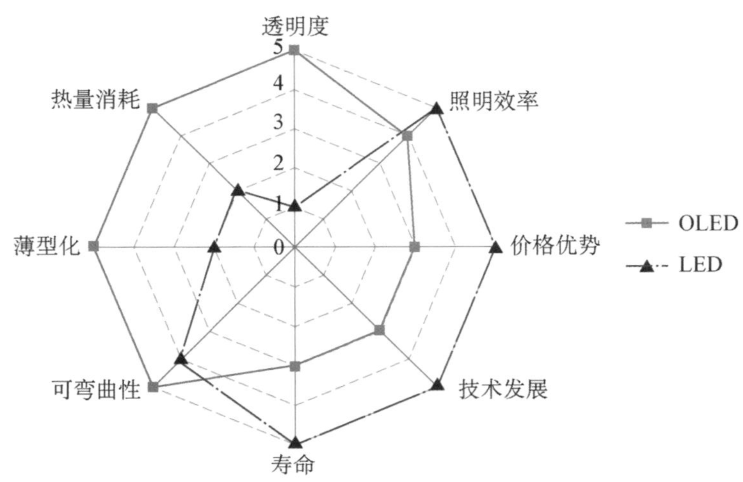

图 2.4.18 OLED/LED 比较示意

然而，OLED 灯目前还没有得到大批量生产和应用，主要原因在于亮度、使用寿命与发光效率还需要进一步突破。一般照明需求需达到 1 000 cd・m^{-2}亮度以上，但 OLED 灯未达到此标准，仍需增加其亮度，且若提高发光使用寿命达 10 000 h 以上，发光效率则必须提高至 30 lm・W^{-1}。另外，在发光材料的选择上还需进一步提高其显色性能，扩大其高端照明的应用。当然，目前阻碍 OLED 在照明中得到广泛应用的另一个主要问题是其价格，因此必须实现量产来降低售价以达到市场普及的目的。

由于 OLED 灯可望成为未来照明的新主流，不少厂商也积极投入研发，专家指出，欧洲、德国、美国、日本、韩国等都采用项目方式进行研究。项目研究主要以提高效率、延长寿命、降低成本为主要目的，加快 OLED 照明产品的商品化。如欧司朗已经开始批量生产一些小平面的 OLED 产品，售价也在迅速下跌。相信随着 OLED 的迅猛发展，其在照明市场中的竞争力会得到不断加强，将在 10 年左右的时间成长为照明产品的主力。

OLED 照明必须找出独特的照明市场，才有市场发展性。如欧司朗把 OLED 灯应用在玻璃基板上，可将整片 OLED 灯组合为一个台灯，或组成面光源的照明。而通用则专注于软性的 OLED 灯，于 2007 年 12 月发表软性 OLED 照明相关产品，如在圣诞节时将其产品缠绕成圣诞树形状，不需利用 LED 或灯泡当作圣诞树的灯源，可以用轻薄、柔软的 OLED 灯代替。OLED 应用于背景照明不但能够快速调光，还可以进行图案显示；在情境照明方面，可以用于细节照明，如 OLED 灯可以放入抽屉中，打开抽屉便会亮起，方便寻找东西；OLED 也可以用在窗户上，白天为透明的窗户，夜晚点亮后则变为整片面光源，甚至结合有机薄膜太阳能电池以实现太阳能照明。

此外，博物馆照明也是 OLED 照明的应用市场，展览品最怕受到红外线、紫外线及热的影响，可利用 OLED 灯的低热特性，免除展品受到红外线、紫外线与温度的困扰。专家强调，即使初期 OLED 照明产品价格偏高，但相比价值亿元甚至更高的展览艺术品，使用 OLED 灯仍是展品照明的良好选择。

OLED 灯也可以运用在医疗环境中，如婴儿的黄疸治疗，以往黄疸治疗采用以蓝色荧光灯照射的方式，但为了避免婴儿眼睛受伤会将其遮蔽，由于OLED灯具备可调旋光性质，可保护接受治疗的婴儿的眼睛；甚至也因其具有柔软的特点，可做成像棉被一样的黄疸治疗工具。再者，OLED也能用于手术灯，此面光源照明不会有阴影及照明死角，且散热低，适用于手术房的医疗环境。

目前OLED已经逐步进入照明市场，据专家预测，2020年可望占据整体照明市场的10%。OLED灯会随着发光效率的提高和使用寿命的延长成为照明市场上一颗耀眼的明珠，并以其独特的发光方式来引领照明技术的变革和创新，成为照明领域的主导力量。

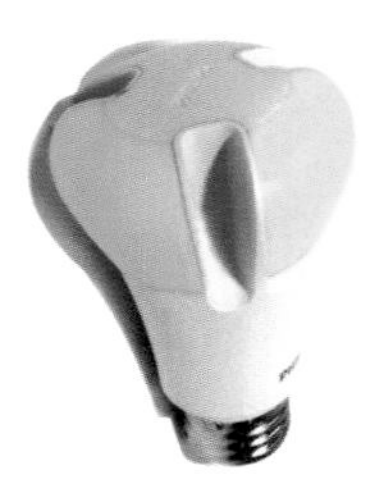

第三章 灯　　具

3.1 灯具的控光器件

大多数电光源直接发出的光的空间分布不适合建筑照明，需要通过灯具控光器件来收集并重新分配，以提高射向目标区域的光利用率。灯具常用的控光器件有反射器、折射器、扩散器、遮光器，它们的设计基础是光的传播规律，如反射、折射和透射等。

3.1.1 材料的反射、折射和透射特性

当光线通过一种媒质到达第一种媒质与第二种媒质的界面上时，一部分可能被反射，另一部分则可能进入第二种媒质。在第二种媒质中，一部分被吸收，转变成其他形式的能量，其余的则可能从第二种媒质中透射出去。吸收、反射和透射这 3 种现象可能同时发生，也可能只有其中两种现象发生。但无论是哪种情况，吸收、反射和透射光的总和必定等于入射光。

3.1.1.1 反射

当光线到达不透明物体的表面时，一部分光被反射，一部分光被吸收。反射光与入射光之比称为物体表面的反射率。反射率的大小以及光被反射的方式是由表面的反射特性所决定的。由于反射面性质的不同，反射可分为以下 4 种。

1. 镜面反射

镜面反射发生于非常平滑的表面，如研磨得很光的镜面。镜面反射服从反射定律：入射光、表面的法线和反射光处于同一平面内；入射角 i 等于反射角 r（见图 3.1.1）。反射光线的集合在镜面中形成被反射物体的像。在灯具中常用的镜面反射材料有阳极氧化铝、镀铝的玻璃和塑

料等。

2. 定向扩散反射

又称半镜面反射。在此类反射中，不像镜面反射（见图 3.1.2(a)）那样会形成物体或光源的镜像。然而这类反射光仍相当集中，最大反射强度的角度等于入射角（见图 3.1.2(b)）。产生这类反射的典型材料如喷砂、粗磨的表面或金属的毛丝面等。

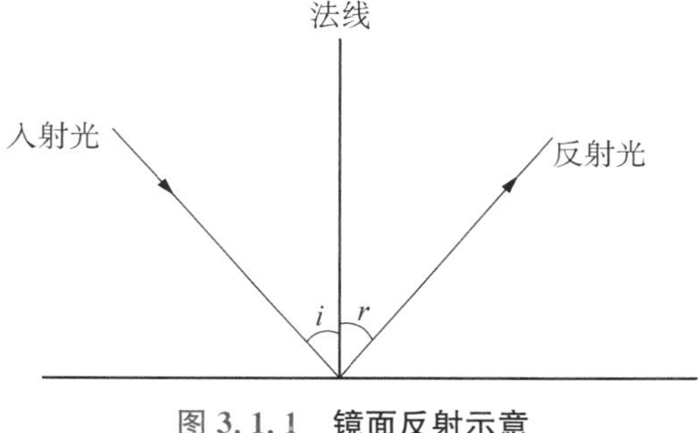

图 3.1.1　镜面反射示意

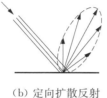

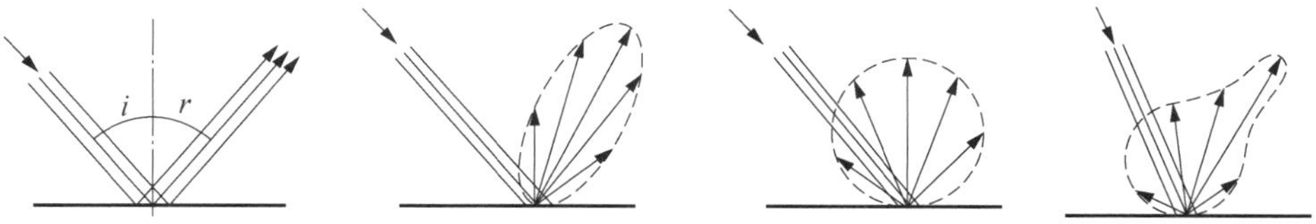

(a) 镜面反射　(b) 定向扩散反射　(c) 漫反射　(d) 复合反射

图 3.1.2　不同的反射类型

3. 漫反射

光线入射到粗糙表面或无光泽涂层时，反射光无规则地射向不同方向。如果反射光服从余弦定律，则从不同方向去观察反射面时，其亮度均相同，这种反射称为完全漫反射（见图 3.1.2(c)）。粗糙的白纸、粉刷的墙面和天棚，都是典型的漫反射材料。

4. 复合反射

许多材料的反射特性介于镜面反射与漫反射之间，如图 3.1.2(d)所示。复合反射的典型例子是涂有薄层清漆的漫反射体。在入射角小时，其行为近似于漫反射体；但当入射角大时，几乎是镜面反射。表 3.1.1 列出了灯具常用反射材料的反射特性。

表 3.1.1　灯具常用反射材料的反射特性

反射类型	反射材料	反射率/%	特性
镜面反射	镜面玻璃和光学镀膜玻璃	80～99	亮面或镜面材料，光线入射角等于反射角
	真空镀铝和光学镀膜塑料	75～97	
	阳极氧化铝和镀膜铝	75～95	
	铬	60～70	
	不锈钢	50～60	
定向扩散反射	铝（磨砂面、毛丝面）	55～58	磨砂或毛丝面材料，光线朝反射方向扩散
	铝漆	60～70	
	铬（毛丝面）	45～55	
	亮面白漆	60～85	
漫反射	白色塑料	90～92	亮度均匀的雾面，光线朝各个方向反射
	雾面白漆	70～90	

材料对不同波长光的反射能力不同，这种光谱选择性反射使物体呈现出不同的颜色。光谱反射率是指材料对各个波长范围的辐射光的反射率，图 3.1.3 给出了光谱反射率的例子。

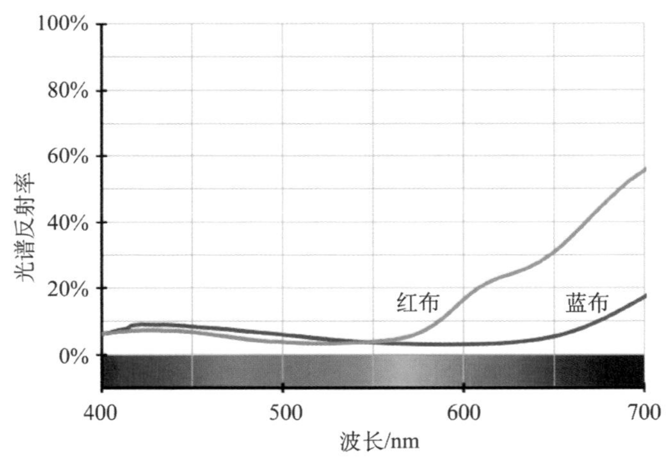

图 3.1.3　光谱反射

3.1.1.2　折射

当光线从折射率为 n_1 的媒质进入折射率为 n_2 的媒质时，光线传播的方向要发生变化（见图 3.1.4），即发生折射。光的折射服从折射定律：入射光、折射光和入射点表面的法线处于同一平面内；入射角的正弦 $\sin\alpha_1$ 和折射角的正弦 $\sin\alpha_2$ 与折射率存在如下数学关系：

$$\frac{\sin\alpha_1}{\sin\alpha_2}=\frac{n_2}{n_1}。\tag{3.1.1}$$

如果光线是从光密媒质进入光疏媒质，例如，光从玻璃、塑料或水射向空气时，当入射角大于某一角度（临界角）时，就可能产生所谓的全反射现象。对水和空气的情况而言，$n_{水}=1.333$，$n_{空气}=1$，临界角入射时，$\alpha_1=\alpha_{临}$，折射角 $\alpha_2=90°$，将折射角 $\alpha_2=90°$ 代入(3.1.1)式可得：

$$\sin\alpha_{临}=\frac{1}{n_{水}}=\frac{1}{1.333},\ \alpha_{临}=48.6°,$$

即水的临界角为 48.6°。当入射角大于此值时，即发生全反射（见图 3.1.5）。各种玻璃的折射率为 1.5～2.0，它们的临界角在 30°～42°的范围内。

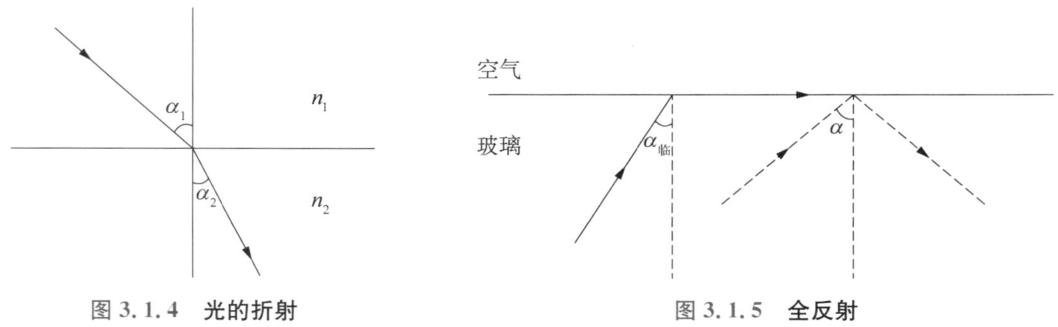

图 3.1.4　光的折射　　图 3.1.5　全反射

3.1.1.3　透射

当光通过透明或半透明材料时，一部分光在界面上反射，一部分光为材料所吸收，其余的光则透射出去。透射光与入射光之比称为透射率。由于透射材料的特性不同，透射光在空间的分布方式也不同。

1. 定向透射

光通过窗玻璃的情况是这种透射的典型代表。这时，透射的材料是完全透明的，透过它可以清晰地看到后面的物体。

2. 定向扩散透射

当光穿过诸如磨砂玻璃等材料时，沿入射方向的透射光强度最大，而在其他方向上也有透射光，但强度较小。虽然光未被完全散开，但也不能清楚地看到后面的物体。

3. 漫透射

当光线透过乳白玻璃和塑料等半透明材料时，光线被完全散开，均匀分布于半个空间内。当透射光强分布服从余弦定律时，则为完全漫透射。由于不能通过漫透射材料看到其后面的物体，因此这类材料常用于屏蔽光源以减少眩光。

图 3.1.6 形象地表示了以上 3 种透射的情况，表 3.1.2 列出了灯具常用透光材料的透射特性。

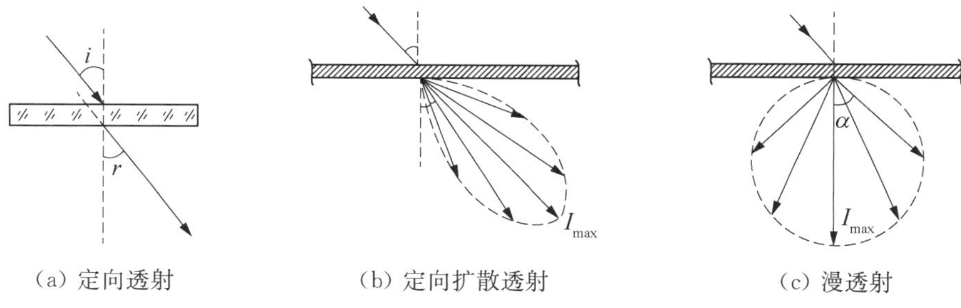

(a) 定向透射　(b) 定向扩散透射　(c) 漫透射

图 3.1.6　光透射的 3 种情况

表 3.1.2　**灯具常用材料的透射特性**

透射类型	透射材料	透过率/%	反射率/%	特性
定向透射	无色玻璃或塑料	80～94	8～10	透射率高
	彩色玻璃或塑料	3～17	8～10	无漫透射
定向扩散透射	酸蚀玻璃(毛面入射)	82～88	7～9	透射率高，漫射性差
	酸蚀玻璃(光面入射)	63～78	12～20	
	磨砂玻璃(毛面入射)	77～81	11～16	
	磨砂玻璃(光面入射)	70～77	13～18	
	扩散塑料板	50～82	11～16	
漫透射	乳白玻璃	12～40	40～78	漫射性强
	半透明塑料或亚克力	30～65	35～75	

材料对不同波长光的透射能力不同，这种光谱选择性透射使物体呈现出不同的颜色。光谱透射率是指材料对各个波长范围的辐射光的透射率，图 3.1.7 显示了 3 种建筑玻璃从可见光到远红外波段的光谱透射率的例子。

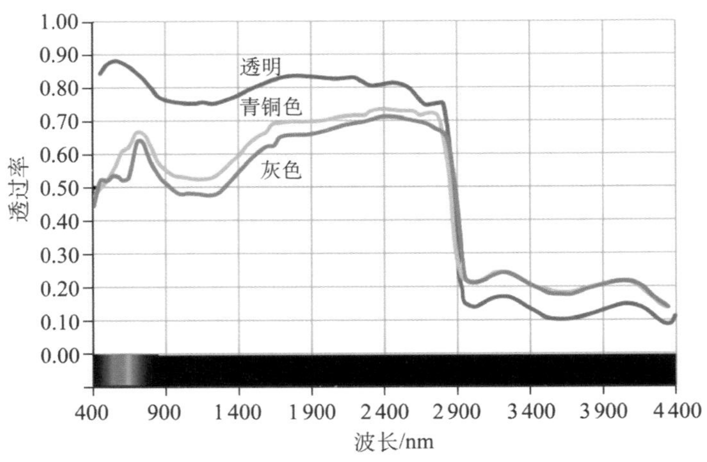

图 3.1.7　光谱透射

3.1.2　基本形式的反射器

反射器是将光源向空间输出的光重新分配的器件。光源发出的光经反射器反射后，投射到要求的方向。为了提高效率，反射器由高反射率的材料做成。这些材料有铝、镀铝的玻璃或塑料等。反射器的形式多种多样，其基本形式有以下几种。

3.1.2.1　球面反射器

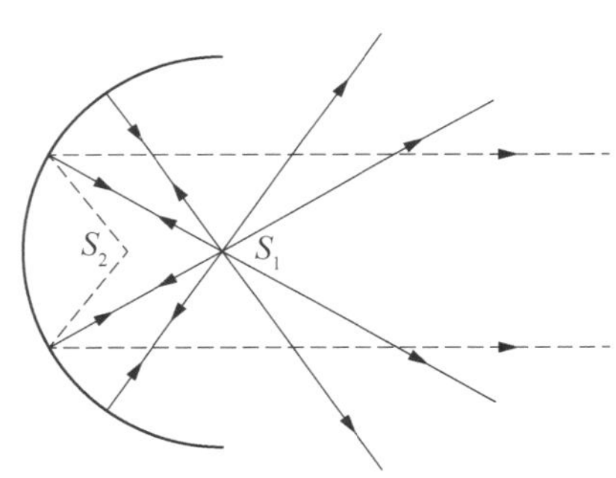

图 3.1.8　球面反射器的光路

球面反射器的母线是圆。若将光源置于球心 S_1，则所有的反射光线都又通过球心(见图 3.1.8)，如同仍由光源发出来的一样，从而提高了光源的利用率。但在实际使用时，反射光线和热量聚集在灯泡上，会使其温度升高、寿命缩短。因此，需要将光源的位置略微偏离球心。球面反射镜还具有这样的性质：S_2 是球面镜光轴上与球心和底的中点等距的点，当光源置于点 S_2 时，近轴区的反射光近似为平行光。虽然这一平行光的质量要比抛物面反射镜产生的平行光差，但球面反射器加工方便。

3.1.2.2　旋转抛物面反射器

该反射器的母线为抛物线，绕其光轴旋转 360°，即构成旋转抛物面反射器，描写母线的方程为

$$y^2 = 4fx, \tag{3.1.2}$$

式中，f 是抛物面的焦距。在极坐标系统中，母线的方程为

$$\rho = \frac{2f}{1+\cos\varphi}, \tag{3.1.3}$$

式中，ρ 为焦点至母线上一点的矢径；φ 是矢径与极轴之间的夹角。

将一点光源置于完美的抛物面反射器的焦点上，则所有的反射光线都将平行于光轴。探照灯和很多投光灯就是按照这一原理设计的。光源在轴上偏离焦点位置时，光束不再是平行光。当光源位于焦点以内时，光束发散；而当光源位于焦点以外时，光束先汇聚而后再发散。理想的点光源是不存在的，光源总有一定的尺寸。图 3.1.9 显示了当球形光源的球心置于抛物面反射器的焦点上时反射光束发散的情况。由此图可以清楚地看到，最大发散度发生在顶点 M_0 的位置上，最大发散角为 α_0，其表示式为

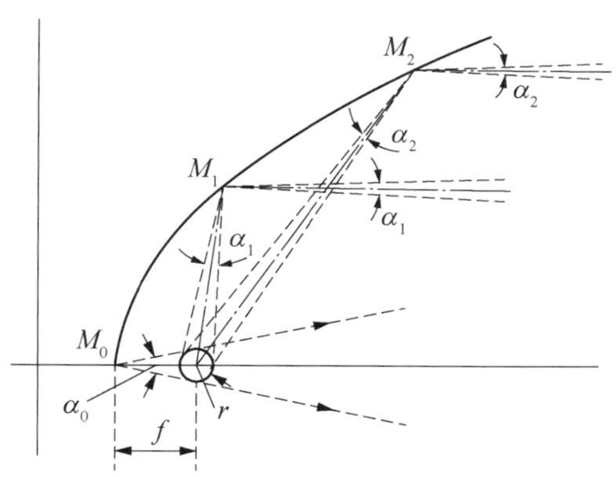

图 3.1.9　在抛物面反射镜中光源尺寸的影响

$$\alpha_0 = 2\arcsin\left(\frac{r}{f}\right), \tag{3.1.4}$$

式中，r 为光源的半径；f 是抛物面反射镜的焦距。在角 α_0 以外没有反射光。

3.1.2.3　椭球面反射器

该反射器的母线为椭圆，椭圆方程的表达式为

$$\frac{x^2}{a^2}+\frac{y^2}{b^2}=1 \tag{3.1.5}$$

和

$$a^2-b^2=c^2, \tag{3.1.6}$$

式中，a 和 b 为椭圆的长短半轴；c 为焦点至坐标原点的距离。椭圆有两个焦点。若一个小光源放置在一个焦点 F 上，则反射光线将通过另一个焦点 F'（见图 3.1.10）。有一个有趣的应用例子：将椭球面反射器在 AB 处切开，所有的光线看上去都是从焦点 F' 发出的。如果在 AB 处加上一个盖子，但在其中央留一个孔，则所有的光线仍然能够通过孔。在某些情况下，可以利用这一性质通过一个狭小的开口发射出发散的光来，这样可以很容易地隐蔽光源。

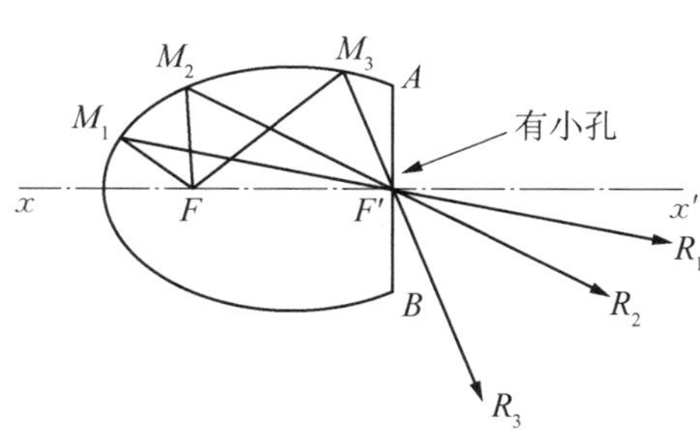

图 3.1.10　椭球面反射器

3.1.2.4　双曲面反射器

该反射器的母线是双曲线，描写双曲线的方程是

$$\frac{x^2}{a^2}-\frac{y^2}{b^2}=1 \tag{3.1.7}$$

和
$$a^2 + b^2 = c^2, \tag{3.1.8}$$

式中，a，b，c 的意义由图 3.1.11(a)说明。$|A_1A_2| = 2a$ 是双曲线的实轴，$|B_1B_2| = 2b$ 是双曲线的虚轴。c 为焦距，即焦点和顶点的距离。如将光源置于双曲面反射器的一个焦点 F_2 上，光线经双曲面反射后，反射光的反向延长线都交会于另一焦点 F_1（见图 3.1.11(b)），反射器的出射光线就好像全部是从焦点 F_1 发出的。

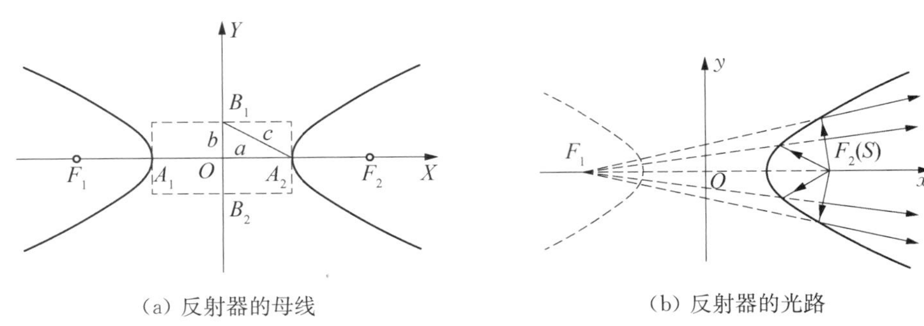

(a) 反射器的母线　　(b) 反射器的光路

图 3.1.11　双曲面反射器及其光路

3.1.2.5　复合式反射器

将以上基本形式加以变化组合，可构成符合性能要求的复合式反射器。作为例子，图 3.1.12 给出由球面和抛物面组合而成的复合式反射器。两个反射面的焦距不同，但焦点共同。与产生同样光输出的抛物面反射器相比，此复合式反射器尺寸较小。

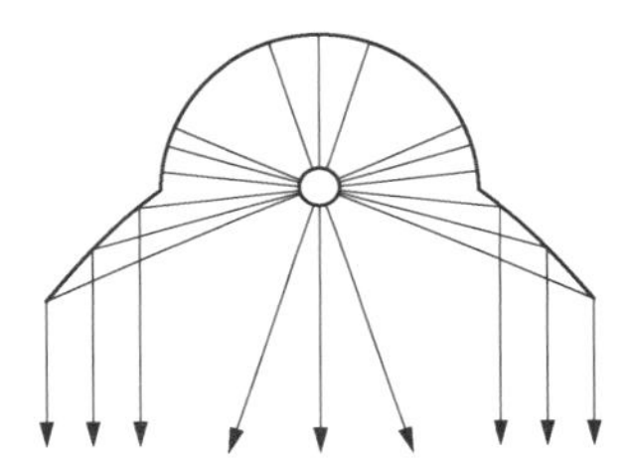

图 3.1.12　由球面和抛物面组合而成的反射器

3.1.2.6　柱状抛物面反射器

以上 5 种反射器都是旋转对称的，适用于球形光源或发光体较短的光源。对于柱状的光源（如管状卤钨灯），常采用柱状的反射器，柱状抛物面反射器是其典型代表。此反射面是这样获得的：将抛物线沿着与它所在的面相垂直的方向移动，若将一个管状光源沿反射器的焦线安放，且该光源的直径比反射器小得多，就能产生一种光束：它在水平方向光束较宽；而在垂直方向光束几乎平行，只略有发散。对光束的形成下面略加说明。

如图 3.1.13 所示，SS' 是通过抛物面顶点的线，FF' 是焦线。F 和 M 处于同一个垂直于焦线的平面内。由点 F 发出的光到达点 M，沿 MR 方向反射，MR 平行于通过点 F 的抛物线的轴线 XX'，从焦线其他位置上射出的到达点 M 的光线（如 $F'M$），反射后都将处在平面 MRR' 内，而该平面平行于通过焦线 FF' 和顶线 SS' 的平面。这样，就获得一个在水平方向扇形散开、在垂直方向近乎平行的光束。

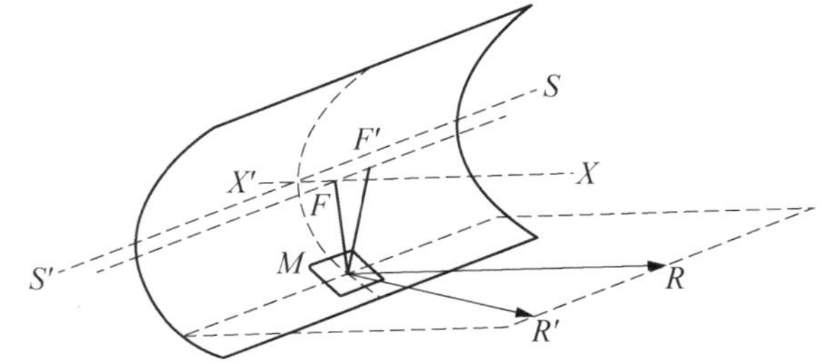

图 3.1.13　柱状抛物面反射器光路

3.1.2.7 通用反射器的设计考虑

在很多情况下,上述基本形式的反射器或由其组合而成的复合式反射器不能满足控光的要求,这时必须根据光源的光强分布和要求的出射光强光分布设计反射器。下面简要介绍通用反射器的主要设计思想。

如图 3.1.14 所示,光源位于反射器内的点 O。光源发出的光线一部分射向反射器,被反射器反射;另一部分,从没有被反射器包围的空间中射出。考察反射器上的一点 P,光线射向该点的角度为 α,反射方向(与光轴的夹角)为 β。

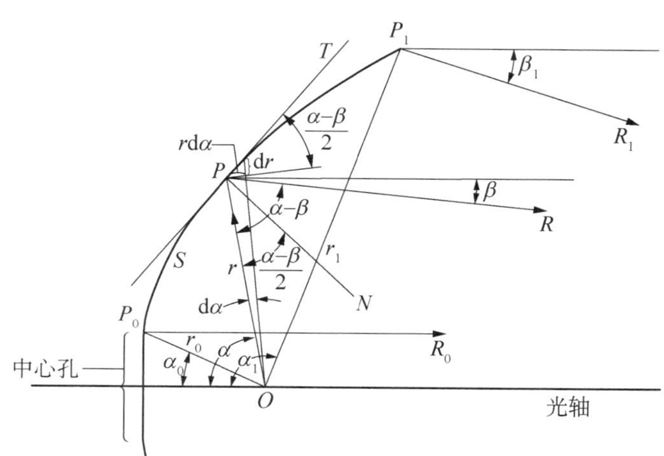

图 3.1.14 通用反射器方程的导出关系

由图 3.1.14 可知

$$\mathrm{d}r = r\mathrm{d}\alpha\tan\frac{\alpha-\beta}{2}, \tag{3.1.9}$$

即

$$\frac{\mathrm{d}r}{r} = \tan\frac{\alpha-\beta}{2}\mathrm{d}\alpha。$$

积分,得

$$\ln\frac{r}{f} = \int\tan\frac{\alpha-\beta}{2}\mathrm{d}\alpha。 \tag{3.1.10}$$

在上面的式子中,r 是点 O 到点 P 的距离;f 是反射器顶点和点 O 间的距离。(3.1.10)式是设计反射器的通用方程。

很显然,入射光线和反射光线是一一对应的。也就是说,α 和 β 是一一对应的。但 α 和 β 之间的关系往往很复杂,很难得到两者的函数表达式 $\alpha=f(\beta)$ 或 $\beta=f(\alpha)$。有时即使得到了函数表达式,也难求积分。另外,在 $f(\alpha)$ 或 $f(\beta)$ 中还应考虑光源直接出射光的作用。因此,直接采用(3.1.10)式求解是困难的。比较实用的方法是将(3.1.10)式化成求和的形式,即

$$\ln\frac{r}{f} = \sum\tan\frac{\alpha-\beta}{2}\Delta\alpha。 \tag{3.1.11}$$

在知道了 α 与 β 的关系后,由(3.1.11)式就可以确定反射器的母线。

几种反射器如图 3.1.15 所示。

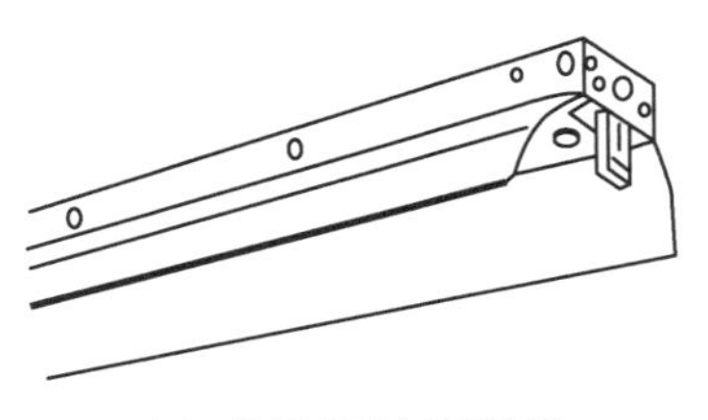

(a) 直管荧光灯反射器

(b) 紧凑型荧光灯反射器

(c) 泛光灯反射器

图 3.1.15 几种反射器的例子

3.1.3 基本形式的折射器

利用光的折射原理将某些透光材料做成灯具元器件，用于改变原先光线前进的方向，可以获得合理的光分布。灯具中经常使用的折射器有透镜和棱镜板两大类。

作为折射光线用的透镜至少有一个曲面，图 3.1.16 所示为两种常用的透镜。其中，图(a)所示一面是球面，另一面是平面，是平凸透镜。当一束平行光入射到球面上时，由于折射作用，光束会聚到焦点上；图(b)所示一面是凹球面，另一面是平面，是平凹透镜。当一束平行光入射到凹球面上时，光被散开，而所有散开的光反向延长时都会聚于焦点，也好像所有的出射光都是从位于焦点上的光源发出的。

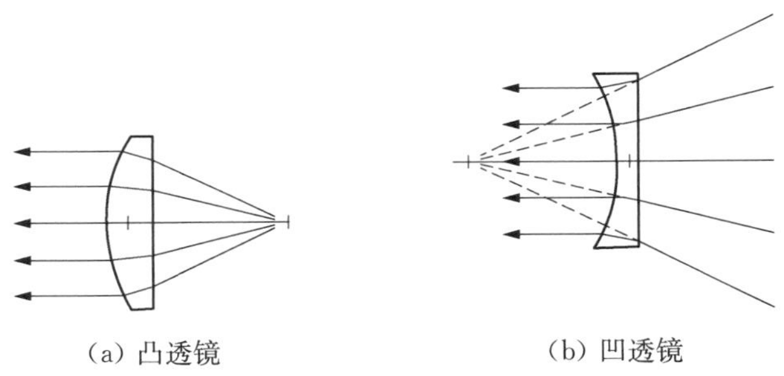

(a) 凸透镜　　(b) 凹透镜

图 3.1.16 透镜

透镜的形式多种多样，照明用透镜的基本形式有以下几种。

3.1.3.1 LED 全反射透镜

根据透镜对 LED 光线的不同控制方式，可将全反射透镜分为两部分，如图 3.1.17(a)所示。中间为穿透式透镜，控制 LED 小角度光线；边缘则利用全反射原理，将 LED 大角度光线反射到所需角度范围内，两部分光线叠加后得到最终的光斑效果。此类透镜多为旋转对称型，光学效率高，适合小角度的配光设计。为得到更小的光束角，通常需要更大的出光面直径。

可将透镜出射表面加工成镜面、磨砂面、珠面、条纹面、螺纹面等微结构，以实现不同的灯具配光，见图 3.1.17(b)，但光学效率会有些下降，光束角也会变大。也可以把光滑的全

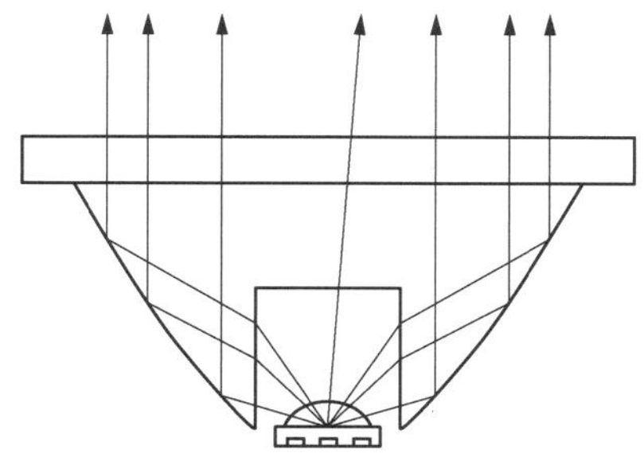

(a) LED全反射透镜光路示意

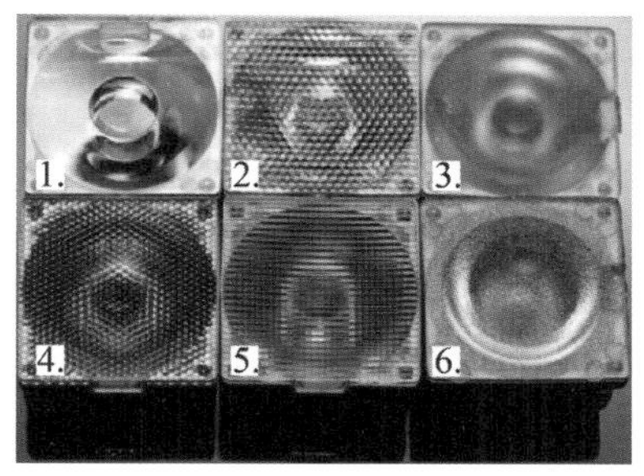

(b) 透镜表面微结构

1. 镜面　2. 浅珠点　3. 细砂
4. 深珠点　5. 椭圆　6. 粗砂

图 3.1.17　LED全反射透镜

反射面分割成许多小面块，从而得到更均匀的光斑效果。

3.1.3.2　LED透射式透镜

LED光线经过透镜的内外表面时发生折射，内外表面曲率共同决定了光线的会聚与发散。当透镜表面为旋转对称时，可得到均匀的圆形光斑，适合于工厂照明；当透镜表面由多个不同曲率的截面拟合而成时（见图3.1.18），可得到不对称方形光斑，适合道路、隧道、广场等场所照明。透射式透镜可实现大角度的配光设计，光学效率高。

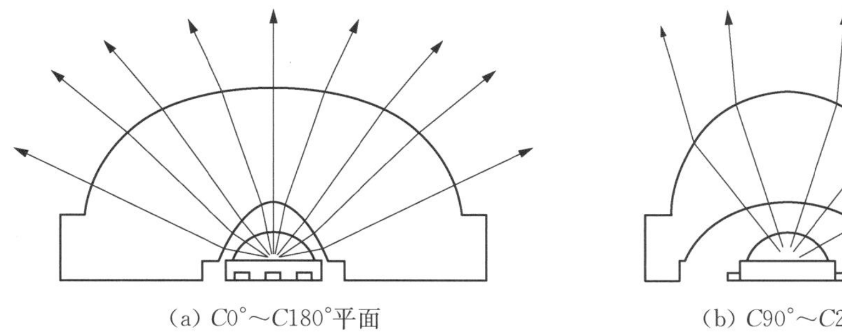

(a) $C0°\sim C180°$平面　　(b) $C90°\sim C270°$平面

图 3.1.18　LED路灯透镜的光路示意

3.1.3.3　菲涅耳透镜

当一小光源置于平凸透镜的焦点上时，由于折射作用，形成平行光束，这一功能在投光灯中得到广泛的应用。但是当灯具较大时，为此需要的透镜既厚且重。为了减轻重量，增加透光率，可以将透镜分割成许多部分，用较薄的一些环带取代透镜的各部分，这些环带产生的平行光束与原先透镜产生的结果相同。图3.1.19所示就是这种系统的一个例子。图(a)中的原透镜 AMB 为图(b)中的3部分所代替：中心部分用薄透镜 $E'M'F'$ 代替，边缘部分为两个同心的棱镜环 $C'E'-F'D'$ 和 $A'C'-D'B'$ 所代替。这样的一个透镜系统称为菲涅耳透镜，它可以产生一个平行的光束。这种型式的灯具对于从一定距离照明物体是很有用的，如用于照明塑像、屋顶上的红旗和五角星等。

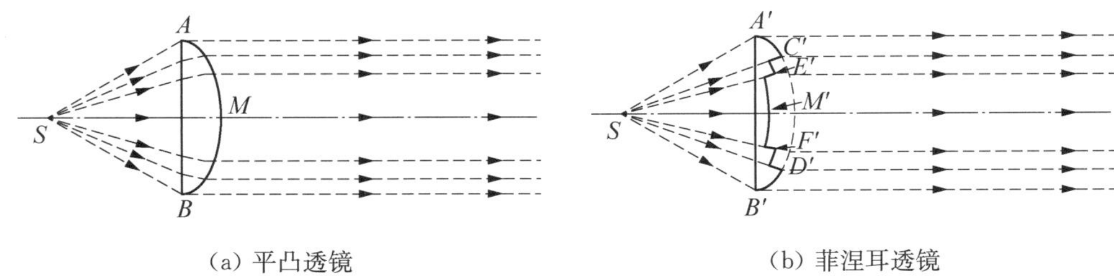

图 3.1.19 菲涅耳透镜的原理

3.1.3.4 折射和反射组合光学系统

LED 为平面发光光源，当使用反射器来控制光线时，LED 边缘光线通过反射器把光线投射到目标区域，LED 中心光线不受控制而直射出去，但通常光束角越小，则需要更深的反射器来增加包角，以减少直射光，如图 3.1.20(a)所示。也可以通过透镜将光线折射到反射器上，再由反射器来分配光线，实现照度均匀的效果，如图 3.1.20(b)所示。

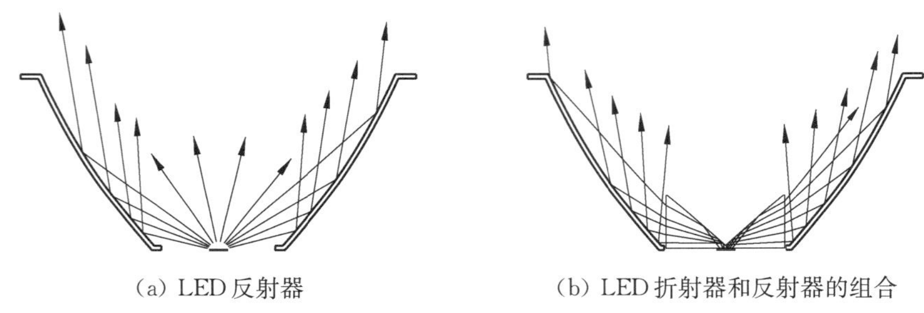

(a) LED 反射器
(b) LED 折射器和反射器的组合

图 3.1.20 LED 折射器和反射器组合的光学系统

有时在折射器表面蒸镀反射膜，分段控光，也能实现小角度的配光，如图 3.1.21 所示。这类光学系统多用于室内商业重点照明，适合中心光强高、眩光控制好的要求。

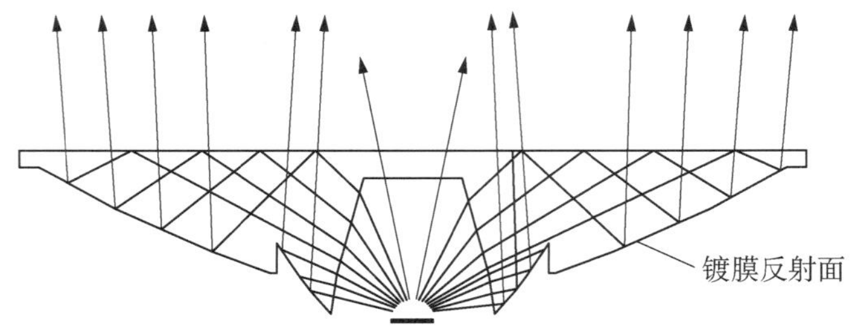

图 3.1.21 LED 折射器侧面镀膜

3.1.3.5 气体放电灯棱镜罩

气体放电灯的灯具常使用全反射棱镜罩来重新分配光源的光通量。如图 3.1.22 所示，线型棱镜贴合在透明塑料罩外表面，光线经过 90°的棱镜后产生全反射，重新返回到棱镜罩，这种棱镜罩的光学效率高，能有效遮蔽光源，棱镜罩自身发光柔和，能增加垂直照度。

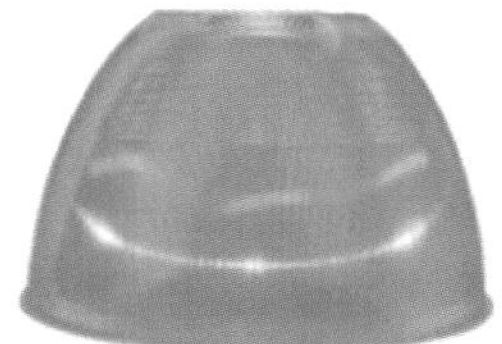

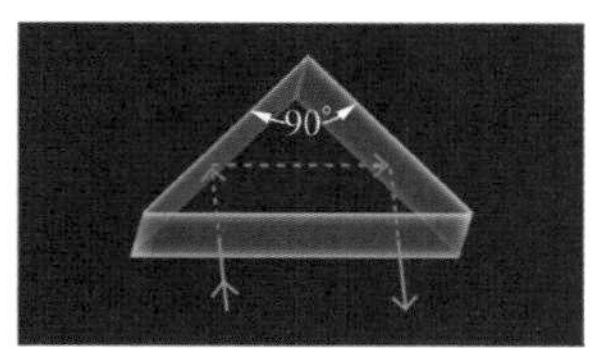

图 3.1.22　**HID 全反射式棱镜**

几种常用 LED 透镜如图 3.1.23 所示。

图 3.1.23　**LED 常用透镜式样**

3.1.4　棱镜板

现在灯具中的棱镜板多数由塑料或亚克力制成，表面花纹图案由三角锥、圆锥以及其他形状组成。吸顶灯具通过棱镜板上各棱镜单元的折射作用，能有效降低灯具在接近水平视角范围的亮度，减少眩光(见图 3.1.24 和图 3.1.25)。

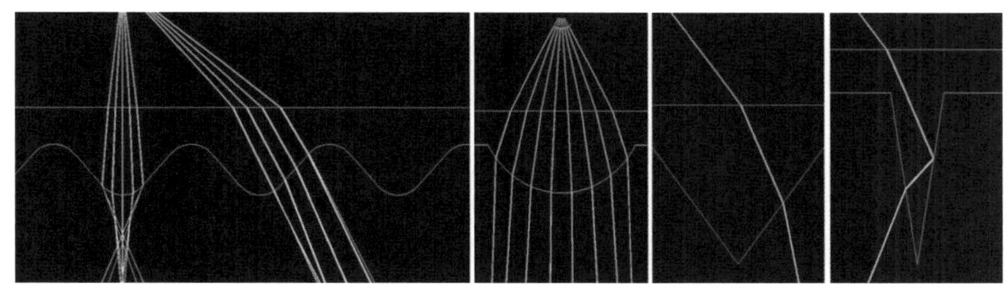

图 3.1.24　**棱镜板光路示意**

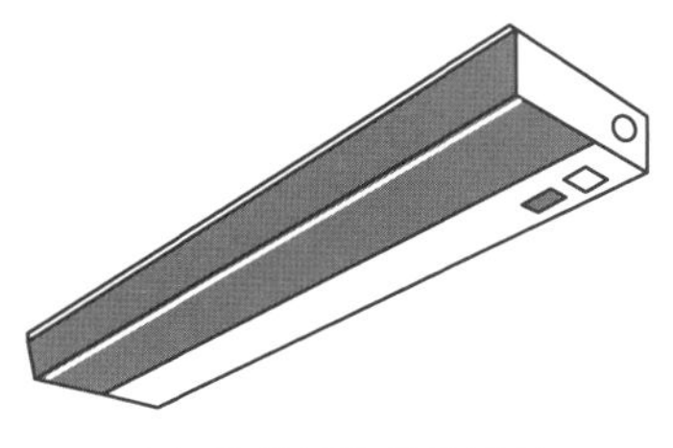

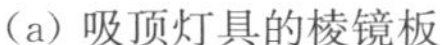

(a) 吸顶灯具的棱镜板

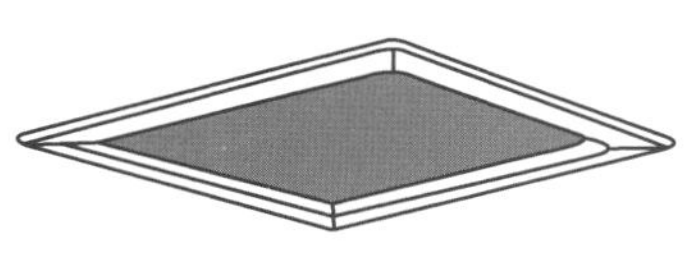

(b) 嵌入式灯具的棱镜板

(c) 壁灯棱镜罩

图 3.1.25　**几种棱镜折射器式样**

3.1.5　扩散器

光扩散器是把一束入射光向多方向散射的器件，常用来遮盖灯具内部结构，消除光源成像。光扩散器增大了灯具出光面积，可以降低灯具表面亮度。

有的扩散器是在透明材料内部掺杂扩散粒子来产生光扩散效果，有的是在透明材料表面做蚀刻或喷砂处理，入射光经过粗糙表面时向多个方向发散；光扩散涂料也常用于LED玻璃管内部，可以达到与传统荧光灯管相同的均匀透光效果。

透光率、光扩散角是评定光散射材料的两个主要指标。通常透光率越高的材料，光扩散角越小；反之亦然。但两者的关系并不总是如此，如毛玻璃的透光率较高，但扩散角也比较大。

最近开发的全息扩散薄膜材料，能允许更多的控制光线的扩散分布。这种材料提供了对灯具的光强分布高度定制的能力，而且有较高的透光率。

常见扩散器的式样如图3.1.26所示。

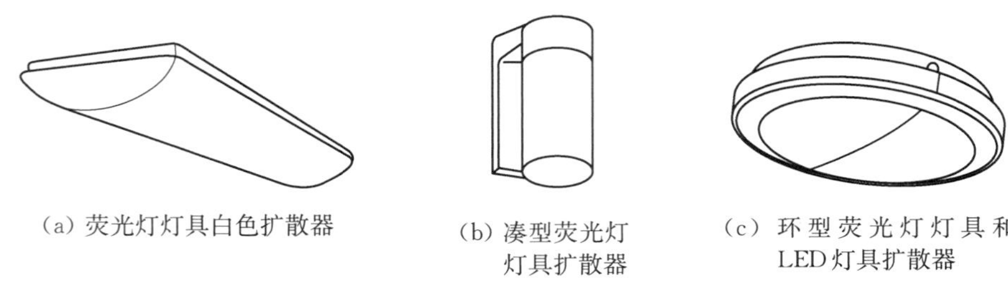

(a) 荧光灯灯具白色扩散器　(b) 凑型荧光灯灯具扩散器　(c) 环型荧光灯灯具和LED灯具扩散器

图3.1.26　几种扩散器的式样

3.1.6　遮光器

在讨论眩光问题时知道，灯具在偏离垂直方向45°～85°的范围内出射的光要少，否则会造成眩光。当然，最好是在此角度范围看不到灯具中发光的光源。为了衡量灯具隐蔽光源的性能，引进保护角的概念。所谓保护角，是在过灯具开口面的水平线和刚能看到灯泡发光部的视线之间的夹角α(见图3.1.27)。对于磨砂光源或外壳有荧光粉涂层的灯泡，整个灯泡都是发光体；但对透明外壳的灯泡，里面的钨丝或电弧管才是发光体。当视仰角(指水平线和视线之间的夹角)小于灯具的保护角时，看不到直接发光体。因此从防眩光的角度看，希望灯具的保护角要大些。与灯具保护角相关联的是灯具的截光角。顾名思义，灯具在大于截光角的方向上没有光。由图3.1.27可以发现，保护角α和截光角β是互余的。

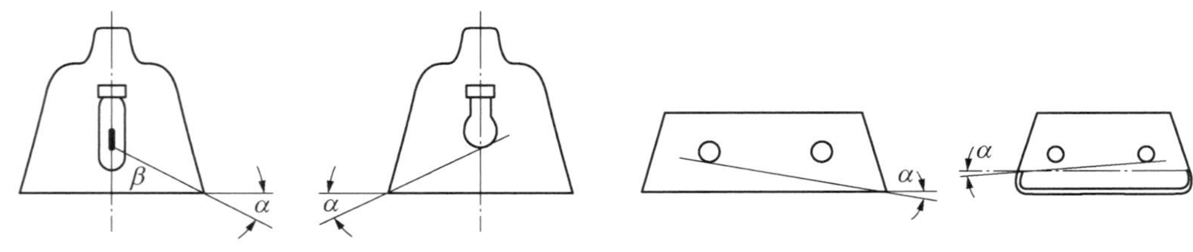

图3.1.27　灯具的保护角

通过灯具自身的设计来增大保护角当然是可能的，但这样往往会使灯具的反射器或灯罩变得相当深。还有一种更好的解决方法是采用一些遮光器件，附加到灯具上去，从而达到增大灯具保护角、减少眩光的目的。图 3.1.28 给出了 3 种常用的遮光器。这些遮光器的网格愈密、厚度愈大，则保护角愈大，但相应地光损失也增大。因此，必须综合考虑上述因素。一般荧光灯具的保护角取为 30°左右。

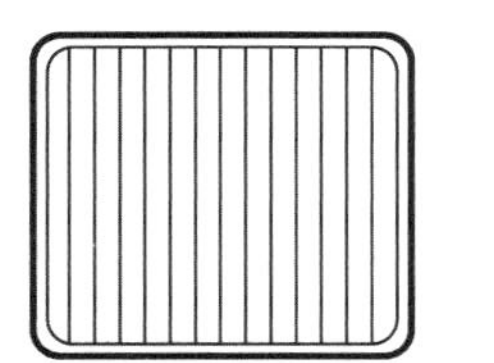
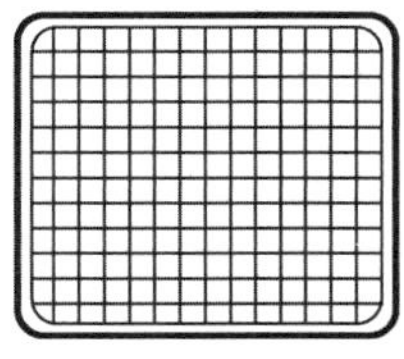
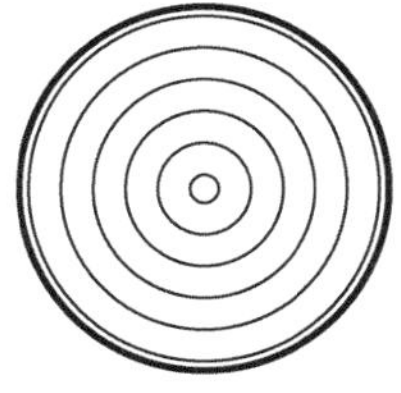

图 3.1.28　常用的遮光器的结构

荧光灯常用遮光板、格栅式样如图 3.1.29 所示。

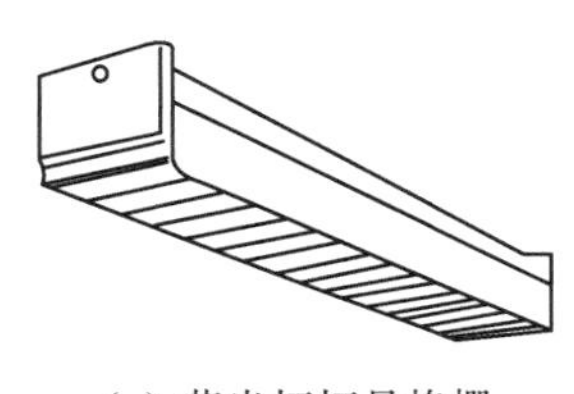

(a) 荧光灯灯具格栅

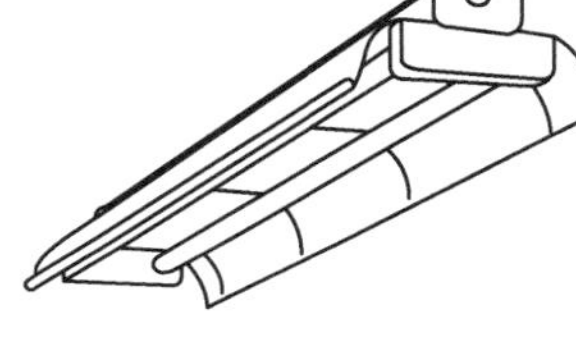

(b) 荧光灯灯具遮光板

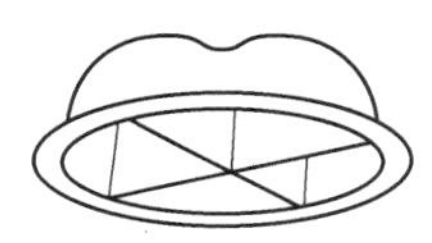

(c) 凑型荧光灯灯具格栅

图 3.1.29　几种格栅式样

3.1.7　光导纤维、导光管和导光板

光导纤维、导光管和导光板都是利用全反射原理，将光线从一端传送到另外一端的传光系统。光导纤维、导光管适合长距离光线传输；导光板传输距离相对较短，可实现正面均匀出光的效果。

3.1.7.1　光导纤维

光导纤维的结构原理如图 3.1.30 所示，其芯体由透明材料制成，外包层材料的折射率比芯体稍低。由前面已经讨论过的全反射现象可知，如果光在光导纤维中以大于临界角的角度入射到两者的界面上时，就会发生全反射。光线经过多次的全反射可从光纤的一端传到另一端。

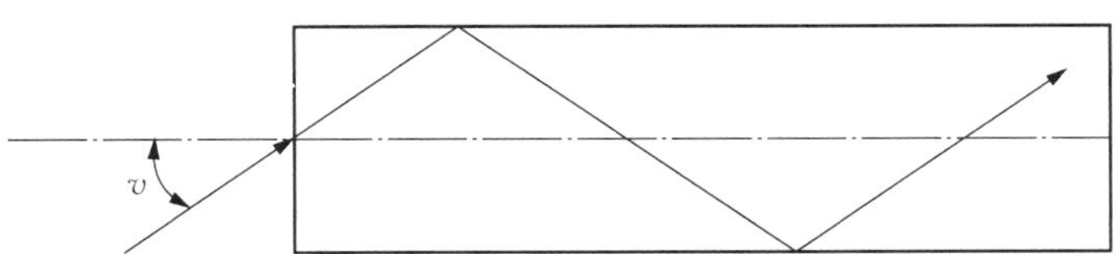

图 3.1.30　在光导纤维中的全反射

按光纤的成分来分，有石英光纤、多组分玻璃光纤、塑料光纤 3 大类。照明中用得最多的是后一类。它的芯体为聚甲基丙烯酸甲酯(PMMA)，包层为氟素树脂。照明用光导纤维的直径因应用场合而异，一般为 1～15 mm，也有直径达 20 mm 的。

用于照明的光导纤维的发光形式有两种，如图 3.1.31 所示。图中(a)为端发光，图中(b)为侧发光。端发光光纤借助于多次全反射将光源发出的光传到远端，以小光束的形式发光。采用卤钨灯做光源的端发光光纤的输出光通量较小，可取代剧院、餐厅等商业空间装饰天棚上的低压卤钨灯，营造星星灯光的效果。使用 HID 光源的端发光光纤，输出光度较高，可取代白炽灯，用作一般照明。端发光光纤最长一般为 3～5 m。侧发光光纤管壁部分透光，可取代霓虹灯，用于装饰或广告照明。单根侧发光光纤长度可达 15 m。

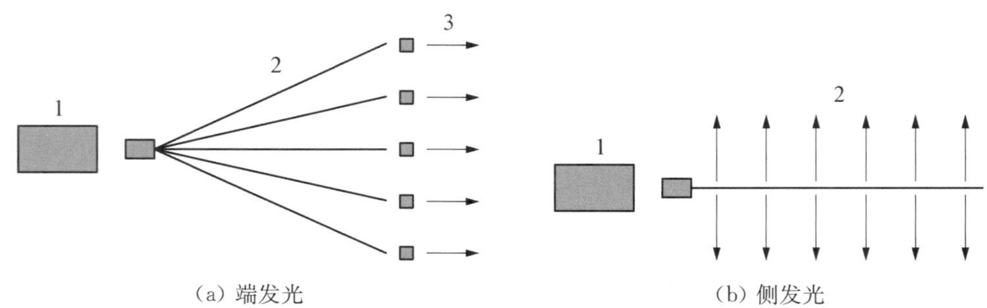

图 3.1.31　光导纤维的两种发光形式

1. 光发生器；2. 光纤；3. 终端发光头

无论采用哪种光纤照明，都需有一个光发生器。光发生器的原理如图 3.1.32 所示。

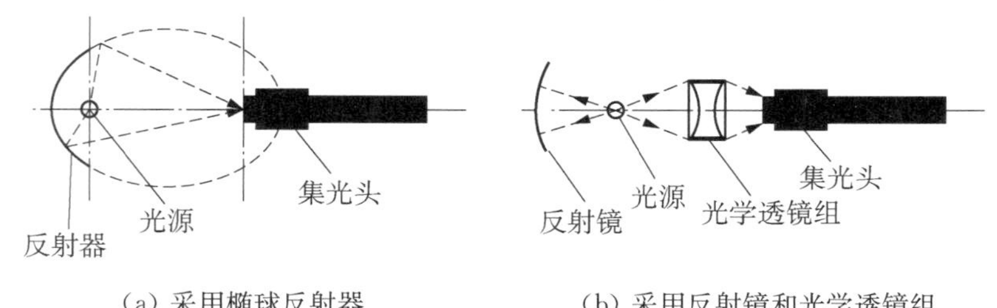

图 3.1.32　光纤光发生器的结构原理

图 3.1.32 中(a)是采用椭球反射器，光源置于椭球的一个焦点上，而光纤的集光头位于其另一焦点上。这样，光源发出的光经椭球反射后都集中在光纤的集光头上，使光源发出的光能得到有效利用。在图(b)中，光源的光被反射镜反射后，由透镜组聚集到光纤的集光头上。采用后一种光发生器时，换灯比较容易，而且在集光头上光斑比较均匀。在光发生器中采用可变的滤色系统，可以很方便地改变出射光的颜色。

采用光纤照明时，光源远离被照的空间，而且输出的光不含紫外和热，不仅降低被照空间的热负载，且使用很安全，甚至可放入水池之中。光纤可形成各种复杂的图案，发光颜色易于变化，光源的维护和调换也很容易，使光纤的应用十分方便。另外，光纤的使用寿命很长，可达 10 y 以上。所有这些都表明光纤照明有着十分诱人的应用前景。

3.1.7.2　导光管

导光管也是一种远程传光系统，而且可以用来传输大的光通量。现在常用的导光管有两种：一种是有缝导光管；另一种是棱镜导光管。

有缝导光管的内表面涂以金属反射层，用以产生镜面反射。入射光线经管道不断地被反射，直至很远。沿管道开有一条长的出光缝，反射的光就由此光缝均匀透射出去。导光管的管壁可以由对苯二甲酸乙二醇酯等有机薄膜制成，也可以由压制铝型材制成。前者是柔性的，后者是刚性的。

更常用的是棱镜导光管，它是利用棱镜的全反射原理制成的。棱镜薄膜采用透明的有机玻璃或聚碳酸酯制成。薄膜的一面是光滑的平面，另一面是均匀分布的纵向棱镜波纹。这些棱镜加工十分精密，表面极为光洁。3M 公司生产的这种 OLF(optical lighting film)薄膜的厚度仅为 0.5 mm，每个棱镜的底边长为 0.35 mm。将棱镜薄膜卷成圆筒，光滑的一面向内，有棱镜波纹的一面向外，然后再将此圆筒塞进透明的塑料管中(见图 3.1.33)。棱镜薄膜的反射率很高，可达 98%。入射的光线经棱镜薄膜的多次反射后，到达管子的另一端。为了将光引出，则在需要出光的扇形角度范围内安置一条乳白色的引光膜。

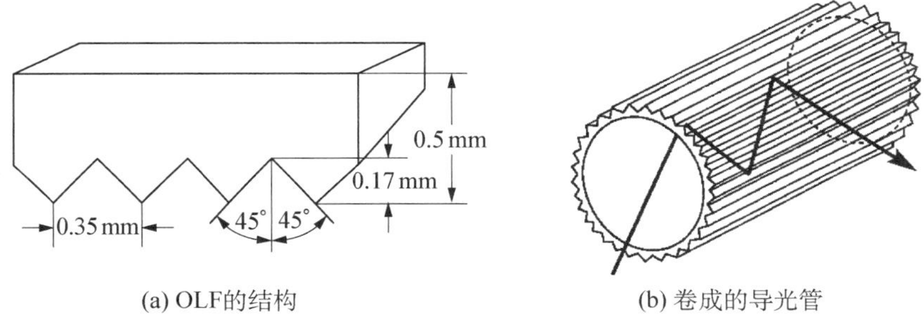

(a) OLF的结构　　(b) 卷成的导光管

图 3.1.33　棱镜导光管结构示意

导光管照明系统有端部入射和中间入射之分，图 3.1.34 所示是端部入射导光管照明系统的示意，整个照明系统主要由灯具、导光管、反光端板、支架和接头构成。

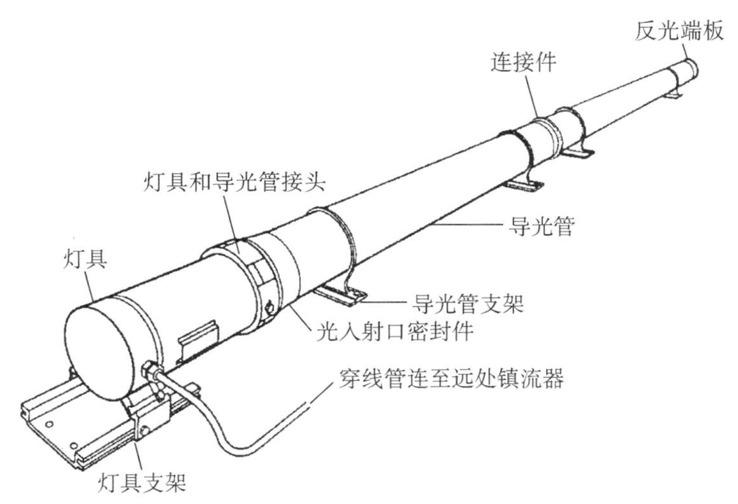

图 3.1.34　端部入射导光管照明系统

导光管是一种很有前途的照明器件，它不仅可以进行电气照明，还可以用于自然采光。导光管在国外已得到广泛应用，产生了很好的经济效益和社会效益。

3.1.7.3 导光板

图 3.1.35(a)所示的是 LED 导光板的基本结构，来自 LED 的光线从侧面射入导光板，光线沿着导光板向前传播。当光线经过导光板底面的散射网点时，传播方向发生改变，部分光线从导光板正面出射，如图 3.1.35(a)所示。在远离光源的地方，光线数会不断减少，需精确布置散射网点的形状和排列间距。散射网点排布一般遵循“靠近光源处网点半径小且分布疏散，远离光源处网点半径大且分布密集”的原则，这样有利于增大远离光源处的出光，相对地减小靠近光源处的出光，如图 3.1.35(b)所示。导光板表面网点的分布极大地影响其光学性质，网点数量庞大，需要专业的设计软件生成网点排布图型。网点可以是白色印刷油墨或微透镜，通常微透镜网点的导光板更稳定，而且可以精确控制出射光线方向。

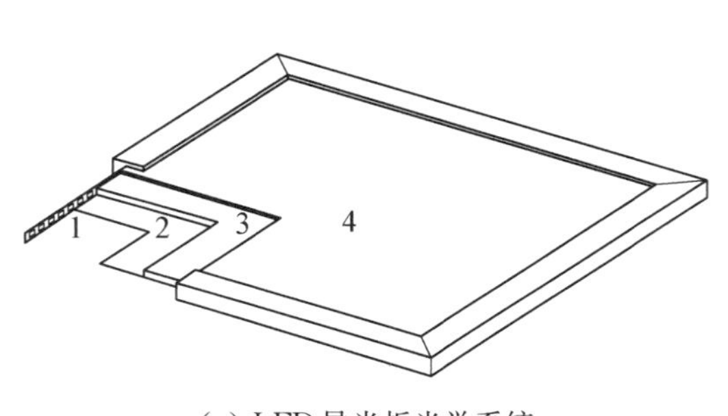

(a) LED 导光板光学系统

1. LED　2. 反射片　3. 导光板　4. 扩散板

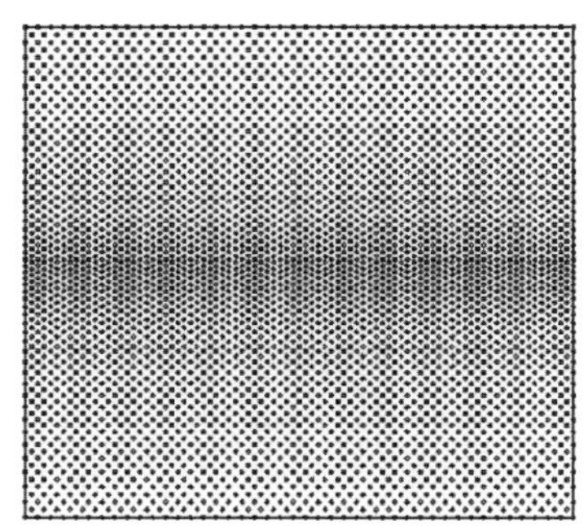

(b) 导光板底面的网点

图 3.1.35　导光板原理

导光板具有超薄、亮度均匀等鲜明特点，但随着导光距离增大，实现正面均匀出光的难度增大，光能的损耗也增大。导光板底面下方的高反射率的薄片，能把从导光板底面透射出去的光线重新反射到导光板中，提高光的使用效率。导光板正面上方的扩散板，能使灯具出光更均匀柔和。

3.2 灯具的分类

灯具有成千上万种，分类方法也多种多样。例如，按其用途来分类，有民用灯具、工厂灯具、舞台灯具、车船灯具、防爆灯具和道路灯具等；按其安装方式来分类，则有嵌入式(包括嵌天花板式和嵌壁式等)、固定式(包括吸顶式、悬挂式和壁式等)和可移式(包括台式、落地式、挂式和夹式)等。下面介绍几种根据灯具的防护性能和光分布情况进行分类的方法。

3.2.1 按防触电等级分类

为了电气安全，灯具所有带电部分必须采用绝缘材料等加以隔离，灯具的这种保护人身安全的措施称为防触电保护。根据防触电保护方式，灯具可分为Ⅰ类、Ⅱ类和Ⅲ类，每一类灯具的主要性能及其应用情况在表 3.2.1 中有详细的说明。

表 3.2.1　**灯具的防触电保护分类**

灯具等级	灯具主要性能	应用说明
Ⅰ类	除基本绝缘外，易触及的部分及外壳有接地装置，一旦基本绝缘失效时，不致有危险	用于金属外壳灯具，如投光灯、路灯、庭院灯等，提高安全程度
Ⅱ类	除基本绝缘，还有补充绝缘，做成双重绝缘或加强绝缘，提高安全性	绝缘性好，安全程度高，适用于环境差、人经常触摸的灯具，如台灯、手提灯等
Ⅲ类	采用安全特低电压(交流有效值小于等于50 V或无纹波直流小于等于120 V)且灯内不会产生高于此值的电压	灯具安全程度最高，用于水下环境、恶劣环境，如水下灯、机床工作灯、儿童用灯等

在2009年前，还有依靠基本绝缘作为防触电保护的0类灯具，其只有基本绝缘，这意味着灯具既没有接地，又没有附加绝缘措施，万一基本绝缘失效，就只能依靠环境。这种灯具电气安全程度低，目前我国已不允许生产0类灯具。在照明设计时，应综合考虑使用场所的环境、操作对象、安装和使用位置等因素，选用合适类别的灯具。在使用条件或使用方法恶劣的场所应使用Ⅲ类灯具，一般情况下可采用Ⅰ类或Ⅱ类灯具。

3.2.2　按防粉尘、防固体异物和防水分类

为了防止人、工具或尘埃等固体异物触及或沉积在灯具带电部件上引起触电、短路等危险，也为了防止雨水等进入灯具内造成危险，有多种外壳防护方式起到保护电气绝缘和光源的作用。不同的方式达到不同的效果，相应于不同的防尘、防水等级。目前，采用特征字母“IP”(ingress protection)后面跟两个数字来表示灯具的防尘、防固体异物和防水等级。第一个数字表示对固体异物或粉尘的防护能力，第二个数字表示对水的防护能力，详细说明见表3.2.2。显然，在防尘能力和防水能力之间存在一定的依赖关系，也就是说第一个数字和第二个数字间有一定的依存关系，表3.2.3给出了它们可能的组合。结合灯具防触电的相关要求，IP等级应大于等于IP20。

表 3.2.2　**防护等级特征字母“IP”后面数字的含义**

第一位特征数字	防护等级	
	简要描述	不能进入外壳的物体的简要说明
0	无防护	无特殊防护(注:灯具没有该分类)
1	防大于50 mm的固体异物	人体的某一大面积部分，如手(但不能防止故意地接近)；直径大于50 mm的固体(注:灯具没有该分类)
2	防大于12 mm的固体异物	手指或长度不超过80 mm的类似物体；直径大于12 mm的固体异物
3	防大于2.5 mm的固体异物	直径或厚度大于2.5 mm的工具、金属丝等；直径大于2.5 mm的固体异物
4	防大于1 mm的固体异物	厚度大于1.0 mm的金属丝或细带；直径大于1.0 mm的固体异物

续表

第一位特征数字	防护等级	
	简要描述	不能进入外壳的物体的简要说明
5	防尘	不能完全防止尘埃进入，但进入量不能到达带电部件或妨碍设备正常工作的程度
6	尘密	无尘埃进入
第二位特征数字	**防护等级**	
	简要描述	**外壳提供的防护类型的说明**
0	无防护	无特殊防护
1	防滴水	滴水（垂直滴水）应无有害影响
2	向上倾斜 15°防滴水	当外壳从正常位置向上倾斜 15°时，垂直滴水应无有害影响
3	防淋水	与垂直成 60°范围以内的淋水应无有害影响
4	防溅水	从任何方向朝外壳溅水应无有害影响
5	防喷水	用喷嘴以任何方向朝外壳喷水应无有害影响
6	防猛烈海浪	猛烈海浪或强烈喷水时，进入外壳的水不应达到有害的量
7	水密型	以规定的压力和时间将外壳浸入水中时，进入的水不应达到有害的量
8	防潜水	设备应适于在按制造商规定的条件下长期潜水 注：通常这意味着设备是水密型；对某些类型设备也可允许水进入，但不应达到有害程度

表 3.2.3 “IP”后两位数字常见的配合

常见的配合		第二位特征数字								
		0	1	2	3	4	5	6	7	8
第一位特征数字	2	IP20	IP21							
	3	IP30	IP31		IP33					
	4	IP40			IP43	IP44				
	5					IP54	IP55			
	6						IP65	IP66	IP67	IP68

在通常情况下，室内使用的具有防触电保护的灯具防护能力应不低于 IP20；具有防触电保护、防水蒸气凝露的灯具的防护能力应不低于 IP21；具有防飞虫进入灯腔的灯具、防淋雨的庭院灯具、道路灯具的防护能力应不低于 IP43；有防尘、防溅水功能的荧光灯具的防护能力应不低于 IP54；具有尘密、防喷水功能的投光灯具的防护能力应不低于 IP65；能防海浪的船用信号灯具的防护能力应不低于 IP66；具有尘密、防浸水功能的埋地灯具的防护能力应同时满足不低于 IP65 和 IP67；而在水下工作的灯具的防护能力应为 IP68。

值得注意的是，对于防水能力的数字，并不一定越大越合适。由于测试方法中受力的不同、测试时间的不同,试验只是模拟 IP 数字对应的使用场景。举个例子来说,IPX5 是用喷水的方式,对灯具的局部进行喷射,受力不均;IPX7 则是把灯具浸没在一定深度的水中,受力均匀。所以,能通过 IPX7 试验的产品不一定能通过 IPX5,它们之间并没有包容关系。所以对于地埋灯具,标准要求同时符合 2 个 IP 等级,即 IPX5 和 IPX7。

3.2.3　按上射/下射光通量分布分类

这是一个根据灯具向上、下半个空间发出的光通量的比例来分类的方法。基于此,CIE 将一般室内灯具分成 6 类:直接型、半直接型、直接-间接型、均匀扩散型、半间接型和间接型。表 3.2.4 给出了这 6 类灯具在上、下半空间中光通量分布的情况。

表 3.2.4　一般室内照明灯具的 CIE 分类

CIE 分类	光通比/%		光强分布
	上半球	下半球	
直接型	0～40	100～90	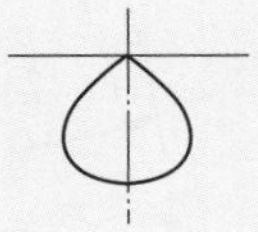
半直接型	10～40	90～60	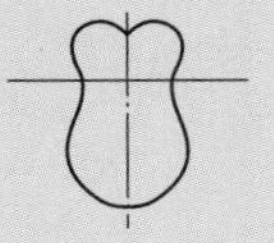
直接-间接型	50	50	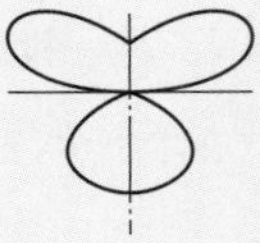
均匀扩散型	40～60	60～40	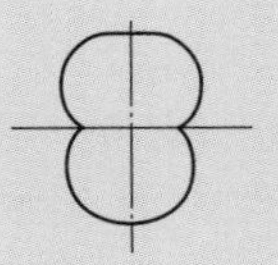
半间接型	60～90	40～10	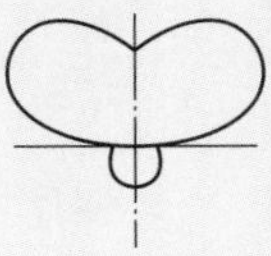
间接型	90～100	10～0	

3.2.4 按光束角分类

1. 直接型灯具按光强分布分类

对带有反射器的直接型灯具，其光束的宽窄变化范围很大。有的非常集中，向下直射；有的散布在整个半空间。按光束的宽窄，直接型灯具又可分为特狭照型、狭照型、中照型（扩散型或余弦型）、广照型和特广照型 5 种。

2. 投光灯按光束角分类

后面我们将要讨论到，描写投光灯光强分布要采用 V－H 系统。投光灯的配光有光束扩散角（beam spread）和半边峰角（one-half-peak spread）两个重要评价指标。在 $V=0°$或/和在 $H=0°$的截面内，光强为峰值光强$\frac{1}{10}$的光束的夹角称为光束扩散角，而光强为峰值光强$\frac{1}{2}$的光束的夹角称为半边峰角（见图 3.2.1）。美国电气制造商协会（National Electrical Manufactures Association，NEMA）根据光束扩散角的大小将投光灯分成 7 种，如表 3.2.5 所示。如果某一投光灯具的光束性能用 H5V4（或 NEMA 5×4）表示，则说明它在水平方向的光束角在大于 70°～100°的范围内，而垂直方向的光束角在 46°～70°的范围内。投光灯具的光束角越小，光投射的距离越远。例如，NEMA 号为 7 的灯具的有效投射距离小于 24 m(80 ft)，而 NEMA 号为 1 的灯具的有效投射距离大于 73 m(240 ft)。

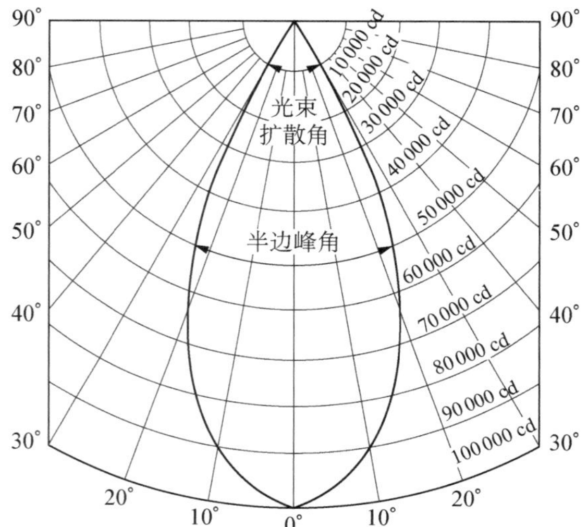

图 3.2.1 投光灯的光束扩散角

（在本例中，光束扩散角为 60°）

表 3.2.5 投光灯的 NEMA 分类

NEMA 号	光束扩散角/°	光束特性
1	10～18	窄
2	>18～29	窄
3	>29～46	窄
4	>46～70	中
5	>70～100	中
6	>100～130	宽
7	>130	宽

3. 路灯灯具按截光性能分类

1965 年 CIE 路灯灯具分类是基于灯具的截光特性进行的，《城市道路照明设计标准》(CJJ 45)也采用此分类方法。路灯灯具被分成截光型、半截光型和非截光型 3 种，其特性如表 3.2.6 所示。非截光型灯具不限制水平光，故眩光较厉害。应注意此表中给出的光强值是指每1 000 lm 时的光强值。但不管光通量有多大，光强的最大值不能超过1 000 cd。

表 3.2.6　路灯灯具的 CIE 分类

灯具类型	在下列方向允许的最大光强/cd·(klm)$^{-1}$		峰值光强角的上限
	80°	90°	
截光型	30	10	65°
半截光型	100	50	76°
非截光型	不限	—	—

3.3　灯具的种类

灯具的种类有很多，本节分别讨论光源可替换灯具、室内照明灯具和室外照明灯具。

需要说明的是，从灯具和灯的定义可以知道，一般情况下，“灯”是指光源，各种类型的灯均以发光的物理原理来命名，如白炽灯、高压钠灯、金属卤化物灯、荧光灯、紫外灯、场致发光灯、卤钨灯等，灯的命名和分类与应用的场所及用于何种灯具无关；而“灯具”则是指照明器，它包括点亮光源所需的附件和电路、使光源发出的光重新分配以满足应用需求的光学部件，以及灯具安装、固定、调节所需部件的总成，灯具的分类及命名与其安装方式或设计使用的场所或目的有关，如固定式吸顶灯具、可移式台式灯具、可移式落地灯具、道路照明灯具、隧道照明灯具、庭院灯具、泛光灯具和应急照明灯具等。由于习惯的关系，很多人把“道路照明灯具”称作“路灯”，把“天花板表面安装灯具”称作“吸顶灯”，但这里的路灯、吸顶灯并不是指光源，而是指道路照明灯具和在天花板表面安装的灯具。

3.3.1　光源可替换灯具

由于 LED 照明技术的快速发展，光源与灯具的界限越来越模糊；且随着 LED 性价比的提升，LED 已逐步取代传统的白炽灯、卤钨灯、节能灯、直管荧光灯和反射灯等。本小节主要介绍光源替代产品，如 LED 球泡灯、双端 LED 灯和 LED 反射灯(包括 MR16 和 PAR 灯)等。

3.3.1.1　LED 球泡灯

如图 3.3.1 所示，传统的节能灯一般是全配光的，而 LED 球泡灯大部分是半配光，但也有少部分全配光。LED 球泡灯一般被用于家庭、商场、办公室、会议室和工厂等室内照明场所。

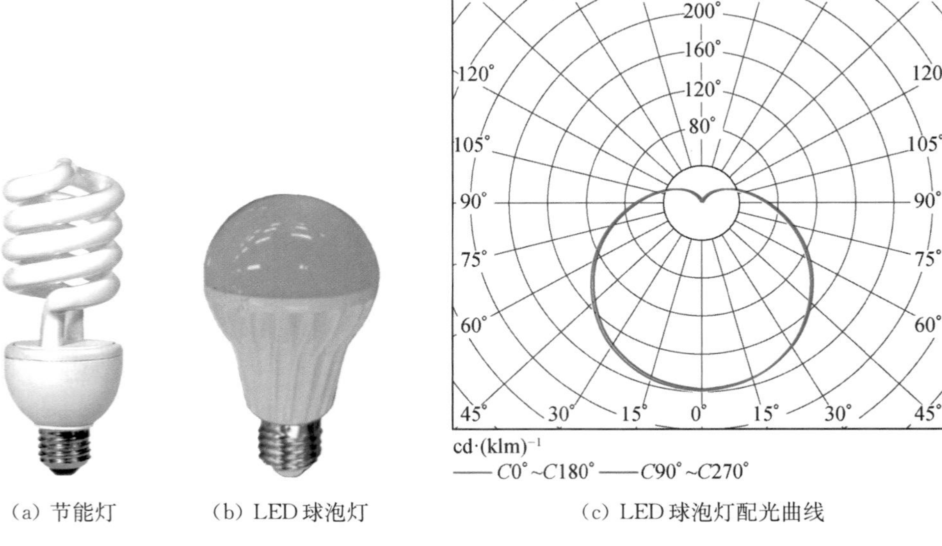

（a）节能灯 （b）LED球泡灯 （c）LED球泡灯配光曲线

图 3.3.1 LED球泡灯和节能灯

3.3.1.2 双端 LED 灯

如图 3.3.2 所示，双端 LED 灯（一般是 G5 或 G13 灯头）可用于替换相同灯头的直管荧光灯，一般不需要对灯具进行任何改动，当然也有要求对灯具进行改动的改装型双端 LED 灯。虽然其外形与传统双端荧光灯大同小异，但在替换过程中容易引发新的安全隐患。比如，由于双端 LED 存在交流供电、直流供电、双端供电、单端供电等多种类型，当产品标识不明甚至错误时，会使终端用户误接而导致触电。另外，LED 对散热性能要求很高，因此产品内部用于散热的铝基板重量明显增加，对 LED 灯座、灯头提出了更高的承重结构要求。一

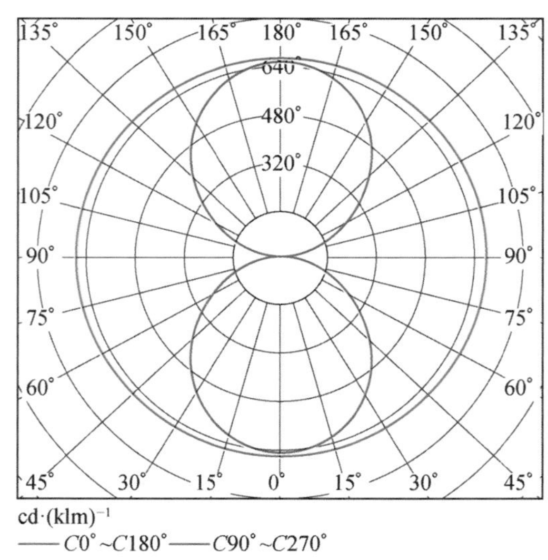

（a）传统直管荧光灯 （b）直管荧光灯配光曲线（全配光）

图 3.3.2

(c) 双端 LED 灯

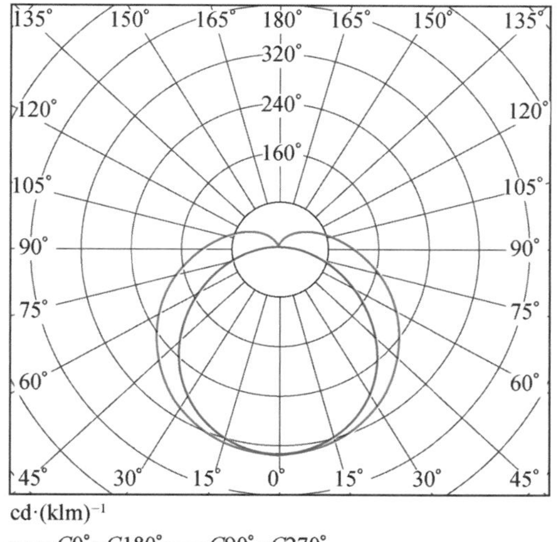

(d) 双端 LED 灯配光曲线(半配光)

图 3.3.2　**线条灯**

般双端 LED 灯也是半配光，其通常被用于办公室、商场、酒店、学校、家庭和工厂等室内照明场所。

3.3.1.3　LED 反射灯

1. MR16

所谓 MR16，“MR”来自“multiface reflector”(即多面反射器)，数字“16”代表其最大直径为 16×1/8 in，即 16×1/8×25.4 mm=50.8 mm。如图 3.3.3 所示，MR16 反射灯适合于需要从低强度到中等强度的指向性照明的应用场合，如追踪照明、凹天花板灯、台灯、吊灯、零售展示照明、自行车灯和矿用头灯等。现阶段 LED MR16 反射灯已逐步取代传统的卤钨 MR16。

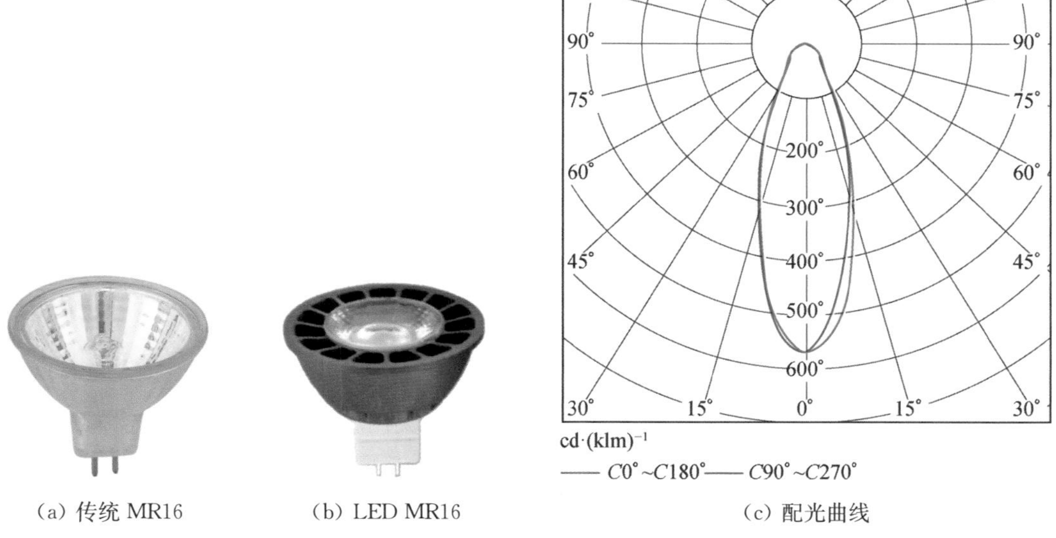

(a) 传统 MR16　(b) LED MR16　(c) 配光曲线

图 3.3.3　**MR16**

2. Par 灯

Par 灯或称光束灯，能射出较固定的光束，可根据应用的场合，选择光束角度的宽窄。Par 灯常见的规格有 Par20，Par30 和 Par38，光源可以是卤钨灯、小功率陶瓷金卤灯和 LED 等。如图 3.3.4 所示，图中的两个灯都是 Par38，所谓 Par38，“Par”来自“parabolic aluminized reflector”(即碗碟状铝反射器)，数字“38”代表其最大直径为 38×1/8 in，即 38×1/8×25.4 mm≈120.7 mm。依此类推，Par20 和 Par30 的最大直径分别为 63.5 mm 和 95.3 mm。

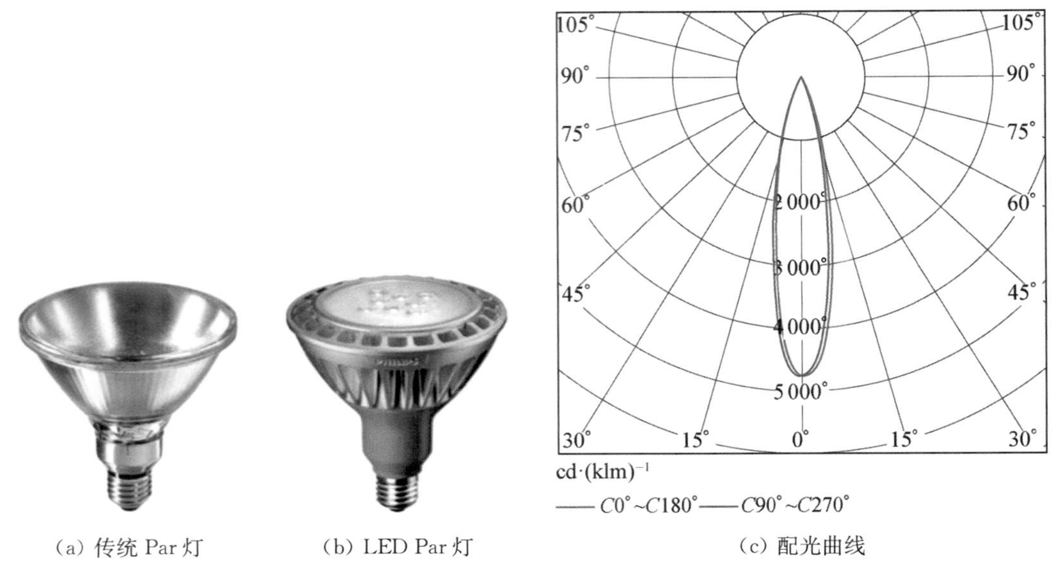

(a) 传统 Par 灯　(b) LED Par 灯　(c) 配光曲线

图 3.3.4　Par 灯

3.3.2　室内照明灯具

在室内有各种空间，这就需要根据空间的要求来选择照明灯具。常见的灯具有筒灯、吸顶灯、面板灯、轨道灯和高天棚灯。此外，还有格栅灯、射灯、线条灯、黑板灯、台灯、吊灯、壁灯、镜前灯、厨卫灯、应急灯和装饰灯等。由于篇幅有限，这里不再一一赘述。

3.3.2.1　筒灯

如图 3.3.5 所示，筒灯是一种使用 CFL，HID 或 LED 光源，光线向下照射的小型直接照明灯具，它可以嵌入安装或固定安装。筒灯广泛应用于各种商店、餐饮店、百货公司和酒店照明等。

3.3.2.2　吸顶灯

如图 3.3.6 所示，固定式吸顶灯具是起居室、寝室、大门、走廊和办公室等各种场所通常选用的灯具，也可用于浴室、厕所、未封闭的阳台和欧式走廊等有水汽的地方。在照明设计时首先应考虑灯具的安全质量，并根据房间大小、高度和功能进行选择。

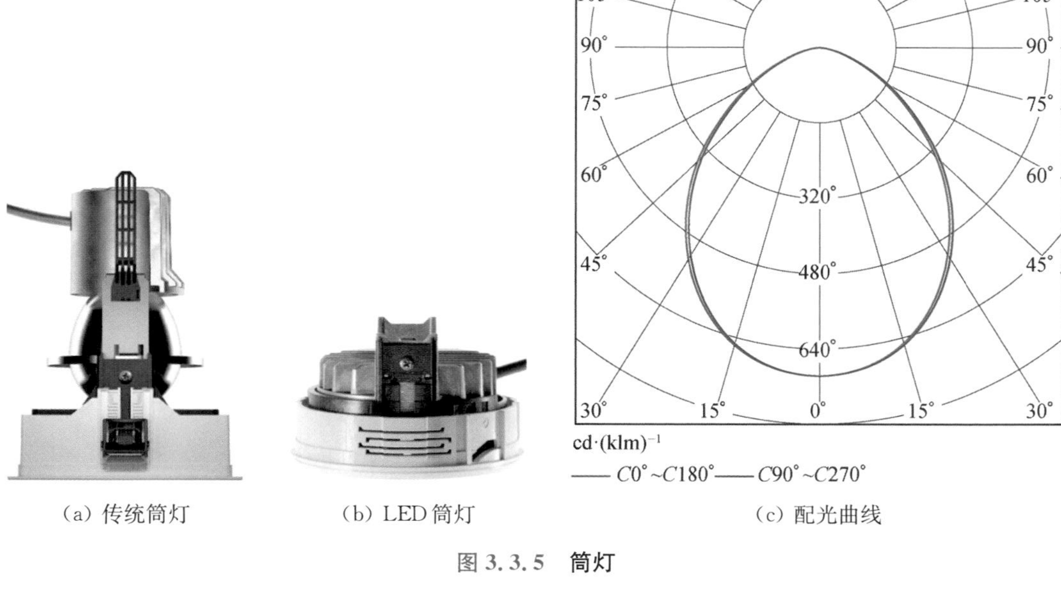

（a）传统筒灯　（b）LED 筒灯　（c）配光曲线

图 3.3.5　**筒灯**

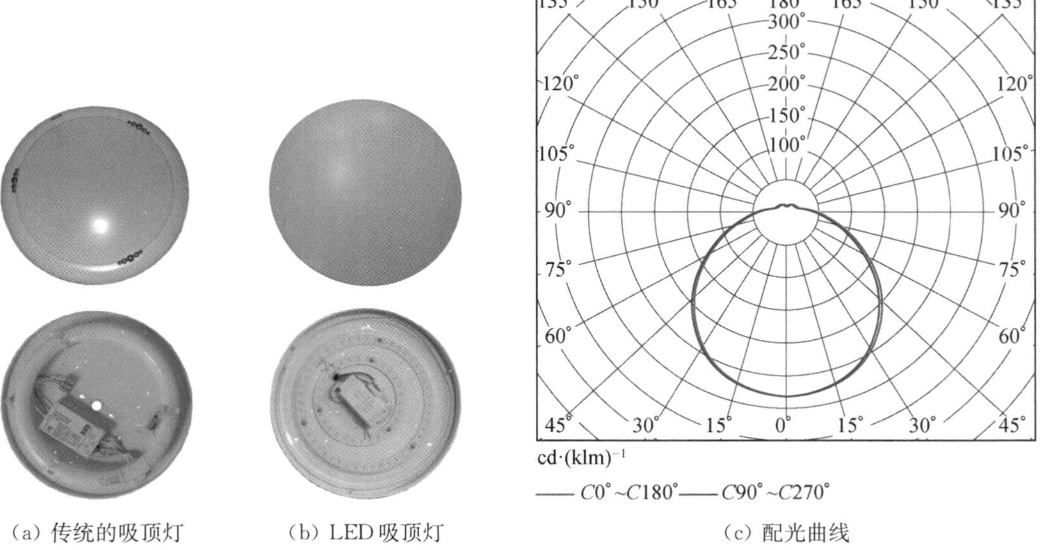

（a）传统的吸顶灯　（b）LED 吸顶灯　（c）配光曲线

图 3.3.6　**吸顶灯**

3.3.2.3　面板灯

如图 3.3.7 所示，LED 面板灯是一种采用 LED 为光源，通过导光板和（或）扩散部件形成发光面的薄型面发光灯具，包括控制装置、散热装置、光学元件及相关构件，其整体厚度不超过 70 mm。LED 面板灯具包括侧导光 LED 面板灯具和直照光 LED 面板灯具。侧导光 LED 面板灯具是指安装在导光板侧面的 LED，通过导光板使光传到整个灯具的前表面。直照光 LED 面板灯具是指利用 LED 发出的直接光，照亮整个灯具表面。LED 面板灯具的安装方式可以是嵌入式、表面安装式和悬吊式。

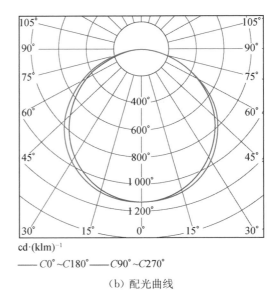

(a) LED 面板灯

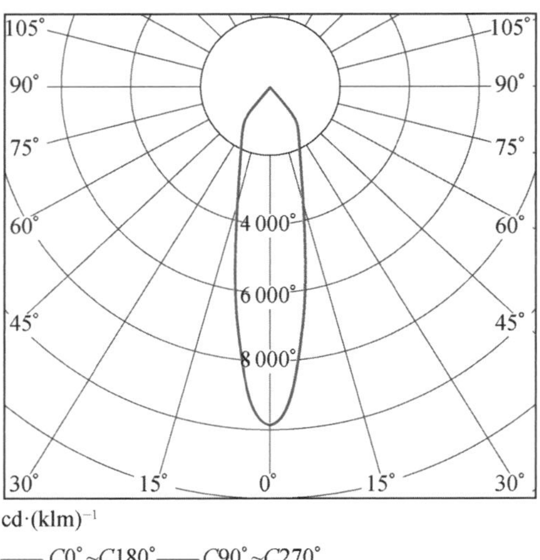

(b) 配光曲线

图 3.3.7　LED 面板灯

与传统的格栅灯相比，LED 面板灯是一种均匀度高的面发光灯具。光经过高透光率的导光板后，形成一种均匀的平面发光效果，照度均匀性好、光线柔和、舒适而不失明亮，并且灯具发光面表面亮度低，眩光值低于其他灯具。

3.3.2.4　轨道灯

如图 3.3.8 所示，轨道灯可以在导轨上按需移动位置，调节位置和投光角，以实现对目标的重点照明，一般用于商业、住宅和博物馆等场合，光源可以是卤钨灯、陶瓷金属卤化物灯和 LED。导轨既提供电力，又提供灯具安装悬挂必要的机械支撑；供电电压可以是市电或特低电压(如 12 V，24 V)。

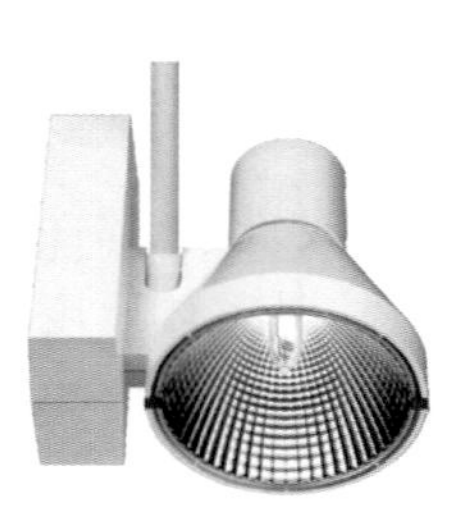

(a) 传统轨道灯

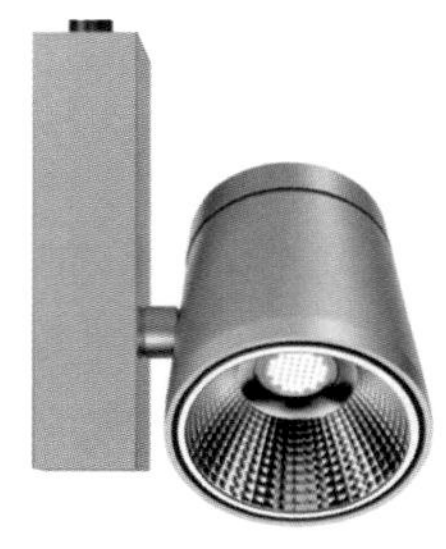

(b) LED 轨道灯

(c) 配光曲线

图 3.3.8　轨道灯

3.3.2.5　高天棚灯

如图 3.3.9 所示，高天棚灯一般用于工厂、体育场馆等顶棚非常高的空间内照明，通过合理的配光，使光能有效地集中在工作面上。由于安装高度高、照射距离远，高天棚灯的可用光源一般是 HID 和大功率 LED。

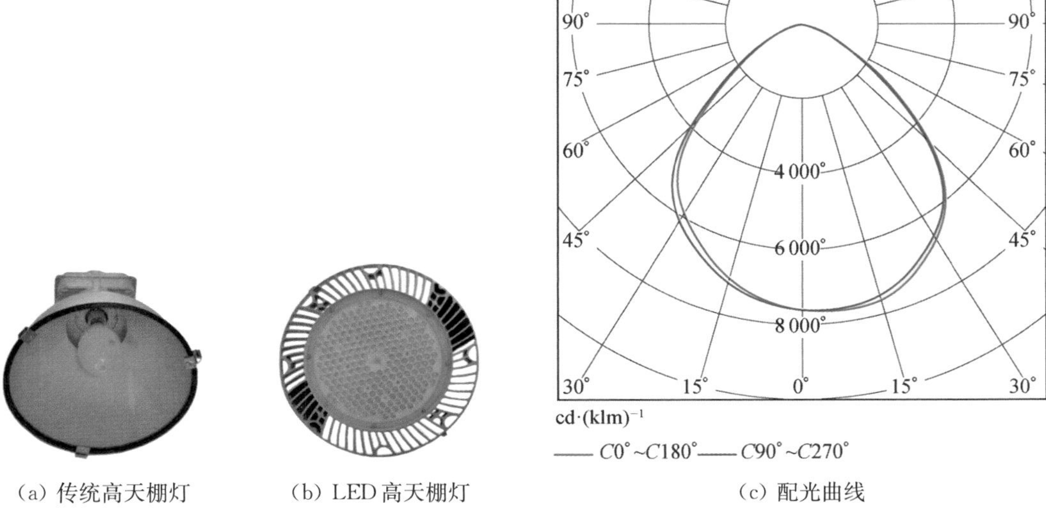

(a) 传统高天棚灯　　(b) LED 高天棚灯　　(c) 配光曲线

图 3.3.9　**高天棚灯**

3.3.3　室外照明灯具

常见的室外照明灯具有路灯、隧道灯、景观灯(包括庭院灯、地埋灯和洗墙灯)、高杆灯和低杆灯等。

3.3.3.1　路灯

路灯可分为道路照明灯具和街路照明灯具。道路照明灯具是指用于快速路、主干道、次干道和支路，为车辆提供照明服务的灯具。而街路照明灯具是指用于居住区道路及道路沿线，为行人提供照明服务和为道路沿线建筑物提供照明的灯具。路灯的常用的光源主要有高压钠灯、金属卤化灯和 LED。对于机动车道路照明，《城市道路照明设计标准》(CJJ45)有一系列的参数要求，如平均亮度、亮度均匀度、平均照度、照度均匀度、眩光阈值增量、环境比和功率密度等，灯具的配光好坏对道路照明效果起着决定性的作用。

如图 3.3.10 所示，路灯的配光曲线往往要给出路灯最大光强所在 C 平面(如图中的 $C170°\sim C350°$平面)，这是因为根据已知的路灯安装高度、安装间距和道路状况，可以很方便地进行灯具的照明计算，从而可以根据上述的 CJJ 45 系列指标来调整设计。有经验的照明设计师可以根据路灯最大光强的 C 平面的所在位置，初步判断该路灯是否符合道路设计要求，从而可以快速选择适合的路灯。

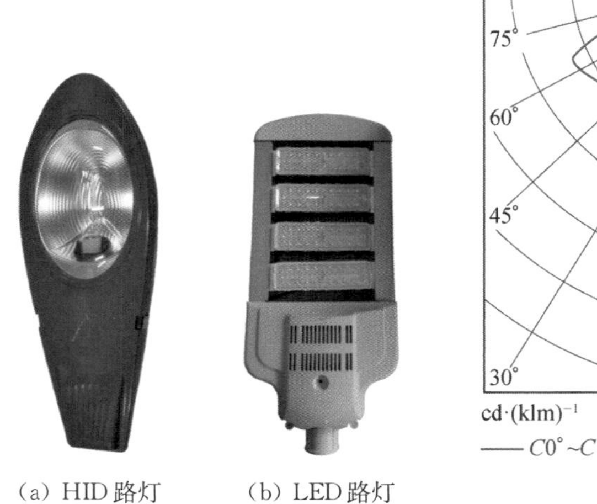

cd·(klm)$^{-1}$
—— $C0°\sim C180°$ —— $C90°\sim C270°$ —— $C170°\sim C350°$

（a）HID 路灯　　（b）LED 路灯　　（c）配光曲线

图 3.3.10　路灯

3.3.3.2　隧道灯

在 LED 出现之前，隧道照明一直是以高压钠灯、金属卤化物灯和荧光灯作为主要的照明光源。LED 隧道灯由于其具有高光效、长寿命和智能调光等优点，逐步在隧道照明中普及。

图 3.3.11 所示是典型的隧道灯配光曲线，平行于灯轴向的是余弦配光，垂直于灯轴向的是蝙蝠翼配光。如图 3.3.12 所示，LED 线条灯（有直接发光和间接发光两种）用于隧道照明，由于其是线光源，通过合理的配光和布灯，能大大减少斑马线和隧道行车的频闪问题。

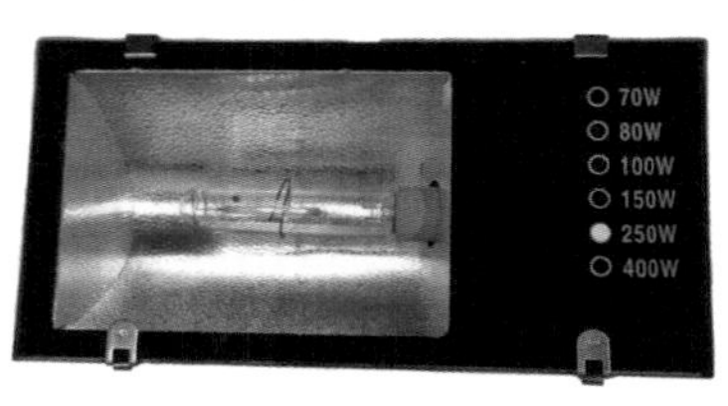

（a）传统隧道灯

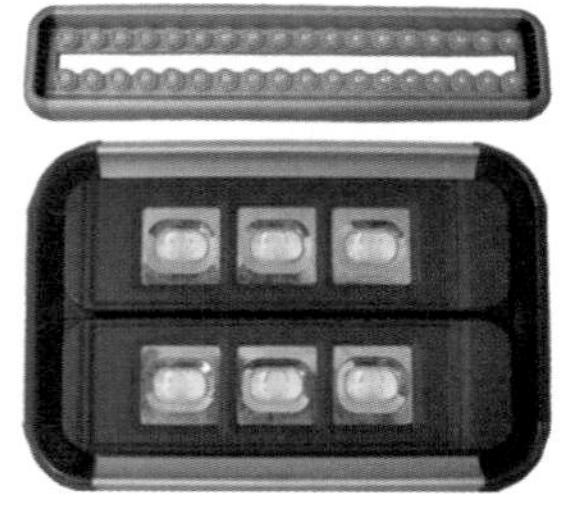

（b）LED 隧道灯

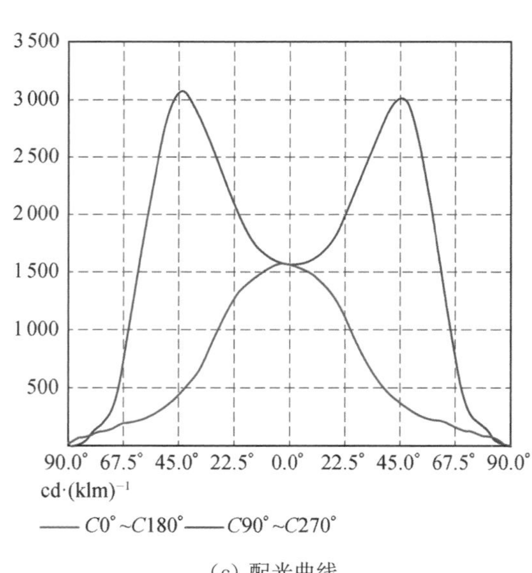

（c）配光曲线

图 3.3.11　隧道灯

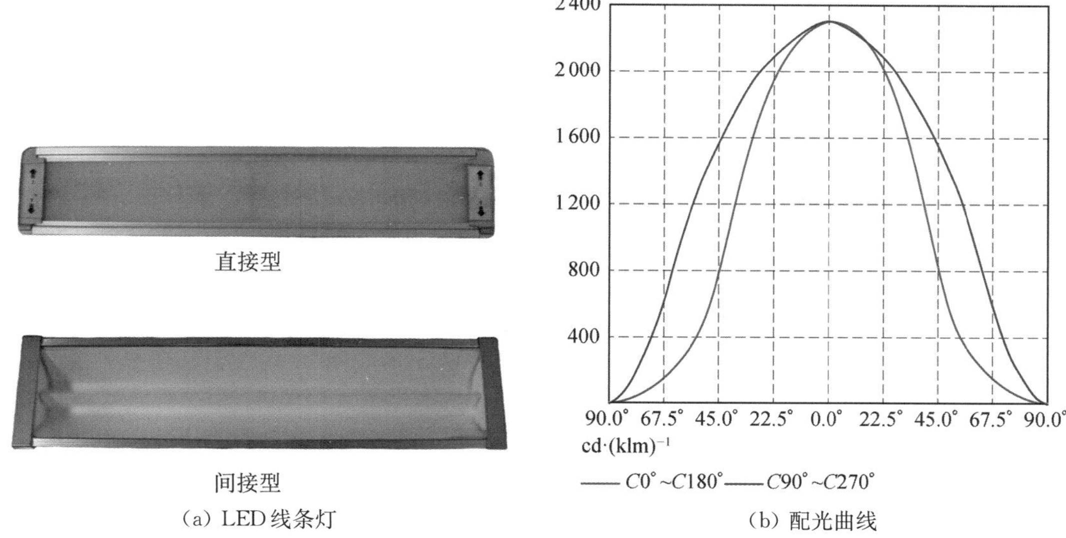

(a) LED线条灯　　(b) 配光曲线

图 3.3.12　LED线条灯

3.3.3.3　景观灯

景观照明是指利用各种各样的灯具，对如建筑物外轮廓、广场、公园、小区及各种旅游景区等景观进行照明，以达到美化环境、渲染气氛的效果。景观照明灯具主要有庭院灯、地埋灯、水下灯和洗墙灯等。此外，还有草坪灯、泛光灯、壁灯和光纤等。

1. 庭院灯

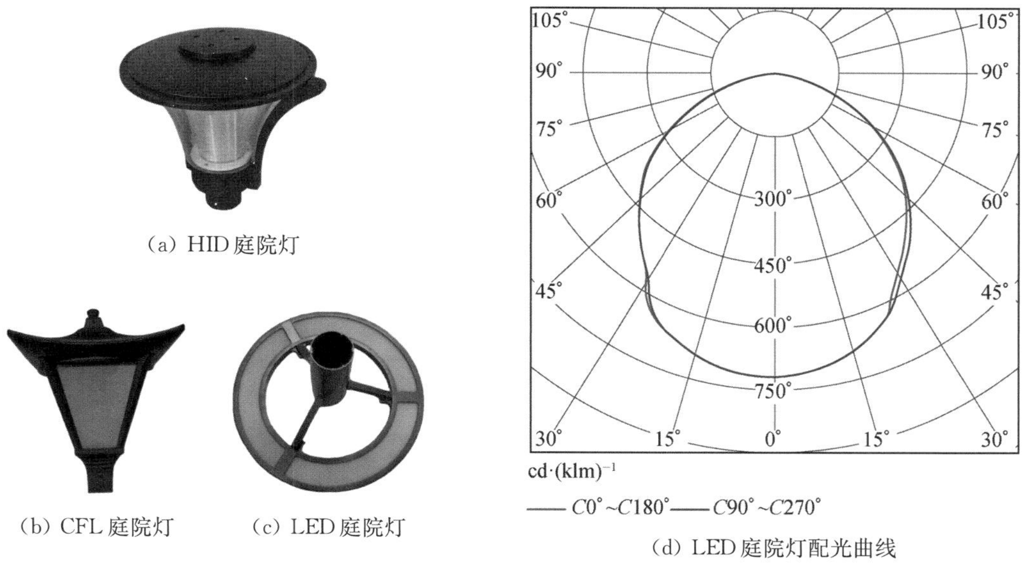

(a) HID庭院灯

(b) CFL庭院灯　　(c) LED庭院灯

(d) LED庭院灯配光曲线

图 3.3.13　庭院灯具

庭院灯一般放置在公园、花园、小区、学校及一些相关的地方，在起到照明作用的同时又要收到景观的效果，其外观有古典式、简洁式等多种样式。庭院灯有的安装在草坪，有的依公园道路、树林、小径曲折设置，达到一定的艺术效果和美感，其可用的光源主要有金属卤化物灯、节能灯和LED等，安装高度一般在3～4 m。庭院灯在渲染环境气氛的同时，还要控制眩光，保证视觉舒适性，防止光线入侵。图 3.3.13 所示是常见的庭院灯的种类和 LED 庭院灯的配光曲线。

2. 地埋灯

地埋灯（或者叫埋地灯）一般用于广场道路的铺装、雕塑及树木等照明，其造型比较多，有向上发光的，有向四周发光的，也有只向两边发光的，可用于不同的地方。地埋灯由于埋设在地面以下，维修起来比较麻烦，因此要求密封效果特别好，还要避免水分凝结于内。其光源一般采用的是低功率的金属卤化物灯及 LED 灯，如图 3.3.14 所示。

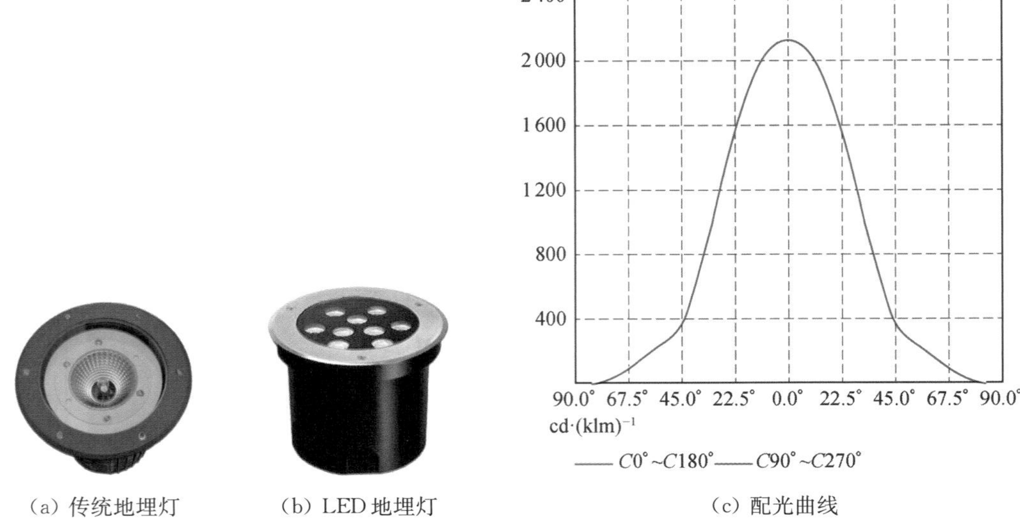

（a）传统地埋灯　（b）LED 地埋灯　（c）配光曲线

图 3.3.14　**地埋灯具**

3. 洗墙灯

洗墙灯，顾名思义让灯光像水一样洗过墙面，主要是用来做建筑装饰照明之用，还可用来勾勒大型建筑的轮廓。光源一般采用直管荧光灯或双端 LED 灯，如图 3.3.15 所示。

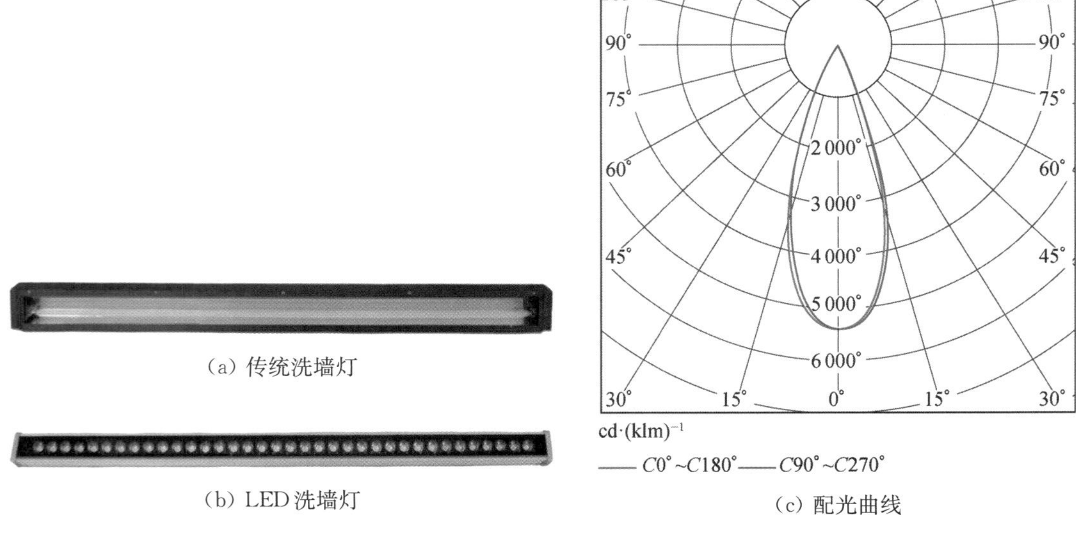

（a）传统洗墙灯

（b）LED 洗墙灯

（c）配光曲线

图 3.3.15　**洗墙灯**

3.3.3.4　高杆灯

高杆灯是指一组灯具安装在高度大于等于 20 m 的灯杆上、进行大面积照明的一种照明装置。它具有照射范围大、照明效果好、维护方便等优点，主要应用在城市道路和公路、广场、体育场、机场、港口码头等地方。如图 3.3.16 所示，高杆灯宜采用窄光束或中光束配光的投光灯具，灯具投射角度要求在水平 0°～360°、垂直 0°～180°范围内可调。目前我国使用的高杆灯的灯杆产品样式繁多，有固定式、升降式、液压可倾式等，其中升降式高杆灯应用最为广泛。

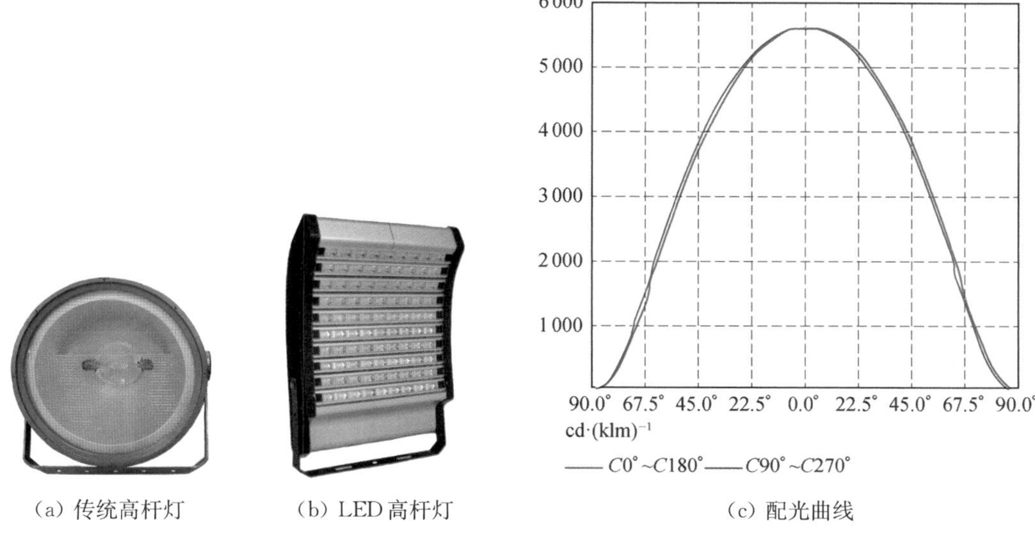

(a) 传统高杆灯　(b) LED 高杆灯　(c) 配光曲线

图 3.3.16　高杆灯

3.3.3.5　低杆灯

低杆灯是指一般安装在比较低矮(高度一般为 1 m 左右)的灯柱上端，或护栏及防撞墙中，用于照明路面并起导向作用的装置。本小节主要介绍护栏灯，如图 3.3.17 所示，护栏灯

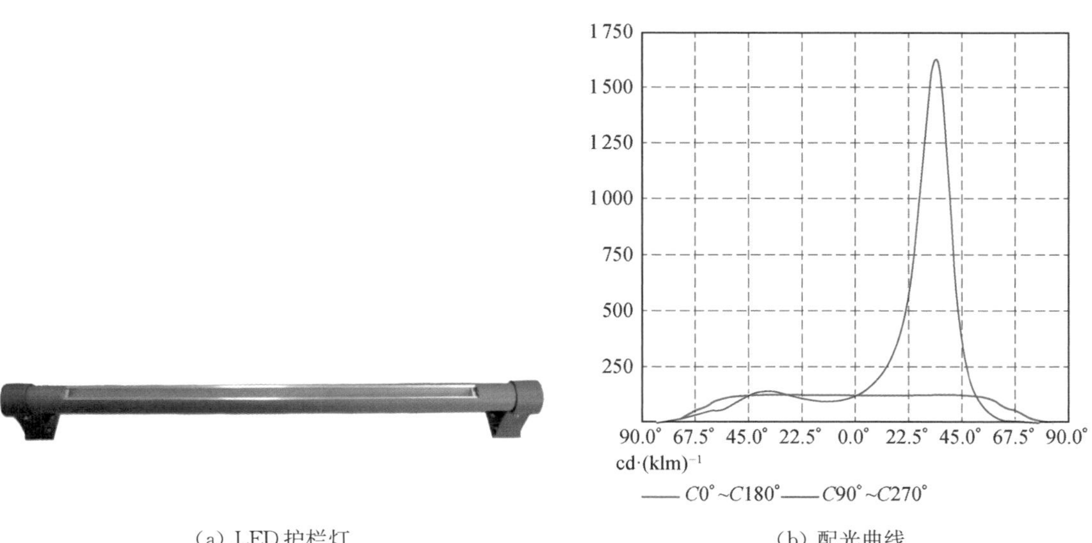

(a) LED 护栏灯　(b) 配光曲线

图 3.3.17　LED 护栏灯

主要用于桥梁和高架道路，兼具功能照明、防雾、景观照明的要求。LED 护栏灯凭借其寿命长、功耗小、耐冲击、形式灵活等优异特性，已得到大规模的应用。

3.4 灯具的光度学性能

3.4.1 灯具光强的空间分布

发光体(光源或灯具)射向空间的光分布差异很大，有向四周散开的裸光源，也有集中于一束范围内的探照灯，至于裸光源也因其发光体形状的不同(有直线状、面板形等)，向空间各方向射出的光强也完全不一样。为了表示一个发光体完整的空间光强分布，寻找它的表示方法显得特别重要。

一个发光体向空间各个方向射出的光强若用相应的线段长短表示，则光强越大，线段越长，连接线段各端点可得到一个有圆滑曲面的立体图形，这个图形就称为光强立体，如图 3.4.1 所示，其中图(a)表示的是一个裸光源，图(b)则是一个灯具的例子。

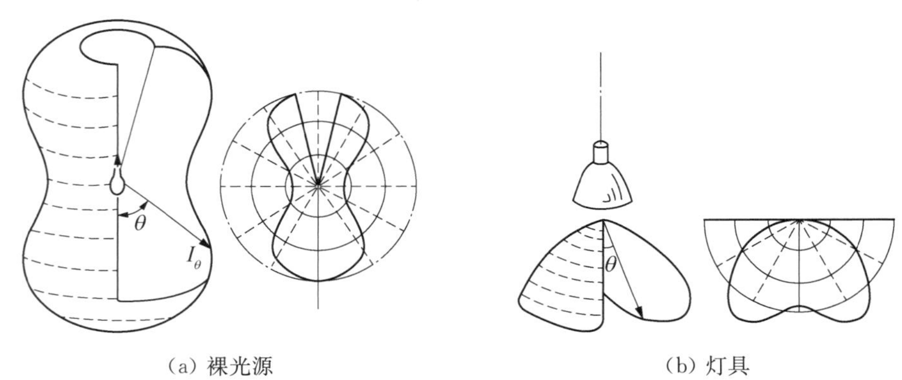

(a) 裸光源　　(b) 灯具

图 3.4.1　两种光强立体

用光强立体表示发光体的空间光分布时，形象直观，一看就懂。但不同发光体的光强立体形状差别很大，有些形状复杂，立体图形不易画出，而且常常无法只用一个图来表示完整的分布，更不用说定量准确地表示各方向的光强数值。所以，光强立体只能形象化地表示发光体大致的配光形状，实际上不能使用这种方法准确地表示空间的光分布。

为了正确表示发光体空间的光分布，可以设想将它放在一个外面标有地球上经度线和纬度线的球体中心，球体半径与发光体的尺寸要满足点光源条件。发光体射向空间的每根光线都可以用球体上各点的坐标表示，将光源射向球体上光强相同的各方向的点用线连接起来，成为封闭的等光强曲线(类似于地球表面的等高线)，就能表示光强在空间各方向的分布，如图 3.4.2 所示。

在图 3.4.2 中，对同一个灯具，固定它的投射方向(都是从书本里向书本外)，在外面套上 3 个同样大小的球体，同一方向的光线可以有 3 种不同的坐标角度表示，其原因就是由于 3 个球体的极轴(通过两个球极的直线)方向不同引起的。由此可知，为了将发光体在空间的光强分布表示清楚，空间坐标的选择与表达是十分重要的。

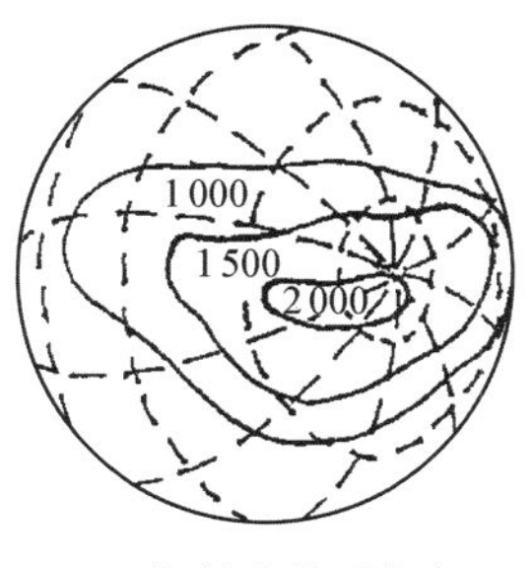

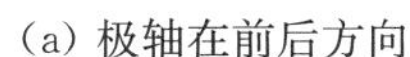
(a) 极轴在前后方向

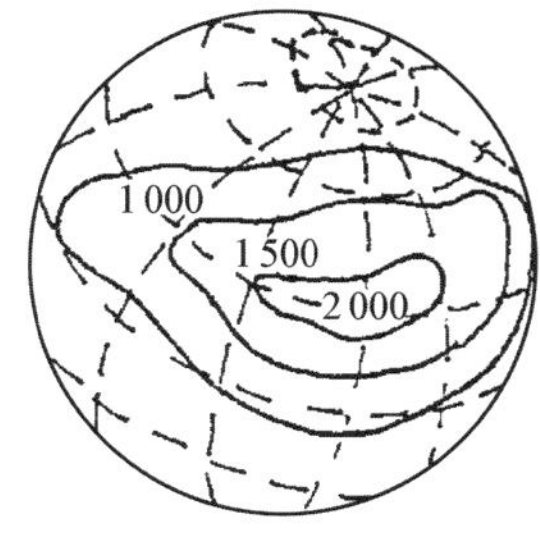

(b) 极轴在上下方向

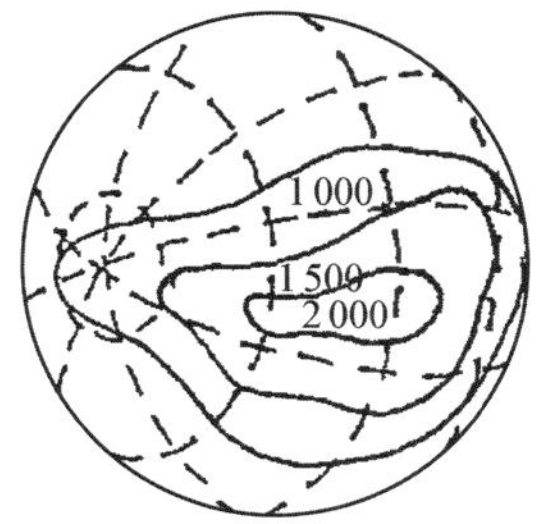

(c) 极轴在左右方向

图 3.4.2　**用球体表示的空间等光强曲线(注意球体的轴线方向不同)**

3.4.1.1　灯具光度学中各种空间坐标系统

照明常用的灯具和它们在照明时采用的方式,一般可分为两大类:第一类是灯具的光度参考轴垂直向下,主要是以下半空间为照明对象的各种室内照明灯和道路照明灯,如图 3.4.3 所示;第二类是灯具的光轴呈水平状态,主要是用作投光照明的投光灯具、信号灯具和部分电影舞台灯具。为了表示这两类灯具发出的光线在空间的方向,分别采用图 3.4.2 中 3 个安放方位不同的球体上的角度坐标系统显然是可行的。因此,在光度测量中就有 6 种空间坐标。图 3.4.4 中的(a),(b),(c)图表示灯具光轴垂直向下,称为 $A-\alpha$,

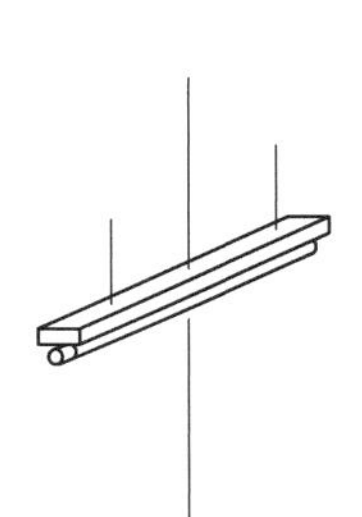

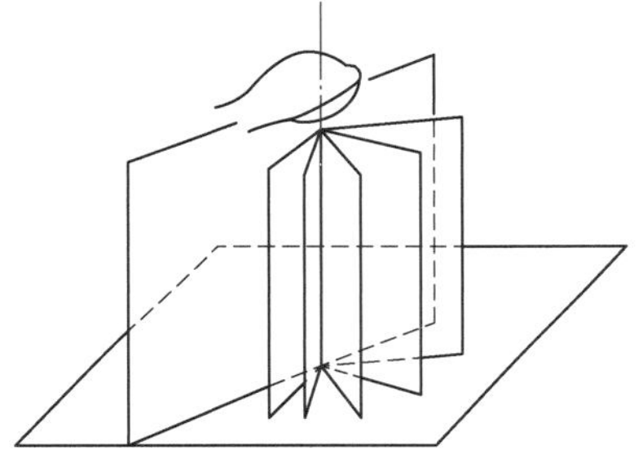

图 3.4.3　**路灯和室内灯具的光轴垂直向下**

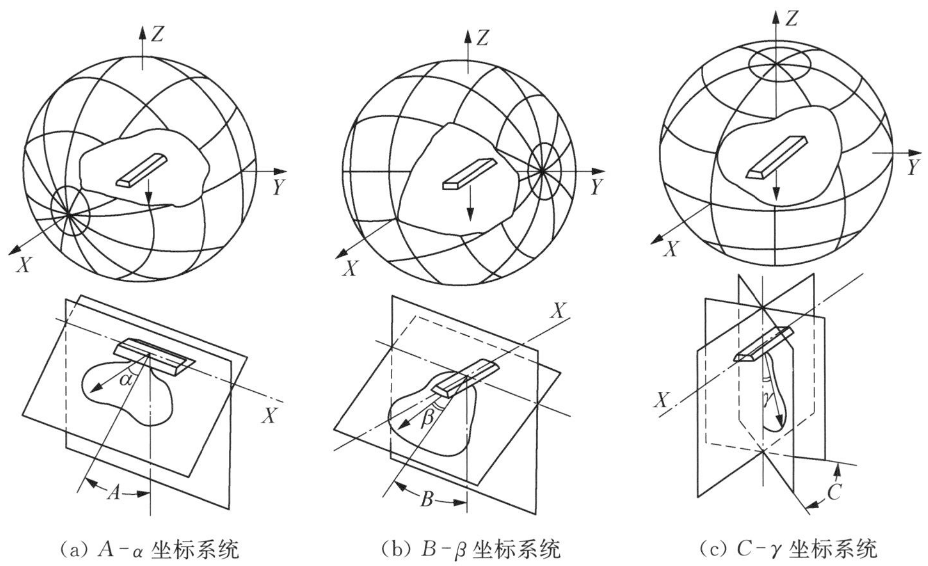

(a) $A-\alpha$ 坐标系统　　(b) $B-\beta$ 坐标系统　　(c) $C-\gamma$ 坐标系统

图 3.4.4　$\boldsymbol{A-\alpha}$, $\boldsymbol{B-\beta}$ **和** $\boldsymbol{C-\gamma}$ **坐标系统**

$B-\beta$，$C-\gamma$ 坐标系统。图3.4.5(a)和(b)分别表示灯具光轴水平的两种投光灯所用的光度系统——$X-Y$ 系统和 $V-H$ 系统。对图3.4.5(c)的系统，由于测量时灯具的轴线绕水平轴在垂直平面内旋转，光源不断变更使用位置，光通量无法保持不变，因此无法在实用中接受和推广这个系统，故不再对其命名。

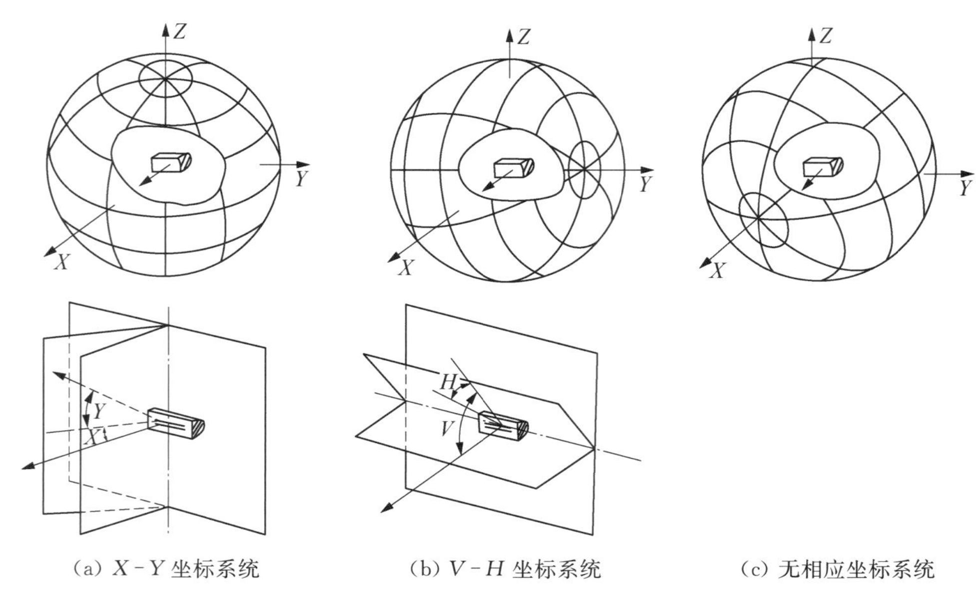

(a) $X-Y$ 坐标系统　　(b) $V-H$ 坐标系统　　(c) 无相应坐标系统

图3.4.5　$X-Y$ 和 $V-H$ 坐标系统

3.4.1.2　各空间坐标系统间的转换

采用上节介绍的各种空间坐标就能对任意一种灯具的空间光分布进行定量的测定，记录它的角度和该方向的光强。不过，在选择哪一种空间坐标时应该注意一个关键点，就是选择的坐标应使照明计算变得最简单，且使数据表述得最清楚。例如，在道路照明中，为了计算路灯在路面上产生的照度，根据路灯安装的方法，显而易见，采用图3.4.4中的 $C-\gamma$ 坐标系统是十分有利的。因为通过一系列 C 平面中的配光曲线就能计算出这些平面与路面的交线上的照度(见图3.4.3)。其次，通过一系列 C 平面内的配光，能十分醒目地了解灯具在空间的全部配光形状，并根据这些形状对比道路现状(道路的宽窄、灯在路中的位置等)，可以较快地确定它是否适合这种路面。若采用 $A-\alpha$ 与 $B-\beta$ 系统的话，计算就没有那么方便和醒目了。

然而，在道路照明的平均照度计算中需要用到“利用系数曲线”的概念。所谓利用系数，是指沿着一条条有一定宽度的道路路面上接受的光通量与路灯光源的光通量之比。为了使一条条有一定宽度的路面相对于路面上某一特殊线条进行定位，可选定灯列线为起始线，如图3.4.6所示。其中 W 为距离起始线的路面宽度，MH 表示灯具高度。根据不同宽度 W 内的利用系数 CU 与 W/MH 作图就得到路灯的利用系数曲线(见图3.4.7)。

在图3.4.7所示的曲线计算中，若采用 $C-\gamma$ 坐标系统的话，整个计算工作就十分繁锁，因为一条条路面上等 W/MH 的直线与 $C-\gamma$ 角度无明显的联系。为此，可以将 $C-\gamma$ 角度换

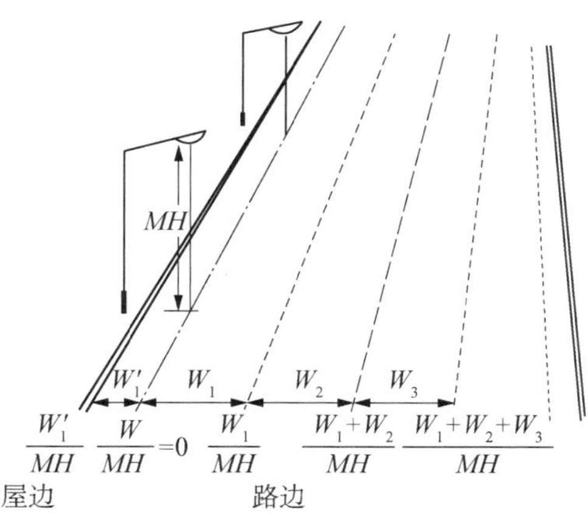

图 3.4.6　**路灯的利用系数和 *W/MH***

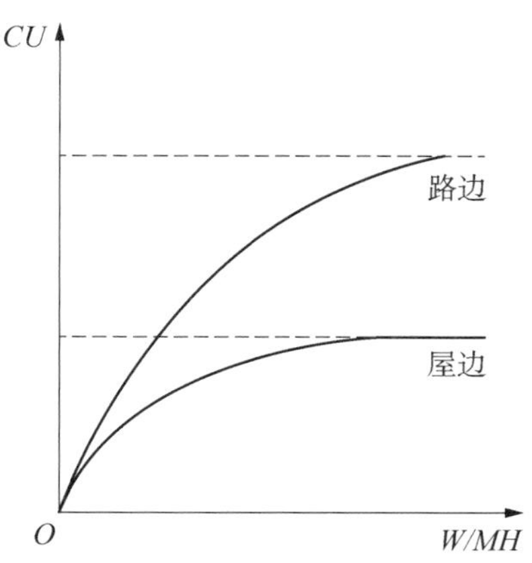

图 3.4.7　**道路灯具的利用系数 *CU* 与 *W/MH* 的曲线**

算到 $B-\beta$ 坐标系统。这样一来，道路上一条条等 W/MH 线正好都是等 B 角线，线间的光通量计算就十分方便，从而简化了整个计算步骤，减少了计算工作量。由此可见坐标转换的好处。

下面来具体研究一下灯具光度学中 5 个空间坐标系统间的角度转换关系。

1. $A-\alpha$，$B-\beta$ 和 $C-\gamma$ 3 个坐标系统间的角度转换

灯具的一条光线 OP 可用 $A-\alpha$，$B-\beta$ 和 $C-\gamma$ 3 个系统分别表示。为分析方便起见，将 3 个坐标系统拼在一张图中，如图 3.4.8 所示。点 O 是球心，表示灯具的发光中心，点 P 是光线与球面的交点。

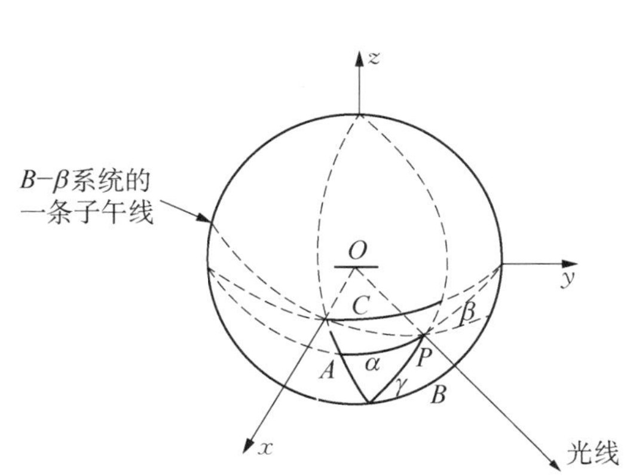

图 3.4.8　**$A-\alpha$，$B-\beta$ 和 $C-\gamma$ 坐标系统的角度表示和转换关系**

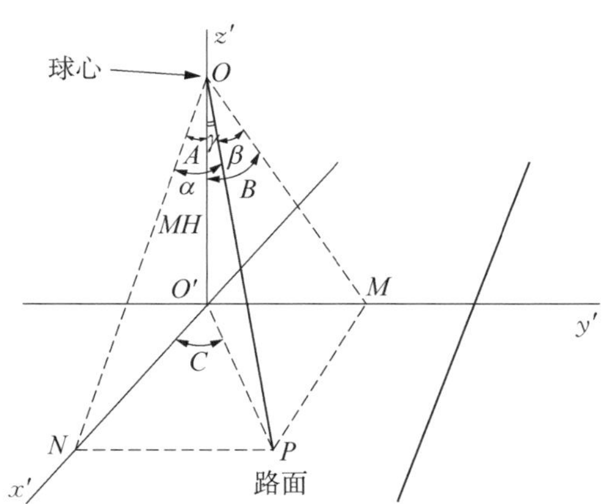

图 3.4.9　**三坐标系统的角度关系示意**

通过点 P 作一平面平行于赤道平面。假设点 P 是路面上的一点，则该平面就是路面。针对此平面，取直角坐标系 $O'x'y'z'$（见图 3.4.9）。坐标的原点 O' 是 z 轴与该平面的交点，灯具中心 O 离此平面的高度即为灯的安装高度 MH。

1）由 $A-\alpha$ 坐标系统计算 $C-\gamma$ 坐标系统，分析图 3.4.9，有如下关系：

$$OP\cos\gamma = MH,$$
$$OP\cos\alpha = ON,$$
$$ON\cos A = MH,$$

因而
$$\cos\gamma = \cos A\cos\alpha。\tag{3.4.1}$$

还有关系如下：

$$OP\sin\alpha = NP,$$
$$OP\sin\gamma = O'P,$$
$$O'P\sin C = NP,$$

即
$$\sin\alpha = \sin C\sin\gamma。$$

由上式，有

$$\sin C = \frac{\sin\alpha}{\sin\gamma} = \frac{\sin\alpha}{\sqrt{1-\cos^2\gamma}}。$$

运用(3.4.1)式，有
$$\sin C = \frac{\sin\alpha}{\sqrt{1-\cos^2 A\cos^2\alpha}},$$

故

$$\cos C = \sqrt{1-\sin^2 C} = \frac{\cos\alpha\sin A}{\sqrt{1-\cos^2 A\cos^2\alpha}}。$$

从而
$$\tan C = \tan\alpha/\sin A。\tag{3.4.2}$$

实际上，从分析图 3.4.9 也可直接得到该式。

同理，也可得到其他各系统间的角度转换关系。

2）由 $C-\gamma$ 坐标系统计算 $A-\alpha$ 坐标系统，有

$$\sin\alpha = \sin C\sin\gamma,\tag{3.4.3}$$
$$\tan A = \tan\gamma\cos C。\tag{3.4.4}$$

3）由 $A-\alpha$ 坐标系统计算 $B-\beta$ 坐标系统，有

$$\sin\beta = \sin A\cos\alpha,\tag{3.4.5}$$
$$\tan B = \tan\alpha/\cos A。\tag{3.4.6}$$

4）由 $B-\beta$ 坐标系统计算 $A-\alpha$ 坐标系统，有

$$\sin\alpha = \sin B\cos\beta,\tag{3.4.7}$$
$$\tan A = \tan\beta/\cos\beta。\tag{3.4.8}$$

5）由 $C-\gamma$ 坐标系统计算 $B-\beta$ 坐标系统，有

$$\sin\beta = \cos C\sin\gamma,\tag{3.4.9}$$
$$\tan B = \tan\gamma\sin C。\tag{3.4.10}$$

6）由 $B-\beta$ 坐标系统计算 $C-\gamma$ 坐标系统，有

$$\cos\gamma = \cos B\cos\beta, \tag{3.4.11}$$

$$\tan C = \sin B\cot\beta。 \tag{3.4.12}$$

以上 3 个坐标系统之间的角度转换可以总结归纳在表 3.4.1 中。

表 3.4.1　$A-\alpha$，$B-\beta$ 和 $C-\gamma$ 坐标系统间的角度转换

方向角度		平面内的经度角	平面内的纬度角
给定的	想求的		
$A-\alpha$	$B-\beta$	$\tan B = \tan\alpha/\cos A$	$\sin\beta = \sin A\cos\alpha$
$A-\alpha$	$C-\gamma$	$\tan C = \tan\alpha/\sin A$	$\cos\gamma = \cos A\cos\alpha$
$B-\beta$	$A-\alpha$	$\tan A = \tan\beta/\cos\beta$	$\sin\alpha = \sin B\cos\beta$
$B-\beta$	$C-\gamma$	$\tan C = \sin B\cot\beta$	$\cos\gamma = \cos B\cos\beta$
$C-\gamma$	$A-\alpha$	$\tan A = \cos C\tan\gamma$	$\sin\alpha = \sin C\sin\gamma$
$C-\gamma$	$B-\beta$	$\tan B = \sin C\tan\gamma$	$\sin\beta = \cos C\sin\gamma$

2. $X-Y$ 与 $V-H$ 坐标系统间的转换

将这两套坐标系统画在同一张图中（见图 3.4.10）。对 $X-Y$ 坐标系统，z 轴为极轴，从光轴与球面的交点起，先沿赤道转 X 度角，再沿子午线转 Y 度角至点 P。对 $V-H$ 坐标系统，y 轴为极轴，从光轴与球面的交点起，先沿赤道转 V 度角，再沿子午线转 H 度角至点 P。将图 3.4.10 与图 3.4.8 加以对照可以发现，点 P 的 $X-Y$ 坐标与 $V-H$ 坐标，即 X，Y，V 和 H 实际上就是图 3.4.8 中的 C，$(90°-\gamma)$，$(90°-A)$ 和 α。这样，套用 $A-\alpha$ 和 $C-\gamma$ 坐标系统间的转换关系就可得到 $X-Y$ 和 $V-H$ 坐标系统间的角度转换关系，列于表 3.4.2 中。

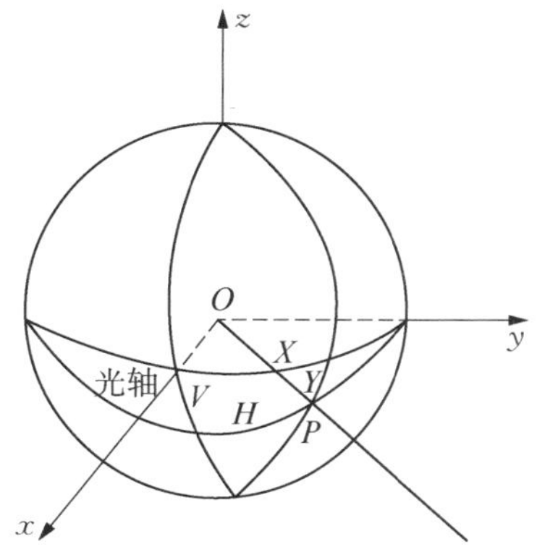

图 3.4.10　**$X-Y$ 与 $V-H$ 坐标系统间的转换**

表 3.4.2　$X-Y$ 与 $V-H$ 坐标系统间的角度转换

方向角度		平面内的经度角	平面内的纬度角
给定的	想求的		
X，Y	V，H	$\cot V = \cos X\cot Y$	$\sin H = \sin X\cos Y$
V，H	X，Y	$\tan X = \tan H/\cos V$	$\sin Y = \cos H\sin V$

3.4.1.3　空间坐标的平面描述

如上所述，灯具的空间光分布可以用若干个子午面中的若干个纬度角上的光强来表示，但此法相当繁琐，而且还表达不清楚，因此很不实用。如果能将空间坐标系统平面化，将光

分布在平面上表示出来，那就实用得多。在平面化的过程中，要遵循给光通量的计算带来方便的原则。具体说来，平面图形有两大类：

1）要求平面图形既表示球体上全部角度坐标，又要求角度坐标内的面积与球体上相应的立体角（即球体上的这部分面积）成正比。属于这一类的有正弦网图和圆形网图。

2）对不需要表示全部球体坐标的，如光束集中在一定角度内的投光灯，采用易懂的平面图形——矩形网图。但这时角度坐标内的面积不与球体上相应的立体角成正比。

1. 正弦网图

正弦网图已广泛用于道路灯具的配光表示中。图 3.4.11(a)所示是一条道路和路灯位置的关系，图上标出了一些特殊点的 C，γ 角度；图 3.4.11(b)所示是一个路灯正弦等光强网图的示例，它上面标示的角度与图(a)上实际空间的点一一对应，特别是灯下点、屋边、路边，都注明在图上，看起来明白易懂。

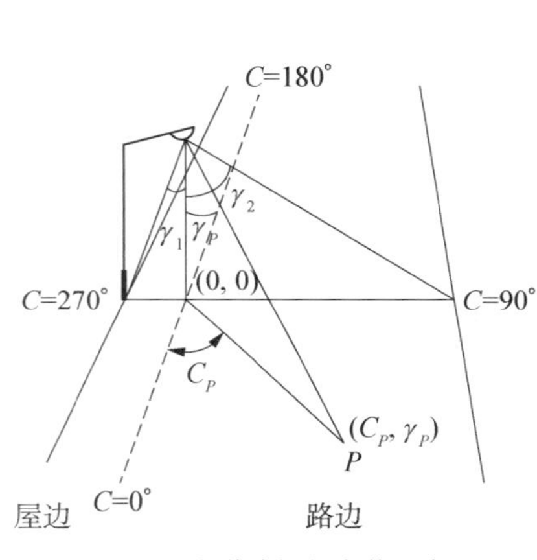

(a) 一个道路灯的安装示意

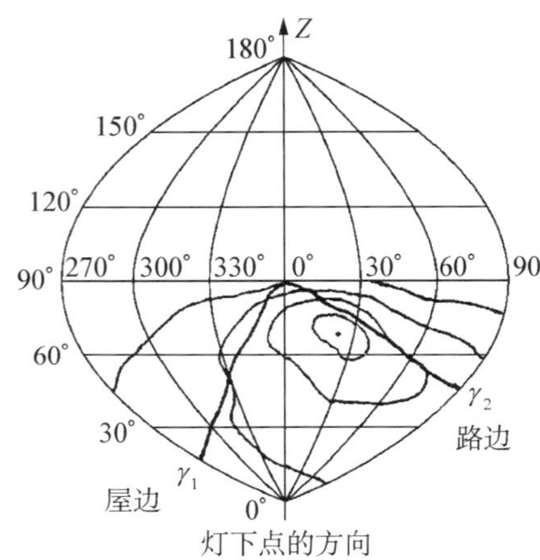

(b) 一个道路灯的等光强曲线、道路边线和无穷远点

图 3.4.11 道路灯在正弦网图上的表示

2. 圆形网图

在将球面等面积转换到平面时，还可以将 $B-\beta$ 坐标系统中的半个球面摊平后方便地转换成 $B-\beta$ 坐标系统的圆形网图，如图 3.4.12 所示。

$B-\beta$ 系统的圆形网图在平面坐标 $x-y$ 中的表示公式为

$$\begin{cases} x = r_\beta \sin B = \sqrt{2}\, r_0 \sin \dfrac{90^\circ - \beta}{2} \cdot \sin B, \\ y = r_\beta \cos B = \sqrt{2}\, r_0 \sin \dfrac{90^\circ - \beta}{2} \cdot \cos B, \end{cases} \tag{3.4.13}$$

式中，r_0 是将半径为 R 的半球摊平后所得的最大圆的半径，$r_0=\sqrt{2}R$。

$B-\beta$ 系统的圆形网图只能表示灯具或光源的前半球或后半球的光分布。对于前后半球分布不同的情况，要用两张图才能完全表示清楚。

$C-\gamma$ 系统的图形网图常用来表示路灯的等光强图。由于道路两侧人行道的边线在

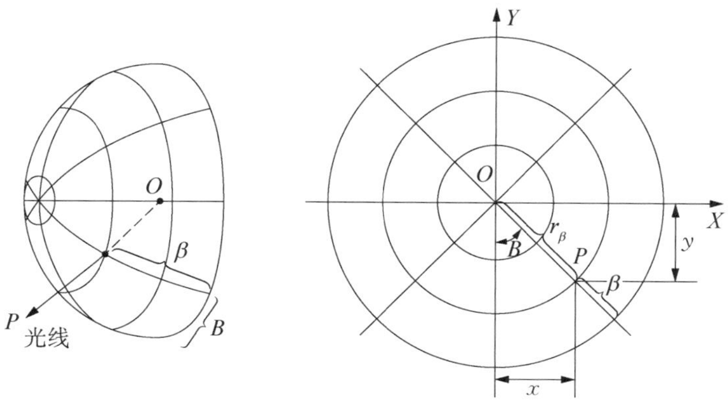

图 3.4.12　**$B-\beta$ 坐标系统的圆形网图**

该网图上的对应线是过原点的直线，如图 3.4.13 所示，因此使用起来比正弦网图更方便一些。

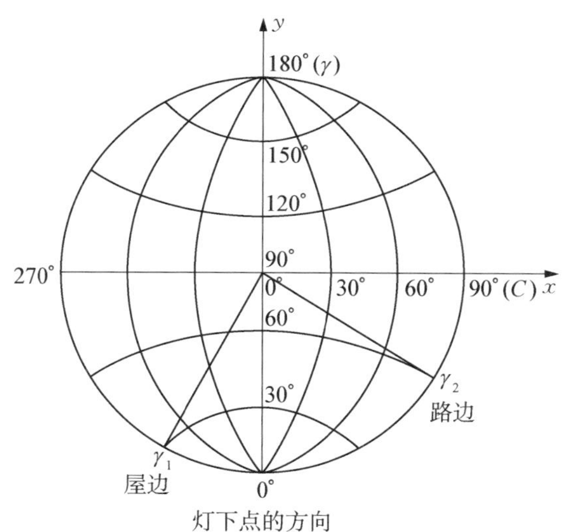

图 3.4.13　**$C-\gamma$ 坐标系统的圆形网图**

若将正弦网图与圆形网图相比较的话，则后者较前者来得更优越。这是因为：

1）圆形网图畸变小。以 $B-\beta$ 系统的平面网图为例，对从图面中心点起的同样距离上的畸变量来说，圆形图较小。通过中心的径线都是直线，与实际情况接近。$C-\gamma$ 系统的平面网图也一样，道路两边线在圆形网图上均为直线。

2）圆形网图的标尺间隔变化较小，如在 $B-\beta$ 系统的平面网图中，$60°<\beta<90°$ 范围内标尺间隔近似不变。

3）在圆形网图中，经纬线的交角多数接近或等于 90°，如 $C-\gamma$ 系统的平面网图就是这样。而在正弦网图中，除接近中心点外的其他各点的差异较大。

4）对旋转对称的配光，用 $B-\beta$ 系统的圆形网图表示十分清楚直观。若用正弦网图表

示的话，等光强曲线弯曲，看起来比较困难。当然，从实际上来说对旋转对称的配光，用极坐标配光曲线或直角坐标配光曲线就可表示，如图 3.4.14 所示，很少用等光强图。

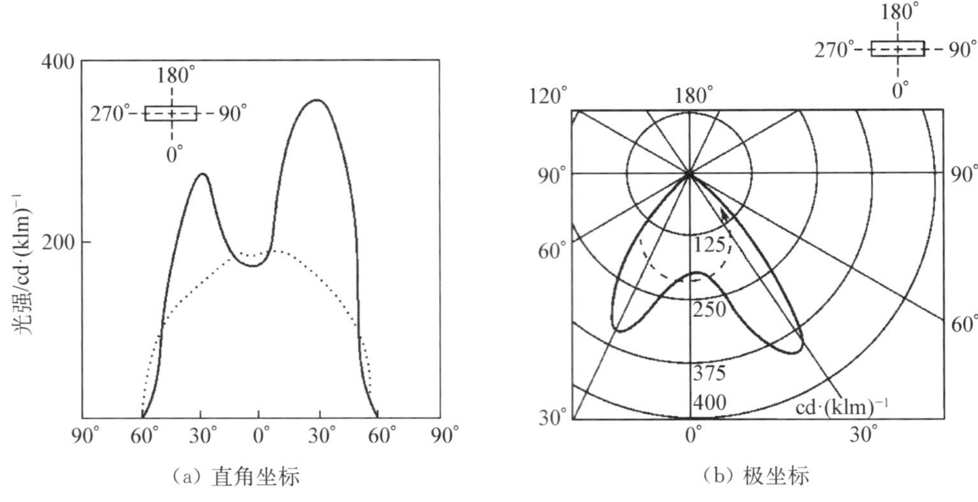

(a) 直角坐标　　(b) 极坐标

图 3.4.14　配光曲线

3. 矩形网图

正弦网图和圆形网图的网图面积都等于球体相应区域的表面积，这在以前没有计算器或计算机计算光通量时特别需要。因为图形面积正比于立体角，只要用求积仪划出图形面积，就可求出立体角，再乘上该范围内的平均光强就是该区域中的光通量。目前，随着计算工具的发展，这种精确度不高的方法似乎不再需要。不过，用这些图形表示灯具在某个空间中的光强分布情况还是很有用的。

为了便于表示和简化制图工序，目前用矩形网图来表示灯具空间分布已十分常见。这种网图不但适合光轴垂直向下的 $C-\gamma$ 坐标系统的表述，如道路灯具(见图 3.4.15)，而且也适用于光轴水平置放的 $X-Y$ 坐标系统或 $V-H$ 坐标系统。图 3.4.16 所示是一个 $V-H$ 坐标系统的矩形网图。

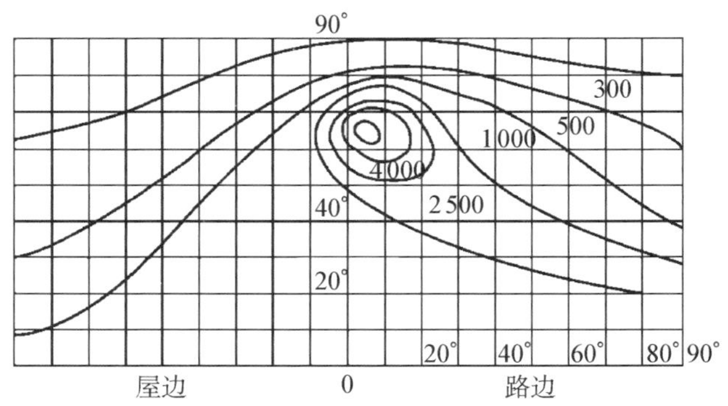

图 3.4.15　用矩形网图表示了一个路灯的半空间的光强分布

1 000 W金属卤化物灯　　光通量　110 000 lm
NEMA号：4

左右两边平均所得的等光强曲线

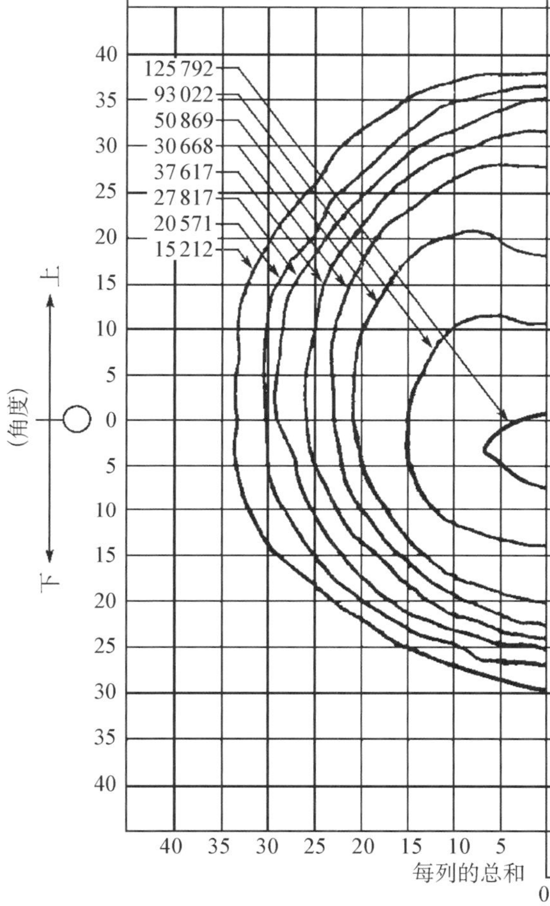

125 792
93 022
50 869
30 668
37 617
27 817
20 571
15 212

上　下　(角度)

左右两边平均所得的光通量分布

左、右角度(°)	0	5	10	15	20	25	30	35	40	每行的总和
上 40	0	0	0	0	0	0	0	0	0	0
35	151	141	117	101	88	79	73	63	42	855
30	310	241	190	146	105	83	73	66	52	1 266
25	452	432	370	245	152	98	74	66	59	1 948
20	507	509	492	409	237	131	81	66	61	2 493
15	630	596	593	518	364	170	96	67	58	3 092
10	719	668	591	567	454	219	113	69	57	3 457
5	743	731	660	599	494	262	126	73	57	3 745
0	922	868	836	673	544	275	129	75	56	4 378
5	1036	978	833	669	513	238	118	70	55	4 510
10	943	845	734	623	449	192	102	67	56	4 011
15	718	697	581	522	284	145	86	67	57	3 237
20	655	584	465	280	154	104	76	68	60	2 446
25	286	238	202	128	98	75	69	66	61	1 223
30	120	103	86	79	69	68	67	64	52	708
35	68	64	61	61	65	67	65	57	39	547
40	61	61	61	61	65	63	55	40	25	492
下	0	0	0	0	0	0	0	0	0	0
每列的总和	8 076	7 853	7 100	5 681	4 135	2 269	1 403	1 044	847	38 408

图 3.4.16　1 000 W 金属卤化物灯灯具的矩形网图

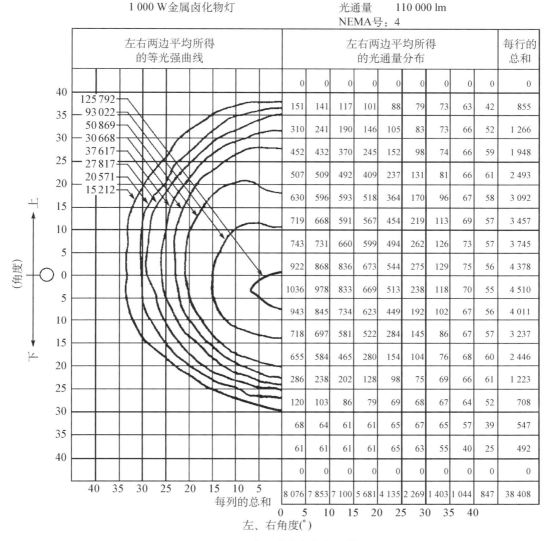

矩形网图的适用性广，不论什么坐标系统都可以用它来表示，而且比较醒目。特别是在投光灯的情况下，用矩形网图除能说明它的光强分布外，还能在它的网格中间填上数字，用以表示该区域内的光通量。

以 $V-H$ 坐标系统为例，分析如图 3.4.17 所示，不难发现，立体角元为

$$d\Omega = \frac{dS}{r^2} = \frac{rdH \cdot r\cos H dV}{r^2} = \cos H dV dH, \tag{3.4.14}$$

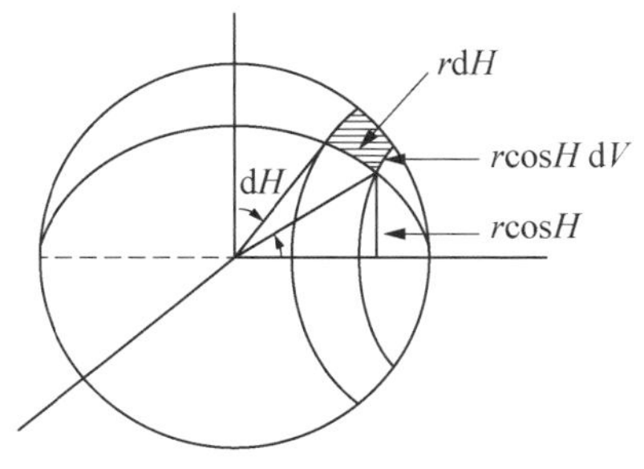

图 3.4.17　V - H 坐标系统的立体角元

式中，r 为球的半径。在 $V_1 \sim V_2$ 和 $H_1 \sim H_2$ 区间内的立体角 Ω 为

$$\Omega = \int_{H_1}^{H_2}\int_{V_1}^{V_2} \mathrm{d}\Omega = (V_2 - V_1)(\sin H_2 - \sin H_1)。 \tag{3.4.15}$$

将上式应用于图 3.4.16 中 $V=5° \sim 10°$和 $H=10° \sim 15°$的区域，可得

$$\Omega = \left(\frac{10° - 5°}{180°}\pi\right)(\sin 15° - \sin 10°) = 7.4 \times 10^{-3}(\mathrm{sr})。$$

由图 3.4.16 左半边的等光强曲线可知，在上述区域内的平均光强为 $I = 9 \times 10^4$ cd。因此，在该区域内的光通量为 $\Phi = 600$ lm，此即为图 3.4.16 右边方格中的数目。

需要指出的是，现在表示灯具的光度数据时，多采用相对法，很少采用直接法。所谓相对法，就是假定灯的光通量为 1 000 lm。当然，真实灯的光通量并非 1 000 lm，而是 Φ lm，这时只要将所标的光度数据乘以系数$\frac{\Phi}{1\,000}$即可。

3.4.2 灯具的其他光度数据、图表

3.4.2.1 空间等照度曲线

在上面所说的 3 种平面网图中，都是以等光强曲线的形式来表示，不容易直观地看出光强变化的情况，而图 3.4.14 中的极坐标配光曲线则很清楚地表现了灯具在过极轴的某一平面内的光强分布情况。利用图 3.4.14，可以计算该平面 P 与受照面 M 交线 OA 上所有点的照度，如图 3.4.18 所示。当考察的点 A 与灯具距离足够远时(见图 3.4.19)，发光体可以作为点光源来处理。这时，灯具在受照平面上的点 A 所产生的水平照度为

$$E_h = \frac{I_\theta}{l^2}\cos\theta = \frac{I_\theta}{h^2}\cos^3\theta。 \tag{3.4.16}$$

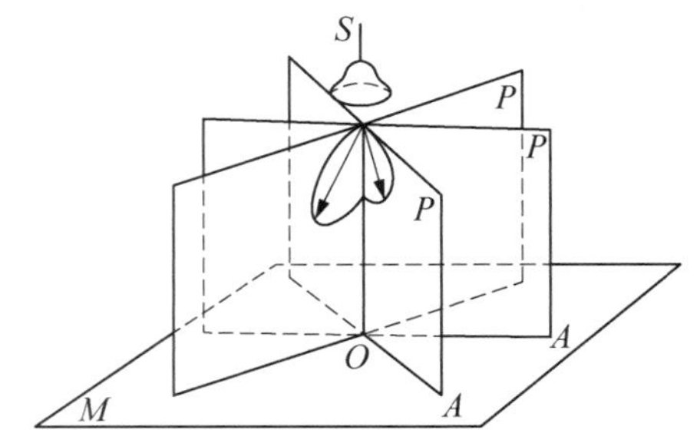

图 3.4.18　灯具在过极轴各平面内的光源分布

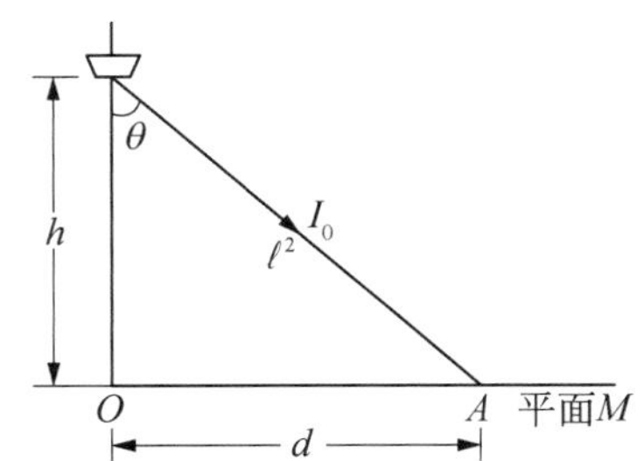

图 3.4.19　灯具在交线 OA 上产生的照度

利用上式，不仅可以计算出照度沿平面 P 和平面 M 交线 OA 的变化，还可以计算出照度随受照面高度 h 而变化的情况(见图 3.4.20)。这样，就能获得灯具在平面 P 内不同空间点上的水平照度分布情况(见图 3.4.21)。该图以 h 为纵坐标，以与灯下点 O 的距离 d 作为横坐标，图中各曲线分别代表不同的照度值(单位为lx)。在这样的一个垂直平面内的照度分布曲线称为空间等照度曲线。

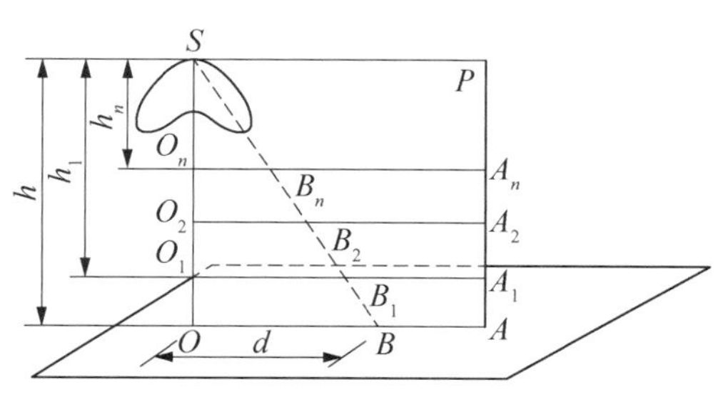

图 3.4.20　受照面高度变化的情况

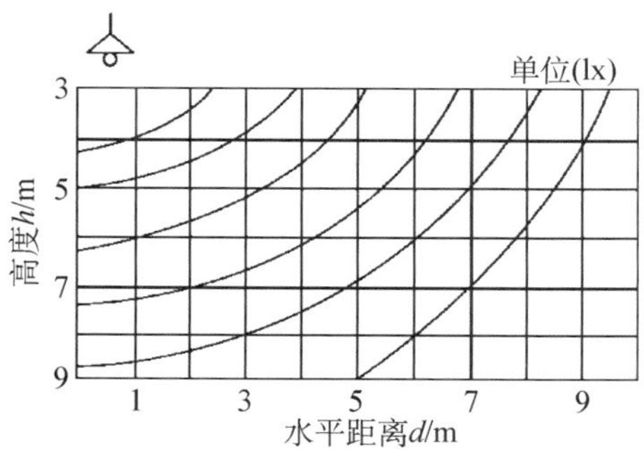

图 3.4.21　空间等照度曲线

对于具有旋转对称配光分布的灯具，每个平面 P 上的配光曲线都相同。因此，用一个垂直平面内的照度分布曲线就能全面反映该灯具的空间照度分布情况。但对于非旋转对称配光分布的灯具，需要很多平面内的数据，使用不方便。因此，我们采用下面的方法。

3.4.2.2　平面相对等照度曲线

由图 3.4.20 可见，当保持角度 θ 不变时，在点 B，B_1，…，B_n 等的水平照度为

$$E_B = \frac{I_\theta}{h^2}\cos^3\theta,$$

$$E_{B_1} = \frac{I_\theta}{h_1^2}\cos^3\theta,$$

……

$$E_{B_n} = \frac{I_\theta}{h_n^2}\cos^3\theta。$$

显然

$$\frac{E_B}{E_{B_n}} = \frac{h_n^2}{h^2}。\tag{3.4.17}$$

可见，只要知道在某一受照平面内的某一点 B 的照度 E_B 后，其他平行平面上相应点(指有相同 θ 的点)的照度 E_{B_1}，E_{B_2}，…，E_{B_n} 可以按照(3.4.17)式的关系求得。因此，只要求得某个受照平面 M 上的全部照度分布，就能算出其他任何高度的平行平面 M' 上任一点的照度值(见图 3.4.22)。

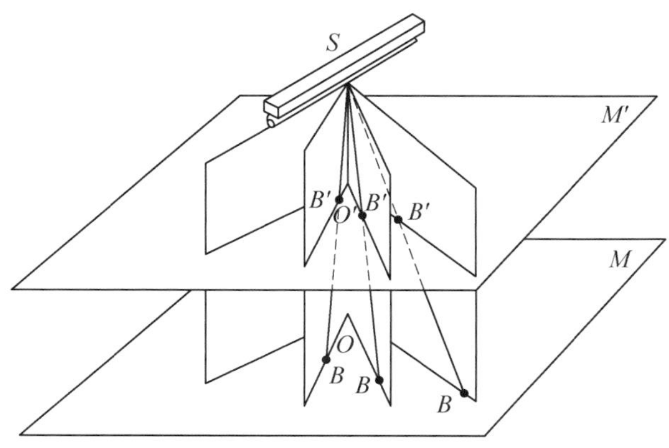

图 3.4.22　从 **M** 内的照度分布推导出在 **M′** 内的照度分布

根据通用的习惯，我们考虑照度分布时，不是采用任意高度 h 的平面 M，而是用一个既有代表性又方便计算的高度的平面，即 1 m 平面。在 1 m 平面内，在 φ 方向上，照度随 θ 的变化为

$$E_\theta = I_\theta \cos^3\theta \cdot m^{-2}。 \tag{3.4.18}$$

平面相对等照度曲线包含的角 φ 的范围视灯具光分布的对称性而定。如果灯具光分布是完全不对称的，则需要采用 φ 为 0°～360°范围的空间相对等照度曲线。但如果灯具有一个对称面，则只要采用上述范围的一半；而如果灯具有两个对称面，则只需采用整个角度范围的$\frac{1}{4}$就行了。图 3.4.23 所示是简式荧光灯 YG2－1 1×40 W 的平面相对等照度曲线，因为荧光灯具有两个对称面，所以图中包括的角度 φ 的范围为 0°～90°。

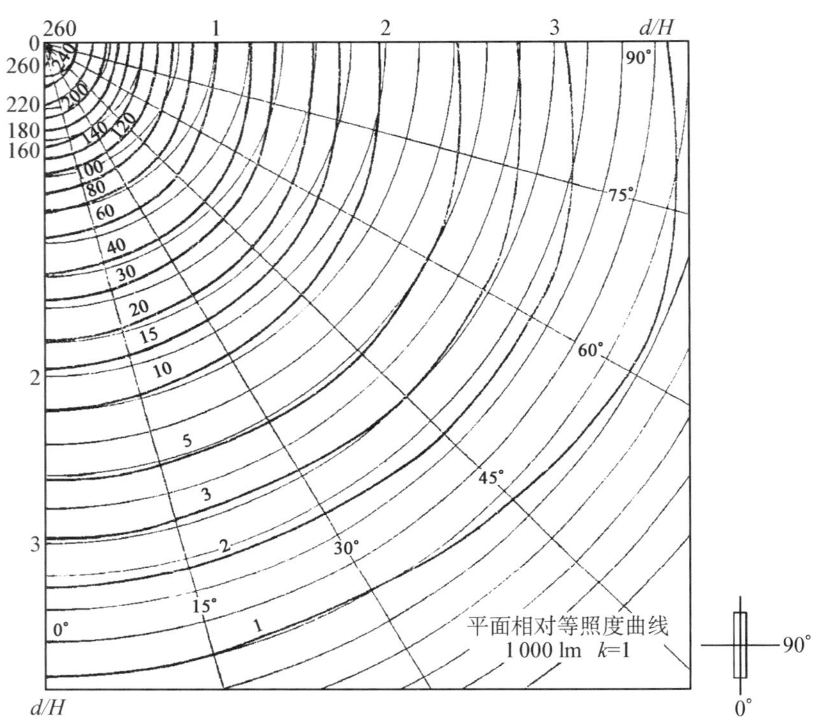

图 3.4.23 简式荧光灯 YG2－1 1×40 W 的平面相对等照度曲线

要再三强调的是，虽然平面相对等照度曲线采取了假定(1 m)平面，但它并不表示灯在 1 m 下方平面上的真正照度。图中数值是根据某一真实 h 值情况下的数值，由(3.4.17)式推演而得；在此 h 值下，距离平方反比定律成立。反过来，由平面相对等照度曲线可以获得在任意高度平面上的照度分布。当然，在这些高度时，要满足平方反比定律才行。

3.4.2.3 灯具的效率和利用系数 *CU*

根据灯具光强的空间分布，可以计算出灯具出射的光通量。今以灯具为中心，将空间分割成 18 个环带，每个环带宽为 10°(见图 3.4.24)。第 n 个环带的立体角为

$$\Omega_n = 2\pi(\cos\theta_{n-1} - \cos\theta_n), \tag{3.4.19}$$

式中，θ_{n-1} 和 θ_n 为环带的边界角。I_n 是第 n 个环带的平均光强，它近似等于在环带中角$\frac{\theta_{n-1}+\theta_n}{2}$处的光强，这样，第 n 个环带的光通量为

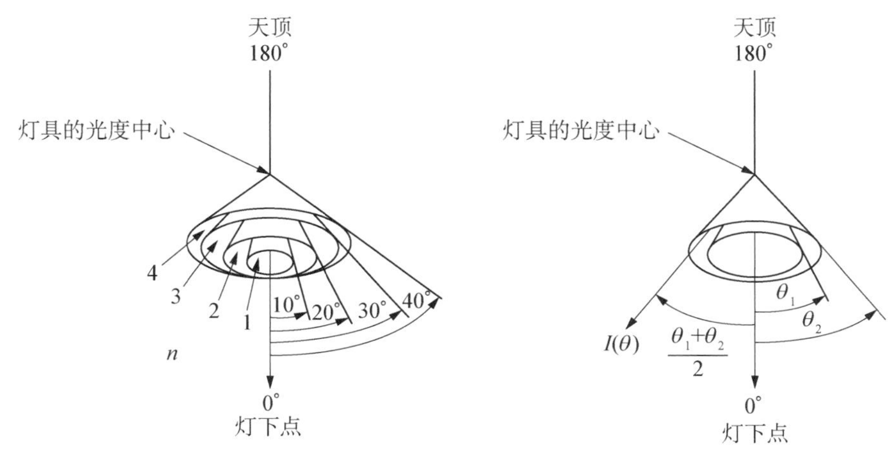

图 3.4.24　环带和环带的中角

$$\Phi_n = I_n\Omega_n = 2\pi I_n(\cos\theta_{n-1} - \cos\theta_n)。\tag{3.4.20}$$

灯具总的出射光通量为

$$\Phi = \sum_{n=1}^{18}\Phi_n。\tag{3.4.21}$$

如果灯具中光源的总光通量为 Φ_0，则灯具的光效率为

$$\eta = \frac{\Phi}{\Phi_0}。\tag{3.4.22}$$

灯具的光效率与灯具的形状和所用材料有关。人们当然希望灯具的光效率高，因为光效率低的灯具不仅可利用的光少，而且由于未射出的光为灯具吸收后还会使灯具温度升高，使灯泡寿命缩短、室内的空调负荷增加。

灯具发出的光并不能全部到达工作面上为我们所利用。我们将工作面上接受到的光通量与光源总光通量的比值定义为灯具的利用系数，记为 CU。需注意，到达工作面上的光通量既包括灯具的直射光通量，也包括由于相互反射而到达工作面的光通量。因此，灯具的利用系数既与灯具本身的性能有关，还在很大程度上依赖于灯具使用的环境。例如，同样的灯具，在低而宽敞的空间中，利用系数大；但在狭而高的空间中，利用系数小。当空间内天棚和墙面的反射率高时，利用系数也大一些。

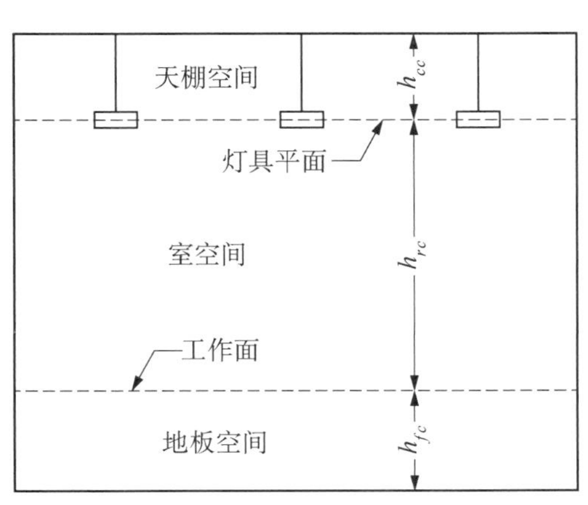

图 3.4.25　将房间分成 3 个空间

为了表示房间的空间特征，引入空间系数的概念。将房间的垂直截面分成 3 个部分（见图 3.4.25）：灯具出光口平面到顶棚之间的天棚空间、工作面到地板之间的地板空间和灯具出光口平面到工作面之间的室空间。我们将空间系数定义为

$$空间系数 = \frac{5h(l+w)}{lw},$$

式中，h 为空间的高度；l 和 w 分别为空间的长和宽。若分别以 RCR，CCR 和 FCR 表示室空间系数、天棚空间系数和地板空间系数，则有

$$RCR = \frac{5h_{rc}(l+w)}{lw}, \tag{3.4.23}$$

$$CCR = \frac{5h_{cc}(l+w)}{lw}, \tag{3.4.24}$$

$$FCR = \frac{5h_{fc}(l+w)}{lw}。 \tag{3.4.25}$$

式中，h_{rc}，h_{cc} 和 h_{fc} 分别表示室空间的高、天棚空间的高和地板空间的高（见图 3.4.25）。若房间的形状不规则，则室空间系数可以表示为

$$RCR = 2.5 \times \frac{室墙面积}{室底面积}。$$

在天棚空间中，一部分光被吸收，一部分光经多次反射从灯具出光口平面射出。为简化计算，将灯具出光口平面看成一个具有有效反射比为 ρ_{cc} 的假想平面，光在这个假想平面上的反射效果同在实际天棚空间的反射效果等价，ρ_{cc} 称为有效天棚空间的反射率。同样，地板空间的反射效果也可以用一个假想平面来表示，其有效反射率为 ρ_{fc}。有效天棚（地板）空间反射率可由下式求出：

$$\rho_{cc}(或\ \rho_{fc}) = \frac{\rho A_0}{A_s - \rho A_s + \rho A_0}, \tag{3.4.26}$$

式中，A_0 为天棚（或地板）的面积；A_s 为天棚（或地板）空间中所有表面的总面积；ρ 为天棚（或地板）空间中各表面的平均反射率，可由下式求得：

$$\rho = \frac{\sum \rho_i A_i}{\sum A_i}, \tag{3.4.27}$$

式中，A_i 表示空间中第 i 个面的面积；ρ_i 是第 i 个面的反射率。

灯具在出厂时，生产厂家都要给出它们的利用系数表。举例来说，表 3.4.3 列出了一个采用 70 W 金属卤化物灯的嵌入式灯具的利用系数。表中第一行是有效天棚空间反射率 ρ_{cc}，分别为 80%，70%，50%，30%，10%和 0。第二行为墙面反射率 ρ_w，给出了 50%，30%和 10% 3 个典型值。对有效地板空间反射率 ρ_{fc}，只给出 20%一个数值。表中第 1 列为 RCR 的数值，从 0 到 10；表中的其他数字则为各种情况下利用系数 CU 的值。

表 3.4.3　采用 70 W 金属卤化物灯的嵌入式灯具的利用系数 CU

$\rho_{cc}/\%$	80			70			50			30			10			0
$\rho_w/\%$	50	30	10	50	30	10	50	30	10	50	30	10	50	30	10	0
RCR	$\rho_{fc}=20\%$															
0	0.67	0.67	0.67	0.65	0.65	0.65	0.62	0.62	0.62	0.60	0.60	0.60	0.57	0.57	0.57	0.56
1	0.60	0.58	0.56	0.58	0.57	0.55	0.56	0.55	0.53	0.54	0.53	0.52	0.52	0.51	0.50	0.49
2	0.53	0.49	0.46	0.52	0.58	0.46	0.50	0.47	0.45	0.48	0.46	0.44	0.46	0.44	0.43	0.42
3	0.46	0.42	0.39	0.46	0.42	0.38	0.44	0.41	0.38	0.42	0.40	0.37	0.41	0.39	0.37	0.35
4	0.41	0.36	0.33	0.40	0.36	0.33	0.39	0.35	0.32	0.38	0.34	0.32	0.37	0.34	0.31	0.30
5	0.37	0.32	0.28	0.36	0.31	0.28	0.35	0.31	0.28	0.34	0.30	0.27	0.33	0.30	0.27	0.26
6	0.33	0.28	0.24	0.32	0.28	0.24	0.31	0.27	0.24	0.30	0.27	0.24	0.30	0.26	0.24	0.23
7	0.30	0.25	0.21	0.29	0.25	0.21	0.28	0.24	0.21	0.28	0.24	0.21	0.27	0.23	0.21	0.20
8	0.27	0.22	0.19	0.26	0.22	0.19	0.26	0.22	0.19	0.25	0.21	0.19	0.24	0.21	0.19	0.17
9	0.25	0.20	0.17	0.24	0.20	0.17	0.24	0.20	0.17	0.23	0.19	0.17	0.22	0.19	0.17	0.16
10	0.22	0.18	0.16	0.22	0.18	0.15	0.22	0.18	0.15	0.21	0.18	0.15	0.21	0.17	0.15	0.14

如何从表 3.4.3 查得实际情况下的利用系数？具体步骤可归纳如下：

1）根据房间的尺寸、灯具的安装情况和工作面的高度等，由(3.4.23)～(3.4.27)式计算出 RCR，CCR 和 FCR。

2）由(3.4.27)式求出 ρ。

3）由(3.4.26)式求出 ρ_{cc} 和 ρ_{fc}。

4）由上面求得的 RCR，ρ_{cc} 以及给定的墙面反射率 ρ_w，便可由表查得利用系数 CU 的值。当 RCR，ρ_{cc} 和 ρ_w 不是图表中分级的整数时，可用内插法求出对应的值。

5）图表中的值是对 $\rho_{fc}=20\%$ 的情况而言的。当 $\rho_{fc}\neq 20\%$ 时，如果要求精确的结果，则利用查表法求出修正系数进行修正。如计算精确度要求不高，也可不做修正。表 3.4.4 列出了 ρ_{fc} 分别为 30%，10% 和 0 时的修正系数。这里，取 $\rho_{fc}=20\%$ 时为 1。

表 3.4.4　$\rho_{fc}\neq 20\%$ 的修正系数

$\rho_{cc}/\%$	80				70				50			30			10		
$\rho_w/\%$	70	50	30	10	70	50	30	10	50	30	10	50	30	10	50	30	10
RCR	有效地板空间反射率 $\rho_{fc}=30\%$ 时																
1	1.092	1.082	1.075	1.068	1.077	1.070	1.064	1.059	1.049	1.044	1.040	1.028	1.026	1.023	1.012	1.010	1.008
2	1.079	1.066	1.055	1.047	1.068	1.057	1.048	1.039	1.041	1.033	1.027	1.026	1.021	1.017	1.013	1.010	1.006
3	1.070	1.054	1.042	1.033	1.061	1.048	1.037	1.028	1.034	1.027	1.020	1.024	1.017	1.012	1.014	1.009	1.005
4	1.062	1.045	1.033	1.024	1.055	1.040	1.029	1.021	1.030	1.022	1.015	1.022	1.015	1.010	1.014	1.009	1.004
5	1.056	1.038	1.026	1.018	1.050	1.034	1.024	1.015	1.027	1.018	1.012	1.020	1.013	1.008	1.014	1.009	1.004
6	1.052	1.033	1.021	1.014	1.047	1.030	1.020	1.012	1.024	1.015	1.009	1.019	1.012	1.006	1.014	1.008	1.003

续表

$\rho_{cc}/\%$	80				70				50			30			10		
$\rho_w/\%$	70	50	30	10	70	50	30	10	50	30	10	50	30	10	50	30	10
RCR	有效地板空间反射率 $\rho_{fc}=30\%$ 时																
7	1.047	1.029	1.018	1.011	1.043	1.026	1.017	1.009	1.022	1.013	1.007	1.018	1.010	1.005	1.014	1.008	1.003
8	1.044	1.026	1.015	1.009	1.040	1.024	1.015	1.007	1.020	1.012	1.006	1.017	1.009	1.004	1.013	1.007	1.003
9	1.040	1.024	1.014	1.007	1.037	1.022	1.014	1.006	1.019	1.011	1.005	1.016	1.009	1.004	1.013	1.007	1.002
10	1.037	1.022	1.012	1.006	1.034	1.020	1.012	1.005	1.017	1.010	1.004	1.015	1.009	1.003	1.013	1.007	1.002
RCR	有效地板空间反射率 $\rho_{fc}=10\%$ 时																
1	0.923	0.929	0.935	0.940	0.933	0.939	0.943	0.948	0.956	0.960	0.963	0.973	0.976	0.979	0.989	0.991	0.993
2	0.931	0.942	0.950	0.958	0.940	0.949	0.957	0.963	0.962	0.968	0.974	0.976	0.980	0.985	0.988	0.991	0.995
3	0.939	0.951	0.961	0.969	0.945	0.957	0.966	0.973	0.967	0.975	0.981	0.978	0.983	0.988	0.988	0.992	0.996
4	0.944	0.958	0.969	0.978	0.950	0.963	0.973	0.980	0.972	0.980	0.986	0.980	0.986	0.991	0.987	0.992	0.996
5	0.949	0.964	0.976	0.983	0.954	0.968	0.978	0.985	0.975	0.983	0.989	0.981	0.988	0.993	0.987	0.992	0.997
6	0.953	0.969	0.980	0.986	0.958	0.972	0.982	0.989	0.977	0.985	0.992	0.982	0.989	0.995	0.987	0.993	0.997
7	0.957	0.973	0.983	0.991	0.961	0.975	0.985	0.991	0.979	0.987	0.994	0.983	0.990	0.996	0.987	0.993	0.998
8	0.960	0.976	0.986	0.993	0.963	0.977	0.987	0.993	0.981	0.988	0.995	0.984	0.991	0.997	0.987	0.994	0.998
9	0.963	0.978	0.987	0.994	0.965	0.979	0.989	0.994	0.983	0.990	0.996	0.985	0.992	0.998	0.988	0.994	0.999
10	0.965	0.980	0.989	0.995	0.967	0.981	0.990	0.995	0.984	0.991	0.997	0.986	0.993	0.998	0.988	0.994	0.999
RCR	有效地板空间反射率 $\rho_{fc}=0\%$ 时																
1	0.859	0.870	0.879	0.886	0.873	0.884	0.893	0.901	0.916	0.923	0.929	0.948	0.954	0.960	0.979	0.983	0.987
2	0.871	0.887	0.903	0.919	0.886	0.902	0.916	0.928	0.926	0.938	0.949	0.954	0.963	0.971	0.978	0.983	0.991
3	0.882	0.904	0.915	0.942	0.898	0.918	0.934	0.947	0.936	0.950	0.964	0.958	0.969	0.979	0.976	0.984	0.993
4	0.893	0.919	0.941	0.958	0.908	0.930	0.948	0.961	0.945	0.961	0.974	0.961	0.974	0.984	0.975	0.985	0.994
5	0.903	0.931	0.953	0.969	0.914	0.939	0.958	0.970	0.951	0.967	0.980	0.964	0.977	0.988	0.975	0.985	0.995
6	0.911	0.940	0.961	0.976	0.920	0.945	0.965	0.977	0.955	0.972	0.985	0.966	0.979	0.991	0.975	0.986	0.996
7	0.917	0.947	0.967	0.981	0.924	0.950	0.970	0.982	0.959	0.975	0.988	0.968	0.981	0.993	0.975	0.987	0.997
8	0.922	0.953	0.971	0.985	0.929	0.955	0.975	0.986	0.963	0.978	0.991	0.970	0.983	0.995	0.976	0.988	0.998
9	0.928	0.958	0.975	0.988	0.933	0.959	0.980	0.989	0.966	0.980	0.993	0.971	0.985	0.996	0.976	0.988	0.998
10	0.933	0.962	0.979	0.991	0.937	0.963	0.983	0.992	0.969	0.982	0.995	0.973	0.987	0.997	0.977	0.989	0.999

在利用系数表中的利用系数值又是怎样求得的呢？下面简要说明一下。

让我们回过头来看图 3.4.24 和(3.4.21)式，(3.4.21)式表示的是灯具出射的总光通量，它包括下射光和上射光两部分，这两部分所占的比例分别为

$$\Phi_{\text{down}} = \frac{1}{\Phi}\sum_{n=1}^{9}\Phi_n,$$

$$\Phi_{\text{up}} = \frac{1}{\Phi}\sum_{n=10}^{18}\Phi_n。$$

向下的光通量 Φ_{down} 没有全部到达工作面上，能直接射到工作面上的光通量在下照光通量中所占的比例为

$$D_G = \frac{1}{\Phi_{\text{down}}\Phi}\sum_{n=1}^{9} K_{GN}\Phi_n, \tag{3.4.28}$$

式中，D_G 称为直接比(direct ratio)；K_{GN} 为带乘数(zonal multipliers)，它表示在每个带的向下垂直光通量中有百分之几直接落在工作面上，它是室空间系数 RCR 的函数：

$$K_{GN} = \mathrm{e}^{-AG^B}, \tag{3.4.29}$$

式中，$G = RCR$；A 和 B 为常数，它们的值由表 3.4.5 给出。

表 3.4.5　**带乘数方程中的常数 *A* 和 *B* 的值**

带号 *n*	*A*	*B*
1	0.000	0.00
2	0.041	0.98
3	0.070	1.05
4	0.100	1.12
5	0.136	1.16
6	0.190	1.25
7	0.315	1.25
8	0.640	1.25
9	2.100	0.80

作为计算利用系数 CU 的中间步骤，如下确定参数 C_1，C_2，C_3 和 C_0：

$$C_1 = \frac{(1-\rho_w)(1-F^2_{cc\to fc})G}{2.5\rho_w(1-F^2_{cc\to fc})+GF_{cc\to fc}(1-\rho_w)},$$

$$C_2 = \frac{(1-\rho_{cc})(1+F_{cc\to fc})}{1+\rho_{cc}F_{cc\to fc}},$$

$$C_3 = \frac{(1-\rho_{fc})(1+F_{cc\to fc})}{1+\rho_{fc}F_{cc\to fc}},$$

$$C_0 = C_1 + C_2 + C_3。$$

式中，ρ_w，ρ_{cc} 和 ρ_{fc} 的意义在前文已做过交代，对标准的系数表，$\rho_{fc}=0.20$；$F_{cc\to fc}$ 是从天棚空间到地板空间的形状因子(form factor)。有关形状因子将来在第四章中再做介绍。

最后，得到计算利用系数 CU 的公式为

$$CU = \frac{2.5\rho_w C_1 C_3(1-D_G)\Phi_{\text{down}}}{G(1-\rho_w)(1-\rho_{fc})C_0} + \frac{\rho_{cc}+C_2C_3\Phi_{\text{up}}}{(1-\rho_{cc})(1-\rho_{fc})C_0} + \left(1-\frac{\rho_{fc}C_3(C_1+C_2)}{(1-\rho_{fc})C_0}\right)\frac{D_G\Phi_{\text{down}}}{1-\rho_{fc}}。 \tag{3.4.30}$$

3.4.2.4　灯具的概算曲线

作为一个范例，图 3.4.26 画出了配照型工厂灯具 GC1－A(B)－1 的一条概算曲线，灯具内采用 125 W 荧光高压汞灯，对应的灯具高度 $h = 4$ m，平均维持照度 $E_{\text{av}} = 100$ lx。图的

横坐标为被照的面积 $A(\mathrm{m}^2)$，纵坐标为达到要求的平均维持照度所需要的这种灯具的数目 N。例如，当被照面面积 $A=150\ \mathrm{m}^2$ 时，可由图上曲线方便地查出 $N=11$，即需要采用 11 个这样的灯具来进行照明。显然，采用概算曲线可以很方便地估算出要求的灯具数目，这给照明设计者的工作带来了方便。

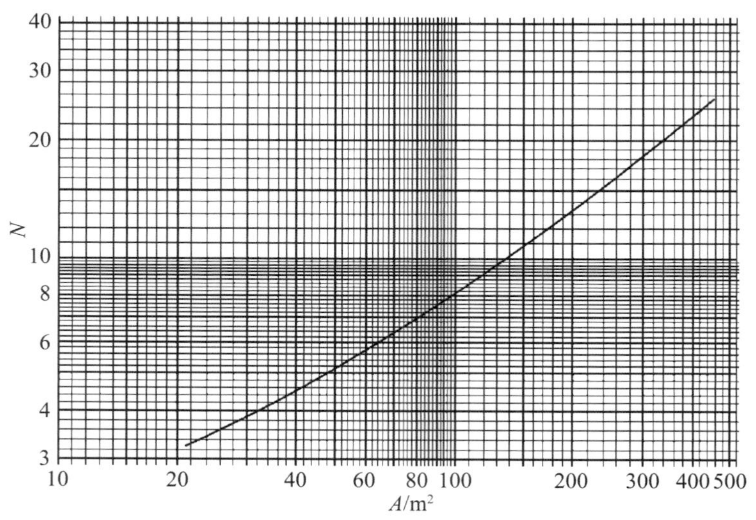

图 3.4.26　概算曲线的范例

灯具概算曲线图的编制与前面刚讨论过的室空间系数 RCR 和利用系数 CU 是紧密相联的。我们取 $\frac{l}{w}=2$ 作为典型房间的长宽比，令 $w=x$，则 $l=2x$，房间面积 $A=lw=2x^2$，即 $x=\sqrt{\frac{A}{2}}$。将这些关系代入 RCR 的表达式(3.4.23)，有

$$RCR=\frac{5h_{rc}(l+w)}{lw}=\frac{15h_{rc}x}{2x^2}=\frac{15h_{rc}}{2x}=\frac{15h_{rc}}{\sqrt{2A}}, \tag{3.4.31}$$

或

$$A=\frac{112.5h_{rc}^2}{(RCR)^2}。 \tag{3.4.32}$$

而平均照度 E_{av} 可由下式计算出来：

$$E_{\mathrm{av}}=\frac{\Phi\cdot N\cdot CU\cdot K}{A}, \tag{3.4.33}$$

式中，Φ 为一个灯具中光源的总光通量；N 为所用灯具的数目；CU 和 A 的意义同前；K 为维护系数，它反映了由于光源光通量衰减、灯具被污染、灯具材料老化，以及照明场所条件恶化等诸多因素造成的照明水平随时间的下降。关于维护系数 K，在 5.2.1 节还要详细讨论。K 一般可取为 0.7，这也就意味着维持照度是初始照度的 70%。(3.4.33)式可改为

$$N=\frac{EA}{\Phi\cdot CU\cdot K}。 \tag{3.4.34}$$

在制作概算曲线时，我们规定 $E_{av} = 100\ \text{lx}$，因而

$$N = \frac{100A}{\Phi \cdot CU \cdot K}。\tag{3.4.35}$$

将(3.4.32)式和(3.4.35)式联立起来，有

$$\begin{cases} A = \dfrac{112.5h_{rc}^2}{(RCR)^2}, \\ N = \dfrac{100A}{\Phi \cdot CU \cdot K}。\end{cases}$$

先固定 h_{rc} 为某一高度，如 $h_{rc} = 4\ \text{m}$。取 $\rho_{cc} = 50\%$，$\rho_w = 30\%$，$\rho_{fc} = 20\%$，$K = 0.7$。然后，以 $RCR = 0 \sim 10$ 和相应情况下的 CU 值，以及光源的光通量 $\Phi = 4\,750\ \text{lm}$ 代入上面两式，便可得到 A 和 N 的关系。对采用 125 W 荧光高压汞灯的 GC1－A(B)－1 配照型工厂灯具，计算得到的 A 和 N 的关系列于表 3.4.6 中。

表 3.4.6　GC1－A(B)－1 型灯具概算曲线计算表

RCR	CU	A	N	RCR	CU	A	N
1	0.66	1 800	82	6	0.29	50	5.2
2	0.55	450	24.6	7	0.25	36.7	4.4
3	0.46	200	13.1	8	0.22	28.1	3.8
4	0.39	112.5	8.7	9	0.20	22.2	3.3
5	0.34	72	6.4	10	0.17	18	3.2

将表 3.4.6 的数据绘成曲线，便得到图 3.4.26 的结果。对其他的 h_{rc} 值和 ρ_{cc}，ρ_w 值，重复以上步骤，便可得到新条件下的各条曲线。

3.4.2.5　灯具的最大间距要求 SC

倘若 A，B 两同种灯具如图 3.4.27(a)所示那样安装，两灯具间距为 S，灯具离工作面的高度为 MH。不难发现，此两灯具在它们下方的中间点 Q 处产生的水平照度为

$$E_Q = 2\frac{I_\theta}{(MH)^2}\cos^3\theta。\tag{3.4.36}$$

为了使工作面上照明均匀，两灯具在点 Q 产生的照度 E_Q 应与每一个灯具在其正下方产生的直接照度 $\frac{I_0}{(MH)^2}$ 相等，即

$$2\frac{I_\theta}{(MH)^2}\cos^3\theta = \frac{I_0}{(MH)^2}。$$

式中，I_0 是 $\theta = 0°$ 时的光强，满足上式关系的角 θ 我们专门记为 $\theta_{1/2}$。这样

$$\cos^3\theta_{1/2} = \frac{I_0}{2I_{\theta_{1/2}}}。$$

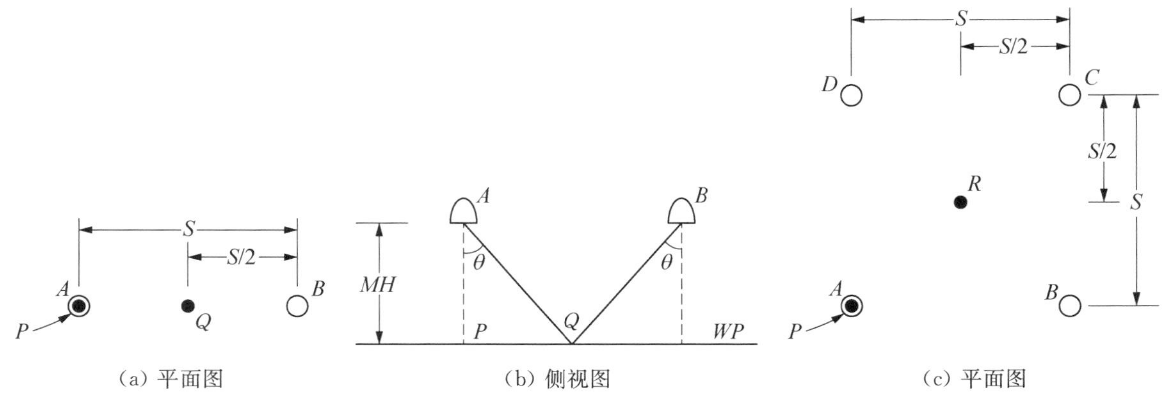

图 3.4.27　产生均匀照明的条件

此时，有

$$\frac{S}{MH}=2\tan\theta_{1/2}。\tag{3.4.37}$$

显然，当灯具安装的距高比大于 $2\tan\theta_{1/2}$ 时，工作面上的照度就不会均匀。

如图 3.4.27(c)所示，当灯具是按四方形安装时，如果灯下点的照度仅由上方的灯具产生，且正方形中央点 R 的照度与灯下点相同，即每一个灯具在点 R 产生的照度均为其在灯下点产生的照度的 $\frac{1}{4}$，则工作面上的照度也均匀。这时，灯具的距高比也是获得均匀照明所允许的最大距高比。

若灯具安装满足条件：

1）灯下点工作面的照度仅由其上方的灯具产生(即其他灯具对此点的照度没有贡献)；

2）灯具中间点工作面的照度与灯下点相同，则此时的灯具安装距高比 $\frac{S}{MH}$ 就被定义为灯具安装最大间距要求 SC(spacing criterion)。当距高比大于 SC 时，照度一定不会均匀。

灯具的 SC 值可以按下列程序求得。

1. 对光强分布为旋转对称的灯具

1）在图 3.4.28 中画出灯具的相对光强分布曲线(如图中的 3 根曲线)。

2）在纵坐标轴上找出光强为一半 0°光强值的点，过此点引一直线平行于图中的斜线。注意，如果在 0°附近的光强值变化很大，则取 0°～5°间的平均光强作为 0°的光强值。

3）上面画的斜直线与灯具的光强曲线有一交点，沿此点垂直向上，读出标尺 A 上的读数。

4）重复步骤 2)，但是在纵坐标轴上取 $\frac{1}{4}$ 的 0°光强值的点，然后也引直线平行于斜线。

5）在步骤 4)中所作的斜直线与灯具的光强曲线相交，沿此交点垂直向上，读出标尺 B 上的读数。

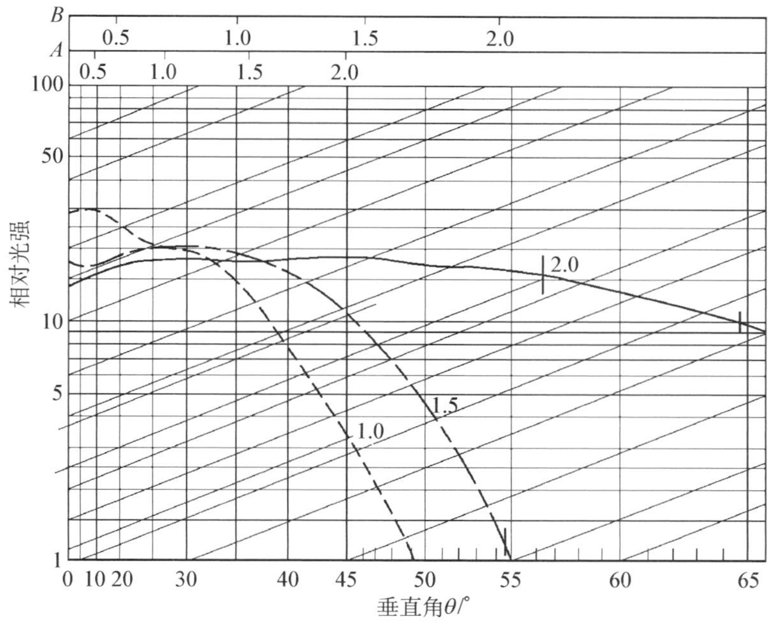

图 3.4.28　求 SC 的示意

6）由步骤 3）和步骤 5）分别得到两个读数，取其中较小的一个作为灯具的最大间距要求的 SC，并将其值四舍五入到小数点后面一位。

2. 对不是旋转对称的灯具

对 4 个象限对称的灯具，分别画出纵向和横向的光强分布曲线，并对每一曲线重复上面的步骤 1)，2)和 3)，然后，将所得的 SC 值近似到小数点后面一位。

有不少照明设计人员简单地将 SC 值取为实际的灯具距高比 S/MH，其实这是错误的。当然，这时工作面上的照度是比较均匀的。但是他们忘记了一个十分重要的情况：当 $S/MH = SC$ 时，灯具下方的照度完全由其上方的灯具产生；如果由于某种原因上方的灯具被挡住了，则其下方就没有任何照明。这当然是我们所不希望的。好的照明设计应使得工作面上任何一点至少由两个灯具来照明。这样，即使当任何一个灯具射来的光被设备或人体挡住时，还有另一个灯具的光可以照明。通常，应使灯具的距高比 S/MH 比灯具的 SC 值小 0.3～0.5。这时，正上方灯具的贡献大约是 50％，而邻近灯具的贡献也大约为 50％。

3.4.3　灯具光度学报告的主要指标

为了对光度数据做适当的解释，并进行后续的照明计算，测试报告应提供所有必要的信息。概要信息要准确地显示被测灯具的测试条件，测试光度数据则需提供详细的数值和图表。

3.4.3.1　室内灯具

1. 概要信息

概要信息包括电压功率、灯具信息描述、测试编号、试验程序、测试坐标系统和间隔等，如表 3.4.7 所示。

表 3.4.7 **室内灯具概要信息**

实测参数:*U*:220.3 V, *I*:0.068 6 A, *P*:8.486 W, *PF*:0.561 6 实检光通:486.288×1 lm		
灯具名称:室内灯具	灯具类型:室内灯具	灯具重量:0.370(kg)
灯具规格:MX007b - B - LED008ST - 5700M120 - 220	外型尺寸:260×260×56(mm)	测试编号:201400469 - 1
制造厂商:	发光口面:260×260(mm)	保护角:

角度 *C* 的范围:0°～360°　　角度 *γ* 的范围:0°～180°
角度 *C* 的间隔:30.0°　　角度 *γ* 的间隔:5°
测试速度:快速　　测试系统:
环境温度:25℃　　环境湿度:40%
测试人员:　　测试距离:11.365 m(*K*=1.000 0)
测试日期:　　备注:

2. 试验结果概述

试验结果概述包括光源光通量、灯具上射光通比、下射光通比、灯具 CIE 分类描述、最大允许安装距离高度比、灯具效率、峰值光强值等,如表 3.4.8 所示。

表 3.4.8 **测验结果概述**

光源数据		光度数据 光效:57.30 lm · W^{-1}			
型号	8 W LED	峰值光强/cd	149.4	*S*/*MH*(*C*0°～*C*180°)	1.30
标称功率/W	8	灯具效率/%	100.0	*S*/*MH*(*C*90°～*C*270°)	1.28
额定电源电压/V	220	总光通量/lm	486.29	*η*UP, DN(*C*0°～*C*180°)	1.5, 48.3
额定光通量/lm	486.288	CIE 分类	直接	*η*UP, DN(*C*180°～*C*360°)	1.5, 48.8
灯具内光源数/只	1	上射光通比/%	3.0	CIBSE SHR NOM	1.25
实测电源电压/V	220.0	下射光通比/%	97.0	CIBSE SHR MAX	1.35

3. 灯具光强分布曲线

若灯具光强是旋转对称分布的,则可用一个平面表示;若是非旋转对称的,则至少用两个有代表性的平面表示,如图 3.4.29 所示。

4. 空间等照度曲线

此曲线表示在垂直平面内的不同空间点上的水平照度的分布情况,如图 3.4.30 所示。图中以 *h* 作为纵坐标,以与灯下点的距离 *d* 作为横坐标,曲线分布代表不同的照度值。

5. 利用系数表

利用系数表示工作面上接受到的光通量与光源总光通量的比值。根据室空间比和顶棚、墙面、地板反射率,可由表 3.4.9 查得利用系数 *CU* 的值。

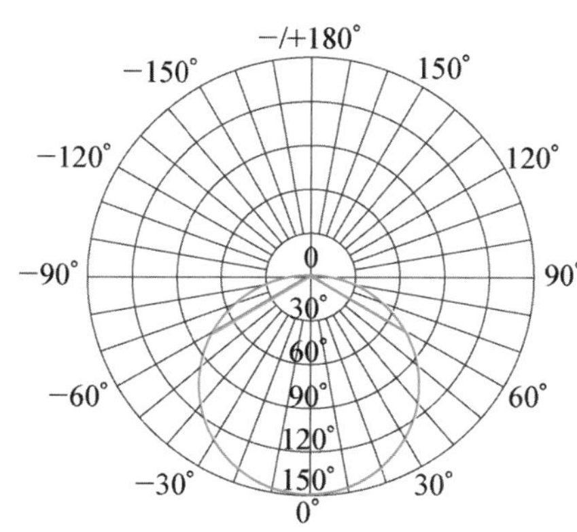

平均光束角(50%)：118.3°

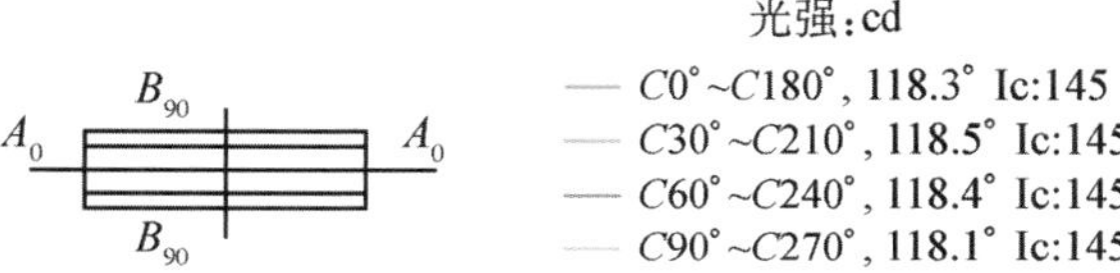

图 3.4.29　**室内灯具配光曲线**

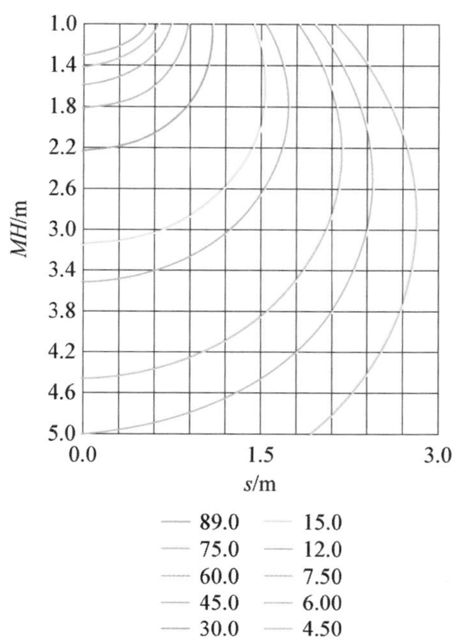

图 3.4.30　**空间等照度曲线(单位:lx)**

表 3.4.9　**利用系数**

顶棚	80%			70%			50%			30%			10%			0
墙面	50%	30%	10%	50%	30%	10%	50%	30%	10%	50%	30%	10%	50%	30%	10%	0
地板	20%			20%			20%			20%			20%			0
室空间比	工作面利用系数															
0.0	1.18	1.18	1.18	1.15	1.15	1.15	1.09	1.09	1.09	1.04	1.04	1.04	0.99	0.99	0.99	0.97
1.0	1.01	0.96	0.92	0.99	0.94	0.90	0.94	0.90	0.87	0.89	0.86	0.84	0.85	0.83	0.81	0.78
2.0	0.88	0.80	0.74	0.85	0.79	0.73	0.81	0.76	0.71	0.77	0.73	0.69	0.74	0.70	0.67	0.64
3.0	0.76	0.68	0.61	0.75	0.67	0.60	0.71	0.64	0.59	0.68	0.62	0.57	0.65	0.60	0.56	0.53
4.0	0.67	0.58	0.51	0.66	0.57	0.51	0.63	0.56	0.50	0.60	0.54	0.49	0.58	0.52	0.48	0.45
5.0	0.60	0.51	0.44	0.59	0.50	0.43	0.56	0.49	0.43	0.54	0.47	0.42	0.52	0.46	0.41	0.39
6.0	0.54	0.45	0.38	0.53	0.44	0.38	0.51	0.43	0.37	0.49	0.42	0.37	0.47	0.41	0.36	0.34
7.0	0.49	0.40	0.34	0.48	0.39	0.33	0.46	0.38	0.33	0.44	0.37	0.32	0.43	0.37	0.32	0.30
8.0	0.45	0.36	0.30	0.44	0.35	0.30	0.42	0.35	0.29	0.41	0.34	0.29	0.39	0.33	0.29	0.27
9.0	0.41	0.32	0.27	0.40	0.32	0.27	0.39	0.31	0.26	0.37	0.31	0.26	0.36	0.30	0.26	0.24
10.0	0.38	0.30	0.24	0.37	0.29	0.24	0.36	0.29	0.24	0.35	0.28	0.24	0.34	0.28	0.23	0.21

6. 灯具概算图表

如图 3.4.31 所示，该图表的横轴为被照的面积 A(m^2)，纵坐标为达到要求的平均维持

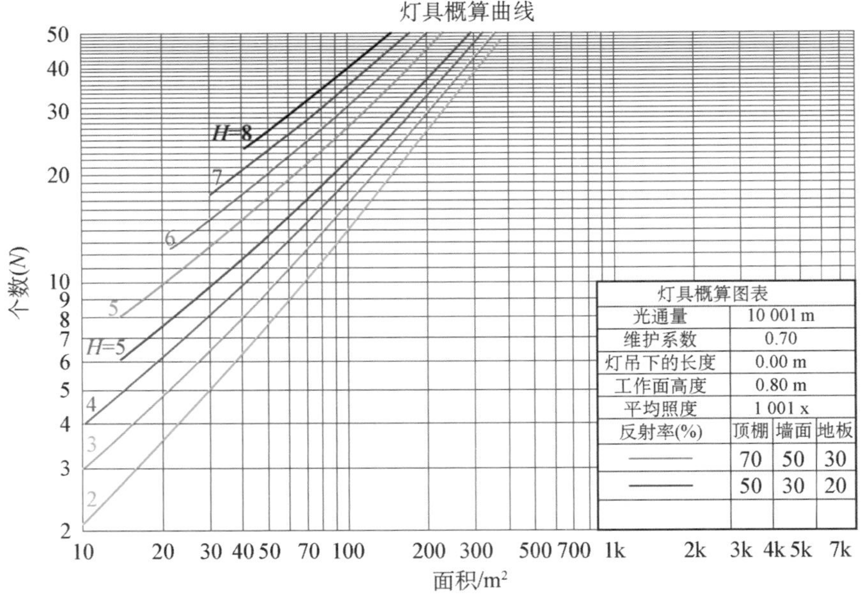

图 3.4.31 灯具概算图表

照度所需要的灯具的数量 N,每条曲线代表不同灯具安装高度的对应值。采用概算曲线可以很方便地估算出要求的灯具数量。

7. 灯具亮度限制曲线

根据表格内 $45^\circ \leqslant \gamma \leqslant 85^\circ$ 范围内的平均亮度值,绘制 $C0^\circ \sim C180^\circ$ 和 $C90^\circ \sim C270^\circ$ 两个平面的亮度曲线。对照质量等级和使用照度来检验灯具是否符合要求;灯具亮度分布曲线需落在限制曲线的左边,如图 3.4.32 所示。

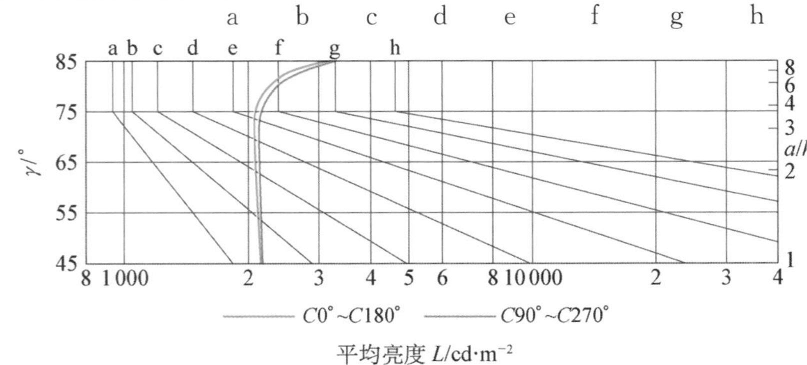

有光侧边灯具的亮度限制曲线

眩光等级	质量等级	使用照度/lx							
1.15	A	2 000	1 000	500	≤300				
1.50	B		2 000	1 000	500	≤300			
1.85	C			2 000	1 000	500	≤300		
2.20	D				2 000	1 000	500	≤300	
2.55	E					2 000	1 000	500	≤300
		a	b	c	d	e	f	g	h

平均亮度值/cd·m⁻²		
γ/°	C0°~C180°	C90°~C270°
85	3 154	3 312
80	2 253	2 360
75	2 084	2 169
70	2 061	2 131
65	2 073	2 132
60	2 092	2 144
55	2 117	2 152
50	2 131	2 162
45	2 148	2 169

图 3.4.32 灯具亮度限制曲线

8．平面相对等照度曲线

在安装高度为 h 的受照平面的照度分布中，可根据距离平方反比定律，计算出其他任何高度的平行平面的照度分布，如图 3.4.33 所示。

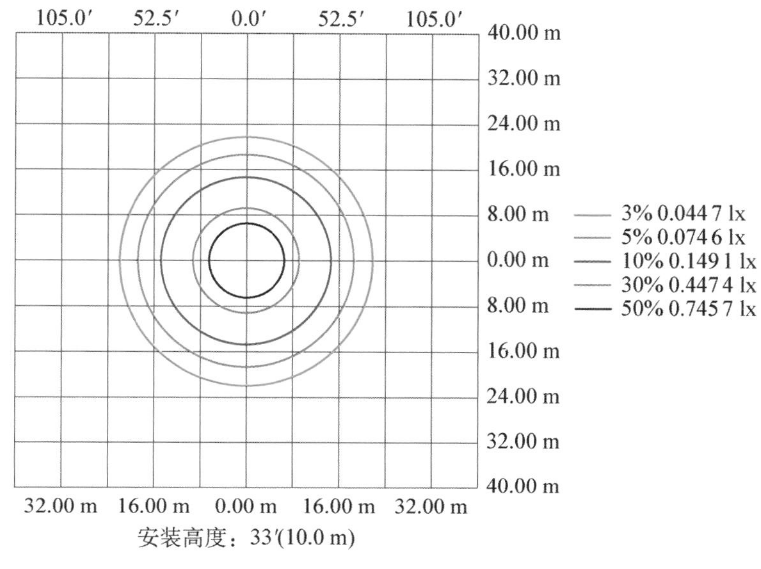

图 3.4.33 平面相对等照度曲线

9．环带光通量

用数字表格显示不同环带的灯具出射光通量分布，如表 3.4.10 所示。

表 3.4.10 环带光通量

γ	C0°	C45°	C90°	C135°	C180°	C225°	C270°	C315°	γ/°	$\Phi_{环}$	$\Phi_{总}$	占灯具总光通量比例/%，占光源总光通量比例/%
10	146.7	146.9	147.1	147.3	147.4	147.5	147.2	146.9	0～10	14.15	14.15	2.91，2.91
20	140.1	139.6	140.2	140.7	141.2	141.2	140.4	139.9	10～20	40.76	54.90	11.3，11.3
30	127.6	127.9	128.6	129.4	130.1	130.0	129.1	128.0	20～30	62.33	117.2	24.1，24.1
40	111.9	112.4	113.0	113.8	114.9	114.9	113.3	112.1	30～40	76.06	193.3	39.7，39.7
50	92.59	93.37	93.96	94.95	95.99	95.88	94.47	93.03	40～50	80.37	273.7	56.3，56.3
60	70.71	71.35	72.48	73.50	74.73	74.30	72.66	71.11	50～60	74.84	348.5	71.7，71.7
70	47.64	48.28	49.26	50.52	51.70	51.30	49.48	48.07	60～70	60.50	409.0	84.1，84.1
80	26.45	26.94	27.71	28.86	29.83	29.48	27.96	26.90	70～80	40.62	449.6	92.5，92.5
90	14.06	14.28	14.41	14.90	15.53	15.40	14.67	14.22	80～90	22.16	471.8	97，97
100	11.35	11.49	11.48	11.61	11.89	11.95	11.63	11.43	90～100	13.88	485.7	99.9，99.9
110	0	0	0	0	0	0	0	0	100～110	0.625 8	486.3	100，100

10. 光强分布表格

用数字表格显示灯具各个方向的光强分布，如表 3.4.11 所示。

表 3.4.11 光强分布

C/° γ/°	0	30	60	90	120	160	180	210	240	270	300	330
0	149	149	149	149	149	149	149	149	149	149	149	149
5	148	148	149	149	149	149	149	149	149	149	149	149
10	147	147	147	147	147	147	147	147	148	147	147	147
15	144	144	144	144	144	145	145	145	145	144	144	144
20	140	139	140	140	141	141	141	141	141	140	140	140
25	135	135	134	135	135	136	136	137	136	135	135	134
30	128	128	128	129	129	130	130	130	130	129	128	128
35	121	120	121	121	122	122	123	123	123	122	121	120
40	112	112	112	113	113	114	115	115	115	113	112	112
45	103	103	103	104	105	105	106	106	105	104	103	103
50	92.6	93.2	93.6	94.0	94.4	95.5	96.0	96.2	95.6	94.5	93.6	92.5
55	82.1	82.5	82.7	83.4	84.2	85.2	85.6	85.7	84.9	83.5	82.7	82.0
60	70.7	71.2	71.5	72.5	72.9	74.1	74.7	74.7	73.9	72.7	71.7	70.5
65	59.2	59.8	60.2	60.9	61.6	62.6	63.2	63.2	62.4	61.1	60.0	59.3
70	47.6	48.1	48.5	49.3	50.0	51.0	51.7	51.7	50.9	49.5	48.6	47.6
75	36.5	36.9	37.3	38.0	38.7	39.7	40.4	40.3	39.7	38.3	37.2	36.5
80	26.4	26.8	27.1	27.7	28.4	29.4	29.8	29.7	29.2	28.0	27.3	26.5
85	18.6	18.9	19.0	19.5	19.9	20.8	21.1	21.1	20.8	19.8	19.2	18.6
90	14.1	14.2	14.4	14.4	14.7	15.1	15.5	15.6	15.2	14.7	14.4	14.1
95	12.2	12.3	12.4	12.3	12.4	12.6	12.9	13.2	12.8	12.5	12.3	12.2
100	11.3	11.5	11.5	11.5	11.5	11.7	11.9	12.1	11.8	11.6	11.5	11.4

3.4.3.2 室外灯具

1. 概要信息

包括额定电压功率、灯具实测光通量、灯具信息描述、测试编号、试验程序、测试坐标系统和间隔等，如表 3.4.12 所示。

表 3.4.12　**室外灯具概要信息**

实测参数:U:220.0 V, I:0.913 1 A, P:197.1 W, PF:0.981 2　实验光通:23 063.9×1 lm		
灯具名称:LED 路灯	灯具类型:道路灯具	灯具重量:14.4(kg)
灯具规格:ZD516 200 W	外型尺寸:1 028×340×57(mm)	测试编号:201311322 - 5
制造厂商:	发光口面:605×245(mm)	保护角:

角度 C 的范围:0°～360°　　角度 γ 的范围:0°～180°
角度 C 的间隔:5.0°　　角度 γ 的间隔:1.0°
测试速度:快速　　测试系统:
环境温度:25℃　　环境湿度:60%
测试人员:　　测试距离:11.250 m(K=1.000 0)
测试日期:　　备注:

2. 试验结果概述

包括光源光通量、灯具路边屋边光通比、灯具效率、不舒适眩光值等,如表 3.4.13 所示。

表 3.4.13　**测验结果**

光源数据		光度数据		光效:117.01 lm · W^{-1}	
型号	LED 200 W	峰值光强/cd	13 459	η路边向上/%	0.0
标称功率/W	200	灯具效率/%	100.0	η路边向下/%	70.0
额定电源电压/V	220	灯具总光通量/lm	23 064	η屋边向上/%	0.0
额定光通量/lm	23 063.9	峰值光强位置(c, γ)	150°, 58.0°	η屋边向下/%	30.0
灯具内光源数/只	1	上射光通比/%	0.1	76°闪亮面积/m^2	
实测电源电压/V	220.0	下射光通比/%	99.9	不舒适眩光 SLI	

3. 灯具光强分布曲线

用极坐标法表示不同 C 平面的光强分布,如图 3.4.34 所示。

4. 最大光强处圆锥面光强分布曲线

用此曲线表示最大光强位置 γ 角斜切面的光强分布,如图 3.4.35 所示。

5. 灯具等光强图(圆形网图)

将球面等面积转为平面,显示路灯的 IES 和 CIE 分类信息,如图 3.4.36 所示。

6. 各区域光通量

前射光、后射光、上射光对应 γ 角区域(高、中、低)的光通量值,用于评价不同方向的光通量分布情况,如表 3.4.14 所示。

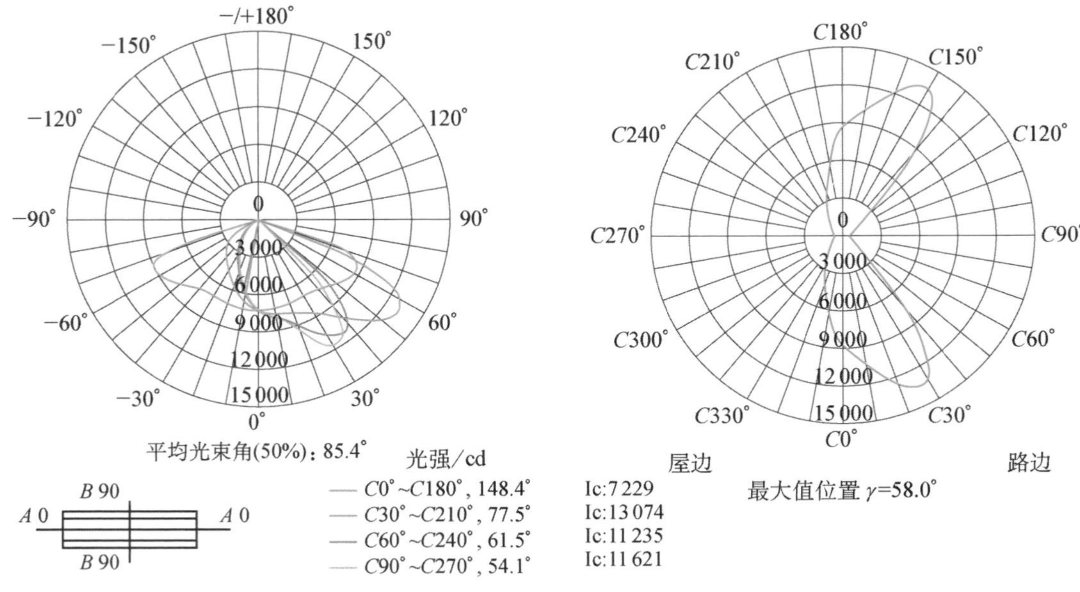

图 3.4.34 灯具光强分布曲线　　图 3.4.35 最大光强处圆锥面光强分布曲线

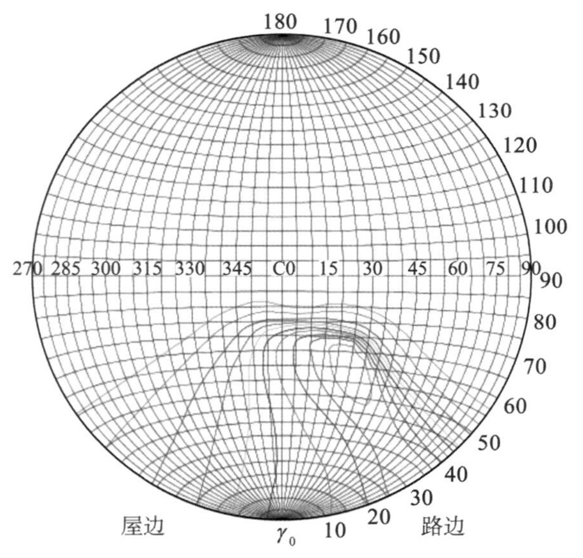

路灯分类：
IES：II 类-短
CIE：平均扩展-短投射
IES：截止
CIE：半截光型
Max. At 80：41.62 cd・(klm)$^{-1}$
Max. At 90：0.3645 cd・(klm)$^{-1}$
Max. 80 - 90：41.62 cd・(klm)$^{-1}$

等光强图(圆形网图)	
光强单位	cd
I_{max}=100%	13 459
— 90%	12 113
— 80%	10 767
— 70%	9 421
— 60%	8 075
— 50%	6 730
— 40%	5 384
— 30%	4 038
— 20%	2 692
— 10%	1 346
— 5%	673

图 3.4.36 灯具等光强图

表 3.4.14 各区域光通量

环带	光通量	占比/%
FL - Front-Low(0 - 30)	3 549.8	15.4
FM - Front-Medium(30 - 60)	9 495.2	41.2
FH - Front-High(60 - 80)	3 041.1	13.2
FVH - Front-Very High(80 - 90)	48.759	0.2

续表

环带	光通量	占比/%
Total Forward Light	16 139	70.0
BL - Back-Low(0 - 30)	2 177.2	9.4
BM - Back-Medium(30 - 60)	3 487.9	15.1
BH - Back-High(60 - 80)	1 206.7	5.2
BVH - Back-Very High(80 - 90)	45.461	0.2
Total Back Light	6 925.1	30.0
UL - Uplight-Low(90 - 100)	0.701 83	0.0
UH - Uplight-High(100 - 180)	11.055	0.0
Total Up Light	11.757	0.1

注:此表由计算机软件生成。

7. BUG

下射光、上射光的眩光分类等级如表 3.4.15 所示。

表 3.4.15 BUG

区域	向下光通	向上光通	总光通
屋边	16 135	3.908 9	16 139
街边	6 917.3	7.847 9	6 925.1

8. 路面水平照度分布

此分布是安装高度为 h 的受照平面的照度分布。根据距离平方反比定律,可以计算出其他任何高度的平行平面的照度分布,如图 3.4.37 所示。

水平面绝对等照度曲线
计算高度 10 m,灯下垂直点照度 71.56 lx
若安装高度不等于计算高度,请应用右边高度修正系数表计算照度

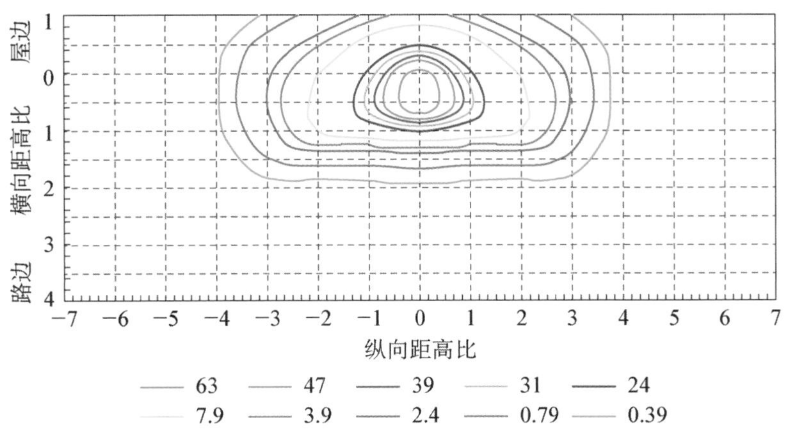

依据标准 LB/T001 - 2008
$U = E_{MIN}/E_{avg} = 0.298$
$E_{avg} = 63.91$ lx

安装高度/m	修正系数
5	4.000
6	2.778
7	2.041
8	1.563
9	1.235
10	1.000
11	0.826
12	0.694
13	0.592
14	0.510
15	0.444
16	0.391

图 3.4.37 路面水平照度分布

9. 利用系数曲线

利用系数是指从灯具中出来投射到道路上的光通量与灯具中光源的总光通量的比值。如图 3.4.38 所示，横坐标为路面横向距高比，即以灯具位置为中心向路中心和屋边扩展，可为灯具安装高度的倍数。每条曲线对应不同的仰角。

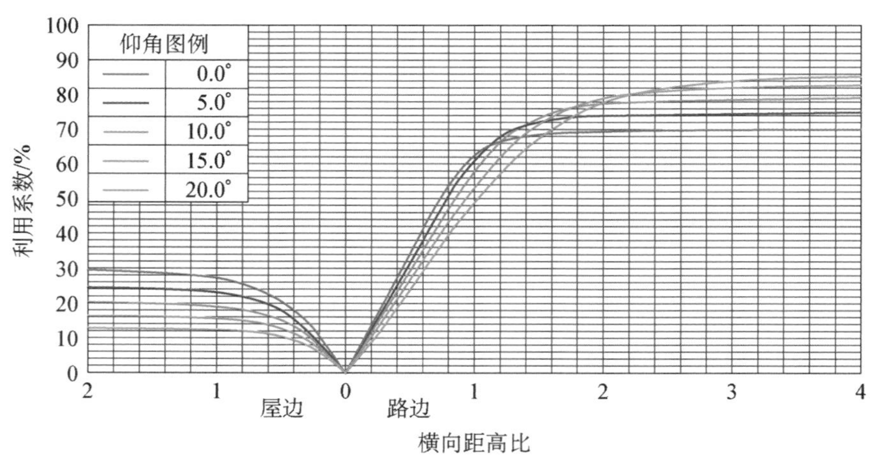

图 3.4.38 利用系数

3.4.3.3 灯具光度数据电子文档

使用分布光度计可以测量得到灯具的一组不同方向上的光强值，并输出测试报告和相应的电子文档。测试报告中的图表，如光强分布曲线、利用系数表、灯具概述曲线可以表达灯具的基本光度信息，但使用这些图表做照明计算时既繁琐又费时，而灯具的光度数据电子文档采用了标准的格式书写，能够被已广泛使用的照明软件读取。

使用范围最广的空间光强数据文件格式是北美照明工程学会(Illumination Engineering Society of North America，IESNA)出版的 IESNA LM－63 标准所推荐的.ies 文件(IES Recommended Standard File format for Electronic Transfer Photometric Data)；另外，常见的还有英国注册建筑服务工程师协会(Chartered Institution of Building Services Engineers，CIBSE)制定的 CIBSE TM14 标准推荐的“CIBSE Standard File format for Electronic Transfer of Luminaire Photometric Data”；德国柏林照明咨询公司推荐的 EULUMAT 格式，文件扩展名为“.ldt”；CIE102 标准推荐的“Recommended File Format for Electronic Transfer of Luminaire Photometric Data”等。

.ies 文件采用 ASCH 文本格式，可以用微软记事本打开，也可以用专业 Photometric_Toolbox 读取。目前，最新的标准是 IESNA LM－63－2002(国内很多厂家仍旧使用 1995 版，两者的格式稍有区别)，其格式如下：

- [Keyword 1] 关键词资料；
- [Keyword 2] 关键词资料；
- [Keyword 3] 关键词资料；
- ……
- [Keyword n] 关键词资料；

- 倾斜角=〈filename〉 or INCLUDE or NONE:〈光源相对于灯具的位置〉,〈倾斜角度的数量〉,〈角度的大小〉,〈与角度对应的光输出变化系数〉;
- 〈光源数量〉,〈每只光源的光通量〉,〈光强的乘数因子〉,〈垂直角度的数量〉,〈水平角度的数量〉,〈光度学坐标系统种类〉,〈长度单位的种类〉,〈发光面宽度〉,〈发光面长度〉,〈发光面高度〉;
- 〈镇流器流明系数〉,〈未来使用系数〉,〈输入功率〉;
- 〈垂直角度数列〉;
- 〈水平角度数列〉;
- 〈第一行水平角度平面上所有的垂直角度的光强值数列〉;
- 〈第二行水平角度平面上所有的垂直角度的光强值数列〉;
- ……
- 〈最后一行水平角度平面上所有的垂直角度的光强值数列〉。

IES 文件格式说明如表 3.4.16 所示。

表 3.4.16　IES 文件格式说明

换行格式	标注“.”的每行必须新起一行,没有标注“.”的部分可以新起一行,也可以在同一行
关键词	必须有的关键词:[TEST]测试报告编号,[TESTLAB]测试实验室名称,[ISSUEDATE]文件发布时间,[MANUFAC]灯具生产厂商名称; 推荐有的关键词:[LUMCAT]灯具样册编号,[LUMINAIRE]灯具描述,[LAMP]光源描述(比如类型、功率、尺寸等)
倾斜角	注明光源光输出与灯具仰角的关系
每只光源的光通量	采用绝对法测量时,该值为−1;在有多个光源时,该值为多个光源的平均值
光度学坐标系统种类	数值 1, 2, 3 分别代表 TYPE C, TYPE B, TYPE A 坐标系统
长度单位的种类	数值 1, 2 分别代表英尺、米
发光面长、宽、高	参照 IESNA LM-63-02 标准定义

下面是一个采用 LM-63-2002 格式的配光文件示例,该灯具使用了 TYPE-C 坐标,圆形发光面。

IESNA:LM-63-2002

[TEST] LVE2298600

[TESTLAB]

[MANUFAC] PHILIPS

[LUMCAT]

[LUMINAIRE] DN125B D187　LED10S/- No

[LAMP] LED10S/830/-

[BALLAST] -

[ISSUEDATE] 2013-05-24

[OTHER] B-Angle=0.00 B-Tilt=0.00

TILT＝NONE

1　1 000.00　1　37　1　1　2　−0.150　−0.150　0.000

1.0　1.0　13.00

0.00　2.50　5.00　7.50　10.00　12.50　15.00　17.50　20.00　22.50

25.00　27.50　30.00　32.50　35.00　37.50　40.00　42.50　45.00　47.50

50.00　52.50　55.00　57.50　60.00　62.50　65.00　67.50　70.00　72.50

75.00　77.50　80.00　82.50　85.00　87.50　90.00

0.00

449.09　448.48　447.04　444.60　441.03　436.08　429.77

422.30　413.97　404.41　393.98　382.69　370.86　356.58

339.97　321.34　301.25　279.75　257.07　232.98　208.18

183.57　159.11　135.30　112.13　90.16　69.36　50.53

36.22　27.38　23.59　20.11　15.91　11.43　6.92

2.40　0.00

3.5　灯具的电学性能

3.5.1　输入功率

灯具的输入功率反映了整个灯具消耗的电能量，包含了控制装置消耗的能量和电光源将电能转化为光的能量。灯具的输入功率参数是照明电气控制设计的依据。

3.5.2　输入电压范围

输入电压范围指的是灯具输入端所接电源电压的允许变化范围。我们现在所说的灯具都采用电光源，即将电能转化为光输出的器具，灯具也内置了为满足光源所需驱动电流和电压的转换装置——电子镇流器或者其他控制装置。按控制装置的输入可分为直流（direct current，DC）电源供电和交流（alternating current，AC）电源供电。直流电源供电通常有12 V/24 V/48 V；交流电源供电根据交流输入电压范围有 100 V/120 V/220 V/230 V/277 V/480 V，也能涵盖一定输入电压范围，如 100～240 V/100～277 V 等。输入电压范围越宽，适用于国家或地区的范围越宽，但带来的是成本提高和性能折中。

3.5.3　输入电流

输入电流取决于灯具的输入功率和输入电压，对直流供电来说等于输入功率除以电源电压，对交流供电来说等于输入功率除以输入交流电压和功率因数。交流输入电流的大小影响输入电源线的选择，也为照明系统电气设备的选型设计提供参考。

3.5.4　输入浪涌电流

浪涌电流指灯具和电源在接通瞬间流入电源设备的峰值电流。浪涌电流的产生是由于控制装置通电时，输入电磁干扰(electro magnetic interference，EMI)滤波电容(X 电容)及母线大电解电容迅速充电，因此该峰值电流远远大于稳态输入电流。浪涌电流的大小影响了交流开关、整流桥、保险丝、EMI 滤波器件的寿命，也决定了交流断路器的选择。通常，在电路设计中加入热敏电阻(negative temperature coefficient，NTC)以限制最大浪涌电流，使得灯具反复开关，AC 输入电源不应损坏电源或者导致保险丝烧断。

3.5.5　功率因数

功率因数(power factor，PF)是灯具的一个重要的技术数据，表示了总视在功率中有功功率所占的比例，是衡量用电设备的接入影响电网供电设备效率高低的一个系数。

在交流电路中，功率因数是有功功率和视在功率的比值，即 $\lambda = P/S$。

由于 AC/DC 变换电路的输入端有整流器件和滤波电容，在正弦电压输入时，单相整流电源供电的电子设备电网侧(交流输入端)功率因数仅为 0.60～0.65。采用功率因数校正(power factor correction，PFC)变换器，网侧功率因数可提高到 0.95～0.99，输入电流总谐波畸变率(total harmonic distrotion，THD)小于 10%，既治理了对电网的谐波污染，又减少了供电设备的无功电流损耗，这一技术称为有源功率因数校正(active power factor correction，APFC)。

功率因数低说明电路用于交变磁场转换的无功功率大，从而降低了供电设备的利用率，增加了供电线路损失。通常有两种改善方式：一种是无源功率因数补偿(如在感性负载输入端并联补偿电容，在容性负载前串联感性补偿网络)；另一种是有源功率因数校正电路，此类主要应用于开关电源中，通过控制电路、改善输入电流的波形，达到提高功率因数的目的。

美国能源部(Department of Energy，DOE)“能源之星”(energystar)固态照明(solid-statelight，SSL)规范中规定，任何功率等级皆须强制提供功率因数校正(PFC)。这个标准适用于一系列特定产品，如嵌灯、橱柜灯及台灯，其中，住宅应用的 LED 驱动器功率因数须大于 0.7，而商业应用中则须大于 0.9。但是，这个标准属于自愿性标准。

世界各国对灯具功率因数的要求各不相同，如美国“能源之星”和美国能源部 DLC(Designlights Consortium)的要求。但灯具功率因数的要求与灯具功率的大小有关，在一些行业规范中有规定，表 3.5.1 所示为节能规范 CQC3146－2014《LED 模块用交流电子控制装置节能认证技术规范》，由此表可知，功率越大，标准中对功率因数 PF 的要求越高。

表 3.5.1　节能规范功率因数

控制装置类型	标称功率 P	能效等级	线路功率因数 PF
非隔离式	$P \leqslant 5$ W	1 级	无要求
	$5\text{ W} < P \leqslant 25$ W	1 级	0.9
		2 级	0.8
		3 级	0.7
	$25\text{ W} < P \leqslant 55$ W	1 级	0.9
		2 级	0.85

续表

控制装置类型	标称功率 P	能效等级	线路功率因数 PF
		3 级	0.8
	55 W < P	1 级	0.95
		2 级	0.95
		3 级	0.95
隔离式	P ≤ 5 W	1 级	无要求
	5 W < P ≤ 25 W	1 级	0.9
		2 级	0.8
		3 级	0.7
	25 W < P ≤ 55 W	1 级	0.9
		2 级	0.85
		3 级	0.8
	55 W < P	1 级	0.95
		2 级	0.95
		3 级	0.95

3.5.6 电流总谐波畸变率

总谐波畸变率表明灯具在工作时，由于电子镇流器或者 LED 驱动电源输入端呈现非线性特征而使输入交流电流中除基波外还有三次、五次、七次等高次谐波，这些谐波成分与实际输入信号的对比用百分比来表示，就称为总谐波失真。

高次谐波的产生将反馈入交流电网，对电网产生二次污染。高次谐波在馈入交流电网后，这部分的电量在电动机内不产生同步旋转的磁场，供电变压器也因为高次谐波的馈入而降低运行效率，这都使得电动机和变压器绕组发热，严重时会损坏绝缘，甚至烧毁电动机和变压器。

对于照明设备，当其功率大于 25 W 时，根据 IEC61000 - 3 - 2 标准应满足各次谐波的限值要求。对于具有调光接口的灯具，要求在各种状态下的谐波都要满足标准要求。

3.5.7 输入浪涌电压

输入浪涌电压是指在电网中，由于用电设备的接通与断开、雷电感应等造成灯具输入电压短时间的突然升高。输入浪涌电压根据产生影响的不同可分为差模和共模，相应的浪涌保护也可以分为单模保护(差模保护或共模保护)和全模保护(差模及共模均保护)。

对于采用电感镇流器的高压钠灯等气体放电灯，因本身抗浪涌电压能力强，所以基本不需要附加抗浪涌电压保护功能。而对于 LED 灯具，由于 LED 芯片为半导体器件，其正向导通电压只有几伏，抗浪涌的能力是比较差的，特别是抗反向电压能力很差。大部分 LED 灯具的失效都是由浪涌电压所造成，因此加强这方面的保护也很重要。尤其是LED灯装在户外，如LED路灯，由于电网更容易受到雷击的感应和其他脉冲触发，因此电网系统会存在各种浪涌过电压，导致控制装置的整流桥及LED芯片损坏。LED灯具抗浪涌电压保护能力可以通过在灯具或LED控制装置中增加过压泄放器件或来自网络的抑制浪涌的侵入，保护LED照明器具不被损坏。

灯具的浪涌电压保护能力的标准是IEC/EN 61000-4-5。灯具通过1.2/50 μs组合波信号发生器将模拟浪涌电压施加到输入端做相关模拟测试。

如果对于某些要求更高的场合，如雷暴日多的沿海城市，或者电网有感性负载（如大型电动设备、电弧焊接设备）等，则需外接专门的浪涌电压保护器（surge protective device，SPD）。浪涌电压保护器则需要满足IEC 61643-11的相关安全和性能要求。

3.6 灯具的机械和热学性能

3.6.1 灯具的机械性能

灯具应有足够的机械强度，其结构应使灯具在正常使用中承受可能的外力，经粗糙搬运后仍然安全，不会轻易地变形或损坏，以免带电部件裸露或产生其他安全问题。同时，灯具也要有足够的悬挂强度、抗风力强度和耐腐蚀能力。

灯具的机械强度不够所引起的安全隐患是多种多样的，轻则外壳变形、破损，造成操作人员的皮外伤，或因反射器变形影响配光；严重时金属外壳变形将导致爬电距离减小，造成电路短路、人员触电，又或因悬挂系统疲劳断裂、高空坠落砸伤路人。

3.6.1.1 外壳机械强度

对灯具的外壳机械强度的考核主要通过弹簧锤冲击试验、跌落试验和挤压试验来进行。

弹簧锤冲击试验是考核灯具外壳薄弱环节耐冲击性能的一项重要机械强度试验。这是因为灯具在搬运过程中可能会受到外部的冲击，使某些内部元件的爬电距离减小，增加短路的风险，或带电部件从原来的不外露变成裸露，危及人体安全。

IEC 62262中给出了电器设备外壳抗外界机械冲击性能的IK代码，如表3.6.1所示。

表3.6.1　IK代码和冲击能量

IK代码	IK 00	IK 01	IK 02	IK 03	IK 04	IK 05	IK 06	IK 07	IK 08	IK 09	IK 10
冲击能量/J	—	0.14	0.2	0.35	0.5	0.7	1	2	5	10	20

跌落试验是考核移动灯具（手提式）抗不慎跌落的机械强度试验。因为手提灯为易摔落到地面的灯具之一，在灯具设计时要避免设计过于突出的锐角，因其触地的位置是不可预见的，很有可能触地的位置是灯具的一些易撞碎的棱角。

挤压试验是考核灯具整体结构牢固性的试验。这是因为考虑灯具在日常使用中，局部受戳和整体受挤这两种情况都是大概率事件。灯具在安装、使用和维护时，金属外壳可能会受到人工操作的揿压力，如果金属外壳没有足够的机械强度，被人手一捏或一揿压就变形，那么就不能保证灯具外壳和带电部件之间的爬电距离和电气间隙。

3.6.1.2　灯具的悬挂、固定和调节装置

对于灯具的悬挂、固定和调节装置的考核，主要是为了确认机械的悬吊系统的强度是否有足够的安全系数。

GB 7000.1规定悬挂或固定的灯具(天花板或墙壁)除其本身的重量以外，还要考虑到家居灯具可能会被悬挂衣物，户外灯具在维护时可能会在其上放置一些工具、设备，再加上安全系数的考虑，用4倍于整个灯具重量的负荷进行试验。

对于室外使用的路灯或投光灯，由于风力的影响，还应保证支撑结构的机械强度，不应使灯具在遭受风力后扭转、掉落。路灯的玻璃罩还应充分钢化，一旦碎裂，掉落的玻璃碎片应足够小，不至于造成人员伤亡。

3.6.1.3　外部接线端子

对于外部接线端子，在使用过程中，非常容易由于脱落而造成不安全。因此，接线端子应能承受安装、使用过程中所施加的机械力。

由于接线端子包含带电部件，故一般常用绝缘外壳作为包裹，这在固定接线端子的同时，也为接线端子增加了机械防护。

3.6.1.4　抗振

对于灯具抗振性能的考核主要通过扫频试验来进行。灯具以其最不利的正常安装位置被紧扣在振动发生器上，试验后不应有损害灯具安全的部件发生松动。

灯具的结构必须能抵抗工作中可能发生的振动作用，特别是街路照明灯具和投光灯具。灯具及其安装结构的固有振动频率应远离大风或大型卡车引起的灯杆的振动频率，以防止共振的发生。

3.6.2　灯具的热学性能

在正常工作的条件下，灯具的任何部件、灯具内的电源接线或者安装表面都不应达到有损安全的温度。另外，徒手可触及、操作、调节或夹持的部件，都不应过热。与此同时，灯具也不应使照射物体过分受热；使用导轨安装的灯具不应使导轨过分受热。

3.6.2.1　传统灯具的热学性能

对于传统灯具来说，由于白炽灯和各种气体放电光源均属于热光源，本身就会发热，再加之配套使用的镇流器、触发器和电容等电子元器件均会在工作时产生热量，因此控制好整灯中各部件的温度，对灯具的使用具有重要意义。

对于传统的气体放电光源用灯具来说，由于光源的发光特性与冷端温度息息相关，因此灯具的热学性能对其有正面或负面的影响。如图3.6.1所示，对于直管荧光灯具来说，散热不好会使灯具内的环境温度升高，光源的冷端温度随之上升，光效下降，严重时甚至寿命缩短。而对于HID光源来说，要有足够高的冷端温度使得电弧管中的金属卤化物能充分参与放电，提升光效和显色性。环境温度太低，HID光源难以启动；环境温度过高，灯具散热不好，虽然环境温度对HID的冷端温度影响不大(冷端温度高达1 000℃以上)，但如图3.6.2所示，当HID偏离最佳工作温度时，其光效、显色指数和色温都会产生漂移。

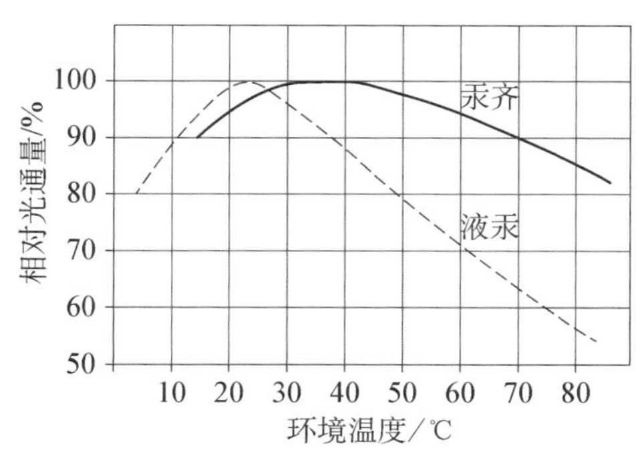

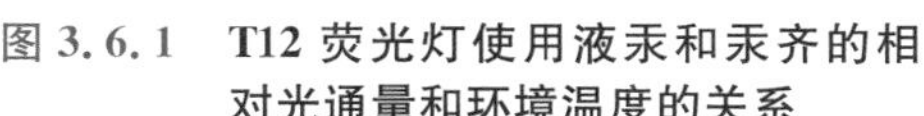
图 3.6.1 T12 荧光灯使用液汞和汞齐的相对光通量和环境温度的关系

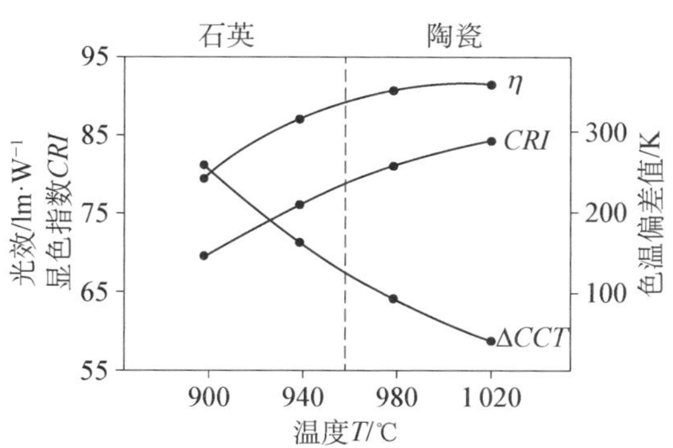

图 3.6.2 金属卤化物灯的光效、显色指数和色温与管壁温度的关系

灯具内部还应有合理的布局，当使用传统光源的时候，应避免其他元件与其距离过近，以免被光源在灯具腔体内部的热辐射影响而变得不安全。在这类灯具中，最容易受到影响的是接入 HID 或白炽灯灯座的导线绝缘层融化，电容器、触发器温度偏高导致工作异常和镇流器线圈温度过高，有定温热保护的产品会产生自熄，没有定温热保护的产品将直接被烧毁。

3.6.2.2 LED 灯具的热学性能

与传统灯具相比，由于 LED 本身是冷光源，LED 结温对整灯及其他部件的影响较小，但是 LED 芯片由于其尺寸较小，发光光谱中主要是可见光部分，产生的热量无法以热辐射的形式释放出去，70%以上的能量都用于发热，这部分热量使得芯片本身的结温升高，结温高低直接影响到 LED 的发光效率和使用寿命。因此，LED 结温是评估 LED 灯具的一项重要参数，需要特别注意灯具的散热设计。温度直接影响着 LED 的色漂移、光效与寿命，也就影响着整个灯具的光效和寿命。

散热主要有 3 种方式：传导、热辐射以及对流。LED 光源主要发出的是可见光，故热辐射散热比较小，而且 LED 灯具在应用中很难有比较稳定和高强度的对流(除非采用主动散热，如风冷、水冷散热等)。因此，LED 光源主要通过热沉以传导的方式散热。下面简要地介绍一下 t_a，t_j，t_b，t_q，t_p，t_c 和热阻 R_θ。

环境温度 t_a 指的是测试中产品临近区域的空气或其他介质的温度。

结温 t_j 指的是 LED 的 p－n 结温度。

板温度 t_b 指的是位于印刷电路板和热界面之间的 LED 封装或 LED 模块的温度。

性能相关的额定最高环境温度 t_q 指的是在生产者或责任销售商所宣称的在正常燃点条件下，与灯具的额定性能相关的灯具周围的最高环境温度。可以存在多个 t_q 温度，这取决于宣称的寿命时间。例如，厂家宣称 LED 灯具的寿命时间为 6 000 h 时 t_q 为 45℃，即表示为了保证 LED 灯具的寿命为 6 000 h，使用时最高的环境温度不应高于 45℃。

性能相关温度 t_p 指的是与 LED 模块性能相关的点 p 的最高温度。可以存在多个 $t_{p,\,m}$，这取决于性能的宣称。后缀的数值指出相关的寿命时间，用千小时表示。t_p 一般是厂家在 LED 模块或者 LED 灯具其他位置指定的一点或者多点的温度，常常带有标识或者有相关说明。例如，$t_{p,60}$为 70℃，表示灯具在使用中为了达到 60 000 h 的寿命时间，在指定的一点（即点 p）的温度不应超过 70℃。

由于在灯具中直接测量 LED 的结温 t_j 比较困难，LED 灯具厂家为了保证灯具的性能，标出了易于测量的点 q 或者点 p，点 p 与点 j 依靠全自动和可靠的封装工艺可以形成稳定的温度传导函数关系。点 p 的标注温度应该由 LED 封装企业或有能力的实验室根据预期的工作条件测量后提供，当灯具制造商考虑了封装企业给出的点 p 后，设计的产品将会达到预期的光效、光色，LED 的光衰也将被控制在一个理想的状态。

额定最高温度 t_c 指的是在正常燃点条件下和在额定电压/电流/功率或者最大额定电压/电流/功率范围工作时，部件（LED 模块或控制装置）外表面（如果有标示，则在标示的位置）上可能出现的与安全相关的最高允许温度。t_c 在 GB 7000.1 灯具安全标准中热试验所测的值不应超过 t_c+5℃。

LED 模块的热阻 R_θ 指的是 LED 模块与散热器之间的热力学温度差与其中热流量的比值。该数值越大代表热传导效果越不好，该值和材料密切相关。$R_{\theta j-b}$ 是 LED 结点到 LED 主板指定一点的热阻，其值与 LED 封装材料和封装结构相关，是衡量 LED 封装的一个重要参数。$R_{\theta b-q}$ 是 LED 主板到环境点的热阻，在 LED 模组的应用过程中，应尽量减小这部分热阻。值得注意的是，选择模组与散热装置之间的导热介质也是十分重要的一环。如果过于追求导热系数减小热阻而选用一些特别薄的导热垫、液态金属导热垫，则有可能造成灯具的电气强度下降；而充分追求绝缘性能，使用过于厚实的导热介质，又会影响散热，甚至引起一些部件的硫化。所以，有好的 LED 芯片、有好的散热器还不够，细节往往决定了产品的安全性和可靠性。

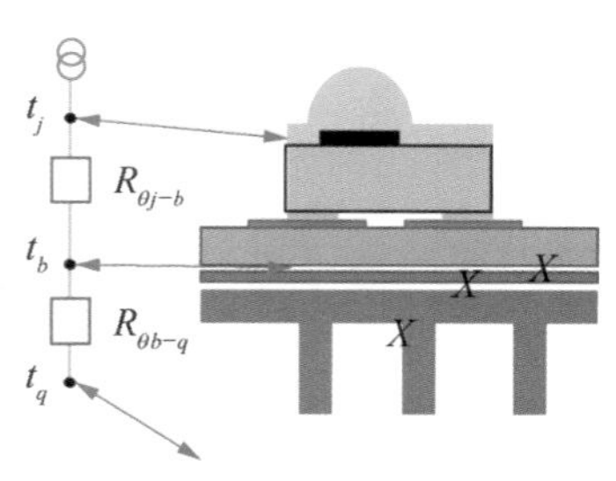

图 3.6.3　热阻链条示意

热阻链条如图 3.6.3 所示，其中，t_j 为结温；t_b 为主板温度；t_q 为性能相关环境温度（LED 灯具）；X 为点 t_p 的可能性位置的示例。

统计数据表明，大约 70%的 LED 灯具故障来自 LED 的 p－n 结温度过高。结温超过一定的温度，结温每上升 2℃，可靠性下降 10%。同时，结温升高，LED 光效由于外延材料的结构缺陷增殖和环氧树脂封装材料的变形等原因而下降；另外，结温升高会引起颜色漂移，结温每升高 10℃，LED 的主波长红移 2 nm。

美国 DOE 文件中给出了两条较典型的在不同工作结温时高功率输出白光 LED 的光衰和使用寿命的曲线图（见图 3.6.4）。从此图中可看出，对于采用有机高分子硅胶加黄色荧光粉的封装结构的白光 LED，其光衰百分比 P 随时间衰减的一般规律如下：

$$P = A \cdot \mathrm{e}^{-t}/k, \tag{3.6.1}$$

式中，A 和 k 均为常数；t 为时间（h）。

当 $t=0$ 时，光衰百分比 $P=100$，则 $A=100$。

在 DOE 文件中，用试验到 6 000 h 的光衰百分比来推算光衰达到 70%，即 $L70$ 时的使用寿命值。

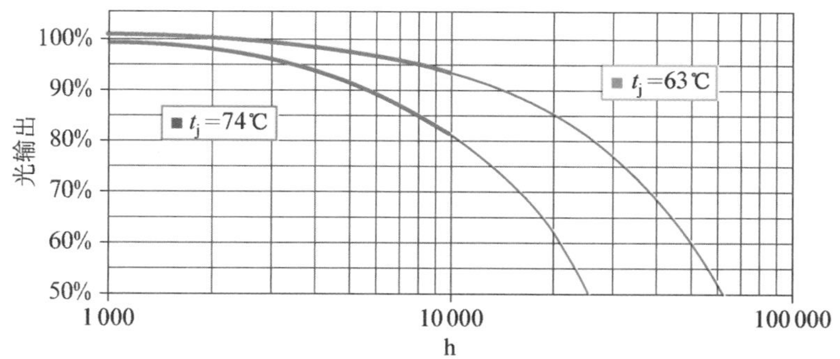

图 3.6.4　**不同工作结温的白光 LED 的使用寿命**

在实际应用中，由于 LED 的寿命普遍很长，约几万小时，因此要测量采用 LED 的照明灯具的光衰减和寿命。按照 IESNA LM80 要求往往要花 6 000 h 以上的测量时间，这在很多工程招标和验收时是无法实施的。但是，如果能准确测量出灯具内 LED 的 p－n 结结温和 p－n 结到散热器某一指定点的热阻这两个定量的指标，就不仅能衡量采用的 LED 灯具散热特性和散热材料的优劣，还能定性地知道各种采用 LED 的同类灯具的使用寿命。采用测量照明器具内 LED 结温的方法来控制照明器具的寿命，虽说不如直接测量其寿命正确，但是可以避免因为工期紧而无法进行寿命试验的问题，并且只要操作正确，还是有很高的置信度。

3.7　可互换的 LED 灯具

传统照明灯具(见图 3.7.1)一般由灯具、光源和镇流器 3 个部分组成。而 LED 由于其独特的性质，为下游的应用产品提供了广阔的设计空间；同时，因照明应用场景的多样化，形成了各种各样的应用需求，即使在相同的应用场景，也存在非常丰富的个性化要求。但是，由于很多 LED 灯具是一体化的灯具(见图 3.7.2)，这样，一方面产生了客户的多样化需求与大规模生产之间的矛盾，同时也为今后的使用和维护带来了诸多问题，这一问题在路灯的使用上尤为突出。由于各家厂商生产的路灯规格不一、无法互换，给初期的 LED 的推广带来了很多问题。

图 3.7.1　**传统照明灯具**

图 3.7.2　**LED 一体化灯具**

为实现 LED 产品零部件的标准化，解决产品的通用性和互换性、维修的便利性、市场的规范化等问题，规定可互换的 LED 照明产品(见图 3.7.3)由以下 3 部分组成：

1) 可互换的 LED 模块(本节中简称为“模块”)：一种满足互换性的组合式照明光源装

置组件。除了 LED 作为光源发光外,还可包括用以改善其光、机、电和热性能的器件。

2) 可互换的 LED 灯具(本节中简称为灯具):为一个或多个模块及控制装置提供一个适配环境的组件。一般由以下组件构成:用于带走 LED 模块中产生的热的散热器、用于调整 LED 模组光束形状的光学结构、用于为 LED 模组提供电的装置,以及用于将灯具链接到墙壁、天花板、支架等的装置。

3) 可互换的电子控制装置(本节中简称为电子控制装置):置于电源和一个或几个 LED 模块之间,为 LED 模块提供额定电压或电流的装置。此装置可以由一个或多个独立的部件组成,并且可以具有调光、校正功率因数和抑制无线电干扰的功能。

不同制造商的模块、灯具和电子控制装置只要满足规格接口要求即可兼容和互换。

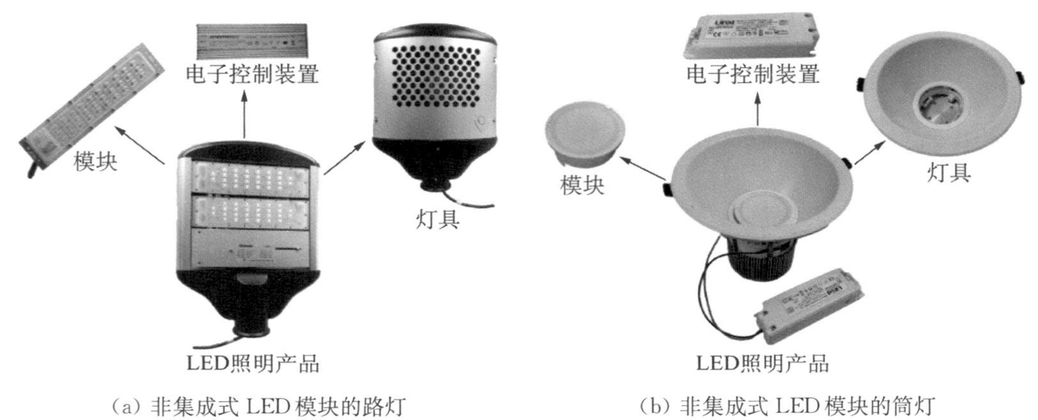

(a) 非集成式 LED 模块的路灯　　(b) 非集成式 LED 模块的筒灯

图 3.7.3　可互换的 LED 照明产品

3.7.1　机械接口

灯具为模块和控制装置提供支撑与连接,机械接口为保证三者在机械尺寸上的匹配和互换,一般规范以下内容:模块的机械结构、模块电连接器件的外形及配合尺寸、灯具及控制装置必要的配合尺寸、灯具线路排布等涉及匹配和互换的机械结构。规范中的每一个尺寸都必须经过验证,并考虑实际的可行性。比如,模块的机械结构在保证模块和灯具能够牢固结合的同时,还能尽量使模块在更换过程中做到便捷、安全;对于自带散热的路灯模块,模块的出光面面积会影响光源的排布,模块的高度会影响其散热能力;对于筒灯用模块,模块的半径同样影响到光源的排布,而模块的高度影响其混光腔的大小。所以,规定机械接口并非易事,而且机械接口是互换的最基本要求,不可小觑。

3.7.2　光学接口

在可互换性模组的灯具中,灯具总体的出光效果(照度、光强、光束角)是由模组和灯具共同决定的。为了保证模组更换后灯具的出光效果不变,就需要对模组的光学性能加以定义和规定,需要规定的性能包括模块的出光面、光通量、光强分布、亮度均匀性、相关色温和显色指数等。

1. 出光面

这是与模块相关的具有特定尺寸、位置和方向的表面，所有光通过该表面发出。出光面的中心与光强分布的参照点重合，一般通过简单几何形状（如圆形或矩形）来描述。出光面的规定不仅关系模块和二次光学的匹配，而且还涉及光源的排布、光通量的大小等。

2. 光通量

模块发出的总光通量。根据实际使用情况，将其分为几个特定档位，企业生产的模块需在某个档位内，每个档位分别有最大值、最小值和额定值（推荐值）。只有归在同一光通量档位的模块才能够互换。

3. 光强分布

对于自带二次光学器件的模块，因为其自身的配光方案已经是最终配光形式，所以直接根据其不同配光类型进行分类；对于不带二次光学器件的模块，用相对部分光通量（相对部分光通量是通过极角 γ_1 和 γ_2 界定的旋转对称立体角形式的总光通量百分比，如图 3.7.4 所示）来规定光强分布。相同类型的光强分布可以互换。

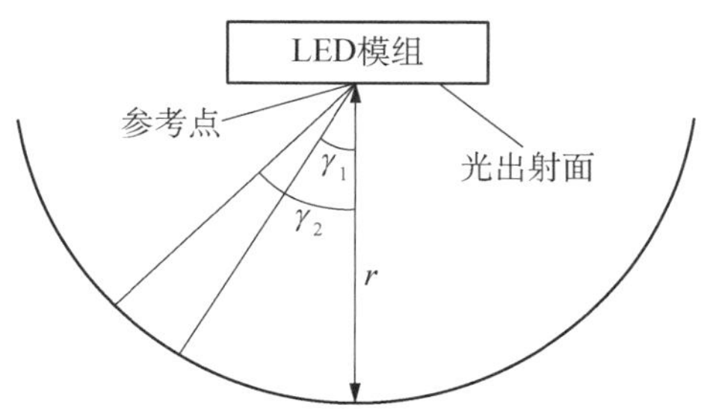

图 3.7.4　相对部分光通量

例如，自带光学器件的 LED 路灯模块，参考 IESNA PR－8 对配光类型的规定，依据纵向投射长度与横向延展宽度将配光类型划分为 12 种，企业生产的可互换路灯模块必须符合其中的一种，如表 3.7.1 所示。

表 3.7.1　自带光学器件的 LED 路灯模块光强分布

横向展宽分布	不同纵向投射时的偏光类型		
	短投射 $45^\circ \leqslant \gamma < 66^\circ$	中投射 $66^\circ \leqslant \gamma < 75^\circ$	长投射 $75^\circ \leqslant \gamma < 80^\circ$
Ⅰ类	1S	1M	1L
Ⅱ类	2S	2M	2L
Ⅲ类	3S	3M	3L
Ⅳ类	4S	4M	4L

注：S 是短投射，M 是中投射，L 是长投射。

又如，不带光学器件的模块，可通过规定相对部分光通量来规定光强分布，如表 3.7.2 所示。

表 3.7.2　不带光学器件的模块光强分布

γ_1	γ_2	最小值	典型值	最大值
0°	41.4°	40	44	48
41.4°	60°	28	32	35
60°	75.5°	13	18	22
75.5°	90°	3	6	8

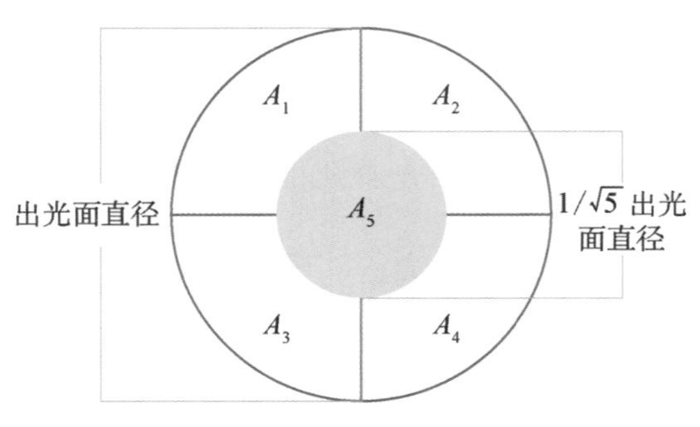

图 3.7.5 **模块亮度均匀性测量分区**

4. 亮度均匀性

当模块的出光表面为对称的几何形状时，才规定亮度均匀性，目的是使光源排布不同的模块与同一光学器件组合时达到相同的照明效果。一般通过以下特性来规范：亮度旋转对称性、亮度中心平衡性、亮度均匀性。不同类别的模块规定值有所差异。

以筒灯为例，为了描述得更清晰，按图 3.7.5 所示方式，将出光面分为 $A_1 \sim A_5$ 面积相等的 5 个区域。

(1) 亮度旋转对称性

亮度旋转对称性参数 S 定义为

$$S = \min(L_i)/\max(L_i),$$

式中，$L_i(i=1, \cdots, 4)$分别表示 A_1 到 A_4 4 个部分的平均亮度。

(2) 亮度中心平衡性

亮度中心平衡性参数 B 定义为

$$B = L_5/\text{average}(L_1 \sim L_4),$$

式中 L_5 表示 A_5 部分的平均亮度。

(3) 亮度均匀性

发光面亮度均匀性参数 U_t 定义为：亮度高于平均亮度 80%的像素个数与实际发光面面积的像素个数之比，即

$$U_t = N_{\text{bright}}/N。$$

5. 相关色温

根据实际使用需求规定相应的色温类别，模块的相关色温应符合 ANSI C78.377 的规定。

6. 显色指数 R_a

根据实际使用需求规定显色指数的最小值，不同种类的模块要求不同。

3.7.3 电气接口

规范电气接口旨在更换模块或灯具后，LED 照明产品还能正常工作，且安全可靠。由于模块不同于传统光源，大部分都采用电子控制装置为其进行直流供电，因此规范电子控制装置必须采用恒流输出方案。对于电子控制装置分离的模块，首先应根据产品常用电流将电流分为几个档位，并规定每个电流档位对应的电压范围，从而确定模块的输入电压电流。同时，限定电子控制装置的输出电参数，实现模块和电子控制装置电参数的匹配。

用电气接口除规范电器参数的匹配外，还必须统一电气连接方式，如路灯模块选用电器连接器连接。为确保模块和电器控制装置的匹配和互换，除对电器连接器的尺寸规格做了

严格规定外，同时还应考虑连接器的额定电流、绝缘电阻、插拔力、插拔寿命、防尘防水等问题。

3.7.4 热学接口

由于LED是由半导体材料制成，因此其性能和使用寿命都对温度很敏感。LED的工作温度并不仅仅由模块的设计决定，还与灯具的设计有关。LED电功率全部转化为光功率和热功率，光功率以光辐射的形式发散出去，热功率通过热传导将热能扩散到更大的界面（也就是散热器）。散热器的热对流和热辐射使热能传到空气中，当导热链或散热器不能满足LED的散热需求时，会使p－n结温度过高，LED光源的性能和寿命将受到严重威胁，甚至被烧坏。因此灯具要有足够的散热能力，以保证其p－n结温度值在可接受的范围内。由于LED的散热设计的不同，可分为以下两种热学接口。

1. 自带散热模块与灯具

对于自带散热的模块与灯具，需要标明两个参数：

1）LED模块正常工作时所允许的最高灯具内腔温度（模块功率会在电参数标识中标明）。因为此类模块散热器与LED为一体，所以若已知LED最大可承受结温和模块结构，可通过仿真、实验等手段得到此参数。

2）灯具外壳上标明能给不同功率的模块提供的内腔温度。

通过比较这两个温度的大小就可以判断模块和灯具热学接口是否匹配。例如，当10 W的模块允许的最高灯具内腔温度为50℃时，与其匹配的灯具为10 W模块提供的温度必须小于50℃。

2. 不带散热器的模块与灯具

对于不带散热器的模块，模组所产生的热量需要通过灯具的散热器将热量散出，这就需要判断灯具的散热能力是否可以满足模组的需求。规范以下两项内容：

1）散热接口材料。接口材料属于模块的一部分，严重影响接触热阻，关系到散热问题。

2）热接口表面的平整度和粗糙度。它们同样与接触热阻密切相关。

在满足了1）和2）的规范内容的前提下，可以通过比较下面两个参数的大小来判定模块和灯具是否匹配：模块的热接触面上的允许最大温度（即模组应在不高于此温度的条件下使用）；LED灯具与不同热功率的模块匹配时，热接触的面将会产生的最高温度，这一温度表征了灯具的散热能力。如果模块允许的最大温度大于LED灯具对应功率接触面的最高温度，则说明若将此模块和灯具匹配后，模块热接触面的温度小于模块可承受的最高温度，灯具可以满足模组的散热要求；反之，则说明模组不能与灯具匹配使用。

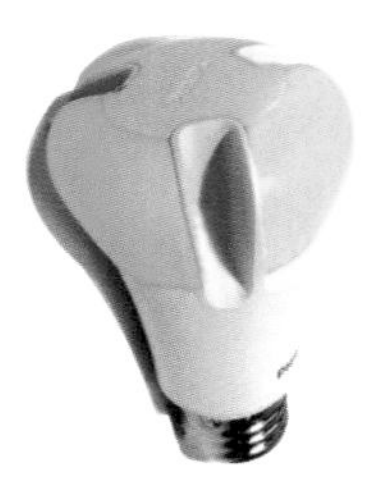

第四章 照 明 控 制

照明控制是照明系统的重要组成部分,也是照明设计的主要内容。过去,照明控制的内容主要是灯光回路的开关,只在舞台灯光和多功能宴会厅的照明等场合才追求场景的控制。但现在照明控制的发展已经趋于智能化,并成为照明设计不可缺少的一部分。通过照明控制系统,可以对建筑空间中的色彩、明暗的分布和发光时间进行控制,并通过其组合来创造出不同的意境和效果,提升照明环境的品质,确保在建筑物里工作和生活群体的舒适和健康。同时,采用照明控制系统,有助于节能和照明系统管理的智能化、维护操作简单化,以及灵活适应未来照明布局和控制方式变更,提高照明设计的技术和科技含量。照明控制系统的灵活运用是照明设计师技术与艺术才能的充分体现。

4.1 概述

4.1.1 照明控制的作用

照明控制的作用主要体现在以下几个方面:照明控制、美学效果、节约能源、延长照明装置寿命和布线简单。

4.1.1.1 照明控制

可通过计算机网络对整个系统进行监控,如了解当前各个照明回路的工作状态,设置、修改场景,当有紧急情况时控制整个系统并发出故障报告。可通过网关接口及串行接口与大楼的楼宇设备自控系统或消防系统、保安系统等控制系统相连接。智能照明控制系统通常由调光模块、开关功率模块、场景控制面板、传感器及编程器、编程插口、PC 监控机等部件组成,将上述各种具备独立控制功能的模块连接在一根计算机数据线上,即可组成一个独立的照明控制系统,实现对灯光系统的各种智能化管理及自动控制。

4.1.1.2 美学效果

通过照明控制，可以对建筑空间中的色彩（有时需与其他技术相结合）、明暗的分布进行协调，并通过其组合创造出不同的意境和效果，以满足不同使用功能的灯光需求，营造良好的光环境。它是照明设计师技术与艺术才能的充分体现，具体表现如下：

1）在特定的场所创造特定的氛围：通过不同的视觉感受，从生理上、心理上给人以积极的影响。例如，酒吧内通常采用灯光控制，以创造符合其文化主题的灯光环境。

2）灯光场景的创造：当房间的功能发生变化时，灯光环境也随之灵活变化。例如，在会议室内多采用照明控制，在瞬间改变同一空间的不同氛围，以产生会谈、讲演等不同场景的灯光效果。

3）灯光场景的动态变化：这主要是指创造动态的灯光效果，以增强空间感觉的艺术性和变幻的动感。例如，在公司总台的接待处，有时会采用动态的灯光墙，吸引人们的注意力。

4.1.1.3 节约能源

随着社会生产力的发展，人们对生活质量要求不断提高，照明能耗在整个建筑能耗中所占比例日益增加，照明节能已日显重要。同时，特别是从保护环境的角度出发，照明节电就意味着减少 CO_2，SO_2，NO_x 等有害气体的排放。在我国，1996 年就由国家经贸委正式制订绿色照明工程实施方案。

照明控制是实施绿色照明的有效手段。由于照明控制系统采用了定时开关以及可调光技术，在智能化的系统中更可采用红外线传感器、亮度传感器、微波传感器和图像技术传感器等来最佳化照明系统的运行模式，使整个照明系统可以按照经济有效的最佳方案来准确运作，在需要的时候开启，不但大大降低运行管理费用，而且最大限度地节约能源，实现按需照明的理念。

4.1.1.4 延长照明系统寿命

无论是热辐射光源、固态光源，还是气体放电光源，电网电压的波动是光源损坏的一个主要原因。因此，有效地抑制电网电压的波动可以延长光源的寿命。智能照明控制系统对输入主电源的电压值进行均方根（root mean square，RMS）计算后进行控制，从而可限制高电压的输出，成功地抑制电网的浪涌电压，并具备了电压限定和轭流滤波等功能，避免过电压和欠电压对光源的损害，如图 4.1.1 所示。同时，照明控制系统还采用软启动和软关断技术，即渐增渐减方式，这是通过微处理器去控制可控硅，使它的输出改变有一段渐变时间（fade-time），这样的调节方式能防止电压突变对光源的冲击，同时使人的视觉十分自然地

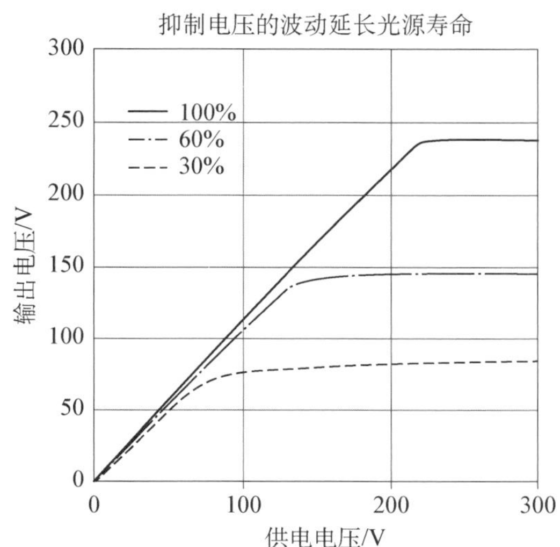

图 4.1.1 调光模块的电压输出

适应亮度的变化，没有突然变化的感觉。渐变时间可以按需要设置在处理器中。通过上述方法，光源的寿命通常可延长 2～4 倍。这样不仅减少更换光源的工作量，有效地降低了照明系统的维护和运行费用，对于难安装区域的灯具及昂贵灯具更具有特殊意义。

4.1.1.5 设计、布线和维护简单

目前，照明控制系统一般都采用总线式结构，设计和布线简单快速。对于系统的维护，大都有专业的监控软件，对于各回路的开灯状况，都可以得到及时的反馈，节约了人工费。尤其是当空间的功能发生变更时，一般无需变更配线，只要重新进行场景的设置即可，这样就便于大空间的任意分割，降低整体成本。新近发展的 POE (power over ethernet)技术将控制器供电都在以太网线上完成，进一步降低整体成本。

4.1.2 照明控制的术语

4.1.2.1 传感器

这是一种物理信息检测装置。依据检测要求，能以被动或主动的感知方式，对物理世界中的客观现象、物理属性进行监测，接收检测信息，并能将感知到的信息按一定的数据信息要求变换为设备装置所需求的信息，以满足信息的传输、处理、存储、显示、记录和控制等要求。

4.1.2.2 照明控制器

这是一种控制照明灯具的硬件装置。可根据照明环境变换需要或人为要求，对其发出变化指令，根据指令对照明灯具实施开关、调光、调色彩的变化要求，达到对灯具进行控制的目的。

4.1.2.3 照明控制网关

这是一种适用于照明系统的网络互联设备，又称照明网间连接器或网络协议转换器。网关在网络层以上实现网络互联，适用于两个高层协议不同的网络互联。网关既可以用于广域网互联，也可以用于局域网互联。使用在不同的通信协议、数据格式或语言，甚至体系结构完全不同的两种系统之间，网关起到翻译器的作用。

4.1.2.4 照明控制集中管理系统

这是一种通过网络技术对网内组件进行数据管理、资源分配、网络分组、组件控制的综合控制系统，通过现场或远程接入照明控制网关或照明控制器，上传环境传感信息，下传照明控制命令，对照明灯具进行控制，同时监控照明系统运行状态，并且把所有的运行信息记录存档，供查询、检测使用。

4.2 照明控制系统的控制参数和实现方法

一个照明系统至少包括 4 大部分：一是灯具(包括光源)部分，其作用是把电能转换成光能，以满足各种特定的目的和需要；二是照明供电系统，把电能传送到每一个灯具，使之能正常工作；三是信号输入系统，包括传感器信息的输入及控制信号的输入；四是通信系统，通信系统实现照明控制系统里各个部件间的数据交换。照明系统通过融合各种信息，实施对照明灯和照明回路的控制，最终实现各种照明控制策略。

对于控制策略的实现，最终体现在对单灯的控制(包括灯具或光源)，单灯的控制参数和实现方法主要有开关控制、亮度调节、颜色调节和色温调节 4 种方式。

4.2.1 开关控制的主要方式

开关控制主要方式有：机械翘板开关控制(包含双控或多控开关)、延时开关、定时开关、光控开关、声控开关、红外感应控制开关、微波移动控制开关等方式。在照明控制系统中，通过对单灯的开关控制组合实现某种控制策略。

4.2.2 亮度调节实现方法

4.2.2.1 电流调节法

根据 LED 的伏安特性，在 LED 的工作范围内，LED 的亮度和电流大小近似成正比(见图 4.2.1)，通过调整流经 LED 电流的大小，实现调节 LED 灯具的发光亮度。调整流经 LED 电流的方法就是改变 LED 供电恒流电源的电流检测电阻。通过比较检测电阻组上的电压和电压芯片内部的参考电压，来控制电流的大小。调整电流的方法会造成 LED 发光色谱频偏，还可能引起色温的变化。

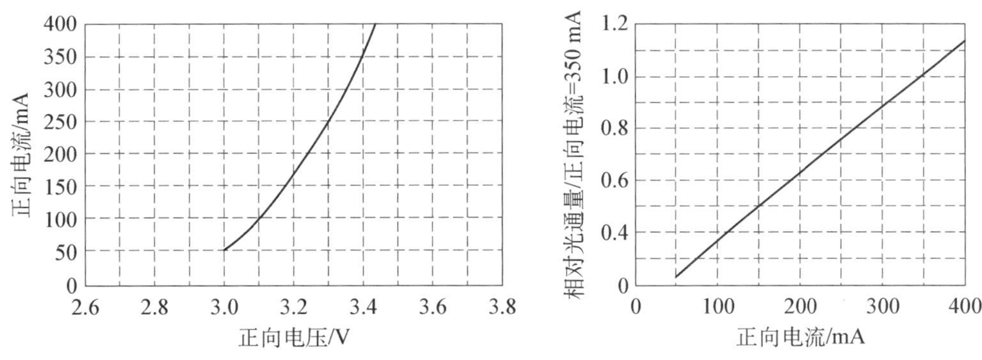

图 4.2.1 LED 伏安特征曲线和发光强度-电流曲线

4.2.2.2 PWM 调光法

LED 是一个二极管，可以实现快速的开关，其开关速度可以高达微秒以上。因此，采用脉冲电路改变脉冲宽度的方法，就可以改变其亮度，这就是脉冲调制(pulse width modulalion, PWM)调光法，现在基本采用这种方法。

简而言之，PWM 是一种对模拟信号电平进行数字编码的方法。通过使用高分辨率计数器，方波的占空比被调制用来对一个具体模拟信号的电平进行编码。PWM 信号仍然是数字的，因为在给定的任何时刻，满幅值的直流供电要么完全有(on)，要么完全无(off)。电压或电流源是以一种通(on)或断(off)的重复脉冲序列被加到模拟负载上去的。通的时候即是直流供电被加到负载上的时候，断的时候即是供电被断开的时候。不同的占空比对应不同的亮度。

举例来说，占空比为 10%的 PWM 输出，即在信号周期中，10%的时间通，其余 90%的时间断。如果占空比为 20%，50%和 90%的 PWM 输出，这 3 种 PWM 输出的编码分别是强度为满度值的 20%，50%和 90% 3 种不同模拟信号值。例如，假设供电电源为 9 V，占空比为 20%，则对应的是一个 20%亮度输出。调制频率通常在 1 kHz 到 200 kHz 之间。

4.2.2.3 切相调光

切相调光可以对电压波形进行切相，以达到有效输出电流变化，从而改变 LED 输出的亮度。可以进行前沿切相(frontier phase cut，FPC)和后沿切相(rear phase cut，RPC)调光。

前沿切相调光就是采用可控硅电路，从交流相位 0 开始，输入电压斩波，直到可控硅导通时，才有电压输入。其原理是调节交流电每个半波的导通角来改变正弦波形，从而改变交流电流的有效值，以此实现调光的目的。前沿相位控制调光器一般使用可控硅作为开关器件，所以又称为可控硅调光器。

后沿切相控制调光器，采用场效应晶体管(field effect transistor，FET)或绝缘栅双极型晶体管(insulated gate bipolar transistor，IGBT)设备制成。后沿切相调光器一般使用金属氧化物半导体场效应晶体管(metal oxide semiconductor field effect transistor，MOSFET)作为开关器件，所以也称为 MOSFET 调光器，俗称“MOS 管”。MOSFET 是全控开关，既可以控制开，也可以控制关，故不存在可控硅调光器不能完全关断的现象。另外，MOSFET 调光电路比可控硅更适合容性负载调光，但因为成本偏高和调光电路相对复杂、不容易稳定等特点，使得 MOS 管调光方式没有发展起来，可控硅调光器仍占据了绝大部分的调光系统市场。

切相破坏了正弦波的波形，从而降低了功率因值，通常 PF 低于 0.5，而且导通角越小时功率因数越差(1/4 亮度时只有 0.25)。同样，非正弦的波形加大了谐波系数，会在线路上产生严重的干扰信号(electro magnetic interference，EMI)，在低负载时很容易不稳定，为此还必须加上一个泄流电阻，而这个泄流电阻至少要消耗 1～2 W 的功率。在普通切相调光电路输出到 LED 的驱动电源时，还会产生意想不到的问题，那就是输入端的 LC 滤波器会使可控硅产生振荡。这种振荡对于白炽灯是无所谓的，因为白炽灯的热惯性使得人眼根本看不出这种振荡，但对于 LED 的驱动电源就会产生音频噪声和闪烁。

切相调光虽然有那么多的缺点和问题，但是它也有着一定的优势，那就是它已经在白炽灯、卤素灯调光中得到广泛应用，占据了很大的调光市场。如果 LED 想要取代可控硅调光的白炽灯和卤素灯灯具的位置，必须要和可控硅调光兼容。具体来说，在一些已经安装了可控硅调光的白炽灯或卤素灯的地方，墙上已经安装了可控硅的调光开关和旋钮，墙壁里也已经安装了通向灯具的两根连接线。若要更换墙上的可控硅开关和要增加连接线的数目都不是那么容易，最简单的方法就是什么都不变，只要把灯头上的白炽灯拧下，换上带有兼容可控硅调光功能的 LED 灯泡就可以。

4.2.3 颜色调节实现方法

目前，实现 LED 白光有两种主流技术路线：基于三基色原理，利用红、绿、蓝三基色 LED 合成白光；采用蓝光或紫外 LED 激发黄光荧光粉实现二元混色白光。

相比之下，采用三基色 LED 混合白光，不仅可实现理想的白光光谱，而且光源颜色可调。颜色混合的方法通常采用加法混色。加法混色遵循格拉斯曼定律，该定律的基本内容为：人的视觉只能分辨颜色的 3 种变化，即亮度、色调、饱和度，其变化符合不同的定律；两种颜色混合时遵循补色律和中间色定律;感觉上相似的颜色可以互相代替遵循代替律;亮度相加遵循亮度相加定律,即由几个颜色组成的混合色的亮度,是各颜色光亮度的总和。

4.2.4 色温调节实现方法

在 RGB 三基色发光 LED 中,可以通过调整三色 LED 发光来调整色温。

也可以用不同色温的 LED 颗粒进行组合,通过调节 LED 颗粒的电流或 PWM 方式,来调整灯具的色温。

4.3 照明控制的系统架构

4.3.1 照明控制的系统架构介绍

照明控制系统是由一套照明设备及相关辅助设备控制的系统,其主要功能是实现照明系统的整体控制和管理。照明系统可以使照明设备更加节能、更加灵活,提供更多的功能。智能化成为照明系统的发展趋势,为未来智能家居、智能楼宇,以至智慧城市的实现提供支撑。

照明系统主要由系统软件和硬件组成。

系统软件不仅是照明设备和控制设备之间的通信控制,还是 LED 照明系统的人机交互窗口,通过软件实现照明系统的集中控制和管理。

照明控制系统包括:照明控制集中管理系统、网关设备、照明控制器、电源、光源及相关辅助设备。照明控制集中管理系统是对照明系统进行控制管理的中心控制平台;网关是网络协调器和协议转换器,其对多个照明控制器进行控制,并和照明控制集中管理系统进行通信,对不同照明控制协议和网络通信协议进行协议转换;照明控制器接收来自控制系统的控制信号,或处理辅助设备如传感器的信号,从而配置、控制照明电源,还对照明电源和灯具的运行情况进行监测;电源单元是负责接收照明控制器的控制和配置信号,并执行相应的开光、调光、调色、调色温等动作;LED 光源是实现照明发光的重要部分;相关辅助设备是各种传感器,对灯具或环境进行探测。

照明控制系统的总体架构如图 4.3.1 所示。

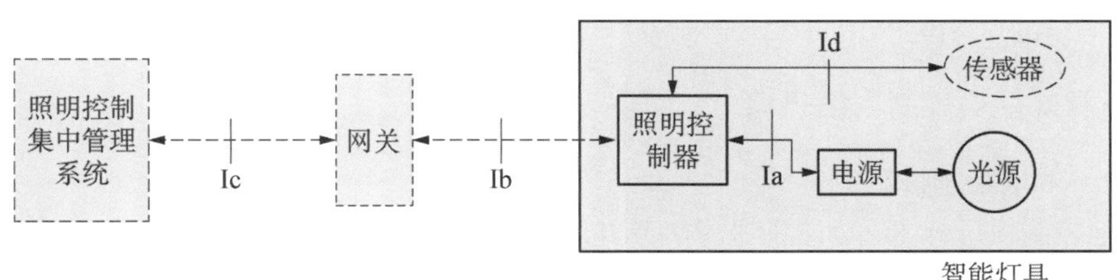

图 4.3.1 照明控制系统架构示意

在图 4.3.1 中,从左到右依次是照明控制集中管理系统、网关、照明控制器、电源、光源和传感器。

4.3.1.1 照明控制器

照明控制器也称为单灯控制器。一方面接收照明控制集中管理系统或网关的命令，对灯具进行控制；另一方面根据传感器的信息，对灯具进行控制，并记录灯具运行状况，通告灯具故障。

4.3.1.2 传感器

传感器探测环境信息，如光照度、亮度、温度、人车流量，CO/CO_2 等，反馈给控制系统，控制系统根据环境对系统进行控制。传感器可以连接在照明控制器上，也可以连接到网关上。

4.3.1.3 网关

网关也称为路由器或集中控制器，担负着连接照明控制器和照明控制器系统的任务。其包括下面功能：

网关发现并记录照明设备中存在的各种服务资源，维护这些资源的可用性信息，并提供对这些资源的访问控制。通过与网关相连接的系统软件，可实现照明系统内部对服务资源状态的查看及功能控制。

网关将照明控制器的协议和照明控制集中管理系统的协议进行转换。

照明控制集中管理系统通过公网远程或现场接入集中网关，对照明系统进行控制，网关需通过访问控制技术确保外网访问的安全性。

4.3.1.4 照明控制集中管理系统

照明控制集中管理系统可以对照明设备、服务和网络进行管理。照明集中控制系统的主要功能包括：设备控制、场景编程、定时预约、设备关联、策略制订、数据采集和存储、报表分析、故障报警，以及可视化界面等。

照明控制集中管理系统发现和管理网关，对其进行注册、地址分配以及服务管理。通过网关，照明控制集中管理系统对智能照明系统内部的照明控制器进行集中控制和管理。

照明控制集中管理系统也可以直接对照明控制器进行管理，这时不需要网关设备。

照明控制集中管理系统对接入进行管理，为各种终端和操作定义数据模型与实现流程，实现智能照明系统内多种终端的统一管理，以及交互式软件升级、业务配置和故障排除等功能。

照明控制集中管理系统可以是照明中央后台集中管理系统，其可以架构在单独的服务器上，也可以架构在云服务上；还可以是现场控制器，如现场调试工具、手机/平板电脑上运行的 APP(application)、面板开关控制器或遥控器等。

4.3.2 智能照明控制网络接口

4.3.2.1 本地控制接口 Ia

本地控制接口 Ia 是照明控制器和灯具电源之间的接口，可以是模拟接口，也可以是数字接口。例如，PWM，0～10 V，数字可寻址照明接口(digital addressable lighting interface，DALI)。

4.3.2.2 现场控制网络接口 Ib

现场控制网络接口 Ib 是照明控制器和网关之间的接口，可以是有线接口，如电力载波(powerline communication，PLC)，RS485，DALI，BACnet，KNX，DMX512 等；也可以是无线接口，如 ZigBee，Wi-Fi，bluetooth 或其他无线低功率通信接口。

4.3.2.3 骨干控制网络接口 Ic

骨干控制网络接口 Ic 是网关和照明控制集中管理系统之间的接口，一般采用公用通信网络，比如无线公用通信网络 GPRS(general packet radio service，通用分组无线服务)/3G/4G/LTE(long term evolution，长期演进)或有线公用通信网络 PON(passive optical network，无源光网络)，DSL(digital subscriber line，数字用户线路)等；也可以是专用控制网络，如 BACnet，KNX 或 Lonworks；对于手机、平板、面板等现场控制器，还可以通过 Wi-Fi 或现场总线的方式，现场接入智能照明控制网络。

4.3.2.4 传感器接口 Id

传感器通过 Id 接口连接到照明控制器或网关上，其常用的接口有模拟的干点接口，0～10 V，DALI 和 RS485 接口或无线的 ZigBee 接口，也有用私有定义接口。

4.3.3 主要通信网络接口协议介绍

不同的通信接口可以采用不同的通信协议，其应用总结如表 4.3.1 所示。

表 4.3.1 通信接口和通信协议应用总结

	本地接口 Ia	现场接口 Ib	骨干接口 Ic
接口和协议	PWM 0～10 V DALI	DALI ZigBee Wi-Fi Bluetooth GPRS/3G/LTE BACnet KNX DAM512 PLC RS485 POE	GPRS/3G/LTE 有线公用通信网络 BACnet KNX Lonworks IGRS UPnP

4.3.3.1 0～10 V

0～10 V 是以模拟方式的灯光控制标准。通过改变一个 0/1～10 V 的电压信号，从而控制灯光亮度。按照标准，当控制信号在 10 V 时，驱动器输出应该是 100%，通过控制器调小 1～10 V 信号，光线将减小；当信号小于 1 V 时，光线为最小；当信号为 0 V 时，中继驱动器将会关闭。最小电压水平时驱动器最小输出，了解驱动器的最小值非常重要。对于不能在最小值时关闭的驱动器，必须在 AC 回路中增加中继开关。

标准 IEC60929 中考虑了控制系统的电流容量问题，规定各驱动器 0/1～10 V 信号输入端消耗电流小于 2 mA，这意味着一个 50 mA 的控制器可以控制 25 个驱动器。

受控制的灯具接收控制器的模拟式 0/1～10 V 控制信号范围需符合以下规定：

1) 最高输入电压：10～11 V。

2) 最低输入电压：0～1 V。

3) 最小光输出到最大光输出对应的输入电压范围：1～10 V。

4）灯具可稳定光输出对应的输入电压范围：0～11 V。

5）安全输入电压范围：－20～＋20 V。

6）受控灯具输入端需具有反向电极保护功能，即受控灯具只能产生最小光输出或者不受控。

7）一个单灯控制器可控制一个或者多个灯具，只要输入到这些灯具的模拟式 0～10 V（或 1～10 V）控制信号电压符合以上规范。

8）受控制的灯具不能对单灯控制器产生超出－20～＋20 V 的电压范围，同时电流也应在 10 μA～2 mA 之间。

9）受控制的灯具可在任意允许输入的电压下打开。

4.3.3.2 PWM

脉冲宽度调制（PWM）是一种对模拟信号电平进行数字编码的方法。PWM 的一个优点是从处理器到被控系统信号都是数字形式的，无需进行数模转换。让信号保持数字形式，可将噪声影响降到最小。

受控制的灯具接收控制器的数字调光信号范围需符合以下规定：

1）信号高电平：10～25 V。

2）信号低电平：0～1.5 V。

3）信号周期：1～10 ms。

4）受控灯具输入端需具有反向电极保护功能，即受控灯具在反向电压输入下不受控。

5）受控灯具的阻抗范围在 1 000～10 000 Ω 之间。

6）高电平在整个信号周期中持续时间的比例决定受控灯具光输出的百分比。灯具实现 100％的光输出对应的高电平，在整个信号周期中持续的时间比例为 0％～(5±1)％；灯具实现 1％的光输出或者最低光输出对应的高电平，在整个信号周期中持续的时间比例为 95％±1％。当高电平在整个信号周期中持续的时间比例大于 95％时，灯具关断。

7）在电流承载范围内，一个单灯控制器可控制一个或者多个灯具。

4.3.3.3 DALI

数字可寻址照明接口 DALI 的国际标准为 IEC62386，现在已经制订了 DALI v2。DALI 定义了照明控制装置（control gear）与照明控制设备（control device）之间的通信方式，目标是可以兼容不同厂家符合 DALI 标准的 LED 照明设备。DALI 系统的典型结构为主从结构，一个主机（master）最多可以寻址 64 个从机（slave），DALI 的带宽是 1 200 bps，最大传输距离是 300 m。每个灯具或灯都有相应的地址，它们会判断相应自己的数据，可以实现双向通信方式。DALI v2 在 DALI v1 的基础上，改进了时钟特性，能够更好地互联互通，还定义了应用控制器（application controller）和新的 24 bit 的帧，并可以支持传感器的应用。

4.3.3.4 ZigBee

ZigBee 是一种新兴的短距离、低功耗、低数据速率、低成本、低复杂度的无线网络技术，继承了 IEEE 802.15.4 强有力的无线物理层所规定的全部优点：省电、简单、成本低。ZigBee 增加了逻辑网络、网络安全和应用层定义，ZigBee 标准适合于低速率数据传输，最大速率为 250 $\mathrm{kbit \cdot s^{-1}}$，与其他无线技术比较，适合传输距离相对较近的场合。

ZigBee无线技术适合组建无线个域网(wireless personal area network, WPAN)网络，就是无线个人设备的联网，这对于数据采集和控制信号的传输是非常合适的。

ZigBee技术具有强大的组网能力，可以形成星型、树型和MESH网状网，可以根据实际项目需要来选择合适的网络结构。

MESH网状网络拓扑结构具有强大的功能，可以通过"多级跳"的方式来通信，组成极为复杂的网络，也具备自组织、自愈功能；星型和树型网络适合点到多点、距离相对较近的应用。

4.3.3.5 Wi-Fi

无线局域网络(WLAN)是一种能够将个人电脑、手持设备(如PDA、手机)等终端以无线方式互相连接的技术。Wi-Fi是一个无线局域网络的别称，由Wi-Fi联盟(Wi-Fi Alliance)所持有，目的是改善基于IEEE 802.11标准的无线网络产品之间的互通性。有人把使用IEEE 802.11系列协议的局域网称为无线保真，甚至把无线保真等同于无线网际网路。

一般架设无线局域网络的基本配备就是无线网卡及一台AP，如此便能以无线的模式，配合既有的有线架构来分享网络资源，架设费用和复杂程度远远低于传统的有线网络。如果只是几台电脑的对等网，也可不要AP，只需为每台电脑配备无线网卡。AP为"access point"的简称，一般翻译为"无线访问接入点"或"桥接器"或"路由器"，它主要在媒体存取控制层MAC中扮演无线工作站及有线局域网络的桥梁。有了AP，就像一般有线网络的Hub集线器一般，无线工作站可以快速且轻易地与网络相连。特别是对于宽带的使用，Wi-Fi更显优势，有线宽带网络(非对称数字用户线路ADSL和LAN等)到户后，连接到一个AP，然后在电脑中安装一块无线网卡即可。普通的家庭有一个AP已经足够，甚至用户的邻里得到授权后，能以共享的方式上网。

4.3.3.6 Bluetooth

蓝牙系统采用一种灵活的无基站的组网方式，使得一个蓝牙设备可同时与7个其他的蓝牙设备相连接。蓝牙系统的网络结构的拓扑结构有两种形式：微微网(piconet)和分布式网络(scatternet)。

微微网是通过蓝牙技术以特定方式连接起来的一种微型网络，一个微微网可以只是两台相连的设备，如一台便携式电脑和一部移动电话，也可以是8台连在一起的设备。在一个微微网中，所有设备的级别是相同的，具有相同的权限。蓝牙采用自组式组网方式(Ad-hoc)，微微网由主设备(master)单元(发起链接的设备)和从设备(slave)单元构成，有一个主设备单元和最多7个从设备单元。主设备单元负责提供时钟同步信号和跳频序列，从设备单元一般是受控同步的设备单元，接受主设备单元的控制。

分布式网络是由多个独立的非同步的微微网组成，以特定的方式连接在一起。一个微微网中的主设备单元同时也可以作为另一个微微网中的从设备单元，这种设备单元又称为复合设备单元。蓝牙独特的组网方式赋予了它无线接入的强大生命力，同时可以有7个移动蓝牙用户通过一个网络节点与因特网相连，并靠跳频顺序识别每个微微网。同一微微网的所有用户都与这个跳频顺序同步。

蓝牙分布式网络是自组网(ad hoc networks)的一种特例。其最大特点是可以无基站支持，每个移动终端的地位是平等的，并可独立进行分组转发的决策，其建网灵活性、多跳性、拓扑结构动态变化和分布式控制等特点是构建蓝牙分布式网络的基础。

4.3.3.7 PLC

电力载波通信(power line communication, PLC)是电力系统特有的通信方式,是指利用现有电力线,通过载波方式将模拟或数字信号进行高速传输的技术。其最大特点是不需要重新架设网络,只要有电线,就能进行数据传递。

4.3.3.8 RS485

RS485采用普通的双绞线或铠装型双绞屏蔽电缆传输差分信号,其用−2 V～−6 V表示"1",+2 V～+6 V表示"0"。RS485有两线制和四线制两种接线,四线制只能实现点对点的通信方式,现很少采用;现在多采用的是两线制接线方式,这种接线方式为总线式拓扑结构,在同一总线上最多可以挂接32个结点。在RS485通信网络中,一般采用的是主从通信方式,即一个主机带多个从机。

4.3.3.9 KNX

KNX用于住宅和楼宇自动控制系统中,包括照明、安全防护控制、加热、通风、空调、监控、报警、用水控制、能源管理、测量,以及家居用具、音响及其他众多设备。KNX既能用于小户型单身住房,也能用于大型楼宇(办公楼、宾馆、会议中心、医院、学校、公寓楼、仓库、机场……)。

KNX支持多种配置模式,包括简易安装模式(E-mode):不必使用PC,使用一台中央控制器、编码轮或推钮即可完成配置,E-mode兼容产品一般都具有有限的功能和最小化安装;系统安装模式(S-mode):通过一台PC和已安装的ETS软件完成安装和配置计划,ETS数据库中包含厂商的产品数据,用于支持KNX完整功能和大系统中。

KNX支持多种通信介质,每种通信介质都能通过一个或多个配置模式连接,每位厂商都可以根据应用选择适合的连接。其包括双绞线(KNX TP):可与独立总线电缆交叉传送KNX,在线路和区域内进行分级;电源线(KNX PL):可在现有主要电力网络上传送KNX;射频(KNX RF):通过无线电信号传送,设备可以是单向或双向的;IP/Ethernet(KNX IP):利用分布广泛的通信介质,比如以太网网线。

4.3.3.10 BACnet

楼宇自动控制网络数据通信协议BACnet作为一种标准开放式数据通信协议(即:A Data Communication Protocol for Building Automation and Control Networks,简称《BACnet协议》),最初由美国暖通协议ASHRAE135发展而来。1987年,美国暖通工程师协会(American Society of Heating Refrigerating and Air-conditioning Engineer, ASHRAE)开始制订在建筑中暖通设备进行监视、控制和能量管理的通信协议,1995年发布的BACnet 135-1995为ANSI标准,2001年ANSI/ASHRAE 135-2001标准发布,2003年成为ISO的BMS标准:ISO 16484-x。国际化联盟BACnetinternational(BI)对BACnet协议的实现给予更加详细的规定并进行推广,其使不同厂家楼宇设备能够实现互操作,使得一个系统可以集成不同厂商的设备,并为这些设备提供统一的数据通信服务和协议操作平台。这样,给用户提供了更大的选择空间,给系统升级、维护提供了灵活性。

BACnet设备商一般提供控制器、网关、路由器、工作站、操作工具等设备,这些设备是这几种设备实体的组合。BACnet利用对象的方式定义了网络中使用的不同设备,包括工作站、控制器和传感器/执行器等。

4.3.3.11 DMX512

DMX512 数据协议是美国舞台灯光协会(USITT)于 1990 年发布的一种灯光控制器与灯具设备进行数据传输的标准,它包括电气特性、数据协议、数据格式等方面的内容。

DMX512 电气特性与 RS-485 完全兼容,驱动器/接收器的选择、线路负载和多站配置等方面的要求都是一致的。此外,DMX512 还可以运行在 IP/以太网上。

DMX512 数据协议规定使用 250 kbps 的传输速率。DMX512 是单向通信,不能反馈执行的状态。

4.3.3.12 无线公用通信网络

无线公用通信指由电信服务提供商提供的无线公用通信网络,有 GPRS, 3G 和 LTE 等网络。

GPRS 是通用分组无线服务技术(general packet radio service)的简称,它是 GSM 移动电话用户可用的一种移动数据业务,可说是 GSM 的延续。GPRS 和以往连续在频道传输的方式不同,是以封包(packet)式来传输的,其采用统计复用的方式传输,并非使用其整个频道。GPRS 的传输速率可提升至 56 kbps,甚至 114 kbps。

3G 是第三代移动通信技术,是指支持高速数据传输的蜂窝移动通信技术,是将无线通信与国际互联网等多媒体通信结合的新一代移动通信系统。3G 服务能够同时传送声音及数据信息,速率一般在每秒几百千比特以上。目前,3G 存在 3 种标准,如中国电信的 CDMA2000、中国联通的 WCDMA、中国移动的 TD-SCDMA。

LTE(long term evolution)是无线通信的长期演进版本,也称为 4G。LTE 系统引入了正交频分复用(orthogonal frequency division multiplexing, OFDM)和多输入多输出(multi-input & multi-output, MIMO)等关键技术,显著增加了频谱效率和数据传输速率。根据双工方式不同,LTE 系统分为 FDD-LTE(frequency division duplexing)和 TDD-LTE(time division duplexing),两者的主要技术区别在于空口的物理层上(像帧结构、时分设计、同步等)。FDD 系统空口上下行采用成对的频段接收和发送数据,而 TDD 系统上下行则使用相同的频段在不同的时隙上传输。较 FDD 双工方式,TDD 有着较高的频谱利用率。

4.3.3.13 有线公用通信网络

有线公用通信网络指由电信服务提供商提供的有线接入公用通信网络,包括无源光纤网络(passive optical network, PON)、数字用户线路(digital subsciber line, DSL)等。

PON 是指不含有任何有源电子器件及电子电源,光配线网络(optical distribution network, ODN)全部由光分路器(splitter)等无源器件组成,不需要贵重的有源电子设备。一个无源光网络包括一个安装于中心控制站的光线路终端(optical line terminal, OLT),以及一批配套的安装于用户场所的光网络单元(optical network units, ONU)。在 OLT 与 ONU 之间的 ODN 包含了光纤以及无源分光器或者耦合器。PON 系统结构主要由中心局的光线路终端 OLT、包含无源光器件的光分配网 ODN、用户端的光网络单元/光网络终端(optical network unit/optical network terminal, ONU/ONT,其区别为 ONT 直接位于用户端,而 ONU 与用户之间还有其他网络,如以太网),以及网元管理系统(element management system, EMS)组成,通常采用点到多点的树型拓扑结构。

现在应用的 PON 网络有以太网 PON(EPON)和吉比特 PON(GPON)等。

数字用户线路 DSL 是以电话线为传输介质的传输技术组合。DSL 技术在传递公用电话网络的用户环路上支持对称和非对称传输模式，解决了经常发生在网络服务供应商和最终用户间"最后一公里"的传输瓶颈问题。由于 DSL 接入方案无需对电话线路进行改造，可以充分利用已经被大量铺设的电话用户环路，大大降低额外的开销。因此，利用铜缆电话线提供更高速率的因特网接入，更受用户的欢迎，得到了各方面的重视，在一些国家和地区得到大量应用。DSL 包括非对称数字用户线（asymmetric digital subscriber line，ADSL）、HDSL（high data rate digital subscriber line，高速数字用户线路）和 VDSL（very high speed digital subscriber line，超高速数字用户线路），等等。

4.3.3.14 POE

POE 是以太网供电，在以太网线上提供通信的同时还提供供电的功能。其可以利用以太网线中的空闲的 4，5，7，8 线来供电，也可以采用数据线 1，2，3，6 同时供电，并提供以太网交换机供电端和受电设备的受电端电能功率的协商、检测过程，提供的功率为 15 W，25 W 的标准功率，采用私有技术，功率还可达 100 W。

4.4 照明控制的策略

前面提到的照明控制系统的结构，其系统发展是建立在对照明控制策略的研究基础上的。同时，照明控制的策略也是进行照明控制系统的方案设计考虑的基础。照明控制的策略通常可分为两大类：追求节能效果的策略，包括时间表控制、天然采光的控制、维持光通量控制、亮度控制、作业调整控制和平衡照明日负荷控制等；追求艺术效果的策略，包括人工控制、预设场景控制和集中控制。

4.4.1 可预知时间表控制

在活动时间和内容比较规则的场所，灯具的运行基本上是按照固定的时间表来进行的，规则地配合上班、下班、午餐、清洁等活动，在平时、周末、节假日等规则变化，这就可以采用预知时间表控制（predictable scheduling）策略。通常，适用于一般的办公室、工厂、学校、图书馆和零售店等。

如果策划得好，按预知时间表控制的策略节能显著，甚至可节能达到 40%。同时，采用预知时间表控制可带来照明管理的便利，并起到一定的时间表提醒作用。比方说，提示商店开门、关门的时间等。

可预知时间表控制策略通常采用时钟控制器来实现，并进行必要的设置来保证特殊情况（如加班）时能亮灯，避免将活动中的人突然陷入完全的黑暗中。

4.4.2 不可预知时间表控制

对于有些场所，活动的时间是经常发生变化的，可采用不可预知时间表控制（unpredictable scheduling）策略。例如，在会议室、复印中心、档案室、休息室和试衣间等场所。

虽然在这类区域不可采用时钟控制器来实现照明控制，但通常可以采用人员动静探测器等来实现，节能可高达 60%。

4.4.3 天然采光的控制

若能从窗户或天空获得自然光(daylighting),即所谓的利用天然采光,则可以关闭电灯或降低电力消耗来节能。利用天然采光来节能与许多因素有关:天气状况、建筑的造型、材料、朝向和设计,传感器和照明控制系统的设计和安装,以及建筑物内活动的种类、内容等。通常,天然采光的控制策略用于办公建筑、机场、集市和大型廉价商场等。

天然采光的控制一般采用光敏传感器来实现。应当注意的是,因为天然采光会随时间发生变化,所以通常需要和人工照明相互补偿;因为天然采光的照明效果通常会随与窗户的距离增大而降低,所以一般将靠窗的灯具分为单独的回路,甚至将每一行平行于窗户的灯具都分为单独的回路,以便进行不同的亮度水平调节,保证整个工作空间内的照度平衡。

4.4.4 亮度平衡的控制

这一策略利用了明暗适应现象,即平衡相邻的不同区域的亮度水平,以减少眩光和阴影,减小人眼的光适应范围。例如,可以利用格栅或窗帘来减少日光在室内墙面形成的光斑;可以在室外亮度升高时,开启室内人工照明,在室外亮度降低时,关闭室内人工照明。亮度平衡的控制(brightness balance)策略通常用于隧道照明的控制,室外亮度越高,隧道内照明的亮度也越高。

通常,也采用光敏传感器来实现亮度平衡,但控制的逻辑恰好相反。

4.4.5 维持光通量控制

通常,照明设计标准中规定的照度标准是指“维持照度”,即在维护周期末还要能保持这个照度值。这样,新安装的照明系统提供的照度比这个数值高20%~35%,以保证经过光源的光通量衰减、灯具的积尘、室内表面的积尘等,仍能在维护周期末达到照度标准。维持光通量(lumen maintenance)策略就是指根据照度标准,对初装的照明系统减少电力供应,降低光源的初始流明,而在维护周期末能达到最大的电力供应,这样就减少了每个光源在整个寿命期间的电能消耗。

通常,也采用光敏传感器和调光控制相结合来实现控制。然而,当大批灯具采用这一方法时,初始投资会很大。而且,该方法要求所有的灯需同时更换,而无法考虑有些灯会提前更换。

4.4.6 作业调整控制

在一个大空间内,通常维持恒定的照度,可采用作业调整控制(task tuning)的策略,可以调节照明系统,改变局部的小环境照明。例如,可以改变工作者局部的环境照度,可以降低走廊、休息室的照度,从而提高作业精度要求较高区域的照度。

作业调整控制的另一优点是它能给予工作人员控制自身周围环境的权力感,这有助于雇员心情舒畅,提高生产率。通常,这一策略通过改变一盏灯或几盏灯来实现,可以利用局部的调光面板或者红外遥控器等。

4.4.7 平衡照明日负荷控制

电力公司为了充分利用电力系统中的装置容量,提出了“实时电价”的概念:即电价随一天中不同的时间而变化。我国已推出“峰谷分时电价”，将电价分为峰时段、平时段、谷时段，即电能需求高峰时电价贵，低谷时电价廉，鼓励人们在电能需求低谷时段用电，以平衡日负荷曲线。这就是平衡照明日负荷控制(load schedding and demand reduction)。

作为用户可以在电能需求高峰时，降低一部分非关键区域的照度水平、降低空调制冷耗电，这样就降低了电费支出。

4.4.8 艺术效果的控制

艺术效果的照明控制(aesthetic strategies)策略有两层含义：一方面，像多功能厅、会议室等场所，其使用功能是多样的，就要求产生不同的灯光场景以满足不同的功能要求，维持好的视觉环境，改变室内空间的气氛；另一方面，当场景变化的速度加快时，就会产生动态变化的效果，形成视觉的焦点，这就是动态的变化效果。

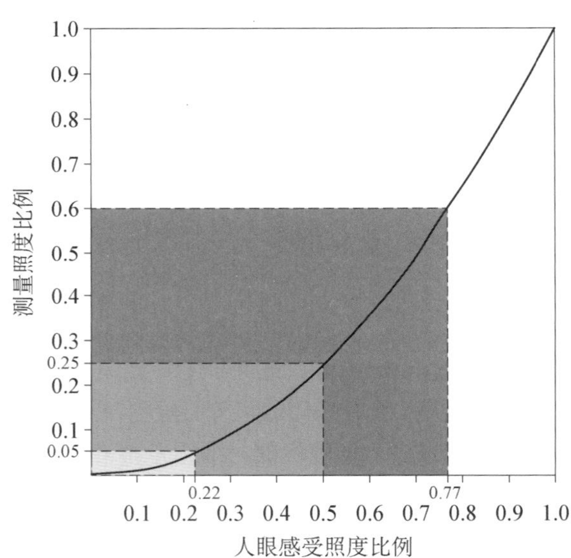

图 4.4.1 “平方定律”曲线——人眼的感受照度和测量照度之间的关系

艺术效果的照明控制可以利用开关或调光来产生。当照度水平发生变化时，人眼感受的亮度并不是与之呈线性变化的，而是遵循“平方定律”曲线，如图 4.4.1 所示，许多厂家的产品都利用了这一曲线。根据该曲线，当照度调节至初始值的25%时，人眼感受的亮度变化只有初始亮度的 50%。

讲求艺术效果的控制策略可以通过人工控制、预设场景控制和中央控制来实现。

人工控制指通过 on/off 开关或调光开关来实现，直接对各照明回路进行操作，其相对耗资少，但需要在面板上将回路划分注明得尽量简单，并讲究面板外形的选择。该方式多用于商业、教育、工业和住宅的照明中。

预设场景控制可以同时变化几个回路来达到特定的场景，所有的场景都经过预设，每一个面板按键储存一个相应的场景。该方式多用于场景变化比较大的场所，如多功能厅、会议室等，也可用于家庭的起居室、餐厅和家庭影院内。

中央控制是最有效的灯光组群调光控制手段。例如，对于舞台灯光的控制，就需要利用至少一个以上的调光台来进行场景预设和调光，这也适用于大区域内的灯光控制，并可以和多种传感器联合使用以满足要求；对于单独划分的小单元，也可采用若干控制小系统的组合集中控制，这通常见于酒店客房的中央控制。近年来，出现得比较多的还有整栋别墅的控制，主要利用中央控制以及人工控制、预设场景控制等相结合，并需要与电动窗帘、电话、音响等联用，必要时还需要与报警系统有接口。

4.5 照明控制系统功能和设计举例

4.5.1 办公照明控制系统

一个典型的办公照明控制系统如图 4.5.1 所示。

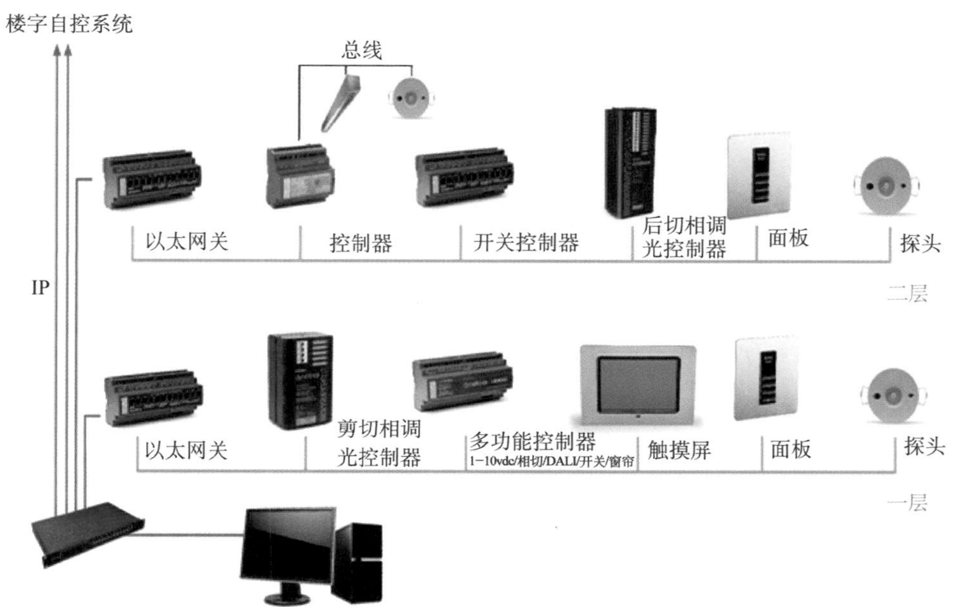

图 4.5.1 办公室智能照明系统

传感器(探头)、现场控制器(控制面板、触摸屏)、照明控制器(开关控制器、调光控制器),通过 DALI 网络或 KNX, BACnet, POE 等网络接入到以太网网关,再通过基于 IP 的通信网络接入照明管理系统。系统可以通过中央管理系统对照明进行场景控制、时钟控制、色彩控制,也可以通过现场控制器,例如面板、触摸屏等对照明进行人工控制,还可以通过传感器感知照度,是否有人、天气等情况,日光/移动感应、占空感应等进行自动照明控制。

例如,在大型企业总部办公楼中,应用的控制策略如表 4.5.1 所示。

表 4.5.1 大型企业总部办公楼应用控制策略举例

序号	地点	可预知时间表控制	天然采光的控制	不可预知时间表控制	艺术效果的控制	中央控制	人工现场控制
1	大堂	√	√		√	√	√
2	接待区域	√	√	√	√	√	√
3	多功能餐厅	√	√		√	√	√
4	大会议室/培训教室/VIP 室	√			√	√	√
5	领导办公室	√		√	√	√	√

续表

序号	地点	可预知时间表控制	天然采光的控制	不可预知时间表控制	艺术效果的控制	中央控制	人工现场控制
6	室内公共区域/走廊/过道		√	√		√	√
7	小型独立办公室/会议室		√	√		√	√
8	大空间办公室	√	√	√		√	√
9	客房			√		√	√
10	停车场/库		√	√		√	√
11	计算机房	√		√		√	√

1）对于公共办公空间，包括走廊、电梯厅、大堂、接待区，可以：

① 预设模式：日出、上班、下班、夜间、休息日白天、休息日夜间；

② 在大堂开放区域安装日光感应传感器，最大限度利用自然光，开启最少数量的灯具，实现节能；

③ 定时切换灯光模式，避免灯光通明现象，实现节能；

④ 在中央控制室可实现对照明的集中控制和管理。

2）对于大的公共办公空间，比如大办公室，可以：

① 使用 DALI 数字调光灯具，安装多功能感应器；

② 根据是否有人员活动，自动开关区域灯光，当区域无人时灯光进入 15%的背景照度，1 h 后还无人活动后则关闭灯光；

③ 在有人的情况下，日光感应单元感知工作面反射照度，调节 DALI 灯具的照度输出和智能遮阳百叶相协调，充分利用自然光，灯具输出作为补光以维持工作面照度基本恒定在 400 lx(照度设定可以通过面板改变)；

④ 联动空调，在区域内无人时空调进入待机状态；

⑤ 在中央控制室可实现对照明的集中控制和管理。

4.5.2 道路照明控制系统

道路照明智能控制系统的架构是按照道路照明的控制逻辑关系和照明线路拓扑而构成的，如图 4.5.2 所示。城市照明自动控制系统的架构主要由中央管理系统(照明控制集中管理系统，也有称为上位机)、集中控制器(网关)和终端控制器形成三级逻辑层，三级逻辑层之间通过两级通信层进行联络。LED 照明智能控制系统也可以由中央管理系统和终端控制器形成两级逻辑层，两级逻辑层通过一级通信层进行联络。

中央管理系统由硬件、软件和计算机网络组成。

集中控制器安装在照明配电柜内。集中控制器根据中央管理系统下发的运行参数和命令，负责照明配电柜内的 LED 路灯线路的数据采集、控制和管理；并作为中央管理系统与终端控制器之间的数据中继转发通信信道。

终端控制器是指道路 LED 照明自动控制系统中的终端模块，如单灯控制器。终端控制

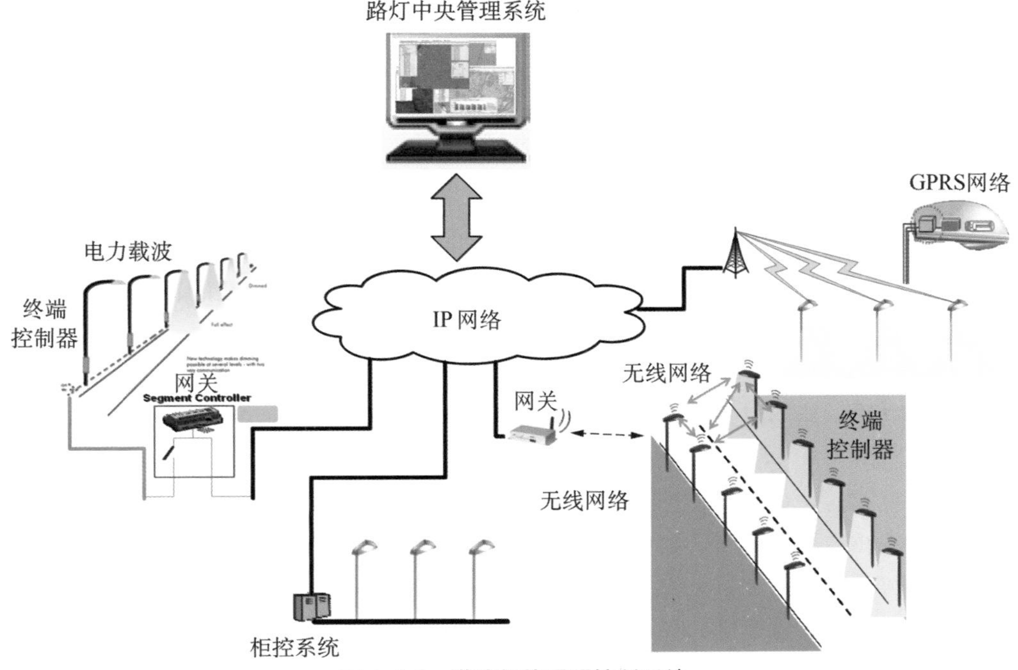

图 4.5.2 道路智能照明控制系统

器安装在灯具上，根据中央管理系统下发或集中控制器转发的运行参数和命令，负责对 LED 灯具运行的开关、巡检、调光等进行管理。

上层通信是指 LED 远程中央管理系统与 LED 智能控制系统的集中控制器之间的远程通信信道，包括无线公用数据传输信道（如 GPRS，3G，LTE 等）和无线专用数据传输信道（如 433 M 无线网络）。

下层通信是指集中控制器与终端控制器之间的通信信道，可采用电力载波 PLC、无线个域网的信道。

直接远程通信：中央管理系统也可以直接通过上层通信的远程通信信道（如 GPRS，3G，LTE 等）和终端控制器直接通信。

中央管理系统应由计算机工作站、服务器、计算机网络、无线数据通信网络、数据库和平台软件等组成，完成道路 LED 照明系统的实时监测、控制、调度和管理任务，是控制系统的核心。

中央管理系统应能进行数据采集、数据处理、控制、运行管理、能耗监测和系统管理等，应具有时间同步、工作模式的选择（远程、自动）、手机号码设置、短信控制、短信查询、固件在线升级等功能。

集中控制器应按照中央管理系统的命令和配置执行对照明线路的开灯和关灯的控制，以及线路运行数据的监测，具有中央管理系统和终端控制器之间数据交换的中继转发功能。其要求如下：

参数设置与查询：系统应能按照时控、光控等至少 6 种以上的模式进行调试和控制，参数能由具有操作权限的操作员进行设置。

数据采集和处理：系统宜具有自动巡检功能，巡检实时状态信息，包含各个灯具或群组灯具的亮度等级和灯具及控制装置的故障信息等。系统发生故障时应能报警。

控制：系统应能以自动、遥控和手动控制方式执行命令，对灯具进行单灯或分组控制。

时钟同步：系统的时钟应与灯具监控系统等的标准时间同步。

保障安全：系统与灯具失去通信或系统发生故障时，不影响照明灯具的运行，当断电时提供数据保护功能。

在线更新：应具有远程固件升级功能。

调试功能：应具有本地调试接口(如RS485/232，USB以太网等)，对集中控制器进行调试。

其他扩展功能：可以通过RS485等接口接入其他扩展设备，如照度计、流量计、回路控制设备、电缆防盗器等。

单灯控制器支持下列基本功能：

参数设置功能：能够对灯具参数、终端控制器参数、控制器通信参数、告警参数、地理位置参数进行设置。

数据采集功能：采集电压、电流、有功功率、功率因数和当前故障信息等数据。

管理控制功能：具有对所管辖的LED照明灯具进行管理控制(控制和调光)的功能，执行上一级系统查询、控制和参数设置指令的功能。

状态监测与告警：监控灯具工作状态、统计灯具亮灯时间、监控控制器工作状态，具有根据设定的报警条件主动向上一级系统报警的功能。

控制器维护功能：控制器初始化、自检自恢复、软件远程下载和升级。

状态指示功能：本地状态指示。

异常保护功能：在电压异常时，能够进行自动保护。

电缆防盗功能(可选)：可以通过扩展模块支持电缆防盗功能。

(1) 关于道路照明设计

按照CJJ45《城市道路照明设计标准》规定：

1) 道路照明应根据所在地区的地理位置和季节变化合理确定开关灯时间，宜采用根据天空亮度变化进行修正的光控与时控相结合的控制方式。

2) 立交桥、高架桥等的下层道路照明应根据该道路的实际亮度确定开关灯时间，可适当提前开灯和延后关灯。

3) 道路照明采用集中遥控系统时，远动终端应具有在通信中断的情况下自动开关路灯的控制功能和手动应急控制功能。

4) 宜根据照明系统的实际情况、城市不同区域的气象变化、道路交通流量变化、照明设计和管理的需求，选择片区控制、道路控制或单灯控制方式。

5) 道路照明开、关灯时的天然光照度水平：快速路和主干路宜为30 lx，次干路和支路宜为20 lx。

从功能上来说，道路照明控制系统的主要功能是保证道路安全、提高道路运输效率、保障人身安全、提供舒适环境。在满足道路照明各项功能需要的基础上，还应提高道路照明系统的能效、降低系统功耗、节约能源、减少污染，以达到节能和环保的目的。

(2) 关于路灯控制系统

在路灯控制系统中，有两个重要的功能需要强调：

1) 路灯监测：对路灯进行巡检，实时得到灯具运行的状态，当灯具发生故障时，可以实时通告故障，还能够对路灯的用电量进行统计。

2）照明节能：有3种方式。一是半夜灯方式：半夜灯是指照度较高和城乡接合部的街道路灯，在后半夜人流量、车流量较少，亮度不需要太高的情况下，关闭一部分灯，以节约电能。但是这种方式由于道路照度不均匀，容易发生交通事故。二是路灯节电柜：通过路灯节电柜控制路灯回路，对整个路灯段进行开关和亮度调节。三是日历表运行：可以根据设定的日历表进行每个路灯的开关和亮度调节。

(3) 关于隧道照明

对于隧道照明，照明控制大有用武之地，按照CIE于2004“Guide for the Lighting of Road Tunnels and Underpasses”和《公路隧道通风照明设计规范》(JTJ026.1－1999)的规定，隧道照明控制系统在满足隧道行车安全的照明指标的前提下，在一定流量与车道数下，对隧道接近段、入口段、加强段、中间段、出口段的照明段亮度与均匀度等进行控制，在不同时间段、不同流量情况实施调光策略控制。

1）隧道照明，尤其是高速公路隧道照明有如下显著特点与要求：

① 灯具节点数量庞大，一般为数千盏甚至上万盏；

② 管理区域大，少则1 km，多则近10 km；

③ 施工安装和维护难度大、成本高；

④ 照明与行车安全相关，需要高可靠性和稳定性；

2）隧道照明多采用基于RS485总线的控制系统，隧道照明的基本要求如下：

① 需要集中控制；

② 能在电脑或电子设备上可视、简单、快捷地控制所有照明灯具；

③ 对隧道灯具，尤其是加强段照明的灯具实施按需调光，达到消除白洞、黑洞效应的目的，并且能够节能降耗；

④ 支持自动调光和时控调光、手动调光等多种控制模式；

⑤ 支持单灯控制，达到针对不同类型、不同功能、不同厂商的灯具可分别调光的功能；

⑥ 支持组播调光、广播调光，达到灵活分组、迅速调光的功能；

⑦ 支持场景调光，达到根据外界环境参数自动调光的功能；

⑧ 支持双向通信，查询每盏灯具电压、电流、温度等状态，并以此判断照明状况功能；

⑨ 支持对通信链路监测和判断功能，以判断是否有节点不在控制区域内；

⑩ 支持在线升级功能，最大限度地降低客户的后期维护和升级成本；

⑪ 能够迅速、实时地掌握所有灯具的工作状态，对异常状态及时报警，达到提高安全性、降低维护成本的目的；

⑫ 简单可靠，适合于低成本的硬件设计方案。

4.5.3 景观照明控制系统

景观照明是利用灯光照明来塑造被照建筑物的夜间形象，从而对建筑物起到美化、烘托气氛、传递文化等作用。

景观照明智能控制系统一般采用DMX或总线系统，包括控制系统和带控制器的智能灯具，中间通过转换器、分控器、交换机等网关设备连接起来。通过应用各种照明控制策略，具体实现景观照明设计师的设计思想，如图 4.5.3 所示。智能灯具包括光源、电源和照明控制器，分控器和转换器承担网关的作用。照明集中管理控制系统运行在服务器上。

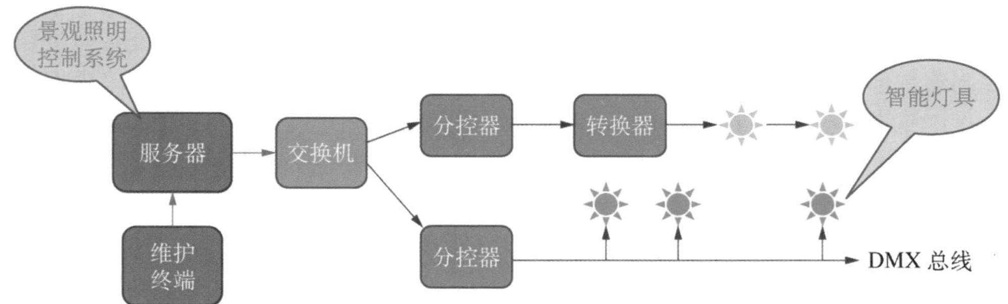

图 4.5.3　景观智能照明控制系统

景观照明控制需要考虑：

1）显示场景，突出主题，鲜明特征，强调建筑物形象的塑造和文化传达。

2）保证与周围环境照明协调一致，减少对环境的影响。

3）将照明的技术性与艺术性结合。

4）选用合理的照明方式（泛投光、轮廓照明、内透光照明、动态照明）。

5）亮度达到醒目的要求，无眩光。

6）色彩满足艺术需要，通常为单色 256 级灰度。

7）帧率达到每秒 20 帧以上。

8）发光角度确保被照区域符合要求。

比如，广州电视塔景观照明，始终坚持“以人为本”的设计理念，创造性地开发出将 LED 照明设备整合在复杂的建筑结构上的方案，形成多彩而律动的照明效果，充分展现了“岭南少女般高贵典雅和婀娜多姿”这一核心建筑设计理念。结合塔身设计和建筑、结构、美学，景观照明构成了一个纤细、挺拔、镂空、开放的外形效果，使整个塔在夜晚熠熠生辉。广州塔由 24 根锥形钢柱组成，外筒钢结构采用浅灰色，46 个圆环采用中灰色，最里面的混凝土核心筒采用深灰色；塔身灯光由 1 080 个节点 LED 灯组成，通过计算机控制电路，可以产生各种变化的视频广告效果；塔顶将有 3 台射程超过 1 000 米的激光灯束，分别指向珠江新城的广州双塔和中信广场；而天线桅杆通过时控电路控制，每天亦可锁定不同颜色，如图 4.5.4 所示。

图 4.5.4　广州电视塔照明效果

4.5.4 智能家居照明控制系统

智能家居控制系统由下列部分组成：

控制对象：冰箱、洗衣机、空调、电视；饮水机、空气净化器、电热水壶、咖啡机、豆浆机等；灶具、抽油烟机、热水器；照明电器的开关面板、灯具。

智能照明系统主要用于控制照明电器，其包括：

照明控制器：控制器接收智能控制器的命令或预先设计的程序，或通过传感器信号对控制对象进行控制，其集成在控制对象内，也可以单独存在于控制对象外，在照明控制系统内的称为单灯控制器。

网关/路由器：转接或汇聚控制器的控制信号到服务器或智能控制器，进行通信协议的转换。

照明控制集中管理系统：包括服务器、APP 智能控制器和开关面板等。服务器储存和处理控制系统数据，分析控制系统数据，提供远程控制功能。APP 智能控制器通过智能手机或 PAD 等运行控制软件，可以现场或远程对控制对象进行配置和控制。开关面板可以现场对控制系统进行控制，如对照明电器单灯或分组进行开关、调光等。开关面板可以安装在墙壁上，亦可以放置在房间里作为移动遥控器。

传感器：传感器接收环境状态，如光照、人体、门窗开关等，给控制系统提供输入。可以连接到网关/路由器上，也可以连接到控制器（执行器）上。

智能家居照明控制系统如图 4.5.5 所示。

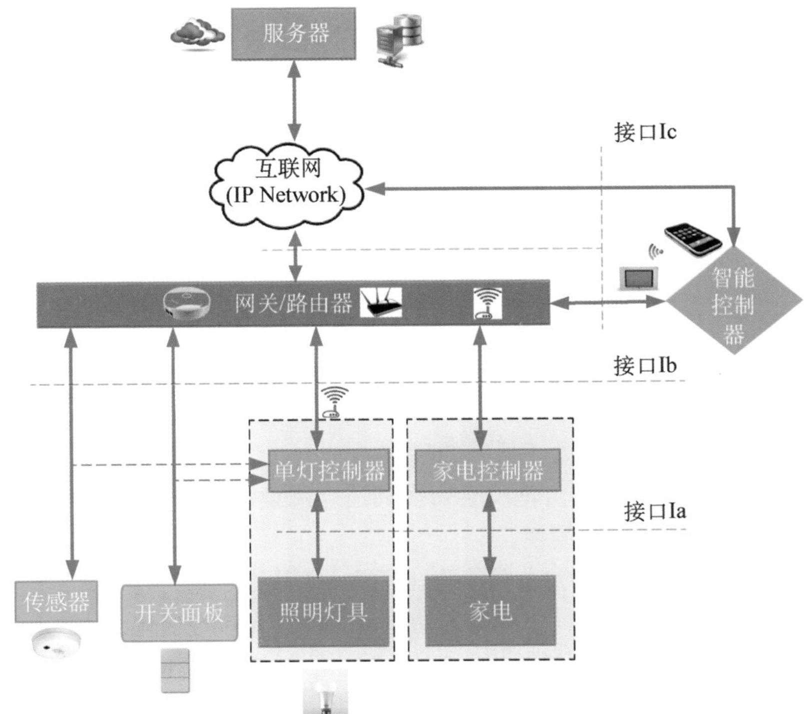

图 4.5.5 智能家居照明控制系统

(1) 智能家居照明模式示例

通过手机 APP 或面板控制，在智能家居照明中，可以选择不同的照明模式，适应不同的生活场景，如图 4.5.6 所示。

(a) “专注”模式

(b) “活力”模式

(c) “阅读”模式

(d) “放松”模式

(e) “睡眠”模式

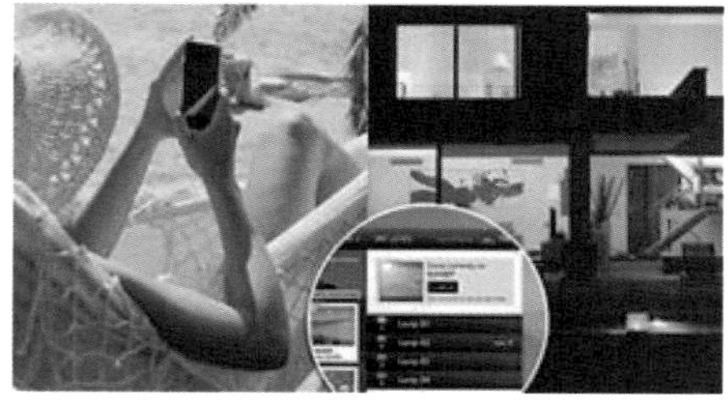

(f) “度假”模式

图 4.5.6　智能家居照明不同的模式

1) “专注”模式，将灯泡调整到特定模式以及亮度，帮助人形成专注及警觉。这样的灯光配方我们已经在国外的学校中经过测试，证实它确实有助于孩子集中注意力。

2) “活力”模式，所有选中的灯泡将带给人以明亮且充满活力的灯光。它将有助于人提振状态，非常适合于当人的状态处于低谷的时候。

3) “阅读”模式，所有选中的灯泡将会切换到适合阅读的模式，让灯光的亮度恰到好处。简单地按下按钮，会让阅读变得愉悦。

4) “放松”模式，所有选中的灯泡将会发出柔和、温馨的灯光。它是繁忙一天的解药，是人们跷起二郎腿放松很好的借口，定时器的功能可以使灯光缓慢变化。

5) “唤醒”模式，用它可以让照明进入清晨唤醒的状态，以愉悦的方式将人唤醒而不像恼人的闹钟那样惊醒人。

6) “睡眠”模式，也可以使用定时器让灯光缓缓关闭，帮助人自然入睡。

也可以通过时间表控制，简单地让灯泡在预设的时间点亮。例如，当人回家时，家中的灯泡已经亮起来，欢迎主人的归来。

能通过网络浏览器远程控制家中的灯光是一件有意思的事情。这也意味着照明可以成为家庭的守护者。也许有人需要加班晚归，但是希望看起来人在家里，这只需通过屏幕菜单打开灯泡；或者有人要外出度假，也可以通过网络控制灯泡，使自己的家看起来像是主人从未离开家。

（2）智能家居互联照明协议考虑

在智能家居互联照明中，本地连接是关键，也是需要控制协议重点考虑的地方。对于本地连接网络接口的控制协议的设计，应根据应用场景和控制对象，需要考虑的要求包括：

1）对象的数目。

2）对象的拓扑结构-组网。

3）信息流量带宽。

4）覆盖范围。

5）安装配置。

6）功耗。

7）成本。

8）安全。

9）OSI 层协议。

10）网络可靠性。

具体的要求如表 4.5.2 所示。

表 4.5.2 智能家居中应用场景和对控制协议的要求

需求/场景	家居整体照明系统	智能照明单品	扩展照明
场景描述	为整个智能家居中所有的筒灯、吸顶灯、壁灯、开关面板、传感器系统联动照明控制	客厅或餐厅等局部地方通过吊灯等重点照明，或利用台灯或床头灯进行阅读区域的照明	灯具是综合服务节点，除提供照明外，还提供音频、视频、无线接入通信等其他功能
对象的数目	设备数量大于 50 个	一个或几个	一个
对象的拓扑结构-组网支持	MESH 连接	点到点连接或星形连接	点到点
信息流量带宽	几百千字节控制信息	几百千字节控制信息	几兆的音视频信息
覆盖范围	大于 50 m	几米	几米
安装配置	方便	方便	方便
功耗	低	无要求	无要求
成本	低	无要求	无要求
安全	高	高	高
OSI 协议层	需要	需要	需要
网络可靠性	高	高	高

在家居照明中，常用的控制协议有 ZigBee，Wi-Fi 和 Bluetooth，它们的比较如表 4.5.3 所示。

表 4.5.3　3 种无线通信技术比较

<table>
<tr><th colspan="2">要求</th><th>ZigBee
IEEE 802.15.4</th><th>Wi-Fi
IEEE 802.11</th><th>Bluetooth
IEEE 802.15.1</th></tr>
<tr><td colspan="2">对象的数目</td><td>理论上支持 60 K 节点，实际上支持几百个节点</td><td>1) 理论上支持 256 节点，实际上支持 20 个以下；
2) IEEE 802.11ah 优化接入控制，提高接入点数目</td><td>理论上支持 8 个/微网，实际上支持 1 个</td></tr>
<tr><td colspan="2">对象的拓扑结构</td><td>网状网连接(MESH)</td><td>1) 点到点或星形连接；
2) IEEE 802.11ah 定义基于中继的连接，提供树形连接</td><td>1) 点到点主从连接；
2) SIG 定义 MESH 的蓝牙技术，已经有 7 家公司提供技术方案</td></tr>
<tr><td colspan="2">信息流量带宽</td><td>250 $kbit \cdot s^{-1}$</td><td>10/100 $Mbit \cdot s^{-1}$</td><td>～1 $Mbit \cdot s^{-1}$</td></tr>
<tr><td colspan="2">覆盖范围</td><td>30～50 m (小于 GHz)；
100 m(小于 GHz)</td><td>30～50 m</td><td>～30 m</td></tr>
<tr><td colspan="2">安装配置</td><td>方便(touch Link)</td><td>较方便(需要输入密码)</td><td>较方便(需要对码)</td></tr>
<tr><td colspan="2">功耗</td><td>～100 mw</td><td>～1 W
注意：IEEE 802.11ah 定义低功耗机制，比如随眠和唤醒等</td><td>～100 mW</td></tr>
<tr><td colspan="2">成本</td><td>低</td><td>较高</td><td>低</td></tr>
<tr><td colspan="2">安全</td><td>高(AES)</td><td>高(AES)</td><td>高(AES)</td></tr>
<tr><td colspan="2">OSI 协议层</td><td>1) ZLL (ZigBee Light Link)；
2) ZHA (ZigBee Home Automation)；
3) ZigBee 3.0</td><td>1) 无应用层协议；
2) Allseen 联盟成立智能照明工作组，正在定义应用层协议</td><td>1) 无应用层协议；
2) 需自定义</td></tr>
<tr><td colspan="2">网络可靠性</td><td>高</td><td>高</td><td>高</td></tr>
<tr><td rowspan="2">总结</td><td>优势</td><td>1) 有专门的照明技术协议(ZLL)和家居控制协议(ZHA)，保障互操作性；
2) 低成本，低功耗；
3) MESH 网络适合复杂的控制系统</td><td>1) 与 IP 系统兼容性好；
2) 移动终端支持性好</td><td>1) 适合点到点控制系统的快速开发；
2) 低成本，低功耗；
3) 移动终端支持性好</td></tr>
<tr><td>劣势</td><td>与智能移动终端不能直接连接，连接时需要网关</td><td>1) 高成本，高功耗；
2) 受限于星形网络拓扑，不适合复杂的控制系统；
3) 无应用层技术标准，各厂家产品不互通</td><td>1) 受限于主从网络拓扑，不适合复杂的控制系统；
2) 无应用层技术标准，各厂家产品不互通</td></tr>
</table>

第五章 照明计算

5.1 光通转移理论

从光源到受照面的光通转移问题是所有照明计算的基本问题，此转移是通过空气进行的。这里，假定空气既不吸收光，也不散射光。光通转移又有直接光通转移和间接光通转移之分。前者是指光源的光直接照射到受照面上，后者是光源的光经多次反射之后再到达受照面上。下面分别加以叙述。

5.1.1 直接光通转移

根据几何形状和发光体的形式，直接光通转移又可以分为 6 类。

5.1.1.1 第一类光通转移(点光源到受照点)

当发光体的最大尺寸小于考察照度的点 P 与发光体间距离 d 的$\frac{1}{5}$时，该发光体就可视为点光源，如图 5.1.1 所示。这时，受照面上点 P 处的水平照度可以表示成

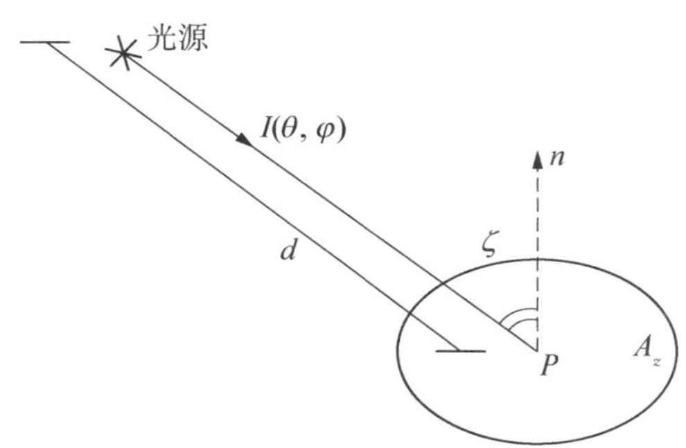

图 5.1.1 **点光源射向面 A_z 上的点 P**

$$E_h = \frac{I(\theta,\ \varphi)}{d^2}\cos\zeta, \tag{5.1.1}$$

式中，光强 $I(\theta,\ \varphi)$以球坐标表示；ζ是此光线在点 P 的入射角。该式即距离平方反比余弦定律。

5.1.1.2　第二类光通转移(点光源到受照面)

从点光源向一微分面的光通转移也可用(5.1.1)式描写。对于现在的情况，只要将上式对受照面 A_2 积分，就可获得整个面积接受到的光通量：

$$\begin{aligned} \mathrm{d}\Phi &= E\mathrm{d}A_2, \\ \Phi &= \int E\mathrm{d}A_2 = \int \frac{I(\theta,\ \varphi)}{d^2}\cos\zeta\mathrm{d}A_2, \end{aligned} \tag{5.1.2}$$

这个积分是对受照面 A_2 进行的。

(5.1.2)式中的积分只有当 $I(\theta,\ \varphi)$是一个简单的函数，而且整个几何结构情况十分简单时才可进行。否则，要用有限求和来近似(5.1.2)式。也就是说，将受照面分割成许多小面积，然后将(5.1.1)式分别应用于每一个小面积。分隔的面积越多，则所得的结果就越精确，求和的公式为

$$\Phi = \sum_i \frac{I(\theta_i,\ \varphi_i)}{d_i^2}\cos\zeta_i\mathrm{d}A_{2i}, \tag{5.1.3}$$

式中，$I(\theta_i,\ \varphi_i)$是面积 A_2 的第 i 块面元 A_{2i}方向上光源的光强；ζ_i 是在第 i 块面元上光的入射角；A_{2i}是第 i 块面元的面积；d_i 是光源与第 i 块面元间的距离。

5.1.1.3　第三类光通转移(漫射面光源到受照点)

在很多情况下，光源的尺寸太大，或者要计算其照度的点离光源太近，这时点光源的条件不成立，因而不能采用(5.1.1)式。然而，如果光源是一个漫射发光体，则仍可间接地应用(5.1.1)式。

在球坐标系中，漫射发光体的光强分布为

$$I(\theta,\ \varphi) = I_n\cos\theta, \tag{5.1.4}$$

该分布对方向(0, 0)是轴向对称的。方向(0, 0)就是发光面的法线方向，I_n 是在表面法向的发光强度。

因为每一个微分面元 $\mathrm{d}A_1$ 都是一个漫射发光体，故这样一个面元的发光强度分布为

$$\begin{aligned} \mathrm{d}I(\theta,\ \varphi) &= L_{\mathrm{d}A_1}\cos\theta\mathrm{d}A_1 \\ &= \frac{M_{\mathrm{d}A_1}\cos\theta}{\pi}\mathrm{d}A_1, \end{aligned} \tag{5.1.5}$$

式中，$L_{\mathrm{d}A_1}$ 和 $M_{\mathrm{d}A_1}$ 分别是微分面元 $\mathrm{d}A_1$ 的亮度和光出射度。采用(5.1.1)式得到该微分面元在点 P 产生的照度为

$$\begin{aligned} \mathrm{d}E &= \frac{\mathrm{d}I(\theta,\ \varphi)}{d^2}\cos\zeta \\ &= \frac{M_{\mathrm{d}A_1}\cos\theta\cos\zeta}{\pi d^2}\mathrm{d}A_1, \end{aligned}$$

整个面光源在点 P 产生的总照度便为

$$E=\frac{1}{\pi}\int\frac{M_{dA_1}\cos\theta\cos\zeta}{d^2}dA_1。\tag{5.1.6}$$

倘若光源在其面积范围内的光出射度不变，都为 M，则

$$E=\frac{M}{\pi}\int\frac{\cos\theta\cos\zeta}{d^2}dA_1。\tag{5.1.7}$$

注意，上式积分是对整个光源面进行的，而不像式(5.1.2)中的积分是对受照面进行的。

今引进一个量 C：

$$C=\frac{1}{\pi}\int\frac{\cos\theta\cos\zeta}{d^2}dA_1,\tag{5.1.8}$$

则(5.1.7)式变成

$$E=MC,\tag{5.1.9}$$

式中，C 是一个纯粹与光源的几何形状以及光源与受照点的几何位置(ζ，d)有关的量，称为位形因子(configuration factor)，其值在 0 和 1 之间。位形因子 C 将漫射发光面的光出射度 M 和它在受照点 P 产生的照度 E 相关联起来。

5.1.1.4 第四类光通转移(漫射面光源到受照面)

今以 A_1 和 A_2 分别表示漫射面光源和受照面的面积，则从 A_1 转移到 A_2 的光通量为

$$\Phi_2=\int E_{dA_2}dA_2,$$

式中，E_{dA_2} 是面光源 A_1 的所有发光部分在受照面元 dA_2 上产生的照度。E_{dA_2} 可用(5.1.6)式表示，所以

$$\Phi_2=\frac{1}{\pi}\iint\frac{M_{dA_1}\cos\theta\cos\zeta}{d^2}dA_1dA_2。$$

当面光源在其范围内具有恒定的光出度 M_1，即 $M_{dA_1}=M_1$ 时，上式变成

$$\Phi_2=\frac{M_1}{\pi}\iint\frac{\cos\theta\cos\zeta}{d^2}dA_1dA_2。\tag{5.1.10}$$

积分分别是对光源的范围和受照面的范围进行的。上式是 M_1 与一个只和形状有关的量的乘积，我们将这个量与 A_1 的比值定义为形状因子(form factor)$F_{1\to 2}$：

$$F_{1\to 2}=\frac{1}{\pi A_1}\iint\frac{\cos\theta\cos\zeta}{d^2}dA_1dA_2。\tag{5.1.11}$$

它表示从 A_1 发出的光通量中有百分之几能到达 A_2。$F_{1\to 2}$ 中的脚标表示光通量转移的方向。根据上述定义，(5.1.10)式可改写成：

$$\Phi_2=M_1A_1F_{1\to 2}。\tag{5.1.12}$$

在 A_2 上产生的平均照度则为

$$E_{2av}=\frac{\Phi_2}{A_2}=\frac{M_1A_1F_{1\to2}}{A_2}。$$

形状因子 $F_{1\to2}$ 和面积 A_1，A_2 将漫射面光源的光出射度 M_1 和它在受照面 A_2 上产生的平均照度 E_2 相关联起来。该形状因子的取值范围为 $0\leqslant F\leqslant1$。

形状因子有可逆性，即

$$A_1F_{1\to2}=A_2F_{2\to1},$$

故

$$E_{2av}=M_1F_{2\to1}。\tag{5.1.13}$$

(5.1.9)式和(5.1.13)式可广泛应用于计算任何形式的漫射面光源产生的照度和平均照度。倘若漫射面光源的光出射度不均匀，则可将该面光源分割成许多小面元，每一面元有几乎恒定的光出射度。采用(5.1.9)式和(5.1.13)式先计算出每一面元产生的照度，然后再将它们相加起来便可获得总的效果。

5.1.1.5 第五类光通转移(非漫射面光源到受照点)

处理非漫射面光源要比处理漫射面光源困难得多。如果灯具的远场光强分布可用，则在某些情况下可采用(5.1.1)式计算。若灯具与计算点之间的距离大于灯具最大尺寸的 5 倍，则将灯具看成是点光源，而用(5.1.1)式计算产生的计算误差近似为 5%或更小一些。

对于靠近灯具的点的情况，我们对均匀性做一个假定，这将是十分有用的近似。此假定就是：发光面的任一微分面元的光强分布 $\mathrm{d}I(\theta,\varphi)$ 正比于整个发光面的光强 $I(\theta,\varphi)$，其比例常数为该微分面元的面积 $\mathrm{d}A_1$ 与整个发光面的面积 A_1 的比值，即

$$\mathrm{d}I(\theta,\varphi)=I(\theta,\varphi)\frac{\mathrm{d}A_1}{A_1}。$$

将微分面元看成是点光源，用(5.1.1)式计算由它产生的微分照度：

$$\begin{aligned}\mathrm{d}E&=\frac{\mathrm{d}I(\theta,\varphi)\cos\zeta}{d^2}\\&=\frac{1}{A_1}\cdot\frac{I(\theta,\varphi)\cos\zeta}{d^2}\mathrm{d}A_1。\end{aligned}$$

对整个发光面积分，得

$$E=\frac{1}{A_1}\int\frac{I(\theta,\varphi)\cos\zeta}{d^2}\mathrm{d}A_1。\tag{5.1.14}$$

此解析积分只有当 $I(\theta,\varphi)$ 是简单的函数，且几何条件很简单时才可进行。否则，需要用求和来替代积分。这时，发光面被分割成许多小面积。分割的面积越小，数目越多，则结果越精确。求和的公式是

$$E=\frac{1}{A_1}\sum_i\frac{I(\theta_i,\varphi_i)}{d_i^2}\cos\zeta_i\mathrm{d}A_{1i}。\tag{5.1.15}$$

与(5.1.3)式不同，现在的求和是对发光面的所有分割面积元进行的。在(5.1.15)式中，I

$I(\theta_i, \varphi_i)$是从发光面的第 i 块面元指向受照点的光强，ζ_i 是从发光面的第 i 块面元来的光的入射角，A_1 是发光面第 i 块面元的面积，A_1 是发光面的总面积。公式(5.1.15)广泛用于非漫射面光源产生的照度的计算。

5.1.1.6　第六类光通转移(非漫射面光源到受照面)

若以 A_1 和 A_2 分别表示非漫射面光源和受照面的面积，则从 A_1 转移到 A_2 的光通量为

$$\Phi_2 = \int E_{\mathrm{d}A_2} \mathrm{d}A_2,$$

式中，$E_{\mathrm{d}A_2}$ 是整个面光源 A_1 在受照面元 $\mathrm{d}A_2$ 上产生的照度。在前面所做的均匀性的假定下，(5.1.14)式可以用来表示上式中的 $E_{\mathrm{d}A_2}$，即

$$\begin{aligned}\Phi_2 &= \int\left[\frac{1}{A_1}\int \frac{I(\theta, \varphi)\cos\zeta}{d^2}\mathrm{d}A_1\right]\mathrm{d}A_2 \\ &= \frac{1}{A_1}\iint \frac{I(\theta, \varphi)\cos\zeta}{d^2}\mathrm{d}A_1\mathrm{d}A_2。\end{aligned} \tag{5.1.16}$$

上述双重积分一般很难解析求出，故需要用双重面积求和来代替。这时，发光面和受照面都被分割成许多小块面。所分的面越小、越多，则结果越精确，求和的公式为

$$\Phi_2 = \frac{1}{A_1}\sum_i \sum_j I(\theta_{ij}, \varphi_{ij})\cos\zeta_{ij}\frac{A_{1i}A_{2j}}{d_{ij}^2}, \tag{5.1.17}$$

累加求和是对所有的发光面面元和受照面面元进行的。式中，$I(\theta_{ij}, \varphi_{ij})$是发光面的第 i 个面元在受照面第 j 个面元方向上的光强；ζ_{ij} 是光从发光面的第 i 个面元射向受照面的第 j 个面元的入射角；A_{1i} 是发光面第 i 个面元的面积，A_{2j} 是受照面第 j 个面元的面积；d_{ij} 是发光面第 i 个面元和受照面第 j 个面元之间的距离；A_1 是发光面的面积。这时，在面积为 A_2 的受照面上产生的平均照度则为

$$E_{2\mathrm{av}} = \frac{1}{A_1A_2}\sum_i \sum_j I(\theta_{ij}, \varphi_{ij})\cos\zeta_{if}\frac{A_{1i}A_{2j}}{d_{ij}^2}。 \tag{5.1.18}$$

上面对各种类型的光通转移做了简要的分析。究竟采用哪一个方程来计算照度，视光源的尺寸、受照面的尺寸以及光源光强分布的性质而定。若光源与分析点之间的距离小于光源最大尺寸的 5 倍，则在计算时需要将光源看成面光源。在前面讨论由面光源向受照点和面的光通转移时，引进了两个与几何条件有关的量，即位形因子 C 和形状因子 F。本书附录中给出了各种有代表性的几何条件下 C 和 F 的表示式，供照明设计者参考。

5.1.2　光的相互反射

入射到建筑物表面上的光，一部分被吸收，一部分被反射。被反射的部分可能会照射到其他的表面上，在那里它又要被吸收或反射。可以认为，这一过程要发生无数次。通过多次反射光反复交换的现象称之为相互反射。在考虑了相互反射后，空间某一点的照度不仅由光源的直射光产生，还有由于多次反射的贡献，这些多次反射做出的贡献可以写成

$$E_{\mathrm{inter}} = \sum_{i=1}^{n} C_{i\to P}M_i, \tag{5.1.19}$$

式中，P 是计算其照度的点；M_i 是第 i 个面的漫射光出射度；$C_{i\to P}$ 是从面 i 到点 P 的位形因子。

需要说明的是，大部分建筑物表面都是漫反射的，因此在受照之后便成为漫射发光体。但建筑物各个面的情况可能有所不同，比如说，它们的漫反射率大小就可能不一样。因此，为了考虑整个空间中各个面的相互反射影响，有时要将这些面分割成很多小面，每一个小面可看成是均匀的。(5.1.19)式表示的是空间中各个面($i=1, \cdots, n$)对点 P 照度的贡献，这些面都看成漫射发光体。

在应用(5.1.19)式计算相互反射对照度的贡献时，应该注意 M_i 是在平衡条件下第 i 个面的光出射度。当直接照明和多次相互反射达到平衡时，从某一个面 i 发出的光通量与直接射到面 i 上的光通量及相互反射后落在面 i 上的光通量之和相等，即

$$M_i = M_{0i} + \rho_i(F_{i\to1}M_1 + F_{i\to2}M_2 + \cdots + F_{i\to n-1}M_{n-1} + F_{1\to n}M_n)。\tag{5.1.20}$$

对系统中所有的面元，写成矩阵的形式，有

$$\begin{pmatrix} M_1 \\ M_2 \\ M_3 \\ \vdots \\ M_n \end{pmatrix} = \begin{pmatrix} M_{01} \\ M_{02} \\ M_{03} \\ \vdots \\ M_{0n} \end{pmatrix} + \begin{pmatrix} \rho_1 F_{1\to1} & \rho_1 F_{1\to2} & \cdots & \rho_1 F_{1\to n-1} & \rho_1 F_{1\to n} \\ \rho_2 F_{2\to1} & \rho_2 F_{2\to2} & \cdots & \rho_2 F_{2\to n-1} & \rho_2 F_{2\to n} \\ \rho_3 F_{3\to1} & \rho_3 F_{3\to2} & \cdots & \rho_3 F_{3\to n-1} & \rho_3 F_{3\to n} \\ \vdots & \vdots & & \vdots & \vdots \\ \rho_n F_{n\to1} & \rho_n F_{n\to2} & \cdots & \rho_n F_{n\to n-1} & \rho_n F_{n\to n} \end{pmatrix} \times \begin{pmatrix} M_1 \\ M_2 \\ M_3 \\ \vdots \\ M_n \end{pmatrix},\tag{5.1.21}$$

式中，n 是系统中的面元数；M_i 是第 i 个面在平衡时的光出射度，它包括直射光以及相互反射光的贡献；ρ_i 是第 i 个面的漫反射率；M_{0i}是由于直射光在第 i 个面产生的光出射度；$F_{i\to j}$ 是从第 i 个面到第 j 个面的形状因子。

矩阵方程(5.1.21)也可写成以各面元照度表示的形式：

$$\begin{pmatrix} E_1 \\ E_2 \\ E_3 \\ \vdots \\ E_n \end{pmatrix} = \begin{pmatrix} E_{01} \\ E_{02} \\ E_{03} \\ \vdots \\ E_{0n} \end{pmatrix} + \begin{pmatrix} \rho_1 F_{1\to1} & \rho_1 F_{1\to2} & \cdots & \rho_1 F_{1\to n-1} & \rho_1 F_{1\to n} \\ \rho_2 F_{2\to1} & \rho_2 F_{2\to2} & \cdots & \rho_2 F_{2\to n-1} & \rho_2 F_{2\to n} \\ \rho_3 F_{3\to1} & \rho_3 F_{3\to2} & \cdots & \rho_3 F_{3\to n-1} & \rho_3 F_{3\to n} \\ \vdots & \vdots & & \vdots & \vdots \\ \rho_n F_{n\to1} & \rho_n F_{n\to2} & \cdots & \rho_n F_{n\to n-1} & \rho_n F_{n\to n} \end{pmatrix} \times \begin{pmatrix} E_1 \\ E_2 \\ E_3 \\ \vdots \\ E_n \end{pmatrix}。\tag{5.1.22}$$

通过考虑相互反射来求解光通转移问题的最简单的例子是一个只有两个面的系统。这时(5.1.20)式可以写成

$$\begin{cases} M_1 = M_{01} + \rho_1 F_{1\to2} M_2, \\ M_2 = M_{02} + \rho_2 F_{2\to1} M_1。\end{cases}$$

该联立方程的解为

$$M_1 = \frac{M_{01} + M_{02}\rho_1 F_{1\to2}}{1 - \rho_1\rho_2 F_{1\to2}F_{2\to1}},\tag{5.1.23a}$$

$$M_2 = \frac{M_{02} + M_{01}\rho_2 F_{2\to1}}{1 - \rho_1\rho_2 F_{1\to2}F_{2\to1}}。\tag{5.1.23b}$$

其中，M_1 是表面 1 最终(也就是平衡时)的光出射度，已将相互反射的因素考虑在内；M_2 是表面 2 的最终光出射度；M_{01} 是表面 1 的初始光出射度，它只是直接光照的结果；M_{02} 是表面 2 的初始光出射度；ρ_1 是表面 1 的漫反射率；ρ_2 是表面 2 的漫反射率；$F_{1\to2}$ 是从表面 1 向表面 2 的形状因子，$F_{2\to1}$ 是从表面 2 向表面 1 的形状因子。

另一个比较实际的例子是三面模型，如图 5.1.2 所示。从几何学上来说，这是一个空旷的长方形房间，可采用嵌入式照明装置，在工作面上产生均匀的照度。假定所有的面都是理想漫反射面，且 4 个墙面的反射率相同。因此，我们可以将 4 个墙面当成一个面来对待。这样，整个系统有 3 个面，即天棚空间表面、墙面和地板空间表面。它们的初始光出射度分别为 M_{0c}，M_{0w} 和 M_{0f}，是由室内灯具的直射光产生的。既然在各个表面之间有相互反射，故最终(平衡时)的光出射度 M_c，M_w 和 M_f 可以表示成

$$\begin{cases} M_c = M_{0c} + \rho_c(M_w F_{c\to w} + M_f F_{c\to f}), \\ M_w = M_{0w} + \rho_w(M_c F_{w\to c} + M_f F_{w\to f} + M_w F_{w\to w}), \\ M_f = M_{0f} + \rho_f(M_c F_{f\to c} + M_f F_{f\to w}), \end{cases} \tag{5.1.24}$$

式中，M_c 是最终的天棚光出射度；M_w 是墙面的最终光出射度；M_f 是地板的最终光出射度；M_{0c}是天棚的初始光出射度；M_{0w}是墙面的初始光出射度；M_{0f}是地板的初始光出射度；ρ_f 是地板的反射率；ρ_w 是墙面的反射率；ρ_c 是天棚的反射率；$F_{f\to c}$是从地板到天棚的形状因子；$F_{f\to w}$是从地板到墙面的形状因子；$F_{w\to c}$是从墙面到天棚的形状因子；$F_{w\to f}$是从墙面到地板的形状因子；$F_{w\to w}$是从墙面到墙面的形状因子；$F_{c\to w}$是从天棚到墙面的形状因子；$F_{c\to f}$是从天棚到地板的形状因子。由上面的诸多条件(M_{0c}，M_{0w}，M_{0f}，ρ_f，ρ_w，ρ_c)和形状因子($F_{f\to c}$，…，$F_{c\to f}$)，便可从联立方程(5.1.24)求解出室内各个面上的照度或光出射度。

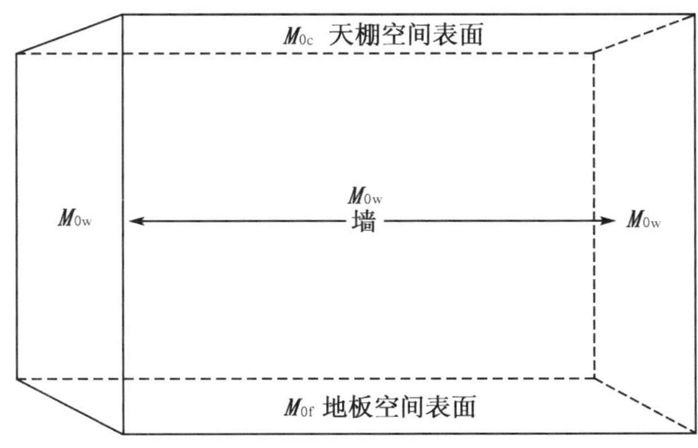

图 5.1.2　三面模型

对于三面模型这种简单的几何结构，7 个形状因子中的 6 个都可以用另一个形状因子 $F_{c\to f}$表示出来：

$$F_{f\to c} = F_{c\to f},$$
$$F_{c\to w} = F_{f\to w} = 1 - F_{c\to f},$$

$$F_{w\to c}=F_{w\to f}=\frac{A_c}{A_w}(1-F_{c\to f})=\frac{1-F_{c\to f}}{0.4RCR},$$

$$F_{w\to w}=1-2F_{w\to c}=1-\frac{2A_c}{A_w}(1-F_{c\to f})=1-\frac{1-F_{c\to f}}{0.2RCR},$$

式中，A_c 和 A_w 分别为天棚空间表面和墙面的面积；*RCR* 即室空间系数。对于长宽比为 1.6 的房间，7 个形状因子的值随 *RCR* 的变化情况列于表 5.1.1 中。

在室内照明计算所采用的光通转移模型中，三面模型是最简单的一种。它假定光通量是均匀投射到每一个面上的，也就是说在 3 个面的任一个面上照度是均匀的。为了获得更精确的结果，可以采用更为复杂的模型。可以根据需要将室内的每一个真实面再分割成许多小的区域，这时可能会有成千上万个面。区域分割得越小、越多，当然也就越精确，但是计算的工作量就会越大，因为它是与面元数的平方成正比的。

表 5.1.1　长宽比为 1.6 的房间的形状因子值

RCR	$F_{w\to w}$	$F_{w\to c}$	$F_{c\to w}$	$F_{c\to f}$
		$F_{w\to f}$	$F_{f\to w}$	$F_{f\to c}$
0	0.000	0.500	0.000	1.000
1	0.133	0.434	0.173	0.827
2	0.224	0.388	0.311	0.689
3	0.298	0.351	0.421	0.579
4	0.361	0.320	0.511	0.489
5	0.415	0.292	0.585	0.415
6	0.463	0.269	0.645	0.355
7	0.504	0.248	0.694	0.306
8	0.540	0.230	0.735	0.265
9	0.573	0.214	0.769	0.231
10	0.601	0.199	0.798	0.202

5.2　平均照度的计算

5.2.1　维护系数 *K*

在第三章中，已给出平均照度的计算公式(3.4.33)，式中，*K* 称为维护系数，又称为光损失因子 *LLF*(light loss factor)。维护系数 *K* 的定义是：经过一段时间工作后，照明系统在作业面上产生的平均照度(即维持照度)与系统新安装时的平均照度(即初始照度)的比值。

照明系统久经使用后，作业面上的照度会降低，之所以如此，是由于光源本身的光通输出减少、灯具材质的老化引起透光率和反射率的下降，以及环境尘埃对灯具和室内表面的污染造成灯具光输出效率和室内表面反射率的降低等。在造成光损失的诸多因素中，有些可通过清洁灯具和室内表面或更换光源等维护方式得以复原，称为可恢复光损失因素；而另外一些因素，则涉及灯具、镇流器的变质或损耗，除非更换灯具等，否则不可能复原，称为不可恢复光损失因素。典型的可恢复和不可恢复光损失因素有以下几种。

（1）可恢复光损失因素

光源流明衰减系数　　LLD；

光源烧坏系数　　LBO；

灯具灰尘光衰减系数　　LDD；

室内表面灰尘衰减系数　　$RSDD$。

（2）不可恢复光损失因素

灯具环境温度系数　　LAT；

散热系数　　HET；

输入电压系数　　VL；

镇流器系数　　BF；

点灯位置系数　　LP；

灯具表面衰变系数　　LSD。

光损失因子 LLF 是上述这些系数的乘积。但在通常设计时，并不是将所有上述因子全部包括进去，而只是考虑那些影响比较大的因素。一般来说，有

$$LLF = LAT \times VL \times BF \times LSD \times LLD \times LBO \times LDD \times RSDD, \tag{5.2.1}$$

LLF（即 K）的值通常约为 0.7。各种具体条件下的 K 值如表 5.2.1 所示。

表 5.2.1　各种条件下的维护系数 K

环境污染特征	灯具清洗次数(次/年)	工作场所	K 值
清洁	2	办公室、阅览室、仪器、仪表装配车间	0.8
一般	2	商店营业厅、影剧院观众厅、机械加工车间	0.7
污染严重	3	铸工、锻工车间、厨房	0.6
室外	2	道路、广场	0.7

5.2.2　利用系数法求平均照度

若已知利用系数 CU，则可以方便地由下式求出平均照度：

$$E_{hav} = \frac{\Phi NKCU}{A}, \tag{5.2.2}$$

式中，Φ 为每盏灯具中光源的总光通量(lm)；N 为灯具的数目；K 是维护系数；A 是工作面的面积(m^2)。这种方法又称为流明法。

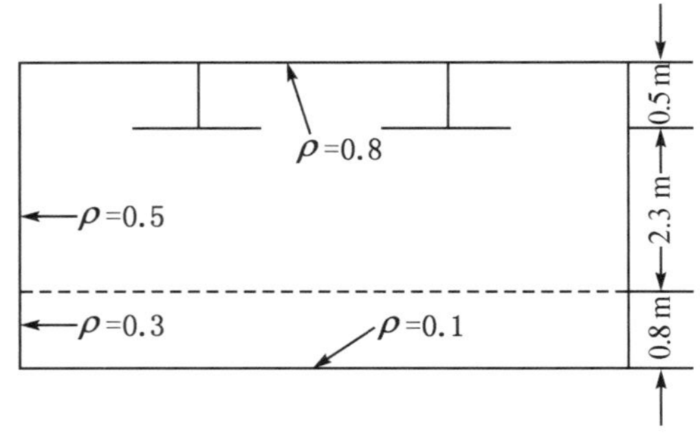

图 5.2.1 **室内各面的反射率**

下面举两个例子来说明(5.2.2)式的应用。

例 5.2.1 有一教室长 6.6 m,宽为 6.6 m,高为 3.6 m。在顶棚下方 0.5 m 处均匀安装 4 只 LED 38 W 面板灯具,光源的光通量为 3 282 lm。课桌高度为 0.8 m。教室内各表面的反射率如图 5.2.1 所示,LED 38 W 面板灯具的利用系数 CU 由表 5.2.2 给出。试求在桌面上产生的平均照度。

表 5.2.2 **LED 38 W 面板灯具的利用系数**

顶棚	80%			70%			50%			30%			10%			0
墙面	50%	30%	10%	50%	30%	10%	50%	30%	10%	50%	30%	10%	50%	30%	10%	0
地板	20%			20%			20%			20%			20%			0
室空间比																
0.0	0.98	0.98	0.98	0.96	0.96	0.96	0.91	0.91	0.91	0.87	0.87	0.87	0.84	0.84	0.84	0.82
1.0	0.85	0.82	0.79	0.83	0.80	0.77	0.80	0.77	0.75	0.77	0.75	0.73	0.74	0.72	0.70	0.69
2.0	0.74	0.69	0.64	0.73	0.67	0.63	0.70	0.65	0.62	0.65	0.63	0.60	0.65	0.62	0.59	0.57
3.0	0.65	0.58	0.53	0.64	0.58	0.52	0.61	0.56	0.52	0.59	0.54	0.51	0.57	0.53	0.50	0.48
4.0	0.58	0.50	0.45	0.57	0.50	0.44	0.54	0.49	0.44	0.53	0.47	0.43	0.51	0.46	0.43	0.41
5.0	0.51	0.44	0.39	0.51	0.44	0.38	0.49	0.43	0.38	0.47	0.42	0.37	0.46	0.41	0.35	0.35
6.0	0.46	0.39	0.34	0.46	0.39	0.33	0.44	0.38	0.33	0.43	0.37	0.33	0.41	0.36	0.33	0.31
7.0	0.42	0.35	0.28	0.41	0.34	0.30	0.40	0.34	0.29	0.39	0.33	0.29	0.38	0.33	0.29	0.27
8.0	0.38	0.31	0.26	0.38	0.31	0.26	0.37	0.31	0.26	0.36	0.30	0.26	0.35	0.30	0.26	0.24
9.0	0.35	0.28	0.24	0.35	0.28	0.24	0.34	0.28	0.24	0.33	0.27	0.23	0.32	0.27	0.23	0.22
10.0	0.30	0.26	0.22	0.32	0.26	0.21	0.31	0.25	0.21	0.30	0.00	0.21	0.28	0.27	0.23	0.20

解 问题的关键是由表 5.2.2 查出利用系数 CU。为此,必须先求出 RCR,ρ_{cc} 和 ρ_{fc} 等中间值。具体步骤如下:

1) 求室空间系数 RCR。由(3.4.23)式,有

$$RCR=\frac{5h_{rc}(l+w)}{lw}=\frac{5\times(3.6-0.5-0.8)\times(6.6+6.6)}{6.6\times6.6}$$
$$=3.48。$$

2) 求天棚空间的有效反射率 ρ_{cc}。由(3.4.27)式,有

$$\rho=\frac{\sum\rho_i A_i}{\sum A_i}=\frac{0.5\times(0.5\times6.6)\times4+0.8\times(6.6\times6.6)}{(0.5\times6.6)\times4+(6.6\times6.6)}=0.73。$$

将 ρ 的值代入(3.4.26)式,得

$$\rho_{cc}=\frac{\rho A_0}{A_s-\rho A_s+\rho A_0}=\frac{0.73\times 43.56}{56.76-0.73\times 56.76+0.73\times 43.56}$$
$$=0.675。$$

3) 求地板空间的有效反射率。同上,有

$$\rho=\frac{0.3\times(0.8\times 6.6)\times 4+0.1\times(6.6\times 6.6)}{(0.8\times 6.6)\times 4+(6.6\times 6.6)}=0.17,$$

$$\rho_{fc}=\frac{0.17\times 43.56}{64.68-0.17\times 64.68+0.17\times 43.56}=0.12。$$

4) 查表并修正,得到利用系数 CU 的值。先根据 $RCR=3.00$,$\rho_w=50\%$,$\rho_{cc}=70\%$,从表 5.2.2 查得 $CU=0.64$;再根据 $RCR=4.00$,$\rho_w=50\%$,$\rho_{cc}=70\%$,查得 $CU=0.57$;经内插,得到当 $RCR=3.48$ 时 $CU=0.60$。

但应注意,表 5.2.2 是对应于 $\rho_{fc}=20\%$ 的标准情况,而现在 $\rho_{fc}=12\%$,因此必须进行修正。从表 3.4.4 可查得,对 $\rho_{fc}=10\%$ 的修正系数为 0.96。因此,最终的利用系数值应为

$$CU=0.60\times 0.96=0.58。$$

5) 求出平均照度。由(5.2.2)式,有

$$E_{\text{hav}}=\frac{\Phi NKCU}{A}=\frac{3\,282\times 4\times 0.8\times 0.58}{6.6\times 6.6}=140(\text{lx}),$$

即在桌面上产生的平均水平照度为 140 lx。这里,维护系数 K 取为 0.8。

例 5.2.2 一图书馆的目录区长为 9 m,宽为 9 m,高为 3.45 m,工作面高度为 0.75 m。白漆面石膏天花板的反射率为 70%,浅色木纹墙面的反射率为 30%,花岗石地板空间的有效反射率为 20%。今采用 70 W 金属卤化物灯嵌入式灯具进行照明,光源的光通量为 5 600 lm,灯具均匀分布,其利用系数值列于表 3.4.3 中。若假设维护系数 $K=0.75$,试问:需要多少灯具,才能使平均水平照度 $E_h=750$ lx?

解 与上例相仿,计算步骤如下:

1) 计算室空间系数 RCR。由(3.4.23)式,有

$$RCR=\frac{5h_{rc}(l+w)}{lw}=\frac{5\times(3.45-0.75)\times(9+9)}{9\times 9}=3。$$

2) 查利用系数 CU 值。在 3.4.2.3 节中有详细说明,从 $\rho_{cc}=70\%$,$\rho_w=30\%$ 和 $\rho_{fc}=20\%$,以及 $RCR=3$ 的条件,查出对应的利用系数值为

$$CU=0.42。$$

3) 由(5.2.2)式求出所需灯具数 N。将(5.2.2)式改写为

$$N=\frac{E_{\text{hav}}A}{\Phi KCU},$$

将 CU 值及其他已知数据代入上式，得

$$N = \frac{750 \times 9 \times 9}{5\,600 \times 0.75 \times 0.42} = 34.4 \approx 35。$$

4）计算平均照度。由于空间是正方形的，灯具要均匀布置的话，则实际所需的灯具为 36 个。这时，产生的平均照度为

$$E_{hav} = \frac{36 \times 5\,600 \times 0.42 \times 0.75}{9 \times 9} = 784(\mathrm{lx})。$$

5.2.3 由概算曲线求平均照度

在 3.4.2.4 节中，已对灯具的概算曲线作了介绍。灯具概算曲线是由灯具生产厂提供的。有了概算曲线，就能十分方便地估算出需要的灯具数目。但在实际使用时，必须注意以下几点：

1）曲线是对特定的照度值 100 lx 而绘制的，如果照明设计的照度值 E 不是 100 lx 时，所得的数目要再乘上系数$\frac{E}{100}$。

2）图中的 H 不是房间的高度，而是计算高度，即工作面至灯具出口平面的高度 h_{rc}。

3）当光源的光通量或维护系数等与说明表中的值不同时，结果均要乘以相应的修正系数。

4）采用概算曲线求布灯数的步骤如下：

① 确定灯具的计算高度 H；

② 计算室内面积 A；

③ 根据 A 和 H 的值，由概算曲线查找出灯具数，当图上没有 H 值对应的曲线时，若 H 值介乎 H_1 和 H_2 之间，则分别从 H_1 和 H_2 两条曲线查找，然后内插求出 H 时的灯具数；

④ 最后，再乘以$\frac{E}{100}$等修正系数，得到实际要求的灯具数目 N。

下面也举两个例子进行说明。

例 5.2.3 某车间长为 54 m，宽为 18 m，高为 12 m，工作面的高度为 0.8 m。顶棚、墙壁和地板的反射率分别为 50%，30%和 20%。今采用 GC5－A(B)－4 型 400 W 荧光高压汞灯进行照明，灯具的概算曲线如图 5.2.2 所示。现要求设计的平均照度为 90 lx，试用概算曲线求所需的灯数。

解 根据上面介绍，先确定计算高度。由题意知

$$H = 12 - 0.8 = 11.2(\mathrm{m}),$$

再算出面积

$$A = 54 \times 18 = 972(\mathrm{m}^2)。$$

由于图 5.2.2 上没有 $H = 11.2\,\mathrm{m}$ 的曲线，故查找 $H = 10\,\mathrm{m}$ 和 $H = 12\,\mathrm{m}$ 的曲线，然后

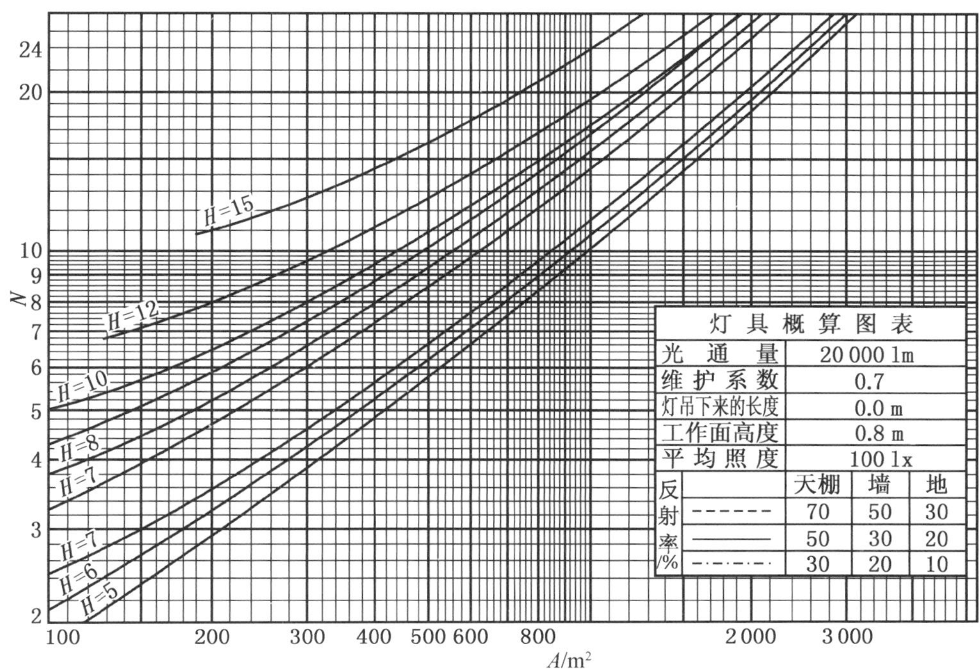

图 5.2.2 深照型工厂灯 GC5－A(B)－4 型 400 W 荧光高压汞灯

内插得

$$N = 18.5(\text{个})。$$

因要求设计照度为 $E = 90\ \text{lx}$,故应乘修正系数$\frac{90}{100}$,即实际应需灯数为

$$N = 18.5 \times \frac{90}{100} = 16.7(\text{个})。$$

考虑到该车间的长宽比为 3,故最后用 18 个灯,分 3 排安装,每排安装 6 个灯具,这样可获得均匀的照明。

例 5.2.4 一房间长为 10 m,宽为 5 m,高为 4.8 m,工作面的高度为 0.8 m。顶棚空间的有效反射率为 50%,墙面的平均反射率为 30%,地板空间的有效反射率为 20%。今采用单管 40 W 荧光灯灯具照明,灯具吊下的长度为 0.5 m,灯具的概算曲线如图 5.2.3 所示。若要求工作面的平均照度为 400 lx,问需要多少灯具?

解 分 4 步求解:

1) 求灯具的计算高度 H。由题意知

$$H = (4.8 - 0.8 - 0.5) = 3.5(\text{m})。$$

2) 求房间的面积 A。由题意知

$$A = 10 \times 5 = 50(\text{m}^2)。$$

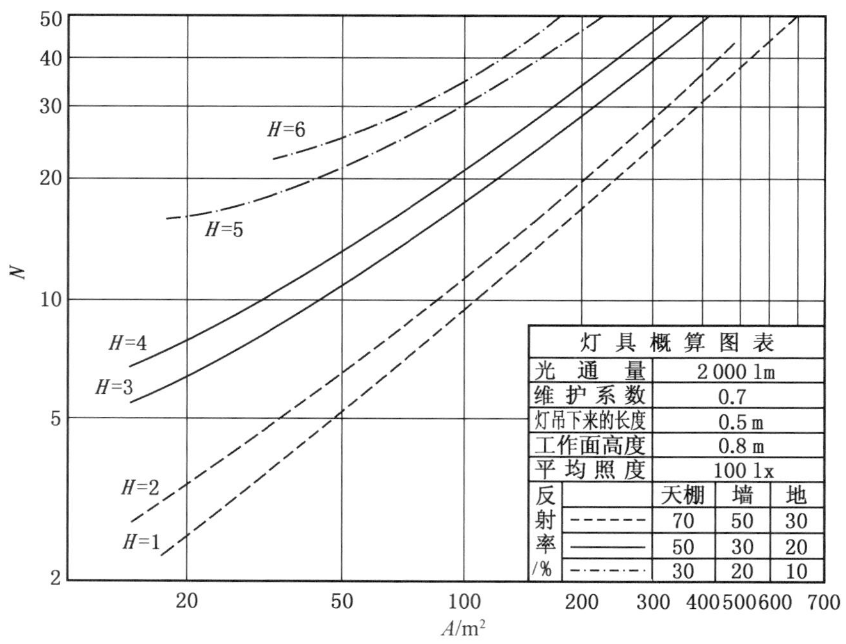

图 5.2.3 **单管 40 W 荧光灯具的概算曲线图**

3）由 H, A 和其他已知条件，查找 N。由于 H 值位于 3 和 4 之间，故查找 $H=3$ 和 $H=4$ 的曲线，然后再内插，则

当 $H_1=3$ m, $A=50$ m^2 时，$N_1=11$ 个；

当 $H_2=4$ m, $A=50$ m^2 时，$N_2=13.5$ 个。

内插时，当 $H=3.5$ m 时，$N=12.25$ 个。

4）根据实际照度要求，对灯具数进行修正。计算得

$$N=12.25\times\frac{400}{100}=49(\text{个}),$$

为均匀布灯，实际用灯具 50 个，即每 1 m^2 上方装 1 只灯具。

5.3 点照度的计算

5.3.1 点光源直射照度的计算

5.3.1.1 由距离平方反比定律计算照度

如图 3.4.19 所示的那样，点光源在点 A 产生的水平照度由

$$E_h=\frac{I_\theta}{l^2}\cos\theta=\frac{I_\theta}{h^2}\cos^3\theta \tag{5.3.1}$$

表示。在点 A 产生的垂直照度(从 A 指向方向 O)则为

$$E_v=\frac{I_\theta}{l^2}\sin\theta=\frac{I_\theta}{h^2}\sin\theta\cos^2\theta。\tag{5.3.2}$$

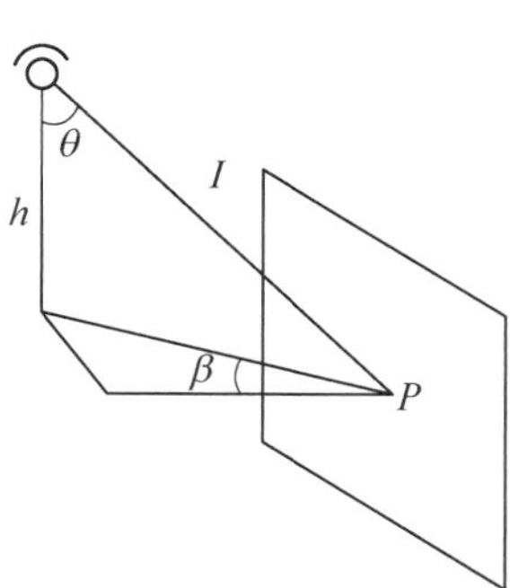

图 5.3.1　光轴和光束所在平面与受照平面不垂直时

当灯具、光束和受照面成如图 5.3.1 所示的配置时，在与受照面成垂直方向上的点 P 的垂直照度为

$$E_v=\frac{I_\theta}{h^2}\sin\theta\cos^2\theta\cos\beta。\tag{5.3.3}$$

当灯具在三维直角坐标系统中的位置和取向如图 5.3.2 所示时，有下列关系：

$$\begin{aligned}
&x_A=x_F,\ y_A=y_F,\ \overline{AB}=x_P-x_A,\ \overline{AD}=y_P-y_A,\\
&\overline{AP}=\sqrt{\overline{AB}^2+\overline{AD}^2},\ \overline{FP}=\sqrt{x_F^2+\overline{AB}^2+\overline{AD}^2},\\
&\beta'=\arctan(\overline{AD}/\overline{AB})-\alpha,\\
&\begin{cases}H=\arcsin(\overline{AP}\sin\beta'/\overline{FP}),\\ V=\arctan(\overline{AP}\cos\beta'/z_F)-\gamma,\end{cases}
\end{aligned}\tag{5.3.4}$$

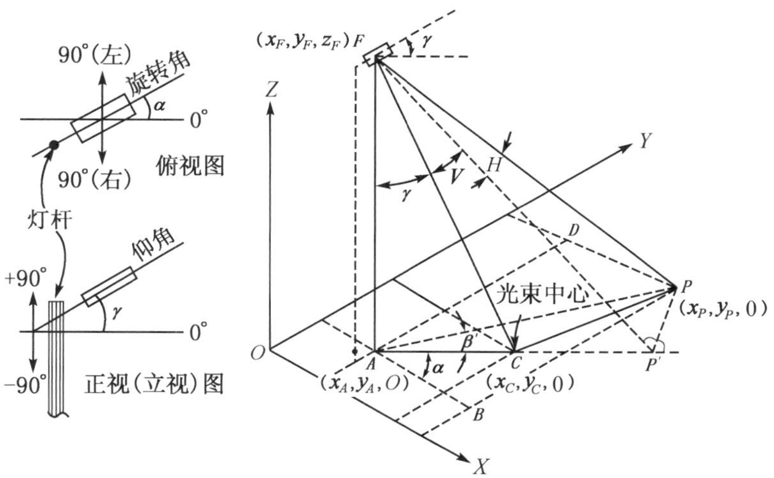

图 5.3.2　灯具在直角坐标系统中的位置和取向

式中，α，γ 是灯具安装时转动的角度；A 是灯轴的安装点；F 是灯具；A 是灯具中心在平面上的投影；P 是照度计算点；$(x_F,\ y_F)$，$(x_A,\ y_A)$ 和 $(x_P,\ y_P)$ 是这些点的平面坐标。图中点 C 是灯具的瞄准点，PP' 与 AP' 相垂直。从灯具 F 射向点 P 的光强应为 $I(V,\ H)$，可从灯具的光强空间分布数据表中查得。它在点 P 产生的水平照度为

$$\begin{aligned}E_h&=\frac{I(V,\ H)}{z_F^2}\cos(\angle AFP)\\&=\frac{I(V,\ H)}{z_F^2}\cos^3\left(\arctan\frac{\overline{AP}}{z_F}\right)。\end{aligned}\tag{5.3.5}$$

它在点 P 产生的各个方向上的垂直照度也可以求得。

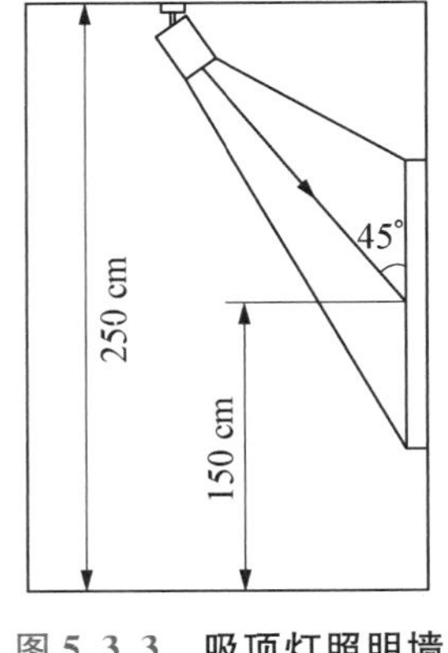

图 5.3.3 吸顶灯照明墙面上的画

下面举一例说明距离平方反比定律的应用。

例 5.3.1 采用吸顶射灯照明墙面上的画(见图5.3.3),光轴对准画中心,与墙面成 45°角;天花板高为 2.5 m,画中心距地面为 1.5 m。射灯光源为 120 W PAR-38 灯具,光强分布可参见表 5.3.1。试求画中心点的垂直照度。

表 5.3.1 120 W PAR-38 灯具的光强分布

θ°	0	5	10	15	20	25	30	35	40	45	50
I_θ/cd	3 220	2 909	2 388	1 852	1 140	470	94	23	15	9	6

解 本问题采用公式(5.3.2)进行计算,其中

$$h = 2.5 - 1.5 = 1(\mathrm{m}),\ \theta = 45°。$$

但注意,光强必须取表 5.3.1 中 $\theta = 0°$ 时的值,即 $I_\theta = 3\,220$ cd。这样

$$E_v = \frac{3\,220}{1^2}\sin 45°\cos^2 45° = 3\,220 \times (0.707)^3 = 1\,138(\mathrm{lx})。$$

即墙面上画中心的垂直照度为 1 138 lx。

5.3.1.2 由空间等照度曲线求照度

在 3.4.2.1 节中,已对空间等照度曲线进行了介绍,图 3.4.21 中给出了某一点光源的空间等照度曲线。在使用空间等照度曲线进行计算时,应注意两点:其一,曲线是按光源的光通量为 1 000 lm 绘制的,因此图中给出的照度值 e 只是相对值,其绝对值应为$\frac{e\Phi}{1\,000}$,Φ 为光源的光通量;其二,曲线给出的是初始值,没有考虑光损失因子,因此所得照度值还应乘以系数 K。这样,计算点的照度为

$$E = \frac{\Phi K e}{1\,000}。\tag{5.3.6}$$

如果是采用 n 个同类灯具照明某点时,则

$$E = \frac{\Phi K}{1\,000}\sum_{i}^{n} e_i,\tag{5.3.7}$$

式中,e_i 是第 i 个灯具在该点产生的相对初始照度值。

下面举两个例子说明空间等照度曲线的应用。

例 5.3.2 采用 GC39 深照型灯具对一车间进行照明。该灯具的空间等照度曲线由图 5.3.4(a)给出,光源(400 W 荧光高压汞灯)的光通量为 20 000 lm,维护系数 $K=0.7$。灯具的出口面至工作面的高度为 12.2 m,布灯方案如图 5.3.4(b)所示。试求点 A 的水平照度。

解 由布灯方案可知,灯 1 和灯 3 对点 A 的照度贡献是一样的,灯 2 和灯 4 对点 A 的照度贡献也相同。下面分别计算、查找曲线。

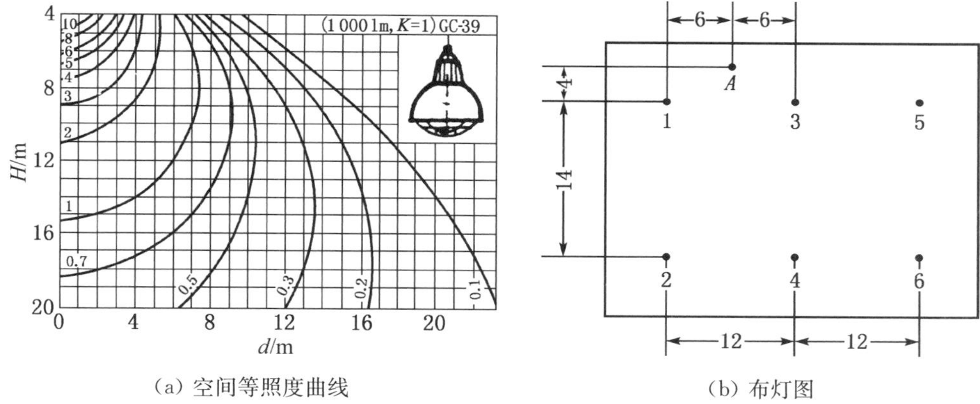

(a) 空间等照度曲线　　(b) 布灯图

图 5.3.4　GC39 深照型灯具的空间等照度曲线及其布灯图

1) 对灯 1 和灯 3，有

$$d=\sqrt{4^2+6^2}=7.2(\mathrm{m}),\ H=12.2(\mathrm{m})。$$

由图上曲线可估计 $e_1=e_3=0.9$。

2) 对灯 2 和灯 4，有

$$d=\sqrt{(14+4)^2+6^2}=19(\mathrm{m}),\ H=12.2(\mathrm{m})。$$

由图上曲线查得 $e_2=e_4=0.1$。

3) 对灯 5，有

$$d=\sqrt{4^2+(12+6)^2}=18.4(\mathrm{m}),\ H=12.2(\mathrm{m})。$$

由图上曲线查得 $e_5=0.12$。

4) 对灯 6，有

$$d=\sqrt{(14+4)^2+(12+6)^2}=25.4(\mathrm{m}),\ H=12.2(\mathrm{m})。$$

由图上曲线查得 $e_6=0.05$。

5) 根据(5.3.7)式，点 A 的总照度为

$$E_{\mathrm{h}}=\frac{20\,000\times0.7}{1\,000}\times(2\times0.9+2\times0.1+0.12+0.05)=30.38(\mathrm{lx})。$$

即点 A 的水平照度值为 30 lx。

例 5.3.3　两个 GC516 型灯具如图 5.3.5(a)所示那样布置，光源为 250 W 荧光高压汞灯，其光通量 $\Phi=10\,500$ lm，$K=0.7$。试利用空间等照度曲线(见图 5.3.5(b))求点 A 的水平照度。

解　首先，从空间等照度曲线上查出两个灯具分别在点 A 产生的相对照度值 e_1 和 e_2。

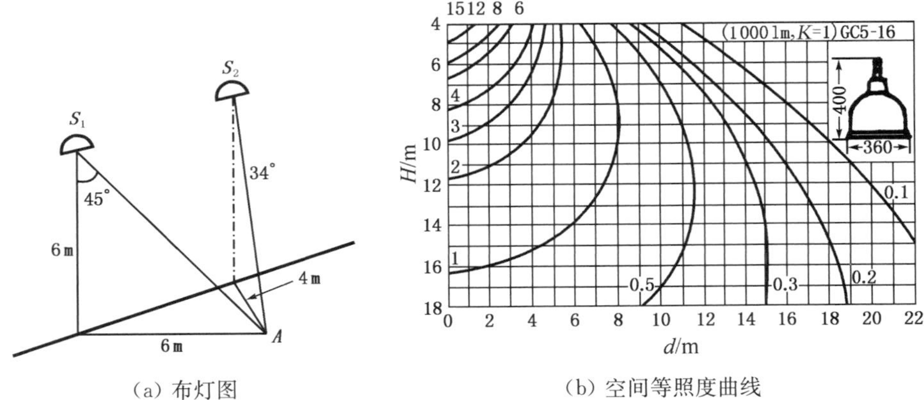

(a) 布灯图　　　　(b) 空间等照度曲线

图 5.3.5　GC516 型灯具的布灯图及其空间等照度曲线

对灯具 1，有 $H_1 = 6\ \text{m}$，$d_1 = 6\ \text{m}$，$e_1 = 1.8$。

对灯具 2，有 $H_2 = 6\ \text{m}$，$d_2 = 4\ \text{m}$，$e_2 = 3.5$。

然后，由(5.3.7)式得

$$E_h = \frac{10\,500 \times 0.7}{1\,000} \times (1.8 + 3.5) = 39(\text{lx}),$$

即两灯具在点 A 产生的水平照度为 39 lx。

5.3.1.3　由平面相对等照度曲线求照度

在 3.4.2.2 节中已对平面相对等照度曲线做了介绍。当有几个相同的灯具同时照明时，计算点的照度为

$$E = \frac{\Phi K \sum e}{1\,000 h^2}, \tag{5.3.8}$$

式中，$\sum e$ 为各个灯具对计算点产生的相对照度的算术求和；h 是灯具的计算的高度(m)；Φ 是灯具中光源的光通量(lm)；K 是维护系数。

下面是采用平面相对等照度曲线计算点照度的一个例子。

例 5.3.4　采用两筒式卤钨灯灯具进行照明，图 5.3.6(a)所示是该灯具的平面相对等照度曲线。工作面上有一点 A，它与两灯具的相对位置如图 5.3.6(b)所示，光源的光通量为 18 000 lm，$K=0.7$。试求点 A 的照度。

解　1) 求方位角 φ_1 和 φ_2。从图中知

$$\tan\varphi_1 = \frac{3}{5} = 0.6,\ \varphi_1 = 30°58';$$

$$\tan\varphi_2 = \frac{7}{5} = 1.4,\ \varphi_2 = 54°28''。$$

2) 求$\frac{d_1}{h}$和$\frac{d_2}{h}$。从图中知

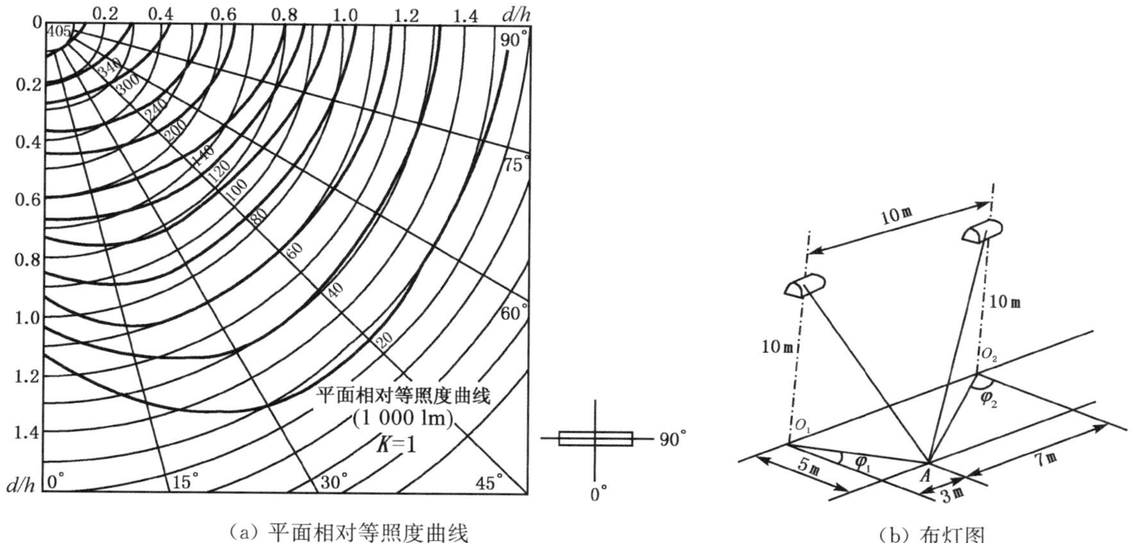

(a) 平面相对等照度曲线　　(b) 布灯图

图 5.3.6　简式卤钨灯的平面相对等照度曲线和布灯图

$$d_1=\overline{O_1A}=\sqrt{5^2+3^2}=5.83(\mathrm{m}),\ \frac{d_1}{h}=\frac{5.83}{10}=0.583;$$

$$d_2=\overline{O_2A}=\sqrt{5^2+7^2}=8.6(\mathrm{m}),\ \frac{d^2}{h}=\frac{8.6}{10}=0.86。$$

3) 求 e_1 和 e_2。由图 5.3.6(a)查出灯具的相对照度 e_1 和 e_2 如下：

由 $\varphi_1=30°58'$ 和$\frac{d_1}{h}=0.583$，查得 $e_1=160$；

由 $\varphi_2=54°28'$ 和$\frac{d_2}{h}=0.86$，查得 $e_2=98$ 。

4) 求点 A 的照度。用(5.3.8)式计算得

$$E_A=\frac{18\,000\times0.7\times(160+98)}{1\,000\times10^2}=32.5(\mathrm{lx}),$$

即两灯具在点 A 产生的照度为 32.5 lx。

5.3.2　线光源直射照度的计算

5.3.2.1　方位系数法

1. 线光源的光强分布

线光源的光强分布通常用两个平面内的光强分布曲线来表示。一个平面通过线光源的纵轴，若以 $C-\gamma$ 系统来描述，就是 $C=90°$ 和 $C=270°$ 的平面；若以 $A-\alpha$ 系统来描述，就是 $A=0°$ 的平面。另一个平面是与线光源的纵轴垂直的平面，即 $C=0°$ 和 $C=180°$ 的平面。在前一个平面内的光强分布曲线称为纵向光强分布曲线；在后一平面内的光强分布曲线则称为横向光强分布曲线。

线光源空间光强分布关系以 $A-\alpha$ 系统来描述比较清楚，如图 5.3.7 所示。这时，在 A

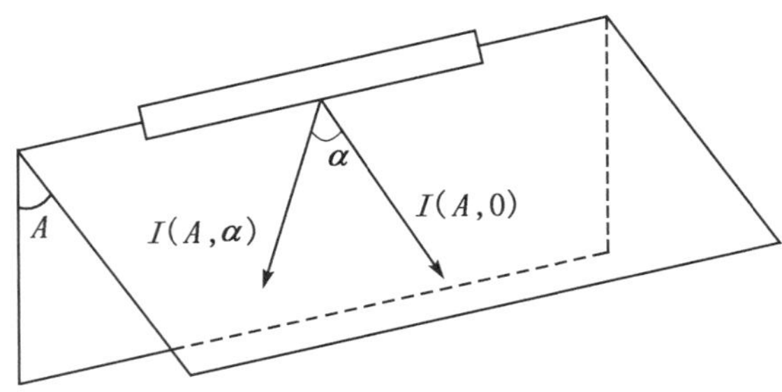

图 5.3.7 线光源的光强分布 $I(A,\alpha)$

为某一数值的平面内光强 $I(A,\alpha)$ 随 α 的分布可以表示为

$$I(A,\alpha)=I(A,0)f(\alpha), \tag{5.3.9}$$

式中，$I(A,0)$是在平面 A 内与灯的纵轴垂直(即 $\alpha=0$)的方向上的光强。在不同的平面 A 中，$I(A,\alpha)$随角 α 的变化关系相同，可以分成 5 类：

A 类：$I(A,\alpha)=I(A,0)\cos\alpha$；

B 类：$I(A,\alpha)=I(A,0)\left(\dfrac{\cos\alpha+\cos^2\alpha}{2}\right)$；

C 类：$I(A,\alpha)=I(A,0)\cos^2\alpha$；

D 类：$I(A,\alpha)=I(A,0)\cos^3\alpha$；

E 类：$I(A,\alpha)=I(A,0)\cos^4\alpha$。

在图 5.3.8 中，画出了这 5 类光强分布的 $f(\alpha)=\dfrac{I(A,\alpha)}{I(A,0)}$ 曲线。曲线图的横坐标为角 α，纵坐标为 $f(\alpha)$。

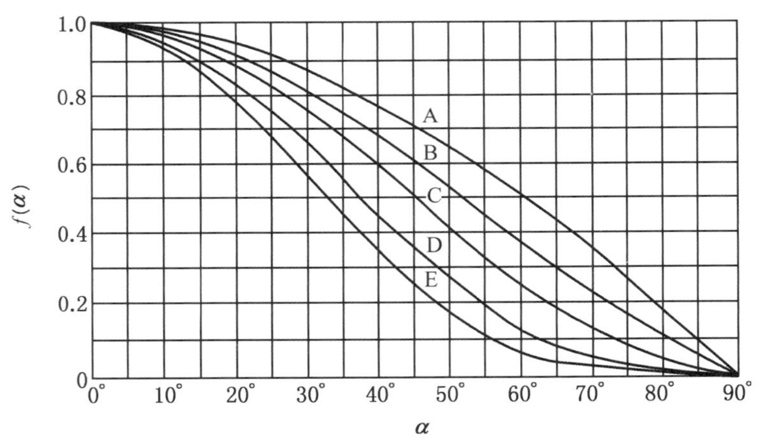

图 5.3.8 线光源的 5 类光强分布

2. 方位系数 $AF(\beta)$和 $af(\beta)$

下面推导方位系数的表达式。

在图 5.3.9 中，AB 代表长度为 l 的线状光源，光源的纵轴与水平面平行。现有一平面 CD，平行于光源的纵轴，但该平面不一定与水平面重合。现要求光源在平面 CD 内一点 P 产生的照度。$APEB$ 是一个平面 A，它与垂线方向成角 A，平面 $APEB$ 与平面 CD 的法线方向成 φ 角。

现考虑一种特殊情况，此时计算点 P 与灯的一端对齐。在长为 l 的线光源上取一线元 $\mathrm{d}x$，位于点 S。该线元在指向点 P 的方向，即(A,α)方向上的光强为

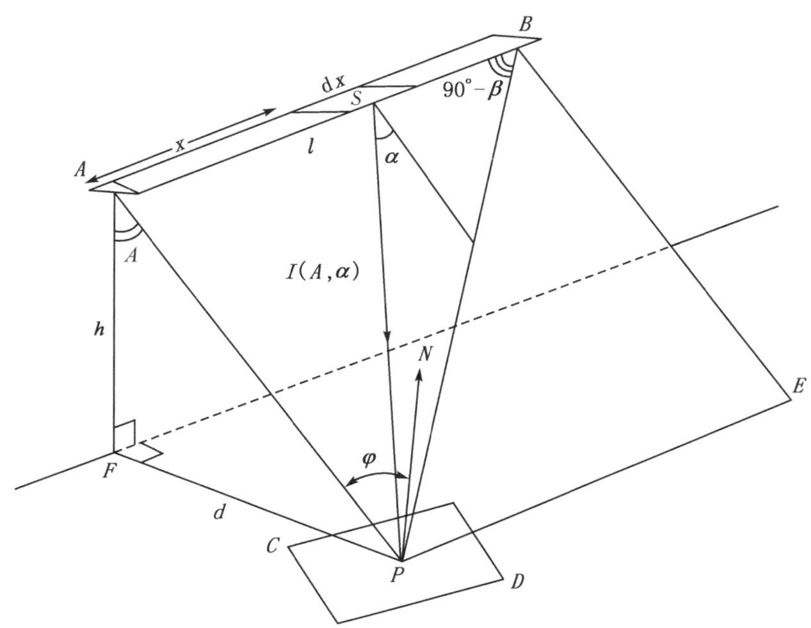

图 5.3.9　线光源产生的照度

$$\mathrm{d}I(A,\ \alpha)=\frac{I(A,\ \alpha)}{l}\mathrm{d}x。\tag{5.3.10}$$

这里，我们假设光源的发光是均匀的，光源的任一线元的发光强度 $\mathrm{d}I(A,\ \alpha)$ 正比于整个光源的发光强度 $I(A,\ \alpha)$，其比例常数就是线元的长度 $\mathrm{d}x$ 与整个光源的长度 l 的比值，而且线元的光强空间分布与整个光源相同。线元 $\mathrm{d}x$ 可看成点光源，它在点 P 关于 PS 方向产生的照度为

$$\frac{I(A,\ \alpha)}{l}\mathrm{d}x\cdot\frac{1}{(x/\sin\alpha)^2},$$

该照度在 PA 方向上的分量为

$$\frac{I(A,\ \alpha)}{l}\mathrm{d}x\cdot\frac{\cos\alpha}{(x/\sin\alpha)^2}。$$

在平面 CD 法线方向上的照度则为

$$\mathrm{d}E_n=\frac{I(A,\ \alpha)}{l}\mathrm{d}x\cdot\frac{\cos\alpha\cos\varphi}{(x/\sin\alpha)^2}。\tag{5.3.11}$$

整个线光源在点 P 产生的法向照度则为

$$E_n=\int\mathrm{d}E_n=\int_0^l\frac{I(A,\ \alpha)\cos\alpha\sin^2\alpha\cos\varphi}{lx^2}\mathrm{d}x。\tag{5.3.12}$$

因为
$$\overline{AP}=\frac{h}{\cos A}=\frac{x}{\tan\alpha},$$

所以
$$x = h\tan\alpha\sec A,$$
$$dx = h\sec^2\alpha\sec A d\alpha。$$

将 x 和 dx 的表达式代入(5.3.12)式，有

$$\begin{aligned} E_n &= \int_0^\beta \frac{I(A,\alpha)}{lh}\cos A\cos\alpha\cos\varphi d\alpha \\ &= \frac{I(A,0)}{lh}\cos A\cos\varphi\int_0^\beta \frac{I(A,\alpha)}{I(A,0)}\cos\alpha d\alpha \\ &= \frac{I(A,0)}{lh}\cos A\cos\varphi\cdot AF(\beta)。\end{aligned} \tag{5.3.13}$$

当平面 CD 与水平面重合时，有 $\varphi = A$，即 $\cos\varphi = \cos A$，故

$$E_h = E_n = \frac{I(A,0)}{lh}\cos^2 A\cdot AF(\beta)。 \tag{5.3.14}$$

在上面两式中，有

$$AF(\beta) = \int_0^\beta \frac{I(A,\alpha)}{I(A,0)}\cos\alpha d\alpha, \tag{5.3.15}$$

称为平行平面的方位系数。将前述 5 种类型的 $I(A,\alpha)$分布关系代入上式求解。

A 类方位系数为

$$AF(\beta) = \int_0^\beta \cos\alpha\cos\alpha d\alpha = \frac{\beta}{2} + \frac{\cos\beta\sin\beta}{2};$$

B 类方位系数为

$$\begin{aligned} AF(\beta) &= \int_0^\beta \left(\frac{\cos\alpha + \cos^2\alpha}{2}\right)\cos\alpha d\alpha \\ &= \frac{\beta}{4} + \frac{\cos\beta\sin\beta}{4} + \frac{1}{6}(\cos^2\beta\sin\beta + 2\sin\beta);\end{aligned}$$

C 类方位系数为

$$\begin{aligned} AF(\beta) &= \int_0^\beta \cos^2\alpha\cos\alpha d\alpha \\ &= \frac{1}{3}(\cos^2\beta\sin\beta + 2\sin\beta);\end{aligned}$$

D 类方位系数为

$$\begin{aligned} AF(\beta) &= \int_0^\beta \cos^3\alpha\cos\alpha d\alpha \\ &= \frac{\cos^3\beta\sin\beta}{4} + \frac{3}{4}\left(\frac{\cos\beta\sin\beta + \beta}{2}\right);\end{aligned}$$

E 类方位系数为

$$AF(\beta)=\int_0^{\beta}\cos^4\alpha\cos\alpha\,\mathrm{d}\alpha$$
$$=\frac{\cos^4\beta\sin\beta}{5}+\frac{4}{5}\left(\frac{\cos^2\beta\sin\beta+2\sin\beta}{3}\right)。$$

以上5类方位系数 $AF(\beta)$ 随方位角 β 变化的规律以曲线的形式绘于图5.3.10中。

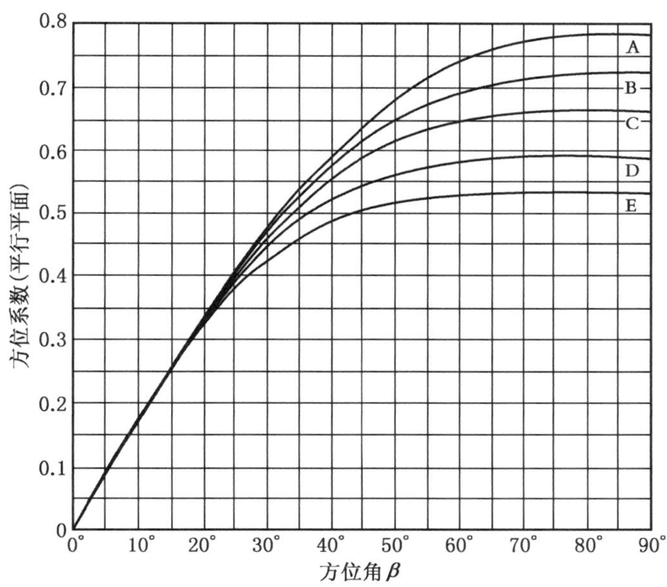

图 5.3.10　平行平面的方位系数 $AF(\beta)$

同样的方法也可应用于计算与光源纵轴垂直的平面内(如图5.3.9中的平面 AFP)的照度。平面 AFP 的法线方向就是 PE,要将 SP 方向投影到该方向,必须乘以 $\cos(90°-\alpha)=\sin\alpha$。因此,应用 $\sin\alpha$ 代替(5.3.11)式中的 $\cos\alpha\cos\varphi$,(5.3.13)式也是如此,就得到在点 P 关于垂直于平面 AFP 方向(也就是平行于灯轴的方向)的照度为

$$E_{\mathrm{v}}=\frac{I(A,0)}{lh}\cos A\int_0^{\beta}\frac{I(A,\alpha)}{I(A,0)}\sin\alpha\,\mathrm{d}\alpha$$
$$=\frac{I(A,0)}{lh}\cos A\cdot af(\beta),\tag{5.3.16}$$

其中

$$af(\beta)=\int_0^{\beta}\frac{I(A,\alpha)}{I(A,0)}\sin\alpha\,\mathrm{d}\alpha,\tag{5.3.17}$$

称为垂直平面的方位系数。若 $I(A,\alpha)$ 以通式表示,即 $I(A,\alpha)=I(A,0)\cos^n\alpha$,则

$$af(\beta)=\int_0^{\beta}\cos^n\alpha\sin\alpha\,\mathrm{d}\alpha$$
$$=\frac{1-\cos^{n+1}\beta}{n+1}。\tag{5.3.18}$$

$af(\beta)$ 与方位角 β 的关系曲线如图5.3.11所示。

由于灯具的配光曲线是按光源的光通量为1 000 lm给出的,故实际的光强还差一个修

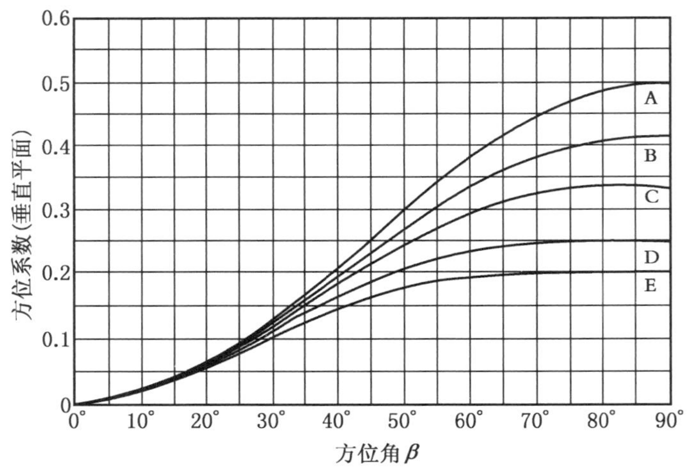

图 5.3.11　垂直平面的方位系数 $af(\beta)$

正因子$\frac{\Phi}{1\,000}$，Φ 为光源实际的光通量。此外，还应考虑维护系数 K。因此，计算水平照度和垂直照度的公式应为

$$E_{\mathrm{h}} = \frac{I(A,\ 0)K\Phi}{1\,000lh}\cos^2 A \cdot AF(\beta), \tag{5.3.19}$$

$$E_{\mathrm{v}} = \frac{I(A,\ 0)K\Phi}{1\,000lh}\cos A \cdot af(\beta)。 \tag{5.3.20}$$

3. 被照点在不同位置时的计算方法

如果要计算的点不是像前面讨论的那样对着灯具的一端，那么就要应用叠加的原理进行计算。

若所要计算的点(如 P_1)对着灯具的某一点(C)，则可将灯具分成 BC 和 CD 两段(见图 5.3.12)。将这两段在点 P_1 产生的照度相加，即有

$$E_{P_1} = E_{BC} + E_{CD}。 \tag{5.3.21}$$

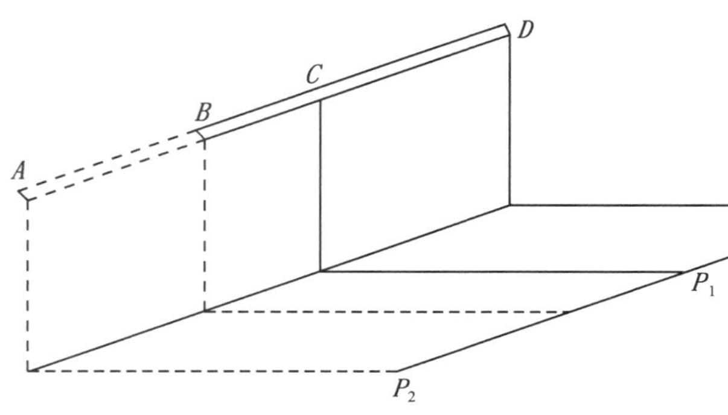

图 5.3.12　不同位置点上的照度计算

但如果要计算的这一点在灯具之外，如点 P_2，则可延长 DB 至 A，使 A 与 P_2 相对。这时，灯具在点 P_2 产生的照度应为 AD 产生的照度减去 AB 产生的照度，即

$$E_{P_2} = E_{AD} - E_{AB}。 \tag{5.3.22}$$

4. 线光源构成的光带

如果许多特性相同的线光源连在一起使用，形成一条连续的光带，这时可将此连续光带当成一个光源来处理，仍然采用上述的各公式进行计算。在很多情况下，虽然很多线光源按

共同的轴线布置,但它们不是完全连续的,而是有一定的间隔(见图 5.3.13)。根据间隔 x 的大小,有两种处理方式。

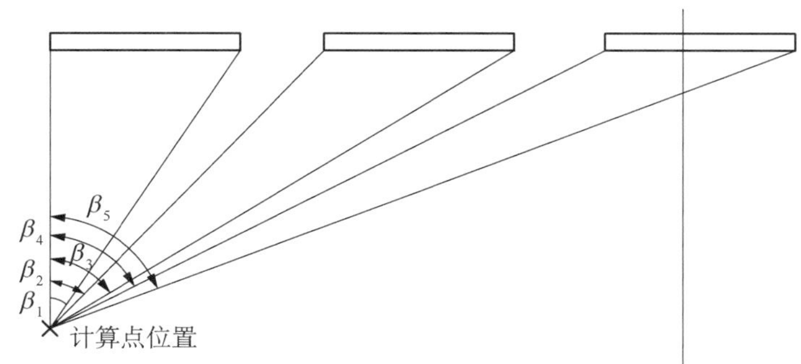

图 5.3.13　由几个线光源形成的断续光带

1)当间距 $x < \dfrac{h}{4\cos A}$ 时,由图 5.3.9 可知:

$$\frac{h}{4\cos A} = \frac{\overline{AP}}{4},$$

即计算点至灯具的距离为 1/4。当间距 x 比其小时,可将此断续发光带看成是准连续的,只要在(5.3.19)式和(5.3.20)式中乘上修正系数 C 即可,即

$$E_\mathrm{h} = \frac{I(A,\ 0)K\Phi}{1\,000lh}\cos^2 A \cdot AF(\beta)C, \tag{5.3.23}$$

$$E_\mathrm{v} = \frac{I(A,\ 0)K\Phi}{1\,000lh}\cos A \cdot af(\beta)C, \tag{5.3.24}$$

其中

$$C = \frac{\text{单个灯具长度} \times \text{灯具个数}}{\text{一排打具总排}}。 \tag{5.3.25}$$

2)当间距 $x > \dfrac{h}{4\cos\theta}$ 时,采用下列式子进行计算:

$$E_\mathrm{h} = \frac{I(A,\ 0)K\Phi}{1\,000lh}\cos^2 A\{AF(\beta_1) + [AF(\beta_3) - AF(\beta_2)] + [AF(\beta_5) - AF(\beta_4)]\}, \tag{5.3.26}$$

$$E_\mathrm{v} = \frac{I(A,\ 0)K\Phi}{1\,000lh}\cos A\{aF(\beta_1) + [aF(\beta_3) - aF(\beta_2)] + [aF(\beta_5) - aF(\beta_4)]\}。 \tag{5.3.27}$$

根据以上论述,采用方位系数法计算线光源在某一点产生的直射照度的步骤可归纳如下:

① 由光源在平面 A 内的光强分布情况,判别光源的类型;

② 根据计算点与光源的相对位置和光源的排布情况,确定采用的计算公式;

③ 求方位角 β,从曲线查出方位系数的值 $AF(\beta)$ 或 $af(\beta)$;

④ 求角度 θ 以及光强 $I(A,\ 0)$;

⑤ 将方位系数值及其他条件(如 $I(A,\ 0)$, Φ, l, K, h)代入相应公式,求出照度。

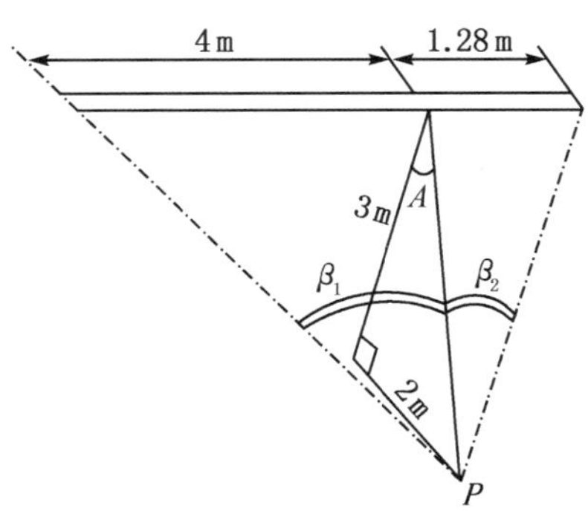

图 5.3.14 **4盏灯具形成的光带在点 *P* 产生的照度**

下面是采用方位系数法的一个实例。

例 5.3.5 由 4 盏 YG701－3 型三管荧光灯具组成一光带(见图 5.3.14),每一灯具长为 1.32 m,光带总长为 5.28 m。采用 40 W 荧光灯,光源的光通量为 2 200 lm。该灯具在纵截面(即 $A=0°$ 的平面)内和在横截面内的光强分布由表 5.3.2 给出。若维护系数 $K=0.8$,试求此光带在点 P 产生的照度。

解 1) 由表 5.3.2 下半部的数据可求出在 $A=0°$ 的平面 $f(\alpha)=\dfrac{I(0,\alpha)}{I(0,0)}$ 随 α 变化的规律,将其画在图 5.3.8 中,发现与 C 类灯具的曲线相符。

表 5.3.2 YC701－3 型灯具的光强分布(单位:cd)

横截面	θ/°	0	5	10	15	20	25	30	35	40	45
	$I(A,0)$	228	236	230	224	209	191	176	159	130	108
	A/°	50	55	60	65	70	75	80	85	90	95
	$I(A,0)$	85	62	48	37	28	19	11	4.9	0.6	0
纵截面	α/°	0	5	10	15	20	25	30	35	40	45
	$I(0,\alpha)$	228	224	217	205	192	177	159	145	127	107
	α/°	50	55	60	65	70	75	80	85	90	95
	$I(0,\alpha)$	88	67	51	39	29	20	12	5.6	0.4	0

2) 计算 β_1 和 β_2:

$$\beta_1=\arctan 4/\sqrt{3^2+2^2}=\arctan 1.109=47.97°,$$
$$\beta_2=\arctan 1.28/\sqrt{3^2+2^2}=\arctan 0.356=19.57°。$$

3) 对于 C 类灯具,由图 5.3.10 查得:

$$AF(\beta_1)=AF(47.97°)=0.606,$$
$$AF(\beta_2)=AF(19.57°)=0.323。$$

4) 计算角 A:

$$A=\arctan\frac{2}{3}=33.69°。$$

5) 由表 5.3.2 上部的数据,经内插求得:

$$I(A,0)=I(33.69°,0)=176-3.69°\left(\frac{176-159}{35°-30°}\right)=163.45(\text{cd})。$$

6) 采用叠加公式(5.3.21),有

$$E_h = \frac{I(A,\ 0)K\Phi}{1\,000lh}\cos^2 A[AF(\beta_1) + AF(\beta_2)]$$

$$= \frac{163.45 \times 0.8 \times 2\,200 \times 3}{1\,000 \times 1.32 \times 3} \times (\cos 33.69)^2 \times (0.606 + 0.323) = 140(\text{lx})。$$

注意:在计算时,灯具光源的光通量 Φ 为 2 200×3 lm,这是由于每盏灯具中有 3 只荧光灯。

5.3.2.2　由线光源的等照度曲线求照度

线光源的等照度曲线是应用方位系数法原理绘制的,可用来计算点照度。图 5.3.15 所示是嵌入式荧光灯具 YG15－2 型的等照度曲线,其横坐标为 d/h,纵坐标为 l/h。h 是计算高度,l 是线光源的长度,d 是计算点至光源的水平垂直距离。从此图中可见,从某一纵坐标处起,等照度曲线开始与纵轴平行,这意味着此点以外的灯对计算点的照度几乎不起作用。图中所标的照度值 e 只是相对值,还必须乘以$\frac{\Phi K}{1\,000h}$才能得到真正的照度值 E,即

$$E = \frac{\Phi K e}{1\,000h}。\tag{5.3.28}$$

现举一例说明。

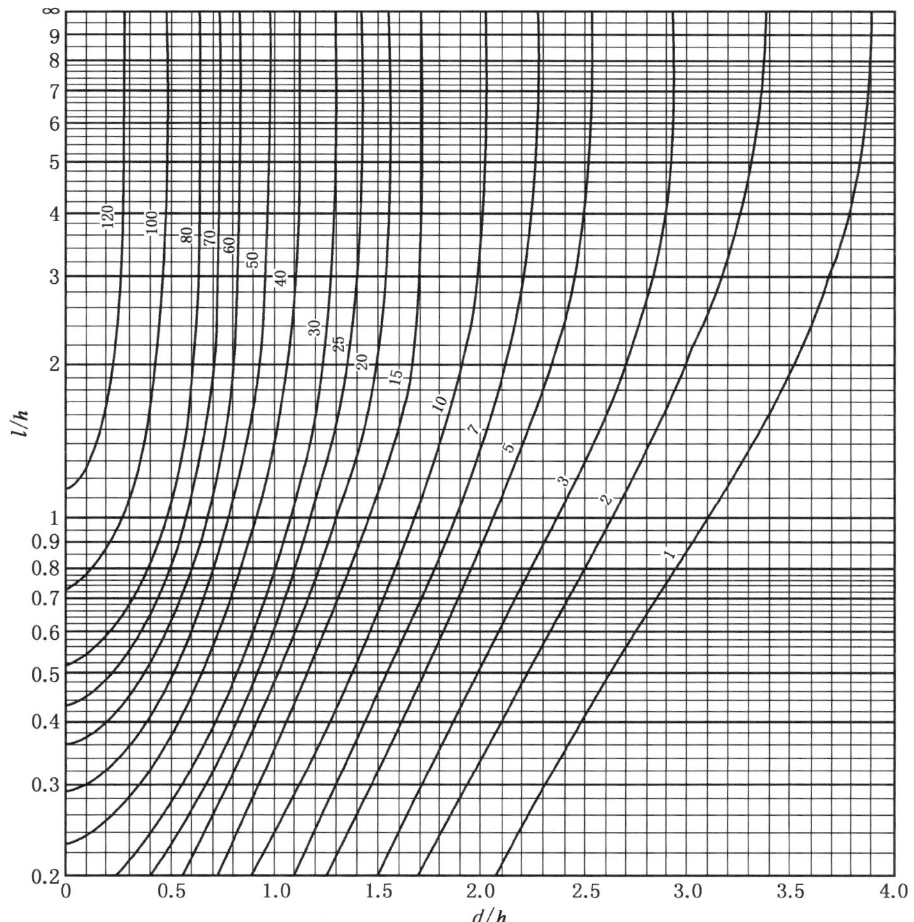

图 5.3.15　YG15－2 型荧光灯具的等照度曲线(1 000 lm, K=1)

例 5.3.6 3 只 YG15－2 型荧光灯具的布置如图 5.3.16 所示，每只灯具内装两支 40 W 荧光灯，光通量为 $2\,200\times2=4\,400(\mathrm{lm})$。今取维护系数 $K=0.75$，试求点 P 的照度。

解 1）判断灯间距与$\dfrac{h}{4\cos A}$的关系。

由图 5.3.16 可见，灯间距 $x=0.2\ \mathrm{m}$，$\dfrac{h}{4\cos A}=1.25\ \mathrm{m}$，故 $x<\dfrac{h}{4\cos A}$，因而灯具形成准连续光带。仿照(5.3.23)式，只要将光带看成是一体的，最后将结果乘上(5.3.25)式的修正系数 C 即可。

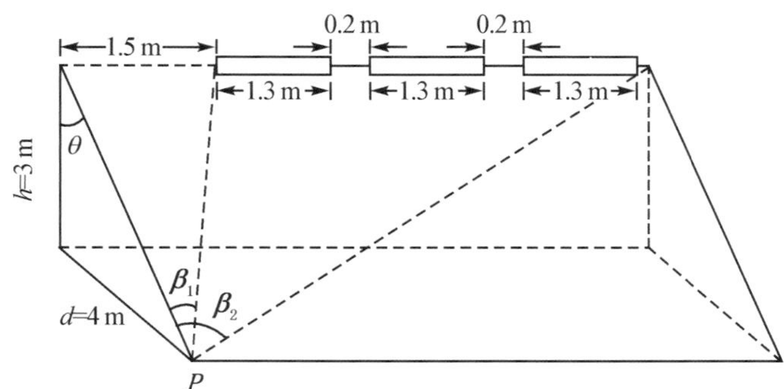

图 5.3.16　3 只荧光灯具形成准连续光带

2）计算$\dfrac{d}{h}$和$\dfrac{l}{h}$。由图可知

$$d=4\ \mathrm{m},\ h=3\ \mathrm{m},\ \frac{d}{h}=1.34,$$

$\dfrac{l}{h}$有$\dfrac{l_{\beta_1}}{h}$和$\dfrac{l_{\beta_2}}{h}$两个值，即

$$\frac{l_{\beta_1}}{h}=\frac{1.5}{3}=0.5;$$

$$\frac{l_{\beta_2}}{h}=\frac{1.5+4.3}{h}=1.93。$$

3）由图 5.3.15 曲线查 e_{h_1} 和 e_{h_2}，求 e。由图可知

$$\frac{d}{h}=1.34,\ \frac{l_{\beta_1}}{h}=0.5,\ e_{\beta_1}=10.5;$$

$$\frac{d}{h}=1.34,\ \frac{l_{\beta_2}}{h}=1.93,\ e_{\beta_2}=25。$$

由于计算点 P 在灯具之外，因而

$$e=e_{\beta_2}-e_{\beta_1}=25-10.5=14.5。$$

4）将相关数据代入(5.3.28)式，得

$$E=\frac{4\,400\times 14.5\times 0.75}{1\,000\times 3}=15.95(\text{lx})。$$

5）由于光带并非连续，只是准连续，还要乘上修正系数：

$$C=\frac{3\times 1.3}{3\times(1.3+0.2)-0.2}=\frac{3.9}{4.3}=0.907,$$

故而最终得照度值为 15.95×0.907＝14.4(lx)，即这 3 个荧光灯具在点 P 产生的直射照度为 14.5 lx。

5.3.3　面光源照度的计算

5.3.3.1　面光源产生的直射照度

在本章开头讨论光通转移理论时，已介绍了均匀漫射面光源在受照点上产生的照度的计算式，即(5.1.9)式和(5.1.8)式，它们是

$$E=MC,$$
$$C=\frac{1}{\pi}\int\frac{\cos\theta\cos\zeta}{d^2}\mathrm{d}A_1。$$

在上面两式中，M 为面光源的光出射度，C 为位形因子。对于如图 5.1.2 所示的相互平行的三面的情况，矩形面光源对点(0, 0, 0)的位形因子为

$$C=\frac{1}{2\pi}\sum_{i=1}^{2}\sum_{j=1}^{2}F(x_i,\ y_j)(-1)^{i+j},\tag{5.3.29}$$

其中

$$F(x_i,\ y_j)=\frac{x_i}{\sqrt{x_i^2+z^2}}\arctan\frac{y_j}{\sqrt{x_i^2+z^2}}+\frac{y_j}{\sqrt{y_j^2+z^2}}\arctan\frac{x_i}{\sqrt{y_j^2+z^2}}。\tag{5.3.30}$$

对于如图 5.3.17 所示的特殊情况，即受照点 P 位于矩形面光源一角的正下方，有

$$C=\frac{1}{2\pi}\left\{\frac{x}{\sqrt{x^2+h^2}}\arctan\frac{y}{\sqrt{x^2+h^2}}+\frac{y}{\sqrt{y^2+h^2}}\arctan\frac{x}{\sqrt{y^2+h^2}}\right\},\tag{5.3.31}$$

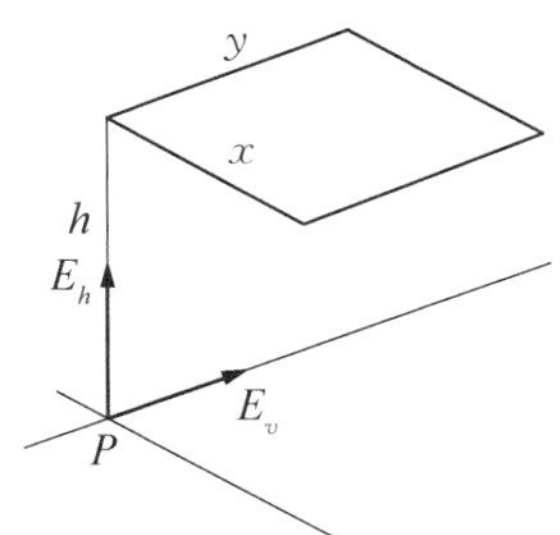

图 5.3.17　受照点 P 位于矩形面光源一角的正下方

式中，x 和 y 分别为矩形面光源相邻两边的边长；h 为受照点 P 与面光源的距离。因而，点 P 的水平照度为

$$E_\text{h}=MC=\frac{M}{2\pi}\left\{\frac{x}{\sqrt{x^2+h^2}}\arctan\frac{y}{\sqrt{x^2+h^2}}+\frac{y}{\sqrt{y^2+h^2}}\arctan\frac{x}{\sqrt{y^2+h^2}}\right\}。$$

对于完全漫射光源，$M=\pi L$，故上式成为

$$E_{\mathrm{h}}=\frac{L}{2}\left\{\frac{x}{\sqrt{x^{2}+h^{2}}}\arctan\frac{y}{\sqrt{x^{2}+h^{2}}}+\frac{y}{\sqrt{y^{2}+h^{2}}}\arctan\frac{x}{\sqrt{y^{2}+h^{2}}}\right\}=K_{p}L。\tag{5.3.32}$$

这里，L 为面光源的亮度，系数 K_p 为

$$K_{p}=\frac{1}{2}\left\{\frac{x}{\sqrt{x^{2}+h^{2}}}\arctan\frac{y}{\sqrt{x^{2}+h^{2}}}+\frac{y}{\sqrt{y^{2}+h^{2}}}\arctan\frac{y}{\sqrt{y^{2}+h^{2}}}\right\}。\tag{5.3.33}$$

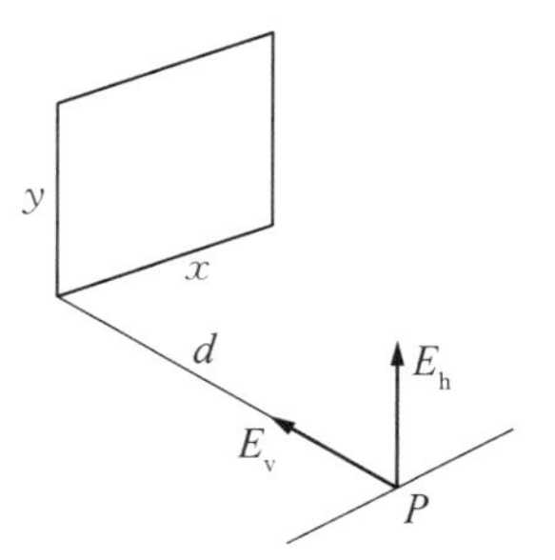

图 5.3.18 **受照点 P 正对着垂直矩形面光源下方的一个角**

而对于图 5.1.2 中两个面相互垂直的情况，如果像图 5.3.18 所示的那样，受照点正对着垂直的漫射面光源下方的一个角，则面光源在该点产生的水平照度为

$$E_{\mathrm{h}}=\frac{L}{2}\left\{\arctan\frac{x}{d}-\frac{d}{\sqrt{y^{2}+d^{2}}}\arctan\frac{x}{\sqrt{y^{2}+d^{2}}}\right\}=K_{v}L,\tag{5.3.34}$$

其中

$$K_{v}=\frac{1}{2}\left\{\arctan\frac{x}{d}-\frac{d}{\sqrt{y^{2}+d^{2}}}\arctan\frac{x}{\sqrt{y^{2}+d^{2}}}\right\}。\tag{5.3.35}$$

在上面两式中，x 和 y 分别为面光源两邻边的长，d 为受照点与面光源的距离。

很显然，我们可以分别采用(5.3.32)式和(5.3.34)式算出平行面光源和垂直面光源在点 P 产生的直射照度值。为简化计算，松下公司作出了系数 K_p 和 K_v 的图表，分别如图 5.3.19 和图 5.3.20 所示。前者的横坐标和纵坐标分别为$\frac{x}{h}$和$\frac{y}{h}$，后者的横坐标和纵坐标分别为$\frac{x}{d}$和$\frac{y}{d}$。只要知道面光源的尺寸(x 和 y)和光源与受照点的距离(h 或 d)，就可在上述两图中查找出 K_p 或 K_v 的值。在知道光源的亮度 L 后，就可由(5.3.32)式或(5.3.34)式方便地求出点 P 的水平照度。在图 5.3.19 和图 5.3.20 的下部，还说明了当受照点 P 不是正对着矩形面光源一个角时的计算方法。

对于亮度为 L 的圆形平面光源，它在点 P 和点 O(见图 5.3.21)产生的照度分别为

$$E_{P}=\frac{\pi L r^{2}}{h^{2}+r^{2}},\tag{5.3.36}$$

$$E_{\mathrm{h}}=\pi L\cdot\frac{4r^{2}-(l_{1}-l_{2})^{2}}{4l_{1}l_{2}},\tag{5.3.37}$$

$$E_{\mathrm{v}}=\frac{\pi L h}{d}\cdot\frac{(l_{1}-l_{2})^{2}}{4l_{1}l_{2}}。\tag{5.3.38}$$

上面式子中的 r, d, h, l_1 和 l_2 各量均在图 5.3.21 中标注。

下面举两个例子来说明面光源直射照度的计算。

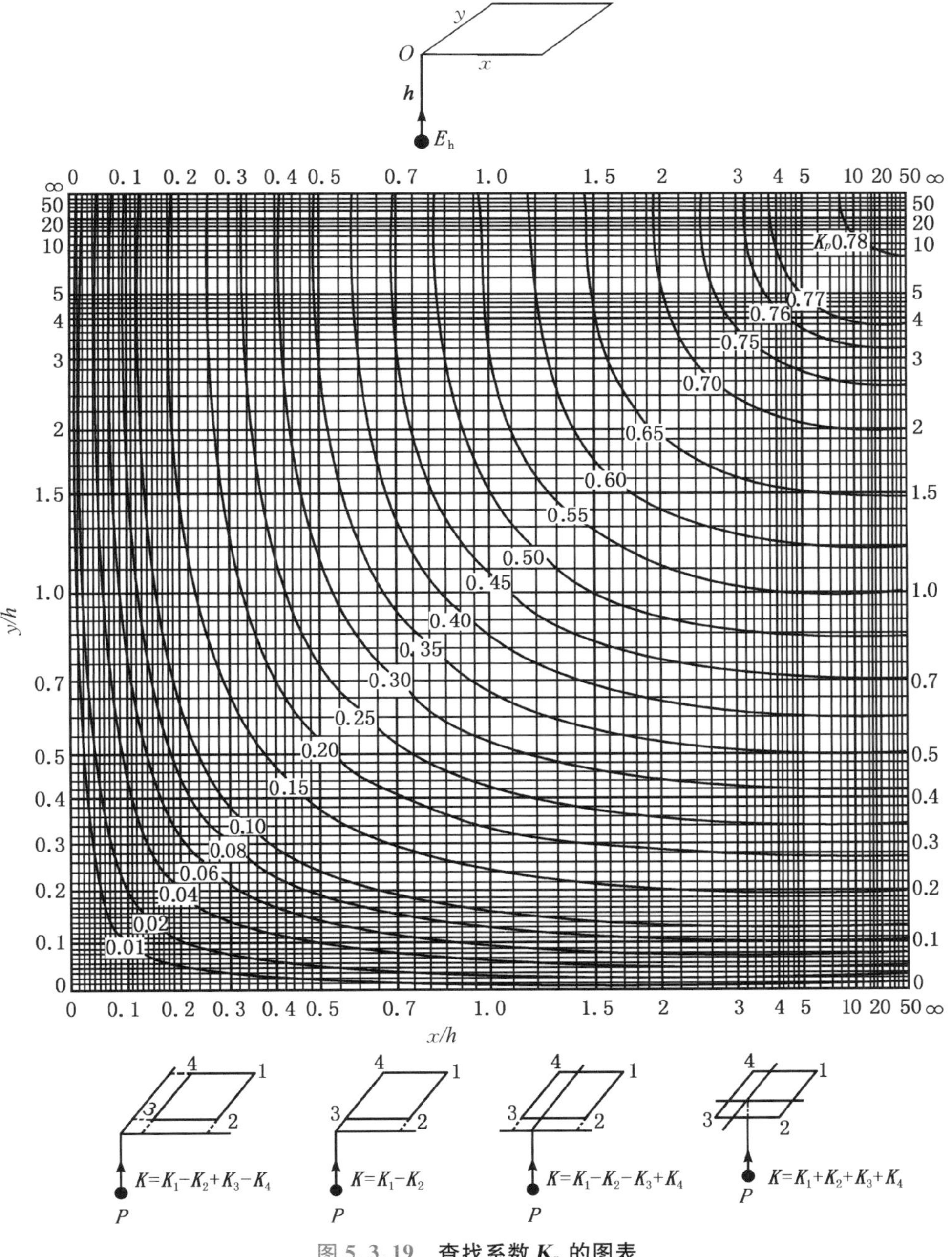

图 5.3.19　查找系数 K_p 的图表

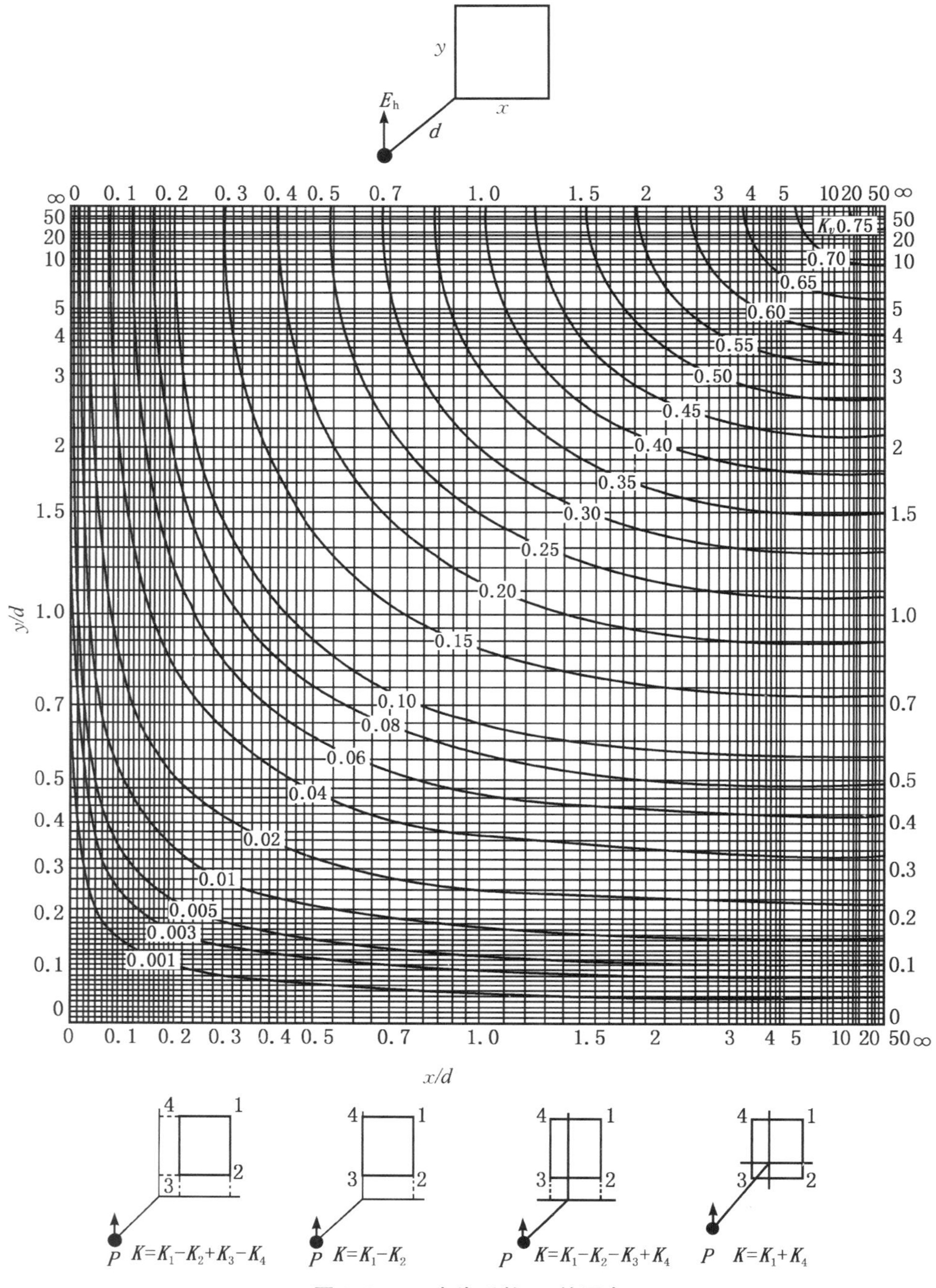

图 5.3.20 查找系数 K_v 的图表

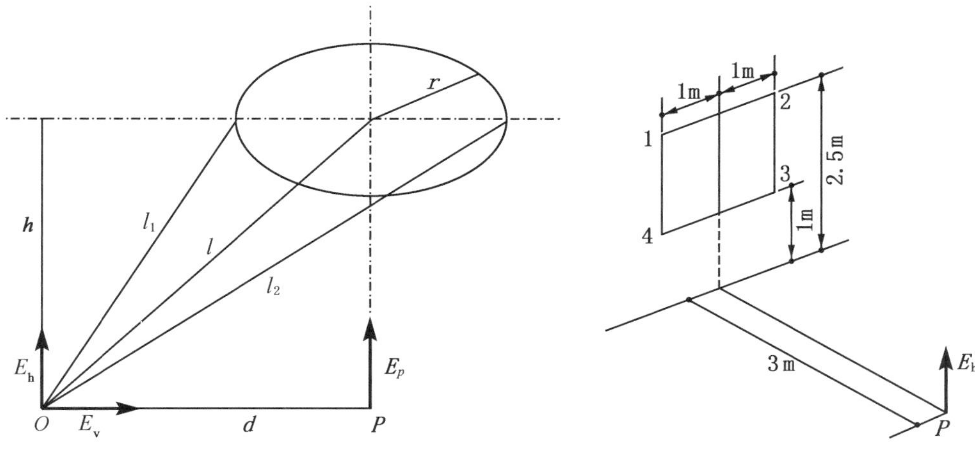

图 5.3.21 **圆形平面光源产生的直射照度**　　图 5.3.22 **侧窗产生的直射照度**

例 5.3.7 房间有一侧窗进行天然采光。窗高为1.5 m，宽为 2 m。窗下框离地面高为 1 m。窗可视为漫射光源，其亮度为 5 000 cd・m^{-2}。试求与墙面相距 3 m，且正对窗中心轴线的点 P（见图 5.3.22）处的水平照度。

解 由图 5.3.22 可知，该面光源可以当成对称的两半来处理，即 $E_{h_1}=E_{h_2}$，$E_{h_3}=E_{h_4}$。由(5.3.34)式可得

$$E_{h_1}=E_{h_2}=\frac{5\,000}{2}\left\{\arctan\frac{1}{3}-\frac{3}{\sqrt{2.5^2+3^2}}\arctan\frac{1}{\sqrt{2.5^2+3^2}}\right\}=322(\text{lx}),$$

$$E_{h_3}=E_{h_4}=\frac{5\,000}{2}\left\{\arctan\frac{1}{3}-\frac{3}{\sqrt{1^2+3^2}}\arctan\frac{1}{\sqrt{1^2+3^2}}\right\}=77(\text{lx})。$$

因此，侧窗在点 P 产生的水平照度为

$$E_h=E_{h_1}+E_{h_2}-E_{h_3}-E_{h_4}=322\times2-77\times2=490(\text{lx})。$$

例 5.3.8 有一正方形大厅，每边长 28 m，高为 10 m。房顶开有 4 个边长为 4 m 的正方形天窗，天窗如图 5.3.23 那样对称布置，它们的光出射度为 20 570 lm・m^{-2}，在大厅中央有

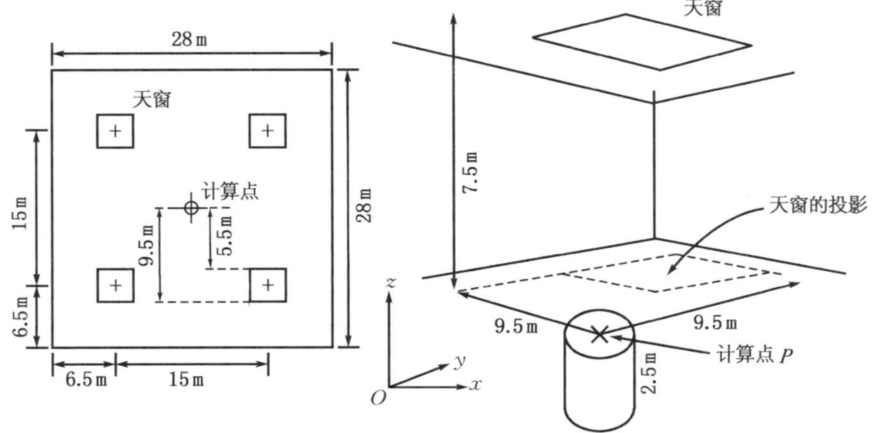

图 5.3.23 **天窗的直射照度**

一高为 2.5 m 的圆柱。试求 4 个天窗在圆柱上端面中央点 P 产生的直射照度。

解 由(5.3.29)式和(5.3.30)式，对任意一个天窗，有

$$C=\frac{1}{2\pi}\left\{\left[\frac{x_1}{\sqrt{x_1^2+z^2}}\arctan\frac{y_1}{\sqrt{x_1^2+z^2}}+\frac{y_1}{\sqrt{y_1^2+z^2}}\arctan\frac{x_1}{\sqrt{y_1^2+z^2}}\right]\right.$$
$$-\left[\frac{x_1}{\sqrt{x_1^2+z^2}}\arctan\frac{y_2}{\sqrt{x_1^2+z^2}}+\frac{y_2}{\sqrt{y_2^2+z^2}}\arctan\frac{x_1}{\sqrt{y_2^2+z^2}}\right]$$
$$-\left[\frac{x_2}{\sqrt{x_2^2+z^2}}\arctan\frac{y_1}{\sqrt{x_2^2+z^2}}+\frac{y_2}{\sqrt{y_1^2+z^2}}\arctan\frac{x_2}{\sqrt{y_1^2+z^2}}\right]$$
$$\left.+\left[\frac{x_2}{\sqrt{x_2^2+z^2}}\arctan\frac{y_2}{\sqrt{x_2^2+z^2}}+\frac{y_2}{\sqrt{y_2^2+z^2}}\arctan\frac{x_2}{\sqrt{y_2^2+z^2}}\right]\right\}。$$

由图 5.3.23 可知，$x_1=y_1=5.5\ \text{m}$，$x_2=y_2=9.5\ \text{m}$，$z=10\ \text{m}-2.5\ \text{m}=7.5\ \text{m}$。将这些值代入上面 C 的表式，得 $C=0.0104$。因此，一个天窗在点 P 产生的直射水平照度为

$$E=MC=20\,570\times0.010\,4=214(\text{lx})。$$

由于 4 个天窗是对称布置的，每个天窗对点 P 的照度贡献都相同，故 4 个天窗在点 P 产生的直射水平照度为

$$E=4MC=856(\text{lx})。$$

本题也可以采用图解的方法，即先从图 5.3.19 上查得 K_p 的值，然后运用(5.3.32)式求出照度。下面予以具体说明。

在本题中，每一个天窗相对于点 P 的位置与图 5.3.19 左下角的图的情况相同，因而

$$K_p=K_1-K_2+K_3-K_4。$$

为分别查找 K_1，K_2，K_3 和 K_4，先列出它们对应的横坐标和纵坐标的值：

$$K_1：x_1=9.5,\ y_1=9.5,\ h=7.5,\ \frac{x_1}{h}=\frac{y_1}{h}=1.27；$$

$$K_2：x_2=9.5,\ y_2=5.5,\ h=7.5,\ \frac{x_2}{h}=1.27,\ \frac{y_2}{h}=0.73；$$

$$K_3：x_3=5.5,\ y_3=5.5,\ h=7.5,\ \frac{x_3}{h}=\frac{y_3}{h}=0.73；$$

$$K4：x_4=5.5,\ y_4=9.5,\ h=7.5,\ \frac{x_4}{h}=0.73,\ \frac{y_4}{h}=1.27。$$

由这些坐标值，可从图 5.3.19 上查得

$$K_1=0.515,\ K_2=K_4=0.395,\ K_3=0.310。$$

这样可求得 $K_p=0.035$。由于 $L=\dfrac{M}{\pi}=6\,548\ \text{cd}\cdot\text{m}^{-2}$，将 K_p 和 L 的值代入(5.3.32)式，并考虑到 4 个天窗的贡献，可得

$$E_{\text{h}}=4K_pL=4\times0.035\times6\,548=916(\text{lx})。$$

比较两种方法所得到的结果发现，采用图解法得到的结果精度差一些，相对误差大约为10%。但由于图解法比较便捷，对于进行估算还是很有用的。

5.3.3.2　面光源在某一点产生的照度的相互反射分量

在5.1.2节中，我们比较详细地讨论了光的相互反射问题。由于光的相互反射，空间某一点的照度是由直射分量和相互反射分量两部分构成的。相互反射分量由(5.1.19)式表示：

$$E_{\text{inter}} = \sum_{i=1}^{n} C_{i\to p} M_i 。$$

要求 E_{inter} 的关键是要求出空间中各个面的最终光出射度 M_i。为此，就要求解矩阵方程(5.1.21)。当然，将面元分割得越小，也就是考虑的面元数越多(n 越大)，则结果越精确，但这样计算的工作量就会太大。对一般的室内照明计算，常采用前面介绍过的最简单的三面模型。下面举一个例子，说明如何采用三面模型求面光源在某一点产生的照度的相互反射分量。

例 5.3.9　在例5.3.8所说的大厅中，顶棚的反射率 $\rho_c = 80\%$，墙壁的反射率 $\rho_w = 46\%$，地板的反射率为 $\rho_f = 20\%$。试计算相互反射分量对点 P 的照度的贡献。

解　今采用简单的三面辐射转移模型，即认为顶棚和地板各是一个面，而将四周的墙壁并成一体，作为第三个表面。然后，通过求解方程(5.1.24)，得到地板、墙面和顶棚的最终光出射度。将顶棚和墙面当成漫射面光源，由(5.1.19)式求出照度的相互反射分量。现分步骤加以说明。

1) 在三面模型中，描写光的相互反射的方程是方程(5.1.24)，即

$$\begin{cases} M_c = M_{0c} + \rho_c(M_w F_{c\to w} + M_f F_{c\to f}), \\ M_w = M_{0w} + \rho_w(M_c F_{w\to c} + M_f F_{w\to f} + M_w F_{w\to w}), \\ M_f = M_{0f} + \rho_f(M_c F_{f\to c} + M_f F_{f\to w}), \end{cases}$$

式子中各量的意义在前面已做过介绍，此处不再重复。

2) 求各形状因子。由附录中表3的第二种情况，可以计算出

$$F_{c\to f} = 0.525\,71。$$

由此，可计算出其他各形状因子的值分别为

$$\begin{aligned} &F_{f\to c} = F_{c\to f} = 0.525\,71, \\ &F_{c\to w} = F_{f\to w} = 1 - F_{c\to f} = 0.474\,29, \\ &F_{w\to c} = F_{w\to f} = 28 \times 2\,828 \times 10 \times 4(1 - F_{c\to f}) = 0.332\,00, \\ &F_{w\to w} = 1 - 2F_{w\to c} = 0.335\,99. \end{aligned}$$

3) 求初始光出射度 M_{0c}，M_{0w} 和 M_{0f}。这些量的统一表示式为

$$M_0 = \frac{\Phi_{\text{onto}}\rho}{A},$$

式中，Φ_{onto} 是直接由天窗到达该表面的光通量；ρ 是该表面的反射率；A 是表面的面积。

① 由于天窗不能直接照明顶棚，因此，很显然有

$$M_{0c} = 0。$$

② M_{0f}由下式给出：

$$M_{0f} = \frac{\Phi_{天空\to地板}\rho_f}{A_f},$$

式中，$\Phi_{天窗\to地板}$是由天窗发出的能直接到达地板的光通量。仿照(5.1.12)式，它可以表示成

$$\Phi_{天窗\to地板} = \sum_{i=1}^{4}\Phi_{天窗}F_{天窗\to地板}。$$

这里，$\Phi_{天窗} = M_{天窗} \cdot A_{天窗} = 20\,570 \times 16 = 329\,120(\mathrm{lm})$，是一个天窗发出的光通量。$F_{天窗\to地板}$是从天窗到地板的形状因子。由附录中的表4，可计算出 $F_{天窗\to地板} = 0.556$。考虑到4个天窗的贡献是一样的，因而

$$\Phi_{天窗\to地板} = 4 \times 329\,120 \times 0.556 = 731\,962.88(\mathrm{lm})。$$

将 $\Phi_{天窗\to地板}$，ρ_f 和 A_f 的值代入 M_{0f} 的表示式，得

$$M_{0f} = \frac{731\,962.88 \times 0.20}{28 \times 28} = 187(\mathrm{lm \cdot m^{-2}})。$$

③ 对墙面的初始光出射度 M_{0w}按照类似的方法处理，有

$$M_{0w} = \frac{4M_{天窗}A_{天窗}F_{天窗\to墙壁}\rho_w}{A_w}。$$

根据闭合原理，天窗所发出的光通量除到达地板的外，其余必定到达墙壁。因此，有

$$F_{天窗\to墙壁} = 1 - F_{天窗\to地板} = 1 - 0.556 = 0.444。$$

故

$$M_{0w} = \frac{4 \times 20\,570 \times (4 \times 4) \times 0.444 \times 0.46}{4 \times 28 \times 10} = 240(\mathrm{lm \cdot m^{-2}})。$$

4）求各面的最终光出射度。将上面所得的各形状因子的数值和各面初始光出射度以及反射率的数值代入三面模型方程组，有

$$\begin{cases} M_c = 0 + 0.379\,43M_w + 0.420\,57M_f, \\ M_w = 240 + 0.152\,72M_c + 0.154\,56M_w + 0.152\,72M_f, \\ M_f = 187 + 0.105\,14M_c + 0.094\,86M_w。 \end{cases}$$

由此，可以解得

$$\begin{cases} M_c = 245.8(\mathrm{lm \cdot m^{-2}}), \\ M_w = 372.8(\mathrm{lm \cdot m^{-2}}), \\ M_f = 248.2(\mathrm{lm \cdot m^{-2}})。 \end{cases}$$

5）由于相互反射在点 P 产生的照度贡献为

$$E_{\text{inter}} = M_{\text{c}}C_{\text{c}\to p} + M_{\text{w}}C_{\text{w}\to p}。$$

式中，$C_{\text{c}\to p}$ 和 $C_{\text{w}\to p}$ 分别为顶棚和墙面到计算点 P 的位形因子。由附录中的表 2 可以求得 $C_{\text{c}\to p} = 0.811$。而

$$C_{\text{w}\to p} = 1 - C_{\text{c}\to p} = 1.0 - 0.811 = 0.189。$$

将它们代入 E_{inter}的表达式，有

$$E_{\text{inter}} = 245.8 \times 0.811 + 372.8 \times 0.189 = 269(\text{lx})。$$

即 4 个天窗在点 P 产生的照度的相互反射分量为 269 lx。在点 P 产生的总照度则为 $856 + 269 = 1\,125(\text{lx})$。

5.4 亮度的计算

亮度描述了光使物体和表面看起来是什么样子，它是一个主要的视觉刺激。因此，亮度是最重要也是最有用的计算量。亮度的计算是第二级的计算，照度的计算是第一级计算。亮度计算总是在照度计算之后进行的。

光照射到表面后，表面的反射特性决定了它的亮度。有两类亮度计算：一类是被照表面可近似成漫反射体；另一类是表面具有双向反射特性，即表面的反射特性既与光的入射方向有关，又与光的出射方向有关。所有的真实表面的反射特性都可以用双向反射分布函数(bidirectional reflectance distribution function，BRDF)来加以描述。下面具体介绍一下这两类亮度计算。

5.4.1 受照面为漫反射面

在日常生活中，很多材料的反射特性都可以当成漫反射的。典型的材料如办公室中包布的隔板、涂乳胶漆的墙面等。这些漫反射面受光照之后便成为一个次级发光体，其光出射度为

$$M = \rho E, \tag{5.4.1}$$

式中，E 为在受照面上产生的照度；ρ 为该面的漫反射率。对服从余弦定律的完全漫射体，亮度 L 和光出射度 M 之间有下述关系：

$$M = \pi L。$$

将(5.4.1)式代入上式，得

$$L = \frac{\rho E}{\pi}。\tag{5.4.2}$$

这就是说，先计算出漫反射面的照度 E，再求得该面的漫反射率 ρ，就可以求出该面的亮度 L。

例 5.4.1 在长、宽和厚分别为 15 cm，7.5 cm 和 4 cm 的台灯灯罩内，装有一只 13 W

的紧凑型荧光灯。采用该台灯对书桌进行照明，灯与书桌的安置情况如图 5.4.1 所示。灯具的光强空间分布由表 5.4.1 给出。在书桌的中央放有一张漫反射率 $\rho = 0.83$ 的纸。试求在台灯照明下纸的亮度。

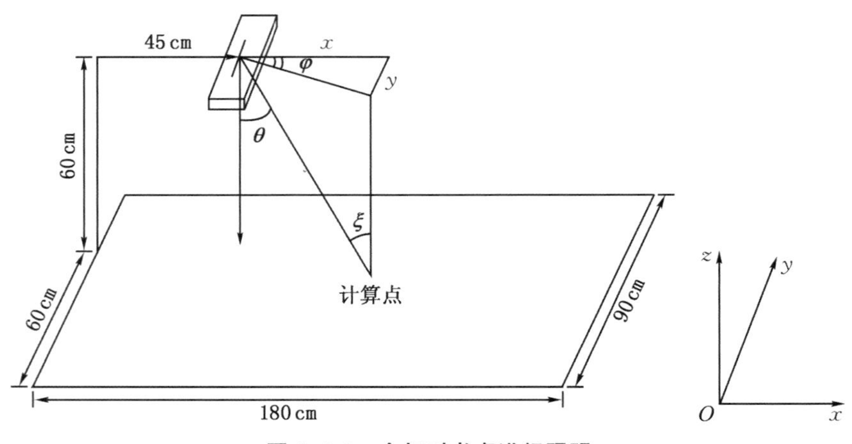

图 5.4.1 台灯对书桌进行照明

表 5.4.1 台灯的光强分布(单位:cd)

θ \ φ	0°	22.5°	45°	67.5°	90°
0°	450	450	450	450	450
5°	453	457	453	445	442
15°	437	446	450	454	451
25°	406	422	447	470	478
35°	362	391	443	497	523
45°	302	350	448	551	592
55°	233	310	474	624	678
65°	158	284	505	651	691
75°	81	263	432	529	559
85°	20	134	178	192	193
90°	1	4	5	8	10

解 先进行照度 E 的计算。根据灯具和书桌的相对位置，可以求出灯具中心与书桌中心的距离

$$d = \sqrt{x^2 + y^2 + z^2} = \sqrt{45^2 + 15^2 + 60^2} = 76.5(\text{cm})。$$

因为 d 比灯具最大发光尺寸的 5 倍（即 $5 \times 15 = 75(\text{cm})$）还大，故可将灯具近似成点光源，这时平方反比余弦定律成立，即

$$E=\frac{I(\theta,\ \varphi)\cos\zeta}{d^2},$$

式中，角度

$$\theta=\arctan\left(\frac{\sqrt{x^2+y^2}}{z}\right)=\arctan\left(\frac{\sqrt{45^2+15^2}}{60}\right)=38.3^\circ,$$

$$\varphi=\arctan(y/x)=\arctan(15/45)=18.4^\circ。$$

查表并内插，得 $I(38.3^\circ,\ 18.4^\circ)=356(\text{cd})$。在本例中，$\zeta=\theta=38.3^\circ$，故

$$E=\frac{356\times\cos 38.3^\circ}{76.5^2}=477(\text{lx})。$$

将 $E=477\ \text{lx}$ 和纸的漫反射率 $\rho=0.83$ 代入(5.4.2)式，得

$$L=\frac{\rho E}{\pi}=\frac{0.81\times 477}{\pi}=123(\text{cd}\cdot\text{m}^{-2})。$$

即在台灯照明下，书桌中央的纸的亮度为 $123\ \text{cd}\cdot\text{m}^{-2}$。

5.4.2 非漫反射面亮度的计算

对于非漫反射的表面，计算面上某一点在某一特定的观察方向上的亮度，一般所用公式为

$$L=\int \mathrm{d}E(\theta_i,\ \varphi_i)f_r(\theta_v,\ \varphi_v;\ \theta_i,\ \varphi_i),\tag{5.4.3}$$

式中，$\mathrm{d}E(\theta_i,\ \varphi_i)$表示由$(\theta_i,\ \varphi_i)$方向上的入射光在表面上某一点产生的微分照度；$f_r(\theta_v,\ \varphi_v;\ \theta_i,\ \varphi_i)$是表面材料在某一特定观察方向上的双向反射分布函数 $BRDF$。

当只有一个方向$(\theta_i,\ \varphi_i)$的入射光时，有

$$L=E(\theta_i,\ \varphi_i)f_r(\theta_v,\ \varphi_v;\ \theta_i,\ \varphi_i),\tag{5.4.4}$$

式中，$E(\theta,\ \varphi)$是该入射光产生的照度。与完全漫反射的情况不同，$BRDF$ 既与入射光的方向有关，也与观察方向有关。但在很多情况下，并不需要完全知道 φ_v 和 φ_i，而只要知道它们的差值即可。这时，$BRDF$ 就简化成

$$f_r(\theta_v;\ \theta_i,\ \varphi_i)。$$

这一简化条件可以用图 5.4.2 来表示。这时 L 的表达式变成

$$L(\theta_v)=\int \mathrm{d}E(\theta_i,\ \varphi_i)f_r(\theta_v;\ \theta_i,\ \varphi_i)。\tag{5.4.5}$$

积分还可以采用有限元求和来进行近似：

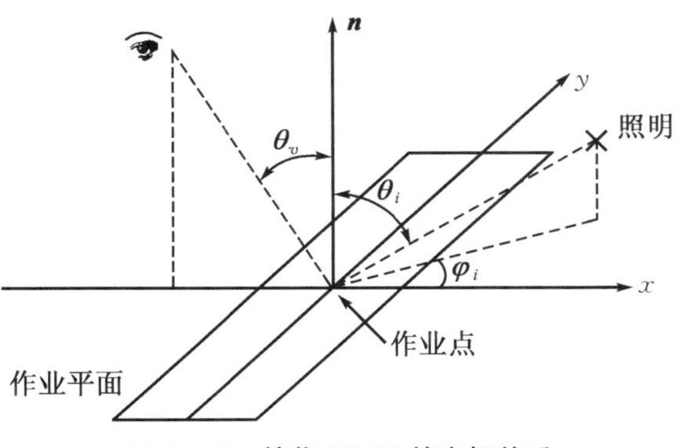

图 5.4.2　简化 **BRDF** 的坐标关系

$$L(\theta_v) = \sum \Delta E(\theta_i,\ \varphi_i) f_r(\theta_v;\ \theta_i,\ \varphi_i)。 \tag{5.4.6}$$

例 5.4.2 照明条件与上例相同，观察方向如图 5.4.3 所示，$\theta_v = 10°$，观察平面与 xz 面平行。今在书桌中央放置一本书，书的白纸和黑色油墨的 *BRDF* 数据分别由表 5.4.2 和表 5.4.3 给出。试求出所观察到的书上的字的对比度 C 的数值。

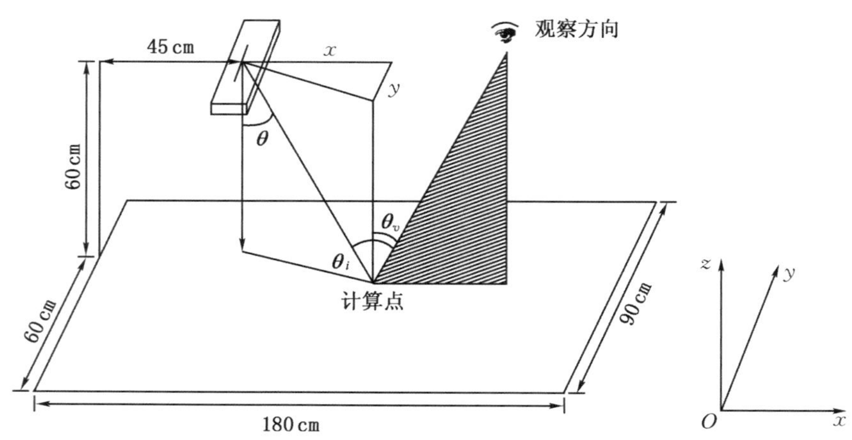

图 5.4.3 照明和观察方向

表 5.4.2 白纸的部分 *BRDF* 数据（$\theta_v = 10°$，$\varphi_v = 0°$，单位：sr^{-1}）

φ_i \ θ_i	24°	28°	34°	44°	52°	60°
0	0.226	0.221	0.215	0.216	0.205	0.194
130°	0.24	0.226	0.22	0.217	0.208	0.197
150°	0.249	0.231	0.224	0.214	0.208	0.196
160°	0.252	0.231	0.221	0.214	0.2	0.196
170°	0.253	0.233	0.222	0.216	0.212	0.196
176°	0.25	0.234	0.223	0.216	0.206	0.197
177°	0.261	0.235	0.224	0.217	0.205	0.198
178°	0.262	0.236	0.223	0.218	0.211	0.198
179°	0.263	0.235	0.223	0.219	0.213	0.2
180°	0.263	0.234	0.222	0.219	0.21	0.193

表 5.4.3 黑油墨的部分 *BRDF* 数据（$\theta_v = 10°$，$\varphi_v = 0°$，单位：sr^{-1}）

φ_i \ θ_i	22°	28°	36°	44°	52°	60°
0°	0.004	0.003	0.002	0.001	0	0
130°	0.013	0.002	0	0	0	0

续表

θ_i / φ_i	22°	28°	36°	44°	52°	60°
150°	0.034	0.006	0	0	0	0
160°	0.056	0.01	0	0	0	0
170°	0.089	0.015	0.001	0	0	0
176°	0.109	0.018	0.001	0	0	0
177°	0.111	0.019	0.001	0	0	0
178°	0.113	0.019	0.002	0	0	0
179°	0.116	0.02	0.002	0	0	0
180°	0.118	0.02	0.002	0	0	0

解 本例中的照明既然与上例相同，因此在书桌中央的书本上产生的度也为 477 lx，即(5.4.4)式中的 $E(\theta_i, \varphi_i) = 477\ \text{lx}$。

由图 5.4.3 可见，相对于观察方向，$\varphi_i = 90° + \arctan\left(\frac{45}{15}\right) = 161.6°$。上题已求出 $\theta_i = 38.3°$，查找表 5.4.2 和表 5.4.3 并内插，分别得

$$f_{油墨}(10°;\ 38.3°,\ 161.6°) = 0.000\ 1\ \text{sr}^{-1},$$
$$f_{纸}(10°;\ 38.3°,\ 161.6°) = 0.218\ 2\ \text{sr}^{-1}。$$

将 $E(\theta_i, \varphi_i)$和 $f_{纸}$，$f_{油墨}$的值代入(5.4.3)式，求得

$$L_{纸} = 477\ \text{lx} \times 0.218\ 2\ \text{sr}^{-1} = 104\ \text{cd} \cdot \text{m}^{-2},$$
$$L_{油墨} = 477\ \text{lx} \times 0.000\ 1\ \text{sr}^{-1} = 0.048\ \text{cd} \cdot \text{m}^{-2}。$$

由(1.4.1)式，得对比度

$$C = \frac{L_{纸} - L_{油墨}}{L_{纸}} = 0.999。$$

即观察到的书上字的对比度为 0.999。

照明计算可以给照明设计师提供很多有价值的信息。但是，在实际照明工程设计中，计算的工作量非常大。为了缩短设计的周期，现在一般都采用计算机辅助计算。另外，随着计算机图示技术的发展，现在已有可能在通过复杂的照明分析后，以图示的方式仿真显示照明系统的实际效果。这些为照明设计师提供了非常有效的手段，对不同的照明设计方案进行比较，以获得最佳的照明效果来满足客户的要求。

5.5 计算机辅助计算

5.5.1 照明软件简介

目前市场上有 50 多种商业和开源设计软件包，这些软件的功能范围从简单的采光系数

图到复杂的三维虚拟场景建模渲染。现在市场上主要存在的主流设计软件有 Radiance，Relux(免费)，Dialux(免费)，以及收费的 AGi32，Lighting，Lightscape，Lightstar 4D，Rayfront，Ecotect 等。

Dialux 可以同时模拟天然光与人工光源，以及室内与室外照明设计、照明设计与分析、天然采光分析、光照场景渲染、外部 3 ds 模型的导入等。此款照明设计软件易用性好。下面采用 Dialux 软件进行建模模拟，软件的简单教程详见官网。

5.5.2 计算机辅助照明计算

(1) 计算面照度

例 5.5.1 一教室长为 6.6 m，宽为 6.6 m，高为 3.6 m。在顶棚下方 0.5 m 处均匀安装 4 只 LED 38 W 面板灯，光源的光通量为 3 282 lm。课桌高度为 0.8 m，教室内各表面的反射率如图 5.2.1 所示，LED38 W 面板灯的利用系数 CU 由表 5.2.2 给出。若假设维护系数 $K=0.8$，试求在桌面上产生的平均照度。

解 1) 软件建模如图 5.5.1 所示。

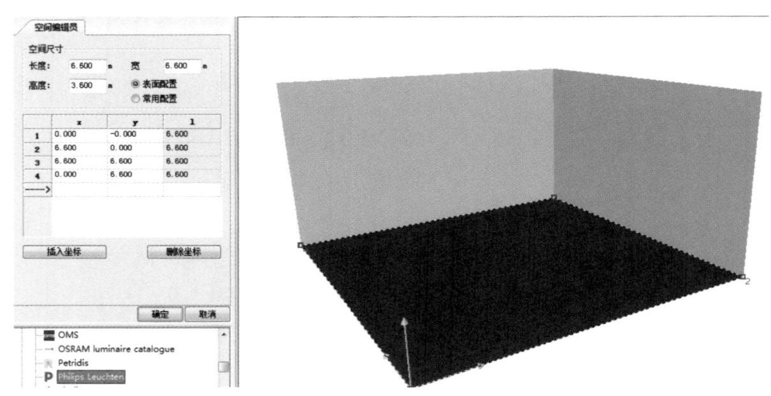

图 5.5.1 **软件建模示意**

2) 最后的模拟结果如图 5.5.2 所示。

总光通量: 13128 lm
总载: 152.0 W
维护系数: 0.80
边界: 0.000 m

表面	平均照度 [lx] 直接	间接	总数	反射系数 [%]	平均辉度 [cd/m²]
工作面	134	33	168	/	/
地板	109	34	143	0	0.00
天花板	0.00	25	25	80	6.42
墙壁 1	59	24	84	50	13
墙壁 2	61	24	85	50	14
墙壁 3	60	24	85	50	13
墙壁 4	62	24	86	50	14

工作面上的一致性
最小照度 / 平均照度: 0.532 (1:2)
最小照度 / 最大照度: 0.431 (1:2)

实际效能值: 3.49 W/m² = 2.08 W/m²/100 lx (面积: 43.56 m²)

图 5.5.2 **模拟结果**

手动计算结果为 140 lx，实际模拟结果为 168 lx。在此次计算过程中对灯具的位置没有做约束，在模拟过程中，调整灯具位置，照度值可以在 130～180 lx 之间变动。

例 5.5.2 房间有一侧窗进行天然采光，窗高为 1.5 m，宽为 2 m，窗下框离地面高 1 m。窗可视为漫射光源，其亮度为 5 000 cd · m^{-2}。试求与墙面相距 3 m，且正对窗中心轴线的点 P（见图 5.3.22）处的水平照度。

解 1）软件建模如图 5.5.3 所示。

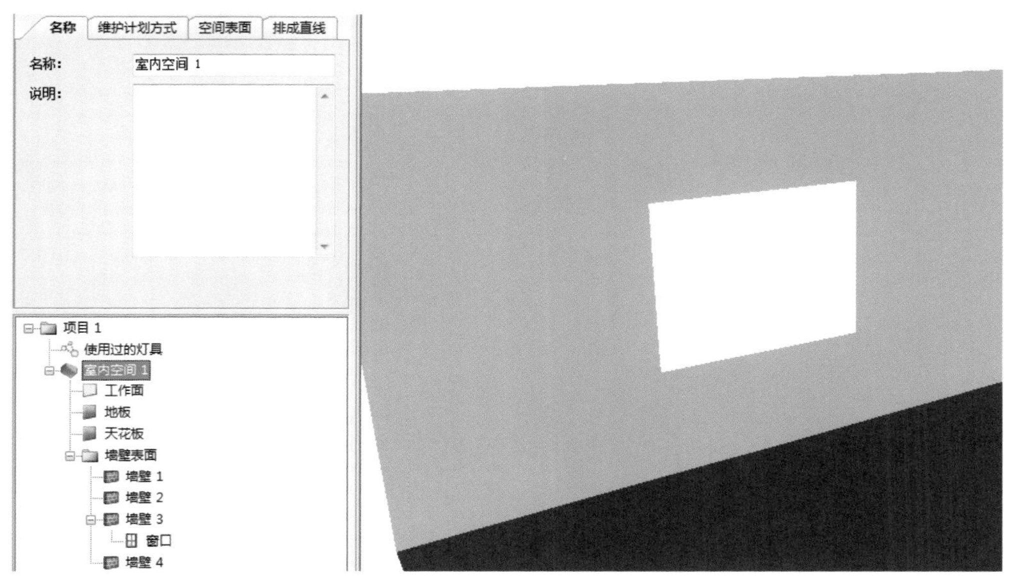

图 5.5.3 **软件建模示意**

2）最后的模拟结果如图 5.5.4 所示。

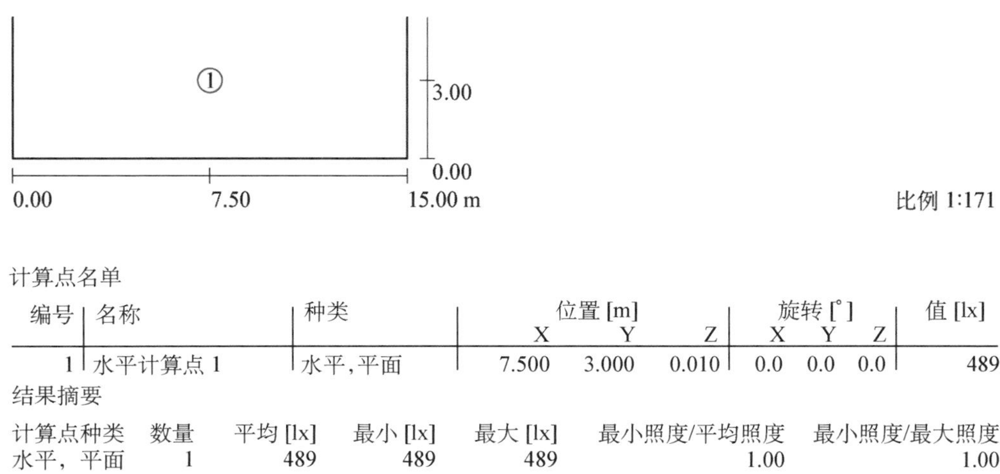

计算点名单

编号	名称	种类	位置 [m] X	Y	Z	旋转 [°] X	Y	Z	值 [lx]
1	水平计算点 1	水平，平面	7.500	3.000	0.010	0.0	0.0	0.0	489

结果摘要

计算点种类	数量	平均 [lx]	最小 [lx]	最大 [lx]	最小照度/平均照度	最小照度/最大照度
水平，平面	1	489	489	489	1.00	1.00

图 5.5.4 **模拟结果**

模拟结果为 489 lx，手算结果为 499 lx。

(2) 计算面亮度

由于 Dialux 软件在室内空间中不能够直接计算表面亮度，必须同例 5.2.1 与例 5.3.7 一样先计算出照度值，然后再同例 5.4.1 中一样进行亮度计算，此处不再赘述。

第六章　天 然 采 光

自古以来，人们就习惯于在日光下工作、学习和生活，与人工照明相比，人们更喜欢日光；另一方面，合理采用日光，将人工照明和天然采光很好地进行配合，不但可以营造出更舒适的环境，而且可以节约大量的能源。因此，在设计高效照明系统时，一定要考虑天然采光。

6.1　太阳光、天空光和地面反射光

日光是一种独特的光源，与其他光源不同，它的光谱和空间分布是变化的。由于地球的自转和绕太阳的公转，太阳相对于地球上某一特定的地理位置总是处于不停的运动之中。这种运动是有规律的，因而直射阳光的强度和方向是可以预知的。然而，叠加在此预知量上还有一些变化的量，它们是由于气候和温度的变化及空气污染等造成的。作为例子，图 6.1.1 显示了某一天中室外日光水平照度随时间变化的情况。

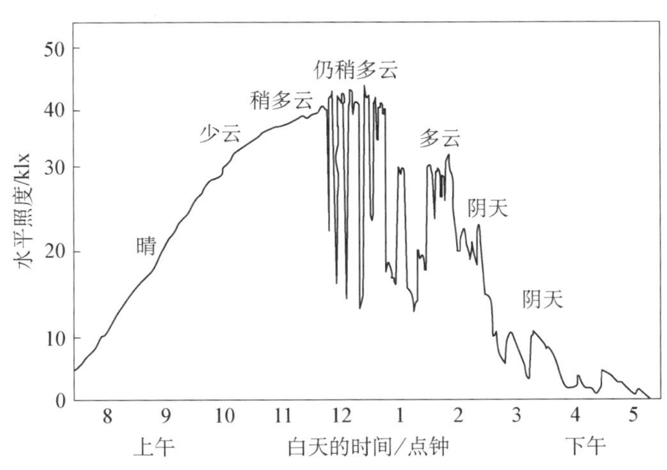

图 6.1.1　某一天室外日光水平照度随时间的变化

日光包括太阳光和天空光，前者是强大的点光源，后者则是巨大的漫射发光体。根据云层覆盖度的大小，天空光又可分成晴天天空光、云天天空光和全阴天天空光。下面分别对它们的光照模型加以简要的介绍。

6.1.1 直射阳光

图 6.1.2 所示是太阳光的光谱分布，最上面的曲线表示地球大气层外的太阳光谱，它与 5 900 K 的黑体相近。虚线是在海平面上的直射阳光光谱，其上的许多凹陷是由于水和大气吸收造成的。在地球表面上，太阳光总辐射中约有 40% 为可见光，其余为红外和紫外辐射。

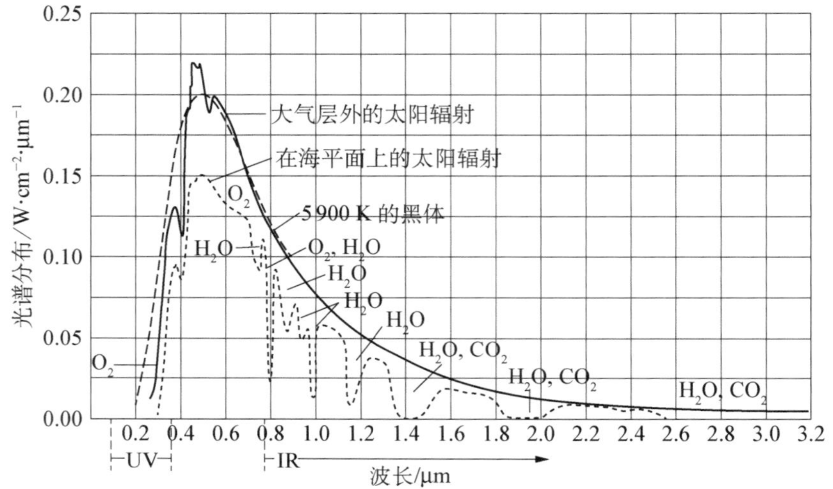

图 6.1.2 直射阳光的光谱

对多数天然采光的计算而言，可将太阳看成一个点光源。在自由空间中，在位于太阳与地球的平均距离处的平面上，太阳所产生的法向照度 $E_{sc}=128$ klx，亦称为太阳照明常数(solar illumination constant)。太阳的辐射常数(solar irradiation constant)则为 1 350 W·m^{-2}，太阳的发光效率为 94.2 lm·W^{-1}。应说明的是，与一般光源的发光效率定义稍有不同，太阳的发光效率是指其可见光输出与总辐射功率之比值。后面我们将会看到，通过改变窗玻璃的透光和导热特性，可以有效地提高日光的发光效率，甚至能够接近 300 lm·W^{-1}。

要计算直射阳光在地球表面上产生的照度，还必须考虑两个因素。地球绕太阳公转的轨道是椭圆，因而两者之间的距离是变化的，计算时要对此变化进行修正；另一因素则是地球大气层对直射阳光的吸收。在考虑前一因素时，在地球外直射阳光产生的法向照度为

$$E_{xt}=E_{sc}\left(1+0.034\cos\frac{2\pi(J-2)}{365}\right),\tag{6.1.1}$$

式中，E_{xt}是地球外太阳产生的法向照度；E_{sc}是太阳照明常数，两者的单位均为 klx；J 是按儒略历(Julian)计算的日期。

考虑到大气层的吸收效应，直射阳光在海平面上产生的法向照度为

$$E_{\mathrm{dn}} = E_{\mathrm{xt}} \mathrm{e}^{-cm}, \tag{6.1.2}$$

式中，E_{dn}是直射阳光在海平面上产生的法向照度；E_{xt}是在地球外太阳产生的法向照度；c 是大气消光系数；m 是无量纲的光空气质量(optical air mass)。在后面将会看到，大气消光系数随天空条件而变(见表 6.1.2)。m 的最简单、最常用的表示式是

$$m = \frac{1}{\sin \alpha_t}, \tag{6.1.3}$$

式中，α_t 是如图 6.1.3 所表示的太阳的高度角；描写太阳位置的另一角度则是方位角 α_s。由(6.1.3) 式可见，当太阳在天顶时，即当 $\alpha_t = 90°$ 时，$m = 1$ 为最小，光衰减最小；当在其他角度时，$m > 1$，大气层吸收路程增长，光衰变大。

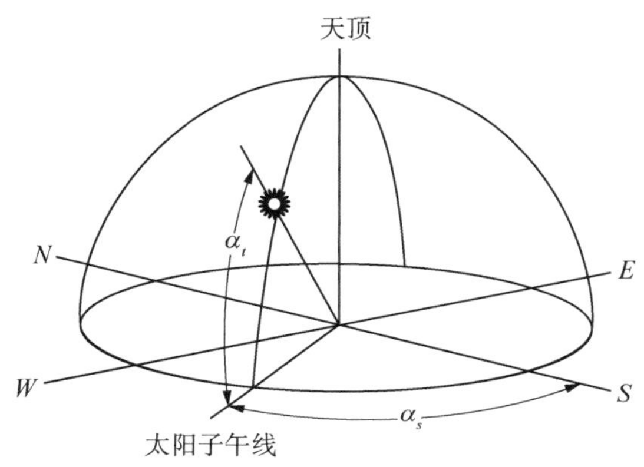

图 6.1.3　太阳的高度角和方位角

经分析，可得直射阳光产生的水平照度 E_{dh}为

$$E_{\mathrm{dh}} = E_{\mathrm{dn}} \sin \alpha_t。 \tag{6.1.4}$$

在与太阳子午面相垂直的垂直平面上，产生的垂直照度为

$$E'_{\mathrm{dv}} = E_{\mathrm{dn}} \cos \alpha_t。 \tag{6.1.5}$$

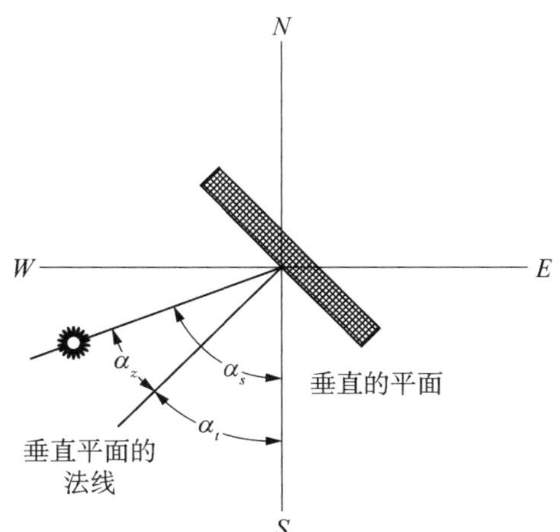

图 6.1.4　垂直平面的法线与太阳的夹角 α_z

当所考虑的垂直平面的法线与太阳的夹角为 α_z(见图 6.1.4)时，太阳在此平面上产生的垂直照度为

$$E_{\mathrm{dv}} = E_{\mathrm{dn}} \cos \alpha_i = E_{\mathrm{dn}} \cos \alpha_t \cdot \cos \alpha_z, \tag{6.1.6}$$

式中，α_i 为直射阳光的入射角。显然，当考察的垂直平面与太阳子平面垂直时，$\alpha_z = 0$，(6.1.6)式就变成(6.1.5)式。

借助(6.1.1)～(6.1.3)式的关系，可由(6.1.4)式和(6.1.6)式计算出直射阳光在地球表面上产生的水平照度和垂直照度。

6.1.2　天空光的模型

阳光通过大气层时，一部分为尘埃、水蒸气和其他的悬浮粒子所散射。此散射和云一起作用，形成了天空光。根据天空中云层的覆盖度的大小，可以将天空分成 3 类，如表 6.1.1 所示。

表 6.1.1 **天空分类**

天空种类	云层覆盖度
晴天天空	0.0～0.3
云天天空	0.4～0.7
全阴天天空	0.8～1.0

天空光产生的水平照度与太阳高度角 α_t 有关，其经验公式为

$$E_{\mathrm{kh}} = A + B\sin^C \alpha_t, \tag{6.1.7}$$

式中，E_{kh}是无遮挡时天空光产生的水平照度，单位为 klx；A 是日出和日落时的照度，单位为 klx；B 是太阳高度角照度系数，单位为 klx；C 是太阳高度角照度指数；α_t 是以弧度为单位的太阳高度角。对 3 类天空，E_{kh}表示式的形式是相同的，但是 A，B，C 等常数是不同的，如表 6.1.2 所示。

表 6.1.2 **3 类天空的照度常数**

天空种类	消光系数 c	A/klx	B/klx	C
晴天天空	0.21	0.8	15.5	0.5
云天天空	0.80	0.3	45.0	1.0
全阴天天空	（无直射阳光故 $E_{\mathrm{dn}}=0$）	0.3	21.0	1.0

根据 E_{kh}的值，可以计算出天顶亮度 L_z 为

$$L_z = E_{\mathrm{kh}} \cdot ZL, \tag{6.1.8}$$

式中，ZL 是在与 E_{kh}同一太阳高度角时的天顶亮度系数，其单位为 $\mathrm{kcd \cdot m^{-2} \cdot (klx)^{-1}}$。表 6.1.3 给出了 3 种天气情况的天空在不同太阳高度角时的天空天顶亮度常数。

表 6.1.3 **天空天顶亮度常数 ZL**

太阳高度角/°	晴天天空	云天天空	全阴天天空
90	1.034	0.637	0.409
85	0.825	0.567	0.409
80	0.664	0.501	0.409
75	0.541	0.457	0.409
70	0.445	0.413	0.409
65	0.371	0.375	0.409
60	0.314	0.343	0.409
55	0.269	0.315	0.409
50	0.234	0.292	0.409

续表

太阳高度角/°	晴天天空	云天天空	全阴天天空
45	0.206	0.272	0.409
40	0.185	0.255	0.409
35	0.169	0.241	0.409
30	0.156	0.230	0.409
25	0.148	0.221	0.409
20	0.142	0.214	0.409
15	0.139	0.209	0.409
10	0.139	0.205	0.409
5	0.140	0.202	0.409
0	0.144	0.201	0.409

天空的亮度是由天顶亮度的绝对值和相对于天顶亮度的亮度分布函数所决定的。在研究亮度分布时，所采用的角度如图 6.1.5 所示。太阳的位置由太阳的方位角 α_s 和太阳天顶角 z_0 表示，z_0 和太阳高度角 α_t 互余。天空中，要计算其亮度的一点 P 的位置由 φ 和 θ 来表示。γ 是自球心分别向太阳和点 P 所引的两矢径之间的夹角。下面就晴天天空、云天天空和全阴天天空的亮度分布分别进行讨论。

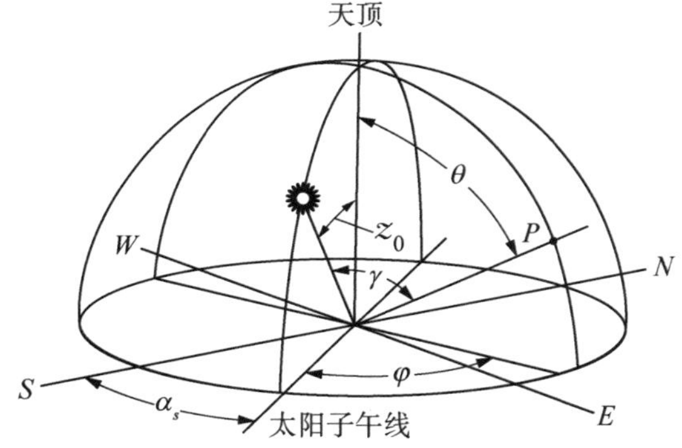

图 6.1.5　**计算亮度分布时的角度**

1. 晴天天空的亮度分布

CIE 于 1973 年采纳了由基特勒(Richard Kittler)所建立的标准晴天天空亮度分布函数：

$$L(\varphi,\ \theta) = L_z \frac{(0.91 + 10e^{-3\gamma} + 0.45\cos^2\gamma)(1 - e^{-0.32/\cos\theta})}{(0.91 + 10e^{-3z_0} + 0.45\cos^2 z_0)(1 - e^{-0.32})}, \tag{6.1.9}$$

式中，$L(\varphi,\ \theta)$是点 P 的天空亮度，点 P 的球坐标为 $\varphi,\ \theta$；L_z 是天空的天顶亮度，它与 $L(\varphi,\ \theta)$的单位均为 $\mathrm{kcd \cdot m^{-2}}$；其他物理量由图 6.1.5 所示。角度 γ 可由下式计算出来：

$$\gamma = \arccos(\cos z_0 \cos\theta + \sin z_0 \sin\theta \cos\varphi)。\tag{6.1.10}$$

应该说明的是，上面并没有考虑由于大气混浊度的变化所引起的亮度分布的变化，而这实际上有可能改变天空的亮度分布。

2. 云天天空的亮度分布

云天天空的亮度分布函数在形式上与晴天天空的类似，但是常数值不同。采用基于云

天天空平均数据得到的常数，可得云天天空的亮度分布函数为

$$L(\varphi,\ \theta) = L_z \frac{(0.526 + 5\mathrm{e}^{-1.5\gamma})(1 - \mathrm{e}^{-0.80/\cos\theta})}{(0.526 + 5\mathrm{e}^{-1.5z_0})(1 - \mathrm{e}^{-0.80})}, \tag{6.1.11}$$

式中所有符号的意义均与(6.1.9)式的相同。

3. 全阴天天空的亮度分布

全阴天天空的亮度分布函数为

$$L(\varphi,\ \theta) = L_z\left(0.864\,\frac{\mathrm{e}^{-0.52/\cos\theta}}{\mathrm{e}^{-0.52}} + 0.136\,\frac{1 - \mathrm{e}^{-0.52/\cos\theta}}{\mathrm{e}^{-0.52}}\right)。 \tag{6.1.12}$$

对全阴天天空的亮度分布，也可采用穆恩(Parry Moon)和斯宾塞(Domina Eberle Spencer)的经验公式：

$$L(\varphi,\ \theta) = \frac{L_z}{3}(1 + 2\cos\theta)。 \tag{6.1.13}$$

上面两式中所有符号的意义与前面相同。由上面两式得到的数值，结果只有很小的差别。由(6.1.13)式可见，全阴天天空的亮度分布与太阳的位置无关，具有轴对称的性质。

在得到天空光的亮度分布函数 $L(\varphi,\ \theta)$后，就能计算出天空光在水平表面上产生的照度。先考察天空的一个微小面元，它对计算点所张的立体角元为 $\mathrm{d}\Omega = \sin\theta\mathrm{d}\theta\mathrm{d}\varphi$，它产生的法向照度为

$$\mathrm{d}E_{\mathrm{kn}} = L(\varphi,\ \theta)\mathrm{d}\Omega = L(\varphi,\ \theta)\sin\theta\mathrm{d}\theta\mathrm{d}\varphi; \tag{6.1.14}$$

此面元产生的水平照度为

$$\mathrm{d}E_{\mathrm{kh}} = \mathrm{d}E_{\mathrm{kn}}\cos\theta = L(\varphi,\ \theta)\sin\theta\cos\theta\mathrm{d}\theta\mathrm{d}\varphi。 \tag{6.1.15}$$

整个天空所产生的水平照度 E_{kh}就是上式对半个球进行积分的结果，即

$$E_{\mathrm{kh}} = \int_0^{2\pi}\int_0^{\pi/2} L(\varphi,\ \theta)\sin\theta\cos\theta\mathrm{d}\theta\mathrm{d}\varphi。 \tag{6.1.16}$$

对于一垂直平面，仅由天空光产生的垂直照度为

$$E_{\mathrm{kv}} = \int_{\alpha_z-\pi/2}^{\alpha_z+\pi/2}\int_0^{\pi/2} L(\varphi,\ \theta)\sin^2\theta\mathrm{d}\theta\mathrm{d}\varphi, \tag{6.1.17}$$

式中，α_z 为该垂直平面的法线与太阳的夹角(见图 6.1.4)。注意，上式积分中角 φ 的变化范围只有 180°，这是因为对一垂直平面的垂直照度，只有半个天空(四分之一个球面)有贡献。

6.1.3 地面反射光

地面反射的日光在天然采光时也是必须考虑的因素。直射阳光在地面上产生的水平照度高达 20～100 klx，天空光在地面产生的照度也有 5～20 klx。因而，由地面反射的日光也很可观，地面就成为一个光出射度相当大的漫发光体。典型的数据表明，从地面反射的光约占到达窗户日光量的 10%～15%。对于浅色的地面，如沙地和雪地，反射光所占的比例还要高。而在房屋背阴的方向，地面反射光在天然采光中扮演的角色就更为重要。

6.2 天然采光室内照度的计算

在本书中介绍两种计算方法：流明法和采光系数法。

6.2.1 流明法计算天然采光室内照度

这里采用的流明法与室内照明计算平均照度的利用系数法十分相似，采用此法时，假定矩形房间内是空的，只有简单的窗子和遮光器(shading devices)。流明法由下述 4 个步骤构成：

1) 确定天窗或侧窗的外部照度，这可由上一节的计算得到。

2) 确定开窗的净透过率。这包括玻璃窗的透过率、光损失因子，以及其他要考虑的因素。

3) 确定利用系数。这里，利用系数被定义为室内水平照度与室外水平照度之比。对天窗照明而言，此系数能给出工作面上的平均照度；而对侧窗照明而言，是给出 5 个预定点上的照度。

4) 将上面 3 个步骤得到的量相乘，就可求出室内的照度。

根据上面所述，采用流明法计算，在规定点上照度的基本公式是

$$E_{\mathrm{i}} = E_{\mathrm{x}} \cdot NT \cdot CU, \tag{6.2.1}$$

式中，E_{i} 为室内照度，单位为 lx；E_{x} 是室外照度，单位为 lx；NT 为净透过率；CU 为利用系数。对顶部采光和侧面采光这两种情况，确定净透过率和利用系数的程序是不一样的。如果同时采用天窗和侧窗，则应对这两种情况下的照度分别进行计算，然后将这两个结果相加，获得总的结果。

6.2.1.1 流明法用于天窗照明

假定所开的天窗均匀地分布于天棚之上，则在工作面上产生的平均水平照度为

$$E_{\mathrm{i}} = E_{\mathrm{xh}} \cdot \tau \cdot CU \cdot \frac{A_s}{A_w}, \tag{6.2.2}$$

式中，E_{i} 是由天窗光在工作面上产生的平均水平照度，单位为 lx；E_{xh}是在天窗外表面的水平照度，单位为 lx；A_s 是所有天窗总体的水平投影面积，单位为 m^2；A_w 是工作面的面积，单位为 m^2；τ 是天窗和光井的净透过率，包括由于阳光控制器件造成的损失及维护系数；CU 是利用系数。在知道天窗总面积和外表面的水平照度后，即可由(6.2.2)式求出工作面照度。反过来，若已知外表面的水平照度和要求的平均工作面照度，则可确定天窗的面积。

天窗外表面的水平照度是由直射阳光和天空光产生的照度的总和，它们可分别由(6.1.4)式和(6.1.7)式或(6.1.16)式计算得到。

净透过率 τ 由直射透过率 T_D 和漫射透过 T_d 决定。直射透过率 T_D 是对太阳光而言，与入射角有关。漫射透过率 T_d 取单一的值，是针对天空光成分。生产厂商通常会给出其平板玻璃或塑料的透过率数据：T_d 及一条曲线，后者表示 T_D 随入射角变化的情况。

净透过率还受到其他一些因素的影响，如天窗的形状、透光材料的层数，是否有光井、格栅和另外的遮光器件，以及光损失因数等。大多数的天窗是圆顶形的，其中部的板材厚度相对较薄。经改进的圆顶天窗的透过率 T_{DM} 的表示式为

$$T_{DM} = 1.25T_{FS}(1.18 - 0.416T_{FS}), \tag{6.2.3}$$

式中，T_{FS} 是平板的透过率。对透明材料，天窗做成圆顶形后，天窗的透过率几乎与平板情况相同，如 $T_{FS} = 0.92$ 时，$T_{DM} = 0.917$；但是对半透明材料，圆顶形天窗的透过率比平板情况增加约 25%，如 $T_{FS} = 0.44$，$T_{DM} = 0.548$。

天窗做成圆顶形后，集光面比平板形增加，且在圆顶面各处直射光的入射角也不同，这两个因素使得对于所有入射角小于 70°的入射光的直射透过率 T_D 几乎不变。因而，对大多数圆顶天窗，可采用入射角为 0°时的 T_D 值。

为减少热的吸收和损失，现代多数天窗采用双层结构，即内层为半透明的，外层为透明的，这种天窗的整体漫射透过率 T_d 为

$$T_d = \frac{T_{d_1} T_{d_2}}{1 - \rho_1 \rho_2}, \tag{6.2.4}$$

式中，T_{d_1} 和 T_{d_2} 为每一层圆顶的漫射透过率；ρ_1 为上层圆顶底面的反射率；ρ_2 为下层圆顶表面的反射率。

圆顶天窗和天花板平面间的空间称为光井。在光井内的反射损失和相互反射使净透过率减少，这一减少以光井效率 N_w 表示。在光井墙面的反射率和光井空间比 WCR 已知时，N_w 可由图 6.2.1 的曲线查得。WCR 的表示式与前面介绍过的室空间比相似，为

$$WCR = \frac{5h(l + w)}{lw}, \tag{6.2.5}$$

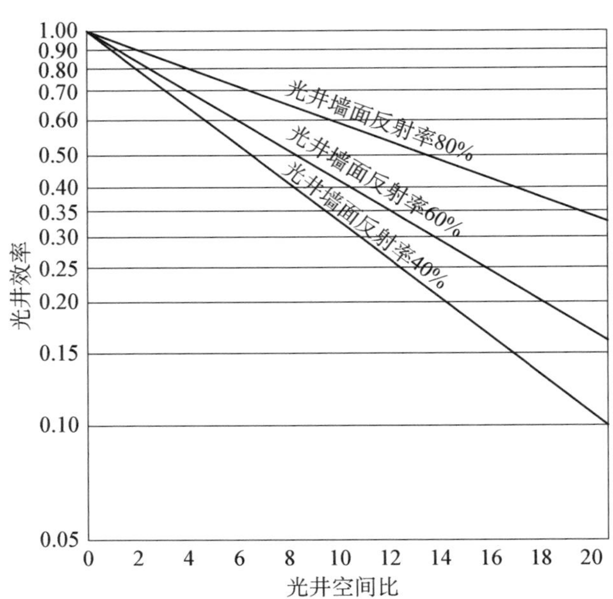

图 6.2.1　光井效率与光井墙面反射率以及光井空间比的关系

式中，h，l 和 w 分别是光井的高度、长度和宽度，它们的单位是相同的。

在求净透过率时，还应考虑天窗净、毛面积之比 R_a。倘若有漫射器、透镜、格栅或其他的控制器件，则还要考虑它们的透过率。此外，也应考虑天窗和光井由于积灰而造成的光损失因子。表 6.2.1 给出了典型数据。这样，天窗-光井系统的净透过率的最终表示式为

$$\tau_d = T_d \cdot N_w \cdot R_a \cdot T_c \cdot LLF, \tag{6.2.6}$$

$$\tau_D = T_D \cdot N_w \cdot R_a \cdot T_c \cdot LLF, \tag{6.2.7}$$

式中，τ_d 和 τ_D 分别为圆顶天窗的净漫射透过率和净直射透过率。

表 6.2.1　**天然采光典型的值**

场所	透光材料的位置		
	垂直	斜置	水平
清洁场所	0.9	0.8	0.7
工业区	0.8	0.7	0.6
很脏的区域	0.7	0.6	0.5

在表 6.2.2 中，给出了利用系数的值。它是基于这些假定的条件：天窗的安装距高比为 1.5∶1，天窗为余弦辐射体，地板反射率为 0.2。表中室空间比 RCR 的定义为

$$RCR = \frac{5h_c(l+w)}{lw}, \tag{6.2.8}$$

式中，h_c 是工作面到天窗光井底部的高度；l 和 w 分别为房间的长度和宽度。

表 6.2.2　**天空光的利用系数 *CU***

ρ_{cc}/%	RCR	ρ_w/%		
		50	30	10
80	0	1.19	1.19	1.19
	1	1.05	1.00	0.97
	2	0.93	0.86	0.81
	3	0.83	0.76	0.70
	4	0.75	0.67	0.60
	5	0.67	0.59	0.53
	6	0.62	0.53	0.47
	7	0.57	0.49	0.43
	8	0.54	0.47	0.41
	9	0.53	0.46	0.41
	10	0.52	0.45	0.40

续表

ρ_{cc}/%	RCR	ρ_w/%		
		50	30	10
50	0	1.11	1.11	1.11
	1	0.98	0.95	0.92
	2	0.87	0.83	0.78
	3	0.79	0.73	0.68
	4	0.71	0.64	0.59
	5	0.64	0.57	0.52
	6	0.59	0.52	0.47
	7	0.55	0.48	0.43
	8	0.52	0.46	0.41
	9	0.51	0.45	0.40
	10	0.50	0.44	0.40
20	0	1.04	1.04	1.04
	1	0.92	0.90	0.88
	2	0.83	0.79	0.76
	3	0.75	0.70	0.66
	4	0.68	0.62	0.58
	5	0.61	0.56	0.51
	6	0.57	0.51	0.46
	7	0.53	0.47	0.43
	8	0.51	0.45	0.41
	9	0.50	0.44	0.40
	10	0.49	0.44	0.40

这样可以得到天窗照明的流明法公式。对于全阴天天空，公式为

$$E_{\mathrm{i}} = E_{\mathrm{xhsky}} \cdot \tau_d \cdot CU \cdot N \cdot \frac{A}{A_w}。\tag{6.2.9}$$

而对晴天天空和云天天空，公式为

$$E_{\mathrm{i}} = (E_{\mathrm{xhsky}} \cdot \tau_d + E_{\mathrm{xhsun}} \cdot \tau_D) CU \cdot N \cdot \frac{A}{A_w}。\tag{6.2.10}$$

在上面两式中，E_{xhsky}是仅由天空光产生的室外水平照度(lx)；E_{xhsun}是仅由太阳光产生的室外水平照度(lx)；τ_d 是净漫射透过率；τ_D 是净直射透过率；CU 是利用系数；N 是所开天窗数；A 是每个天窗的面积(m^2)；A_w 是工作面的面积(m^2)。如(6.2.6)式和(6.2.7)式所示，净透过率部分取决于光井的效率及天窗的净/毛面积之比。因此，如果天窗的面积尺寸变化，则 N_w，R_a，…这些因子也会变化，从而 τ_d 和 τ_D 都要重新计算。这一点在实际计算时一定要注意。

6.2.1.2 流明法用于侧窗照明

为了简化侧窗照明时室内照度的计算，我们设定了以下的标准化条件：从窗台(窗的下沿)到地板的地板空间的反射率为 30%，从窗的顶部到天花板的天棚空间的反射率为 70%；从地板空间的顶部到天棚空间的底部的室空间的高度为 H，房间开窗的墙宽为 w，房间进深

(从窗墙到后墙)为 D;墙面的反射率为 50%。室内日光照度是对 5 个参考点进行计算,这些点位于过房间中心的垂直于窗墙的线上,且这些点与窗台同高度。这 5 个点分别位于线上的 0.1D, 0.3D, 0.5D, 0.7D 和 0.9D 处,如图 6.2.2 所示。

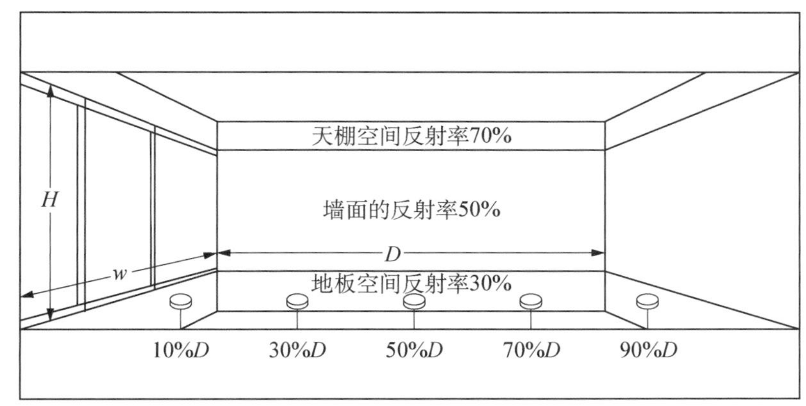

图 6.2.2 计算侧窗照明时室内照度的标准化条件

计算侧窗照明时,在上述 5 个参考点处水平照度的基本公式是

$$E_i = E_{xv} \cdot \tau \cdot CU, \tag{6.2.11}$$

式中,E_i 是侧窗照明时在室内一个参考点上产生的水平照度(lx); E_{xv}是在侧窗上的室外垂直照度(lx);τ 是侧窗的净透过率;CU 是对该点的利用系数。

对于简单的室外环境,没有障碍物,此时在侧窗上的室外垂直照度是由天空光和地面反射光产生的,但不包括直射阳光。由天空光产生的这一部分可由(6.1.17)式计算得到,而由地面反射光产生的侧窗垂直照度部分可以采用位形因子(configuration factor)C 来进行计算。地面可看成一个具有漫反射特性的次级光源,其光出射度为

$$M_g = \rho_g (E_{\text{xhsky}} + E_{\text{xhsun}}), \tag{6.2.12}$$

式中,M_g 是地面的光出射度($\text{lm} \cdot \text{m}^{-2}$); ρ_g 是地面的漫反射率;E_{xhsky}和 E_{xhsun}分别是由天空光和直射阳光在地面上产生的水平照度,单位都为 lx。

侧窗的净透过率 τ 为一些因子的乘积:

$$\tau = T \cdot R_a \cdot T_c \cdot LLF, \tag{6.2.13}$$

式中,T 为玻璃的透过率;R_a 是窗子的净、毛面积之比;T_c 表示其他一些部件,如帘子、遮光器等对窗子透过率减少的影响;LLF 表示由于灰尘积累而产生的光损失因子。

室内 5 个参考点的各自的利用系数由表 6.2.3 给出。如果窗子是透明的,则对窗子的中心,计算半个天空产生的水平和垂直室外照度。根据在窗子上的垂直与水平照度的比值是 0.75, 1.00, 1.25, 1.50,还是 1.75,分别从表 6.2.3(a)~(e)查得利用系数。地面反射光分量产生的利用系数则由表 6.2.3(f)查得。

倘若窗户是不透明的,如是毛玻璃或有遮光器、帘子的情况,则将天空光和地面反射光产生的垂直照度相加,取其值之半作为侧窗上的室外垂直照度。这时应采用表 6.2.3(b),即均匀

天空分布情况，求天空分量的利用系数。地面分量的利用系数还是由表 6.2.3(f)查得。

表 6.2.3(a)　**无窗帘的窗的利用系数 *CU* (E_{xvsky}/E_{xhsky} = 0.75)**

房间进深/窗高	计算点的位置(*D* 的百分数)	窗宽/窗高							
		0.5	1	2	3	4	6	8	无穷大
1	10	0.824	0.864	0.870	0.873	0.875	0.879	0.880	0.883
	30	0.547	0.711	0.777	0.789	0.793	0.798	0.799	0.801
	50	0.355	0.526	0.635	0.659	0.666	0.669	0.670	0.672
	70	0.243	0.386	0.505	0.538	0.548	0.544	0.545	0.547
	90	0.185	0.304	0.418	0.451	0.464	0.444	0.446	0.447
2	10	0.667	0.781	0.809	0.812	0.813	0.815	0.816	0.824
	30	0.269	0.416	0.519	0.544	0.551	0.556	0.557	0.563
	50	0.122	0.204	0.287	0.319	0.331	0.339	0.341	0.345
	70	0.068	0.116	0.173	0.201	0.214	0.223	0.226	0.229
	90	0.050	0.084	0.127	0.151	0.164	0.167	0.171	0.172
3	10	0.522	0.681	0.739	0.746	0.747	0.749	0.747	0.766
	30	0.139	0.232	0.320	0.350	0.360	0.366	0.364	0.373
	50	0.053	0.092	0.139	0.163	0.174	0.183	0.182	0.187
	70	0.031	0.053	0.081	0.097	0.106	0.116	0.166	0.119
	90	0.025	0.041	0.061	0.074	0.082	0.089	0.090	0.092
4	10	0.405	0.576	0.658	0.670	0.673	0.675	0.674	0.707
	30	0.075	0.134	0.197	0.224	0.235	0.243	0.243	0.255
	50	0.028	0.050	0.078	0.094	0.104	0.112	0.114	0.119
	70	0.018	0.031	0.048	0.059	0.065	0.073	0.074	0.078
	90	0.016	0.026	0.040	0.048	0.053	0.059	0.061	0.064
6	10	0.242	0.392	0.494	0.516	0.521	0.524	0.523	0.588
	30	0.027	0.054	0.086	0.102	0.111	0.119	0.120	0.135
	50	0.011	0.023	0.036	0.044	0.049	0.055	0.056	0.063
	70	0.009	0.018	0.027	0.032	0.035	0.040	0.041	0.046
	90	0.008	0.016	0.023	0.028	0.031	0.034	0.035	0.040
8	10	0.147	0.257	0.352	0.380	0.387	0.391	0.392	0.482
	30	0.012	0.026	0.043	0.054	0.060	0.067	0.070	0.086
	50	0.006	0.013	0.021	0.026	0.029	0.033	0.035	0.043
	70	0.005	0.011	0.017	0.021	0.023	0.026	0.027	0.034
	90	0.004	0.010	0.015	0.019	0.021	0.023	0.025	0.030
10	10	0.092	0.168	0.248	0.275	0.284	0.290	0.291	0.395
	30	0.006	0.014	0.026	0.032	0.036	0.041	0.044	0.059
	50	0.003	0.008	0.014	0.017	0.019	0.022	0.024	0.032
	70	0.003	0.007	0.012	0.014	0.016	0.018	0.019	0.026
	90	0.003	0.006	0.011	0.013	0.015	0.016	0.017	0.024

表 6.2.3(b) **无窗帘的窗的利用系数 *CU* (E_{xvsky}/E_{xhsky} = 1.00)**

房间进深/窗高	计算点的位置（*D* 的百分数）	窗宽/窗高							
		0.5	1	2	3	4	6	8	无穷大
1	10	0.671	0.704	0.711	0.715	0.717	0.726	0.726	0.728
	30	0.458	0.595	0.654	0.668	0.672	0.682	0.683	0.685
	50	0.313	0.462	0.563	0.589	0.598	0.607	0.608	0.610
	70	0.227	0.362	0.478	0.515	0.527	0.530	0.532	0.534
	90	0.186	0.306	0.424	0.465	0.481	0.468	0.471	0.472
2	10	0.545	0.636	0.658	0.660	0.661	0.665	0.666	0.672
	30	0.239	0.367	0.459	0.484	0.491	0.499	0.501	0.506
	50	0.121	0.203	0.286	0.320	0.335	0.348	0.351	0.355
	70	0.074	0.128	0.192	0.226	0.243	0.259	0.264	0.267
	90	0.058	0.101	0.156	0.188	0.207	0.215	0.221	0.223
3	10	0.431	0.561	0.607	0.613	0.614	0.616	0.615	0.631
	30	0.133	0.223	0.306	0.337	0.348	0.357	0.357	0.366
	50	0.058	0.103	0.155	0.183	0.197	0.211	0.213	0.218
	70	0.037	0.064	0.098	0.119	0.132	0.147	0.150	0.154
	90	0.030	0.051	0.079	0.098	0.110	0.122	0.126	0.129
4	10	0.339	0.482	0.549	0.560	0.563	0.566	0.565	0.593
	30	0.078	0.139	0.204	0.234	0.247	0.258	0.260	0.272
	50	0.033	0.060	0.094	0.144	0.126	0.139	0.143	0.150
	70	0.022	0.039	0.061	0.074	0.083	0.095	0.099	0.104
	90	0.019	0.032	0.050	0.061	0.070	0.080	0.084	0.089
6	10	0.211	0.343	0.433	0.453	0.458	0.461	0.461	0.518
	30	0.033	0.065	0.103	0.123	0.135	0.145	0.148	0.167
	50	0.015	0.029	0.047	0.057	0.064	0.073	0.077	0.086
	70	0.011	0.021	0.033	0.040	0.045	0.051	0.054	0.060
	90	0.010	0.019	0.028	0.034	0.038	0.044	0.046	0.052
8	10	0.135	0.238	0.326	0.353	0.362	0.366	0.367	0.452
	30	0.016	0.034	0.058	0.072	0.080	0.090	0.094	0.116
	50	0.008	0.017	0.027	0.034	0.039	0.045	0.048	0.059
	70	0.006	0.013	0.021	0.026	0.028	0.032	0.035	0.043
	90	0.005	0.012	0.019	0.023	0.025	0.029	0.031	0.038
10	10	0.090	0.065	0.244	0.272	0.283	0.290	0.291	0.395
	30	0.009	0.020	0.036	0.045	0.052	0.060	0.064	0.087
	50	0.005	0.010	0.019	0.023	0.026	0.030	0.033	0.044
	70	0.004	0.009	0.015	0.018	0.020	0.023	0.025	0.033
	90	0.003	0.008	0.014	0.016	0.018	0.020	0.022	0.030

表 6.2.3(c) 无窗帘的窗的利用系数 *CU* (E_{xvsky}/E_{xhsky} = 1.25)

房间进深/窗高	计算点的位置(*D* 的百分数)	窗宽/窗高							
		0.5	1	2	3	4	6	8	无穷大
1	10	0.578	0.607	0.614	0.619	0.621	0.633	0.634	0.635
	30	0.405	0.525	0.580	0.594	0.599	0.612	0.614	0.615
	50	0.287	0.423	0.519	0.547	0.556	0.569	0.571	0.573
	70	0.218	0.347	0.461	0.501	0.515	0.522	0.525	0.526
	90	0.186	0.307	0.428	0.473	0.491	0.483	0.486	0.487
2	10	0.472	0.549	0.566	0.569	0.570	0.574	0.575	0.581
	30	0.221	0.337	0.422	0.447	0.456	0.465	0.467	0.472
	50	0.120	0.202	0.285	0.321	0.337	0.353	0.357	0.361
	70	0.078	0.136	0.204	0.242	0.261	0.281	0.287	0.290
	90	0.064	0.112	0.174	0.211	0.233	0.244	0.251	0.253
3	10	0.377	0.488	0.527	0.533	0.534	0.536	0.536	0.549
	30	0.130	0.217	0.298	0.329	0.341	0.352	0.353	0.362
	50	0.062	0.110	0.165	0.195	0.211	0.228	0.231	0.237
	70	0.040	0.070	0.109	0.132	0.147	0.166	0.171	0.175
	90	0.033	0.057	0.090	0.112	0.127	0.142	0.148	0.152
4	10	0.300	0.424	0.484	0.494	0.497	0.499	0.499	0.524
	30	0.080	0.143	0.209	0.240	0.255	0.267	0.269	0.283
	50	0.036	0.066	0.104	0.126	0.140	0.156	0.160	0.168
	70	0.024	0.043	0.068	0.083	0.094	0.109	0.115	0.120
	90	0.021	0.036	0.056	0.070	0.080	0.092	0.099	0.103
6	10	0.193	0.314	0.395	0.415	0.420	0.423	0.423	0.476
	30	0.036	0.071	0.113	0.136	0.149	0.161	0.165	0.186
	50	0.017	0.033	0.053	0.065	0.074	0.084	0.089	0.100
	70	0.012	0.024	0.037	0.045	0.050	0.058	0.061	0.069
	90	0.011	0.021	0.031	0.038	0.043	0.049	0.053	0.060
8	10	0.128	0.226	0.310	0.337	0.346	0.351	0.352	0.433
	30	0.019	0.039	0.066	0.082	0.092	0.104	0.109	0.134
	50	0.009	0.019	0.031	0.040	0.045	0.052	0.056	0.069
	70	0.007	0.015	0.023	0.029	0.032	0.037	0.040	0.049
	90	0.006	0.013	0.021	0.025	0.028	0.032	0.035	0.043
10	10	0.088	0.164	0.0241	0.270	0.282	0.290	0.291	0.396
	30	0.011	0.024	0.043	0.054	0.062	0.071	0.076	0.103
	50	0.005	0.012	0.022	0.026	0.030	0.035	0.038	0.052
	70	0.004	0.010	0.017	0.020	0.023	0.026	0.028	0.038
	90	0.004	0.009	0.016	0.018	0.020	0.023	0.025	0.034

表 6.2.3(d) 无窗帘的窗的利用系数 CU (E_{xvsky}/E_{xhsky} = 1.50)

房间进深/窗高	计算点的位置(D 的百分数)	窗宽/窗高							
		0.5	1	2	3	4	6	8	无穷大
1	10	0.503	0.528	0.536	0.541	0.544	0.557	0.558	0.559
	30	0.359	0.464	0.514	0.528	0.534	0.549	0.550	0.552
	50	0.261	0.384	0.471	0.499	0.508	0.524	0.526	0.527
	70	0.204	0.325	0.432	0.470	0.485	0.497	0.499	0.500
	90	0.179	0.295	0.412	0.456	0.475	0.474	0.477	0.478
2	10	0.412	0.477	0.490	0.492	0.493	0.498	0.499	0.505
	30	0.201	0.304	0.379	0.402	0.410	0.422	0.424	0.429
	50	0.115	0.192	0.269	0.304	0.320	0.339	0.343	0.347
	70	0.078	0.136	0.204	0.241	0.261	0.286	0.292	0.295
	90	0.066	0.117	0.183	0.221	0.246	0.262	0.271	0.273
3	10	0.331	0.426	0.458	0.461	0.462	0.465	0.465	0.477
	30	0.121	0.202	0.275	0.304	0.316	0.327	0.329	0.337
	50	0.062	0.109	0.164	0.193	0.209	0.228	0.232	0.238
	70	0.041	0.073	0.114	0.138	0.154	0.176	0.183	0.188
	90	0.035	0.062	0.099	0.123	0.141	0.159	0.169	0.173
4	10	0.265	0.372	0.422	0.430	0.433	0.435	0.435	0.456
	30	0.077	0.137	0.199	0.229	0.243	0.256	0.259	0.272
	50	0.037	0.069	0.107	0.130	0.144	0.161	0.167	0.175
	70	0.026	0.046	0.073	0.089	0.101	0.119	0.126	0.132
	90	0.022	0.039	0.063	0.078	0.090	0.106	0.114	0.120
6	10	0.173	0.281	0.351	0.368	0.373	0.375	0.375	0.422
	30	0.037	0.073	0.115	0.137	0.151	0.164	0.168	0.189
	50	0.018	0.036	0.058	0.071	0.080	0.092	0.098	0.110
	70	0.013	0.026	0.040	0.049	0.056	0.064	0.069	0.078
	90	0.012	0.023	0.035	0.043	0.048	0.057	0.062	0.070
8	10	0.117	0.207	0.282	0.305	0.314	0.319	0.320	0.393
	30	0.020	0.042	0.071	0.087	0.098	0.111	0.116	0.143
	50	0.010	0.021	0.035	0.044	0.050	0.058	0.063	0.078
	70	0.007	0.016	0.026	0.032	0.036	0.041	0.045	0.055
	90	0.006	0.014	0.023	0.028	0.031	0.036	0.040	0.049
10	10	0.082	0.153	0.224	0.250	0.262	0.269	0.271	0.368
	30	0.012	0.026	0.047	0.059	0.068	0.078	0.084	0.114
	50	0.006	0.014	0.024	0.030	0.034	0.040	0.044	0.060
	70	0.005	0.011	0.019	0.022	0.025	0.029	0.032	0.043
	90	0.004	0.010	0.017	0.020	0.023	0.026	0.028	0.038

表 6.2.3(e)　**无窗帘的窗的利用系数 *CU* (E_{xvsky}/E_{xhsky} = 1.75)**

房间进深/窗高	计算点的位置（*D* 的百分数）	窗宽/窗高							
		0.5	1	2	3	4	6	8	无穷大
1	10	0.435	0.457	0.465	0.471	0.474	0.486	0.488	0.489
	30	0.317	0.407	0.452	0.466	0.471	0.486	0.488	0.489
	50	0.234	0.343	0.422	0.447	0.456	0.472	0.475	0.476
	70	0.187	0.297	0.295	0.430	0.445	0.458	0.461	0.462
	90	0.168	0.276	0.384	0.426	0.444	0.447	0.450	0.451
2	10	0.357	0.412	0.422	0.424	0.424	0.430	0.431	0.436
	30	0.180	0.271	0.335	0.356	0.363	0.375	0.378	0.381
	50	0.106	0.177	0.246	0.278	0.293	0.313	0.318	0.321
	70	0.074	0.130	0.194	0.229	0.249	0.274	0.282	0.284
	90	0.065	0.116	0.181	0.219	0.244	0.264	0.273	0.276
3	10	0.288	0.369	0.394	0.397	0.397	0.400	0.401	0.411
	30	0.110	0.183	0.247	0.272	0.282	0.294	0.296	0.304
	50	0.058	0.104	0.154	0.181	0.196	0.215	0.221	0.226
	70	0.040	0.072	0.112	0.136	0.152	0.176	0.184	0.188
	90	0.035	0.063	0.101	0.126	0.144	0.166	0.177	0.182
4	10	0.232	0.324	0.365	0.371	0.373	0.375	0.375	0.394
	30	0.071	0.127	0.183	0.209	0.222	0.235	0.238	0.250
	50	0.036	0.067	0.104	0.125	0.139	0.157	0.163	0.171
	70	0.025	0.046	0.072	0.089	0.101	0.119	0.127	0.134
	90	0.022	0.041	0.065	0.082	0.095	0.114	0.124	0.130
6	10	0.153	0.247	0.307	0.320	0.324	0.326	0.327	0.367
	30	0.035	0.070	0.109	0.130	0.143	0.155	0.160	0.180
	50	0.018	0.036	0.058	0.071	0.080	0.091	0.098	0.110
	70	0.013	0.026	0.041	0.051	0.058	0.067	0.073	0.082
	90	0.012	0.023	0.037	0.046	0.052	0.062	0.069	0.078
8	10	0.104	0.184	0.249	0.269	0.276	0.281	0.282	0.346
	30	0.020	0.042	0.070	0.086	0.096	0.109	0.115	0.141
	50	0.010	0.022	0.036	0.046	0.052	0.060	0.066	0.081
	70	0.008	0.017	0.027	0.033	0.038	0.044	0.048	0.059
	90	0.007	0.015	0.024	0.030	0.034	0.040	0.044	0.054
10	10	0.074	0.138	0.201	0.223	0.233	0.240	0.242	0.328
	30	0.012	0.027	0.048	0.059	0.067	0.078	0.084	0.114
	50	0.006	0.014	0.026	0.032	0.036	0.043	0.047	0.064
	70	0.005	0.011	0.020	0.024	0.027	0.031	0.034	0.046
	90	0.004	0.010	0.018	0.022	0.024	0.028	0.031	0.042

表 6.2.3(f) **无窗帘的窗的利用系数 *CU*(地面反射光分量)**

房间进深/窗高	计算点的位置(*D* 的百分数)	窗宽/窗高							
		0.5	1	2	3	4	6	8	无穷大
1	10	0.105	0.137	0.177	0.197	0.207	0.208	0.210	0.211
	30	0.116	0.157	0.203	0.225	0.235	0.241	0.243	0.244
	50	0.110	0.165	0.217	0.241	0.252	0.267	0.269	0.270
	70	0.101	0.162	0.217	0.243	0.253	0.283	0.285	0.286
	90	0.091	0.146	0.199	0.230	0.239	0.290	0.292	0.293
2	10	0.095	0.124	0.160	0.178	0.186	0.186	0.189	0.191
	30	0.082	0.132	0.179	0.201	0.212	0.219	0.222	0.225
	50	0.062	0.113	0.165	0.189	0.202	0.214	0.218	0.220
	70	0.051	0.093	0.141	0.165	0.179	0.194	0.198	0.200
	90	0.045	0.079	0.118	0.140	0.153	0.179	0.183	0.185
3	10	0.088	0.120	0.157	0.175	0.183	0.185	0.163	0.167
	30	0.059	0.107	0.154	0.176	0.187	0.198	0.193	0.198
	50	0.039	0.074	0.114	0.134	0.146	0.157	0.166	0.170
	70	0.031	0.055	0.085	0.101	0.111	0.122	0.127	0.130
	90	0.028	0.047	0.070	0.083	0.092	0.107	0.113	0.115
4	10	0.073	0.113	0.154	0.174	0.183	0.187	0.176	0.184
	30	0.040	0.082	0.127	0.148	0.159	0.170	0.177	0.185
	50	0.025	0.049	0.078	0.094	0.103	0.113	0.117	0.123
	70	0.020	0.036	0.054	0.065	0.071	0.079	0.083	0.087
	90	0.019	0.032	0.046	0.054	0.060	0.069	0.073	0.076
6	10	0.056	0.106	0.143	0.164	0.175	0.184	0.173	0.194
	30	0.021	0.050	0.081	0.098	0.107	0.117	0.123	0.138
	50	0.013	0.027	0.041	0.049	0.054	0.060	0.064	0.072
	70	0.011	0.021	0.029	0.033	0.035	0.039	0.041	0.046
	90	0.011	0.020	0.026	0.030	0.032	0.035	0.037	0.042
8	10	0.036	0.082	0.122	0.143	0.156	0.166	0.170	0.208
	30	0.011	0.029	0.050	0.062	0.070	0.078	0.082	0.101
	50	0.007	0.016	0.024	0.028	0.031	0.035	0.038	0.046
	70	0.006	0.013	0.018	0.020	0.021	0.023	0.025	0.030
	90	0.006	0.013	0.017	0.019	0.020	0.022	0.023	0.028
10	10	0.024	0.061	0.109	0.120	0.131	0.144	0.147	0.200
	30	0.006	0.017	0.034	0.040	0.046	0.053	0.056	0.076
	50	0.004	0.010	0.016	0.018	0.020	0.023	0.024	0.033
	70	0.004	0.009	0.013	0.014	0.015	0.016	0.016	0.022
	90	0.004	0.009	0.013	0.013	0.014	0.015	0.016	0.021

最后,将用于计算每个参考点照度的公式归纳在下面。对于透明侧窗,公式为

$$E_{\mathrm{i}} = \tau(E_{\mathrm{xvshy}} CU_{\mathrm{sky}} + E_{\mathrm{xvg}} CU_{\mathrm{g}})。\tag{6.2.14}$$

对于漫透射的侧窗，则有

$$E_{\mathrm{i}} = 0.5\tau(E_{\mathrm{xvshy}} + E_{\mathrm{xvg}})(CU_{\mathrm{sky}} + CU_{\mathrm{g}})。\tag{6.2.15}$$

在上面两式中，E_i 为室内某一参考点上的水平照度(lx)；τ 为窗子的净透过率；E_{xvshy}是天空光在窗子上产生的室外垂直照度(lx)；CU_{sky}是天空光的利用系数；E_{xvg}是地面反射光在窗户上产生的室外垂直照度(lx)；CU_{g} 是地面反射光的利用系数。

6.2.2 采光系数法

采光系数法也能确定室内一点由已知其亮度分布的天空光产生的照度，但精度较低一些。另外，这种方法不包括直射阳光的贡献。在北欧，天气以阴天为主，因而应用采光系数法；在北美也应用这一方法。CIE 选择全阴天天空作为温带窗户设计的基础，这一选择是有道理的。首先，如果在全阴天天空时，日照已足够，而在晴天时，室内照明会更好；其次，由于全阴天天空的亮度分布是轴对称的，与方向无关，因而在采光设计时就不必考虑方向的影响。采光系数 DF 是在水平工作面上一点的照度与由无遮挡的天空光在水平面上产生的照度的比值，该工作面上的照度是由已知其亮度分布的天空光通过直接或间接的方式产生的。

日光可以通过 3 种方式到达室内空间水平面上的某一点(见图 6.2.3)。天空光分量 SC 是该点直接接收到的天空光，外部反射分量 ERC 是由于外部反射面反射而到达该点的日光，内部反射分量 IRC 是由于经过室内空间的内表面一次或多次相互反射而到达该点的日光。采光系数是这 3 种成分的总和，为

$$DF = SC + ERC + IRC。\tag{6.2.16}$$

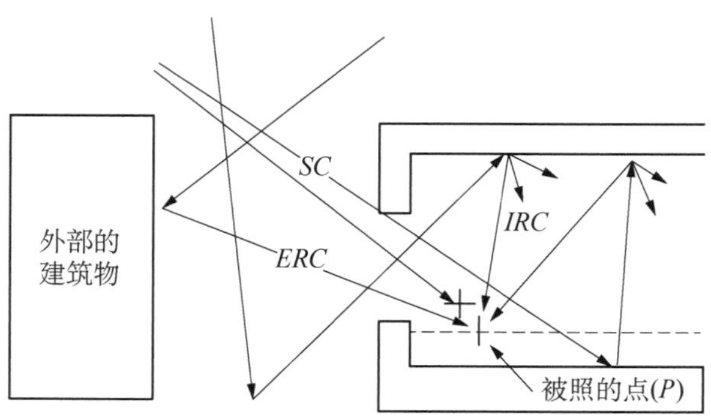

图 6.2.3 **采光系数的 3 个分量**

在简单的室内环境中，采光系数可以由对典型的几何条件预先计算所得的各分量的表格，采用手工方式加以计算。通常房间是矩形的，一面墙开窗。若墙面上有多个窗户，则可计算出每个窗户的采光系数，然后相加，就得到总的采光系数。

确定采光系数的几何条件如图 6.2.4 所示。房间有一窗户，宽为 W，高出工作面 h。在工作面上要计算照度的点为 P，但窗户低于工作面的部分不予考虑。室外有一建筑物，高出工作面 H，与开窗的墙面相距 D。

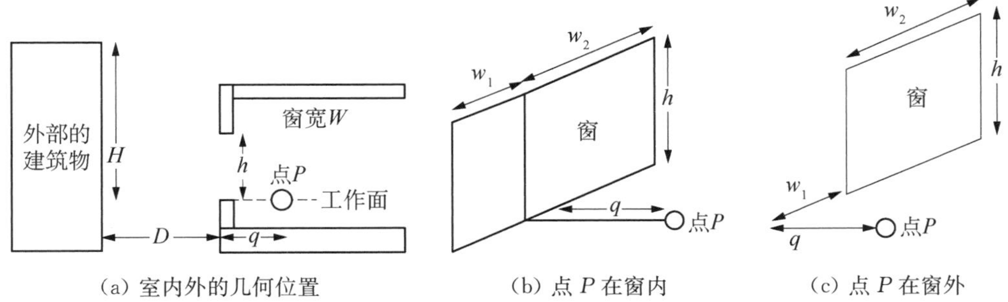

(a) 室内外的几何位置　(b) 点 P 在窗内　(c) 点 P 在窗外

图 6.2.4　**确定采光系数的几何条件**

6.2.2.1　采光系数的天空光分量 SC

天空光分量是由天空光通过窗户直接射到该点产生的，它是窗户在该点产生的照度与整个天空产生的室外水平照度的比值。对各种天空亮度分布，该值已被计算出来，并被列成表。表 6.2.4 所示是对全阴天天空的表格，表中是计算点与窗的垂直距离，窗的透过率取为 0.85。

表 6.2.4　**全阴天天空采光系数的天空光分量**

h/q	W/q												
	0.1	0.2	0.3	0.4	0.5	0.6	0.8	1.0	1.5	2.0	3.0	6.0	
	1.3	2.5	3.7	4.9	5.9	6.9	8.4	9.6	11.9	13.0	14.2	14.9	90
5.0	1.2	2.4	3.7	4.8	5.9	6.8	8.3	9.4	11.4	12.7	13.7	14.1	79
3.0	1.2	2.3	3.5	4.5	5.5	6.4	7.8	8.7	10.4	11.7	12.4	12.6	72
2.0	1.0	2.0	3.1	4.0	4.8	5.6	6.7	7.5	8.9	9.7	10.0	10.2	63
1.8	0.97	1.9	2.9	3.8	4.6	5.3	6.3	7.1	8.3	9.0	9.3	9.5	61
1.6	0.90	1.8	2.7	3.5	4.2	4.9	5.8	6.5	7.6	8.2	8.5	8.6	58
1.4	0.82	1.6	2.4	3.2	3.8	4.4	5.2	5.9	6.8	7.3	7.5	7.6	54
1.2	0.71	1.4	2.1	2.7	3.3	3.8	4.5	5.0	5.8	6.1	6.2	6.3	50
1.0	0.57	1.1	1.7	2.2	2.6	3.0	3.6	4.0	4.5	4.7	4.8	5.0	45
0.9	0.50	0.99	1.5	1.9	2.2	2.6	3.1	3.4	3.8	4.0	4.1	4.2	42
0.8	0.42	0.83	1.2	1.6	1.9	2.2	2.6	2.9	3.2	3.3	3.4	3.4	39
0.7	0.33	0.68	0.97	1.3	1.5	1.7	2.1	2.3	2.5	2.6	2.7	2.8	35
0.6	0.24	0.53	0.74	0.98	1.2	1.3	1.6	1.8	1.9	2.0	2.1	2.1	31
0.5	0.16	0.39	0.52	0.70	0.82	0.97	1.1	1.2	1.4	1.5	1.5	1.5	27
0.4	0.10	0.25	0.34	0.45	0.54	0.62	0.75	0.89	0.95	0.96	0.97	0.98	22
0.3	0.06	0.14	0.18	0.26	0.30	0.34	0.42	0.47	0.50	0.51	0.52	0.53	17
0.2	0.3	0.06	0.09	0.11	0.12	0.14	0.20	0.21	0.22	0.23	0.23	0.24	11
0.1	0.01	0.02	0.02	0.03	0.03	0.04	0.05	0.05	0.06	0.07	0.07	0.08	6

确定一个窗户的天空光分量的程序如下：

1）计算比值 W_1/q，W_2/q 和 h/q。

2）对每一扇窗户，采用表 6.2.4 确定采光系数的天空分量。

3）若在点 P 将窗户劈开（如图 6.2.4(b)所示），则对两部分分开计算，然后将结果相加。

4）如图 6.2.4(c)所示，若点 P 是在窗户之外，则将计算的结果相减（$(W_1+W_2)/q$ 的减去 W_1/q 的）。

5）倘若窗子的透过率不是 0.85，则要乘以修正系数 $\tau/0.85$，τ 是窗户的实际透过率。

6）当外部建筑物遮挡了从点 P 通过窗户观察天空（挡去部分天空）时，则计算比值 $W_{\mathrm{I}}/(q+D)$，$W_{\mathrm{II}}/(q+D)$ 和 $H/(q+D)$，W_{I} 和 W_{II} 是与户外建筑有关的量，与 W_1 和 W_2 的意义相类似。

7）对每一部分建筑，采用表 6.2.4 确定采光系数的被遮挡的天空光分量的值。

8）若在点 P 劈开建筑物，则将两部分相加。

9）若点 P 在建筑物之外，则将两部分相减（见步骤 4））。

10）从无阻挡窗户的结果中减去受阻的值，就得到当外部建筑物挡去了部分天空时采光系数的天空光分量。

6.2.2.2 采光系数的外部反射分量 *ERC*

采光系数的外部反射分量通常很小，常做粗略近似处理。对于 CIE 定义的全阴天天空，被遮挡的天空光分量（由上述的步骤 6)～9)求得）。如果小于 20，则乘以 0.2，就可得到外部反射分量；若大于 20，则乘以 0.1。

6.2.2.3 采光系数的内部反射分量 *IRC*

采光系数的内部反射分量由两部分组成：从工作面上部的室空间的第一次反射和从地板空间的第一次反射。

对各种尺寸的房间以及表面反射率和窗户面积的情况，可以列出最小的内部反射分量的值。表 6.2.5 所示是房间地板面积为 36 m^2、天棚高 3 m、天棚反射率为 7%时的最小的内部反射分量的值。

表 6.2.5 **采光系数的最小内部反射分量值**

窗与地板面积之比	地板反射率/%											
	20				30				40			
	墙面反射率/%											
	20	40	60	80	20	40	60	80	20	40	60	80
0.02	—	—	0.1	0.2	—	0.1	0.1	0.2	—	0.1	0.2	0.2
0.05	0.1	0.1	0.2	0.4	0.1	0.2	0.3	0.5	0.1	0.2	0.4	0.6
0.07	0.1	0.2	0.3	0.5	0.1	0.2	0.4	0.6	0.2	0.3	0.6	0.8
0.10	0.1	0.2	0.4	0.7	0.2	0.3	0.6	0.9	0.3	0.5	0.8	1.2
0.15	0.2	0.4	0.6	1.0	0.2	0.5	0.8	1.3	0.4	0.7	1.1	1.7
0.20	0.2	0.5	0.8	1.4	0.3	0.6	1.1	1.7	0.5	0.9	1.5	2.3
0.25	0.3	0.6	1.0	1.7	0.4	0.8	1.3	2.0	0.6	1.1	1.8	2.8
0.30	0.3	0.7	1.2	2.0	0.5	0.9	1.5	2.4	0.8	1.3	2.1	3.3
0.35	0.4	0.8	1.4	2.3	0.5	1.0	1.8	2.8	0.9	1.5	2.4	3.8
0.40	0.5	0.9	1.6	2.6	0.6	1.2	2.0	3.1	1.0	1.7	2.7	4.2
0.45	0.5	1.0	1.8	2.9	0.7	1.3	2.2	3.4	1.2	1.9	3.0	4.6
0.50	0.6	1.1	1.9	3.1	0.8	1.4	2.3	3.7	1.3	2.1	3.2	4.9

表 6.2.6 给出了将表 6.2.5 的最小内部反射分量转换成其他房间尺寸和墙面反射率时的转换常数。表 6.2.7 所示是对不同天棚反射率的转换常数。表 6.2.8 所示则是将采光系数的内部反射分量的最小值转换成平均值的转换常数。

表 6.2.6 对不同地板面积和墙面反射率的转换常数

地板面积	墙面反射率/%			
	20	40	60	80
10	0.6	0.7	0.8	0.9
36	1.0	1.0	1.0	1.0
100	1.4	1.2	1.0	0.9

表 6.2.7 对不同的天棚反射率的转换常数

天棚反射率/%	转换常数
40	0.7
50	0.8
60	0.9
70	1.0
80	1.1

表 6.2.8 由 *IRC* 的最小值变成平均值的转换常数

墙面反射率/%	转换常数
20	1.8
40	1.4
60	1.3
80	1.2

6.2.2.4 近似的平均采光系数

常常要求在某一水平参考平面(通常为工作平面)上的平均采光系数,它可以由以下的经验公式给出:

$$DF_{av}=\frac{\tau A_g\theta}{A_s(1-\rho^2)}, \tag{6.2.17}$$

式中,DF_{av}是平均采光系数(百分数);τ 是窗玻璃的透过率;A_g 是窗玻璃的净面积;A_s 是总的室内表面面积,包括窗子在内;ρ 是面积加权的室内表面的平均反射率,也包括窗户在内;θ 是在垂直平面内,通过窗户中点看到的天空部分的角度(°)。经验表明:当 $DF_{av}\geqslant 5\%$ 时,室内呈现良好的照明状态;而当 $DF_{av}<2\%$ 时,室内照明不够。

6.3 天然采光的国家标准

我国的《建筑采光设计标准》GB 50033－2013 是在原有的国家标准《建筑采光设计标准》GB 50033－2001 的基础上，通过实测调查，总结了各种建筑采光的经验，并参考了国内外的建筑采光标准而制订的。该标准于 2013 年 5 月 1 日起实施。

国家标准规定了各种视觉作业场所工作面上的采光系数标准值，如表 6.3.1 所示。在上一节中，已对采光系数进行了定义，现在表中分别列出了侧面采光和顶部采光两种情况。应该说明的是，表中所列的采光系数标准值是针对我国Ⅲ类光气候区制订的，在此类光气候区内的室外天然光设计照度为 15 000 lx。对于其他 4 类光气候区，应将表 6.3.1 中的采光系数的标准值乘上相应光气候区的修正因子 K。表 6.3.2 列出了各光气候区的修正因子 K 的数值，以及相应的室外天然光设计照度值。

表 6.3.1　视觉作业场所工作面上采光系数的标准值

采光等级	侧面采光		顶部采光	
	采光系数标准值/%	室内天然光照度标准值/lx	采光系数标准值/%	室内天然光照度标准值/lx
Ⅰ	5	750	5	750
Ⅱ	4	600	3	450
Ⅲ	3	450	2	300
Ⅳ	2	300	1	150
Ⅴ	1	150	0.5	75

表 6.3.2　光气候区修正因子 K 的数值

光气候区	Ⅰ	Ⅱ	Ⅲ	Ⅳ	Ⅴ
K 值	0.85	0.90	1.00	1.10	1.20
室外天然光设计照度值 E_S/lx	18 000	16 500	15 000	13 500	12 000

在《建筑采光设计标准》GB 50033－2013 中还规定了各类建筑的采光系数标准值。表 6.3.3～6.3.13 分别列出了住宅建筑、教育建筑、医疗建筑、办公建筑、图书馆建筑、旅馆建筑、博物馆建筑、展览建筑、交通建筑、体育建筑和工业建筑的采光系数标准值。

标准还对采光质量提出了要求。在顶部采光时，Ⅰ至Ⅳ级采光等级的采光均匀度不宜小于 0.7。当白天天然光线不足而需要补充人工照明时，宜选用与天然光色温接近的高色温光源。对于博物馆建筑进行天然采光时，应尽量去除紫外线，并对照度加以限制。另外很重要的一点是要采取措施减少由于直射阳光造成的眩光。

表 6.3.3 **住宅建筑的采光系数标准值**

采光等级	场所名称	侧面采光	
		采光系数标准值/%	室内天然光照度标准值/lx
Ⅳ	厨房	2.0	300
Ⅴ	卫生间、过道、餐厅、楼梯间	1.0	150

表 6.3.4 **教育建筑的采光系数标准值**

采光等级	场所名称	侧面采光	
		采光系数标准值/%	室内天然光照度标准值/lx
Ⅲ	专用教室、实验室、阶梯教室、教师办公室	3.0	450
Ⅴ	走道、楼梯间、卫生间	1.0	150

表 6.3.5 **医疗建筑的采光系数标准值**

采光等级	场所名称	侧面采光		顶部采光	
		采光系数标准值/%	室内天然光照度标准值/lx	采光系数标准值/%	室内天然光照度标准值/lx
Ⅲ	诊室、药房、治疗室、化验室	3.0	450	2.0	300
Ⅳ	医生办公室(护士室) 候诊室、挂号处、综合大厅	2.0	300	1.0	150
Ⅴ	走道、楼梯间、卫生间	1.0	150	0.5	75

表 6.3.6 **办公建筑的采光系数标准值**

采光等级	场所名称	侧面采光	
		采光系数标准值/%	室内天然光照度标准值/lx
Ⅱ	设计室、绘图室	4.0	600
Ⅲ	办公室、会议室	3.0	450
Ⅳ	复印室、档案室	2.0	300
Ⅴ	走道、楼梯间、卫生间	1.0	150

表 6.3.7　图书馆建筑的采光系数标准值

采光等级	场所名称	侧面采光		顶部采光	
		采光系数标准值/%	室内天然光照度标准值/lx	采光系数标准值/%	室内天然光照度标准值/lx
Ⅲ	阅览室、开架书库	3.0	450	2.0	300
Ⅳ	目录室	2.0	300	1.0	150
Ⅴ	书库、走道、楼梯间、卫生间	1.0	150	0.5	75

表 6.3.8　旅馆建筑的采光系数标准值

采光等级	场所名称	侧面采光		顶部采光	
		采光系数标准值/%	室内天然光照度标准值/lx	采光系数标准值/%	室内天然光照度标准值/lx
Ⅲ	会议室	3.0	450	2.0	300
Ⅳ	大堂、客房、餐厅、健身房	2.0	300	1.0	150
Ⅴ	走道、楼梯间、卫生间	1.0	150	0.5	75

表 6.3.9　博物馆建筑的采光系数标准值

采光等级	场所名称	侧面采光		顶部采光	
		采光系数标准值/%	室内天然光照度标准值/lx	采光系数标准值/%	室内天然光照度标准值/lx
Ⅲ	文物修复室*、标本制作室*、书画装裱室	3.0	450	2.0	300
Ⅳ	陈列室、展厅、门厅	2.0	300	1.0	150
Ⅴ	库房、走道、楼梯间、卫生间	1.0	150	0.5	75

注：* 表示采光不足部分应补充人工照明，照度标准值为 750 lx；表中的陈列室、展厅是指对光不敏感的陈列室、展厅，无特殊要求应根据展品的特征和使用要求优先采用天然采光；书画装裱室设置在建筑北侧，工作时一般仅用天然光照明。

表 6.3.10　展览建筑的采光系数标准值

采光等级	场所名称	侧面采光		顶部采光	
		采光系数标准值/%	室内天然光照度标准值/lx	采光系数标准值/%	室内天然光照度标准值/lx
Ⅲ	展厅(单层及顶层)	3.0	450	2.0	300
Ⅳ	登录厅、连接通道	2.0	300	1.0	150
Ⅴ	库房、楼梯间、卫生间	1.0	150	0.5	75

表 6.3.11 **交通建筑的采光系数标准值**

采光等级	场所名称	侧面采光		顶部采光	
		采光系数标准值/%	室内天然光照度标准值/lx	采光系数标准值/%	室内天然光照度标准值/lx
Ⅲ	进站厅、候机(车)厅	3.0	450	2.0	300
Ⅳ	出站厅、连接通道、自动扶梯	2.0	300	1.0	150
Ⅴ	站台、楼梯间、卫生间	1.0	150	0.5	75

表 6.3.12 **体育建筑的采光系数标准值**

采光等级	场所名称	侧面采光		顶部采光	
		采光系数标准值/%	室内天然光照度标准值/lx	采光系数标准值/%	室内天然光照度标准值/lx
Ⅳ	体育馆场地、观众入口大厅、休息厅、运动员休息室、治疗室、贵宾室、裁判用房	2.0	300	1.0	150
Ⅴ	浴室、楼梯间、卫生间	1.0	150	0.5	75

表 6.3.13 **工业建筑的采光系数标准值**

采光等级	车间名称	侧面采光		顶部采光	
		采光系数标准值/%	室内天然光照度标准值/lx	采光系数标准值/%	室内天然光照度标准值/lx
Ⅰ	特精密机电产品加工、装配、检验、工艺品雕刻、刺绣、绘画	5.0	750	5.0	750
Ⅱ	精密机电产品加工、装配、检验、通信、网络、视听设备、电子元器件、电子零部件加工、抛光、复材加工、纺织品精纺、织造、印染、服装裁剪、缝纫及检验、精密理化实验室、计量室、测量室、主控制室、印刷品的排版、印刷、药品制剂	4.0	600	3.0	450
Ⅲ	机电产品加工、装配、检修、机库、一般控制室、木工、电镀、油漆、铸工、理化实验室、造纸、石化产品后处理、冶金产品冷轧、热轧、拉丝、粗炼	3.0	450	2.0	300

续表

采光等级	车间名称	侧面采光		顶部采光	
		采光系数标准值/%	室内天然光照度标准值/lx	采光系数标准值/%	室内天然光照度标准值/lx
Ⅳ	焊接、钣金、冲压剪切、锻工、热处理、食品、烟酒加工和包装、饮料、日用化工产品、炼铁、炼钢、金属冶炼、水泥加工与包装、配变电所、橡胶加工、皮革加工、精细库房(及库房作业区)	2.0	300	1.0	150
Ⅴ	发电厂主厂房、压缩机房、风机房、锅炉房、泵房、动力站房、一般库房(电石库、乙炔库、氧气瓶库、汽车库、大中件贮存库)、煤的加工、运输、选煤配料间、原料间、玻璃退火、熔制	1.0	150	0.5	75

6.4 天然采光的实施方法

6.4.1 侧窗采光

侧窗采光是从墙面的普通垂直窗进行采光。仅从一面墙的侧窗采光称为单侧采光，而从两个相对墙上的侧窗采光称为双侧采光。采用侧窗采光时，房间内的照度随着与窗距离的增加而急剧减少。一般来说，房内能有效利用日光的区域为与窗相距约两倍窗高的范围(见图 6.4.1)。在此区域内，照度的变化小于 25 倍。侧窗的各部位对室内进深的照度贡献是不一样的，窗的上部的贡献比下部要大得多。例如，对 3.3 m 高的窗子，其上部 0.6 m 部分对工作面上照度的贡献占到$\frac{1}{3}$以上。为此，侧窗的上部应尽可能靠近天棚。但这样做会增加高角度的天空光和直射阳光，从而增加眩光。采用下面的一些方法可以有效地防止由直射阳光造成的眩光，并改善室内照明的均匀度。

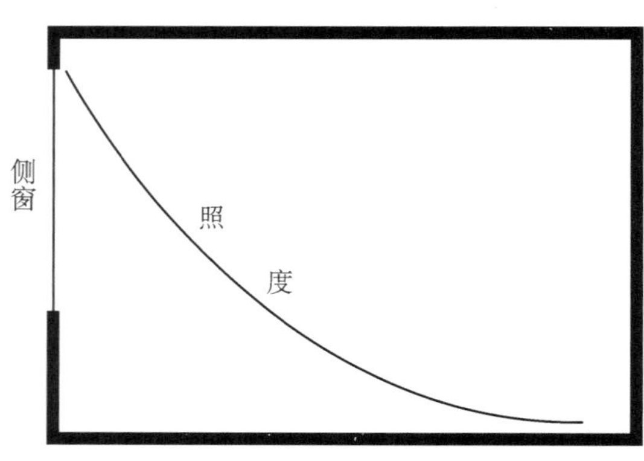

图 6.4.1 侧窗采光时室内照度分布

屋顶带挑檐的侧窗(见图 6.4.2)对低纬度的地区(纬度为 0°～30°)是很有效的，它可以在一年内的大部分时间能为关键作业区挡去直射阳光；对中纬度(纬度为 30°～40°)的地区，

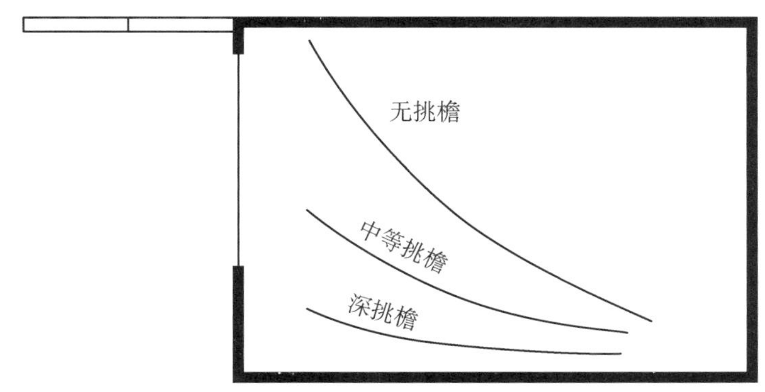

图 6.4.2　**屋顶带挑檐的侧窗采光**

挑檐也可在夏季提供遮阳。这种侧窗还使室内照度趋于均匀，挑檐挑出的距离愈长，室内照度愈均匀。但是，挑檐减少了进入室内的日光。为了补偿这一光损失，挑檐的下部应为浅色的漫反射体，这样地面反射光可以被反射到室内。

阳光板是另一种行之有效的方法。所谓"阳光板"，是一块将侧窗分隔成上、下两半的水平板。它既可以在窗的外部，也可以在窗的内部，或者两者兼而有之。绝大多数阳光板的上部表面是高反射的漫反射体，它将光反射到室内浅色的漫反射天花板上，再反射到室内，从而使更多日光能进入室内深处；同时，它减少了靠近窗户处的照度，使室内照度更为均匀。另外，阳光板还有遮阳作用，可阻止高角度的直射阳光进入室内。为此，阳光板应有足够小的截光角(见图 6.4.3)，以使小于此角度进入室内的直射阳光不会到达工作面上，而是在其上方，从而避免产生眩光。

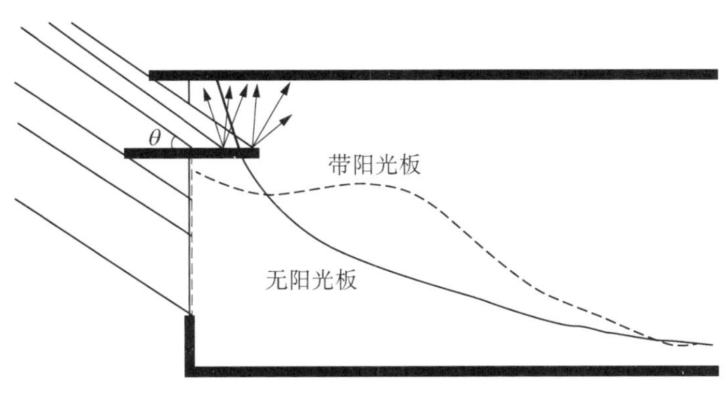

图 6.4.3　**带阳光板的侧窗**

图 6.4.4　**带垂直百叶窗的侧窗**

还可以采用百叶窗、遮光帘或其他遮光器件，反光遮光百叶窗是其中的一种。由反射材料制成的水平百叶板的功能与阳光板相近，不仅能遮挡直射阳光，降低靠近窗户的室内区域的亮度，而且还能将光线反射到天花板，再由天花板反射到室内深处，从而使室内照明变得均匀。百叶板的角度可以根据太阳光的入射角度进行调节。百叶窗安装了电动遥控装置后，可以根据人们的需要方便地进行遥控，也可以通过编程控制元件自动跟踪太阳的运行轨迹调整百叶窗帘的角度。垂直百叶窗(见图 6.4.4)可以通过调节其水平方向的角度改善房间的采光状况。垂直百叶窗特别适合于东西向的窗户，因为在此方向上太阳的高度角小。夜晚时使百叶窗处于闭合状态，可以有效地将人工照明的光线再反射回室内。

6.4.2 顶部采光

最简单的顶部采光装置是在屋顶上的水平或接近水平的玻璃窗，即天窗。天窗采光可以解决单侧窗采光时室内深处照度低、室内照度不均匀的问题。但是平面天窗的实施比较困难，尤其是难于防积尘和防雨漏。与侧窗采光相比，天窗采光的眩光问题小一点，但并不能完全消除。因此，对顶部采光系统也要科学地进行设计。通过采用挡板、构件或光井结构可以获得足够的视觉截止角，避免直接观看天窗玻璃而使眩光最小。现在常用的顶部采光的结构如图 6.4.5 所示，它们分别是高侧窗、采光顶、锯齿形窗和光井。

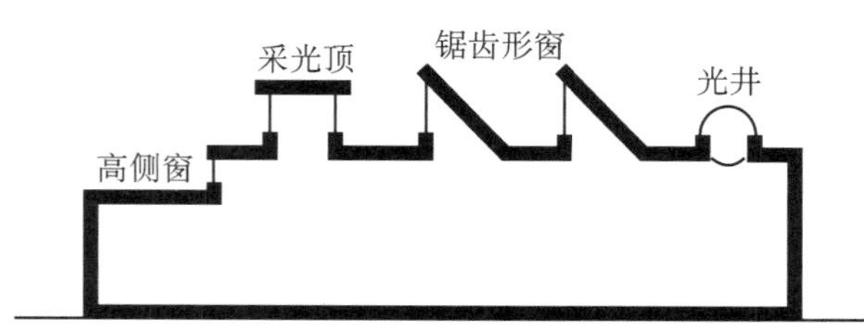

图 6.4.5　常用的顶部采光的结构

比较高侧窗、采光顶和锯齿形窗这 3 种顶部采光结构可以发现，后者室内照度最均匀，而前者均匀度最差。这些顶部采光装置不仅利用直射阳光和漫射天空光，而且还利用从屋顶和邻近的采光顶反射来的阳光。显然，高反射率的屋顶有利于日光的采集。这些采光口应该设计成南北向的，朝北的采光口可以用透明的玻璃，而朝南的采光口可以采用半透明的玻璃或挡板，以使直射阳光漫射开来。

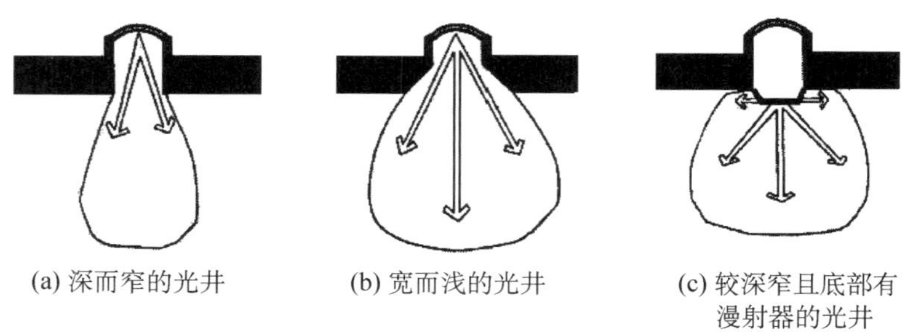

(a) 深而窄的光井　(b) 宽而浅的光井　(c) 较深窄且底部有漫射器的光井

图 6.4.6　几种光井结构示意

对于图 6.4.5 中所示的光井，在 6.2.1.1 节中已有介绍。光井能采集很多的日光，并形成要求的光分布形状，投射到需要照明的空间。现在常用的光井结构示意如图 6.4.6 所示。其中，图(a)所示的光井深而窄，捕捉了很多日光，产生具有相当窄的光分布的下照光，照明下方的空间，这种光分布十分适合于有计算机终端显示器的办公室；图(b)所示为宽而浅的光井，它能将光更均匀地散开到更宽的空间；图(c)所示的光井虽然也是深窄的，但是它有镜面反射的井壁，而且底部有一漫射器，因而光线散得更宽。浅色的光井壁一方面可以将更多的光反射到下方的空间，另一方面还可以帮助在光亮的玻璃面和相对较暗的天花板之间实现逐渐的亮度过渡。光井的壁一定不能是深色的，否则它不仅要吸光，而且会增大对比度、产生眩光。

天窗采光减少了照明用电,但也有副作用。在需要制冷的时候,阳光通过天窗带进热量;在需要制热的地方,窗子将一部分热量发散出去,这些都会增加建筑物的能量负荷。因此,天窗的尺寸要合理选择,既保证有合适的照明,又不使制冷或制热的能耗增加太多。当天窗对可见光的透过率大于 50%时,为产生足够的室内照度,天窗面积占地表面积 3%~9%;为获得均匀的照度分布,天窗安放的距/高比约为 1.5。

6.4.3 导光管采光系统

导光管天然采光照明技术由于节能效果明显、安装简便,在民用、商用及工业建筑领域得到了广泛应用,同时由于自然光对人体健康的积极作用,其在超市、学校、医院、老人院等场所也受到了青睐。

图 6.4.7 所示为一个导光管采光系统用于多层建筑照明的案例原理,系统一般由 3 部分组成:集光器、导光管和散光器。集光器安装在建筑物的屋顶,包括定日镜和聚光镜。定日镜是由光电元件控制的平面镜,它能根据计算机设定好的程序自动跟踪太阳的运动。这样,不仅在日中,而且在早晨和黄昏光照射角度很低时,也能十分有效地采集到日光。聚光镜将太阳光会聚到导光管入口。导光管的内壁为高反射材料,反射率可达 92%~95%。导光管可以弯曲,以改变光传播的方向。导光管的末端与散光器相连;散光器可以使采集和传输来的日光均匀地分布在室内,并避免产生眩光。

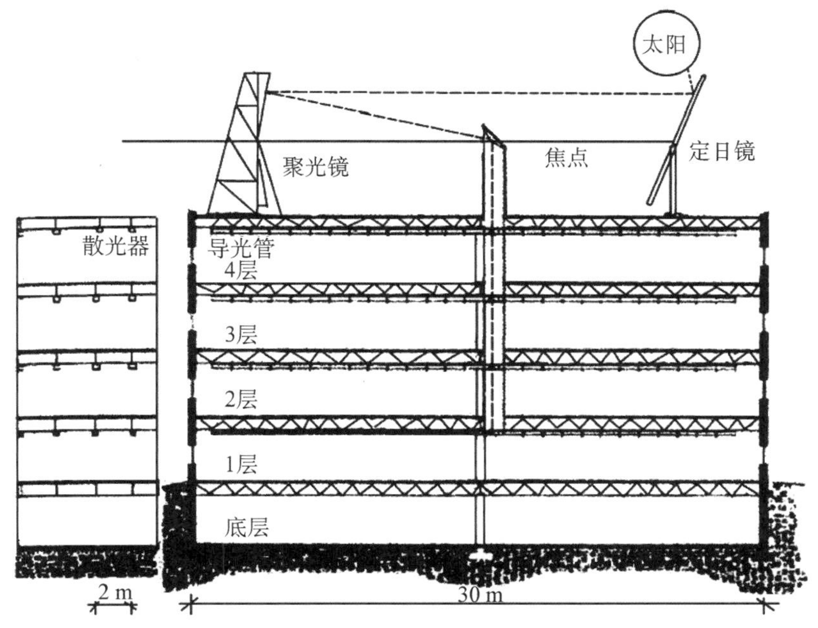

图 6.4.7 导光管采光系统用于多层建筑照明

另外,由于导光管采光系统不耗电,且其光输出与自然光强度呈线性关系,因而特别适合用作隧道照明。图 6.4.8 所示是一种利用天然采光系统的隧道照明方案,同时采用了吸音棚和导光管两种采光系统,其中吸音棚安装有不同透光率的采光板,除了具有遮光防眩的作用,还能将自然光平缓过渡至与导光管采光系统相衔接;而导光管采光系统将天然光导入

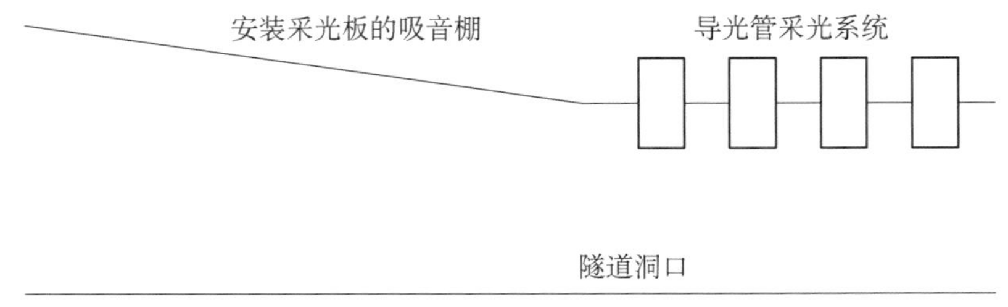

图 6.4.8 导光管采光系统用于隧道照明

至隧道洞口段,起到加强照明的作用。

上海长江路隧道浦西进口匝道洞口就是采用了上述的照明方案,其冬天和夏天的整体光过渡曲线分别如图 6.4.9 和图 6.4.10 所示。

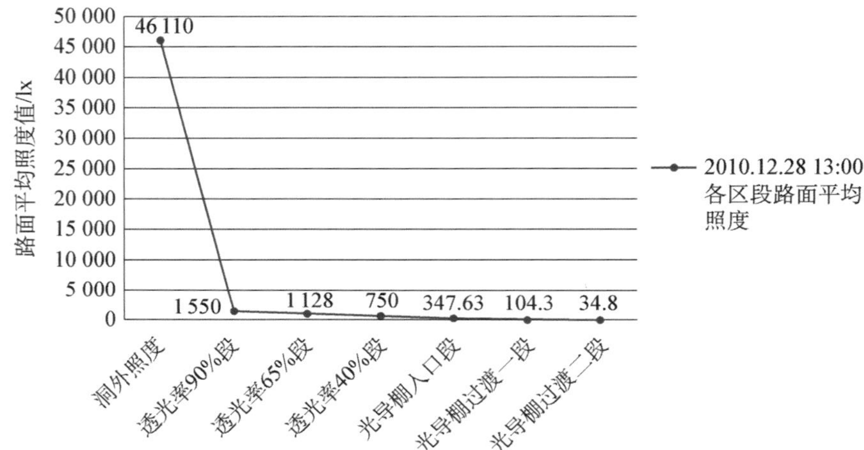

图 6.4.9 上海长江路隧道浦西进口匝道洞口整体光过渡曲线(冬天)

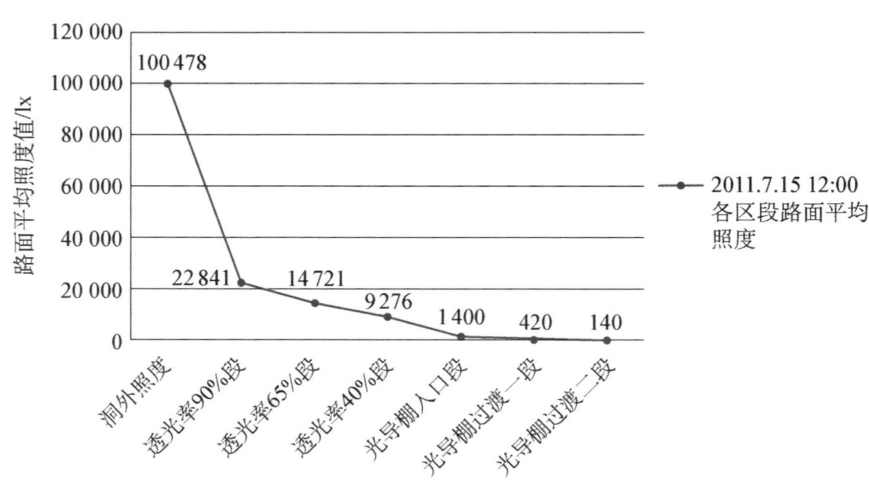

图 6.4.10 上海长江路隧道浦西进口匝道洞口整体光过渡曲线(夏天)

由上面两张图可以发现,利用这种吸音棚和导光管相结合的天然采光系统进行隧道内自然光过渡，无需再设置人工加强照明，不仅实现了大幅照明节电，而且整体光过渡曲线平滑，视觉舒适度良好。

6.4.4 窗玻璃材料

前面已经说过，夏季玻璃窗可能带进太阳的很多热量，冬季玻璃窗又会造成室内热量的散失，这些都会增加室内空调系统的能耗。因此，必须合理选择窗玻璃的材料和结构，以使其能提供足够的日光照明，又不会使空调系统的能耗有太多的增加。窗玻璃有一些重要的指标，*U* 因子是衡量窗玻璃特性的指标之一。*U* 值愈小，热损失率愈小，因而室内致热所需的能耗愈小。太阳能热增益系数 *SHGC*(solar heat gain coefficient)是窗玻璃的另一个主要指标，它表示有百分之几的太阳热量通过玻璃透进室内。显然 *SHGC* 值要小，否则由于太阳热量所造成的制冷功耗损失可能超过日光照明所节省的电能。为了获得更多的日光，窗玻璃对可见光的透过率 *VLT*(visible light transmittance)应该尽可能高。

建筑物墙体部分的 *U* 因子的值比装窗玻璃部位的 *U* 因子的值要小，因而建筑物的热泄漏主要是发生在开窗的部位。对于处于寒冷气候区的高热负荷的建筑(如民居和小的商业建筑)，可以通过采用低 *U* 因子值的玻璃材料来减少热损失。

对这样的建筑物，还可采用双层或多层的玻璃窗，并且在层间充以惰性气体(如氩或氪)，以达到更好的保温效果。更先进的还在玻璃上涂有能降低玻璃热辐射的特殊涂层，以进一步减少室内的热损失。对于绝大多数的商业建筑，在一年的大部分时间内需要制冷。为了减少由于日光带进的热量而造成的空调负荷的增加，窗玻璃必须能吸收或反射太阳的辐射热。现在带选择光特性涂层的玻璃就具有这样的功能，它能有效地透过可见光，同时吸收和反射紫外与红外，这种玻璃的性能指数(*VLT*/*SHGC*)值很高。采用绿色和蓝绿色的着色玻璃也是一种很有效的方法，它们对可见光的透过率也比紫外和红外大得多，因而有相当高的性能指数值。灰色玻璃的优点不会改变室内日光的色温和显色性。表 6.4.1 列出一些有代表性的窗玻璃材料和结构的特性。很显然，为了有效地采用日光照明装有空调的建筑物，必须选用性能指数值高的窗玻璃和结构。另外需要说明的是，表中 *U* 因子的值是对窗玻璃中心而言的，对整个窗子来说 *U* 因子的值将会高一些。除表 6.4.1 所列的玻璃材料外，还有两种能变色的玻璃材料。一种是光致变色玻璃，其透光率随表面照度的增加而减少，故能自动调节进入室内的光量；另一种是电致变色玻璃，采用低压电源调节两面玻璃的电位差，以改变玻璃的颜色，控制光和热的透过率。采用这两种变色玻璃都可以达到控制室内照度、防止眩光和减少室内空调负荷的目的。

表 6.4.1 **典型的窗玻璃材料和结构的特性**

窗玻璃的层数	玻璃着色或带涂层	玻璃层间气体	*U* 因子	*VLT*	*SHGC*	性能指数(*VLT*/*SHGC*)
1	透明	—	1.1	0.88	0.82	1.1
2	透明/透明	空气	0.48	0.78	0.7	1.1
	标准低 *e*/透明	空气	0.33~0.35	0.75	0.6~0.7	1.3~1.1

续表

窗玻璃的层数	玻璃着色或带涂层	玻璃层间气体	*U* 因子	*VLT*	*SHGC*	性能指数(*VLT*/*SHGC*)
	标准低 *e*/透明	氩气	0.3	0.75	0.6～0.7	1.3～1.1
	灰色/透明	空气	0.48	0.39	0.45	0.87
	灰色反射/透明	空气	0.48	0.17	0.33	0.51
	SS 蓝绿/透明	空气	0.48	0.63	0.4	1.58
	SS 低 *e*/透明	空气	0.29	0.7	0.37	1.9
	SS 绿/*SS* 低 *e*	空气	0.29	0.56	0.27	2.1
3	透明/透明/透明	空气	0.32	0.75	0.7	1.1
	透明/低 *e*/低 *e*	氩气	0.17	0.64	0.56	1.14

注：① “低 *e*”表示玻璃带低热辐射涂层；
② “*SS*”表示具有光谱选择性。

6.5 天然采光与人工照明的结合

如前所述，当采用侧窗采光时，室内的照明是不均匀的。在靠近窗子的地方照度很高，而在房间深处照度很低。在室内的人看来，窗的亮度非常高，房间深处则很阴暗。因此在白天，为了改善室内的照明质量，必须辅助一定的人工照明。这是所谓的“昼间人工照明”或“室内恒定的辅助人工照明”(permanent supplementary artificial lighting in interior, PSAL)。昼间人工照明有两种类型，一种是照度平衡型，另一种是亮度平衡型。在这两类昼间人工照明中，都应采用与天然光色温相近的高色温光源。

在白天的室内，天然光主要照射在近窗处，为了使房间深处的照度与近窗处的照度达到平衡，采用如图 6.5.1 所示的辅助人工照明，以使室内照度尽量均匀一致。这种方式的昼间人工照明称为照度平衡型昼间人工照明。在图 6.5.1 中，所示的各列灯具沿与窗户平行的方向排列。天然光不是恒定的，会随天气和时间变化。当近窗处天然光较强时，近窗的第一列灯具可以关熄或调得很暗，第二列灯具也可适当调暗，第三列灯具要点亮。而当近窗处天

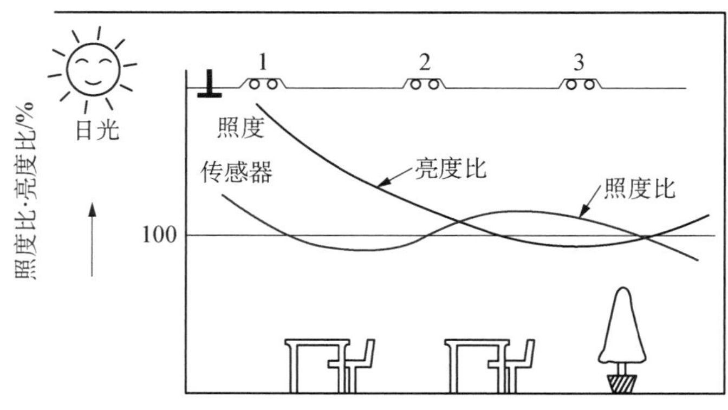

图 6.5.1 照度平衡型昼间人工照明

然光较弱时，近窗的第一列灯具可以调得稍暗些，第二、第三列灯具都必须点亮。靠近窗户处安装的日光照度传感器可以探测室内日光的强弱变化，从而控制各列灯具的工作状态。这样，不仅可以保证室内照明的质量，还可以节省一部分照明用电。

在照度平衡型的昼间人工照明环境中，各处的照度虽然近于均匀，但是各处的亮度是不同的。这时，当人们环视室内时，发现窗非常亮，近窗的天花板和墙壁及房间里面很暗，而当被观察的人或物处于窗户或视线之间时，甚至会发觉对象非常暗。在照亮的窗户背景上，黑暗的对象犹如一个剪影。为了防止这种情况，必须使室内人工照明与窗的亮度比例达到平衡，这种照明方式称之为亮度平衡型昼间人工照明。图 6.5.2 显示了亮度平衡型昼间人工照明的情况，窗结构的内表面和窗周围的墙面，以及天花板都是浅色高反射率的。亮度平衡型昼间人工照明质量好坏的一个重要判据是剪影现象是否消除。为了防止脸的剪影现象，必须给予脸部以充分的照明。表 6.5.1 给出了防止剪影现象所必要的脸部照度与背景亮度的比值。另外，为了改善室内人脸部的立体感，必须使从窗户来的天然光和从相反方向照到人脸上的人工光达到平衡。如果这两种光分别照在人脸的左、右两半，当面向窗户的垂直面照度和面向里面的垂直面照度之比为 2～6 时，就有满意的立体感。

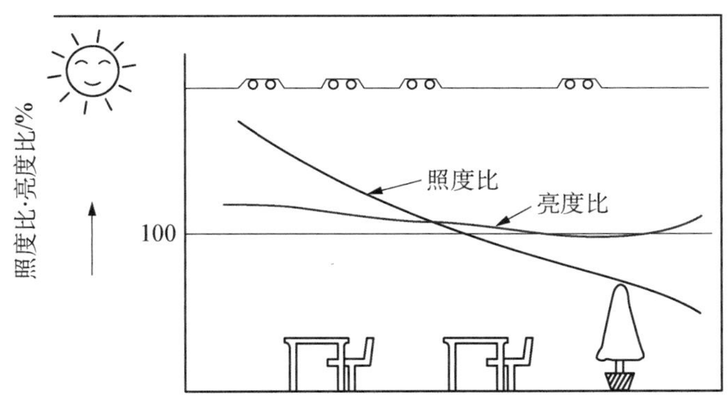

图 6.5.2　亮度平衡型昼间人工照明

表 6.5.1　防止剪影现象所必需的脸部照度和背景亮度的比值

剪影消除的情况	脸部照度/背景亮度/$lx \cdot (cd \cdot m^{-2})^{-1}$
看不到剪影的下限	0.07
能看清眼睛、鼻子的下限	0.15
比较好	0.30

第七章 室内照明

设计是一门综合科学，是科学与艺术的有机结合。室内照明设计与建筑、工程等其他设计专业类似，需要将科学规律、标准、文化、美学等因素以艺术的形式表达出来。因此，要创造出成功的照明设计工程，需要融合建筑、生理、传统文化、艺术等众多因素。

由于建筑用途各不相同，所完成视觉任务也不尽相同，因此室内照明设计总是千差万别。尽管如此，室内照明设计的基本程序大同小异，万变不离其宗。一般照明设计程序分为以下 3 个阶段：

第一阶段是听取业主的要求，并与建筑师、空调工程师等相关人员进行商讨，充分研究影响照明设计的因素。这些因素包括诸如被照明场合的功能、受照空间的大小、室内家具的布置情况、希望形成的照明风格，以及项目的经费预算情况，等等。

第二阶段是做出一些基本的设计抉择，首先是确定选择主照明系统还是辅助照明系统。前者注重于功能性，后者侧重于装饰性。主照明系统包括一般照明和局部照明，辅助照明系统包括重点照明和效果照明等。

照明的第三阶段是对室内的平均照度、照度均匀度以及作业平面上的照度进行计算，检验这些数据是否符合照明标准的要求，必要时，还应对室内的亮度分布、作业面上的对比度以及眩光进行计算和检验。目前有很多室内照明设计软件可以计算这些数据，并可以得到模拟效果。

由于室内照明设计的范围比较广，受篇幅限制不可能面面俱到，因此，在本章中将重点介绍一些应用范围比较广的照明场合。

7.1 办公室照明

办公室是人们日常活动中的重要场所之一，人们需要在办公室完成工作、社交、休闲等多种活动。科学研究表明，人们的工作效率、工作热情以及生理和心理健康与照明有着紧密的联系，因此专业的照明设计至关重要。随着办公全球化、数字化、移动化的转变，对办公室照明的要求也不断演变，照明不仅需要满足各种规定、标准，同时需要创造和谐的视觉环境，提供良好的氛围，以满足工作人员生理、心理及情绪的需求。目前办公活动趋向于多样化，办公照明需要满足多种视觉功能，因此办公照明的场景变换也是办公照明的一个重要发展趋势，LED 固态光源的迅速发展为照明场景变换提供了崭新的舞台。

7.1.1　办公室照明要素

早期办公室照明的主要关注点为照明的功能性，即照明需要满足工作人员各种活动的视觉功能要求。目前办公室照明在满足视觉功能性的基础上，还从工作人员生理和心理的需要出发，创造高质量的光环境，满足工作人员生理、心理健康需求。虽然人眼是一个很敏感、复杂的“光学仪器”，很容易受到伤害(有时这种伤害是缓慢的，没有引起我们的足够重视)，但办公室照明已不再仅仅满足“眼睛”的需求，而需要运用更加人性化、多功能的设计。因此，光环境涉及的因素也更为复杂，而且这些因素之间并不相互独立，而是相互关联的。

1. 照度

办公室照明的首要目标是满足人们基本视觉功能的要求，照度是满足视觉功能中的重要指标之一，是其他视觉因素的基础，因此照度水平的选择至关重要。国际照明组织及我国照明标准都对工作区照度水平有着严格的规定，但一般情况下，照明标准只是提供最低或较低的照度水平。大量视觉试验表明，高照度水平可以提供更好的视觉功能，特别是快速或者细小的视觉任务，而且更有利于提高生产效率，提高工作人员的舒适性。考虑到经济因素，室内照度水平远低于室外(室外晴天可高达 20 000 lx)，因此提高照度水平，办公室会更受欢迎，会使工作人员疲劳度降低，更有利于工作人员的身心健康。

照度的选择不是一概而论的，还应考虑其他一些因素：

1）人员适应水平。一般情况下，办公照明设计时默认为使“白天适应”；如人员工作为“夜晚适应”，可适当降低照度水平。

2）人员年龄结构。随着年龄的增长，人眼的灵敏度降低。因此相同视觉任务条件下，年长者需要更高的照度水平。另外，年长者对眩光更为敏感，因此提高照度的同时，不能增加眩光影响。

3）视觉任务精细程度。精细视觉任务相比一般视觉任务需要更高的照度水平。如果多个视觉任务对照度要求有冲突，可以采用一般照度与局部照度相结合的方式。

照度水平不仅与光源和灯具有关，而且还受顶棚、墙壁、地板以及其他设施的颜色、反射率等因素的影响，因此在照明设计过程中对光源灯具选择时也需要综合考虑室内装修等因素。

照明应满足办公多样性和人性化，照明设计可采用智能控制照度水平，使人工照明环境更接近室外天然光环境，以有利于工作人员的生理、心理健康，而且长期来看，更有利于提高人员的工作效率。办公室视觉任务种类多，智能控制可以为提供多种照明场景，以满足各种办公室活动。另外，智能控制也可以为每个人提供特色照明，使照明环境更趋人性化。

生理学家研究显示，如果照度水平和光的颜色能够随时间缓慢变化，可以减少室内工作人员的疲劳，更有利于提高工作效率。小 LED 及其控制技术的发展为智能化照明提供了必要的技术支持，照明设计师有更为广阔的空间完成自己的设计概念。另外，采用动态照度也可以有效地降低能源消耗，减少运行成本。

一般办公室照明标准中并不规定垂直照度，提高垂直照度水平可帮助工作人员行走、工作、交谈、识别物体，等等。一般场合平均柱面照度应大于 50 lx，对于会客室这种人员交流的场所，平均柱面照度应大于 150 lx，以提高视觉舒程度。

除照度水平外，一般办公室照明还对照度均匀性有一定的要求，以减少视觉疲劳，提高视觉舒适度。一般来讲，对于视觉任务区，照度最小值与平均值的比应大于 0.7，周围环境区比值应不小于 0.5。对于兼有一般照明和局部照明的情况，非工作区的平均照度不应低于工作区的一半，且不小于 350 lx。对于两个相邻的区域，平均照度的比值应不低于 5∶1。

2. *颜色*

办公室颜色及其分布会影响工作人员对办公室的整体感觉，影响工作人员的情绪。和谐的颜色环境，可提高工作人员的情绪，进而提高其工作状态和效率。办公室颜色不仅仅取决于光源的相对光谱能量分布，而且与办公室各表面的反射率相关，因此照明设计与室内装潢应协调统一。高显色指数对于颜色辨别工作是极其重要的，另外光源光谱也决定着整个空间的颜色外貌，因此光源光谱是照明设计中选择光源的重要依据之一。

研究表明，工作在一个环境一段时间以后，颜色会对人员工作能力产生正面或负面的影响，尽管这种影响通常我们并未察觉。一项研究表明，通过改善办公室装潢、家具、照明等办公条件，工作人员的生产效率提高了 36%。办公室颜色的选择受公司文化、公司性质、人员年龄等众多因素影响，并无严格规律可循。通常对于小办公室，可以将墙、家具等采用一样的颜色，因它们的反射率相同，故可给人有房间增大的感觉；对于大办公室，在照度较低的情况下，应尽量减少颜色的种类。一般较浅的环境颜色要比较深的环境颜色更能提高人们的情绪，工作人员的心情更愉快些，工作效率也高些。

人们对颜色的感觉不仅与物体的光谱反射率有关，而且与光源相对光谱能量分布相关。光源相对光谱能量分布较为抽象，通常采用光源色温和显色性来表征光源相对光谱能量特性。色温通常影响我们对色调的感觉，色温对人们视觉、心理的影响较为复杂，并没有一个绝对统一的评价方式。在通常情况下，照度水平较高时宜采用高色温光源，低照度水平时宜采用低色温。研究表明，高色温光源蓝色光谱成分更高，蓝色光谱会导致人们瞳孔收缩，更有利于辨别细小的物体。同时，蓝光部分可以提高人们的注意力以及日间生理刺激，因此工作区域可采用高色温光源提高工作人员工作效率。可采用荧光灯或 6 000～8 000 K 色温的 LED 光源，其蓝光部分可以调节工作人员昼夜节律。低色温更有利于工作人员生理、心理的放松，因此可以在办公室休闲区域采用低色温光源。

色调对人冷暖心理会产生影响，在比较热的气候条件下，人们喜好较高色温的光源；而在比较冷的气候下，则应该采用低色温的光源。因此，办公室光源的色温选择应综合多种因素进行选择。

显色性反映光源对物体颜色显现能力，显色性越好，物体颜色更接近标准光源照射下的颜色，即更接近我们日常见到物体的颜色。办公室要求光源具有良好的显色性，一般要求显色指数 R_a 应不低于 80，对于印刷、广告等与颜色鉴别有关的场合，显色指数应大于 90。LED 光源光谱中缺少红光成分，选择此光源时应对 R_9 进行限定。

3. 亮度差、颜色差

人眼利用物体和背景的亮度差和颜色差异对物体进行分辨。但是大的亮度差在办公室照明中是不可取的，大亮度差异会产生不舒适的眩光。人员在工作时，眼睛需要不停地在书本、电脑、远处聚焦，如果这些区域亮度差异太大，人员需要不停地进行亮度适应，容易产生视觉疲劳。亮度差、颜色差也会影响人们对空间的直观感受，和谐的亮度差、颜色差对视觉舒适度的影响至关重要，特别是垂直表面的亮度差、颜色差。因此，办公室照明应充分考虑其对视觉及心理的影响。

在办公室照明中，对人眼视野内亮度差有一定的要求，以减少视觉疲劳，提高视觉舒适度。为减少频繁的明暗适应，一般要求人眼视野内亮度均衡，所推荐的亮度比如表 7.1.1 所示。

表 7.1.1　**办公室所推荐的亮度比**

表面类型之间	亮度比
工作面与邻近物体之间	1∶1/3
工作面与较远的暗表面之间	1∶1/10
工作面与较远的亮表面之间	1∶10

需要注意的是，从美学角度并不需要将整个空间设计成非常高的亮度，实际也很难做到，并且会增加能量消耗。为满足视觉兴趣及远眺(周期性的视觉肌肉放松)，部分小区域可以有强烈的亮度和颜色对比，从而使整个办公室更有跳跃感，避免给人单调乏味的感觉。通常，采用艺术品、墙面光影、窗户等都可以起到此效果。研究表明，人们在有明亮顶棚和墙壁的办公室工作时，工作的积极性和工作效率比较高，尤其是大空间的办公室，顶棚很容易进入人们的视野，这也使得间接照明越来越受到工作人员欢迎。

物体表面亮度不仅和照明光源、灯具相关，而且与表面反射率有关。为达到视觉亮度均衡，办公室各表面所推荐的反射率如图 7.1.1 所示。

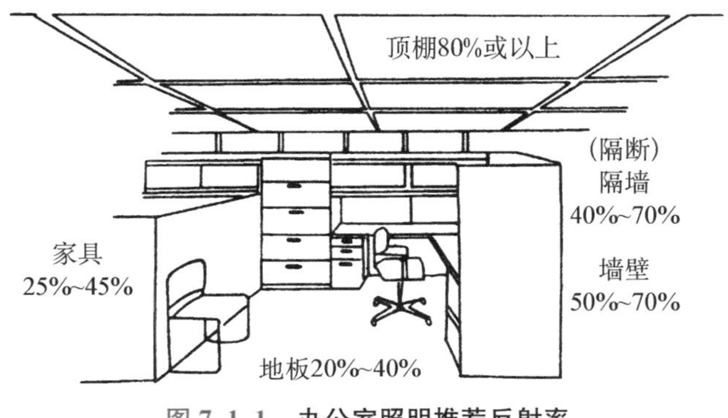

图 7.1.1　**办公室照明推荐反射率**

4. 眩光

眩光是影响照明质量的重要因素之一。眩光是由于亮度分布不适当，或亮度变化的幅度太大，或空间、时间上存在着极端的对比，以致引起不舒适或降低观察物体能力的现象。眩光可由高亮度光源直接照射到眼睛(直接眩光)，也可由镜面的反射(反射眩光)造成，在作业内部呈现的反射眩光叫做光幕反射。眩光引起视觉对比、视力、识别速度等视觉功能下降，严重时可使人晕眩，甚至造成工伤事故或损伤眼睛。同时，眩光对人们心理也有明显影响，会使工作人员情绪烦躁、反应迟钝等。

控制直接眩光除了可以通过限制灯具的表面亮度和表观面积外，还可通过改变灯具的安装位置和悬挂高度、保证必要的保护角，以及增加眩光光源的背景亮度或作业照度等方法。另外，天然光的眩光控制也需要关注，关于天然光眩光控制部分可参照本书天然采光章节。

防止反射眩光，首先是光源的亮度应比较低，使反射影像的亮度处于容许范围，可采用视线方向反向光通小的特殊配光灯具。其次，如果光源或灯具亮度不能降到理想的程度，可根据光的定向反射原理，妥善地布置灯具，即求出反射眩光区，将灯具布置在此区域以外。如果灯具的位置无法改变，可以采取变换工作面的位置，使反射角不处于视线内。

光幕反射是目前普遍忽视的一种眩光，特别是现在移动办公的普及，手机、笔记本电脑的屏幕更易引起光幕反射。为了减轻光幕反射，可从下列几个方面着手：选择无光泽表面材料；减少干扰区光线，加强非干扰区光线，以增加有效照明；降低灯具表面亮度，采用间接照明；等等。

5. 天然光

天然光对人的生理、心理有着重要的影响。建筑设计师通过各种形状的开口、窗等将天然光引入建筑中，但天然光设计比较复杂，其光线特性、位置、颜色等照明特性均需考虑在内。因此天然光的引入不仅仅是单纯的照明功能，而是作为空间构图因素，烘托环境气氛、体现主题意境，形成各种不同的空间氛围。同时，天然光的引入也是满足人们对自然的追求，更有利于人们的生理、心理健康。

7.1.2 大开间办公室照明

大开间办公室是办公室中最通用的一种，据统计大约60%的办公活动在大开间办公室完成，因此此类办公室的照明设计直接影响到整体的工作效率。此类办公室需要完成书写、电脑操作、电话、工作交谈等活动，其特点是房间面积较大、功能多，有很大分隔间，分隔间里有视觉显示终端(visual display terminal, VDT)，墙面较少，而且通常办公设备经常更换。由于办公室视觉任务的多样性，需要一般照明、局部照明、情绪照明相结合，从而创建高质量的光环境。

一般照明也称全局照明，通常不需要考虑特殊区域要求，为整个房间提供基础照明，满足人们基本视觉需求。早期一般照明采用将灯具规则排列，呈直线状排列或网格状布置，然后辅以天然光、局部照明等其他照明方式。这种方法适合办公家具布置要经常进行更换或无法预知布置状况的情况。如已知工作区域划分，可采用不同区域各自独特照明布置，以满足各区域特定的视觉任务，而且也方便人员区分各工作区域。

一般照明可采用直接照明灯具，这种照明方式光利用率高，对顶棚要求低，如图7.1.2所示，采用LED平板灯具直接照明方式照明。但直接照明光线大部分是由上向下的光线，光线比较单一，照明效果尤其是立体效果较差，而且在有隔间的情况下很容易造成大的阴影。采用间接照明方式可提升照明效果，提高照明舒适度。在大开间办公室中，天花板在人的视野中占很大比例，特别是对于有显示终端的场合，人眼视线为水平方向，此时顶棚亮度会影响人眼视觉明暗适应，因此顶棚照明是影响照明舒适度的重要因素之一。间接照明方式可以提高顶棚亮度，减少人眼中的亮度差异，提高舒适度，同时可以降低眩光影响，因此更受欢迎。但间接照明会产生类似阴天的照明效果，比较缺少生气，而且间接照明会增加能量消耗。直接或间接照明方式，部分光线向上照亮顶棚，部分光线向下照射工作区域，兼直接、间接照明的优点。直接或间接照明的首要标准就是顶棚的最大亮度和顶棚的亮度均匀性。为了达到好的照明效果，顶棚的最大亮度应不超过 850 cd・m^{-2}，以减少眩光。为平衡人眼视野亮度，顶棚的亮度尽量均匀，一般要求顶棚的最高亮度与最低亮度比不超过 8∶1。对于一些顶棚较低的场合，无法安装直接/间接照明灯具，此时可采用一些落地或墙壁上安装直接/间接照明灯具进行替代。另外，采用非对称灯具照亮墙壁，也可以起到比较好的视觉效果。

静态照明在很多情况下不能满足各项视觉功能要求，而且会造成能源浪费。照明智能控制是提高一般照明效果的有效手段之一，同时又可以节约能源。智能控制可以控制光的强弱及颜色，从而改变整个照明空间氛围。研究表明，这种光及颜色模仿天然光规律，更符合人们生理及心理需要，有利于提高工作人员身心健康，减少工作人员的缺勤率，进而提高工作效率。引入天然采光也是提高照明效果和节能的方式之一，天然光的引入使室内产生与室外相同的光变化，此方式更符合人们的生理规律，使人更接近自然，有益于室内人员的身心健康，而且可以有效地节约能源。

图 7.1.2　**办公室的一般照明**

通常情况下，一般照明无法满足各项视觉任务要求。一方面一般照度只是满足办公室简单视觉任务，无法为复杂视觉任务提供足够的照明水平；另一方面多数大开间办公室会有隔间，以保证工作人员工作时不相互干扰，而这种隔间会在工作面上产生阴影，影响视觉功能。因此需要增加局部照明，以满足视觉功能要求，并且局部照明可以有效地降低工作面上阴影，缓和亮度差，营造更为和谐的照明环境。局部照明灯具应安装在视线之上，约高出桌面 0.6 m。如果用可调式灯架的灯具，可根据不同的作业迅速变动灯位，而且可以改变灯具的方位，寻找合适的角度，既使眼睛看不到光源，又能均匀地照亮整个作业区。局部照明的控制也非常重要，尤其是调光控制，以满足各种视觉任务所需的照度。

办公照明应在满足视觉功能照明的基础上，增加部分情绪照明，既可以缓解工作人员疲劳，又提高工作热情；采用艺术品、图画重点照明或强烈的颜色对比等，既增加整个空间生气，又可帮助工作人员缓解视觉疲劳。需要注意，这种装饰照明不应过多，不然会分散工作人员的注意力。

随着更多的信息都是以数字或电子的形式储存和维护，办公无纸化的普及程度越来越高，VDT 已经成为现代办公不可缺少的工具。由于 VDT 的特性，必须严格控制此类办公室

图 7.1.3 有显示器办公室照明的干预区

的直接眩光和反射眩光。图 7.1.3 表明了显示器办公室照明的干预区域。

显示屏的位置相当重要，改变显示屏与灯具的相对位置，可以有效地减少荧光屏的眩光。但对于大开间办公室，很多情况下无法预知显示器位置，在设计时要做到显示器在办公室的任何位置都要保证其清晰度，因此控制眩光更为有效的方法是选用适当的灯具及合理的布灯方式。另外，隔断也是减少屏幕反射及灯具与窗户的直接眩光的有效手段之一。对于小型私人办公室，由于灯具多安装在屏幕的上方附近，眩光问题不是非常严重。

眩光控制通常是采用保护角较大的格栅荧光灯具来进行直接照明，根据日本岩崎公司的研究，对嵌入式的荧光灯具的保护角应不小于 33.9°。但这些研究是基于台式机的数据，而在采用笔记本电脑及手机平板方式时，屏幕与垂直面的角度更大，因此保护角需要更小，甚至仅仅采用保护角无法达到要求。现在，为了进一步减少眩光，很多设计师采用间接照明辅以任务照明。间接照明将光射向顶棚，然后由顶棚反射光照亮其他区域。间接照明的优点是减少高亮度区域和阴影(照明效果与阴天的效果类似)，光线柔和，可有效降低 VDT 眩光；其缺点是照明环境单调，影响工作人员的方向感和空间感，此缺点可以通过增加光环境中的颜色变化或增加一些重点照明来克服。

VDT 视觉任务与传统文本视觉任务有很大的区别，人员视觉方向为水平方向，顶棚在人员整个视野中占很大比例，因此照明设计时需要控制顶棚的亮度及均匀性。

7.1.3 个人办公室照明

个人办公室一般面积较小($8\sim12\ m^2$)，通常为一个人所使用。个人办公室照明除满足一般办公视觉功能外，还应满足交际视觉要求。另外，个人办公室还应在功能性照明的基础上，增加个性化照明。因此，在进行个人办公室的照明设计时，除了考虑其功能性外，还要突出表现其艺术效果和所有者的个性。

与大空间办公室相同，个人办公室也可以用局部工作区域照明和一般照明相结合的方法营造良好的光环境。个人办公室照明设计一般是围绕办公桌的布置，但同时要保证办公室的任何位置都有良好的照明。主系统应该为办公桌及其周围提供良好的照明，可采用间接照明来提供柔和、均匀的光线。房间的其他区域则由辅助照明系统来产生合适的亮度分布。通常个人办公室会安装一些装饰物，如植物、书画等，这时可以使用重点照明作定向照明，突出这些饰物，而且这些重点照明可改变整个房间的光线节奏，使室内环境更加有生气、有活力。

由于个人办公室面积较小，灯具大多安装在办公桌的上方，因此可以避免直接眩光，但是需要控制反射眩光及光幕反射。光幕反射是目前普遍忽视的一种眩光，特别是现在移动办公的普及，手机、笔记本电脑的屏幕更易引起光幕反射。为了减轻光幕反射，可从下列几个方面着手：无光泽表面材料；减少干扰区光线，加强非干扰区光线，以增加有效照明；降低灯具表面亮度，采用间接照明；等等。

另外，个人办公室的灯具数量相对于大开间办公室的灯具数量较少，因此应尽量不要采用下射光直接照射在工作区域，以免产生大量的阴影，从而影响视觉效果。

个人办公室顶棚在人们的视野中所占比例较小，墙壁在人眼的视野中占很大的比例。因此，可以用墙面提供全部或部分一般照明，这种效果比只有明亮顶棚产生的光环境氛围更加明亮、开放。当然，在墙壁安装艺术品辅以重点照明或在墙壁上形成光影图案，会产生更加和谐的光环境。研究表明，对于良好的办公室照明，墙面的亮度和室内照度之间的关系如图 7.1.4 所示。

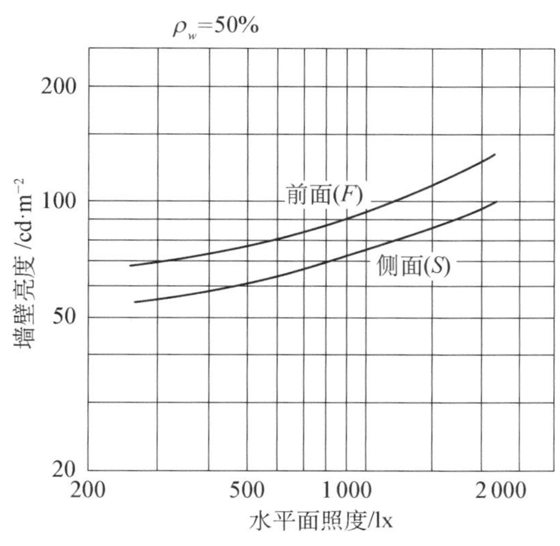

图 7.1.4　墙面亮度与室内照度的关系

从图 7.1.4 中的曲线可以发现：在照度为 700 lx 时，墙面的亮度在 65～85 cd · m^{-2}之间为好。若墙面的反射率 $\rho_w = 50\%$，则墙面的照度应为 400 ～ 500 lx。

7.1.4　会议室及视频会议室照明

会议室的用途比较广泛，如举行会议、演讲等，因此会议室视觉功能对照明的要求也是多样的。另外，由于会议室也是公司外事活动的主要场所，是展示公司形象、文化的场合。因此，会议室照明需要考虑人脸及物体塑形、视频摄像等多种功能，照明设计应注意重点照明控制及多场景的切换。

会议室照明需要提供多种照明场景，建立不同的氛围，其中比较常见的两个场景为：一种是需要照亮整个顶棚，提供一种热情、开放的气氛，用于外事活动、会议等场合；另一种为特定区域的重点照明，提供与外界隔离的环境。对于第一种场景，采用半直接、半间接的悬挂式灯具即可满足要求；对于第二种场景，多采用下射的轨道灯。

图 7.1.5　会议室照明

为满足会议室功能的多样化，照明多采用一般照明与重点照明相结合的方式，从而满足各区域的照度差异要求。例如，对于演讲，需要在讲台上提供足够的垂直照度；对于多媒体演讲，需要为房间整个区域提供保证安全的最低照度。另外，相对于其他办公室，会议室可以采用更多装饰性照明，可以利用不同颜色、光影等增加气氛，但是需要在功能和装饰上把握平衡点。图 7.1.5 所示为多媒体会议室的照明效果。

多媒体会议也是会议室照明需要考虑的一个问题，传统会议主要是人员面对面的会议、交流，而多媒体会议为远程视频交流。这两种视觉任务要求并不一直是统一的，很多时候会产生矛盾，即舒适的视觉光环境和低眩光要求经常会降低摄像的质量，因此在进行多媒体会议照明设计中更多是采用专用摄影、摄像照明的方法。

7.2 商业及展示照明

在商业活动中，照明扮演着十分重要的角色。良好的照明环境可以显示商店独特的性质和品位，而且商店照明设计直接影响到商品的销售。精心设计的照明效果可以更有效地突出商品的品质，提高顾客的购买欲。商业照明的范围比较广泛，不仅包括商店内部的照明，而且包括室外照明及标志照明。此处，只会涉及室内部分，其他部分可以查阅第八章的泛光照明部分。商店照明的目的与其他室内照明的设计略有不同，其照明设计更注重视觉刺激以及艺术效果对人们心理的影响。一般商业照明主要有以下 3 个目的。

(1) 照明应能吸引顾客的注意力

商业的第一步是将顾客吸引到商店进行交易，因此照明设计首先应该使商店能从店铺林立的繁华街区或购物中心的视觉环境中凸显出来，并且能够提高顾客的兴趣。在这方面橱窗设计起着举足轻重的作用。

(2) 照明应能使顾客正确地评价商品的品质

照明应该使顾客很容易辨别商品的外形、颜色等视觉特征，从而提高购买欲。例如，试衣室照明效果直接影响人们对服饰的评价。

(3) 照明应为交易的完成提高足够的亮度

最好的照明应能提供足够的亮度，使得营业员可以看清价目表、进行包装等工作。

7.2.1 商业照明要素

与其他室内照明不同，商业照明需要更多地考虑视觉效果，以及照明环境对顾客心理的影响。商业照明更注重艺术效果，因此更多地利用光影对比、戏剧性场景照明。目前商业照明的标准及设计大多是从满足人们基本的视觉要求提出的，并不能保证商业照明的成功。专业的照明设计师要打破所有这些标准与准则，才有可能设计出非常成功的商业照明。下面几个因素会影响到商业照明的效果，设计时应重点予以关注。

1. 商店分类

不同商店在商品价值、客流量等有很大的差异，因此商业照明设计需要根据商品进行专业设计。一般根据商品的价值对商店分成 3 大类。

低附加值：对于一些大客流、自助式服务等销售低附加值物品的商店，如快餐店、超市、折扣店、五金店等商店。此类商店照明需要高亮度、较好的均匀性，以使顾客能够看清商品及其标签。

中附加值：此类商店客流适中，是销售中等价值物品的商店，如服装店、家具店等。此类商店照明在环境照明的基础上附加有限的重点照明，以突出产品的材质、颜色等特性。

高附加值：此类商店一般客流量比较小，而且大多有专业的一对一的销售人员协助，如珠宝店、高档服装、首饰、美容院等。此类商店照明更注重购物体验，需要为顾客提供休息、放松的购物环境，增加顾客的逗留时间，从而促进销售，通常采用低的环境照度，更多地对商品重点照明。

2. 颜色和显色性

人们在观察物体时，首先引起视觉反应的即是色彩，在初看时的前 20 s 对物体形体的注意力为 40%，而对色彩的注意力为 60%，色彩展示得好坏直接影响顾客对商品的购买行为。色彩由光源相对光谱能量分布和各表面材料光谱反射率决定。光源种类及色温选择应与室内装修风格协调一致，形成和谐的色彩环境。色彩环境一方面会影响整个空间的风格、氛围，另一方面也会对商品的质感、材料、价值产生影响。例如，展示高科技产品，经常采用蓝色，以增强展示效果。

早期光源对商品颜色的展现重点在于将颜色准确无误地复现出来，即有高的显色指数。这种颜色展示的目标是使展品颜色与标准光源（黑体辐射及日光）照射下的颜色更为接近。而最近 LED 光源及控制技术的发展促进了另一种颜色展现目标，把商品的色泽显现得更突出一些，以增加显示效果。例如，对红色水果照明，可在光源中增加红色光谱成分，使红色水果更鲜艳夺目。但这种颜色展现需要注意以下两方面：调节光源输出光谱时，使光源颜色不偏离白色；应用此类照明时，应充分考虑到人眼的颜色适应效应。

3. 照明对商品的影响

对商品进行照明时，特别是进行重点照明时，商品上照度很高，需要考虑照明对产品本身的影响。例如，对颜色稳定性比较差的商品进行照明时，需要考虑褪色问题，要对曝光时间、光谱、照度等进行限定。

光源的选择对商品的影响是很关键的。例如，白炽灯、卤钨灯有较高的红外线，在对一些新鲜商品，如对类似水果、蔬菜、鲜花等照明时，应采用对红外线进行过滤的光学系统，减少红外线的加热效应；但 LED 辐射光线中没有红外成分，这方面的影响可以忽略。另外，白炽灯、卤钨灯、金属卤化物灯等光源表面的温度比较高，在重点照明时要控制光源与被照物的距离，以减少温度对商品的影响。

4. 天然光

天然光会提高商店的吸引力、提高顾客的逗留时间，并最终影响顾客的购买行为。一项研究结果表明，采用天然光照明系统，商店的营业额在 15 个月中增加了 40%。

7.2.2 商业照明方式

商业照明可以看作“空间的光”和“商品的光”的有效结合，即提高整个空间的照明和对商品的照明的有机统一，为顾客提供舒适的光环境。商店照明包括环境照明、周边照明、重点照明、装饰照明和一些特殊区域的照明，这一节主要介绍前 4 种。

1. 环境照明

环境照明的作用是为整个商店提供一个均匀的光环境，使顾客能够看清商品及标签，工作人员能够完成销售、包装等过程，通常称为一般照明。同时，环境照明是整个空间的基调，形象空间的氛围，因此应将其看作商品展示的一部分。

环境照明提供的照度根据商店的特点可以从几十勒克斯到 1 500 lx 不等。环境照明通常将灯具均匀分布，以达到均匀照亮整个空间的目的，一般不需要考虑商品展示照明，也不需要考虑商品的具体位置。但对于一些销售低附加值商品的商店，商店通常不专门设置商品展示、货架等照明，而是由环境照明统一提供。此时，环境照明需要采用有更宽光束角的灯具，增加垂直照度，以满足顾客挑选商品的视觉要求。

环境照明要根据房间的实际情况确定灯具及灯具布置方式。在低矮的或中等高度的房间内，多采用嵌入式的灯具或吸顶灯具。如果采用悬吊式灯具，不但显得压抑，而且会影响商品的展示和陈列。对于较高的顶棚，采用悬吊式灯具较为合适。

天然光的采用会为环境照明效果带来很大的提升，天然光照明会提高商店的吸引力、延长顾客的逗留时间，而且会降低商店的运行成本，增加营业额。另外，天然光的采用可以有效地降低商店照明运行成本，减少能源消耗。

2. 货架、展示柜照明

为弥补环境照明对货架、展示柜照度的不足，可以增加针对性的照明，以提高顾客视觉环境，同时为顾客购物提供视觉引导。货架、展示柜照明的主要作用是增加商品上的照度，同时勾勒出商品销售区域，因此照明需根据商品的位置(商店的固定设施、货架、商品陈列台)而决定。另外，此类照明需要考虑顾客视线而增加相应方向的亮度，同时，应有效地避免灯具的眩光干扰，提高实际舒适度。例如，垂直货架照明，需增加垂直面的照度，因此近来多采用宽角度灯具。

货架、展示柜照明的主要目的是为了突出商品，有时可能会忽略室内空间的建筑艺术处理。增加墙面货架的垂直照度还可以采用斜配光灯具，以增加商店繁华和热烈的气氛。如果采用间接照明或半间接照明形成柔和的光线，就好像在顶棚上形成一个或数个明亮的“天穹”。

3. 周边照明

周边照明主要是对于商品区域的垂直表面及与之相邻的商品进行照明。周边照明是商业照明各方式中非常重要的一种，它会对顾客对商店的明暗印象有重要影响，特别是面积较小的商店，此类照明可以使空间看上去比实际更大一些。此类照明提供垂直面上的照度，更有利于提高顾客对商品的可见度，更容易吸引顾客的注意力。而垂直面是顾客正常视野中最重要的部分，所以此照明比环境照明更有助于提高顾客的视觉感受，而且垂直墙面可以通过反射光线为商店提供额外的环境照明。

周边照明可以通过多种方法达到良好的效果。可以通过点光源或线形光源，如LED光带，营造独立的或连续的图案；也可以用洗墙的方法均匀地照亮整个墙面，应该注意的是洗墙的技术要求比较高。

4. 重点照明

商品的可见度和吸引力是十分重要的，对特定物体进行照明，提升它们的形象，使它们成为注意力的焦点。重点照明的目的是使商品形状、结构、组织和颜色等方面与环境形成对比，以提升产品关注度。重点照明是商业照明中重要的一部分，如一些大卖场等场所，几乎都会采用重点照明吸引顾客、增加销售。重点照明可以有效地突出商品材质、颜色、涂层等特色，同时使用定向光束创造出亮度的变化和阴影效果，阴影越锐利，越能获得戏剧效果。

在通常情况下，为了人眼的舒适，需要照明提供均匀的亮度，一般被照物体与周围背景的亮度比不应超过5∶1。但是在重点照明设计时，可以不考虑此比例的限制，以达到突出商品特色的目的。在进行重点照明设计时，最重要的是确定重点照明系数。重点照明系数是指被照物体与其背景的亮度之比。一个物体的重点照明系数为2时，刚好具有引人注目的效果，此时它的亮度是背景亮度的两倍。可根据表7.2.1中列出的重点照明系数及效果，采用合适的比例。对于第一类、第二类商店，重点照明系数不超过5；对于第三类商店，此系数可达15；而对第四类商店，此系数可超过30。

表7.2.1 重点照明系数及效果描述

重点照明系数	效果
1∶1	非重点照明
2∶1	引人注目
5∶1	低戏剧化效果
15∶1	有较强的戏剧化效果
30∶1	生动
>50∶1	非常生动

在重点照明中，点光源是比较理想的光源，如白炽灯、卤钨灯和金卤灯、LED灯等，特别是LED光源亮度高、发光面小、发光方向性好，能精确地反映出商品原有的丰富色彩和质地。

重点照明的效果在很大程度上由光束的特性决定。具体地说，就是光束的强度、所形成的光斑的形状和大小，以及散射光的量。因此，重点照明必须采用具有控光性能的灯具。

正确使用重点照明可以突出商品，反映商店的特色，价位越高、商品越高档的商店，使用重点照明越频繁。表7.2.2说明了根据不同年龄层的对象所采用的照明方式。

表7.2.2 对不同年龄段顾客对象的照明表现方式

顾客对象	照明	展品及表现效果
婴儿	漫射和重点照明效果相结合，呈暖色	玩具类
青少年	彩色照明、动态照明，可以适当地利用眩光创造充满生机的氛围，使用强烈的亮度对比，照明的主要目的是装饰	山地车、摩托车 表现活泼、朝气蓬勃
20～40岁的人们	定向高光照明，动态照明，适当利用眩光，富于亮度对比，色彩丰富 功能性照明	运动用品、流行性的艺术品 表现流行、浪漫
中年人	遮蔽很好的定向照明，加入一些漫射成分，营造浪漫气氛	较古典的艺术品 表现自然
老年人	与上面相仿，但照明水平更高，对比不要太强烈，表现细节	老年人用品 表现自然、恬静

5. 装饰照明

相比其他室内照明，商业照明可采用更多的装饰照明，以营造艺术化的光环境，使顾客的心情更加轻快，从而促进销售。值得注意的是，装饰照明不能喧宾夺主，影响顾客对商品的兴趣。

7.2.3 广告和橱窗展示照明

橱窗展示照明主要是为了吸引过往顾客的注意、使人们驻足的特效照明，其本身也是对商店和商品的宣传广告。

在商店的橱窗设计时，要同时考虑白天和晚上的视觉效果。为了减少窗玻璃干扰反射的影响，展示照明的照度必须很高，一般照明为 500～1 000 lx，重点照明为 3 000～10 000 lx，具体照度要根据周围的明亮程度而定。虽然橱窗照明中的照度比较高，但是与太阳光相比还是比较低。因此在白天展示比较重要的情况，最好将太阳光作为照明光源的一部分，从而达到既节约能源、又能取得较好展示效果的目的，此时橱窗的照明控制要求就比较高了。

橱窗照明的主要方法是：

1）依靠强光突出商品，使商品能够吸引过往行人的注意力。

2）强调商品的立体感、光泽感、质感和丰富鲜艳的颜色。

3）使用动态照明吸引顾客的注意力。

4）利用彩光强调商品，使用与物体相同颜色的光照射物体，可加深物体的颜色；使用彩色光照射背景，可产生突出的气氛。

在照明设计时，首先应根据商品所要吸引的顾客对象和商品所展示的主题，然后确定所要使用的照明方法，可参考表 7.2.2。

要获得良好的造型效果，就必须控制光束的照射方向，不同的照射方向可获得不同的照明效果。例如，在一个展示区或橱窗中，光线入射角大（光线从上面来），则获得的戏剧性效果越大，就越能强调物质的质地；入射角度越小（光线从前面来），产生反射眩光的概率也越大。

按照功能，可将展示照明所用的定向光线进行分类。这些光的名称、功能以及营造的效果归纳在表 7.2.3 中，图 7.2.1 所示为使用定向光线所营造的实际效果。

表 7.2.3 展示照明中使用的定向照明及效果

光线	描述/功能	图示
关键光线	主要照明，由于明亮度高并有很强的阴影，可营造闪亮的效果，并突出重点	
补充光线	补充照明，可以冲淡阴影，从而获得想要的对比度	

续表

光线	描述/功能	图示
背后光线	从后上方照明，突出被照物体的轮廓，使它与背景分离，可用于透明物体的照明	
向上光线	突出靠近地面的物体，可创造戏剧性效果	
背景光线	照明背景	

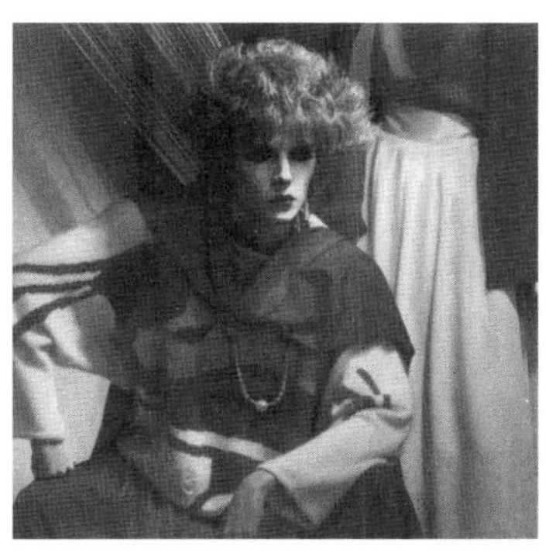

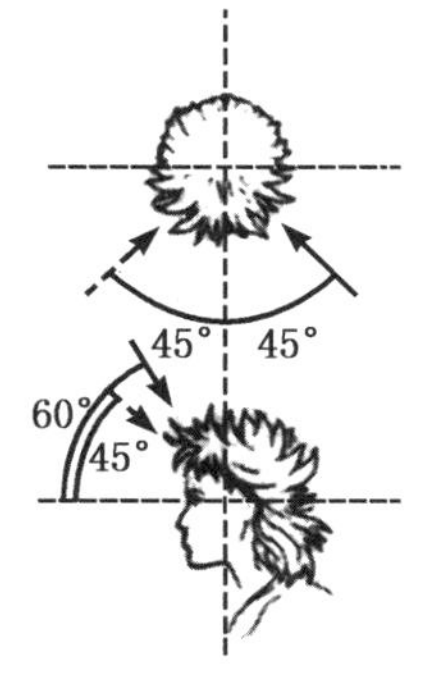

关键光线加补充光线

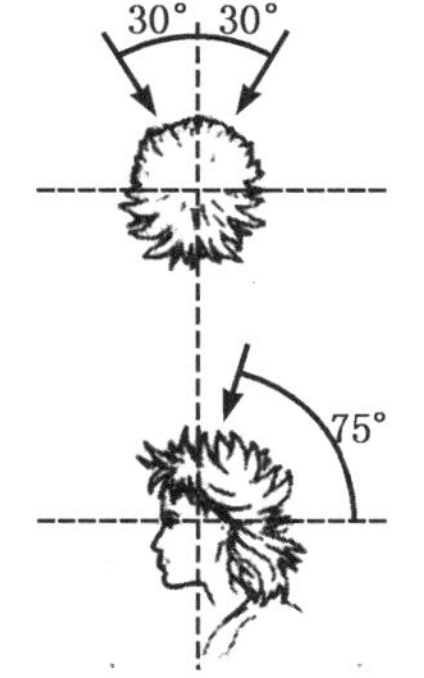

来自背后的光线

图 7.2.1

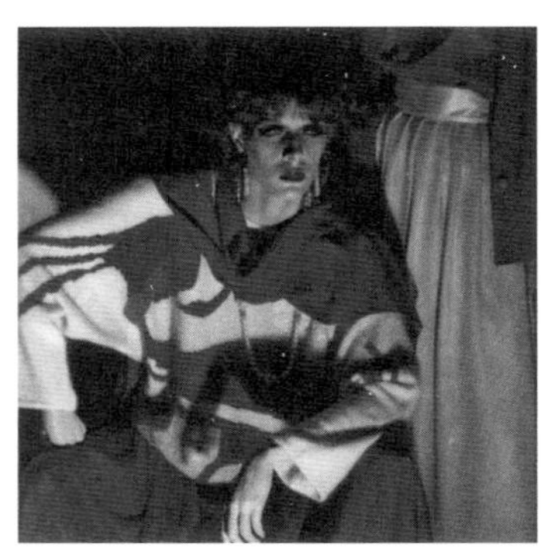

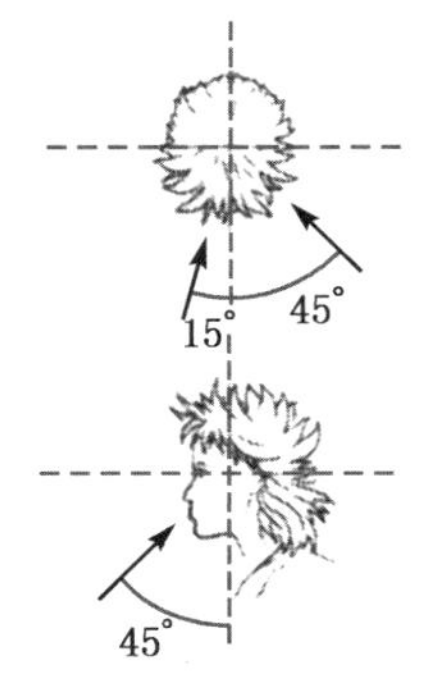

向上的光线

图 7.2.1 定向光线所营造的实际效果

7.3 旅馆照明

旅馆是集工作、商务、休闲、娱乐于一身的服务行业，应为顾客提供舒适、安全和优美的休息环境，照明视觉环境是其中之一。视觉环境会影响顾客的情绪，从而影响顾客在旅馆的感觉美好与否。旅馆建筑通常包括大厅、客房部、停车场、小型办公室、康乐中心等设施，这些设施比较复杂和集中，因此对照明设计的要求也比较高。旅馆照明设计的特点是：首先，照明设计考虑的是光线对人们心理的影响，如给人安全、宾至如归的感觉；其次，除满足照明功能外，还应满足装饰的要求；再次，旅馆建筑设施比较齐全，照明设计的范围比较广，如办公室、舞厅、餐厅、体育设施等。

旅馆照明的推荐值在 GBJ 133《民用建筑照明设计标准》中给出。但由于旅馆建筑涉及很多设施，在旅馆照明设计时应参考各功能区域的照明要求，以达到良好的照明效果。

7.3.1 旅馆照明要素

旅馆建筑设施比较齐全，照明设计的范围比较广，如办公室、舞厅、餐厅、体育设施，而这些设施对照明的要求不尽相同。高质量的旅馆照明应考虑天然光、照度水平、眩光控制、亮度分布、颜色、显色性、光的方向、塑形等众多因素。

1. *颜色*

旅馆颜色会影响顾客对酒店的整体感觉，影响顾客的情绪。和谐的颜色环境会提升顾客的情绪，提高顾客在酒店的体验。颜色不仅仅取决于光源的相对光谱能量分布，而且与各表面的反射率相关，因此照明设计与室内装潢应协调统一。光源光谱也会决定整个空间的颜色外貌，因此光源光谱是照明设计中选择光源的重要依据。光源相对光谱能量分布较为抽象，通常采用色温和显色性来表征光源相对光谱能量特性。色温通常影响我们对色调的感觉，对人们视觉、心理的影响较为复杂，并没有一个绝对统一的评价方式。在通常情况下，照度水平较高时宜采用高色温光源，照度水平较低时宜采用低色温光源。另外，可采用高色温荧光灯或 6 000～8 000 K 色温的 LED 光源，其蓝光部分可以调节工作人员的昼夜节律；低色温更有利于工作人员生理、心理的放松，因此可以在休闲区域采用低色温光源。

显色性反映光源对物体颜色的显现能力，显色性越好，物体颜色越接近标准光源照射下的颜色，即更接近我们日常见到的物体颜色。酒店要求光源具有良好的显色性，一般要求显色指数 R_a 应不低于 80。LED 光源光谱中缺少红光成分，选择此光源时应对 R_9 进行限定。

2. 天然光

天然光对人的生理、心理有着重要的影响，天然光的引入也是满足人们对自然的追求，更有利于人们的生理、心理健康。在旅馆照明中，对天然光的控制是旅馆建筑中必不可少的。建筑设计师可通过各种形状的开口、窗等将天然光引入建筑中，但天然光设计比较复杂，其光线特性、位置、颜色等照明特性均需考虑在内。因此，引入天然光不仅仅是单纯的照明功能，而是作为空间构图因素，烘托环境气氛，体现主题意境，形成各种不同的空间氛围。

人工照明不应该简单地模仿天然光，应与天然光相辅相成，共同构建高效的照明环境。

3. 应急照明

酒店属于人流量比较大的场合，完善的应急照明关系到顾客的生命安全。应急照明具体要求可参照本章的安全及应急照明部分。

7.3.2 公共区域照明

1. 大厅

对于旅馆类的服务性行业，第一印象至关重要，而顾客对旅馆的第一印象主要取决于大厅。因此，大厅设计应醒目、别树一帜，使旅馆在众多旅馆中脱颖而出。同时大厅又是信息和交流的中心，大厅照明需要满足场景呈现、销售、引导顾客前往其他建筑区域的作用。

大厅的照明设计在加深顾客对旅馆的好感的同时，也需要满足各种作业视觉功能要求。大厅通常包括入口、电梯厅、休息厅、接待处等几个区域，各区域功能不同，对照明的要求也不尽相同，大厅照明应将这些功能有效地综合在一起，图 7.3.1 所示为大厅的照明效果。

图 7.3.1 大厅照明

入口为建筑内部与外部区域的连接处，此处照明需要对视觉适应进行控制，尽量减少亮度变化对顾客视觉舒适度的影响。

接待处是整个旅馆的中枢，此处的照明需要为接待顾客提供清晰的视觉，应有效地减少脸部阴影，以提高面对面交流时的视觉舒适度。高亮度可以更有效地吸引顾客的注意力，因此接待处的亮度应比其他区域更高一些。另外需要注意的是，顾客的亮度感觉主要决定于垂直照明，可以增加水平方向的灯具提高垂直照度，增加垂直照度也可以有效降低下射灯具在脸部形成的阴影，更有利于面对面的交流活动。接待处照明还需要为书写、标记辨识等复杂视觉作业提供必要的照明，因此也需要较高的水平照度，可以采用较低的一般照明和工作区局部照明相结合的方式。一般照明和局部照明相结合的方式尤其适用于有 VDT 的场合，能有效减少屏幕上的眩光。接待处照度设计需要注意的是要与其他区域照明相协调，不要显得过于突兀。

休息厅主要是给来访者及顾客提供一个交谈及休息的场所，其照度选择在 50～100 lx 之间比较适宜。人们在交谈时，看清对方的表情至关重要，这需要一些垂直照度和从多个方向进行照射，以减少尖锐的阴影。同时，休息厅照明光源应选择显色性比较高的光源，以表现人们的肤色。

2. 走廊

走廊为顾客流通区域，走廊照明首先满足导向及安全等照明功能。走廊照明设计应根据有无采光窗、走廊长度、高度及拐弯情况进行综合考虑。应避免采用均匀统一的照明系统，明暗错落有致更能吸引顾客的注意力。通常墙壁和顶棚更为明亮，这种效果会使空间更加开阔，特别是无天然采光的长走廊，增加照度水平，可提高人们的安全感，使走廊看上去短一些。

房间号码照明可使顾客方便地找到房间，可采用背面发光的号码或局部照明，使号码比环境亮度更高。

走廊通常也是逃生通道，逃生标志及通道应满足安全标准。

7.3.3 客房区域照明

客房是旅馆中的重要区域，顾客应用客房的主要时间段为晚上或夜间，因此客房的照明起着重要作用。客房照明应为顾客营造温馨的氛围，同时应为顾客对客房设施使用提供必要的照明。

客房可以分成多个功能区域，进行工作、阅读、看电视、休息、睡觉等。因此，客房照明需要将这些功能有机地融合为一体，不能相互干扰。客房照明可采用一般照明和重点照明相结合的方式，一般照明可采用吸顶灯或间接照明；重点照明根据阅读、看电视、聊天等活动做相应的照明，详细情况可查阅本章中住宅照明一节。

照明光源可选择荧光灯、LED 灯及卤钨灯，一般采用低色温的暖白色，以营造“家”的氛围。

灯具选择时需考虑无阴影的多方向柔和照明与方向性的造型照明相平衡。太少的方向性造型照明会使房间单调、无生气，可适当增加造型照明或装饰性照明以烘托气氛。

照明控制是客房照明中的一个重要环节，照明控制可根据顾客的需要对亮度水平和分布进行调节，同时也可以满足客房的多功能性要求。客房照明设计应对照明控制进行充分考虑，可利用自动及手动控制。一般客房都设有床头柜控制板，可在控制板上控制灯光、电视机、空调、呼叫信号等。

7.3.4 餐厅及娱乐设施照明

1. 餐厅

餐厅的照明首先注重对餐厅场景及氛围的营造，其次是考虑顾客行走、方向辨识及顾客间交流所需的功能照明。

天然光的引入是餐厅照明中必不可少的。阳光以不同的方式穿过不同的建筑结构进入内部空间，形成各种不同的空间氛围。

人工照明很大程度上取决于餐厅本身的风格，可根据餐厅特点营造明亮整洁或昏暗亲切的氛围。通常，就餐分为 3 类：聚会、休闲和快餐，不同就餐方式的照明方法也不尽相同。对于聚会，如鸡尾酒会、夜总会等，这些场合人们进行就餐、娱乐等活动，需要较低的照度，以营造柔和的光效果；休闲是比较普通的就餐方式，一般需要中等的照明环境；快餐注重的是效率，而不是气氛，因此需要较高的照度和比较均匀的照明。

2. 酒吧

酒吧照明设计应首先考虑酒吧的顾客人群特征，对光源与灯具的选择更加开放，设计风格也是多姿多彩。如顾客主要为年轻人，可采用强烈视觉效果吸引更多的顾客参与；如顾客较为传统，应采用低色温、低亮度水平照明方式，以营造放松、温馨的氛围。

其次，酒吧照明应该为工作人员作业提供足够的亮度。一般吧台会设置高照度水平，满足其工作视觉功能要求。

亮度、阴影及颜色变换可创建不同场景，为顾客提供不同的氛围。因此，酒吧中的照明控制是实现照明变化的有力支撑，LED 光源由于其较好的调光、调色性能，是最为适宜的酒吧照明光源。

3. 舞厅

一般舞厅灯具分为动态和静态两种，动态灯具包括转灯、宇宙灯、太阳灯等，静态灯具包括聚光灯和紫光灯。

舞厅除设一般照明外，主要是上述舞厅灯具。舞厅灯光应根据舞曲的需要来控制和调整强弱、增减，以渲染气氛。舞厅灯光要与舞蹈、音乐交融一体，不能过分明亮，也不要太暗淡。一般照度在 10～50 lx 范围内可调，舞蹈时在 10～20 lx 之间，休场时调到 50 lx 较好。

不同类型舞厅的照明设计参考标准，见表 7.3.1。

表 7.3.1 舞厅的照明设计参考标准

规模	建筑面积/m²	设备容量/kW	灯具类型设置
小型	100～200	10	静态灯具为主
中型	200～350 350～500	15 25	动、静态灯具均设，增加霓虹灯设施
大型	500 以上	30～50	除以上动、静态灯具外，可增加激光、霓虹灯设施

4. 康乐设施

康乐设施是现代旅馆服务中的重要部分。康乐设施主要包括球类(保龄球、台球、乒乓球等)、健身、游泳、洗浴、牌类、棋类及电子游戏等。

体育设施的照明设计可参考体育、场馆照明设计章节。但旅馆康乐设施照明与一般的体育设施照明略有区别，旅馆康乐设施的照明更加注重休闲性。这里不需要提供很高的照度和显色性，没有满足大型比赛的要求和电视转播的要求，但是康乐设施需提供更多的装饰照明，以营造更加轻松、舒适的环境。

旅馆的游泳池作为休闲、娱乐的活动场所，没有正规的比赛任务，因而灯光应以装饰为主。但同时应考虑到需要足够的照度，以满足安全救援人员观察和进行营救等视觉活动。

通常游泳池也采用荧光灯具光带作为一般照明，光带照明可以降低眩光，也可采用间接照明以创造柔和的光线。目前，LED 灯具由于其高光效、长寿命、可调光等优点，应用越来越广泛。对于采用钢屋架且不作吊顶的游泳池，可采用其他灯具，并可根据灯具的高度选择光源。

水下照明可增加游泳池的视觉冲击，利用水面对彩色光的反射也可以起到装饰作用。使用水下照明灯具应重点考虑其安全性，其电源应为 12 V 或 24 V。水下照明灯具安装在游泳池的侧壁上。

棋牌场所的照明应集中在桌面上，应为桌面提供足够的水平照度，并且在桌面附近应提供一些垂直照度，以塑造游戏者的面部以及照亮垂直放置的牌。一般采用可控光的下射灯具对桌面进行高效照明。对于牌类应在周围加入辅助灯具，以提供垂直照度，同时应尽量避免引入直接眩光。在照明设计时，应考虑到桌面与棋牌的对比度，以提高可见度。

7.4 教育设施照明

视觉——最主要的大脑信息来源——在学习过程中起着至关重要的作用，教育设施照明的主要目的是为学生和教师提供教学过程所必需的视觉环境，并营造舒适的氛围。教学过程涉及多项视觉任务，而且通常需要在这些视觉任务间频繁切换，特别是在目前，教学过程由纸笔向多媒体教学转变，对照明质量提出了更高的要求。教育设施照明不仅需要满足学生视觉功能上的需求，而且还应有助于提高学生学习效率和促进学生身心的健康。

7.4.1 教育设施照明要素

随着教学手段的多样化，学生的视觉任务也越来越复杂，对照明的要求也越来越高。高质量的照明可以改善学生的注意力、学习能力和身心健康。照明需要更加灵活、高效、亮度均衡，下面几个因素对照明质量的好坏起着重要作用。

1. 照度

在其他条件不变的情况下，照度水平会随视觉功能的变化而变化。视觉及照明专家对此进行了深入的研究，大量研究结果表明，随着工作面照度水平的提高，文字的易读性也随之提高，但如果要达到最高的易读性，需要的照度非常高，这对于节能是非常不利的，也完全没有必要。另外，文字的易读性与文字尺寸以及文字相对于纸张的对比度相关。日本的研究结果如表 7.4.1 和图 7.4.1 所示。当汉字和背景的亮度比为 80%、观看距离为 30 cm 时，照度和易读性的关系由图 7.4.1 给出。研究表明，如果要达到易读性为 100 的话，将需要相当高的照度，这从经济的角度考虑是不合算的；一般情况下，易读性能够达到 70 就可以了。从此图中还可以看出，字越小，对于相同的易读性，需要的照度越高。因此，在制作学校教材等印刷品时，尽量取较大的字，以减少照度的要求。

表 7.4.1 易读与主观描述的对应关系

读出的容易程度	描述
0	是否能看见的界限
12	是否能读出的界限
20～40	需要努力才能读出
40～55	看不完全细微之处
55～70	大致读出
70～90	容易读
90～100	非常容易读出

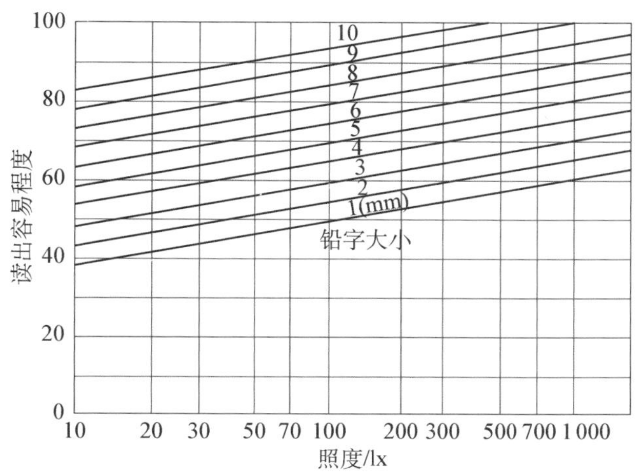

图 7.4.1 照度与读出容易程度的关系

最近大量实验表明，更高的照度水平(500 lx)与正常的照度(300 lx)相比，学生的阅读、数学能力有很大提高。不仅仅如此，通常高的照度会让人更满意，更能激发人们的注意力并减少疲劳。因此在考虑节能的基础上，可适当提高教育设施照度水平，以营造更优秀的照明环境。

一般标准均是规定教室桌面的水平照度，但由于教学过程中包括几种不同的视觉任务，因此照度水平应根据这些任务综合考虑。教育设施是人们相互交流比较多的场合，人们交流时需要看清面部表情或面前物体，因此垂直照度也是教育设施中很重要的因素之一。

教室使用者的年龄也是照度选择时重要的参考因素，青少年所需照度比成年人、老年人要低。照明调光是一个比较好的选择，既可以满足各种视觉任务要求，同时又可兼顾运行成本。对传统光源进行调光时光效下降，甚至损害光源本身、降低光源寿命。LED 光源降低光输出时光效反而上升，而且有利于提高 LED 寿命，因此 LED 光源非常适合采用照明智能控制。

2. 颜色

与照明颜色相关的光源参数为光源色温和显色指数。光源色温高低反映了光源光谱中的蓝光成分的高低，而蓝光的非视觉效应会影响教师和学生的精神状态及昼夜节律。低色温的光线能够得到暖和的、安定的和温馨的气氛；高色温的光线，不仅有凉爽的感觉，而且还有清澈的活泼气氛。一般，教育设施采用中高色温光源。光源的显色指数反映光源对颜色显现能力的指标，显色指数越高，颜色显现能力越高，一般显色指数大约 80，一些绘画、艺术品的场合需要显色指数更高一些。

教室中的亮度及颜色不仅与光源有关，而且与室内各表面的反射率有很大关联。教室推荐采用饱和度不高的浅色表面，以提高教室的整体亮度，也可以使教室感觉更加宽敞。教室各表面的反射率推荐值如图 7.4.2 所示。通常顶棚表面需要更高的反射率，一方面黑暗的顶棚会使人觉得压抑，影响视觉舒适；另一方面间接照明多采用顶棚反射灯具光线，如果顶棚反射率低，会降低利用系数，增加能源消耗。教室表面不宜采用高饱和表面，高饱和表面除对应的颜色外，其他光谱基本全部吸收，光利用率比较低，不可能节能。同时，教室表面

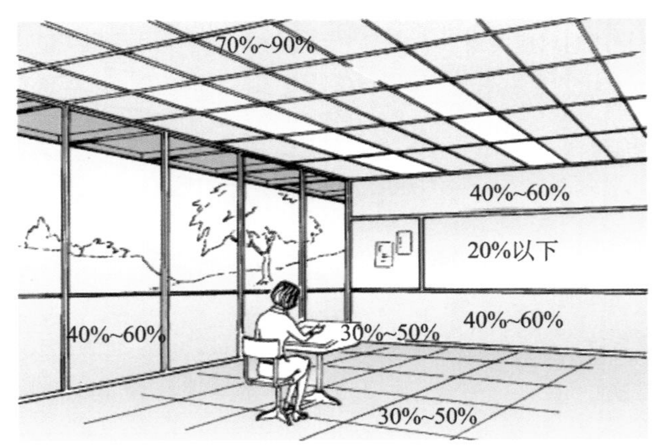

图 7.4.2　**教室各表面反射率推荐值**

尽量不要采用光泽表面，光泽表面容易产生反射眩光。

为达到所要求的反射比，并考虑到年龄的因素，各表面的颜色推荐如下：

顶棚：白色。

墙面：低年级教室为浅黄、浅粉红色等；

　　高年级教室为浅蓝、浅绿、白色等；

　　成人用教室为白色、浅绿色等。

地面：不刺眼、耐脏的颜色。

3. 亮度均衡

当人们在房间里时，眼睛聚焦经常在远处（墙）和近处（作业面）之间移动，当这两个区域亮度差异比较大时，人眼需要不断地重新适应，这会使人眼很容易疲劳，影响视觉功能甚至健康，并且会分散人们的注意力。为了达到视觉舒适的要求，如图 7.4.3 所示，各表面的亮度不应超过工作面亮度的 5 倍，而且房间内任一可见表面的亮度不应低于工作面的$\frac{1}{3}$。尤其是与工作面相邻区域的亮度最好不要超过工作面的亮度，而且尽可能使亮度分布比较均

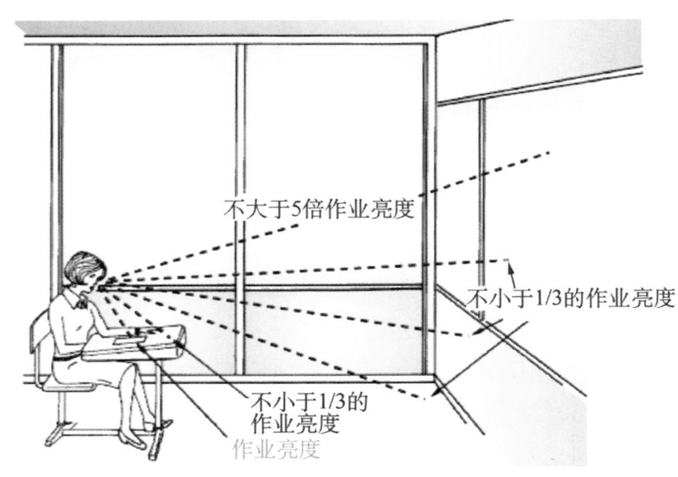

图 7.4.3　**推荐环境与作业区亮度比**

匀，以免降低学生的注意力。但不应使得亮度分布过于均匀，以免使环境呆板，使室内人员感觉无聊、无生气。

4. 眩光

眩光是影响照明质量的重要因素之一。眩光是由于亮度分布不适当，或亮度变化的幅度太大，或空间、时间上存在着极端的对比，以致引起不舒适或降低观察物体能力的现象。眩光引起视觉对比、视力、识别速度等视觉功能下降，严重时可使人晕眩，甚至造成工伤事故或损伤眼睛。同时，眩光对人们心理也有明显影响，会使工作人员情绪烦躁、反应迟钝等。

控制直接眩光除了可以通过限制灯具的表面亮度和表观面积外，还可通过改变灯具的安装位置和悬挂高度、保证必要的保护角，以及增加眩光光源的背景亮度或作业照度等方法降低眩光。另外，天然光的眩光控制也需要关注，关于天然光眩光控制部分可参照本书天然采光章节。

防止反射眩光，光源的亮度应比较低，使反射影像的亮度处于容许范围，可采用视线方向反向光通小的特殊配光灯具。其次，如果光源或灯具亮度不能降到理想的程度，可根据光的定向反射原理，妥善地布置灯具，即求出反射眩光区，将灯具布置在此区域以外。如果灯具的位置无法改变，可以采取变换工作面的位置，使反射角不处于视线内。

光幕反射是阅读、书写时经常遇到的眩光干扰。当阅读带有光泽的书籍时，灯具或高亮度表面会在书籍上面形成镜像，影响阅读效果，增加视觉疲劳。

5. 照明控制

近期研究表明，动态照明不仅对视觉功能有益，而且有益于儿童的身体健康、认知能力。

6. 天然光

天然采光可以带来很多益处，如节能，提高视觉功能，使眼睛注视远处，放松眼部肌肉，心理健康，等等。教室照明首先考虑的因素就是天然光的利用，这样不仅可以节约能源，而且可以达到较好的照明效果。精心设计的开窗系统可以提高足够的工作面照度，可以使眼睛能够注视远方，缓和眼睛肌肉紧张，提高心理舒适度。但考虑到天然采光的不稳定性，人工照明所产生的照度必须达到视觉任务所要求的标准。同时，天然采光要考虑对太阳的眩光的限制。限制眩光的方法很多，如用在室外的房檐及室内的窗帘、漫透射材料等，具体可以查阅天然采光一章。

7.4.2 教室照明

教室是教育设置中应用最为普遍的场所，教室照明需要为教学任务提供灵活、高效、低眩光、亮度平衡的光环境。高质量的照明可以改善学生的心情、行为、注意力等，进而提高学生的学习效率。

1. 一般教室的照明布置

为营造良好的照明环境，教室照明除考虑照度水平因素外，还需要考虑直接、反射眩光、颜色等因素，并根据这些因素选择合适的光源、灯具及排布方式。

在常规教室中，课桌呈规律性固定排列，主要的视觉方向是黑板和课桌。此类教室大多有开窗系统，照明设计中需要重点考虑天然光与人工照明的相互融合。天然光的引入不仅可以提供足够的工作面照度，降低能源消耗，而且开窗能够使眼睛注视远方区域，缓和眼睛肌肉紧张，提高心理舒适度。但引入天然光的同时需要精心控制人工照明，以弥补天然光照度的不足以及照度均匀性差的问题。另外，天然采光引进的眩光也是需要重点考虑的问题，特别是其在黑板上的光幕反射。此类教室大多采用灯具平行窗户排列，距离窗户越远灯具越密集。为满足在阴天或冬季时远离窗户的位置照度要求，需要每列灯具可以单独开关或调光，目前很多照明系统安装了日光感应装置，可以智能控制灯具光输出。

某些教室需要实现更多功能，桌椅排布格局需经常变换以适应不同的功能和场景。此类教室没有固定的视觉方向和讲台位置，因此天然光的引入及人工光源布置需要进行精心设计，以满足各种视觉功能要求。同时，此类教室照明中需要重点考虑各墙壁照明及亮度平衡。为满足各方向的视觉舒适度（常规教室通常只考虑黑板方向），需要将整个空间墙壁照亮，特别是常规教室中的后面墙壁部分。由于视线方向不固定，此类教室眩光控制要更加严格，可采用直接照明或间接照明方式降低眩光。

荧光灯具有光效高、显色性好、发光面积大、亮度低等优点，这使得荧光灯成为教室照明中最常用的光源，特别是 T8 管形荧光灯。近年来，T5 荧光灯和 LED 光源部分应用在教室照明中。T5 光源本身亮度较高，仅采用格栅灯具并不能有效地减少眩光，大多采用棱镜或间接照明。LED 光源在教室照明中才刚刚起步，但是 LED 光源优异的高效率及调光性能使其成为非常有前途的教室照明光源，LED 光源本身亮度比较高，在灯具设计时需要考虑眩光的控制问题。

图 7.4.4　教室照明

教室照明灯具的选择需要综合考虑顶棚高度及其种类。高顶棚可以采用悬挂式直接或间接灯具，以提供下射光线及明亮的顶棚，如图 7.4.4 所示，教室照明采用直接照明，具有较好的光利用率。间接照明可以提供低亮度、无阴影的均匀光环境，特别是一些对眩光要求比较高的场合，间接照明是一个很好的选择。需要注意的是，间接照明通常意味着更高的能量消耗。对于低的顶棚，经常采用吸顶式灯具或嵌入式灯具。

重点照明可以在很大程度上调节整个空间的气氛，教室中可以适当地增加洗墙或局部的照明，以呈现不同的场景，同时也可以缓解教师、学生的视觉疲劳。但此类照明不宜过多，否则会降低学生的注意力。

阶梯教室内灯具数量多，眩光干扰增大，宜选用限制眩光性能较好的灯具，如带格栅或带漫反射板（罩）型灯具、保护角较大的开启式灯具。

在阶梯教室中，由于顶棚结构的关系，通常采用平行于黑板的荧光灯灯带照明及多管块布灯方案，这样可以减少眩光，照明效果好。而且，还可以结合顶棚建筑装修，对眩光较大的照明灯具做隐蔽处理。如图 7.4.5 所示，将教室

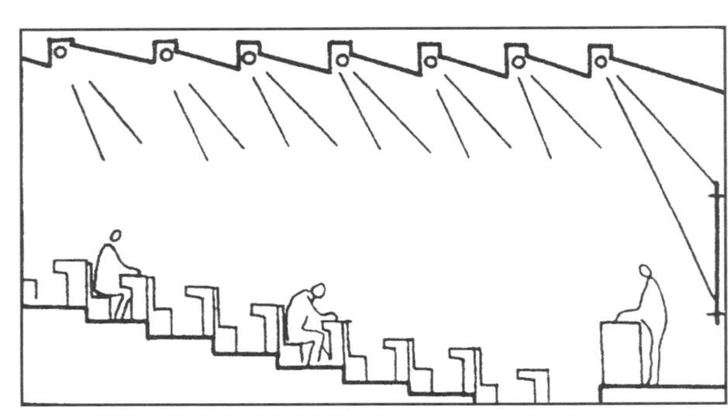

图 7.4.5　阶梯教室照明

顶棚分成尖劈形，灯具被下突部分隐蔽，并使其出光投向前方，向后散射的灯光被遮蔽并通过反射器向前面透射，学生几乎感觉不到直接眩光。

2. 黑板照明

黑板照明在教室照明中至关重要，高质量的黑板照明可以提高可见度水平，也可以帮助老师吸引学生的注意力。黑板照明应避免在黑板上产生光幕反射及阴影，否则，会降低可见度，引起视觉疲劳。通常表面越亮，越容易吸引人们注意力，因此黑板的亮度要足够高，以提高吸引力。对于多种用途的场所，需照亮多个墙面，并根据应用场景进行开关或调光控制。

由于黑板是垂直安装的，只有顶棚的一般照明无法满足黑板照明要求，需增加非对称灯具洗墙照明来弥补黑板照度的不足。另外，黑板的亮度不仅会影响可见度，而且也会影响亮度均衡，从而降低视觉舒适度。黑板的照度一般应不低于桌面的照度，特别是对于深色的黑板；同时，也不应该超过作业面亮度的5倍。黑板的均匀性也是黑板照明效果的重要指标，为达到理想视觉效果，黑板最低照度应不低于平均照度的0.7。图7.4.6所示为用LED灯具为黑板提供的照明。

图7.4.6 黑板照明

常用黑板为黑色、绿色及白色三种。实验表明，黑底白字的视觉功能最好，但其视觉舒适度并不是最好，因此目前大部分采用深绿颜色黑板。黑板尽量选择漫反射材料，以消除黑板产生的光幕反射，特别是开窗的光幕反射。对于白色黑板，由于其较高的反射率，更容易引起反射眩光，因此灯具布置时需要更为注意。

黑板局部照明灯具多安装在黑板的上侧，距离黑板0.85～1.3 m。为不遮挡教师和学生的视线，并且使上课教师不受直接眩光的干扰，应精确设计黑板高度。阶梯教室一般设有上下两层黑板(上下交替滑动)，由于两层黑板的高度较高，仅一组黑板专用灯具很难达到照度及均匀度的要求。推荐对上下两层黑板采用两组专用灯具分别照明方案，为改善黑板照明的照度，可对两组灯具内的光源容量做不同的配置。上层黑板专用灯具内的光源容量宜为下层光源容量的$\frac{1}{2}$～$\frac{3}{4}$。在阶梯教室内，当黑板设有专用照明时，投影屏的位置应该与黑板分开，一般可置于黑板旁边。当放映时，也可同时打开光源照明黑板，以减少黑板与投影屏的亮度差。

7.4.3 图书馆照明

随着多媒体的发展，人们的阅读习惯发生了很大的变化，但阅读图书依然是目前不可或缺的学习途径。图书馆的照明应能够激发人们的阅读热情，并为之提供一个舒适的光环境。高质量的图书馆照明应该引入充足的天然光，并辅之以高效的人工照明，从而创造无眩光、无光幕反射的舒适照明环境。图书馆照明除阅读区域照明设计外，还需要书库及走廊照明设计。

1. 阅览室照明

在阅览室，人们通常阅读时间较长，因此高质量照明环境非常重要。一方面，阅览室照明需要为阅读作业提供足够的照度并有效降低眩光，以有助于读者集中注意力、减少视觉疲劳；另一方面，照明需要为人们提供一个温馨、舒适的光环境。对于阅览室照明而言，天然光是最受读者欢迎的光源，照明应该将天然光与人工光有机地融为一体。天然光可以有效地提高人们的舒适感，使阅览室更吸引读者，同时也可以降低运行成本，而人工照明可以弥补天然光照度不足或亮度不均匀等缺陷。

阅览室人工照明可采用一般照明或混光照明方式。采用一般照明方式时，一般照明既作为环境照明，同时也为阅读提供功能照明；直接或间接照明方式更受欢迎，间接照明将光线射向顶棚，改善阅览室的亮度分布，减少阴影及光幕反射，而且整个空间会显得更加宽敞明亮，可营造温馨、放松的光环境。对于面积较大的阅览室，通常采用分区照明的方式，以节约能源，即在阅读区域采用较多灯具，提高阅读区的照度，满足阅读视觉要求，而对于其他区域，将照度降为阅读区域的$\frac{1}{3}\sim\frac{1}{2}$。采用一般照明与阅读作业区局部照明相结合的混光照明方式也是常用的方案之一。采用此照明系统时，一般照明的照度占视觉任务面总照度的$\frac{1}{3}\sim\frac{1}{2}$，其余照度由其局部任务照明提供，如阅览桌上的台灯等。

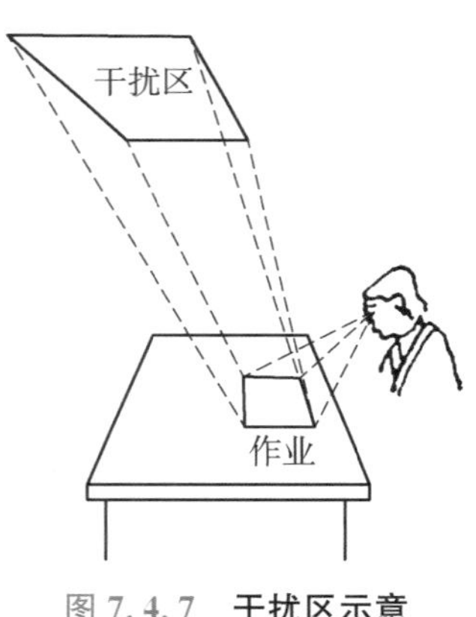

图 7.4.7 干扰区示意

在阅览室照明中，眩光是需要重点考虑的因素。阅览室会有大量带有光泽的书籍，如灯具布置在干扰区内，会在书籍上产生光幕反射，影响阅读效果，干扰区示意如图 7.4.7 所示，灯具如能布置在阅读者的两侧，对桌面形成两侧来光，则会形成较好的照明环境。

阅览室照明中最常用的光源是荧光灯，但是由于阅览室对噪音的要求比较高，因此应选择优良的镇流器。电子镇流器是比较理想的选择，无频闪、高效、节能、无噪音，可以提供更好的阅读环境。随着 LED 光源技术的发展，LED 由于其高光效、可调光、无频闪以及可以与建筑相融合等优点，越来越多的 LED 照明系统被应用在阅览室照明上。

2. 书库照明

图书馆另一个重要的视觉任务是查找书籍和资料，书库照明应有助于读者快速、精确地查询书籍及资料。虽然书籍、资料的安放方法很多，但最主要的是采用高的书架进行存放。因此垂直照明对于书库照明非常重要，垂直照度应不小于 200 lx，并保证一定的均匀性。

书库照明可选用直射光荧光或 LED 灯具，对于珍贵图书或文物类书库，需考虑照明对图书的损害效应，因此光源与灯具的选择应更加谨慎。可选用带漫射罩的白炽灯具或有过滤紫外线的荧光灯具，LED 灯具是更为理想的选择。LED 光源无紫外线和红外线成分，更有利于图书的保护。

为达到书架照明照度均匀要求，灯具应为非对称灯具，应尽量减少 30°～60°区域内的光强分布，提高下部书架的垂直照度，一般为

$$\frac{I_0}{I_{30}} = 1.5 \sim 3,$$

式中，I_0 为灯具在 0°的光强值，单位为 cd；I_{30} 为灯具在 30°方向上的光强值，单位为 cd。

一般将灯具安装在由两书架构成的通道中间，如图 7.4.8(a)所示，或直接安装在书架上，如图 7.4.8(b)所示，或将灯具嵌入安装，如图 7.4.8(c)所示。书架照明时，应将一部分光射向顶棚，使顶棚有一定的亮度，以提高整个书库的亮度。如果是开架书库，则还需达到阅览室要求的水平照度标准，以方便读者阅读。

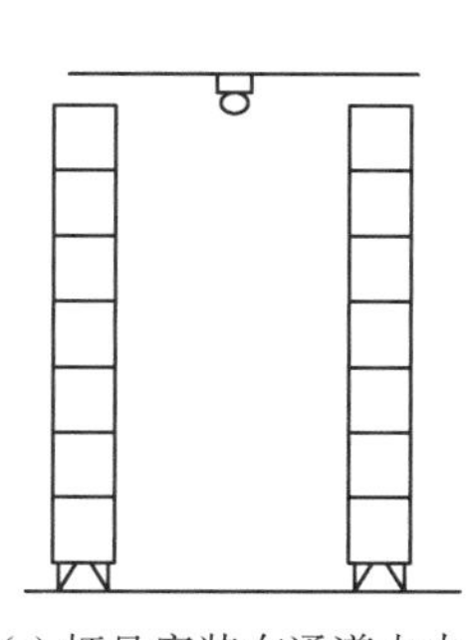
(a) 灯具安装在通道中央

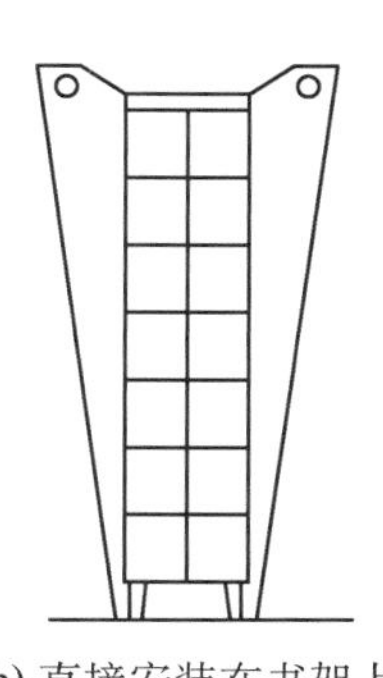
(b) 直接安装在书架上

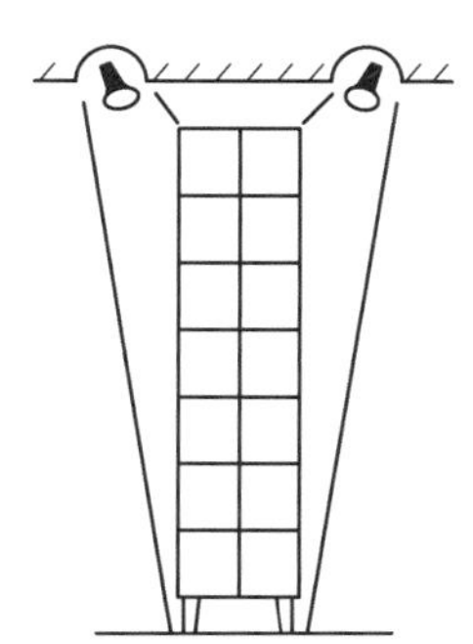
(c) 灯具嵌入安装在顶棚上

图 7.4.8 **书架照明**

7.5 工业照明

在人类获得的外部信息中，80%依靠视觉，因此工业照明直接关系生产效率及工作人员的身心健康。不良的照明环境会妨碍作业，同时会影响身体健康、降低工作效率，甚至导致事故发生。工业照明中视觉作业种类繁多，对照明要求各不相同，照明设计应根据各种作业对视觉要求专门进行，以满足工作人员的视觉要求及身心健康要求，同时节能也是照明需要考虑的问题之一。

7.5.1 工业照明要素

早期工业照明标准多关注视觉功能要求，即照明对视觉作业的速度和精度的影响，如照度水平、眩光限制等。目前工业照明在此基础上，增加了对视觉舒适性及视觉环境的要求。和谐的亮度分布及高显色性可以提高视觉舒适性，有利于工作人员的健康，间接地也会提高生产效率。光的方向、塑形及光色等会影响整个空间的视觉环境，影响工作人员的情绪，也会间接地影响生产。

1. 照度及均匀性

照度水平是工业照明中最重要的指标，照度水平直接关系生产效率及工作人员的安全。国际及国家标准通常会给出照度的推荐值，但更高一些的照度水平更受欢迎。科学研究表明，提高照度水平可以增加生产效率、减少疲劳、减少工业事故。相比简单视觉作业，复杂视觉作业受提高照明水平的影响更显著。工作人员的安全是工业照明的重中之重，大量实验表明，照明水平的提高对降低事故，特别是降低严重事故的发生率起着重要作用。

照明均匀性也是工业照明中必须考虑的一个因素。工厂照明一般采用较均匀的照明系统，从而产生均匀的照度。尽管不均匀光线可以产生艺术效果，但均匀的照明有助于判断三维物体（工厂中处理的多是三维物体）的位置及形状。

2. 亮度平衡

亮度平衡关系照明的舒适性及视觉功能。人们是否能将物体从背景中迅速区别出来，很大程度上是取决于物体与背景的亮度对比和颜色对比，因此工业照明需要一定的亮度差异，而且过于均匀的亮度环境会使工作人员感到单调、无聊，容易降低工作人员情绪。但是不推荐采用高的亮度比，人眼在高的亮度差异时需要重复进行亮度适应，视觉容易疲劳，甚至产生眩光。因此，工业照明需要整个空间有一定的亮度变化，达到亮度平衡，表 7.5.1 给出了工厂的推荐最大亮度比。

表 7.5.1　**工厂的推荐最大亮度比**

工作对象与环境	亮度比		
	A	*B*	*C*
工作对象与相邻的暗场所	3：1	3：1	5：1
工作对象与相邻的明亮场所	1：3	1：3	1：5
工作对象与远离的暗场所	10：1	20：1	—
工作对象与远离的明亮场所	1：10	1：20	—
照明器（包括窗、天空）与相邻场所	20：1	—	—
整个视场	40：1	—	—

注："*A*"是指反射面的反射率能满足表 7.5.2；
"*B*"是指可以采取一定的措施来改善工作面附近的反射率，但远离工作面的地方无法满足表 7.5.2；
"*C*"是指各处的反射率都不满足表 7.5.2；
"—"表示亮度比的调节比较困难。

物体的亮度取决于物体本身的反射率及表面照度，因此应设法满足表 7.5.2 给出的反射率推荐值，并选用适宜的照明光分布，从而形成和谐的亮度环境。

表 7.5.2　**室内反射率**

室内的面的名称	反射率/%
顶棚	80～90
墙壁	40～60
桌、椅、机械等	25～45
地面	20 左右

3. 颜色及光源显色性

颜色取决于表面材料本身及光源相对光谱能量分布。光源相对光谱能量分布较为抽象，通常采用色温和显色性来表征光源相对光谱能量特性，即光源相对光谱能量分布影响光源色温和显色指数两个指标。

颜色对比有利于物体和背景的区别，因此工业场所应充分利用这点提高视觉功能，如有静止和运动物体的场合，静止物体和运动物体的颜色最好选择视觉对比度强的颜色，以减少事故的发生。

不同色温可以营造不同的氛围，可根据需要进行选择。低色温，光色为暖白色，可以营造温馨、松弛的照明环境；中等色温，中性色，营造高效率的商务、工作环境；高色温，日光色，一般在较高照度时或进行颜色辨识时会采用。工业照明种类繁多，可根据需要进行选择。

光源显色性影响工作人员对颜色的辨别，通常工业照明对颜色要求并不高，很多场合显色指数大于 65 即可，但室内照明推荐显色指数不小于 80。实验表明，在不提高照度及其分布的情况下，用具有更高显色指数的光源照明，视觉功能也更高。而且高显色指数有利于颜色辨识，不容易产生视觉错误，可降低事故发生率。

4. 眩光

眩光是影响照明质量的重要因素之一。眩光是由于亮度分布不适当，或亮度变化的幅度太大，或空间、时间上存在着极端的对比，以致引起不舒适或降低观察物体能力的现象。眩光引起视觉对比、视力、识别速度等视觉功能下降，严重时可使人晕眩，甚至造成工伤事故或损伤眼睛。同时，眩光对人们的心理也有明显的影响，会使工作人员情绪烦燥、反应迟钝等。

减少眩光的方法是：将光照射到墙与顶棚上面；用天然光照亮顶棚和墙面；控制窗户的眩光；采用高的反射率表面；采用低亮度光源；采用格栅或遮光器。

5. 频闪

对用电感镇流器的光源，当输入线路的频率为 60 Hz 的交流电时，光源会产生两倍频率即 120 Hz 的频闪。频闪可能引起眼睛疲劳，使人分神，甚至引起人头痛；对于有高速运动的场合，频闪有可能产生致命的事故，因此这些场合要严格控制频闪。控制频闪的一种方法是采用高频电子镇流器，另一种方法是采用不同相位的输入线路。

6. 电磁干扰

气体放电光源在运行过程中，由于不断重复启动均会产生无线频率的电磁波，这些电磁波会干扰通信设备等，应进行防护。LED 灯具工作时会产生一定程度的无线电骚扰和谐波，但只要在灯具中配置电磁兼容性能优质的电源装置，电磁干扰可以控制在标准许可的范围内。

7.5.2 工业照明系统

工业照明需要面对各种复杂任务作业，因此只采用一般环境照明无法达到要求。通常工业照明系统需要在一般环境照明的基础上，辅加任务照明，满足各种视觉功能需求。

1. 一般照明

在工业上，一般照明的主要目的为人员移动、安全提供必要的照明环境，同时也为一些简单视觉作业提供足够的光环境。另外，一般照明可以为整个空间提供光环境，以增加灵活性。

一般照明通常采用灯具高度相同、排列规则的照明，以达到照度均匀的目的。对于入口处，照度应缓慢变化，使人眼能够适应，可根据情况增加或减少灯具数量。天然光的引入是提高视觉效果及节能的有效方法。如采用天然光与人工光的混合照明方式，需采用智能照明控制，减少天然光带来的亮度及照度差异。

在工厂的一般照明中，如图 7.5.1 所示，宜采用荧光灯、LED 灯及高强度气体放电灯等作为光源，并应根据场所的特点选择光源。例如，根据顶棚高度选择光源，当顶棚高度小于 6 m 时，可以采用荧光灯及 LED 光源，此类光源安放在适宜灯具中后，表面亮度较低，可有效地降低眩光干扰；当顶棚高度大于 6 m 时，可采用 HID 光源或 LED 光源以减少灯具数量，提高可靠性及维护方便。但是采用 HID 灯具时，要保证照明的均匀性，并避免由于应用集中发光的灯具而产生不舒服的阴影。

图 7.5.1 **工厂一般照明**

场所的温度也是光源选择的重要因素。如果场所温度为较低温度，如冷冻食品加工、冷库等，不宜采用荧光灯，而应采用 HID 灯或 LED 灯。荧光灯在低温时启动困难，而且光效率下降；HID 灯的管壁温度较高，受温度影响比较小，可采用适当保温的灯具；LED 灯是低温场所中最适宜的光源，低温可以提高 LED 灯的光效率，同时可以增加光源寿命。对于高温场所，如炼钢厂、铸造车间，采用气体放电灯时一定要保证其镇流器的工作温度不超过最高允许温度。

2. 区域化照明

对于某些区域作业任务集中，而一般照明又无法满足视觉任务需要，这时可以采用区域化照明。区域化照明是为某一区域提供均匀照明，可采用类似一般照明的方式，灯具在顶棚规则排列，但为达到所需照明水平，灯具排列密度要高于一般照明。此类照明经常应用在场所较大、工作区域集中的场合，将工作区域照度提高，而在其他区域采用一般照明方式，提供必要的安全、移动等活动的照明环境。区域化照明可以有效地降低能量消耗，减少运行成本。在设计区域化照明时，应注意区域之间的过渡区照度差别不应过大，以免出现眼睛的适应性问题，通称一般照明占总照度的比例不应低于$\frac{1}{3}$。

3. 局部照明

局部照明将光线集中在作业区域，以弥补一般照明照度的不足。此种照明方式可以有效地降低能量消耗，减少运行成本，但是也可能会降低照明质量，如舒适性等。局部照明的另一个优势是光的强弱和方向都可以单独控制，工作人员可以根据自己的视觉需求对局部照明进行调节而不会影响其他工作人员。

局部照明是一般照明的补充，不可以替代一般照明，两者需相互配合，为工作人员提供高质量的照明环境。其中最为重要的是维护作业区与周围视场的亮度平衡，特别是毗邻区域亮度的控制。毗邻区域会进入工作人员视野中，如毗邻区域与作业区亮度差异太大，容易造成视觉疲劳，从而影响生产效率。通常毗邻区域宽度应大于 0.5 m，照度应不低于作业区照度的$\frac{1}{3}$,以保证视觉舒适性。

4. 特殊作业照明

为了达到最佳的视觉条件去执行某一特定的作业,首先要对该作业进行分析。在大多数情况下,确定实际的视觉要求的最好方法是设计师自身去进行这项作业,这样很快就能弄清楚此项作业需要什么样的视觉条件。一旦知道了视觉条件,主要问题也就解决了。下一步骤是如何在需要辨认的细节与背景之间产生合适的对比度。

还有一些作业并不要求特殊的视觉条件,但是采用一些特定的照明系统可以帮助人们方便地进行这些作业活动。例如,当要求对很小的物体检验或装配精细的机械零件和电子元件时,常采用照明加放大镜来简化操作作业。又如,要测量细小物体的尺寸时,常采用投影的方法,即先将物体投影放大,再进行精确测量。再如,采用频闪观测仪可满意地对运动的部件进行检测,因为当其闪光频率调节到一定值时,受照的运动物体看起来如同静止的一般。

7.5.3 特殊生产厂房照明

特殊生产厂房的环境条件与一般的厂房不同,它们是有爆炸危险、有火灾危险、有腐蚀性气体的场所。在这些场所首要考虑的是安全,因此要选择有一定防护等级的照明灯具。

1. 有爆炸危险的场所

有爆炸危险的场所是指有爆炸性混合物出现的场所,在这样的场所必须使用防爆电气设备。

根据爆炸性气体混合物的种类、爆炸性粉尘出现的频率和持续时间,可将爆炸危险场所按表 7.5.3 进行分类,表中还列出了灯具适合的防护类型。

表 7.5.3 有爆炸危险的场所以及适合的电气设备

爆炸性混合物	区域等级划分		适合的防护型
	标志	定义	
爆炸性气体	0 区	连续出现或长期出现爆炸性气体混合物	1) 本质安全型(ia 级); 2) 其他特别为 0 区设计的电气设备(S)
	1 区	在正常运行时可能出现一段时间的爆炸性气体混合物的环境	适用于 0 区的防护类型; 隔爆型(d); 增安型(e); 本质安全型(ib); 充油型(o)
	2 区	在正常运行时仅短时间存在爆炸性气体混合物的环境	1) 适用于 0 区和 1 区的防护类型; 2) 无火花型(n)
爆炸性粉尘	10 区	连续出现或长期出现爆炸性粉尘混合物的环境	须使用尘密外壳(DT)的粉尘防爆电气设备
	11 区	偶尔出现爆炸性粉尘混合物的环境	须使用尘密外壳(DT)的粉尘防爆电气设备

2. 腐蚀性环境

灯具或绝缘材料易被腐蚀性气体侵蚀，因此应如表 7.5.4 所列出的那样，选用相应的防腐型灯具。

表 7.5.4 腐蚀性环境的分类及使用的灯具防护

腐蚀性环境划分区		0 类轻腐蚀环境	1 类中等腐蚀环境	2 类强腐蚀环境
化学腐蚀物质释放情况		任一种腐蚀性物质的释放程度较小	任一种腐蚀性物质的释放程度中等	任一种腐蚀性物质的释放程度大
地区最湿月平均最高相对湿度(25°)		65%以上	75%以上	85%以上
表现现象		建筑物和电气设施只有一般锈蚀现象；电气设施只需常规维修；一般树木生长正常	建筑物和电气设施有明显的锈蚀现象；电气设施需年度大修；一般树木生长不好	建筑物和电气设施的锈蚀现象严重；设备大修间隔较短；一般树木成活率低
选用灯具	户内	普通型或防水防尘型	F1 级防腐型	F2 级防腐型
	户外	防水防尘型	WF1 级防腐型	WF2 级防腐型

3. 火灾危险场所

火灾危险场所的分类及选用的灯具防护型如表 7.5.5 所示。

表 7.5.5 火灾危险场所的分类及选用的灯具防护型

火灾危险区域		21 区	22 区	23 区
环境划分依据		具有高于环境温度的可燃液体，在数量和配置上能引起火灾的环境	具有悬浮状、堆积状的可燃粉尘或可燃纤维，虽不可能形成爆炸混合物，但在数量和配置上能引起火灾危险的环境	具有固体状可燃物质，在数量和配置上能引起火灾危险的环境
适用的灯具防护类型	固定安装照明灯具	IP2X	IP5X	IP2X
	移动式、携带式照明灯具	IP5X	IP5X	IP2X
选择灯具的专门要求		1) 灯具表面的高温部分靠近可燃物时，应采用隔热散热等防火措施； 2) 可燃物品库房不应设置卤钨灯等高温照明灯具； 3) 移动式、携带式灯具的玻璃罩应有金属网保护		

7.6 医院照明

医院照明设计不仅要满足医务人员对患者进行诊断、治疗等医疗服务所需的功能照明，而且应为患者提供一个舒适、健康、温馨的照明环境。医院诊疗及患者康复所需的照明要求较高，直接关系到患者的身心健康，对照明提出了更高的要求。照明设计师应与医务人员进行充分的交流，详细了解医院各项视觉任务，然后设计照明方案。

7.6.1 医院照明要素

医院照明需要满足医务人员和患者的复杂视觉任务，同时要营造和谐的照明环境。高质量照明需要多个因素相互配合。光的显色性、天然采光、照明控制、频闪、水平和垂直照度、亮度等因素在医院高质量照明中起着举足轻重的作用，也是设计师首先要考虑并需特别注意的因素。

1. 照度

医院视觉任务种类繁多，要求也各不相同，应根据具体视觉任务设定相应的照度水平。例如，精密的手术照度需要 10 000 lx，而深夜的病房巡回只需 10 lx。即使是同一个区域，对于不同的对象，照度要求也千差万别。例如，在病房，对于患者平时只需要一般照明，以方便行走，100 lx 照度就可满足；但对于医务人员而言，当需要对患者进行检查时，则需要很高的照度，可达 1 000 lx。

医院照明照度选择时，应考虑年龄的因素。年长者随着年龄的增长，视锐度会下降，这意味着相同视觉任务的年长者需要更高的照明水平。尤其是蓝色光谱，年长者晶状体透过率会大幅下降，因此照明时需要提供更高的照度。

2. 色温和显色性

照明中颜色相关的光源参数为光源色温和显色指数。光源色温高低反映了光源光谱中蓝光成分的高低，而蓝光的非视觉效应会影响医生和患者的精神状态。光源的显色指数是光源对颜色显现能力的指标，指标越高，颜色显现水平越高。一般显色指数大约 80，一些重要的场所要高于 90。

室内色彩对患者起着重要的心理治疗作用，光源与建筑装饰巧妙地配合，合理利用天然光，将有助于营造一种促使患者康复的气氛和环境。

3. 亮度

亮度及视场中的亮度比应满足人们视觉舒适度的要求。一般要求与工作区相邻区域的亮度不得低于工作区亮度的$\frac{1}{3}$。要达到亮度的均匀性，室内的涂层反射率要达到一定的标准，如顶棚的反射率要达到 80%～90%、墙面为 40%～60%、家具和仪器要达到 25%～45%，地面可以低一些，应达到 20%～40%。

4. 天然光

大量实验表明，天然光与人们的身心健康有着直接联系。研究发现，缺少日光会影响睡眠效果，光的强度和光谱，特别是蓝色光谱，控制着我们的生理节律。住院患者由于身体问题，可能无法到室外获得足够的天然光照明，这就需要医院照明能够引入足够的天然光照明或模拟天然光照明。

7.6.2 门诊照明

门诊部是对患者病情进行诊断和初步治疗的场所。门诊照明一方面需满足医务人员对患者进行检查、诊断的视觉功能要求,另一方面需要为患者营造舒适的光环境。

一般检查需要 500 lx 照度,复杂检查需要 1 000 lx 以上的照度。为节约能源可采用一般照明与任务照明相结合的方式,一般照明为整个空间提供一般视觉功能要求,并建立舒适的光环境,任务照明为补充检查、诊断时照度不足部分。

一般照明应给患者以干净、沉稳、舒适的感觉,尽量避免采用过多的装饰性照明。由于门诊部的使用时间大部分为白天,设计时应充分考虑引入天然光,以提高人员的情绪。当采用自然采光时,要注意照度分布和克服眩光等问题。同时,应考虑天然光不足时照度下降及照度均匀性问题。一般照明还需有利于视频显示装置(visual display unit, VDU)的应用,应尽量减少屏幕反射。同时,也应对屏幕、周围设施以及患者间亮度进行平衡,以减少医务人员操作时人眼频繁在不同亮度环境下的适应过程,进而减少医务人员的视觉疲劳。

由于很多设备需要被检测人员仰卧在仪器上,因此在设计这些房间照明时,应尽量采用间接照明,以防止被检测人员感觉到直接眩光。同时,为满足在测量时的低照度和机器维护时的高照度,在这些房间应设置调光器,方便完成这些作业。

同时,各个门诊部由于检测的部位及方法不同,对照明的要求也各不相同,照明设计时要充分考虑各门诊部的特殊情况,进行合理的照明设计,并辅以相应的任务照明,以满足医务人员诊疗视觉功能要求。任务照明照度应不低于 1 000 lx,显色指数应不低于 80,推荐采用更高的显色指数。

在任务照明中,光谱及光强智能控制可达到更好的视觉效果。医务人员可根据任务状况进行自主调节,从而更有利于诊疗准确性,同时也可以减少医务人员的视觉疲劳。在某些场合,光源颜色的调节又有助于诊治过程,如皮肤病变检查。LED 由于其高效、光色可调、强度可调等优点,已经成为最为理想的光源。

1. 眼科

眼科诊室分为明室和暗室。明室照度要求一般低于其他诊室,明室测试表及检测设备均配备照明光源;暗室需要 10~100 lx 的连续调光照明,早期采用白炽灯,目前更多采用荧光灯与 LED 光源。如果采用荧光灯调光,应采取措施,避免调光时出现的频闪现象。LED 灯由于其光效高、蓝光光谱强、易调光等特点,成为最有前途的眼科光源。

2. 耳科

听力检测室有一定的噪音要求,早期采用白炽灯,目前更多采用荧光灯与 LED 光源。但采用荧光灯时,应将镇流器安装在室外或采用无噪音的电子镇流器。

3. 扫描室

扫描室放置着大量的为诊断之用的设备,如 X 光、CT 和 MRI,这些设备容易给被检测人员造成一种压迫感。因此,在照明设计时应尽量营造一种舒适的氛围。除工作照明外,还应附加一些装饰性照明。这些大型设备一般会分 2 个或 3 个部分,分别放置在不同的房间:扫描房间、控制房间及计算机房间。

由于很多设备需要被检测人员仰卧在仪器上,因此在设计这些房间的照明时,应尽量采用间接照明,以防止被检测人员感觉到直接眩光。同时,为满足在测量时的低照度和机器维护时的高照度,这些房间应设置调光器,方便完成这些作业。

MRI测试时有较强的电磁产生，因此放置这些仪器的扫描室应该采用直流供电的白炽灯、卤钨灯或者LED灯，以减少MRI产生的电磁场与照明系统的相互干扰。灯具应采用非磁性材料，如铜、铝、工程塑料等。如果采用交流电源供电方式，金属外壳应集中一点接地。灯具应采用屏蔽措施，可采用直径为0.8 mm且网眼为5～10 mm的磷青铜丝网将灯具罩上，并将铜网接到等电位的接地母线上。

7.6.3 病房区照明

病房区是患者进行治疗康复的场所，主要有病房、走廊及护士站3部分组成。

1. 病房照明

病房是患者恢复健康的主要场所，“家”的感觉是病房照明设计中的一个重点考虑要素。病房照明需要满足4方面的需求：有益于患者休息的一般照明；患者在床上的阅读照明；医务人员对患者检查、护理照明以及晚间医务人员的护理照明。

病房照明应有利于提高工作人员的效率，同时为患者提供舒适、放松的光环境。天然光及窗外的景物对患者的康复和身心健康非常重要，因此病房应采用足够的天然光照明。天然光会受到病房布局、尺寸、窗户位置等众多因素的影响，一般要求天然采光须达到3%。在很多情况下，直射光会令患者感觉不舒适，会影响部分患者的日间休息，百叶窗或窗帘可以有效将天然光导入病房，并改变反射光的方向，消除过强的直射光。同时彩色的百叶窗或窗帘可以在病房产生彩色光晕，可以提高仰卧人员的视觉感受。但天然光受很多因素的干扰，需要人工照明对其进行补充。对于一些无法引入天然光的场合，为满足患者身心健康需要，可采用光强度和颜色可调照明系统，模拟天然光照明规律。病房用的LED灯具生物节律自适应照明系统如图7.6.1所示。

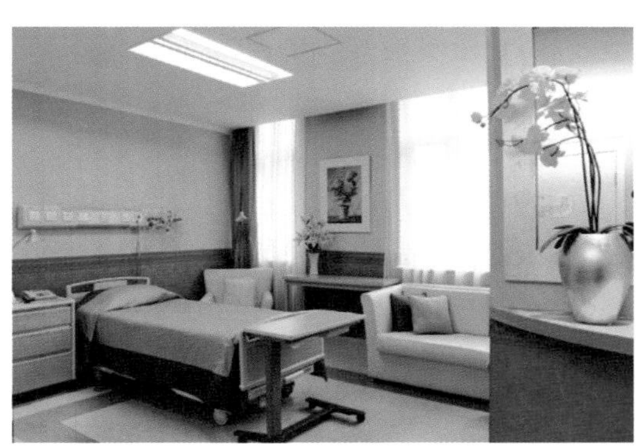

图7.6.1 病房照明生物节律自适应系统

为同时满足多种视觉功能，病房照明通常采用一般照明与局部照明相结合的方式。一般照明采用直接或间接照明是比较推荐的方式，间接照明光线可以有效地提高顶棚的亮度，产生柔和的光线，减少房间的压抑感，同时灯具亮度比较低，可以有效控制眩光(一般要求灯具亮度不应超过1 000 cd·m^{-2}，顶棚亮度不超过500 cd·m^{-2})；直接照明光线可以提供足够的照度，满足患者活动及一般护理工作要求。一般照明提供的照度水平在100～200 lx之间，色温大多采用暖白色，显色指数应大于85。

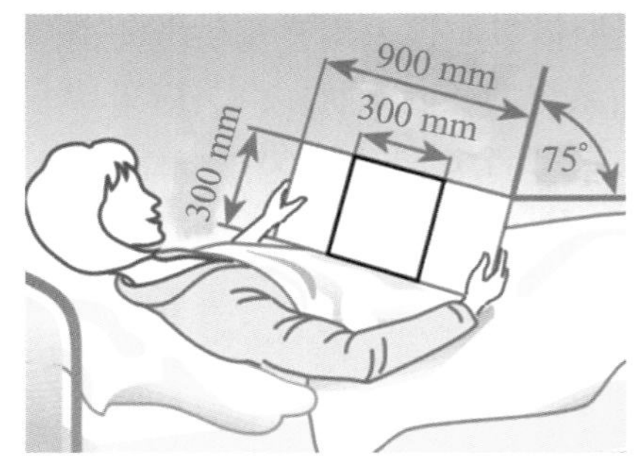

图 7.6.2 阅读灯照明范围

除一般照明外，为方便患者阅读，应设置阅读灯提供足够的照明。阅读灯照明范围如图 7.6.2 所示，最小照度为 300 lx。另外，为减少直接眩光，患者阅读视线方向的顶棚及墙壁亮度不能大于 1 000 cd・m^{-2}，低于 500 cd・m^{-2}可以达到满意的效果。

在病房中，医务人员经常对患者进行检查护理，这些活动通常比较复杂，需要很好的视觉环境，因此照明要求高照度、均匀、无眩光、无阴影。一般照明很难满足要求，应在床头增加相应的照明装置，床头照明可以与阅读灯结合在一起，也可以采用移动式的灯具。设置床头照明需注意：

1）开关的位置要方便患者，一般床头照明经常和通信系统等其他护理设施安装在一起。

2）床头照明应不影响周围其他患者，特别是对面的患者，即要特别注意控制眩光，由患者和医务人员观察到的灯具亮度最好不要超过 500 cd・m^{-2}。

3）对于医务检查和护理，照度应大于 1 000 lx。应设置调光功能，根据不同需要进行调光，满足床头照明多功能性要求。

4）床头灯产生的照度要均匀，一般要求在照亮区域边缘的照度不应低于中心区域的$\frac{2}{3}$。

5）要求光源的显色性要好，能够使医务人员顺利地辨认患者的肤色。

6）应减少阴影的产生，以防止影响检查效果。

床头照明应与一般照明有机地结合在一起，图 7.6.3 所示为各种光源在床头照明的照度。

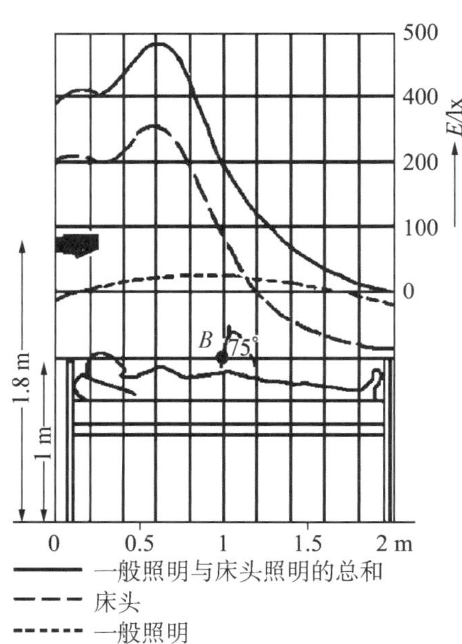

图 7.6.3 沿病床纵向的照度分布

（在离地面 1 m 高处测得）

为方便夜间护士查房，通常在病房还要设置地脚夜灯，一般距地面 0.3～0.5 m，供夜间医护人员护理时使用，为不影响患者休息，从任意方向观察到的亮度应不超过 70 cd・m^{-2}。

对于一些特殊病房，需要根据其特殊要求进行专门照明设计。例如，中度监护病房需要更频繁的检查与护理工作，对照度要求更高一些，同时有更多仪器进行监测，需降低反射眩光，需要增加间接照明或墙面照明。

由于儿童患者对外界环境更加敏感，因此对于儿童病房的设计应更类似“家”。墙面、顶棚等表面应采用暖色系列，光源色温也应采用暖白色，可采用部分家居照明灯具。可适当增加一些装饰性照明，以提供一种温馨、欢乐的氛围。另外，儿童的安全性也是照明设计时需要考虑的一个问题，如开关位置应安装在儿童无法触及的位置、不在较低位置安装装饰性或其他灯具、尽量不采用移动照明灯具等。

2. 走廊照明

走廊是人员行走、会谈等活动的场合，走廊照明应满足多种视觉功能要求，需要有一定的照度及照度均匀性。一般，走廊的照度应不低于 200 lx，且不低于病房照度的 70%，夜间可以将照度降低到 50 lx。同时，要注意夜间灯光不能射入病房内，避免影响患者休息。灯具应布置在两病房门之间，不应布置在正对门和门上方的位置。走廊灯具宜布置在走廊的侧面，以避免躺在车上的患者通过走廊时产生眩光。较宽的走廊可采用双侧布灯的方式。

病房走廊是人员的视觉适应区，如夜间从黑暗的病房到明亮的护理中心，人眼在走廊行进要明暗适应。一般情况下，走廊在日间也需要提供一定的照明，以弥补天然光照明的不足，减小人眼的适应过程。

3. 护理中心照明

护理中心是整个病房的中心，承载着患者来访、接待、办公、呼叫中心等多种功能。护理中心照明需满足面对面的交流和书写、阅读、电脑等办公视觉功能，可以采用直接照明，为作业面及环境提供充足的照明，并采用宽角度的灯具或侧发光灯具，以提供一定的垂直照明。直接或间接照明是比较理想的选择，下射光为作业面提供照明，上射光线通过顶棚及墙壁的反射产生柔和的环境照明，而且明亮的顶棚及墙壁可以提供一定的垂直照度。夜间为降低照明对病房的影响，可适当降低照度水平，同时对护理中心照明射向病房的光线进行遮挡。

7.6.4 手术室照明

手术室照明是医院照明中最重要的一环，这不仅仅是因为要满足人们的视觉要求，更重要的是手术室的工作关系到患者的生死。

手术室的照明通常分为两部分：一般照明为整个空间提供明亮的照明环境；手术台照明为手术作业提供足够的照明，以帮助医务人员完成手术。

仅仅为手术台提供照明是远远不够的，照明应为医务人员手术营造高质量的光环境。在设计手术室照明时，一般将手术室分成手术台、手术台毗邻区域和周围区域 3 个区域。通常，手术台作业照明照度水平比较高；为减小医生的视觉适应过程以及提高视锐度，手术室一般照明的照度水平要不低于 1 000 lx；手术台毗邻区域照度应大于 2 000 lx。为了使视场中没有太大的亮度变化而造成视觉上的不舒适，墙壁的垂直照度不应低于水平照度的 50%。对于某些微创手术，此类设备大多提供任务区域照明并使用 VDU，手术室的照度要求比一般手术室要低，以减少环境光线对设备照明的影响。如果手术室具有多种用途，则智能照明控制必不可少，可根据不同手术需要进行场景设置。手术室一般照明光源的色温应与手术无影灯光源的色温相接近，应为4 500 K 左右，显示指数应大于 90，以方便医生进行颜色辨认，荧光灯与 LED 灯是较为常用的光源。

为减少眩光及阴影，手术室照明应采用大发光面、低亮度的灯具产品。同时，由于手术室经常进行消毒作业，一般要求灯具满足 IP65 性能指标。

手术室的一般照明灯具应布置在手术台的四周，如图 7.6.4 所示，使手术台周围的照度

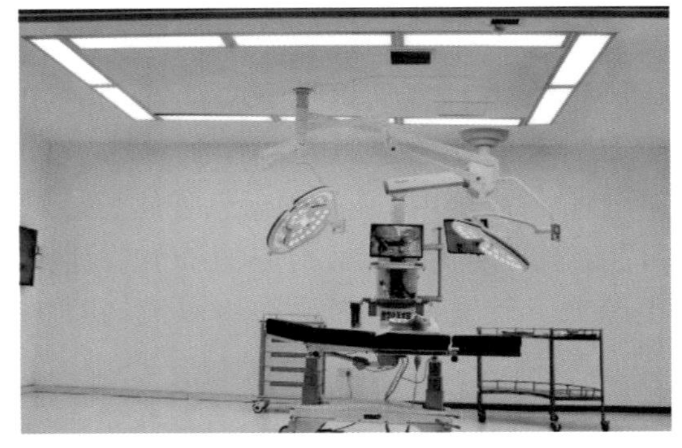
图 7.6.4 **手术室照明**

高于其他区域，使得手术台到周围环境的照度值逐渐变化，以减小人眼在高的手术台亮度和低的环境照明亮度之间的适应过程。另外，灯具应比较紧密地布置在一起，以减少眩光及手术台上的阴影。

良好的照明效果，还要受室内建筑装修的影响。顶棚可涂接近于白色的涂料，其反射系数应大于 90%，墙面不宜采用深蓝、深绿等沉重颜色，以免反射光改变患者的肤色和组织颜色。但也不宜采用白色、黄色等高反射比的涂料，而应采用浅绿等反射比在 50%～60% 的颜色。而且室内材料、仪器等尽量采用漫反射材料，以免产生反射眩光。

手术室的其他房间，如更衣室、清洁室、消毒室，一般照明的照度至少是手术室照度的 50%。这样，当医务人员穿梭于各房间时不会出现视觉适应问题。

手术台是手术室的核心，需要无影灯进行特殊的局部照明，其照度为 40 000～160 000 lx。手术台的局部照明具体要求如下：

1）要求距离无影手术灯灯具 1 m 远的中心照度为 40 000～160 000 lx。

2）照明光束直径为 10～25 cm，并能够调节光束大小。

3）照度分布均匀，不可出现明显的光斑。

4）光源的显色性要好。

5）尽量消除无影灯中的红外成分，降低其发热量。红外成分一方面会对患者的身体组织造成伤害，另一方面会影响医务人员的舒适程度。尤其要绝对避免 800～1 000 nm 光谱辐射，因为此波段的辐射会很容易被肉和水吸收。

6）容易调节照明的位置和方向。由于各种手术所要求的照射部分各不相同，因此照明位置和方向要经常变化，设计时要充分考虑调节过程的精确性和易操作性。

7.7 居住照明

住宅是人们生活中最重要的场所，人们在住宅中完成各种活动，如休息、睡觉、阅读、饮食等。居住环境影响人们的生理、心理健康，而居住照明能为人们提供一个温馨、放松、舒适的照明环境。与其他场所照明相比，居住照明应更注重舒适性和个性。由于篇幅限制，这里只是介绍住宅室内几个重要的场所。

7.7.1 居住照明要素

居住照明比较强调温馨、舒适环境的营造，在一些区域要完成特定的视觉任务。因此，需要将环境营造与功能照明有效结合，应考虑照度、颜色、亮度均匀性、日光的利用、照明控制等要素。

1. 照度

在进行一般住宅照明设计时，很多照明设计师通常关注光环境的营造，而往往忽略照度这个因素。但住宅照明在很多场合需要一定的功能照明，因此也需要对照度及照度均匀性进行控制。照度的确定应根据实际情况，特别是同一房间不同区域有多种视觉功能，应根据视觉功能进行相应照度的确定。

另外，确定照度时也应考虑到居住对象，如年长者需要照明水平为年轻居住者的几倍左右，因此要对年长者的环境提供更高的照明水平。年长者对眩光的敏感程度更高，因此眩光控制需更加严格。

2. 颜色

室内颜色会影响居住人员对空间的整体感觉，影响居住人员的情绪。大量研究表明，颜色会对人员的工作能力产生正面或负面的影响，尽管这种影响通常我们并未察觉。和谐的颜色视觉环境会影响居住人员的情绪，会有助于居住人员的身心健康。颜色不仅仅取决于光源的相对光谱能量分布，而且与房间各表面的反射率有关，因此照明设计与室内装潢应协调统一。通常对于小房间，可以将墙、家具等漆成相似颜色，使其反射率相似，可给人有房间增大的感觉，而且在照度较低的情况下，应尽量减少颜色的种类。一般，较浅的环境颜色比较深的环境颜色更能提升人们的情绪。

人们对颜色的感官不仅与物体的光谱反射率有关，而且与光源的相对光谱能量分布相关。光源相对光谱能量分布较为抽象，通常采用光源的色温和显色性来表征相对光谱能量特性。色温影响我们对色调的感觉，对人们视觉、心理的影响较为复杂，并没有一个绝对统一的评价方式。在通常情况下，照度水平较高时宜采用高色温光源，照度水平低时宜采用低色温光源。低色温更有利于工作人员生理、心理的放松，因此住宅应采用低色温光源。

高显色指数对于颜色辨别工作是极其重要的，而且，光源光谱也会决定整个空间的颜色外貌，因此光源光谱是照明设计中选择光源的重要依据之一。

3. 天然光

日光对人们的生理、心理健康至关重要，天然光引入是住宅照明中不可或缺的。建筑设计师通过各种形状的开口、窗等将天然光引入建筑中。但天然光设计比较复杂，其光线特性、位置、颜色等照明特性均需考虑在内。因此，天然光的引入不仅仅是单纯的照明功能，而是作为空间构图因素，烘托环境气氛，体现主题意境，形成各种不同的空间氛围。同时，天然光的引入也满足人们对自然的追求，更有利于人们的生理、心理健康。

4. 亮度平衡

在照明设计时，要注意整个房间亮度的均匀性。一般相对独立的视觉范围有 3 个区域组成，如图 7.7.1 所示。第一区是工作面(即图 7.7.1 中的 1 区)，第二区是紧紧围绕工作面的区域(即图 7.7.1 中的 2 区)，第三区是总的环境(即图 7.7.1 中的 3 区)。3 个区的亮度比不合适，将使人心烦、容易疲劳，甚至观看困难。为了使视觉舒适，2 区的亮度应介于工作面亮度的$\frac{1}{5}$～5 倍之间；3 区的亮度应介于工作面亮度的$\frac{1}{10}$～10 倍之

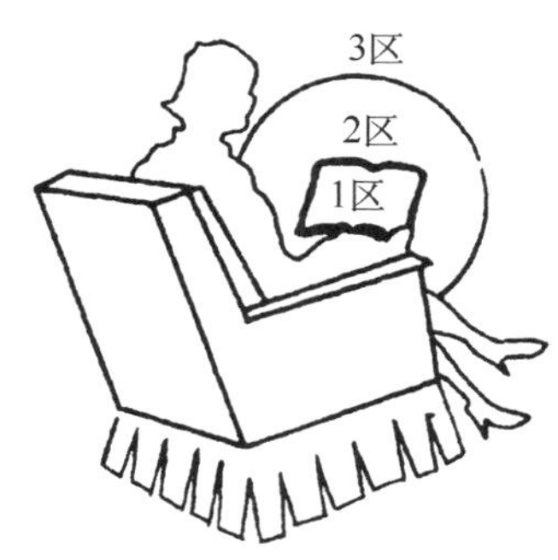

图 7.7.1 视觉工作区域

间。在有视觉要求的场合,如阅读、学习、缝纫等,亮度比不应该超过上面的范围。要达到亮度比的要求,需要从以下几方面入手:限制灯具的亮度,避免眩光;通过窗帘等控制日光的亮度;夜间采用浅颜色的窗帘;房间和家具表面采用反射比高的材料和油漆。

7.7.2 起居室照明

起居室是整个住宅的核心,是家庭活动最重要的场所。人们在起居室里完成阅读、看电视、聊天、玩游戏、休息等许多活动,因此起居室照明更需要多场景设计和变化。为完成不同场景的变化和切换,需要多个光源灯具相互配合,辅以适宜的照明控制,共同营造温馨、放松的照明环境。为达到良好的照明效果,应有效地将一般环境照明、任务照明和装饰照明相结合。

一般环境照明为整个房间提供基础照明,满足人们行走、休闲等一般视觉要求。起居室一般照明大多采用散射光线,形成均匀、无阴影的柔和光环境。散射光一方面可以减少局部照明引起的强烈明暗对比,另一方面可以形成放松、温馨的光环境。

一般照明可以用宽角度、大面积、低亮度的灯具实现,灯具可以安放在顶棚上,也可以安装在墙壁上形成间接照明。间接照明可以形成更明亮的顶棚和墙壁,使空间更开阔、更接近自然环境,是很好的选择。而且间接照明照亮顶棚和墙壁,能有效地增加垂直照度,非常有利于面对面的视觉活动,如谈话;足够的垂直照度能减少面部阴影,使面部表情和眼神更容易分辨。为满足不同活动需要,一般照明应具有调光功能,如能采用RGB LED光源进行光的强度和颜色的调节,会形成更理想的照明效果。

起居室还需要完成一些更复杂的视觉活动,如阅读、看电视等。这些视觉活动仅仅依靠一般环境照明是远远不够的,需要另外增加任务照明。阅读是起居室中常见的视觉任务,需要增加方向性的照明,为阅读提供足够的照度。阅读要求比较高的照度,具体照度水平应视阅读者的年龄而定,推荐采用的调光灯具应满足个性需求。阅读灯具安装位置可以为台式安装、落地安装和侧面壁装,灯具应安放在阅读者的侧面或后面,以减少灯具的直接眩光及纸张的反射眩光。图7.7.2所示为沙发上阅读照明示意,坐下阅读时人眼视线距地97~107 cm。光源在阅读者侧面,灯具的底沿在人眼高度上下。由于阅读灯具在阅读区形成高照度区域,与周围环境有亮度差异,会使人眼不断适应明暗亮度差异,导致人眼容易疲劳,因此阅读时应提供足够的背景照明。背景照明可以采用上射光线的间接照明或洗墙照明,明亮的顶棚和墙壁可均匀、柔和地照亮整个房间,减少与阅读区域的亮度差异。阅读灯具中可采用卤钨灯或紧凑型荧光灯、LED灯作为光源,显色指数应大于80。

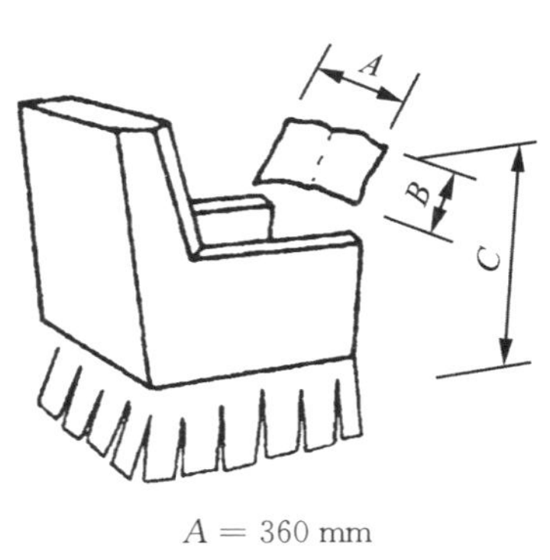

$A = 360$ mm
$B = 310$ mm
$C = 660$ mm

图7.7.2 沙发上阅读照明示意

看电视也是人们在起居室内的主要活动。在黑暗中看电视会使眼睛非常疲劳,所以应在电视两侧提供低照度、柔和的散射光线,减少屏幕与背景的亮度差异,减少视觉疲劳。

7.7.3 卧室照明

人们大约有$\frac{1}{3}$的时间是在卧室中度过的，卧室是人们休闲、放松、睡觉的私密空间。卧室照明需要营造一种宁静休闲的氛围，同时用局部明亮的灯光来满足阅读和其他活动的需求。根据居住者的年龄、生活方式，我们可以采用一般照明和任务照明相结合的方法来进行灯光的布置。卧室灯具选择种类比较多，可以在顶棚上选择安装乳白色半透明的灯具构成一般照明，也可以使用间接照明造成柔和、明亮的顶棚。

除了一般照明，在床头和梳妆台需加上任务照明，以利于阅读和梳妆。可在梳妆台两侧垂直安装低亮度的带状灯具，所使用的光源的显色性要好，以显示出自然的肤色。在床头两边安装中等光束角的床头灯，要能独立地调节和开关每侧的壁灯以满足个人的需要，也可在床头安装台灯。如果房间较宽敞，有写字台或沙发，可在其上放置台灯或在旁边安装落地灯。

卧室中通常还会设有穿衣镜，用于整理服装。穿衣镜灯具可安装在镜子的侧面或上面，安装灯具时，应注意将光线直射向人，而不应射在镜子上；灯具的安装位置应在视锥 60°以外；灯具的亮度不超过 2 100 cd • m^{-2}。

7.7.4 餐厅及厨房照明

餐厅也是家庭活动中比较集中的区域，除饮食外还经常进行其他活动，如游戏、手工、聊天等，餐厅照明应满足多种视觉任务要求。由于餐厅的活动中心为餐桌附近，餐厅照明也应围绕餐桌设计。采用悬挂、轨道照明系统对餐桌集中照明，均可达到理想效果。

餐桌照明主要目标是在餐桌上形成高亮度，同时减少周围人们的眩光。灯具高度应在眼睛水平面的上方，以免遮挡对面人员，因此餐桌上方灯具一般高出桌面 80 cm，最好能够调节高度。灯具通常是玻璃或塑料灯罩，它能为用餐者的面部提供一些照明。

在餐厅还应增加一般照明或一些补充照明，为房间提供环境照明。如果其他区域过暗或没有照明，房间看上去会有突兀之感。采用洗墙或绘画等装饰性照明均可增加整个空间的亮度，同时也可以为餐厅营造气氛，使照明环境更为生动。

厨房照明的重点是在工作区域形成均匀、明亮的环境，特别是不能形成阴影。传统厨房照明采用在房间顶棚中央安装单个灯具，这种照明方式很容易形成阴影。正确的照明方法应是光线来自多个方向，将灯具安放在四周。

一般照明为厨房提供基础照明，满足一般视觉要求。灯具一般采用宽光束角灯具，安装方法可以是嵌入式、吸顶式或者轨道系统，并可以采用荧光灯或 LED 灯等高光效光源。

厨房照明还应为更复杂的视觉任务提供足够的任务照明，有些照度要求可达 500 lx，此时仅仅一般照明很难达到要求。因此，可在这些区域增加任务照明，嵌入式灯具是理想选择。橱柜照明可以凸显优质的家具，同时又可以方便找寻材料。

在厨房要接触很多食物，要辨别食品的新鲜与否，因此一般照明和局部照明要选用高显色指数的光源。厨房实际是一个工作区，要求的照度较高，并且为了节能，大多采用荧光灯、LED 灯等光源。

7.7.5 盥洗室照明

盥洗室一般照明应为整个房间提供明亮的光环境，照度应大于300 lx。照明设计时，应考虑到房间各表面的反射率。例如，采用较深颜色材料，会增加照明总光通量输出；浅色顶棚和墙壁可以增加反射光线，增加整个房间的亮度，使房间看上去更为开阔。为满足个性需求，应增加调光功能，使环境更加舒适。另外，照明设计需要考虑到夜间进入盥洗室时光适应的问题。

通常采用吸顶、嵌入式灯具或白色漫射顶棚作为一般照明，光源多为荧光灯、LED灯等高效光源。

与厨房照明类似，盥洗室要求有一定的任务照明，以满足化妆等复杂视觉任务。其中最为重要的是镜子照明，镜子照明均匀照亮面部，应没有阴影并且不会对镜前人员造成眩光。灯具光线直射向人，而不应射在镜子上；邻近墙壁的反射比应为50%或更高；灯具的亮度不应超过2 100 cd·m^{-2}；灯具的安装位置应在视锥60°以外。通常采用在镜子两侧安装线状灯具的方法，如镜子较宽，可在镜子上方增加额外的灯具以减少眩光。应避免将灯具安装在顶部区域或顶棚上面，以免在鼻子或下巴下面产生阴影。灯具可采用白色漫射材料，减少灯具亮度。为再现人的肤色，要求采用显色性好的光源，尤其是光谱中必须有丰富的红色成分，特别是采用LED光源时需对R_9进行限定，以提高皮肤颜色的照明效果。

另外，盥洗室中的湿度比较高，因此用电安全特别重要。为此，灯具安装时应主要以下几点：

1）墙上安装的开关最好装在盥洗室门外。

2）除必需的插座外，盥洗室内应无其他插座，或用低压安全电源。

3）灯具必须是密闭的，能防止水汽凝聚，并且安装在水花溅不到的地方。

7.8 博物馆、美术馆照明

博物馆、美术馆是各种文物、历史遗物和艺术品的收藏保护、展示机构，博物馆、美术馆照明设计在满足参观人员的视觉需求的同时，应充分考虑保护这些珍贵展品，尽可能减少照明对展品的损害。同时，博物馆、美术馆照明需要将展品的特点进行充分的展示，这对照明的艺术性提出了更高的要求。

7.8.1 博物馆、美术馆照明要素

博物馆和美术馆中的展品种类繁多，有墙面展品，如画、织锦等，有立体展品、陈列柜展品等。照明的主旨是能正确地反映展品的形状、色彩和质感，体现作者的创意。照度、显色指数、色温与照度的搭配、均匀性、立体感、眩光、对比度等对博物馆和美术馆照明效果起着重要作用，需重点考虑以下几方面。

1. *展品的保护*

博物馆、美术馆中会陈列一些艺术品、珍品。为让参观者能够有效地观察、欣赏这些展品，需要对这些展品提供一定的天然光或人工照明。众所周知，光是一种电磁辐射，会对这

些展品产生永久性的伤害，如褪色、黄化、起皱、表皮脱落等。因此，博物馆、美术馆照明需要在照明效果和展品保护之间保持平衡。光辐射对产品的影响主要有两方面：光化学反应和热动力过程(物理)。

有机材料容易发生光化学反应，纸张、纺织品、颜料等这些在绘画中经常采用的材料多为有机材料，光化学反应会使其分子结构发生变化，导致颜色加深、褪色。这些变化是一个渐进的过程，损害逐渐累积，而且这些损害是不可逆的。

照明设计人员对光辐射损害展品过程进行了大量实验，并建立了很多预测损害程度的公式。光辐射对展品的光化学损害比较复杂，涉及很多因素，其中主要因素如下。

(1) 辐照度

辐照度为展品单位面积所受光辐射功率，单位为 $W \cdot m^{-2}$。《博物馆照明设计规范》(GB/T 23863)中规定了展品照度的推荐值，如表 7.8.1 所示。

表 7.8.1　**展品照度推荐值**

展品类别	照度推荐值/lx
对光不敏感：金属、石材、玻璃、陶瓷、珠宝、搪瓷等	≤300(色温不大于 6 500 K)
对光较敏感：竹器、木器、藤器、漆器、骨器、油画、壁画、角制品、天然皮革、动物标本等	≤180(色温不大于 4 000 K)
对光特别敏感：纸制书画、纺织品、印刷品、树胶彩画、染色皮革、植物标本等	≤50(色温不大于 2 900 K)

(2) 曝光时间

辐射等于辐照度与曝光时间之积。辐照度越高，曝光时间越长，光辐射对展品的损害危险也就越大。博物馆、美术馆展品每年总曝光量限制推荐值见表 7.8.2。另外，需要注意，光辐射对展品的损害取决于展品对光辐射的吸收量，而不是照射量。

表 7.8.2　**美术馆和博物馆的展品每年总曝光量限制推荐值**

展品材料	每年总曝光量/lx・h
高敏感展品材料——丝、纸画、纤维、短时染料	120 000①
中等敏感展品材料——棉、木材、牢固染料所染物品(包括木制器具和皮革)	180 000②

注：① 约为 50 lx×8 h(每天)×300 d；
② 约为 75 lx×8 h(每天)×300 d。

(3) 光谱分布

在相同曝光量的情况下，不同波长光辐射对展品的影响不同。图 7.8.1 所示是各个波长对展品的相对损伤度，晴朗天空时为 100%。从此图中不难发现，波长越短对展品的损害也越大，特别是紫外线辐射。日本研究表明，从各种光源中滤除 400 nm 以下的紫外辐射后，相对损伤系数大为减小。表 7.8.3 所示为各种光源单位照度的相对损伤系数，这是博物馆、美术馆照明光源选择的重要依据之一。

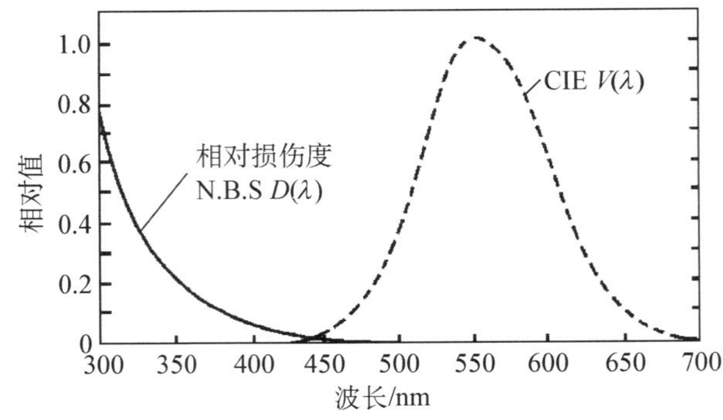

图 7.8.1 **不同波长的光对展品的损伤度**

表 7.8.3 **不同光源单位照度的相对损伤系数**

光源	无滤色片	截止滤色片	截止滤色片	截止滤色片	玻璃橱窗	玻璃橱窗
		380 nm	400 nm	420 nm	简单	双层
%						
日光	255	155	130	110	205	190
卤钨灯	100	80	75	70	90	90
金属卤化物灯	220	175	145	110	210	210
荧光灯中性白	100	85	80	70	95	90
荧光灯暖白	90	75	70	60	85	85
LED 冷白	80	80	80	75	80	80

在表 7.8.3 中罗列的不同光源单位照明的相对损伤系数是相对低压卤钨灯(低压卤钨灯为 100,其损害为卤钨灯前加 380 nm 厚的滤色片,照射照度为 200 lx,照射时间为 1 000 h 的情况)的相对值。例如,未加 380 nm 滤色片的低压卤钨灯的损害为 180%。

(4) 相对光谱敏感度

表 7.8.4 所示为材料相对光谱敏感度,此指标表明材料对光辐射的敏感程度,其中油画颜料为基准 100,其他材料数据为以油画颜料为基准的相对值。从此表中可以看出,水彩颜料的相对敏感程度为油画颜料的近 5 倍。因此为保护展品,水彩颜料的曝光量应降为油料颜料的$\frac{1}{5}$。

表 7.8.4 **相对光谱敏感度**

分类	材料样品	相对光谱敏感度/%
敏感	油画颜料	100
非常敏感	织品	300
	手绘水彩颜料	485

注:相对光谱敏感度基于油画颜料(参考值:100%),如水彩颜料值为 485%,在相同照明条件下,意味水彩颜料的危险为油画颜料的近 5 倍;在保护展品的基础上,为达到理想的视觉效果,通常采用 200 lx 照度,对于非常敏感材料,应不超过 50 lx。

除此之外，材料的光谱吸收特性，展品周围的湿度、温度、灰尘等，也会影响光辐射对展品的损害程度。

采用下面方法可以减少光化学作用对展品的损害：

1）采用无紫外光源或采用紫外过滤器，将紫外辐射移除。需要注意，滤色片在消除了紫外成分的同时，会消减部分可见光，这会影响光源的显色性能。天然光中也有大量紫外辐射，照明中如引入天然光，也需对其进行过滤。

2）控制曝光量，在非展览参观时间尽量保持房间为黑暗状态。

光辐射对展品的另一个影响为热动力过程。展品吸收光线后，表面膨胀，导致表皮容易脱落；另一方面展品光照升温，降低展品湿度，进而导致展品脱水，特别是光源开关引起温度和湿度的波动会加速损害展品，而且升温效应会使得光化学损害更加严重。

减小热动力学过程可采用无红外线光源，如 LED 光源，或加入冷光镜或红外线反射膜，同时需要保持室内正常的温度、湿度和降低照度水平，以及减少开关次数。

2. 照度

展品上照度的决定首先要考虑对展品的保护，在不影响视觉效果的情况下，应尽量降低展品的曝光量。另一考虑因素为照明视觉效果，展品照明的主要目的是使展品能够让观测者清晰地观看和欣赏，因此需要对展品照度水平有一定的要求。照度水平的最终确定需要在视觉效果和保护展品中予以平衡。

据 IES(英)研究报告介绍，试验表明：150～250 lx 的照度对颜色的识别效果最佳。不同的展品要求不同的照度，设计时需要考虑展品的可变性，照度要有一个范围，而且可调。需要注意的是，调光时不应改变光源的光谱能量分布，以避免展品的视觉效果发生变化。

3. 色温与显色指数

人们在观察物体时，首先引起视觉反应的即是色彩。在初看时的前 20 s 对物体形体的注意力为 40%，而对色彩的注意力为 60%，色彩展示得好坏直接影响展品特征。色彩由光源相对光谱能量分布和各表面材料光谱反射率决定。光源相对光谱能量分布较为抽象，通常采用色温和显色性来表征光源相对光谱能量特性。通常，色温影响我们对色调的感觉，而对人们视觉、心理的影响较为复杂，并没有一个绝对统一的评价方式。一般情况下，较高照度水平时宜采用高色温光源，低照度水平时宜采用低色温。

显色性反映光源对物体颜色的显现能力，显色性越好，物体颜色更接近标准光源照射下的颜色，即更接近我们日常见到的物体颜色。博物馆要求光源具有良好的显色性，在陈列绘画、彩色织物、多色展品等对辨色要求高的场所，应采用一般显色指数(R_a)不低于 90 的光源作为照明光源。对辨色要求不高的场所，可采用一般显色指数不低于 60 的光源作为照明光源。

4. 眩光

眩光是影响照明质量的重要因素之一。眩光是由于亮度分布不适当，或亮度变化的幅度太大，或空间、时间上存在着极端的对比，以致引起不舒适或降低观察物体能力的现象。为保护展品，展品外经常需要加装保护玻璃，玻璃反射经常形成眩光，影响欣赏效果。因此博物馆照明中应特别关注反射造成的负面影响。

高亮度光源或未控制天然光，因表面光泽、保护玻璃反射而形成眩光。为消除反射眩光，首先，光源的亮度应比较低，使反射影像的亮度处于容许范围，可采用视线方向反射光通小的特殊配光灯具。其次，如果光源或灯具亮度不能降到理想的程度，可根据光的定向反射原理，妥善地布置灯具，即求出反射眩光区，将灯具布置在这一区域以外。

光幕反射是目前普遍忽视的一种眩光。博物馆光幕反射主要是由于当通过玻璃观看展品时，参观者本身或周围的物体的成像会叠加在展品上。因此，展品的照度必须比参观者的一侧要高。例如，使用陈列柜展示展品时，在陈列柜中应安装光源提供照明。另外一些有光泽的绘画展品，光线经画面上不规则的小颗粒在画面上形成光幕，改变展品原有的色彩，也会影响展品的观赏效果。采用大面积、低亮度光源对展品进行照明，可减少此影响。

7.8.2 博物馆照明系统

1. 空间照明

为满足参观人员基本行走、安全、参观等视觉要求，博物馆室内应提供一定的基础照明，对整个环境提供一定的亮度。此类空间照明通常不需要考虑特殊区域要求，只需为整个房间提供基础照明，以满足人们基本视觉需求。一般照明可采用将灯具规则排列，灯具呈直线状排列或网格状布置，然后辅以天然光、局部照明等其他照明方式。通常此类场馆空间多为不规则排列，因此一般照明可根据场馆特点进行灯具排列，对均匀性要求也可适当降低。

2. 展品照明

一般博物馆和美术馆照明分成 4 大类：垂直面上的平面展品、三维展品、展柜和场景照明。

(1) 垂直面上的平面展品

此类展品有浮雕、绘画、照片或各种墙上饰品。一般此类展品都放在玻璃框内，这无疑提高了照明的难度。照明要尽量少地产生阴影和眩光，同时能够均匀地照亮整个展品。

1) 洗墙。实现均匀照亮垂直面，最简单的方法是用洗墙灯具进行照明，此方法适合较大的展品。洗墙需要专门灯具，很多公司均有专用灯具的资料，这里就不详细介绍了。

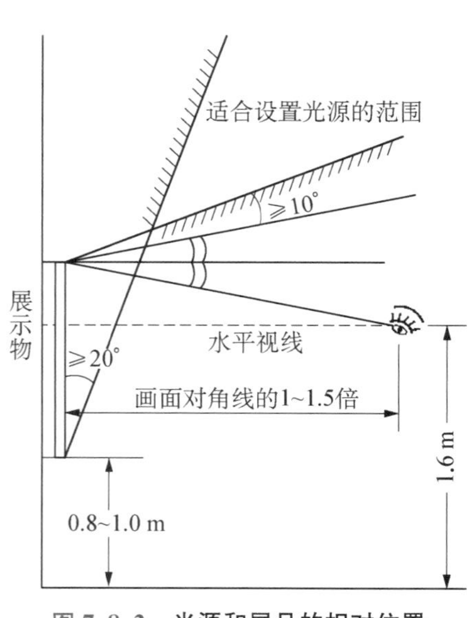

图 7.8.2　光源和展品的相对位置

2) 聚光灯。对于中等及较小的展品一般会选择聚光灯。使用聚光灯的最大问题是要防止反射眩光，解决的办法是合理地选择光源和展品的相对位置。

如图 7.8.2 所示，参观者的视线高度取为 1.60 m，展品的中心高度为 1.65～1.7 m，根据人的观看习惯，展品中心高度应不等于或低于参观者的视线高度；当参观者观赏展品时，与展品的距离应为展品对角线长度的 1～1.5 倍。

考虑到光线的扩散，设计时应留有 10°的余地，以将影响降到最低；如果入射光线与垂直面之间的夹角小于 20°，则画框的阴影会落在画面上，影响画面的观赏效果，所以合理设置光源的位置应为在图 7.8.2 中所示的阴影区。

解决反射眩光的另一个方法是将展品倾斜，如图 7.8.3 所示。

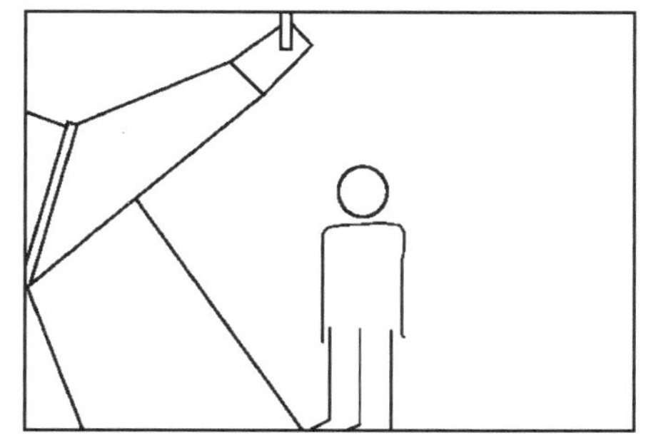

图 7.8.3　倾斜展品以防止反射眩光

(2) 展柜照明

展柜可以使参观者能够接近展品，同时又对展品有一定的保护作用，通常展柜中的展品比较珍贵。

展柜照明大多数设置在柜内，也可以在外部照明。通常使用荧光灯，因为它发光量大，发热量小，且通过处理(如内喷或外喷防紫外材料)可以防紫外线。但要考虑镇流器的发热和噪声对展览的影响。当然，也有用白炽灯和卤钨灯的，以增加展柜内的暖色调，加强局部照明，但发热量大，需注意通风问题。LED 光光谱中不含红外线和紫外线，非常适宜展柜照明，如在柜内设置时，需要注意 LED 灯具的散热处理，降低 LED 灯具产生的热量对展品的影响。

展柜照明的主要问题是直接眩光、镜像反射、参观者和展品产生的阴影、光线的加热作用。

1) 防止直接眩光。安装在陈列柜中的光源应有遮光板，或有控制光束的角度，使光源的直射光不射入参观者的眼睛。

2) 防止镜像反射。要防止由于玻璃面的反射，而使参观者本身及周围的其他物体成像。如果展柜内的亮度不够，镜像反射会很强烈，在这种情况下，需要使展柜面对的墙比较暗，参观者身上的亮度应该比较低，以减少反射。其他方法还有：使玻璃与人的视线有一个角度，使玻璃的反射光射向地面(此时要求地面的亮度较低)；制作特殊形状的玻璃，使玻璃只反射较暗的表面；使内外的亮度比大于 10∶1。

3) 防止强的阴影。阴影的产生与灯具的位置有关，展柜照明中灯具位于柜内与柜外，减少阴影的方法也有所不同。

通常展柜照明柜外设置时，灯具应该设置在展柜的正上方，并垂直射向展品。如果将灯具安放在其他位置，则展柜的边或角会在展品上产生阴影，影响欣赏效果。展柜的顶可以用漫透射材料，光线均匀照亮展柜的顶部，这样可以有效减少展品本身造成的阴影，但其缺点是展柜顶反射的光线会射向顶棚。

当照明位于柜内时，不需考虑展柜本身的阴影，只需减少展品本身的阴影即可。此时照明的方法就比较多了，可以从各个方向照亮展品，以减少阴影。需要注意的是，要避免直接眩光射向参观者。

4) 防止光线的加热作用。在柜外照明时，由于温室效应光线会使展柜温度升高，此时需要降低照度和安装冷光镜等。而在柜内照明时，光源灯具均在柜内，只采用上面的方法还不能有效防止柜内温度的升高，一般要设置通风口，甚至采用风扇进行换气降温，此时需要注意安装防尘网，以避免灰尘污染展品。

(3) 三维展品

三维展品的照明需要进行多方向的照明设计。为达到所需的视觉效果，无需将展品均匀照亮，应该有效地利用光与影；增加亮度可以吸引人们的注意力，引导参观者的视线，但应避免产生眩光和大量重复；阴影可以表现展品的质感，更能揭示展品的细节。

三维展品的照明可参照商业照明中的橱窗照明和室外照明中的雕塑照明。通常三维照明需要主光、辅助光和背景光 3 种方式相结合，以产生较好的视觉效果，如图 7.8.4 所示。

(a) 主光、辅助光和背景光　　(b) 主光

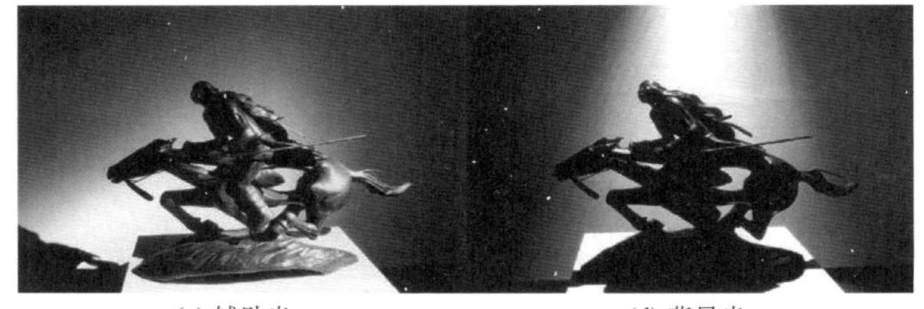

(c) 辅助光　　(d) 背景光

图 7.8.4　**雕塑照明**

评价立体感的指数是阴影系数 s_f。s_f 用柱面照度 E_z 和水平照度 E_h 之比来表达，其计算公式为

$$s_f = \frac{E_z}{E_h}。$$

据试验表明：当 $s_f < 0.3$ 时，阴影太深，立体感过于强烈；当 s_f 在 0.3～0.7 之间时，阴影适宜；当 $s_f > 0.7$ 时，阴影太浅，立体感差。

（4）场景照明

有时博物馆和美术馆需要模拟真实的环境，如古迹再现等。这类照明的目的有两个：再现场景；保证参观者的视觉需求。这两者在大部分情况下是相互矛盾的。前者要求用到实际情况下的光源、灯具，如再现古代的场景，需要使用火把、蜡烛等；而后者需要较高、现代化的光源与灯具。

在照明时，通常要进行一些妥协。例如，为安全起见，用电光源替代火把、蜡烛等。另外，为参观者提高足够的照明。

为了达到良好的效果，场景照明通常采用两个照明系统：一个为再现场景，另一个为参观者提供照明。同时两个系统可以用手动或自动自由切换。

7.9　应急照明和公共区域安全照明

应急照明是照明设计中最重要的一部分，它通常同人身安全和建筑物、设备安全密切关联。如果应急照明设计安装不合理，在某些场合会造成严重的后果。公共区安全照明可以有效地减少犯罪活动，满足人们心理安全需要。

7.9.1 应急照明的基本要求

1. 照度

从视觉的角度，照度没有考虑物体的反射率，并不是一个很有效的物理量。亮度表示可见度更为确切些，但由于技术比较复杂，因此，目前大部分的标准仍是规定照度值。根据 GB 1330 及 GB 50034 的规定，疏散照明在主要疏散通道上不应小于 0.5 lx；安全照明在工作区域或工作地点的照度不应低于该区域正常照明照度的 5%；备用照明的照度不应低于正常照明照度的 10%。在某些照明场合，备用照明需要选择较大的照度，如手术室的手术台，需要和正常照明相等或接近的照度。在这些情况下，往往是利用全部正常照明，在电源产生故障时自动切换到应急电源供电。

2. 光源

应急照明一般使用白炽灯、卤钨灯、荧光灯、LED 灯，不应使用高强度气体放电灯。

白炽灯是应急照明中常用的一种光源。应急照明用白炽灯与一般照明用白炽灯有很大的不同，应急照明用白炽灯通常光效更高，而寿命只有 50 h，但白炽灯以及卤钨灯的缺点是寿命短，灯丝经不起严重的振动。

紧凑型荧光灯是另一个应急照明光源。紧凑型荧光灯由于光效高、寿命长、显色性好，在应急照明中应用日趋广泛。用于应急照明的紧凑型荧光灯，必须能够经受高温度、低温、高湿度的考验。

LED 灯以其高光效、抗振、瞬时启动等优点最适宜应用在应急照明中。

高气压放电灯通常不用作应急照明光源。首先，高气压放电灯系统（镇流器、起辉器等）与通常的照明设备不通用；其次，再燃时间过长；再次，高气压放电灯的功率较高。

3. 持续时间

对于有应急发电机的场合，应根据应急照明，特别是备用照明持续工作时间和电力负荷要求，备足燃料；在用蓄电池时，则应按持续工作时间要求，确定蓄电池的容量。对于疏散照明，按《高层民用建筑设计防火规范》（GBJ 45）规定，应急照明不应小于 20 min。但对于特别重要的建筑、超高层公共建筑，不宜小于 30 min，甚至更长时间。对于安全照明和备用照明，其持续时间应根据该场所的工作或生产操作的具体需要确定。对一般的生产车间，不小于 20 min 可满足要求；而手术室的备用照明，持续时间往往要求达到 3～8 h；对于通信中心、重要的交通枢纽，要求持续到正常电源恢复。

7.9.2 应急照明设计

按 CIE 出版物《应急照明指南》和我国《民用建筑照明设计标准》（GBJ 133）、《工业企业照明设计标准》（GB 50034）的规定，应急照明分为 3 类，即疏散照明、安全照明和备用照明。

1. 疏散照明设计

（1）疏散照明的要求

1）明确清晰地指示疏散路线及出口或应急出口位置。

2）为疏散通道提供必要的照度，保证人员能安全、快捷地沿通道向出口或应急出口行进。

3）使人们能容易看到设置在疏散通道侧面的火警呼叫设备和安全、救护设施。

（2）布置原则

在需要设置疏散照明的建筑物内，疏散标志灯的布置应使疏散走道上或大厅内的人员在任何位置都能看到最近的疏散标志，以引导人员安全、快捷地达到和通过出口，疏散到安全地带。

在只有灯光信号还不能满足上述要求的建筑物内，还应设置有音响信号的疏散标志等。

1）出口标志灯的布置。

① 装设部位：

a. 建筑物通往室外的出口和应急出口处；

b. 多层、高层建筑的各楼层通向楼梯间、消防电梯的前室的出口处；

c. 公共建筑中，人员聚集的大厅、展览厅等通向疏散通道或前厅、侧厅、休息厅的出门口。

② 装设要求：

a. 出口标志灯应该装在上述出门口的内侧，标志面应朝向内疏散通道，而不是朝向室外、楼梯间一侧；

b. 通常安装在出门口的上方，当门上方太高时，宜装在门侧；

c. 安装距离地面高度为 2.2～2.5 m 为宜；

d. 出口标志灯的标示面的法线应与沿疏散通道行进的人员的视线相平行；

e. 出口标志灯一般在墙上明装，如标志面与出口门所在墙面平行，在建筑装饰有需要时，宜嵌墙暗装。

2）指示标志灯的布置。

① 装设部位：

a. 在疏散通道的各个部位，如不能直接看到出口标志者，或距离太远，难以辨认标志者；

b. 当疏散通道太长时，中间应增加指向标志，指向标志的间距不宜超过 20 m；

c. 在高层建筑的楼梯间，还应在各层装有指示层数的标志。

② 装设要求：

a. 指向标志灯通常安装在疏散通道的侧面墙上、通道转弯处外侧墙上，对于高度较低的走道，也可以悬挂在顶棚下；

b. 安装在墙面时，距地面不宜大于 1 m；悬挂在顶棚下时，距地面宜为 2.2～2.5 m；当在墙上安装高度低于 2 m 时，应为嵌墙暗装，标志灯突出墙面的尺寸不宜超过 30 cm，且突出墙面的各部分都应有平滑的表面和圆角；

c. 指向标志一般用箭头指示疏散方向，标志面宜与疏散走道平行；从视觉效果看，标志面应与人的视线相垂直。

3）疏散照明灯的布置。

a. 疏散通道的疏散照明灯通常安装在顶棚上，需要时也可安装在墙上；

b. 应与通道的正常照明结合，一般是从正常照明分出一部分以至全部，作为疏散照明；

c. 灯距离地面安装高度不宜小于 2.3 m，但也不应太高；影剧院观众厅的走道，宜在距地面 1 m 以下的墙上和观众座位的侧面下方安装灯具；

d. 疏散照明在通道上的照度应有一定的均匀度，通常要求沿通道中心线的最大照度不超过最小照度的 40 倍；

e. 疏散楼梯、消防电梯的疏散照明灯应安装在顶棚上，并保持楼梯各部分的最小照度；

f. 要注意灯的装设位置能使人们看到疏散通道侧的火警呼叫按钮和消防设施。

2. 安全照明设计

正常照明因电源故障熄灭时，安全照明应能使人员避免陷入危险，或避免人员因恐慌而导致人身事故。

(1) 安全照明的设置场合

1) 工业厂房中的正常照明因电源故障而熄灭时，在黑暗中可能造成人员挫伤、灼伤等严重危险的区域。

2) 正常照明因电源故障而熄灭时，使危重患者的抢救不能及时进行，延误急救时间而可能导致人身伤亡的场所。

3) 正常照明因电源故障而熄灭时，由于人员聚集，且不熟悉环境条件，容易引起惊恐而导致人身伤亡的场所。

(2) 安全照明的布置

1) 在大多数情况下，不需照亮整个房间或场所，只要求重点照亮某个或某几个工作面，如圆盘锯、操纵台。

2) 对于要求光线有一定方向性的工作面，宜设置定向性照明。

3) 应尽量利用场所的一般照明灯具的一部分或全部作为安全照明。

3. 备用照明设计

正常照明因电源故障而熄灭时，不能进行必要的操作处置，而可能引起火灾、爆炸及中毒等事故；或导致生产流程混乱、破坏；或造成较大的政治或经济损失。

装设要求：利用照明的一部分以至全部作为备用照明，尽量减少另外装设过多的灯具；对于特别重要的场所，如大会堂、国家会议中心、国际体育比赛场所，备用照明要求等于或接近正常照明的照度，应利用全部正常照明灯具为备用照明，正常电源故障时能自动转换到备用电源供电。

7.9.3 安全环境照明

安全的环境是人们生活、工作的最基本要求，因此安全环境照明是照明设计师必须考虑的一个重要因素。安全环境照明能够帮助保护人身及财产的安全，减少犯罪活动的发生。

安全环境照明可能不仅涉及室内环境，而且涉及室外。安全环境照明一般分成以下几类。

1. 监控区

监控区域应包括一些开放的场地、商店、仓储库等。这些区域有些不需要安全环境照明，有些需要，这主要取决于犯罪概率。如果在这些场合的犯罪活动不是很频繁，而且存放物品并非人们所熟知，可以不进行安全环境照明；对于犯罪分子知晓有贵重物品存放的场合，安全环境照明将是至关重要的。

安全环境照明需要有均匀的水平照度和垂直照度，很容易发现进入监控区或在附近游荡的人，而且应提供足够的照度，使摄像监控装置能够有效地工作。通常，需要地面上的水平照度达到 100 lx，垂直照度不应低于水平照度的 25%。

室内安全环境照明设计方案应根据采取的安全措施而制订。对于保安人员经常巡逻的场合，照明设计应提供均匀的照度，使保安人员能够容易地进行检查；对于采用摄像机自动摄像而没有保安人员的场合，照明设计只需提供摄像机有效工作所需的照度即可；对于采用人员移动探测器和红外探测器的场合，应该在通常情况下使房间处于黑暗状态，当有人员非法进入时，为摄像提供足够的照度。与此同时，应在室外也提供一些安全环境照明，其中最为重要的是入口处的照明。

警卫室的照明应提供足够的亮度，使保安人员能够方便地完成一般的视觉任务，如书写、操纵仪器等。同时，警卫室的照明不应过亮，否则会影响保安人员通过玻璃窗观察外面的情况，或使非法进入者能够清晰地看到警卫室的内部情况。

2. 公共区的安全环境照明

公共区域包括公园、停车场、自动取款机等场所。

照明设计应使这些区域给人以安全、舒适的感觉，能提供足够的亮度使人们能够较早地察觉到潜在的危险，并且能够为鉴别及描述犯罪过程细节提供足够的照度。最近研究表明：一旦地面的照度为 10～50 lx，人们就可以有安全感。为使人们在安全的距离外能采用有效的防护手段，高于地面 1.5 m 处的垂直照度为 5～8 lx，同时，平均照度与最小照度的比值不应高于 4∶1。在不同场合，对照度的要求也不尽相同，而且照度要求还与文化传统、民族习惯有关。

3. 家庭安全照明

家庭安全照明设计时，要考虑房间的所在位置、与邻居的距离、房间的大小、独居还是几户共用等因素。家庭安全照明设计应包括阻止、发现、辨认和求救等方面。

家庭安全照明一般设置在室外庭院以及入口处，但合理的室内照明也可以起到提高安全的作用。通常有灯光的房间能够有效地阻止一些非法进入者，这时采用定时器是个很有效的方法。如果能够采用可编程定时器，每周或每月能够改变照明方法会起到更好的效果。移动探索器也是一个很有效的方法。

7.10 室内照明案例分析

7.10.1 办公照明项目案例——海沃氏(上海)静安嘉里中心办公室

7.10.1.1 照明设计说明

该项目的设计任务是海沃氏家具(上海)有限公司的办公室照明，力求用灯光体现其家具产品的外形、色彩和质地，展示一家高品质国际家具品牌公司的舒适办公环境和对低碳绿色环保目标的追求。

该项目照明设计涵盖4个区域：开放式办公区、样品展示区、会议室和总裁独立办公室。

1）开放式办公区：该区域为裸露天花，采用悬挂式LED超薄型灯盘并均匀布置，灯具间距为2 400 mm×2 400 mm，灯具悬挂高度距离地面2 500 mm，为开放式办公区营造出明亮均匀的照明效果。

2）样品展示区：该区域采用非均匀照明的方式，适当降低周围区域的照度，采用吊杆安装LED射灯对产品进行重点照明，突出展示的样品。

3）会议室：由于会议室被公司赋予了多种功能，因此该区域安装了两套照明系统，分别为均匀的4 000 K正式会议照明和非均匀的3 000 K聚会活动照明。两套系统都采用嵌入式LED灯具实现，通过控制系统，切换各类不同照明场景。

4）总裁独立办公室：该办公室从功能上分为工作区和会客区，通过采用暖色温3 000 K的嵌入式筒灯，营造温馨的总裁办公室的氛围。

7.10.1.2　照度计算

照明模拟结果如图7.10.1所示。

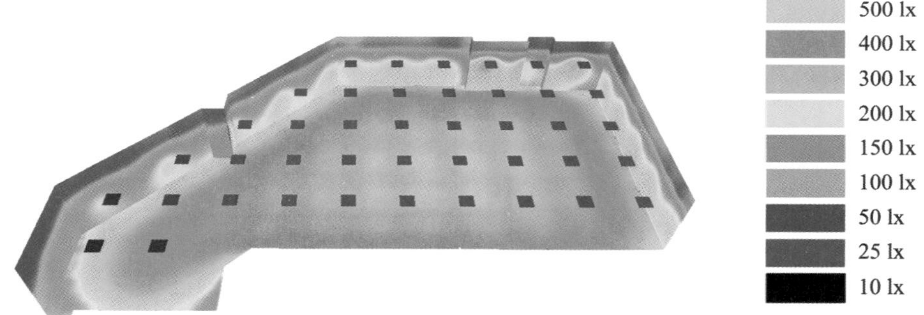

图7.10.1　照明模拟结果

7.10.1.3　照明效果

现场照片如图7.10.2所示。

图7.10.2　办公室照明效果

7.10.1.4　灯具布置

如图7.10.3所示。

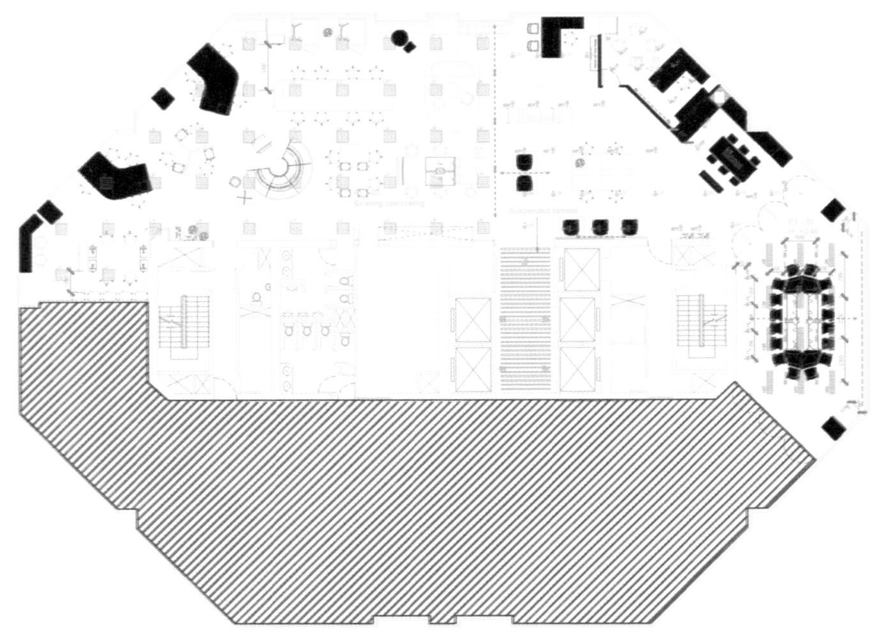

图 7.10.3 灯具布置示意

7.10.1.5 灯具种类

如表 7.10.1 所示。

表 7.10.1 灯具选型表格

区域	灯具描述	灯具参数	数量
开放式办公区	悬挂式 LED 灯盘	3 400 lm 45 W 4 000 K	42
会议室	嵌入式 LED 灯盘	22 W 4 000 K PSD	12
独立办公室	嵌入式 LED 灯盘	15 W MB 3 000 K	8
样品展示区	吸顶式 LED 可调角度射灯	10 W 3 000 K	34

7.10.1.6 产品介绍

1) 悬挂式 LED 灯盘：超薄的外形设计，厚度仅为 14 mm；整套灯具系统的效率可达 76 lm·W^{-1}；显色性 R_a 大于 80，色温为 4 000 K；寿命为 30 000 h 时，仍维持 70%的初始光通量。

2) 嵌入式 LED 灯盘：超高系统效率，可达 115 lm·W^{-1}；显色性 R_a 大于 80，色温为 4 000 K；寿命长达 50 000 h 时，仍保持 70%的初始光通量；高舒适性，$UGR < 16$。

3) 嵌入式 LED 筒灯：压铸铝散热器，安全可靠，寿命长达 50 000 h；显色性 R_a 大于 80，色温为 3 000 K；有 20°和 40°的光束角可供选择；切向调光稳定，操作便捷。

4) 吸顶式 LED 可调角度射灯：外观小巧，直径仅为 80 mm；可替换 50 W 卤素灯具，直接节能 80%；显色性 R_a 大于 80，色温为 3 000 K。

7.10.1.7 照明控制

开放式办公区的照明系统均使用 DALI 驱动，采用日光感应与人体移动感应相结合的控制方式，人来的时候该区域灯光自动打开，人离开 15 min 后灯光自动调暗至 20%，再过 2 min 依然无人，则该区域灯光关闭。同时，在与窗户距离 4.5 m 范围内的照明可以随日光强度自动调节明暗，以达到充分利用天然光、更加节能的目的。

会议室内的照明通过 Dynalite 控制系统，使得会议室实现多种照明场景的随意切换，包括会议模式、演讲模式、投影模式、会间休息模式等。

7.10.2 工业照明项目案例——山东骏马机械工厂

7.10.2.1 照明设计说明

骏马公司位于山东省东营市，创建于 1996 年，2004 年发展成为山东骏马集团，2012 年注册为“中国骏马”。中国骏马是一家专注于高端石油装备的研发、设计、制造与服务。骏马工业园位于黄河三角洲经济开发区，占地面积 22 万平方米，由 3 个超级工厂、骏马大厦及多功能生活区组成。

由于老厂区采用组装照明灯具，多年运行下来，光衰减严重，能耗较高，给正常生产带来了严重影响。因此，新建厂房业主要求用先进的照明产品，配合合理的照明设计，保证高质量照明。同时，也要考虑照明运行的经济性。具体要求是：照度要求达到 200 lx 以上，色温为 4 000 K，显色性不低于 85。使用 LED 节能型产品，单灯功率不超过 150 W，光效不低于 100 lm · W^{-1}。

7.10.2.2 照度计算

如图 7.10.4 所示。

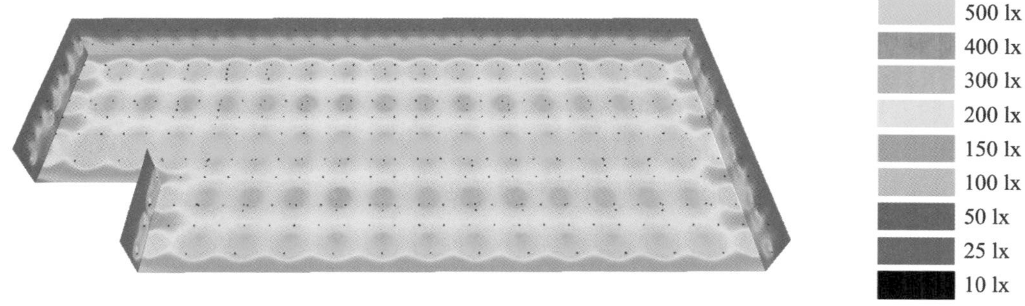

图 7.10.4 照明模拟结果

7.10.2.3 照明效果

现场照片如图 7.10.5 所示。

图 7.10.5 实际照明效果

7.10.2.4 灯具布置

如图 7.10.6 所示。

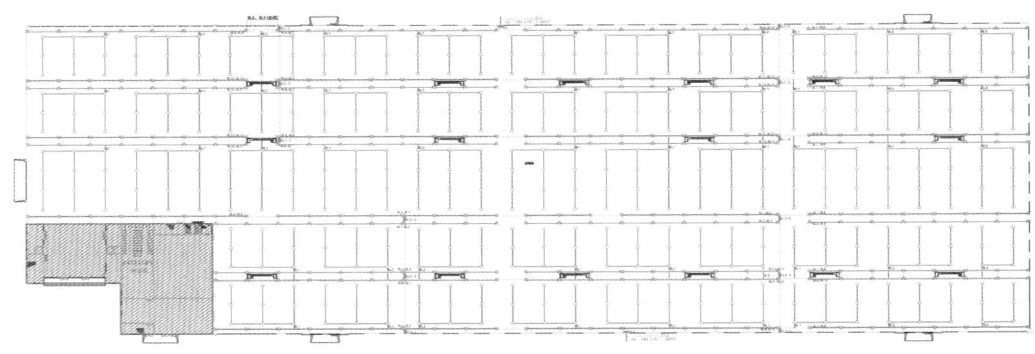

图 7.10.6 灯具布置示意

7.10.2.5 灯具种类

如表 7.10.2 所示。

表 7.10.2 灯具选型表格

区域	灯具描述	灯具参数	数量
机械加工厂房	LED 高天棚灯	LED 140 W	486

7.10.2.6 产品介绍

LED 高天棚灯，整套灯具系统的效率大于 100 lm·W^{-1}；显色性 R_a 大于 85，色温为 4 000 K；采用专业的配光，可将安装高度提升至 30 m，并且适用于−40℃～+50℃范围的环境温度；寿命为 50 000 h 时，仍维持 70%的初始光通量。

7.10.2.7 照明控制

采用 DALI 系统，实现联动智能照明控制，可实现以下控制要求，达到舒适照明、节能高效的目标。

1）日光感应：日光感应器探测厂房内照度，当天然采光充足时，则照明自动调暗或关闭；如果天然光不足，则照明系统自动将亮度提高。

2）移动感应：移动探头感应到有人或有叉车动作，该探头连接区域的照明自动打开；未感应到动作后 15 min，该区域的照明调暗至 20%，再过 2 min 仍未感应到动作，则照明关闭。

3）时钟开关：白天和夜间切换不同的照明控制方式，以满足不同时段对工厂照明的不同需求。

4）分区控制：将整个机械加工区根据功能划分为几个区域，每个分区可以进行单独的照明控制，更加节能。

5）面板操作：除了所有自动感应、调节和切换的控制外，还增加了手动面板控制，以备某些情况下由人工操作照明场景的需要。

7.10.3 医院照明案例——重庆市妇幼保健院渝北区分院病房

7.10.3.1 照明设计说明

病房应能保证患者在病床上阅读和正常活动,能在无任何不舒适眩光的干扰下休息或睡觉。病房的一般照明应能提供足够的照度,使医务人员能完成日常的医务工作,最好使用间接照明。除了一般照明,为了方便患者阅读和娱乐,应设置床头灯以提供足够的照明;作为病房照明,更加推荐偏暖色温的灯具,让房间更加舒适温馨。

健康人体的活动大多呈现 24 h 昼夜的生理节律,如人体的体温、脉搏、血压、氧耗量、激素的分泌水平,均存在昼夜节律变化。普通病房采用的照明工具均为照度值恒定的日光灯,几乎从早到晚保持这个照度,这违背了人体的生物节律,同时也在一定程度上浪费了资源。所以对现代医疗的病房,更加推荐一种智能的适应人体 24 h 生物节律变化的照明系统。

生物节律自适应照明系统按照生物节律 24 h 重复一次,模拟室外天然光,自动调节生物时钟的刺激,使患者的生理节奏与太阳日同步,让患者的生理机能与太阳生物钟的周期协调一致,提高治疗效果,帮助患者康复,让照明参与到治疗之中。

同时,提升 VIP 病房的档次与舒适度。夏天时,可以将色温调高,灯光呈白色,让人感到凉意;冬天时,可将色温调成暖色调,让人感觉到温暖。

采用色温可调平板灯、多模式床头灯、生物节律控制系统、床旁检查灯等照明灯具与照明控制相结合,以达到理想的照明效果。

7.10.3.2 照明效果

现场照片如图 7.10.7 和图 7.10.8 所示。

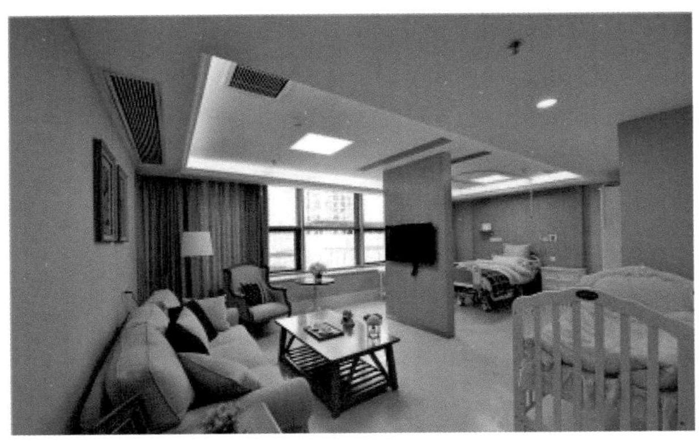

图 7.10.7 VIP 病房的照明

1) 房间照明:如图 7.10.8(a)所示,漫反射板内纵向的棱镜对于良好的视觉效果来讲是一个聪明的细节。棱镜限制了灯具的直射光,从而创造出一个舒适且适宜的灯光分布。

2) 检查照明:如图 7.10.8(b)所示,房间照明和直接照明的相互作用,确保了精确、精准的检查照明,这样保证医生和护理人员能够很好地进行工作。

3) 阅读照明:如图 7.10.8(c)所示,为患者提供阅读照明,并符合相关标准。患者触手可及,不依赖于房间照明,可随意使用。阅读照明也可以使用革新的 LED 技术,可单独使用，避免影响他人。

4）夜间定位照明：如图 7.10.8(d)所示，夜间照明集成在灯具内，温柔地渗透黑夜，无论横向如何布置，对称灯具是不受影响的。夜间指示灯采用暖色调，亮度适中，使患者在休息时倍感亲切。

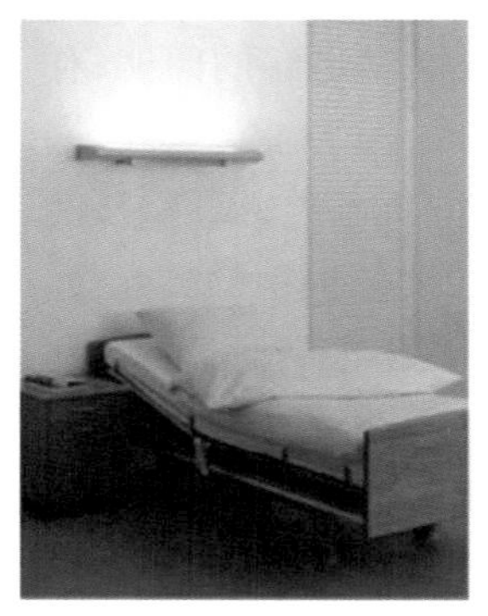
(a) 房间照明

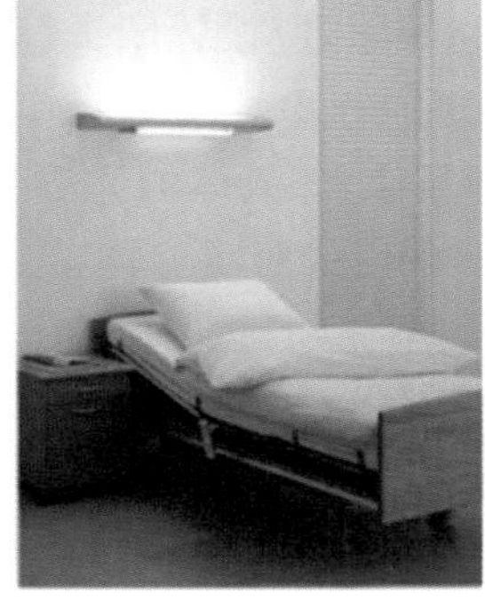
(b) 检查照明

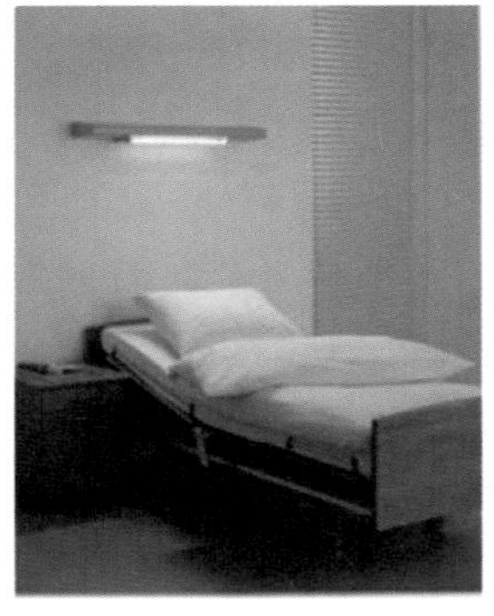
(c) 阅读照明

(d) 夜间/定位照明

图 7.10.8 **VIP 病房多模式床头灯**

7.10.3.3 灯具参数

(1) 色温可调平板灯

在满足基础照明的条件下加入色温可调性，能使平板灯“活”起来，色温可随意调节，如图 7.10.9 所示，灯的性能参数如表 7.10.3 所示。

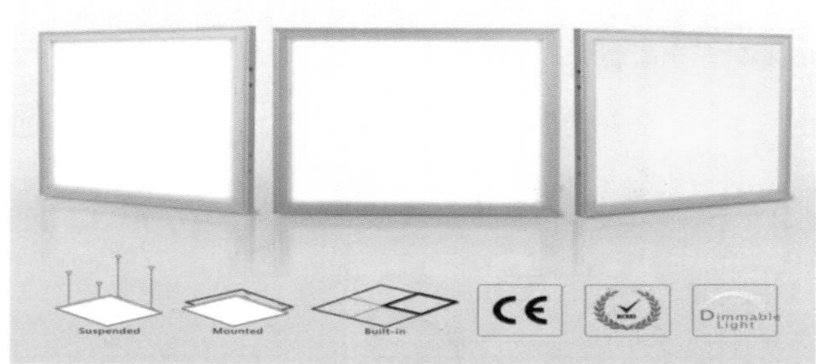

图 7.10.9 **色温可调平板灯**

表 7.10.3 **色温可调平板灯性能参数**

功率/W	电压/V	光通量/lm	显色指数	色温/K	寿命/h	外形尺寸/mm
60	220	3 800	85	3 500～6 000	50 000	600×600
60	220	3 800	85	3 500～6 000	50 000	300×1 200

(2) 多模式床头灯

对于病房照明，更加推荐间接照明方式，通过病房里其他灯具及灯具反射光线照亮整个房间。用多模式床头灯作为 VIP 病房的基础照明，通过上灯的光线反射照亮整个房间，再配以筒灯的辅助照明，使得病房更加人性化。性能参数如下：

功率：60 W；功率因素：0.983；上灯平均照度：22 050 lx；下灯平均照度：21 230 lx；长×宽×厚尺寸：1 100 mm×320 mm×50 mm。

7.10.3.4　照明控制

生物节律系统的推荐理由：为了更好地符合人的生物节律，我们推荐使用病房生物节律系统，它能把病房里的所有灯具集成到一起，通过色温的变化来模拟一天 12 h 室外阳光的变化，让人有置身室外的感觉，让光参与患者的康复与治疗，对患者的尽快康复起到一定的帮助作用。图 7.10.10 所示为灯具不同时间的照明效果。

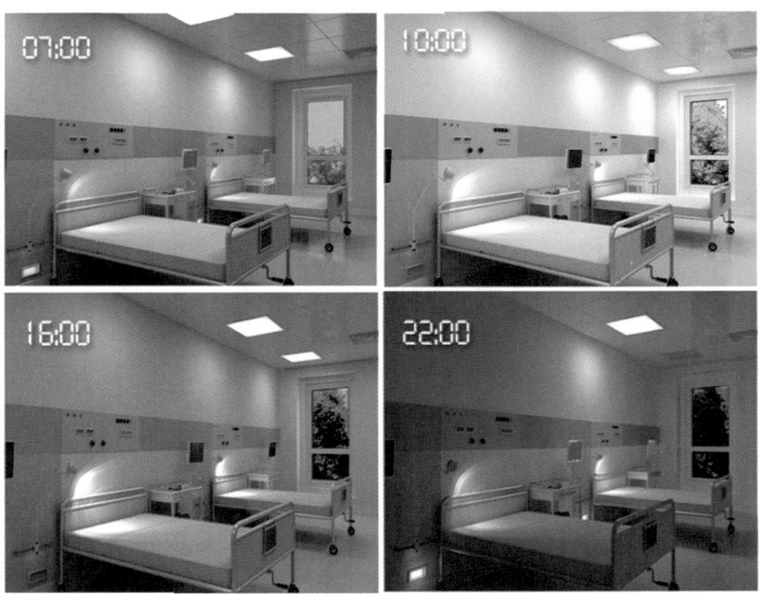

图 7.10.10　灯具不同时间的照明效果

第八章　城市夜景照明

随着社会经济的发展，人们越来越向往在城市中生活，城市化成为一种趋势。在我国，伴随着城镇化进程，城市的规模在扩大，城市的面貌也在发生日新月异的变化。

随着生活水平的提高，人们在白天辛勤工作之余，期望夜晚能与家人或朋友出来休闲、购物或交流，以消除工作的疲劳，享受生活的快乐。城市的管理者希望能在夜晚为人们的生活创造更好的条件和环境。实践证明，用灯光照亮城市中最有代表意义、最具魅力的部分，如地标性建筑、桥梁、商业大厦、历史文化街区等，就是一个非常好的举措。这部分的照明除满足人们行走、驾驶等需求之外，更多的是在夜晚美化城市中人们的生活环境，满足城市居民和游客舒适、愉悦的心理需求。区别于书中其他功能照明，这一类照明我们称为城市夜景照明。

城市夜景照明一方面是随着城市的经济活动和社会文化的发展而产生，而另一方面也很快成为促进城市的夜间生活消费、商业旅游发展以及人们生活水平提高的一种重要手段。

8.1　城市夜景照明规划

城市夜景照明的发展在世界上很多城市开始时往往是自发的，或者是局部性的。比如，上海市在20世纪80年代末的时候，随着改革开放的发展，科技工作者及政府管理部门中的一部分有识之士觉得需要提升外滩那些建于19世纪末、20世纪初的万国建筑群的照明品质，于是开始了上海第一个有一定规模的城市夜景照明项目。而北京的城市夜景照明规划，则无疑是从天安门及周边的建筑开始的。

城市夜景照明的局部发展，促使城市的管理者希望以更理性有序的方式来长远地规划一个城市的夜景照明，就如政府的城市管理部门开始规划城市的长远发展一样。

从全球的范围来看，城市夜景照明规划发展和执行得最为成功的是法国里昂市。从 20 世纪 80 年代开始，里昂市政管理部门就成立了专门的城市照明灯光规划发展团队，通过细致的勘查和分析筛选出上百个需要夜景照明的项目，包括城市地标建筑、历史文化建筑、雕塑、跨越罗纳河和索恩河的桥梁、城市广场、河流、山丘，并根据规划分门别类在 10～15 年的时间范围内逐步实施。为了保障这些规划项目的合理高质量实施，政府还特别在涉及旅游服务的行业征税，以确保有资金来支持这些规划项目的发展。后来，又把这些项目的发展和每年举办的灯光节相融合，通过灯光节的活动，留下一些永久性的灯光项目。到今天，里昂已成为欧洲城市夜景灯光实施得最成功的城市之一，每年灯光节的短短几天时间可以为里昂市带来几百万的游客，促进了当地旅游经济的发展。由于里昂市在城市夜景照明方面的成功，里昂也被誉为欧洲的“灯光之城”。

城市夜景照明规划一般分为两类。一类是一般的指导性规划，又称为“城市夜景照明总体规划”，主要是为一个城市或城市的一个区制订总的夜景照明规划，包括夜景照明的总体目标和原则、规划总体布局、照明的技术控制，以及建设的时间安排等。还有一类是针对某个具体的区域或者建筑群的详细规划，有时会具体到此规划区域内各建筑单体的效果，以及相应的亮度指标和照明方式等，如某某城市的“一江两岸灯光规划”或某某“商业街灯光规划”等。

目前，城市夜景照明规划的工作大多由照明设计师来担任，但值得考虑的是，城市夜景照明规划还涉及对城市建筑、文化、艺术等多方面元素的理解，对城市精神（或气质）的表达，以及夜景照明对城市经济，尤其是旅游经济发展的影响等多方面，应由一个包括相关专业人员与专业照明设计师组成的团队共同完成更为合理（见图 8.1.1）。

图 8.1.1　巴黎城市照明夜景

8.2 城市夜景照明设计的理念和原则

8.2.1 城市景观构成要素

(1) 城市独有的景观要素

每个城市都有属于这个城市独有的特征,城市景观由以下几个要素构成:

1) 自然类要素,包括山脉和水系。

2) 历史类要素,包括长久以来形成的历史街道、建筑物等。

3) 城市类要素,包括属于这个城市的传统活动、节日、地方的传统产业、地方传统工艺等。

城市景观是在街道、地区、城市的各种空间尺度中,由各种各样景观构成要素相互关联而成。例如,道路景观不仅包含道路本身,还包括道路沿线的建筑、城市家居、远处的山脉等总体的存在。

城市夜景照明的目的是表现城市的特色,形成城市景观的"可视化"元素,即让人们对一个城市难以忘记的那些构成。

(2) 城市易于想象的景观要素

根据美国的城市设计师凯文·林奇(Kevin Lynch)在他的书中指出的"城市的理想形象是在人与环境之间的相互作用中产生的",因此,重要的是使城市易于想象。但是,要探索什么样的形态可以产生很强的想象力,应根据大多数城市居民所设想的共同印象来选出,可归纳为如下 5 种城市景观的构成要素:

1) 城市标志(landmarks)。从很远的地方能看到,有视觉上的独特性,外观上非常有特点的建筑物,如市中心摩天大楼、塔、桥等。

2) 节点(nodes)。城市内的重要地点,通常是道路汇聚的地方及人流聚集之处,如广场、中心花园、站前广场等。

3) 路径(paths)。人们要走的街道、道路,具有线性特征,如历史性街道等。

4) 边沿(edges)。指不是道路的线性元素,分割两个地域,具有疆界的连续性,如河川岸、海岸线、沿湖泊岸等。

5) 区域(districts)。有独立、平坦的特征,有一定广度的平面部分,如住宅区、商业区、公园、绿地等。

以上这些城市景观的构成要素是城市夜景照明设计需要着重考虑的重要资源,通过合理的照明设计,使白天在阳光下一览无余的城市景观可以在夜幕的背景下以更生动的方式呈现,强化人们对一个城市的形象记忆(见图 8.2.1)。

图 8.2.1 英国伦敦城市夜景鸟瞰

8.2.2 城市夜景照明设计原则

从事城市夜景照明的设计或规划需要遵循正确的理念，并遵守一些基本的原则。

所有城市夜景的存在都服务于在其中工作、生活的居民或者前来观光旅游和购物的游客，所以城市夜景照明设计的第一条原则是以人为本。夜景应确保人们生活的安全和舒适，即夜景灯光的存在能增加人们生活的安全性和舒适度，而不能相反。

城市夜景照明设计的第二条原则是尊重城市的建筑文化特色，并以合适的照明来表现和强化这些特色。要创造美丽、有个性的城市景观，就必须将长期形成的地域历史、风土人情传承下来，还要确保与下一个时代相连接的延续性。在此基础上，综合考虑组合城市存在的多种多样的构成要素，以及相互之间的关联性，创造和构筑这个城市的特有文化。

城市夜景照明设计的第三原则是塑造城市与建筑和谐之美的原则。城市夜景照明是通过灯光来选择性地呈现城市典型构成元素在夜晚的形象，实际上这是一个再创造的过程，需要在考虑整体的情况下综合平衡，所以并不是越亮越好，也不是某一个单体建筑的灯光做得越绚丽夺目越好，而是需要达到一个整体和谐之美的境界。

城市夜景照明设计的第四条原则是节能和环保原则。即在具体的规划设计中，要尽量合理地规划亮度与采用高效节能的照明光源和灯具，同时要尽量减少不必要的溢出光，以免干扰人们正常的工作和生活，还要避免对城市中的动植物生活和生长造成不良影响。

8.2.3 城市夜景照明设计流程

根据一般的城市夜景照明设计实践，为了达成一个比较理想的夜景照明设计项目，都少不了以下这些阶段（见表 8.2.1）。

表 8.2.1 **城市夜景照明的设计阶段和工作内容**

设计阶段	具体事宜	工 作 内 容
设计前期	对象的选取分析	1）具有美的、建筑的、历史的、造型的、技术的价值； 2）照明对象的价值定位（金字塔式）
	审批和许可	行政管理单位的审批和业主、第三方利益关联方的认可
	资料收集	地图、图纸、照片，以及照明对象的规模、照明设置位置等资料
	现场调查	对照明对象及周边环境的白天及夜晚的环境做现场的了解；考虑季节变化与影响，可能的灯具安装位置及维修条件，配电箱的位置与供电路径等
初步设计	照明方案	照明方式的选择、光源和灯具的初步选择，亮度的确定，部分照明实验
	方案沟通与论证	1）照明效果的计算机模拟及文字表达，照明场景的初设定，与业主、行政管理单位和建筑师的沟通并达成一致意见； 2）电气容量的计算、照明设备的费用预算、工程实施计划等

续表

设计阶段	具体事宜	工 作 内 容
编制招标文件及施工设计	设计出图	1) 照明的平面和立面布置、电气系统和管线的设计、灯具的具体规格和造型、灯具的安装及节点等; 2) 照明控制系统的设计
工程实施	调试与验收	1) 投光灯照明方向的确定及调整; 2) 照明效果的好坏、眩光有无控制; 3) 必要的调整和修正

在城市夜景照明设计中,细致、严谨和科学的设计态度是非常必要的。在设计的初始阶段,需要对项目的状况做深入的了解和分析,而现场的勘查和对周边环境的了解更是必不可少。在构思需要呈现的效果和方案时,必须根据可能的布灯位置及照明设备的选择来提供方案,要避免只考虑提交给业主一个理想的效果展示,但却不考虑实现这种效果的可能性。同时,需要就照明的效果方案与业主和建筑或景观设计师做深入的沟通,需确保方案能被相关人员完全了解和基本一致认可。照明设计师要提交的是对项目本身而言最合理的一个方案,而不只是自己喜欢或满意的方案。而在最终的图纸设计时,照明设计师特别需要就灯具的合理安置位置及安置节点给出清晰的图纸及做出详细的说明,并选择最合适的照明设备,包括必要的防眩光或保护网的设置。同时,在照明工程的实施阶段,照明设计师还需要到现场就灯具的投射方向和具体瞄准点做相应的指导,并根据实施的情况判定照明效果是否达到理想的状态、是否需要做局部的调整等。

8.2.4 城市夜景照明照度和亮度指标

夜景照明的亮度选择与照明对象及其背景的亮度有关。由于被照对象在多数情况下处于水平视线附近的位置,亮度取决于被照对象垂直面的照度(垂直照度)。所需照度要考虑对象所处的周边环境亮度、不同对象材料的反射率,参考表 8.2.2 来设定。

表 8.2.2 夜景照明对象的照度值和环境背景的关系

反射比/%	低亮度背景	中亮度背景	高亮度背景
	对应照度/lx	对应照度/lx	对应照度/lx
70～85	50	100	150
45～70	75	150	200
20～45	150	200	300

一般而言,应限制街道照明灯具的亮度、环境照度等,通过控制背景的环境亮度,可获得更合理的夜景照明的效果。

需要说明的是,城市夜景照明的目的是为了在夜晚的环境中用灯光创造出让人看见与白天不一样的景观。所以在设定照明指标时,首先要为被照对象假定最主要的几个视点,然后根据需要达到的亮度来估算被照对象表面的照度值。有了照度值,就可以根据设置的布灯点位来选择合适功率及配光的灯具,才可实现所设定的照度。同时需要说明的是,由于亮度值和人所处位置的视角相关联,而以上照度值的设定隐含的假设是考虑漫反射亮度和照度呈线性关系。如果被照对象的材料是镜面反射的材料,则一定要注意照明方式的选择和投光方向的合理性。要避免设置了很多的照明设备,但大部分光却被反射到天空,或者在主要的视点位置会产生高反射眩光的情况。

此外,设定被照对象的亮度或照度指标时,需要注意从项目的整体考虑。即设定最主要部分的亮度或照度值后,根据主次的原则或者亮暗对比的原则,设定其他部分的亮度或照度,以使整个项目的照明效果达到和谐的美。

为确保可见度,被照表面的平均亮度必须与其所处的环境、大小、位置等相匹配(见表 8.2.3)。

1) 在明亮的环境下,被照物表面所需的亮度要高;反之,可低些。

2) 在环境相似的情况下,面积小的表面必须有一个较高的亮度水平;反之,面积大的表面,亮度水平可低些。

3) 在环境相似、大小也相同的情况下,远距离观看的被照物表面的照明亮度应比近距离观看的高一些。

表 8.2.3 需强调的被照物亮度和环境亮度的对比度

照明效果	对比不强调	较微强调	强调	很强调
亮度对比度	1∶2	1∶3	1∶5	1∶10

8.3 城市夜景照明设计

城市夜景照明可以选取的元素很多,但如果根据重要性或所占比重来进行分类,则包括建筑物照明,以及桥梁、纪念碑、塔、遗迹等特殊构筑物照明、城市景观绿化照明、城市广场和公园照明。同时,作为城市夜景照明中不可缺少的灯光元素,户外广告和标识、标牌的照明也需要加以考虑。

8.3.1 建筑物照明

建筑物照明是城市夜景照明中占比最大、最引人注目的部分。每个城市都是由各种各样的建筑构成,建筑的功能不同,其外观和装饰也各异,究竟选取哪些建筑来做夜景照明设计是考虑的核心。

8.3.1.1 建筑物类别和夜景照明元素的选取

从功能的角度对建筑物作一个分类,如表 8.3.1 所示。

是否对一个建筑进行夜景照明,主要取决于该建筑是否作为城市或区域的地标而存在,或者此建筑在精神文化层面是否会强化城市或区域的特质,又或者对此建筑进行夜景照明是否可以促使此城市或此区域的人们在夜间出来活动和消费的需求。也有很多建筑通过夜景照明实施强化了公司或商业品牌的认知和传播,从而带来商业利益的回报,如图 8.3.1 所示。

表 8.3.1　建筑物类别和城市夜景照明元素的可能性

建筑物类别	主要功能	城市地标的可能性	夜景照明的必要性
办公建筑	行政、办公等	可能	视情况而定
商业建筑	商业、购物	可能	视情况而定
酒店、餐饮建筑	酒店、餐饮、休闲	可能	视情况而定
体育建筑	体育场、体育馆等	高	必要
综合体建筑	超高综合体、购物中心	高	必要
文化娱乐建筑	文化中心、影剧院、博物馆	高	必要
宗教建筑	教堂、清真寺、庙宇、道观等	高	视情况而定
教育建筑	教学大楼、教室	低	视情况而定
电视(通信)塔	电视塔	高	必要
住宅建筑	住宅、公寓、别墅、民居	低	视情况而定
工业建筑	工厂、车间	低	视情况而定
历史保护建筑	展示、旅游文化	可能	视情况而定

图 8.3.1　广州国际金融中心

从一个更全面的角度考虑，不管是对一个城市、区域，还是对单一的建筑，实施合适的夜景照明都可带来综合社会效益与经济回报的投资，而非单纯的消费。因为夜景照明除了表现建筑在夜晚的艺术美感，还会吸引人们的关注及夜间活动，并强化人们对一个城市、区域或建筑的识别、记忆和传播，从而带动消费和旅游的发展。

8.3.1.2　建筑物照明理念和效果形成分析

为实现良好的建筑物夜间照明效果，最重要的就是对建筑物整体风格及建筑物立面做全面而细致的研究和分析，并提出针对性的照明方案。

1. 被照的表面

被照对象的表面情况对建筑物的照明效果有决定的影响，必须根据被照表面的情况，确定照明的要求和方式，以期达到良好的效果。

(1) 被照表面的尺寸

被照表面尺寸变化范围很大，从小至建筑物上很小的塑像或塔尖，到几千平方米的建筑外墙，应根据不同的载体表面情况，选用相应的照明方案。

(2) 表面的肌理结构

了解被照表面的肌理结构情况是十分重要的。被照表面可以分成 3 大类：

1) 粗糙的表面。入射光被表面漫反射，朗伯定律近似成立。这就是说，对于给定的角度，表面的亮度实际上是恒定的，与入射的方向和观察的方向无关，其亮度 L 与照度 E 的关系为

$$\rho E = \pi L, \tag{8.3.1}$$

式中，ρ 是表面的反射率；E 的单位是 lx；L 的单位是 $\mathrm{cd \cdot m^{-2}}$。在近似正入射的情况下，粗糙表面反射光的光强呈球形分布。这类材料的典型例子是修琢过的石头、砖头和粉墙。

2) 半粗糙的表面。这种表面在光正入射的情况下反射光的光强分布不是朗伯分布，且随着入射角的增加，这种表面与粗糙表面之间差别更大。很明显，这样的表面其外观既与入射光的方向有关，也与观察方向有密切关系。也就是说，从不同方向观察或光从不同方向入射时，表面的外观会有很大不同。

3) 镜面。这类表面在古典建筑中很少出现，除非是窗玻璃。但在现代建筑中，镜面用得很多，因而必须特别当心，以避免产生不利的效果。这样的表面犹如镜子一般反射光，产生光源的清晰像，这类表面的典型例子是玻璃窗、静止水面、光面大理石和抛光的铝面。

(3) 建筑物表面反射率 ρ

反射率 ρ 是指总的反射光通量与总的入射光通量之比。由(8.3.1)式可知，对于漫射性能很好的表面而言，反射率 ρ 越小，为了获得给定的亮度 L，所需要的照度 E 就越高。

表 8.3.2 给出许多建筑材料的反射率平均值。应说明的是，表中的值是就白炽灯照明的情况而言的。当采用汞灯、钠灯或彩色金属卤化物灯和 LED 光源照明时，反射率可能不同于表中所列的数值。另外，反射率还与表面状态有关。因此，表中的数据只给出数量级的概念。

表 8.3.2 **典型材料的反射率**

材料	状态	反射率
白色大理石	尚整洁	0.06～0.65
花岗岩	尚整洁	0.10～0.15
浅色混凝土(或石头)	尚整洁	0.40～0.50

续表

材料	状态	反射率
深色混凝土(或石头)	尚整洁	0.25
	很脏	0.05～0.10
仿混凝土涂料	清洁	0.50
白砖	清洁	0.80
黄砖	新的	0.35
红砖	新的	0.25
砖头	脏	0.05

反射率与表面状态有很大关系。许多古老的建筑上有些部分比较粗糙,积有多年的灰尘,另有一些部分易于为雨水冲洗干净。采用泛光照明时,如果不采取一些必要的措施,就会使整个建筑物的外观不协调。因为如果比较脏的部分照明适度的话,则比较干净的地方的照明就嫌过度。

既然所需要的光通量和照明用灯的数量与反射率成反比,而反射率又与表面的清洁度有关,因此为了减少泛光照明的初装费和功耗,必须对建筑物进行适当的清洁处理。但是,要注意清洁处理也要适度。古老的建筑物(如教堂)绝对没有必要清洗得如同新的一样,相反地,古老的石头上面有一些氧化物层反而更显得自然。

2. 立面的亮度和照度水平

建筑物立面照明的目的是要得到一定的亮度水平。为确保可见度,被照表面的平均亮度必须与其所处的环境、大小、位置相匹配。一般认为,当一个建筑的夜景照明被评价为“醒目”而“稳定”时,照明效果一般是比较好的。这就要求建筑立面的平均亮度相对于其周边环境至少是 3∶1 以上的比例关系。建筑物立面的亮度水平参考表 8.3.3。

表 8.3.3　不同城市规模及环境区域建筑物泛光照明的亮度和照度标准值

建筑物饰面材料		城市规模	平均亮度/cd·m^{-2}				平均照度/lx			
名称	反射比 ρ		E1区	E2区	E3区	E4区	E1区	E2区	E3区	E4区
白色外墙涂料、乳白色外墙釉面砖、浅冷或暖色外墙涂料、白色大理石等	0.6～0.8	大	—	5	10	25	—	30	50	150
		中	—	4	8	20	—	20	30	100
		小	—	3	6	15	—	15	20	75
银色或灰绿色铝塑板、浅色大理石、白色石材、浅色瓷砖、灰色或土黄色釉面砖、中等浅色涂料、铝塑板等	0.3～0.6	大	—	5	10	25	—	50	75	200
		中	—	4	8	20	—	30	50	150
		小	—	3	6	15	—	20	30	100

续表

建筑物饰面材料		城市规模	平均亮度/cd·m^{-2}				平均照度/lx			
名称	反射比 ρ		E1区	E2区	E3区	E4区	E1区	E2区	E3区	E4区
深色天然花岗石、大理石、瓷砖、混凝土、褐色或暗红色釉面砖、人造花岗石、普通砖等	0.2～0.3	大	—	5	10	25	—	75	150	300
		中	—	4	8	20	—	50	100	250
		小	—	3	6	15	—	30	75	200

注：城市规模和环境区域的划分如下：
A.0.1　城市规模根据人口数量可作下列划分：
1）城市中心城区非农业人口在50万以上的城市为大城市；
2）城市中心城区非农业人口为20万～50万的城市为中等城市；
3）城市中心城区非农业人口在20万以下的城市为小城市。
A.0.2　环境区域根据环境亮度和活动内容可作下列划分：
1）E1区为天然暗环境区，如国家公园、自然保护区和天文台所在地区等；
2）E2区为低亮度环境区，如乡村的工业或居住区等；
3）E3区为中等亮度环境区，如城郊工业或居住区等；
4）E4区为高亮度环境区，如城市中心和商业区等。

由于建筑物的绝大部分表面的漫反射性能很好，因此可以认为这些表面的照度与它们的亮度是成比例的。因而，为保证建筑物的表面有一定的亮度，就必须在其表面上产生相应的照度。表8.3.4总结了所需要的照度与表面材料、表面状态、环境及光源的关系。作为一个例子，我们考虑市中心的红砖建筑的情况，如果墙面较脏，采用金属卤化物灯照明，这时需要产生的照度应为 $300 \times 2 \times 1.3 = 780$(lx)。

表8.3.4　所需要的照度与表面材料、表面状态、环境和光源的关系

表面材料	照度/lx			修正系数(乘数)					
	环境明暗程度			光源类型		表面条件			
	暗	中	亮	汞灯和金属卤化物灯	高压和低压钠灯	清洁	较脏	脏	很脏
浅色石头、白色大理石	20	30	60	1	0.9	1.2	3	5	10
中等颜色石头、水泥、浅色大理石	40	60	120	1.1	1	1.1	2.5	5	8
深色石头、灰色花岗石、深色大理石	100	150	300	1	1.1	1.1	2	3	5
淡黄色砖	35	50	100	1.2	0.9	1.1	2.5	5	8
淡棕色砖	40	60	120	1.2	0.9	1.1	2	4	7
深棕色砖、粉红色花岗石	55	80	160	1.3	1	1.1	2	4	6
红砖	100	150	300	1.3	1	1.1	2	3	5
黑色砖	120	180	360	1.3	1.2	1.1	1.5	2	3
建筑水泥	60	100	200	1.3	1.2	1.1	1.5	2	3

续表

表面材料	照度/lx			修正系数(乘数)					
	环境明暗程度			光源类型		表面条件			
	暗	中	亮	汞灯和金属卤化物灯	高压和低压钠灯	清洁	较脏	脏	很脏
铝(表面烘漆有光泽)	200	300	600	1.2	1	1.1	1.5	2	2.5
光泽表面 60%～70%	120	180	260						
红-棕-黄				1.3	1	1.1	1.5	2	2.5
蓝-绿				1	1.3				
中等光泽表面 30%～40%	40	60	120						
红-棕-黄				1.2	1	1.1	2	2	7
蓝-绿				1	1.2				
不光泽表面 10%	20	30	60						
红-棕-黄				1.1	1	1.2	3	5	10
蓝-绿				1	1.1				

关于建筑物照明中不同立面材质用不同色温或色彩的 LED 光源照射的修正系数，还未有详细的研究数据。但一般而言，采用与被照表面材质同色系的 LED 光源照射，修正系数小于等于 1，而采用与被照表面不同色系的 LED 光源照射，修正系数要大于 1。

3. 建筑物照明的几种方法和照明效果的产生

(1) 照明方法

在建筑泛光照明中，常用的照明方法有以下几种：

1) 投光照明。用于平面或有体积的物体，如建筑物的立面、屋顶的塔尖等的照明，它能明亮地显示被照物的造型或历史的容貌。通常，只要将投光灯选择安装在合适部位就可获得良好的效果。

2) 轮廓照明。是室外照明中经常运用的一种照明方式，它将由线状光源或由点光源(如 LED)组成的发光带镶嵌在建筑物的边界和轮廓上，以显示其体积和整体形态，用光轮廓突出它的主要特征，如古建筑的“飞檐翘角”、桥梁、铁塔的形体结构等。

3) 形态照明。利用光源自身的颜色及其排列，根据创意组合成各种发亮的图案，如花、鸟、吉祥物等，安装在被照物的表面，起到装饰作用。并且，应注意新技术在此领域内的应用，如激光水幕、电脑投影灯等，使形态照明得以升华。

4) 动态照明。与上述 3 种方式相同，并在此基础上对照明效果进行动态变化，变化可以是多种形式的，如亮暗、跳跃、走动(从左到右、从右到左、从上到下或从下到上)、变色等，以加强照明效果、激发气氛、创造意念。

5) 特殊方式(声与光)。光与声的结合，通过声乐的节律，让光的亮度和色彩随之变化，以达到综合的艺术效果，如灯光音乐喷泉等。

照明方式的选用应根据被照建筑物的风格、功能、要求等综合考虑，有时在一被照物上采用一种照明方式，有时采用多种照明方式。同一种照明方式的实施，手法也很多，尤其是投光照明。不同方式、不同数量的布灯，不同距离、不同角度的投射，不同光束角灯具、不同色彩光源的选用，都会产生不同的照明效果。但这并不是说，照明方式可以随心所欲地加以实施。为了获得最佳的照明效果，有一些基本原则必须遵循。下面，就被照面的亮度对比、色彩效果和立体感的表现等，分别予以介绍。

（2）照明效果的产生

1）亮度对比。为了表现被照物体的立体感和实体感，在受照立面上，尤其是在相邻两立面间，建立适度的亮度对比是必要的。通过实验得出，物体上最亮部分和最暗部分的亮度比值的大小给人造成的视觉感受是不同的，如表 8.3.5 所示。

表 8.3.5　不同亮度比给人的感觉

人的感觉	亮度比
平板感	2：1 以下
十分强烈	10：1 以上
比较理想	3：1

在建筑泛光照明中，如采用上部明亮、下部暗淡的照明方式，将会使人感到建筑的飘逸、洒脱。如在暗背景中，只照亮超高层建筑的顶部，会使人产生一种“景从天上来”的海市蜃楼之感；反之，若采用下部明亮、上部暗淡的照明方式，又会使人感觉建筑的庄重稳固。在有景深的建筑群的泛光照明中，还可使用前亮后暗或前暗后亮的手法，以产生不同的视觉效果，达到设计所需的意境。

2）色彩效果。在建筑泛光照明中，不同光的色彩给人以不同的生理和心理感受，并可产生不同的联想。合理而审慎地选用彩色光进行照明，可以得到良好的照明效果。

① 色感：

a. 冷暖感、动静感。红色给人以暖的感觉，蓝色给人以冷的感觉，绿色则给人以凉爽的感觉。红色使人兴奋，而蓝色则使人沉静。

b. 大小感、轻重感。大小、体积相同的物体，明亮的看起来较大，暗淡的看起来较小。暖色的物体感觉重些，而冷色的物体感觉轻些。

c. 远近感。红色的物体看起来使人感到近，而蓝色的物体看起来使人感到远。

② 联想：

a. 红色给人以激情、奔放的感觉，使人联想到阳光、红旗，象征着喜庆、辉煌。

b. 绿色给人以宽广、和谐的感觉，使人联想到青山、绿水与草原，象征着和平、青春与生机。

c. 黄色给人以自豪、灼热的感觉，使人联想到佛光、丰收，象征着悠久、富有。

d. 蓝色给人以深沉、典雅的感觉，使人联想到星空、远山，象征着追思、神秘。

e. 白色给人以自然、逼真的感觉，使人联想到白云、天使，象征着纯洁、高尚。

光色彩的联想可以很多，站在不同角度可能会有不同的看法。

③ 色温与色彩的应用：

a. 炎热的地区宜采用冷色光，而寒冷地区则宜采用暖色光。夏天可采用冷色光，冬天则采用暖色光。

b. 古建筑采用黄色光，现代建筑采用白色光。金融机构建筑可采用黄色光，而政府机构则采用白色光较多。

c. 办公、写字楼建筑较多采用单一色光，而商业、景点建筑则采用多色光较好。

d. 同一建筑的相邻表面采用两种颜色光，可增加建筑的立体感。

e. 同一建筑采用不同主辅色彩的光，可突出建筑的风格。在建筑彩色光的应用上要恰到好处，以彩色光的应用来突出设计主题，突出建筑风格与功能，唤起人们对美的追求与欲望。但应注意，须避免滥用色彩而产生喧宾夺主、俗气凌乱的感觉。

3）立体感的表现。当建筑物表面上有凹凸时，可通过形成阴影来表现其立体感。为此，在建筑物受照面的主要观察方向和光照方向之间必须有一定的角度。如图 8.3.2 所示，此角度约为 45°。

阴影能产生立体感，但阴影又不宜太长或太深，否则会有副作用，因为这时会在很亮的表面和阴影之间产生太强的反差。我们发现，日光照明能非常自然地表现建筑物的立体效果，这是因为太阳光经天空散射之后被自然地淡化了。但是，人工照明怎么来淡化阴影呢？我们可以采用如图 8.3.3 所示的方法，这时，采用两组投光灯。A 组投光灯是主照明投光灯，B 组投光灯是宽光束的，作为辅助照明用，B 组灯的光束方向基本上与 A 组灯的光垂直。一般来说，辅助光束产生的照度必须小于主光束产生的照度的$\frac{1}{3}$。

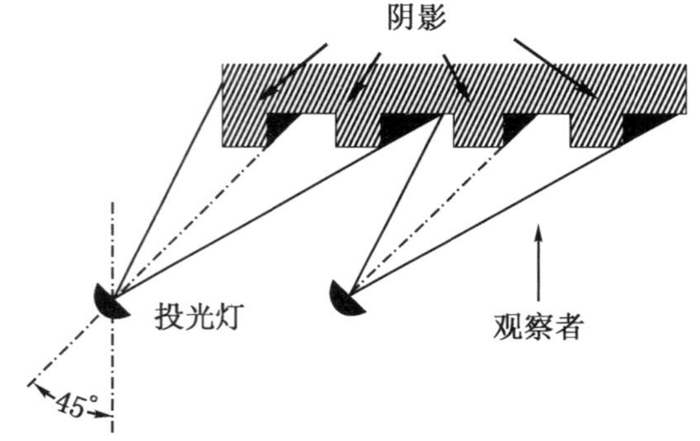

图 8.3.2　主观察方向和投光方向成 45°角

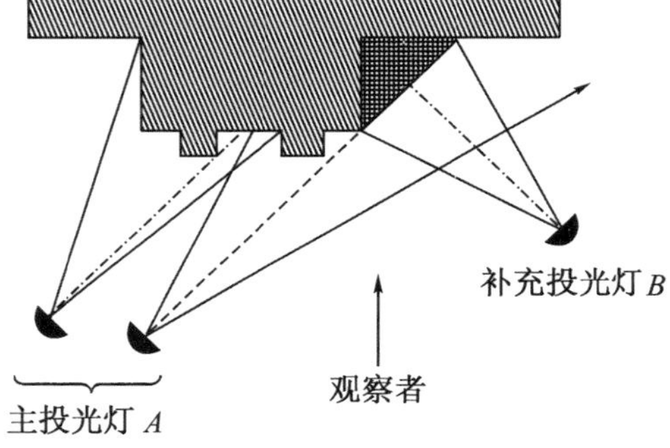

图 8.3.3　淡化阴影的方法

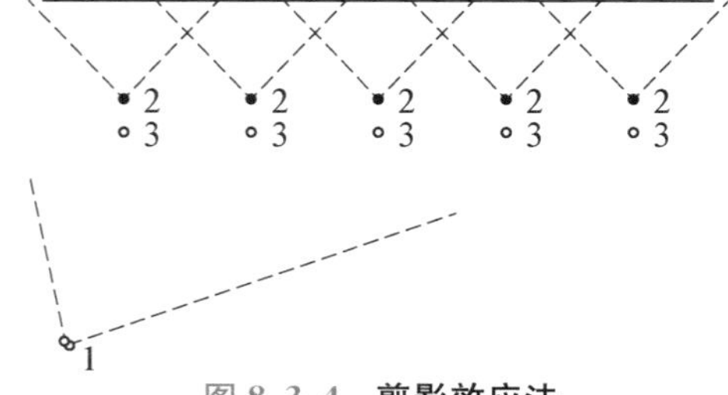

图 8.3.4　剪影效应法

1. 弱光对整个建筑进行泛光照明；
2. 用强光照亮背景；
3. 与建筑主平面脱离的廊柱

例 8.3.1　对建筑物平面与凸部分开的情况，典型的例子如廊柱。这时可采用 3 种方法来加以表现。

1）剪影效应（“黑色轮廓像”效应）法。图 8.3.4 表示了这种方法。灯具组 2 被安放在廊柱 3 后面，它们将建筑物的立面照得很亮。

在这明亮的背景之上就浮现出廊柱的“黑色轮廓像”，即产生剪影效果。为了不使反差太强，也为了能看到廊柱的粗略情况，最好再加一个辅助投光灯 1，以照明整个场景。

2）照亮廊柱自身。具体做法是采用窄光束的投光灯 2，将其安装在廊柱 3 的顶部或底部。因为光束很窄（实际上是垂直上下的），所以这些灯具基本上没有光照在建筑物的立面上。为了使立面不致太暗，也有必要加辅助投光灯 1，以照明整个场景，如图 8.3.5 所示。投光灯 2 采用这种掠射式的照明方式，还有利于显现廊柱表面的细节。

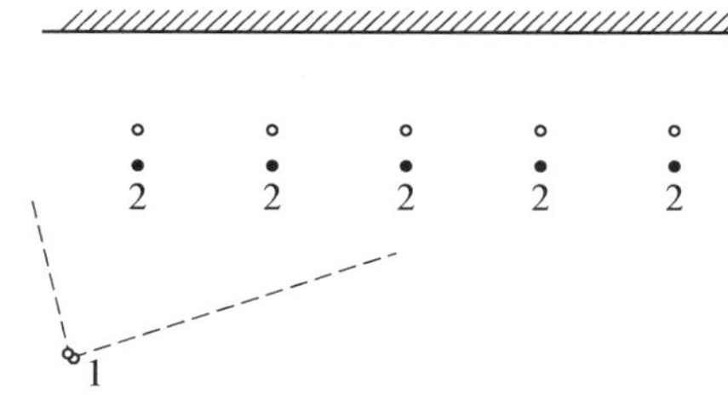

图 8.3.5　照明廊柱自身

1. 弱光照亮整个建筑面；
2. 对每根柱子进行掠射式照明

3）采用不同颜色的光。具体来说，就是对建筑物的立面采用一种颜色的光照明，而对廊柱则采用另一种颜色的光照明。

8.3.1.3　建筑物立面的类型和照明手法

建筑物的立面形象不仅仅取决于立面的材料和形状本身，还受光线（包括光线的方向）和色彩的影响。在白天的时候，随着时间的变化，日光的方向和强度等都在变化，建筑物的外观会随着日光的变化而变化；而夜晚当采用不同的照明方式和照明控制组合时，建筑物立面则会呈现出另外不同的形象。

日光由于其不时变化的特征而受到推崇，这里以坐北向南的拉什莫尔山（Rushmore）随日光不同而呈现出不同形象的特点作一分析（见表 8.3.6）。

表 8.3.6　不同天光和人工照明对建筑物形象的影响

	在晴朗天气的早晨，阳光从水平方向照射，细节微妙而显著
	在晴朗天气接近中午，阳光呈现强烈的方向感，细节鲜明而强烈
	在多云的天气，阳光呈现出相对平和的特性，细节变化柔和，但依然清晰可辨

续表

	采用人工照明时，人工照明的强度和质量无法和日光媲美，细节好像是褪色的，而且是多角度呈现的，但比没有照明要好

建筑物立面有不同的类型，针对不同的建筑立面类型，应当采用适合此种立面的照明方式，以更好地表现建筑在夜晚的美感。现按不同立面类型做相应分析。

1. 实体立面的照明

针对实体立面的泛光照明会使立面显得平坦，随着立面的升高，立面上的亮度会逐渐降低，并以低对比度的方式向黑暗的夜空过渡。采用泛光照明的方式会突出立面材料的表面肌理。对那些没有肌理的立面，光线在立面上延展形成的光斑，其本身构成立面重要的图案。

2. 垂直分隔立面的照明

对有垂直分隔的立面采用窄光投射会强化垂直分隔的立面效果。为避免阴影，灯具应当合理定位，并保证光束方向和立面平行。

3. 水平分隔立面的照明

对有水平分隔的立面进行投光(泛光)照明时，紧贴立面的向上投光照明会强化立面的立体(三维)感。可以通过增加灯具离立面的距离，减少立面凸起部分形成的长而重的阴影。有时，也可采用线形LED灯具布置在立面的水平分隔结构上，来表现建筑的水平分隔。

4. 有凹凸立面的照明

一般来说，对有凹凸立面的不同部分，可采用不同照度或不同光色的差异化照明来处理，以增强立面外观的韵律感。而采用宽泛光的方式，会削弱立面凹凸部分的对比度，使建筑变得“扁平化”。

5. 有窗洞立面的照明

对有窗洞的立面进行照明时，要注意立面照明不对室内用户产生眩光。一般采用凸显窗洞轮廓的照明方式会强化建筑物的戏剧感。

6. 条带型立面的照明

对条带型分层的立面，采用内光外透的方式会强化建筑物在夜晚的存在，并创造亮的窗(室内)与暗的立面的强烈对比。

7. 透明玻璃幕墙立面的照明

在日光下，透明的建筑物立面是暗的，并反射其周边环境。室内照明的存在，能让人看清建筑物的室内。对室内顶面的上洗光会强化顶面的存在，并使室内在夜晚显得更明亮，且立面的框架结构会形成剪影的效果。而对每层顶面采用线形灯光处理时，则会强化建筑物的水平构造。

对不同型式的立面采用何种照明方式，并没有固定的方法，最重要的是照明设计师需要掌握不同的方法可能产生的相应效果以及利弊所在，然后根据整体的设计构思进行选择。不同立面的照明方式及效果示意见表 8.3.7。

表 8.3.7　不同立面的照明方式及效果示意

立面类型	照明方式	布灯示意	立面效果
实体立面	从地面对立面进行泛光照明(投光)	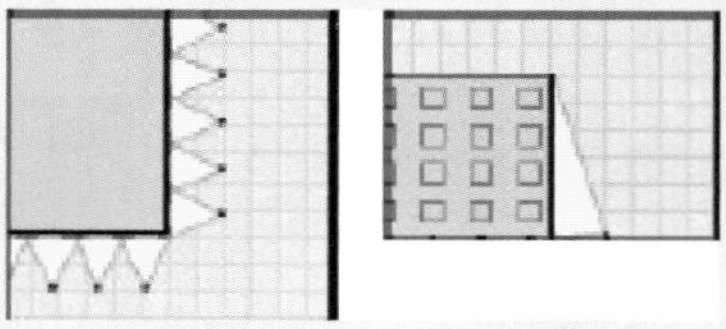	
实体立面	对立面的实体部分采用壁灯上下照明	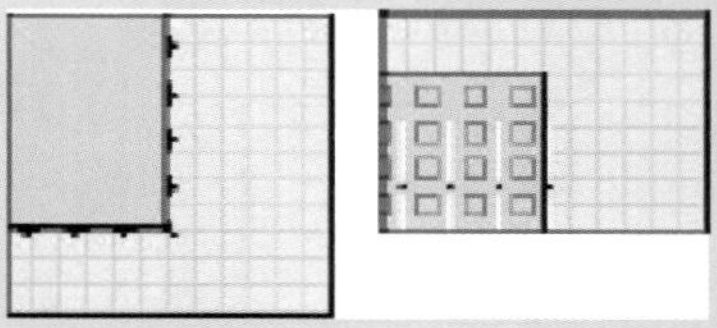	
有垂直分隔的立面	对进行分隔的立柱从两侧照明	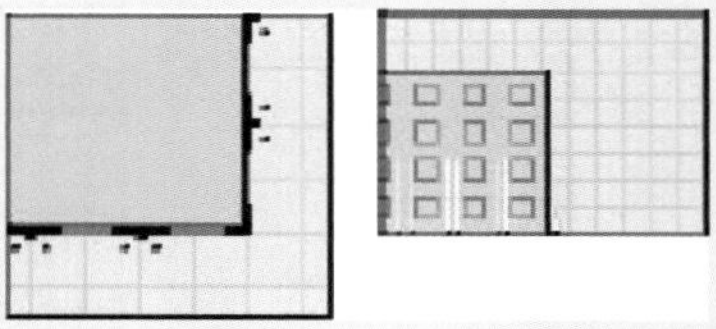	
有水平分隔的立面	从地面对立面进行泛光照明(投光)	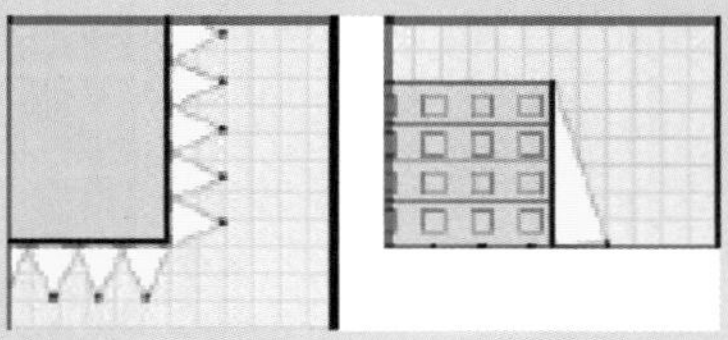	
有水平分隔的立面	沿水平分隔线的线形照明	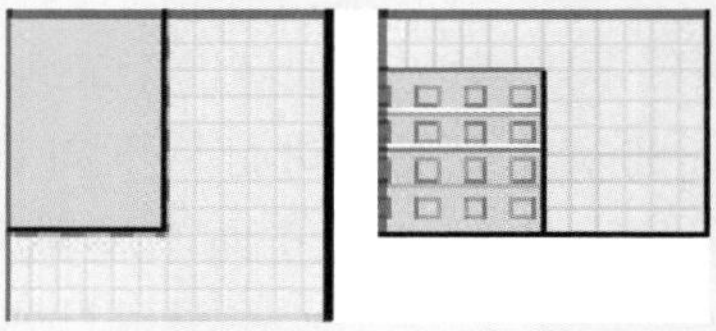	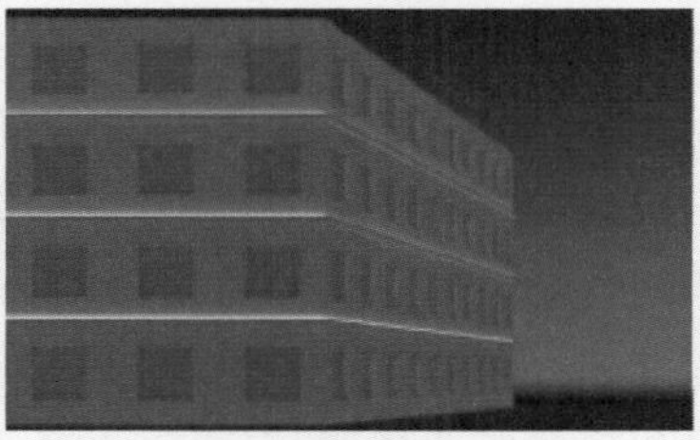

续表

立面类型	照明方式	布灯示意	立面效果
有凹凸的立面	对内凹部分的上射照明	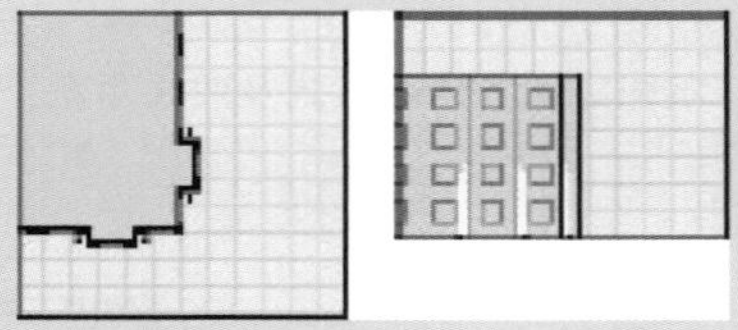	
有窗洞的立面	对窗洞的内凹轮廓照明	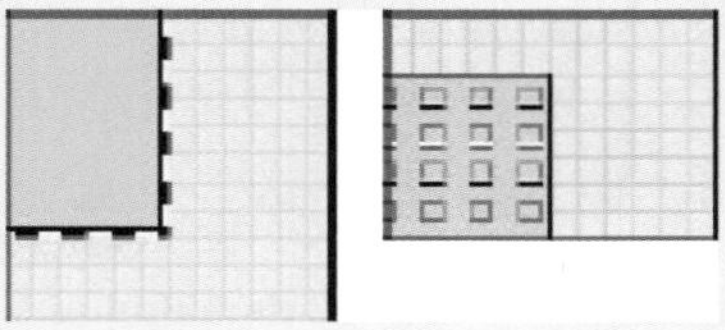	
条带型立面	室内上照光	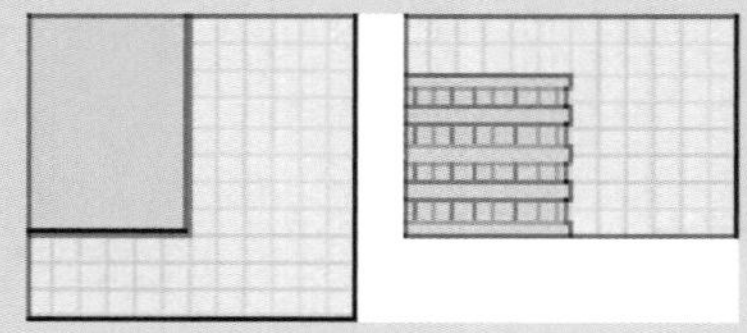	
透明玻璃幕墙立面	室内下照光	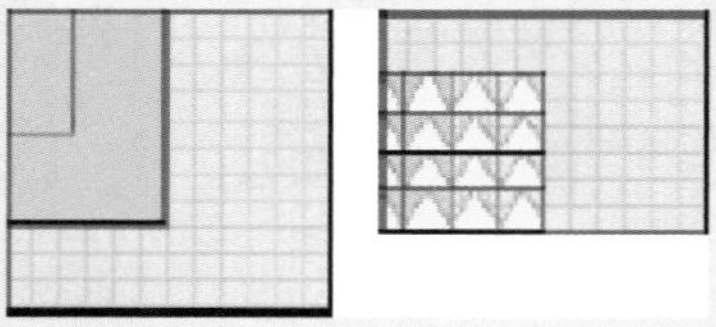	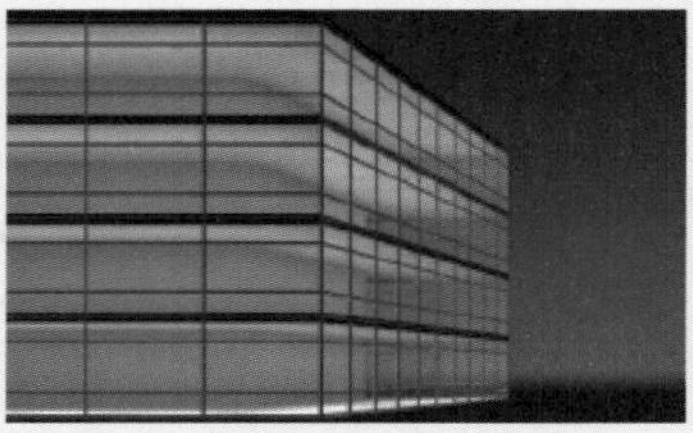
透明玻璃幕墙立面	室内灯带	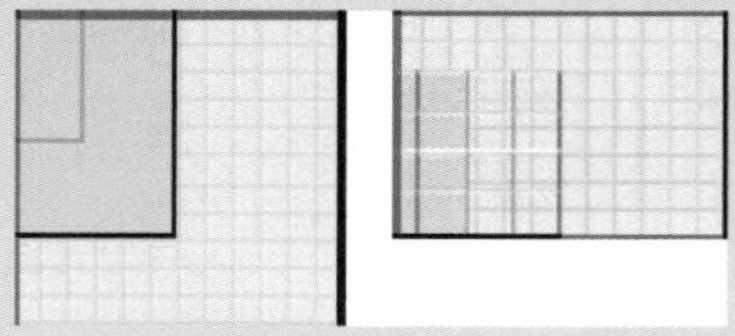	

以下几张照片是不同立面形态的夜景照明效果：如图 8.3.6 所示，在实体立面中，建筑物的立面有转折关系，对不同立面采用不同照度的处理有助于表现建筑的立体感；如图 8.3.7 所示，在有垂直分隔的建筑中，对立面的实体分隔墙进行从下向上的洗墙照明，而不对窗户照明，在体现了建筑的挺拔感同时，又表现了建筑立面丰富的细节和建筑的立体感；如图 8.3.8 所示，在有弧形玻璃幕墙的建筑中，对每个水平分隔层进行强白光内透照明处理，强化了建筑水平弧线，使建筑看起来既稳重又有流动感。

图 8.3.6　有转折的实体立面照明实景

图 8.3.7　有垂直分隔的立面照明实景

图 8.3.8　有水平分隔的立面照明实景

8.3.2 构筑物和特殊景观元素照明

在城市的夜景照明中，构筑物与特殊景观元素（包括桥梁、雕塑、塔、碑、亭、城墙、市政公共设施等）的照明是非常重要的部分。在不影响使用功能的情况下，此部分的照明需要表现构筑物的美感，并与周边环境相协调。

由于构筑物和特殊景观元素在白天的时候也是以其特殊的形态或特别的历史文化意义成为重点景观，甚至是局部区域的中心，故其照度（或亮度）的设定需与其在环境中的重要性相吻合。一般按重要性不同，其照度（或亮度）与环境背景照度（或亮度）比为 3～10。具体照度（或亮度）设定参考表 8.2.2 的规定。

8.3.2.1 桥梁的夜景照明

桥梁作为连通两地的构筑物，其造型和尺度千差万别。但任何一座桥梁，其造型都经建筑师特别设计，并具有一定的象征性。对桥梁的夜景照明的重点就在于如何来表现桥梁的形态特征，并反映其象征性特质。

不管是针对连续性钢箱梁桥、桁架桥、拱形桥，还是悬索桥，照明设计都需精心选择这些桥梁的静态特征来予以重点表现，并需表现这些桥梁的象征性内涵，以使人在很远的地方都能够看到这些桥梁的独特性外观。

由于桥梁的构成元素往往是纤细的，通常用窄光束的掠射光，这比用宽泛光更适合强化这些结构的存在。精准的配光有助于减少射入天空的光。另外，由于钢索的直径很细，如何对桥梁钢索进行合适的照明是一项挑战。一般而言，由于桥梁的主要支持结构受光面积大，对这部分进行照明处理效果更好。

不管是对哪种桥梁进行夜景照明设计，都需要避免夜景照明对桥梁交通驾驶者及行人的视觉功能的影响。比如，对桥梁构件的投光照明部分，可能对驾驶者或行人产生强烈的眩光；或者对桥梁进行动态照明的变化，会分散驾驶者的注意力；等等。

对那些跨越水面的桥梁进行照明设计时，需考虑被照亮的桥梁在水中的倒影，要避免倒影产生的眩光。选择灯具和安装位置时，要考虑涨水时对灯具造成的影响（见图 8.3.9）。

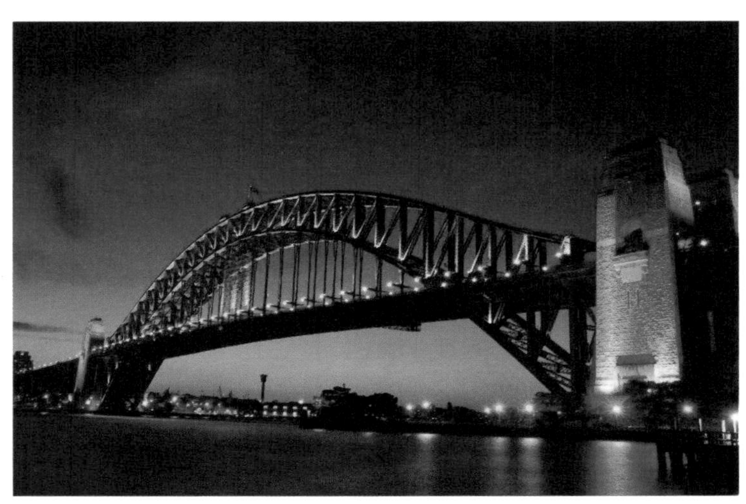

图 8.3.9 悉尼海港大桥

此外，对那些通行重载机动车的桥梁进行照明设计时，需对照明灯具及其固定物增加额外的防震处理，以免灯具或部件在使用中松脱坠落。

8.3.2.2 塔、雕塑等特殊元素的夜景照明

在城市中心区或景观中，对历史遗存做特别的照明处理，会凸显历史遗迹的存在感，它会提醒人们对重要历史人物或历史事件的记忆。

如果是从一个较远的距离看被照物，则其亮度与周边环境亮度的对比是非常重要的。如果周边没有什么环境光，则很低水平的照度就可以强化建筑的存在。而在市中心周边环境亮度较高的情况下，为达到同样的对比度效果，则需要同比增加照度才能凸显建筑的存在。当人们靠近一个纪念碑时，人们关注的焦点会从远看时整体的印象向局部的细节转移。由于不需要从远距离看这些细节构造，因此用更低的照度就够了。

在设计纪念碑的照明时，既要考虑常态下在夜晚能看得见的精细的均匀照明效果，也要考虑在节日时富有表现力的短时期照明效果。历史遗存作为一个供人沉思和追悼的地方，需要根据其背后的历史以尊重的态度区别对待，这可以通过采用不同的照明方式来实现不同的氛围效果，引导游客产生对历史遗迹背景的追思。

对历史遗迹的照明规划需注意 3 个方面：

1）均匀的照明效果。

2）较高的照度。

3）无眩光。

对那些纪念正面事件或代表地方与国家特质的纪念碑，需要采用与众不同的照明（方法）处理。夜晚的灯光会强化历史的存在，并可能会在公众节假时产生类似于舞台的效果。结构的宏大可以通过鲜明的亮度、对比和颜色来呈现。那些文化纪念物在城市的夜景规划中同样是很重要的元素，可以通过戏剧化的处理来复活历史。

1. 塔的照明

塔是最常见的纪念性建筑，我国和世界各地都有许多建筑风格各异的塔。从塔的形式上看，基本上有圆形塔和方形塔两种。对不同的塔，照明的方法也有所不同。如图 8.3.10

图 8.3.10 大雁塔夜景照明

所示，观察者看方塔时常常同时看到不止一个面，因此照明后应使相邻的两个面能相互区分，使人看上去不像是一个连续的面。而对圆形的塔，也要让人感觉到塔是圆的，而不是一个平淡的砖石建筑物。

(1) 圆塔的照明

采用窄光束灯具，将其安装在比较近的地方。光束边缘的光线正好与塔身相切，最好采用3个或3组投光灯具，成120°角安装(见图8.3.11)。当采用3组投光灯具时，每组中用不同的灯照亮塔身不同高度的部分。

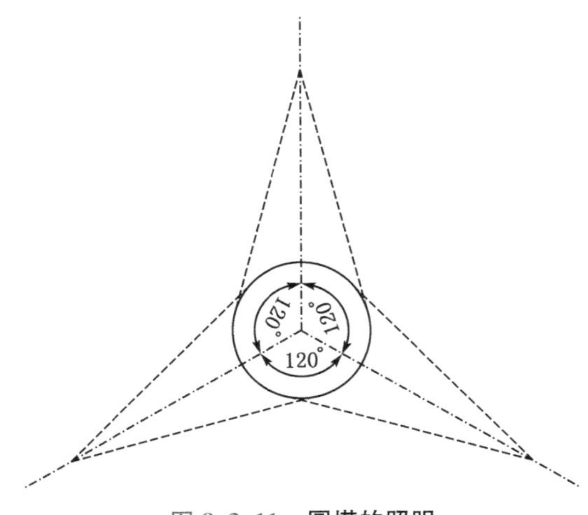

图8.3.11　圆塔的照明

(2) 方塔的照明

若塔的每面都有凹凸部分，可采用两束光，每束光主要照亮一个面，但又有一定量的光照亮相邻的面。这样，凸出处既可形成阴影，且阴影又不是太深，如图8.3.12所示。若塔身墙面是平的，则不能采用上面的方法，也不宜采用对称照明，否则会使邻近的面的照度相同而产生平淡的效应，而应该采用如图8.3.13所示的方法。

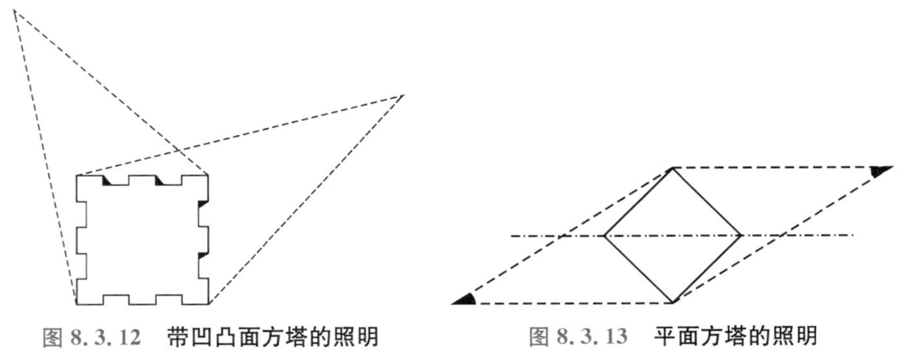

图8.3.12　带凹凸面方塔的照明　　图8.3.13　平面方塔的照明

2. 塑像和旗帜的照明

这里所涉及的塑像的高度一般不超过5～6 m。照明点的数量与排列取决于被照明目标的类型，要求照亮整个目标，但不要均匀，其目的是通过阴影和不同的亮度，再创造一个轮廓鲜明的效果。采用的照明方法应根据被照明目标的位置及其周围的环境来确定。

1）处于地面上的照明目标，孤立地位于草地中央。此时灯具的安装应尽可能与地面平齐，以保持周围的外观不受影响，并减少眩光的危险，如图 8.3.14 所示。

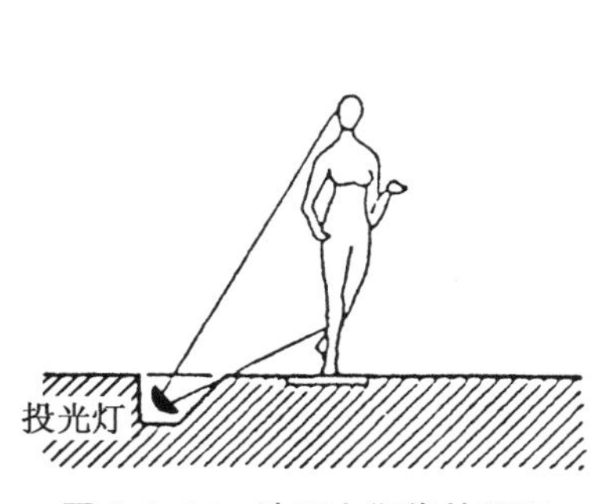

图 8.3.14　地面上塑像的照明

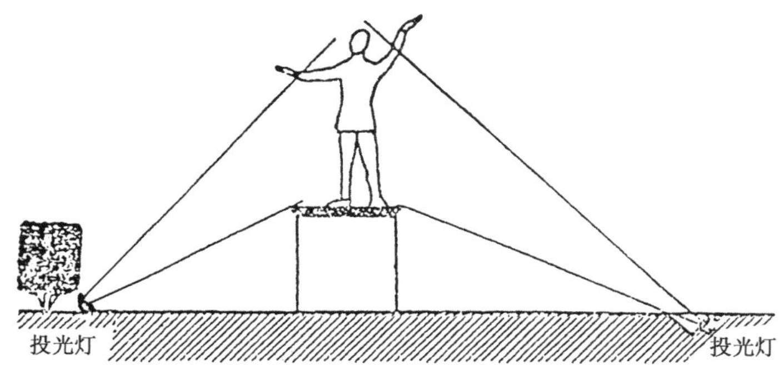

图 8.3.15　基座上塑像的照明

2）坐落在基座上的照明目标，孤立地位于草地中央。为了控制基座的亮度，灯具必须安放在更远一些的地方，且基座的边不能在被照目标的底部产生阴影（见图 8.3.15）。

3）坐落在基座上的被照目标，位于行人可接近的地方（见图 8.3.16）。通常不能围着基座安放光源，因为这从视觉上来说距离太近，而只能将灯具固定在公共照明杆上或装在附近的建筑物上，但必须注意避免眩光。对于塑像，通常要照亮脸部的主体部分及像的正面，而对其背部可降低照明要求，或在某些情况下完全不需要照明。

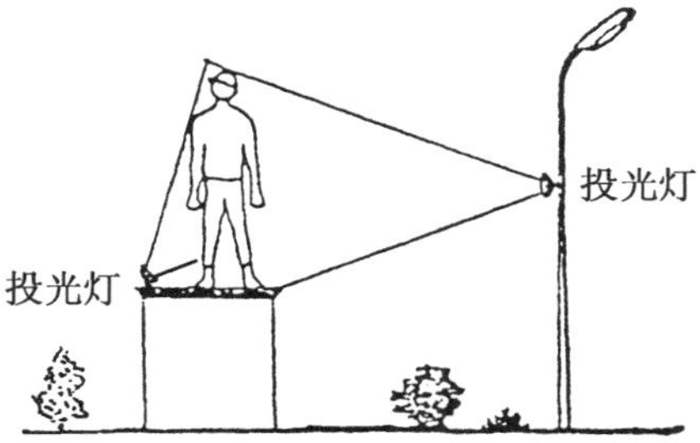

图 8.3.16　靠近行人的塑像的照明

对于雕塑的照明，材料的颜色是一个重要的因素。一般来说，用高显色性 LED 光源照明有好的颜色还原。通过使用彩色 LED 光源可以增强材料的颜色感觉，但用这种方法要格外留神，要预先做试验，并且还要征得艺术家和管理者的同意。

对于旗帜的照明，因为它会随风飘动，故必须考虑它的潜在的空间尺寸。应该始终采用直接向上的照明，以避免眩光。

对于装在大楼顶上的一面独立旗帜，在屋顶上应布置一圈投光灯具，圈的大小是旗帜所能达到的极限位置。将灯具向上瞄准，并略微向旗帜倾斜。根据旗帜的大小及旗杆的高度，可以采用 3～8 只宽光束投光灯来照明（见图 8.3.17）。当旗帜插在一个斜的旗杆上时，应在旗杆两边低于旗帜最低点的平面上分别安装两只投光灯具，这个最低点是在无风的情况下确定的（见图 8.3.18）。

当只有一面旗帜装在旗杆上时，也可以在旗杆上装一圈 PAR 灯。为了减少眩光，这个圆环离地面至少为 2.5 m 高，并为避免烧坏旗帜，在无风时圆环离垂挂的旗帜下面至少应有 40 cm（见图 8.3.19）。对于多面旗帜分别升在旗杆顶上的情况，可采用具有良好防尘防水性能的窄光束投光灯分别装在地面上进行照明。根据所有旗帜覆盖的空间，决定灯具的数量和安装位置，以保证不管旗帜飘向哪一方向，所有旗帜都能被照亮。

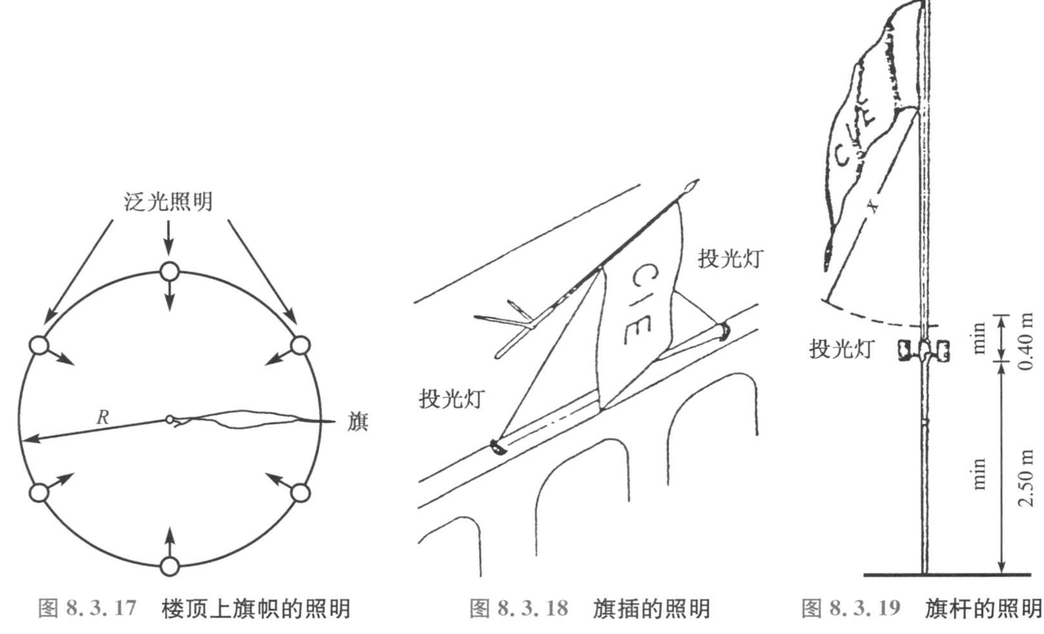

图 8.3.17 **楼顶上旗帜的照明**　　图 8.3.18 **旗插的照明**　　图 8.3.19 **旗杆的照明**

8.3.3 绿化和水景照明

8.3.3.1 绿地和树木的照明

在城市园林景观中，绿地和景观树木是重要的构成部分(见图 8.3.20)。在白天，这些绿地和树木以其色彩和形态给人以美感；而在夜晚有选择性的照明，可以使这些自然景观以更戏剧化的方式呈现，丰富城市的夜间景观。

图 8.3.20 **建筑前的景观照明实景**

1. 绿地照明

一般不对平坦的绿地做重点照明，但如果这片绿地是沿马路或河岸的斜坡，其本身会成为整体景观中一个重要的部分，则有时会以大面积的泛光来均匀地照明整片绿地，或者以贴近地面的成排泛光灯具进行从下向上的泛光照明，在绿地上形成有韵律的光影。

2. 树木照明

对树木的照明，包括独立的景观树木、树丛、成排列状的树阵3种情况。

(1) 独立的树木照明

树木的种类不同，树干的粗细和树冠形态大小都不一样，采取的照明方式也因而不同。用宽配光灯具从不止一个方向照亮树木，可确保从不同的角度看都有均匀的照明效果。当从相对两个方向照亮树木时，光影在树冠上会形成造型的效果；当用泛光灯具从树木背后向上投光时，会形成剪影的背光效果；用贴近树干的窄光束投光灯从正面向上投光时，会强化树干的存在，表现树干的高耸感，并能表现树皮的肌理。如果在树木的上方向下对树木进行投光，或者显现出树冠的轮廓，或者将树木的枝叶在地面形成美丽的投影。

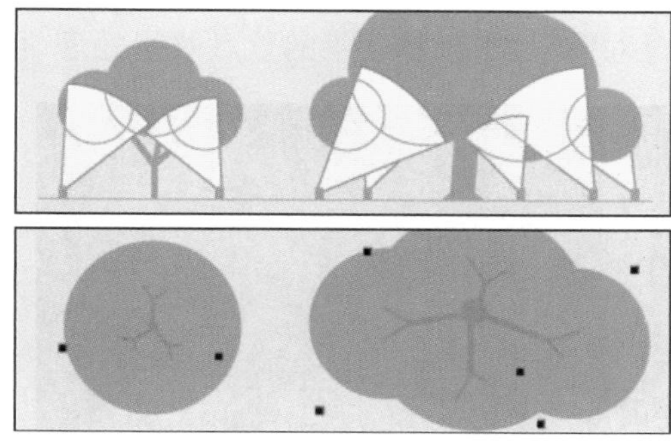

图 8.3.21　树木照明示意

对小的树木，一或两套灯具就可以强化树木的存在；对生长高大的繁茂树木，则需要几套灯具才能均匀地照亮整个树木(见图8.3.21)。

在对树木进行照明时，在布灯和设置瞄准点时必须要考虑树木的生长情况及避免眩光。采用灵活可调角的插地灯，可以在未来随着树木的生长而调整灯具的位置。地埋灯能更好地和景观融合，但在后续需要对灯具进行重新定位时比较麻烦。

对树冠的泛光照明，如图8.3.22所示。在春季，会特别呈现花朵开放的美；在夏季，浓密的枝叶会使树冠变得不太透光；在秋天，树木叶子的颜色是重要的特征；在冬天，则主要表现树枝的效果。

(a) 春　(b) 夏

(c) 秋　(d) 冬

图 8.3.22　不同季节的树木照明

不同光色的光源选择是影响树叶和花的色彩还原的一个重要元素，中白光会强化青绿色枝叶的色彩，而暖白光对棕红色叶子的表现力更强。

LED 照明的发展，使得在绿化景观照明中对光色可以有更多的选择。比如，对竹子照明，可以在一套灯具中用白光 LED 和绿光 LED 组合的方式，强化竹子的翠绿色；而对红枫的照明，采用暖白光 LED 和红色 LED 组合的灯具投光照明，效果更好。

（2）树丛的照明

对丛生的树木进行照明时，当采用灯具不同及投射方向不同时，产生的效果也不同。通过对前景、中景和背景的重点照明处理，可以营造出空间的深度，强烈的亮度对比会强化空间这种美丽的效果。

图 8.3.23　丛生的树木照明

当采用窄光束投光灯照明时，会起到强化重点的效果，而采用宽配光的泛光照明则起到一般照明的效果。

从减少眩光的角度考虑，用有截光角的多套灯具来对树丛进行照明比采用少的宽配光灯具照明产生的眩光要小。窄光束、精确投光的灯具会减少从枝叶向环境的溢出光（见图 8.3.23）。

（3）树阵的照明

对树阵的树冠进行投光照明会强化树冠的整体存在；而从地面贴近树干对树木投光时，会强化树阵中树木相似的形态；对那些高耸、挺拔的树阵，宜用窄光束投光灯向上照明，体现树呈垂直向上的阵列感。

因树木的种类不同，栽种的间距不同，有些树阵表现得像一堵墙，有些则像一根根柱子。窄光束的投光灯可强化树柱的感觉，并可减少向环境的溢散光；而宽配光的投光会强化树冠的存在，使树阵连成一片（见表 8.3.8）。

表 8.3.8　不同树阵的照明效果

树木类型和照明方式	布灯示意	照明效果
圆形树冠、泛光照明	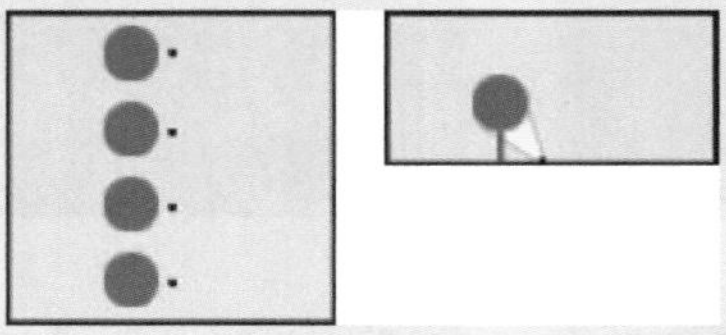	
圆形树冠、上射照明	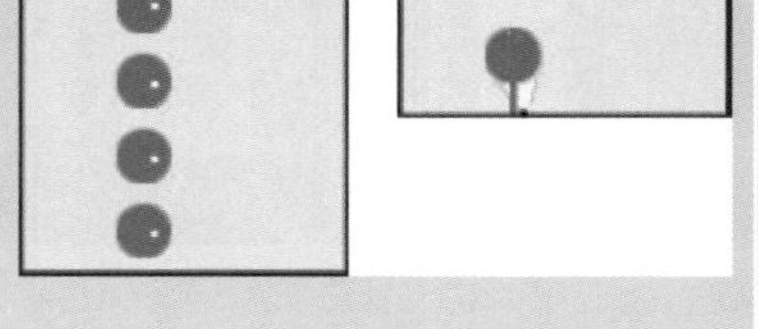	

续表

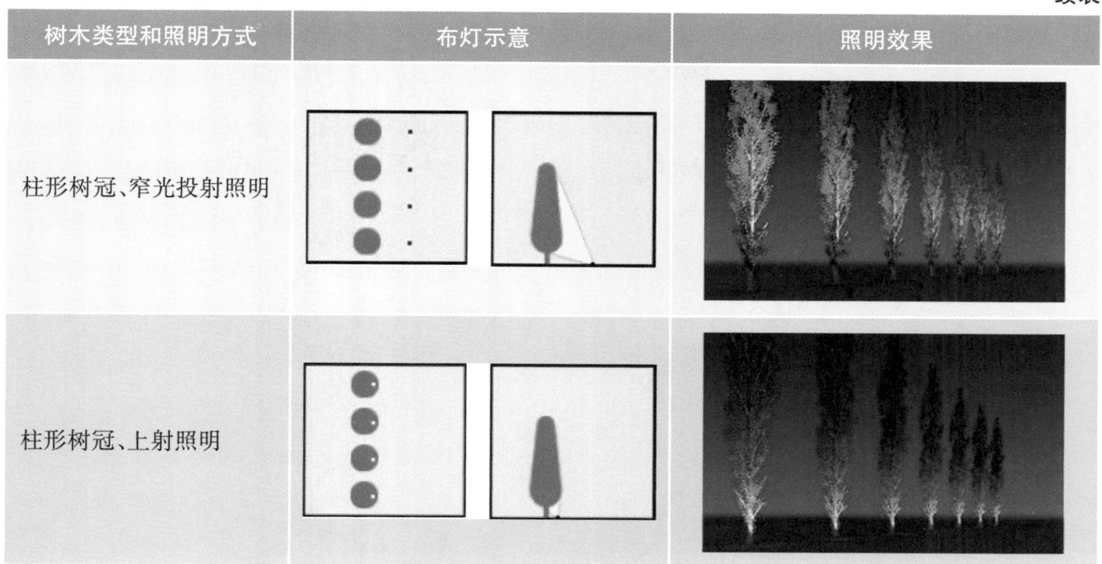

树木类型和照明方式	布灯示意	照明效果
柱形树冠、窄光投射照明		
柱形树冠、上射照明		

在城市夜景照明中，LED 照明产品因其节能高效、寿命长等特点，得到了广泛的应用，而且 LED 照明灯具还有一个优点是芯片光源体积小，方便设计配光，可以通过透镜的组合，制造出窄光甚至超窄光(10°光束角以下)的灯具。这样，就便于使光集中在被照物上，减少对天空的溢散光，既提高了光的利用效率，又有效地降低了光污染。

任何植物——树木、灌木丛林及花草，它们的颜色、和谐的排列、美丽的形态成为城市装饰的一个组成部分。即使在夜间环境下，使用照明设备，它们也能给人以美的感受。

但出于经济上的原因，照明整个绿色的环境是不可能的。只可能对最能引人注目的目标施以强光照明，对未成熟的及未伸展的植物树木，不施以装饰照明。

从远处观察，成片树木的投光照明通常作为背景而设置。一般不考虑个别的目标，所考虑的只是其颜色和总的外形大小。对近处观察目标，并且当其形状能够直接评价时，应该对每处树木都做单独处理。

照明设备的选择——型号、光源、灯具的光束角——主要取决于被照明植物的重要程度，以及要求得到的效果。为了白天的美观，在装在地面上的和固定在略高于地面的混凝土基座上的投光灯具的前面，种植灌木丛以便将灯具隐蔽起来。灯具也可采用埋入地下的安装方式，如图 8.3.24 所示。对于低矮的植物，还可采用蘑菇形的庭园灯具从上向下照明。不管采用哪种方式，安装的灯具都不应使观察者产生眩光，并且所用灯具还必须符合户外防尘、防水等级。图 8.3.25 给出了公园绿化地带照明的几个例子。

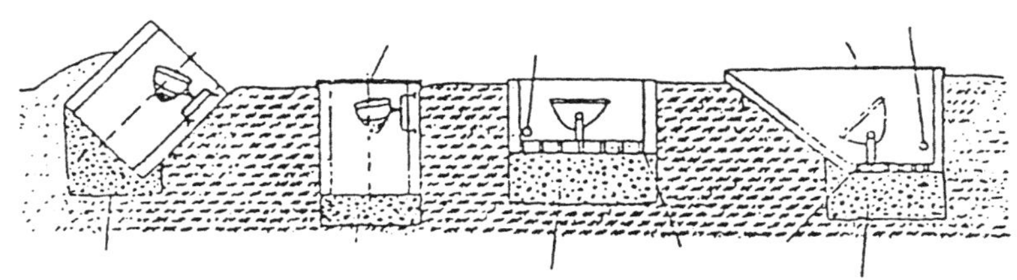

图 8.3.24　几种地埋灯

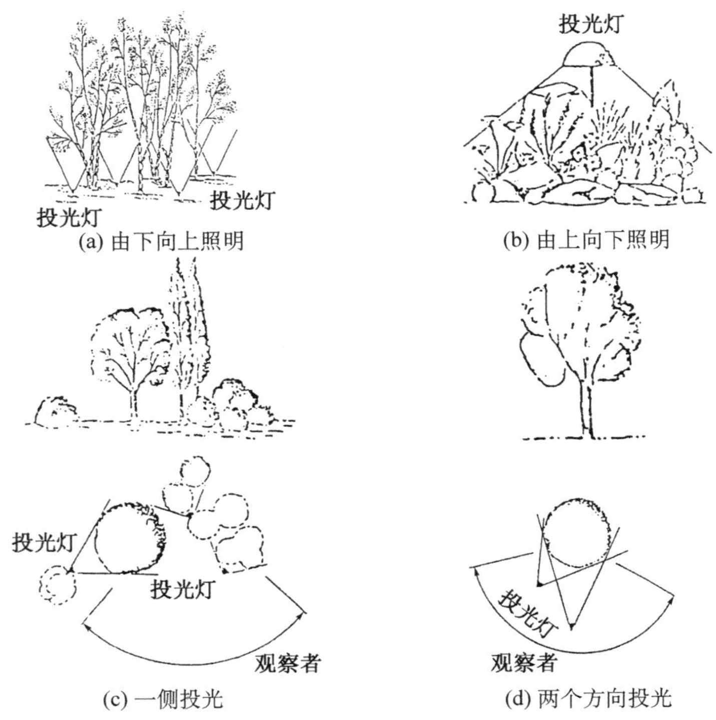

(a) 由下向上照明　(b) 由上向下照明

(c) 一侧投光　(d) 两个方向投光

图 8.3.25　**绿化树木的照明**

8.3.3.2　水景照明

水的流动和流动时伴有的声音给城市带来活力。静水也是一面极好的镜子，它可以倒映出周围的环境。

1. 喷水池和瀑布的照明

喷水池由一些基本的水压效果装置组成，能创造出简单到复杂的各种景象。如图 8.3.26 所示，在水流喷射的情况下，由于水和空气有不同的折射率，故光线进入水柱时，会产生闪闪发光的效果。

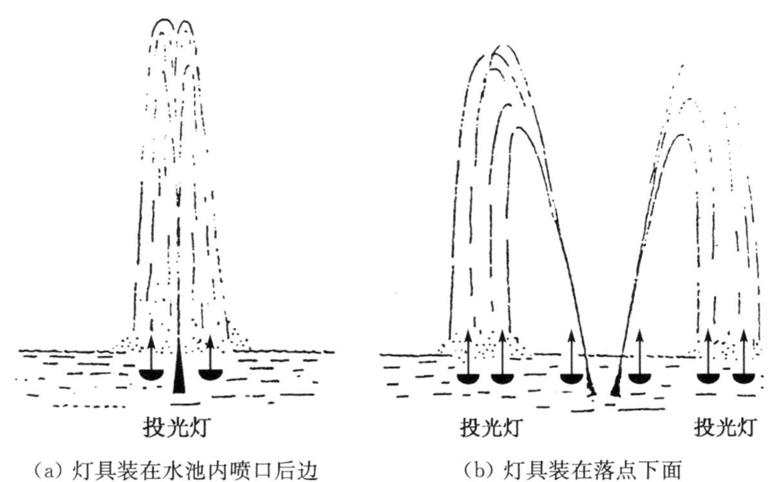

(a) 灯具装在水池内喷口后边　(b) 灯具装在落点下面

图 8.3.26

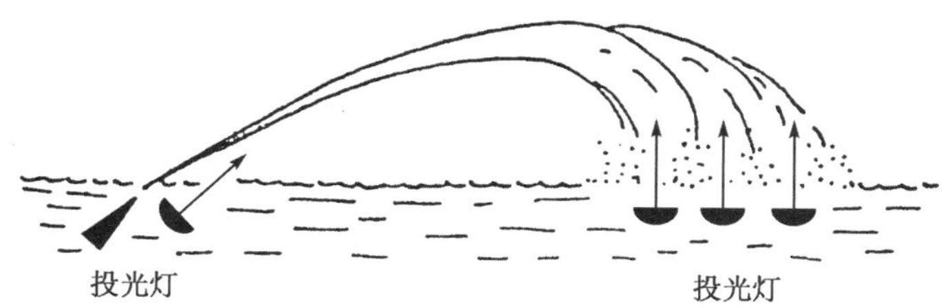

(c) 以上两种安装方式的组合

图 8.3.26　喷水池照明

对于落水和瀑布，灯具应装在水流下落处的底部。灯具输出光通量取决于瀑布的落差和下落水层的厚度，还取决于水流出口的形状所造成水流的散开程度。对于流速比较缓慢、落差比较小的阶梯式水流，每一阶梯底部必须装有照明。LED 线状光源适合于这类情况。具有变色程序的动感照明，可以用来产生一种固定的水流效果，也可以用来产生变化的水流效果(见图 8.3.27)。

图 8.3.27　新加坡圣淘沙公园音乐喷泉照明

下落水的重量可能破坏投光灯具的调节角度和排列，所以必须牢固地将灯具固定在水槽的墙壁上或加重灯具。另外，将它们锁定在台阶底部的构造上是非常有效的。

图 8.3.28 显示了针对不同流水效果所确定的灯具的几种主要安装方法，灯具的出射光可以有几种方向。

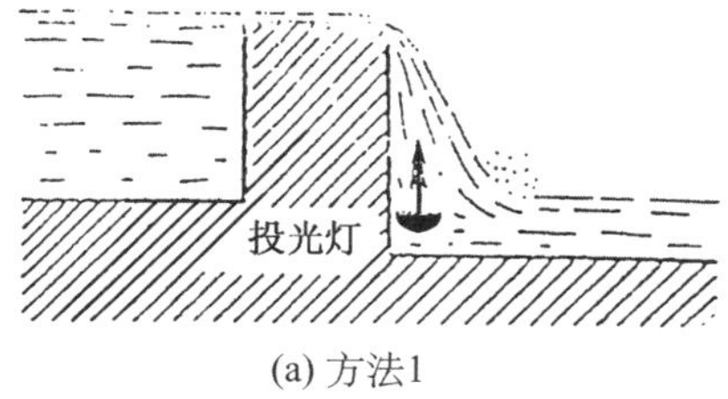

(a) 方法1

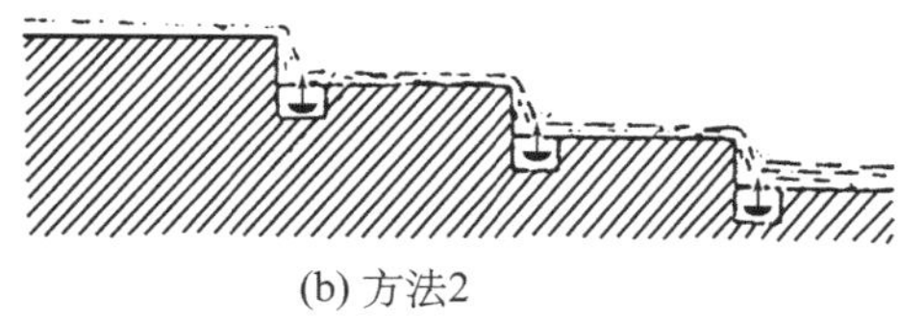

(b) 方法2

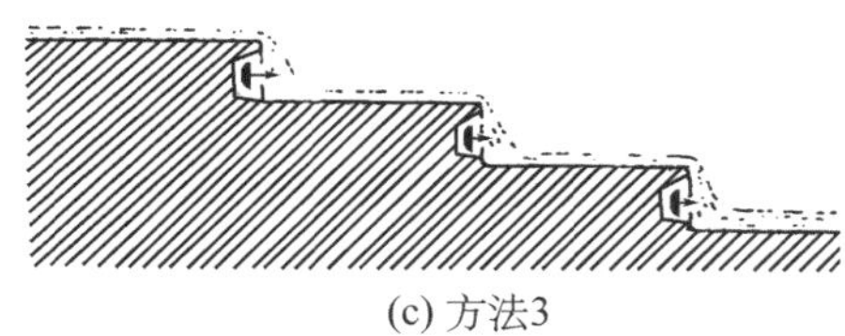

(c) 方法3

图 8.3.28

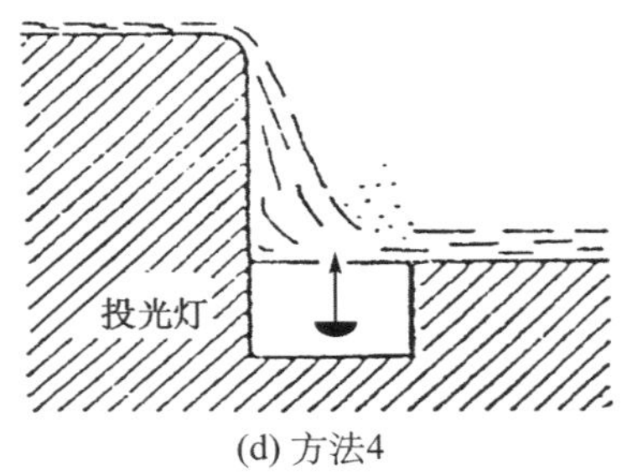

(d) 方法4

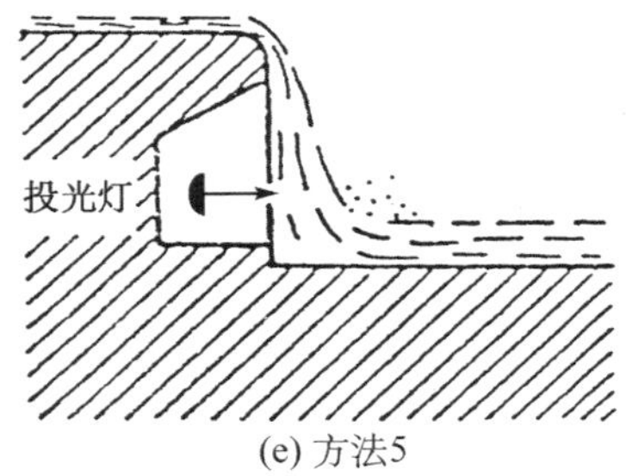

(e) 方法5

图 8.3.28 落水和瀑布照明的几种安装方法

2. 静水和湖的照明

所有静水或慢速流动的水，如池塘、湖或缓慢流动的河水，其镜面效果都是很有趣的。河岸上的所有被照物体都将被水面反射，在夜晚的环境下，产生一种十分有吸引力的效果。

图 8.3.29 都江堰照明

在岸边引人注目的物体或者甚至伸出在水面上的物体，如斜倚的树木，可以用浸在水下的投光灯具来照明。在砖石结构的池塘内，投光灯具的固定并不困难，然而在湖和河内，安装的稳定性则是一个问题。

对汹涌翻滚的河面，可以通过岸上的投光灯直接照射水面来得到令人感兴趣的动态效果。在这种情况下，由于反射光不均匀，因此照明效果会随水流的变化而变化(见图 8.3.29)。

8.3.4 广场和公园照明

8.3.4.1 广场和公园的类别

广场和公园是构成城市和节点及区域的重要景观构成要素，也是城市夜景照明需要注意的重点。

(1) 广场和公园的功能与性质

根据中国大百科全书《建筑园林城市规划》卷，广场主要有市政、交通、商业、纪念、宗教和休闲娱乐广场 6 大类，功能和性质如下：

1) 市政广场：用于政治、文化集会、庆典、游行、礼仪和节日活动的广场。

2) 交通广场：城市中主要人流和车流、航流或机流集散点前广场。

3) 商业广场：位于商业中心，用于购物和休闲的广场。

4) 纪念广场：纪念某一或某些人物或事件而修建的广场。

5) 宗教广场：位于教堂、寺庙等建筑前，用于庆典、集会和游行的广场。

6) 休闲娱乐广场：供人们休闲、休息、约会或游乐活动的广场。

有由国家或地方公共团体修建的公园(城市公园等)，也有为了维护景观指定一定区域为公园的（国家公园等）。城市公园又分为城市主要公园、街边公园、区域公园等类型。修建公园的目的是为了给人们提供休息、鉴赏、游玩、娱乐活动的场所。

（2）广场和公园照明的目的

对广场和公园进行（夜景）照明的目的有以下 3 点：

1）作为人们交流、娱乐的场所，要保证安全。

2）安全、平稳地引导车流和人流。

3）创造适合时间、地点的夜景氛围（快乐、宁静、活跃等）。

8.3.4.2 广场照明

1. 照度的确定

以人员聚集交流为主要功能的广场要考虑周围的环境（犯罪的危险性、周围的亮度等），合理设定满足安全活动的一般照度水平；作为装饰性照明存在的景观照明应放在第二层面考虑；对以交通引导为主的广场，则需设定交通安全所需的照度水平（或路面亮度）作为基础照明，同时考虑照明引导车流和人流的作用。另外，视线方向的垂直面照度（半柱面照度）也是需要考虑的。

广场的整体照度，应以广场行动（视觉工作）为基础，设定时参考《夜景照明设计规范》的要求（见表 8.3.9）。

表 8.3.9 广场绿地、人行道、公共活动和主要出入口的照度标准值

照明场所	绿地	人行道	公共活动的区域				主要出入口
			市政广场	交通广场	商业广场	其他广场	
水平照度/lx	≤3	5～10	15～25	10～20	10～20	5～10	20～30

在具有重要交流功能的广场，重点视觉要求是人身安全防范；在以交通功能为主的广场上，重点视觉要求是保证汽车、非机动车和行人的安全运行。

此外，从夜间的视觉引导方位辨别和景观展示的意义出发，作为城市或广场标志的象征性雕塑、小品等的照明，可以增强广场的特征。因而，应当结合广场的特点，对广场内的雕像、纪念物、花坛、植物等进行适宜的照明。为了与周围协调，这些作为引导和装饰照明对象的照度要设定为一般照明 3～10 倍的水平，以起到突出重点的作用。

2. 广场照明的方法及注意事项

广场照明的典型方法如表 8.3.10 所示。

表 8.3.10 广场和公园照明的基本方法

灯杆式照明	壁灯照明	投光（展示）照明	景观组合照明

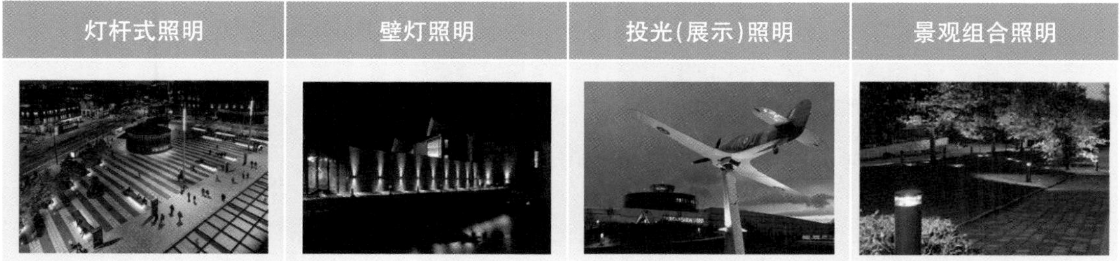

续表

灯杆式照明	壁灯照明	投光(展示)照明	景观组合照明
1) 合理设置灯杆高度; 2) 合理选择灯具配光; 3) 灯杆(选型)的空间个性有破坏景观的可能,需合理配置; 4) 照明灯具的亮度是夜景的部分,需合理设定	1) 壁灯式照明使空间显得干净整洁; 2) 安装高度与视线接近,需合理设计灯具的造型,并控制灯具的亮度; 3) 在墙壁及路面易产生暗区,有规则地布置灯具易产生韵律感	1) 主要用于构筑物、树木等照明; 2) 需合理隐藏灯具,避免眩光; 3) 可在照明对象上产生细致的明暗、阴影,需考虑光的方向	1) 使空间显得整洁; 2) 容易在路面上产生亮暗分布,有规则地分布灯具可产生韵律感; 3) 空间(特别是路面)如没有亮度,易产生不安、恐惧感

广场照明的设计要综合考虑照明灯具的照明效率、节能、经济性等各项指标,并在设置照明灯具位置时,需考虑到安全、无障碍以及便于维护等要求。

灯杆式照明随照明灯具高度、配电的不同,会产生不同的照明效果及氛围,因此需要考虑设置场所的主要目的。此外,由于灯杆的空间特点,需特别注意在白天和夜晚与周边景观和环境的协调问题。另外,也需注意灯杆的高度,太高会产生眩光,降低视力并破坏夜景的照明效果(见表 8.3.11)。

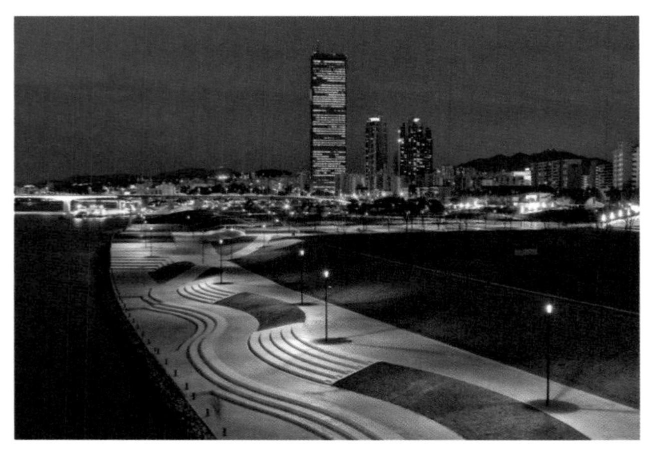

图 8.3.30　公园广场的照明实景

如图 8.3.30 所示,在广场中为雕塑、纪念碑、小品、花坛、植物等提供夜景照明的灯具属于附属物,应考虑隐藏问题,最好隐藏于植物内,不能隐藏的也要考虑白天与景观的协调。在使用投光照明时,要特别注意在意想不到的地方产生眩光。

道路、街道、公园、广场用照明灯具的分类与特点如表 8.3.12 所示。

表 8.3.11　照明灯具的设置高度及特点

设置高度	主要特点	使用案例	光源光通量估算/(流明/灯)
12 m 以上	1) 照明可形成象征性景观; 2) 照明效率高、经济; 3) 防止照明灯杆设置不当; 4) 注意外溢光干扰到周边; 5) 要有维护检修的方法	大型停车场、交通广场等	40 000 以上
7～12 m	1) 如合理设置间距为高度 3～5 倍,可产生连续的美感(引导效果); 2) 能获得必要的照度及经济性; 3) 易于控制光线	道路、停车场、一般广场、绿地	10 000～50 000

续表

设置高度	主要特点	使用案例	光源光通量估算/(流明/灯)
2～7 m	1）与人的高度接近，易产生亲和感； 2）造型设计易形成景观； 3）容易产生眩光（重要的是选择发光面亮度不高的光源光束）	公园、绿地、建筑内、小规模广场	1 000～2 000
1.5 m 以下	1）易呈现亮暗、阴影等“光影”效果； 2）易维修，也易于被破坏； 3）容易产生引导及注意； 4）易产生眩光（需注意选择灯的光通量，要限制发光面亮度）	公园、住宅内庭院、楼前空地	3 000 以下

表 8.3.12　道路、街道、公园、广场用照明灯具的分类与特点

照明灯具分类		特征	参考图（照明灯具、配光例）
A	光线几乎全方位均匀照射型，上方光通比大于 20%	1）也可照射到高大建筑物、易把握的空间； 2）周围若是开阔空间，会浪费很多光； 3）照明灯具的亮度大，易形成生动活泼的氛围； 4）易感到刺眼，要控制亮度； 5）可能会降低其他照明效果	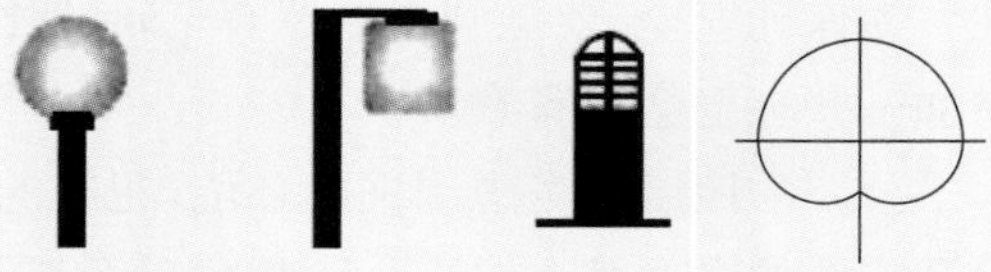
B	上方光线被稍微遮挡型，上方光通比小于等于 20%	1）照射低建筑物，易使空间获得亮度； 2）周围若是开阔空间，会浪费很多光，向上的溢散光与 A 不同，有些遮挡； 3）易感到刺眼，要控制亮度； 4）可能会降低其他照明效果	
C	上方光线被遮挡型，上方光通比小于等于 15%	1）细腻的配光控制，对周围影响小； 2）对路面照明效果好，易获得所需照度； 3）易使空间感到很暗，相反会提高其他的照明效果	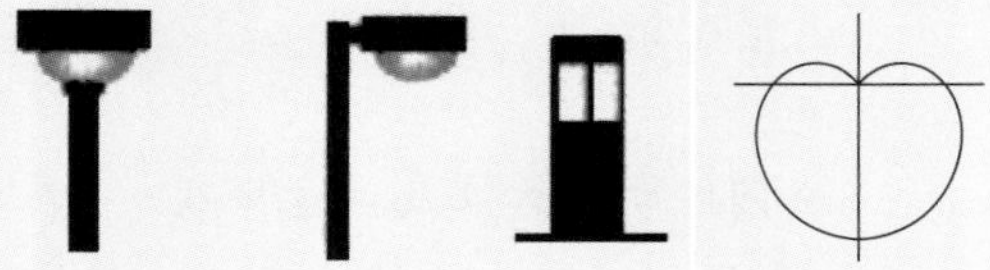
D	上方光线被遮挡很多型，上方光通比小于等于 5%	1）细腻的配光控制，对周围影响小； 2）对路面照明的效果好，易获得所需照度； 3）易使空间感到很暗，相反会提高其他的照明效果	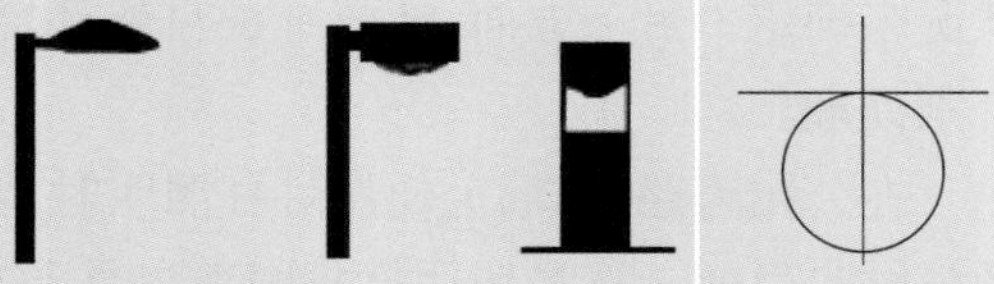

续表

照明灯具分类		特征	参考图(照明灯具、配光例)
E	上方光线被完全遮挡型,上方光通比等于0	1) 细腻的配光控制,对周闱影响大幅度降低; 2) 对路面照明的效果好,非常容易获得所需照度; 3) 易使空间感到很暗,相反会提高其他的照明效果; 4) 用于道路照明的眩光也小	

8.3.4.3 公园照明

1. 公园照明的照度设定

公园照明要在考虑功能、风格、周边环境、夜间使用状况等基础上进行设计。如在夜间闭园、几乎在适用照明的情况下,为保护自然环境,照明应限制在必要的最小范围内。另一方面,如晚上公园开放,人们要使用各种设施,公园的道路、广场、指示标识、景观对象(花坛、植物、纪念物、水池)等的照明,要在保证安全的同时,还需展现公园的宽度、深度等空间特性。为保证安全,要做到不能留有全暗的死角;与保证照度相比,对植物等个别阴暗处,稍微增加一些亮度会更有意义。

公园的照度要考虑周围的环境(犯罪的危险性、环境亮度等)、公园的功能、风格等,设定保证安全的必要基本水平。大规模的公园要根据主入口、园内主干道、园内辅路、引导路等分层次定位,设定时要注意不能产生 2～3 倍的照明差。夜景照明对象的照度要考虑与环境的协调,设定在基础照明水平的 2～10 倍的范围内(见表 8.3.13)。

表 8.3.13 公园公共活动区域的照度标准值

区域	最小平均水平照度 E_h/min(lx)	最小半柱面照度 E_{sc}/min(lx)
人行道、非机动车道	2	2
庭园、平台	5	3
儿童游戏场地	10	4

2. 公园照明的方法及注意事项

公园照明的方法参考表 8.3.10,要根据公园的道路、广场、引导标识、夜景照明对象等的状况进行选择。照明灯具的设置位置与高度应考虑植物的分布、植物的生长、检查维修等的状况来确定。另一方面,如要维护自然环境,需要考虑生态保护系统对光的特殊要求,进行个别处理。

在公园道路、广场上使用灯杆照明时,要考虑灯杆的高度(见表 8.3.11)、配光、设置场所的(功能)目的。选择照明灯具时要考虑与白天景观的协调,同时还需注意耐久性、易维修、照明效率、节能、经济性等问题(见表 8.3.14)。在可瞭望夕阳等自然景观及可进行天文观测等场所,要使用严格限制亮度及有上方溢散光的照明灯具,使其不能成为使用的障碍。

表 8.3.14　为降低光污染的道路、街道、广场、公园中照明灯具的选择

使用场所		注意要点	照明灯具的选择				
			A	B	C	D	E
城市中心	拱廊内、室内空间	顶棚等因为有遮挡，光不能外溢	◎	◎	◎	◎	◎
	行政办公街道、商业区、繁华街道	比较喧闹的空间，要考虑灯具造型		○	○	◎	◎
	主干道及沿线	半截光、截光型配光			○	○	◎
	高层住宅街道	注意朝向住宅的溢散光			○	◎	
	公园、广场	对较亮的公园、广场等，要注意眩光			○	○	◎
近郊	站前广场、商业街			○	○	◎	◎
	辅助干线及沿线				○	○	◎
	住宅区				○	○	◎
	公园、广场					○	◎
远郊	住宅区					○	◎
	辅助干道及沿线					○	◎
	田园地区					○	◎
山间、海边、国家公园		上方光通量基本为 0					

注：○表示光污染的可能性小；◎表示几乎无光污染。

3. 主题公园的照明

近年来，随着城市生活水平的提高、人们休闲娱乐需求的增长，兴建了越来越多的主题公园、游乐园。公园内设置有大型观览车、过山车、转马等游乐设施，以及有各种主题馆、游乐园、休息设施、公园小路、广场、大型停车场、花坛、植物等多样设施。

在设计时，除考虑安全、顺利引导游客的基本照明，各种主题对象的重点照明也需要精心考虑。照度标准的设定要根据主题公园的夜间使用情况及人流量的多少做合理规划，具体参考前面章节内容。公园中各区域、照明对象的定位要与设施的主题相融合，并整体协调；游乐心情、休闲感受是设定照度的重点（见图 8.3.31）。

图 8.3.31　迪斯尼乐园的照明实景

主题公园的照明手法与广场、公园的一般照明手法相同。但考虑到主题公园中主题的不同,会使用霓虹灯、LED 及光纤等各种照明灯具,以增加动态及色彩等特殊效果。

同时,从营造特殊的情境角度出发,要求设置亮灭、调光变色等不同场景,并需与影音等设备进行同步控制。

8.3.5 街道照明

8.3.5.1 街道照明需求分析

区别于纯粹满足机动车快速交通功能的道路,这里的街道主要是指城市街区内的道路,包括那些满足人与车通行的城市街道、商业街、公园内的小路、拱廊、大型购物中心内的廊道等,这些街道和通道同时也是城市景观的构成要素,是可以反映城市街道个性的地方。

街道照明的基本目的不仅仅要使行人能够放心、安全地通过,还要满足以下几点:

1) 使人容易看清路面的凹凸、水坑、掉落的东西、台阶、障碍物等。

2) 使人容易看清周边建筑物等街区面貌,容易识别要走的路的方向。

3) 使人容易认清其他行人,能够判别对方的举止,易回避风险。

4) 使人容易看清路标、住处等。

5) 不要留下容易使罪犯隐藏、犯罪的场所。

与道路照明主要是为了满足汽车的通行不同,街道照明主要是满足行人的通行,特别是商业街、大型购物中心的连廊等,除了满足视觉的功能性需求、保障安全,还要满足舒适性、装饰性和景观性的需求。照明设备作为白天和夜晚都不可缺少的重要景观元素存在,对评价整个城市空间有重大影响,因此,需要在对街道的作用以及和周边关系的基础上,做整体考虑。

8.3.5.2 街道照明设计要点

1. 照度设定

设定街道的照度时,以行人安全、安心地通过街道为主要目的,综合考虑街道的使用状况、环境亮度、活动内容、犯罪的危险性等影响因素。

具体的照度值可以参考 CIE 制订的照明标准(见表 8.3.15)。

表 8.3.15 **户外街道和步道照明标准**

区域		水平面照度/lx		半柱面照度/lx
		平均	最小	最小
复合地域	步行街与小路	5	2	2
	居住区内公园	10	5	3
	街道中心	10	5	10
	拱廊与道路	30	15	—
	商业、产业区	20	6	—

续表

<table>
<tr><th colspan="2" rowspan="2">区域</th><th colspan="2">水平面照度/lx</th><th>半柱面照度/lx</th></tr>
<tr><th>平均</th><th>最小</th><th>最小</th></tr>
<tr><td rowspan="5">居住地域</td><td rowspan="2">步行街的台阶坡路</td><td colspan="2">水平面照度/lx</td><td>垂直面/lx</td></tr>
<tr><td>平均</td><td>最小</td><td>平均</td></tr>
<tr><td>台阶、楼梯</td><td>—</td><td>—</td><td><20</td></tr>
<tr><td>台阶踏板</td><td>>40</td><td>—</td><td>—</td></tr>
<tr><td>坡路</td><td>>40</td><td>—</td><td>—</td></tr>
</table>

设定照度时，还需要注意不能有很大的照度变化。如果两条交叉的街道平均照度相差太大，一条街就会显得很暗，容易发生犯罪。交叉或相邻街道的平均照度不宜超过 2 倍。

2. 照明实施

由于街道照明主要服务于行人，照明设计时就不能只考虑保证安全的照度(亮度)，还要考虑舒适性和景观性。

照明标准如表 8.3.15 所示有 4 种，要在理解各个标准的特点及周围环境的基础上做出合理选择。杆式照明要根据灯具的安装高度(见表 8.3.11)、配光(见表 8.3.12)，以营造不同的效果氛围。

照明光源尽量选用系统效率高的节能光源，优先选用长寿、高效的 LED 照明灯具，但需要合理地控制灯具的眩光水平(见表 8.3.16)。

表 8.3.16　**照明灯具的眩光控制(安装高度在 10 m 以内)**

<table>
<tr><td>垂直角 85°以上的亮度</td><td colspan="3">20 000 cd·m^{-2}以下</td></tr>
<tr><td>照明灯具的高度</td><td>4.5 m 以下</td><td>4.5～6.0 m</td><td>6.0～10 m</td></tr>
<tr><td>垂直角 85°的光强</td><td>2 500 cd 以下</td><td>5 000 cd 以下</td><td>2 000 cd 以下</td></tr>
</table>

8.3.6　广告、招牌和标志(标识)照明

8.3.6.1　广告、招牌和标志(标识)照明设计思考

在城市构成中，户外广告、各种招牌以及公司(商业)标志(标识)越来越成为不可求缺的一部分。

户外广告是为了传播公司或产品信息，一般以平面为主，构成内容包括精美的画面或文字，招牌是“物品、店名、门牌号等为了让人们看到的牌子”；标志是“图示、记号、信号、符号”；标识是“识别用的记录、标记”。在城市道路两侧、楼顶、十字路口、广场、公园等，通过设置广告、招牌、指示标志、标识等，把画面、文字、符号、标志等各种信息传播给路过的行人或驾驶者等，从而达到宣传、广告、指示、引导等各种功能，使人们在城市空间更方便地获取各种信息，对空间、设施易于了解，使行动更加便利。

广告、招牌、标志、标识的功能，白天和夜晚都相同。在一定程度上，由于夜晚城市的

很多信息都隐藏在黑暗中，那些被照亮或自发光的广告、招牌、标志、标识等反而会比白天更突出，更加易于吸引人的注意。户外广告、招牌、标志、标识在夜晚的呈现方式有以下几种。

1. 反射方式(外照方式)

立在道路两侧的户外广告、招牌，楼顶或墙面的标牌、广告等经常采用户外投光灯从外部照亮，靠亮度显示(见图 8.3.32)。

图 8.3.32 **广告牌照明**

2. 透过方式(内照方式)

在透光板(透光膜)背后(或导光板侧面)设置光源，通过透光的方式显示。很多店招、候车厅广告采用内透方式(见图 8.3.33)。

图 8.3.33 **灯箱广告照明**

3. 自发光方式

霓虹标志、电子显示屏、大型影像显示装置等通过自身发光来显示(见图 8.3.34)。

图 8.3.34 自发光广告照明

8.3.6.2 广告、招牌和标志(标识)照明设计原则

为了城市夜景的整体和谐,在进行户外广告、招牌、标志、标识等照明设计时,需遵循以下的原则。

1)在城市总体规划中,对广告标识有总的规划和安排,广告、标识是城市夜景照明的重要组成部分,因此必须符合城市夜景照明专项规划中对广告、标识照明的要求。

2)应根据广告、标识的种类、结构、形式、表面材质、色彩、安装位置以及周边环境特点,选择相应的照明方式。

广告、标识照明在夜景照明中起到相当重要的作用,和建筑物夜景照明是相辅相成的,因此应与夜景照明设计同步进行,否则既浪费能源又影响效果。

广告、标识的种类、结构、形式很多,一般都需要夜间照明,照明应配合广告、标识的内容并为其服务。照明方法是多种多样的,要根据广告的材质、形状、位置和环境选择相应的照明方式。

3)光色运用应与广告、标识的文化内涵及周围环境相吻合,应注重昼夜景观的协调性,达到白天和夜间景观和谐统一。

在夜间照明时,广告的文化内涵、传递的信息需通过与周围环境相吻合、合理的照明光色运用才能达到最好的视觉效果,不同的文化内涵需要不同的光色去烘托。广告、标识昼夜都在起作用,白天其外观既要醒目,又要与建筑物及周边环境很好地融合在一起;夜晚广告、标识的照明应与周边夜景照明效果相协调;同时夜晚广告、标识的照明比其他夜景照明设施开启的时间要长,因此还需考虑广告、标识的照明在单独开启时的景观效果。

广告、标识的照明应注重昼夜景观的协调性,具有较好的白天、夜间景观的视觉效果,达到白天和夜间景观的和谐统一。

4)除具有指示性、功能标识外,行政办公楼(区)、居民楼(区)、医院病房楼(区)不宜设置广告照明。

行政办公楼(区)、居民楼(区)、医院病房楼(区),是人们办公、休息、治病的场所,需要宁静、休闲、舒适、安全的环境。具有指示性、功能性标识的照明在夜间是人们所必需的，而广告照明易对居民楼形成光污染，破坏了宁静、休闲、舒适、安全的环境，因此不适宜设置。

5）应选择高效、节能的照明灯具和电器附件，应选用显色指数大于 80、发光效能大于 50 lm・W^{-1}的光源，自发光的广告、标识宜选用 LED 光源。

外投光的广告、标识是被照亮的，应反映广告、标识自身的真实色彩，因此需要选用显色指数高的光源，且为节约能源需选用发光效率高的光源。

内透光、自发光的广告、标识是通过内部光源使表面直接发亮，表现广告、标识的内容，因此可选用相应颜色的 LED 等低能耗光源。

6）广告与标识照明不应产生光污染，不应干扰通信、交通等公共设施的正常使用，不应影响机动车的正常行驶。

为使广告、标识发挥最大的广告和标识效应，一般设置在交通便利、人流量大、视野开阔的广场、车站、码头以及街道两边的建筑物上，而这些地方又是交通、通信等各种公共设施交叉、集中的地方，因此必须防止光污染和光干扰。

8.3.6.3 反射式广告照明设计方法

1. 照度设定

户外广告、招牌、标志、标识一般设置在视线平行或上方，对于反射方式，重要的是能够识别文字或图像的表面亮度(垂直面照度)。必要的亮度根据设置场所周围的亮度、广告招牌表面的情况(文字的大小、反射率等)有所不同。亮度高则会很显眼，从远处都能够看见，但对周围环境的影响也会增大。亮度的设定参考表 8. 3. 17。垂直面照度可根据漫反射原理，以反射率为依据进行换算。

表 8.3.17 **对象物的推荐亮度**

周围环境	周围暗的地方 稍暗的部分	一般地方小街道、 大城市户外	周围亮的地方城市 中心、商业地区
对象物的推荐 亮度/cd・m^{-2}	4	6	12

为显示广告、招牌上图案和文字鲜艳的颜色，全部是颜色的情况要比单色或纯文字内容的亮度高。需要经常更换的广告牌，要设定适合变换的照明。

2. 照明实施

在进行户外广告、标牌等照明设计时，要考虑如下事项：

1）光污染的控制(选择合适的照度、方法、照明灯具)。

2）不能有反射眩光(选择合适的照明方法)。

3）不能有色彩搭配不协调的感觉(选择合适的光源)。

4）设定合适的开灯时间。

5）易于维护。

光源的选择会影响被照对象的视觉呈现，不仅要注意光源的效率，还要注意光源的显色性、光色。色彩视觉方面，应采用平均显色指数 $R_a > 80$ 以上的光源，要注意光色与被照对象颜色的关系（见表 8.3.18）。

表 8.3.18 **光源的光色与再现颜色的印象**

光源的相关色温/K	光色	颜色的印象（$R_a > 80$）
<3 300	暖色	温柔的氛围，显出红色
3 300～5 300	中间色	忠实再现几乎所有颜色
>5 300	冷色	几乎再现所有颜色，凸显白色

对户外广告牌等的照明一般采用挑臂式，宜采用镇流器或电源内置的灯具。

对于反射式照明，显示面上的照度均匀度非常重要。所以，照明灯具一般要外挑，外挑距离相当于高度的 $\frac{1}{4} \sim \frac{1}{2}$。照明灯具的配光根据外挑的程度进行选择，设置的间距要适当（见表 8.3.19）。照明灯具的照射方向距被照面 $\frac{2}{3}$ 以上的位置，对从下往上照射的情况，要限制照射到照明范围以外向天空照射的溢散光（见图 8.3.35）。从上往下照射时，要注意对周围产生的眩光问题。

表 8.3.19 **广告牌照明方法**

照明方式	示意图	特点及注意点	高度/m	照明工具配光 选择挑出 1 m 左右
向下照射		1）照明灯具不会遮挡广告； 2）不要产生直射和反射眩光； 3）白天照明灯具不会在招牌上留下阴影	1～5	1）广角配光； 2）中角配光； 3）窄角配光
向上照射		1）照明灯具不会遮挡广告； 2）将直射、反射眩光控制在最小限度； 3）比较容易进行灯具维护； 4）需注意控制招牌上方的外泄光	1～5	1）广角配光； 2）中角配光； 3）窄角配光
上下同时照射		1）光斑很小； 2）招牌上下方都有灯具，要避免产生不舒服的感觉； 3）要求高照度时最合适	5～8	1）广角配光； 2）中角配光； 3）窄角配光

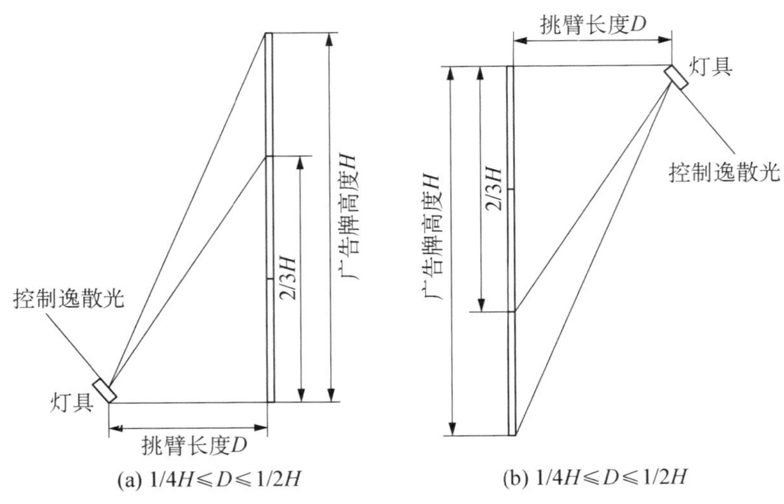

图 8.3.35　广告牌照明灯具安装与照射方向

8.3.6.4　户外 LED 屏广告设置需注意的问题

由于 LED 照明技术的发展，LED 屏的亮度越来越高，而成本逐步降低，城市越来越多地采用 LED 屏做户外的广告和商业宣传。有些是独立的 LED 屏，有些则与建筑的外立面相结合，在一些商业项目中直接作为外立面的一部分而存在。

在设计户外 LED 屏时，由于 LED 屏具有画面变化、亮度高的特点，容易吸引人们的注意。对设置在交通路口和快捷交通道路两侧的情况，应避免对驾驶员的视线造成干扰或分散驾驶员的注意力，以免产生安全事故；也不应设置在靠近或面对住宅区的位置，避免产生光干扰而影响居民休息。

此外，需严格根据 LED 屏所在的区域和周边区域，控制 LED 的最高亮度。LED 屏的最大亮度值参考表 8.3.20 执行。

表 8.3.20　户外广告与标识照明的平均亮度最大允许值($cd \cdot m^{-2}$)

广告与标识照明面积/m^2	环境区域			
	E1	E2	E3	E4
$S \leqslant 0.5$	50	400	800	1 000
$0.5 \leqslant S \leqslant 2$	40	300	600	800
$2 \leqslant S \leqslant 10$	20	250	450	600
$S > 10$	—	150	300	400

8.4　城市夜景照明光源和灯具的选择

8.4.1　城市夜景照明光源的选择

在城市夜景照明中，需要根据被照对象的照明规划来选择合适的照明光源。一个比较方便的方法是根据照明的方式及照明对象尺度的大小，用光通流明分级的方式选择合适的光源(见表 8.4.1)。

表 8.4.1　**城市夜景照明应用的光通量分级**

照明形式	应用案例	流明分级	应用照片
暗环境的引导照明、建筑边缘的提示照明、指示照明	台阶、通道、引导	<50 lm	
小物体的短距离投光照明、洗墙照明、引导照明	公园雕塑、通道、引导	<500 lm	
中等物体的中距离重点照明，3 m 以下的墙面照明、洗墙照明、投影照明	公园、通道、小型建筑	<2 000 lm	
大尺度物体的重点照明，4 m以上的墙面照明、洗墙照明、投影照明	宽的步道、树木、广场	<5 000 lm	
大尺度建筑或构筑物的远距离重点照明，6 m 以上的墙面照明、洗墙照明、投影照明	建筑物立面	<10 000 lm	
特别大建筑的超远距离泛光和重点照明	高大建筑立面、高大纪念碑、塔	>10 000 lm	

在城市夜景照明中，各种光源都有使用，其中常用于户外的光源见表 8.4.2。但实际上，随着 LED 照明的快速发展，LED 光源由于其长寿命、高效率、小型化及多色彩选择等各项优点，在城市夜景照明中的应用越来越多，很多项目甚至完全采用 LED 光源。

但 LED 光源应用于城市夜景照明中，要特别注意 LED 光源色温的一致性问题和 LED 光源色温的稳定性问题。

表 8.4.2 常用户外光源技术指标

光源类型	光效 $/\mathrm{lm \cdot W^{-1}}$	显色指数 $/R_a$	色温 /K	平均寿命 /h	应用场合
三基色荧光灯	＞90	80～95	2 700～6 500	12 000～15 000	内透、路桥、广告灯箱、广场等
紧凑型荧光灯	40～65	＞80	2 700～6 500	5 000～8 000	建筑泛光、构筑物、景观园林、步道广场等
金属卤化物灯	75～95	65～92	3 000～5 600	9 000～15 000	建筑泛光、构筑物、景观园林、步道广场、广告牌等
高压钠灯	80～130	23～25	1 700～2 500	＞20 000	建筑泛光、路桥、景观园林、步道广场等
冷阴极荧光灯	30～40	＞80	2 700～1 000 或彩色	＞20 000	内透、装饰照明、广告等
无极荧光灯	60～80	75～80	2 700～6 400	＞60 000	泛光照明、路桥、广场广告等
小功率 LED（装饰）	40～80	白光 60～90	2 300～6 500 或彩色	＞30 000	建筑泛光点缀、轮廓、局部照明、广告灯箱、水景
大功率 LED（功能）	65～140	白光 65～90	2 300～6 000 或彩色	＞50 000	建筑物或构筑物泛光、路桥、景观园林、步道、广场、广告标牌等

8.4.2 城市夜景照明灯具

由于 LED 照明技术的发展，使得在城市夜景照明中较传统照明时代出现很多灯具种类，而且由于 LED 光源相比于传统光源体积要小，以及便于组合等特点，未来还会出现更多的与建筑或景观结合的灯具（模组）产品。

为便于设计师的一般了解，按目前的发展水平，将城市夜景照明中经常采用的 LED 灯具简单分类如下（见表 8.4.3）。

表 8.4.3 城市夜景照明常用灯具类型及应用场合

灯具类型	照明目的	应用场合	灯具图片
LED 点状灯具（模组）	做点状装饰，或以点连成线或面的装饰	建筑物或构筑物外立面装饰照明	

续表

灯具类型	照明目的	应用场合	灯具图片
LED线形灯具	轮廓灯构成线形装饰	勾勒建筑物或构筑物轮廓、边线等景观	
	小功率洗墙	对建筑物或构筑物局部做泛光照明	
	大功率洗墙	对建筑物或构筑物局部做泛光照明	
LED投光灯具	小功率投光灯	对建筑物或构筑物局部做重点照明、小型景观的树木照明	
	中功率投光灯	对中型建筑物或构筑做重点或泛光照明、中大型景观的树木照明、广场照明	
	大功率投光灯	对中大型建筑物或构筑物做重点或泛光照明、大型景观树木或绿化照明、广场照明	
LED地埋灯	埋地安装，做点缀投光或洗墙照明防护等级大于 $IP67$	对建筑物、构筑物、景观树木等做局部重点或大面积泛光照明	
LED水下灯	安装于水下，对水岸或沿水建筑或水中构筑物进行照明	对沿水或水中建筑物、构筑物或水岸、树木等进行局部重点或大面积泛光照明	

续表

灯具类型	照明目的	应用场合	灯具图片
LED 步道灯	安装于墙壁、台阶上对地面步道进行照明	对建筑物周边步道、台阶等做地面照明	
LED 草坪灯	安装于步道两侧或景观中	做步道功能照明、景观或环境照明	
LED 庭园灯	安装于灯杆上，对步道或道路做功能照明	对步道道路做功能照明、对景观做环境指示照明	
LED 景观灯	以各种造型方式，在景观中做装饰照明	景观绿地、公园	
LED 户外装饰彩灯	以点状覆盖于建筑物景观或构筑物或悬挂于构筑物、树木等做装饰照明	对建筑物局部立面、构筑物、景观树木等做氛围照明	

在城市夜景照明设计中，选择灯具时应根据项目的要求，以及户外应用的特点，并考虑到长期使用和维护，以下几点可以作为灯具选择的一些基础原则：

1）除特殊要求外，应尽量选择定型产品，便于维护更换。

2）应优先选用效率高、寿命长的灯具，以减少维护工作。

3）应根据项目要求，选择配光合理准确、溢光小的灯具，以防止光污染。

4）应根据户外应用，选择满足防护等级的灯具，一般户外防护等级不低于 IP55，地埋灯具不低于 IP67，水下灯具不低于 IP68。

5）选择地埋灯具时要注意眩光的控制，在儿童容易触碰的场所，应注意灯具表面温度不得高于 60°，以免烫伤人。

6）在沿海以及有腐蚀性气体的场所，应选择良好的防腐蚀性灯具。

8.5 城市夜景照明发展趋势

城市夜景照明的发展受到两方面因素的发展而变化，一是需求方面，即城市的发展、城市居民的生活变化本身对夜景照明提出新的需求；二是供应方面，即实现城市夜景照明的产品及技术本身的发展，也促进了城市夜景照明的发展变化。实际上，这两方面经常相互影响和促进，即：一方面新的需求不断促进新的照明产品和技术的发展，另一方面新的产品技术的发展也反过来影响人们的生活，促进城市的发展变化。

最近几年来，在城市夜景照明中有两个明显的趋势值得关注。一是城市艺术灯光节的兴起，越来越多的城市开始组织和推动灯光节的举办。即通过在一定时间段，在城市的某些特定区域（甚至整个城市）安装艺术灯光装置和对建筑及构筑物等进行艺术灯光处理（投射灯光）等手段，极大地丰富了城市的夜景灯光，吸引人们来旅游观光，既丰富了城市居民的生活，也极大地促进了城市的旅游发展，提升了城市的知名度（见图 8.5.1）。

图 8.5.1 灯光节悉尼歌剧院立面投影灯光

二是建筑立面照明媒体化。即由于 LED 照明的发展，灯具趋于小型化、有丰富的色彩选择及易于控制等特点，使照明与建筑的立面趋于更深层次的整合。在白天时，建筑立面呈现出干净完整的存在，完全看不到灯具；而在夜晚，整个建筑的立面如一件发光的衣服，呈现完整可变化的灯光效果，而且可以通过照明控制，传达出艺术化的灯光画面和文字信息，即在夜晚，整个建筑的立面如一个媒体装置。也有人从建筑发展的角度出发，把这种趋势称为媒体建筑。

8.5.1 城市灯光节

一般城市的灯光节都来源于城市的历史文化传统：或者在某个特殊的日子燃灯祈福，或者是某些特殊的时候家家户户在窗台上点一盏灯以纪念宗教故事中的人物。在世界范围内，举办得比较成功的有里昂灯光节；在中国，自贡灯会在广义上也算是比较成功的灯光节。

现在有越来越多的城市开始在某些特殊的时间和区域举办灯光节(见表 8.5.1)。在灯光节期间,除了开启区域内所有重要建筑物或构筑物实施的特殊的艺术照明外,用得比较多的照明手法有户外投影照明。往往预先请艺术家设计好与建筑立面相吻合的精彩的画面,在灯光节期间炫目呈现。另外,很多灯光节也邀请世界各地的灯光设计师、艺术家或其他创意人士设计制作灯光艺术装置,在灯光节期间进行展示。灯光装置本身既丰富了城市的夜景,也给前来游览观看的游人带来启发和思考。

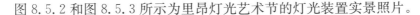

表 8.5.1　世界各地灯光节介绍

城市灯光节名称	举办时间	举办地点	主要特点	影响力
里昂灯光节	12 月 8 日—12 月 12 日	法国里昂	1) 里昂灯光节最早源于 1643 年流行欧洲的瘟疫,为了感恩圣母玛利亚使里昂幸免于难,家家户户点燃烛火向玛利亚致谢; 2) 来自不同领域的艺术家会照亮里昂全城的重点建筑、街道、广场和公园; 3) 有超过 70 个灯光装置给人们带来梦幻般的世界; 4) 每年吸引 3 百万到 4 百万的游客前来	大
悉尼灯光节	5 月 起—6 月 8 日	澳大利亚悉尼	1) 融合灯光、音乐和创意于一身的盛会; 2) 免费; 3) 包括灯光艺术雕塑、创意灯光装置和大型投影	大
广州灯光节	每年年底	中国广州	1) 2011 年起举办; 2) 集中于城市广场、海心沙岛、跨海大桥等区域; 3) 融合投影灯光和灯光艺术装置; 4) 免费	一般

图 8.5.2 和图 8.5.3 所示为里昂灯光艺术节的灯光装置实景照片。

图 8.5.2　里昂灯光艺术节实景

图 8.5.3 **里昂灯光节艺术灯光装置**

8.5.2 建筑立面照明媒体化

8.5.2.1 建筑立面照明媒体化的发展

城市建筑的夜景照明主要是为了凸显城市地标和文化遗存，或者是服务于商业的需求。城市的管理者和商业地产的发展商都竞相在夜景灯光上大手笔投资，使自己的城市和物业在夜晚显得灯火辉煌、一派繁华，以吸引更多人前来投资、旅游和消费。当夜景灯光越来越多时，一般静态的建筑照明在夜空下的存在就开始变得不能满足某些更具雄心的业主和发展商的需求。于是，具有动态变化，甚至能在建筑立面上呈现图像和文字的建筑夜景照明开始出现。

LED 照明科技的发展以及大量玻璃幕墙建筑的存在，使得建筑立面照明媒体化快速发展。一方面，玻璃幕墙建筑很难采用一般泛光的方式进行处理，采用内透照明实施起来既复杂，效果又难以把控；而另一方面，LED 照明产品可以小型化，可加工成户外安装的点光源或线型灯具，通过 DMX512 控制，可以很容易地实现像素点的控制。

建筑立面的照明要满足在一定视线距离内一定精度的图像或文字的显现，需要使布置在立面上点光源足够密，即点间距足够小。而立面媒体照明的布置面积的大小则和最远可视距离有关，媒体立面照明的面积越大，则最远的可视距离也越大(见图 8.5.4)。

8.5.2.2 建筑立面照明媒体化的条件

1. 建筑立面照明媒体化的内部条件

所谓内部条件，主要指取决于项目自身的条件。即如果没有外部的限制，只要这些内部条件得到满足，就可以把建筑照明做媒体化的处理。

第一个条件是项目主要决策者的主观意愿，即在项目的所有者或管理者中起最终决策的人，有把项目进行媒体化的主观愿望和动力。这种愿望或动力大多数是因为决策者认为这样做会给自己或自己的项目带来利益：也许是经济上的利益，也有可能是社会效应，或两者之综合效益。

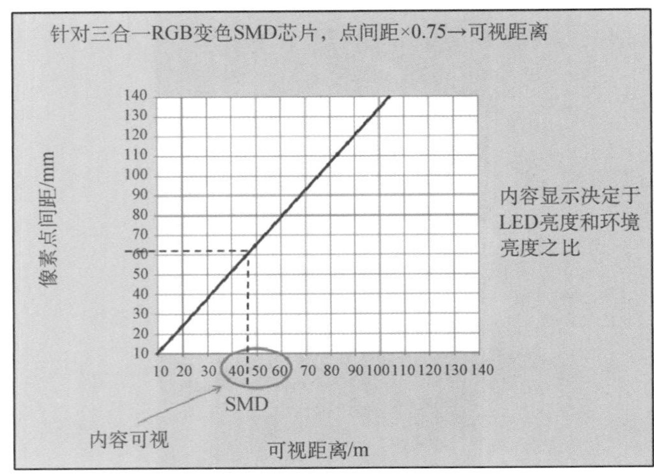

显示面积与最远可视距离的关系：
最远可视距离＝显示面积×10(m)

举例：4 m×3 m 的显示面积(12 m^2)，
最远可视距离＝120 m

点距与最小可视距离的关系(3-in-1 SMD)：
最小可视距离＝点距值×0.75(mm>m)
举例：62.5 mm 点距的最小可视距离＝46.9 m

图 8.5.4　可视距离与点间距及显示面积的关系

第二个条件是建筑本身具有可以进行媒体化的形态及立面条件。比如，建筑上有较高或较大的可视平面，尤其是有些建筑本身是全玻璃幕墙建筑，只要在建筑立面上布置足够多的发光像素点，就能形成可视的文字或画面。当然，做得比较彻底的是有些建筑在开始设计时就考虑夜晚所要呈现的视觉效果，从而一开始就有照明(或灯光)顾问为建筑设计服务，将建筑照明媒体化所需要的照明器材和管线融合于建筑之中，使建筑在白天呈现一种自然的状态，而在夜晚则呈现预设计的媒体化立面形态。

第三个条件是有足够的投资。一般建筑立面照明媒体化都需要有相对比较多的投资，这样才有可能在立面上构成足够多的发光点，满足相对比较理想的建筑立面媒体化的条件。

第四个条件是专业的设计和施工团队。相比较一般的建筑立面照明只通过亮度的分布、光色的对比来形成建筑的夜间形象，而建筑立面照明媒体化则需要考虑更多的显示效果，即可视角度、分辨率、点间距、最大色彩、灰阶响应时间、亮度、对比度等指标。设计团队必须要根据主要视点到建筑立面的距离和视觉角度，以及建筑的立面结构，来合理规划发光点，并合理规划图像处理及控制系统。施工团队也需要具备相应的专业知识及经验，才能确保合理地排布电源线及信号传输线，合理安装作为像素点的灯具，从而使建筑立面媒体屏最后呈现出理想的视觉效果。

2. 建筑立面照明媒体化的外部条件

外部条件是指在内部条件具备的情况下，还必须满足这些外部条件，否则就不可以实施建筑立面照明媒体化。

对建筑立面照明进行媒体化处理，意味着在立面上可以发布文字和图像信息，则整个建筑立面就应当视作一个广告屏。所以，第一个外部条件就是需要取得广告的发布审批或许可。

第二个外部条件是要满足《城市夜景照明设计规范》(JGJ/T 163)。不管是作为建筑立面照明,或者作为户外照明显示屏的存在,都必须满足《城市夜景照明设计规范》中所要求的亮度指标、对周边居民的光干扰指标,以及对夜空的光污染指标的限定。

目前,在国内的很多城市出现建筑立面照明泛媒体化的趋势(见图 8.5.5),即建设者不顾项目的周边环境及不考虑建筑自身条件是否适合,就在建筑的立面布满 LED 发光点或线形 LED 灯,使其在夜晚成为一个巨大的 LED 显示屏,对城市夜空形成了严重的光污染。

图 8.5.5　**早期建筑立面照明媒体化案例(上海震旦大厦)**

另外,对处于城市交通主干道或快速路沿线的建筑,考虑到交通安全,尽量不要做立面照明媒体化处理,以免分散驾驶者视线,造成交通事故。如果一定要对建筑立面照明实施媒体化处理,就需要在播放图像或文字内容,以及画面切换频率上做严谨而慎重的处理,尽量不要播放太过吸引人视线或变化频率很快的画面,以免对驾驶者的视线形成严重干扰。

当然,也有对建筑立面照明媒体化处理得比较富于创意和巧妙的项目。这种项目往往都是充分考虑了周边的环境,在建筑的设计之初就做了仔细的分析和巧妙的融合,并对立面将要展示的画面和内容做了精心的处理,使之恰如其分。这样的项目为城市的夜景照明增添了别样的风景(见图 8.5.6～8.5.8)。

图 8.5.6　**武汉万达广场**

图 8.5.7　韩国天安 Galleria 商城

图 8.5.8　日本优衣库大楼

8.6　城市夜景照明的节能与光污染控制

8.6.1　城市夜景照明的节能

在整个城市的户外照明中，除了与城市安全运行密切相关的公共照明（道路照明）外，以提升城市生活品质、营造舒适环境为主的夜景照明所占份额越来越大。为了保护地球环境、减低二氧化碳的排放，城市夜景照明的节能是个非常重要的话题。

城市夜景照明中的节能，首先在于进行合理的照明规划设计，即为城市的各功能区域规划合理的城市夜景需求及亮度指标。比如，将夜景照明严格控制在城市中心的商业区或市郊的商业中心，而在工业区和住宅区，除了必要的指示照明和标识照明，应严格限制不必要的夜景照明，尤其是要控制对建筑的大面积泛光照明。

即使是必要的城市夜景照明，合理的设计也是节能的最重要部分。在照明设计中，合理地根据区域布局或建筑特点，坚持尊重周边环境以及用最少的光表现建筑特点的原则，也是值得称道的。如果只是一味地使自己的项目比周边其他项目更亮，则会使城市夜景照明陷入无度的比亮的恶性循环，结果造成能源的浪费和更多的城市夜空光污染。

在建筑物的立面照明中，合理地控制被照立面单位面积的功率密度值（lighting power

density，LDP)是十分重要的。

根据《城市夜景照明设计规范》的要求，建议立面照明设计的功率密度值不大于表 8.6.1 中所限定的要求。

表 8.6.1 建筑物立面夜景照明的照明功率密度值

建筑物饰面材料		城市规模	E2 区		E3 区		E4 区	
名称	反射比 ρ		对应照度 /lx	功率密度 /W·m⁻²	对应照度 /lx	功率密度 /W·m⁻²	对应照度 /lx	功率密度 /W·m⁻²
白色外墙涂料、乳白色外墙釉面砖、浅冷或暖色外墙涂料、白色大理石	0.6～0.8	大	30	1.3	50	2.2	150	6.7
		中	20	0.9	30	1.3	100	4.5
		小	15	0.7	20	0.9	75	3.3
银色或灰绿色铝塑板、浅色大理石、浅色瓷砖、灰色或土黄色釉面砖、中等浅色涂料、中等色铝塑板等	0.3～0.6	大	50	2.2	75	3.3	200	8.9
		中	30	1.3	50	2.2	150	6.7
		小	20	0.9	30	1.3	100	4.5
深色天然花岗石、大理石、瓷砖、混凝土、褐色或暗红色釉面砖、人造花岗石、普通砖等	0.2～0.3	大	75	3.3	150	6.7	300	13.3
		中	50	2.2	100	4.5	250	11.2
		小	30	1.3	75	3.3	200	8.9

注：1) 城市规模及环境区域(E1～E4 区)的划分见附件；
2) 为保护 E1 区(天然暗环境区)的生态环境，建筑立面不应设置夜景照明。

随着在夜景照明中越来越多地使用 LED 照明产品，虽然单个的 LED 产品功率不大，但在立面照明中有一种将整个建筑(尤其是玻璃幕墙建筑)立面进行所谓“媒体化照明”处理的趋势，即在整个立面上布满成千上万个 LED 发光单元，使建筑立面可以组合成传播一定图像甚至文字信息的像素灯光屏，在 DMX512 的控制下产生炫目变化的灯光效果。由于这样的照明设计处理，将使整个建筑立面不论是单位面积功耗，还是总的能耗都相当可观，因此有必要审慎地决定是否一定要采用此种方案。如果确定采用此照明处理，就需要精细地选择更节能的 LED 照明产品和控制相关立面材料的透光率和反射率，以节省能耗。

在城市夜景照明设计中，还可以通过合理地选用更节能高效的光源与灯具来实现节能。目前，LED 照明产品由于其易控光、系统节能高效的特点，在城市夜景照明中得到了最广泛的应用。

此外，在城市夜景照明中，还可以通过合理地根据日落时间，以及夜晚景观照明需求进行场景照明规划，根据夜晚不同时间段和是否为节假日，按平常模式、节能模式、节庆模式等合理地选择开灯组合，以实现在使用中的节能。

8.6.2 城市夜景照明的光污染控制

地球上的生物，无论动物或植物都依靠太阳而生存，是按照地球自转与公转的周期形成的四季更迭和昼夜变化进化而来的。人工照明能够扩大人们的活动场所，延长活动时间，提供给人们稳定的光环境，对人类的发展影响巨大。生物与光辐射存在着非常密切的关系，如果人工照明造成的光辐射不断增大，则对生物类的影响是不可忽视的。但生存在地球上数以万计的生物所表现出的光反应非常复杂，人们对此还未能充分了解。

目前，在进行城市夜景照明设计时，人们对环境的考虑仅局限于对照明对象以外溢散光的限制，基本上是在有效性方面下功夫。

8.6.2.1 光对生态系统的影响

生物的光反应非常复杂。光辐射对生态系统的影响程度分级如下：

1）危害(hazard)：危及生命的影响。

2）冲击(impact)：对生态有冲击的影响。

3）影响(influence)：左右行动活动的影响。

对于光产生的对生物的危害问题，CIE进行了很多有关伤害的种类、对象波长范围、允许曝光量等相关研究工作，几乎所有一般照明用的人工光源都有不同程度的危害。

一般的结论是，人工照明会破坏诸如鸟类、鱼类、蝙蝠和昆虫等特定生物的功能。太多的人工光，尤其是特色光，会对夜间生物物种产生巨大的影响，扰乱其自身的昼夜节律，如图8.6.1所示。

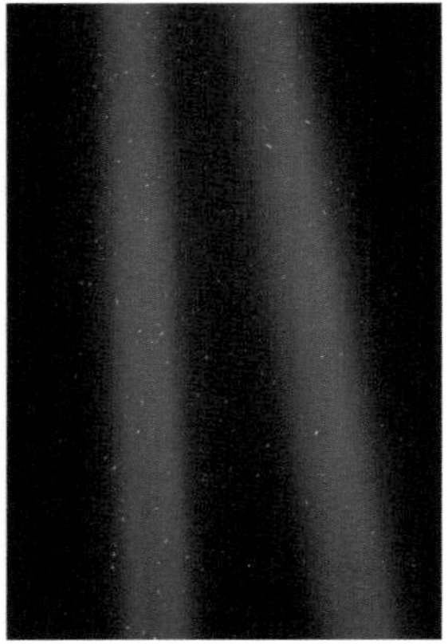

图8.6.1 "9.11"9周年纪念灯光曾吸引并困住上万只迁徙的鸟

8.6.2.2 光污染的定义

光污染(light pollution)是指对那些干扰光或过量的光辐射(含可见光、紫外线和红外光辐射)，对人、生态环境和天文观测等造成的负面影响的总称。

光干扰(obtrusive light)是指由于光的数量、方向或光谱特性，在特定场合产生引起人们的不舒适、分散注意力或视觉能力下降的溢散光。

溢散光(spill light)是指照明装置发出的光线中，照射被照目标范围外的光线。

1. *光污染对环境的影响*

光污染问题不仅仅是光对周围环境的地域性影响，而且从消耗能源(排放二氧化碳)的角度看也给全球环境增加了负担(见图8.6.2)。在进行夜景照明设计时，要考虑3个方面：

1）减轻地球环境的负担。

2）有益于人们的生活。

3）减少对自然生态环境的影响。

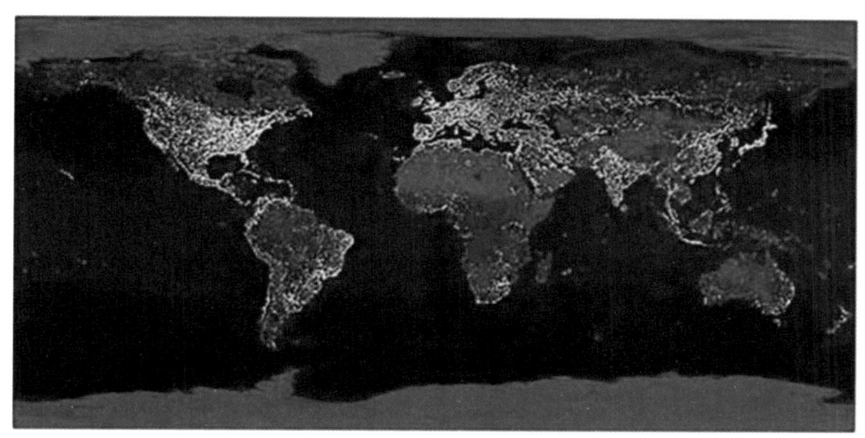

图 8.6.2 全球光污染卫星图（来自美国国家航空航天图）

2. 光污染的限制

考虑到环境，就要限制照射到照明对象以外的溢散光。在《城市夜景照明规范》中，对光污染的限制有详细的规范。

1）夜景照明设施在居住建筑窗户外表面产生的垂直面照度，不应大于表 8.6.2 中所列的最大允许值。

表 8.6.2 居住建筑窗户外表面产生的垂直面照度最大允许值

照明技术参数	应用条件	环境区域			
		E1 区	E2 区	E3 区	E4 区
垂直面照度 E_v/lx	熄灯时段前	2	5	10	25
	熄灯时段	0	1	2	5

注：1）考虑对公共（道路）照明灯具会产生影响，E1 区熄灯时段的垂直面照度最大允许值可提高到 1lx；
2）环境区域（E1～E4 区）的划分见表 8.3.3 的注。

2）夜景照明灯具朝居室方向的发光强度，不应大于表 8.6.3 中所列的最大允许值。

表 8.6.3 夜景照明灯具朝居室方向的发光强度的最大允许值

照明技术参数	应用条件	环境区域			
		E1 区	E2 区	E3 区	E4 区
灯具发光强度 I/cd	熄灯时段前	2 500	7 500	10 000	25 000
	熄灯时段	0	500	1 000	2 500

注：1）要限制每个能持续看到的灯具，但对于瞬时或短时间看到的灯具不在此例；
2）如果看到光源是闪动的，其发光强度应降低一半；
3）如果是公共（道路）照明灯具，E1 区熄灯时段灯具发光强度最大允许值可提高到 500 cd；
4）环境区域（E1～E4 区）的划分见表 8.3.3 的注。

3）城市道路的非道路照明设施对汽车驾驶员产生的眩光的阈值增量，不应大于 15%。

4）居住区和步行区的夜景照明设施，应避免对行人和非机动车上的人造成眩光。夜景照明灯具的眩光限制值应满足表 8.6.4 所示的规定。

表 8.6.4　居住区和步行区夜景照明灯具的眩光限制值

安装高度 H/m	L 与 $A^{0.5}$ 的乘积
$H \leqslant 4.5$	$L \times A^{0.5} \leqslant 4\,000$
$4.5 < H \leqslant 6$	$L \times A^{0.5} \leqslant 5\,500$
$H > 6$	$L \times A^{0.5} \leqslant 7\,000$

注：1）L 为灯具在与向下垂线成 85°和 90°方向间的最大平均亮度（cd · m^{-2}）；
2）A 为灯具在与向下垂线成 90°方向的所有出光面积（m^2）。

5）灯具的上射光通比的最大值，不应大于表 8.6.5 中所列的最大允许值。

表 8.6.5　灯具的上射光通比的最大允许值

照明技术参数	应用条件	环境区域			
		E1 区	E2 区	E3 区	E4 区
上射光通比	灯具所处位置水平面以上的光通量与灯具总光通量之比/%	0	5	15	25

6）夜景照明在建筑立面和标识面产生的平均亮度，不应大于表 8.6.6 中所列的最大允许值。

表 8.6.6　建筑立面和标识面产生的平均亮度最大允许值

照明技术参数	应用条件	环境区域			
		E1 区	E2 区	E3 区	E4 区
建筑立面亮度 L_b/(cd · m^{-2})	被照面平均亮度	0	5	10	25
标识亮度 L_s/(cd · m^{-2})	外投光标识被照面平均亮度；对自发光广告标识，指发光面的平均亮度	50	400	800	1 000

注：1）若被照面为漫反射面，建筑立面亮度可根据被照面的照度 E 和反射比 ρ，按公式 $L = E\rho/\pi$ 计算出亮度 L_b 或 L_s；
2）标识亮度 L_s 值不适用于交通信号标识；
3）在 E1 区和 E2 区里，不应采用闪烁、循环组合的发光标识在所有环境区域，这类标识均不应靠近住宅的窗户设置。

进入 21 世纪以来，LED 照明快速发展，由于其丰富的颜色、便于控制及长寿节能等多种优势而得到照明设计师的喜好，并在城市夜景照明中大量使用。最近几年来，更有一种趋势是使整个建筑的外立面成为由一个个发光元素构成的可控制变化的媒体立面。建筑立面在夜晚不仅仅是一个完整建筑的部分构成，还异化成一整个巨大的可传达文字或画面信息的显示屏。此外，某些建筑也会采用以 LED 轮廓灯来勾勒建筑的轮廓或线条，也有一些建筑采用 LED 点光源布置在建筑的立面上，通过点的组合来呈现特定的灯光效果。在这些案例中，虽然有一些建筑由于选择的 LED 光源的亮度不够，或使用一段时间后因为光衰减造成效果不显著，但更多的建筑上使用的 LED 灯的光太亮，而发光面积又很大，对周边形成巨大的光污染，使生活在附近的居民生活受到干扰，也污染了城市的夜空。所以，有必要对城市夜景照明中自发光 LED 灯具部分或通过建筑立面半透光材料呈现灯光效果的发光表面设定合理的亮度值，并进行严格的光污染控制。这样，才能既呈现和谐舒适的夜景效果，同时又限制了城市的光害。

第九章　道路与隧道交通照明

9.1　道路照明

在黑暗中，道路使用者不管是驾驶员还是行人，都处于一种危险的境况中。特别是在城镇道路上，其交通状况非常复杂，仅仅依靠汽车前照灯的照明是无法满足要求的。在国外的一些调查报告中也提到，道路上的交通事故有一半以上是在夜间发生的，因此夜间有适当的照明非常重要。一些国家设置了道路照明得到的改善效果表明，如果夜间有良好的道路照明，高速公路（美国）交通事故发生率至少下降 40％～60％，地方干道（英国）交通事故发生率至少下降 30％～80％，城市道路（美国）交通事故发生率至少下降 20％～50％。

良好的道路照明效果不仅保证了行人和车辆的安全，加强了道路通行能力，降低了犯罪概率，提高了驾驶员的执行能力、舒适性与警觉性，以及行人对于障碍物的识别，还能美化城市环境，给市民提供一个舒适的夜间休闲环境。

道路照明质量的评价方法包含舒适度与视觉性能。舒适度涉及舒适与驾驶疲劳等，也涉及视觉性能及行车警示性；视觉性能涉及照明安全与辨识能力。

9.1.1　照明舒适度评价

对于机动车道，性能与舒适度评价指标主要包括平均亮度、亮度总均匀度、纵向均匀度、失能眩光、不舒适眩光等。在同一舒适度评价指标下，不同类型的光源会显现不同的照明效果。例如 LED 光源，具有诸多不同于传统高压钠灯光源的特点，其精准控光特点能实现更大的配光能力，且均匀度与眩光能控制得更好；但是，如控制不当，则极易呈现所谓“地面斑马线”、“灯光刺眼”、“光色怪异”等现象。

下面将一一介绍不同舒适度指标对于照明效果的影响程度。

9.1.1.1 平均亮度 L_{av}

如第一章的 1.1.2 所述，照明灯具照到地面产生照度，而道路上驾驶员要辨识前方障碍物，需要的是其反射进眼睛的光线，亦即为亮度（点亮度），如图 9.1.1 所示。

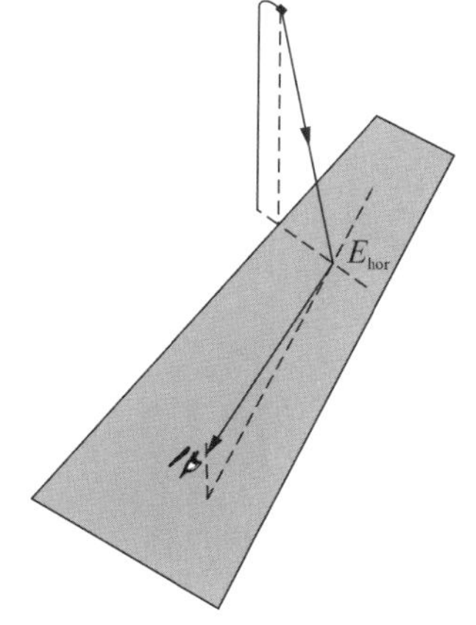

图 9.1.1 灯具照射地面产生的照度及地面反射产生的亮度示意（摘自［2015 Wount van Bommel］*Road lighting*）

驾驶员观察到的是前方 60～160 m 远地面反射至眼睛的亮度，一般用平均亮度来衡量道路照明水平，平均亮度为地面点亮度的加权平均值。

一个人看见物体是由于物体表面的反射光线进入了眼睛，进入的光线越多，感觉物体越亮。因此，人们对于路面的认识不仅与路面上的照度有关，还与路面的表面特性有关，以及道路观察者的视线角度有关。例如，相同的道路，使用相同的照明设施，沥青道路与水泥道路会呈现不同的照明效果；人们在晴天和在雨天看到的路面情况是不同的，雨天时看到的路面更亮，原因是积在路面的水像一面镜子，改变了路面的反射特性，导致人对路面的感觉不同。不同类型的光源，在雨天地面会呈现出不同的照明效果，如图 9.1.2 和图 9.1.3 所示。

图 9.1.2 雨天高压钠灯照明效果

图 9.1.3 雨天 LED 路灯照明效果

9.1.1.2 亮度均匀度

良好的视功能不仅要求有一个较好的平均亮度，还要求路面的亮度尽可能均匀，即路面的平均亮度与最小亮度之间不能相差太大。如果视场中的亮度相差太大的话，亮的部分会形成一个眩光源，暗的部分会形成视线盲区，从而影响视觉与障碍物的分辨。一般采用总体亮度均匀度来反映这个特性，它是指路面上最小亮度和平均亮度的比值：

$$U_0 = \frac{L_{min}}{L_{av}}。 \tag{9.1.1}$$

在实践中所出现的一些现象，比如，照明的亮度总均匀度低一般表现为局部过亮或过暗，原因为照明设计或灯具的配光不合理，或与地面周边环境干扰有关，图 9.1.4 和图 9.1.5 所示分别为 LED 路灯与高压钠灯路灯照明总均匀度低的效果。

图 9.1.4 **LED 路灯照明总均匀度低的效果**

图 9.1.5 **高压钠灯照明总均匀度低的效果**

如果在路面上连续反复地出现亮带和暗带，即形成所谓的“斑马线”。CIE 提出了一个参量来描述这种“斑马效应”的严重程度——亮度纵向均匀度，它是在车道轴线上最小路面亮度和最大路面亮度的比值：

$$U_1 = \frac{L_{\min}}{L_{\max}}。 \tag{9.1.2}$$

“斑马线”对于在这个车道上的行车者而言，会感到很烦躁，因为这个问题涉及人的心理，并会危及道路安全。实测与主观评价表明：用高压钠灯照明，实测该指标在 0.6～0.7以下，地面即会出现斑马线；而采用 LED 光源的路灯照明，如该值低于 0.7，一般情况下即有比较严重的“斑马线”（见图 9.1.6）；当亮度纵向均匀度大于 0.7 时，地面基本无规则的“斑马

图 9.1.6 **路面有斑马线的 LED 路灯照明效果及实测(U_1 为 0.6)**

线”，随着指标的增大，地面均匀性逐渐提高（见图 9.1.7～9.1.14）。

图 9.1.7　**LED 路灯照明效果(U_l 为 0.72)**

图 9.1.8　**LED 路灯照明效果(U_l 为 0.73)**

图 9.1.9　**LED 路灯照明效果(U_l 为 0.75)**

图 9.1.10　**LED 路灯照明效果(U_l 为 0.77)**

图 9.1.11　**LED 路灯照明效果(U_l 为 0.80)**

图 9.1.12　**LED 路灯照明效果(U_l 为 0.82)**

图 9.1.13　**LED 路灯照明效果(U_l 为 0.84)**

图 9.1.14　**LED 路灯照明效果(U_l 为 0.85)**

高压钠灯与 LED 光源的路灯配光特点决定：即使在同一纵向亮度均匀度 U_l 下，LED 光源路灯在地面产生的亮度变化梯度大，更易出现“斑马线”现象，如图 9.1.15 和图 9.1.16 所示。

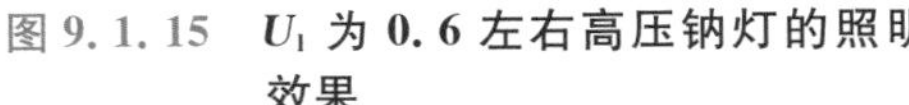

图 9.1.15　**U_1 为 0.6 左右高压钠灯的照明效果**

图 9.1.16　**U_1 为 0.6 左右 LED 路灯的照明效果**

路灯灯具在实际制作、安装时，由于各类误差导致纵向亮度均匀度设计计算值与实测值有较大折扣，而实测照明指标偏低会影响照明效果。灯具制作与安装精度出现偏差的主要原因有：光学器件加工尺寸误差、材质反射或折减系数误差、光学器件表面积灰、光源与光学器件安装相对位置(LED 路灯)偏差、灯具在灯杆上的安装误差、各地地面简化亮度系数差别、道路绿化树木干扰影响等。为消除“斑马线”效应，在设计时路灯纵向亮度均匀度指标应留有余量。

部分路灯项目为节约电费，在深夜人流量较小时，采用关闭部分灯具的方式来节能，其结果是“牺牲”了地面亮度平均值及亮度总均匀度与亮度纵向均匀度，可能会引发行车安全性与疲劳问题。

9.1.1.3　眩光

眩光的形成是由于视场中有极高的亮度或亮度对比存在，而使视功能下降或使眼睛感到不舒适，极亮的部分就形成眩光源。眩光分为失能眩光和不舒适眩光两种。

1. 失能眩光

道路使用者在观察障碍物的时候，由于眩光源的存在，其在眼睛中的一部分散射光线产生视感，就如在视场中蒙上了一层亮幕，那么人所感受到的就是障碍物的亮度和亮幕亮度的总和，从而使人对障碍物的辨认能力下降，称之为“失能眩光”。其中，眩光源为局部“点光源”的，如图 9.1.17 所示；为整体过亮光幕的，如图 9.1.18 所示。CIE 采用了相对阈值增量(TI)来说

(a) 视频监控产生的眩光源

(b) 单辆汽车前大灯产生的眩光源

图 9.1.17　**局部眩光源造成的失能眩光效应**

(a) 多辆汽车产生的眩光源

(b) 不合适路灯照明产生的眩光源

图 9.1.18 光幕亮度过高造成的失能眩光效应

明因眩光而造成的视功能的下降，即失能眩光的衡量。

相对阈值增量（TI）是指将平均路面亮度作为背景亮度，当背景亮度范围为 $0.05\ \mathrm{cd}\cdot\mathrm{m}^{-2} < L_b < 5\ \mathrm{cd}\cdot\mathrm{m}^{-2}$ 时，计算公式近似为

$$TI=\frac{65\times L_v}{L_{av}\times 0.8}。\tag{9.1.3}$$

式中，L_{av} 为路面平均亮度；L_v 为等效光幕亮度，即由眩光源产生的。

实践与计算表明，在距高比大于 3.5 或车道过宽时，为确保消除“斑马线”现象，要实现亮度纵向均匀度 U_l 为 0.7 及以上，TI 极易超出 10%，图 9.1.19 所示为上海市申长路 LED 路灯（TI 为 20%时）的照明效果，针对眩光与均匀度指标对于照明效果的影响，建议根据周边环境、道路功能等选择合适的匹配参数。

(a) 示例一

(b) 示例二

图 9.1.19 实测 TI 为 20%时的 LED 路灯照明效果

2. 不舒适眩光

不舒适眩光是指由于视野内高亮度光源的存在，而引起人们注意力不集中、昏眩、烦恼等心理和生理上产生不舒适感的现象。CIE 在道路照明国际推荐方案中也提出了对其评价的方法——眩光控制等级 G。实践证明，视觉不舒适的程度依赖于所使用的道路照明器的性质和设施布置设计，因此，眩光控制等级 G 也就与这些因素有关。

(1) 照明器的性质

1) 在 C-γ 系统中，对 $C=0$，$\gamma=80°$ 的绝对光强，即在平行道路轴线的垂直平面内，从

灯具最下点起算，80° 方向上的光强，以 I_{80} 表示。

2) $C=0$，$\gamma=80°$ 的绝对光强与 $C=0$，$\gamma=88°$ 的绝对光强的比值，以 I_{80}/I_{88} 表示。

3) 从灯具垂直正下方起 76°方向上所看到的灯具表面的发光面积，以 F 表示。

4) 所用光源的颜色系数，以 C'表示。当使用的光源是低压钠灯时为+0.4，是高压钠灯时为+0.1，是高压汞灯时为−0.1，是其他光源时为 0。

(2) 设施布置设计

1) 平均路面亮度，以 L_{av}表示。

2) 从眼睛水平线到灯具的垂直距离，以 h 表示。

3) 每千米的灯具数，以 p 表示。

以下是眩光控制等级 G 的计算公式，即

$$G=13.84-3.3\lg I_{80}+1.3\left(\lg\frac{I_{80}}{I_{88}}\right)^{1/2}-0.08\lg\frac{I_{80}}{I_{88}}+1.29\lg F$$
$$+0.97\lg L_{av}+4.41\lg h-1.46\lg p+C'。\tag{9.1.4}$$

需注意，此计算公式只在下列范围内成立：

$50\text{ cd}<I_{80}<7\,000\text{ cd}$；
$1<I_{80}/I_{88}<5$；
$0.007\text{ m}^2<F<0.4\text{ m}^2$；
$0.3\text{ cd}\cdot\text{m}^{-2}<L_{av}<7\text{ cd}\cdot\text{m}^{-2}$；
$5\text{ m}<h<20\text{ m}$；
$20<p<100$。

不过，在一般情况下这些条件都能满足。

眩光控制等级 G 和主观评价的对应关系，见表 9.1.1。此表格是基于传统光源试验得出的，将非常概念化的数字（眩光控制等级 G）与人的感受相联系，使人们更容易理解。

表 9.1.1　眩光控制等级 G 和主观评价的关系

G	眩光	主观评价
1	无法忍受的眩光	感觉很坏
3	有干扰的眩光	感觉心烦
5	刚好容许的眩光	可以接受
7	能令人满意的眩光	感觉好
9	几乎感觉不到的眩光	感觉非常好

基于相关 LED 路灯照明的试验表明，LED 光源路灯不舒适眩光会使驾驶员的感觉很坏的同时，也使驾驶员在正常视角下感受到灯具强烈的刺眼，如图 9.1.20 所示，从而影响到其行车舒适度与安全。

(a) 较刺眼　(b) 特别刺眼

(c) 较刺眼　(d) 较刺眼

图 9.1.20　驾驶员在行车正常视角下感觉到的灯具刺眼

由 G 值公式以及上海申长路实际实验结果，见表 9.1.2，可知不舒适眩光的 G 值越小越刺眼。控制 G 值需要控制其最大权重系数的指标是 I_{80}，不同安装仰角下 I_{80} 不同，驾驶员感受到的是实际安装姿态下的灯具刺眼。G 值计算较为繁琐，为便于工程应用，对于发光面积较大的灯具(芯片分离式 LED 路灯)，建议 I_{80}(实际安装姿态下)不超过 150 cd·(klm)$^{-1}$，这时，驾驶员不会感受到刺眼，如图 9.1.21 所示；当超过 200 cd·(klm)$^{-1}$时，驾驶员会感受到刺眼，如图 9.1.22 所示；而对于集成式或芯片集中布置的 LED 路灯(单颗功率较大)，会导致强烈的刺眼，如图 9.1.23 所示。建议 I_{80}不超过 100 cd·(klm)$^{-1}$，应严控发光面积小、单颗光源光通量大(大于 10 000 lm)的灯具进入工程照明。对于 I_{80}值大小的影响因素不仅有纵向距高比，还有横向距高比(车道宽)。

表 9.1.2　上海申长路 LED 路灯照明的眩光指标与驾驶员刺眼感觉(主观评价)的关系

路段	实测失能眩光限制 TI	不舒适眩光 G(计算值)	主观评价
A	10.3	2	特别刺眼
B	18.4	2	特别刺眼
C	10.9	5	不刺眼
D	12.3	3	特别刺眼
E	20.4	3	特别刺眼
F	/	4	不刺眼
G	11.7	3	特别刺眼
H	13.5	3	较刺眼
I	10.8	3	较刺眼

(a) 不刺眼

(b) 不刺眼

图 9.1.21　驾驶员在行车正常视角下的感觉(I_{80} 小于 150 cd·(klm^{-1}))

(a) 较刺眼

(b) 较刺眼

图 9.1.22　驾驶员在行车正常视角下感觉(I_{80} 大于 200 cd·(klm)$^{-1}$)

(a) 特别刺眼

(b) 特别刺眼

图 9.1.23　驾驶员感觉到的灯具强烈刺眼的现象

9.1.2　照明性能评价

机动车驾驶员视觉性能评价标准有很多,如视线外物体识别的反应时间、驾驶行驶方向的正确导向、恶劣天气下照明对于驾驶的影响、障碍物等静态物体以及路人及车辆等动态物体的可见度,以及小目标物的探测,等等。为能描述以上问题,得出在不同工况下的照明质量与照明参数之间关系,特引入了显示能力、环境比、诱导性、透雾性、对比度等。除此之外,还涉及可见度水平、小目标可见度和相关视觉性能,以及汽车照明等对照明质量的影响、生物司辰效应对于驾驶员的警示性作用等。

9.1.2.1　显示能力

1. 平均亮度对于显示能力的影响

平均亮度不仅影响物体与背景之间的对比度,而且会影响人的视觉对比灵敏度,为了研究平均亮度对视觉功能的影响，提出了显示能力（RP）的概念，它是指能够看到路面上设定的障碍物的概率。平均亮度与显示能力之间的关系，如图 9.1.24 所示，此图的条件是道路的总体均匀度为 0.4，阈值增量为 7%。从此图中可以看出，当路面的平均亮度为 0.6 cd·m^{-2}时，显示能力只有 10%；当路面的平均亮度为 2 cd·m^{-2}时，显示能力可高达 80%；当路面的平均亮度低于 1 cd·m^{-2}时，路上障碍物的显示能力发生了突变，在照明设计与调光时，可以此指标作为重要参考。

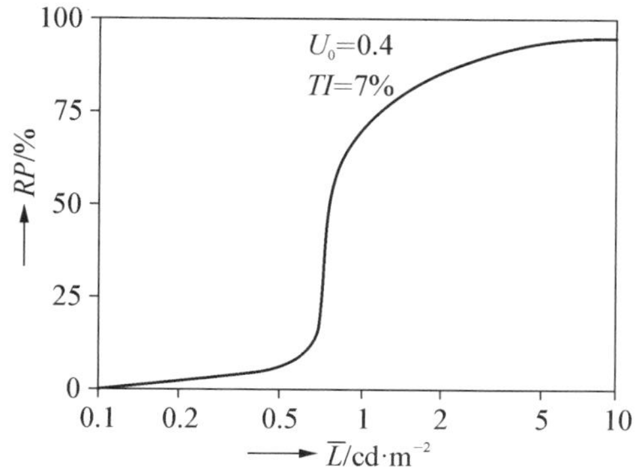

图 9.1.24　平均亮度 L_{av} 与显示能力（RP）之间的关系

对于 LED 照明项目的节能评价，平均亮度指标涉及行车时对于障碍物的识别，部分“LED 路灯替换高压钠灯的能源合同管理照明项目”为追求高的节能比例，采用“光通量欠配置”照明产品，光通量或配光不合理，或部分路灯项目为节约电费，任意关闭灯具或过度调低灯具光通量，“牺牲”了地面亮度及均匀度或眩光指标，如图 9.1.25 所示，这些都可能会导致行车安全问题。

(a) 示例一　　(b) 示例二

图 9.1.25　过度追求节能而使指标不达标的 LED 路灯照明效果

为确保科学节能，LED 道路灯照明节能应是全寿命周期的“科学的系统集成节能”：即在照明系统应是具备可实现二次节能的控制系统、在灯具的制造过程应是节能的、灯具结构本身是合理且便于维护的（寿命期内维护时或寿命期达到后仅消耗少量的材料维护或重复使用）、灯具质量应是安全与性能可靠及高寿命的，灯具配光应是在光效、照明效果良好（满足照明性能与舒适度）的基础上，并在相同照明布置条件下，在道路照明有效区域产生最合适的亮度，而消耗最少的电能。也就是说，有效利用率高，该有效利用率为亮度/（功率/距高比），此值越高越好。

平均亮度指标并非越高越好，在达到一定水平后，再增加也不会显著增加辨识能力，且还会增加灯具投资与能源浪费。图 9.1.26 和图 9.1.27 所示为不同亮度水平下的道路照明效果，其中亮度水平在 2～2.5 cd·m^{-2}的照明效果详见图图 9.1.7～9.1.14。

图 9.1.26 亮度水平在 1 cd · m^{-2} 左右

图 9.1.27 亮度水平在 9 cd · m^{-2}

2. 亮度总均匀度对显示能力的影响

不同的总体均匀度 U_0 对显示能力 RP 也有很大的影响，图 9.1.28 所示是关于亮度总体均匀度与显示能力关系的研究结果，图中的实验道路的阈值增量（threshold increment，TI）为 7%。可以看出：即使在相同的路面平均亮度情况下，道路的总体均匀度越大，显示能力 RP 越大。例如，平均亮度同样为 2 cd · m^{-2}，当总体均匀度为 0.2 时，显示能力 RP 只有 55%；而当总体均匀度增大到 0.4 时，显示能力 RP 也上升到 80%。因此，在道路照明中，不仅要满足一定的路面平均亮度，还需要满足一定的亮度总均匀度。

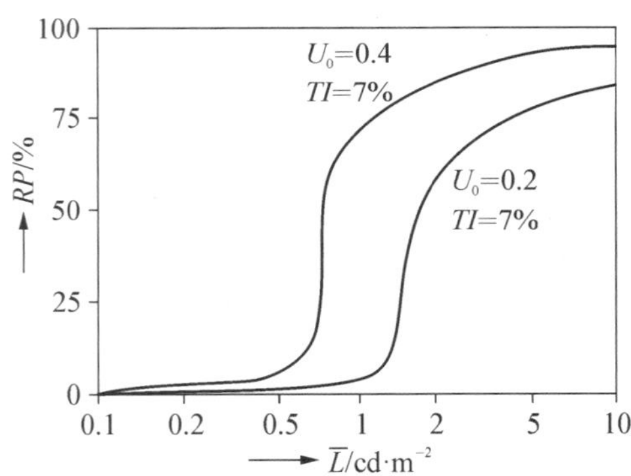

图 9.1.28 总体均匀度 U_0 与显示能力 RP 之间的关系

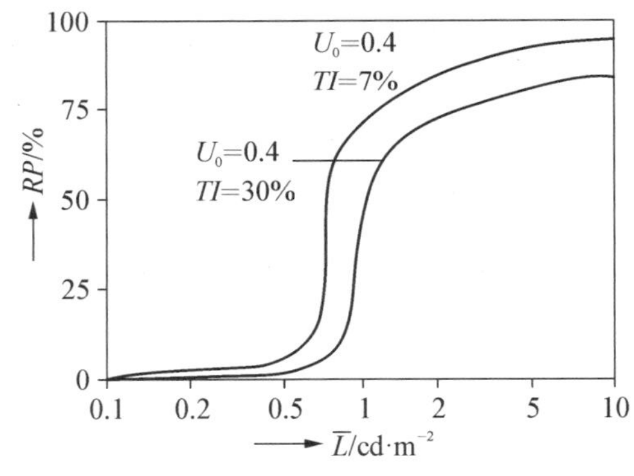

图 9.1.29 相对阈值增量 TI 与显示能力 RP 之间的关系

3. 相对阈值增量 TI 对于显示能力的影响

图 9.1.29 所示是相对阈值增量 TI 与显示能力 RP 之间关系的研究结果。研究是在保持道路的总体均匀度为 0.4 不变的条件下，改变眩光，在不同平均亮度下观察显示能力 RP 的变化。从此图中可看出，当平均亮度为 2 cd · m^{-2} 时，TI 为 30%，即眩光较大，显示能力 RP 为 65%；当 TI 为 7%时，显示能力（RP）可达 80%。因此，相对阈值增量在道路照明质量衡量中是一个很重要的量。

9.1.2.2 环境比

环境比（surrounding ratio，SR）定义为路边 5 m 宽区域中的平均亮度与道路的 5 m 路边起算区域内的平均亮度的比值，如图 9.1.30 所示；如果路宽小于 10 m，则取道路的一半宽度进行计算。图 9.1.31 所示为环境比控制良好的道路的照明效果。

图 9.1.30 环境比的定义(摘自[2015 Wount van Bommel] *Road lighting*)

图 9.1.31 环境比控制良好的道路照明

考虑环境比是为了使汽车驾驶员能更好、更全面地获得道路周围的信息,行人能更清楚地看到障碍物以及从暗区闯入的行人或车辆,同时确保从亮区到暗区的人眼平缓过渡,降低视觉疲劳。因此,必须给道路周围环境,如人行道提供一定的照明。一般建议道路环境比 SR 取为 0.5,环境比过低会导致行车安全问题,如图 9.1.32 所示。

图 9.1.32 环境比过低时的照明效果

图 9.1.33 环境比过高时的照明效果

环境比过高则导致不节能,即周边亮度水平提升,但行车辨识能力不会显著提升,如图 9.1.33 所示。同时,环境比过高也可能导致周边建筑“光污染”,如图 9.1.34 所示。LED 路灯有效的截光能力确保了环境比控制合适,如图 9.1.35 所示。特别是越江桥梁环境比过高或照向水面的光太多,则可能导致光线照向水面而影响过往行船的判断,从而导致行船不安全。

图 9.1.34 环境比过高时道路左侧周边房屋的亮度情况

图 9.1.35 环境比合适时道路左侧周边房屋的亮度情况

9.1.2.3 诱导性

在道路上,汽车司机应能很容易地获得有关前方道路的走向交叉情况的信息,以及时做出相应反应。适当的道路照明的灯具布置方式应可以将此信息传递给驾驶员,如图 9.1.36 和图 9.1.37 所示。因此,在进行照明设计时要充分考虑合理的灯具布置,以产生好的视觉引导,从而减少交通事故的发生,保证交通安全。弯道处外侧布灯灯具一般具有更好的诱导性,而双侧布置比中间布置的效果更佳,如图 9.1.38 所示。

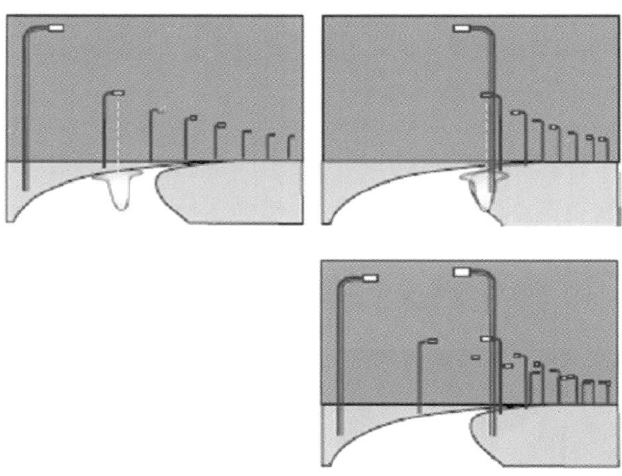

图 9.1.36 不同照明布设方式下的诱导性(摘自[2015 Wount van Bommel] *Road lighting*)

(a) 中间布灯(直线)

(b) 两侧布灯

图 9.1.37 不同布置方式的诱导性照明效果

(a) 中间布灯(曲线)

(b) 单侧布灯

图 9.1.38 弯道处外侧布置灯比内测布置灯的诱导性更好

9.1.2.4　对比度

道路照明设施提供的照明是比较低的，人眼处于中间视觉状态，对颜色的察觉能力比较差，此时辨别物体不是通过两者之间的颜色差异来实现，而是依靠物体与背景之间的亮度差异，这个差异可用亮度对比度来表示。

在道路照明中，人眼主要是依据负对比进行判断。驾驶员要能分辨前方路面的障碍物，障碍物本身的表面和背景亮度之间至少要有某一最低限度的亮度差，这个亮度差定义为阈值对比度。觉察障碍物所需的阈值对比度取决于视角及背景亮度分布，视角越大或背景亮度越高，对比灵敏度越高，所需的阈值对比度越小，觉察障碍物的概率越高(见图 9.1.39)。障碍物本身与背景之间亮度差越大，觉察障碍物的概率越高。因此，在较亮的光环境下，表面暗的物体较亮度高的物体更易识别；而在较暗的光环境下，表面亮的物体较亮度低的物体更易识别。进行照明安全设计时，应充分考虑对比度，以确保安全(见图 9.1.40 和图 9.1.41)。

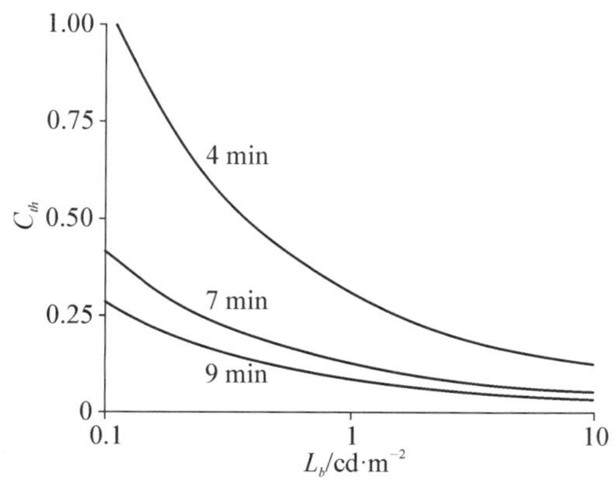

图 9.1.39　背景亮度或视角的增加会使得阈值对比度越小(摘自[2015 Wount van Bommel] *Road lighting*)

图 9.1.40　亮环境下不同反射系数物体的照明效果

图 9.1.41　暗环境下不同反射系数物体的照明效果

对于非机动车道与人行道道路照明质量的评价，其舒适度指标包含平均地面水平照度、最低地面水平照度、最低半柱面照度、失能眩光；视舒适性指标包含水平照度均匀度、不舒适眩光等；其余还包含环境指标，如侧面平均照度或最小照度等。

人行道路交通属于非机动车道与人行道，采用的照明评价指标不同于机动车道路，主要有地面水平照度、正面最低半柱面照度、正面垂直照度与侧面垂直照度、不舒适眩光及照度均匀度等指标。作业人员为低速行人或非机动车驾驶员，采用地面水平照度指标，是因为“作业人员”需要分辨近处的(低速)地面障碍物，此区域用照度指标在一定程度上可以反映出亮度水平，前提是地面为常规反射系数材料；采用正面最低半柱面照度指标，是因为“作业人员”还需要分辨对面来人或过来的非机动车的形状等，由于其表面反射系数不确定，用亮度衡量较困难，此区域用正面垂直照度指标来衡量，基本上可以反映出亮度水平，指标控制合适可有效识别对面来的人或车辆；采用失能眩光指标，主要是为了控制光幕过亮与地面过暗对于低速行人或非机动车造成的行车安全影响；采用不舒适眩光指标以控制刺眼；采用水平照度均匀度指标以控制地面亮度均匀，主要是为了确保“作业人员”的舒适度；采用侧面平均垂直照度或侧面最小垂直照度，是为了让“作业人员”能快速识别从旁边闯入的行人或车辆，及时做出决策。

周边不同亮度水平与障碍物(人体)的不同反射系数或垂直照度的高低，将影响人行道上障碍物(人体)的识别，如图 9.1.42 和图 9.1.43 所示。

(a) 示例一　　(b) 示例二

图 9.1.42　周边高亮度环境下在不同垂直照度时路人的显示能力

(a) 示例一

(b) 示例二

图 9.1.43　周边低亮度环境下在不同反射系数时障碍物的显示能力

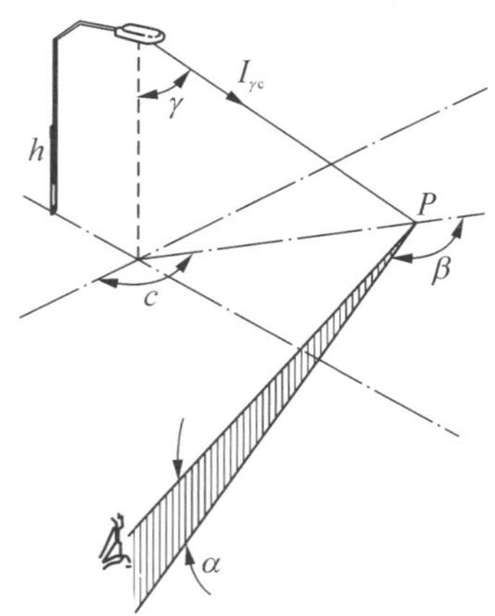

图 9.1.44　亮度系数依赖的角度关系

9.1.3　路面特性及分类

9.1.3.1　亮度系数

不同的路面有不同的反射特性，即使是同一路面，干燥和潮湿时的反射特性也不相同。为了说明路面的不同特性，引入了“亮度系数”的概念。亮度系数定义为某一点上的亮度与该点上的照度的比值，即

$$q(\alpha,\ \beta,\ \gamma) = \frac{L(\alpha,\ \beta,\ \gamma)}{E}。 \tag{9.1.5}$$

由于亮度与观察者的位置有关，因此 CIE 规定了标准观察者位置，如图 9.1.44 所示。一般，汽车驾驶员注意的区域

在前方 60～160 m 处，规定标准观察者的高度为 1.5 m，横向距离规定为距路边 $\frac{1}{4}$ 车道宽，此时 α 角的范围在 0.5°到 1.5°之间，因此认为 q 对 α 的依赖可以忽略，α 取 1°作为近似。经过简化，q 就只是 β，γ 的函数了，图 9.1.45 所示是 De Boer，Wester 和 Mann 提出的表示路面反射的示意。

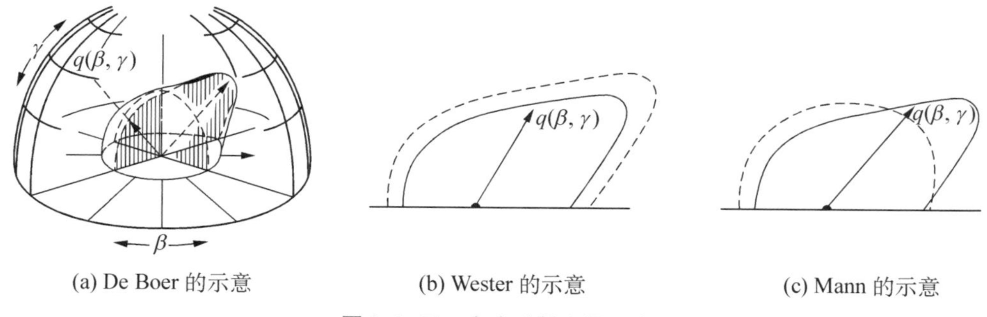

(a) De Boer 的示意　(b) Wester 的示意　(c) Mann 的示意

图 9.1.45　亮度系数空间示意

亮度可以通过(9.1.5)式计算，为了方便计算，又引入了新的参量 r 代替 q，r 称为“简化亮度系数”。r 定义如下：

$$r = q\cos^3\gamma。\tag{9.1.6}$$

CIE 第 30 号文件规定 r 是由 β 和 $\tan\gamma$ 决定的，并制成表格。这样 r 表就完整地反映路面的反射特性。同时 CIE 使用 3 个描述参数来概括描述路面的反射特性，并用它们来对路面进行分类。这 3 个参数分别为平均亮度系数 Q_0、镜面系数 S_1 与 S_2。平均亮度系数是在一定立体角内测定的亮度系数的平均值，通常可以由 r 表计算获得。S_1 是路面镜面度的一个指标，S_1 越大，表示表面的镜面度越高。Q_0 与 S_1 的表示式为

$$Q_0 = \frac{\int_0^{\Omega_0} q d\Omega}{\Omega_0},\ S_1 = \frac{r(0,\ 2)}{r(0,\ 0)},\ S_1 = \frac{rQ_0}{r(0,\ 0)},\tag{9.1.7}$$

式中，q 为亮度系数；Ω_0 为立体角；$r(0,\ 2)$ 是当 $\beta = 0$，$\tan\gamma = 2$ 时的简化亮度系数；$r(0,\ 0)$ 是当 $\beta = 0$，$\tan\gamma = 0$ 时的简化亮度系数。

9.1.3.2　路面分类

目前，根据路面的平均亮度系数 Q_0 和镜面系数 S_1，国际上对干燥路面的分类有 3 类：R，N 和 C 类，如表 9.1.3～9.1.5 所示。R 类主要是根据一些欧洲国家，如荷兰、比利时、

表 9.1.3　R 类

类别	S_1 范围	S_1 标准值	Q_0 标准值
R1	$S_1 < 0.42$	0.25	0.10
R2	$0.42 \leqslant S_1 < 0.85$	0.58	0.07
R3	$0.85 \leqslant S_1 < 1.35$	1.11	0.07
R4	$1.35 \leqslant S_1$	1.55	0.08

表 9.1.4　N 类

类别	S_1 范围	S_1 标准值	Q_0 标准值
N1	$S_1<0.28$	0.18	0.10
N2	$0.28\leqslant S_1<0.60$	0.41	0.07
N3	$0.60\leqslant S_1<1.30$	0.88	0.07
N4	$1.30\leqslant S_1$	1.61	0.08

表 9.1.5　C 类

类别	S_1 范围	S_1 标准值	Q_0 标准值
C1	$S_1\leqslant 0.4$	0.24	0.10
C2	$0.4<S_1$	0.97	0.07

德国等的路面样品进行测试后得出的；N 类是根据丹麦、瑞典等国的路面样品进行测试后得出的，因为那里的路面通常采用特殊加工的发光材料；C 类是 CIE 和国际道路代表大会常设委员会(Permanent International Association of Road Congresses, PIARC)在 1984 年的联合技术报告《道路表面和照明》中共同推出的，并给出了它们各自的 r 表。

由上述各表可知，R1 近似地和 C1 相对应，R2，R3，R4 和 C2 相对应。每种路面都对应有 r 表。对于我国的道路，到目前为止还没有全国性的采集样品进行测量，一般对于我国的道路，适用 R 类和 C 类，我国道路照明设计行业标准 CJJ45 参考了 CIE，推荐采用如表 9.1.6 和表 9.1.7 所示的指标。

表 9.1.6　**沥青路面的简化亮度系数(r)**

β° / $\tan\gamma$	0	2	5	10	15	20	25	30	35	40	45	60	75	90	105	120	135	150	165	180
0	294	294	294	294	294	294	294	294	294	294	294	294	294	294	294	294	294	294	294	294
0.25	326	326	321	321	317	312	308	308	303	298	294	280	271	262	258	253	249	244	240	240
0.5	344	344	339	339	326	317	308	298	289	276	262	235	217	204	199	199	199	199	194	194
0.75	357	353	353	339	321	303	285	267	244	222	204	176	158	149	149	149	145	136	136	140
1	362	362	352	326	276	249	226	204	181	158	140	118	104	100	100	100	100	100	100	100
1.25	357	357	348	298	244	208	176	154	136	118	104	83	73	70	71	74	77	77	77	78
1.5	353	348	326	267	217	176	145	117	100	86	78	72	60	57	58	60	60	60	61	62
1.75	339	335	303	231	172	127	104	89	79	70	62	51	45	44	45	46	45	45	46	47
2	326	321	280	190	136	100	82	71	62	54	48	39	34	34	34	35	36	36	37	38
2.5	289	280	222	127	86	65	54	44	38	34	25	23	22	23	24	24	24	24	24	25
3	253	235	163	85	53	38	31	25	23	20	18	15	15	14	15	15	16	16	17	17

续表

β° / $\tan\gamma$	0	2	5	10	15	20	25	30	35	40	45	60	75	90	105	120	135	150	165	180
3.5	217	194	122	60	35	25	22	19	16	15	13	9.9	9.0	9.0	9.9	11	11	12	12	13
4	190	163	90	43	26	20	16	14	12	9.9	9.0	7.4	7.0	7.1	7.5	8.3	8.7	9.0	9.0	9.9
4.5	163	136	73	31	20	15	12	9.9	9.0	8.3	7.7	5.4	4.8	4.9	5.4	9.1	7.0	7.7	8.3	8.5
5	145	109	60	24	16	12	9.0	8.2	7.7	6.8	9.1	4.3	3.2	3.3	3.7	4.3	5.2	6.5	6.9	7.1
5.5	127	94	47	18	14	9.9	7.7	6.9	9.1	5.7										
6	133	77	36	15	11	9.0	8.0	6.5	5.1											
6.5	104	68	30	11	8.3	6.4	5.1	4.3												
7	95	60	24	8.5	6.4	5.1	4.3	3.4												
7.5	87	53	21	7.1	5.3	4.4	3.6													
8	83	47	17	9.1	4.4	3.6	3.1													
8.5	78	42	15	5.2	3.7	3.1	2.6													
9	73	38	12	4.3	3.2	2.4														
9.5	69	34	9.9	3.8	3.5	2.2														
10	65	32	9.0	3.3	2.4	2.0														
10.5	62	29	8.0	3.0	2.1	1.9														
11	59	26	7.1	2.6	1.9	1.8														
11.5	56	24	6.3	2.4	1.8															
12	53	22	5.6	2.1	1.8															

注:1) 平均亮度系数 $Q_0 = 0.07$;

2) 表中的 r 值已扩大 10 000 倍,实际使用时应乘以 10^{-4}。

表 9.1.7　**水泥混凝土路面的简化亮度系数(r)**

β° / $\tan\gamma$	0	2	5	10	15	20	25	30	35	40	45	60	75	90	105	120	135	150	165	180
0	655	655	655	655	655	655	655	655	655	655	655	655	655	655	655	655	655	655	655	655
0.25	619	619	619	619	610	610	610	610	610	610	610	610	610	601	601	601	601	601	601	601
0.5	539	539	539	539	539	539	521	521	521	521	521	503	503	503	503	503	503	503	503	503
0.75	431	431	431	431	431	431	431	431	431	431	395	386	371	371	371	371	371	386	395	395
1	341	341	341	341	323	323	305	296	287	287	278	269	269	269	269	269	269	278	278	278
1.25	269	269	269	260	251	242	224	207	198	189	189	180	180	180	180	180	189	198	207	224
1.5	224	224	224	215	198	180	171	162	153	148	144	144	139	139	139	144	148	153	162	180
1.75	189	189	189	171	153	139	130	121	117	112	108	103	99	99	103	108	112	121	130	139
2	162	162	157	135	117	108	99	94	90	85	85	83	84	84	86	90	94	99	103	111

续表

tan γ \ β°	0	2	5	10	15	20	25	30	35	40	45	60	75	90	105	120	135	150	165	180
2.5	121	121	117	95	79	66	60	57	54	52	51	50	51	52	54	58	61	65	69	75
3	94	94	86	66	49	41	38	36	34	33	32	31	31	33	35	38	40	43	47	51
3.5	81	80	66	46	33	28	25	23	22	22	21	21	22	22	24	27	29	31	34	38
4	71	69	55	32	23	20	18	16	15	14	14	14	15	17	19	20	22	23	25	27
4.5	63	59	43	24	17	14	13	12	12	11	11	11	12	13	14	14	16	17	19	21
5	57	52	36	19	14	12	10	9.0	9.0	8.8	8.7	8.7	9.0	10	11	13	14	15	16	16
5.5	51	47	31	15	11	9.0	8.1	7.8	7.7	7.7										
6	47	42	25	12	8.5	7.2	6.5	6.3	6.2											
6.5	43	38	22	10	6.7	5.8	5.2	5.0												
7	40	34	18	8.1	5.6	4.8	4.4	4.2												
7.5	37	31	15	6.9	4.7	4.0	3.8													
8	35	28	14	5.7	4.0	3.6	3.2													
8.5	33	25	12	4.8	3.6	3.1	2.9													
9	31	23	10	4.1	3.2	2.8														
9.5	30	22	9.0	3.7	2.8	2.5														
10	29	20	8.2	3.2	2.4	2.2														
10.5	28	18	7.3	3.0	2.2	1.9														
11	27	16	6.6	2.7	1.9	1.7														
11.5	26	15	9.1	2.4	1.7															
12	25	14	5.6	2.2	1.6															

注：1) 平均亮度系数 $Q_0 = 0.10$；
2) 表中的 r 值已扩大 10 000 倍，实际使用时应乘以 10^{-4}。

表 9.1.8 所示是按所采用的材料对路面分类并与 R 类各级的对应关系。可以根据铺设路面使用的材料来确定路面的分类等级。

表 9.1.8　**根据路面材料分类**

类别	说　明
R1	(1) 沥青类路面，包括含有 15% 以上的人造发光材料或 30% 以上的钙长石一类的石料；
	(2) 路面的 80% 覆盖有含碎料的饰面材料，碎料主要有人造发光材料或 100% 由钙长石一类的石料所组成；
	(3) 混凝土路面

续表

类别	说　明
R2	(1) 路面纹理粗糙；
	(2) 沥青路面，含有10%～15%的人工发光材料；
	(3) 粗糙、带有砾石的沥青混凝土路面，砾石的尺寸不小于10 mm，且所含砾石大于60%；
	(4) 新铺设的沥青砂
R3	(1) 沥青混凝土路面，所含的砾石尺寸大于10 mm，纹理粗糙如砂纸；
	(2) 纹理已磨亮
R4	(1) 使用了几个月后的沥青砂路面；
	(2) 路面相当光滑

9.1.4 道路照明标准

9.1.4.1 CIE道路照明设计标准

1995年，CIE按道路的交通流量等各种因素对道路进行了分类，并确定了各类道路的照明等级和标准，如表9.1.9和表9.1.10所示。

表9.1.9 **各类道路的照明等级**

道路描述	交通控制	照明等级
有隔离带的高速公路，无交叉路口，如快速干道、高速路	交通密度高	M1
	交通密度中等	M2
	交通密度低	M3
高速公路、双向车道	交通秩序较差	M1
	交通秩序好	M2
重要的城市交通干道、地区区域性辐射道路	交通秩序较差	M2
	交通秩序好	M3
次要道路、社区道路、连接主要道路的社区道路	交通秩序较差	M4
	交通秩序好	M5

表9.1.10 **道路照明标准**

照明等级	所有道路			很少或无交叉口的道路	没列入P1～P4的人行道路
	最小平均亮度 $\overline{L}/cd\cdot m^{-2}$	最小总体均匀度 U_0	最大 $TI/\%$	最小纵向均匀度 U_l	环境系数 SR
M1	2.0	0.4	10	0.7	0.5
M2	1.5	0.4	10	0.7	0.5

续表

照明等级	所有道路			很少或无交叉口的道路	没列入 P1～P4 的人行道路
	最小平均亮度 $\overline{L}$/cd·m^{-2}	最小总体均匀度 U_0	最大 TI/%	最小纵向均匀度 U_l	环境系数 SR
M3	1.0	0.4	10	0.5	0.5
M4	0.75	0.4	15	—	—
M5	0.5	0.4	15	—	—

CIE 的标准充分考虑了道路类型、交通流情况、车速、交通秩序等，基于应用需求提出了不同的照明指标。

9.1.4.2 中国城市道路与公路照明设计标准

1. 中国城市建设行业道路照明标准

该标准适用于新建、扩建和改建的城市道路及与道路相连的相关场所的照明设计。行业里普遍应用的《城市道路照明设计标准》(CJJ45)，其动车交通道路照明应以路面平均亮度(或路面平均照度)、路面亮度总均匀度和纵向均匀度(或路面照度均匀度)、眩光限制、环境比和诱导性为评价指标；交会区照明应以路面平均照度、路面照度均匀度和眩光限制为评价指标；人行道路照明应以路面平均照度、路面最小照度、垂直照度和眩光限制为评价指标。具体指标如表 9.1.11～9.1.14 所示。

表 9.1.11　**机动车交通道路照明标准值**

级别	道路类型	路面亮度			路面照度		眩光限制 TI/% 最大初始值	环境比 SR 最小值
		平均亮度 L_{av}/cd·m^{-2} 维持值	总均匀度 U_o 最小值	纵向均匀度 U_L 最小值	平均照度 E_{av}/lx 维持值	均匀度 U_E 最小值		
Ⅰ	快速路、主干路	1.5/2.0	0.4	0.7	20/30	0.4	10	0.5
Ⅱ	次干路	1.0/1.5	0.4	0.5	15/20	0.4	10	0.5
Ⅲ	支路	0.5/0.75	0.4	—	8/10	0.3	15	—

表 9.1.12　**交会区照明标准值**

交会区类型	路面平均照度 E_{av}/lx，维持值	照度均匀度 U_E	眩光限制
主干路与主干路交会	30/50	0.4	在驾驶员观看灯具的方位角上，灯具在 80°和 90°高度角方向上的光强分别不得超过 30 cd·(klm)$^{-1}$ 和 10 cd·(klm)$^{-1}$
主干路与次干路交会			
主干路与支路交会			
次干路与次干路交会	20/30		
次干路与支路交会			
支路与支路交会	15/20		

表 9.1.13 **人行道路照明标准值**

夜间行人流量	区域	路面平均照度 E_{av}/lx，维持值	路面最小照度 E_{min}/lx，维持值	最小垂直照度 E_{vmin}/lx，维持值
流量大的道路	商业区	15	3	5
	居住区	10	2	3
流量小的道路	商业区	7.5	1.5	2.5
	居住区	5	1	1.5

表 9.1.14 **人行道路照明眩光限制值**

夜间行人流量	区域	最大光强/cd·(klm)$^{-1}$		
		70°以上	80°以上	90°以上
流量大的道路	商业区	—	200	50
	居住区	—	150	30
流量小的道路	商业区	—	100	20
	居住区	500	100	10

2. 中国公路行业道路照明标准

中国公路照明主要依据《公路照明技术条件进行设计》(GBT_24969－2010)进行设计，其相关指标与城市道路类似，只是对于公路的分类方法不同，城市道路的分类依据公路等级，而公路分类则依据车流密度、视距条件、自身条件等。

公路照明质量评价指标包括路面平均亮度或平均照度、路面亮度均匀度或照度均匀度、眩光限制、环境比和视觉诱导性，如表 9.1.15～9.1.18 所示。

表 9.1.15 **照明等级**

公路照明等级	适 用 条 件
一级	车流密度较大、视距条件较差、公路自身条件复杂的照明路段
二级	车流密度适中、视距条件良好、公路自身条件良好的照明路段

表 9.1.16 **公路机动车交通道路的路面平均亮度、路面平均照度和环境比标准值**

级别	道路类型	路面平均亮度 L_{av}/cd·m^{-2}，维持值	路面平均照度 E_{av}/lx，维持值	环境比 *SR* 最小值
Ⅰ	高速公路、一级公路	1.50	20	0.5
Ⅱ	二级公路	1.00/1.50	15/20	0.5
Ⅲ	三级公路、四级公路	0.75	10	—

表 9.1.17 **公路交汇区照明标准值**

照明区域	路面平均照度 E_{av}/lx，维持值	路面照度均匀度 U_E 最小值	不舒适眩光	
			I_{80}/cd·(klm)$^{-1}$ 最大值	I_{90}/cd·(klm)$^{-1}$ 最大值
Ⅰ级与Ⅰ级交会	30	0.4	30	10
Ⅰ级与Ⅱ级交会				
Ⅰ级与Ⅲ级交会				
Ⅱ级与Ⅱ级交会	20/30			
Ⅱ级与Ⅲ级交会				
Ⅲ级与Ⅲ级交会	20			

表 9.1.18 **公路沿线相关设施及场所照明标准值**

照明区域	路面平均照度 E_{av}/lx，维持值	路面照度均匀度 U_E 最小值
收费站广场	20	0.4
服务区	10	0.3
养护区	10	
停车区	15	

3. 中国部分地区道路LED照明标准

针对LED光源的特点及区域经济、社会发展及地理、自然环境特点等，中国部分地区也制订了基于LED光源的道路照明应用标准。

深圳地区道路LED照明标准《LED道路照明工程技术规范》(SJG22－2011)针对LED灯具的特点，对中国的《城市道路照明设计标准》(CJJ45)、《城市道路照明工程施工及验收规范》(CJJ89)中的一些条文进行了补充及调整，限定了LED路灯色温；增加了LED灯具配光类型要求、布置方式和灯具的安装高度、间距的关系；调整了LED照明灯具端电压的要求，对功率因数补偿的做法予以了规定，提出了照明供配电系统防护及接地的要求，增加了LED照明情况下的功率密度值要求，提出了LED灯具的节能措施，增加了LED灯具施工及验收要求等。

上海地区道路LED照明标准《道路LED照明应用技术规范》(DG/TJ08－2182－2015)试图充分考虑道路LED光源的特点及其应用广泛性的特点，定义了实现不同厂家间LED灯具、控制装置和LED模块的互换及标准化接口，并根据中国道路照明实际情况优化了配光分类，提出了不舒适眩光评价方法，规定了道路LED照明控制系统功能、调光控制方式、软硬件及协议的要求，制订了适合上海地区道路照明的LPD指标，其通过试挂的道路LED照明工程，探索出确保照明效果满足本规程拟定的技术指标及国家相关标准规范要求的方法，产品机械、电气、光学互换性良好，目前已在上海等地新建或改建道路LED照明工程中推广应用。

9.1.5 道路照明方式

道路照明方式有常规道路照明、高杆照明、悬索照明、护栏照明等。

9.1.5.1 常规道路照明

常规道路照明高度在 15 m 以下，照明器安装在灯杆顶端，沿道路延伸布置灯杆，这种照明方式目前应用很广泛。因为它有很多优点：可以依道路的走向安排灯杆和照明器，充分利用照明器的光通量，有较高的利用率，且视觉导向性良好。这种照明方式适用于一般的道路、桥梁、街心花园、停车场等。但如果照明范围较大，如立交交叉点、交通枢纽点、大型广场等道路走向复杂的地方，使用常规道路照明就会感觉很混乱，而且维护工作量很大。

（1）常规道路照明的参量

如图 9.1.46 所示，采用常规道路照明，有以下的参量：

1）照明器的安装高度（MH）。增加照明器的安装高度可以减少眩光，而且也容易获得较好的均匀度。但由于溢出路面的光增多，就降低可利用率。而且随着灯杆的增高，其造价也增高。平衡各种因素，包括经济因素，一般安装高度为 15 m 以下为宜。

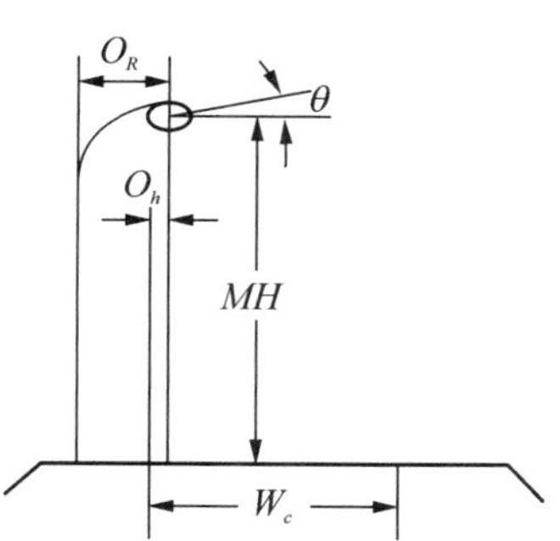

图 9.1.46 照明器的安装位置参考

2）悬挑长度（O_R）。加大悬挑长度可以增加远离路面车道的亮度。但同时可能又会减弱人行道与自行车道等周围环境的照明，特别是在雨天更显突出。如果有行人或自行车突然从暗处进入机动车道，由于照明的限制使司机没有足够的反应时间，很容易发生事故。一般的悬挑长度不宜过长。

3）安装仰角（θ）。如果加大仰角会浪费能源且增加眩光，而地面亮度并不会增加，且会减少灯杆所在一侧的人行道照明，因此仰角一般控制在 15°以内。

4）灯杆间距（S）。为了达到一定的均匀度，应选择合理的间距。

5）突出距离（O_h）。加大突出距离，可以增加路面亮度。

灯杆布置和排列有 4 种基本方式：单侧布灯、交错布灯、对称布灯和中央布灯，如图 9.1.47 所示。

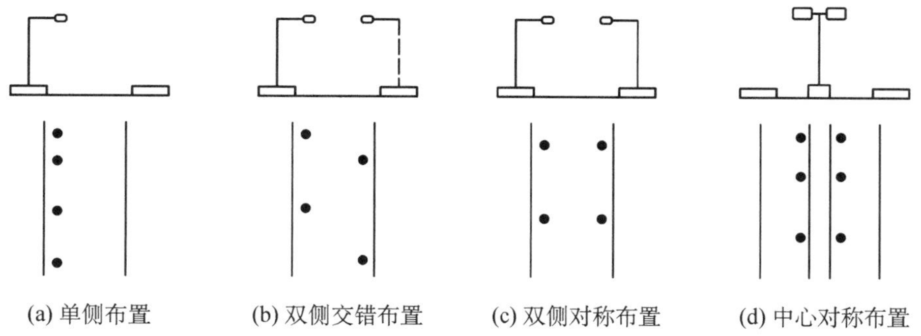

图 9.1.47 灯杆布置和排列的 4 种基本方式

各种类型的照明布置，中国道路照明行业标准《城市道路照明设计标准》(CJJ45)有如下建议：

平面交叉路口外 5 m 范围内的平均照度，不宜小于交叉路口平均照度的$\frac{1}{2}$；交叉路口可采用与相连道路不同色表的光源、不同外形的灯具、不同的安装高度或不同的灯具布置方式；十字交叉路口的灯具可根据道路的具体情况，分别采用单侧布置、交错布置或对称布置等方式，并根据路面照明标准需要增加杆上的灯具。大型交叉路口可另行设置附加灯杆和灯具，并应限制眩光。当有较大的交通岛时，可在岛上设灯，也可采用高杆照明或半高杆照明。

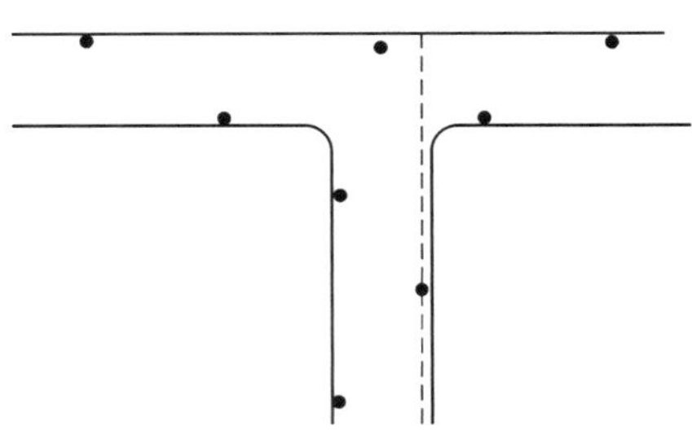

图 9.1.48 **T 型交叉路口灯具设置**

对 T 形交叉路口，应在道路的尽端设置灯具(见图 9.1.48)，并应充分显示道路型式和结构。

环形交叉路口的照明应充分显现环岛、交通岛和路缘石，当采用常规照明方式时，宜将灯具设在环形道路的外侧(见图 9.1.49)。当环岛的直径较大时，可在环岛上设置高杆灯，并应按车行道亮度高于环岛亮度的原则选配灯具和确定灯杆位置。

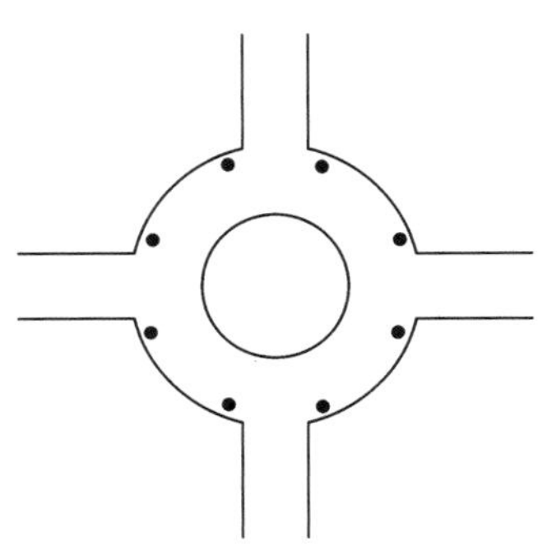

图 9.1.49 **环形交叉路口灯具设置**

半径在 1 000 m 及以上的曲线路段，其照明可按照直线路段处理；半径在 1 000 m 以下的曲线路段，灯具应沿曲线外侧布置，并应减小灯具的间距，间距宜为直线路段灯具间距的 50%～70%(见图 9.1.50(a))，半径越小间距也应越小，悬挑的长度也应相应缩短。在反向曲线路段上，宜固定在一侧设置灯具，产生视线障碍时可在曲线外侧增设附加灯具(见图 9.1.50(b))。当曲线路段的路面较宽需采取双侧布置灯具时，宜采用对称布置；转弯处的灯具不得安装在直线路段灯具的延长线上(图 9.1.51)；急转弯处安装的灯具应为车辆、路缘石、护栏以及邻近区域提供充足的照明。

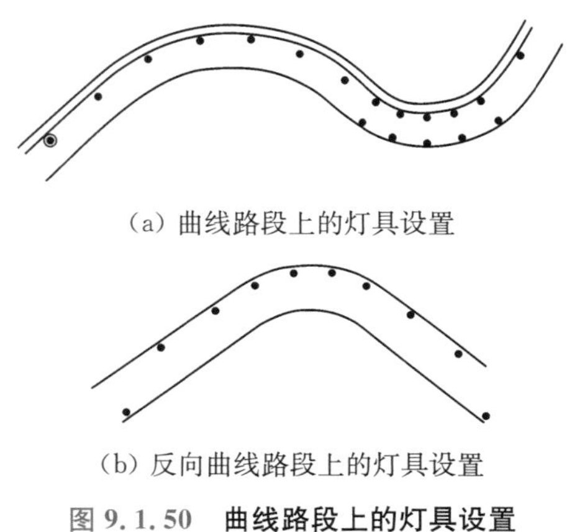

(a) 曲线路段上的灯具设置

(b) 反向曲线路段上的灯具设置

图 9.1.50 **曲线路段上的灯具设置**

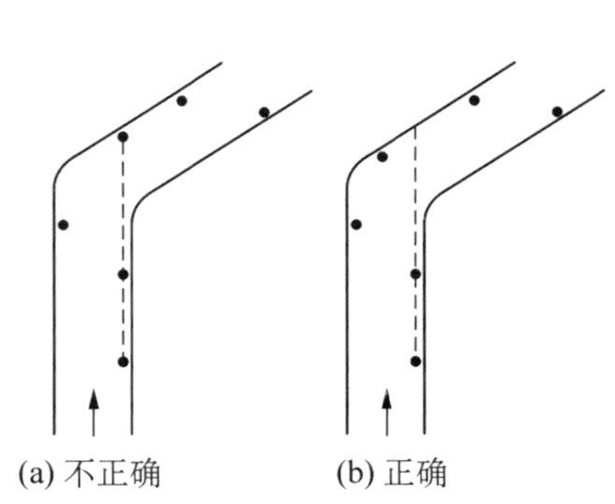

(a) 不正确 (b) 正确

图 9.1.51 **转弯处的灯具设置**

高架道路的照明应符合下列要求：上层道路和下层道路应分别按与其连接道路的照明等级设计相应的照明；上层道路和下层道路宜采用常规照明方式，并应为道路的隔离设施提供合适的照明；下层道路的桥下路面区域照明不应低于桥外区域路面，并应为上层道路的支撑结构提供合适的照明；上下桥匝道的照明标准宜与其主路相同；有多条机动车道的高架道路不宜采用低杆照明。

立体交叉的照明应符合下列要求：应为驾驶员提供良好的诱导性；应提供无干扰眩光的环境照明；曲线路段、坡道等交通复杂路段的照明，应适当加强；小型立交可采用常规照明；大型立交可选择常规照明或高杆照明。采用高杆照明时，宜核算车道的灯具出射光通利用率不低于50%。不宜采用低杆照明方式为立交提供功能照明；立交主路照明标准应与相连道路的照明相同。当其连接的各条道路照明等级不同时，应选择其中的照明等级最高者；立交匝道的照明标准宜与其相连的主路相同，并应为隔离设施和防撞墙提供合适的照明。

城市桥梁的照明应符合下列要求：中小型桥梁的照明应与其连接的道路照明一致，当桥面的宽度小于与其连接的路面宽度时，桥梁的栏杆、缘石应有足够的垂直照度，在桥梁的入口处应设灯具；大型桥梁和具有艺术、历史价值的中小型桥梁的照明应进行专门设计，应满足功能要求，并应与桥梁的风格相协调；桥梁照明应限制眩光，必要时应采用配置遮光板或格栅的灯具；有多条机动车道的桥梁照明，不宜采用低高度照明。

(2) 道路照明的参量配置方式

在道路照明中，应根据使用的场所和周围的条件来选择有适当配光特性的灯杆与灯具设计参数。下面简要介绍一下一些典型的配置方式。

1) 中国的《城市道路照明设计标准》(CJJ45)推荐的灯具的配光类型、布置方式与灯具的安装高度和间距的关系如表9.1.19所示。标准建议该表仅仅作为参考，实际道路应根据情况适当调整该表中的参数。

表9.1.19　**灯具的配光类型、布置方式与灯具的安装高度、间距的关系**

配光类型	截光型		半截光型		非截光型	
布置方式	安装高度 H/m	间距 S/m	安装高度 H/m	间距 S/m	安装高度 H/m	间距 S/m
单侧布置	$H \geqslant$ Weff	$S \leqslant 3H$	$H \geqslant$ 1.2Weff	$S \leqslant 3.5H$	$H \geqslant$ 1.4Weff	$S \leqslant 4H$
双侧交错布置	$H \geqslant$ 0.7Weff	$S \leqslant 3H$	$H \geqslant$ 0.8Weff	$S \leqslant 3.5H$	$H \geqslant$ 0.9Weff	$S \leqslant 4H$
双侧对称布置	$H \geqslant$ 0.5Weff	$S \leqslant 3H$	$H \geqslant$ 0.6Weff	$S \leqslant 3.5H$	$H \geqslant$ 0.7Weff	$S \leqslant 4H$

注：Weff为路面的有效宽度(m)，即用于道路照明设计的路面理论宽度。它与道路的实际宽度、灯具的悬挑长度和灯具的布置方式等有关。当灯具采用单侧布置方式时，道路的有效宽度为实际路宽减去一个悬挑长度；当灯具采用双侧(包括交错和相对)布置方式时，道路的有效宽度为实际路宽减去两个悬挑长度；当灯具在双幅路中间分车带上采用中心对称布置方式时，道路两有效宽度就是道路实际宽度。

2) 上海地区道路照明标准推荐的灯具的配光类型、布置方式与灯具的安装高度、间距的关系。基于上海地区道路照明实际情况(照明布置与设计参数)，并通过上海市申长路、上海内环高架、上海临空园区实地LED路灯试挂试验，针对北美照明学会规定的配光类型，提出了适合上海地区道路照明LED路灯配光特点的光强空间分布修正建议(见表9.1.20和

表 9.1.21)。其中,纵向 S 配光的定义为:灯具的纵向最大光强是落在图 9.1.52 所示的 1.75 纵向距高比和 3.50 纵向距高比所组成的投射配光区内,相邻灯具的最大安装距离通常小于等于安装高度的 3.5 倍。

表 9.1.20 **新建照明工程机动车交通道路灯具配光类型、布置方式与灯具的安装高度、间距、仰角的关系**

适合照明区域	1≤*NL*≤3,人行道		4≤*NL*≤6	
配光类型	S1	S1	S1	S1
单侧布置的杆高/m	9~10	9~10	—	—
双侧对称布置的杆高/m	10	10	10	10
中心对称布置的杆高/m	—	—	10~12	10~12
间距/m	26~30	30~35	26~30	30~35
悬挑长度/m	1.0	1.0	1.0	1.0
突出长度/m	0.2~0.5	0.2~0.5	0.2~0.5	0.2~0.5
仰角/°	≤15	≤15	≤15°	≤15°

适合照明区域	7≤*NL*≤10		交会区		
配光类型	S2	S2	—	—	—
双侧对称布置的杆高/m	10	10	$H \geqslant 0.18W_{eff}$	$H \geqslant 0.2W_{eff}$	$H \geqslant 0.22W_{eff}$
中心对称布置的杆高/m	10~12	10~12	—	—	—
间距/m	26~30	30~35	—	—	—
悬挑长度 *R*/m	—	—	$R \leqslant 0.15H$	$R \leqslant 0.15H$	$R \leqslant 0.15H$
突出长度/m	0.2~0.5	0.2~0.5	—	—	—
仰角/°	≤15	≤15	—		

注:*NL* 为车道数。

表 9.1.21 **灯具替换改造工程机动车交通道路灯具配光类型**

车道数 *NL*	纵向距高比 Γ		
	$\Gamma \leqslant 3.5$	$3.5 < \Gamma \leqslant 4.5$	$4.5 < \Gamma \leqslant 6.0$
1≤*NL*≤6	S1	*M*1	*L*1
7≤*NL*≤10	S2	*M*2	*L*2

纵向 *M* 配光的定义为:灯具的纵向最大光强是落在图 9.1.52 所示的 3.50 纵向距高比和 4.50 纵向距高比所组成的投射配光区内,相邻灯具的最大安装距离通常大于安装高度的 3.50 倍、小于等于安装高度的 4.50 倍。

纵向 *L* 配光的定义为:灯具的纵向最大光强是落在图 9.1.52 所示的 4.50 纵向距高比和 6.00 纵向距高比所组成的投射配光区内,相邻灯具的最大安装距离通常大于安装高度的 4.50 倍、小于等于安装高度的 6.00 倍。

横向 1 配光的定义为:灯具的横向 50%最大等光强曲线是落在图 9.1.56 所示的以

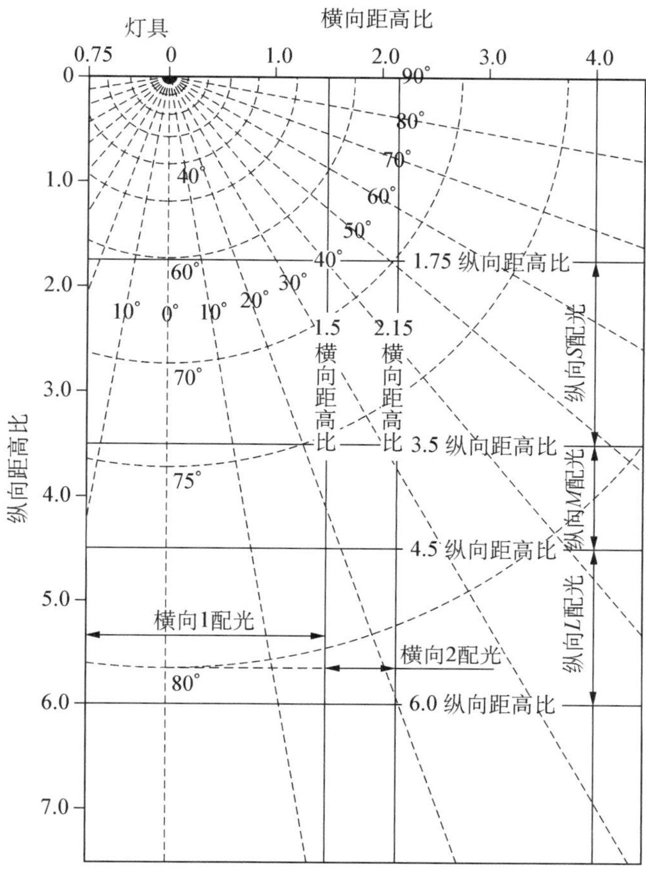

图 9.1.52　**道路 LED 照明灯具配光类型定义示意**

0.75 路边横向距高比和 1.50 路边横向距高比为边界的宽度范围内，该类配光适合于车道数为 6 及以下的道路。

横向 2 配光的定义为：灯具的横向 50%最大等光强曲线部分或全部超过图 9.1.56 所示的 1.50 路边横向距高比线，但和 2.15 路边横向距高比线不能相交，该类配光适合于车道数大于等于 7、小于等于 10 的道路。

组合配光类型的定义应符合表 9.1.22 所示的规定。

表 9.1.22　**道路 LED 照明灯具的组合配光类型定义**

纵向配光类型	横向配光类型	
	横向 1 配光	横向 2 配光
纵向 S 配光	S1	S2
纵向 M 配光	M1	M2
纵向 L 配光	L1	L2

9.1.5.2　高杆照明

高杆照明是指在一根很高的灯杆上安装多个照明器，进行大面积的照明。高杆照明的高度一般大于或等于 20 m，这种照明方式适用于道路的复杂枢纽点、道路的立体交叉处、大型广场。这种照明方式非常简洁、眩光少，而且由于高杆安装在车道外，进行维护时不会影响交通。图 9.1.53 所示为根据应用场合推荐的中杆/高杆灯灯具的配置方式。

采用 LED 光源的高杆照明灯具，由于其光源定向投射的优势，能较大程度地节约能源，因采用 LED 高杆灯功率较大，需重点考虑其结温问题，但随着 LED 芯片光效的提高，产生的热逐渐减少，加之产品安装在高空，空气快速对流，因此已能较好地控制 LED 高杆灯产品的结温。为有效控制眩光，高杆照明灯具投射方向与正常的视线夹角不宜过小，也应根据应用环境确定眩光控制水平。高杆照明的应用实例及效果如图 9.1.54 和图 9.1.55 所示。

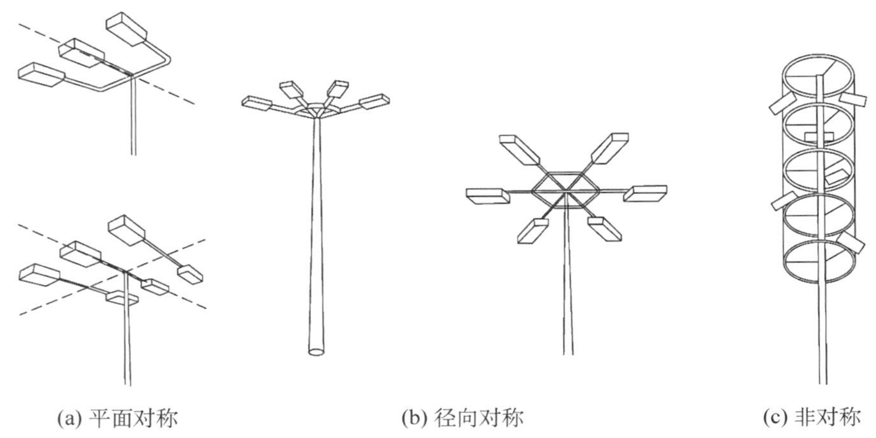

(a) 平面对称　(b) 径向对称　(c) 非对称

图 9.1.53　**中杆/高杆灯灯具的配置方式**

(a) LED高杆照明

(b) 高压钠灯高杆

图 9.1.54　**高杆照明效果**

图 9.1.55　**大规模应用 LED 高杆灯的某港口照明**

高杆照明也可用于大型广场，如车站广场，它是城市中最繁杂的地方，非常适合使用简洁的高杆照明。此时，要注意保证整个广场有足够的照度，并且有一定的均匀度，一般如果被照范围的半径为 R，则高杆照明的高度 H 原则上由下式决定：

$$H \geqslant 0.5R。 \tag{9.1.8}$$

根据受照场地情况及其周围环境条件有针对性地选择灯具及其配置方式，是高杆与中杆照明设计的基本原则之一，这样才能达到既保证照明效果，又经济合理、节约能源的目的，而不能不顾场合、千篇一律地采用径向对称一种模式。道路交汇区需照亮的区域地形复杂，常规平面对称布置方式很难实现照度及其均匀度达标，根据调研及计算分析，该区域中杆或高杆灯采用扇形布置比较合适。

9.1.5.3 悬索照明

悬索照明是在道路中央的隔离带上立杆，在杆之间拉上钢丝索，将照明器悬挂安装在钢丝索上进行照明。这种方式适用于有中央隔离带的道路，一般立杆的高度为 15～20 m，立杆间距为 50～80 m，照明器的安装间距一般为高度的 1～2 倍。悬索照明的照明器的配光是沿着道路横向扩张的，因此眩光少，路面的亮度均匀度也好。这种照明的视觉导向性也极好，即使是湿路面，这种照明方式与干路面相比亮度变化也不大，而且雾天形成的光幕效应也较少。这种照明较适用于潮湿多雾的地区，悬索照明和常规道路照明中的中央布灯都是在中央隔离带上安装照明器，它们之间的主要区别如表 9.1.23 所示。

表 9.1.23 **悬索照明和常规道路照明中的中央布灯的区别**

比较项目	悬索照明	灯杆中央隔离带布灯
柱柱间距	60～90 m	25～45 m
灯具配光	沿道路横向扩展配光	沿道路延伸方向扩展配光
灯具间距	9～15 m	25～45 m

9.1.5.4 护栏照明

城市高架、立交、高速公路的出入口转弯匝道和连接隧道的桥梁，因路况复杂多变，属于整个公路中的高危路段，不少地方甚至没有任何照明措施，驾驶员与乘客的安全得不到保障。现在，城市高架、立交、高速匝道和桥隧引路段，大多使用高杆/低杆照明，安装和维护不方便，除抗台风差、能耗巨大之外，还因严重的眩光污染，破坏了原立交景观的和谐与统一，上跨桥梁与下穿道路之间杆装路灯灯光互相交叉干扰，易产生眩光，影响行车安全；桥上灯杆位置设计需考虑桥梁结构和桥墩位置，这可能导致灯杆间距多样，如采用单一配光，可能导致局部暗区，加上各层路灯的叠加相互影响作用，可能使得路面亮度均匀度差；桥上灯杆越高，灯具振动越大，可靠性也越低；杆装路灯需专门高空作业车辆维护，影响了行车或维护的安全与便利性。

护栏路灯可为桥梁、城市立交、高速公路的出入口匝道提供更合适的照明解决方案。合适的照明设计与配光，既可实现路面照明，又成为城市夜景中一道独特的风景；单个灯具可同时解决道路功能与景观照明的功能，节约了成本，减少了因各类灯具过多带来的维护难题；更方便地实现连续光带效果，确保了良好的行车诱导性，保障了驾驶员与乘客的安全；低空安装加之合适配光，确保了光污染少；只需简单的工具便可实现维护、维修便利；有效地将道路照明功能、景观照明功能、护栏防撞功能合三为一。

一般的护栏灯由于安装高度低、距高比较大，要实现三车道的亮度及其均匀度，这对配光设计提出了较高的要求，一般需采用较大幅度的偏光型配光曲线。同时，灯具距离驾驶员视线接近，眩光与频闪问题显得尤为严重，因此一般采用降低灯具表面亮度，控制进入驾驶员视线的光强，减少灯具安装距离，以使光强的空间分布更均匀。LED 光源的灯具相比于高压钠灯光源的护栏照明灯具，具有更便于配光的特点，目前国内已有不少案例。图 9.1.56～9.1.58 所示分别为重庆、江苏、广东等地的 LED 光源灯具的低位照明项目案例。

(a) 高杆照明(LED灯)

(b) 高杆照明(高压钠灯)

(c) 低位照明(点光源)

(d) 低位照明(线光源)

图 9.1.56　护栏照明效果

(a) 低位照明(LED灯)

(b) 低位照明(高压钠灯)

图 9.1.57　LED 光源与高压钠灯产品用于护栏照明效果比较

(a) 点光源低位照明(小间距)

(b) 点光源低位照明(大间距)

图 9.1.58　不合适配光造成的均匀性差与眩光问题

除光学设计上的难题外，LED 护栏照明灯具产品的质量是关键。灯具要有结构性防水措施，密封胶条采用优质硅橡胶条挤压成型，耐高温、抗老化能力强，密封效果好。灯具外表经除油过程和预处理后，采用静电喷塑处理，塑粉必须能抗老化和盐雾。灯具外表面上要有灯具安装方向的标志，不致引起误安装和方便调整灯具角度。结构上要求不用拆卸钢管和支座就可拆卸灯具，维护方便。灯具之间的连接件采用专用防水航空接插头，螺丝、螺母及内部相关附件要求采用不锈钢材质，内部导线要求采用耐高温导线，电器绝缘等级建议为 Class Ⅲ。灯具结构应坚固耐用，能承受一定的振动与机械冲击。灯具控制装置应具有过流、短路、抑制涌浪电压等保护功能。

9.1.6 道路照明计算

道路照明计算包括路面上任一点的亮度、平均亮度、亮度均匀度，还包括总体亮度均匀度、每条车道的纵向亮度均匀度、任一点的照度、平均照度、不舒适眩光和失能眩光的计算。

9.1.6.1 照度计算

1. 路面上一点照度的计算

(1) 根据等光强图或光强表计算

一个灯具在点 P 产生的照度，如图 9.1.59 所示。

$$E_P = \frac{I_{(C,\gamma)} \cdot \cos^3\gamma}{h^2}。 \tag{9.1.9}$$

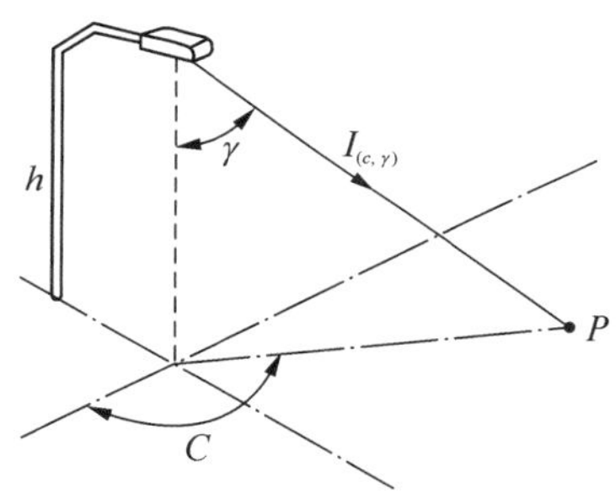

图 9.1.59 灯具和计算点示意

式中，γ 为灯具的垂直角度；C 为灯具的水平角度；$(C,\ \gamma)$是点 P 相对于灯具的角度；$I_{(C,\gamma)}$ 是灯具$(C,\ \gamma)$方向上的光强值；h 是灯具的安装高度。

由于多个灯具都对计算点 P 有贡献，则点 P 的总照度为

$$E_p = \sum_{i=1}^{n} E_{p_i}。 \tag{9.1.10}$$

计算步骤如下：

1) 确定计算点 P 相对于灯具的角度$(C,\ \gamma)$。

2) 从灯具的等光强图或光强表中找出在$(C,\ \gamma)$处的光强值 $I_{(C,\gamma)}$。

3) 利用(9.1.9)式计算照度。

4) 计算多个灯具对点 P 的贡献，可重复步骤 1)～3)。

对精度不高的计算，只考虑该点周围 3～4 个灯具。不过，通常都取 5 个灯位进行计算。

(2) 根据等照度曲线图进行计算

如果可以获得使用灯具的等照度曲线图(见图 9.1.60)，可以根据计算点相对于各个灯具的位置找出其照度值，然后求和。在此方法中需注意的是：

1) 等照度曲线图通常以 1 000 lm 的光源光通量绘制，在实际计算中必须考虑光源的实际光通量和维护系数，从而计算出计算点的维护照度值。

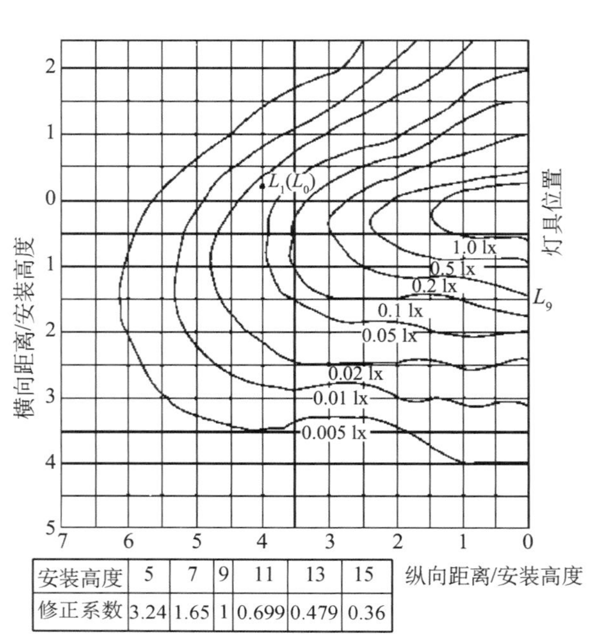

图 9.1.60　**等照度曲线图**

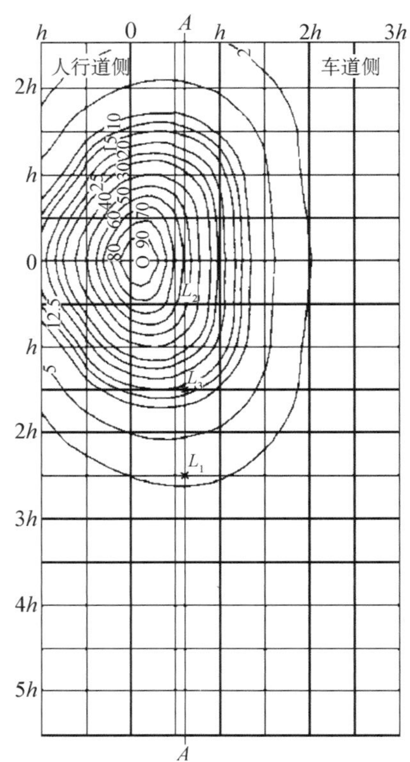

图 9.1.61　**等照度曲线图(等照度曲线图的照度数值是相对值)**

2）有的等照度曲线图的照度数值是相对值，是最大照度值的百分比，如图 9.1.61 所示，在进行实际计算时，要计算最大照度值 $E_{\max}$：

$$E_{\max}=\frac{a\cdot\Phi\cdot N}{h^2},\tag{9.1.11}$$

式中，a 为随相对等照度曲线图而附的因子；Φ 为单个光源的光通量；N 为灯具中的光源数。

3）有的等照度曲线图是以安装高度为单位来表示其纵向距离及车道便道的宽度。

2. 路面的平均照度计算

(1) 平均计算

假如已计算出路面上网格点的照度，那么可根据下式计算该路面上的平均照度：

$$E_{av}=\frac{\sum_{i=1}^{n}E_i}{n},\tag{9.1.12}$$

式中，E_i 为第 i 点的照度；n 为网格点的总数。

(2) 根据利用系数曲线进行计算

道路照明的利用系数是指，落在一条无限长的平直道路上的光通量与照明器中光源总光通量之比。它与灯具的效率和道路的宽度有关。利用系数曲线即是一系列不同宽度道路的利用系数构成的曲线，它以路宽 W 与安装高度 h 之比为横坐标。

使用利用系数曲线可以计算一段直路上的照度，这种方法很简便，很容易并很迅速。计算公式如下：

$$E_{av} = \frac{CU\Phi KN}{WS}, \tag{9.1.13}$$

式中，CU 为利用系数；Φ 为光源光通量；K 为维护系数；N 为每个灯具内的光源数目；W 为路面宽度；S 为灯杆间距。

通过灯具的利用系数曲线可以得到利用系数 η，它与灯具的安装高度、仰角、悬挑长度有关。灯具的利用系数曲线如图 9.1.62 所示。

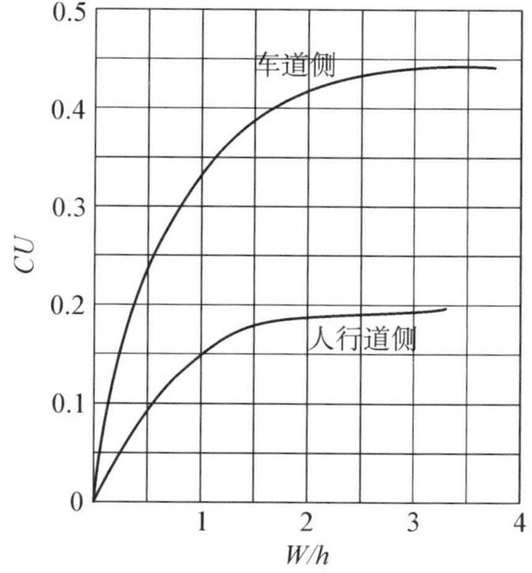

图 9.1.62　灯具的利用系数曲线

(3) 计算举例

例 9.1.1　如图 9.1.63 所示，道路宽为 15 m，采用交错方式布灯，安装高度为 9 m，悬挑长度为 1.5 m，灯杆间距为 36 m，使用的光源光通量为 22 500 lm。灯具的等照度曲线图见图 9.1.60。试利用等照度图计算路面上点 A 的照度。

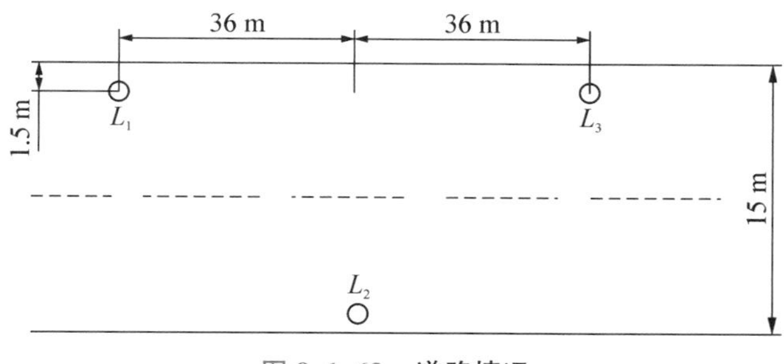

图 9.1.63　道路情况

解　1) 在等照度曲线图上标出点 A 相对于 L_1，L_2，L_3 的位置。

因为图是按安装高度的倍数给出的，点 A 相对于 L_1，L_3 而言，是位于人行道侧，即

$$横向：1.5/9 = 0.17；纵向：36/9 = 4.0。$$

点 A 相对 L_2 而言，是位于车道侧，即

$$横向：(15 - 1.5)/9 = 1.5；纵向：0。$$

如图 9.1.67 所示。

2) 读出点 A 相对于 L_1，L_2，L_3 的位置处的照度

$$EL_1 = EL_3 = 0.03\ \text{lx},\ EL_2 = 0.2\ \text{lx}。$$

3) 求出点 A 的总照度。

$$E_r = EL_1 + EL_2 + EL_3 = 0.26\ \text{lx}。$$

由于图 9.1.65 是以光通量为 1 000 lm 给出的，因此应换算到实际的光通量 22 500 lm。所以实际的照度为

$$E = E_r \times 22\,500/1\,000 = 5.85\ \text{lx}。$$

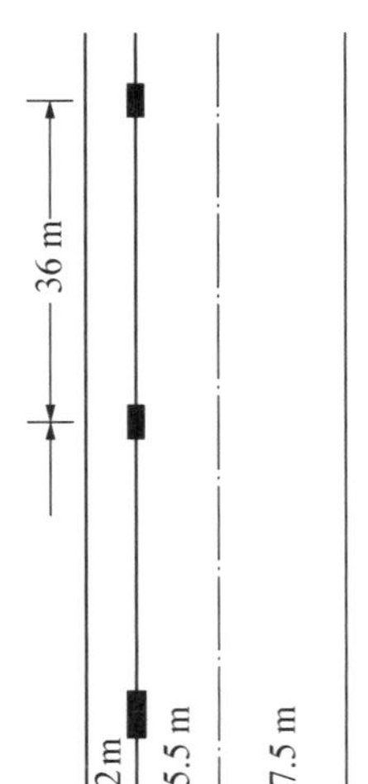

图 9.1.64 道路情况

例 9.1.2 如图 9.1.64 所示，一条宽为 15 m 的道路，采用单侧布灯，安装高度为 12 m，灯杆间距为 36 m，悬挑长度为 2 m，仰角为 5，光源的光通量为 22 500 lm，维护系数为 0.6，灯具的利用系数曲线见图 9.1.61，试求右侧半宽路面的平均照度。

解 (1) 右侧半宽路面属车道侧，从图 9.1.66 中的数据可计算出：

$$0 \sim 5.5\ \text{m}: W/h = 5.5/12 = 0.46;$$
$$0 \sim 13\ \text{m}: W/h = 13/12 = 1.08;$$

从图 9.1.66 中可查出：$CU_{0\sim0.46} = 0.24$；$CU_{0\sim1.08} = 0.35$。

右侧半宽路面的利用系数 $CU_{0.46\sim1.08}$ 为

$$CU_{0.46\sim1.08} = CU_{0\sim1.08} - CU_{0\sim0.46} = 0.35 - 0.24 = 0.11。$$

根据公式(9.1.13)计算平均照度为

$$E_{\text{av}} = \frac{\Phi K CU_{0.46\sim1.08}}{WS} = \frac{22\,500 \times 0.6 \times 0.11}{7.5 \times 36} = 5.511。$$

9.1.6.2 亮度计算

1. 路面上任意一点亮度的计算

(1) 根据 R 表和等光强图或光强表计算亮度

道路上的所有灯具对路面上一点 P 的贡献为

$$L_P = \sum_{i=1}^{n} \frac{r(\beta_i, \gamma_i) \cdot I(C_i, \gamma_i)}{h^2}, \tag{9.1.14}$$

式中，(C, γ)为点 P 相对于该灯具的位置；$I(C, \gamma)$为灯具在此方向的光强；$r(\beta, \gamma)$为在角度(β, γ)下的反射特性系数值；h 为灯具的安装高度。

此时，观察者的位置为：他离计算区域前 60 m，并假定眼睛所在高度为 1.5 m，他离路边为$\frac{1}{4}$的车道宽。

(2) 用相对等亮度图计算

在相对等亮度图中的各亮度曲线值是最大亮度的百分比，它的纵轴和横轴分别表示道路的纵向和横向距离，并表示成安装高度的倍数。对每一种灯具而言，有 4 张这样的等亮度图，分别对应于 4 种标准路面，并且 $Q_0 = 1$。计算得到这些等亮度图时观察者的位置在 $C = 0$ 平面内，并到灯具的距离为 $10h$，h 为灯具的安装高度。应用时分 3 种情况考虑。

1) 观察者位于灯具的排列线上。此时观察者的位置与得到相对等亮度图的观察者位

置是相同的,因此计算比较简单。计算的步骤如下:

① 以灯具安装高度为单位绘出道路的平面图;

② 选择一张等亮度图,它对应于 4 种标准路面特性之一,这根据要计算的路面特性来选择;

③ 将两张图重叠,道路的纵轴与等亮度图平行,灯具位置与等照度图中的点(0, 0)重合;

④ 从等亮度图中读出计算点 P 处的相对亮度 L_r;

⑤ 由下式可计算出点 P 的绝对亮度值:

$$L = \frac{a \cdot Q_0 \cdot \Phi_L}{h^2} \cdot L_r, \tag{9.1.15}$$

式中,a 为所使用的灯具的因数;Φ_L 为所使用灯具的光通量;Q_0 为计算道路路面的实际平均亮度系数;h 为灯具的安装高度。

以上为一个灯具对点 P 的贡献,对于第二个灯具重复以上的步骤。这里应注意,对于第二个灯具而言,其实观察者的位置离灯具的位置已不再是 $10h$,也就是说,他已不完全符合使用相对等亮度图的条件。但由于计算的误差较小,认为可以忍受,因此对第二个灯具仍可使用相对的等亮度图来计算。使用这种方法计算任意一点的亮度,一般计算两个灯具的贡献就足够了。

2) 观察者位于灯具排列线以外,但观察方向和灯具排列线所成的角度不超过 5°。在此情况下,路面上观察者和灯具之间任一点的亮度不但和灯具的光分布有关,而且和该点相对于观察者和灯具的位置有关。反之,在灯具后面路面上的点的亮度几乎由灯具的光分布决定,而与观察者的位置关系不大。

如上所述,可知求这两个区域内的点的亮度的方法应是不同的。对于灯具后面的点而言,由于它与观察者的位置基本上无关,因此 1) 中所用的方法可以在这里使用,即可认为观察者位于灯具排列线上。

对于计算点在观察者和灯具之间的情况,计算其亮度的方法如下:

① 使道路平面图中的灯具位置和等亮度图的(0, 0)重合;

② 然后旋转等亮度图,使其纵轴和观察者与灯具的连线重合;

③ 找出计算点在等亮度图上的亮度百分值;

④ 同 1) 中的⑤。

对于多个灯具的贡献,重复以上的步骤,然后求和即可。

使用旋转的方法计算点亮度,只要旋转角度不大于 5°,则其误差在 10%之内。按照观察者距离灯具为 $10h$,则观察者到 C 平面的距离不可超过 $0.871h$。

假如路灯的布置方式是交错或对称的,则需要计算对面灯具对计算点的贡献,将等亮度图翻转到反面,以保证正确的车道侧和人行道侧。

3) 观察者位于灯具排列线以外,但观察方向和灯具排列线所成的角度超过 5°。在此情况下,如果要精确地计算路面上的点的亮度,则需要按照观察者的实际位置绘制新的等亮度图。

2. 平均亮度的计算

(1) 数值计算

如果在一段路面上已计算出网格点的亮度值,则这段区域中的平均亮度为

$$L_{av} = \frac{\sum_{i=1}^{n} L_i}{n}, \tag{9.1.16}$$

式中,L_i 是第 i 个网格点的亮度值;n 是网格点总数。

对于如何选取网格点,CIE 在 NO. 30 中有推荐:选取的网格点所在区域为同一排上两个灯具之间的整段道路,并且在两灯具之间。如灯具间距小于等于 50 m,则应设 10 个计算点;如灯具间距大于 50 m,则计算点之间的距离不大于 5 m;在沿路宽方向,每条车道设 5 个点,其中一点位于车道中心线上,最外两点距车道边界为车道宽的$\frac{1}{10}$。

(2) 利用亮度产生曲线计算

计算一段长度有限的直路段上的平均亮度,以最快、最简便的方法使用亮度产生曲线,亮度产生曲线与利用系数曲线相似,计算的公式如下:

$$L_{av} = \frac{\Phi K Q_0 \eta_L}{WS} \tag{9.1.17}$$

式中,η_L 为亮度产生系数;Q_0 为实际的路面平均亮度系数;Φ 为光源光通量;K 为维护系数;S 为灯具间距;W 为路宽。

亮度产生曲线如图 9.1.65 所示。图中曲线 A 表示观察者位于人行道侧,横向距离灯具为 h(安装高度),纵向距离灯具为 $10h$;曲线 B 表示观察者位于灯具排列线上,纵向距离灯具为 $10h$;曲线 C 表示观察者位于车道侧,横向距离灯具为 h(安装高度),纵向距离灯具为 $10h$。

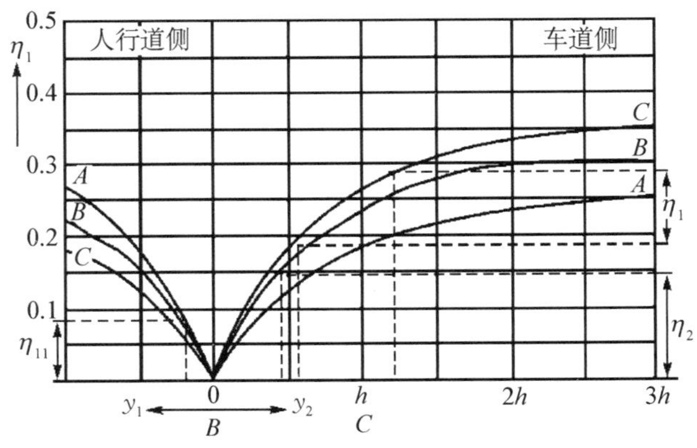

图 9.1.65　亮度产生曲线

(3) 计算举例

例 9.1.3　道路的几何尺寸如图 9.1.66 所示,采用对称布灯,光源光通量为 20 000 lm,安装高度为 10 m,间距为 50 m,单向车行道宽度为 6 m,观察者位于右侧灯具的排列线上,路面 Q_0 为 0.1。试求出右侧车行道的平均亮度,亮度产生系数曲线见图 9.1.65。

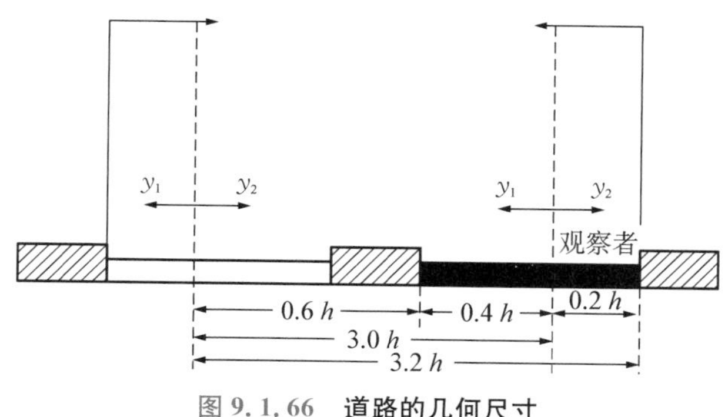

图 9.1.66　道路的几何尺寸

解　1) 考察左排灯具的贡献:对左排灯具而言,观察者位于灯具排列之外 h 处,需采用曲线 C。

$$y_2=0 \text{ 到 } y_2=1.2h: \eta_1=0.29;$$
$$y_2=0 \text{ 到 } y_2=0.6h: \eta_2=0.19;$$

右侧车行道,即 $y_2=0.6h$ 到 $y_2=1.2h: \eta_L=\eta_1-\eta_2=0.29-0.19=0.10$。

2) 考察右排灯具的贡献:对右排灯具而言,观察者位于灯具排列线上,所以需采用曲线 B。

$$y_2=0 \text{ 到 } y_2=0.4h: \eta_1=0.15;$$
$$y_1=0 \text{ 到 } y_1=0.2h: \eta_2=0.09;$$

右侧车行道,即 $y_2=0.4h$ 到 $y_1=0.2h: \eta_R=\eta_1+\eta_2=0.15+0.09=0.24$。

3) 右侧车行道的平均亮度是左排灯具和右排灯具的共同作用,根据公式,有

$$L_{av}=(\eta_L+\eta_R)\times 0.1\times 20\,000/(50\times 6)=2.27 \text{ cd}\cdot\text{m}^{-2}。$$

9.1.6.3　眩光计算

1. 不舒适眩光的计算

在 9.1.1 节中已讲述过,不舒适眩光是根据眩光控制等级(G)来衡量的。G 的计算见(9.1.4)式。

例 9.1.4　有一条宽 9 m 的道路(Q_0 为 0.1),选用的是半截光型灯具,内装 250 W 高压钠灯,设其光通量为 22 500 lm,安装高度 h 为 10 m,灯具间距 S 为 33 m,悬挑长度 C 为 1 m,灯具单侧排列,假定该灯具的 I_{80} 为 40 cd·(klm)$^{-1}$,I_{90} 为 12 cd·(klm)$^{-1}$,F 为 0.084 m^2,要求计算眩光控制等级 G。

解　1) 根据给定的条件计算平均亮度,假定由亮度产生曲线图可获得 $\eta=0.23$,根据公式计算可得

$$L_{av}=\frac{0.23\times 22\,500\times 0.1}{9\times 33}=1.74(\text{cd}\cdot\text{m}^{-2}),$$
$$0.97\lg L_{av}=0.97\times\lg 1.74=0.233。$$

2) 已经知道 $I_{80}=40$ cd·(1 000 lm)$^{-1}$,$\Phi=22\,500$ lm,可得

$$I_{80} = 900\ \text{cd},\ -3.3\lg(I_{80}) = -9.78。$$

3）假如不知道 I_{88}，可由已知的 I_{80} 和 I_{90} 近似求出，假定 I 与 γ 在 $\gamma = 80°$ 和 $\gamma = 90°$ 之间呈线性关系：

$$I_{88} = I_{90} + \frac{I_{80} - I_{90}}{10} \cdot (90 - 88) = 12 + 28 \times 0.2 = 17.6[\text{cd} \cdot (1\,000\ \text{lm})^{-1}]。$$

所以，$I_{88} = 17.6 \times 22.5 = 396(\text{cd})$，则

$$\lg\left(\frac{I_{80}}{I_{88}}\right) = \lg(2.27) = 0.36,\ -0.081\lg\left(\frac{I_{80}}{I_{88}}\right) = -0.029,$$

$$1.3 \times \left(\lg\left(\frac{I_{80}}{I_{88}}\right)\right)^{\frac{1}{2}} = 0.78。$$

4）$F = 0.084\ \text{m}^2$，$1.29 \cdot \lg(F) = -1.38$。

5）$h = 10 - 1.5 = 8.5$，$4.41 \cdot \lg(h) = 4.41 \cdot \lg(8.5) = 4.10$。

6）间距 $S = 33$ m，所以

$$P = \frac{1\,000}{33} = 30,\ -1.46 \cdot \lg(P) = -2.16。$$

7）由于使用的是高压钠灯，因此 $C = 0.1$。

8）代入 G 值计算公式，得

$$G = 13.84 - 9.78 + 0.78 - 0.029 - 1.38 + 0.233 + 4.10 - 2.16 + 0.1 = 5.7。$$

可见 G 值略高于最低要求。

2. 失能眩光的计算

失能眩光可以用阈值增量 TI 定量描述，TI 的计算见(9.1.3)式，为

$$TI = \frac{65 \times L_v}{L_{av} \times 0.8},$$

式中，L_v 为等效光幕亮度；L_{av} 为路面平均亮度，其范围为 0.05～5 cd·m^{-2}。其中

$$L_v = \sum_{i=1}^{n} \frac{k \cdot E_{\theta_i}}{(\theta_i)^2},$$

式中，E_{θ_i} 为第 i 个眩光光源在眼睛上产生的照度；θ_i 为观看方向和第 i 个眩光光源入射进眼中的光线之间的角度；k 为年龄因素。当 θ 以度为单位时，$k = 1$ 为第 i 个眩光光源在眼睛上产生的照度。

（1）计算阈值增量时的规定

在计算阈值增量时，CIE 做了如下的规定：

1）观察者位于距右侧路缘 $\frac{1}{4}$ 路宽处。

2）观察者位于计算路段前 60 m 处。

3）假定车辆顶棚的挡光角度为 20°。

4）第一个灯具总是位于 20°，依次计算 500 m 以内同一排灯具所产生的光幕亮度并累加，计算到某一个灯具所产生的光幕亮度小于累加光幕亮度的 20%时为止。

（2）诺模图方法

TI 的计算很麻烦，因此 CIE 推荐了使用诺模图方法来进行计算，图 9.1.67 即为诺模图。图中，上面的大图的横坐标表示角度 γ，左面的纵坐标表示灯具每 1 000 lm 的光强值，图中的实线表示 Y 值，用于计算等效光幕亮度；右下面的小图用于选择安装高度 MH 和安装间距 S；左下面是 12 个眩光光源。

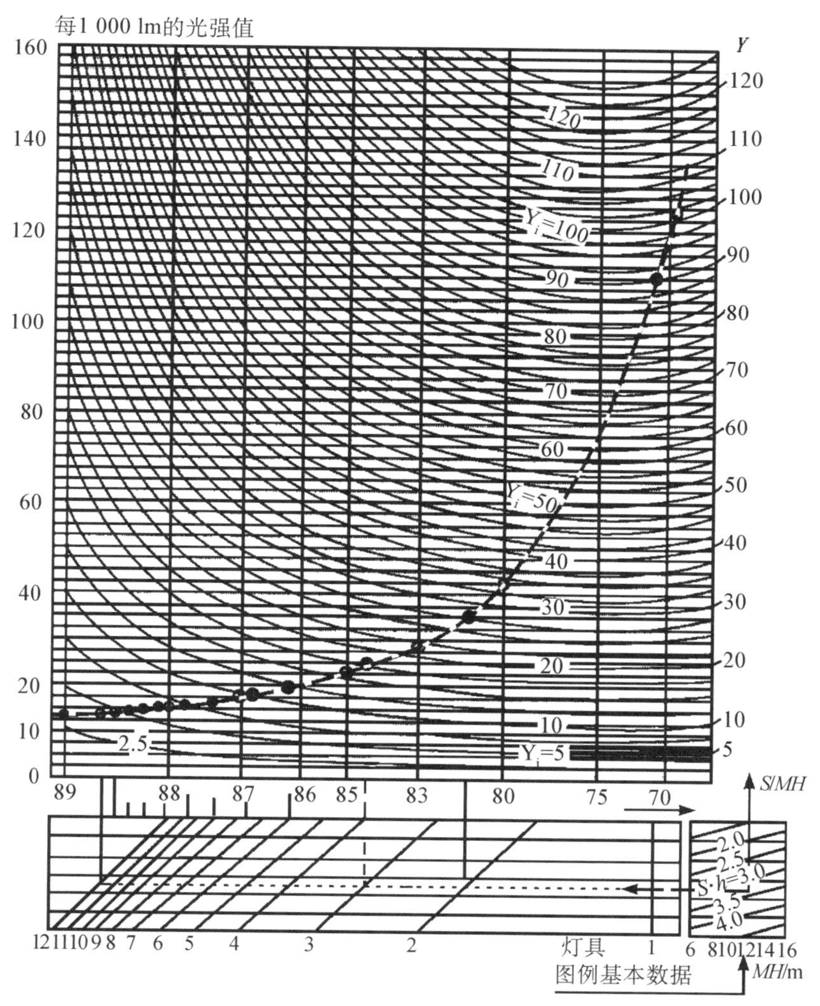

图 9.1.67 诺模图

使用诺模图方法计算时，应分两步如下：

1）由诺模图得到各眩光源的 M 值，然后求得等效光幕亮度；

2）由(9.1.3)式计算 TI。

（3）诺模图的具体使用方法

1）将灯具在 C_0 平面上的光强值，像图 9.1.67 中那样用光滑的虚线曲线连接。

2）以实际灯具的安装高度和安装间距在右下的图中找到相应的点。

3）从此点向左图作平行于横轴的直线。它与 12 个眩光源都有交点。

4）由这 12 个交点向上图作垂线，将与图中的虚线相交，根据交点所在的位置读出 Y 的值，并将 12 个值相加。

5）由下面的公式计算等效光幕亮度：

$$L_v = \frac{0.0028\Phi\sum_{i=1}^{12} Y_i}{(h-1.5)^2}, \tag{9.1.18}$$

式中，Φ 为光源光通量；h 为灯具的安装高度。此时使用光源的光通量为 Φ=25 000 lm，安装高度 MH = 10 m，安装间距 S = 37 m。

将灯具在 C_0 平面内的光强值按图 9.1.67 中所示点画出，然后用光滑的虚线曲线连接；路灯的安装距高比为 $\frac{S}{MH}=3.7$，在右下的图中找到相应的点，由此点向左图作平行于横轴的直线，它与 12 个眩光源都有交点；由这 12 个交点向上图作垂线，与图中的虚线曲线相交，根据交点的所在位置读出 Y 值；图中的 12 个 Y 值分别为 115，53，31，19，15，12，9，8，7，6，5，4，其和为 284。

使用光幕亮度公式，计算等效光幕亮度：

$$L_v = \frac{0.0028 \times 2.5 \times 284}{(10-1.5)^2} = 0.28(\text{cd}\cdot\text{m}^{-2})。 \tag{9.1.19}$$

如果还知道道路上的平均亮度 $\overline{L}$，就可利用(9.1.3)式计算得到 TI。

9.1.7 关于城市机动车道路照明中使用 LED 的试验研究

9.1.7.1 上海申长路试验段

为验证 LED 路灯用于高等级道路的应用效果、节能比例等，“上海建交委 LED 路灯标准编制工作小组”于 2013 年 8 月，基于相关的国家标准提出了灯具、驱动器和应用技术具体要求，面向全国厂家开展了 LED 路灯应用于典型三车道主干道（上海市申长路）的试挂试验邀请活动，并做了细致的入围条件评估工作。经过严格的筛选，最终来自全国不同地域、不同类型的十余家厂家的灯具在防护等级、抗浪涌等级、绝缘要求、照明指标等方面性能指标皆满足国家标准要求。之后，又开展了高压钠灯替成 LED 路灯试挂试验，原高压钠灯的照明效果如图9.1.68 所示，LED 路灯的照明效果如图 9.1.69 所示。

上海市申长路 LED 路灯试验结果表明：机动车道与非机动车道的平均照度、照度总均匀度、平均亮度值、亮度总均匀度、环境比、LPD 皆达标；对失能眩光 TI，有 3 家接近临界值，其余超标；对不舒适眩光指标 G，有两家合格，其余不合格，驾驶员感觉灯具发出的光有程度不同的刺眼感觉；对纵向亮度均匀度，有两家低于 0.7；对地面色温，有一家偏差 800 K，主要原因为色坐标偏离目标值过大以及色容差较大，其余指标皆达标。在透雾性方面，LED 路灯照明在近处辨识能力较好，在远处诱导性相比高压钠灯差；在节能方面，原高压钠灯 250 W 加 150 W，采用原高压钠灯等亮度照明效果替换原则，采用了 190 W（左右）加 60 W

(a) 晴天

(b) 雾天

图 9.1.68　上海申长路原高压钠灯的照明效果

(a) u_1=0.72

(b) u_1=0.75

(c) u_1=0.78

(d) u_1=0.8

(e) u_1=0.82

(f) u_1=0.85

(g) u_1=0.9

(h) u_1=0.9

图 9.1.69　上海申长路 LED 路灯的照明效果及实测纵向亮度均匀度 u

的LED路灯原位替换，该路灯光效达100 lm·W^{-1}以上，以整个晚上开灯11 h、在晚24 h后调整亮度为50%进行计算，一杆灯一年节约1 000度电。

对试验控制系统的单播、组播、广播、巡检等功能进行可靠性测试。强磁场、同频率、远距离、遮挡、电压波动等抗干扰、模拟故障、带宽测试等性能可靠性测试结果表明：单灯、组播、广播调光响应效果良好；巡检数据回传正常；对操作命令响应及时；在各种干扰作用下的丢包率小于0.1%。

根据主观评价得出不同年龄组对整体亮度、眩光和颜色喜好的评价有区别；乘坐卡车和轿车会有明显不同的感受；LED路灯的照明效果整体较传统高压钠灯明显要好；各个LED路段之间从统计数据上来看存在差异，但差异不大；主观评价结果（见图9.1.70）与实测数据好坏基本吻合。

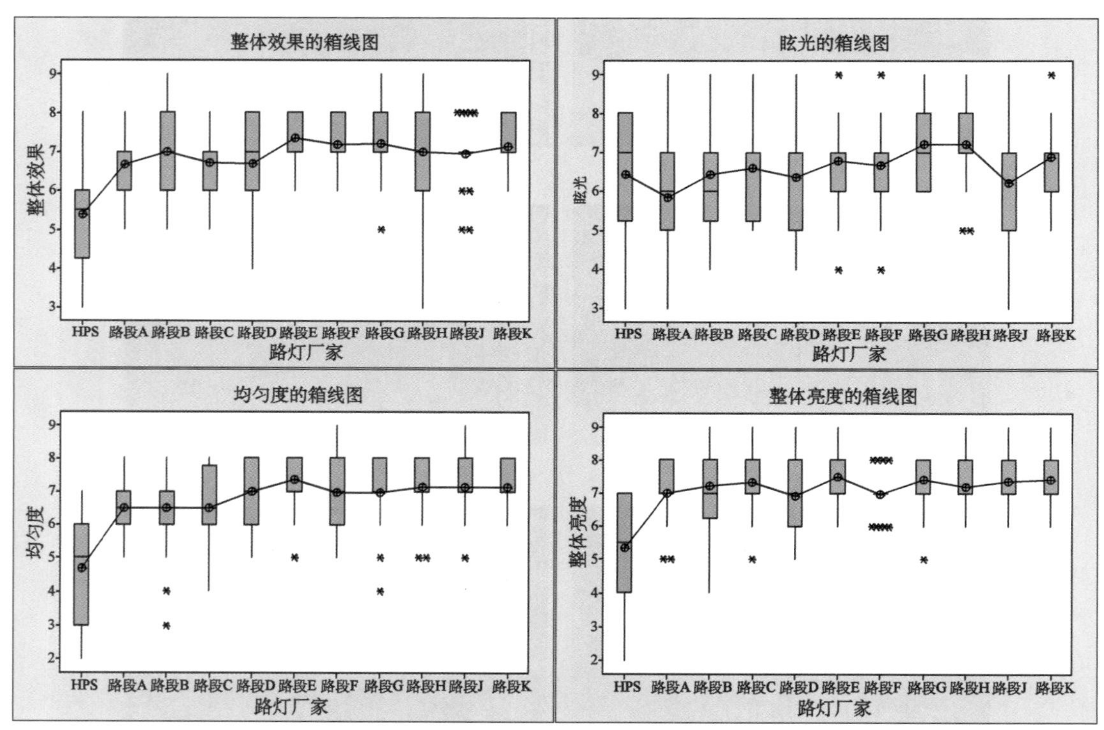

图9.1.70 上海市申长路LED路灯照明效果主观评价结果

9.1.7.2 上海市内环LED道路照明试验段

2014年4月，为探索拟制订的标准化LED路灯应用于高等级高架桥的可行性，“上海建交委LED路灯标准编制工作小组”依据相关原则，在上海市申长路试验中选取了各项综合指标排名前五的企业，在4 km长的上海市内环进行标准化LED路灯试验。内环高架为上海最重要的路段，该试验路段车流量大，需配置的LED路灯类型多、路段距高比、宽度类型多等导致布灯方式复杂、配光要求高（需考虑防撞墙亮度与严格控制环境比及光污染），该试验段为LED路灯在复杂路型的城市重要高架环线路段，目前正在开展试验段的LED路灯试挂阶段进一步详细测试等工作。

上海市内环 LED 路灯试验表明，相比于上海市申长路试验结果：采用控制 I_{80}，可实现灯具不刺眼；采用控制色坐标偏差及色容差偏差的方式，实现了地面色温均匀；标准路段（距高比为 3.5 以下）照明效果能实现预期，在距高比较大（如大于 4.4）的路段，LED 路灯配光难以达到较好效果；部分灯杆的仰角、水平角垂直度等由于服役时间较长（20 y）变得不规则，偏离原设计方案，出现了地面斑马线、灯下黑等问题。LED 路灯与原高压钠灯等亮度照明效果方式替代后（原使用高压钠灯的部分区域不满足照明要求），在双向 4 车道的对称布灯情况下，节能达 40%～50%；不规则布置节能在 10%～40%之间；个别路段因原钠灯数量少，新装 LED 以满足照明需求，则节能比例更小或不节能。因此，照明设计对于实现良好的照明效果与节能非常重要。原高压钠灯照明效果如图 9.1.71 所示，LED 路灯照明效果如图 9.1.72 所示。

(a) 内环原高压钠灯照明效果

(b) 内环位置示意

图 9.1.71　上海市内环高架高压钠灯照明实景与所处地理位置（红色线条）

(a) 内环LED照明效果(标准段)

(b) 内环LED照明效果(拓宽段)

图 9.1.72　上海内环高架 LED 路灯照明效果

基于对上海市申长路与上海市内环 LED 道路照明试验，验证了 LED 路灯应用于高等级道路的可行性。

试验得出：道路照明性能指标上重点考虑亮度及其总均匀度与纵向均匀度、不舒适眩光，包括接插件在内的灯具 IP 防护要求，对于保证行车更安全、节能效果更明显、应用舒适度更佳的 LED 道路照明的应用推广至关重要。灯具应更重视接插件等细节的制作质量。各类接口（机械、电气、光度）应尽快实现标准化，这对于保证行车更安全、使用寿命更长、性价比更好、维护更便利的 LED 道路照明的应用推广也至关重要。

在同一实测照明指标下，配光不佳的 LED 光源与高压钠灯路灯照明的效果迥异。实测的 TI 虽不满足"道路照明设计标准"（CJJ45）要求，但未出现"失能眩光"程度大或灯具及灯光刺眼(不舒适眩光大)等情况。试验还发现:虽然灯具效能高,但有效利用率不一定也高,这与灯具配光的利用率高低有关,各参数指标计算与实测之间有折扣。灯具仰角的变化将导致各项照明指标变化,截光效果、均匀度皆发生变化。

9.1.8 道路LED照明发展趋势

9.1.8.1 道路LED照明产品方向

LED的特点决定了LED道路照明产品的未来发展走向。与传统的照明技术相比,LED最根本的特点在于其高可靠性和与智能控制良好结合、光线可控。高可靠性和智能化集成及更便利与有效的配光是未来LED道路照明产品的几大主线。

(1) 高可靠性

由于技术上的不成熟,前几年一些LED道路照明产品在实际应用中出现了很多可靠性方面的问题,如寿命短、光衰严重、工作不稳定等,这在一定程度上影响了LED道路照明产品的整体声誉。高可靠性不仅仅是指寿命达到一定标准,还包括产品的一致性和稳定性。

近年来,芯片技术与电源材料、工艺等技术的大幅度提升,LED道路照明产品易损坏部件已改换成线缆、接插件等。今后道路照明产品的主要质量控制方向,应在配件等细节材料选择与工艺选择上。

(2) 智能化集成

LED技术的最大优势之一是在于它能实现智能控制。将LED道路照明产品与太阳能、红外感应、微波测量装置等分别组装在一起,就可以实现一连串意想不到的独特应用。未来提供的不只是一盏LED替代灯具,而是为其设计的一个智能照明方案,可以让用户体验一种前所未有的多情景、多功能的照明环境以及按需用光,这样做不仅更容易获得客户的认可,还可以提高产品附加值。

利用LED道路照明产品控制网络可实现搭载道路内各类传感器,如交通类、环境类、土建与机电结构类、健康监测类、人员定位类,等等。通过各类感知层获得相关数据,针对出现的问题或状况,实现联动与信息共享,使得各类决策更高效、更科学,真正实现道路建设期与运营期的智慧化管理。

集成式多功能LED路灯系统会出现并应用,该系统不仅包含了普通LED路灯的智能照明功能,还加入更多智能应用元素,实现更多、更全、更有价值的功能,具体包括:LED路灯、GPRS模块、LED显示屏、光敏传感器、时钟模块、环境监测等设备、摄像机、RFID读头、扬声器、按钮和麦克风、充电设备、Wi-Fi等其中的部分功能。

(3) 配光更灵活

随着LED芯片的发展,以及配光水平的逐步提高,未来配光技术能实现道路内照明更舒适、更节能、更稳定,在满足各类照明设计指标的同时,还能实现按需照明。

9.1.8.2 道路LED照明设计方向

针对LED光源特性,建议在开展道路照明设计时应从以下几个方面着手:

一是基于驾驶员行车安全的身体判断指标,通过相关实验,确定更为科学的亮度及其均匀度水平,并考虑到光的颜色与色温等对行车安全的影响。

二是对不同道路得出比较科学的亮度指标,通过照明设计与配光优化,实现行车或行人安全前提下的节能。

三是需要根据车流量、车速、道路交通秩序、外界自然光等情况，设置合理的调光策略，实现安全与节能。

四是研究行人与车辆等障碍物垂直照度对驾驶员的辨识能力的影响，提出合适的配光要求，以确保行车辨识能力与安全。

五是通过更具针对性的照明设计方案、LED芯片技术的提升、配光水平的提高、交流或集中供电模式的发展，提出更为科学的照明设计方式与指标，设计实现道路内更高品质光线、更大程度节能、更便于维护的产品，营造安全、舒适、节能的道路LED照明光环境等。

9.2 隧道照明

隧道是埋置于地层内的工程建筑物，是人类利用地下空间的一种形式，其主要功能是改变区域经济、改善行车条件、节约交通成本、减少事故发生等。按其照明用途可分为公路隧道、城市隧道等。

图 9.2.1 汽车尾气对隧道照明的影响

驾车行驶在公路隧道、城市隧道中有环境封闭、空间狭小、行车压抑等强烈感觉；并且隧道由于全天24 h亮灯，能耗大(见表9.2.1)；不间断运营、维护困难，环境恶劣、烟雾浓(见图9.2.1)、视距小和噪音大，其对照明的质量、安全、寿命、可靠性要求较一般区域高。

表 9.2.1 上海地区隧道照明耗电情况

隧道工程	外环	大连路	复兴东路	翔殷路	上中路	人民路	长江隧道
设备功率/kW	870	286	324	857	1 094	224	1 229
年用电量/万度	469	199	242	332	499	158	718

健全的隧道管理机构、完善的隧道安全设施、突发事件的交通管制与救援能力、舒适安全与节能的行车环境，是确保隧道高质量运行的主要方向。其中，舒适安全与节能的隧道环境是其运行质量最重要因素之一。舒适的线形，平整的路面，宽阔的车道，舒适、良好、节能的光环境，简洁、大方的车道层装饰效果，良好的空气质量、温度与湿度，是影响隧道行车安全、舒适、运行节能的因素。其中，隧道照明质量是影响行车环境最重要的因素之一，也是保障隧道安全、高效、经济运营的最重要措施之一。图9.2.2所示为灯具光通量配置过度对行车的影响，同时也导致不

图 9.2.2 配置过度对行车的影响

节能；图 9.2.3 所示是因隧道照明问题而可能导致行车不安全的示例。

(a) 洞口事故

(b) 洞口事故

图 9.2.3　隧道照明问题可能导致行车不安全的示例

9.2.1　隧道照明产品

隧道照明主要采用气体放电灯(见图 9.2.4 和图 9.2.5)以及固体发光 LED 灯等。

LED 隧道灯具有节能环保、寿命长、显色性好、定向性好、易于调光等特点，具体表现在良好的配光技术确保其光线柔和，有效区域更均匀；高显色指数与多种规格的色温、更连续的光谱，使其产品设计更灵活；整灯光效高达 110 lm·W^{-1}以上、有更高的有效利用率、不影响其寿命和光效可无极调光，使其应用更绿色环保；可达到 50 000 h 以上的光源寿命、与调光巡检的良好匹配，确保其维护更便利与低价。LED 光源与产品的特点决定了其在隧道照明中的强大优势。

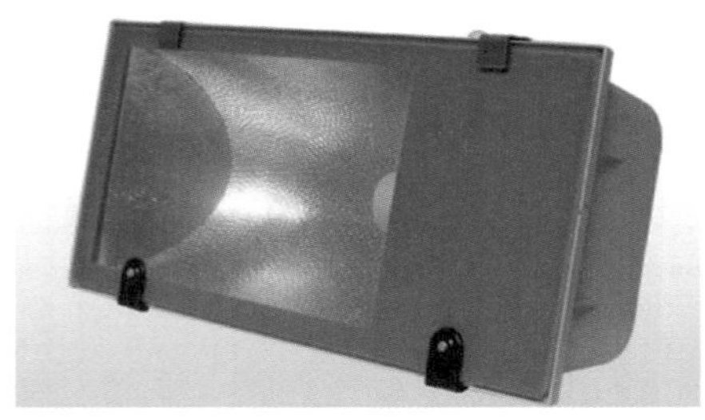
图 9.2.4　用于隧道照明的钠灯

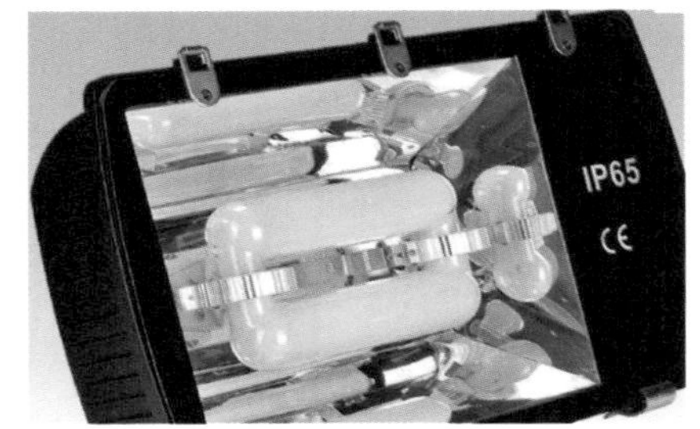

图 9.2.5　用于隧道照明的无极灯

LED 隧道灯分为模块式、整体式两种。其中，整体式 LED 隧道灯如图 9.2.6 所示：模块式为包含一个或多个装在印刷电路板上的 LED 封装件，并可能包括电子、光学、机械、热组

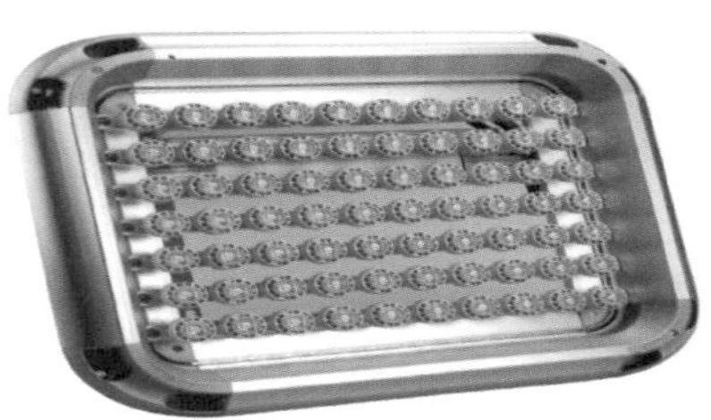
(a) 光学件为透镜

(b) 光学件为反光杯

图 9.2.6　整体式 LED 隧道灯

件、接口和控制等一个或多个组件的、没有灯头的光源。LED 模块通常设计为 LED 灯或 LED 灯具的一部分，可以是嵌入式或独立式。

嵌入式模块为嵌入在一个灯具、盒子、罩壳等内部的可替换部件的 LED 模块，在没有特殊防护措施下，这种模块不会安装在灯具外部使用。按芯片排布或封装方式，分为集成式封装 LED 隧道灯和阵列式封装 LED 隧道灯。独立式模块为可以独立于灯具、额外的盒子或者罩壳等安装或放置的 LED 模块，且具备对应于其与分类和标记的安全相关的所有必要的防护。模块化隧道灯之外皆为整体式隧道灯，鉴于其规模化生产不便、互换便利性差等缺点，目前其使用数量正在逐步减少。

独立式模块优点是利于规模化生产与配光更灵活(见图 9.2.7)，但有着透镜易老化、提前光衰的特点。隧道灯外露线缆过多或接插件选择不合适易失效(见图 9.2.8)：背壳开孔散热与孔内灰尘进入的矛盾致使散热不利、光衰严重，模组无法实现二次更换，提高维护成本；模组连接拼凑会使整个灯具刚度分配上有薄弱点，灯具整体性不好，并且，为模组连接拼凑，其造型也受限制；易受环境侵蚀的部件的寿命短而影响整灯寿命。因此，应采用模组标准化、选用各项性能指标优良的透镜与线缆及其接插件、散热充分并考虑积灰后的影响、易侵蚀部件需单独腔体保护等改进措施。贵州高速公路开发总公司于 2012 年出台了该类产品的接口标准“高速公路隧道 LED 灯技术条件”，其主要特点是定义了这类产品的机械、电气、光度接口等。

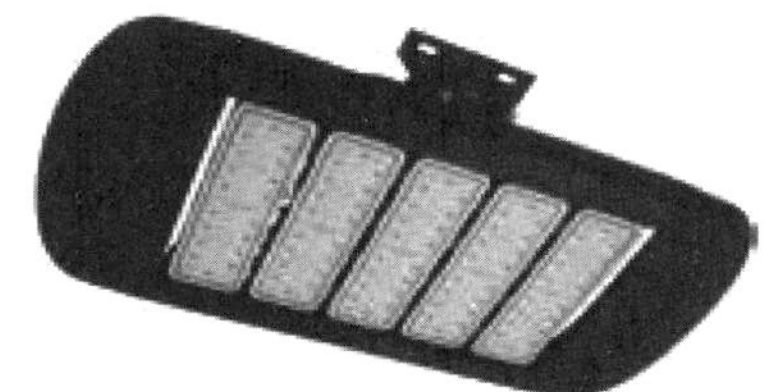

(a) 独立式(有外壳)

(b) 独立式(无外壳)

图 9.2.7　独立式 LED 隧道灯

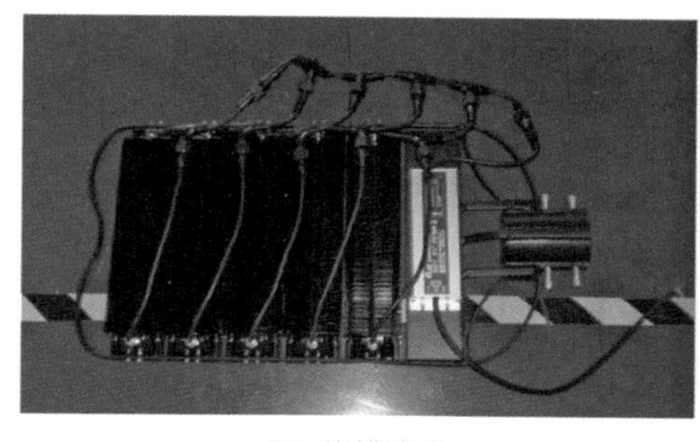

(a) 线缆隐患

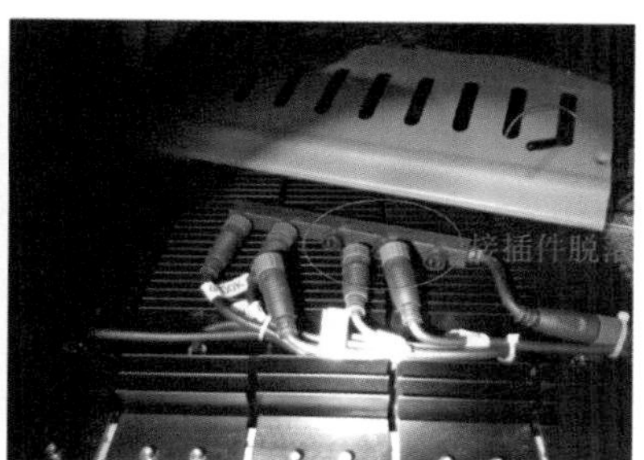

(b) 接插件隐患

图 9.2.8　隧道灯外露线缆或接插件过多

阵列式封装的嵌入式模块使整灯壳体受力均衡、线缆与接插件等易损坏部件可得到很好保护(见图 9.2.9)，其造型设计灵活，同一隧道灯外壳可以使用不同厂商的模块，反射器光学稳定性高，外罩采用玻璃，避免了 PC 塑料透镜老化的问题，光线也更柔和。上海于 2014 年出台了该类产品的地方工程建设标准《隧道 LED 照明应用技术规范》(DJ/TJ 08－2141)，该规范

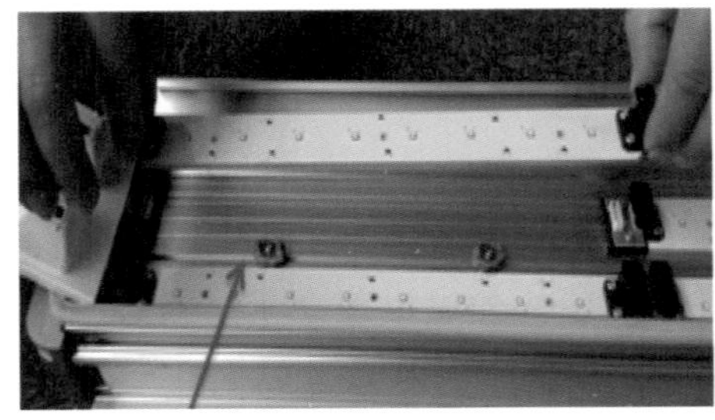

(a) 模块

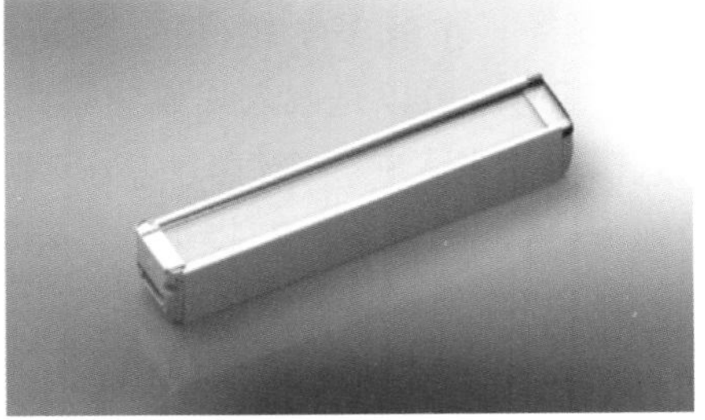

(b) 灯具整体

图 9.2.9　嵌入式模块化 LED 隧道灯

的主要特点是定义了该类产品机械、电气、光度接口等，可适用于隧道照明设计与招标等。

集成封装式模块化 LED 隧道灯(见图 9.2.10)的优点也与阵列式封装的嵌入式模块化路灯类似，其性价比更高，整灯密封更可靠，其缺点是由于驾驶员眼睛距离灯具较近，用于隧道内很难控制眩光，比较刺眼。

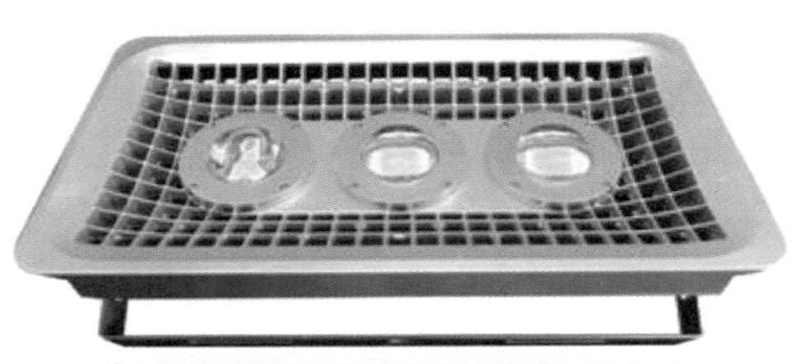

(a) 集成封装式(多颗光源)

(b) 集成封装式(单颗光源)

图 9.2.10　集成封装式模块化 LED 隧道灯

9.2.2　隧道照明设计技术与应用标准

9.2.2.1　CIE 与日本关于隧道照明设计的规定

国际照明学会 CIE 于 2004 编制了“Guide for the Lighting of Road Tunnels and Underpasses”，从原理上阐述了隧道照明设计原由、影响隧道行车安全的照明指标等，主要建议了照明设施布置，在一定流量与车道数下，隧道接近段、入口段、加强段、中间段、出口段的照明段长度与指标，包括亮度、均匀度，不同时间段、不同流量情况的调光策略，接近段的减光方法、应急照明的技术要求、养护技术要求等。其内容可指导 LED 隧道照明设计。

1. 入口照明

入口照明的亮度要根据隧道外的亮度、车速、入口处的视场、隧道的长度来确定的，CIE 将隧道入口照明分为从隧道口开始、阈值段和过渡段。日本的隧道照明标准中将隧道入口照明分为引入段、适应段、过渡段；阈值段是为了消除“黑洞”现象(见图 9.2.11)，是让驾驶员能在洞口辨认障碍物所要求的照明段；过渡段是为了避免阈值段照明与内部基本照明之间的强烈变化而设置的照明段，其照明水平逐渐下降。

隧道入口照明是根据视野中隧道外天空的亮度、周围景物的亮度、道路的亮度来决定的。CIE 规定视野范围是这样的：观察者站在离隧道口一个刹车距离，视野中心位于隧道高

(a) 洞口无遮阳措施

(b) 洞口有减光措施

图 9.2.11 隧道照明"黑洞"效应

度的$\frac{1}{4}$处的 20°。同时,CIE 也给该段命名为"临近段",这是隧道入口前的一个刹车距离,由于它属于隧道外的一段,故未将它列入隧道分段中。表 9.2.2 所示是临近段视野内的亮度值,表中给出的是刹车距离。从此表中可以看出,对于车速大的情况,临近段视野内亮度较高,并且由于有雪时视野中的亮度较高,在同样的情况下,临近段视野内亮度比平时高。

表 9.2.2 临近段的亮度值($kcd \cdot m^{-2}$)

刹车距离	20°视野内天空占有百分比							
	35%		25%		10%		0%	
	平常	有雪	平常	有雪	平常	有雪	平常	有雪
60			4～5	4～5	2.5～3.5	3～3.5	1.5～3	1.5～4
100～160	5～7	5～7.5	4.5～6	5～6.5	3～4.5	3～5	2～4	2～5

对适应段(即阈值段)的适宜亮度,CIE 没有规定具体值,只是以临近段的亮度值为基础间接做了规定,表 9.2.3 所示是推荐的适应段亮度与临近段亮度的比值,但适应段的亮度并不是一个恒定值:在一半的适应段长度时应开始逐渐减少亮度,直到在适应段结束时降到原来的 0.4(见图 9.2.11)。

表 9.2.3 临近段的亮度值($kcd \cdot m^{-2}$)

刹车距离	20°视野内天空占有百分比							
	35%		25%		10%		0%	
	平常	有雪	平常	有雪	平常	有雪	平常	有雪
60			4～5	4～5	2.5～3.5	3～3.5	1.5～3	1.5～4
100～160	5～7	5～7.5	4.5～6	5～6.5	3～4.5	3～5	2～4	2～5

CIE 以一个计算公式给出了过渡段的亮度递减,如图 9.2.12 所示。在此图中,$L_{阈值}$表示阈值段开始段的亮度;$L_{过渡}$表示过渡段的亮度;$L_{内部}$表示隧道内部段的亮度。

以上是 CIE 对隧道照明入口段的照明规定,总而言之,CIE 对各段并没有具体的数据规

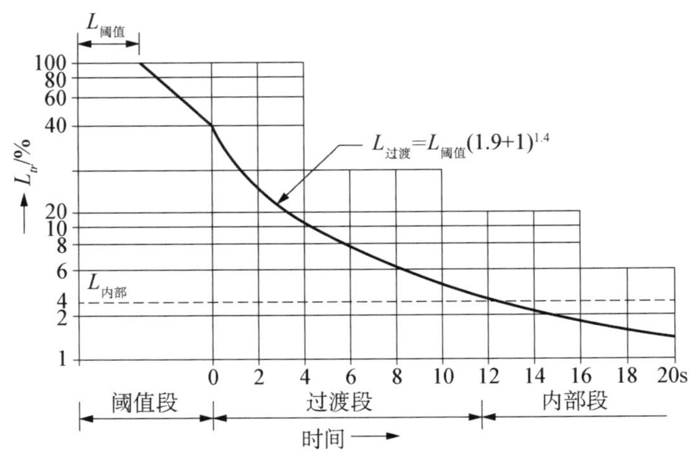

图 9.2.12　隧道照明的亮度递减曲线

定，在实际中都要根据车速以及环境进行计算而得。同时阈值段的长度至少等于一个刹车距离，过渡段的长度则可由图 9.2.12 中的标示及车速计算而得。

表 9.2.4 所示是日本的隧道照明标准中入口照明中各段的照明标准，日本的隧道照明标准也是以隧道外的亮度为前提的，表 9.2.5 所示是野外亮度的分类。

表 9.2.4　日本的隧道照明标准中入口照明中各段的照明标准

行车速度/km·h⁻¹	隧道全长/m	引入段		适应段		过渡段		入口段全长/m
		亮度/cd·m⁻²	长度/m	亮度/cd·m⁻²	长度/m	亮度/cd·m⁻²	长度/m	
60	≤75	108	30	103	10	—	0	40
	100	97		76	30	—	0	60
	125	88		57	55	—	0	85
	150	78		45	75	—	0	105
	175	70		35	75	12.5	15	120
	≥200	63		30	75	2.5	40	145
40	≤75	97	20	80	20	—	0	40
	100	78		51	40	18.5	0	60
	125	64		38	45	4.5	10	75
	150	52		31	45	4.5	20	85
	175	42		30	45	1.5	25	90
	≥200	24		20	45	1.5	25	90

入口段的照明水平是和隧道口的亮度有直接关系的，表 9.2.4 中的数据是在隧道口亮度为 4 000 cd·m⁻²的条件下给出的，如果隧道口的亮度更高或更低，则表 9.2.4 中的数据应按比例增大或缩小。表 9.2.5 所示是通过对隧道口附近的地势和自然条件进行分析分

类，以确定隧道口外的亮度标准。现在，为了降低隧道口外的亮度，一般在隧道口附近植树，在城市中则是利用遮蔽一部分天然光来达到降低隧道口的亮度，从而减少隧道内人工照明的水平，节约能源。

表 9.2.5 野外亮度的分类

类别	野外亮度/cd·m^{-2}	条件
A	6 000	入口附近的天空等高亮度部分占视野 50%以上
B	4 000	1) 入口附近的天空等高亮度部分占视野 25%以上； 2) 入口与城市街道相连
C	3 000	1) 视野内没有高亮度的天空； 2) 入口处有山地森林环绕； 3) 入口处位于市区道路，附近有高层建筑

由于阴天、雨天或黄昏时分隧道口外的亮度比平时要小很多，因此要有适当的措施来减小入口段照明的水平，以减少不必要的能源浪费。不管是 CIE 还是日本的照明标准，入口段的照明水平是逐渐下降的，一般各段的照明不可能是均匀下降的，因为这很难做到。不过，可以使用阶跃式下降的方式，只要相邻阶跃的亮度比不超过 3∶1 就可以，因为这时还没影响人的视觉。

2. 内部照明

内部照明主要是为了保证车辆的安全行驶，其所需要的亮度是由车辆的速度和路面的反射条件决定的。表 9.2.6 所示是 CIE 对隧道内部段照明的推荐亮度，它是以刹车距离和交通密度为依据给出的，表 9.2.7 所示是日本隧道照明标准对内部段照明的标准。

表 9.2.6 CIE 对隧道内部段照明的推荐亮度

刹车距离/m	交通密度/veh·h^{-1}		
	<100	100<交通密度<1 000	>1 000
60	1	2	3
100	2	4	6
160	3	10	15

表 9.2.7 日本隧道照明标准对内部段照明的标准

车速/km·h	平均亮度/cd·m^{-2}	换算成平均照度/lx	
		混凝土路面	沥青路面
100	9.0	120	200
80	4.5	60	100
60	2.3	30	50
40	1.5	20	35

注：对平均亮度的换算系数，混凝土路面为 13；沥青路面为 22。

3. 出口照明

白天，出隧道之前需要一段过渡段(见图 9.2.13)，以防止出隧道时，由于高亮度刺激而降低视觉，亦即有眩光的影响。过渡段的照度一般应为隧道口外部照度的$\frac{1}{10}$，过渡段的长度不大于 80 m，不过也有的人比较崇尚对称美，因此将入口照明映射成出口照明也未尝不可。对于双向的隧道，由于其出口也是入口，就必须将其当成入口照明处理。

(a) 洞口无光过渡措施　　(b) 洞口照明配置或控制不当

图 9.2.13　隧道照明的“白洞”效应

4. 夜间照明

以上讨论的是隧道的白天照明，对于夜晚照明而言，入口照明相应地减少，而出口段，则由于隧道外的照明比隧道的内部段照明更低，在夜晚会出现“黑洞”现象。因此，一般应设置过渡段，逐渐减低照明水平直至达到外部道路的夜间照明水平，表 9.2.8 所示是日本隧道照明标准的夜间出口过渡照明数据，可作为参考。

表 9.2.8　日本隧道照明标准的夜间出口过渡照明

隧道内部段的亮度/cd·m^{-2}	车速/km·h^{-1}	过渡照明Ⅰ区的亮度/cd·m^{-2}	过渡照明Ⅱ区的亮度/cd·m^{-2}	过渡照明Ⅰ区的长度/m	过渡照明Ⅱ区的长度/m
≥4.0	≥100	2.0	1.5	180	180
2.0～4.0	80	1.0	0.5	130	130
≤2.0	60	0.5	—	95	95
—	40	—	—	60	—

5. 应急照明

隧道照明设计中还应包括应急照明，如果隧道内停电，其后果不堪设想。应急照明应使用独立于主照明的电源供电，在停电后自动接入，启动应急照明。应急照明的路面亮度一般应为正常照明的 10%以上，如果是长时间停电，还应提供入口处的信号照明，以警告驾驶员放慢车速，减少事故发生的可能性。同时，还应设置诱导照明，在隧道内壁上等间隔布灯，指明隧道内壁位置和隧道的走向。

9.2.2.2　中国《公路隧道通风照明设计规范》(JTJ026.1)关于隧道照明设计的规定

公路与城市隧道照明设计主要依据交通部标准《公路隧道通风照明设计规范》(JTJ026.1)进行，为凸显地方特色，各地方也出了一些地方标准，主要如下：

我国在 2000 年以前使用的原则主要遵照《公路隧道设计规范》设计隧道的照明系统，由于该规范设计的标准不太完善，因此在 20 世纪 90 年代后期，为了适应我国公路隧道照明的技术需求，我国有一部分学者在这方面进行了一系列的研究。这些研究主要从两个方面进行：①确定布置灯光的方案，消除“黑洞”效应和“白洞”效应等问题；②设计照明系统的控制系统，对隧道的照明进行动态控制。我国在现有的经验基础上，结合国外成功的照明经验和技术，于 2000 年颁布了《公路隧道通风照明设计规范》(JTJ029.1)。

《公路隧道通风照明设计规范》(JTJ029.1)自发布实施以来，作为交通行业公路隧道照明设计有关的首部专业的行业规范，对推进我国公路隧道照明的科技进步和规范其设计行为均起到了重要作用。该规范主要规定了照明设施布置，在一定流量与车道数下，隧道接近段、入口段、加强段、中间段、出口段的照明段长度与指标，包括亮度、均匀度等，不同时间段、不同流量情况的调光策略，接近段的减光方法、应急照明的技术要求。该标准是行业内照明设计的“基本法”，地位类似国家标准。

为适应隧道照明发展，《公路隧道通风照明设计规范》(JTJ029.1)主编单位在原规范基础上完成了《公路隧道照明设计细则》(JTG/TD70)，该规范采纳了新的理论、新的技术、新的方法，既考虑到隧道照明技术的节能发展趋势，又考虑到我国照明的技术现状。该细则各条文的规定均有可靠的技术依据，并以成熟技术为基础编制，一些目前我国没有实践经验或不够成熟的技术内容没有被纳入或仅做出原则性的规定。

1. 设计要求

公路隧道照明设计应满足路面平均亮度、路面亮度总均匀度、路面中线亮度纵向均匀度、频闪和诱导性要求。

公路隧道各区域的照明设计要求详见图 9.2.14。图中，P 为洞口；S 为接近段起点；A 为适应点；$L_{20}(S)$为洞外亮度；L_{th1}，L_{th2}为入口段亮度；L_{tr1}，L_{tr2}，L_{tr3}为过渡段亮度；L_m 为中间段亮度；D_{th1}，D_{th2}为入口段 TH_1，TH_2 的分段长度；D_{tr1}，D_{tr2}，D_{tr3}为过渡段 TR_1，TR_2，TR_3 的分段长度；D_{ex1}，D_{ex2}为出口段 EX_1，EX_2 的分段长度。

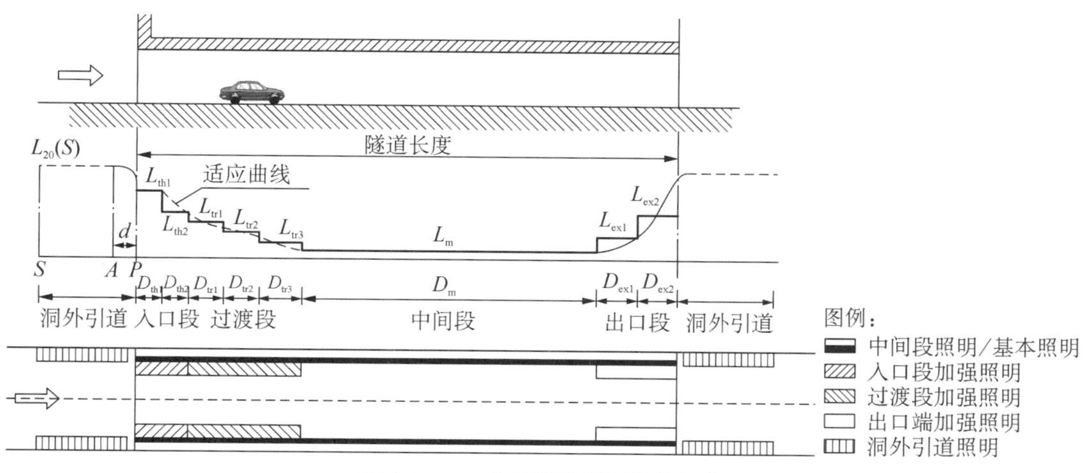

图 9.2.14　公路隧道照明设计要求

2. 入口段亮度要求

入口段宜划分为 TH_1，TH_2 两个照明段，其亮度应分别按(9.2.1)式及(9.2.2)式计算：

$$L_{th1} = K \times L_{20}(S), \tag{9.2.1}$$

$$L_{th2} = 0.5 \times K \times L_{20}(S)。 \tag{9.2.2}$$

入口段长度应按下式计算：

$$D_{th1} = D_{th2} = \frac{1}{2}\left(1.154D_s - \frac{h-1.5}{\tan 10^\circ}\right), \tag{9.2.3}$$

式中，D_{th1} 为入口段 TH_1 的长度(m)；D_{th2} 为入口段 TH_2 的长度(m)；D_s 为照明停车视距(m)；h 为隧道内净空高度(m)。

3. 过渡段亮度要求

过渡段宜划分为 TR_1，TR_2，TR_3 3 个照明段，其亮度应按表 9.2.9 取值。

表 9.2.9 过渡段亮度要求

照明段	TR_1	TR_2	TR_3
亮度	$L_{tr1} = 0.15L_{th1}$	$L_{tr2} = 0.05L_{th1}$	$L_{tr3} = 0.02L_{th1}$

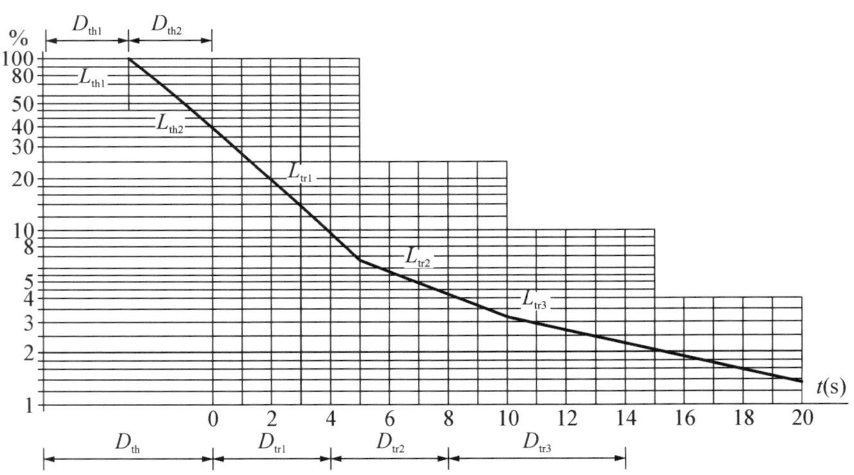

图 9.2.15 过渡段亮度要求

过渡段长度(见图 9.2.15)应按下列公式计算。

1) 过渡段 1 的长度计算如下：

$$D_{tr1} = \frac{D_{th1} + D_{th2}}{3} + \frac{v_t}{1.8} \tag{9.2.4}$$

式中，v_t 为设计速度($km \cdot h^{-1}$)；$v_t/1.8$ 为 2 s 内的行驶距离。

2) 过渡段 2 长度应如下计算：

$$D_{tr2} = \frac{2v_t}{1.8}。 \tag{9.2.5}$$

3）过渡段 3 的长度应如下计算：

$$D_{\mathrm{tr3}} = \frac{3v_t}{1.8}。 \tag{9.2.6}$$

在洞口土建完成时，宜进行洞外亮度实测；实测值与设计取值的误差如超出－25%～＋25%，应调整照明系统的设计。

4. 中间段亮度要求

中间段亮度宜不小于基本照明亮度表 9.2.10 的规定。

表 9.2.10　基本照明亮度表 L_{in}(cd・m^{-2})

设计速度 v_t/km・h^{-1}	L_{in}		
	单向交通		
	N≥1 200 veh・(h・ln)$^{-1}$	350 veh・(h・ln)$^{-1}$＜N＜1 200 veh・(h・ln)$^{-1}$	N≤350 veh・(h・ln)$^{-1}$
	双向交通		
	N≥650 veh・(h・ln)$^{-1}$	180 veh・(h・ln)$^{-1}$＜N＜650 veh・(h・ln)$^{-1}$	N≤180 veh・(h・ln)$^{-1}$
120	10.0	6.0	4.5
100	6.5	4.5	3.0
80	3.5	2.5	1.5
60	2.0	1.5	1.0
20～40	1.0	1.0	1.0

5. 出口段亮度要求

出口段宜划分为 EX_1，EX_2 两个照明段，每段长 30 m，其亮度应按表 9.2.11 取值。

表 9.2.11　出口段亮度

照明段	EX_1	EX_2
亮度	$L_{\mathrm{ex1}}=3L_{\mathrm{in}}$	$L_{\mathrm{ex2}}=5L_{\mathrm{in}}$

平均亮度与平均照度间的换算系数宜实测确定：如无实测条件时，黑色沥青路面可取 15 lx・cd^{-1}・m^2，水泥混凝土路面可取 10 lx・cd^{-1}・m^2。

养护系数 M 值宜取 0.7；当纵坡大于 2%且大型车比例大于 50%的特长隧道，宜取 0.6。

路面亮度总均匀度不应低于表 9.2.12 所示值。

表 9.2.12　路面亮度总均匀度 U_0

设计交通量 N/veh・(h・ln)$^{-1}$		U_0
单向交通	双向交通	
≥1 200	≥650	0.4
≤350	≤180	0.3

注：当交通量在其中间值时，按线性内插取值。

路面中线亮度纵向均匀度应不低于表 9.2.13 所示值。

表 9.2.13 亮度纵向均匀度 U_1

设计交通量 N/veh·(h·ln)$^{-1}$		U_1
单向交通	双向交通	
≥1 200	≥650	0.6
≤350	≤180	0.5

注：当交通量在其中间值时，按线性内插取值。

紧急停车带主要是为异常车辆提供检修维护的场所，需做一定的细致工作，其亮度和显色性与主洞的要求不同，紧急停车带照明宜采用显色指数高的光源，其照明亮度不应低于 4.0 cd·m^{-2}。

横通道照明是为人员疏散逃生及救援提供必要的亮度，其亮度不应低于 1.0 cd·m^{-2}。

9.2.2.3 中国地方标准关于隧道照明设计的规定

针对形态各异的隧道灯的照明效果参差不齐及维护问题（见图 9.2.16），中国上海地区于 2008 年出台了《道路隧道设计规范》，其"照明"章节相比于交通部行标，增加了单向三车道照明指标，以及隧道引道段照明指标，其内容可指导 LED 隧道照明设计。该地区又于 2014 年出台了针对 LED 光源的《隧道 LED 照明应用技术规范》，其主要特点是针对 LED 光源的特性，形成了 LED 照明灯具、照明设计、施工、养护、验收等成套标准规定，主要特点是产品接口标准，分别规定了 LED 隧道灯的整灯安全、外形尺寸、额定光通量、外观质量、重量和外部材料、光学性能、电学性能、可靠性性能等要求；定义了控制装置的电气接口参数、智能控制接口的控制方式等，还定义了模组的机械接口、光度接口、电气接口。在相同的照明设计要求下，制造商严格按照该标准生产的 LED 隧道灯模组能实现互换，互换后光度、机械与电气接口统一。在照明指标规定方面，该规范主要提出了消除斑马线的合适的纵向亮度均匀度、控制眩光的眩光阈值增量规定，以及考虑光效、封闭环境行车安全性等定义的色温范围；频闪的定义考虑了条形光源的特点，也定义了调光方式与策略，增加了评定节能效果的功率密度指标。对于照明控制功能、方式、协议等，该规范也做了一定规定，并公开了照明控制集中控台与单灯（控制器）之间的应用层协议；针对 LED 光源特点，对于施工安装、验收及养护方法，该规范也做了针对性规定。

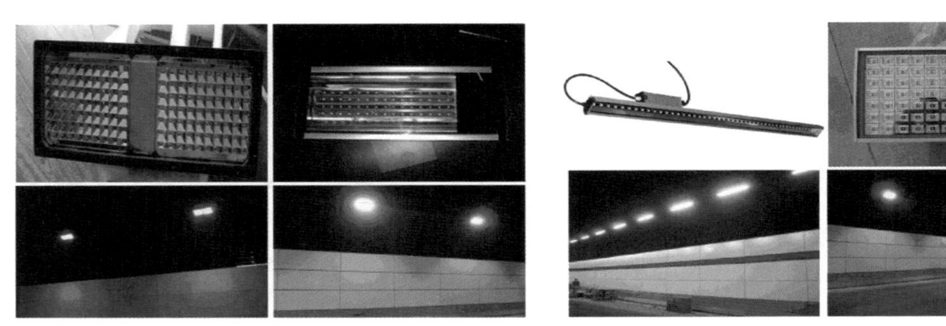

图 9.2.16 形态各异的隧道灯及其照明效果

贵州高速公路开发总公司于2012年出台了用于该区域应用的标准——《高速公路隧道LED灯技术条件》，主要特点是产品类接口标准(不涉及照明指标)，分别规定了LED隧道灯的整灯安全、外形尺寸、额定光通量、外观质量、重量和外部材料、光学性能、电学性能、可靠性等，定义了控制装置的电气接口参数；在照明设计方面，引入了不舒适眩光，更符合隧道眩光特性。

福建省于2012年出台了地方标准——《公路隧道照明用LED灯》，其特点是针对地方特色及应用需求，规定了产品的性能指标，如光学类的光效、色温、光通量、电学类指标、可靠性等，并规定了每项指标获得的试验方法。

由交通运输部公路科学院主编的《公路LED照明灯具　第2部分：公路隧道LED照明灯具》于2014年颁布，其特点是同福建省地方标准。

《公路隧道通风照明设计规范》为广大隧道照明设计者提供设计时的主要参考标准。部分地区针对其城市规模、流量等特点，在照明设计时还采用了地方标准，应用的设计指标一般高于《公路隧道通风照明设计规范》。

隧道LED照明设计一般流程为：根据隧道流量、车道数、车速等确定基本段地面与墙面照明亮度指标，依据频闪规定确定灯具布置方式，依据流量等选择合适的亮度纵向均匀度与总均匀度指标。洞外亮度选择提出了实测与经验两种方式，接近段主要定性规定了减光措施与方法，入口段亮度指标根据行车速度及流量得出相对于洞外照明的指标，入口段长度依据停车视距、洞门高度等，参照相关公式计算得出。过渡段与出口段长度、亮度指标等可依据行车速度，参照规范直接得出。在得到了各段基本照明与加强照明的指标后，可依据利用系数、照亮区域面积、灯具效能等指标确定灯具的光通量及功率，均匀性与眩光指标可通过一定的配光实现目标。

9.2.3　隧道照明易出现的问题

9.2.3.1　传统隧道照明灯具

隧道传统照明产品有高压钠灯、荧光灯、无极灯等。

高压钠灯使用时发出金白色光，它具有发光效率高、耗电少、寿命长、透雾能力强和不诱虫等优点。

荧光灯显色性好、采用带状布置、有明显的交通诱导作用、视觉舒适感较好。

无极灯显色性好、高效高。

9.2.3.2　隧道LED照明技术与应用

LED隧道灯虽然有着节能环保、寿命长、显色性好、定向性好、易于调光等特点，但其产品标准化及针对性的照明应用发展较慢，如灯具质量及结构形式、产品设计与照明设计控制不当，会存在不少产品与应用问题。目前，主要反应在以下两个方面：

一是隧道灯具互换性接口不统一，已有的相关标准性能参数并不能反应LED产品的特点，详见表9.2.14。

二是隧道照明设计诸多指标皆基于高压钠灯或荧光灯等传统光源，而传统光源的隧道灯配光受限，如图9.2.17～9.2.22所示，主要依赖于灯具壳体，光源光效高即整体利用率高，则节能效果明显，但潜力有限。然而，针对新型高显指、高光效、定向照明用的LED灯

表 9.2.14　LED 隧道灯产品存在的技术问题

条目	灯具结构型式	灯具机械接口	灯具电气接口	灯具光度接口	灯具用材物理力学特性	灯具寿命与可靠性	控制装置各项性能
存在的技术问题	整体式灯具维护不便利、维修成本高，造成灯具壳体等材料的浪费	接口不统一或指标不合适，将导致任何两种产品或模组无法安装	接口不统一或指标不合适，将导致电源种类众多、成本增加、无法互换	接口不统一或指标不合适，将导致光强空间分布差异、色温差异，影响照明效果	选用不合适的材料，会导致灯具提前光衰、部件提前失效、连接不可靠等	不合适的指标将导致 LED 优势无法发挥，环境等因素导致光衰并影响使用效果	不合适的指标将导致其影响效能、提前失效、电网干扰、引起灯具频闪或提早光衰

(a) 两侧刺眼　　(b) 中间刺眼

图 9.2.17　隧道照明刺眼问题

(a) 荧光灯照明

(b) 高压钠灯照明

图 9.2.18　隧道照明功率欠配或光衰过大问题

图 9.2.19　隧道照明亮度分布不合理(非有效区过多)

图 9.2.20　隧道照明亮度分布不合理(仅局部有光)

(a) 沥青路面　　(b) 水泥路面

图 9.2.21　**隧道照明地面斑马线现象**

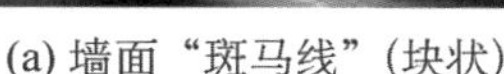

(a) 墙面“斑马线”(块状)　　(b) 墙面“斑马线”(条块)

图 9.2.22　**隧道照明墙面斑马线现象**

具,其光源光效高并不一定是有效利用率高,照明应用效果需要更合适的参数及其匹配。照明设计存在的技术问题详见表 9.2.15。

表 9.2.15　**LED 隧道照明设计存在的技术问题**

条目	平均照度	照度均匀度	平均亮度	亮度纵向均匀度	频闪	眩光(详见图 9.2.17)	墙面亮度
存在的技术问题	该指标是目前衡量隧道照明水平的最重要参数,但仅有该指标并不能完全反应行车辨识能力、安全与舒适	该指标定义过高,会导致地面阴影或斑马线严重,影响行车安全与舒适	该指标过高,并不会增加行车辨识能力,反而不节能,过分追求节能比例,会导致该值过低,从而影响行车安全	该指标设置不合理,将导致地面阴影或斑马线严重(详见图 9.2.21～9.2.22),影响行车安全与舒适	不合理的空间光强分布将导致车辆挡风玻璃等明暗剧烈变化,影响行车安全	光强过大或控制不当,可能引起行车不舒适	亮度不足可导致“墙效应”

9.2.4　隧道 LED 照明产品设计与照明设计

影响隧道照明设计的问题主要有行车安全、舒适、运行节能,包括资源浪费、隧道内灯具损坏或维护不便利;隧道内光源颜色不合适,如不合适的色温、色坐标偏离目标太大、色容差过大、色漂移大等;进出隧道黑洞与白洞效应;顶部灯光刺眼或光幕过亮;车辆挡风玻璃上的光闪烁严重；地面或墙面太暗或太亮或不合理，有斑马线或阴影等。要提升隧道 LED 照明产品与照明设计质量，构建隧道安全、舒适、节能光环境，建议从以下角度着手。

从灯具可靠性及光衰寿命的角度来看，应采用专业的 LED 隧道灯以及长寿命的 LED 隧道灯；LED 灯具在隧道内最高环境温度下所测得的温度 t_p，不应超过与其标称寿命所对应的 $t_{p_{max}}$（相同工作电流）。也可以采用模块化的 LED 隧道灯和智能化 LED 隧道照明。

从 LED 照明灯具技术路线的角度，应采用 LED 光源，电源标准化、模组化设计；保障效果的优秀配光系统设计，确保光效高且利用率高；协议公开、功能可靠的照明控制系统配置；耐久的灯具材料选择、科学的结构设计。

从合理的隧道亮度设计，在车流量低、车速低的隧道维持在中间视觉 1.5～2.5 $cd \cdot m^{-2}$ 即可；在车流量大、车速高的隧道中，需维持在 4.5 $cd \cdot m^{-2}$ 以上的明视觉。严格避免过度配置亮度指标。

从合理的眩光与频闪控制设计，应包括灯具光学材料的选择(比如，对灯具玻璃面板，应选择合适的材料光学性能，以降低表面亮度)，通过增大灯具发光面积来降低灯具眩光；在灯具光度空间分布上，通过控制灯具最强光束角，以及灯具出光角度来控制直接进入司机视线的光强，降低不舒适眩光值；采用连续光带或配光良好的条形灯具可带来良好的诱导性，避免严重频闪的产生，频闪产生的原因如图 9.2.23 和图 9.2.24 所示。要降低光幕亮度值只需要降低视线水平面的照度值，同时保证照度变化幅度。

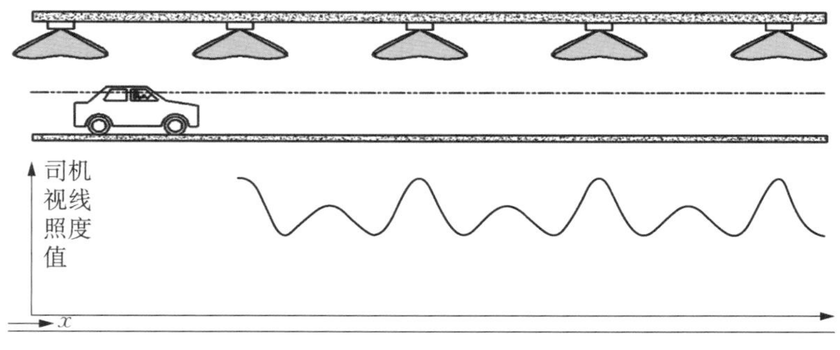

图 9.2.23　驾驶员视线高度内空间照度分布不均匀示意

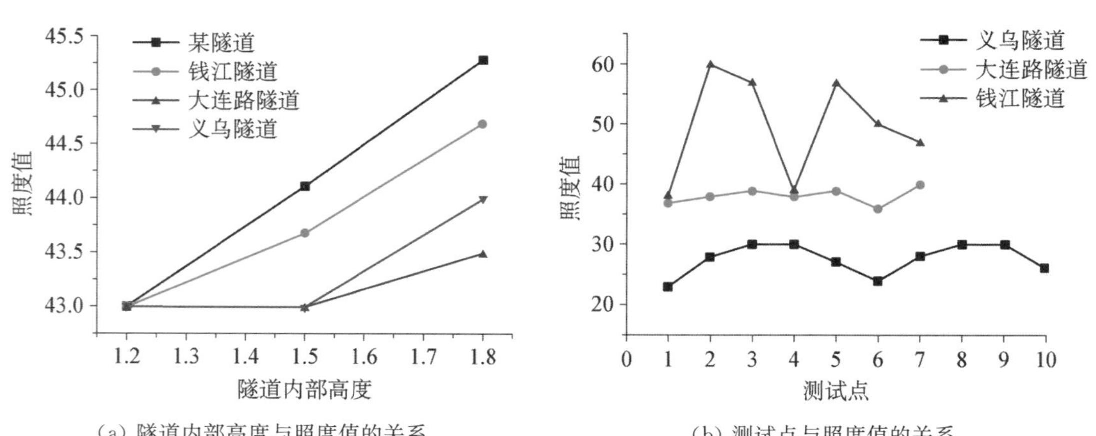

(a) 隧道内部高度与照度值的关系　　(b) 测试点与照度值的关系

图 9.2.24　隧道不同高度的照度变化曲线

要保障良好的亮度均匀度，尤其是纵向均匀度，避免行车疲劳。需要注意的是，隧道照明纵向亮度均匀度因受到墙面反射系数不均匀性的影响，计算值与实测值折扣较大，易出现斑马线效应，通过修改透镜或反光杯即可实现眩光控制良好，达到合适亮度均匀度并消除斑马线，做到一方面计算值尽量高，但伪彩色图中无斑马线即可；另一方面确保计算亮度纵向均匀度达 0.95 以上(见图 9.2.25)。

(a) 低纵向亮度均匀度

(b) 高纵向亮度均匀度

图 9.2.25　不同纵向亮度均匀度下的照明效果

要严格控制灯具间的色容差和颜色衰减，同时具有合理的灯具光度空间分布，保证前方障碍物有一定的垂直照度，确保看清其明晰的轮廓。

要有合理的照明设计，如通过设计形成高效的灯具利用系数，实行日间与夜间照明分档，最大化节能。

隧道出口处温度高，环境更恶劣，油污灰尘污染严重，对隧道灯的光输出和路面照度影响更大，维护时应该重点清洗接近出口处的灯具(见图 9.2.26～9.2.29)。

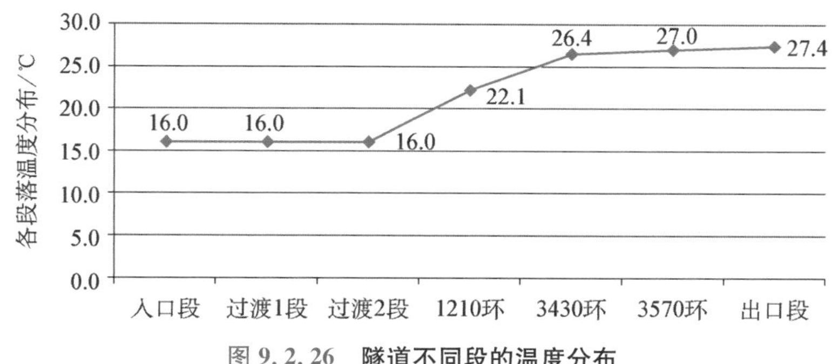

图 9.2.26　隧道不同段的温度分布

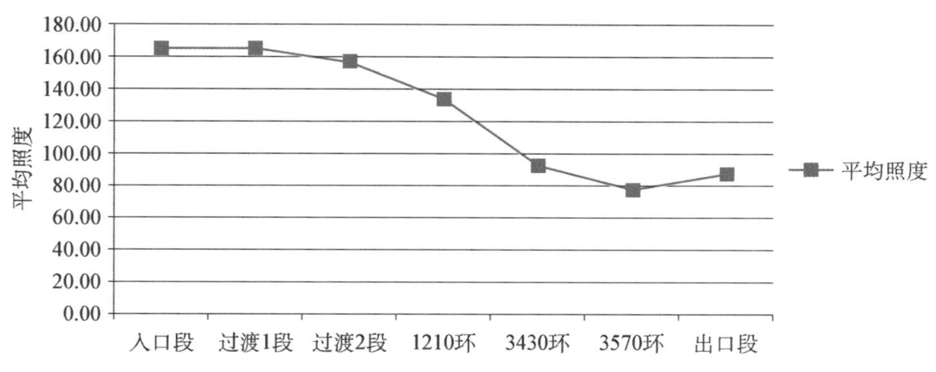

图 9.2.27　隧道不同段的照度分布

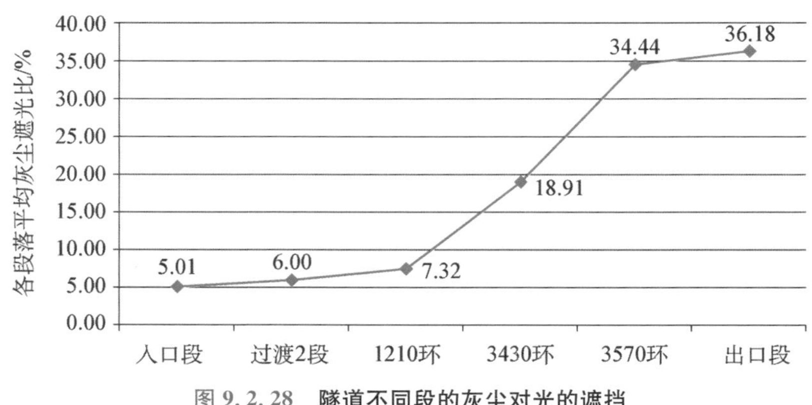

图 9.2.28　**隧道不同段的灰尘对光的遮挡**

(a) 2009年的长江隧道照明效果

(b) 2013年的长江隧道照明效果(局部擦拭)

图 9.2.29　**灰尘对隧道照明的影响**

建议控制空间光强的均匀度，控制不同高度的照度均匀度，如图 9.2.30 所示，以消除频闪。

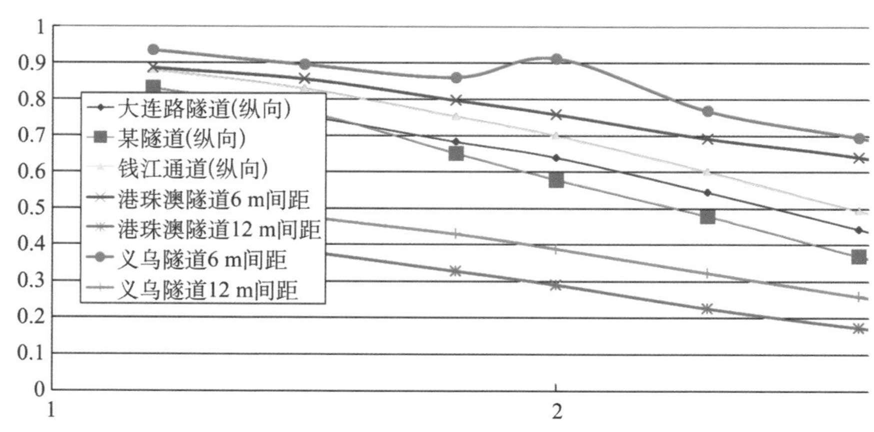

图 9.2.30　**隧道内不同高度的照度均匀度分布**

CIE 隧道照明标准：频率低于 2.5 Hz 和高于 15 Hz 的闪烁效应可以忽略不计。当频率处于 4～11 Hz 之间、频闪持续时间超过 20 s 时，如果不采取其他措施，则会产生不舒适感。因此，在频闪持续时间超过 20 s 的安装路段，建议避免 4～11 Hz 的频率范围。长条形的亮度分布平缓的光源，不易频闪。

上海长江隧道的车速为 80 km·h^{-1}、灯具间距为 5.6 m,闪烁频率为 4;钱江通道的车速为 80 km·h^{-1}、灯具间距为 5.6 m,闪烁频率为 4;大连路隧道的车速为 60 km·h^{-1}、灯具间距为 4.3 m,闪烁频率为 3.9。以上隧道皆未出现因布置间距而产生频闪。

研究表明,光强(照度)的空间分布不均匀,会造成驾驶员感觉的照度是在空间波动,由此产生频闪现象,这与灯具配光极其相关。

由于间距加大后,眩光会增加,均匀度会降低,频闪会严重,因此要合理控制灯具布置间距。不同间距下隧道照明设计参数见表 9.2.16。

表 9.2.16 **不同间距(不同配光)下隧道照明设计参数指标变化**

隧道 A 基本段计算结果			
	UL	U0	TI/%
配光 1(6 m 间距)	0.97	0.92	5
配光 2(12 m 间距)	0.88	0.87	7
隧道 B 基本段计算结果			
	UL	U0	TI/%
配光 1(6 m 间距)	0.96	0.73	5
配光 2(12 m 间距)	0.89	0.71	8

(a) 大连路隧道

(b) 钱江通道隧道

图 9.2.31 **良好照明效果的隧道照明**

图 9.2.31 所示为浙江钱江通道与上海大连路隧道照明效果,其遵循了以上照明设计与产品设计理念。

9.2.5 隧道 LED 照明发展趋势

9.2.5.1 隧道 LED 照明产品方向

LED 的技术特点决定了 LED 隧道灯的未来发展走向。与传统的照明技术相比,LED 最根本的特点在于其高可靠性和可智能化控制、光线可控。高可靠性和智能化集成及更便利于有效的配光,是未来 LED 隧道灯的几大主线。

(1) 高可靠性

由于技术上的不成熟,前几年一些 LED 隧道灯在实际应用中出现了很多可靠性方面的问题，如寿命短、光衰严重、工作不稳定等，这在一定程度上影响了 LED 隧道灯的整体声誉。高可靠性不仅仅指寿命要达到一定标准，还包括产品的一致性和稳定性。

近年来，芯片技术与电源材料、工艺等技术的大幅度提升，LED 隧道灯易损坏部件已变成线缆、接插件等。今后，隧道灯主要质量控制方向应在配件等细节材料选择与工艺选择上。

(2) 智能化集成及智慧化隧道

LED 技术的最大优势之一是在于它能实现智能控制。将 LED 隧道灯与太阳能、红外感应、微波测量装置等分别组装在一起，就可以实现一连串意想不到的独特应用。未来提供的不只是一盏 LED 替代灯具，而是为其设计一个智能的照明方案，可以让用户体验一种前所未有的多情景、多功能的照明环境以及按需用光，这样做不仅更容易获得客户的认可，还可以提高产品附加值。

利用 LED 隧道灯控制网络可实现搭载隧道内各类传感器，如环境类、结构健康监测类、人员定位类、报警探测类等，通过各类感知层获得相关数据，针对出现的问题或状况，实现联动与信息共享，使得各类决策更高效、更科学，真正实现隧道建设期与运营期的智慧化管理。

(3) 配光更灵活

随着 LED 芯片的发展，配光水平逐步提高，未来配光技术能实现隧道内照明更舒适、更节能、更稳定，在满足各类照明设计指标的同时，还能实现按需照明。

9.2.5.2 隧道 LED 照明设计方向

针对 LED 光源特性，在开展隧道照明设计时建议从以下几个方面着手：

基于驾驶员行车安全的身体判断指标，通过相关实验，确定更为科学的接近段长度、接近段光过渡的变化速率等对行车安全的影响，得出比较精准的洞外亮度取值，实现精确节能与安全。需要根据外界亮度变化，设置合理的入口段与加强段的调光策略，实现安全与节能。研究车身水平照度高度对其辨识能力的影响，从而提出合适的隧道不同高度的水平照度要求，以确保行车辨识能力与安全。通过更具针对性的照明设计方案、LED 芯片技术提升、配光水平的提高、交流或集中供电模式的发展，提出更为科学的照明设计方式与指标，设计实现隧道内更高品质的光线、更大程度的节能、更便于维护的产品，营造安全、舒适、节能的隧道 LED 照明光环境。

9.2.6 LED 隧道照明灯具模块化与标准化及智能核心技术

9.2.6.1 隧道照明模块化与标准化关键技术

相比于整体式 LED 隧道灯或其他类型的 LED 模块，模块化 LED 隧道灯产品应具有以下一些优点：免工具或简易工具开启，方便更换光源与电源等；降低生产难度，从而降低制造和推广成本；简化维护动作，节省维护费用；不同产品可互换，节约业主成本；避免竞争垄断，有利于市场良性发展。

尽管模块化 LED 产品是国际技术发展趋势，但行业对模块化的定义理解不一，市场上的 LED 模块也千差万别，难以统一。对于嵌入式模块，标准化过程需要攻克如下难题：LED 模块与壳体之间热传导可靠性验证。现有用于 LED 模块与壳体连接的接口对于前开盖式灯无法直接利用，必须研发便捷插拔、满足电学性能、绝缘、抵抗插拔疲劳与碰撞灯性能。前开盖或侧开盖能满足隧道灯模组便捷拔出，但相比于整体式灯，开盖、合盖后壳体密封性能需得到保障，必须研发通过密封材料或优化壳体结构构件连接来实现防水、防尘。模块之间由于机械连接，难免有不均匀间隙(灯条之间间隙与芯片之间间隙不匹配)，相比于整体式灯，配光上如何实现亮度、照度及其均匀度满足规范，又能实现在眩光控制良好、光效不降低的前提下消除地面与墙面的斑马线，形成良好的视觉效果等。

为克服以上问题，在保证整灯性能、安全、结构、可靠性的前提下，还需要对模块化产品从机械、电气、光度和控制几个接口层面进行标准化研究及规定，保证高质量，并取得优良照明效果和节能比例。

9.2.6.2 机械接口建议

应在调研的基础上，结合应用需求，需对市面上 LED 隧道灯产品的模块尺寸、维护便利性、结构合理性、制造可行性、价格合适性等灯具应用条件进行调研分析，以确定合适的模块尺寸。需要对模块与灯具壳体接插件类型、尺寸进行规定，之后需通过产品试制与试验，检验其机械强度、电气安全性、耐热与冲击及插拔耐久性等。LED 隧道灯与安装墙面的安装支架也必须统一，否则无法进行整灯更换，必须规定其机械接口尺寸、位置等，原则是便于维护、结构强度高。制订的模块能在散热可靠的前提下，实现最大光通量；模块刚度合适；模块与壳体连接能实现快速定位，且具有电气连接功能；接插件需可靠性高等。需通过模块产品试制与技术经济性分析以确定其合理形式与尺寸，以其性价比、科学性和可行性为确定依据。同时，针对试制成型的模块开展其互换性试验，以方便机械上插拔与更换为互换性基础。

9.2.6.3 电气接口建议

为确保实现互换后电学参数通用，必须对某一档光通量的 LED 驱动的输入电流、输出电流、最大输出功率、输出路数、安全要求、性能要求、外壳防护、功率因数、驱动效率、输出电压范围等做出规定。同时，配套控制装置的安装接口等也需统一。

针对 LED 模块需求，需试制 LED 控制装置，并开展其互换性试验，互换后需达到互换前的电学性能，即前后模组光通量等参数一致。

9.2.6.4 光度接口建议

光度接口是模块能否互换兼容的关键，需对额定光通量、灯具效率、配光类型、色温、色坐标、色空间一致性、色保持、显色指数等参数做出规定。关键是芯片选择需满足以上参数，利用光学器件进行配光也应遵守尽量减少各类误差，通过合理控制光强空间分布、最大光强与中心光强的落点控制等实现光度学上的统一。针对隧道照明设计指标需求，开展 LED 模块配光设计与分析，并开展其互换性试验，互换后需达到互换前的光学性能，即墙面与地面的照明效果相同。

9.2.6.5 LED 隧道照明智能控制关键技术

近年来随着隧道建设逐步发展与成熟，照明作为必要功能之一，越来越受到重视，对照明效果的要求也越来越高。智能控制系统逐渐被引入隧道的管理系统中，体现出巨大的节能降耗效果与显著的成本优势。随着光源从传统光源向 LED 光源的发展，公共照明也随之变得更丰富、更可靠。LED 能够对调光做出快速响应，LED 光通量和前向电流成近似正比的关系，而且调光对 LED 寿命无影响，这些 LED 的特性为照明的智能化控制、运用和发展提供了有力的保障。

隧道照明，尤其是高速公路隧道照明，有如下显著特点与要求：

灯具节点数量庞大，一般为数千盏，甚至上万盏；管理区域大，少则一千米，多则近百千米；施工安装和维护难度大，成本高；照明与行车安全相关，需要高可靠性和稳定性；需要集中控制；能在电脑或电子设备上可视、简单、快捷地控制所有照明灯具；对隧道灯具，尤其是加强段照明的灯具能实施按需调光，达到消除“白洞”、“黑洞”效应的目的，并且能够节能降耗；能够迅速、实时地掌握所有灯具的工作状态，对异常状态及时报警，达到提高安全性，并且降低维护成本的目的；支持自动调光和时控调光、手动调光等多种控制模式。

所有的智能控制方案都离不开通信协议的支持，控制系统中通信协议是所有功能的基石。但无论在国外，还是在国内，目前在隧道照明领域却并没有成熟、可靠、功能强大的主流通信协议。

通信协议尚需兼容多种通信方式，包括总线通信、无线通信、电力载波通信等，以方便用户针对不同环境选择合适的通信载体。通信协议需支持尽可能多的地址分配，以减少现场集中控台的数量，达到降低施工难度和成本的目的；需支持单灯控制，达到针对不同类型、不同功能、不同厂商灯具可分别调光的功能；需支持组播调光、广播调光，达到灵活分组、迅速调光的功能；需支持场景调光，达到根据外界环境参数自动调光功能；需支持双向通信，查询每盏灯具电压、电流、温度等状态，并以此判断照明状况功能；需支持对通信链路的监测和判断功能，以判断是否有节点不在控制区域内；需支持在线升级功能，最大程度地降低客户的后期维护、升级成本；需简单可靠，适合于低成本的硬件设计方案。

9.2.7 LED 隧道照明应用案例分析

9.2.7.1 上海长江隧道

上海长江工程设计车速为 80 km·h^{-1}，为外径 15 m 的超大型盾构法隧道，车道层为单向三车道。根据规范要求，隧道中间段照明(即基本照明)道路面的亮度值为 4.5 cd·m^{-2}，考虑维护系数为 0.65，隧道基本照明道路面的初始亮度值为 6.9 cd·m^{-2}。长江隧道工程基本照明设计原采用 T5 荧光灯方案，单灯光源功率为 2×28 W，总功率为 63 W，灯具间距为 2.4 m，左右两排灯具对称布置。对 LED 照明方案和荧光灯照明方案进行了对比和评估，最终工程施工图设计基本照明采用 LED 照明方案，单灯光源功率为 81 W，总功率为 95 W，灯具间距为 5.6 m，左右两排灯具对称布置。实施后照明效果良好，详见图 9.2.32。

图 9.2.32 上海长江隧道照明效果

安装之初，地面平均照度为 160.36 lx，照度总均匀度和照度纵向均匀度均为 0.94，达到设计要求。与原有荧光灯设计相比，在节能方面达 30%左右。通过分段调光功能，短期内可实现高达 60%的节能效果。

上海长江隧道运行 4 年零 5 个月(36 504 h)后，最大衰减为 28.8%，平均 1 000 h 光衰为 0.79%，整体光衰情况稳定，大大低于传统荧光灯或高压钠灯。

LED 照明在上海长江隧道中的应用是成功的，照明效果良好，照明节电效果显著，从而有力证明了 LED 应用于隧道照明的可行性和优势潜力，为后续盾构法隧道工程采用条形 LED 灯、无级调光技术奠定了坚实的基础。

9.2.7.2 青岛胶州湾隧道

青岛胶州湾隧道(青黄隧道)是连接青岛市主城与辅城的重要通道，南接黄岛区的薛家岛，北连青岛老市区团岛，下穿胶州湾湾口海域，全长约 9.17 km，其中海底段隧道长约 3.95 km，设双向 6 车道，设计车速 80 $km \cdot h^{-1}$，是国内最长的海底隧道，于 2011 年 6 月 30 日通车，全线包括加强段都采用了 LED 照明技术。由于 LED 隧道灯基于上海长江隧道的配光经验教训，采用了较好的二次光学设计，照明均匀性较好，路面未发现明显的斑马线效应。由于青岛胶州湾隧道是海底隧道，试挂过程中发现有些 LED 隧道灯的铝合金灯具外壳和一些连接件有被腐蚀现象，有些 LED 隧道灯则未出现这种情况。

9.2.7.3 上海大连路隧道

上海大连路隧道是上海市第一条运用建设-经营-转让(build-operate-transfer, BOT)方式建设的越江隧道，隧道的投资建设、施工总承包、运营管理和养护维修均由上海隧道工程股份有限公司承担，隧道的设计由上海隧道工程轨道交通设计研究院承担。隧道于 2001 年 5 月 25 日开始建设，于 2003 年 9 月 29 日建成通车，至今已十多年。大连路隧道目前的照明系统是采用传统的荧光灯照明，东线隧道共有基本照明灯 778 盏，西线隧道共有基本照明灯 769 盏。基本照明系统是每个灯具内为 2×36W 的荧光灯管，在世博会前的 2010 年曾经进行过一次大面积灯管更换，使用欧司朗品牌，2 年后由于灯管逐步失效不亮，更换约 300 只。之前曾经使用过佛山照明的灯管，一年后由于逐步失效，全部陆续更换。

作为连接北外滩和陆家嘴金融贸易区的一条重要越江通道，大连路隧道浦西出入口位于大连路霍山路口，浦东出入口位于东方路乳山路口，整条线路与地铁 4 号线毗邻而行。隧道外径为 11.22 m，车道层单向两车道，东线全长为 2 565.88 m，西线全长为 2 548.40 m；采用盾构法施工；隧道通行限高为 4.2 m，全天禁止货运车通行。

2012 年 12 月，利用《上海市隧道 LED 照明技术规范》成果对大连路隧道(东线)的照明进行了改造，用 35 W 的 LED 灯全部替换原有的 75 W 的荧光灯灯具，详见图 9.2.33。

上海大连路隧道是上海第一条利用地方标准研制的标准化灯具进行照明的工程，无论从现场实际照明效果来看，还是从实测数据来看，均实现了照度与亮度值较高、亮度均匀度高，彻底消除了斑马线，失能眩光与不舒适眩光控制良好，节能效果明显，其 LED 照明设计技术与灯具产品质量在单向两车道的隧道工程应用中达到了一定的高度，也为上海 LED 隧道应用技术规范的地方标准的编制提供了技术支撑。

9.2.7.4 钱江通道

钱江通道及接线工程是《浙江省公路水路交通建设规划》(2003—2020 年)“两纵、两

图 9.2.33　上海大连路隧道照明实施及效果

横、十八连、三绕、三通道”高速公路主骨架的一个通道，是长三角都市圈高速公路网规划“十横、七纵”其中一纵的组成部分，也是嘉兴市、杭州市、绍兴市的公路、水路交通建设规划的重要组成部分。钱江隧道是钱江通道及接线工程项目的控制性、关键性工程，钱江隧道工程长为 4.45 km。工程包括江南、江北工作井、明挖段和两条过江隧道。过江隧道采用直径为 15.43 m 的泥水平衡盾构施工。

隧道为单向三车道，规模同上海长江隧道，基本段全部采用 LED 照明。钱江隧道东线和西线隧道共安装使用条形 LED 隧道灯 2 976 盏，调光控制装置 10 套，隧道的灯具安装高度为 5.2 m，灯具安装距离为 5.6 m，左右对称布灯，整个隧道照明工程设计安装了 LED 调光控制系统，可实现 9 级调光。实施后照明效果良好，详见图 9.2.34。

(a) 铺沥青前　　(b) 铺沥青后

图 9.2.34　钱江通道照明效果

根据实测及现场照明效果分析得出，钱江通道实测照度、照度均匀度、亮度、亮度总均匀度等指标皆达到较高水平，实测亮度均匀度高——无斑马线、眩光控制良好——无刺眼感觉、节能效果明显，灯具为光源与电源模块化设计，实现了高空免工具徒手更换。

9.2.8 LED 隧道照明节能建议

应用 LED 灯具，其主要原因是节能、推动该行业发展、提供更安全与舒适的行车光环境。目前，对隧道用 LED 灯具照明的节能认识与评估可能还存在一些误区，主要反映在：

1）简单的功率与利用率换算后替代原光源，高估了 LED 利用率，低估了高压钠灯的利用率，造成照明或墙面指标不达标，实质为非等亮度替换原高压钠灯等隧道灯灯具，导致“过分节能”，以致地面亮度不足，影响行车安全，即出现节能不安全、节能不舒适的现象。

2）忽视制造过程的耗能：在隧道灯具、芯片及其附属材料生产、制造过程中，由于工艺、材料等问题可能导致耗能巨大，即使灯具节能了，但总体过程中能耗还可能很大。

3）忽视了替换或安装 LED 灯具后的照明效果：对于灯具照明指标的检测一般基于相关标准，但在实际操作中由于指标本身定义得不合适，导致出现指标达标而实际应用效果较差的问题，或者由于配光得不合理致使照明不达标，大量出现了如引起行车疲劳的地面斑马线或阴影现象、影响行车安全的刺眼眩光、影响行车舒适度的地面颜色不均匀等问题，并影响行车安全、舒适与通行能力。

关于节能评估方面，目前，对于隧道照明节能的普遍评估是灯具系统能效指标，将产品与应用场所脱离来评价其节能效果，在实际应用中极易出现尽管系统能效很高，实现了所谓的节能，但利用率低，地面与墙面有效区域的光亮度不够，而在其他区域光亮度超标，这不仅影响节能效果，且易造成光污染，影响行车安全。

为确保 LED 照明良好应用，LED 隧道灯照明节能应是全寿命周期的“科学的系统集成节能”：即照明系统应具备可实现二次节能的控制系统，灯具的制造过程应是节能的；灯具结构（整体或模块化）本身是合理的，且便于维护（在寿命期内进行维护时或在寿命期达到后仅消耗少量的维护材料或可重复使用）；灯具质量应是安全与性能可靠且为高寿命；灯具配光应是高光效；在照明效果良好（满足功能与安全舒适）的基础上，在有效区域能产生最合适的亮度且消耗的电能最少，即在相同照明布置条件下，在隧道照明有效区域产生最合适的亮度而消耗最少的电能，也就是有效利用率高，有效利用率为亮度/（功率/距高比），其值越高越好。

对 LED 照明进行节能评估时，建议将产品与应用结合起来。节能评估的前提是隧道灯灯具质量可靠，并实现互换便利性，其适用范围内的照明效果良好。

建议建立合适的针对 LED 特点的隧道节能评估方法与标准，意在确保隧道灯具性能、寿命、可靠性、模块可互换性的前提下，实现良好的照明效果，如基于现有的相关规范，实现整个隧道入口照明实现良好的光过渡，以彻底避免因“黑洞”引起的行车安全，隧道内合适的亮度均匀分配至地面与墙面，无斑马线、无失能眩光与不舒适眩光、无严重频闪现象、无色漂移。根据能耗量来确定节能等级，并辅以实测的耗能进行校核，以定义科学的节能等级。

作为一种新兴的照明光源，LED 在隧道照明应用中不可避免地暴露了一些具体问题，但值得庆幸的是，这些问题在技术上都可以解决，相应的技术标准也逐步制订。

目前，行业内开发的部分标准化、模块化隧道 LED 灯已解决实际工程中的许多技术难题，从产品、设计和工程验收各个环节对 LED 隧道照明技术的应用进行规范和质量控制，保证工程顺利实施，保证工程质量；解决了隧道灯产品互换兼容性的难题，降低 LED 产品的开发成本及应用维护成本；积极推广隧道照明控制智能化、网络化，促进了隧道运营维护管理体系现代化。

随着 LED 技术的不断进步，LED 隧道照明应用越来越成为趋势与潮流，目前国内很多在建或拟建的隧道都计划采用 LED 照明方式。上海、浙江、贵州、云南等全国诸多地区 LED 隧道灯的大规模成功应用，标志着 LED 隧道照明应用已经有了一定的规模，这对于推广 LED 隧道照明技术、实现节能减排与可持续发展具有重要意义。

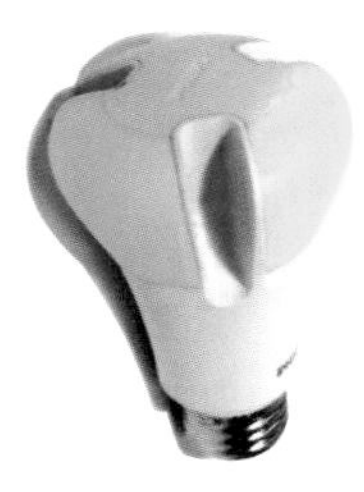

第十章 体育场馆照明

现代体育越来越显示出其在人类日常生活中的重要地位和作用，奥运会、洲际运动会、世界杯足球赛、各类世界锦标赛等重大国际体育比赛，其影响之广、牵动人心之深，现代社会还没有其他任何一种社会性活动能与之比拟。在中国，体育事业发展迅速，竞技体育取得辉煌成就，并且随着生活水平的日趋提高和人们对健康生活的重视，群众体育也不断发展，体育活动成为"科学、健康、文明"生活方式的一部分。

体育的内涵是丰富的，体现"更高、更快、更强"奥林匹克精神的竞技体育，有观赏性且能创造票房价值的市场体育，以及健身强体的群众体育，这 3 部分组成的体育产业在目前整个经济社会中商机无限。而所有的体育运动及产业，均离不开体育建筑。

截至 2013 年 12 月 31 日，国内共有体育场地 169.46 万个，场地面积 1.992×10^9 m^2，人均体育场地面积 1.46 m^2。其中，室内体育场地 16.91 万个，场地面积 6.2×10^7 m^2；室外体育场地 152.55 万个，场地面积 1.93×10^9 m^2，体育场地的市场巨大。

对一座现代化的体育建筑，不但要求建筑形体美观大方、各种体育设施完善，而且要求有愉快的照明环境。良好的体育照明不仅可以为现场的运动员、裁判、观众提供舒适的视觉环境，更可以为电视转播提供最佳的转播效果，让体育走进千家万户，促进体育运动的发展和普及，同时使体育产业更加兴旺。

2012 年伦敦奥运会期间，全球有超过 42 亿人次观看了电视转播，所有的电视转播均为高清信号，部分已开始转播 3D 信号。同时，超高速摄像机被大量使用，再现精彩瞬间的超慢动作回放，已成为转播的基本要求。这些新的趋势，都要求体育照明有更多的技术和更好的效果。

而作为"照亮二十一世纪"的 LED 照明技术，正在各个不同应用领域中被不断推广普及，也为现代体育照明提供了更好的技术和更多的可能性。

10.1 体育照明的历史

体育照明的发展与照明光源的发展有着密切的联系，由于光源功率和发光效率的限制，体育照明真正开始于第二次世界大战后。1949 年，在查乐利体育场（Charleroi Stadium）首次安装了 56 个 125 W 的高压汞灯，安装在 14 个灯杆上，但平均照度仅为 6～30 lx；1952 年，奥斯陆体育场（Olympics Oslo）在 20 根灯杆上共安装了 240 套 1 500 W 的卤钨灯，平均照度提高到 150 lx；1966 年，蒙城蓝体育场（Monchengladbach Stadium）在 4 根灯杆上共安装了 48 套 10 000 W 的卤钨灯，平均照度提高到 440 lx；而 1988 年的飞利浦体育场（PSV Stadium），在 4 根灯杆及挑蓬马道上共安装了 220 套 1 800 W 的金属卤化物灯，平均照度达到 1 650 lx；2002 年，韩日世界杯足球赛开幕式场地韩国汉城上岩体育场（Seoul Stadium）共安装 304 套 2 000 W 的金属卤化物灯，平均水平照度达到 2 550 lx；2008 年，北京奥运会主场的国家体育场则安装了 606 套 2 000 W 的金属卤化物光源的投光灯具，全场水平照度大于 3 000 lx。除了平均水平照度以外，其他照明参数也在不断改进：从最初的无垂直照度要求，到今天逐渐成为主流的高清晰度电视（high definition television, HDTV）的 2 000 lx 的垂直照度；光源光效从 10～20 $lm \cdot W^{-1}$，提高到目前常用的金属卤化物光源的 100 $lm \cdot W^{-1}$；灯具更是从简单的灯座加光源，发展到今天小巧、坚固、高效的大功率专用体育照明投光灯具，甚至 LED 体育照明系统。

今天，LED 已经被普遍应用到各种照明工程中，如显示领域以及建筑物室外景观等城市美化照明，而随着 LED 效率的不断提高以及光度学、色度学性能的不断优化，LED 白光照明也已开始被应用到越来越多的室内外功能性照明中，体育照明工程也已开始出现 LED 白光照明的应用。由于目前大功率高显色性 LED 白光照明灯具系统效能的局限性，LED 体育照明先从中功率 LED 灯具在训练场馆运用开始，国内已经有较多类似应用。随着 LED 系统效能及集成、散热等技术的不断突破，高显色性 LED 大功率灯具将会不断被研制出来，并运用到专业的体育场馆照明中。

由于 LED 具有低压直流供电、瞬时点亮、调光方便等优点，当运用到体育场馆照明时，可以给体育照明的频闪、应急照明设计、不同场景照明设计，以及整个体育照明设计带来很大影响。同时，还可以使用具有舞台照明效果的灯具，帮助体育场馆增加艺术感和娱乐性。

电子技术的发展也使体育照明的控制系统更加灵活、方便、智能化，可见，整个体育照明的历史与光源、灯具、照明系统的发展，以及其他电子技术的发展密不可分。

随着照明产品及其他技术，如彩电转播的进一步发展，体育照明也将不断有新的发展，不断满足新的需要。

10.2 体育照明对象、场馆分类及运动级别

10.2.1 照明对象

在进行体育照明设计时，必须全面考虑以下 4 组对象的照明需求：

1）运动员、裁判、现场官员。良好的体育照明应该使运动员、裁判、现场官员在比赛场地上清楚地看清场内所发生的事，并在最短时间内作出最佳的反应，以保证运动的高水平进行。

2）观众。体育比赛时，现场观众应在和谐愉快的气氛中观看运动员的表现及比赛过程，同时看清场地周围的环境及座位四周的场景，还应可以安全、轻松地进场或退场。在大型运动场地中，观众的安全极为重要，需严格考虑观众席的安全照明。

3）彩色电视转播摄像机及照相机。对彩电转播摄像机及照相机，照明应为良好的画面质量提供合格的照明条件。这些画面包括现场比赛、观众席、官员席等。

4）广告商及媒体。合格的体育照明必须对场地周围的广告牌提供极好的照明，以便使观众及电视摄像机清楚看清广告牌上的信息，帮助广告商将广告信息以最佳、最快、最清晰的方式传播出去，以带来最佳的经济收益。

10.2.2 场馆分类

体育场馆的种类众多，但不同的体育场馆对照明的要求也完全不同，大部分的体育场馆都会进行多种不同类型的体育运动，应根据场馆的不同使用功能提供不同的体育照明。

1）训练场馆。训练场馆体积相对较小，无观众席，但可以进行多种体育训练，如各种球类、有氧操、健身等，以娱乐休闲为主。

2）专业体育场馆。专业体育场馆体积不大，有观众席，可以进行某几项专业比赛，如射击、游泳。照明要求的种类较单一，但有时照明要求很高。

3）小型多功能体育场馆。小型多功能体育场馆有少量观众席，可以进行多种体育活动。照明要求并不高，但照明种类较繁多，如学校体育场馆。

4）大型多功能体育馆。大型多功能体育馆可以进行大部分的室内运动及其他文艺活动，场地尺寸大于 50 m×50 m，有许多观众席（10 000 个以上），可以进行彩色电视转播。照明要求高，且种类复杂。除体育照明外，还应考虑平时的集会或会展照明。

5）大型体育场。大型体育场有可以容纳几万人的观众席，观众观看距离远，可以进行足球、曲棍球、棒垒球、田径等大型体育运动，以及大型运动会的开幕式、闭幕式。照明要求高，种类复杂，通常需要设计彩色电视转播的照明。

10.2.3 运动级别

在不同的场馆中，对不同的运动级别有不同的照明要求，目前常见的运动级别如下：

1）娱乐活动。

2）业余水平：业余训练，包括体能训练、非比赛的活动、国内比赛。

3）专业水平：专业训练，包括体能训练、国内比赛、带彩色电视转播的国内/国际比赛，以及 HDTV 转播比赛。

综合体育场馆有复杂的使用功能和电视转播要求，体育场馆首先应按使用功能分级的规定进行功能分级，见表 10.2.1，再提供相对应的体育照明设计和效果。

表 10.2.1　**体育场馆使用功能分级**

等级	使用功能	电视转播要求
Ⅰ	健身、业余训练	无电视转播
Ⅱ	业余比赛、专业训练	
Ⅲ	专业比赛	
Ⅳ	TV转播国家、国际比赛	有电视转播
Ⅴ	TV转播重大国家、国际比赛	
Ⅵ	HDTV转播重大国家、国际比赛	
—	TV应急	

10.3　体育运动的分类

基于对照明的要求，体育运动可以分为两类：以空中运动为主的运动及以地面运动为主的运动，在这两类运动中，又可以分为多方向运动和单向运动。

10.3.1　空中运动

空中运动是指运动对象除在地面外，还会在空中飞行。

1）多向空中运动。运动员和观众会从多个方向及位置观看运动物体，此时照明的垂直照度往往比水平照度更为重要，同时应严格控制眩光，将灯具布置于常用观察方向以外。典型的多向空中运动有：篮球、足球、手球、羽毛球、棒球、壁球、网球和排球。

2）单向空中运动。运动员和观众从地面的固定点观看物体，此时在起点需要较多考虑水平照度，而在运动过程及终点要求足够的垂直照度，在起点的灯具以向下照射为主，而终点则以高角度照射。典型的单向空中运动有：高尔夫、双向飞碟、高山滑雪等。

10.3.2　地面运动

地面运动是指运动始终在地面或离地不高的空间内进行，运动员和观众在正常情况下不会向上看。

1）多向地面运动。运动员和观众从多个方面观看运动，通常只往下看或水平观察，要求有均匀度较好的水平照度，同时还应有必要的垂直照度。典型的运动有：拳击、冰球、曲棍球、滑冰、游泳、跳水及摔跤。

2）单向地面运动。观察目标通常在靠近地面的垂直面上，此时应重点考虑垂直面的照度，可通过灯具的投射方向满足照明，同时在起点处保证运动员及观众视觉舒适。典型的运动有：射箭、射击、保龄球。

针对以上两种类型的运动，又有两个因素决定照明的需求，即运动物体的视觉尺寸大小及速度。视觉大小取决于物体的物理尺寸及观看距离，而速度则取决于物体的绝对速度及相对于运动员、观众的方向。如果运动物体的速度提高、尺寸变小，则照明要求更高。对运动员而言，不同的运动有其不同的主要观察方向，如网球的主观察方向是纵向的，这些主观察方向将直接影响灯具的布置。因此在进行灯具布置前，应认真考虑这些因素。

10.4 体育照明的要求

体育照明的目的是通过对运动物体及周围环境的亮度控制，提供一种舒适的照明环境，使运动员、观众、电视摄像机、照相机能够清晰地捕捉到目标，因此有许多量化和非量化的要求。

10.4.1 照度

体育照明最基本的要求是给运动员、观众、电视摄像机、照相机提供令人满意的照度水平，由于对电视摄像机、照相机照明的要求已超出对运动本身和观众席的要求，因此在设计初始就应了解清楚照度的要求。照度决定于：

1）运动的速度、运动物体的视觉大小。

2）运动员的竞技水平。

3）运动员的年龄。

4）观众席的容量。

5）彩色电视转播要求。

10.4.1.1 水平照度

体育照明的水平照度值通常是指，在场地地面上或场地上高 1 m 处水平平面上的水平照度。对大多数空中运动，运动并不仅仅局限于地面上，因此水平照度不是唯一重要的照明指标。相对而言，水平照度比垂直照度简单，容易计算。

10.4.1.2 垂直照度

对观察垂直面上的物体来说，垂直照度是必须的。观众观看运动员比赛时，是以某一垂直面的垂直照度为基础的。运动员周身的照明环境可以模拟为 4 个相互垂直的垂直面，如图 10.4.1 所示。垂直照度用来衡量这几个垂直面上的照明水平，它对彩色电视转播或照相

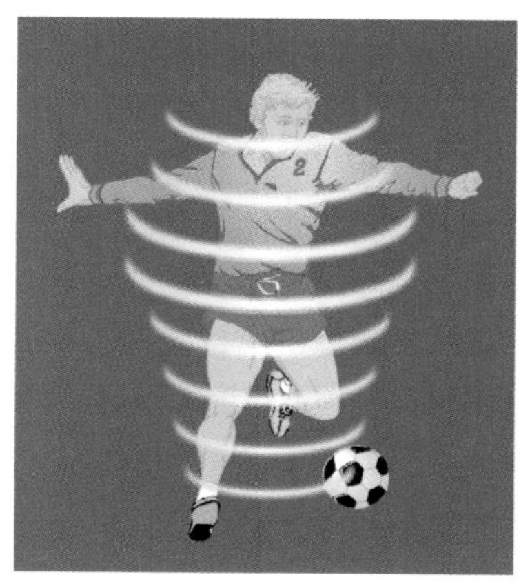

图 10.4.1 运动员的周身照明环境

的质量有着决定性的作用。垂直照度与主摄像机的位置密切相连，在普通的比赛中，除一些特别的运动，如射击、高尔夫等，大部分体育运动对垂直照度不做特殊要求，只有在做彩色电视转播时，才需特别考虑垂直照度。

垂直照度是一个矢量，不仅有大小，也有方向，如图 10.4.2 所示，通常用离地面 1.5 m 处的垂直照度作为要求。对运动员，各个方向的垂直照度均有要求；而对彩色电视转播时的固定摄像机或照相机，则要满足垂直于摄像机法线平面上的垂直照度要求，如图 10.4.3 所示。如果无固定摄像机，则要考虑面向四边的垂直面的垂直照度，如图 10.4.4 所示。对有彩色电视转播要求的体育照明，垂直照度是照明设计的主要衡量指标。通常在照明设计中，有主摄像机垂直照度 E_{vmai}、辅摄像机垂直照度 E_{vaux} 和垂直于场地四边的垂直照度，或固定摄像机垂直照度和移动摄像机垂直照度。

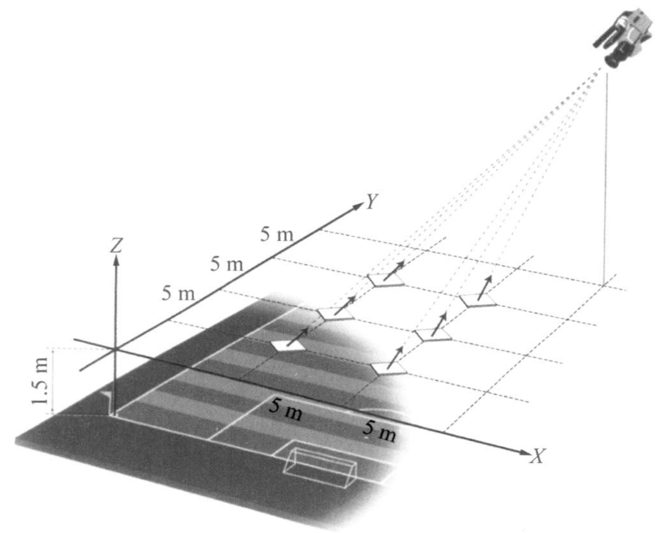

图 10.4.2　1.5 m 处对摄像机的垂直照度

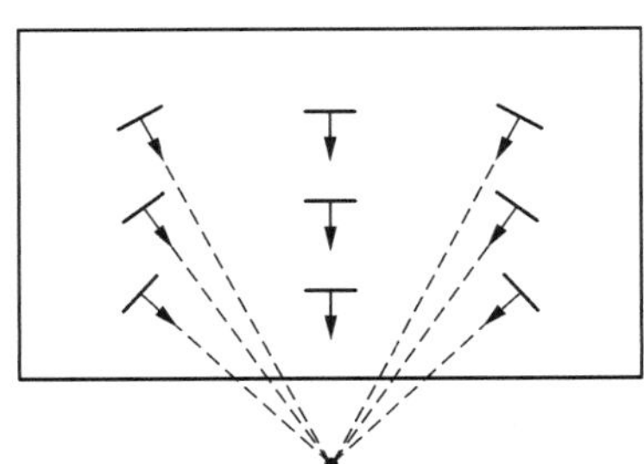
图 10.4.3　对固定摄像机的垂直照度

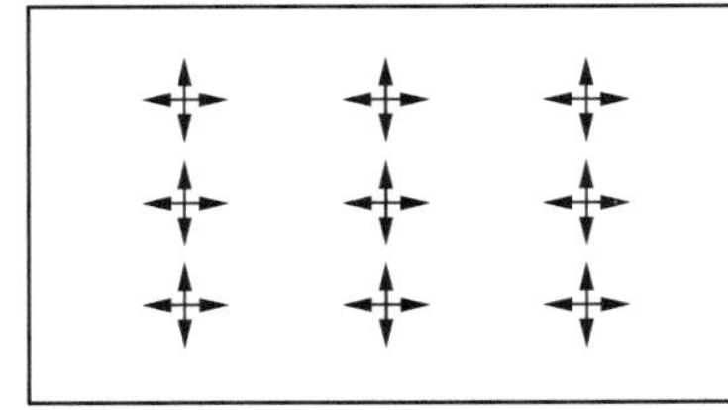
图 10.4.4　对不固定摄像机的垂直照度

除满足彩电转播的要求外，垂直照度还应让运动员、裁判、观众清楚看清运动物体或球在场地上空一定高度的飞行轨迹。作为转播画面的背景，观众席也应有一定的垂直照度，以维持一定的亮度对比而达到最佳的转播效果。

在体育照明中，垂直照度离不开摄像机的定位，不同的运动有相应不同的主像机位置，照明灯具的布置应随主摄像机位置的变化而完全不同。因此，应先确定主摄像机位置，再决定照明灯具的布置。例如，在进行足球、篮球、排球、手球比赛时，主摄像机应放置在中线的延长线上；在进行网球、羽毛球比赛时，主摄像应放置在底线后侧；在进行乒乓球比赛时，主摄像机应放置场地的对角；在进行举重、健美比赛时，主摄像机应放置在运动员的前方；而在进行体操比赛时，则无固定的摄像机位置。目前，随着高清晰度电视 HDTV 的出现，对垂直照度的要求也越来越高，已要求主摄像机的平均垂直照度大于 2 000 lx。

10.4.2　照度均匀度及梯度

在体育照明标准中，对照度的要求还应考虑以下几个指标。

1）照度均匀度U。照度均匀度可用来表示场地内各点照度值间的关系。良好的照度均匀度可以避免太强烈的明暗对比及视觉暗斑，解决摄像机的灵敏度问题，尤其是对于速度快、场地大的运动，如足球、冰球、网球等。均匀性差可以造成场地内的阴影及黑斑，影响运动员对物体的位置及速度的判断，从而影响比赛。照度均匀度目前有以下几种方法表示：

最小照度与最大照度之比，表示式为

$$U_1 = \frac{最小照度}{最大照度};$$

最小照度与平均照度之比，表示式为

$$U_2 = \frac{最小照度}{平均照度}。$$

在体育照明标准中，对U_1，U_2均有严格的要求，比赛级别越高，均匀度要求也越高。

2）照度梯度UG。在体育照明中，如果照度均匀度尚可接受，则可进一步考虑照度梯度。照度梯度是场地内照度的变化率，这个均匀度指标对速度快的运动尤为重要。场地内某一点的照度梯度用场地内此点的照度与此点周围8个网格点上的照度差别的百分比表示，也有用与此点周围左右上下相邻4个网格点上的照度差别的百分比表示。

3）照度变化系数CV。照度变化系数CV用照度变化的加权平均表示，其中

$$\sigma = \sqrt{\frac{\sum_{1=1}^{n}(E_i - E_{av})^2}{n}}, \tag{10.4.1}$$

式中，E_i为网格点i的照度；n为总计的网格点数；E_{av}为平均照度。而照度变化系数

$$CV = \frac{\sigma}{E_{av}}。 \tag{10.4.2}$$

对一般体育比赛，CV应小于0.3；对大型比赛，CV应小于0.13。

照度均匀度可以通过选择合适的灯具功率、配光及调整瞄准点等来满足。由于人眼对光没有像摄像机、照相机那样灵敏，因此在彩色电视转播时，水平照度和垂直照度的均匀度要求较高。由于水平照度的均匀度对整个视觉范围的亮度对比起主要作用，因此水平照度的均匀度比垂直照度的要求高。

10.4.3 照明光源的颜色特性

在体育照明中，人工光源的颜色特性起着决定性的作用，当然，也要考虑自然光对整个体育照明设计的影响。

光源的的颜色特性有两个重要参数，光源的色温（T_c）或相关色温CCT（单位都是K）和光源的一般显色指数R_a，它们均依赖于光源的光谱能量分布。

光源色温（T_c）可表示为光源给人带来的色表感觉。自然白光（色温为4 000 K左右）类似早晨的阳光，给人以明亮自然的感觉，多用于室内体育馆照明；日光色白光（色温为5 000 K以上）类似中午的阳光，给人以明亮兴奋的感觉，多用于室外体育照明。

对有彩色电视转播要求的体育照明，为得到理想的画面质量，摄像机、照相机只能通过调节"白点设置"解决颜色偏差，但人眼无法调节，况且经调整后的画面质量也不可能是最好的，因此应选择合适的光源作为体育照明光源。

而随着电视转播的进一步发展，5 500 K 的色温更为摄像者所接受；显色性 R_a 的最低要求为 80，才能保证电视转播画面与现场效果的一致性。目前，室外体育照明光源的显色性 $R_a>90$、室内体育馆照明光源的显色性 $R_a>80$，已被国际彩色电视转播照明系统所普遍接受。

由于 CIE 在一般显色指数 R_a 评价方法中，对标准色板颜色饱和度的限制，以及测试时标准光源光谱的局限性，使得目前现有的照明光源尽管其光谱相对连续，有较好的一般显色指数 R_a，但由于其红色光谱的缺失，使其对红色物体的还原能力很差，有时对红色的特殊显色指数 R_9 甚至为负数，混淆了一般显色指数 R_a 所表示的光源颜色的还原能力。

目前产生 LED 白光的主流方案是使用蓝色的氮化铟镓(InGaN)LED 结合传统的 YAG 荧光涂层产生白光，发射光谱主要为蓝绿光，红色成分较少，造成白光 LED 的 R_9 为负值。而如果光谱中红色部分较为缺失，会导致光源复现的色域大大减少，使照明场景呆板、枯燥、无生气，从而大大影响照明质量。

体育场馆照明的视觉环境取决于光源的一般显色指数 R_a，R_a 越高，照明后的环境与实际环境越相近，环境越舒适。对颜色还原要求愈来愈高的电视转播的体育照明，如果采用 LED 照明，则除对 LED 照明灯具一般显色指数 R_a 有要求外，还需要对特殊显色指数，如 R_9 等提出要求。

10.4.4 眩光

眩光在体育照明中是一个特别重要的参数，眩光控制不佳，会导致运动员、观众严重的视觉困难，从而影响比赛。眩光可分为失能眩光和不舒适眩光，在体育照明中这些眩光均由灯具的直接眩光及环境的反射眩光造成。由于体育照明中使用大量中功率或大功率 HID 投光灯具，而 HID 光源本身放电管的发光亮度非常高，因此完全消除眩光是不可能的，但可以通过多种方式降低或减小眩光。

在体育照明中，眩光程度取决于灯具的光强分布、灯具的瞄准点方向及数量、灯具布置和安装高度，以及照明区域内的背景亮度。目前，CIE 已经对室外体育场及室外区域照明的眩光做了统一的评价。在体育场中，观察者位置的不同及观察方向的不同，视觉内的眩光程度也是不一样的。当在体育场中安装点光源灯具时，对于给定的观察者位置和给定的观看方向(低于眼睛水平)，其眩光程度取决于由灯具对人眼产生的等效光幕亮度 L_{vl} 和观察者前方视觉环境所产生的等效光幕亮度 L_{ve}，眩光指数用 GR 表示，其计算公式为

$$GR = 27 + 24\lg(L_{vl}/L_{ve}^{0.9})。$$

其中，灯具等效光幕亮度为

$$L_{vl} = 10\sum_{i=1}^{n} \frac{E_{eye_i}}{\theta_i^{\ 2}},$$

式中，E_{eye_i} 为第 i 个灯具在观察者眼睛上的照度，为视线垂直面上的照度；θ_i 为观察者视线与第 i 个灯具入射在眼睛上的方向的夹角，当 $1.5° < \theta < 60°$ 时有效，如图 10.4.5 所示；n 为灯具总数。

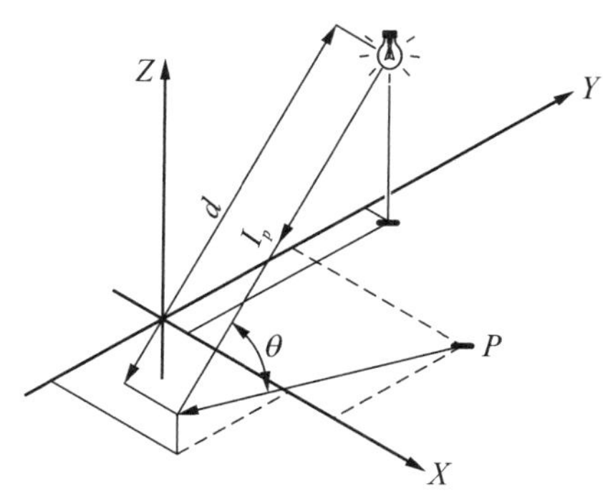

图 10.4.5　眩光计算示意

环境等效光幕亮度 L_{ve} 同样可以用以上办法计算出来，但为简化，L_{ve} 可近似由水平区域的平均亮度 L_{av} 得出，即

$$L_{ve} = 0.035\, L_{av},$$

其中

$$L_{av} = E_{hav} \times \rho / \pi,$$

式中，E_{hav} 为场地内的平均水平照度；ρ 为场地的反射率。

从以上公式可以看出场地的反射比对眩光的计算结果有很大影响，反射率越高，环境光幕亮度 L_{ve} 越大，眩光越小，因此，在照明设计时，应该取合适的场地反射率，这样计算出的眩光指数 GR 才是可靠的。

眩光指数 GR 越低，说明眩光控制越好，亦有用眩光控制指标 GF 表示眩光。$GF = 10 - GR/10$，眩光具体评价标准见表 10.4.1。

表 10.4.1　**眩光评价标准**

GF	眩光程序	GR	GF	眩光程序	GR
1	不可忍受	90	6	—	40
2	—	80	7	可见的	30
3	干扰的	70	8	—	20
4	—	60	9	看不见的	10
5	刚刚可接受的	50			

对室外体育照明，训练时要求最大眩光指数 $GR_{max} < 55$；比赛时或对彩色电视转播的照明系统来说，要求对场地内任一观察者、对任一观察点的最大眩光指数均不可大于 50，即最大眩光指数 $GR_{max} < 50$。

体育照明不可以对运动员、观众或官员产生不能接受的眩光。此外，进行彩色电视转播时，对所有摄像机，眩光的图像量、镜头反射光斑均应减到最小。

在实际的照明设计中，可以通过灯具的合理选择、布置或自然光的合理利用降低直接眩光。例如，在篮球场篮筐上避免安装灯具，在排球场地的球网上空不安装高亮度灯具，在室内体育馆篮球场及网球场的底线后墙上避免开设窗户，使自然光通过合适的方向进入场地；可通过选择功率和配光合适的灯具，选择合理的灯具安装高度及位置、合理的灯具投射角度及瞄准点，以降低眩光；灯具上安装格栅等挡光装置，亦可降低灯具发光强度。对室内体育馆，保证在观众席、墙及屋顶上有足够的照度，可选择反射率合适的表面材料，一般天花板为 60%、墙为 30%～60%。为降低明亮的灯具与暗的天花板间的光度对比，天花板的反射率一定要高，当然也可以通过增加上射光的办法降低对比，以减小眩光。

为减小眩光，提高环境亮度，同时提高转播效果，在彩色电视转播时观众席上的平均垂直照度应为场地平均垂直照度的 10%～25%。

相对于传统照明灯具，LED 芯片的发光面积小、中心光强高、表面亮度非常大。而且目前 LED 照明灯具的配光基本由光学透镜实现，灯具基本上无保护角，这对于本来就对眩光要求很高的体育照明是一新的挑战。在设计 LED 体育照明应用时，需要综合考虑 LED 照明灯具的光通量、表面亮度、配光曲线、安装高度、安装位置、投射方向等多方面的因素，以尽量降低眩光，满足体育照明运动员、裁判和观众、摄像机的要求。

10.4.5 溢散光

灯具发出的光线应尽可能多地照明在场地地面上，由于灯具配光控制不严格或灯具投射瞄准点不合适，会有部分的光线照射到场地外，这部分光被称为溢散光，溢散光有时被称为光污染。溢散光可以分为两种：在场地内的溢散光和对场地外的溢散光。在场地内的溢射光主要洒向场地上空，这部分溢散光可以提高场地背景的亮度，降低画面上物体与背景的亮度对比，从而降低画面清晰度，使场地内像“有雾”一样；而在场地外的溢散光将影响体育场周围的居民及周边道路的交通，严重的会有部分灯光射向天空，成为真正的光污染，这部分溢散光是非常有害的，有时会造成重大损失。因此，可以通过选择有效控制光束或截光型的灯具减小溢散光，并严格控制瞄准点。

由于 LED 具有发光体面积小、光束集中的特点，LED 体育照明灯具的光线较其他传统照明灯具更易控制，对主照明区域更容易达到要求。相应地，对周边区域的照明影响将会减少。因此，体育照明采用 LED 灯具可以帮助体育场馆提高光线利用率，减少溢散光。

目前，对溢散光的衡量指标除在指定区域或平面上的水平、垂直照度以外，还用灯具的上射光通比或者全部灯具安装后的上射光通比 *ULOR* 表示。

10.4.6 立体感和阴影

体育照明的立体感是照明表现物体三维空间的能力，多个方向的照明对立体感的提高有很大帮助。在彩色电视转播中，立体感可以直接影响彩色电视传播的画面质量。

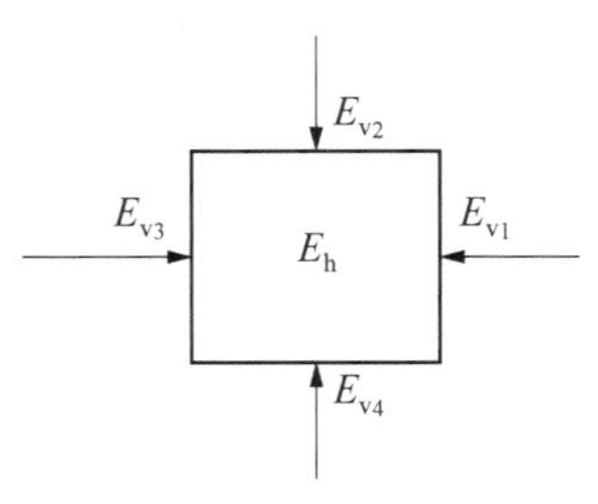

图 10.4.6 场地内某一点的垂直照度和水平照度

在体育照明设计中，运动员和观众的可见度依赖于其所在点的水平照度和垂直照度，而物体的立体感则与从不同方向照明得到的水平照度和垂直照度之比有关。场地内任何一点均可考虑相互垂直的 4 个表面，如图 10.4.6 所示。

如果 E_h，E_{v1}，E_{v2}，E_{v3}，E_{v4} 大致相同，则被照明的运动员和物体的立体感会比较平淡，观看三维空间的物体比较困难。如果这 5 个值差别过大，立体感太强烈，这就会歪曲运动员或物体的视觉外观形象。一般来说，如果全场地的平均水平照度 E_{hav} 小于 4 个垂直面上任一垂直照度平均值的 2 倍，则所产生的立体感是可以接受的。

由于在体育照明中大多采用紧凑型光源，灯具光强大、光线集中，灯具的布置会决定运动员在场地内阴影的强度及长度。尤其在四塔式布置的体育照明中，照明全部由安装于4个点上的灯具提供，因此阴影是不可避免的。为限制阴影的明显，缩短阴影的长度，在非对称布置的体育照明中，主摄像机侧布置的灯具数量应不小于全场灯具数量的50%，大于全场灯具数量的60%，而对侧的灯具布置不应大于全场灯具数量的50%，小于全场灯具数量的40%。

10.4.7 频闪现象

由于人工照明光源的供电电压频率为50 Hz，其工作电流不断变化，因此其发出的光会随工作电流的变化而发生频闪。但是，可以通过调整工作电流变化的大小和频率而减小频闪。

频闪现象是否可见取决于很多参数，包括调制频率、调制深度、调制波形、输出的平均振幅、占空比、一个周期循环中的色差，以及空间的环境（背景）亮度等。如图10.4.7所示，目前对频闪有两个衡量指标：频闪比（percent flicker）和频闪因子（flicker index），表示式为

频闪比$= 100\% \times (A-B)/(A+B)$，

频闪因子=区域1/(区域1+区域2)。

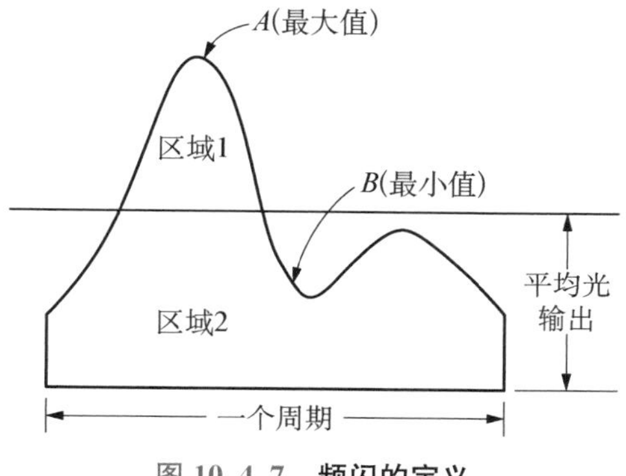

图10.4.7 频闪的定义

由于频闪因子的计算相对麻烦，目前在体育照明转播要求中较多使用频闪比指标。

体育照明在进行高清电视转播时，对使用的照明灯具要求能够消除频闪。随着北京奥运会在奥运史上第一次全部采用高清信号转播，高清转播已成为各项重大体育赛事的基本要求，高清摄像机成为首选，同时日趋增加使用高速摄像机、超高速摄像机。这些新的摄像设备对照明提出了新的要求。普通摄像机每秒拍摄25帧，每一帧的曝光水平基本一致，连续播放时感觉不到闪烁；传统的高清摄像机每秒拍摄50帧，也基本感觉不到闪烁。但目前使用的高速摄像机（慢动作回放）每秒拍摄150帧（超高速摄像机会达到每秒拍摄1 000帧），此时每一帧的曝光水平完全不一致，正常连续播放时会感觉到闪烁。目前，在转播时通常采用软件修正的方法，但会降低图像质量。

目前大功率的投光灯具大部分使用电感镇流器，在照明设计时只能要求体育照明采用三相供电，同时，将所有灯具均匀接到电源的三相位，并将各相位上的灯具瞄准点均匀分布在照明场地，即场地内一个瞄准点上有3个不同相位的灯具照射，以减弱频闪。

在2012年伦敦奥运会的水上运动中心和自行车馆中，为满足超高速摄像机的摄像效果，首次为传统的HID灯研制了低频方波的电子镇流器，以减少频闪，满足自行车运动员以及游泳、跳水运动员瞬间的比赛场景，将频闪比降到3%以内，很好地提高了照明和超高速摄像转播的质量。随着超高速摄像的日趋普及，2014年索契冬奥会对照明频闪也提出了同样要求。

由于LED照明低压直流供电的特性，LED照明灯具的出现极大地改善了体育照明中的频闪现象，可以方便地满足各种超高速高清摄像机的照明要求，给体育照明设计带来了极大

的便利性和技术提高的空间。但是由于目前 LED 驱动电源均为交流输入，再经降压整流到直流方波，因此需要注意光输出的波动和频率的变化，以满足频闪的要求。

10.4.8 灯具噪音

体育照明中，另外一个需重点考虑的是灯具的噪音。体育照明 HID 光源基本配置电感镇流器，因此所用的镇流器及灯具都会发出噪音，若安装不好噪音更严重。由于目前还没有一个相关的标准，因此在照明设计时应尽量选择噪音小的照明系统，尤其是在室内体育馆。但是，采用电子镇流器可以有效地减少噪音。

LED 驱动电源均为电子器件，可以很好地消除灯具的噪音，但仍需要考虑 LED 体育照明灯具可能引起的噪音问题，避免共振。

10.4.9 照明控制

体育照明中使用的灯具数目众多、照明模式繁多，而且控制距离远，因此应该选择有效、简便的照明控制系统，帮助实现开关功能及其他功能，如断电切换、断电保护、故障报警、手动/自动切换、开灯时间统计及计算机照明界面模拟等多种功能。

目前，常用的体育照明智能控制系统可分为管理控制级、现场控制级两级。

10.4.9.1 管理控制级要求实现的功能

1) 计算机仿真布灯位置界面。要求提供灯具控制回路与对应的安装位置参考信息；提供开灯模式(场景)预览和估计平均照度与负载功率；实时反映各个照明灯具的开、关或亮度状态；实时反映各个灯具的异常控制或故障状态；实时反映照明配电系统状态电气(各相电压、电流等)参数；提供多个控制区域仿真布灯位置界面的切换功能。

2) 系统管理与控制。要求提供灯具维护与统计资料参考信息；提供系统管理员与控制操作人员权限管理及控制；提供开灯模式(场景)新建、修改、删除等编辑功能；具有系统日志功能，提供系统操作值班记录；灵活配置常用开关模式(场景)快捷控制方案；灵活选择配置多个监控区域的仿真布灯位置界面；根据系统历史数据的有关信息，做出分析判断，制成各种报表，以便管理。

3) 自动定时与照度控制功能。要求提供按多时间段、定时控制功能；按预存开灯模式(场景)程序组合开灯；按室外日照的变化与时间段组合逻辑开灯。

10.4.9.2 现场控制级要求实现功能

1) 灯具保护控制。要求提供灯具冷启动和灯具热态自动延时启动等保护功能，冷启动和热态关断技术可延长灯具寿命 2～4 倍；提供电源电压浪涌限制，以避免电网冲击和浪涌电压。

2) 灯具状态参数检测。要求提供输出开关状态检测、负载回路检测，巡回监控照明系统故障情况。

3) 安全智能。要求因有异常情况导致主照明灯具全场熄灭时，自动启动应急照明系统。

10.4.9.3 整个智能照明控制系统的功能

1) 安全智能。体育场馆是大众聚集的公共活动场所，保障场地照明和观众席照明是绝对必要和重要的。智能照明控制系统首先要求的是安全保证，因此，将体育场馆的照明控制系统供电作为一类负荷，必须具备两路供电自动互相切换的功能。

2）经济方便。要求智能照明控制方式实现照明配电与照明控制分离，所有的管理控制设备都挂在一条弱电通信总线电缆上，与强电部分完全隔离，以实现操作人员的人身安全；同时，由于使用通信网络总线，免除了传统开关控制所需要的大量控制电缆和配管穿线施工，可节省工程费用。通过编程，实现场景的预设置，控制操作时只需按一下控制面板上的某一键，即可启动一个灯光场景，并要求实现多种控制功能，操作简便。

3）环境保护和节约能源。体育照明智能控制方式要求按用户的实际需求开灯、关灯，有效节约能源，减少热污染和光污染，并能有效延长灯具的使用寿命。

4）环境舒适性。体育照明智能控制方式要求实现多种场景控制，配合场馆群体活动的现场需求，营造出舒适的照明环境。

10.4.9.4 LED 体育照明控制的特点

随着 LED 体育照明应用的不断出现，其智能照明控制系统的应用也更加广泛，同时许多之前只能在室内照明中出现的智能调光技术开始运用于体育照明。由于 LED 具有低压直流驱动、瞬时点亮的特点，LED 体育照明灯具可以非常方便地实现连续调光，且不仅仅是传统 HID 照明灯具在体育照明控制中的开和关的控制。因此，运用 LED 照明的体育场馆可以非常便捷地达到所要求的在最大照度范围内的任何水平或垂直照度值，照明设计也可以趋于简单，不再需要调整出不同的灯具组合以满足不同的照明需求。照明控制系统最大的变化是从开关灯具到灯具光输出的变化，同时可以将每个灯具的工作状态和光电参数准确地传输给控制系统终端，并绘制出不同的报表帮助照明管理，更加科学、快速和高效。而在现场，由于 LED 灯具驱动器可以有不同的地址，使得 LED 灯具更加“聪明”，马道上的每个灯具均可以有一个独立的地址点，可以非常方便地调试灯具，快速提供灯具的控制回路与对应的安装位置，准确给出所对应的每一个照明点的光电参数。

目前，LED 体育照明灯具主要为直流恒压驱动或直流恒流驱动，而其调光的主要技术是 PWM 脉宽调制技术，主要技术指标为 PWM 频率和 PWM 分辨率。为实现调光，LED 体育照明控制系统主要采用国际标准的 DALI 和 DMX512 接口协议，在室内体育馆的灯具数量不多、控制距离较近时，可采用 DALI 接口；而在传输距离很远的室外体育场，更多地采用 DMX512 接口协议控制 LED 照明灯具。

随着互联网技术在各行业的不断普及，照明进入数字化时代，体育照明控制系统同样受到了数字照明的影响，为控制系统的设计、安装、调试带来了许多方便。例如，可以采用 TCP/IP 方式控制 LED 体育照明灯具，从地面的总控制室与马道之间的联系不再是一灯或一回路的供电电缆和控制线，变成了几根主电缆和几根网线或光纤，在地面控制室内将 TCP/IP 信号用网线或光纤传输至马道上的 TCP/IP_DMX512 转换器，再将 DMX512 RDM 信号连接至马道上的每一盏灯具，方便地给每套灯具以地址、控制信号及信号反馈通道，实现现场的照明场景切换和运行管理，通过 TCP/IP 在智能化控制终端（手机、PAD、电脑等）上实现真正意义的远程控制和管理。

另外，利用 LED 灯具能瞬时点亮的特点，可以增加多种场景，将 LED 体育照明灯具作为场馆内舞台照明效果的一部分，在比赛开始、中间休息或一些文化演出时发挥其作用。

10.4.10 天然采光

阳光是万物之源，人类生活离不开自然光，利用自然光解决白天的照明问题是一个最节能、最洁净健康的方法，尤其是室内体育馆。室内体育馆可通过开侧窗或顶窗的办法进行天然采光，其侧窗采光应严格考虑窗户是否会造成不必要的眩光。如果场地安排合适，侧窗一般开在南北向，以避免东西向早晚的斜入射光。如果采用天窗采纳自然光，除应考虑天窗的位置以外，还应考虑天窗的材质及透过率，尽量选用中性透过率的材料，以避免室内出现颜色过滤，而使白天的室内环境出现明显的色温偏差。

同时，有条件的室内体育馆也可采用导光管系统将自然光引入体育馆内。例如，2008年北京奥运会的柔道、跆拳道比赛场馆——北京科技大学体育馆，在体育馆的屋顶上安装了148个直径为530 mm的光导管，太阳导光照明系统主要由采光罩、光导管和漫射器3部分组成。它们能把80%的太阳光汇聚到场馆内部，阳光通过采光罩高效采集室外自然光线并导入系统内重新分配，经过特殊制作的光导管传输和强化后，由系统底部的漫射器把自然光均匀、高效地照射到场馆内部，体育馆内部平时不用开灯就能满足学校基本的日常训练和教学任务。

10.4.11 照明设计及与建筑的协调

体育场馆是一类较为特殊的建筑，其内部照明不仅关系着“观”与“赛”这一基本功能的实现，更对整个建筑的艺术造型效果与表达产生直接影响，并对早期的建筑结构的设计也有间接影响。而且体育照明较其他照明复杂，要求繁多，对建筑的配合要求很高。因此，应要求专业照明设计人员进行专业设计，并且在建筑设计阶段，就应尽早与建筑设计师、业主紧密配合，在满足体育照明基本要求前提下，充分考虑灯具马道设计、安装方式、安装位置，以及光污染对周围环境的影响、安装的美观和安全、体育场馆的景观效果等方面，以达到最佳的比赛功能和视觉效果。

10.5 体育照明标准推荐

10.5.1 体育照明相关标准

目前在我国的体育场馆照明设计实践中，基本可参照4类标准：

1）国际照明组织的标准，包括国际照明委员会(CIE)、北美照明工程学会(IESNA)、欧洲标准(EN)等。其中，涉及的标准包括：

CIE 42:《网球场照明》(Lighting for Tennis)；

CIE 45:《冰上运动照明》(Lighting for Ice Sports)；

CIE 57:《足球场照明》(Lighting for Football)；

CIE 58:《体育馆照明》(Lighting for Sports Hall)；

CIE 62:《游泳池照明》(Lighting for Swimming Pools);

CIE 67:《体育照明装置的光度学要求和测量指南》(Guide for the Photometric Specification and Measurement of Sports Lighting Installations);

CIE 83:《体育运动场地彩电转播照明》(Guide for the Lighting of Sports Events for Color Television and Film Systems);

CIE112:《室外体育和区域照明的眩光评价系统》(Glare Evaluation System for Use Within Outdoor Sports and Area Lighting);

CIE169:《体育赛事中用于彩电和摄影的实用照明设计准则》(Practical Designs Guidelines for the Lighting of Sport Events for Color Television and Filming);

IESNA: Lighting Handbook (10th);

EN 12193:Light and Lighting — Sports Lighting。

2) 国际体育组织的照明标准,包括国际田径联合会(International Association of Athletics Federations, IAAF)、国际足球联合会(Federation Internationale de Football Association, FIFA)、国际篮球联合会(Federation International de Basketball, FIBA)、国际网球联合会(International Tennis Federation, ITF),以及由56个单项体育联合会组成的国际体育联合会(General Association of International Sports Federations, GAISF)等体育机构或联合转播机构出版的针对性的照明标准。

3) 各项重大体育赛事时,组织或转播机构出版的照明标准,如奥运会、世界杯、亚运会、大运会等大型综合运动会时对各项运动照明的要求,或单项体育世界锦标赛时转播机构颁布的照明要求。

4) 中国国家照明标准,目前我国实行的专业的体育照明标准为《体育场馆照明设计及检测标准》(JGJ153)。随着中国北京2008年奥运会、2010年广州亚运会、2011年深圳大运会的成功召开,这些赛事中的许多世界先进水平的体育场馆照明为中国体育照明的发展带来了巨大的推动力,也促进了中国对体育照明的研究和更好的应用。《体育场馆照明设计及检测标准》(JGJ153)是在综合了奥运会照明标准、亚运会照明标准、CIE 169文件、GASIF V14版标准、EN12193,以及各个体育单项组织对照明的特殊要求后,又结合中国体育建筑的特点和对体育照明的特殊需求,通过广泛调查研究,总结大量的体育场馆照明实践经验和检测数据后编制而成。因此,此标准非常符合目前中国在北京奥运后对体育照明的需求,这是目前体育照明设计中非常全面、具体、专业的标准推荐。

10.5.2 各体育项目的照明标准要求

以下是《体育场馆照明设计及检测标准》(JGJ153)中对各典型体育项目的照明标准要求。

1) 篮球、排球、手球、室内足球、体操、艺术体操、技巧、蹦床场地的照明标准推荐值如表10.5.1所示。

表 10.5.1 **篮球、排球、手球、室内足球、体操、艺术体操、技巧、蹦床场地的照明标准值**

等级	使用功能	照度/lx			照度均匀度						光源		眩光指数
		E_h	E_{vmai}	E_{vaux}	U_h		U_{vmai}		U_{vaux}		R_a	T_{cp}/K	GR
					U_1	U_2	U_1	U_2	U_1	U_2			
Ⅰ	训练和娱乐活动	300	—	—	—	0.3	—	—	—	—	≥65	—	≤35
Ⅱ	业余比赛、专业训练	500	—	—	0.4	0.6	—	—	—	—	≥65	≥4 000	≤30
Ⅲ	专业比赛	750	—	—	0.5	0.7	—	—	—	—	≥65	≥4 000	≤30
Ⅳ	TV 转播国家、国际比赛	—	1 000	750	0.5	0.7	0.4	0.6	0.3	0.5	≥80	≥4 000	≤30
Ⅴ	TV 转播重大国际比赛	—	1 400	1 000	0.6	0.8	0.5	0.7	0.3	0.5	≥80	≥4 000	≤30
Ⅵ	HDTV 转播重大国际比赛	—	2 000	1 400	0.7	0.8	0.6	0.7	0.4	0.6	≥90	≥5 500	≤30

2）乒乓球、柔道、摔跤、跆拳道、武术场地的照明标准推荐值如表 10.5.2 所示。

表 10.5.2 **乒乓球、柔道、摔跤、跆拳道、武术场地的照明标准值**

等级	使用功能	照度/lx			照度均匀度						光源		眩光指数
		E_h	E_{vmai}	E_{vaux}	U_h		U_{vmai}		U_{vaux}		R_a	T_{cp}/K	GR
					U_1	U_2	U_1	U_2	U_1	U_2			
Ⅰ	训练和娱乐活动	300	—	—	—	0.5	—	—	—	—	≥65	≥4 000	≤35
Ⅱ	业余比赛、专业训练	500	—	—	0.4	0.6	—	—	—	—	≥65	≥4 000	≤30
Ⅲ	专业比赛	1 000	—	—	0.5	0.7	—	—	—	—	≥65	≥4 000	≤30
Ⅳ	TV 转播国家、国际比赛	—	1 000	750	0.5	0.7	0.4	0.6	0.3	0.5	≥80	≥4 000	≤30
Ⅴ	TV 转播重大国际比赛	—	1 400	1 000	0.6	0.8	0.5	0.7	0.3	0.5	≥80	≥4 000	≤30
Ⅵ	HDTV 转播重大国际比赛	—	2 000	1 400	0.7	0.8	0.6	0.7	0.4	0.6	≥90	≥5 500	≤30

3）羽毛球场地的照明标准推荐值如表 10.5.3 所示。

表 10.5.3　羽毛球场地的照明标准值

等级	使用功能	照度/lx			照度均匀度						光源		眩光指数
		E_h	E_{vmai}	E_{vaux}	U_h		U_{vmai}		U_{vaux}		R_a	T_{cp}/K	GR
					U_1	U_2	U_1	U_2	U_1	U_2			
Ⅰ	训练和娱乐活动	300	—	—	—	0.5	—	—	—	—	≥65	≥4 000	≤35
Ⅱ	业余比赛、专业训练	750/500	—	—	0.5/0.4	0.7/0.6	—	—	—	—	≥65	≥4 000	≤30
Ⅲ	专业比赛	1 000/750	—	—	0.5/0.4	0.7/0.6	—	—	—	—	≥65	≥4 000	≤30
Ⅳ	TV 转播国家、国际比赛	—	1 000/750	750/500	0.5/0.4	0.7/0.6	0.4/0.3	0.6/0.5	0.3/0.3	0.5/0.4	≥80	≥4 000	≤30
Ⅴ	TV 转播重大国际比赛	—	1 400/1 000	1 000/750	0.6/0.5	0.8/0.7	0.5/0.5	0.7/0.5	0.3/0.3	0.5/0.4	≥80	≥4 000	≤30
Ⅵ	HDTV 转播重大国际比赛	—	2 000/1 400	1 400/1 000	0.7/0.6	0.8/0.8	0.6/0.4	0.7/0.6	0.4/0.3	0.6/0.5	≥90	≥5 500	≤30

注：表中同一格有两个值时，“/”前为主赛区 PA 的值，“/”后为总赛区 TA 的值。

4）拳击场地的照明标准推荐值如表 10.5.4 所示。

表 10.5.4　拳击场地的照明标准值

等级	使用功能	照度/lx			照度均匀度						光源		眩光指数
		E_h	E_{vmai}	E_{vaux}	U_h		U_{vmai}		U_{vaux}		R_a	T_{cp}/K	GR
					U_1	U_2	U_1	U_2	U_1	U_2			
Ⅰ	训练和娱乐活动	500	—	—	—	0.7	—	—	—	—	≥65	≥4 000	≤35
Ⅱ	业余比赛、专业训练	1 000	—	—	0.6	0.8	—	—	—	—	≥65	≥4 000	≤30
Ⅲ	专业比赛	2 000	—	—	0.7	0.8	—	—	—	—	≥65	≥4 000	≤30
Ⅳ	TV 转播国家、国际比赛	—	1 000	1 000	0.6	0.8	0.4	0.6	0.4	0.6	≥80	≥4 000	≤30
Ⅴ	TV 转播重大国际比赛	—	2 000	2 000	0.7	0.8	0.6	0.7	0.6	0.7	≥80	≥4 000	≤30
Ⅵ	HDTV 转播重大国际比赛	—	2 500	2 500	0.7	0.8	0.7	0.8	0.7	0.8	≥90	≥5 500	≤30

5）举重场地的照明标准推荐值如表 10.5.5 所示。

表 10.5.5　举重场地的照明标准值

等级	使用功能	照度/lx		照度均匀度				光源		眩光指数
		E_h	E_{vmai}	U_h		U_{vmai}		R_a	T_{cp}/K	GR
				U_1	U_2	U_1	U_2			
Ⅰ	训练和娱乐活动	300	—	—	0.5	—	—	≥65	≥4 000	≤35
Ⅱ	业余比赛、专业训练	500	—	0.4	0.6	—	—	≥65	≥4 000	≤30
Ⅲ	专业比赛	750	—	0.5	0.7	—	—	≥65	≥4 000	≤30
Ⅳ	TV 转播国家、国际比赛	—	1 000	0.5	0.7	0.4	0.6	≥80	≥4 000	≤30
Ⅴ	TV 转播重大国际比赛	—	1 400	0.6	0.8	0.5	0.7	≥80	≥4 000	≤30
Ⅵ	HDTV 转播重大国际比赛	—	2 000	0.7	0.8	0.6	0.7	≥90	≥5 500	≤30

6）击剑场地的照明标准推荐值如表 10.5.6 所示。

表 10.5.6　击剑场地的照明标准值

等级	使用功能	照度/lx			照度均匀度						光源	
		E_h	E_{vmai}	E_{vaux}	U_h		U_{vmai}		U_{vaux}		R_a	T_{cp}/K
					U_1	U_2	U_1	U_2	U_1	U_2		
Ⅰ	训练和娱乐活动	300	200	—	—	0.5	—	0.3	—	—	≥65	≥4 000
Ⅱ	业余比赛、专业训练	500	300	—	0.5	0.7	0.3	0.4	—	—	≥65	≥4 000
Ⅲ	专业比赛	750	500	—	0.5	0.7	0.3	0.4	—	—	≥65	≥4 000
Ⅳ	TV 转播国家、国际比赛	—	1 000	750	0.5	0.7	0.4	0.6	0.3	0.5	≥80	≥4 000
Ⅴ	TV 转播重大国际比赛	—	1 400	1 000	0.6	0.8	0.5	0.7	0.3	0.5	≥80	≥4 000
Ⅵ	HDTV 转播重大国际比赛	—	2 000	1 400	0.7	0.8	0.6	0.7	0.4	0.6	≥90	≥5 500

7）游泳、跳水、水球、花样游泳场地的照明标准推荐值如表 10.5.7 所示。

表 10.5.7　游泳、跳水、水球、花样游泳场地的照明标准值

等级	使用功能	照度/lx			照度均匀度						光源	
		E_h	E_{vmai}	E_{vaux}	U_h		U_{vmai}		U_{vaux}		R_a	T_{cp}/K
					U_1	U_2	U_1	U_2	U_1	U_2		
Ⅰ	训练和娱乐活动	200	—	—	—	0.3	—	—	—	—	≥65	≥4 000
Ⅱ	业余比赛、专业训练	300	—	—	0.3	0.5	—	—	—	—	≥65	≥4 000
Ⅲ	专业比赛	500	—	—	0.4	0.6	—	—	—	—	≥65	≥4 000
Ⅳ	TV 转播国家、国际比赛	—	1 000	750	0.5	0.7	0.4	0.6	0.3	0.5	≥80	≥4 000
Ⅴ	TV 转播重大国际比赛	—	1 400	1 000	0.6	0.8	0.5	0.7	0.3	0.5	≥80	≥4 000
Ⅵ	HDTV 转播重大国际比赛	—	2 000	1 400	0.7	0.8	0.6	0.7	0.4	0.6	≥90	≥5 500

8）冰球、花样滑冰、冰上舞蹈、短道速滑场地的照明标准推荐值如表 10.5.8 所示。

表 10.5.8　冰球、花样滑冰、冰上舞蹈、短道速滑场地的照明标准值

等级	使用功能	照度/lx			照度均匀度						光源		眩光指数
		E_h	E_{vmai}	E_{vaux}	U_h		U_{vmai}		U_{vaux}		R_a	T_{cp}/K	GR
					U_1	U_2	U_1	U_2	U_1	U_2			
Ⅰ	训练和娱乐活动	300	—	—	—	0.3	—	—	—	—	≥65	≥4 000	≤35
Ⅱ	业余比赛、专业训练	500	—	—	0.4	0.6	—	—	—	—	≥65	≥4 000	≤30
Ⅲ	专业比赛	1 000	—	—	0.5	0.7	—	—	—	—	≥65	≥4 000	≤30
Ⅳ	TV 转播国家、国际比赛	—	1 000	750	0.5	0.7	0.4	0.6	0.3	0.5	≥80	≥4 000	≤30
Ⅴ	TV 转播重大国际比赛	—	1 400	1 000	0.6	0.8	0.5	0.7	0.3	0.5	≥80	≥4 000	≤30
Ⅵ	HDTV 转播重大国际比赛	—	2 000	1 400	0.7	0.8	0.6	0.7	0.4	0.6	≥90	≥5 500	≤30

9）场地自行车场地的照明标准推荐值如表 10.5.9 所示。

表 10.5.9　场地自行车场地的照明标准值

等级	使用功能	照度/lx			照度均匀度						光源		眩光指数	
		E_h	E_{vmai}	E_{vaux}	U_h		U_{vmai}		U_{vaux}		R_a	T_{cp}/K	GR	
					U_1	U_2	U_1	U_2	U_1	U_2			室内	室外
Ⅰ	训练和娱乐活动	200	—	—	—	0.3	—	—	—	—	≥65	≥4 000	≤35	≤55
Ⅱ	业余比赛、专业训练	500	—	—	0.4	0.6	—	—	—	—	≥65	≥4 000	≤30	≤50
Ⅲ	专业比赛	750	—	—	0.5	0.7	—	—	—	—	≥65	≥4 000	≤30	≤50
Ⅳ	TV 转播国家、国际比赛	—	1 000	750	0.5	0.7	0.4	0.6	0.3	0.5	≥80	≥4 000	≤30	<50
Ⅴ	TV 转播重大国际比赛	—	1 400	1 000	0.6	0.8	0.5	0.7	0.3	0.5	≥80	≥4 000	≤30	≤50
Ⅵ	HDTV 转播重大国际比赛	—	2 000	1 400	0.7	0.8	0.6	0.7	0.4	0.6	≥90	≥5 500	≤30	≤50

10）射击、射箭场地的照明标准推荐值如表 10.5.10 所示。

表 10.5.10　射击、射箭场地的照明标准值

等级	使用功能	照度/lx		照度均匀度				光源	
		E_h 射击区、弹道区	E_v 靶心	U_h		U_v		R_a	T_{cp}/K
				U_1	U_2	U_1	U_2		
Ⅰ	训练和娱乐活动	200	1 000	—	0.5	0.6	0.7	≥65	≥3 000(射击) ≥4 000(射箭)
Ⅱ	业余比赛、专业训练	200	1 000	—	0.5	0.6	0.7	≥65	≥3 000(射击) ≥4 000(射箭)
Ⅲ	专业比赛	300	1 000	—	0.5	0.6	0.7	≥65	≥3 000(射击) ≥4 000(射箭)
Ⅳ	TV 转播国家、国际比赛	500	1 500	0.4	0.6	0.7	0.8	≥80	≥3 000(射击) ≥4 000(射箭)
Ⅴ	TV 转播重大国际比赛	500	1 500	0.4	0.6	0.7	0.8	≥80	≥3 000(射击) ≥5 500(射箭)
Ⅵ	HDTV 转播重大国际比赛	600	2 000	0.4	0.6	0.7	0.8	≥80(射击) ≥90(射箭)	≥4 000(射击) ≥5 500(射箭)

11）足球、田径、曲棍球、马术场地的照明标准推荐值如表 10.5.11 所示。

表 10.5.11　**足球、田径、曲棍球、马术场地的照明标准值**

等级	使用功能	照度/lx			照度均匀度						光源		眩光指数
		E_h	E_{vmai}	E_{vaux}	U_h		U_{vmai}		U_{vaux}		R_a	T_{cp}/K	GR
					U_1	U_2	U_1	U_2	U_1	U_2			
Ⅰ	训练和娱乐活动	200	—	—	—	0.3	—	—	—	—	≥65	≥4 000	≤55
Ⅱ	业余比赛、专业训练	300	—	—	—	0.5	—	—	—	—	≥65	≥4 000	≤50
Ⅲ	专业比赛	500	—	—	0.4	0.6	—	—	—	—	≥65	≥4 000	≤50
Ⅳ	TV 转播国家、国际比赛	—	1 000	750	0.5	0.7	0.4	0.6	0.3	0.5	≥80	≥4 000	≤50
Ⅴ	TV 转播重大国际比赛	—	1 400	1 000	0.6	0.8	0.5	0.7	0.3	0.5	≥80	≥5 500	≤50
Ⅵ	HDTV 转播重大国际比赛	—	2 000	1 400	0.7	0.8	0.6	0.7	0.4	0.6	≥90	≥5 500	≤50

注：TV 应急时，“/”前为马术和田径的要求，“/”后为足球和曲棍球的要求。

12）网球场地的照明标准推荐值如表 10.5.12 所示。

表 10.5.12　**网球场地的照明标准值**

等级	使用功能	照度/lx			照度均匀度						光源		眩光指数	
		E_h	E_{vmai}	E_{vaux}	U_h		U_{vmai}		U_{vaux}		R_a	T_{cp}/K	GR	
					U_1	U_2	U_1	U_2	U_1	U_2			室外	室内
Ⅰ	训练和娱乐	300	—	—	—	0.5	—	—	—	—	≥65	≥4 000	≤55	≤35
Ⅱ	业余比赛、专业训练	500/300	—	—	0.4/0.3	0.6/0.5	—	—	—	—	≥65	≥4 000	≤50	≤30
Ⅲ	专业比赛	750/500	—	—	0.5/0.4	0.7/0.6	—	—	—	—	≥65	≥4 000	≤50	≤30
Ⅳ	TV 转播国家、国际比赛	—	1 000/750	750/500	0.5/0.4	0.7/0.6	0.4/0.3	0.6/0.5	0.3/0.3	0.5/0.4	≥80	≥4 000	≤50	≤30
Ⅴ	TV 转播重大国际比赛	—	1 400/1 000	1 000/750	0.6/0.5	0.8/0.7	0.5/0.3	0.7/0.5	0.3/0.3	0.5/0.4	≥80	≥4 000	≤50	≤30
Ⅵ	HDTV 转播重大国际比赛	—	2 000/1 400	1 400/1 000	0.7/0.6	0.8/0.8	0.6/0.4	0.7/0.6	0.4/0.3	0.6/0.5	≥90	≥5 500	≤50	≤30

注：表中同一格有两个值时，“/”前为主赛区 PA 的值，“/”后为总赛区 TA 的值。

10.5.3 体育照明标准中的其他相关要求

目前，不论采用传统体育照明灯具，还是LED体育照明灯具，通常体育照明设计时的维护系数值均为0.8。对于多雾和污染严重地区的室外体育场，其维护系数值可降低至0.7。

为保证最佳的体育照明效果、立体感以及节约能源，有电视转播时场地平均水平照度宜为平均垂直照度的0.75～1.8倍(体育场)、1.0～2.0倍(体育馆)。

观众席座位面的最小水平照度值不宜小于50 lx，主席台面的平均水平照度值不宜小于200 lx。有电视转播时，观众席前12排的面向场地方向的平均垂直照度值不宜小于场地主摄像机方向平均垂直照度值的10%。

体育场馆观众席和运动场地安全照明的平均水平照度值，不应小于20 lx。体育场馆出口及其通道的疏散照明最小水平照度值，不应小于5 lx。

在重大体育比赛时，体育照明设计还要考虑满足颁奖台、升旗区、混合区、新闻发布厅等特殊区域或位置的照明。大型赛事的转播机构一般会给出确定的照明要求，或者根据场地体育照明的实际情况自行确定其照明要求，通常需满足彩电转播的最低要求。

10.6 体育照明设计的基本考虑

10.6.1 照明光源的选择

体育照明的光源选择与其他照明一样，可以从光源显色性R_a、光源色温T_c、光源光效、寿命等方面考虑选择光源。目前，体育照明中常用的光源为直管型荧光灯、金属卤化物灯、高压汞灯或高压钠灯。而LED体育照明灯具也已经逐步从训练场馆照明开始应用，随着产品光度性能和系统效能的进一步提高，将进一步在有专业的彩色电视转播的体育场馆应用。

直管型荧光灯光效已达100 lm·W^{-1}，光源的显色性R_a及色温T_c范围极广，R_a可从50到大于90，色温可从2 700 K到6 500 K以上，但由于其光源体积大、表面亮度低，不适合远距离投光照明，目前常用在小型室内训练馆中。替换直管型荧光灯的TLED，随着其成本的不断降低以及效能的不断提高，目前也已可以应用到一些小型的室内训练馆中，而且节能效果非常明显。

用于专业体育照明中的金属卤化物光源的光效可达110 lm·W^{-1}以上，色温从4 000 K到6 000 K，一般显色指数R_a从65到90以上，最大功率可达2 kW，而且体积小、光输出流明大，非常适合各类专业体育照明及彩色电视转播要求。尽管CIE对体育照明光源色温的要求很宽，但随着彩色电视转播要求的日益提高，目前国际上各照明学会、国际体育联合会或各个转播机构均普通接受$R_a>90$，$T_c=5\,600$ K或$R_a>80$，$T_c=4\,000$ K的双端金属卤化物光源作为彩色电视转播照明，功率有1 000 W，1 800 W，2 000 W。体育照明常用的金属卤化物光源，如图10.6.1所示。

目前，一般显色指数$R_a>80$、中功率的LED投光灯具的系统效能已经可以大于100 lm·W^{-1}，比对应的传统金属卤化物光源的投光灯具的系统效能(65 lm·W^{-1}左右)高出许多，色温也

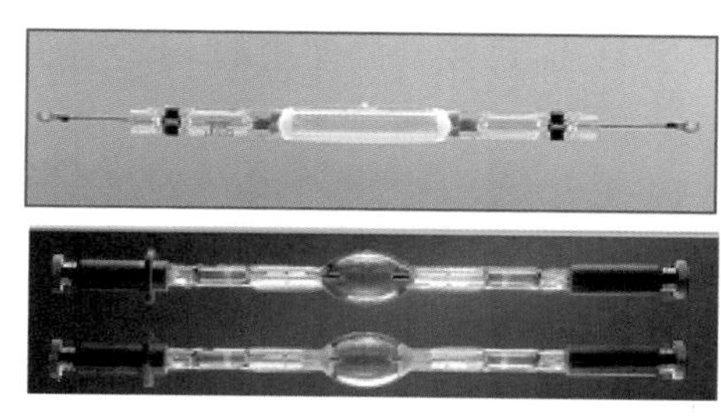
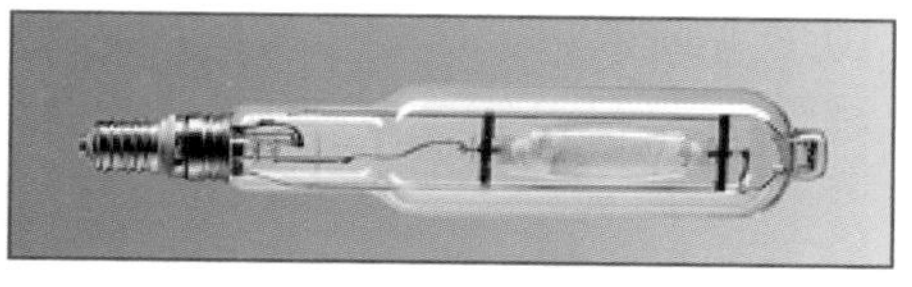

图 10.6.1 体育照明用金属卤化物光源

可以满足自然白或冷白的要求,已经开始在一些训练场馆使用。由于大功率 HID 灯具的系统效能较高(85 lm · W^{-1}左右),而大功率、高流明输出、高显色指数的 LED 投光灯具的系统效能目前还没有普遍达到此水准,因此在大型的有彩电转播的体育场馆,尤其是专业的田径场等还没有开始使用。但是,LED 照明系统的发展速度非常快,随着整体效能的提高,结合频闪、照明控制、应急照明、寿命等方面的优势,其应用前景非常广阔。对彩电转播的体育场馆照明,当采用 LED 时,其特殊显色指数 R_9 应大于 0。

在光源选择时,还应考虑光源的颜色偏移。当许多光源被安装在同一个场馆时,这些光源间的颜色偏差应最小,不论是金属卤化物光源,还是 LED 光源,均应考虑光源间的色温的偏差。传统光源间的色温偏差应小于 150 K/300 K(室内/室外应用);如果为 LED 照明系统,其照明系统间的色容差应小于 5 SDCM。

10.6.2 照明灯具的选择

灯具的发展离不开光源的推动,大功率汞灯和长弧氙灯的出现促进了体育场照明用投光灯具的发展。早期用钢板或铝板做外壳制成灯具,20 世纪 70 年代末出现了铝压铸外壳方形投光灯及减少眩光的非对称柱面反射器投光灯,20 世纪 90 年代随着紧凑型金属卤化物光源的出现,紧凑型大功率投光灯开始出现在体育照明中,并立刻占据了主导地位。而现在则慢慢开始了 LED 照明灯具在体育照明中的应用。现代体育照明对灯具的要求如下。

1. 灯具外形小型化

由于体育建筑的功能日益丰富,各种设备越来越拥挤,留给照明灯具的空间越来越小;同时,建筑师们希望灯具的尺寸不要影响体育场整体的美观。因此希望灯具外形小型化,从而使灯具的布置更方便灵活。而光源的小型化完全成就了灯具,如图 10.6.2 所示,在大型

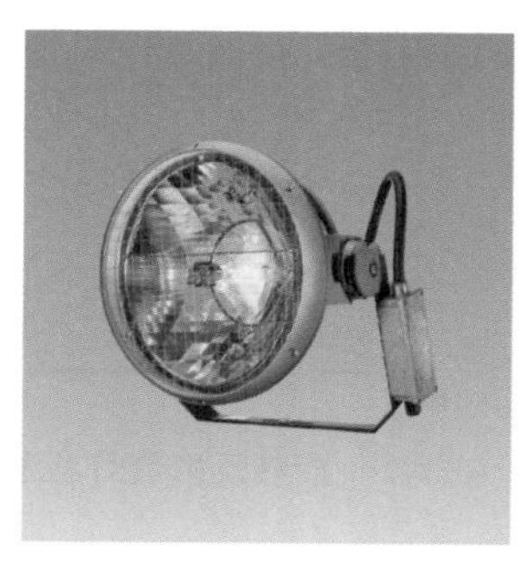
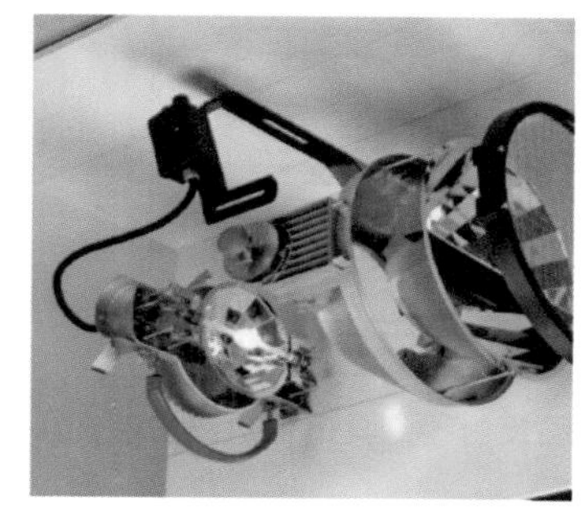

图 10.6.2 小型化体育照明灯具

专业体育场馆中，越来越少见到外形很大的灯具。目前，已经开始使用的 LED 体育照明灯具，如图 10.6.3 所示。

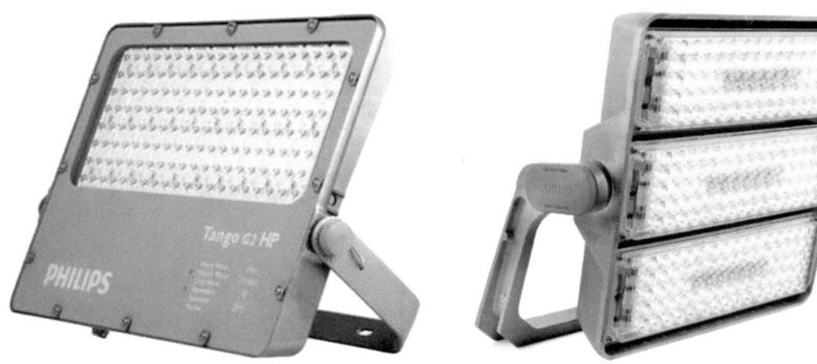

图 10.6.3 **训练场馆用中功率 LED 灯具、专业彩电转播照明用大功率 LED 灯具**

2. 灯具功率及配光曲线

体育场馆用灯具的功率大都在 1 000～2 000 W 之间，灯具系统流明输出在 70 klm 到 160 klm。体育馆照明以 1 000 W 以下的光源为主，体育场照明以 2 000 W 或 1 800 W 为主(灯具系统流明输出在 120 klm 到 160 klm)。由于体育照明有较强的均匀性要求，并且要求灵活方便的开灯方式，以及降低场地照明的眩光，因此不希望有比 2 000 W 大许多的新光源出现。目前可行的 LED 投光灯具的系统流明输出已经大于 90 klm，因此在一些室内体育馆，已经开始使用 LED 照明系统作为可满足电视转播要求的体育照明。

配光曲线的要求对灯具而言是最基本的。由于体育照明设计的复杂性，现代体育照明用灯具常希望有多种配光、多种反射器供选择，以满足不同的场地条件，但宽、中光束配光灯具在大型体育场中是不适合的，无法达到均匀性的要求。

灯具的配光曲线和光输出比是灯具选择的首要考虑因素，尤其是作远距离投光照明的灯具。投光灯具中有方形灯具和圆形灯具，方形灯具(柱面反射器)又有对称和非对称配光，圆形灯具又有宽光束和窄光束。对方形灯具(柱面反射器)，由于其中心光强较小，光束较宽，因此适合布置于场地边线，如图 10.6.4 所示。而圆形灯具(旋转对称反射器)的中心光强较大，光束较窄，因此较适合布置于投射距离更远的四角照明，或者布置于场地非常大、投光距离非常远的边线照明，如图 10.6.5 所示。

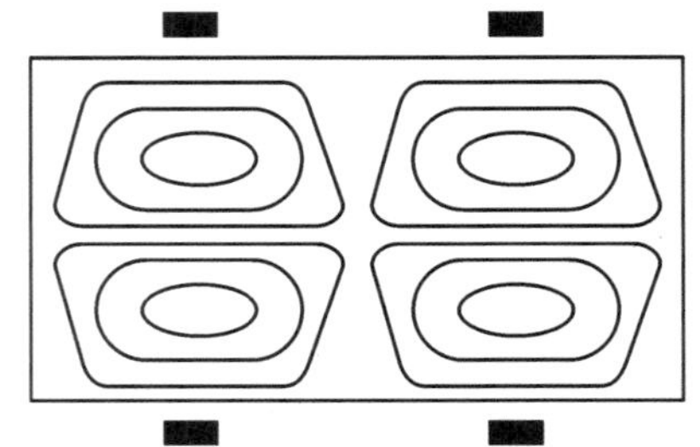

图 10.6.4 **柱面反射器灯具适合边线安装**

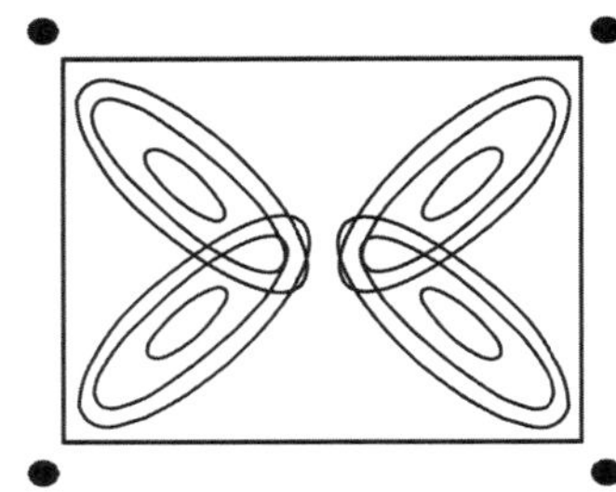

图 10.6.5 **旋转反射器灯具适合四角安装**

LED 的配光设计不同于传统灯具，基本上采用透镜的方式达到需要的配光形式，最终灯具系统的配光形式可以完全替代传统灯具的使用。而且由于LED灯具的光线控制更精确，在大型体育场馆应用时，光线控制更佳，利用效率更高，对光污染和溢散光的控制也更好。

3. 灯具压铸铝外壳及高防尘防水(IP)等级

灯具本体趋于采用高纯铝和高压压铸工艺，以延长光源和灯具的寿命，同时防尘防水等级也提高到IP65。

4. 灯具的安全性及维护

由于体育照明用灯具安装高度均很高，而且体育场馆观众密集，不允许有任何潜在的危险因素。因此，现代体育照明灯具要求有诸如高强度安全玻璃、安全防护网等措施，同时灯具的电气绝缘等级应在Ⅰ级以上，对带热触发灯具，由于有高触发电压，因此更应注意绝缘。

灯具的维护应安全、简便，并且不破坏灯具原有的瞄准位置。因此，除对瞄准方向无严格要求的小功率灯具或荧光灯具外，所有被选择的体育照明灯具应该为后开启安装光源或维护，以维持调试好的灯具瞄准角度。

5. 眩光小，溢出光少

为提高彩色电视转播画面的效果，要求灯具在被照面以外的溢出光越少越好，同时又可以减少对周围环境的光污染，而灯具上眩光的控制更是体育照明灯具的一项重要指标，因此在满足照明要求时，尽量用眩光控制更好的非对称灯具。

6. 灯具应有准确瞄准功能设计

体育照明用灯具功率大、配光窄、照明设计复杂，只有经过精确的灯具瞄准点调试后，方可达到设计要求。为保证照明设计的效果，在大型多功能体育场馆中，不论传统HID灯具，还是LED体育照明灯具，均应备有精确瞄准装置。

7. 灯具应有热启动装置

对一些有特定要求的彩色电视转播照明体育场馆，如采用传统HID光源作为场地照明，则部分灯具应配有安全可靠的热启动装置，以瞬时点亮灯具照明场地；如采用LED体育照明灯具，则采用普通驱动电源即可。

10.6.3 照明电器的选择

传统光源的照明电器，包括镇流器、触发器、补偿电容，所有照明电器的性能应与光源性能相匹配，以保证最佳工作状态。由于镇流器及光源均会发热，因此在一体化的灯具中应保证镇流器及光源的热量不会相互影响。在体育照明中，由于场地条件的限制，有时灯具与照明电器的安装需要离开一定的距离，此时对传统HID光源灯具，一定要保证触发器可正常启动光源。这个距离依赖于所用的电缆及它的接地电容，可以通过计算得到其理论值，有时可以把触发器置于灯具接线盒内，进而延长光源和镇流器之间的距离，有时此距离可大于100 m。对LED体育照明灯具，由于灯具是由驱动电源提供低压直流驱动的，因此为减少直流电源的损耗，应尽量缩小LED灯具和驱动电源间的距离，以保证光通量的正常。

由于LED的光通量输出和寿命时间与环境温度、驱动电流关系非常大，因此在选择大功率的LED体育照明系统时，首先需要清晰了解灯具工作的环境温度，并确认所期望的照明系统的寿命时间，然后才能决定LED照明系统的驱动电流、总功率和流明输出。一般而言，环境温度越高，要求寿命越长，则LED照明系统的额定功率和光通量输出相应越低。

10.6.4 照明方式的选择

对于室外体育场，直接照明是唯一的方法，但要注意对周围环境的影响，尽量减小不必要的溢散光或眩光。

对于室内体育馆，直接照明、直接/间接照明、间接照明3种照明方式均可使用，但室内体育馆的照明设计有时要考虑与建筑、结构、室内装修等的协调。在进行照明设计前，必须非常清楚地了解整个建筑的结构及照明方式、可能的灯具布置位置。

10.6.5 照明计算

由于体育照明中采用的灯具数目众多，要求复杂，因此一定需要借助于计算机作辅助照明计算，照明计算的基本步骤如下：

1）根据运动种类、比赛级别，是否进行彩色电视转播及建筑结构要求，确定照明标准。

2）确定主摄像机位置。

3）确定安装位置及高度。

4）采用大功率LED体育照明时，确认灯具工作环境温度（地区的最高月平均温度），确定期望的照明系统寿命，以确定LED灯具的功率和光通量。

5）选择光源及合适配光的灯具。

6）决定计算区域及计算网格点。

7）确定维护系数。

8）用流明法简单计算需要的灯具数量。

9）利用照明计算软件布置灯具瞄准点。

10）利用照明计算软件计算有关数据。

11）如果不满意，调整灯具瞄准点，重复以上步骤。

在进行照明计算时，计算网格点取得越多，间距越小，计算结果越可信。通常，网格点间距取为：对灯具安装高度不高的小型场地，1～2 m；对足球、曲棍球、橄榄球场，5～6 m；对大型的田径场，8～10 m。

通常计算的水平照度为地面处，垂直照度为地面上1.5 m处。

由于光源、灯具性能的稍微偏差，安装位置、瞄准点位置与计算条件的差异，以及现场供电情况和环境反射的变化，计算误差是不可避免的。通常在安装很精确时，仍可接受10%的计算误差。

10.6.6 应急照明

体育场馆中的应急照明包括以下两种：应急安全照明及应急电视转播照明。

10.6.6.1 应急安全照明

体育场馆的观众席照明应始终能保证观众安全地进入或撤离，因此应采用独立回路供电的观众席照明，一旦此回路供电失败，备用回路或发电机组立即切换过来；也可以用在线的不间断电源UPS/EPS提供短时间的供电。由于HID光源的热启动困难，因此部分的应急安全照明通常用卤钨光源或 LED 照明。为保证观众在供电失效时应急状态下的安全，看台上必须保证 20 lx 以上的应急安全照明。

10.6.6.2 应急电视转播照明

由于体育场馆在进行重大比赛和活动时，要求不间断连续进行电视转播。因此，要求照明不能间断，即使照度有所降低，也要保证提供电视转播所需的最低主摄像机垂直照度，即应急电视转播照明。随着奥运会及各类重大赛事的举行，应急电视转播照明在体育照明中已越来越重要。

为满足应急电视转播照明，目前有以下 3 种办法。

1）方法一：配备相互独立的两个或多个回路，主回路负责场地照明供电，另外的回路作为备用。如果主回路供电失败，则备用回路马上切换至工作状态，保证场地内的应急电视转播照明要求。但由于切换时间不可能太短，如果采用普通的 HID 光源，由于其无法热启动，因此必须配备足够数量的带热启动装置的 HID 灯具，这些灯具均匀分布，可以满足所需的应急电视转播照明要求。

目前成熟的热启动装置仅限于双端 1 000W/1 800 W/2 000 W 的金属卤化物光源，热触发脉冲电压高达 50～60 kV，对灯具及电器的绝缘要求非常高，且价格昂贵，需要增加额外投资，又有损光源的寿命，因此这不是一种理想的办法。

如果采用 LED 体育照明这种方法时，则可以很好地满足要求，且不需要增加其他设备。

2）方法二：配备相互独立的双回路供电，但两个供电回路同时工作，又互为备用。每个回路各负责全场 50%灯具的照明负载，且这一半的灯具可以均匀照明全场，满足应急电视转播要求。这样，不论哪一路供电出现故障，另外一路供电仍能为全场提供足够和均匀的照明，始终保持 50%的灯具工作而不产生漆黑一片的现象，使得现场比赛不受干扰和应急电视转播正常进行。

这种办法不需要热启动装置灯具，全场不会产生采用前述方法时产生的从主回路供电故障到灯具被热启动点亮之间的全场漆黑情况，更为经济、安全。但对照明设计要求非常高，必须在满足全部照明要求的同时，再将全场灯具重新分配、供电，保证在任何灯具照明下全场的全部照明要求能够满足。目前这种办法较为常用。

3）方法三：配备相互独立的多回路供电及发电机组或在线不间断电源 UPS/EPS 供电。根据方法二，在满足全场全部照明要求的前提下，将全场灯具分成两组，一组可满足应急电视转播要求，用发电机组或在线不间断电源 UPS/EPS 为其供电，保证其不间断；同时，另外一组再由市电回路供电，其他独立回路作为备用。在主回路出现故障时，备用回路切换至工作状态，为另外一组灯具供电。也有用发电机组或在线不间断电源 UPS/EPS 为全场全部灯具供电。目前这种办法可根本解决出现市电故障时的应急电视转播照明的问题。

不论采用何种应急电视转播照明的方法，如果采用 LED 体育照明，由于其低压直流瞬时点亮的特点，将给应急电视转播照明的电气配电设计带来诸多方便和新的方法。

10.7 多功能体育馆照明设计

由于多功能体育馆的建筑结构及高度、场地大小的不同，希望建立一种标准的照明方案是不可能的，这里所列的只是各种不同运动的各自的参数。任何一个多功能体育馆的照明设计，都将考虑所适合的不同体育运动的要求，并考虑其不同的运动等级。

10.7.1 多功能体育馆的照明光源及灯具

考虑到光源光色、色温、光效、寿命、安装高度、热启动等因数，在多功能体育馆中如果安装高度不超过 7 m，则更多地使用直管型荧光灯或 TLED 灯管，也可使用其他小功率 LED 投光灯具或低天棚灯具；若安装高度再提高，则要使用 HID 光源，或中功率 LED 投光灯具或高天棚灯具。

在选择照明灯具时，除考虑灯具的配光及灯具效率外，还应考虑运动物体或球对灯具及灯具附件的冲击或损坏，另应充分考虑灯具的散热和美观。

通常，在多功能体育馆中有 3 种类型灯具可供使用：

1）对称配光的荧光灯具或 TLED 灯具。灯具装有格栅或抗冲击的棱镜板或金属保护网罩，这类灯具经常以连续光带的形式安装在场地上空，照度均匀度很好。

2）非对称配光的荧光灯具或 TLED 灯具。灯具通常为嵌入式安装，最大光束面向场地，适合不希望在场地上空安装灯具的多功能体育馆。灯具以光带形式安装在场地长边方向的两侧，在两侧水平安装的灯具提供场地照明，照明效果理想，眩光很小。

3）配置 HID 光源的投光灯具或中小功率 LED 投光灯具、高低天棚灯具。由于灯具的功率提高，可以减少灯具数量，但由于光源表面亮度的提高对空中运动的眩光增大，因此可以使用对称或非对称配光灯具，并配有旋转对称反射器或柱面反射器。

10.7.2 多功能体育馆的照明方式

10.7.2.1 常用灯具布置方式

在多功能体育馆照明中，以上 3 类灯具的常用布置方式如下：

1）满天星布置：照明灯具均匀布置于场地上空。这种方法的光线利用率高、节能、水平照度均匀度好、眩光小，但垂直照度低，一般适用于娱乐、训练等对垂直照度要求不高的活动。

2）两侧或四周马道布置：灯具布置于边线两侧或场地四周上空的灯桥马道上，根据不同的要求及建筑特点，可以设计两条或多条马道，有时由于建筑限制，也可以设计垂直于边线的马道。这种布置方式容易满足垂直照度的要求，水平照度同样有较好的效果，并且立体感强、维护方便，较适合于有彩色电视转播要求的照明。但相对而言，眩光较大，稍有阴影，且外观较呆板。这种方式是目前最常用的、有彩色电视转播要求的多功能体育馆的照明布置方式。

3）满天星与灯桥马道相结合布置：这种方法可同时满足美观、节能与垂直照度的要求，但对灯具安装节点要求较高。如果安装高度不高，这种方式不适合高级别的彩色电视转播照明要求，目前有些学校体育馆采用此照明方式。

4）除以上直接照明方式外，有时还会用间接照明方式。通过间接照明，提高背景亮度，降低眩光，可以满足多个方向的垂直照度要求，达到理想的照明效果。但是这种照明方式的光线利用率低、不节能、运行成本高，因此有时在游泳馆照明中局部使用。

10.7.2.2　灯具布置推荐

对专业的多功能体育馆，如建筑条件允许，应尽量避免在比赛场地上空布置灯具，以减小运动员向上观察运动物体时的直接眩光。

在有自然采光的体育馆，为避免眩光，减小对比度，在室内体育馆设计时，不推荐在比赛场地上空设计沿边线方向的透明天窗，如果要开天窗，也只能以适应个别运动的原则，而且材料必须是漫透射的，同样不希望在场地的底线后面设置采光窗。

由于多功能体育馆要举行除游泳等运动以外的所有运动，因此要创造一个标准的符合所有各个体育运动要求的照明是没有的。以下只是对特定条件的照明例子，给出光源、灯具、灯具布置的大概推荐。

训练馆主要用于业余水平的运动和娱乐，灯具安装高度为 5.5 m 左右，只能选用荧光灯具或 TLED 灯具。如图 10.7.1(a)、图 10.7.1(b)所示，分别列出了两种典型的照明方法，照明效果均匀，主要根据建筑结构决定是纵向安装，还是横向安装；如图 10.7.1(c)所示，则表示采用非对称配光的荧光灯具或 TLED 灯具的布置方式。

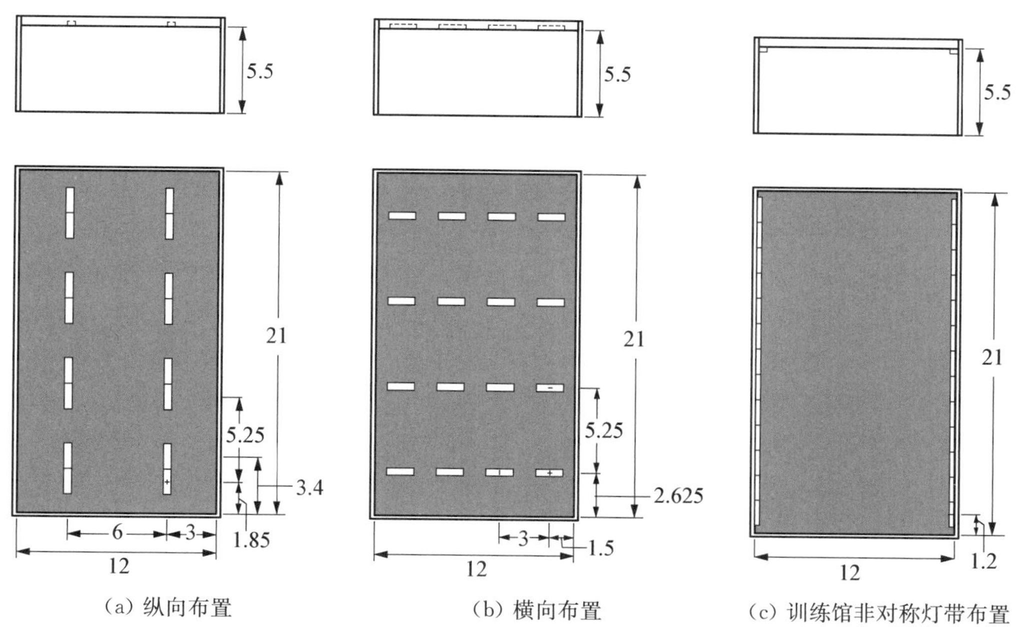

图 10.7.1　训练馆荧光灯具或 TLED 灯具布置(单位:m)

小型体育馆主要用于娱乐或业余水平的体育比赛，灯具安装高度通常在 7 m 左右，篮球是其最基本的运动，图 10.7.2 给出了这种场地的典型照明方法，但由于场地较宽，不适合再安装非对称配光的荧光灯具或 TLED 灯具。

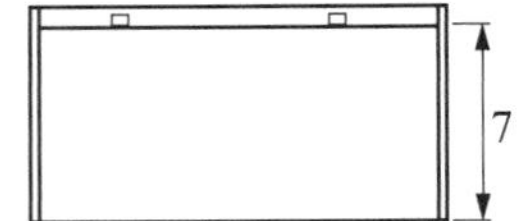

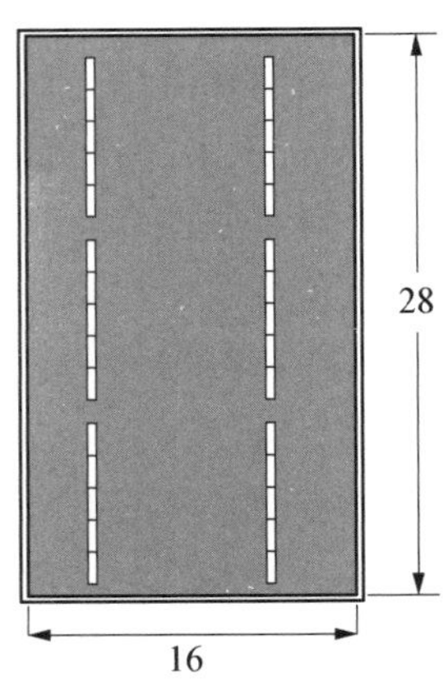

图 10.7.2 **小型体育馆灯带布置(单位:m)**

大型体育馆可以举行专业水平或业余水平的比赛,灯具安装高度大于 7 m,图 10.7.3(a)所示为一种荧光灯具或 TLED 灯具的方案。根据体育馆的容量和体育运动项目的不同,比赛场地的位置将随建筑物结构的变化而变化。如果采用满天星方式布置照明,配置 HID 光源的灯具或中小功率的 LED 高低天棚灯具将是很好的选择。灯具的最后选择决定于运动员及观众的视觉舒适、初始投资及运行维护成本,图 10.7.3(b)、图 10.7.3(c)所示是另外两种使用配置 HID 光源灯具或 LED 高低天棚灯具的方案。

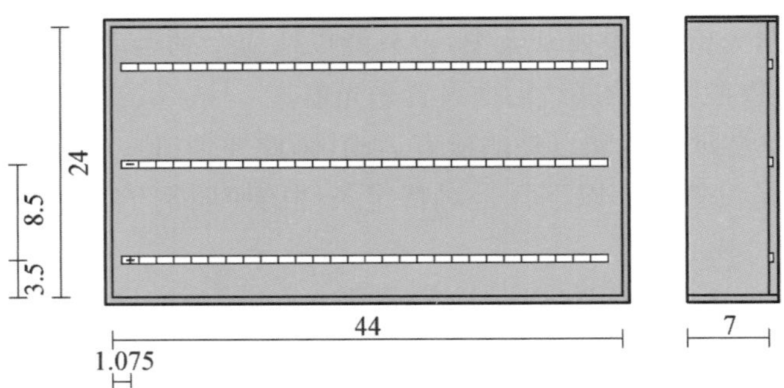

(a) 3 排荧光灯具或 TLED 灯具光带照明方案

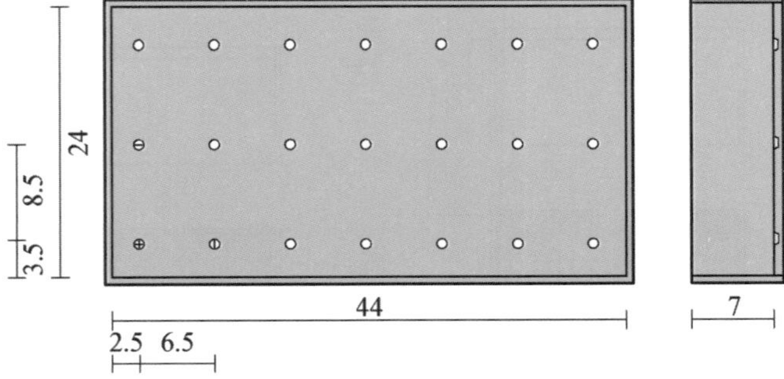

(b) 配置 HID 光源灯具或 LED 灯具满天星照明方案

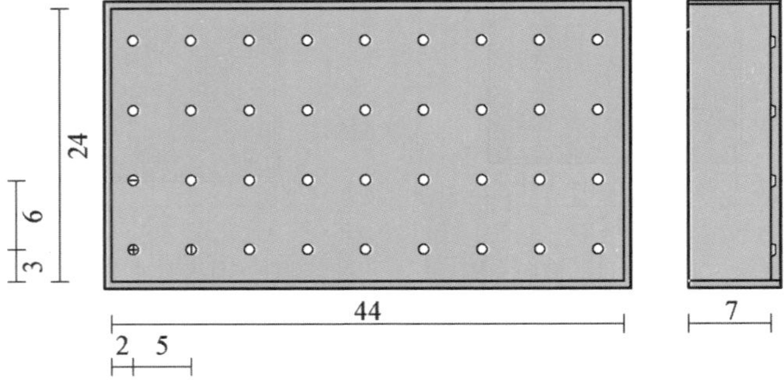

(c) 配置 HID 光源灯具或 LED 灯具的高照度满天星照明方案

图 10.7.3 **大型体育馆照明方案(单位:m)**

对能进行彩色电视转播的多功能大型体育馆，由于照明要求的进一步提高，只能根据运动项目、垂直照度、照度均匀度要求、不同运动的主摄像机位置以及建筑结构的特点、观众席的位置做专业的设计。同时，在进行照明设计时，应尽量与建筑相协调，以达到理想的科学与艺术相结合的照明效果。

10.7.2.3 灯具开关模式

对大型综合性多功能体育馆，需要通过照明开关模式来满足各个运动的照明要求，以下为典型的开关模式。

1）观众进退场。

2）场地清扫。

3）集会1/集会2。

4）训练：内场（篮球、排球、乒乓球、羽毛球等）。

5）训练：手球（20 m×40 m）。

6）训练：体操（全场地）。

7）比赛：内场（篮球、排球、乒乓球、羽毛球等）。

8）比赛：手球（20 m×40 m）。

9）比赛：体操（全场地）。

10）应急电视转播：内场（篮球、排球、乒乓球、羽毛球等）。

11）应急电视转播：手球（20 m×40 m）。

12）应急电视转播：体操（全场地）。

13）彩电转播：内场（篮球、排球、乒乓球、羽毛球等）。

14）彩电转播：手球（20 m×40 m）。

15）彩电转播：体操（全场地）。

16）彩电转播：拳击。

当体育馆用于非体育项目，如会议、集会、展览等时，应利用原有的灯具，照度可设定为150 lx和300 lx两档，或按各场馆的具体要求设定不同的照度值。

10.7.3 多功能体育馆的照明特点

篮球运动的比赛场地为19 m×32 m（PPA：15 m×28 m）；排球为19 m×34 m（PPA：9 m×18 m）；主摄像机位于中线后的观众席上，高度在4～5 m，辅摄像机在底线后。由于运动员在比赛时视线经常向上，因此照明布置应减小灯具与天花板背景的亮度对比。对篮球场地，灯具布置应尽量避免灯具经地板反射后对观众和摄像机的眩光，背景材料的颜色和反射比应避免混乱，球篮区域上方应无高亮度区。对排球比赛，为减小眩光，在场地的球网上空及主运动方向上，不应有高度的灯具出现，避免对运动员造成眩光。

足球、手球的场地大小各异，其主摄像机位于场地中线后，辅摄像机位于底线或球门后，而这些运动的照明通常将灯具布置于场地两侧。对足球和手球运动，比赛场地上方应有足够的照度，但应避免对运动员造成眩光，特别在“角球”时对守门员造成直接眩光。

乒乓球的主摄像机位于比赛场地（7 m×14 m）的角上。对乒乓球比赛的灯具配光不宜太窄，因为乒乓球球体小、比赛中球的速度快，要求光线相对柔和，四周要有较强的对比度，并且场地表面不得有明显的反射光，要求在其背景的衬托下能清楚地看清球的整个飞行轨迹。比赛场地上空较高高度上应有良好的照度和照度均匀度，但应避免对运动员造成眩光。乒乓球台上应无阴影，同时还应避免周边护板阴影的影响。比赛场地中，四边的垂直照度之比不应大于1.5。

体操、艺术体操、技巧、蹦床场地的照明应避免灯具和天然光对运动员造成的直接眩光，应避免地面和光泽表面对运动员、观众和摄像机造成的间接眩光。由于体操比赛项目多、场地小、摄像机多，需要满足各个摄像机的垂直照度要求。艺术体操由于抛投器械的原因，灯具安装高度应大于15 m。同时，还应满足这些比赛运动员完成动作后在候分区的垂直照度要求。

自行车馆的周长分为250 m或333.3 m两种，车道最大倾斜角度可达15°左右。对于自行车比赛，由于赛场的赛道是椭圆盆形，观众距跑道距离远，比赛时，运动员视线向前，并稍微向下，场地上空的光源不会对运动员有太多的影响，可采用在赛道上空或跑道外周边安装投光灯的办法。赛道上应有良好的照明均匀度，应避免对骑手造成眩光。赛道终点应有足够的垂直照度，以满足计时设备的要求。赛道表面应采用漫射材料，以防止反射眩光。

柔道、拳击、跆拳道、摔跤等比赛场地通常被安排在一个最高高度为1.1 m的平台上，主摄像机位置可位于场地的对角线，也可位于裁判席的背面。在训练或娱乐时，可以利用馆内的一般照明，但在进行高标准的比赛时只能提高比赛区域的照度，而且不可以产生阴影。由于这些运动速度快、范围小，要求在各个方向都有较高的能见度，因此对垂直照度的要求高。灯具和顶棚之间的亮度对比应减至最小，以防运动员精力分散，顶棚的反射比不宜低于0.6；背景墙与运动员着装应有良好的对比。在进行拳击比赛时，最好灯光有升降装置，能降至一定高度(6 m)，应从各个方向对比赛场地提供照明。摄像机低角度拍摄时，镜头上应无闪烁光。比赛场地以外应提供照明，使运动员有足够的立体感。有明显的舞台照明效果，观众席照明照度低，但同时必须满足电视转播要求。

羽毛球运动的比赛场地尺寸为10.1 m×19.4 m(比赛场地PPA为6.1 m×13.4 m)；主摄像机位于底线后12～20 m范围内，高度为4～6 m，辅摄像机在边线旁、底线与球网之间。羽毛球比赛要求在PPA区域内无阴影产生，观众席照明照度低，背景(墙或顶棚)表面的颜色和反射比与球应有足够的对比，以创造出较暗的背景；比赛场地上方应有足够的照度，以保证白色小球的更好的亮度对比。并且为避免眩光，在比赛场地PPA区域上空及后侧上空不应布置灯具，对大型国际比赛，灯具安装高度应大于12 m，以保证在此范围内无眩光源。

网球比赛场地尺寸为18.288 m×36.57 m(PPA：10.973 m×23.774 m)，主摄像机位于底线后，一般在看台高度，辅摄像机在球网与底线间的边线外。网球场照明不仅要使场地照度满足要求，同时在场地上方的一段空间内也有足够的亮度和均匀度，球与背景之间应有足够的对比。在比赛场地应消除阴影，由于在比赛时运动员的视线方向不确定，因此应解决好空间过渡和限制眩光的关系，应避免在运动员运动方向上造成眩光。一般采用侧边照明方式，灯具及天花板高度在球网上空的高度应大于9.144 m，在底线上方的高度应大于6.096 m。

对游泳、跳水、水球、花样游泳场地的照明，应避免人工光和天然光经水面反射对运动员、裁判员、摄像机和观众造成眩光，墙和顶棚的反射比分别不应低于0.4和0.6，池底的反射比不应低于0.7。同时，应保证绕泳池周边2 m的区域和1 m高度的区域内有足够的垂直照度。对跳水比赛，应保证对运动员从走台、起跳、翻转到入水整个过程的垂直照度的要求。对花样游泳比赛，应提供足够的水下照明的照度。

击剑场地应提供相对于击剑运动员的白色着装和剑的深色背景。在运动员正面方向应有足够的垂直照度，与主摄像机相反方向的垂直照度至少应为主摄像机方向的50%。

射击馆的照明应严格避免在运动员射击方向上造成的眩光，照明光色不宜用冷白光，以平静运动员的比赛心情。地面上1 m高的平均水平照度和靶心面向运动员平面上的平均垂直照度之比，宜为3∶10。

举重比赛时的照明应满足运动员对前方裁判员的信号清晰可见的要求，比赛场地照明的阴影应减至最小，为裁判员提供最佳视看条件，同时需要兼顾运动员从后台候场走到举重台的照明。

冰球、短道速滑、花样滑冰等运动的场地最大为30 m×60 m，冰球的主摄像机位于球门后，高度较高，短道速滑和花样滑冰的主摄像机沿着场地的长轴方向，也可位于场地四角或等候区；在比赛时，场地四周会有高度大于1 m的挡板，应提供足够的照明以消除围板产生的阴影，并应保证在围板附近有足够的垂直照度。这几项运动由于速度快、对抗性强、运动幅度大，对垂直照度的要求较高，光线应从几个方向同时投射。运动员的视线一般是向下或水平，灯具的直接眩光对运动员的影响不大，但冰面的反射眩光将会分散运动员的注意力，因此灯具的配光应该较宽。为了保证冰场的冰面不受来自灯具下滴的冷凝水而损坏，应特别注意灯具的位置和悬挂。对观众和摄像机，冰面的反射眩光应减至最小。内场照明应至少为赛道照明水平的50%。如果采用顶部照明，灯具的安装高度应在10 m以上；若采用侧面照明布置，灯具的高度不应低于14 m，速滑采用侧面照明更合适。

10.7.4 室内综合体育馆照明案例——广州亚运城综合馆体育照明设计

广州亚运城综合体育馆是2010年广州亚运会建设规模最大的场馆，场地位于广州市番禺区清河东路亚运城内，如图10.7.4所示。为适应表现体操这一颇具艺术魅力的体育项目

图10.7.4 广州亚运城综合馆

的需要，该馆的建筑外形设计构思凸显了“飘逸彩带”的主题，用流动的线条展现岭南建筑轻灵飘逸的神韵，打造独一无二的建筑风格，建筑造型新颖独特，具有强烈的标志性，而“飘逸彩带”又犹如艺术体操运动员手中五彩斑斓的彩带，也象征亚运友谊的纽带。体育馆建筑面积为 65 315 m^2，设固定坐席 6 233 个，赛后可改造为 8 000 座篮球馆，具有多种功能灵活性，主要包括体操馆、台球馆、壁球馆及广州亚运历史展览馆。在亚运会及亚残运会期间，承接体操、艺术体操、蹦床、台球及壁球等比赛项目；亚残会还承接乒乓球比赛项目。

亚运城的体操比赛场地大、运动多，且需要同时进行，照明需要兼顾各个不同比赛项目的不同摄像机的垂直照度要求。有些摄像机的位置较低，因此还需要严格限制场地的灯光对摄像机的眩光。同时还需要考虑，如候分区、混合区、升旗区、颁奖台等的照明，以满足最佳的场地照明转播效果。

广州亚运城综合体育馆的照明设计完全按照广州亚运转播委员会(GAB)的照明要求，符合 JGJ153, CIE No. 169, CIE No. 112 的照明标准。以 HDTV 为目标，整个体育馆的照明不但满足运动员、裁判及观众的要求，同时也满足了多台摄像机的转播要求，为更多的电视观众提供了最佳的转播画面，保证图像画面传送清晰、色彩逼真。同时，也考虑了赞助商、广告商、媒体等对现场灯光的要求。

在为比赛场地提供照明设计的同时，也为混合区、新闻发布厅、颁奖台、升旗区、万国旗等提供了符合 GAB 要求的照明设计，保证了亚运会比赛的顺利进行。

在设计中，选用先进、节能、成熟的飞利浦体育照明专用光源——飞利浦大功率双端短弧高显色 MHN－LA1 kW/956 金属卤化物灯，色温 $T_c=5\ 600$ K, $R_a>90$，完全满足 GAB 要求，光效为 90 $lm\cdot W^{-1}$，光源体积小，控光更精确、更节能、更环保，光源在灯具内部工作位置固定，冷端温度稳定，光源色温、显色指数、光通量、工作电流、电压等光电参数稳定。而独特的两次封接技术，以及配合灯具设计的全新的线型电气压紧连接技术，使光源寿命更长，光通更稳定。配以飞利浦大功率专业体育照明灯具 MVF403，其优异的配光性能、配套高效反射器及双端光源，灯具发光效率可达 80%以上，更加节能；灯具体积小巧，很好地与建筑及马道配合。

在照明设计时，充分考虑了马道与结构的呼应。为满足大场地照明要求，在场地上空设置了两条环形马道，高度分别为 28 m 和 30 m，离场地中心分别为 17 m 和 27 m，马道的设置可以较好地满足垂直照度和水平照度的比例，因此可以相对减少灯具数量，以节约照明能源。为了提高场地长边方向的垂直照度，并满足场地四边垂直照度比例，增加场地照明立体感，在场地四角高度约 22 m 处又增加了 4 个灯具安装点，以提高垂直照度；共安装了 236 套 MVF403/1 kW 投光灯具，光源为 MHN－LA 1 kW, $T_c=5\ 600$ K, $R_a>90$，完全满足场地高清转播要求和亚运会体操比赛要求。

广州亚运城综合体育馆 236 套 1 kW 投光灯具的照明设计，比北京奥运会的体操馆节约了约 50%的用灯数量，也节约了约 50%的照明用电。

广州亚运城中综合体育馆的照明灯具布置、瞄准点、体操比赛摄像机位置及照明效果，如图 10.7.5 所示。

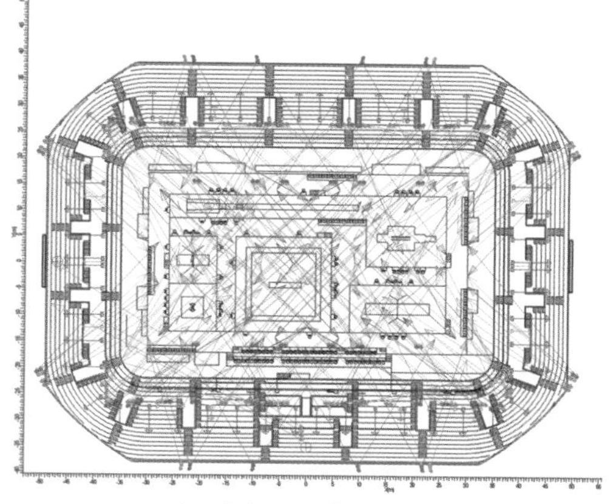

(a) 2D 布灯图、灯具瞄准点

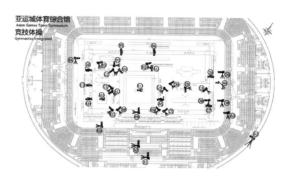

(b) 体操比赛摄像机位设置

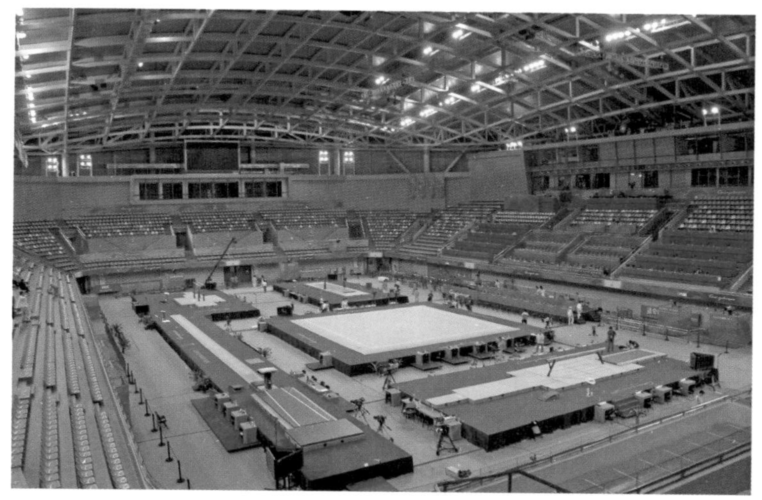

(c) 照明效果

图 10.7.5 **广州亚运城综合馆体育照明**

体操馆主场地照明系统工程项目，包括比赛场地照明、观众席照明、应急照明和混合区照明，共设计了从日常维护、训练/娱乐、业余比赛/专业训练、专业比赛、TV 国内/国际一般比赛、TV 国际重大比赛、HDTV 国际重大比赛模式到观众席普通照明、升旗模式、TV 应急 1 模式、TV 应急 2 模式、观众席应急、场地应急模式和观众席娱乐照明等 19 种开关模式，充分满足不同功能的照明要求及节约能源要求。

在体操馆照明设计时，充分利用场地的宽度合理布置灯具，科学地设计灯具瞄准点，非传统的对称灯具布置充分考虑了场地水平照度和垂直照度之比，在提高场地的垂直照度值的同时，尽量减少各照明模式中单一控制模式的灯具数量。设计中还兼顾考虑了固定摄像机及多个移动摄像机（四边垂直照度）的照明需求，满足不同比赛项目的要求。全部固定摄像机的最小垂直照度大于 1 400 lx，全部移动摄像机的最小垂直照度大于 1 000 lx。HDTV 模式下的照明结果如表 10.7.1 所示。

表 10.7.1 HDTV 模式下的照明结果

开灯模式	计算项目	平均值/lx	最小值/lx	最大值/lx	均匀度	
					U_2	U_1
HDTV 转播——全场	HDTV, E_h	3 860	3 403	4 339	0.88	0.78
	HDTV, E_v(Cam1)	2 236	1 665	2 660	0.74	0.63
	HDTV, E_v(Cam2)	2 136	1 773	2 385	0.83	0.74
	HDTV, E_{v+x}	1 995	1 647	2 260	0.83	0.73
	HDTV, E_{v-x}	1 890	1 540	2 138	0.81	0.72
	HDTV, E_{v+y}	2 003	1 452	2 323	0.73	0.63
	HDTV, E_{v-y}	2 002	1 501	2 317	0.75	0.65
	HDTV,工作区 E_h	3 045	1 913	3 805	0.63	0.5
	HDTV,工作区主摄像机 E_v	1 573	1 006	2 236	0.64	0.45
	HDTV,观众席- E_v	322	26	889	0.08	0.03
HDTV 转播——局部	5 m 鞍马, E_h	3 574	3 496	3 630	0.98	0.96
	5 m 鞍马, E_{vmai}	2 082	1 901	2 236	0.91	0.85
	10 m 鞍马, E_h	3 986	3 792	4 371	0.95	0.87
	10 m 鞍马, E_{vmai}	2 378	2 258	2 598	0.95	0.87
	跳马, E_h	3 835	3 619	4 148	0.94	0.87
	跳马, E_{vmai}	2 069	1 882	2 143	0.91	0.88
	双杠, E_h	3 787	3 697	4 020	0.98	0.92
	双杠, E_{vmai}	2 131	1 996	2 264	0.94	0.88
	吊环, E_h	4 086	3 940	4 214	0.96	0.93
	吊环, E_{vmai}	2 365	2 329	2 399	0.99	0.97
	自由体操, E_h	3 950	3 783	4 189	0.96	0.9
	自由体操, E_{vmai}	2 568	2 388	2 714	0.93	0.88
HDTV 转播	混合采访区	798	485	1 051	0.61	0.46
	比赛场地外围 HDTV, E_h	3 045	1 913	3 805	0.63	0.5
	比赛场地外围 E_{vmai}	1 583	1 018	2 273	0.64	0.45
HDTV 转播——升旗	HDTV,升旗区主摄像机 E_v	1 447	1 211	1 644	0.84	0.74

体育馆的应急电视转播照明供电,采用双回路互为备用、同时工作、各承担全场 50%灯具的方式,满足照度及均匀度要求。这种方法不但解决了应急彩色电视转播照明,又大大降低了成本(国外动辄使用热启动灯具)。

10.8 室外多功能体育场照明设计

室外多功能体育场，由于场地大、灯具数量多、照明要求高，更需要专业、高效的照明设计。

由于室外运动场的背景亮度很低，因此在决定照明布灯方式和安装高度时，应首先考虑减少不必要的、过分强烈的亮度对比，即减小对运动员的眩光干扰。在室外运动场中，背景为黑暗的夜空，而且由于采用 HID 光源或者可能的 LED 照明灯具，光源的数量多、表面亮度高，在任何方向观看时不可能没有眩光，因此应尽量在运动员的正常视线方向内布置灯具，以减小眩光。

不论 HID 灯具，还是 LED 灯具，目前常用的布灯方式有以下 3 种。

(1) 四角四塔式

即在场地四角处布置灯杆，灯具安装于灯杆上，常用于足球、田径等运动。

采用四角四塔式照明方式，系统总投资较小、安装较简便、性价比较好，但由于灯具集中于一个位置，眩光会较大，场地内运动员的阴影非常明显，照度均匀度不易提高。并且，由于投射距离远，因此所用的灯具必须为配旋转对称反射器的窄光束灯具，而柱面反射器的灯具不适合安装在灯杆上。

目前，国内许多改造项目的体育场及主场地以外的训练场均采用此系统。

(2) 周边的马道或灯杆布置

即将灯具连续分布于马道上或周边的灯杆上的布置方式，常用于足球、田径、网球、橄榄球等运动。

采用这种方式照明，系统投资最高。由于灯具分散布置，眩光较小，阴影不明显，照度均匀度提高，因此容易满足主摄像机垂直照度的要求。但由于采用马道式分布，灯具安装分散，安装较为复杂，同时由于灯具安装于两侧或周围挑篷上下的马道上，对建筑的挑篷高度依赖很强，因此需与建筑尽早协作。这种照明方式的效果是最好的，同时，由于挑篷的遮盖，大部分观众席可符合各体育协会对运动场的要求。

连续马道光带布置方式是目前大型体育场照明方式的首选。

(3) 四角及两侧光带/灯杆并用方式

常用于足球，田径等运动。

在四角布置灯杆，场地两侧利用马道或灯杆作补充，这种方式结合以上两种照明方式的优点，在满足照明效果的同时，降低系统投资，有最佳的性价比，经常在要求彩色电视转播的场地内使用。由于室外多功能体育场的结构条件五花八门，进行的运动多种多样，因此不可能建立标准的设计方案，应根据不同的场地条件、不同的运动及是否进行彩色电视转播决定灯具位置，并为其做专门的照明设计。下面述及的仅是几个不同规模场地的照明建议。

目前，室外多功能体育场有 3 种：小型训练场、非电视转播的体育场、电视转播的体育场。

10.8.1 小型训练场

小型训练场主要用于娱乐及训练，可以进行多种不同的运动。但由于投资的问题，希望有适宜的照明可满足所有的运动，如篮球、网球、5 人制足球等。这些场地的照明以水平照度要求为主，并在主观察点位置上要求无眩光。对这些场地，最常用的照明方式是在两侧各布置两根灯杆，灯杆的最低高度为 8～10 m，间距视场地条件而定。通常要求水平照度大于 200 lx。

图 10.8.1 和图 10.8.2 所示为室外网球场照明的灯杆位置和高度的推荐值。

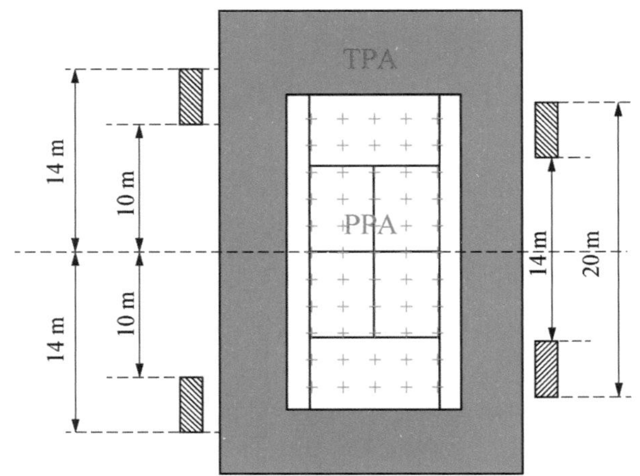

图 10.8.1　网球场照明的灯杆推荐位置(PPA:比赛区域，TPA:全场区域)

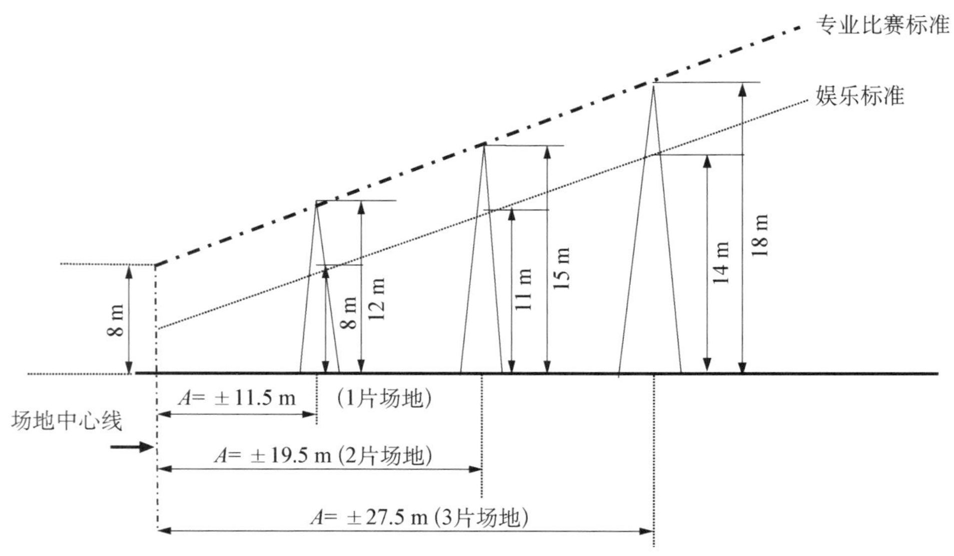

图 10.8.2　网球场灯杆高度的推荐值

10.8.2 非电视转播的体育场

非电视转播的体育场对照明的要求除垂直照度以外其他因素均要考虑，由于要进行比赛，因此消除对运动员的眩光尤为重要。

对室外足球场，通常的布灯方式有两种。

(1) 足球场两侧布灯

当采用两侧布灯时，为保证安全，灯杆与边线间应保证 4 m 以上的距离，一般非比赛照明的灯杆最低为 15 m；若为比赛照明，则灯杆高度应在 18 m 以上，为避免守门员的眩光，在图 10.8.3 所示的区域内应无灯具布置。

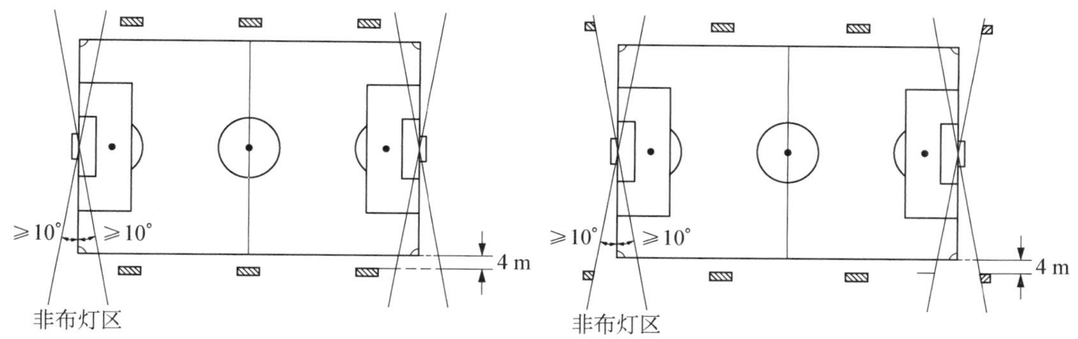

图 10.8.3 **典型的足球训练场灯杆位置**

如果在边线或底线后有足够的位置，则灯杆应该再往后移，但高度应符合图 10.8.4 所示的要求，即在与边线垂直的方向上灯具到场地中心的投射角应大于 25°(与水平面的夹角)。

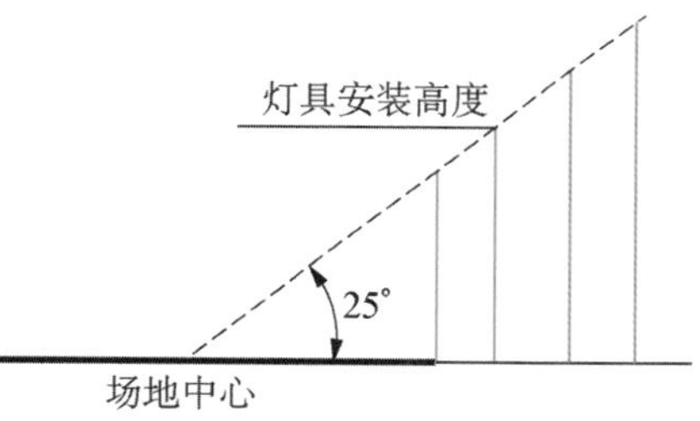

图 10.8.4 **足球训练场灯杆高度**

(2) 足球场四角布灯

为避免眩光，四角布灯的灯杆位置应如图 10.8.5 所示，保证灯杆在底线 10°以外、边线 5°以外的位置上。灯杆高度如图 10.8.6 所示，即灯具到球场中心的投射角(与水平面的夹角)应大于 25°。

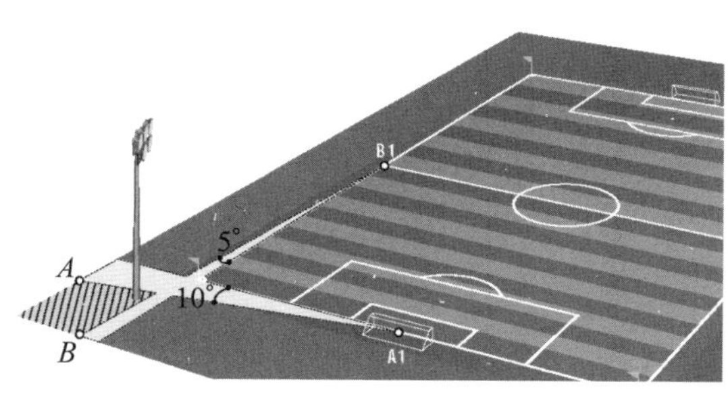

图 10.8.5 **足球训练场灯杆位置**

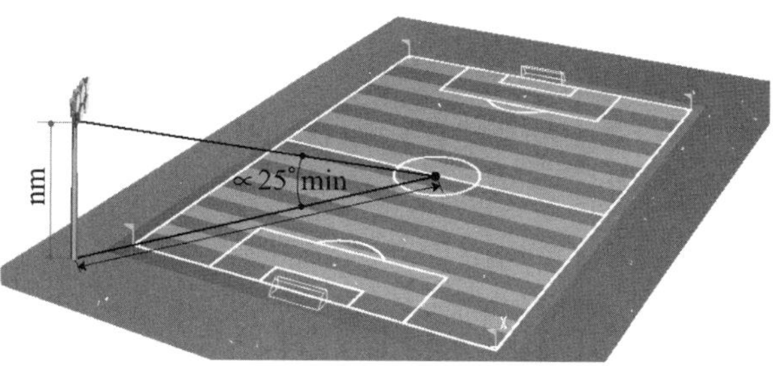

图 10.8.6 **足球训练场灯杆高度**

室外田径场的照明通常采用围绕场地分开排列的灯杆或光带方式，灯杆或光带高度应符合图 10.8.7 所示的要求，这是一种较有效的办法；如果仅照明跑道，则灯杆高度也应该大于 10 m。

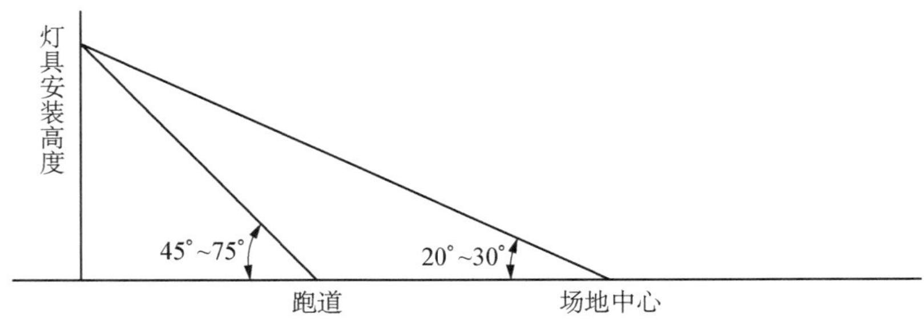

图 10.8.7　**田径场地的灯杆高度**

对体育场半圆形的弯道部分，应该沿弯道布置另外的灯具。如果跳远、撑杆跳高的助跑跑道在主跑道内，则灯具的安装高度应更高；在撑杆跳高的杆支撑点附近，应避免安装灯杆，以减少眩光。

对室外类田径场，很少采用四杆式的照明方式，更多地采用六杆式照明。不论四杆式或六杆式照明，必须避免灯杆阴影出现在场地及观众席上，如果这种阴影不可避免，则应在观众席挑篷上部或下部的马道上安装灯具，以消除阴影。

10.8.3　彩色电视转播的体育场

对带彩色电视转播的体育场，照明应符合各种不同运动、不同等级的需求，并采用不同的开关模式，同时注意光源的显色性、色温等，还要特别注意眩光控制，严格计算垂直照度，尤其是对主摄像机的垂直照度。

彩色电视转播的体育场照明的形式取决于体育的建筑，一般此类体育场如果采用四角灯杆式照明，其灯杆高度将大于 45 m；如果采用马道连续安装灯具，则马道高度应大于 35 m。

由于现代体育比赛转播要求越来越高，照明指标逐步提高，体育场内安装的灯具数量增加，马道上需要安装的其他设备也较之前增加，而现代体育场建筑结构中留给照明灯具的安装空间却越来越小，因此需考虑灯具的重量、外形尺寸及迎风面积。

从目前现有为转播要求准备的专业 LED 灯具看，由于灯具需要很大的光通量流明输出以匹配现有的传统 HID 灯具，因此单个 LED 投光灯具的外形尺寸和迎风面积均较传统灯具大，这是需要在 LED 投光照明灯具设计中进一步解决的问题。

对彩色电视转播的体育场应有相应的照明控制开关模式，以满足不同功能要求的照明。一个体育场典型的开关模式有：

1）观众进/退场。

2）清扫场地。

3）足球训练。

4）田径训练(跑道)。

5）田径训练(全场)。

6）足球比赛。

7）田径比赛。

8）应急彩色电视转播（足球）。

9）应急彩色电视转播（田径）。

10）国际彩色电视转播（足球）。

11）国际彩色电视转播（田径）。

12）高清晰度电视彩电转播 HDTV（足球）。

13）高清晰度电视彩电转播 HDTV（田径）。

10.8.3.1 足球场照明

目前，要求彩色电视转播的室外体育场中最多的是足球场地。

彩色电视转播的足球场照明最重要的是对摄像机的垂直照度、眩光，以及应急彩色电视转播的满足。在转播时，经常会同时有多部摄像机工作，因此应满足所有摄像机的垂直照度要求。

对于灯具布置，依然采用四角灯杆布灯、两侧布灯或四角与两侧混合布灯方式。

采用四角灯杆布灯方式时，为避免守门员的眩光，并提高辅摄像机的垂直照度，同时应保证看台不会挡光，灯杆允许的位置、灯杆拍面的中心高度应满足图 10.8.8 所示的要求，即中心灯具与场地中心的连线与地面的夹角大于 25°。为更好地控制眩光，并有效地减少对场地外的溢散光，灯具的最大投射角应不超过 70°，如图 10.8.9 所示。在灯杆顶部的灯拍上，灯具上下、左右应保证足够的空间，以避免相互挡光。为使灯拍尺寸更紧凑，并使上、下灯具不挡光，灯拍应有 15°的倾斜角，如图 10.8.10 所示。

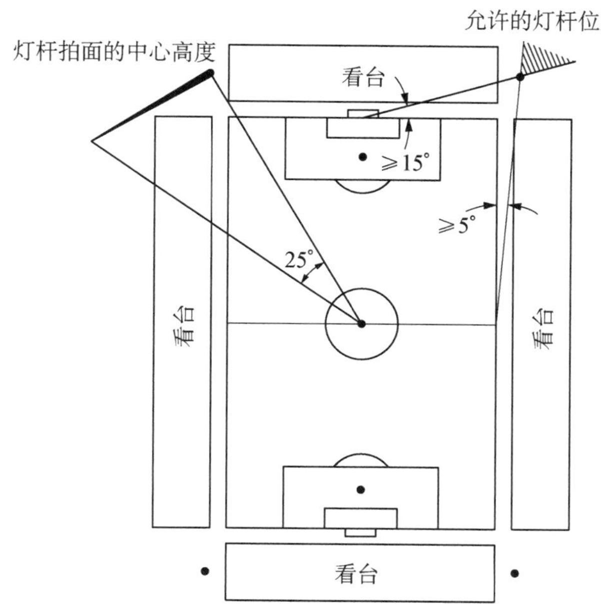

图 10.8.8 四塔式布置灯杆位置及高度

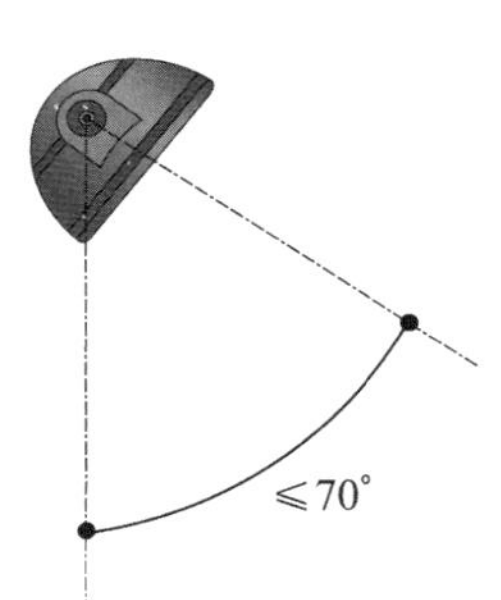

图 10.8.9 灯杆布置灯具的最大投射角度

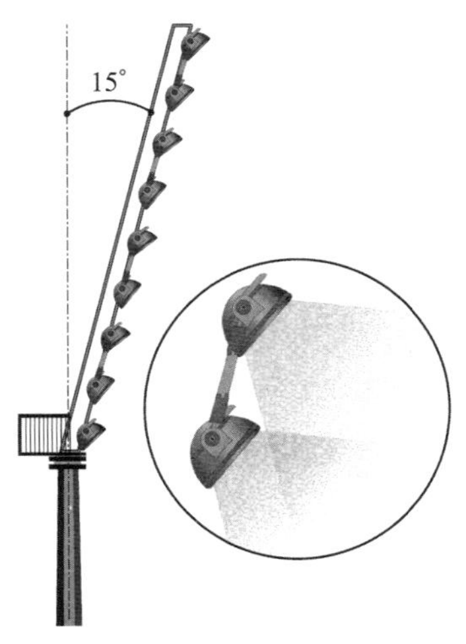

图 10.8.10 灯杆上灯拍的倾斜角

采用两侧布灯方式时，灯具可以以连续或簇状形式安装于两侧观众席挑篷的下檐或上檐，也可以安装于侧边的灯杆上。但在图 10.8.11 所示的自由区内不得布灯，以有效控制眩光，所有灯具的投射角应不超过 70°。在垂直于边线的平面内，灯具与场地中心的连线与地面的夹角一定要大于 25°，大于 30°则更佳。

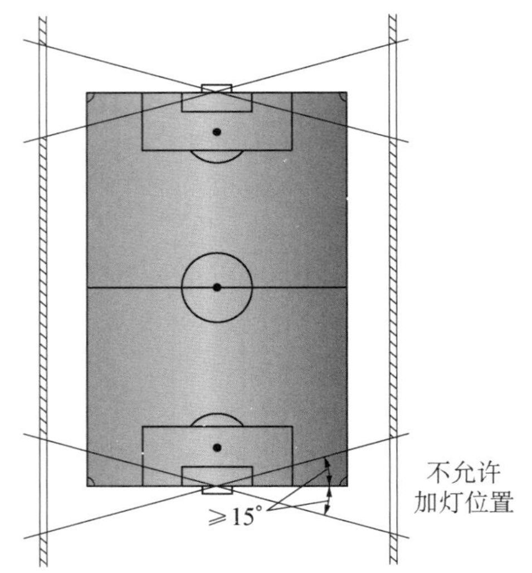

图 10.8.11 采用两侧布灯方式的灯具允许位置

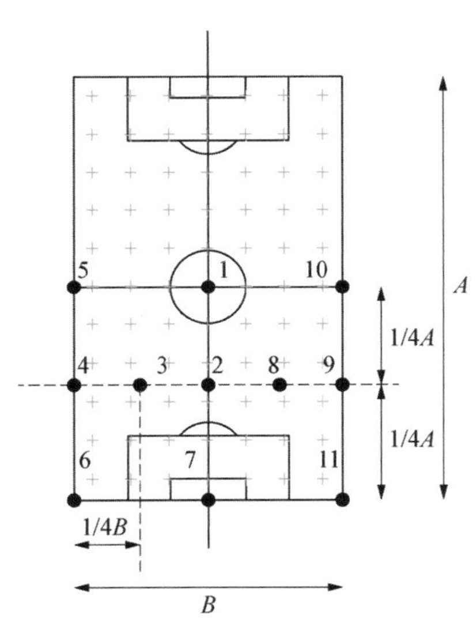

图 10.8.12 足球场眩光观察点

眩光的控制在足球场照明中尤为重要，通常在足球场中选择最有代表意义的 11 个观察点进行计算，如图 10.8.12 所示。根据眩光计算公式及全场灯具布置，计算出对一个观察点的最大眩光值，这 11 个最大眩光值中的最大值，即 GR_{max} 应小于 50。

10.8.3.2 棒球场照明

棒球场场地为平整的泥土或草地，分为内场和外场区域，内场为 27.43 m×27.43 m，外场的边缘线（本垒打线）是以投手前沿中心为圆心，以 121.91 m 为半径，画弧形。棒球球小，飞行速度快，观众的视看距离远，有时在 150 m 以上，宜采用狭光束的灯具为主。

棒球场照明的范围不仅在运动场地上，在场地上部空间也应有充分的照度，在投球手和接球手之间范围内特别需要高照度照明。为了减少对观众的眩光干扰和增加对视觉环境的舒适感，距球场界线外侧还应有 7 m 的被照面积；为减小眩光，增加空间亮度，灯具的安装高度应大于 28 m，重大比赛场地的灯杆高度应大于 35 m。通常，采用 6 根灯杆或 8 根灯杆安装灯具，灯杆应位于主要视觉范围(20°)以外，以减小不必要的眩光。

在进行彩色电视转播时，内场的垂直照度要求大于 1 400 lx，外场的垂直照度要求大于 1 000 lx，最大眩光指数 GR_{max} 应小于 50。同时，必须注意内外场交接处的照度梯度，棒球场灯杆位置如图 10.8.13 所示。

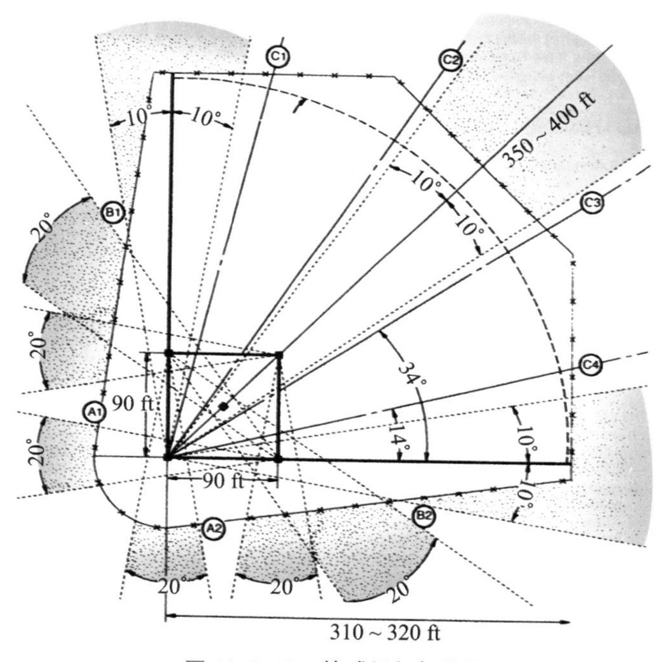

图 10.8.13　**棒球场灯杆位置**

10.8.4　室外综合体育场照明案例——国家体育场(鸟巢)体育照明设计

国家体育场(鸟巢)位于北京奥林匹克公园中心区南部、北京城市中轴线北端的东侧，为 2008 年第 29 届奥林匹克运动会的主体育场。工程总占地面积 21 ha，建筑面积为 258 000 m^2。场内观众坐席约为 91 000 个，其中临时坐席约 11 000 个。北京奥运会、残奥会开闭幕式，田径比赛及足球比赛决赛都在这里举行。在奥运会后，可承担特殊重大体育比赛(如世界田径锦标赛、世界杯足球赛等)、各类常规体育赛事以及非体育竞赛项目(如文艺演出、团体活动等)，并且是为北京市市民提供广泛参与体育活动及享受体育娱乐的大型专业场所。

1. 国家体育场体育照明要求

为使运动员发挥最佳的竞技水平，使全世界观众能真实、清晰地了解赛场的动态，融入最大的观赛热情，优秀的体育场馆必不可少，而优秀的体育场馆又需要最高质量的专业体育

照明。良好的体育场馆照明能为现场的运动员、裁判、观众及全球数十亿电视观众带来最佳的现场效果和电视转播画面，照明在奥运场馆中的作用已越来越重要。

由于比赛项目的多样性及赛事的重要性，国家体育场的照明设计的要求极为严格。要充分考虑运动员、裁判员/官员、现场观众、电视观众（摄像机）、媒体读者（照相机）等多方面人士的视觉需求，为各方面人士提供最佳照明。除提供充足、均匀的水平照度和垂直照度外，还应充分考虑更多摄像机要求及更严格的眩光控制。

为达到最佳的转播效果，北京奥运转播委员会（BOB）对国家体育场提出了历届奥运中最严格的照明要求，超过了各体育单项组织、CIE、其他相关照明机构的照明标准，也比 2004 年雅典奥运会主场地的照明标准更具体、更严格。

（1）照明照度水平要求更高

作为全球赛事水平最高的奥运会主场的国家体育场，为满足赛事转播的需要，全场共布置了 100 多台高清摄像机和高清超高速彩色摄像机作为转播设备，从大型的覆盖全场的主摄像机到各个区域的固定或移动摄像机，从慢动作回放摄像机到轨道或自动摄像机，从全景（气氛）摄像机到局部特定位置的特殊摄像机（如犯规摄像机、球门摄像机等），从起点摄像机、终点摄像机或实时摄影摄像机到颁奖典礼摄像机，等等。对如此众多的摄像机，照明均必须满足 BOB 的要求，以提供最佳照明效果，保证最全面的电视转播画面，以及不同摄像机间转播画面的平稳切换。

在国家体育场的奥运照明要求中，奥运比赛转播时，要求对任一固定摄像机的最小垂直照度为 $E_{vmin}>1\,400$ lx，要求对移动摄像机或垂直于场地四边的最小垂直照度大于 1 000 lx。而在此前各体育单项组织及 CIE 的照明标准中，要求在彩色电视转播时对主摄像机的平均垂直照度 $E_{vave}>1\,400$ lx 或 2 000 lx，对其他摄像机及垂直于场地四边的垂直照度则无特别要求。这充分体现了高清转播的要求，以及奥运比赛时对全场每一个地方、每一时刻的关注。

（2）照明照度均匀度要求提高

在进行国家体育场奥运比赛电视转播时，水平照度均匀度要求：

最小与最大之比 $E_{hmin}/E_{hmax}>0.6$（最好为 0.7）；

最小与平均之比 $E_{hmin}/E_{have}>0.8$。

在进行奥运比赛电视转播时，对固定摄像机的垂直照度均匀度要求：

最小与最大之比 $E_{vmin}/E_{vmax}>0.6$（最好为 0.7，特殊区域为 0.7 或 0.9）；

最小与平均之比 $E_{vmin}/E_{vave}>0.7$（最好为 0.8，特殊区域为 0.8 或 0.9）。

在进行奥运比赛电视转播时，对移动摄像机或四边方向的垂直照度均匀度要求：

最小与最大之比 $E_{vmin}/E_{vmax}>0.4$；

最小与平均之比 $E_{vmin}/E_{vave}>0.6$。

这些均匀度的指标比之前的体育照明标准要求更高、更严格，尤其对主摄像机，同时对新增加的四边垂直照度的要求也更清晰。

（3）照明照度梯度的要求

国家体育场奥运比赛的照明除了满足全场照度中最小、最大与平均的要求外，更明确提出照度梯度的数值指标，要求场地内任一点四周的照度与此点的照度的最大梯度不得超过

20%(4 m 间隔)和 10%(2 m 间隔),以满足场地小范围内的照度均匀,最大化地提高转播质量。

(4) 照明照度比要求提高

在进行国家体育场奥运比赛电视转播时,平均水平照度与平均主摄像机方向垂直照度之比应在 0.75~1.5 之间(最好为 1∶1),以满足场地整体的立体感及场地照明的舒适度。

比赛场地内任何一点上与场地四边垂直的 4 个垂直照度中的最小值与最大值之比应不小于 0.6,以满足场地内任一点上各方向的垂直照度,从而增强照明的立体感,满足各个方向的摄像机的照明要求,从各个方向捕捉运动比赛的精彩。

(5) 对奥运比赛场地照明光源的要求

高清摄像机可以根据现场照明场景的色温调节白平衡,以再现与日光色照明下一致的白色,但是这种调节是非常困难和繁琐的,且不同摄像机、不同摄像师之间的调节无法保持一致,同时不同光源间的色偏差也使这种调节更加困难。另外,即使相同色温的光源由于其光谱的不同,其显色指数也会不同。同样,日光色但 *CRI* 仅为 70 的光源,也许会将红色和粉红色显示成类似失去光泽的棕灰色,这会使摄像机转播的画面中运动员的肤色失去健康的色泽,如果在比赛现场人的眼睛可以根据经验作适当的补偿,但摄像机的镜头却无法作出类似的补偿。因此,BOB 要求光源的额定色温 Tc=5 600 K,光源色温偏差不超过 IEC 的容差范围,一般显色指数 $R_a \geqslant 90$,且要求光源为同一制造商、同一批次的产品,以最大限度地减小由于照明光源的色差或色漂移的不一致,而造成对现场照明效果和电视转播画面质量的影响。

(6) 观众席照明

为保证现场观众的气氛及电视转播画面的整体效果,要求前 15 排观众席对主摄像机的平均照度不低于比赛场地平均垂直照度的 10%,且不高于此平均照度的 25%,15 排以后的观众席照度应按统一比率降低。

(7) 照明对眩光的要求

为进一步提高场地照明舒适度、提高转播质量,国家体育场要求奥运比赛时照明对所有固定摄像机的眩光指数 *GR* 均不得超过 40,对场地内观察者的眩光指数 *GR* 不得超过 50。BOB 要求灯具的最大投射角不超过 68°,灯具不得直接投射向固定摄像机,各种不同运动要求有不同的灯具最大投射仰角,以降低眩光。

除控制直接眩光外,还需要控制由于场地材料反射引起的反射眩光,尤其对主摄像机更要控制其摄像范围内的反射亮点,提高转播画面的质量。

2. 国家体育场奥运体育照明的区域变化

由于赛事水平的提高及竞争的激烈,比赛时经常会发现比赛不仅仅在场地的划线范围内进行,因此国家体育场要求照明的范围更大。对田径比赛区域的 FOP 中,要求为场地划线区域外加 1 m 的范围;田径比赛中,100 m 直道的照明范围为从起点前 10 m 到终点线后 30 m,110 m 栏直道的照明范围为从起点前 5 m 到终点线后 30 m。

为使比赛时的最精彩部分可以被全面地记录、观看,BOB 在国家体育场比赛项目的 FOP 中又提出了特殊照明区域(转播回放区域)的概念。例如,径赛的 100 m 直道的从起点前 10 m 到终点线后 30 m 的特殊区域,110 m 栏直道的从起点前 5 m 到终点线后 30 m 的特殊区域，100 m 起跑区、110 m 栏起跑区、200 m 起跑区、400 m/4×100 m 起跑区、800 m 起跑区，终点线，障碍赛水池等；田赛的跳高/撑杆跳的助跑区、过杆区、垫子着落区，跳远/三级跳远的助跑区、沙坑着落区，标枪的助跑区，铁饼、链球、铅球的投掷区，各起跳板/投掷线(犯规线)等。这些区域的最小照度要求不变，但对照度均匀度及照度梯度的要求比全场更高，且有时此区域内对相关摄像机的最小垂直照度要求大于全场的主摄像机的平均垂直照度。

除比赛区域外，国家体育场的照明应为马拉松通道、室外训练场、室内训练场、混合区、新闻发布厅、颁奖台、升旗区、万国旗和室外综合区等提供符合 BOB 要求的照明设计，以保证奥运比赛顺利进行。

3. 国家体育场体育照明转播摄像机考虑

由于国家体育场在奥运会期间需要举办足球决赛和全部的田径比赛，为向全世界转播精彩比赛，BOB 设置了 100 多台摄像机用于高清转播。因此在照明设计时，为满足全场所有摄像机的照明要求，首先需要了解全部转播摄像机的位置，同时还需要了解这些摄像机的功能及其转播覆盖的区域，以充分满足不同摄像机的照明要求。

国家体育场的体育照明设计方案中，共考虑了 93 台摄像机(足球:15 台，田径:74 台，全场:4 台)及移动摄像机(四边垂直照度)的照明需求，以满足不同比赛项目的要求。对同一区域有多台摄像机进行摄影跟踪，尤其是对 100 m 和 110 m 栏等重大比赛项目的跑道、起点、终点线处进行多机摄影跟踪，从各个方向转播比赛的精彩画面。

4. 国家体育场体育照明产品

在设计中，选用先进、节能、成熟的飞利浦体育照明专用光源——飞利浦大功率双端短弧高显色 MHN－SA2 kW/956 金属卤化物灯，色温 $T_c=5\,600$ K，$R_a>90$，完全满足 BOB 要求；光效为 100 lm · W^{-1}，结合仅为 2.5 cm 长的发光弧，控光更精确、更节能、更环保，光源在灯具内部工作位置固定，冷端温度稳定，光源色温、显色指数、光通量、工作电流、电压等光电参数稳定。而独特的两次封接技术，以及配合灯具设计的全新的线型电气压紧连接技术，使光源寿命更长、光通更稳定。

国家体育场体育照明光源及灯具，如图 10.8.14 所示。配以飞利浦大功率专业体育照明灯具 MVF403，具有优异的配光性能；配套高效反射器及双端短弧光源，灯具发光效率可达 80%以上，更节能；灯具体积小巧，迎风面积小，流线型设计，风阻系数小，很好地与建筑及马道配合。同时，MVF403 灯具还配有专用的精确红外瞄准器，可在安装完成后，精确满足设计方案中灯具的瞄准点要求，尤其对国家体育场如此多的灯具数量和如此严格的照明要求，可保证设计照明效果的最后实现。

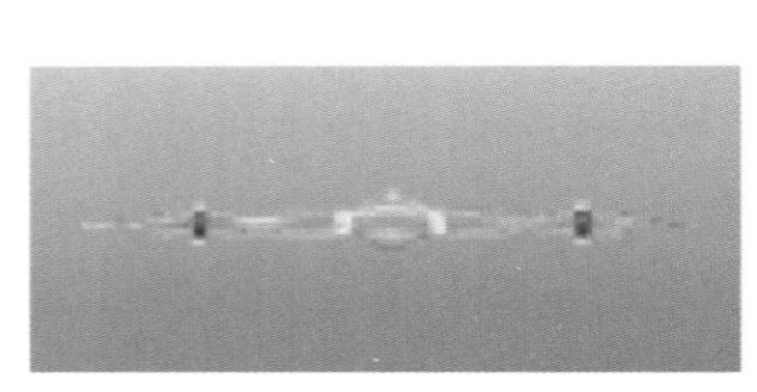

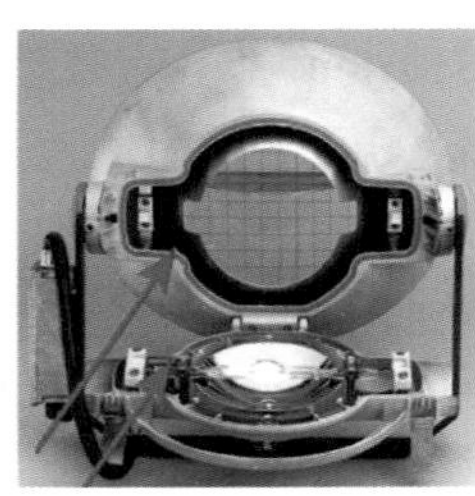
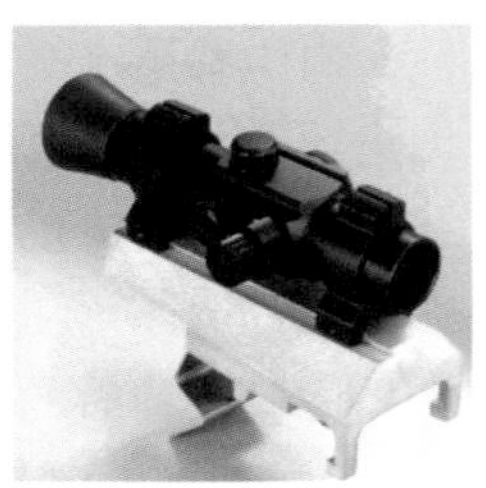

图 10.8.14　国家体育场体育照明光源及灯具(飞利浦 MHN－SA 2 kW 和灯具 MVF403)

5. 国家体育场体育照明马道及灯具位置设计

从2003年年底国家体育场开工建设开始，国家体育场的体育照明就始终备受各方面的关心和重视。在2003年底，根据国家体育场可开启的屋盖结构及体育照明的基本要求、初步的转播要求，经过第一次的详细照明设计和计算后，提出体育照明内环、外环马道的基本位置，然后与建筑师进行多次的沟通和讨论后，对内外马道位置进行了细微的调整，同时提出内藏式马道对灯具的挡光问题，在此基础上调整灯具位置，重新设计体育照明，包括观众席照明和应急照明。但2005年北京奥运的瘦身计划改变了国家体育场的屋盖结构，体育照明根据结构的改变重新设计，至此国家体育场的内外马道的位置基本确定。从2007年开始，与BOB配合设计室内训练场、室外训练场、混合区、新闻发布厅、马拉松通道、颁奖台、升旗区、万国旗、室外综合区的照明，同时配合奥运火炬台的设计，局部调整场地照明设计。

由于在国家体育场体育照明设计中的早期介入，使建筑与照明的配合比较顺利。因此不论“奥运瘦身”计划，还是与其他设备的冲突，体育照明的马道位置始终没有太大的变化，只是为了与建筑更好地协调，在外环马道灯具布置上将传统的下垂式连续马道改为沿建筑钢结构件的锯齿型不连贯的隐藏式马道，但这个改变给照明设计带来了极大的困难。

外环马道全部嵌于观众席顶部的膜结构中。考虑到东西看台屋面向前倾斜，为避免前方顶棚张拉膜的挡光问题，在外环马道前的膜结构上各开了长度为1～6 m的“豁口”，以保证灯光全部到达场地。考虑到建筑美观和施工方便，全部外环马道的灯具被设计成沿钢结构梁布置。由于钢结构梁的排布非常不规则，因此外环马道被设计成28个非连续的小马道。同时，又由于单一马道的方向各不一致，考虑到灯具之间相互遮挡的问题和安装的紧凑，因此同一马道上的灯具被设计成基本一致的水平瞄准方向，同时又必须考虑隐藏式马道中灯具热量对张拉膜的影响。尽管这些是非常困难和复杂的，但最后的实施效果是非常理想的。

内环马道沿建筑的“碗口”而设，有15段长马道(奥运火炬的位置占去了其中一段马道)。设计中，考虑了马道方向与“碗口”的膜结构接缝一致，同时保持与外马道的锯齿型不连贯马道在视觉上的一致。尽管内环马道的15段长马道是倾斜的俩俩锯齿组合，但要求灯具水平安装。

场地照明灯具被布置在内环马道和外环马道上。内环马道高度为39.3～47 m，外环马道高度为36～48.5 m。由于安装位置和空间的局限，内环马道上的部分灯具被双层安装，但内环马道的上下走势仍与所在位置的膜结构方向一致。

在体育场西南部布置了156套MVF403灯具，西北部布置了153套，东北部布置了149套，东南部布置了148套，共606套MVF403/2 kW灯具提供奥运体育照明。其中，594套为体育照明，12套为颁奖区、旗帜等的照明。

同时，在内外环马道上布置了32套1 kW卤钨投光灯具作为场地应急安全照明。

为满足体育场观众席照明，在顶部外环马道上布置了28套MVF403/1 kW灯具，满足一层、二层观众席的基本照明和转播照明的需要。在体育场观众席根部上方，布置了20组观众席普通照明灯具和应急照明灯具，每组灯具包含7套400 W金属卤化物光源投光灯具(普通照明)和2套1 kW卤钨投光灯具(应急安全照明)，即全场观众席共有140套400 W灯具和40套1 000 W应急安全照明灯具。

6. 国家体育场体育照明设计主要技术指标

(1) 体育照明设计灯具布置

在确定照明光源、灯具,确定马道位置和了解场地转播摄像机后,根据国家体育场的场地照明标准,设计场地照明。图 10.8.15 所示为体育照明设计灯具 2D 布置图。

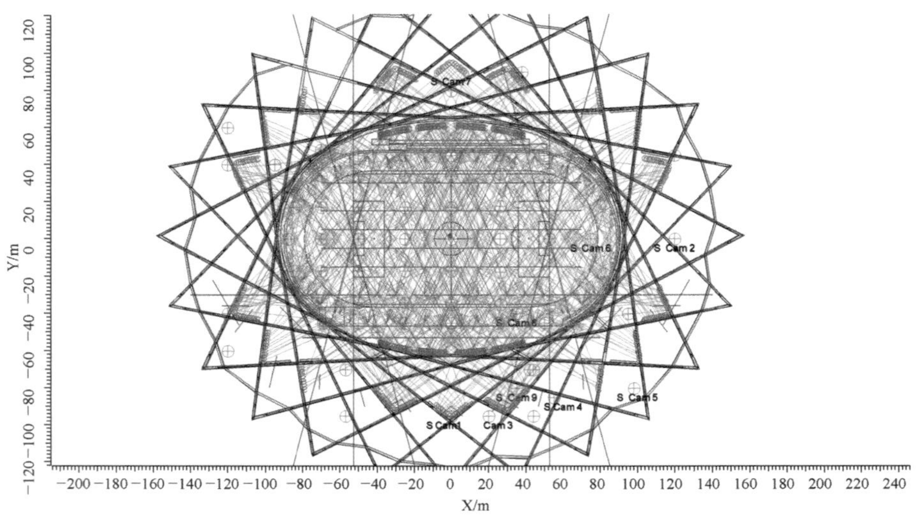

图 10.8.15 体育场照明设计 2D 布置图

(2) 开关模式

为方便赛时、赛后的使用,国家体育场场地照明系统设计了 20 种开关模式,包括日常维护、训练和娱乐、俱乐部足球比赛、俱乐部田径比赛、无电视转播足球比赛、无电视转播田径比赛、一般彩色电视转播足球比赛、一般彩色电视转播田径比赛、彩色电视转播重大足球比赛、彩色电视转播重大田径比赛、奥运高清转播足球比赛、奥运高清转播田径比赛、奥运高清转播全场照明、应急电视转播足球比赛、应急电视转播田径比赛、观众席照明、应急安全照明、混合区照明、颁奖台和升旗区照明、马拉松通道照明等。

(3) 国家体育场体育照明重点和特殊区域照明设计

在设计中,分别针对足球比赛、田径比赛作了详细考虑。而田径比赛的照明设计,又按田赛、径赛项目分别考虑。

1) 径赛分别考虑了 100 m 跑道、110 m 栏跑道、200 m 跑道、400 m 跑道、障碍赛水池、100 m 起跑线、110 m 栏起跑线、200 m 起跑区、400 m/4×100 m 起跑区、800 m 起跑区、4×400 m 起跑区、终点线等区域的水平照度、垂直照度、照度均匀度和梯度,以及四边垂直照度之比。

2) 田赛分别考虑了跳远和三级跳远(南北双向)、撑杆跳(4 个位置)、跳高、标枪(南北双向)、链球、铁饼、铅球(南北双向)等区域的水平照度、垂直照度、照度均匀度和梯度,以及四边垂直照度之比。

3) 对各个田赛项目,又分别考虑了助跑区、起跳板和投掷线(犯规线)、着陆区等不同区域的照明要求。

4）考虑了热身赛道、周边区、混合区、颁奖区等的照明水平。

5）对观众席、VIP席的照明进行了设计，还考虑了照明对大显示屏、广告牌、场地顶棚内侧的影响。

（4）国家体育场照明设计对摄像机的最小垂直照度

设计中共考虑了93台摄像机（足球：15个，田径：74个，全场：4个）及移动摄像机（四边垂直照度）的照明需求，满足不同比赛项目的要求。对同一区域有多台摄像机进行摄影跟踪，尤其是对100 m和110 m栏等重大比赛项目的跑道、起点、终点线处进行多机摄影跟踪，从各个方向转播比赛的精彩画面。

1）全部固定摄像机的最小垂直照度大于1 400 lx。

2）全部移动摄像机的最小垂直照度大于1 000 lx。

（5）体育场照明设计中照度均匀度及梯度考虑

1）全场区域水平照度均匀度大于0.7或0.8，垂直照度均匀度大于0.6或0.7。

2）特殊区域水平照度均匀度大于0.7或0.8，垂直照度均匀度大于0.7或0.8。

3）起点/终点线水平照度均匀度大于0.7或0.8，垂直照度均匀度大于0.8或0.9。

4）照度梯度满足要求：不大于20%（4 m格栅），10%（1 m和2 m格栅）。

（6）体育场照明设计中立体感及四边垂直照度比结果

设计中对全部区域，包括全场、足球场、田径跑道、田径内场、100 m和110 m跑道、跳远、跳高和撑杆跳区域、标枪区、铅球区、链球和铁饼区、热身赛道、混合区、颁奖区等区域照明的四边垂直照度之比作了详细的设计，全部区域的任一点上四边垂直照度之比的最小值均大于0.6，保证满足现场照明的立体感。

（7）体育场照明设计中眩光控制结果

在设计中，全面考虑了照明眩光的控制，以提供最佳的照明效果。

1）足球比赛时，在足球场底线两侧的30°禁区范围内无照明灯具。

2）全部照明灯具的投射角均小于68°，完全符合BOB要求。

3）根据FIFA的要求，设计中计算了足球场全部11个眩光观察点的最大眩光，同时增加球场大禁区角上的眩光观察点。足球比赛时，全场最大眩光指数仅为42.0（场地反射率为0.2），很好地满足标准要求中低于50的要求。

4）根据IAAF的要求，设计中计算了田径场内全部16个眩光观察点的最大眩光，同时又增加场内其他18个眩光观察点。田径比赛时，全场34个观察点中最大眩光指数为42.6（场地反射率为0.2），很好地满足标准要求。

5）在设计中考虑了全场全部93台摄像机的最大眩光，最大眩光指数仅为36.5（场地反射率为0.2），很好地满足标准要求中低于40的要求。

（8）体育场照明设计中场地溢散光考虑

在设计中，充分遵循“绿色、人文、科技”的奥运理念，充分考虑照明对场地内设备的影响。

1）在大显示屏上的垂直照度仅为63.9 lx，影响极小。

2）为减小场地照明的干扰光及溢散光，方案中计算了全部灯具的上射光比例*ULR*，各个灯具的最大上射光比例*ULR*不大于2%，而各照明模式下的最大上射光比例*ULR*仅为全部灯光的2%以下，充分满足绿色奥运的要求。同时，提高运动物体与背景的对比度，保证

电视转播画面的质量。

(9) 体育场照明设计中观众席照明考虑

在设计中，考虑了全部照明模式下的观众席照明，各照明模式下的观众席平均照度均大于 75 lx。在奥运比赛时，观众席前 12 排坐姿高度的平均垂直照度为比赛场地平均垂直照度的 21.3%(东西看台)和 22.7%(南北看台)，满足要求中 20%～25%的 BOB 要求。

7. 国家体育场应急转播照明设计

在国家体育场的体育照明设计中，单独考虑了田径比赛和足球比赛的应急电视转播照明，共设计了 259 套 MVF403/2 kW 的投光灯具，满足田径和足球比赛的应急电视转播主摄像机方向不小于 1 000 lx 的垂直照度。应急电视转播照明的照度水平，见表 10.8.1。此部分的 259 套灯具由不间断电源供电，以保证奥运电视转播的连续。

国家体育场场地照明供电除了不间断电源外，还设置了双路市电供电，每路市电各带 165 套和 167 套体育照明投光灯具。在体育场照明设计和配电系统深化设计中，充分考虑了场地照明供电的特点，不仅在双路市电断电而仅由不间断电源供电时，场地照明效果能达到应急彩电转播田径或足球比赛模式的要求(主摄像机垂直照度不小于 1 000 lx)；而且在任意一路市电断电而由另一路市电及不间断电源共同供电的情况下，场地照明效果都能达到彩色电视转播重大田径或足球比赛模式的要求(主摄像机垂直照度不小于 1 400 lx)，见表 10.8.2，避免了因一路电源断电、场地照明出现照度及均匀度不能很好满足彩色电视转播要求的情况发生。

表 10.8.1　国家体育场场地照明应急转播照明设计(1 000 lx 垂直照度)

开灯模式	计算项目	平均照度/lx	最小值/lx	最大值/lx	照度均匀度	
					U_1 (min/max)	U_2 (min/ave)
应急电视转播照明——田径比赛	水平照明	1 405	1 139	1 740	0.65	0.81
	主摄像垂直照度	1 052	811	1 288	0.63	0.77
应急电视转播照明——足球比赛	水平照度	1 386	1 194	1 578	0.76	0.86
	主摄像垂直照度	1 028	828	1 205	0.69	0.81

表 10.8.2　国家体育场场地照明应急转播照明设计(1 400 lx 垂直照度)

计算项目	平均照度/lx	最小值/lx	最大值/lx	照度均匀度		灯具组成	灯具数量组成/套	灯具总数量/套
				U_1 (min/max)	U_2 (min/ave)			
水平照度——彩色电视转播应急重大田径比赛 1	2 262	1 852	2 719	0.86	0.82	应急田径电视转播灯具＋1/2 常规供电的灯具	259＋167	426
垂直照度——彩色电视转播应急重大田径比赛主摄像机 1	1 622	1 181	2 070	0.57	0.73			

续表

计算项目	平均照度/lx	最小值/lx	最大值/lx	照度均匀度		灯具组成	灯具数量组成/套	灯具总数量/套
				U_1 (min/max)	U_2 (min/ave)			
水平照度——彩色电视转播应急重大田径比赛 2	2 803	1 917	2 771	0.69	0.83	应急田径电视转播灯具＋另 1/2 常规供电的灯具	259＋165	424
垂直照度——彩色电视转播应急重大田径比赛主摄像机 2	1 464	1 131	1 794	0.63	0.77			

注：259 套为应急田径电视转播灯具数量，由不间断电源供电；
165＋167 套为常规供电灯具数量，由独立的两路电源供电，另 3 套灯具为终点实时摄影系统服务；
奥运转播时，不论哪一路常规照明供电失效，另一路灯具与由不间断电源供电的灯具一起能达到彩电转播重大田径比赛照明的要求；
奥运转播时，如两路常规照明供电均失效，则由不间断电源供电的灯具达到彩电转播应急田径比赛照明的要求。

8. 国家体育场非场地区域照明设计

国家体育场非场地区域，包括马拉松通道、训练场、媒体混合区、新闻发布厅、颁奖台、升旗区等，这些区域在赛前、赛后是整个运动会的重要组成部分，缺少了这类区域，运动会和比赛将是不完整的；同样，如果没有此类区域的照明，电视转播也将是不完整的。因此，非场地区域的照明与场地照明同样重要。

(1) 混合区照明

在混合区上方，设计了 8 套 MVF403/1 kW 灯具为混合区提供补充照明，光源 $R_a>90$，$T_c=5\,600$ K。运动员背对场地时，脸部的垂直照度不小于 1 000 lx。

(2) 马拉松通道照明

由于马拉松通道也有电视转播，因此对固定摄像机的垂直照度要求不小于 1 400 lx。在通道内共设计 388 套 400 W 金属卤化物光源投光灯具和 28 套 1 kW 金属卤化物光源投光灯具，灯具所选光源色温为 5 600 K，显色指数 $R_a>90$，与场地内的照明完全一致，保证了转播效果的一致和延续性。灯具被布置在通道的两侧顶部，高度为 5 m 到 7.5 m。为满足垂直照度要求并降低眩光，所有灯具均斜向照射，同时采用非对称配光的 1 kW 投光灯具。

(3) 室外训练场照明

室外训练场分为田径场和投掷区，在田径场的直道部分设有电视摄像机，要求对固定摄像机的垂直照度不小于 1 400 lx。共设计了 6 根 37 m、7 根 25 m 的灯杆，216 套 MVF403/2 kW 灯具，9 套 MVP507/2 kW 灯具，灯具所选光源的色温为 5 600 K，显色指数 $R_a>90$，与场地内的照明完全一致，保证转播效果的一致和延续性。

(4) 室内训练场照明

室内训练场位于一长 70 m、宽 13 m 的房间内，中间有一宽度为 5 m 的跑道，同样由于电视转播的要求，要求垂直于场地四边的垂直照度不小于 1 000 lx。共设计了 76 套 400 W

金属卤化物光源投光灯具，灯具安装于通道两侧的顶部，安装高度为 4 m。与其他区域一样，灯具所选光源的色温为 5 600 K，显色指数 $R_a>90$，与场地内的照明完全一致，保证了转播效果的一致和延续性。

(5) 新闻发布厅照明

新闻发布厅位于 17 m×24 m 的房间内，要求新闻发布厅前台运动员脸部的垂直照度不小于 1 000 lx(对移动摄像机)，同时与背景墙有合适的照度比。考虑到赛后的再利用，所有灯具均为悬吊安装，共设计了 28 套 Mini300/150 W 灯具和 11 套的 Decoflood/150 W 灯具，选用陶瓷金属卤化物 CDM 光源，显色指数 $R_a>90$，色温为 4 200 K，保证了新闻发布厅电视转播的画面质量。

国家体育场(鸟巢)的体育照明设计从 2003 年底的第一次方案征集、马道位置推荐开始到 2008 年 8 月 13 日北京奥运开幕式后的转场完成，历经了多次的方案论证、修改、完善及效果调试，出色的体育照明效果已经让全世更加清楚地看清“鸟巢”，而现场体育照明灯具的布置、多个锯齿形的灯带组合，又像飞翔的鸟儿一起飞向体育场(鸟巢)，似“百鸟归巢”，这是科学与艺术碰撞(见图 10.8.16)。

图 10.8.16 “百鸟归巢”——国家体育场(鸟巢)的体育照明效果

国家体育场(鸟巢)向世界展示了其体育照明水平已经完全与世界接轨，代表了目前世界最高水平，这是北京奥运给中国照明界的最好礼物。北京奥运场馆照明建设的成功经验，一定可以提升中国体育场馆体育照明建设的水平。

10.9 LED 体育照明

10.9.1 训练场馆 LED 体育照明

LED 照明由于其具有低压直流驱动、小尺寸、高光密度、很强的方向性发光、高光效、色温选择多、显色性好、寿命长、瞬时启动等特性，已经逐渐开始在体育场馆照明中应用。许多训练场馆或一般无电视转播要求的专业比赛场馆，已经完全可以用 LED 照明替代传统的 HID 照明系统，节能效果显著。目前，在训练场馆中常用的 HID 照明系统，通常为金属卤化物光源或高压钠灯光源，其光源的一般显色指数低于 65，相关色温为 4 000 K 或 2 000 K 左右，灯具功率不超过 400 W，灯具发光效率为 75%左右。以高压钠灯为例，如果考虑镇流器功耗，则灯具的系统效能不超过 85 lm · W^{-1}，寿命最长为 24 000 h；如果以金属卤化物光源为例，则灯具的系统效能不超过 65 lm · W^{-1}，寿命最长为 20 000 h。而目前训练场馆可用的中功率 LED 灯具，包括投光灯、高低天棚灯具，其系统效能基本已可以大于 110 lm · W^{-1}，光源色温从 3 000 K 到 5 700 K 皆可，一般显色指数大于 65，寿命可以大于 35 000 h，灯具配光多样化，可适应不同的安装方式和不同的训练场馆的照明需求；灯具产品间的色容差可以小于 5SDCM，灯具可以瞬时启动，无需预热时间，照明控制可以采用 DMX512 或 DALI 的形式，更加简单、快捷，运动员或场馆使用者可以根据自己的喜好，任意调整灯光的输出至大家喜欢、运动最佳的照明环境。因此，采用中功率的 LED 照明系统可以非常方便、快捷地替换传统的 HID 照明灯具，节能效果非常明显，同时也可以改善照明质量。目前，单灯中功率 LED 照明系统的光输出已经大于 35 000 lm，不但在系统效能上，而且在光通输出上也已经完全可以替代传统的 400 W 金属卤化物光源或高压钠灯光源。随着 LED 灯具性价比的进一步提高，预计中功率 LED 照明灯具将迅速在训练场馆中普及使用，目前常用的训练场馆 LED 体育照明灯具，如图 10. 9. 1 所示。

图 10. 9. 1　目前常用的训练场馆 LED 体育照明灯具

中功率 LED 照明灯具在训练场馆中的应用，同样遵循本章所述的非电视转播场地的照明设计要求。在室内体育馆中，照明方式以满天星、两侧马道或满天星与马道混合布置的方式；在室外运动场中，基本以安装小型灯杆为主，灯杆的高度和位置视实际场地的功能和大小的不同而调整。由于 LED 芯片本身的光的方向性很强，在选择 LED 照明灯具时，不应以灯具系统效能和光通量输出为唯一标准，更应考虑灯具的配光，以满足场地照明均匀度的要求；同时，应尽量降低眩光，改善照明效果。另外，还应对灯具的散热有所要求，防止灯具芯片结温过高，而影响灯具效能、加快光衰并降低寿命。在色温的选择上，也不应只以效率为标准而选择高色温的芯片，应以不同运动的照明和视觉需求，选择合适的色温，建议训练娱乐场地 LED 照明的色温不超过 6 000 K。若为大型比赛场地的热身场地，则其照明色温应尽量与比赛场地保持一致，基本在 5 700 K，一般显色指数也尽量与主场一致，以保证运动员从热身到比赛时的运动状态的延续。

10.9.2 电视转播场馆 LED 体育照明

随着 LED 照明技术和产品性能的不断提高，有电视转播的专业体育场馆的 LED 照明应用，也开始被不断讨论并实践尝试。

为满足电视转播场地的照明，并达到一定的性价比，在此类场地中应采用大功率的 LED 照明灯具系统。而为保证电视转播画面的效果，大功率 LED 照明系统的显色性和色温应满足不同场馆等级的要求，见表 10.9.1。

表 10.9.1 电视转播场馆用 LED 照明系统要求

场馆等级	使用功能	LED 照明要求		
		R_a	R_9	T_c
Ⅳ	TV 转播国家、国际比赛	≥80	>0	≥4 000 K
Ⅴ	TV 转播重大国家、国际比赛	≥80	>0	≥4 000 K(室内) ≥5 500 K(室外)
Ⅵ	HDTV 转播重大国家、国际比赛	≥90	>20	≥5 500 K

LED 的色温不应超过 6 000 K。

除以上色温、显色指数的要求外，电视转播的专业体育场馆用大功率 LED 照明系统还应满足以下光电参数要求：

1）LED 照明灯具间的色容差，不应大于 5 SDCM。

2）同一 LED 照明灯具在不同方向上的色品坐标与其加权平均值偏差，在国家标准《均匀色空间和色差公式》(GB/T 7921－2008)规定的 CIE 1976 均匀色度标尺图中，不应超过 0.004。

3）LED 照明灯具在寿命期内发光二极管灯的色品坐标与初始值的偏差，在国家标准《均匀色空间和色差公式》(GB/T 7921－2008)规定的 CIE 1976 均匀色度标尺图中，不应超过 0.007。

4）在采用超高速摄像机的 HDTV 电视转播比赛中，LED 照明灯具的频闪比不应大于 6%。

由于彩电转播的体育场馆容量大、观众席多、照明距离远，要求的照明数量和质量均很高，在传统体育照明中，通常采用 1 kW 金属卤化物光源(室内体育馆)或 2 kW 金属卤化物光源(室外体育场)，单个灯具发出的光通量在 80 klm 到 150 klm 之间，灯具系统效能在 80 $lm \cdot W^{-1}$ 左右。如果采用 LED 照明，为考虑性价比，LED 灯具的系统效能首先应大于此值，但为了将芯片的显色指数从 80 提高到 90，并提高特殊显色指数 R_9 的数值，需要更换 LED 芯片的荧光粉或增加红色芯片的封装，而这些都会大大降低芯片的光效；彩色电视转播场地的照明需要大功率芯片以发出更多的光，但当大功率 LED 集成在一个尺寸相对较小的灯具内时，其散热又成为一大问题，如果散热处理不好，则芯片的光效又会降低，而且又影响光衰和寿命；同时，体育场馆变化范围较大的环境温度，也会影响大功率 LED 照明灯具的效能和寿命。综观以上因素，目前情况下大功率 LED 体育照明灯具的系统效能还不能超越传统 HID 灯具的数值。同时,还应注意大功率 LED 灯具在高结温时的色容差和空间颜色的均匀性,以及大功率 LED 专业体育照明灯具的外形尺寸和重量。现代体育场馆安装的灯具数量众多,马道结构复杂,需要在上面安装的设备也更多,如果灯具尺寸和重量过大一定会影响体育场馆的马道结构。目前,大部分的 LED 体育照明灯具均采用透镜形式,以满足不同的配光,相对而言灯具保护角变小,所以还需要注意场地照明的眩光影响。

目前,尽管在彩色电视转播的体育场馆中 LED 大功率体育照明的性价比可能还不高,但人们都在努力探索其技术的可能性,通过实践完善其中的问题,发挥其更大功能。随着 LED 芯片性能、LED 灯具制造和散热技术的不断提高,专业电视转播场馆中会出现越来越多的 LED 照明,这些 LED 照明不单为体育照明和体育转播服务,还可以作为舞台或娱乐照明,提供更多可能的照明效果。

以下为两个采用大功率 LED 体育照明的专业体育场馆的照明案例。

1. 法国 Ekinox 体育馆

2011 年,法国布雷斯地区布尔格的 JL 布尔格篮球俱乐部决定重新装修会展中心,其中包括 3 个建于 20 世纪 70 年代的展示厅,同时俱乐部决定新建第四个大厅用于球队比赛的主体育馆。体育馆占地 9 940 m^2,于 2014 年 1 月建成开张。新体育馆取名为"Ekinox",体育馆建筑外形流畅、和谐简单,建成后可以举办各种体育赛事(篮球),以及商业展出、音乐会或表演秀等。

体育馆的设计充分考虑了自然采光,在白天,自然光可以从两侧的大窗户进入室内比赛大厅、会议室、办公室等;而夜间,则可以通过先进的人工照明进行比赛或举办各种演出活动。体育馆在篮球比赛时,可以容纳 3 500 个座位;而举办其他表演秀时,则可以安置 2 600 个座位和 5 000 个站位。由于体育馆观众席座的模块化设计以及各种技术平台的帮助,在主大厅内可以全方位观看比赛,希望新的照明系统也可以满足包括篮球比赛外的其他各种商业和演出活动的照明要求。体育馆的照明要求为:系统的色温不小于 5 500 K,一般显色指数不小于 90,主摄像机垂直照度大于 1 750 lx。

尽管这是全世界第一次在此类比赛场馆中采用大功率 LED 体育照明,但 JL 布尔格篮球俱乐部还是决定采用此最新的 LED 照明科技。飞利浦 ArenaVision LED 照明系统被安装于新的体育馆中,其色温为 5 700 K;一般显色指数 R_a 为 90;特殊显色指数 R_9 为 37;频闪比为 3%;寿命为 40 000 h,有多种配光曲线可供选择。灯具如图 10.9.2 所示。

图 10.9.2 ArenaVision LED 照明系统

最新的 ArenaVision LED 照明系统,可以非常好地满足业主对现场和电视转播的要求。新体育馆经过场地条件勘测,确认了马道位置和高度,马道高度为 14 m;同时也确定了现场环境的温度,以更好地保证大功率 LED 照明系统的寿命和光衰。经过精密的照明设计和照度计算,共采用 50 套 ArenaVison LED 照明灯具照明篮球场地,满足现场篮球场地的照明需求,以及电视转播时对摄像机的照明要求。最终的照明效果如下:平均水平照度为 2 000 lx;主向摄像机垂直照度为 1 800 lx;背向摄像机垂直照度为 1 300 lx;轴向摄像机垂直照度为 1 000 lx。

图 10.9.3 所示为体育馆最终的照明效果。

图 10.9.3　体育馆最终的照明效果

LED 照明系统安装、调试完成后，全新的 LED 照明系统不仅可以满足 JL 布尔格篮球队比赛的要求，以及电视转播时的灯光要求，而且在赛前、赛后还可以作为特殊的灯光表演用作入场仪式、运动员介绍或庆祝、颁奖等活动；同时，也可以作为特别灯光表演的一部分，完全融合体育比赛的专业照明和休闲娱乐的特殊照明，在平时亦可为各种商业活动提供需要的照明。

2. 英国斯坦福桥体育场

英国切尔西足球俱乐部成立于 1905 年，是欧洲足坛著名的大满贯足球队，其主场位于伦敦哈默史密斯·富勒姆区、临近泰晤河的斯坦福桥球场。斯坦福桥球场从 1877 年 4 月 28 日正式启用到现在，经历了多以改建和扩建，现在斯坦福桥球场的容量是 42 055 人，其中东看台容纳 10 925 人，西看台容纳 13 500 人，球场的区域也从最初的巨大椭圆形变成现在的非常接近草皮的四边形，成为专业的足球场。这座球场在过去 10 年中基本没有大的变化，为进一步改善球场的灯光设备，同时提升俱乐部的国际影响力，切尔西足球俱乐部在 2014 年完成了球场灯光设备的改造，安装了世界上最领先的 LED 专业体育照明，这是世界顶级足球俱乐部的第一次，开创性的 LED 体育照明帮助其延续了世界著名球场的地位，世界一流的足球比赛在世界一流的专业 LED 体育照明下举行。

最新安装的 LED 场地照明系统作为目前业界最领先创新的应用，给运动员、裁判、球迷以及电视转播带来最好的照明环境，满足顶级英超足球联赛最新的电视转播的要求，包括 HDTV、超高速摄像机的无频闪要求，保证全场 40 000 多球迷以及更多电视观众的视觉要求。另外，不像传统金属卤化物光源，新的 LED 照明系统还可以瞬时启动、关闭，同时快速达到光通稳定值，而不需要传统的预热时间。

球场采用飞利浦 ArenaVision LED 照明系统，色温为 5 700 K；一般显色指数 R_a 为 90；特殊显色指数 R_9 为 37；频闪比为 3%。

灯具安装高度为：西看台 24 m，东看台 25.7 m，南看台 15.1 m/18.4 m，北看台 19 m/22 m。灯具 2D 布置图，如图 10.9.4 所示。

共设计安装了 292 套 LED 照明灯具，其中 180 套作为 TV 应急电视转播使用。照明照度计算结果，见表 10.9.2。

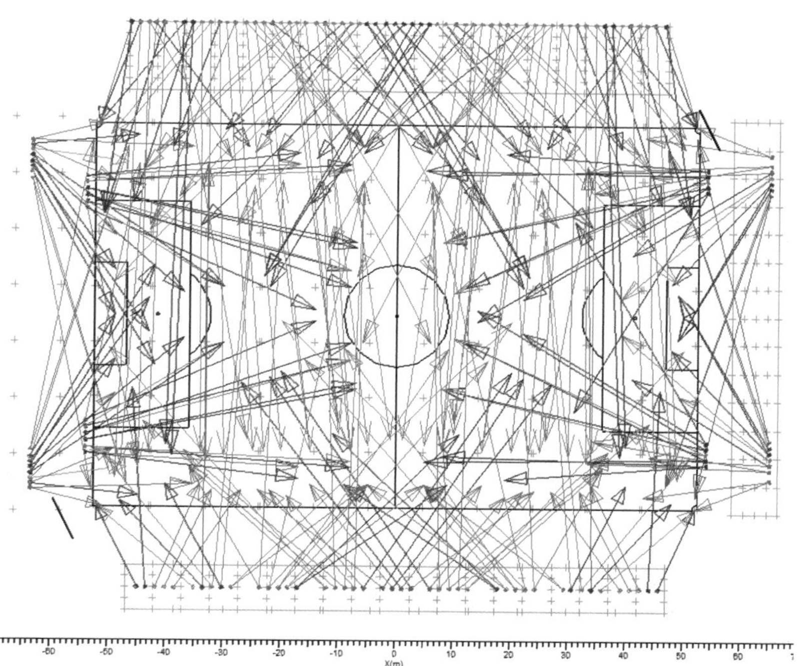

图 10.9.4 **体育场照明设计 2D 布置图**

表 10.9.2 **斯坦福桥球场 LED 体育照明照度结果**

照度计算	开关模式	计算区域	平均照度/lx	最小照度/lx	最大照度/lx	照度均匀度	
						最小/平均	最小/最大
水平照度 E_h	英超比赛	足球场	1 911	1 636	2 432	0.86	0.67
垂直照度 E_{vCam}	英超比赛	足球场	1 657	1 123	1 967	0.68	0.57
垂直照度 $E-X$	英超比赛	足球场	1 001	702	1 400	0.70	0.50
垂直照度 $E+X$	英超比赛	足球场	1 038	730	1 414	0.70	0.52
垂直照度 $E-Y$	英超比赛	足球场	1 046	714	1 418	0.68	0.50
垂直照度 $E+Y$	英超比赛	足球场	1 483	986	2 012	0.66	0.49
观众席垂直照度	英超比赛	观众席	715			0.29	0.18
水平照度 E_{hTve}	应急 TV	足球场	1 154	963	1 479	0.83	0.65
垂直照度 E_{vCam}	应急 TV	足球场	1 046	765	1 288	0.73	0.59
垂直照度 $E-X$	应急 TV	足球场	570	399	782	0.70	0.51
垂直照度 $E+X$	应急 TV	足球场	579	393	797	0.68	0.49
垂直照度 $E-Y$	应急 TV	足球场	655	410	984	0.63	0.42

体育场照明设计除满足英超联赛比赛和转播的照度要求外，还严格控制照明眩光，场地照明的最大眩光光值 GR 为 46.7，满足英超联赛的要求和 FIFA 的要求。

整个照明系统除 LED 照明产品外，还包括照明控制系统和专门的用户界面，可以快速、便捷、可靠地检测、设置系统，以方便、快捷地单独开关或调节每一盏灯具的亮度。同时，LED 照明系统还可以用于一些特殊舞台照明效果或其他娱乐照明效果的营造，可以与赛前、赛后的灯光表演完美整合。体育场照明效果，如图 10.9.5 所示。

图 10.9.5 斯坦福桥体育场 LED 体育照明效果

新的 LED 照明系统提供了完美的照明效果，满足垂直照度要求和均匀度指标，以保证电视转播的最佳效果。同时，由于 LED 照明系统的超长寿命，俱乐部还可以节约许多日常维护的费用。通常，传统的金属卤化物光源照明系统每 3 个赛季就要更换维护一次，而现在的 LED 照明系统估计可以超过 10 个赛季再更换维护一次。

切尔西足球俱乐部同时还在训练场更新安装了同样的 LED 照明系统，期望可以营造和比赛场地完全相同的照明效果，以保证从赛前热身到比赛环境的无缝衔接，最大程度地维持运动员的比赛状态。

改造完成后的 LED 体育照明为切尔西的支持者和球迷提供了可能是全球最好的照明环境，并在其中欣赏切尔西的比赛。全新的 LED 专业体育照明再一次展示了切尔西足球俱乐部的创新和开拓，期待在斯坦福桥球场崭新的 LED 体育照明环境下，今后可以诞生更多经典的比赛瞬间。

体育照明也正越来越数字化，LED 专业体育照明的应用正成为现代足球比赛中科技应用的里程碑。

10.10 照明灯具调试

由于体育运动场馆中照明灯具数量众多、瞄准点复杂、灯具的绝对光强大，一个灯具的瞄准点与设计不一致就会导致全部照明参数不符合要求，影响照明效果，因此灯具在安装完成后，一定要根据最初的照明设计进行精确的瞄准点调试方能达到设计要求。目前不论传统 HID 投光灯具，还是 LED 体育照明灯具，均采用以下两种调试方法：照明灯具角度调试；照明灯具位置点对投射点调试。这两种方法均可基于照明计算报告调试不同型号的灯具，并可在断电情况下调试，比较安全。

（1）角度调试

依靠灯具外壳上的角度刻度盘，通过旋转灯具的水平角度及调整垂直倾角达到要求，这两个角度由照明计算报告给出。如果计算报告仅给出瞄准点，则需要通过计算得出这两个角度，再利用灯具的刻度盘进行调整。这种方法对窄光束灯具、灯具数量较多的大型体育场馆均不适合，但可用于小型体育馆、灯具数量不多且为宽光束灯具的场合，另外在调试时，场地内还可以安排其他活动而无冲突。

（2）点对点调试

即将灯具最大光强与灯具瞄准点一一对应，以达到设计要求。首先须在场地内将灯具的瞄准点一一标示出来，然后在灯杆或马道上利用精确红外调光器将灯具与相应瞄准点一一对应，将灯具的最大光强指向瞄准点。这种调试方法非常精确，可很好地满足计算数据，在目前的体育照明调试中经常使用这种方法。但这种方法要求灯具配备精确的调光装置，并且在调试时场地内不可以进行其他活动。

由于体育照明中使用灯具数量众多，因此在初期的照明设计时，就应尽量简化场地内灯具瞄准点的分布，使瞄准点在场地内呈现有规则状态，且越简单越好，以方便以后的调试。

在调试过程中，为减小灯具相互挡光的可能性及考虑安装美观，在不改变开关模式的前提下，需要对灯具位置做适当调整。

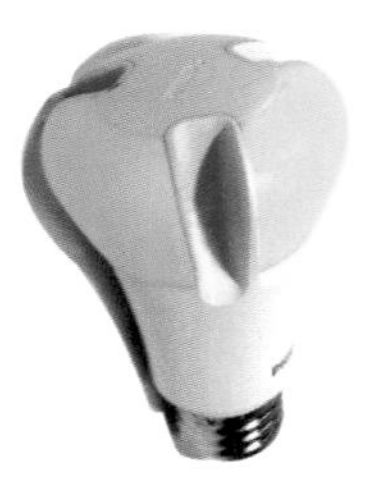

第十一章 照明系统的经济分析

对照明系统进行经济分析是很有必要的。在对新的照明系统进行设计时,可能会有两个以上的设计方案,除必须对这些方案的照明质量进行比较外,还应对它们的经济效益及节电的情况进行分析,以便从中选出既有高照明质量,又有很好的经济效益的高效照明方案。在对原有的照明系统进行改造时,也存在同样的问题。我们必须对新的改建方案进行分析,确保新方案在能提供不低于原有照明质量的前提下,可以节约电能和运行成本,以使增加的投资在预定的期限内得以回收,产生良好的社会和经济效益。

11.1 初级分析方法

最简单的经济分析方法是比较几种方案的花费,然后选择其中开支最少的一种方案。例如,A 灯的价格为 1.5 元,B 灯的价格为 1.0 元,于是就选择 B 灯。当然,如果 A 灯和 B 灯的各种性能都一样,这种选择是正确的。但如果它们发出的光通量不同,如 A 灯为 1 000 lm、B 灯为 500 lm,这时应根据发出 11 m 的花费来比较。若 A 灯为每流明 0.15 元、B 灯为每流明 0.20 元,根据这一考虑,则显然应选用 A 灯。然而,倘若 B 灯的寿命比 A 灯的长得多,如 B 灯的寿命为 2 000 h、A 灯的寿命只有 1 000 h,则情况又另当别论。另外,在进行方案比较时,还应该将电力费用的因素考虑进去。

根据以上讨论的结果,作为初级照明经济分析方法,定义 1 klm · h 的花费 U(单位为每千流明小时元)为单位照明成本(cost of light),U 的表示式为

$$U=\frac{1}{\Phi}\left(\frac{C_{灯}+C_{人工}}{L}+PR\right)。\tag{11.1.1}$$

式中,Φ 为灯的光通量,单位为 lm;$C_{灯}$ 为灯的价格,单位为元;$C_{人工}$ 为每换一只灯的人工费,单位为元;L 是灯的寿命,单位为 kh;P 为每只灯(包括镇流器等电器损失)的功率,单位为 W;R 是电价,单位为每千瓦小时元。今以 40 W 白炽灯和 11 W 一体化紧凑型荧光灯(compact fluorescent lamps, CFL)以及 6 W LED 球泡灯为例进行比较,有关数据列于表 11.1.1 中。这里,假定每换一只白炽灯、CFL 以及 6 W LED 的人工费分别为 0.4 元、0.6 元和 0.6 元。从表 11.1.1 的比较结果可以看出,11 W CFL 的单位照明成本不到 40 W 白炽灯的$\frac{1}{4}$, 6 W LED 的单位照明成本不到 40 W 白炽灯的$\frac{1}{7}$。对照发现,采用 6 W LED 球泡灯还大大节约了电能。因此,在对显色性要求不是很苛刻的场合,应该优先选用 LED 球泡灯。

表 11.1.1 **40 W 白炽灯、11 W CFL 以及 6 W LED 的单位照明成本比较**

照明参数	40 W 白炽灯	11 W CFL	6 W LED
P/W	40	11	6
R/每千瓦小时元	0.84	0.84	0.84
Φ/lm	400	500	500
L/kh	1	10	30
$C_{灯}$/元	2	25	30
$C_{人工}$/元	0.4	0.6	0.6
U/每千流明小时元	0.09	0.024	0.012

注:球泡灯价格是参考价格,核实人工费参照的定价方式(更换灯具的价格表),电价为计算参考值,具体以实际定价为准。

例如,某一商场原来采用 40 W 的白炽灯照明,为了节电改用 11 W 的 CFL 或者是 6 W 的球泡灯。根据表 11.1.1 可以计算出改造方案的初始投资,以及新老方案的年电力费用等。假定灯每年工作时间 $T=2$ kh,则年电力费为 TPR;年换灯数 $n=T/L$;年换灯费用为 $n(C_{灯}+C_{人工})$。将这些数据列于表 11.1.2 中。虽然改用 CFL 或者 LED 时需要一笔初始投资费用,但改用 CFL 或 LED 后每年的运行费用却比原先减少很多。因此,不用很长时间就可以收回投资。在本例中,投资回收期为

CFL 的投资回收期$=a_N/(e_0-e_n)=$25 元/(72 元$-$23.5 元)$=$0.52(年);

6 W LED 的投资回收期$=a_N/(e_0-e_n)=$30 元/(72 元$-$12.3 元)$=$0.51(年)。

而在上例中,如果刚开始使用 CFL,改造时采用 6 W LED 取代 CFL,则

6 W LED 投资回收期$=a_N/(e_0-e_n)=$30 元/(23.5 元$-$12.3 元)$=$2.68(年)。

表 11.1.2 **初始投资和年运行费的比较**

参数	40 W 白炽灯(初始时)	11 W CFL	6 W LED
a,初始投资 $C_{灯}$/元	—	25	30
b,年电力费 TPR/元	67.2	18.5	10.1
c,年换灯数 n	2	0.2	0.067
d,年换灯费 $n(C_{灯}+C_{人工})$/元	4.8	5	2.17
e,年运行费$(b+d)$/元	72	23.5	12.3

LED 寿命为 30 000 h,那么按照每年 2 kh 的使用时间,使用年限为 15 年,投资回报率(rate of return)是投资回收期的倒数。在本例中,采用 CFL 替代白炽灯的投资回报率为 192%,采用 6 W LED 替代白炽灯的投资回报率为 196%。

在以上分析中,只考虑了光源,并没有考虑灯具的因素。事实上,正如本书前面内容所介绍的那样,在照明系统中,灯具扮演着一个十分重要的角色。若灯具的初始投资费用比较大,则清洁维护的开支也不小。所以,在对照明系统进行经济分析时,不能不考虑灯具的影响。此外,在上面计算单位照明成本、投资回收期和投资回报率时,没有计及投资费用的时间价值。由于利息的关系,资本随时间会增值,若现在的资本是 C(元)、年利率为 i(%),则在 y 年后,资本升值到 F(元),即

$$F = C(1+i)^y。 \tag{11.1.2}$$

也就是说,由于利息使资本升值的原因,现在 C 元的资本与 y 年后 F 元的资本是等价的。当利率较高、项目周期较长时,投资费用的时间价值这一因素对于照明系统的经济分析的影响也较大,必须加以考虑。下一节要介绍的成本效益分析法,将会弥补上述分析方法的一些不足之处。

11.2 成本效益分析法

下面以一个照明工程项目作为例子来介绍这一分析方法。该项目要求对一面积为 3 000 m^2、楼层高为 3 m 的商场进行照明,地面平均水平照度为 750 lx。

1. 照明设计

考虑 3 个照明方案。方案 1 采用装有 3 只 36 W 三基色 H 灯的格栅型灯具(P3 - 36 型),嵌入式安装,灯具的效率为 0.55,维护系数为 0.7,36 W 三基色 H 灯的额定光通量为 2 700 lm,镇流器的损耗功率为 9 W;方案 2 采用 70 W 金属卤化物灯,灯具为嵌入式筒灯(92002 型),灯具的效率为 0.81,维护系数为 0.8,70 W 金属卤化物灯的额定光通量为 4 200 lm,镇流器的损耗功率为 10 W;方案 3 采用 40 W LED 面板灯(600×1 200),整灯光通量为 4 000 lm,维护系数为 0.8,整灯包含电源损耗。前两种光源的经济寿命均为 6 000 h,LED 整灯寿命 30 000 h。但是由于 LED 灯具的特殊性,此类灯具光源是不可更换的。由于商场的面积很大,但层高并不高,因而可以将灯具的效率近似看成其利用系数。根据利用系数法求平均水平照度的公式:

$$E_{hav} = \frac{\Phi NKCU}{A},$$

可以计算出方案1、方案2和方案3的灯具数，分别为

$$方案1:N_1 = \frac{750 \times 3\,000}{3 \times 2\,700 \times 0.7 \times 0.55} = 722;$$

$$方案2:N_2 = \frac{750 \times 3\,000}{4\,200 \times 0.8 \times 0.81} = 827;$$

$$方案3:N_3 = \frac{750 \times 3\,000}{4\,000 \times 0.8 \times 1} = 703。$$

2. 年用电量 B_5

照明系统的年用电量是衡量照明系统质量优劣的重要指标之一。在保持照度相同的条件下，当然希望照明系统的年用电量少。照明系统的年用电量，由系统的总功率(kW)和年平均点灯时间(h)决定。对不同应用场所的年平均点灯时间的数据，见表11.2.1。对于商场照明，年平均点灯时间取为3 000 h。对3种照明方案的年用电量的计算结果，见表11.2.2。

表 11.2.1　各应用场所的年平均点灯时间

应用场所	年平均点灯时间/h	应用场所	年平均点灯时间/h
办公室、商店	3 000	体育场	600
一般工厂	3 000	道路	4 000
三班制工厂	8 000	住宅	2 000
体育馆	1 500		

表 11.2.2　3种照明方案经济分析比较

项目＼方案			方案1	方案2	方案3	运算过程
照明设计	A_1	灯具种类	P3-36格栅灯具	92002型筒灯	LED面板灯	
	A_2	光源种类	36 W三基色 *H* 灯	70 W金属卤化物灯	LED灯珠	
	A_3	镇流器种类	电磁式，功耗为9 W	电磁式，功耗为10 W	开关恒流源	
	A_4	单个光源光通量/lm	2 700	4 200	30 000	
	A_5	光源的经济寿命/h	6 000	6 000	30 000	
	A_6	灯具台数	722	827	703	
	A_7	光源数/台灯具	3	1	1	
	A_8	光输出比/灯具效率	0.6	0.6	1	
	A_9	维护系数	0.7	0.8	0.8	
	A_{10}	设计照度	750	750	750	

续表

项目 \ 方案			方案 1	方案 2	方案 3	运算过程
年用电量	B_1	(光源＋镇流器)功率/W	45	80	40	
	B_2	光源总数	2 166	827	703	$A_6 \times A_7$
	B_3	系统总功率/kW	97.47	66.16	28.12	$B_1 \times B_2$
	B_4	年平均点灯时间/h	3 000	3 000	3 000	
	B_5	年用电量/kW·h	292 410(100%)	198 480(68%)	84 360(29%)	$B_3 \times B_4$
初始投资	C_1	光源单价/(元/只)	26	95	0	
	C_2	灯具单价(包含电器)/(元/台)	424	386	300	
	C_3	配电安装人工费/(元/台)	10.62	3.21	10.62	
	C_4	总初始投资/元	370 112	400 442	218 366	$B_2 \times C_1 + A_6 (C_2 + C_3)$
年固定费	D_1	折旧年限	5	5	10	灯具折旧
	D_2	年折旧率	0.27	0.27	0.16	$A_6 \times (C_2 + C_3) \times D_2$
	D_3	年固定费/元	84 724.82	86 906.7	34 938.54	
年电力费	E_1	电价/(元/(千瓦·小时))	0.84	0.84	0.84	
	E_2	年电力费/元	245 624.4	166 723.2	70 862.4	$B_5 \times E_1$
年光源费	F_1	光源寿命修正因子	1	1	1	
	F_2	实际光源寿命/h	6 000	6 000	30 000	$A_5 \times F_1$
	F_3	每年光源更换数	1 083	414	70.3	$B_2 \times B_4 / F_2$(此处 LED 为灯具)
	F_4	每年用灯支出	28 158	39 330	21 090	$C_1 \times F_3$
年系统维护费	G_1	更换一支光源的人工费/(元/只)	1.7	0.57	10.62	此处 LED 为整灯更换
	G_2	年更换光源的人工费/元	1 841.1	235.98	746.6	$F_3 \times G_1$
	G_3	清洁维护人工费/(元/台、次)	3.4	1.14	3.4	
	G_4	年平均维护次数	3	3	3	

续表

项目		方案	方案1	方案2	方案3	运算过程
	G_5	年维护人工费/元	7 364.4	2 828.34	7 170.6	$A_6 \times G_3 \times G_4$
	G_6	总换灯及维护人工费/元	9 205.5	3 064.32	7 917.2	
结论	H_1	年照明费/元	367 712.72	296 024.22	134 808.14	$D_3+E_2+F_4+G_6$
	H_2	单位照度年照明费/(元/(勒克斯·年))	490.28	394.70	179.74	H_1/A_{10}
	H_3	与方案1的比较/%	100	81	37	

3. 初始投资费 C_4

照明系统的初始投资费,包括光源的费用、灯具的费用和配电安装人工费用及安装配件费用。在表11.2.1中,分别列出了光源的单价 C_1、灯具(包括镇流器和触发器等)的单价 C_2 及每套灯具的配电安装费 C_3。由初始投资费公式

$$C_4 = B_2 \times C_1 + A_6 \times (C_2 + C_3), \tag{11.2.1}$$

可以分别计算出3种方案的初始投资费用。

4. 年固定费 D_3

照明设备与其他机电设备一样,使用过程中会有损耗。根据设备损耗的情况可估计设备耐用的年限,从而确定设备的折旧年数和折旧率。所谓设备的折旧率,就是在预设的折旧年份内每年分摊到的设备投资费用的百分数。需要指出的是,在折旧率中已考虑到投资的时间价值。折旧率 K(%)和折旧年数的关系,如图11.2.1所示。当折旧年限为5年时,K 为0.27;若为6年时,K 为0.25;若为8年时,K 为0.20;若为12年时,K 为0.16。在本例中,设定折旧年限为5年,则 $K=0.27$(见表11.2.1),由公式

$$D_3 = A_6 \times (C_2 + C_3) \times D_2 \tag{11.2.2}$$

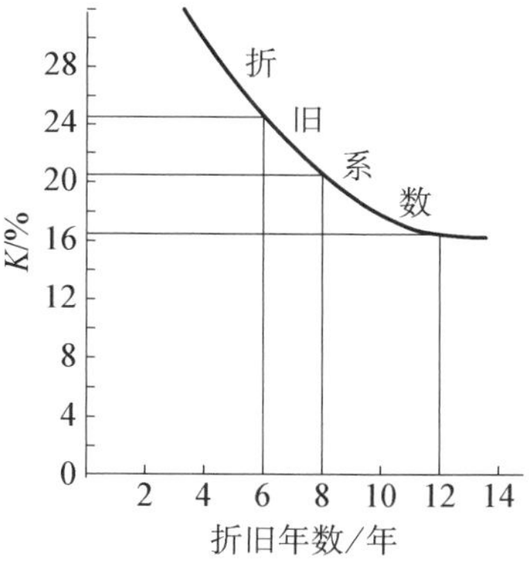

图11.2.1 折旧率与折旧年数的关系

可以分别计算出3种方案的年设备折旧费 D_3,也就是表11.2.1中所说的年固定费。

5. 年电力费 E_2

若每度电价为 $E_1=0.65$ 元,则两种方案的年电力费 E_2 可由公式

$$E_2 = B_5 \times E_1 \tag{11.2.3}$$

求得。

6. 年光源费 F_4

在计算年光源费时,先要对表11.2.2中的光源寿命修正因子 F_1 作一番说明。某些灯的实际寿命可能与其额定的寿命相差很大,具体视灯每启动一次后平均工作时间的长短而定。

对一般管状荧光灯，灯的寿命修正因子与灯每次启动后的平均工作时间的对应关系，见表 11.2.3。但对白炽灯而言，在多数情况下灯的寿命并不随灯每次启动后的平均工作时间而变。在本例中，忽略了这一影响，F_1 均取为 1。照明系统每年需要更换光源的数目 F_3 可由公式

$$F_3 = \frac{B_2 \times B_4}{F_2} = \frac{B_2 \times B_4}{A_5 \times F_1} \tag{11.2.4}$$

计算出来。每年光源费用 F_4，则为

$$F_4 = C_1 \times F_3 = \frac{C_1 \times B_2 \times B_4}{A_5 \times F_1}。 \tag{11.2.5}$$

对两种方案的计算结果列于表 11.2.3 中。

表 11.2.3　荧光灯的寿命修正因子与灯每次启动后的平均工作时间的关系

灯每次启动后的平均工作时间/h	灯寿命修正因子	灯每次启动后的平均工作时间/h	灯寿命修正因子
连续工作	1.8	2	0.9
12	1.5	1	0.7
6	1.2	0.5	0.5
3	1.0	0.25	0.4

7. 年系统维护费 G_6

系统维护费由更换光源的人工费和灯具清洁维护费两部分组成。若格栅灯具每换一只光源需 0.5 h，筒灯每换一只光源需 10 min，工人的平均工资为 600 元，那么更换一只光源的人工费用 G_1 分别为 1.70 元和 0.57 元，则年更换光源的人工费用为

$$G_2 = F_3 \times G_1。 \tag{11.2.6}$$

灯具清洁维护费视灯具使用环境而定。若环境较为清洁，污染不很严重，则消耗清洁材料及工时也较少，每台、次的清洁维护费可近似取为更换光源费的 2 倍，这样，年清洁维护费便是

$$G_5 = A_6 \times G_3 \times G_3; \tag{11.2.7}$$

年系统维护费为

$$G_6 = G_2 + G_5。 \tag{11.2.8}$$

最后，可以得到年照明费 H_1 为

$$H_1 = 年固定费\ D_3 + 年电力费\ E_2 + 年光源费\ F_4 + 年系统维护费\ G_6。 \tag{11.2.9}$$

将 H_1 除以设计照度 A_{10}，就得到单位照度年照明费 H_2 为

$$H_2 = \frac{H_1}{A_{10}}。 \tag{11.2.10}$$

所有的计算结果全部列于表 11.2.1 中。从表中 3 个方案的对比可以发现，方案 2 优于方

案1。方案2不仅比方案1节省电能，而且方案2产生的单位照度的年照明费用也比方案1的少很多，只有方案1的81%($H_{2(2)}/H_{2(1)}$)，这说明方案2比方案1的经济性能更好。另外，方案2的初始投资虽然比方案1的高出30 330元，但方案2的年运行费($E_2+F_4+G_6$)比方案1少了73 870.38元。因此，在(30 330/73 870.38=)0.41这一很短的时间内就能收回多花的初始投资。采用相同的方法，对比方案3与方案2以及方案1的结果可以看出，方案3要比方案1、方案2的初始投资都要低很多，分别为151 746元(相比方案1)与182 076元(相比方案2)，并且年运行费用也要比方案1、方案2低很多，分别为183 118.3元(相对于方案1)与109 247.92元(相对于方案2)。因此，无论从初始投资还是从运行费用上，LED灯具都有绝对的优势。

下面举一例说明采用高效节能光源对提高照明系统经济性能的重要作用。

例11.2.1 在某高级写字楼内有一长为24 m、宽为10 m的办公室，内有多台电脑。要求照明系统在室内产生500 lx的水平照度。

解 在有电脑操作的办公室内，为了防止眩光，宜采用保护角较大的格栅灯具。这里选用飞利浦公司的TBS168/318双管格栅灯具，并采用高性能电子镇流器，现采用两种T8细管径荧光灯与一种LED日光灯管进行分析比较。其中，一种采用卤粉，色温为4 100 K，显色指数R_a为63；另一种采用三基色粉，色温为4 000 K，R_a为85。根据前面介绍的方法，将有关数据代入进行计算，可得到的结果见表11.2.4。分析表中数据可以看到：在传统的荧光灯管中，采用三基色T8灯管的照明系统相比于采用卤粉的灯管不仅节电、节约投资，而且减少了维护的工作量和费用。此外，由于这种灯管的显色性好，因而使办公室的照明更加舒适。但是LED日光灯管更加节能，初始投资也会更低，并且使用寿命更长，减少了维护的工作量与费用。因此，在3种方案中，方案3是最佳的。

表11.2.4 3种T8灯管的经济性能比较

项目 \ 方案			方案1	方案2	方案3	运算过程
照明设计	A_1	灯具种类	双管格栅灯具	双管格栅灯具	双管格栅灯具	
	A_2	光源种类	普通T8荧光灯管TLD-36/54	三基色T8荧光灯管TLD-36/840	LED荧光灯管	
	A_3	镇流器种类	电子镇流器	电子镇流器	灯管自带开关电源	
	A_4	单个光源光通量/lm	2 500	3 350	2 000	
	A_5	光源的经济寿命/h	8 000	12 000	30 000	
	A_6	灯具台数	64	41	40	
	A_7	光源数/台灯具	2	2	2	
	A_8	光输出比/灯具效率	0.6	0.6	0.9	
	A_9	维护系数	0.6	0.7	0.8	
	A_{10}	设计照度	500	500	500	

续表

项目 \ 方案			方案 1	方案 2	方案 3	运算过程
年用电量	B_1	(光源＋镇流器)功率/W	40	40	22	
	B_2	光源总数	128	82	80	$A_6 \times A_7$
	B_3	系统总功率/kW	5.12	3.28	1.76	$B_1 \times B_2$
	B_4	年平均点灯时间/h	3 000	3 000	3 000	
	B_5	年用电量/kW·h	15 360	9 840	5 280	$B_3 \times B_4$
初始投资	C_1	光源单价/(元/只)	9	21	20	
	C_2	灯具单价(包含电器)/(元/台)	350	350	300	
	C_3	配电安装人工费/(元/台)	10	10	9	
	C_4	总初始投资/元	24 192	16 482	13 960	$B_2 \times C_1 + A_6(C_2 + C_3)$
年固定费	D_1	折旧年限	10	10	10	
	D_2	年折旧率	0.2	0.2	0.2	
	D_3	年固定费/元	4 608	2 952	2 472	$A_6 \times (C_2 + C_3) \times D_2$
年电力费	E_1	电价/(元/(千瓦·小时))	0.84	0.84	0.84	
	E_2	年电力费/元	12 902.4	8 265.6	4 435.2	$B_5 \times E_1$
年光源费	F_1	光源寿命修正因子	1.5	1.5	1	
	F_2	实际光源寿命/h	12 000	12 000	30 000	$A_5 \times F_1$
	F_3	每年光源更换数	32	20.5	8	$B_2 \times B_4 / F_2$
	F_4	每年用灯支出	288	430.5	160	$C_1 \times F_3$
年系统维护费	G_1	更换一支光源的人工费/(元/只)	2	2	2	
	G_2	年更换光源人工费/元	64	41	16	$F_3 \times G_1$
	G_3	清洁维护人工费/(元/台、次)	4	4	4	
	G_4	年平均维护次数	2	2	2	
	G_5	年维护人工费/元	512	328	320	$A_6 \times G_3 \times G_4$
	G_6	总换灯及维护人工费/元	576	369	336	

续表

项目 \ 方案			方案 1	方案 2	方案 3	运算过程
结论	H_1	年照明费/元	18 374.4	12 017.1	7 403.2	$D_3+E_2+F_4+G_6$
	H_2	单位照度年照明费/(元/(勒克斯·年))	36.748 8	24.034 2	14.806 4	H_1/A_{10}
	H_3	与方案 1 的比较/%	100	65	40	

最后需要说明的是，这里介绍的成本效益分析法虽然比起初级分析方法来说已有了很大的进步，但也还存在一些不足之处。众所周知，照明系统在产生光的同时，还会产生不少热量，要排除这些热量，空调系统就要耗费更多的电能。因此，更精确的照明系统的经济分析，还必须考虑诸如此类的因素。当然，对一般的照明系统进行经济分析，本文介绍的方法已经足够了。

11.3 照明方案的经济比较

由于一些场合的特殊性，如走廊、地下车库以及其他非人员长期驻留的场合，要采用特定的照明方案，如增加移动侦测传感器。在有人或者有车移动时会被感应到，灯具会调整到100%的功率；在没有人或者没有车移动时，灯具会调整到 30%的功率。

例如，在某地下停车场，照明问题主要表现在以下方面：

1）照明费用昂贵。一般车库照明需要 24 h 工作，一年的电费消耗量大。

2）车库灯数较多，更换、维修工作量大。

3）人员驻留时间短，只有在停车与取车时才会到车库。

照明现状使用的灯具为 T8 36 W 荧光灯管，长为 1 200 mm；控制系统使用传统开关控制，未设置区域或回路控制。

在对此停车场的照明节能改造方案中，按照地下停车场的照明要求改造停车场灯具，用 LED 灯具替代，降低了灯具用电费用；改造停车场灯光控制，根据需要合理安排灯光的明暗度，以达到再次降低用电费用的目的。停车场保安值班区单独控制；对停车场灯光分楼层控制；对停车场干道灯和车位灯分开控制；对停车场各楼层的不同停车位区域分开控制；对停车场干道灯和车位灯增加移动侦测的控制。

采用此设计方案可以实现以下节能自控功能：①车子进到车位附近，车位上端的灯自动点亮；②车主离车后的 3 min 内，车位上端的灯自动熄灭；③当车主进入地下车库时，灯光系统同①与②的相同。与常规照明相比较，节能效果明显。

采用此设计方案还可以做到低维护：由于该 LED 的寿命大于等于 50 000 h，并且大部分灯具是感应控制的，每天使用的功率相对很低（相比于正常工作功率），因此能更加延长 LED 灯具寿命，减少维修费用。

照明节能改造在保证照明效果的基础上能有效降低功耗，实现灯具改造节能；改造灯光控制系统，在闲时控制亮灯功率，可实现整体功率降低 70%；采用长寿命光源（30 000 h），可降低维护成本。

在具体改造方案中，采用直接更换 LED 灯具的方法。在停车场保安值班区，替换原有的 T8 型 36 W、1 200 mm 长的灯管，配置电感镇流器单灯的系统功率为 36 W＋8 W＝44 W，替换产品为 LED T8 灯管 GY－W－T804，替换后单灯系统功率为 23 W；在停车位，用 LED 红外感应灯 GY－HW－23 替换，替换后单灯系统功率为 23 W。

再进行费用效比分析。设定条件：平均工作时间为每日 24 h，每度电费为 0.84 元，此处仅对比主干道与停车位灯具，使用 LED 灯具正常点亮时间暂定折算为 50%，在实际中不同停车库的时间并不相同。直接节电费用效比分析项目见表 11.3.1。

表 11.3.1　**节电费用效比分析项目**

项目		方案	方案 1	方案 2	运算过程
照明设计	A_1	灯具种类	单管格栅灯具	单管格栅灯具	
	A_2	光源种类	三基色 T8 荧光灯 TLD－36/840	LED 荧光灯管	
	A_3	镇流器种类	电子镇流器	灯管自带开关电源	
	A_4	单个光源光通量/lm	3 350	2 000	
	A_5	光源的经济寿命/h	12 000	30 000	
	A_6	灯具台数	1 000	1 000	
	A_7	光源数/台灯具	1	1	
	A_8	光输出比/灯具效率	0.6	0.8	
	A_9	维护系数	0.7	0.8	
	A_{10}	设计照度	50	50	
年用电量	B_1	（光源＋镇流器）功率/W	44	23	
	B_2	光源总数	1 000	1 000	$A_6 \times A_7$
	B_3	系统总功率/kW	44	23	$B_1 \times B_2$
	B_4	年平均点灯时间/h	8 760	4 380	LED 暂定为 50%
	B_5	年用电量/kW·h	385 440	100 740	$B_3 \times B_4$
初始投资	C_1	光源单价/（元/只）	21	80	
	C_2	灯具单价（包含电器）/（元/台）	350	300	
	C_3	配电安装人工费/（元/台）	10	10	
	C_4	总初始投资/元	381 000	390 000	$B_2 \times C_1 + A_6(C_2 + C_3)$

续表

项目		方案	方案1	方案2	运算过程
年固定费	D_1	折旧年限	3.5	3.5	
	D_2	年折旧率	0.2	0.2	
	D_3	年固定费/元	72 000	62 000	$A_6\times(C_2+C_3)\times D_2$
年电力费	E_1	电价/(元/(千瓦·小时))	0.86	0.86	
	E_2	年电力费/元	331 478.4	86 636.4	$B_5\times E_1$
年光源费	F_1	光源寿命修正因子	1.5	1	
	F_2	实际光源寿命/h	18 000	30 000	$A_5\times F_1$
	F_3	每年光源更换数	487	146	$B_2\times B_4/F_2$
	F_4	每年用灯支出	10 220	11 680	$C_1\times F_3$
年系统维护费	G_1	更换一支光源的人工费/(元/只)	2	2	
	G_2	年更换光源人工费/元	973	292	$F_3\times G_1$
	G_3	清洁维护人工费/(元/台、次)	4	4	
	G_4	年平均维护次数	2	2	
	G_5	年维护人工费/元	8 000	8 000	$A_6\times G_3\times G_4$
	G_6	总换灯及维护人工费/元	8 973	8 292	
结论	H_1	年照明费/元	422 672	168 608	$D_3+E_2+F_4+G_6$
	H_2	单位照度年照明费/(元/(勒克斯·年))	8 453	3 372	H_1/A_{10}
	H_3	与方案1的比较/%	100	40	

在此计算案例中,没有对比保安区的节能。在计算过程中,按照每一个LED荧光灯管都装有移动侦测传感器。一般移动侦测有单灯组装和回路组装两种,如果采用后一种则费用会更低。

上述案例对地下车库这种人员非长期驻留的场合进行了分析。对于其他场合,如办公场所、其他纵深比较深的区域、会在白天开灯10 h的场合,使用光照度传感器会与上述方案有类似的节能效果。因此对于特殊场合,可以采用特定的照明与照明控制相结合的方式,这样会有大幅度的节能效果。

第十二章 照明效果评估

照明效果评估的目的在于检验新的照明装置是否在质和量方面达到设计的要求，或者原有的照明装置的照明效果是否仍符合照明标准的要求。由于效果评估是对某一特定的现场环境进行的，为了得到准确、一致、完整的测量结果，必须针对该特定现场的被测物理量，选择合适的测量仪器，采用一致的测量条件和测量方法。另外，还需详细记录现场条件和其他影响测量结果的因素。

12.1 光测量仪器

12.1.1 照度计

测量照度的仪器称为照度计，按所用的光电探测器，照度计分为光电池式和光电管式。现在照度计中，最常用的光电探测器是硅光电池。

在精度要求方面，用于照明效果评估的照度计一般不低于一级，分辨力要求能达到 0.1 lx 及以下，相对示值误差小于等于±4%，$V(\lambda)$匹配误差绝对值小于等于 6%，余弦修正误差绝对值小于等于 4%，换档误差小于等于±1%，非线性误差小于等于±1%。

12.1.1.1 余弦修正

在实际测量照度时，光线可能以不同角度射向照度计。当光斜向入射时，照度计的读数应该等于光线垂直入射时的读数与入射角余弦的乘积。但由于大角度入射时，光电池表面的镜面反射作用会使一部分光被反射掉，因此照度计的显示值比实际值要小。也就是说，当入射角较大时，照度读数偏离余弦定律。为此，要在照度计的光接收器前加余弦角度补偿器。这种补偿器是由乳白玻璃或塑料制成的，形状有平面和曲面两种。其余弦角度修正效果，如图 12.1.1 所示。

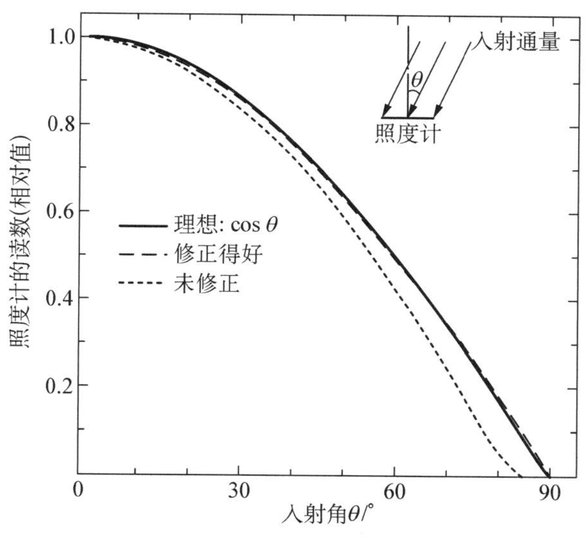

图 12.1.1 余弦角度修正

12.1.1.2 光谱失配修正

光电探测器的相对光谱灵敏度与人眼不同,为了得到准确的光度值,必须采用滤光片的方法对其进行光谱修正,以使其光谱响应与人眼的光谱视效函数 $V(\lambda)$ 一致,如图 12.1.2 所示。

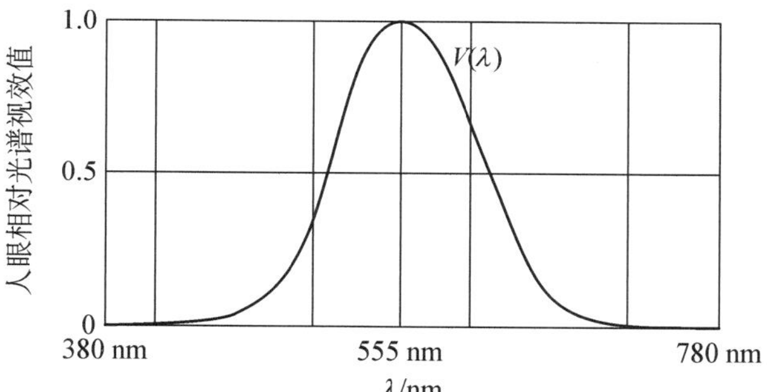

图 12.1.2 人眼的标准光谱视效函数

但在实际情况下,光电探测器的光谱灵敏度 $S(\lambda)$ 不可能完美匹配 $V(\lambda)$ 函数,所以在测量不同光谱的光源时,为了得到更精确的结果,如果已知待测光的光谱功率分布和照度计的光谱灵敏度,那么可以对照度计的读数进行光谱失配修正。下面介绍修正的方法。

假定标准光源的相对光谱功率分布是 $P_s(\lambda)$,待测光源的分布是 $P_x(\lambda)$,它们所产生的光照度分别为

$$E_s = C_1\int_{380}^{780} P_s(\lambda)V(\lambda)\mathrm{d}\lambda, \tag{12.1.1}$$

$$E_x = C_1\int_{380}^{780} P_x(\lambda)V(\lambda)\mathrm{d}\lambda, \tag{12.1.2}$$

式中,C_1 是常数。因此

$$\frac{E_x}{E_s} = \frac{\int_{380}^{780} P_x(\lambda)V(\lambda)\mathrm{d}\lambda}{\int_{380}^{780} P_s(\lambda)V(\lambda)\mathrm{d}\lambda}。 \tag{12.1.3}$$

两光源作用于光电池时，产生的光电流分别为

$$i_s = C_2\int_0^{\infty} P_s(\lambda)S(\lambda)\mathrm{d}\lambda, \tag{12.1.4}$$

$$i_x = C_2\int_0^{\infty} P_x(\lambda)S(\lambda)\mathrm{d}\lambda, \tag{12.1.5}$$

式中，C_2 是常数。因此

$$\frac{i_x}{i_s} = \frac{\int_0^{\infty} P_x(\lambda)S(\lambda)\mathrm{d}\lambda}{\int_0^{\infty} P_s(\lambda)S(\lambda)\mathrm{d}\lambda}。 \tag{12.1.6}$$

从(12.1.3)式和(12.1.6)式，可得

$$\frac{E_x}{E_s} = \frac{i_x\int_{380}^{780} P_x(\lambda)V(\lambda)\mathrm{d}\lambda}{i_s\int_{380}^{780} P_s(\lambda)V(\lambda)\mathrm{d}\lambda}\cdot\frac{\int_0^{\infty} P_s(\lambda)S(\lambda)\mathrm{d}\lambda}{\int_0^{\infty} P_x(\lambda)S(\lambda)\mathrm{d}\lambda} = C'\,\frac{i_x}{i_s}, \tag{12.1.7}$$

或

$$E_x = C'\,\frac{i_x}{i_s}E_s, \tag{12.1.8}$$

式中

$$C' = \frac{\int_{380}^{780} P_x(\lambda)V(\lambda)\mathrm{d}\lambda}{\int_{380}^{780} P_s(\lambda)V(\lambda)\mathrm{d}\lambda}\cdot\frac{\int_0^{\infty} P_s(\lambda)S(\lambda)\mathrm{d}\lambda}{\int_0^{\infty} P_x(\lambda)S(\lambda)\mathrm{d}\lambda}。 \tag{12.1.9}$$

在(12.1.8)式中，$\frac{i_x}{i_s}E_s$ 代表在待测光源照射下照度计的读数，这个读数乘上修正系数 C' 就是准确的光照度值。

由(12.1.9)式可见，在下述两种情况下，$C'=1$，这时不需要对读数进行修正。

1) $P_s(\lambda) = P_x(\lambda)$，即待测光源和标准光源的相对光谱功率分布相同。

2) $S(\lambda) = V(\lambda)$，即接收器的光谱灵敏度已用合适的方法修正得与 $V(\lambda)$ 相同。

12.1.1.3　照度计原理

照度计的原理示意如图 12.1.3 所示，C 为余弦修正器，F 为 $V(\lambda)$ 滤光片，D 为光电探测器，通过 C 和 F 到达 D 的光辐射产生光电信号。此光电信号先经过 I/V 变换，然后经过运算放大器 A 放大，最后在显示器 R 上显示出相应的光照度。

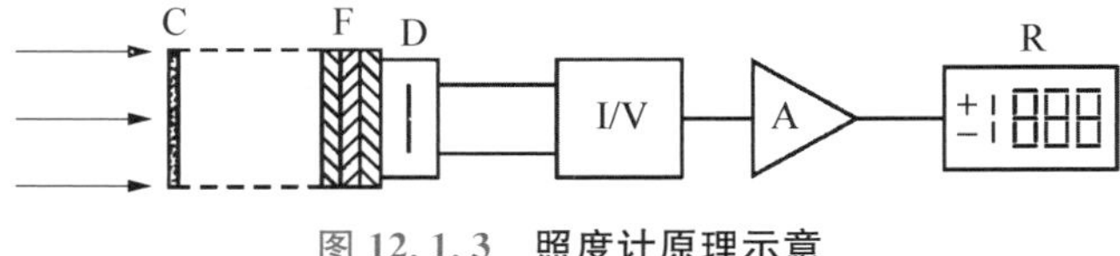

图 12.1.3　照度计原理示意

光电池使用一段时间后，积分灵敏度会有所降低，其他特性也会有不同程度的变化。因此，照度计在使用一定时间后，应重新进行校准，以保证测量的精度。校准可在光具座上借助于光强标准灯进行。

12.1.1.4 彩色照度计

有的照度计的光度探头采用三刺激值探头，即在 3 个光电探测器前采用具有不同光谱透射率的滤光片，对其分别进行 3 个标准颜色匹配函数($\bar{x}(\lambda)$, $\bar{y}(\lambda)$, $\bar{z}(\lambda)$)的光谱匹配，如图 12.1.4 所示。这类照度计可以测量色品坐标，因而可以用于测量现场色温等颜色参数。

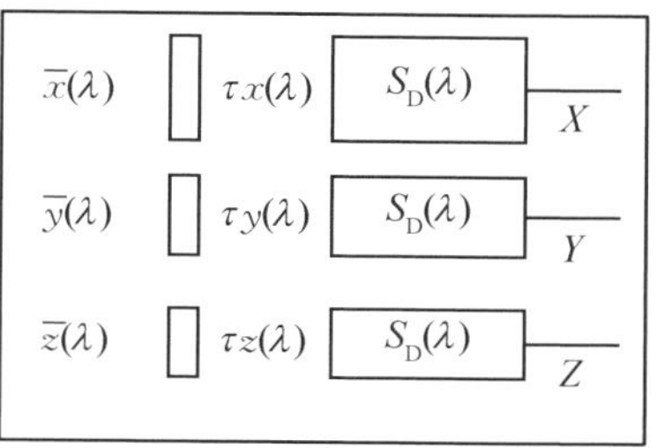

图 12.1.4 三刺激值光度探头

12.1.2 亮度计

照明用亮度计按其光电探测器不同，主要有描点式亮度计和成像式亮度计两种。描点式亮度计单次只能测量一个点的亮度，而成像式亮度计则一次能测量多个点的亮度。

在精度要求方面，用于照明效果评估的亮度计一般不低于一级，垂直视场角小于等于 2′，水平视场角在 2′～20′之间，相对示值误差小于等于±5%，$V(\lambda)$匹配误差绝对值小于等于 5.5%，稳定度绝对值小于等于 1.5%，换档误差小于等于±1%，非线性误差小于等于±1%。

12.1.2.1 描点式亮度计

图 12.1.5 所示是一种典型的描点式亮度计的光路图。被测量的目标经物镜 O 成像在带孔反射镜 P 上，透过 P 的中心小孔 H 的光束经$V(\lambda)$滤光片 F 到达硅光电池探测器 D 上，对应于目标亮度的光电信号经 I/V 变换和放大器 A 的放大后，由显示器 R 显示出来。而由反射镜 P′和目镜系统 E 构成的取景器，可以用来观察被测目标的位置以及目标成像的情况，如成像不清楚，可以调节物镜的位置。

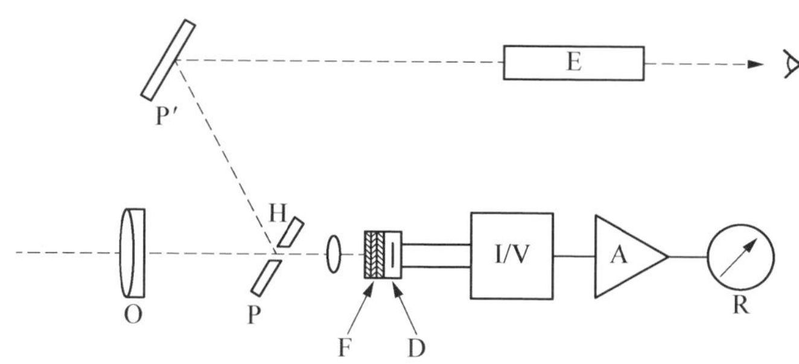

图 12.1.5 描点式亮度计的光路

亮度计的视场角由带孔反射镜 P 中心的小孔的直径决定，视场角通常为 0.1°～2°。测量不同尺寸和不同亮度的目标时，采用不同的视场角。测量高亮度目标时用小的视场角，测量低亮度目标时用大的视场角。

如果亮度计中不单配有$V(\lambda)$滤光片，而且同时配有模拟颜色匹配函数$\bar{x}(\lambda)$, $\bar{y}(\lambda)$和$\bar{z}(\lambda)$的滤光片，则这种亮度计不仅能测量目标的亮度，还能测量目标的颜色，这种亮度计称为彩色亮度计。

12.1.2.2 成像式亮度计

成像式亮度计的亮度测量原理与描点式亮度计的基本相同，只不过光电探测器由硅光电池换成了成像器件，如电荷耦合元件(charge coupled device，CCD)或互补金属氧化物半导体(complementary metal oxide semiconductor，CMOS)。由于成像器件能一次性探测整个光敏面上所有点的光信号，因此可实现多点亮度的同时测量，大大节省了测量时间。成像式亮度计的基本结构如图 12.1.6 所示。由于其 CCD 上各个像素点光谱灵敏度存在不一致，因而对其 $V(\lambda)$匹配的要求更高。

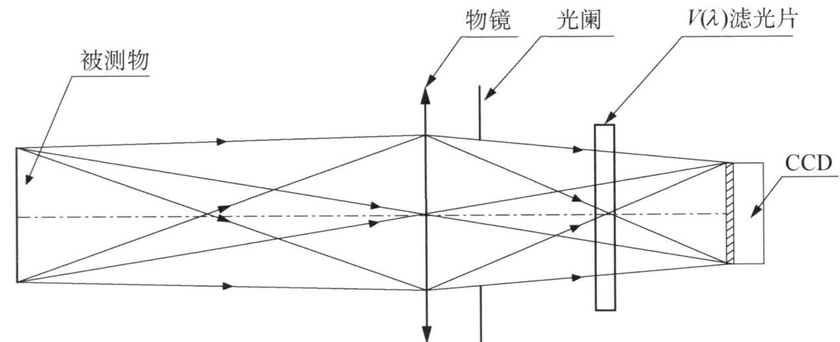

图 12.1.6 成像式亮度计的基本结构

12.1.2.3 亮度计的校准

亮度计校准的方法如图 12.1.7 所示。如果距离 r 足够大，则光强为 I 的标准灯在白色理想漫射屏上产生的亮度为

$$L=\frac{\rho E}{\pi}=\frac{\rho I}{\pi r^2}, \tag{12.1.10}$$

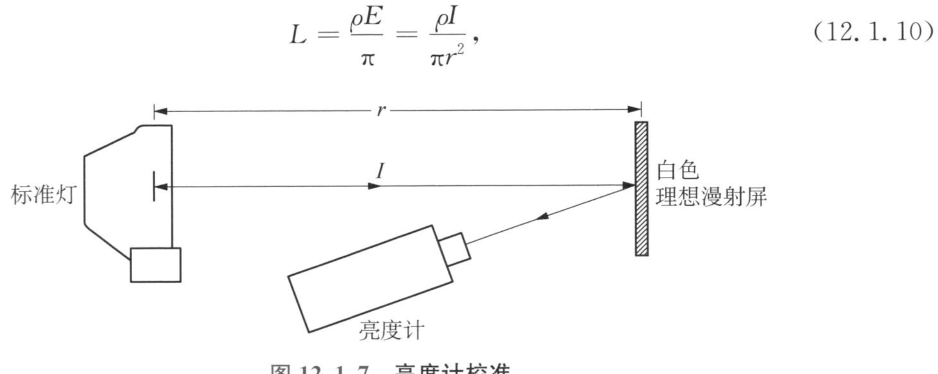

图 12.1.7 亮度计校准

式中，ρ 为漫射屏的漫反射率。通过更换标准灯改变光强 I 或对同一标准灯改变距离 r，可以在漫射屏上得到不同的亮度，从而对亮度计进行校准。r 一般应超过标准灯发光体最大尺寸的 10 倍。

12.1.3 光谱辐射计

光谱辐射计是将复色光按波长进行分解，测量其光谱功率分布的仪器。按分光原理，可分为棱镜光谱辐射计、滤光片光谱辐射计、光栅光谱辐射计和干涉光谱辐射计；按光电探测器类型，可分为扫描式光谱辐射计和多通道光谱辐射计；按测量波段，又可分为可见光光谱辐射计、红外光谱辐射计和紫外光谱辐射计。在现场照明效果评估中，最常用的是可见光波段的光栅型多通道光谱辐射计。

光谱辐射计在照明效果评估时，可用于测量色温、显色指数和其他色度参数。其波长范围要求涵盖可见光波段范围，即 380～780 nm；测量重复性小于等于 1.0%，波长误差小于等于±2 nm，光谱带宽小于等于 8 nm，光谱测量间隔小于等于 5 nm；对标准光源 A，其色品坐标测量误差 $\Delta x \leqslant \pm 0.0015$ nm，$\Delta y \leqslant \pm 0.0015$ nm。

12.1.3.1 结构原理

采用平面光栅型多通道光谱辐射计的结构原理如图 12.1.8 所示。

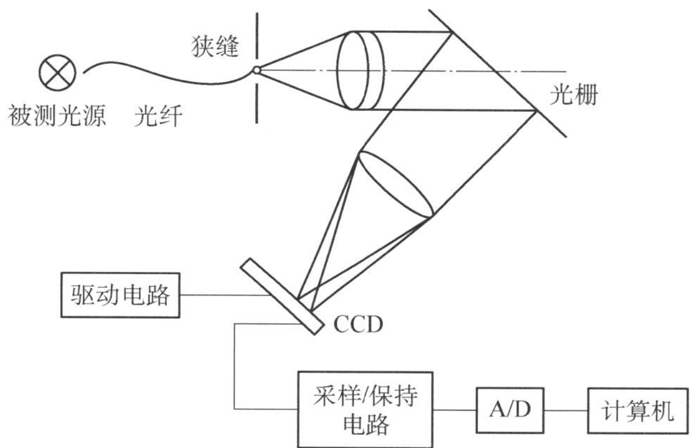

图 12.1.8 平面光栅型多通道光谱辐射计结构原理示意

被测光源发出的光通过光纤导入至光谱辐射计的入射狭缝，通过透镜准直然后入射到平面光栅，光栅将复色光分解为单色光，并通过透镜成像至 CCD 上从而形成光谱带，CCD 感知该光谱带从而形成光谱图像。多通道光谱辐射计的测量速度可达 ms 级，甚至 μs 级。

12.1.3.2 光谱辐射计的校准

光谱辐射计的校准包括波长校准和光谱响应校准。波长校准可采用汞灯作为波长标准灯，其 4 个特征波长点分别为 404.7 nm，435.8 nm，546.1 nm，577.0 nm，579.0 nm，如图 12.1.9 所

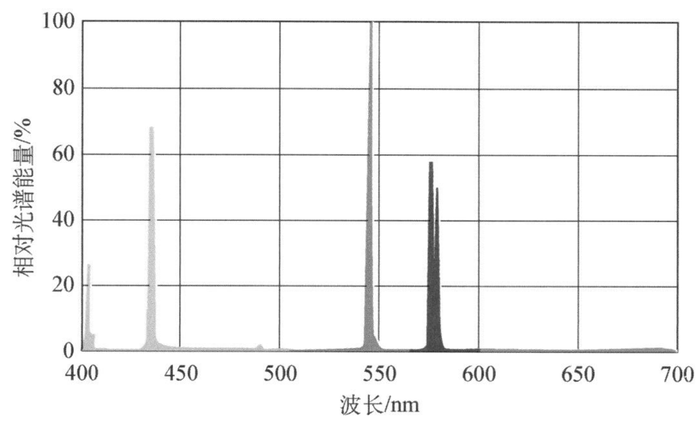

图 12.1.9 汞灯特征波长点

示，也可采用激光。

多通道光谱辐射计的波长拟合常采用非线性拟合法，即

$$\lambda_N = a_3 N^3 + a_2 N^2 + a_1 N^1 + a_0。 \tag{12.1.11}$$

式中，λ_N 为某像素所对应的波长点；N 为该像素的位置号；a_0，a_1，a_2 和 a_3 为拟合常数。

光谱响应校准常采用光源 A（色温为 2 856 K 的白炽灯或卤钨灯）作为光谱标准光源，如图 12.1.10 所示，其标准光谱功率分布数据由校准证书给出，工业上也经常采用普朗克辐射公式计算而得。

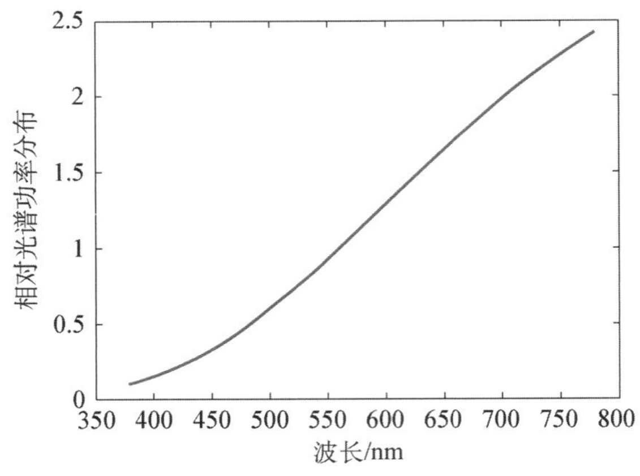

图 12.1.10　光源 A 的光谱功率分布

12.2　室内照明的现场测量

室内照明效果评估经常涉及的光学物理量包括照度、亮度、颜色（包括色温和显色指数）和眩光，其中眩光可采用 *UGR* 系统进行测试评估。

12.2.1　照度测量

室内照明通常测量的是地面水平照度或 0.75 m 高处（与工作面高度一致）的水平照度，但对于一些特殊作业面，必须根据其情况决定光探测器的方向。针对不同的建筑场所，照度测点位置、高度及推荐测量间距详见《照明测量方法》（GB/T 5700）。

在测量室内照度时，应避免操作者等外界因素对照度计的干扰，如观测者的身体挡住一部分进入探测器的光，或由于衣物等的反射增加的一些光等。

对新的照明装置，要对光源进行老炼。HID 灯和荧光灯要老炼 100 h，白炽灯要老炼 20 h。每次测量，气体放电灯要在燃点至少 30 min 后才能进行，以保证灯达到正常的输出；白炽灯则至少要先燃点 5 min。

12.2.1.1　通用标准照度测量布点方法

照度测量一般将测量区域划分为若干大小相等的矩形网格，进行均匀采点测量。通用的标准照度测量布点方法有两种：四角布点法和中心布点法，两种方法均适用于一般照明场

合的水平照度、垂直照度或摄像机方向的垂直照度(体育场馆)的测量。

采用四角布点法时,测点应布置在网格的四角,测量网格四角点上的照度,如图 12.2.1 所示。

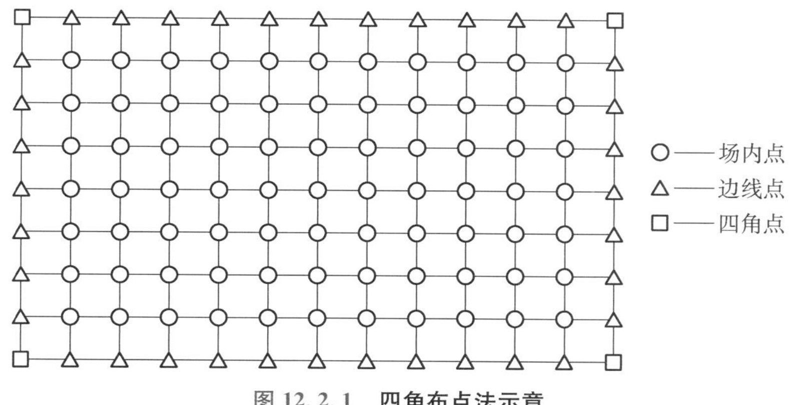

图 12.2.1　四角布点法示意

四角布点法的平均照度采用下式计算,即

$$E_{av}=\frac{1}{4MN}\left(\sum E_{\theta}+2\sum E_{0}+4\sum E\right)。\tag{12.2.1}$$

式中,E_{av}为平均照度;M 为纵向网格数;N 为横向网格数;E_{θ} 为测量区域 4 个角处的测点照度;E_{0} 为除 E_{θ} 外,4 条边上的测点照度;E 为 4 条边以内的测点照度。

在采用中心布点法时,测点应布置在每个网格的中心点,测量网格中心点上的照度,如图 12.2.2 所示。

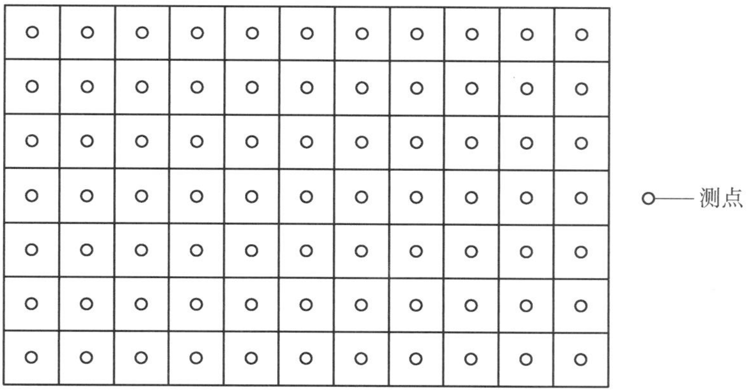

○—— 测点

图 12.2.2　中心布点法示意

中心布点法的平均照度采用下式计算,即

$$E_{av}=\frac{1}{MN}\sum E_{i}。\tag{12.2.2}$$

式中,E_{av}为平均照度;E_{i} 为在第 i 个测点上的照度;M 为纵向测点数;N 为横向测点数。

12.2.1.2 几种特殊条件下的照度测试方法

显然，测量照度时布点网格数要足够多，测量精度才会高。但网格数越多，工作量越大。研究表明，当被测的场所是规则的，且灯具的配光和布置都是对称的，则整个室内的光分布是有规律性的。此时，只要在一些有代表性的点上进行测量，就可以足够精确地求出室内的平均水平照度。下面列举几种特殊照明设置条件下的照度测试方法。

1. 在规则的室内对称地装有两排以上的灯具

灯具的排布，如图 12.2.3 所示。先在中间区域的 $r_1 \sim r_8$ 的 8 个点上进行照度测量，求得照度平均值 R。然后，在房间的两边区域的 4 个代表点 $q_1 \sim q_4$ 上测量照度，求得平均值 Q。再在房间的两头区域的 4 个代表点 $t_1 \sim t_4$ 上测量照度，求得平均值 T。最后，在房间角落处的两个代表点 p_1 和 p_2 上测量照度，求得平均值 P。将以上所得到的 R, Q, T 和 P 的值代入下式，可求得室内的平均照度为

$$E_{av} = \frac{R(N-1)(M-1)+Q(N-1)+T(M-1)+P}{NM}。 \tag{12.2.3}$$

式中，M 为灯具的排数；N 为每排灯具的数目。

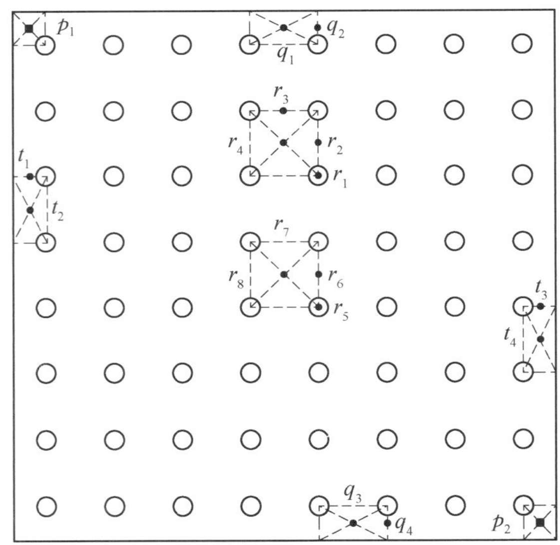

图 12.2.3 在规则的室内装有两排以上的灯具

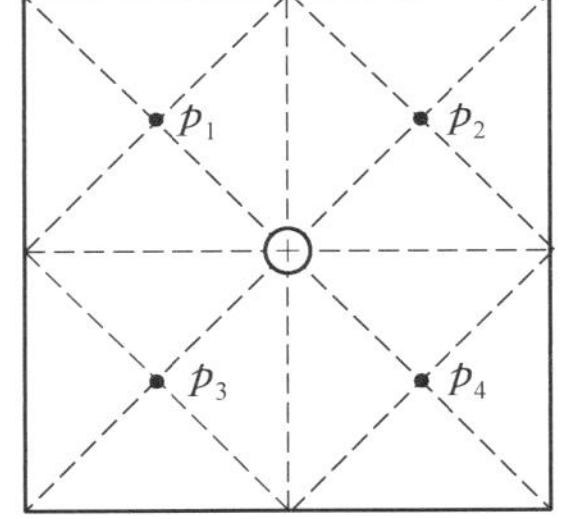

图 12.2.4 在规则的室内对称地装一个灯具

2. 在规则的室内对称地安装一个灯具

如图 12.2.4 所示，这时在 $p_1 \sim p_4$ 的 4 个点上测量照度，它们的平均值就是该室内的平均照度。

3. 在规则的室内对称地安装一排灯具

灯具的布灯情况，如图 12.2.5 所示。先在图中灯具两侧 $q_1 \sim q_8$ 的 8 个点上测量照度，求得平均值 Q。然后，在房间角落处的两个代表点 p_1 和 p_2 上测量照度，并求出其平均值 P。将上面得到的 Q 和 P 的值代入下式，求出平均照度为

$$E_{av} = \frac{Q(N-1)+P}{N}, \tag{12.2.4}$$

式中 N 为灯具数。

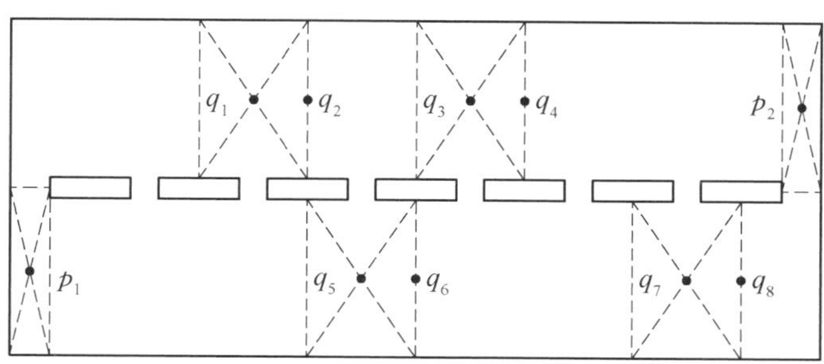

图 12.2.5 在规则的室内对称地装一排灯具

4. 在规则的室内对称地安装两排以上的连续灯具

灯具的排布情况，如图 12.2.6 所示。在室内中心区域的 $r_1 \sim r_4$ 的 4 个点上测量照度，求得平均值 R。在点 q_1 和 q_2 上测量照度，求得平均值 Q。如图所示，q_1 和 q_2 分别位于房间边线的中央，与边线和最外一排灯具等距。在房间两端线的 4 点 $t_1 \sim t_4$ 处测量照度，求得平均值 T。在室内的两个角上的点 p_1 和 p_2 处测量照度，求得平均值 P。将以上所得到的 R，Q，T 和 P 值代入下式，求得平均照度为

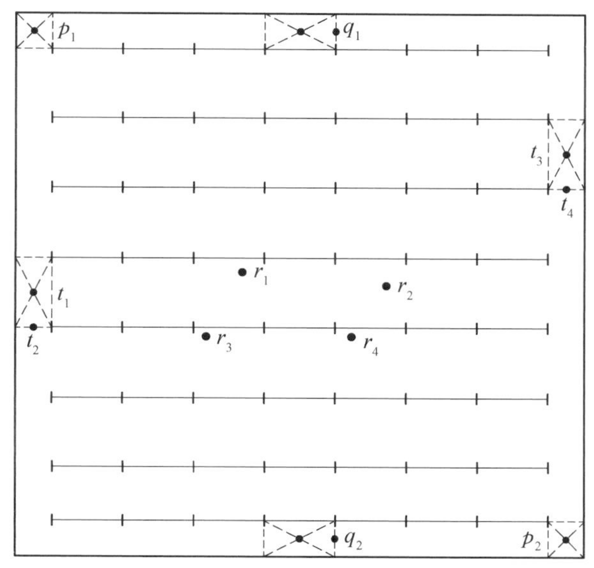

图 12.2.6 在规则的室内对称地安装两排以上的连续灯具

$$E_{av} = \frac{RN(M-1)+QN+T(M-1)+P}{M(N+1)}, \tag{12.2.5}$$

式中，M 为灯具的排数；N 为每排灯具的数目。

5. 在规则的室内对称地安装一排连续灯具

灯具安装情况如图 12.2.7 所示。在灯具两侧 $q_1 \sim q_6$ 的 6 个点上测量照度，求得平均值 Q。在 p_1 和 p_2 处测量照度，求得平均值 P。将 Q 和 P 值代入下式，求得平均照度为

$$E_{av} = \frac{QN + P}{N + 1}, \tag{12.2.6}$$

式中，N 为灯具数。

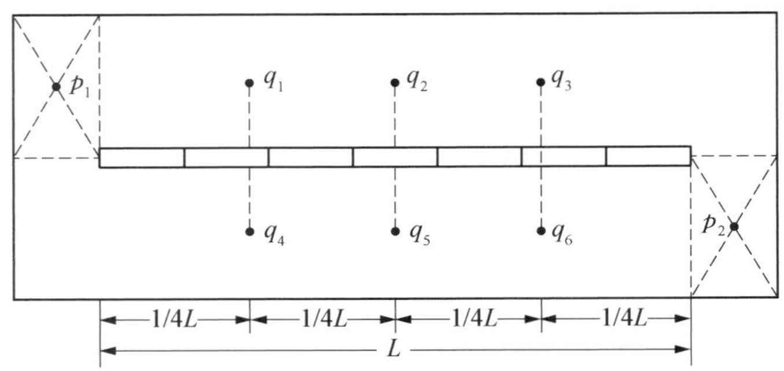

图 12.2.7 在规则室内安装一排连续灯具

6. 在规则的室内采用发光天棚照明

如图 12.2.8 所示，在室内的中心区域随机地在 $r_1 \sim r_4$ 的 4 个点上测量照度，求得平均值 R。在距离房间边线 0.6 m 处随意取两点 q_1 和 q_2，在其上测量照度，求得平均值 Q。在距离房间端线 0.6 m 处也任意取两点 t_1 和 t_2，在其上测量照度，求得平均值 T。在房内两个对角的角上取两点 p_1 和 p_2，它们与两边墙的距离都为 0.6 m，在 p_1 和 p_2 处测量照度，求平均值 P。将 R，Q，T 和 P 值代入下式，求得平均照度为

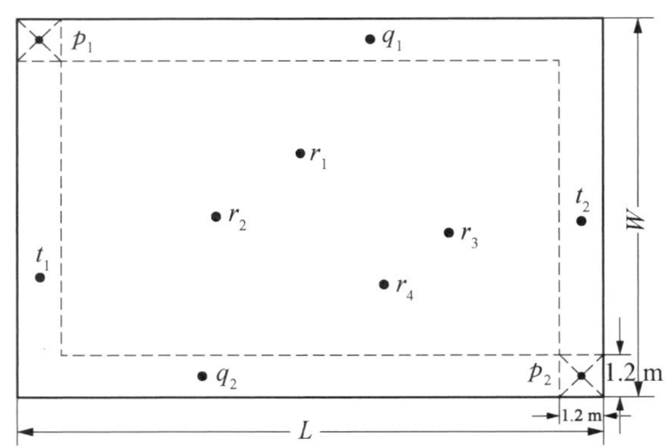

图 12.2.8 在规则的室内采用发光天棚照明

$$E_{av} = \frac{R(L-2.4)(W-2.4) + 2.4Q(L-2.4) + 2.4T(W-2.4) + 5.76P}{WL}, \tag{12.2.7}$$

式中，L 和 W 分别为发光天棚的长和宽。

12.2.1.3 照度均匀度的计算

对于不少室内照明场合，要求照度分布尽可能均匀。为了描写照度的均匀程度，定义了两种照度均匀度 U_1 和 U_2：

$$U_1 = \frac{E_{\min}}{E_{\mathrm{av}}}, \tag{12.2.8}$$

$$U_2 = \frac{E_{\min}}{E_{\max}}, \tag{12.2.9}$$

式中，E_{av} 为平均照度，$E_{\min}$ 和 $E_{\max}$ 分别是受照区域内的最小照度和最大照度。

12.2.2 亮度测量

室内亮度的测量应在真实的工作条件下进行。当同时采用自然光和人工照明时，要对白天和夜晚两种情况分别进行测量。白天在进行测量时，必要的电气照明装置也应处于正常的工作状态；同时，要注意太阳的位置和天气条件，因为它们对室内的亮度分布有很大的影响。

亮度计应置于工作点的位置上，其高度相应于工作者眼睛的高度，通常坐姿为 1.2 m，站姿为 1.5 m。在这一观测位置上，对室内各个面的亮度进行测量，记录测量结果，每个面的测量点不少于 3 个。也可在同一观测位置拍摄照片或画出房间的透视图（见图 12.2.9），然后将亮度测量的结果标在照片或图上。当室内有 n 个工作位置 A，B，…，F 时，应分别在这些位置上进行测量，并将结果记录下来。当采用成像亮度计测量时，可一次完成整个场景的亮度测量，然后在软件中分析各个位置的亮度。

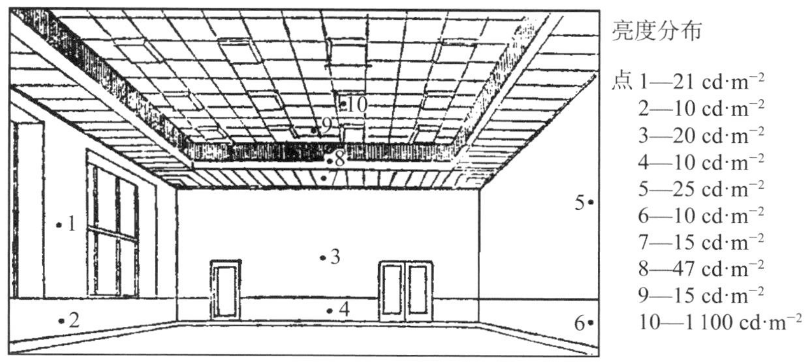

图 12.2.9 从工作点画出的房间透视图

12.2.3 颜色测量

一般室内照明现场的颜色测量最主要是测量色温和显色指数。色温可采用彩色照度计（可在测量照度的同时测得颜色）、彩色亮度计或光谱辐射计进行测量，显色指数需采用光谱辐射计或带光谱分析功能的照度计或亮度计进行测量。

颜色测量布点位置可参考照度测量。在布点密度方面，同一测量区域对于同一种类型照明光源来说，一般室外测量点不应少于 9 个；而室内照明由于均匀性相对较高，可减少测量点，一般不应少于 3 个。最终，以所有测量点的算术平均值给出测量现场的平均色温和平均显色指数。

12.3 道路和隧道照明的现场测量

道路照明效果评估经常涉及的光学物理量，包括照度、亮度、颜色（包括色温和显色指数）和眩光。其中，颜色测量可在照度测量时采用彩色照度计或光谱辐射计同时测得，测量方法可参考照度测量方法或者进一步简化，眩光可采用 TI 或 G 系统进行测试评估。

12.3.1 照度测量

机动车道、交会区、非机动车道、人行道等区域的道路照明效果评估涉及照度及其衍生量，需要开展照度测量。测量的照度分为路面上的水平照度和 1.5 m 高度上的垂直照度，垂直照度主要针对人行道，用以评估人在行进过程中平视方向上的照明质量。

为使测量结果具有代表性，应选择在灯具的间距、高度、悬挑、仰角和光源的一致性等方面具有代表性的典型路段上进行测量。一般道路纵向选取同一侧两根灯杆之间的区域进行测量。而在道路横向，当灯具采用单侧布灯时，测量应覆盖整条路宽；当灯具采用对称布灯、中心布灯或双侧交替布灯时，测量范围选取$\frac{1}{2}$的路宽。

道路照明照度测量的布点方法仍可采用四角布点法或中心布点法，分别如图 12.3.1 和图 12.3.2 所示。四角布点法的平均水平照度采用(12.2.1)式计算，中心布点法的平均水平照度采用(12.2.2)式计算，照度均匀度采用(12.2.8)式计算。

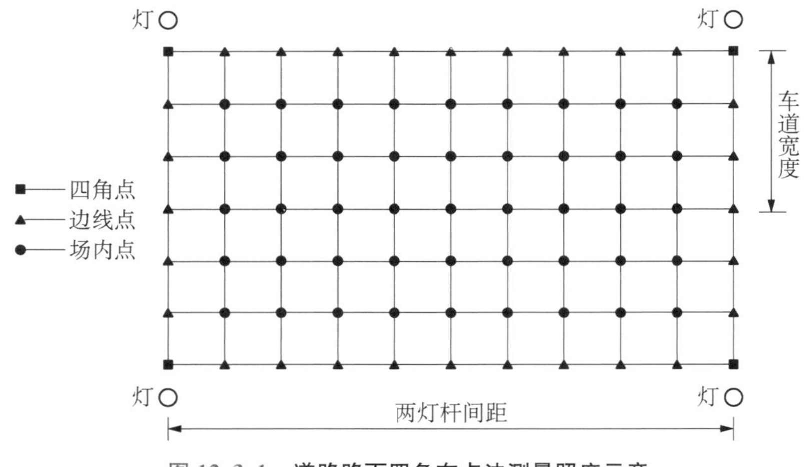

图 12.3.1 道路路面四角布点法测量照度示意

当路面的照度均匀度比较差或对测量的准确度要求较高时，划分的网格数可多些。当两根灯杆间距小于或等于 50 m 时，宜沿道路(直道和弯道)纵向将间距 10 等分；当两灯杆间距大于 50 m 时，宜按每一网格边长小于或等于 5 m 的等间距划分。在道路横向宜将每条车

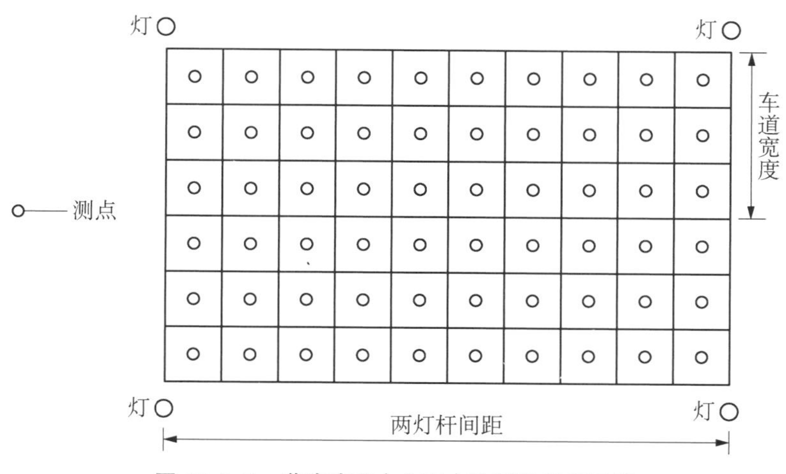

图 12.3.2　道路路面中心布点法测量照度示意

道三等分。当路面的照度均匀度较好或对测量的准确度要求较低时，划分的网格数可少些。纵向网格边长可仍按上述规定取值，而道路横向的网格边长则可取每条车道的宽度。

12.3.2　亮度测量

机动车道的道路照明效果评估，更重要的依据是亮度及其均匀度。亮度测量的路段范围同样应选取典型路段。在道路纵向，应为从一根灯杆起 100 m 距离以内的区域，至少应包括同一侧两根灯杆之间的区域；对于交错布灯，应为测量方向在左侧灯下开始的两根灯杆之间的区域；在道路横向，应为整条路宽。

12.3.2.1　亮度测量的布点方法

若用描点式亮度计测量路面各点亮度，则应布点。布点的密度如下：在道路纵向，当同一侧两灯杆间距小于或等于 50 m 时，通常应在两灯杆间按间距等距布置 10 个测点；当两灯杆间距大于 50 m 时，应按两测点间距小于或等于 5 m 的原则确定测点数；在道路横向，在每条车道横向应布置 5 个测点，其中间一点应位于车道的中心线上，两侧最外面的两个点分别位于距每条车道两侧边界线$\frac{1}{10}$车道宽处。当亮度均匀度较好或对测量的准确度要求较低时，在每条车道横向可布置 3 个点。其中，中间一点应位于每条车道的中心线上，两侧的两个点分别位于距每条车道两侧边界线的$\frac{1}{6}$车道宽处。

若用成像亮度计测量路面平均亮度，则无需在现场布点。在进行亮度图像处理时，可按照描点式亮度计的布点方法在图像中选取采样点。

12.3.2.2　亮度计的位置

道路亮度测量时亮度计的观测点位置，如图 12.3.3 所示。亮度计观测点的高度按照标准规定应距路面 1.5 m，与驾驶员坐在车内的高度大致一致。亮度计观测点的纵向位置应距第一排测量点 60 m，纵向测量长度为 100 m，与驾驶员正常行车过程中的注视区域一致。亮度计观测点的横向位置应如此：对于平均亮度和亮度总均匀度的测量，应位于观测方向路右侧路缘内侧$\frac{1}{4}$路宽处；对于亮度纵向均匀度的测量，应位于每条车道的中心线上。

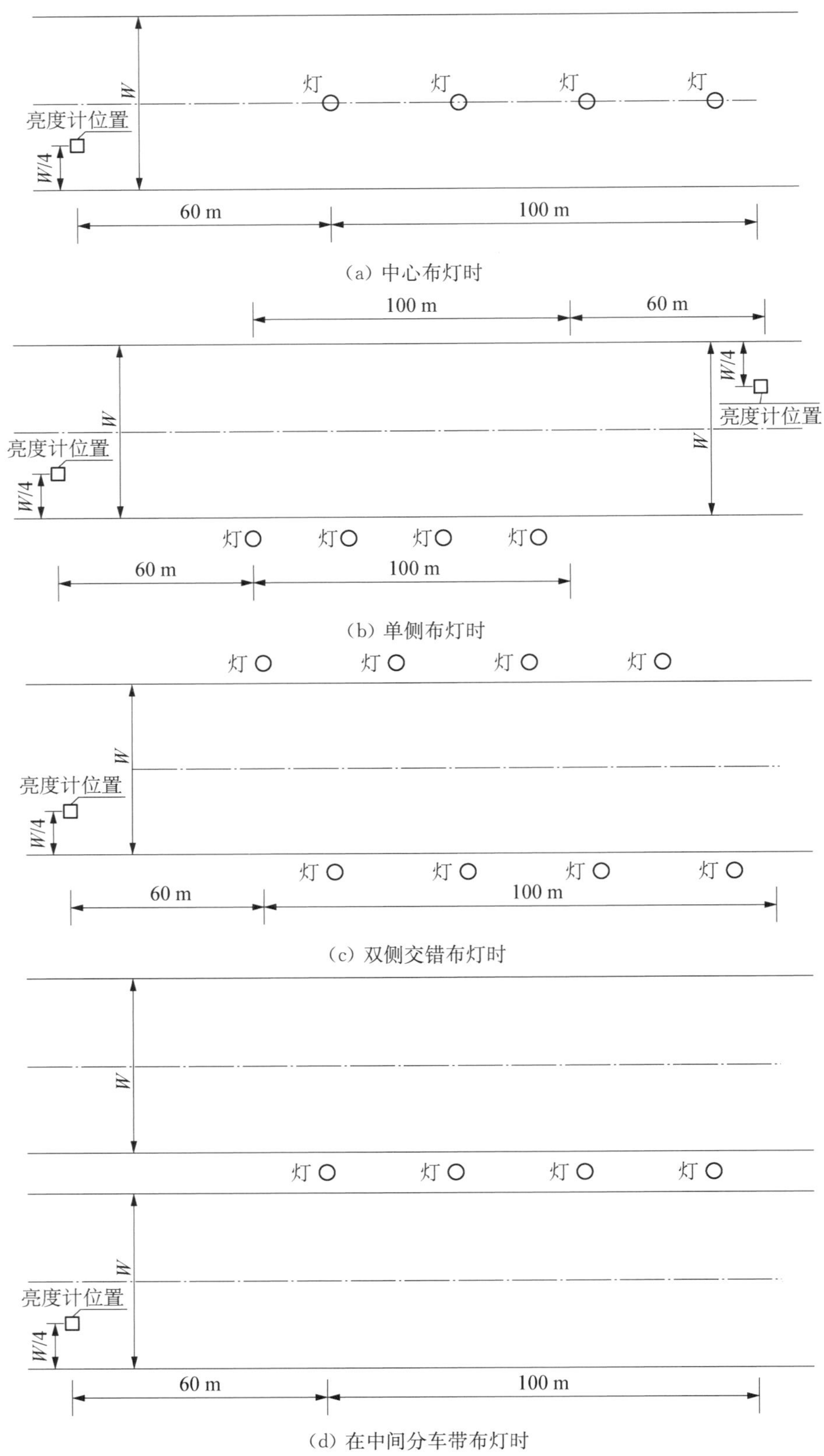

图 12.3.3 道路亮度测量时亮度计的观测点示意(W 为路宽)

12.3.2.3 路面平均亮度和亮度均匀度的计算

路面平均亮度采用下式计算，即

$$L_{av} = \frac{\sum_{i=1}^{i_{max}} L_i}{n}。 \quad (12.3.1)$$

式中，L_{av}为平均亮度；L_i 为各测点的亮度，L_{av}和 L_i 的单位为 $cd \cdot m^{-2}$；n 为测点数。

路面亮度总均匀度采用下式计算，即

$$U_o = \frac{L_{min}}{L_{av}}。 \quad (12.3.2)$$

式中，U_o 为路面亮度总均匀度；L_{min}为从规则分布测点上测出的最小亮度；L_{av}为路面平均亮度。

路面亮度纵向均匀度采用下式计算，即

$$U_L = \frac{L_{min}}{L_{max}}。 \quad (12.3.3)$$

式中，U_L 为路面亮度纵向均匀度；L_{min}为分别测出的每条车道上的最小亮度；L_{max}为分别测出的每条车道上的最大亮度。最终，以所有车道中路面亮度纵向均匀度的最小值作为整条路段的路面亮度纵向均匀度。

12.3.3 隧道照明测量

隧道照明现场测量经常涉及的光学物理量，包括照度、亮度、天空比和洞外亮度 L_{20}，其中路面照度和亮度测量方法同上。本节重点介绍天空比和洞外亮度 L_{20}的测量方法，两者都是隧道加强照明设计的重要参数。

天空比是指驾驶员在距离隧道洞外一个停车视距处，在其 20°视场内天空所占的面积比，洞外亮度 L_{20}是该视场内的平均亮度。在隧道加强照明设计中，最接近洞口的入口段的路面亮度设计标准 L_{th}是由下式决定的，即

$$L_{th} = k \cdot L_{20}， \quad (12.3.4)$$

式中 k 是亮度折减系数，由车流量和设计车速决定。入口段之后过渡段的路面亮度设计标准取决于 L_{th}，因而也取决于 L_{20}。而洞外亮度 L_{20} 又取决于设计车速和天空比。因此，天空比是影响隧道加强照明亮度控制，进而影响其建设成本和运营用电量的重要因素。

测量天空比和洞外亮度 L_{20}时，需要在洞外一个照明停车视距 D_s 处，见表 12.3.1，高度为 1.5 m 的位置用相机拍摄洞口的照片，最后用照片测读天空比以及 20°视场内各景物的亮度。

在不封闭车道的情况下进行测量，为了提高测量安全性，可采用一种快速成像式亮度距离同步测量技术。即在行车过程中进行距离的精确测试，并同步对隧道洞口进行动态拍摄，最后通过图像处理的方式获取天空比和洞外亮度 L_{20}。

表 12.3.1 照明停车视距 D_s 表(单位:m)

v_t/km·h^{-1} \ 纵坡/%	−4	−3	−2	−1	0	1	2	3	4
100	179	173	168	163	158	154	149	145	142
80	112	110	106	103	100	98	95	93	90
60	62	60	58	57	56	55	54	53	52
40	29	28	27	27	26	26	25	25	25

快速成像式亮度距离同步测量技术的系统结构,包括:成像亮度系统、电脑和汽车,如图 12.3.4 所示。其中,成像亮度系统通过车载支架安装在汽车前挡风玻璃之后,位置与人眼接近,设置高度为 1.5 m,其镜头正对汽车正前方,并可微调对准角度。

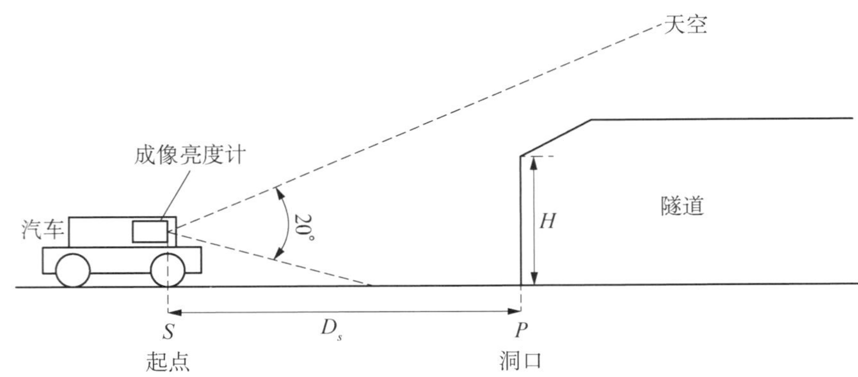

图 12.3.4 快速成像式亮度距离同步测量技术的系统结构

距离的测量方法依据几何光学成像原理,如图 12.3.5 所示。其中,S 为镜头的透镜,A_1 为被拍摄物体的尺寸,r_1 为物距,A_2 为物体在相机里所成的像的尺寸,r_2 为像距,且满足如下几何关系,即

$$\frac{A_1}{A_2}=\frac{r_1}{r_2}。\tag{12.3.5}$$

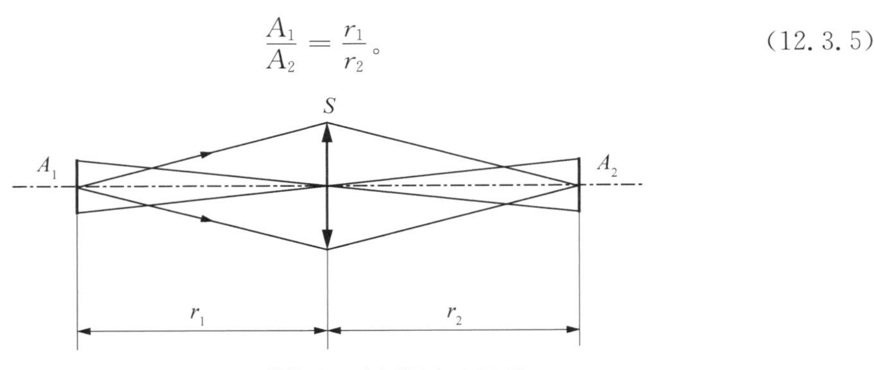

图 12.3.5 成像式距离测量方法原理

因此,r_1 可通过下式计算得到,即

$$r_1=\frac{A_1}{A_2}r_2 。\tag{12.3.6}$$

对于拍摄较远处的物体，即 r_1 远大于 r_2，则 r_2 对于同一成像系统可视为常数，可通过距离定标测得 r_2。因此，对于已知高度或长度的物体，通过测得其像的尺寸，则可通过上式计算得到其离镜头的距离。

经过亮度校准的数码成像系统即可进行天空比及 L_{20} 的测量，数码成像系统采集到亮度图像之后，对图像进行图像处理分析，判断出天空、道路、植被、建筑等不同物体及其面积的百分比，进而计算得到不同停车视距下的天空比和洞外亮度 L_{20} 值，如图 12.3.6 所示。需要注意的是，要按此测试方法直接得到 L_{20}，由于所测视野范围内不同区域的亮度对比非常悬殊，因此实现高精度的亮度测试对数码成像设备的动态范围要求非常高。

图 12.3.6　数码成像系统测量隧道天空比和洞外亮度，红色虚线部分与圆圈内总面积之比即为天空比，圆圈内各点亮度的平均值即为洞外亮度 L_{20}

12.4　体育场馆的现场测量

体育场馆的现场照明效果评估经常涉及的光学物理量，包括照度、颜色(包括色温和显色指数)和眩光。其中，颜色测量可在照度测量时采用彩色照度计或光谱辐射计同时测得，测量方法可参考照度测量方法或者进一步简化。

体育场馆照明测量一般应在天气状况好、外部光线影响小且体育场馆满足使用条件的情况下进行，测量时间一般在气体放电灯累计运行时间为 50～100 h 之间时进行。现场测量时应点亮相对应的照明灯具，待其稳定 30 min 后进行测量。另外，应检查电源电压的稳定性，测量时应避免人员遮挡和反射光线的影响。

12.4.1　照度测量

照度测量应在规定的比赛场地上进行，对于照明装置布置完全对称的场地，可只测 $\frac{1}{2}$ 或 $\frac{1}{4}$ 的场地。针对不同的比赛项目，照度计算和测量的网格、高度及摄像机典型位置详见《体育场馆照明设计及检测标准》(JGJ 153)。体育场馆水平照度和垂直照度可按中心布点法进行测量，并按(12.2.2)式计算平均照度。照度均匀度可按(12.2.8)式和(12.2.9)式计算。

12.4.1.1　照度测量的布点方法

不同的体育活动对照明有着不同的要求，因此不同类型的体育场馆也有着不同的照明标准及测量方法。下面具体介绍室内外矩形场地和几种典型场地的照度计算和测点的网格布置方法。

1. 矩形场地

室内外矩形场地的照度计算和测量可按如图12.4.1所示的网格点进行，图中的 d_l，d_w 可按下列方法确定：当 l，w 不大于10 m时，计算网格为1 m；当 l，w 大于10 m且不大于50 m时，计算网格为2 m；当 l，w 大于50 m时，计算网格为5 m。测量网格点间距宜为计算网格点间距的2倍。

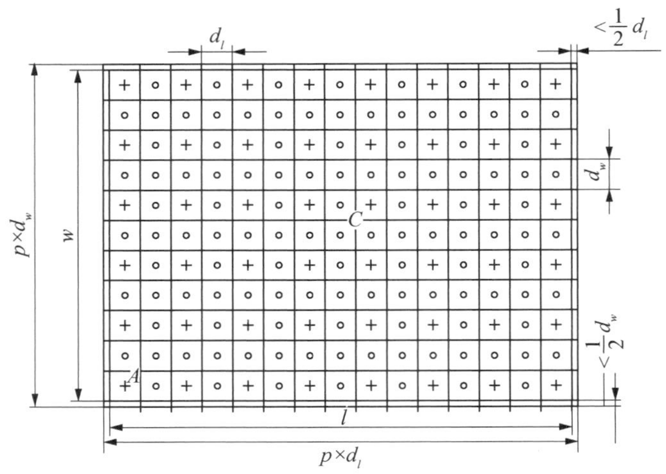

图12.4.1　矩形场地的照度计算和测量网格点布置示意（○为计算网格点，+为测量网格点）

图中，l 为场地长度；d_l 为计算网格纵向间距；p 为计算网格纵向点数；w 为场地宽度；d_w 为计算网格横向间距；q 为计算网格横向点数。并且，计算网格点从中心点 C 开始确定，测量网格点从角点 A 开始确定。p，q 均为奇整数，并满足 $(q-1)\cdot d_l\leqslant l\leqslant q\cdot d_l$ 和 $(p-1)\cdot d_w\leqslant w\leqslant p\cdot d_w$。

2. 田径场地

田径场地的照度计算和测量网格点可按图12.4.2所示确定。

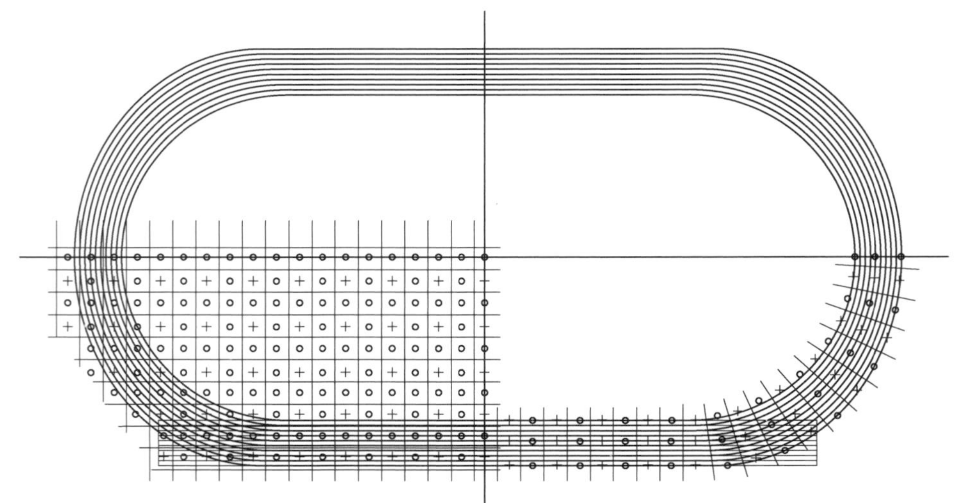

图12.4.2　田径场地的照度计算和测量网格点布置示意

3. 游泳和跳水场地

游泳和跳水场地的照度计算和测量网格点可按图 12.4.3 所示确定。

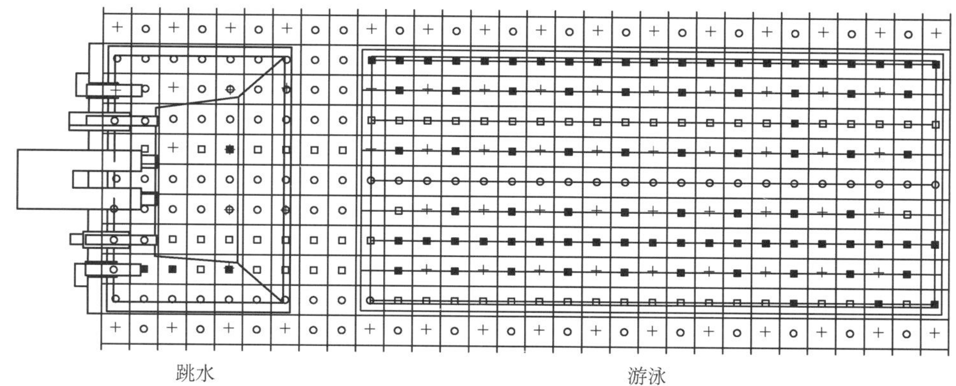

图 12.4.3　游泳和跳水场地的照度计算和测量网格点布置示意

4. 棒球场地

棒球场地的照度计算和测量网格点可按图 12.4.4 所示确定。

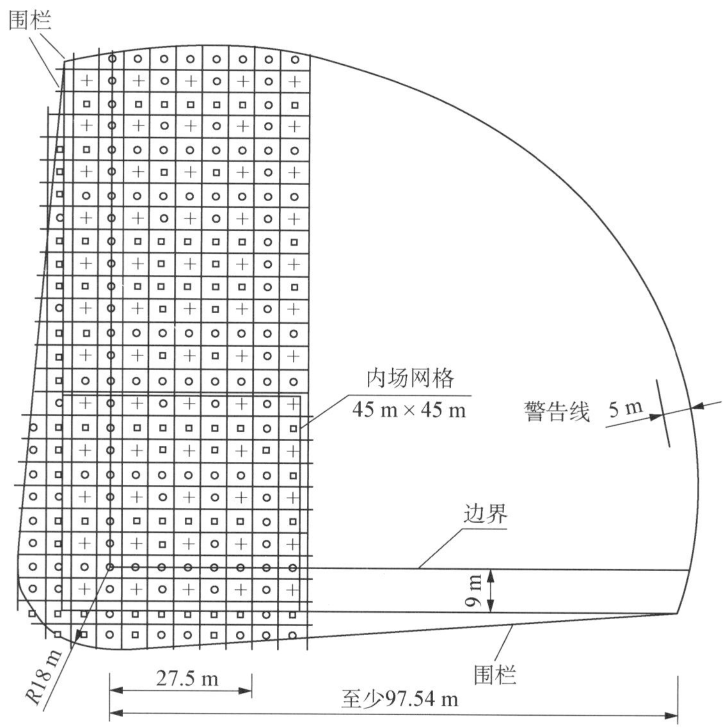

图 12.4.4　棒球场地的照度计算和测量网格点布置示意

5. 垒球场地

垒球场地的照度计算和测量网格点可按图 12.4.5 所示确定。

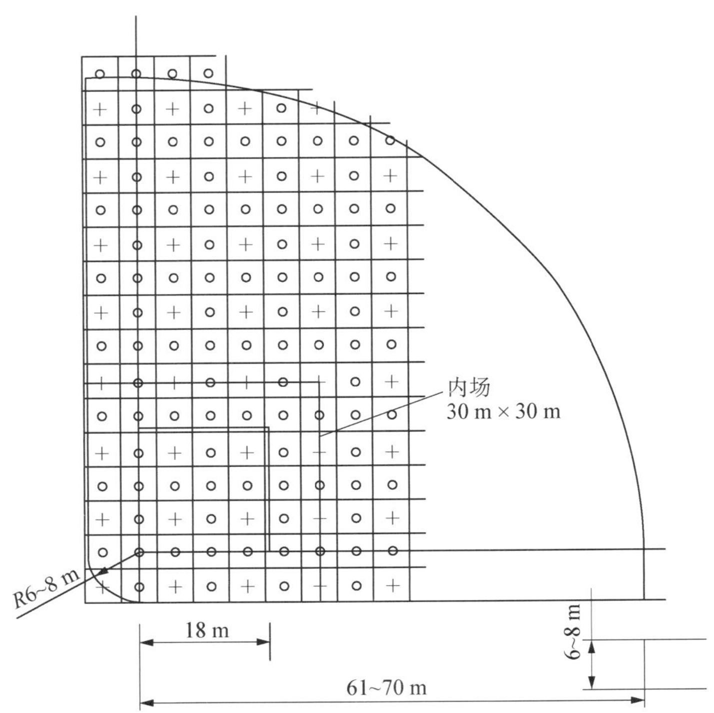

图 12.4.5　垒球场地的照度计算和测量网格点布置示意

6. 场地自行车场地

场地自行车场地的照度计算和测量网格点可按图 12.4.6 所示确定。

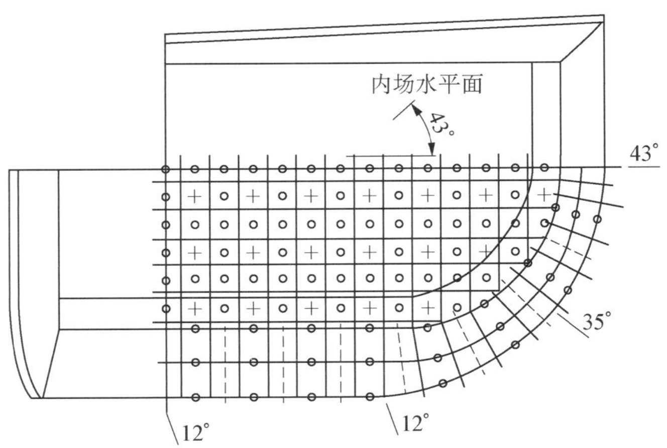

图 12.4.6　场地自行车场地的照度计算和测量网格点布置示意

12.4.1.2　垂直照度的测量

体育场馆的照度测量除了水平照度，还包括垂直照度。垂直照度一方面是为了描述照明对观众视觉感知的影响，另一方面很重要的是评估照明是否满足电视直播的需求。因此，在测量垂直照度时，必须针对摄像机的位置进行测量。当摄像机固定时，探测器的法线方向必须对准摄像机镜头的光轴，如图 12.4.7 所示，测量高度可取为 1.5 m。当摄像机不固定时，可在网格上测量与 4 条边线平行的垂直面上的照度，如图 12.4.8 所示，测量高度可取为 1 m。

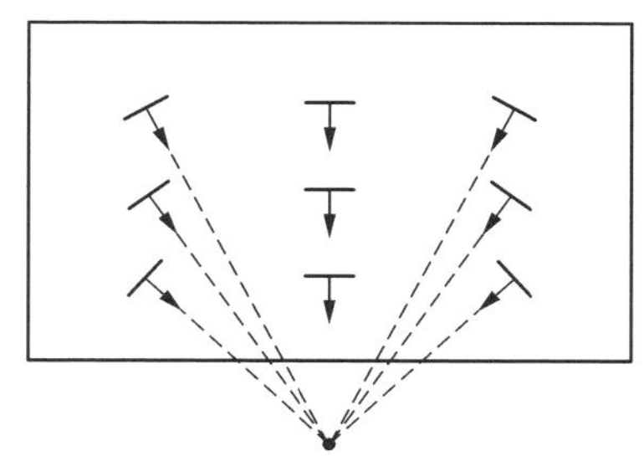

图 12.4.7　摄像机固定时垂直照度测量示意

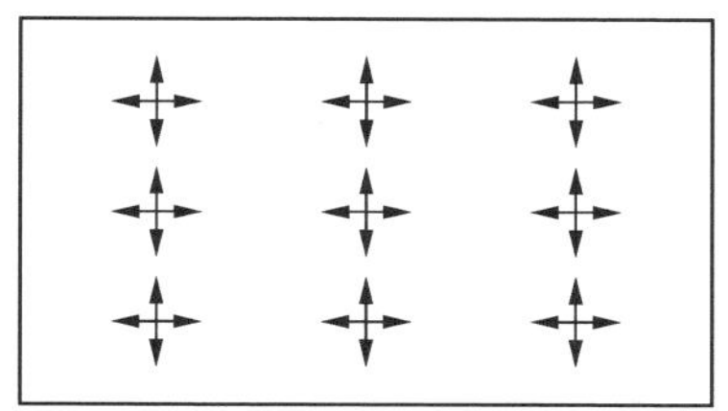

图 12.4.8　摄像机不固定时垂直照度测量示意

12.4.2　眩光测量

12.4.2.1　*GR* 系统

按照我国标准，体育场馆眩光评估采用 *GR* 系统：

$$GR = 27 + 24\lg(L_{VL}/L_{Ve}^{0.9}), \tag{12.4.1}$$

式中，L_{VL}为由灯具产生、直接入射到眼睛内的光线产生的等效光幕亮度；L_{Ve}为由观察者前面环境反射到眼睛的光线产生的等效光幕亮度。等效光幕亮度 L_{VL}定义为

$$L_{VL} = 10\sum_{i=1}^{n}(E_{eyei}/\theta_i^2), \tag{12.4.2}$$

式中，E_{eyei}为第 i 个灯具在观察者眼睛上的照度（在垂直于视线平面上）；θ_i 为观察者视线和第 i 个灯具在视网膜上产生的入射光的方向夹角；n 为总的灯具数。

对 L_{Ve}定义时，可认为被照面（环境）是由无限多个小的光源组成，但为了简化，通常采用下式计算：

$$L_{Ve} = 0.035 \cdot E_{horav} \cdot \frac{\rho}{\pi}, \tag{12.4.3}$$

式中，E_{horav}为场地的平均水平照度；ρ 为场地的漫反射比。

取眩光等级如下：

$$GF = 10 - GR/10。 \tag{12.4.4}$$

眩光指数（*GR*）、眩光等级（*GF*）与眩光程度（主观感受）之间的关系列于表 12.4.1 中。

表 12.4.1 眩光指数(GR)、眩光等级(GF)与眩光程度(主观感受)之间的关系

GF(眩光等级)	眩光程度	*GR*(眩光指数)
1	不可忍受	90
2	不可忍受	80
3	有所感觉	70
4	有所感觉	60
5	仅可接受或容许	50
6	仅可接受或容许	40
7	可明显觉察	30
8	可明显觉察	20
9	不可明显觉察	10

12.4.2.2 眩光测量的布点方法

眩光测量点位置和视看方向的选取应按安全因素、观看时长及观看频次而定。几种典型场地的眩光测量点可按图 12.4.9～12.4.12 所示分别确定。

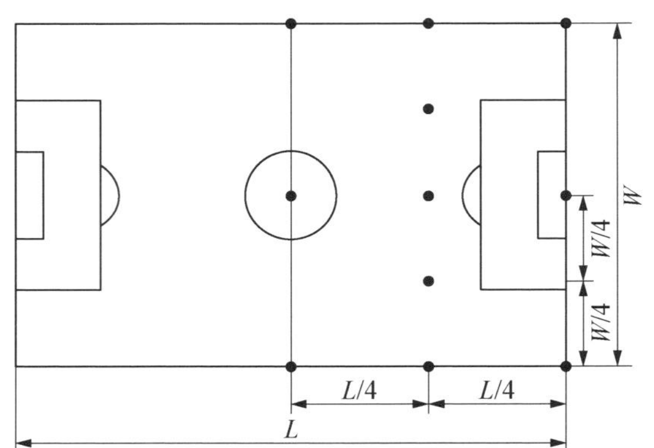

图 12.4.9 足球场眩光测量点示意(·代表眩光测量点)

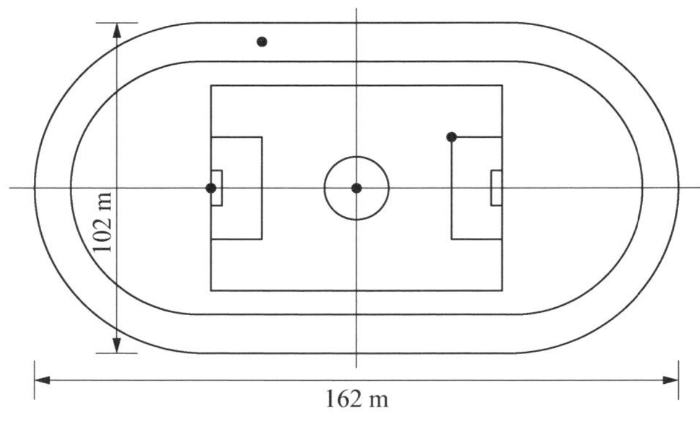

图 12.4.10 田径场眩光测量点示意(·代表眩光测量点)

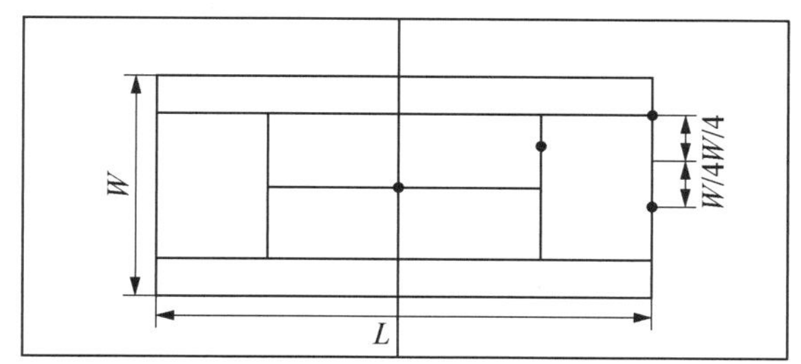

图 12.4.11　网球场眩光测量点示意(·代表眩光测量点)

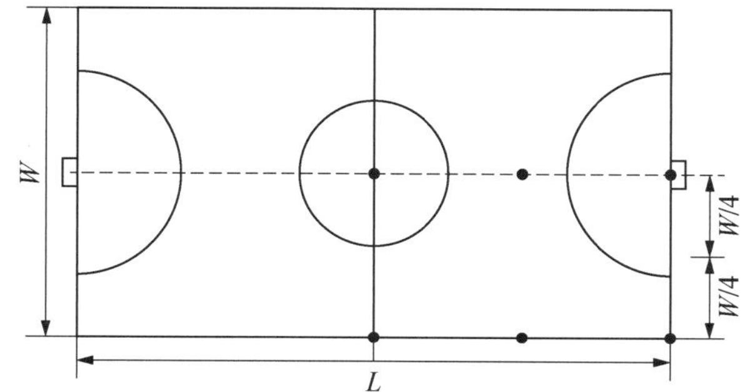

图 12.4.12　室内体育馆眩光测量点示意(·代表眩光测量点)

眩光测量应在测量点上测量主要视看方向观察者眼睛上的照度,并记录下每个点相对于光源的位置和环境特点。计算光幕亮度和眩光指数,取各测量点上各视看方向眩光指数中的最大值作为该场地的眩光评定值。

12.5　其他室外照明的现场测量

12.5.1　建筑夜景

建筑夜景由于是给人观赏为主要目的,其照明效果评估往往采用亮度,只有当亮度指标不能反映设计意图时可采用照度。亮度的测量点通常根据不同建筑的不同设计要求设置,由于经常同时涉及颜色的测量,因此采用带望远镜头的彩色亮度计或光谱辐射亮度计是较理想的选择。亮度的测量按设计距离分为近(正)视点亮度、中(正)视点亮度和远(正)视点亮度测量,一般可根据建筑的高度和体量确定。

12.5.2　广场

广场的照度测量应选择典型区域或整个场地进行照度测量,对于完全对称布置照明装置的规则场地,可只测量$\frac{1}{2}$或$\frac{1}{4}$的场地。照度测量的布点方法是将场地划分为边长 5～10 m 的矩形网格,网格形状宜为正方形,可在网格中心或网格四角点上测量照度。照度测量的平面可选择已划分网格的测量场地的地面,也可根据广场实际情况确定所需测量平面的高度。

广场照明的平均水平照度可按(12.2.1)式和(12.2.2)式计算,照度均匀度可按式(12.2.8)式和(12.2.9)式计算。

12.5.3 其他室外工作区

其他室外工作区的照明测量方法可参考表 12.5.1,平均水平照度可按(12.2.1)式和(12.2.2)式计算,照度均匀度可按式(12.2.8)式和(12.2.9)式计算。

表 12.5.1 其他室外作业区照明测量要求

房间或场所	照度测点高度	照度测点间距	显色指数和色温	照明电参数	反射比
一般工业加工区域 物品的存放区 车辆停放区	地面	5.0 m×5.0 m 10.0 m×10.0 m	每区域测量点不宜少于 3 个点	一般采用功能区域分别测量,最后计算出总量	每种主要材料测量点不宜少于 3 个点
建筑工地 铁路室外作业区 电厂、水厂、污水处理厂室外作业区	地面和设计要求的工作面				
石化工业和其他危险工业	地面和设计要求的工作面				
港口、船坞和船闸室外作业区	地面、水面				
保安照明室外作业区	地面水平面 1.5 m 垂直面				
机场停机坪	地面水平面 2.5 m 垂直面				

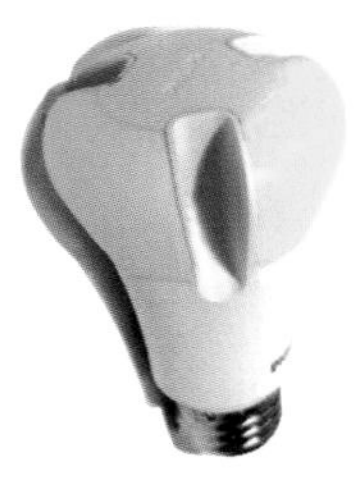

附录　各种有代表性的几何条件下的 C 值和 F 值

表 1　漫射线光源和面光源的位形因子 C

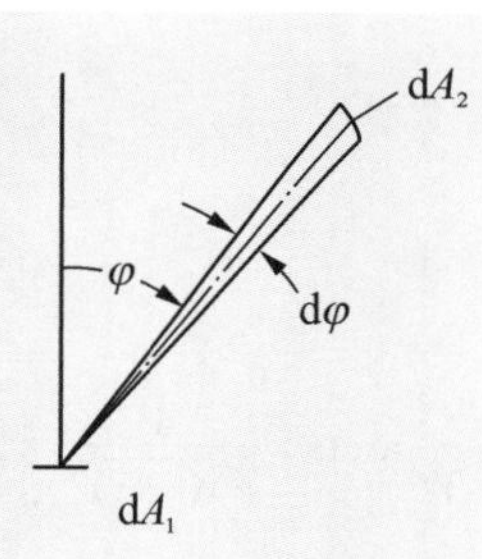	具有微分宽度和任意长度面元的 dA_1 到无限长面元 dA_2，dA_2 具有微分宽度，其生成线平行于 dA_1 $$C = \frac{\cos\varphi}{2}d\varphi$$
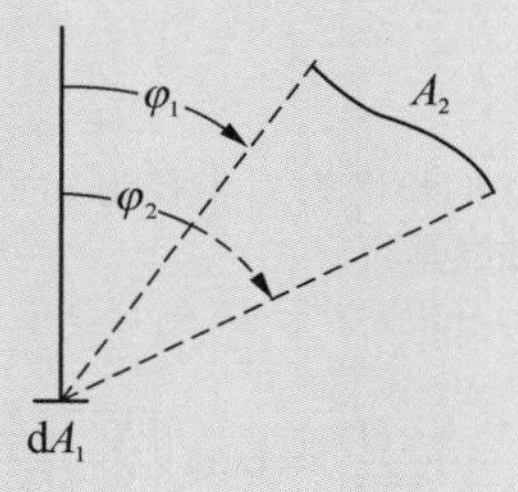	具有微分宽度和任意长度面元的 dA_1 到任意圆柱面 A_2，A_2 由一条无限长的线沿着平行于自己的方向和 dA_1 移动而形成 $$C = \frac{1}{2}(\sin\varphi_2 - \sin\varphi_1)$$
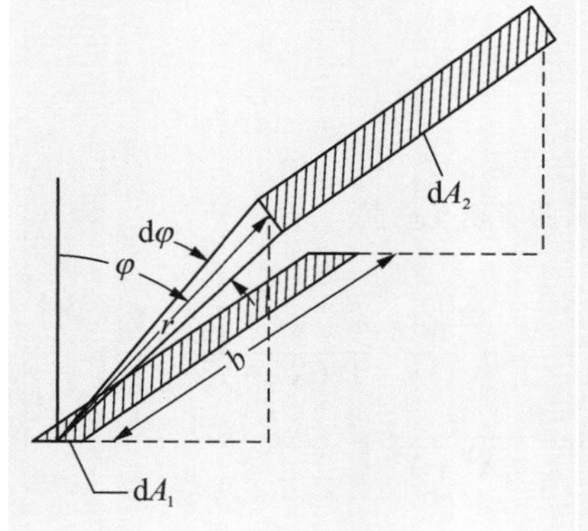	具有长度为 b 和微分宽度的条状面元 dA_1 到平行生成线上具有相同长度的微分条状面元 dA_2 $$C = \frac{\cos\varphi}{\pi}d\varphi\arctan\frac{b}{r}$$

续表

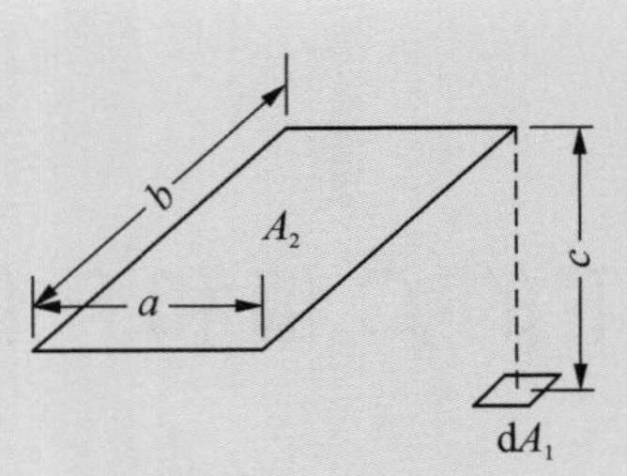	平面面元 dA_1 到平行矩形面 A_2，dA_1 的法线穿过矩形的一个角． $X = a/c,\ Y = b/c$ $C = \frac{1}{2\pi}\left(\frac{x}{\sqrt{1+X^2}}\arctan\frac{Y}{\sqrt{1+X^2}} + \frac{Y}{\sqrt{1+Y^2}}\arctan\frac{X}{\sqrt{1+Y^2}}\right)$
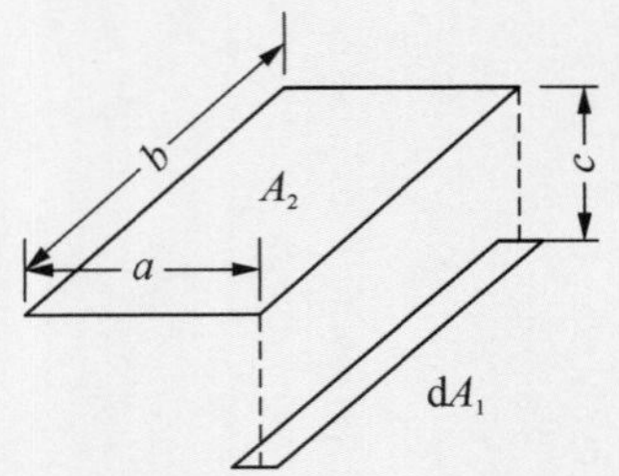	长条形面元 dA_1 到与之平行的矩形面 A_2，dA_1 正对矩形的一条边．$X = a/c,\ Y = b/c$ $C = \frac{1}{\pi Y}\left[\sqrt{1+Y^2}\arctan\frac{X}{\sqrt{1+Y^2}} - \arctan X + \frac{XY}{\sqrt{1+X^2}}\arctan\frac{Y}{\sqrt{1+X^2}}\right]$
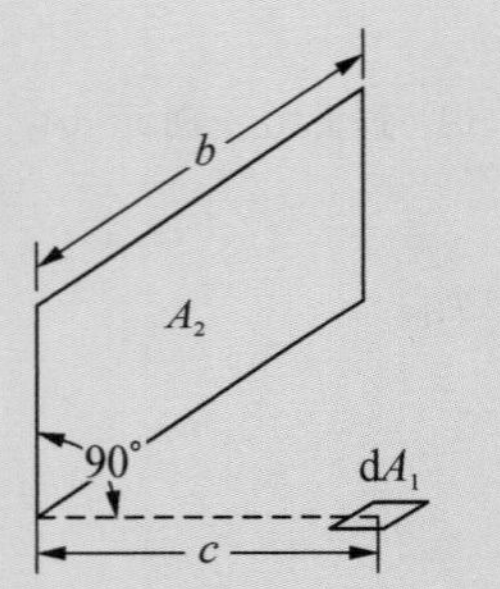	平面面元 dA_1 到矩形 A_2，两者相互垂直． $X = a/c,\ Y = b/c$ $C = \frac{1}{2\pi}\left[\arctan\frac{1}{Y} - \frac{Y}{\sqrt{X^2+Y^2}}\arctan\frac{1}{\sqrt{X^2+Y^2}}\right]$
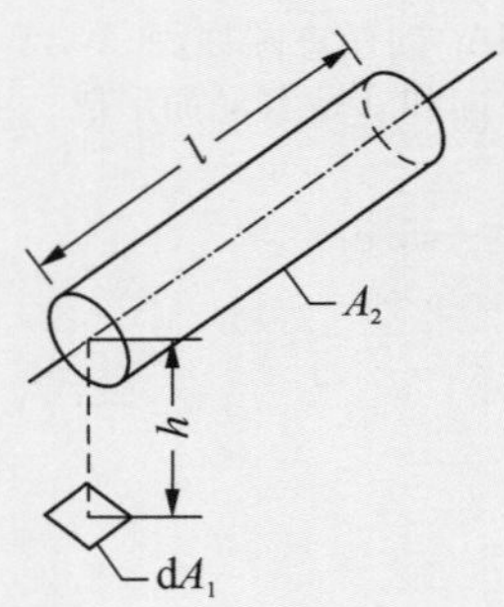	平面面元 dA_1 到右旋圆柱 A_2，圆柱的长度为 l，半径为 r，面元的法线经过圆柱的一端并与圆柱的轴线垂直． $l = 1/r,\ H = h/r,\ X = (1+H^2)+l^2,\ Y = (1-H^2)+l^2$ $C = \frac{1}{\pi H}\arctan\frac{l}{\sqrt{H^2-1}} + \frac{l}{\pi}\left[\frac{(X-2H)}{H\sqrt{XY}}\arctan\sqrt{\frac{X(H-1)}{Y(H-1)}} - \frac{1}{H}\arctan\sqrt{\frac{H-1}{H+1}}\right]$
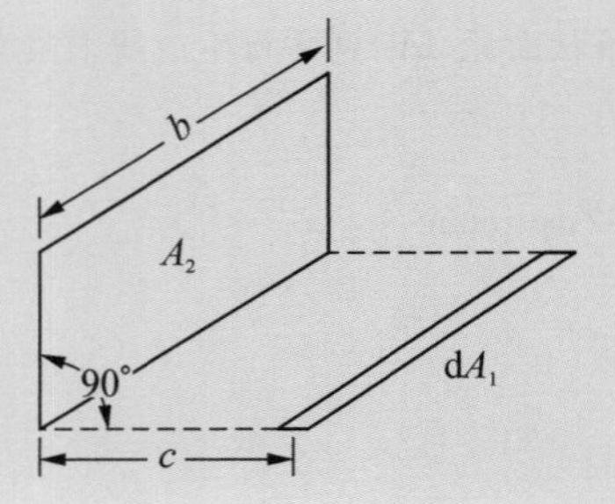	长条形面元 dA_1 到矩形 A_2，两者相互垂直． $X = a/b,\ Y = c/b$ $C = \frac{1}{\pi}\left\{\arctan\frac{1}{Y} + \frac{Y}{2}\ln\left[\frac{Y^2(X^2+Y^2+1)}{(Y^2+1)(X^2+Y^2)}\right] - \frac{Y}{\sqrt{X^2+Y^2}}\arctan\frac{1}{\sqrt{X^2+Y^2}}\right\}$

续表

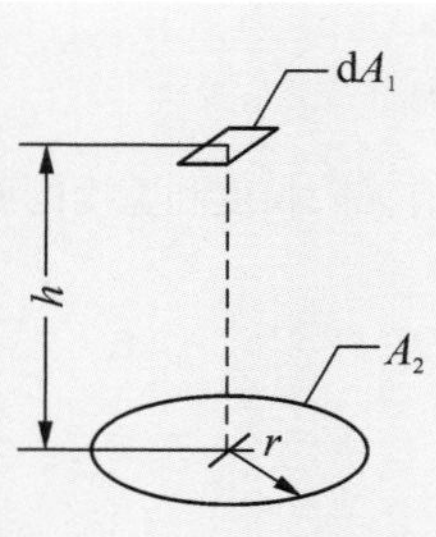	平面面元 dA_1 到圆面 A_2，两者相互平行并且面元法线穿过圆面中心 $$C=\frac{r^2}{h^2+r^2}$$
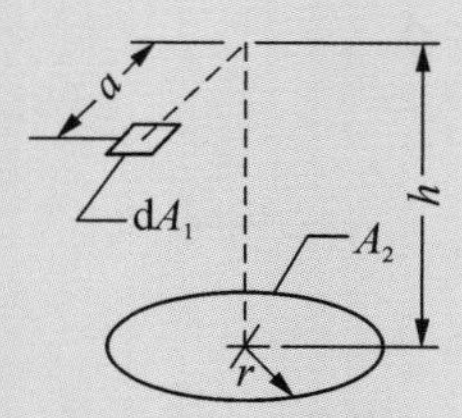	平面面元 dA_1 到圆面 A_2，两者相互平行. $H=h/a,\ R=r/a,\ Z=1+H^2+R^2$ $$C=\frac{1}{2}\left(1-\frac{1+H^2-R^2}{\sqrt{Z^2-4R^2}}\right)$$
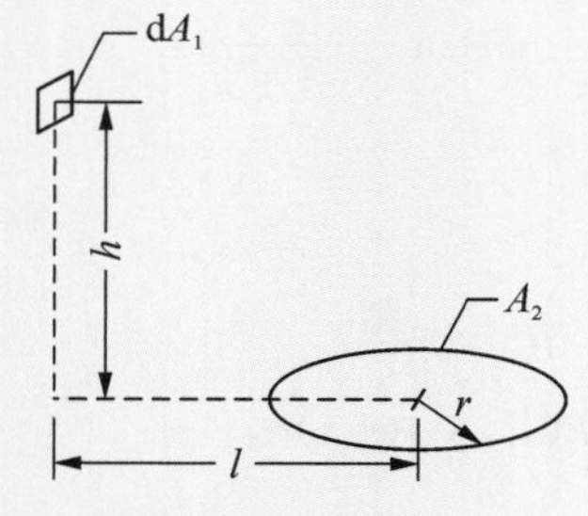	平面面元 dA_1 到圆面 A_2，两者相互垂直. $H=h/a,\ R=r/a,\ Z=1+H^2+R^2$ $$C=\frac{H}{2}\left(\frac{Z}{\sqrt{Z^2-4R^2}}-1\right)$$
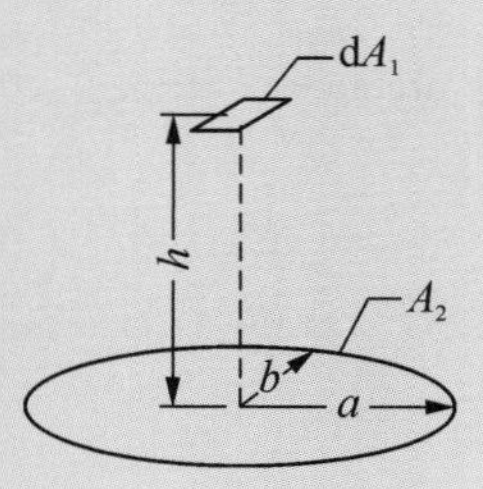	平面面元 dA_1 到椭圆面 A_2，两者相互平行并且面元法线穿过椭圆面中心 $$C=\frac{ab}{\sqrt{(h^2+a^2)(h^2+b^2)}}$$
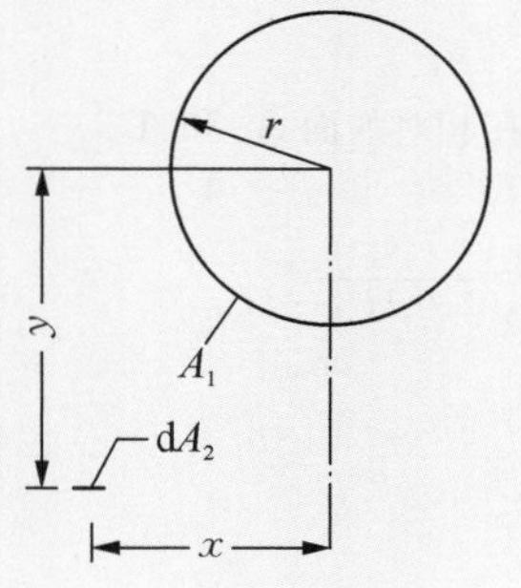	任意长度的长条面元 dA_2 到无限长的圆柱面 A_1. $X=x/r,\ Y=y/r$ $$C=\frac{Y}{X^2+Y^2}$$

续表

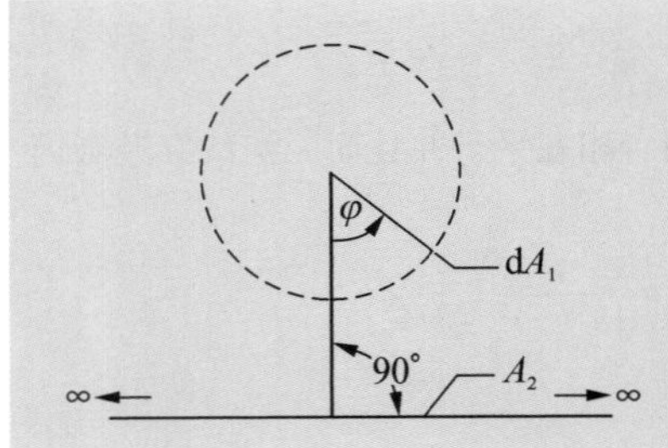	在圆柱上任意长度的面元 dA_1 到具有无限长度和宽度的面 A_2 $C=\frac{1}{2}(1+\cos\varphi)$

表 2　相互平行或垂直的矩形面的通用位形因子 C

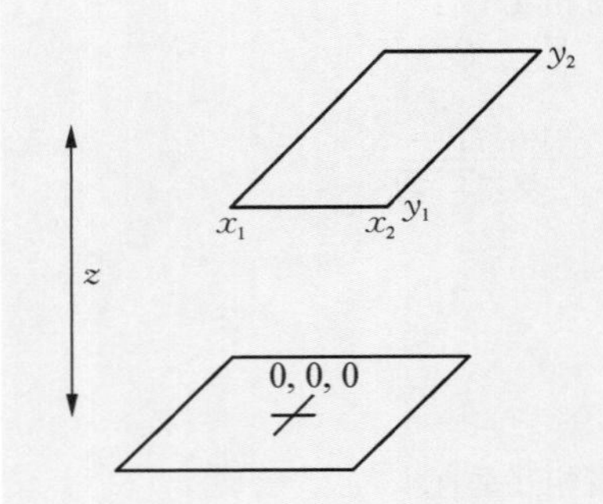	$C=\frac{1}{2\pi}\sum_{i=1}^{2}\sum_{j=1}^{2}F(x_i, y_j)(-1)^{i\cdot j}$ $F(x_i, y_j)=\frac{x_i}{\sqrt{x_i^2+z^2}}\arctan\frac{y_j}{\sqrt{x_i^2+z^2}}$ $+\frac{y_j}{\sqrt{y_j^2+z^2}}\arctan\frac{x_i}{\sqrt{y_j^2+z^2}}$
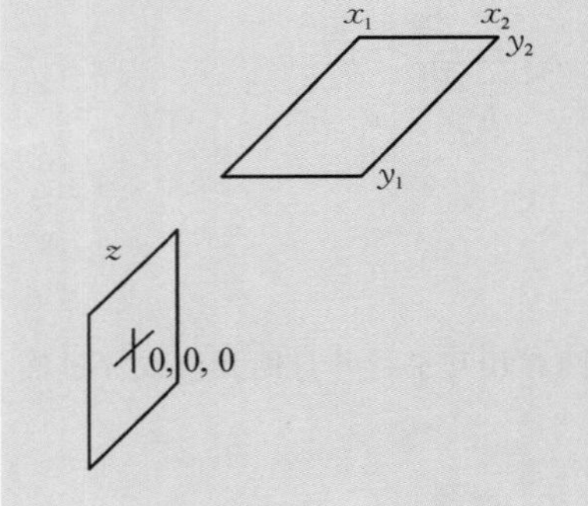	$C=\frac{z}{2\pi}\sum_{i=1}^{2}\sum_{j=1}^{2}F(x_i, y_j)(-1)^{i\cdot j}$ $F(x_i, y_j)=\frac{-1}{\sqrt{x_i^2+z^2}}\arctan\frac{y_j}{\sqrt{x_i^2+z^2}}$

表 3　漫射面光源的辐射转移形状因子 F

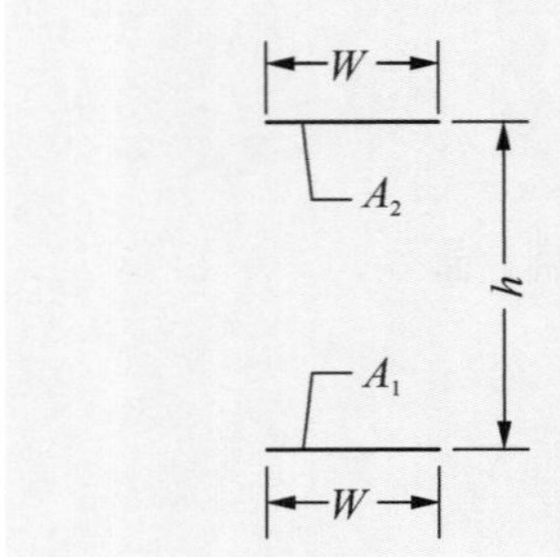	两个无限长、具有相同的宽度、直接相对的面 A_1 和 A_2. $H=h/W$ $F_{1-2}=F_{2-1}=\sqrt{1+H^2}-H$

续表

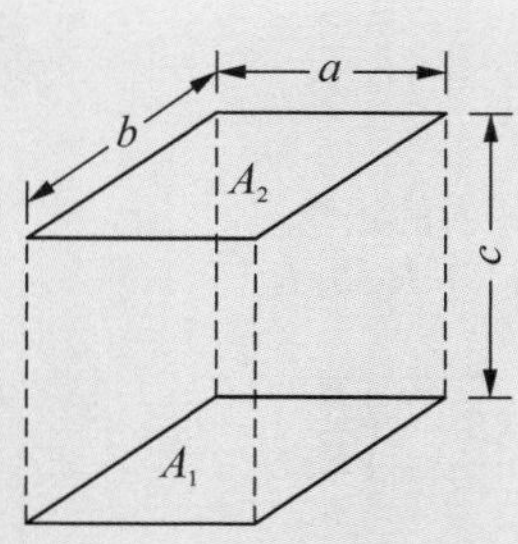

相同的、平行的、直接相对的矩形 A_1 和 A_2.
$X=a/c$, $Y=b/c$

$$F_{1-2}=\frac{2}{\pi\lambda Y}\left\{\ln\left[\frac{(1+X^2)(1+Y^2)}{1+\lambda^2+Y^2}\right]^{1/2}+X\sqrt{1+Y^2}\arctan\frac{X}{\sqrt{1+Y^2}}+Y\sqrt{1+X^2}\arctan\frac{Y}{\sqrt{1+X^2}}-X\arctan X-Y\arctan Y\right\}$$

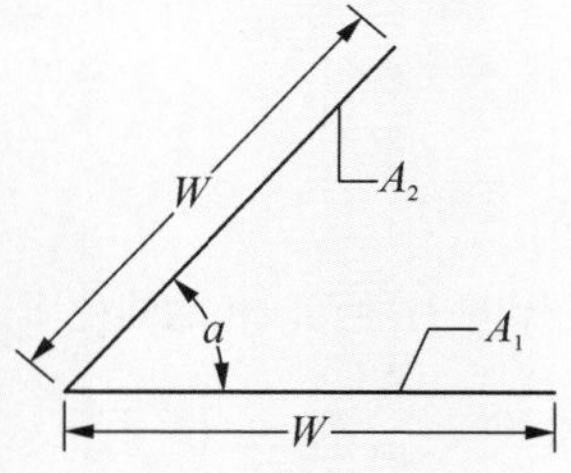

两个无限长的面 A_1 和 A_2，具有相同的宽度 W，有一条共同的边，并且夹角为 α

$$F_{1-2}=F_{2-1}=1-\sin\frac{\alpha}{2}$$

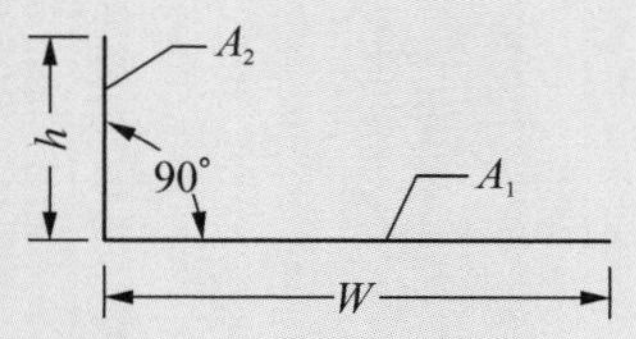

两个无限长的面 A_1 和 A_2，宽度分别为 h 和 W，有一条共同的边，并且相互垂直.
$H=h/W$

$$F_{1-2}=\frac{1}{2}\left[1+H-\sqrt{1+H^2}\right]$$

两个有限的矩形面 A_1 和 A_2，有相同的长度，有一条共同的边，并且相互垂直.
$H=h/l$, $W=w/l$

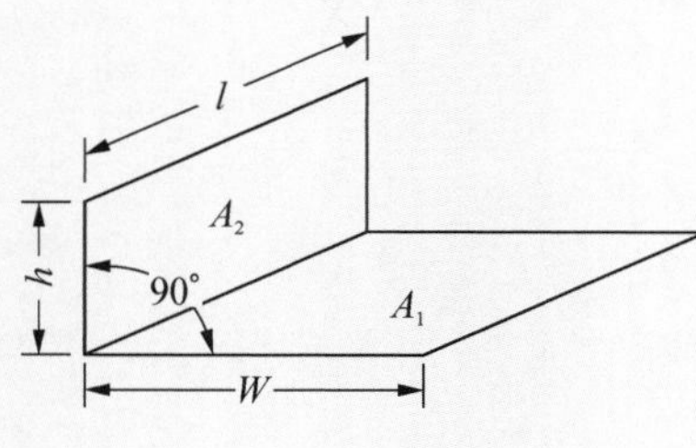

$$F_{1-2}=\frac{1}{\pi W}\left(W\arctan\frac{1}{W}+H\arctan\frac{1}{H}-\sqrt{H^2+W^2}\arctan\frac{1}{\sqrt{H^2+W^2}}+\frac{1}{4}\ln\left\{\left[\frac{(1+W^2)(1+H^2)}{(1+W^2+H^2)}\right]\left[\frac{W^2(1+W^2+H^2)}{(1+H^2)(W^2+H^2)}\right]^{W^2}\cdot\left[\frac{H^2(1+H^2+W^2)}{(1+H^2)(H^2+W^2)}\right]^{H^2}\right\}\right)$$

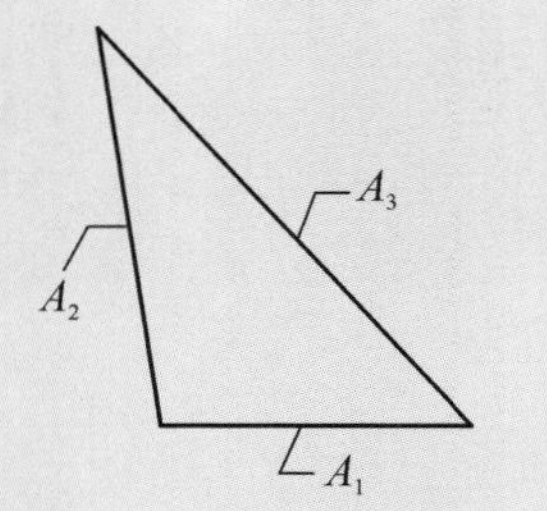

无限长的闭合形，由 3 个面 A_1，A_2 和 A_3 所组成

$$F_{1-2}=\frac{A_1+A_2-A_3}{2A_2}$$

续表

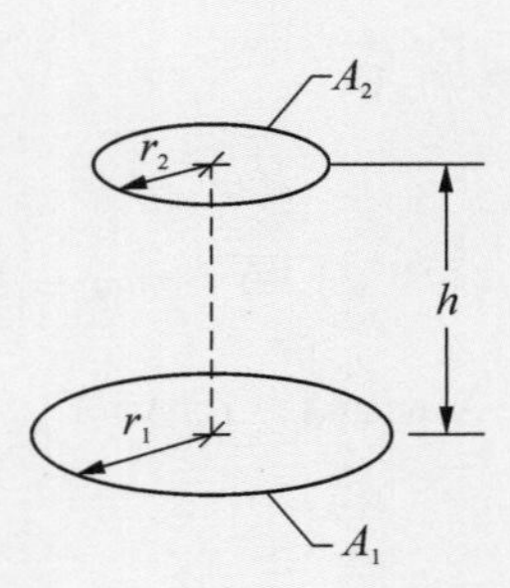	相互平行的圆 A_1 和 A_2，中心沿着相同的法线. $R_1 = r_1/h,\ R_2 = r_2/h,\ X = 1 + (1 + {R_2}^2)/{R_1}^2$ $$F_{1-2} = \frac{1}{2}\left[X - \sqrt{X^2 - 4\left(\frac{R_2}{R_1}\right)^2}\right]$$
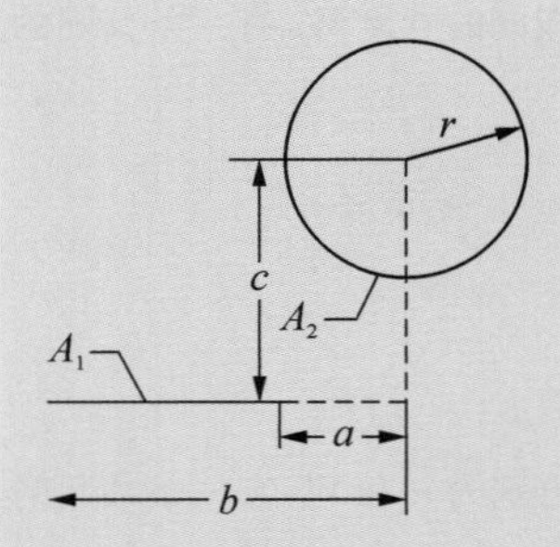	具有有限宽度和无限长度的面 A_1 到平行的无限长的圆柱面 A_2 $$F_{1-2} = \frac{r}{b-a}\left[\arctan\frac{b}{c} - \arctan\frac{a}{c}\right]$$
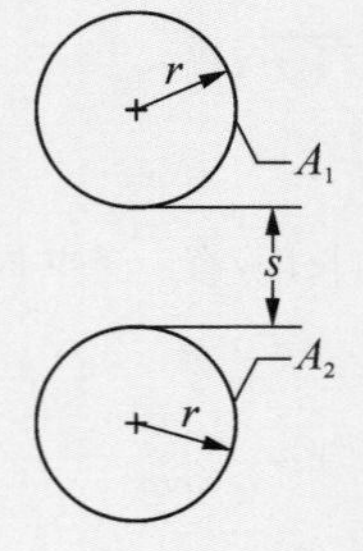	无限长的相互平行的圆柱面 A_1 和 A_2，具有相同的直径. $X = 1 + s/2r$ $$F_{1-2} = F_{2-1} = \frac{1}{\pi}\left[\sqrt{X^2-1} + \arcsin\left(\frac{1}{X}\right) - X\right]$$
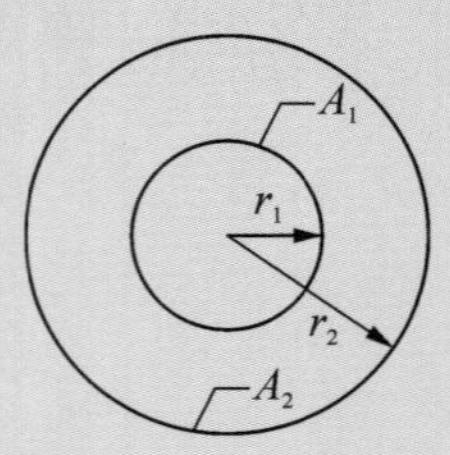	同轴的无限长圆柱面 A_1 和 A_2 $$F_{1-2} = 1$$ $$F_{2-1} = \frac{r_1}{r_2}$$ $$F_{2-2} = 1 - \frac{r_1}{r_2}$$

表 4　在平行或垂直矩形面间的形状因子 F

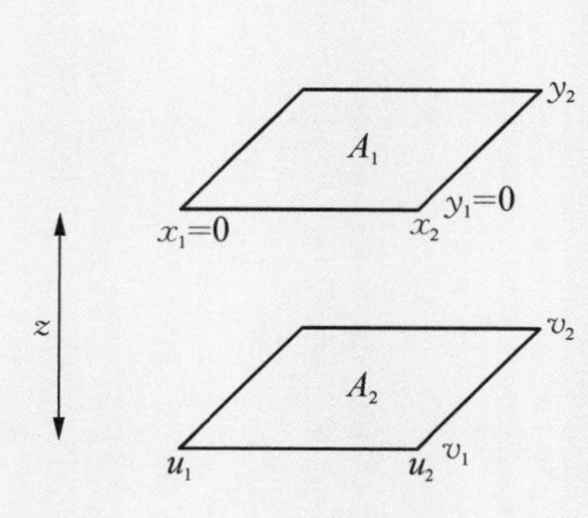

平行矩形 A_1 和 A_2

$$F_{1-2}=\frac{Z^2}{\pi A_1{}^2}\sum_{i=1}^{2}\sum_{j=1}^{2}\sum_{k=1}^{2}\sum_{m=1}^{2}H(u_i,\ v_j,\ x_k,\ y_m)(-1)^{i+j+k+m}$$

$$\begin{aligned}H(u_i,\ v_j,\ x_k,\ y_m)=&\ b\sqrt{1+a^2}\arctan\frac{b}{\sqrt{1+a^2}}+\\&a\sqrt{1+b^2}\arctan\frac{a}{\sqrt{1+b^2}}-\\&\frac{1}{2}\ln(1-a^2+b^2)\end{aligned}$$

$$a=(x_k-u_i)/z,\qquad b=(y_m-v_j)/z$$

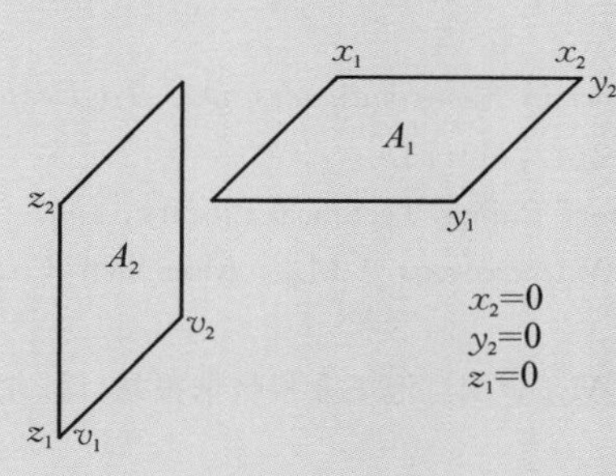

垂直矩形 A_1 和 A_2

$$F_{1-2}=\frac{1}{2\pi A_1}\sum_{i=1}^{2}\sum_{j=1}^{2}\sum_{k=1}^{2}\sum_{m=1}^{2}G(v_i,\ z_j,\ x_k,\ y_m)(-1)^{i+j+k+m}\cdot$$

$$\begin{aligned}G(v_i,\ z_j,\ x_k,\ y_m)=&\ a\sqrt{c^2+b^2}+\\&\frac{1}{4}(a^2-b^2-c^2)\ln(a^2+b^2+c^2)\end{aligned}$$

$a=y_m-v_i$，$b=\bar{z}-z_i$，$c=x_k-\bar{x}$

$\bar{z}=$ 表面 A_1 的 z 坐标，

$\bar{x}=$ 表面 A_2 的 x 坐标

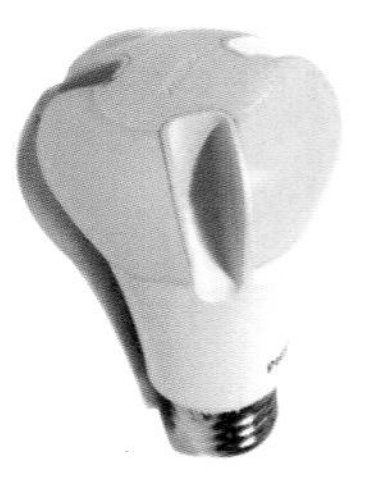

参考文献

[1] Holonyak N Jr, Bevagua S F. *Oscillations in Semiconductors Due To Deep Levels*[J]. Applied Physics Letters, 1963,2(4):71-73.

[2] Boer J B D. *Public Lighting* [M]. Deventer: Philips Technical Library, 1967.

[3] Keity H A E. *Light Calculations and Measurements* [M]. Macmillan Co. Ltd., 1971.

[4] Henderson S T, Mansden A W. *灯与照明*[M]. 全国灯泡工业科技情报站,译. 北京:轻工业出版社,1976.

[5] 复旦大学电光源实验室. *电光源原理*[M]. 上海:上海人民出版社,1977.

[6] 荆其诚,焦书兰,喻柏林,等. *色度学*[M]. 北京:科学出版社,1979.

[7] Bommel W v, Boer J d. *Road Lighting* [M]. Deventer: Philips Technical Library, 1980.

[8] Frier J P, Frier M E G. *Industrial Lighting Systems* [M]. New York: McGraw-Hill Book Company, 1980.

[9] Elmer W B. *The Optical Design of Reflector* (*Pure & Applied Optics*) [M]. John Wiley & Sons Inc, 1980.

[10] Elenbass W. *光源*[M]. 方道腴,张泽琏,译. 北京:轻工业出版社,1981.

[11] 赵振民. *照明工程设计手册*[M]. 天津:天津科学技术出版社,1984.

[12] 日本照明学会. *照明手册*[M].《照明手册》翻译组,译. 北京:中国建筑工业出版社,1985.

[13] 张爱堂,冯新三. *电光源*[M]. 北京:轻工业出版社,1986.

[14] 陈大华. *现代光源基础*[M]. 上海:学林出版社,1987.

[15] Hammer E E. *High Frequency Characteristics of fluorescent lamp up to 500 kHz* [J]. Journal of the Illuminating Engineering Society, 1987,16(1):52-61.

[16] 郝允祥等. *光度学*[M]. 北京:北京师范大学出版社,1988.

[17] 方道腴,蔡祖泉. *电光源工艺*[M]. 上海:复旦大学出版社,1988.

[18] Meyer C, Nienhuis H. *Discharge Lamps* [M]. Deventer: Philips Technical Library, 1988.

[19] 方道腴,蔡祖泉. *钠灯原理和应用*[M]. 上海:上海交通大学出版社,1990.

[20] 建筑电气设计手册编写组. *建筑电气设计手册*[M]. 北京:中国建设工业出版

社,1991.

[21] Shinomiya M, Kobayashi K, Higashikawa M, et al. *Development of the Electrodeless Fluorescent Lamp* [J]. Journal of the Illuminating Engineering Society, 1991,20(1):44 - 49.

[22] 方志烈. *半导体发光材料和器件*[M]. 上海:复旦大学出版社,1992.

[23] 吴继宗,叶关荣. *光辐射测量*[M]. 北京:机械工业出版社,1992.

[24] NEMA. *Guide to Lighting controls* [M]. Publication Department NEMA, 1992.

[25] 周太明. *光源原理与设计*[M]. 上海:复旦大学出版社,1993.

[26] Wharmby D O. *Electrodeless Lamps for Lighting: A Review* [J]. IEE Proceedings-A, 1993,140(6): 465 - 473.

[27] 丁有生,郑继雨. *电光源原理概论*[M]. 上海:上海科学技术文献出版社,1994.

[28] 徐学基,诸定昌. *气体放电物理*[M]. 上海:复旦大学出版社,1996.

[29] 石晓蔚. *室内照明设计原理*[M]. 台湾:淑馨出版社,1996.

[30] Nernoe L R. *Design of a 2. 5-MHz, Soft-switching, Class-D Convener for Electrodeless Lighting* [J]. IEEE Transaction On Power Electronic, 1997,12(3):507 - 516.

[31] Stringfellow G B, Craford M G. *High Brightness Light Emitting Diodes* [M]. *San Diego: Academic Press*, 1997.

[32] 姜启鹏. *高杆照明技术*[J]. 中国照明电器,1998(4):1—4.

[33] El-Fayoumi I M, Jones I R. *The Electromagnetic Basis of the Transformer Model for an Inductively Coupled RF Plasma Source* [J]. Plasma Sources Science Technology, 1998,7(2):179 - 185.

[34] IESNA. *Recommended Practice of Daylighting: RP-05-99* [S]. New York: The Illuminating Engineering Society of North America, 1999.

[35] Audin L. *Electrodeless Light Sources Emerge as Practical HID Alternative* [J]. Architectural Record, 1999,187(5):315.

[36] Shaffer J W, Godyak V A. *The Development of Low Frequency, High Output Electrodeless Fluorescent Lamps* [J]. Journal of the Illuminating Engineering Society, 1999,28(1):142 - 148.

[37] Judith B. *The IESNA Lighting Handbook: Reference and Application* [M]. *9th ed*. New York: The Illuminating Engineering Society of North America, 2000.

[38] Lester J N, Alexandrovich B M. *Ballasting Electrodeless Fluorescent Lamps* [J]. Journal of the Illuminating Engineering Society, 2000,29(2):89 - 99.

[39] Coaton J R, Marsden A M. *光源与照明*[M]. *第四版*. 陈大华,刘九昌,徐庆辉,等,译. 上海:复旦大学出版社,2000.

[40] 交通部重庆公路科学研究所. *公路隧道通风照明设计规范:JTJ 026. 1 - 1999* [S]. 北京:人民交通出版社,2000.

[41] 周太明等. *电气照明设计*[M]. 上海:复旦大学出版社,2001.

[42] Kido H, Makimura S, Masumoto S. *A Study of Electronic Ballast for Electrodeless Fluorescent Lamps with Dimming Capabilities* [A]. Industry Applications Conference, 2001. Thirty-Sixth IAS Annual Meeting [C]. Conference Record of the 2001 IEEE, 2001,2(30):889 - 894.

[43] Wierer J J, Steigerwald D A, Krames M R, et al. *High-power AlGaInN Flip-chip Light-emitting Diodes* [J]. Applied Physics Letters, 2001,78(22):3379 - 3381.

[44] 华东建筑设计研究院. *智能建筑设计技术*[M]. 上海:同济大学出版社,2002.

[45] Boyce P R. *Human Factors in Lighting* [M]. *2nd ed*. New York: Taylor & Francis, 2003.

[46] 方志烈. *发光二极管材料与器件的历史、现状和展望*[J]. 物理,2003,32(5):295—301.

[47] 周太明. *半导体照明的曙光*[M] //中国科学技术协会. 学科发展蓝皮书 2003 卷. 北京:中国科学出版社,2003:216—221.

[48] 周太明等. *高效照明系统设计指南*[M]. 上海:复旦大学出版社,2004.

[49] 卢进军,刘卫国. *光学薄膜技术*[M]. 陕西:西北工业大学出版社,2005:67—71.

[50] 汪建平,邓云塘,钱公权. *道路照明*[M]. 上海:复旦大学出版社,2005.

[51] The Institution of Lighting Engineers. *The Outdoor Lighting Guide* [M]. New York: Taylor & Francis, 2005.

[52] 周太明,周详,蔡伟新. *光源原理与设计*[M]. *第 2 版*. 上海:复旦大学出版社,2006.

[53] 北京照明学会照明设计专业委员会. *照明设计手册*[M]. *第二版*. 北京:中国电力出版社,2006.

[54] 国家新材料行业生产力促进中心,国家半导体照明工程研发及产业联盟. *中国半导体照明产业发展报告(2005)*[M]. 北京:机械工业出版社,2006.

[55] 康华光. *电子技术基础:模拟部分*[M]. *第 5 版*. 北京:高等教育出版社,2006:118—125.

[56] 中国建筑科学研究院. *城市道路照明设计标准:CJJ 45 - 2006* [S]. 北京:中国建筑工业出版社,2006.

[57] Long Q, Chen Y, Chen D. *Hysteresis and Mode Transitions in Inductively Coupled Ar-Hg Plasma in the Electrodeless Induction Lamp* [J]. Journal of Physics D-Applied Physics, 2006,39(15):3310 - 3316.

[58] Yeon J E, Cho K M, Kim H J, et al. *A new Dimming Algorithm for the Electrodeless Fluorescent Lamps* [J]. Ieice Transactions on Fundamentals of Electronics Communications and Computer Sciences, 2006, 89(6):1540 - 1546.

[59] Chen Y, Long Q, Chen D, et al. *A Dimmable Electrodeless Fluorescent Lamp* [J]. Journal of Light & Visual Environment, 2006,30(2):64 - 67.

[60] 中国建筑科学研究院. *体育场馆照明设计及检测标准:JGJ 153 -2007* [S]. 北京:中国建筑工业出版社,2007.

[61] 全国人类工效学标准化技术委员会. *照明测量方法:GB/T 5700 - 2008* [S]. 北京:中国标准出版社,2008.

[62] 全国照明电器标准化技术委员会灯具标准化分技术委员会. *灯具第 1 部分:一般要求与试验:GB 7000.1 -2007* [S]. 北京:中国标准出版社,2008.

[63] 舒朝濂,田爱玲,杭凌侠,等. *现代光学制造技术*[M]. 北京:国防工业出版社,2008:91—113.

[64] 黄金霞,黄根平. *景观照明灯具类型与选用*[J]. 中国照明电器,2008(6):19—22.

[65] 林燕丹. *照明设计师(基础知识)*[M]. 北京:中国劳动社会保障出版社,2009.

[66] 中国建筑科学研究院. *城市夜景照明设计规范:JGJ/T 163 - 2008*[S]. 北京:中国建筑工业出版社,2009.

[67] 施晓红,陈超中,李为军,等. *聚焦 LED 灯具和 LED 光源的基本概念*[J]. 中国照明电器,2010(10):33—36.

[68] 夏勋力,麦镇强,杜杨. *LED 照明的重影及其处理方法*[J]. 中国照明电器,2010(12):1—4.

[69] 苏永道,吉爱华,赵超. *LED 封装技术*[M]. 上海:上海交通大学出版社,2010:135—163.

[70] 魏文信. *室外照明工程设计手册*[M]. 北京:中国电力出版社,2011.

[71] 俞丽华. *电气照明*[M]. *第 3 版*. 上海:同济大学出版社,2011.

[72] DiLaura D, House K, Mistrick R, et al. *The Lighting Handbook: Reference and Application* [M]. *10th ed*. New York: The Illuminating Engineering Society of North America, 2011.

[73] Wua W H, Kuoa C H, Hunga M W, et al. *Evaluating Method for the Double Image Phenomenon of LED Lighting* [J]. Physics Procedia, 2011(19):96 - 103.

[74] 一般社团法人照明学会. *照明工学*[M]. オーム社,2012.

[75] 杜永帮. *谈城市高杆灯改造设*[J]. 山西建筑,2012,38(11):140—141.

[76] 中华人民共和国住房和城乡建设部. *建筑采光设计标准:GB 50033 - 2013* [S]. 北京:中国建筑工业出版社,2012.

[77] 郗书堂.*路灯*[M].*第二版*.北京:中国电力出版社,2013.
[78] 上海市隧道工程轨道交通设计研究院.*隧道 LED 照明应用技术规范:DG/TJ 08 - 2141 - 2014* [S].上海:同济大学出版社,2014.
[79] 招商局重庆交通科研设计院有限公司.*公路隧道照明设计细则:JTG/TD 70/2 - 01 - 2014* [S].北京:人民交通出版社,2014.
[80] 全国照明电器标准化技术委员会灯具标准化分技术委员会.*灯具第 2—3 部分:特殊要求道路与街路照明灯具安全要求:GB 7000.203 - 2013* [S].北京:中国标准出版社,2014.
[81] Bommel W v. *Road Lighting: Fundamentals, Technology and Application* [M]. Switzerland: Springer International Publishing, 2015.
[82] 沈海平,杨方勤,张良,等.*道路 LED 照明应用技术规范:DG/TJ 08 - 2182 - 2015* [S].上海:同济大学出版社,2015.
[83] ERCO Guide Outdoor Lighting, http://www.erco.com/download/en/.

图书在版编目(CIP)数据

照明设计:从传统光源到 LED/周太明等编著. —上海:复旦大学出版社,2015.12
(半导体光源(LED、OLED)及照明设计丛书)
ISBN 978-7-309-12018-9

Ⅰ. 照… Ⅱ. 周… Ⅲ. 照明设计 Ⅳ. TU113.6

中国版本图书馆 CIP 数据核字(2015)第 310020 号

照明设计:从传统光源到 LED
周太明 等 编著
责任编辑/范仁梅

复旦大学出版社有限公司出版发行
上海市国权路 579 号 邮编:200433
网址:fupnet@ fudanpress. com http://www. fudanpress. com
门市零售:86-21-65642857 团体订购:86-21-65118853
外埠邮购:86-21-65109143
上海丽佳制版印刷有限公司

开本 787×1092 1/16 印张 37.25 字数 839 千
2015 年 12 月第 1 版第 1 次印刷
印数 1—5 100

ISBN 978-7-309-12018-9/T · 559
定价: 168.00 元

如有印装质量问题,请向复旦大学出版社有限公司发行部调换。
版权所有 侵权必究